# Lehrbuch der Bauphysik

## Schall Wärme Feuchte Licht Brand Klima

Von Prof. Dipl.-Phys. Peter Lutz
Fachhochschule für Technik Stuttgart

Prof. Dr.-Ing. Richard Jenisch
Fachhochschule für Technik Stuttgart

Prof. Dr.-Ing. Heinz Klopfer
Universität Dortmund

Dr.-Ing. Hanns Freymuth
Institut für Tageslichttechnik Stuttgart

Dipl.-Ing. Lore Krampf
Institut für Baustoffe, Massivbau und Brandschutz
der Technischen Universität Braunschweig

Prof. (em.) Dr. sc. techn. Karl Petzold
Technische Universität Dresden

Mit 506 Bildern und 122 Tafeln
3., neubearbeitete und erweiterte Auflage

Springer Fachmedien Wiesbaden GmbH

Die Deutsche Bibliothek – CIP-Einheitsaufnahme

**Lehrbuch der Bauphysik** : Schall, Wärme, Feuchte, Licht,
Brand, Klima / von Peter Lutz ... – 3., neubearb. und erw. Aufl. –
Stuttgart : Teubner, 1994
ISBN 978-3-322-90565-9     ISBN 978-3-322-90564-2 (eBook)
DOI 10.1007/978-3-322-90564-2

NE: Lutz, Peter



Gesamtherstellung: Präzis-Druck GmbH, Karlsruhe

# Vorwort zur 3. Auflage

Dieses Lehrbuch, das alle physikalischen Einwirkungen, die bei der Planung und Konstruktion von Bauwerken berücksichtigt werden müssen, behandelt, hat in zwei rasch aufeinander folgenden Auflagen eine weite Verbreitung bei Architekten und Bauingenieuren in den Hochschulen und in der Baupraxis gefunden. Dank diesem erfreulichem Widerhall in der Fachwelt kann jetzt die 3. Auflage ausgegeben werden. Für diese Neuauflage wurde das umfassende Lehrbuch  dem jüngsten Stand der Wissenschaft, der Technik und der Normung angepaßt, in den fünf Hauptabschnitten, soweit nötig, erweitert und durch einen neugefaßten 6. Hauptabschnitt „Klima" bereichert.

Die Hauptabschnitte wurden entsprechend den gestiegenen bauphysikalischen Anforderungen weiterentwickelt oder völlig neugestaltet.

## Schall

Aufbauend auf den physikalischen Grundlagen und den Grundbegriffen der Bauakustik und des Schall-Immissionsschutzes werden die Einflüsse der Konstruktionen, vor allem auch neuer Baustoffe und Bauweisen, auf den Schallschutz behandelt. Die Effekte werden an praktischen Beispielen und Schadensfällen erläutert, um die theoretischen Zusammenhänge beim Schallschutz anschaulich für die Baupraxis und die Studenten der Fachrichtungen Architektur, Bauingenieurwesen und Bauphysik darzustellen. Die neuesten Erkenntnisse über den Einfluß der Schallängsleitung werden ausführlich behandelt, desgleichen die Anforderungen der seit 1990 baurechtlich gültigen DIN 4109 „Schallschutz im Hochbau" – Ausgabe 1989, auch im Vergleich zu früheren Anforderungen, welche bei der Altbau-Modernisierung u. U. maßgebend sind. Ergänzend zu den Planungshinweisen und Berechnungsbeispielen für Neubauten werden in einem gesonderten Abschnitt dann auch schalltechnische Probleme und Lösungsmöglichkeiten bei der Altbausanierung aufgezeigt.

## Wärme

Das Kapitel wurde teilweise neu geordnet und der Abschnitt mit den gesetzlichen Anforderungen an den Wärmeschutz an sein Ende gestellt. Um bei der Bearbeitung einiger mittels der klassischen Rechenverfahren nicht lösbarer Probleme aus dem Bereich des praktischen Wärmeschutzes Hilfe zu bieten, wurden ein Näherungsverfahren zur Abschätzung des Wärmedurchganges bei Metallpaneelen sowie das numerische Differenzenverfahren nach Schmidt-Binder zur Berechnung von zeitabhängigen Temperaturänderungen in Bauteilschichten in das Kapitel „Wärme" neu aufgenommen.

Zusätzlich zu der z. Z. noch geltenden Ausgabe der Wärmeschutzverordnung vom Februar 1982 wird auch die angekündigte Neuausgabe von 1993 mit erhöhten Anforderungen an den Wärmeschutz von Gebäuden im Kapitel „Wärme" behandelt. Auf Grund von Einsprüchen und Einwendungen seitens der Baustoffindustrie wurde der Entwurf 1992 und 1993 mehrfach geändert und damit auch seine Verabschiedung durch die Bundesregierung verzögert. Die letzte Fassung des Entwurfes mit Änderungsvorschlägen des Bundesrates vom Oktober 1993 wird im Abschnitt 9.2 vorgestellt. In Kraft treten soll die Wärmeschutzverordnung (93) am 1. Januar 1995.

## Feuchte

Nach einführenden Bemerkungen zur Sonderstellung des Wassers in der Natur werden zunächst die Speichermechanismen für Feuchte in Luft und in Baustoffen besprochen.

Dann werden die Wassertransportmechanismen behandelt. Dabei wird insbesondere die klassische Wasserdampfdiffusion, einschließlich der Bedingungen für die Tauwasserbildung, sowie der Flüssigwassertransport in ungesättigten Porenräumen ausführlich behandelt. Die weiteren Transportmechanismen werden knapp, aber so weit es deren Verstehen erfordert, beschrieben. Danach wird das Glaserverfahren hinsichtlich seiner praktischen Durchführung, seiner klimatischen Randbedingungen und seiner Anwendungsgrenzen beschrieben und durch Beispiele erläutert. Dann wird auf die neueren, instationären Berechnungsverfahren für die Feuchteverteilung in geschichteten Baustoffen eingegangen. Nach einem Exkurs auf das Gebiet der Lösungsdiffusion, das vor allem auf organische Polymere und weniger auf porige mineralische Baustoffe anzuwenden ist, werden in einem letzten, relativ ausführlichen Abschnitt Hinweise für die feuchtetechnisch richtige Planung und Ausführung von Bauwerken gegeben.

## Licht

„Licht" meint hier nur Tageslicht. Tageslichttechnik heißt sinnvolle Nutzung der gestreut durch Wolken oder direkt ankommenden Strahlung der Sonne, Anpassen des zu Bauenden an die astronomischen und klimatischen Gegebenheiten, Aufnehmen der erwünschten, Abwehr der unangenehmen Einflüsse. Wie Lichtöffnungen angeordnet und ausgebildet werden, prägte schon immer in meist höherem Maße das Gesicht von Gebäuden als die Ausbildung der Wände und Dächer. – Der erste Teil dieses Hauptabschnitts erläutert als Hilfe für eher gefühlsmäßig getroffene Vorentwurfsentscheidungen ohne Rechenverfahren die vorwiegend geometrisch bedingten Möglichkeiten und Grenzen der Raumbeleuchtung mit Tageslicht, der zweite liefert die astronomischen, geometrischen (umfassender als DIN 5034), rechnerischen und materialbedingten Grundlagen für Untersuchungen und gibt an zwei Beispielen Hinweise für die Anwendung. Der dritte Teil beschreibt die auch städtebaulich zu beachtenden Möglichkeiten, die eingestrahlte Sonnenenergie zu nutzen und sich vor unerwünschter Sonne zu schützen, der vierte kurz, welche tageslichttechnischen Messungen einfach auszuführen wären.

Eingehender befaßt sich jetzt schon der erste Teil mit den Eigenschaften besonderer Gläser und ihrer zweckmäßigen Nutzung, und im zweiten werden neu abgeleitet Minderungsfaktoren für den im Raum reflektierten Tageslichtanteil bei der in DIN 5034 nicht vorgesehenen Anordnung von Balkonen oder Dachvorsprüngen über den Fenstern.

## Brand

Die Darstellung des Teilgebietes „Brand" geht aus von möglichen Brandverläufen und Modellen zu ihrer Beschreibung und befaßt sich dann vorwiegend mit den Hochtemperatureigenschaften der Baustoffe und dem Brandverhalten von Bauteilen. Damit werden die Grundlagen für einen vorbeugenden baulichen Brandschutz gegeben. Dann wird auf die für den Brandschutz wichtigen Ordnungen und Normen, auf ergänzende bauliche und betriebliche Brandschutzmaßnahmen sowie auf Brandnebenwirkungen durch Rauch und toxische Gase eingegangen.

## Klima

Die Forderungen, die an das Raumklima im Gebäude zu stellen sind, werden am Beispiel der Wärmephysiologie des Menschen begründet. Die Komponenten des Außenklimas, die das Raumklima beeinflussen und die Baukonstruktion beanspruchen können, werden beschrieben. Daraus ergibt sich die äußere Wärmelast. Aus den Möglichkeiten, diese durch bauliche Maßnahmen zu beeinflussen, aus der Speicherfähigkeit des Gebäudes und der Wirksamkeit der Lüftung lassen sich – unter Berücksichtigung der funktionsbedingten Wärme- und Stofflasten – die Ansatzpunkte für ein klimagerechtes Bauen erkennen. Ein Überblick über die Klimazonen der Erde und die autochthonen Bauweisen, die sich dort entwickelt haben, veranschaulichen die bauklimatischen Wirkungsmöglichkeiten der Gebäude und ihrer Elemente sowie der Siedlungen.

Die Autoren bitten die Leser, kritische Anmerkungen und Vorschläge zur Weiterentwicklung des Buches an den Verlag zu senden, und danken dafür im voraus.

Im Frühjahr 1994    P. Lutz   R. Jenisch   H. Klopfer   H. Freymuth   L. Krampf   K. Petzold

# Inhalt

## II Wärme *Von Richard Jenisch*

## III  Feuchte   *Von Heinz Klopfer*

## IV Licht *Von Hanns Freymuth*

**VI  Klima**   *Von Karl Petzold*

# I Schall

*Von Peter Lutz*

# 1 Einleitung

Lärm ist in den letzten Jahren zu einem zentralen Problem geworden, da unsere Gesellschaft sich auch heute noch häufig darauf beschränkt, die Vorzüge der modernen Technik zu konsumieren und dabei nachteilige Begleiterscheinungen wie z. B. Lärm, hinnimmt. Das steigende Verkehrsaufkommen und die schnelle Entwicklung von städtischen und industriellen Ballungszonen haben dazu geführt, daß in der Bundesrepublik Deutschland heute sich jeder zweite Bürger durch Lärm belästigt fühlt, jeder vierte wird während der Nachtzeit gestört. Dies verwundert nicht, wenn man sich die mögliche Vielfalt der auf uns wirkenden Schallimmissionen vor Augen führt:

– Geräusche aus der Nachbarwohnung

– Laute Geräte im eigenen häuslichen Bereich

– Verkehrslärm (auch im eigenen Auto!)

– Lärm von Industrie- und Gewerbebetrieben

– Lärm am Arbeitsplatz

– Lärm von Freizeitanlagen und Veranstaltungen.

Durch Gebietsplanungen allein ist heute das Lärmproblem nicht mehr zu lösen, und auch eine ausreichende Lärmminderung an den Lärmquellen (z. B. leise Fahrzeuge) wird nur sehr langfristig zu realisieren sein. Baulichen Maßnahmen zum Schutz gegen Lärm kommt deshalb heute eine große Bedeutung zu, da sie, bei richtiger Ausführung, in der Lage sind, den störenden Schall ausreichend zu mindern.

Die notwendigen Schallschutz-Maßnahmen sollten bereits am Anfang in die Planung mit einbezogen werden, da sie häufig später nicht mehr oder nur noch mit wesentlichem Mehraufwand möglich sind (z. B. ein- oder doppelschalige Reihenhaustrennwand).

Ein mangelhafter Schallschutz entsteht oft auch aus Unkenntnis der schalltechnischen Wirkung von Baustoffen (z. B. verputzte steife Wärmedämmschichten führen zu Resonanz-Verschlechterungen).

Für einen guten Schallschutz eines Hauses sollte bereits bei der Entwurfsplanung folgendes bedacht werden:

1. Festlegung der Anforderungen unter Berücksichtigung geltender DIN-Normen, baurechtlichen Vorschriften und den allgemein anerkannten Regeln der Technik (z. B. Heranziehung von Normentwürfen), sowie nicht zuletzt wirtschaftlicher Gesichtspunkte (Die häufig in LV's zu findende Floskel „Schall- und Wärmeschutz nach DIN" führt oft zu Gerichtsverfahren).

2. Ausbildung der Außenbauteile (z. B. Fenster) und abgewandte Orientierung von Schlafräumen, Freibereich u. ä. bei Außenlärmbelastung.

3. Grundrißanordnung (Geräuschquellen wie z. B. Bad, WC, Aufzug nicht an Schlafräume o. ä. angrenzend).

4. Bauart (massive schwere Bauweise oder leichte Montagebauweise).

5. Festlegung der trennenden Bauteile sowie der flankierenden Bauteile (Einfluß der Schallängsleitung ist bestimmend für den erreichbaren Schallschutz).

6. Wasserinstallationen (z. B. Armaturen und Leitungen immer nur an Wänden mit m' $\geq$ 220 kg/m$^2$ befestigen oder Montagebauteile verwenden).

7. Anordnung und Einbau von technischen Gebäudeausrüstungen (z. B. Aufzug, Heizanlage usw.).

Es müssen somit zahlreiche Einzelmaßnahmen mit gegenseitigen Wechselbeziehungen bei der Planung und Ausführung von Gebäuden berücksichtigt werden.

# 2   Grundlagen

Bauakustik, Raumakustik und Lärmschutz haben als Teilgebiete der Bauphysik ihre eigenen Begriffe für die Beschreibung der physikalischen Vorgänge in der Bautechnik. Die nachfolgende kurze Erläuterung einiger Begriffe ist zum Verständnis der späteren praktischen Konstruktions- und Berechnungs-Anwendungen und der subjektiven Beurteilung von Lärm notwendig.

## 2.1   Physikalische Grundlagen

Als Schall bezeichnet man ganz allgemein mechanische Schwingungen eines elastischen Mediums im Hörbereich des menschlichen Ohres (16 Hz bis 20 000 Hz). Die Schwingungen sind dabei eine Bewegung der Teilchen um eine Ruhelage, welche sich durch die elastische Kopplung auf benachbarte Teilchen fortpflanzt, es entsteht eine **Schallwelle**. Pflanzen sich diese Schwingungen in Luft oder einem anderen Gas fort, so spricht man von **Luftschall**; bei Schwingungen in festen Körpern, z. B. in Wänden und Decken eines Hauses, spricht man von **Körperschall**. Der Vollständigkeit halber muß hier als dritter Begriff **Trittschall** erwähnt werden. Hierbei handelt es sich um durch Körperschallanregung abgestrahlten Luftschall, z. B. beim Gehen auf einer Decke.

Zum menschlichen Ohr gelangt der Schall als Luftschall in Form von Luftverdichtungen und Luftverdünnungen, hervorgerufen durch die Pendelbewegung der Moleküle. Diese periodischen Änderungen der Luftdichte ergeben Druckschwankungen, die sich dem atmosphärischen Luftdruck (1 atm = 1,033 at = $1,013 \cdot 10^5$ N/m$^2$) überlagern (s. Bild 2.1). Die Stärke der Luftdruckschwankungen kennzeichnet die Schallstärke, man bezeichnet sie als

**Schalldruck p**; Maßeinheit: [N/m$^2$] = [Pa]

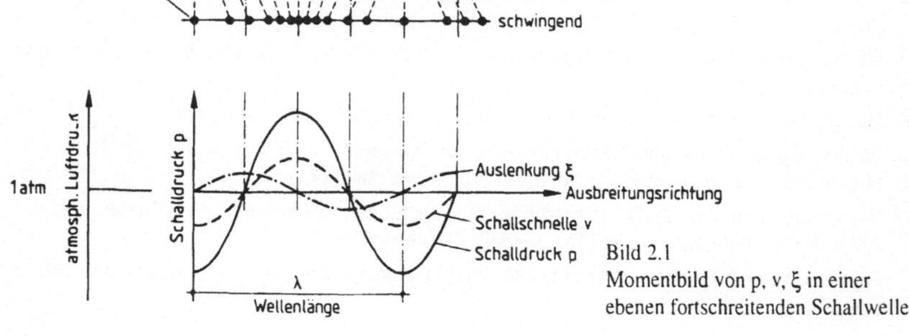


Bild 2.1
Momentbild von p, v, ξ in einer ebenen fortschreitenden Schallwelle

Die von Menschen wahrnehmbaren Schallereignisse umfassen von der Hörschwelle bis zur sogenannten Schmerzgrenze einen sehr großen Schalldruckbereich. Bei einem 1000 Hz-Ton liegt die **Hörschwelle** bei etwa $2 \cdot 10^{-5}$ Pa und die **Schmerzgrenze** bei etwa 20 Pa, also 6 Zehnerpotenzen höher. Der Schalldruck p wird mit Mikrofonen gemessen (s. auch Abschn. 2.2).

Bei einer sinusförmigen Schwingung entsteht ein **Ton**, mehrere harmonische Schwingungen ergeben zusammen einen **Klang** und viele verschiedene Töne ohne gesetzmäßigen Zusammenhang bezeichnet man als **Geräusch**.

Die Schwingungszahl je Sekunde eines Tones bezeichnet man als

      **Frequenz f**; Maßeinheit [Hz]

Die Frequenz ist maßgebend für die Tonhöhe bzw. den Geräuschcharakter (z. B. „heller Klang" bedeutet, daß hohe Frequenzen überwiegen). Das menschliche Ohr nimmt Töne von 16 Hz bis 20 000 Hz wahr. Eine Übersicht über den akustischen Frequenzbereich zeigt Bild 2.2.

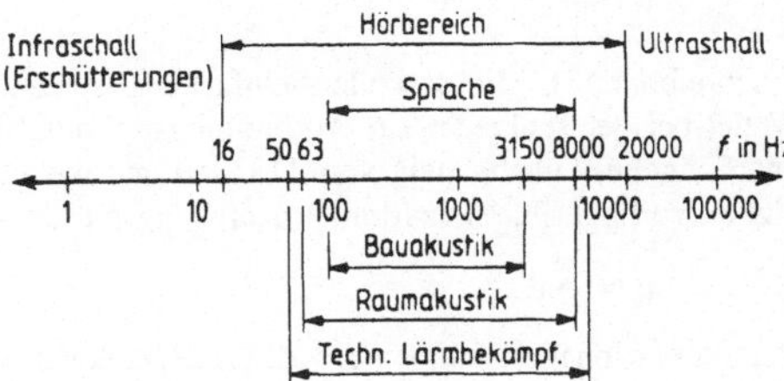


Bild 2.2
Akustischer Frequenzbereich

Für Spektralanalysen akustischer Vorgänge wurde der Frequenzbereich in rund 10 Oktaven (1 Oktave = Frequenzverdoppelung) und jede Oktave in 3 Terzen unterteilt und die in der Tafel 2.1 angegebenen Bandmittenfrequenzen festgelegt.

Tafel 2.1  Standardisierte Bandmittenfrequenzen nach [64] [65]; durch Fettdruck ist der in der Bauakustik interessierende Bereich (= 16 Terzen) hervorgehoben.

| Bandmittenfrequenz in Hz | Terzfilter | Oktavfilter | Bandmittenfrequenz in Hz | Terzfilter | Oktavfilter |
|---|---|---|---|---|---|
| 25 | × |  | **800** | × |  |
| 31,5 | × | × | **1 000** | × | × |
| 40 | × |  | **1 250** | × |  |
| 50 | × |  | **1 600** | × |  |
| 63 | × | × | **2 000** | × | × |
| 80 | × |  | **2 500** | × |  |
| **100** | × |  | **3 150** | × |  |
| **125** | × | × | 4 000 | × | × |
| **160** | × |  | 5 000 | × |  |
| **200** | × |  | 6 300 | × |  |
| **250** | × | × | 8 000 | × | × |
| **315** | × |  | 10 000 | × |  |
| **400** | × |  | 12 500 | × |  |
| **500** | × | × | 16 000 | × | × |
| **630** | × |  | 20 000 | × |  |

Bei der Schallausbreitung in Luft schwingen die Teilchen in Ausbreitungsrichtung (Longitudinalwelle). Die Schwinggeschwindigkeit der einzelnen Teilchen wird als **Schallschnelle v** [m/s] bezeichnet, die Ausbreitungsgeschwindigkeit der Welle als **Schallgeschwindigkeit c** [m/s]. Der Abstand zwischen zwei gleichartigen Schwingungszuständen (Phase) wird durch die **Wellenlänge** $\lambda$ [m] gekennzeichnet. Es gilt folgender Zusammenhang:

$$\lambda \cdot f = c \tag{2.1}$$

In Luft ist die Schallgeschwindigkeit bei Normalbedingungen: $c \approx 340$ m/s und somit die Wellenlängen z. B.:

$$\text{bei } 100 \ \text{Hz: } \lambda = 3,4 \ \text{m}$$
$$\text{bei } \ \ 1 \ \text{kHz: } \lambda = 0,34 \ \text{m}$$
$$\text{bei } 3,15 \ \text{kHz: } \lambda = 0,108 \ \text{m}$$

Die Vorgänge der Schallausbreitung sind durch Wellengleichungen wie z. B.

$$p\,(x,t) = \hat{p} \sin \left[2 \, \pi \, f \, (t - \frac{x}{c})\right] \tag{2.2}$$

beschreibbar [3], [5]. Besonders einfache Lösungen erhält man für die sogenannte ebene Welle, bei der senkrecht zur Ausbreitungsrichtung die Momentanwerte von Schalldruck p und Schnelle v unabhängig vom Ort sind und nur in Ausbreitungsrichtung eine Ortsabhängigkeit vorliegt. Für sinusförmige Anregung gilt dann folgender Zusammenhang:

$$p = \rho \, c \, v \tag{2.3}$$

Der Proportionalitätsfaktor $\rho c$ wird als Schallkennimpedanz bezeichnet; für praktische Berechnungen wird der Wert $\rho c \approx 400 \ \text{Nsm}^{-3}$ verwendet.

Für die **Energiegrößen des Schallfeldes** ergeben sich bei einer ebenen Welle mit den Effektivwerten von p und v folgende Gleichungen:

**Schallintensität I** (= Schallenergie, die je Zeiteinheit durch die Flächeneinheit strömt):

$$I = p \, v = \frac{p^2}{\rho c} \ \ [\text{W/m}^2] \tag{2.4}$$

**Schalleistung P** (= Schallenergie, die je Zeiteinheit durch die Fläche S strömt):

$$P = I \, S = p \, v \, S = \frac{p^2}{\rho c} \, S \ \ [\text{W}] \tag{2.5}$$

Die von einer Schallquelle insgesamt abgestrahlte Schalleistung erhält man durch Integration über die Schallintensität auf einer Hüllfläche S um die Schallquelle:

$$P = \int_S I \, dS \tag{2.6}$$

Bei akustischen Schwingungen sind sowohl bei Luftschall als auch bei Körperschall meist drei grundlegende mechanische Elemente beteiligt: Feder, Masse und Reibung [3]. Hohlräume und elastische Zwischenschichten bei mehrschaligen Konstruktionen wirken dabei als Feder zwischen zwei schwingenden Massen. Als Masse kann dabei auch die Luft in Öffnungen und Schlitzen wirken (Helmholtzresonator, s. Bild 2.4). Solche Schwingungssysteme (Masse-Feder-System) haben eine Resonanzfrequenz $f_0$, bei welcher die Schwingungsamplitude ein Maximum erreicht, dessen Höhe durch Masse, Feder und Reibung (Dämpfung) bestimmt wird (s. Bild 2.3).

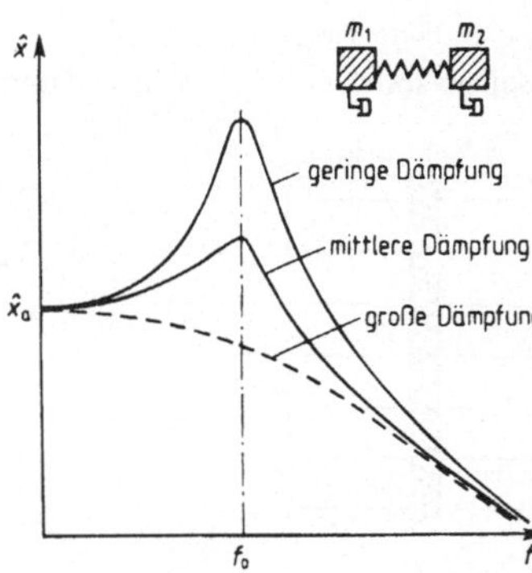


Bild 2.3
Resonanz bei erzwungener Schwingung

$\hat{x}$     Amplitude der erzwungenen Schwingung

$\hat{x}_a$     Anregungsamplitude

$f_o$     Resonanzfrequenz

Allgemein gilt für die Resonanzfrequenz $f_o$ (Eigenfrequenz) von zwei Massen $m_1$ und $m_2$ mit einer federnden Zwischenschicht (z. B. Dämmschicht):

$$f_o = 500 \sqrt{s' \left( \frac{1}{m'_1} + \frac{1}{m'_2} \right)} \qquad (2.7)$$

dabei bedeuten:

$f_o$     Resonanzfrequenz in Hz

$s'$     dynamische Steifigkeit in $10^7$ N/m$^3$

$m'_1$, $m'_2$     flächenbezogene Massen in kg/m$^2$

Beim Masse-Feder-System (s. Bild 2.3) sind drei Frequenzbereiche zu unterscheiden:

$f < f_o$     unterhalb der Resonanzfrequenz schwingen beide Massen, wie wenn sie starr gekoppelt wären.

$f = f_o$     Eigenschwingung des Systems stimmt mit der Anregung überein (Resonanz); Amplituden sind größer als Anregung.

$f > f_o$     oberhalb der Resonanzfrequenz werden die Amplituden kleiner als die Anregung.

Einige Beispiele für Masse-Feder-Systeme aus der Praxis zeigt nachfolgend Bild 2.4:

## Helmholtzresonator

z. B. Holzverkleidung mit offenen Fugen zur Schallabsorption

V     Feder (Hohlraum)

S     Masse (mitschwingende Luft in der Fuge)

H     Reibung durch Vlies- oder Mineralwollehinterlegung

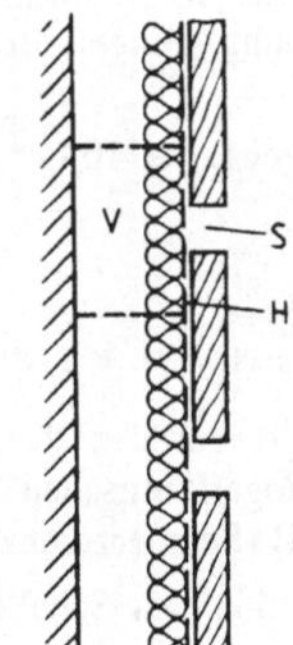


Bild 2.4
Beispiele für Masse-Feder-Systeme, Fortsetzung s. nächste Seite

Bild 2.4, Fortsetzung

**Doppelwände**      **Wärmedämmverkleidungen**      **schwimmender Estrich**

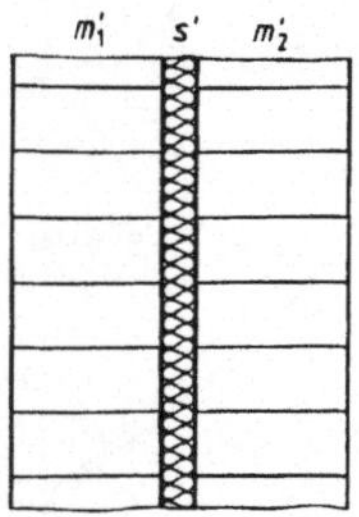

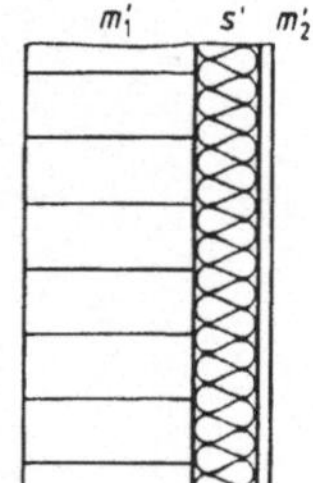

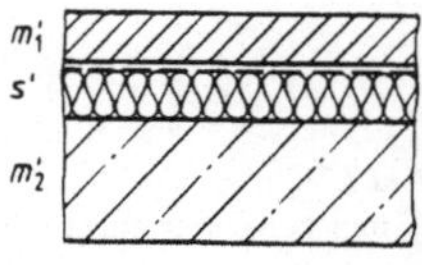

**elastische Lagerung von Maschinen**

z. B. Maschinenfundament auf Federn oder flächiger elastischer Schicht zur Körperschallisolierung.

## 2.2 Grundbegriffe der Bauakustik

### 2.2.1 Messung von Schall

Da die vom Menschen wahrnehmbaren Schallereignisse einen unübersichtlich großen Schalldruckbereich (6 Zehnerpotenzen, s. Abschnitt 2.1) überstreichen, hat man zur Kennzeichnung der Schallstärke ein logarithmisches Maß, den **Schalldruckpegel L** – meistens einfach Schallpegel genannt – eingeführt:

$$\text{Schalldruckpegel } L \; \equiv \; 10 \lg \frac{p^2}{p_0^2} = 20 \lg \frac{p}{p_0} \quad [\text{dB}] \tag{2.8}$$

dabei bedeuten:

$p$    momentaner Schalldruck
$p_0$   Schalldruck bei der Hörschwelle $(= 2 \cdot 10^{-5} \text{ N/m}^2)$

Die Einheit dB (dezi-Bel) wurde nach Graham Bell, dem Erfinder des Telefons benannt. Mit der Einführung des logarithmischen Schallpegels ergibt sich ein Pegelbereich von 0 dB (Hörschwelle) bis 120 dB (Schmerzgrenze).

Entsprechend der Definition des Schalldruckpegels L (Gl. 2.8)) sind die nachfolgenden Pegel festgelegt:

$$\textbf{Schallschnellepegel:} \quad L_v = 20 \lg \frac{v}{v_o} \quad \text{mit} \quad v_o = 5 \cdot 10^{-8} \, \frac{m}{s} \qquad (2.9)$$

$$\textbf{Schalleistungspegel:} \quad L_W = 10 \lg \frac{P}{P_o} \quad \text{mit} \quad P_o = 10^{-12} \, W \qquad (2.10)$$

$$\textbf{Schallintensitätspegel:} \quad L_I = 10 \lg \frac{I}{I_o} \quad \text{mit} \quad I_o = 10^{-12} \, \frac{W}{m^2} \qquad (2.11)$$

Der logarithmische Schallpegel-Maßstab hat noch folgende, zunächst ungewohnte Konsequenz: Die Schallpegel verschiedener Schallquellen, die gleichzeitig Schall aussenden, dürfen nicht einfach zum **Gesamtschallpegel** aufaddiert werden, sondern es muß die Summe unter dem Logarithmus gebildet werden:

$$L_{ges.} = 10 \lg \left( \frac{p_1^2}{p_o^2} + \frac{p_2^2}{p_o^2} + \ldots + \frac{p_n^2}{p_o^2} \right) \qquad (2.12)$$

Es muß also zunächst aus einem Schallpegel L die der Schallenergie proportionale Größe $p^2$ berechnet werden:

$$p^2 = p_o^2 \cdot 10^{L/10} \qquad (2.13)$$

womit sich dann der Gesamtschallpegel durch die sogenannte **energetische Addition** ergibt:

$$L_{ges.} = 10 \lg \sum_{i=1}^{n} (10^{L_i/10}) \qquad (2.14)$$

Für Abschätzungen in der Praxis wird häufig das sich aus Gl. (2.14) ergebende nachfolgende Nomogramm zur Addition von zwei Schallpegeln verwendet:

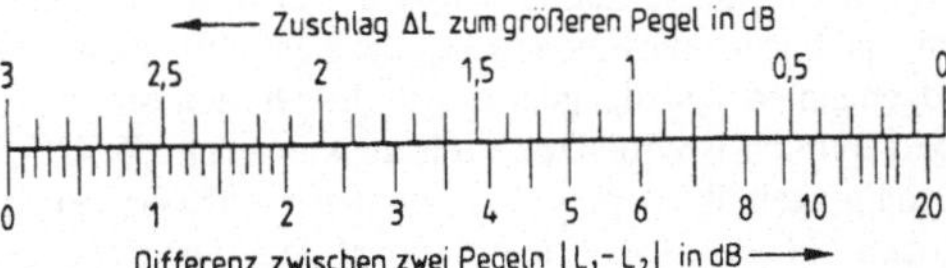


Bild 2.5
Nomogramm zur Addition
von zwei Schallpegeln

Zwei gleichlaute Schallquellen ergeben somit zusammen einen um 3 dB höheren Schallpegel. Dies entspricht zwar einer Verdopplung der Schallenergie, jedoch wird dies vom menschlichen Ohr nur bei leisen Geräuschen auch als doppelt so laut empfunden. Bei Schallpegeln über 50 dB ergibt erst eine Pegelzunahme um rund 10 dB eine Verdoppelung des subjektiven Lautstärkeeindrucks.

**Lautstärkeempfinden**

Das menschliche Ohr ist für hohe und tiefe Frequenzen verschieden empfindlich; bei gleichen Schallpegeln werden tiefe Töne als leiser empfunden als hohe Töne. Man hat deshalb neben dem physikalischen Maß des Schallpegels L eine weitere Größe, die **Lautstärke**, eingeführt, welche das Lautstärkeempfinden des menschlichen Ohrs kennzeichnen soll und in **phon** (keine physikalische Einheit!) angegeben wird. Der „Lautstärkepegel" eines Schalls beträgt N phon, wenn dieser Schall von normal hörenden Beobachtern als gleich laut beurteilt wird wie ein reiner Ton der Frequenz 1000 Hz (Sinuston), dessen Schallpegel L = N dB beträgt [60].

Den Zusammenhang zwischen Lautstärke und Schalldruckpegel zeigt Bild 2.6.

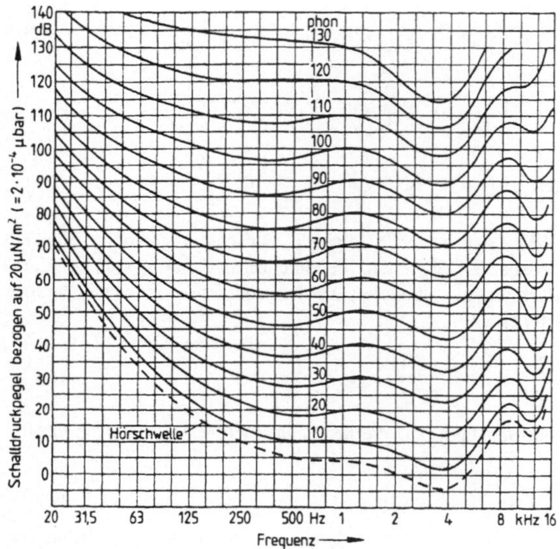


Bild 2.6
Normalkurven gleicher Lautstärkepegel nach DIN 45 630 Bl. 2 [60]

## Bewerteter Schallpegel

Zur näherungsweisen Bestimmung der Lautstärke eines Geräusches mit einem einfachen, objektiven Meßverfahren wurde der in Bild 2.6 gezeigte Zusammenhang stark vereinfacht und in Form von Frequenzbewertungsfiltern elektrisch nachgebildet für die Messung mit sogenannten Schallpegelmessern. Es wurden die in Bild 2.7 dargestellten drei verschieden gekrümmten **Frequenzbewertungskurven A, B, C** festgelegt, welche ursprünglich je nach Schallpegelhöhe angewendet wurden (→ DIN-phon nach DIN 5045, inzwischen zurückgezogen). Heute ist man international dazu übergegangen, zur Messung der Lautstärke eines Geräusches generell die Bewertungskurve A zu benutzen. Der so gewonnene Meßwert wird als **A-Schallpegel:** $L_A$ in dB(A) bezeichnet.

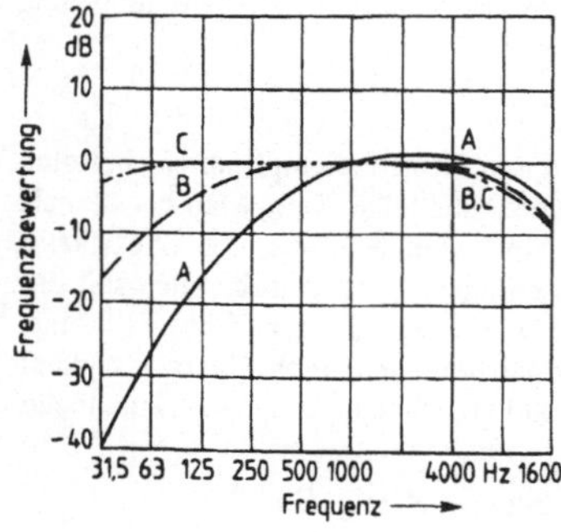


Bild 2.7
Frequenzbewertungskurven, relativer Frequenzgang in dB

**Schallpegelmesser**

Für Schallmeßgeräte gibt es sehr genaue Vorschriften in DIN IEC 651 [62] für sogenannte **Präzisionsschallpegelmesser**. Den prinzipiellen Aufbau zeigt Bild 2.8. Zur Nachbildung der Trägheit des Ohrs dient dabei die Zeitbewertung für die Anzeige bzw. Registrierung mit folgenden drei Stufen:

Fast:   $L_{AF}$ in dB(AF) / Zeitkonstante ca. 125 ms

Slow:   $L_{AS}$ in dB(AS) / Zeitkonstante ca.   1 s

Impuls:   $L_{AI}$ in dB(AI)  / Zeitkonstante ca.   35 ms mit verzögerter Abklingzeit.

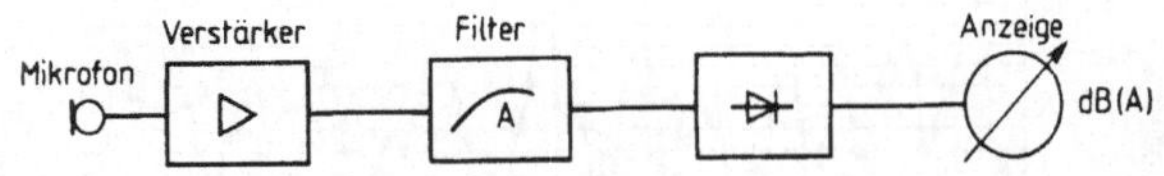


Bild 2.8
Prinzipieller Aufbau
eines Schallpegelmessers

## 2.2.2  Beurteilung zeitlich schwankender Geräusche

Der Schallpegel eines Geräusches ist selten zeitlich konstant. Denkt man z. B. an die Lärmsituation in einem Büro, in einer Werkstatt oder an Verkehrslärm, so ist es zunächst nicht möglich, einen einzigen A-Schallpegelwert zur Kennzeichnung der Störwirkung anzugeben. Für die Beurteilung wird deshalb der **Mittelungspegel $L_m$** nach DIN 45 641 [62] mit folgender Beziehung:

$$L_m = 10 \lg\left[\frac{1}{T}\int_0^T 10^{0,1\,L(t)}\,dt\right] \tag{2.15}$$

dabei bedeuten:
T     betrachtetes Zeitintervall (Meßzeit, Teilzeit für Beurteilung)
L(t)   Schallpegel in Abhängigkeit der Zeit

gebildet. Man versteht darunter den A-Schallpegel, welcher der über den zu kennzeichnenden Zeitraum gemittelten Schallenergie entspricht (energie-äquivalenter Dauerschallpegel).

Anmerkung: Gl. (2.15) ist der Sonderfall: Halbierungsparameter q = 3 der allgemeinen Form:

$$L_{m,q} = \frac{q}{\lg 2}\lg\left[\frac{1}{T}\int_0^T 10^{\frac{\lg 2}{q}L(t)}\,dt\right] \tag{2.15}$$

Mit dem Halbierungsparameter wird die Abhängigkeit der Wirkung von Dauer und Pegel der Schallvorgänge auf Menschen berücksichtigt. Zur Vereinheitlichung wird in DIN-Normen [62] der Wert q = 3 (→ Mittelungspegel nach Gl. (2.15)) benützt; Ausnahme: im Gesetz zum Schutz gegen Fluglärm vom 30. März 1971 wird q = 4 verwendet.

Bild 2.9 zeigt als Beispiel das stark schwankende Verkehrsgeräusch neben einer städtischen Hauptverkehrsstraße. Der Mittelungspegel $L_m$ ist durch einen Pfeil gekennzeichnet. Der Wert des Mittelungspegels liegt näher bei den Pegelmaxima als bei den Minima.

Zur Erfassung des Schwankungsbereichs von Geräuschen wird der Meßbereich in Pegelklassen (2 oder 5 dB) eingeteilt und die Pegelhäufigkeiten ermittelt. Zur Darstellung werden häufig die sogenannten Summenhäufigkeitspegel $L_{x\%}$ (= Pegel, welcher in x% der

Meßzeit überschritten wurde) aufgetragen oder nur die nachfolgenden Werte angegeben [63]:

$L_1$ = mittlerer Maximalpegel

$L_{95}$ = Grundgeräuschpegel
$(99)$

$L_5$-$L_{95}$ = mittlere Schwankungsbreite des Geräusches

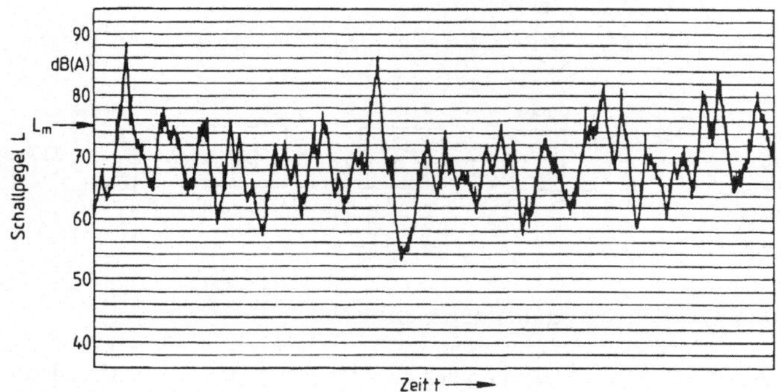


Bild 2.9   Zeitlicher Verlauf des Verkehrsgeräusches unmittelbar neben einer städtischen Hauptverkehrsstraße. Mittelungspegel $L_m = 75$ dB(A)

## 2.2.3   Kennzeichnung und Messung der Luft- und Trittschalldämmung von Bauteilen

**Luftschalldämmung**

Bei der Übertragung von Luftschall über ein Bauteil durchdringt nur ein Bruchteil der auffallenden Schallenergie das trennende Bauteil infolge der teilweisen Reflexion an der Oberfläche, der Umwandlung in Wärme und der Ableitung als Körperschall in benachbarte Bauteile. Gekennzeichnet wird die Schalldämmung eines Bauteils durch das sogenannte Schalldämmaß R.

Es ist folgendermaßen definiert:

$$R \text{ in dB} = 10 \lg \frac{P_1}{P_2} \qquad (2.16)$$

$P_1/P_2$ ist das Verhältnis der auftreffenden Schallenergie zu der auf der Rückseite in den Nachbarraum abgestrahlten Energie. Die Schalldämmung wird wie der Schallpegel in „dB" angegeben.

R = 20 dB bedeutet, daß 1/100stel der auffallenden Energie in den Nachbarraum durchgeht; dies entspricht etwa einer normalen Tür ohne Dichtung. Bei R = 53 dB, z. B. bei einer Wohnungstrennwand, ist es nur 1/200 000stel.

Das Verfahren zur Messung des Schalldämmaßes eines Bauteils ist in DIN 52210 [66] festgelegt. Teil 1 enthält die Meßvorschriften für die Prüfung im Laboratorium als auch am Bau.

Im Laboratorium (Prüfstand) wird das zu prüfende Bauteil zwischen zwei Räume eingebaut (s. Bild 2.10) und das Schalldämmaß R nach folgender Beziehung bestimmt:

$$R \text{ in dB} = L_1 - L_2 + 10 \lg \frac{S}{A_2} \qquad (2.17)$$

dabei bedeuten:
$L_1$  Schallpegel im lauten Raum, gemittelt über den Raum
$L_2$  Schallpegel im leisen Raum, gemittelt über den Raum
$A_2$  Äquivalente Schallabsorptionsfläche des leisen Raumes, bestimmt durch Messung der Nachhallzeit T (s. Abschn. 3, Gl. (3.7))
S  Fläche des zu prüfenden Bauteils

Durch das Korrekturglied $10 \lg \dfrac{S}{A_2}$ wird berücksichtigt, daß der Schallpegel im leisen Raum ($L_2$) dabei um so größer sein wird, je größer die Fläche S des Bauteils ist und je kleiner die Schallabsorption im Empfangsraum ($A_2$) ist, so daß das Schalldämmaß R eines Bauteils unabhängig davon ist.

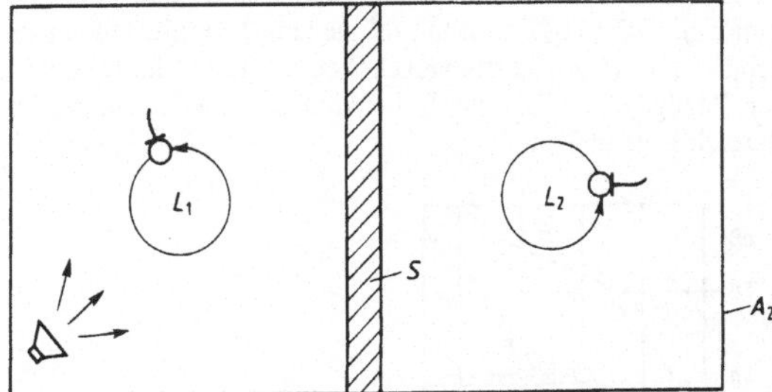


Bild 2.10
Zur Messung der Luftschalldämmung von Bauteilen

Die Schallübertragung zwischen zwei Räumen erfolgt jedoch normalerweise nicht nur direkt über das trennende Bauteil, sondern auch über die angrenzenden flankierenden Bauteile (→ Schallängsleitung). Diese Schallängsleitung ist in ausgeführten Bauten von erheblicher praktischer Bedeutung und muß bei der Planung unbedingt berücksichtigt werden (s. Abschn. 4 und 5).

Bei der Messung am Bau oder in Laboratorien mit sogenannten bauähnlichen Schall-Nebenwegen (s. DIN 52 210, Teil 3 [66]) wird R deshalb mit einem „ ' " gekennzeichnet (→ R' = Bauschalldämmaß).

Für die Messung der Schalldämmung von Außenbauteilen am Bau sind in DIN 52 210 in Teil 5 Regeln angegeben. Bei der Messung der Schalldämmung z. B. eines Fensters mit Verkehrsgeräuschen wird das Schalldämmaß dann mit $R'_{tr}$ bezeichnet. Obige Beziehung (2.17) gilt hierbei analog.

Bei Messungen mit Lautsprecherlärm von außen ist die Schalleinfallsrichtung ($\vartheta$) von gewisser Bedeutung; als Bezeichnung für das Schalldämmaß wird dann $R'_\vartheta$ verwendet.

In Fällen, wenn die Flächen im Sende- und Empfangsraum verschieden groß sind und die beiden Räumen gemeinsame Fläche S ist kleiner als 10 m$^2$, wird statt dem Schalldämmaß R die sogenannte Normschallpegeldifferenz $D_n$ nach DIN 52 210 [66] bestimmt:

$$D_n \text{ in dB} = L_1 - L_2 + 10 \lg \frac{A_o}{A_2} \qquad (2.18)$$

Dabei bezieht man $A_2$ auf eine vereinbarte äquivalente Schallabsorptionsfläche $A_o$ von allgemein 10 m², bei Schulklassenräumen von 25 m² (s. DIN 52 210, Teil 3), um den Einfluß der Schallabsorption im Empfangsraum auszuschalten.

Ebenfalls wird bei allen kleinformatigen Elementen wie z. B. Rolladenkästen, Schalldämmlüfter u. ä. die Normschallpegeldifferenz $D_n$ angegeben (s. hierzu auch Abschn. 5.1 )

Das Schalldämmaß R bzw. R' üblicher Bauteile hängt stark von der Frequenz ab und wird normalerweise pro Terz bestimmt (Normmessung nach DIN 52 210 [66]; Kurzmeßverfahren nach [14] werden am Ende des Abschnitts besprochen) und in Form einer Kurve in einem Diagramm in Abhängigkeit von der Frequenz dargestellt (s. z. B. Meßkurve M in Bild 2.11). Für die praktische Kennzeichnung muß dann ein Mittelwert gebildet werden, ohne den Aussagewert der Kurve wesentlich einzuschränken.

**Mittelwertbildung / Einzahlangaben nach DIN 4109 und DIN 52 210, Teil 4**

Eine einfache arithmetische Mittelwertbildung (= mittleres Schalldämmaß $R_m$) ist praktisch nicht brauchbar, da dabei die frequenzabhängige Empfindlichkeit unseres Ohres (s. Bild 2.7) nicht berücksichtigt wird. Zur annähernd gehörsrichtigen Bewertung einer Schalldämmkurve (z. B. Kurve M in Bild 2.11) wird diese deshalb mit einer Bezugskurve (B in Bild 2.11, früher in DIN 4109 „Sollkurve" genannt) verglichen, indem die Bezugskurve so lange in Schritten von ganzen dB verschoben wird, bis die mittlere Unterschreitung der verschobenen Bezugskurve ($B_v$) durch die Meßkurve (M) nicht größer als 2 dB ist, siehe schraffierter Bereich in Bild 2.11.

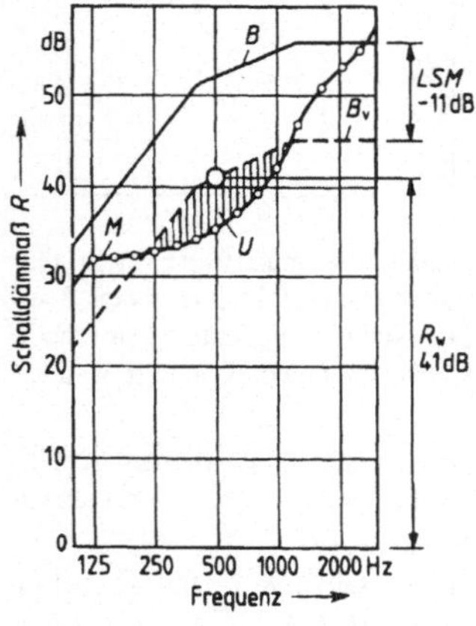


Bild 2.11
Zur Definition des Luftschallschutzmaßes LSM und des bewerteten Schalldämmaßes $R_w$

B     Bezugskurve nach DIN 52 210, Teil 4, bzw. nach DIN 4109

$B_v$    verschobene Bezugskurve

U     zulässige mittlere Unterschreitung von 2 dB von M gegenüber $B_v$

M     Meßwerte

$R_w$    bewertetes Schalldämm-Maß

Die Größe der Verschiebung stellt das früher in DIN 4109-62 verwendete **Luftschallmaß LSM** dar, wobei der Nullpunkt (LSM = 0 dB) der damaligen Mindestanforderung für Wohnungstrennwände und -decken entsprach, also sehr hoch gewählt war. Für leichtere Bauteile wie z. B. Fenster, Türen, leichte Innenwände und ähnliche ergaben sich dadurch praktisch immer negative LSM-Werte. Um einen ungünstigen Eindruck zu vermeiden, wurde deshalb früher für diese Bauteile meist nur ein mittleres Schalldämmaß ($R_m$) angegeben.

Um für alle Bauteile ein einheitliches Maß für die Kennzeichnung der Luftschalldämmung zu haben, wurde inzwischen ein neues Maß, das sogenannte **bewertete Schalldämmaß $R_w$** eingeführt. Zur Bestimmung wird dasselbe Verfahren wie beim LSM (s. oben) angewendet, und dann aber nicht die Größe der Verschiebung, sondern der Wert der verschobenen Bezugskurve ($B_v$) bei 500 Hz abgelesen (s. Bild 2.11). Dieser Wert ist das bewertete Schalldämmaß $R_w$. $R_w$ ist Null, wenn $R = 0\,dB$ ist, also ist der Nullpunkt bei diesem neuen Maß richtig und vor allem neutral gewählt und bei hoher Schalldämmung ist $R_w$ groß; z. B. bei $R'_w = 53$ dB (Mindestanforderung für Wohnungstrennwände) sind normale Wohngeräusche und Sprechen oder ähnliches in der Nachbarwohnung kaum wahrnehmbar, sofern der Grundgeräuschpegel nicht sehr niedrig ($\leq 25\,dB(A)$) ist (s. hierzu z. B. [52]).

Zwischen dem $R_w$ und dem LSM gilt folgende Beziehung:

$$R_w \text{ in dB} = \text{LSM} + 52\,dB \tag{2.19}$$

Zukünftig soll zur Kennzeichnung nur noch $R_w$ bzw. $R'_w$ verwendet werden (s. DIN 4109, Ausgabe 89).

Das oben angegebene Verfahren zur Bewertung des Schalldämmaßes ($\rightarrow R_w$) kann auch auf die Normschallpegeldifferenz $D_n$ (s. Gl. (2.18)) angewendet werden. Der resultierende Wert wird dann als bewertete Norm-Schallpegeldifferenz $D_{n,w}$ bezeichnet.

**Trittschalldämmung**

Beim Gehen, beim Rücken von Stühlen, beim Betrieb von Haushaltsgeräten usw., allgemein durch Körperschallanregung, werden Decken zu Biegeschwingungen angeregt, die im Raum darunter oder durch Weiterleitung im Haus auch oft in weiter entfernt liegenden Räumen als „Trittschall" gehört werden.

Zur **Messung** (s. Bild 2.12) der Trittschalldämmung einer Decke wird auf dieser ein Normtrittschall-Hammerwerk nach DIN 52 210 [66] betrieben und der im Empfangsraum gemes-

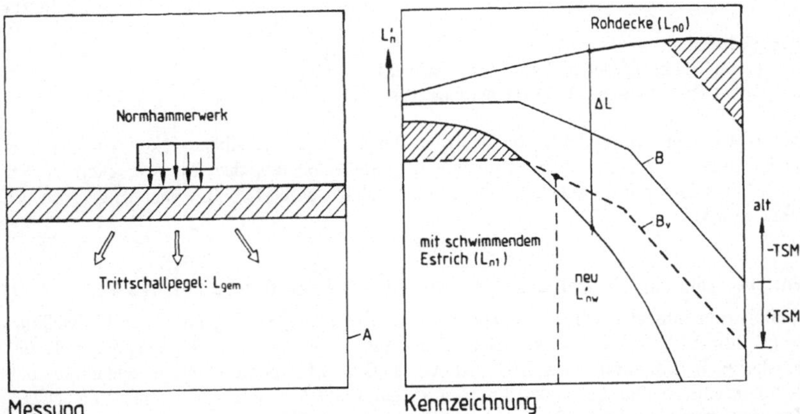


Bild 2.12  Zur Messung und Kennzeichnung des Trittschallschutzes von Decken und Fußböden

B      Bezugskurve nach DIN 52 210 [66] , siehe Mittelwertbildung

▨      Überschreitung der verschobenen Bezugskurve $B_v$ durch die Meßkurve M (im Mittel $\leq 2\,dB$)

$\Delta L$   Trittschallminderung durch den schwimmenden Estrich

TSM    Trittschallschutzmaß nach DIN 4109-62

$L'_{nw}$   bewerteter Normtrittschallpegel nach DIN 4109-89, siehe Mittelwertbildung Zusammenhang: $L'_{nw} = 63 - \text{TSM}$

sene Trittschallpegel L normiert auf $A_o = 10\ m^2$ (entspricht wenig möbliertem Raum) zum **Norm-Trittschallpegel $L_n$** nach Gl. (2.20).

$$L_n = L_{gem.} + 10\ \lg \frac{A}{A_o} \tag{2.20}$$

dabei bedeuten:

$L_n$  Normtrittschallpegel
$L_{gem.}$  gemessener Trittschallpegel im Empfangsraum
$A$  äquivalente Schallabsorptionsfläche des Empfangsraums, bestimmt durch Messung der Nachhallzeit (s. Abschn. 3, Gl. (3.7))
$A_o$  Bezugs-Absorptionsfläche ($= 10\ m^2$)

Bei Messungen im Bau oder in einem Prüfstand mit bauähnlicher Schallängsleitung wird der Normtrittschallpegel mit $L'_n$ (analog $R'_w$) bezeichnet. Der Normtrittschallpegel ist ein Maß für die zu erwartenden Störgeräusche bei Körperschallanregung, so daß – im Gegensatz zum Luft-Schalldämmaß R – hohe Werte einen niedrigen Trittschallschutz bedeuten.

Der Norm-Trittschallpegel $L_n$ von Decken hängt stark von der Frequenz ab, bei Rohdecken steigt $L_n$ mit der Frequenz an, mit aufgebrachtem Fußboden (schwimmender Estrich und/ oder weichfedernder Gehbelag) ergibt sich normalerweise eine zu hohen Frequenzen hin abfallende $L_n$-Kurve (s. Bild 2.12). Nach DIN 52 210 [66] wird seit 1984 zur internationalen Vereinheitlichung (ISO 717) Trittschall ebenfalls mit Terzfiltern gemessen, früher mit Oktavfiltern (125 bis 2800 Hz) in Halboktavschritten.

Die Verbesserung des Trittschallschutzes durch den Fußboden wird als **Trittschallminderung** $\Delta L$ bezeichnet:

$$\Delta L = L_{no} - L_{nl} \tag{2.21}$$

dabei bedeuten:

$L_{no}$  Norm-Trittschallpegel der Decke ohne Fußboden
$L_{nl}$  Norm-Trittschallpegel der Decke mit Fußboden

Die Trittschallminderung $\Delta L$ von Fußböden wird, wie $L_n$· in Abhängigkeit von der Frequenz bestimmt und in einem Diagramm dargestellt. Bei üblichen Massivdecken ist $\Delta L$ eines Fußbodens mit hinreichender Genauigkeit gleich groß [15], also unabhängig von der Deckenstärke.

**Mittelwertbildung / Einzahlangaben nach DIN 4109 und DIN 52 210, Teil 4**

Analog zum Luftschallschutzmaß wurde für die Bewertung einer gemessenen $L'_n$-Meßkurve (s. Bild 2.12) früher das **Trittschallschutzmaß TSM** bestimmt. Die entsprechende Bezugskurve B (Sollkurve nach DIN 4109-62, s. Bild 2.12) berücksichtigte wiederum, daß das menschliche Ohr bei hohen Frequenzen empfindlicher ist als bei tiefen Frequenzen. Zur Bewertung wurde die Bezugskurve (B) solange in Schritten von ganzen dB verschoben, bis die mittlere Überschreitung der verschobenen Bezugskurve ($B_v$) durch die Meßkurve nicht größer als 2 dB ist, siehe schraffierter Bereich in Bild 2.12. Die Verschiebung ergab das Trittschallschutzmaß TSM nach DIN 4109-62 [59], mit positivem Vorzeichen bei Verschiebung nach unten zu kleineren $L_n$-Werten und negativem Vorzeichen bei Verschiebung zu höheren $L_n$-Werten.

Der Nullpunkt TSM = 0 dB war dabei, analog zu LSM = 0 dB, so gewählt worden, daß dies den mindest erforderlichen Trittschallschutz für Wohnungstrenndecken (s. DIN 4109-62) angeben sollte. Gehgeräusche sind dann jedoch noch sehr laut und erst ab TSM = + 20 dB oder mehr sind normale Gehgeräusche praktisch kaum mehr störend. Die beiden Bewertungsskalen waren also nicht ganz vergleichbar, deshalb mußten die Anforderungen in DIN 4109 Ausg. 1989 für den Luftschallschutz nur geringfügig, für den Trittschallschutz jedoch wesentlich erhöht werden (s. Abschn. 4, Anforderungen).

Mit der Neuausgabe DIN 52 210 Teil 4 vom August 1984 [66] wurde zur Angleichung an die internationale Normung (ISO 717) die Kennzeichnung des Trittschallschutzes von Decken geändert. Wesentlich dabei ist, daß die **neue Bezugskurve** zur Anpassung an die internationale Bezugskurve um 3 dB gesenkt wurde und wegen der Messung in Terzbandbreite um weitere 5 dB gesenkt werden mußte, also insgesamt 8 dB tiefer liegt als die frühere Sollkurve nach DIN 4109-62 für Oktav-Messungen (s. Bild 2.12). Das Trittschallverhalten von Decken wird dann durch einen **bewerteten Norm-Trittschallpegel** $L'_{n,w}$ gekennzeichnet, welcher (analog zum $R_w$) den Wert der verschobenen **neuen** Bezugskurve bei 500 Hz angibt. $L'_{n,w}$ ist um so niedriger, je besser der Trittschallschutz, allerdings ist der $L'_{n,w}$-Wert nicht ganz so anschaulich wie der $R'_w$-Wert, welcher näherungsweise mit der mittleren A-Schallpegeldifferenz übereinstimmt. Ganz grob entspricht der $L'_{n,w}$-Wert etwa dem A-Schallpegel extrem lauter Trittschallgeräusche wie z. B. Stühlerücken auf Fliesen und Hüpfen, normale Gehgeräusche u. ä. sind um rund 15 bis 25 dB(A) leiser. Mit hinreichender Genauigkeit für die Praxis gilt:

$$TSM = 63 \text{ dB} - L'_{n,w} \tag{2.22}$$

bzw.

$$TSM_{eq} = 63 \text{ dB} - L_{n,w,eq}$$

Der Trittschallschutz üblicher Massivdecken mit schwimmendem Estrich liegt heute bei einwandfreier Bauausführung bei rund $L'_{nw} = 43$ dB (s. Abschn. 4.2.1). Für die Kennzeichnung von **Rohdecken** wird, im Hinblick auf den noch hinzukommenden Fußboden und eine vereinfachte Berechnung mit Einzahlangaben [16], der sogenannte äquivalente Normtrittschallpegel $L_{nweq}$ bestimmt durch rechnerische Berücksichtigung einer Bezugs-Deckenauflage (Näheres s. DIN 52 210, Teil 4 [66]).

Für die frequenzabhängige Trittschallminderung $\Delta L$ von **Fußböden** (schwimmender Estrich, Teppichbelag o. ä.) wird die Einzahlangabe: $\Delta L_w =$ **Verbesserungsmaß** verwendet, sie ist zahlenmäßig gleich groß wie das früher verwendete Verbesserungsmaß VM. Zur Ermittlung nach DIN 52 210 [66] wird $\Delta L$ rechnerisch auf eine Bezugsdecke angewendet und vom $L'_{nw}$ der Bezugsdecke mit Fußboden der $L_{nweq}$ der Bezugsdecke abgezogen. $\Delta L_w$ gibt an, um wieviel die Trittschalldämmung einer Rohdecke durch den Fußbodenaufbau etwa erhöht wird.

Statt der aufwendigen frequenzabhängigen Berechnung von $L'_{nwfertig}$ für eine fertige Decke aus $L'_n$:

$$L'_n = L'_{no} - \Delta L_E - \Delta L_G \tag{2.23}$$

mit
$L_{no}$    Normtrittschallpegel der Rohdecke
$\Delta L_E$    Trittschallminderung durch den schwimmenden Estrich
$\Delta L_G$    Trittschallminderung durch den Gehbelag

kann damit $L'_{nwfertig}$ mit hinreichender Genauigkeit aus den Einzahlangaben berechnet werden nach Gl. (2.24):

$$L'_{nwfertig} \approx L_{nweq} - \Delta L_w - k \tag{2.24}$$

dabei bedeuten:

$L'_{nwfertig}$    bewerteter Normtrittschallpegel der fertigen Decke

$L_{nweq}$    bewerteter äquivalenter Normtrittschallpegel der Rohdecke

$\Delta L_w$    Verbesserungsmaß, größerer Wert von $\Delta L_{wE}$ (schwimmender Estrich) und $\Delta L_{wG}$ (Gehbelag) (siehe Tafel 4.8 in Abschn. 4.2.1 )

$k$    Korrekturfaktor zur Berücksichtigung der zweiten Auflage nach Bild 4.13 in Abschn. 4.2.1.

Für die Beurteilung des Schallschutzes nach DIN 4109 wird zukünftig, s. z. B. Tafel 4.1, der bewertete Normtrittschallpegel $L'_{nw}$, verwendet, jedoch in Klammern auch noch der entsprechende TSM-Wert (nach Gl. (2.22)) angegeben.


## 2.2.4  Kurzmeßverfahren

Frequenzabhängige Messungen nach DIN 52 210 [66] sind zwar relativ genau, aber auch sehr zeitaufwendig und dementsprechend teuer, deshalb werden oft nur einige wenige Bauteile überprüft. Aus den wenigen Stichproben kann dann oft nur unzureichend auf den Schallschutz des gesamten Hauses geschlossen werden, wenn man die Streuung in ausgeführten Bauten betrachtet, s. Bild 4.1 in Abschn. 4.

Zur vereinfachten Überprüfung des Schallschutzes in Bauten werden deshalb häufig Kurzmeßverfahren angewandt [14], [17], [18], [9], um bei gleichem wirtschaftlichen Aufwand wesentlich mehr Stichproben machen zu können, wodurch dann eine bessere Übersicht über den Schallschutz des Hauses gegeben werden kann.

Nachfolgend werden drei Kurzmeßverfahren angegeben, mit welchen nach eigenen Erfahrungen eine relativ hohe Genauigkeit erreicht werden kann. Die Einzahlangaben ($R'_w$, TSM bzw. $L'_{nw}$) werden dabei jeweils durch Messung von Gesamtschallpegeln bestimmt.

### R'$_w$ von Trennwänden und -decken [17]

Im Senderaum wird über einen Lautsprecher „Rosa-Rauschen" abgestrahlt, d. h. der Sendeschallpegel muß im Frequenzbereich 100 bis 3150 Hz in jeder Terz gleich groß sein. Aus den Gesamtschallpegeln in dB(A) im Sende- und im Empfangsraum wird dann das bewertete Schalldämmaß $R'_w$ nach folgender Beziehung bestimmt:

$$R'_w \approx L_{A1} - L_{A2} + 10\, \lg \frac{S}{A_2} + 2\ dB \tag{2.25}$$

dabei bedeuten:

$L_{A1}$    mittlerer A-Schallpegel im Senderaum

$L_{A2}$    mittlerer A-Schallpegel im Empfangsraum

$S$    Fläche des zu überprüfenden Bauteils

$A_2$    äquivalente Schallabsorptionsfläche des Empfangsraumes, bestimmt durch Messung des Schallpegels der geeichten Schallquelle im Empfangsraum ($L_R$) und in kleinem Abstand vor der Quelle ($L_Q$): $10\, \lg A_2 = L_Q - L_R - K$ mit $K$ = Eichkonstante der Quelle.

Das Verfahren ergibt Abweichungen von kleiner als $\pm 2\ dB$ [14] gegenüber dem Normverfahren nach DIN 52 210, ist also für eine Überprüfung am Bau im Normalfall gut ausreichend.

### TSM bzw. L'$_{nw}$ von Massivdecken [18]

Bei dem stark vereinfachten Verfahren wird wie beim Normverfahren das Norm-Trittschallhammerwerk auf der zu überprüfenden Decke betrieben und dann die Körperschallpegel

($L_v$) an der Deckenunterseite und eventuell auch an den Wänden des Empfangsraums gemessen, z. B. mit Hilfe einer Druckkammer nach Gösele [19]. Aus den Körperschallpegeln ($L_{vi}$) der einzelnen abstrahlenden Flächen ($S_i$) wird der in den Raum abgestrahlte Gesamt-Normtrittschallpegel $L'_{nges.}$ in dB(A) berechnet und daraus dann TSM bzw. $L'_{nw}$ nach folgenden Beziehungen:

$$L'_{ni} = L_{vi} + 7\ dB + 10\ lg \frac{S_i}{10m^2} \tag{2.26}$$

$$TSM = 71\ dB(A) - L'_{nges.}\ (in\ dB(A)) \tag{2.27}$$

$$bzw.\ L'_{nw} = L'_{nges} - 8\ dB(A)$$

Durch die reine Körperschallmessung entfällt bei diesem Verfahren die Bestimmung der Schallabsorption im Empfangsraum. Außerdem kann mit diesem Verfahren der schwimmende Estrich sehr früh überprüft werden, ohne daß bereits Türen eingebaut sind.

Untersuchungen an 200 Decken ergaben eine Standard-Abweichung von 1,6 dB [18]. Nach [14] werden die Abweichungen gegenüber dem Normverfahren nach DIN 52 210 nur in sehr seltenen Fällen ± 3 dB überschreiten.

### $R'_w$ von Fenstern [76]

Eine vereinfachte Überprüfung von Fenstern am Bau kann bei genügend hoher Verkehrslärmeinwirkung nach der in VDI 2719 [76] angegebenen Beziehung erfolgen:

$$R'_w \approx L_{ma} - L_{mi} + 10\ lg \frac{S}{A} + K\ dB \tag{2.28}$$

dabei bedeuten:

$L_{ma}$    Mittelungspegel in dB(A) außen in rund 1 bis 2 m Abstand gemessen, oder Freifeld-Pegel $L_o + 3\ dB\ (A)$
$L_{mi}$    Mittelungspegel in dB(A) der eindringenden Verkehrsgeräusche
$S$    Fläche des Fensters
$A$    äquivalente Schallabsorptionsfläche des Empfangsraums (Messung s. o.)
$K$    Korrektursummand für Außengeräusch-Spektrum: 6 dB bei innerstädtischen Straßen, sonst 3 dB, s. [76]

Untersuchungen in [20] mit 40 verschiedenen Fenstern und innerstädtischem Verkehrsgeräusch ergaben einen Streubereich von ± 2 dB, so daß mit diesem Kurzmeßverfahren zumindest grobe Einbaufehler schnell festgestellt werden können. Die Verkehrsgeräusche außen und innen müssen dabei simultan gemessen werden.

## 2.3 Vorschriften und allgemeine Anforderungen

Eine Übersicht über Schallwirkungen beim Menschen wird von Jansen in [5] gegeben. Vorschriften, Normen und Richtlinien für die Beurteilung von Geräuschimmissionen sind in [5] von R. Görlich zusammengestellt.

Für Wohnräume kann man daraus entnehmen, daß der Bereich für zumutbare Innenpegel nachts bei 25 bis 35 dB(A) und tagsüber bei 30 bis 40 dB(A) liegt, sofern es sich um Außengeräusche handelt. Bei Geräuschübertragungen innerhalb von Gebäuden liegt die Belästigungsschwelle häufig niedriger als für Außengeräusche, aufgrund des höheren Informationsgehaltes und abhängig vom allgemeinen Grundgeräuschpegel in der Wohnung (Näheres s. [52]).

Für den Schallschutz im Hochbau werden in DIN 4109 [59] **baurechtlich verbindliche Mindestanforderungen** und Vorschläge für einen erhöhten Schallschutz genannt. Zahlenmäßig werden diese Anforderungen und eventuell zusätzlich zu berücksichtigende Normen oder Richtlinien bei den entsprechenden Einzelabschnitten angegeben.

Bei der Planung und Bauausführung ist jedoch neben den baurechtlichen Anforderungen zu bedenken, daß **zivilrechtlich** eine Bauweise geschuldet wird, die mindestens den **allgemein anerkannten Regeln der Technik** (= a.a.R.d.T.) entsprechen muß [12]. Entspricht eine Werkleistung nicht den a.a.R.d.T., so liegt regelmäßig ein Werkmangel vor (BGH 9.7.81 Sch-Fi-H. Nr. 5 zu § 17 VOB/B).

Die a.a.R.d.T. sind nach [12] solche technische Regeln für den Bauentwurf und die Bauausführung, die in der Wissenschaft als theoretisch richtig erkannt sind und feststehen, sowie im Kreis der für die Anwendung der betreffenden Regeln maßgeblichen, nach dem neuesten Erkenntnisstand vorgebildeten Technikern durchweg bekannt und aufgrund fortdauernder praktischer Erfahrung als richtig und notwendig anerkannt sind.

Die a.a.R.d.T. unterliegen also einer ständigen technischen Fortentwicklung, wodurch dann von der technischen Entwicklung überholte DIN-Normen (z. B. bis 1989 DIN 4109-Ausgabe 1962, insbesondere bezüglich des Trittschallschutzes von Decken) nicht mehr den a.a.R.d.T. entsprechen und damit zivilrechtlich unverbindlich werden. Nach geltender Rechtssprechung sind deshalb z. B. für den Schallschutz von sogenannten Komfortwohnungen (gehobene Ausstattung, ruhige Lage usw.) zumindest die erhöhten Anforderungen nach DIN 4109 maßgeblich bzw. der mit der vorgesehenen Bauweiße üblicherweise erreichbare Schallschutz bei einwandfreier Bauausführung.


# 3   Raumakustik


Die Schallabsorption in einem Raum ist bestimmend dafür, wie „hallig" uns ein Raum erscheint und wie laut eine Geräuschquelle ist. Raumakustische Maßnahmen sollen gute Hörverhältnisse für Sprache und/oder Musik in Zuhörerräumen, also z. B. Konzertsäle, Versammlungsstätten, Hörsäle und Klassenzimmern, schaffen und zur Schallpegelminderung in Arbeitsräumen beitragen. Nachfolgend werden die Grundbegriffe besprochen und Maßnahmen für einfachere Räume aufgezeigt (Vertiefung s. [3]).

**Der Schallabsorptionsgrad** $\alpha$ ist definiert durch das Verhältnis:

$$\alpha = \frac{\text{nicht reflektierte Schallenergie}}{\text{auftreffende Schallenergie}} \tag{3.1}$$

$\alpha$ kann Werte zwischen 0 (vollständige Reflexion) und 1 (vollständige Absorption) annehmen und ist frequenzabhängig. Multipliziert mit der zugehörigen Fläche S erhält man die sogenannte **äquivalente Schallabsorptionsfläche A:**

$$A \text{ in } m^2 = \alpha \cdot S \; [m^2] \tag{3.2}$$

A kennzeichnet das Schallabsorptionsvermögen der Fläche S und stellt diejenige Modellfläche dar, die vollständig absorbiert. Für einen Raum ergibt sich die gesamte äquivalente Absorptionsfläche durch Addition der Schallabsorptionsflächen $A_i = \alpha_i \cdot S_i$ der Begrenzungsflächen, aber auch den Absorptionseigenschaften der Raumausstattung ($A_{Möblierung}$) und den im Raum befindlichen Personen ($A_{Personen}$):

$$A_{Raum} = \alpha_1 \cdot S_1 + \alpha_2 \cdot S_2 + \dots + \alpha_i \cdot S_i + A_{Möbl.} + A_{Pers.} \tag{3.3}$$

Der im Raum auftretende Schallpegel wird wesentlich bestimmt durch den reflektierten Schall und damit vom gesamten Absorptionsvermögen ($A_{Raum}$). Durch häufige Reflexionen sind beim reflektierten Schall normalerweise alle Ausbreitungsrichtungen mit gleicher Wahrscheinlichkeit vorhanden, man spricht von diffusem Schallfeld. Für den Schallpegel im **diffusen Schallfeld** ($L_{diff.}$) gilt nach [2]:

$$L_{diff.} = L_W - 10 \lg \frac{A_{Raum}}{4 \cdot [\text{m}^2]} \tag{3.4}$$

mit $L_w$ = Schalleistungspegel der Schallquelle.

Die Abnahme des Schallpegels um eine Lärmquelle (z. B. Maschine) in einem Raum bei verschiedener äquivalenter Schallabsorptionsfläche zeigt Bild 3.1:

Bild 3.1
Schallpegelverlauf in einem Raum in Abhängigkeit von der Entfernung von der Schallquelle

a ursprünglicher Zustand

b Zustand nach Vergrößerung des Schallabsorptionsvermögens

c Abnahme des Direktschalls (freies Schallfeld: 6 dB je Entfernungsverdoppelung)

r  Entfernung von der Schallquelle

$r_g$ Grenzradius

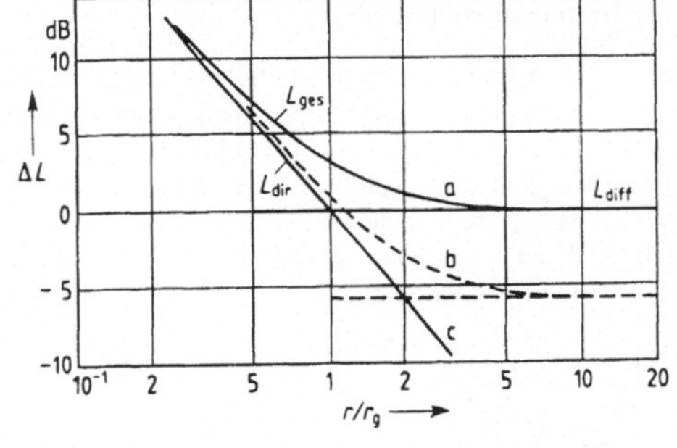


Die Entfernung von der Schallquelle, bei welcher der Schalldruck des Direktschallfeldes gleich dem des diffusen Schallfeldes ist, wird als **Grenzradius $r_g$** (oder Hallradius) bezeichnet. Bei einer Schallquelle auf einer reflektierenden Fläche (ungerichtete Abstrahlung in Halbraum) ergibt sich der Grenzradius zu:

$$r_g = \sqrt{\frac{A}{25}} \tag{3.5}$$

Durch eine Erhöhung von $A_{vorher}$ auf $A_{nachher} = A_{vorh.} + A_{zusätzlich}$ kann der Schallpegel in einem Raum in folgender Größenordnung ($\Delta L$) erniedrigt werden:

$$\Delta L = 10 \lg \frac{A_{nachher}}{A_{vorher}} = 10 \lg \left(1 + \frac{A_{zus.}}{A_{vorh.}}\right) \tag{3.6}$$

In der Praxis kann die Absorptionsfläche oftmals kaum verdoppelt werden aufgrund der bereits vorhandenen Absorptionsflächen, so daß selten mehr als 3 dB Pegelsenkung erreicht werden kann.

Mit Gl. (3.4) kann der zu erwartende Schallpegel in einem Raum bei bekanntem Schallleistungspegel einer Schallquelle hinreichend genau vorherberechnet werden. Analog kann umgekehrt die abgestrahlte Schalleistung einer Quelle im Hallraum bestimmt werden (Hallraumverfahren siehe [61], [1]).

Die bisherigen Ausbreitungsbetrachtungen setzen voraus, daß die Schallwellenlängen klein sind im Verhältnis zu den Raumabmessungen. Die Schallausbreitung kann dann, unter Vernachlässigung aller Interferenzerscheinungen, strahlenförmig und an Wänden o. ä. teils nach den Spiegelgesetzen reflektiert und teils absorbiert angenommen werden (Geometrische Raumakustik). Der Schallpegel im diffusen Schallfeld stellt dann einen Mittelwert dar mit örtlichen Schwankungen, verursacht durch die Wellennatur des Schalls. In der Nähe der Schallquelle ergeben sich dadurch jedoch abweichende Nahfelder [1] und ab etwa $\lambda/4$ vor einer reflektierenden Fläche tritt durch die Überlagerung der auftreffenden und der reflektierten Schallwelle eine Druckerhöhung auf, wodurch der Schallpegel an der Reflexionsstelle sich erhöht

> um 3 dB vor Flächen
>
> um 6 dB vor Kanten
>
> um 9 dB vor Ecken

gegenüber dem Schallpegel im diffusen Schallfeld.

Durch die äquivalente Schallabsorptionsfläche wird neben dem Schallpegel im Raum auch der **Raumeindruck** bestimmt:

> A groß:   geringe Halligkeit („trockene Akustik")
>
> A klein:   sehr hallig (eventuell Flatterechos).

Die Halligkeit eines Raumes wird physikalisch durch seine **Nachhallzeit** T gekennzeichnet. T ist diejenige Zeitspanne, in welcher der Schallpegel in einem Raum, nach Abschalten der Quelle, um 60 dB absinkt (siehe [68] und Bild 3.2).

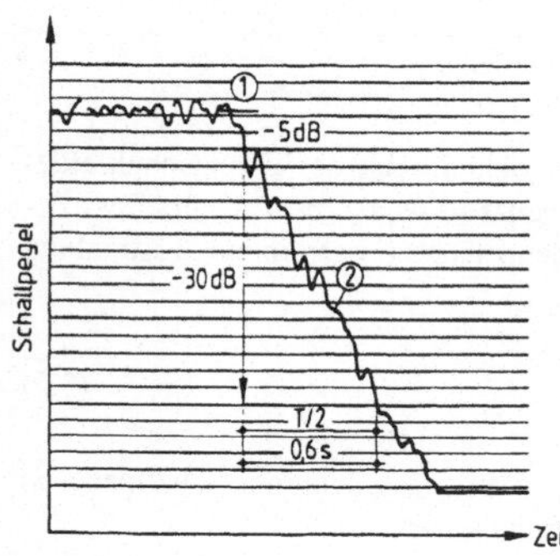


Bild 3.2
Messung der Nachhallzeit nach [68]
1 Terzrauschen abgeschaltet
2 Nachhallvorgang
$T = 2 \cdot 0,6 \text{ s} = 1,2 \text{ s}$

Die Nachhallzeit nimmt mit der Raumgröße zu durch die zunehmende mittlere freie Weglänge der Schallstrahlen. Nach statistischen Betrachtungen von S a b i n e [48] gilt:

$$T = 0,163 \cdot \frac{V}{A} \qquad V \text{ in m}^3 \tag{3.7}$$

bzw. $\qquad A \text{ in m}^2$

$$A = 0,163 \cdot \frac{V}{T} \qquad T \text{ in s}$$

Die Sabinesche Formel hat für die Raumakustik eine sehr große Bedeutung erlangt. Durch Messungen der Nachhallzeit können damit die schallabsorbierenden Eigenschaften von Baustoffen (Schallabsorptionsgrad, $\alpha_s$, s. Tafel 3.1), Bauteilen und Räumen bestimmt werden [67] [68].

Bei der Planung eines Zuhörerraumes kann nach der Sabine-Formel die erforderliche Schallabsorptionsfläche des Raumes für die gewünschte optimale Nachhallzeit ermittelt werden und damit die Auswahl entsprechender Schallabsorber getroffen werden. Die optimale Nachhallzeit ist neben einer gleichmäßigen Schallverteilung im Raum, sowohl für die Hörsamkeit in Sprechräumen als auch für den Musikeindruck in Konzertsälen, eines der wichtigsten raumakustischen Kriterien.

Wie **Sprachverständlichkeit** mit zunehmender Nachhallzeit T und dem Raumvolumen nach V. O. K u n d s e n abnimmt, zeigt Bild 3.3.

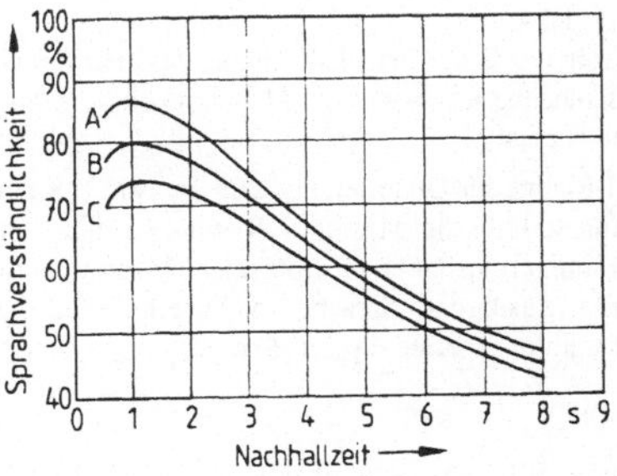

Bild 3.3
Sprachverständlichkeit in Abhängigkeit von der Nachhallzeit T und dem Raumvolumen V

A Raumvolumen  700 m$^3$
B Raumvolumen 11000 m$^3$
C Raumvolumen 45000 m$^3$



Für reine **Vortragsräume** sollte deshalb die Nachhallzeit nicht größer als $T_{opt.} \leq 1$ s sein. Maßnahmen zur Sicherung einer ausreichenden Hörsamkeit für kleine bis mittelgroße Räume (V = 125 bis 1000 m$^3$) werden in DIN 18 041 [58] angegeben, mit folgenden Soll-Nachhallzeiten:

| Raumvolumen V | m$^3$ | 125 | 250 | 500 | 1000 |
|---|---|---|---|---|---|
| Soll-Nachhallzeit $T_{soll}$ (± 20 %) im besetzten Raum | s | 0,6 | 0,7 | 0,8 | 0,9 |

Zur akustischen Gestaltung von Büroräumen enthält VDI 2569 [73] Anforderungen und Ausführungshinweise. In Großraumbüros hat sich danach eine mittlere Nachhallzeit von $T \leq 0,5$ s als günstig erwiesen. Die Sorge, ein Büroraum könnte durch zu hohe Absorption „überdämpft" sein, erscheint nach heutiger Erfahrung unbegründet.

Bei **Musikdarbietungen** ist dagegen eine gewisse Räumlichkeitswirkung erforderlich, damit ein entsprechendes Klangbild entstehen kann. Grundvoraussetzung hierfür ist im Vergleich zum Optimum bei Sprache eine etwas längere Nachhallzeit des Raumes. Abhängig von der Musikart bzw. der Raumnutzung sind aus Bild 3.4 Soll-Werte ($T_{soll}$) für eine **optimale Nachhallzeit** und den entsprechenden frequenzabhängigen Toleranzbereich nach [3] abhängig vom Raumvolumen zu entnehmen für den besetzten Raum.

Baurechtlich verbindliche Anforderungen wurden bisher nur für **Sporthallen** in DIN 18 032 [57] festgelegt: Hallen sollen eine möglichst kurze Nachhallzeit T aufweisen, die oberhalb

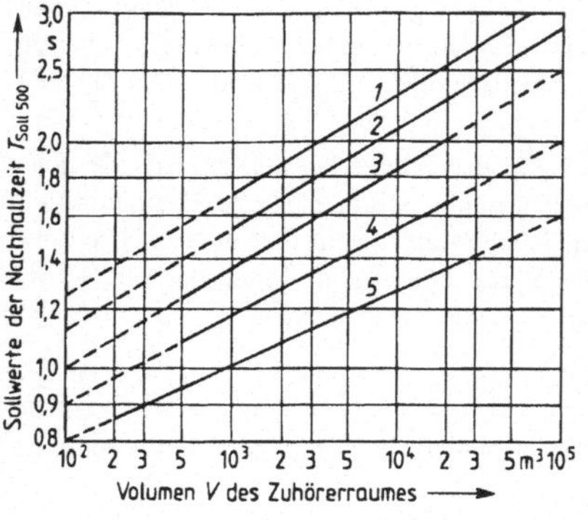

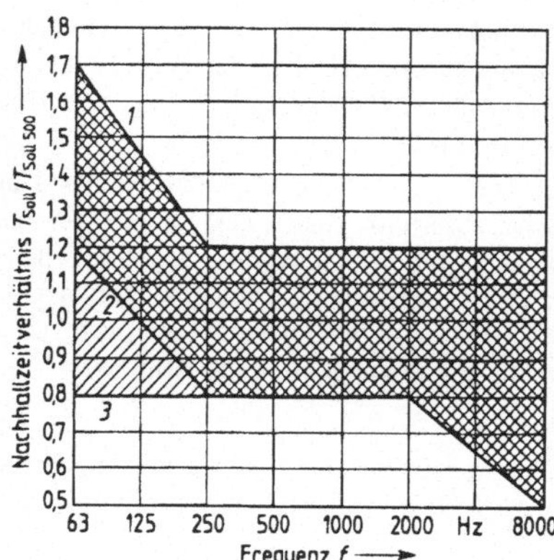

Bild 3.4
Soll-Werte der Nachhallzeit bei 500 Hz für verschiedene Raumarten in Abhängigkeit vom Volumen nach [3]

1 Räume für Oratorien und Orgelmusik; 2 Räume für sinfonische Musik; 3 Räume für Solo- und Kammermusik; 4 Operntheater, Mehrzwecksäle für Musik und Sprache; 5 Sprechtheater, Versammlungsräume, Sporthallen

Toleranzbereiche für die Soll-Werte der Nachhallzeit in Abhängigkeit von der Frequenz

Bereich 1 bis 2: Musik
Bereich 1 bis 3: Sprache

von 500 Hz nicht größer als **1,8 Sekunden** sein darf (Messungen bei unbesetzter Halle). Bei Decken mit geringem Schallabsorptionsgrad sind dafür absorbierende Flächen an den Wänden notwendig. Die für **Schulen** in den früheren Allgemeinen Schulbaurichtlinien (ASR – 1978) enthaltenen konkreten Nachhallzeiten für Unterrichts- und Musikräume wurden leider in die 1983 bekanntgemachten ASE [54] nicht mehr aufgenommen; die ASE enthalten nur allgemeine Hinweise. Für die Planung muß hier zukünftig auf obengenannte Sollwerte nach DIN 18041 [58] bei Unterrichtsräumen bzw. Bild 3.4 nach [3] zurückgegriffen werden.

Zur Betrachtung der Schallpegelverteilung in einem Raum können Gesetzmäßigkeiten der **geometrischen Raumakustik** angewandt werden, das heißt eine geradlinige Ausbreitung von Schallstrahlen und beim Auftreffen auf eine reflektierende Fläche das Spiegelgesetz: Einfallswinkel = Ausfallswinkel. Für eine ausreichende Versorgung der hinteren Plätze in einem Raum sind dann immer neben dem direkten Schall auch energiereiche Reflexionen, d. h. Reflexionen mit relativ kurzem Laufwegunterschied zum direkten Schall, notwendig, um den abnehmenden Pegel des Direktschalls mit der Entfernung möglichst auszugleichen.

Das menschliche Ohr nimmt zwei Schallereignisse getrennt wahr bei Zeitdifferenzen von mehr als 0,05 s entsprechend einem Laufwegunterschied von rund 17 m zwischen direktem und reflektiertem Schall. Diese Reflexion wird dann als störendes **Echo** wahrgenommen, wenn nicht schon vorher energiereiche Reflexionen von anderen Flächen dort eintreffen.

Die Anordnung von Reflektoren oder entsprechende Deckenformen zur erforderlichen Verstärkung des Direktschalls sowie die Anordnung von Absorptionsflächen zur Vermeidung von Echoerscheinungen entsprechend den obengenannte Kriterien ist an einigen Beispielen aus [3] bzw. [58] in Bild 3.5 und Bild 3.6 dargestellt.

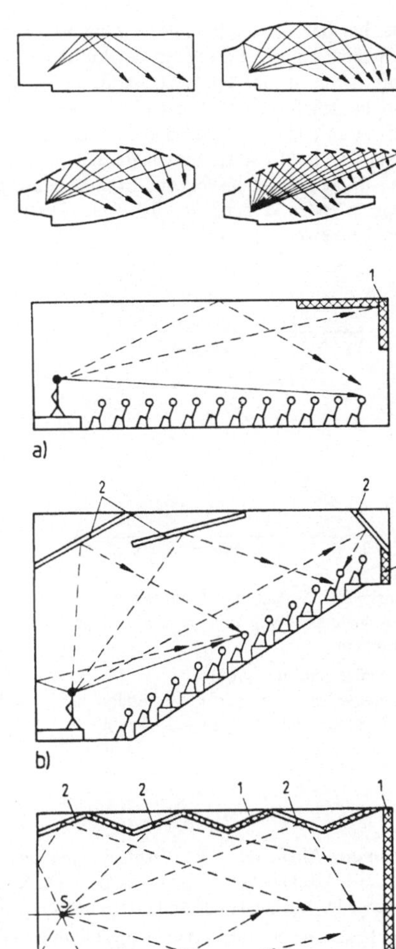

**Bild 3.5**
Deckenformen zur Begünstigung kurzzeitiger Reflexionen in den hinteren Publikumsbereich



**Bild 3.6**
Beispiele für die Anordnung von Absorptionsflächen (1) und Reflexionsflächen (2)

a) Klassenräume u. ä.: an Rückwand und Deckenfries absorbierend, Decken-Mittelbereich reflektierend
b) Nützliche Decken- und Stirnwandreflexionen bei hohen Räumen in Verbindung mit ansteigendem Gestühl
c) Deutlichkeitserhöhende Wandreflexionen

## Arten von Schallabsorbern

Nachfolgend wird das Absorptionsvermögen prinzipiell verschiedener Schallabsorber aufgezeigt und in Tafel 3.1 sind gemessene Schallabsorptionsgrade $\alpha_s$ üblicher Baustoffe zusammengestellt.

**Poröse Absorber** z. B. Faserplatten, offenporige Kunststoffschäume, Stoffvorhänge, Publikum.

Die Schallabsorption kommt beim porösen Absorber durch Umwandlung der Schallenergie in Wärme bei der Bewegung der Luftteilchen im Innern des Stoffes zustande. Voraussetzung dafür ist eine poröse Oberfläche des Materials und anschließende feine Kanäle, so daß die Schallwelle eindringen kann. Außerdem muß der Absorber eine ausreichende Dicke aufweisen oder mit Abstand vor der reflektierenden Fläche angeordnet werden, da im Abstand von rund $\lambda/4$ die maximale Schallschnelle (= Teilchenbewegung) auftritt und damit die größten Reibungsverluste (= Schallabsorption) erreicht werden. „Schallschluckende Tapeten" oder ähnliche sind daher unwirksam, da unmittelbar an der Wand praktisch keine Teilchenbewegung auftritt.

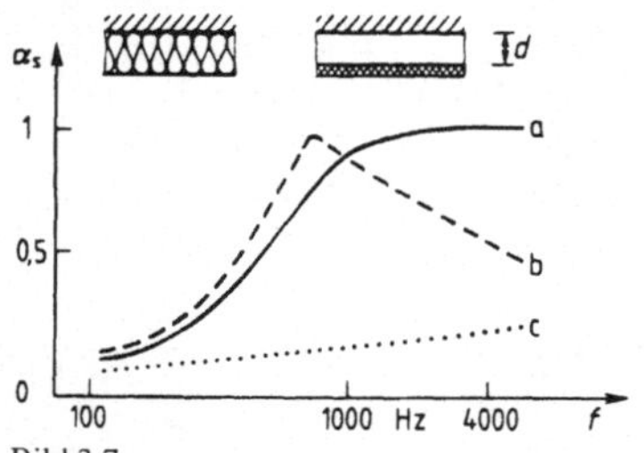

Bild 3.7
Prinzipieller Verlauf des Schallabsorptionsgrads in Abhängigkeit von der Frequenz bei porösen Absorbern

a   poröse Schicht (d groß)
b   poröse Schicht mit perforierter Abdeckung
c   Teppichboden u. ä. (geringe Dicke d)

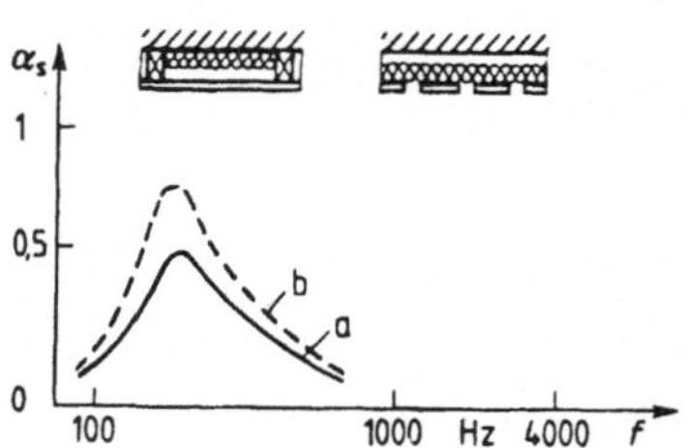

Bild 3.8
Prinzipieller Verlauf des Schallabsorptionsgrads in Abhängigkeit von der Frequenz bei Resonanz-Absorbern

a   Hohlraum leer
b   Mineralfaser im Hohlraum

**Resonanz-Absorber** z. B. Verkleidungen aus Sperrholz, Gipskartonplatten, Holzbrettern u. ä. mit Abstand vor einer Wand oder Decke ohne Fugen (= Plattenschwinger) bzw. mit Fugen oder Löchern (= Helmholtzresonator).

Die Resonanzabsorber können physikalisch als Masse-Feder-System interpretiert werden und besitzen im Bereich der Resonanzfrequenz eine ausgeprägte Schallabsorption (s. [3]).

Als Feder wirkt dabei das Luftvolumen und als schwingende Masse die Platte bzw. der Luftpfropf in den Fugen oder Löchern. Durch offenporige Dämmstoffe im Lufthohlraum kann im allgemeinen die Schallabsorption erhöht werden. Plattenschwinger und Lochplattenschwinger sind typische Schallabsorber für tiefe und mittlere Frequenzen.

Werden poröse Schallabsorberplatten mit Abstand angebracht, dann wir durch den Resonanzeffekt die Schallabsorption bei tiefen Frequenzen erhöht.

Mit solchen Verkleidungen oder z. B. abgehängten Akustik-Deckenverkleidungen wird dann nicht nur die Nachhallzeit im Raum reguliert, sondern sie verbessern nach dem Masse-Feder-Prinzip auch den Luft- und Trittschallschutz (s. Abschn. 6).

Poröse Schallschluckplatten direkt auf einer Wand oder Decke ergeben dagegen meist keine merkbare Verbesserung der Schalldämmung.

**Planungshinweise und Berechnungsbeispiel**

Die Ermittlung der erforderlichen Akustik-Einbauten am Anfang der Planung kann häufig mit folgendem vereinfachten Ansatz für mittlere Frequenzen (z. B. 500 Hz) erfolgen:

$$A_{soll} = A_o + A_p + A_z \tag{3.8}$$

dabei bedeuten:

$A_{soll}$  Nach Gl. (3.7) ermittelte äquivalente Schallabsorptionsfläche für die optimale Nachhallzeit $T_{soll}$ z. B. nach Bild 3.4 für den fertigen Raum mit üblicher Besetzung (Achtung: Bei Sporthallen Anforderungen für unbesetzte Halle, deshalb entfällt hier $A_p$)

$A_o$  ungefähre Schallabsorptionsfläche des leeren, unbehandelten Raums mit normaler Raumausstattung, jedoch ohne besondere Schallabsorptionsflächen ($\rightarrow A_z$); die entsprechende Nachhallzeit $T_o$ kann mit folgender empirischer Formel abgeschätzt werden:

$$T_o = \text{rund } 1{,}6 \lg \left( \frac{V}{5\,m^3} \right) \pm 20\,\%$$

und dann $A_o$ nach Gl. (3.7) berechnet werden ($A_o$ siehe auch DIN 18 041 [58]).

$A_p$  ungefähre Schallabsorptionsfläche der Personen bei üblicher Besetzung:
 – 0,5 $m^2$ je Person (in Reihen sitzend)
 – bei Vollbesetzung und üblichem Rauminhalt von rund 5 $m^3$

$$\text{pro Person: } A_p = \frac{V}{10} \text{ in } m^2.$$

$A_z$  Erforderliche zusätzliche Schallabsorptionsfläche

Abhängig von den gewählten Akustik-Verkleidungen ($\alpha_s$) oder der zur Verfügung stehenden Einbaufläche ($S_{Einbau}$) kann die erforderliche Fläche bzw. das Material ($\alpha_{erford.}$) nach folgenden Gleichungen festgelegt werden:

$$S_{Einbau} = \frac{A_z}{\alpha_s} \quad \text{oder} \quad \alpha_{erford.} = \frac{A_z}{S_{Einbau}} \tag{3.9}$$

Die Anwendung zeigt das nachfolgende **Berechnungsbeispiel** für eine **Mehrzweckhalle** (24 m x 12 m) für sportliche und kulturelle Zwecke:

• Volumen: V = rund 2400 $m^3$

• Nutzung: Schul- und Vereinssport, Versammlungen, Theater, Konzerte (max. 300 Personen, durchschnittlich 200 Personen)

• geplante Ausführung:

 – Flächenelastischer PVC-Sportboden
 – Wandverkleidungen bis 2,3 m Nadelfilz-Prallwand
 – darüber Holzverkleidungen, einschließlich Dach
 – Decke mit Mittelteil waagerecht und seitlich entsprechend Dachschräge, sichtbare Holztragkonstruktion

• Anforderungen: Nachhallzeit bei mittleren Frequenzen:

 – nach DIN 18 032 für Sporthallen: T ≤ 1,8 s im unbesetzten Zustand
 – nach Bild 3.4 für Mehrzwecknutzung: T = 1,3 s ± 20 % im besetzten Zustand (frequenzabhängig s. Bild 3.9)

• erste Abschätzungen nach Gl. (3.7), (3.8) und (3.9), wobei zweitgenannte Anforderung Vorrang hat:

| Größe: | $A_{soll}$ | $A_o$ | $A_p$ | $A_z$ |
|---|---|---|---|---|
| Wert: | 300 m$^2$ | 91 m$^2$ | 100 m$^2$ | 109 m$^2$ |

• Festlegung der reflektierenden und absorbierenden Flächen:

– Stirnwand gegenüber Bühne: bis 2,3 m über FFB, Nadelfilz-Prallschutz mit Schaumstoffunterlage ($\overline{\alpha}_s = 0{,}23$; 44 m$^2$) A = 10 m$^2$
darüber bis UK Dach offene Holzschalung ($\overline{\alpha}_s = 0{,}48$; 68 m$^2$) A = 33 m$^2$

– Deckenaußenseiten bis Mittelpfette mit offener Holzschalung, ($\overline{\alpha}_s = 0{,}48$; 156 m$^2$) A = 75 m$^2$

– Deckenmittelbereich mit geschlossener Holzschalung möglichst als waagerechter Deckenspiegel

– Seitenwände und Stirnwand Bühne bis 2,3 m über FFB Nadelfilzbelag auf Spanplattenkonstruktion, darüber geschlossene Holzschalung

– Bühnenrückwand: verputztes Mauerwerk

– über Bühne: Deckenreflektoren.

Damit ergibt sich $A_z = 10 + 33 + 75 = 118$ m$^2$ entsprechend einer mittleren zu erwartenden Nachhallzeit bei 200 Personen: T rund 1,3 s.

• Die danach vorzunehmende frequenzabhängige Berechnung ergibt die in Bild 3.9 dargestellten Nachhallzeiten in Abhängigkeit von der Frequenz.

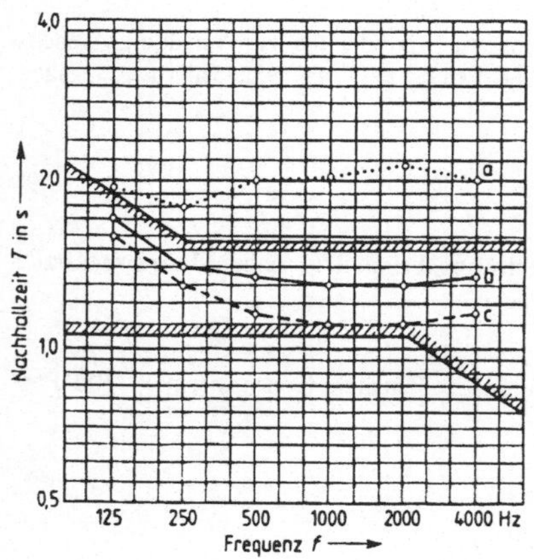


Bild 3.9
Berechnete Nachhallzeiten für die geplante Mehrzweckhalle

a     leer:                 $T_{mittel} = 2{,}0$ s
b     mit 200 Personen:   $T_{mittel} = 1{,}35$ s
c     mit 300 Personen:   $T_{mittel} = 1{,}15$ s
     Toleranzbereich nach Bild 3.4

Bei einer durchschnittlichen Besetzung mit ca. 200 Personen ist die Halle für Mehrzwecknutzung (Musik und Sprache) somit sehr gut geeignet. Bei maximaler Besetzung liegt die Nachhallzeit an der unteren Grenze des anzustrebenden Bereichs für Mehrzwecknutzung. Musikdarbietungen werden dann etwas an Räumlichkeitseindruck vermissen lassen („trockene Akustik").

Für den Sportbetrieb ergeben sich gegenüber der Anforderung nach DIN 18 032 geringfügig zu lange Nachhallzeiten ab mittleren Frequenzen, was jedoch nach der Erfahrung zu keinen wesentlichen Störungen oder Beanstandungen führt (bis T ≤ 2,2 s).

Tafel 3.1 Beispiele gemessener Schallabsorptionsgrade $\alpha_s$ üblicher Baustoffe und von Publikum [4]

| lfd. Nr. | Material | Schallabsorptionsgrad $\alpha_s$ bei | | | | | |
|---|---|---|---|---|---|---|---|
| | | 125 | 250 | 500 | 1000 | 2000 | 4000 Hz |
| 1 | Mauerwerk verputzt | 0,01 | 0,01 | 0,02 | 0,02 | 0,03 | 0,04 |
| 2 | Harter Gehbelag (PVC o. ä.) | 0,02 | 0,03 | 0,04 | 0,05 | 0,05 | 0,1 |
| 3 | Teppichbelag, 7 mm | 0,02 | 0,05 | 0,1 | 0,3 | 0,5 | 0,6 |
| 4 | Ziegelmauerwerk, unverputzt, vollflächig vermauert | 0,16 | 0,13 | 0,15 | 0,11 | 0,13 | 0,14 |
| 5 | Hochlochziegel oder Kalksandlochsteine, Löcher dem Raum zugekehrt und offen, dahinter 60 mm Hohlraum | | | | | | |
| | Mineralwolle im Hohlraum | 0,15 | 0,65 | 0,45 | 0,45 | 0,4 | 0,7 |
| | Hohlraum leer | – | 0,6 | 0,13 | 0,20 | 0,14 | 0,10 |
| 6 | Bimsbeton, unverputzt | 0,15 | 0,4 | 0,6 | 0,6 | 0,6 | 0,6 |
| 7 | 12 mm Akustikputz direkt auf Decke | 0,04 | 0,15 | 0,26 | 0,41 | 0,69 | 0,84 |
| | 12 mm Akustikputz auf gelochter Gipskartonplatte mit 40 mm Mineralfaserhinterlegung | 0,19 | 0,84 | 0,81 | 0,55 | 0,4 | 0,7 |
| 8 | 25 mm Zementspritzputz mit Vermiculite-Zusatz | 0,05 | 0,1 | 0,2 | 0,55 | 0,6 | 0,55 |
| 9 | Gipskartonplatten mit 100 mm Luftabstand angebracht an Decken oder Wänden; im Hohlraum Mineralwolle | 0,28 | 0,14 | 0,09 | 0,06 | 0,05 | 0,10 |
| 10 | Gipskartonplatten mit Löchern versehen, oberseitig 30 mm Mineralstoffe, 200 mm Luftabstand | 0,39 | 0,94 | 0,92 | 0,68 | 0,69 | 0,58 |
| 11 | Mineralfaserplatten, unmittelbar an Wand oder Decke angebracht | | | | | | |
| | 10 mm | 0,05 | 0,10 | 0,24 | 0,50 | 0,70 | 0,93 |
| | 50 mm | 0,29 | 0,58 | 1,0 | 1,0 | 1,0 | 0,97 |
| 12 | Mineralfaser-Akustikplatten 200 mm abgehängt | 0,38 | 0,45 | 0,57 | 0,66 | 0,84 | 0,85 |
| 13 | Holzwolle-Leichtbauplatten, 25 mm, unmittelbar an Wand | 0,05 | 0,1 | 0,5 | 0,75 | 0,6 | 0,7 |
| 14 | Metallkassetten, gelocht, mit Mineralwolleauflage | 0,3 | 0,6 | 0,85 | 0,85 | 0,8 | 0,7 |
| 15 | Holzbretter, 100 mm breit, 10 mm offene Fugen, 20 mm Mineralwolle dahinter, 30 mm Luftabstand | 0,1 | 0,25 | 0,8 | 0,6 | 0,3 | 0,3 |
| 16 | Publikum: A in $m^2$ pro Person | 0,15 | 0,3 | 0,5 | 0,55 | 0,6 | 0,5 |

# 4   Schallschutz im Wohnungsbau

Bei der Festlegung der Schallschutzanforderungen für ein Bauvorhaben ist zu beachten, daß die DIN 4109 nur den **bauaufsichtlichen** Teil des Schallschutzes (Bauherr/Bauaufsicht) regelt, nicht jedoch die **zivilrechtlichen** Verhältnisse Bauherr/Planer bzw. Nutzer, wofür VOB (Verdingungsordnung für Bauleistungen) und BGB (Bürgerliches Gesetzbuch) maßgebend und verbindlich sind (s. hierzu auch Abschn. 2.3).

**Anforderungen nach DIN 4109-89 und derzeitiger technischer Stand**

Die DIN 4109 „Schallschutz im Hochbau" – Ausgabe 1989 enthält gegenüber der Ausgabe 1962 bzw. letztem Entwurf von 1984, welche ja für sämtliche bis Ende 1989 genehmigten Bauvorhaben anzuwenden sind, folgende wesentliche Änderungen bezüglich Aufbau und Inhalt:

- Der **Hauptteil** von **DIN 4109-89** – die eigentliche Norm – enthält nur noch **Mindestanforderungen**, um Menschen in Aufenthaltsräumen vor unzumutbaren Belästigungen durch Schallübertragung zu schützen. Zum Nachweis des geforderten Schallschutzes sind im **Beiblatt 1** zu DIN 4109-89 Ausführungsbeispiele und Rechenverfahren angegeben. DIN 4109-89 wurde mit dem Beiblatt 1 im Jahr 1990 bauaufsichtlich eingeführt.

- Allgemeine Planungshinweise und Vorschläge für einen **erhöhten Schallschutz** sowie Empfehlungen für den Schallschutz im eigenen Wohn- und Arbeitsbereich sind im **Beiblatt 2** zu DIN 4109-89 enthalten – die Anforderungen des Entwurfes 84 wurden beibehalten.

- Für den Nachweis bei der Planung ist - wie bereits beim Entwurf 84 – von Meßwerten aus Prüfständen generell ein **Vorhaltemaß** von 2 dB abzuziehen, ausgenommen bei Türen: 5 dB.

- Die Mindestanforderungen bezüglich Luftschallschutz wurden angehoben bei:
  - Wohnungstrennwänden von $R'_w = 52$ dB auf $R'_w = 53$ dB
  - Wohnungstrenndecken von $R'_w = 52$ dB auf $R'_w = 54$ dB

- Gegenüber der Ausgabe 1962 höhere Anforderungen bezüglich Trittschallschutz und Wegfall des Alterungsabschlags von 3 dB nach $\geq 2$ Jahren.

- Anforderungen bezüglich Trittschallschutz bei Treppen[*], Terrassen u. ä. sowie bzgl. Luftschallschutz bei Türen.
  [*] gegenüber Entwurf 84: statt Empfehlung TSM = 10 dB bzw. $L'_{nw} = 53$ dB jetzt Anforderung TSM = 5 dB bzw. $L'_{nw} = 58$ dB.

- Höhere Anforderungen beim Schallschutz zwischen Einfamilien-Doppel/Reihenhäusern (analog Entwurf 84).

- Bei Beherbergungsstätten, Krankenanstalten und Schulen wurden die Anforderungen an Trennwände zwischen gleichartigen Räumen vermindert.

- Für Wohnungen, die an Betriebe angrenzen, wurden gegenüber den generell sehr hohen Anforderungen ($R'_w \geq 62$ dB, TSM $\geq +20$ dB) in DIN 4109-62 differenziertere Anforderungen angegeben (s. Abschn. 4.4).

Nachfolgend werden die Anforderungen nach DIN 4109-89 an den Schallschutz von **Innenbauteilen** angegeben. Die baurechtlich maßgebenden Mindestanforderungen sind in Tafel 4.1 wiedergegeben, die Vorschläge für einen erhöhten Schallschutz enthält Tafel 4.2. Hierzu ist anzumerken, daß die Einhaltung der – gegenüber früher geringfügig höheren – Mindestanforderungen noch keinen guten Schallschutz gewährleisten (siehe hierzu [23]

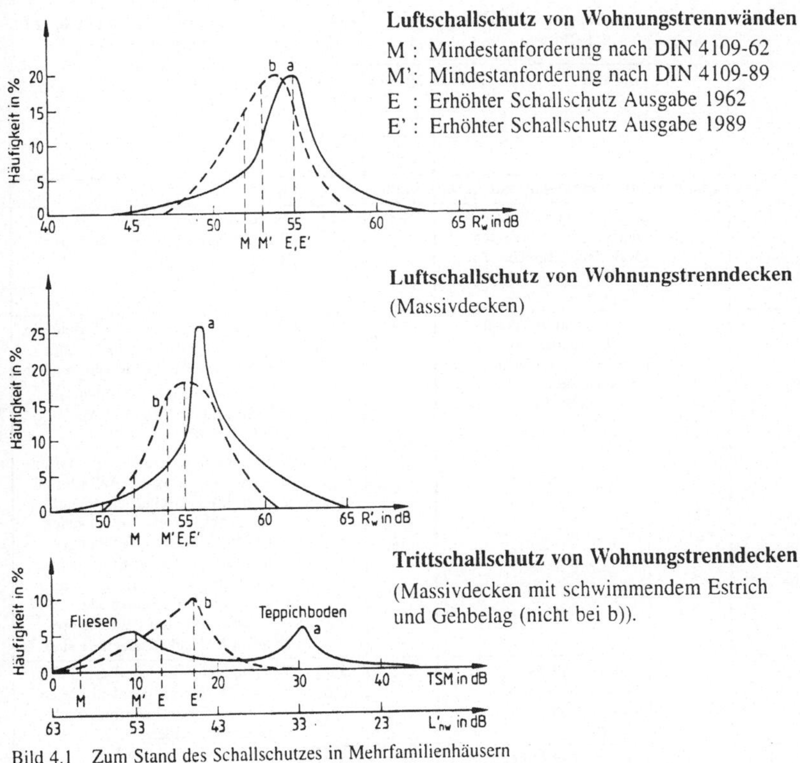



Bild 4.1  Zum Stand des Schallschutzes in Mehrfamilienhäusern

Häufigkeitsverteilung a: eigene Überprüfung 1979 – 1984
Häufigkeitsverteilung b: nach Gösele [4], Zeitpunkt der Untersuchung 1973/74

[52]). Entsprechend der geltenden Rechtsprechung und vor allem auch den gestiegenen Nutzer-Ansprüchen sollte deshalb heute praktisch immer die Einhaltung der erhöhten Anforderungen angestrebt werden, sofern nicht anderes vereinbart wurde, z. B. aus wirtschaftlichen Gründen wie beim kostengünstigen Wohnungsbau [37]. Eine Übersicht über den derzeitigen Stand des Schallschutzes in Mehrfamilienhäusern geben die Häufigkeitsdarstellungen in Bild 4.1. Daraus ist zu ersehen, daß die erhöhten Anforderungen ($R'_w \geq 55\,dB$, $L'_{nw} \leq 46\,dB$ bzw. TSM $\geq +17\,dB$) in Mehrfamilienhäusern heute im Durchschnitt erfüllt werden.

Die Richtwerte für den Schallschutz innerhalb von Wohnungen und in Büro- und Verwaltungsgebäuden zeigt Tafel 4.3 (Anmerkung: zwischen fremden Arbeitsräumen gilt jedoch Tafel 4.1). Die Anforderungen nach DIN 4109-89 an **Außenbauteile** sind in Abschnitt 5 enthalten.

Für den Schallschutz gegenüber **Geräuschen aus haustechnischen Anlagen und Betrieben**, welche baulich mit Wohnungen verbunden sind, werden Anforderungen und Hinweise für die Planung und Ausführung entsprechend DIN 4109-89 in Abschn. 4.4 besprochen. Für den **Nachweis des geforderten Schallschutzes** bei der Planung werden nach

Tafel 4.1   Mindestanforderungen nach DIN 4109-89 [59] an die Luft- und Trittschalldämmung zum Schutz gegen Schallübertragung aus einem fremden Wohn- oder Arbeitsbereich

| Zeile | | Bauteile | Anforderungen erf. $R'_w$ in dB | erf. $L'_{nw}$ (TSM) in dB | Bemerkungen |
|---|---|---|---|---|---|
| **1 Geschoßhäuser mit Wohnungen und Arbeitsräumen** | | | | | |
| 1 | Decken | Decken unter allgemein nutzbaren Dachräumen, z. B. Trockenböden, Abstellräumen und ihren Zugängen | 53 | 53 (10) | Bei Gebäuden mit nicht mehr als 2 Wohnungen betragen die Anforderungen erf. $R'_w$ = 52 dB und erf. TSM = 0 dB. |
| 2 | | Wohnungstrenndecken (auch -treppen) und Decken zwischen fremden Arbeitsräumen bzw. vergleichbaren Nutzungseinheiten | 54 | 53 (10) | Wohnungstrenndecken sind Bauteile, die Wohnungen voneinander oder von fremden Arbeitsräumen trennen. Bei Gebäuden mit nicht mehr als 2 Wohnungen beträgt die Anforderung erf. $R'_w$ = 52 dB. Weichfedernde Bodenbeläge dürfen bei dem Nachweis der Anforderungen an den Trittschallschutz nicht angerechnet werden; in Gebäuden mit nicht mehr als 2 Wohnungen dürfen weichfedernde Bodenbeläge berücksichtigt werden, wenn die Beläge auf dem Produkt oder auf der Verpackung mit dem entsprechenden VM gekennzeichnet sind. |
| 3 | | Decken über Kellern, Hausfluren, Treppenhäusern unter Aufenthaltsräumen | 52 | 53[1]) (10) | Weichfedernde Bodenbeläge dürfen bei dem Nachweis der Anforderungen an den Trittschallschutz nicht angerechnet werden. |
| 4 | | Decken über Durchfahrten. Einfahrten von Sammelgaragen und ähnliches unter Aufenthaltsräumen | 55 | 53[1]) (10) | |
| 5 | | Decken unter/über Spiel- oder ähnlichen Gemeinschaftsräumen | 55 | 46 (17) | Wegen der verstärkten Übertragung tiefer Frequenzen können zusätzliche Maßnahmen zur Körperschalldämmung erforderlich sein. |
| 6 | | Decken unter Terrassen und Loggien über Aufenthaltsräumen | – | 53 (10) | Bezüglich der Luftschalldämmung gegen Außenlärm siehe aber Abschn. 5. |
| 7 | | Decken unter Laubengängen | – | 53[1]) (10) | |
| 8 | | Decken und Treppen innerhalb von Wohnungen, die sich über zwei Geschosse erstrecken | – | 53[1]) (10) | Weichfedernde Bodenbeläge dürfen bei dem Nachweis der Anforderungen an den Trittschallschutz nicht angerechnet werden. |
| 9 | | Decken unter Bad und WC ohne/mit Bodenentwässerung | 54 | 53[1]) (10) | Bei Gebäuden mit nicht mehr als 2 Wohnungen beträgt die Anforderung erf. $R'_w$ = 52 dB und erf. TSM = 0 dB. |

Fortsetzung s. nächste Seiten, Fußnote s. S. 51

Tafel 4.1, Fortsetzung

| Zeile | | Bauteile | Anforderungen erf. $R'_w$ in dB | erf. $L'_{nw}$ (TSM) in dB | Bemerkungen |
|---|---|---|---|---|---|
| 10 | Decken | Decken unter Hausfluren | – | $53^1)$ (10) | Weichfedernde Bodenbeläge dürfen bei dem Nachweis der Anforderungen an den Trittschallschutz nicht angerechnet werden. |
| 11 | Treppen | Treppenläufe und -podeste | – | 58 (5) | Keine Anforderungen an Treppenläufe in Gebäuden mit Aufzug und an Treppen in Gebäuden mit nicht mehr als 2 Wohnungen |
| 12 | Wände | Wohnungstrennwände und Wände zwischen fremden Arbeitsräumen | 53 | – | Wohnungstrennwände sind Bauteile, die Wohnungen voneinander oder von fremden Arbeitsräumen trennen. |
| 13 | | Treppenraumwände und Wände neben Hausfluren | 52 | – | Für Wände mit Türen gilt die Anforderung erf. $R'_w$ (Wand) = erf. $R_w$ (Tür) + 15 dB. Darin bedeutet erf. $R_w$ (Tür) die erforderliche Schälldämmung der Tür nach Zeile 16 oder Zeile 17. Wandbreiten ≤ 30 cm bleiben dabei unberücksichtigt. |
| 14 | Wände | Wände neben Durchfahrten, Einfahrten von Sammelgaragen u. ä. | 55 | – | |
| 15 | | Wände von Spiel- oder ähnlichen Gemeinschaftsräumen | 55 | – | |
| 16 | Türen | Türen, die von Hausfluren oder Treppenräumen in Flure und Dielen von Wohnungen und Wohnheimen oder von Arbeitsräumen führen | 27 | – | Bei Türen gilt erf. $R_w$. |
| 17 | | Türen, die von Hausfluren oder Treppenräumen unmittelbar in Aufentshaltsräume – außer Flure und Dielen – von Wohnungen führen | 37 | | |
| **2 Einfamilien-Doppelhäuser und Einfamilien-Reihenhäuser** | | | | | |
| 18 | Decken | Decken | – | $48^1)$ | |
| 19 | | Treppenläufe und -podeste und Decken unter Fluren | – | 53 (10) | Bei einschlagigen Haustrennwänden gilt: Wegen der möglichen Austauschbarkeit von weichfedernden Bodenbelägen, die sowohl dem Verschleiß als auch besonderen Wünschen der Bewohner unterliegen, dürfen diese bei dem Nachweis der Anforderungen an den Trittschallschutz nicht angerechnet werden. |
| 20 | Wände | Haustrennwände | 57 | – | . |

Fortsetzung und Fußnote s. nächste Seiten

Tafel 4.1, Fortsetzung

| Zeile | | Bauteile | Anforderungen erf. $R'_w$ in dB | erf. $L'_{nw}$ (TSM) in dB | Bemerkungen |
|---|---|---|---|---|---|
| **3 Beherbergungsstätten** | | | | | |
| 21 | Decken | Decken | 54 | 53 (10) | |
| 22 | | Decken unter/über Schwimmbädern, Spiel- oder ähnlichen Gemein- schaftsräumen zum Schutz gegenüber Schlafräumen | 55 | 46 (17) | Wegen der verstärkten Übertragung tiefer Frequenzen können zusätz- liche Maßnahmen zur Körperschall- dämmung erforderlich sein. |
| 23 | | Treppenläufe und -podeste | – | 58 (5) | Keine Anforderung an Treppenläufe in Gebäuden mit Aufzug. |
| 24 | | Decken unter Fluren | – | 53 | |
| 25 | | Decken unter Bad und WC ohne/mit Boden- entwässerung | 54 | 53[1]) (10) | |
| 26 | Wände | Wände zwischen – Übernachtungsräumen – Fluren und Übernach- tungsräumen | 47 | – | |
| 27 | Türen | Türen zwischen Fluren und Übernachtungsräumen | 32 | – | Bei Türen gilt erf. $R_w$. |
| **4 Krankenanstalten, Sanatorien** | | | | | |
| 28 | Decken | Decken | 54 | 53 (10) | |
| 29 | | Decken unter/über Schwimmbädern, Spiel- oder ähnlichen Gemein- schaftsräumen | 55 | 46 (17) | Wegen der verstärkten Übertragung tiefer Frequenzen können zusätz- liche Maßnahmen zur Körperschall- dämmung erforderlich sein. |
| 30 | | Treppenläufe und -podeste | – | 58 (5) | Keine Anforderungen an Treppen- läufe in Gebäuden mit Aufzug. |
| 31 | | Decken unter Fluren | – | 53[1]) (10) | |
| 32 | | Decken unter Bad und WC ohne/mit Boden- entwässerung | 54 | 53[1]) (10) | |
| 33 | Wände | Wände zwischen – Krankenräumen. – Fluren u. Krankenräumen, – Untersuchungs- bzw. Sprechzimmern, – Flure u. Untersuchungs- bzw. Sprechzimmern, – Krankenräumen und Arbeits- u. Pflegeräumen | 47 | – | |
| 34 | | Wände zwischen – Operations- bzw. Behandlungsräumen, – Fluren u. Operations- bzw. Behandlungsräumen | 42 | – | |

Fortsetzung s. nächste Seite

Tafel 4.1, Fortsetzung

| Zeile | | Bauteile | Anforderungen erf. $R'_w$ in dB | erf. $L'_{nw}$ (TSM) in dB | Bemerkungen |
|---|---|---|---|---|---|
| 35 | Wände | Wände zwischen<br>– Räume der Intensivpflege,<br>– Fluren und Räumen der Intensivpflege | 37 | – | |
| 36 | Türen | Türen zwischen<br>– Untersuchungs- bzw. Sprechzimmern,<br>– Fluren u. Untersuchungs- bzw. Sprechzimmern | 37 | – | Bei Türen gilt erf. $R_w$. |
| 37 | | Türen zwischen<br>– Fluren- und Kranken- räumen,<br>– Operations- bzw. Be- handlungsräumen,<br>– Fluren und Operations- bzw. Behandlungsräumen | 32 | – | |
| **5 Schulen und vergleichbare Unterrichtsbauten** | | | | | |
| 38 | Decken | Decken zwischen Unter- richtsräumen oder ähn- lichen Räumen | 55 | 53 (10) | |
| 39 | | Decken unter Fluren | – | 53[1]) (10) | |
| 40 | | Decken zwischen Unter- richtsräumen oder ähn- lichen Räumen und „be- sonders lauten" Räumen (z. B. Sporthallen, Musik- räume, Werkräume) | 55 | 46 (17) | Wegen der verstärkten Übertragung tiefer Frequenzen können zusätz- lich Maßnahmen zur Körperschall- dämmung erforderlich sein. |
| 41 | Wände | Wände zwischen Unter- richtsräumen oder ähn- lichen Räumen | 47 | – | |
| 42 | | Wände zwischen Unter- richtsräumen oder ähn- lichen Räumen und Fluren | 47 | – | |
| 43 | | Wände zwischen Unter- richtsräumen oder ähn- lichen Räumen und Treppenräumen | 52 | – | |
| 44 | | Wände zwischen Unter- richtsräumen oder ähn- lichen Räumen und „be- sonders lauten" Räumen (z. B. Sporthallen, Musik- räumen, Werkräumen) | 55 | – | |
| 45 | Türen | Türen zwischen Unter- richtsräumen oder ähn- lichen Räumen und Fluren | 32 | – | Bei Türen gilt erf. $R_w$. |

[1]) Die Anforderung an die Trittschalldämmung gilt nur für die Trittschallübertragung in fremde Aufenthaltsräume, ganz gleich, ob sie in waagerechter, schräger oder senkrechter Richtung (nach oben) erfolgt.

DIN 4109-89 in Zukunft bei den einzelnen Bauteilen größere Anforderungen an die Sicherheit ( ⏵ Vorhaltemaß) gestellt entsprechend etwas höherer Flächenmasse für die trennenden Bauteile und eine genauere Berücksichtigung der Schall-Längsleitung vorgeschrieben. (Näheres s. Abschn. 4.1 und 4.2) Der Planer oder Bauherr sollte deshalb zukünftig möglichst frühzeitig einen Bauphysiker einschalten, wie dies die HOAI seit 1985 vorsieht.

Tafel 4.2   Vorschläge für erhöhten Schallschutz nach DIN 4109-89. Beiblatt 2 [59]; Luft- und Trittschalldämmung von Bauteilen zum Schutz gegen Schallübertragung aus einem fremden Wohn- oder Arbeitsbereich

**Vorbemerkung:** Die nachfolgende Tafel nach DIN 4109-89 gibt nur eine Untergrenze für einen erhöhten Schallschutz an. Da die notwendige Schalldämmung nicht nur von der Lautstärke beim Nachbarn, sondern auch wesentlich von der Höhe des Grundgeräuschpegels $L_G$ abhängt, sind im Einzelfall evtl. wesentlich höhere Schalldämmwerte notwendig, z. B. nach [52] mindestens $R'_w = 70$ dB, damit Klavierspiel nicht mehr hörbar ist bei Grundgeräuschpegeln $L_G \leq 20$ dB (A).

| Spalte | 1 | 2 | 3 | 4 | 5 |
|---|---|---|---|---|---|
| Zeile | | Bauteile | Vorschläge für erhöhten Schallschutz erf. $R'_w$ in dB | erf. $L'_{nw}$ in dB | Bemerkungen |
| **1  Geschoßhäuser mit Wohnungen und Arbeitsräumen** | | | | | |
| 1 | Decken | Decken unter allgemein nutzbaren Dachräumen, z. B. Trockenböden, Abstellräumen und ihren Zugängen | $\geq 55$ | $\leq 46$ | |
| 2 | | Wohnungstrenndecken (auch -treppen) und Decken zwischen fremden Arbeitsräumen bzw. vergleichbaren Nutzungseinheiten | $\geq 55$ | $\leq 46$ | Weichfedernde Bodenbeläge dürfen für den Nachweis an den Trittschallschutz angerechnet werden. |
| 3 | | Decken über Kellern, Hausfluren, Treppenräumen unter Aufenthaltsräumen | $\geq 55$ | $\leq 46^1)$ | |
| 4 | | Decken über Durchfahrten, Einfahrten von Sammelgaragen und ähnliches unter Aufenthaltsräumen | – | $\leq 46^1)$ | |
| 5 | | Decken unter Terrassen und Loggien über Aufenthaltsräumen | – | $\leq 46$ | |
| 6 | | Decken unter Laubengängen | – | $\leq 46^1)$ | |
| 7 | | Decken und Treppen innerhalb von Wohnungen, die sich über zwei Geschosse erstrecken | – | $\leq 46^1)$ | Weichfedernde Bodenbeläge dürfen für den Nachweis an den Trittschallschutz angerechnet werden. |
| 8 | | Decken unter Bad und WC ohne/mit Bodenentwässerung | $\geq 55$ | $\leq 46^1)$ | Bei Sanitärobjekten in Bad oder WC ist für eine ausreichende Körperschalldämmung zu sorgen |
| 9 | | Decken unter Hausfluren | – | $\leq 46^1)$ | |
| 10 | Treppen | Treppenläufe und -podeste | – | $\leq 46$ | |

Fortsetzung und Fußnote siehe nächste Seite

Tafel 4.2. Fortsetzung

| Spalte | 1 | 2 | 3 | 4 | 5 |
|---|---|---|---|---|---|
| Zeile | | Bauteile | Vorschläge für erhöhten Schallschutz erf. $R'_w$ in dB | erf. $L'_{nw}$ in dB | Bemerkungen |
| 11 | Wände | Wohnungstrennwände und Wände zwischen fremden Arbeitsräumen | ≥ 55 | – | |
| 12 | | Treppenraumwände und Wände neben Hausfluren | ≥ 55 | – | Für Wände mit Türen gilt $R'_w$ (Wand) = $R_{w,p}$ (Tür) + 15 dB. Darin bedeutet $R_{w,p}$ (Tür) die erforderliche Schalldämmung der Tür nach Zeile 13. Wandbreiten ≤ 30 cm bleiben dabei unberücksichtigt. |
| 13 | Türen | Türen, die von Hausfluren oder Treppenräumen in Flure und Dielen von Wohnungen und Wohnheimen oder von Arbeitsräumen führen | ≥ 37 | – | Bei Türen gelten die Werte für die Schalldämmung bei alleiniger Übertragung durch die Tür. |
| **2** | **Einfamilien-Doppelhäuser und Einfamilien-Reihenhäuser** | | | | |
| 14 | Decken | Decken | – | ≤ 38[1]) | Weichfedernde Bodenbeläge dürfen für den Nachweis an den Trittschallschutz angerechnet werden. |
| 15 | | Treppenläufe und -podeste und Decken unter Fluren | – | ≤ 46[1]) | |
| 16 | Wände | Haustrennwände Wohnungstrennwände | ≥ 67 | – | |
| **3** | **Beherbergungsstätten, Krankenanstalten, Sanatorien** | | | | |
| 17 | Decken | Decken | ≥ 55 | ≤ 46 | |
| 18 | | Decken unter Bad und WC ohne/mit Bodenentwässerung | ≥ 55 | ≤ 46[1]) | Weichfedernde Bodenbeläge dürfen für den Nachweis an den Trittschallschutz angerechnet werden. Bei Sanitärobjekten in Bad oder WC ist für eine ausreichende Körperschalldämmung zu sorgen. |
| 19 | Decken | Decken unter Fluren | – | ≤ 46[1]) | |
| 20 | Treppen | Treppenläufe und -podeste | – | ≤ 46[1]) | |
| 21 | Wände | Wände zwischen Übernachtungs- bzw. Krankenräumen | ≥ 52 | – | |
| 22 | | Wände zwischen Fluren und Übernachtungs- bzw. Krankenräumen | ≥ 52 | – | Das $R'_w$ gilt nur für die Wand allein. |
| 23 | Türen | Türen zwischen Fluren und Krankenräumen | ≥ 37 | – | Bei Türen gelten die Werte für die Schalldämmung bei alleiniger Übertragung durch die Tür. |
| 24 | | Türen zwischen Fluren und Übernachtungsräumen | ≥ 37 | – | |

[1]) Der Vorschlag für den erhöhten Schallschutz an die Trittschalldämmung gilt nur für die Trittschallübertragung in fremde Aufenthaltsräume, ganz gleich, ob sie in waagerechter, schräger oder senkrechter (nach oben) Richtung erfolgt.

Tafel 4.3   Empfehlungen für normalen und erhöhten Schallschutz; nach DIN 4109-89, Beiblatt 2 [59]
Luft- und Trittschalldämmung von Bauteilen zum Schutz gegen Schallübertragung aus dem
eigenen Wohn- oder Arbeitsbereich

| Spalte | 1 | 2 | 3 | 4 | 5 | 6 |
|---|---|---|---|---|---|---|
| Zeile | Bauteile | Empfehlungen für normalen Schallschutz | | Empfehlungen für erhöhten Schallschutz | | Bemerkungen |
| | | erf. $R'_w$ in dB | erf. $L'_{nw}$ in dB | erf. $R'_w$ in dB | erf. $L'_{nw}$ in dB | |
| **1 Wohngebäude** | | | | | | |
| 1 | Decken in Einfamilienhäusern, ausgenommen Kellerdecken und Decken unter nicht ausgebauten Dachräumen | 50 | 56 | $\geq 55$ | $\leq 46$ | Bei Decken zwischen Wasch- und Aborträumen als Schutz nur gegen Trittschallübertragung in Aufenthaltsräume. Weichfedernde Bodenbeläge dürfen angerechnet werden. |
| 2 | Treppen und Treppenpodeste in Einfamilienhäusern | – | – | – | $\leq 53$ | Der Vorschlag für den erhöhten Schallschutz an die Trittschalldämmung gilt nur für die Trittschallübertragung in fremde Aufenthaltsräume, ganz gleich, ob sie in waagerechter, schräger oder senkrechter, (nach oben) Richtung erfolgt. Weichfedernde Bodenbeläge dürfen angerechnet werden. |
| 3 | Decken von Fluren in Einfamilienhäusern | – | 56 | – | $\leq 46$ | |
| 4 | Wände ohne Türen zwischen „lauten" und „leisen" Räumen unterschiedlicher Nutzung, z. B. zwischen Wohn- und Kinderschlafzimmer | 40 | – | $\geq 47$ | – | |
| **2 Büro- und Verwaltungsgebäude** | | | | | | |
| 5 | Decken, Treppen, Decken von Fluren und Treppenraumwände | 52 | 53 | $\geq 55$ | $\leq 46$ | Weichfedernde Bodenbeläge dürfen angerechnet werden. |
| 6 | Wände zwischen Räumen mit üblicher Bürotätigkeit | 37 | – | $\geq 42$ | – | Es ist darauf zu achten, daß diese Werte durch eine Nebenwegübertragung über Flur und Türen nicht verschlechtert wird. |
| 7 | Wände zwischen Fluren und Räumen nach Zeile 6 | 37 | – | $\geq 42$ | – | |
| 8 | Wände von Räumen für konzentrierte geistige Tätigkeit oder zur Behandlung vertraulicher Angelegenheiten, z. B. zwischen Direktions- und Vorzimmer | 45 | – | $\geq 52$ | – | |
| 9 | Wände zwischen Fluren und Räumen nach Zeile 8 | 45 | – | $\geq 52$ | – | |
| 10 | Türen in Wänden nach Zeile 6 und 7 | 27 | – | $\geq 32$ | – | Bei Türen gelten die Werte für die Schalldämmung bei alleiniger Übertragung durch die Tür. |
| 11 | Türen in Wänden nach Zeile 8 und 9 | 37 | – | – | – | |

## 4.1  Luftschalldämmung von Wänden

Die grundsätzlichen schalltechnischen Eigenschaften von Wänden werden zunächst bei einschaligen Bauteilen besprochen und dann das Verhalten zweischaliger Wände aufgezeigt.

### 4.1.1  Einschalige Wände

Unter einschaligen Wänden sind Bauteile zu verstehen, welche als Ganzes schwingen, d. h. sie können auch aus mehreren steifen Einzelschichten bestehen, die fest miteinander verbunden sind wie z. B. Mauerwerk und Putz, und sie können auch gewisse, nicht zu große Hohlräume aufweisen wie z. B. Hochlochziegel oder Hohlblocksteine.

Wenn allerdings die Löcher – zur Verbesserung der Wärmedämmung – versetzt angeordnet sind, schwingen die Steine nicht mehr als ganzes, sie zeigen Resonanzerscheinungen (Dikkenschwingungen und Plattenschwingungen), wodurch die Schalldämmung verringert wird gegenüber der nachfolgend besprochenen Abhängigkeit von der Masse; Näheres hierzu s. z. B. [51], beim Abschn. 4.1.2 (Schallängsleitung) und bei Außenwänden in Abschn. 5.2.

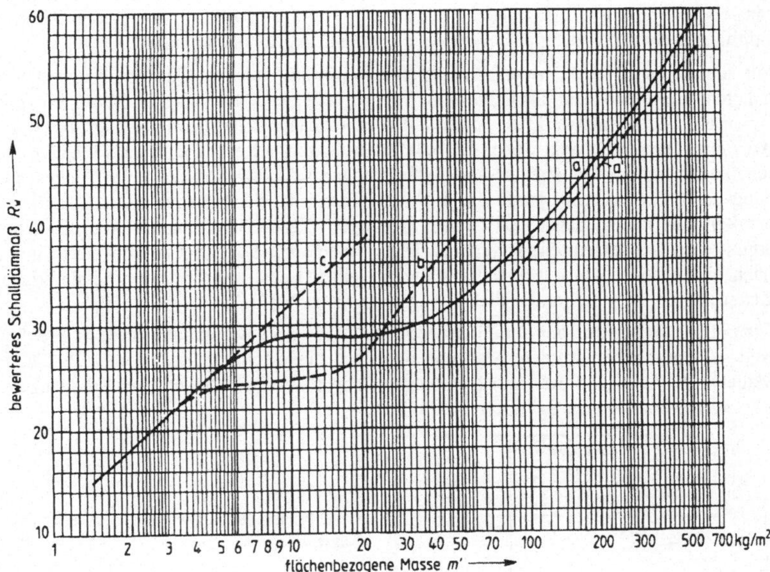


Bild 4.2  Abhängigkeit des bewerteten Schalldämmaßes $R'_w$ von der flächenbezogenen Masse m' für einschalige Bauteile aus

    a    Beton, Mauerwerk, Gips, Glas u. ä. (Mittelwerte aus Meßwerten bei flankierenden Bauteilen, die im Mittel etwa $\overline{m}'_L$ = 400 kg/m² schwer sind)

    a'   Rechenwerte für den Schallschutz-Nachweis nach DIN 4109-E 84, Teil 3, einschließlich Vorhaltemaß bei $\overline{m}'_L$ ca. 300 kg/m² (s. Tafel 4.5)

    b    Holzwerkstoffe

    c    Stahlblech bis 2 mm Dicke, Bleiblech, Gummiplatten (Bergersches Massengesetz für biegeweiche Platten)

Die Schalldämmung einschaliger Wände, allgemein einschaliger Bauteile (z. B. auch Türen u. ä.) hängt von folgenden Einflußgrößen ab [8], [21], [10]:

- Flächenbezogene Masse der Wand

- Biegesteife des Bauteils und Frequenz

- Undichtheiten (z. B. unverputztes Mauerwerk)

- Schallängsleitung über flankierende Bauteile.

Bei dichten einschaligen Wänden hängt die Schalldämmung in erster Linie von der flächenbezogenen Masse ab. Das ursprüngliche **Bergersche Massengesetz** [8] gilt jedoch nur für senkrechten Schalleinfall und biegeweiche Platten o. ä. (s. Bild 4.2, Kurve c). Das Massengesetz sagt aus, daß das Schalldämmaß bei einer Verdopplung der flächenbezogenen Masse oder der Frequenz um 6 dB zunimmt. Spätere Untersuchungen von C r e m e r [10] und G ö s e l e [21] haben gezeigt, daß das Schalldämmaß vom Schalleinfallswinkel abhängt (→ Spuranpassung). Bei statistischem Schalleinfall (diffuses Schallfeld) ergaben Messungen von G ö s e l e [21] die in Bild 4.2 gezeigte Abhängigkeit für das bewertete Schalldämmaß $R'_w$ einschaliger Bauteile von ihrer flächenbezogenen Masse. Beispiele für Wandausführungen siehe Berechnungsbeispiel 4.1.5 und Tafel 4.7.

Das bewertete Schalldämmaß schwerer einschaliger Wände nimmt um rund 7 bis 8 dB pro Massenverdopplung zu. Das Plateau der Kurven a und b in Bild 4.2 ergibt sich durch den Einfluß der Spuranpassung auf den Frequenzverlauf des Schalldämmaßes.

Vor allem dünne Platten, wie z. B. Holzplatten, Gipskartonplatten, Glasscheiben, zeigen bei höheren Frequenzen ein Dämmungsminimum (siehe Bild 4.4). Dieses Minimum, durch C r e m e r [10] erstmals erklärt, beruht auf dem sogenannten **Spuranpassungseffekt**, einer Art räumlichen Resonanz, wobei die Spur einer schräg auf eine Platte auftreffenden Luftschallwelle mit der Wellenlänge und Ausbreitungsgeschwindigkeit der freien Biegeschwingung der Platte übereinstimmt. Die niedrigste Frequenz, die bei streifendem Schalleinfall parallel zur Platte (dann Luftschallwellenlänge = Biegewellenlänge) eine Koinzidenz ergibt, wird **Grenzfrequenz $f_g$** genannt. Die Grenzfrequenz $f_g$ hängt ab vom Verhältnis der flächenbezogenen Masse zur Biegesteifigkeit eines Bauteils und ist um so niedriger je dicker und damit je steifer die Platte ist (Näheres s. z. B. [3], [4]).

Für übliche Baustoffe kann die Grenzfrequenz $f_g$ aus dem Diagramm von G ö s e l e [4] in Bild 4.3 entnommen werden. Man unterscheidet: **biegesteife** Bauteile wie z. B. 240 mm Mauerwerk ($f_g$ = rund 100 Hz) und **biegeweiche** Platten mit hoher Grenzfrequenz, z. B. 12,5 mm Gipskartonplatten ($f_g$ = rund 2800 Hz).

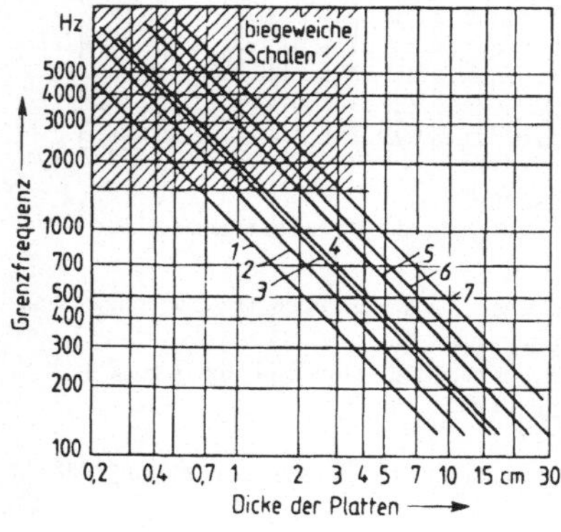


Bild 4.3
Grenzfrequenzen für Platten aus verschiedenen Baustoffen, abhängig von ihrer Dicke. Platten oder Schalen, deren Grenzfrequenz über etwa 1500 Hz liegt, werden biegeweich genannt (schraffierter Bereich) [4]

1   Glas
2   Schwerbeton
3   Sperrholz
4   Vollziegel
5   Gips
6   Hartfaserplatten
7   Porenbeton

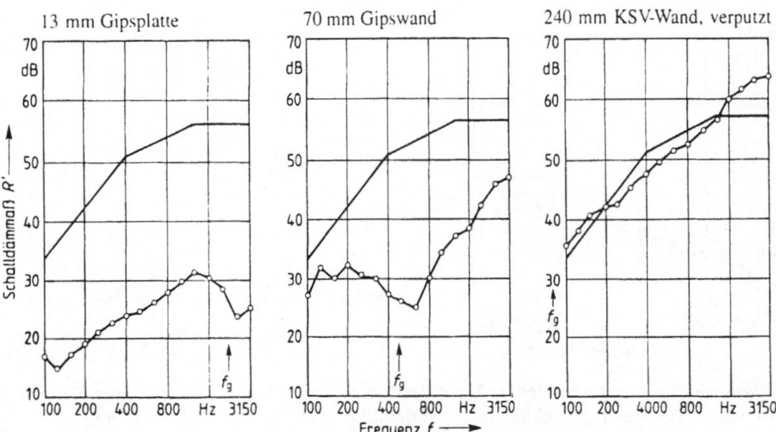



Bild 4.4  Meßbeispiele für die Abhängigkeit des Schalldämmaßes R' von der Frequenz f und dem Einfluß der Spuranpassung oberhalb der Grenzfrequenz $f_g$

Da im diffusen Schallfeld alle Einfallsrichtungen gleichmäßig auftreten, vermindert der Spuranpassungseffekt oberhalb der Grenzfrequenz die Schalldämmung bei einschaligen Bauteilen; drei Beispiele hierzu mit unterschiedlicher Grenzfrequenz zeigt Bild 4.4.

Analog zum Spuranpassungseffekt ist das Biegeverhalten eines Bauteils entscheidend für die Abstranlung von freien Biegewellen bei Körperschallanregung z. B. über Randverbindungen oder andere „Schallbrücken" bei zweischaligen Wänden. Unterhalb der Grenzfrequenz $f_g$ ergibt sich dadurch eine um 10 bis 20 dB verringerte Abstrahlung (Näheres s. z. B. [4]) und erst oberhalb der Grenzfrequenz $f_g$ werden die Eigenschwingungen der Platte normal abgestrahlt. Bezogen auf den Frequenzbereich 100 bis 3150 Hz strahlen bei Körperschallanregung dünne biegeweiche Platten weit weniger Schall ab als dicke biegesteife Wände (Auswirkung s. Doppelwände 4.1.4 und biegeweiche Vorsatzschalen 4.1.3).

**Einfluß von Undichtheiten**

Bei unverputztem Mauerwerk kann der Schall über Luftkanäle in den Stoßfugen oder/und über die offenen Poren des Wandmaterials übertragen werden; z. B. 240 mm Bims-Hohlblockmauerwerk ergab unverputzt R'_w = 16 dB und beidseitig verputzt R'_w = 49 dB. Bei Sichtmauerwerk ist die Dichtheit der Mauerwerksfugen von entscheidender Bedeutung, hier wurden Verschlechterungen bis zu rund 4 dB gemessen.

Die Undichtheit einer Wand wird durch einen **Naßputz** völlig beseitigt, wobei dessen Dikke von untergeordneter Bedeutung ist. Akustisch gesehen bildet der Putz mit der gemauerten Wand eine Einheit, da der Abstand der Befestigungsstellen klein ist (s. Bild 4.5).

Durch sogenannten **Trockenputz**, wobei Gipskartonplatten über Gipsplaster an der Rohbauwand befestigt werden, werden deren Undichtheiten nicht beseitigt und nach [24] ergaben sich gegenüber dem naß verputzten Zustand um 3 bis 6 dB, im Extremfall sogar bis zu 11 dB verschlechterte Schalldämmwerte (s. Beispiel in Bild 4.5). Wesentliche Ursache dafür ist, daß die Gipskartonplatte aufgrund des großen Abstandes der Gipsplaster (s. Bild 4.5) dazwischen frei schwingen kann und diese Schwingungen dann über die Gipsplaster auf die Rohbauwand übertragen werden.

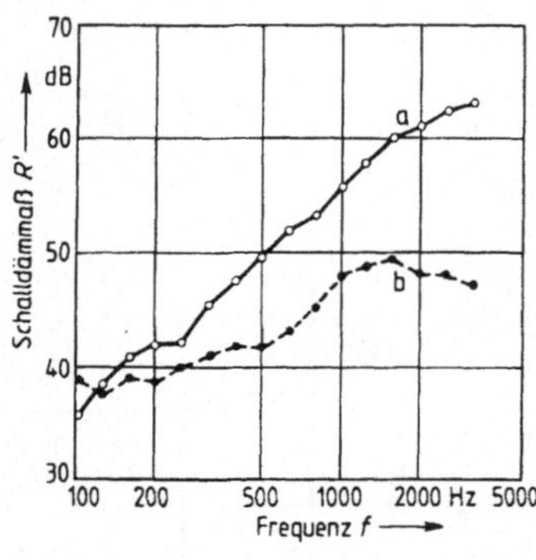

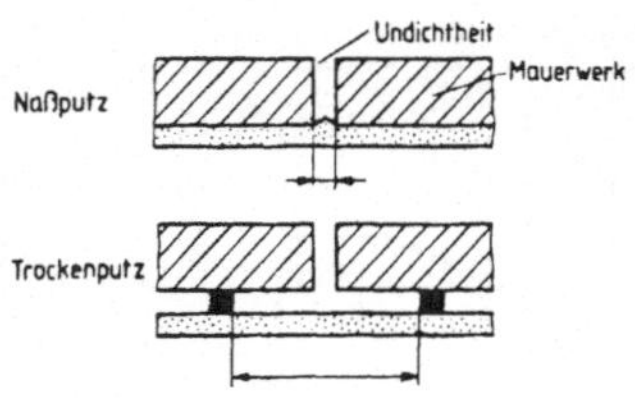

Bild 4.5
Schalldämmung von Trennwänden aus 240 mm
Kalksandstein in ausgeführten Bauten nach [24]
a   naß verputzt ($R'_w$ = 54 dB)
b   mit Trockenputz (Schadensfall: $R'_w$ = 46 dB)

Zur Vermeidung der geschilderten Verschlechterung muß, zumindest auf einer Seite der Trennwand, die Gipskartonplatte über Mineralfaserplatten o. ä. (z. B. Mineralfaser-Verbundplatten) angebracht werden. Die Schalldämmung wird dadurch etwas verbessert gegenüber der naß verputzten Wand.

**Einfluß von Wandschlitzen**

Solange ein Wandschlitz, in dem eine Rohrleitung untergebracht ist, nicht sehr breit (kleiner 250 mm) ist und er mit Putz verschlossen wird, wird die Schalldämmung der Wand praktisch um nicht mehr 1 dB geringer. Zur Vermeidung von Geräuschen von den im Schlitz untergebrachten Wasser- oder Abwasserleitungen, Regenrohre o. ä. müssen diese eine körperschalldämmende Ummantelung erhalten und die flächenbezogene Masse der Restwand sollte mindestens 220 kg/m$^2$ betragen.

## 4.1.2  Einfluß der Schallängsleitung

Die in Bild 4.2 enthaltenen $R'_w$-Kurven sind auf bestimmte Längsleitungs-Verhältnisse bezogen. Für die Vorherberechnung der Luftschalldämmung in einem Bau mit anderer flächenbezogenen Masse der flankierenden Bauteile muß die Längsleitung über die vier Längsbauteile berechnet und berücksichtigt werden. Die dabei zu unterscheidenden Schallübertragungswege sind in Bild 4.6 dargestellt [22], [69]:

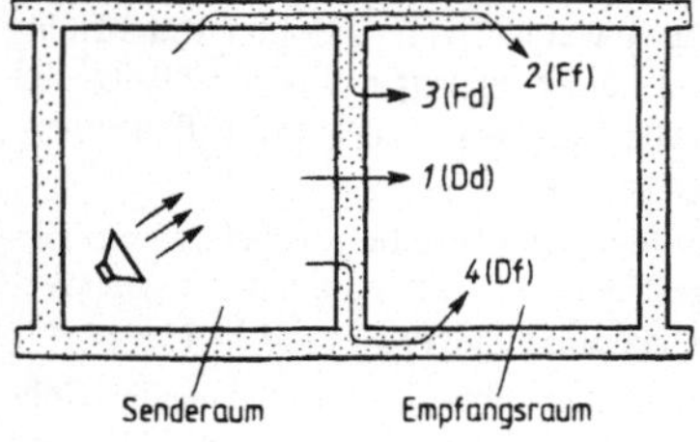


Bild 4.6
Zu unterscheidende Schallübertragungswege zwischen zwei Räumen
Die Kennzeichnung der Wege nach DIN 52 217 ist jeweils in Klammern angegeben

Weg 1:   unmittelbar durch die Trennfläche
Weg 2:   entlang der flankierenden Wand oder Decke
Weg 3:   von der flankierenden Wand über die Trennfläche
Weg 4:   von der Trennfläche auf die Längswände

Da dies für die Praxis zu umständlich erschien, wurde dieser Einfluß früher z. B. in DIN 4109-62 nur qualitativ behandelt. In den letzten Jahren wurden – zur Kosteneinsparung – die flankierenden Bauteile jedoch immer leichter ausgeführt und durch erhöhte Schallängsleitung wurde dann bei knapp dimensionierten Trennwänden und -decken der Luftschallschutz manchmal ungenügend (s. z. B. [38]). Zur sicheren Vorherberechnung ist deshalb nach DIN 4109 – Ausgabe 1989 nicht nur das Vorhaltemaß (siehe Kurve a' in Bild 4.2 bzw. Tafel 4.5) zu berücksichtigen, wodurch zur Erfüllung z. B. der Mindestanforderung (s. Tafel 4.1) die Trennwand statt früher 350 kg/m$^2$ (R'$_w$ = 52 dB) zukünftig mindestens 410 kg/m$^2$ (R'$_w$ = 53 dB) schwer sein muß, sondern zusätzlich auch der Einfluß der Schalllängsleitung mit Hilfe eines vereinfachten Rechenverfahrens nach G ö s e l e [22] auf der Grundlage der mittleren flächenbezogenen Masse der flankierenden massiven Bauteile, s. Berechnungsbeispiel in 4.1.5 (Tafel 4.5 und 4.6).

Für einschalige Wände ergibt die Längsleitung allerdings erst bei sehr leichten flankierenden Bauteilen einen merkbaren Einfluß (Korrektur $K_{L,1}$ = – 1 dB ab m'$_{L,Mittel}$ ≤ 200 kg/m$^2$, siehe Tafel 4.6). Wesentlich größer ist der Einfluß bei Wänden mit Vorsatzschalen und Decken mit schwimmendem Estrich, da hier die Schallängsleitung maßgebend ist für die erreichbare Schalldämmung.

Zur genauen Berücksichtigung der Schallängsleitung im Einzelfall oder wenn für einzelne Flankenbauteile gemessene Schallängsdämmwerte berücksichtigt werden müssen, da sie sich nicht entsprechend der Flächenmasse verhalten (z. B. Außenwände aus Steinen mit versetzter Lochung, s. [51]), sowie für die Berechnung einzelner Übertragungswege im Schadensfall werden nachfolgend Rechenformeln angegeben (Näheres s. [22])

Für das Schall-Längsdämmaß massiver flankierender Bauteile gilt beim Weg 2 (Ff):

$$R_2 = R_f + D_{v2} + 10 \lg \frac{S_{Tr}}{S_{f2}} \tag{4.1}$$

dabei bedeuten:

$R_2$   Schall-Längsdämmaß bezogen auf die Trennfläche $S_{Tr}$
$R_f$   Schalldämmaß (für Querdurchgang) des Flankenbauteils im Senderaum (s. Gl. (4.3))
$D_{v2}$   Verzweigungsdämmaß für den Weg 2 (s. Gl. (4.2))
$s_{Tr}$   Trennfläche
$s_{f2}$   Fläche des Flankenbauteils im Empfangsraum

Das Verzweigungsdämmaß, auch als „Stoßstellendämmung" bezeichnet, kann nach [22] mit folgenden empirischen Beziehungen berechnet, werden:

$$D_{v2} = 20 \lg \frac{m'_{Tr}}{m'_f} + 12 \text{ dB}^*) \quad \text{für} \quad \frac{m'_{Tr}}{m'_f} \geq 0{,}4 \tag{4.2a}$$

$$D_{v2} = 4 \text{ dB} \quad \quad \quad \text{für} \quad \frac{m'_{Tr}}{m'_f} < 0{,}4 \tag{4.2b}$$

Dabei bedeuten:
m'$_{Tr}$   flächenbezogene Masse der Trennwand oder -Decke
m'$_f$   flächenbezogene Masse des Flankenbauteils

Für Verzweigungsdämmaße nach obigen Beziehungen ist Voraussetzung, daß die flankierenden Bauteile fest mit der Trennwand oder -Decke verbunden sind. Ohne feste Verbindung kann $D_v$ bis auf rund 3 bis 4 dB absinken, z. B. bei einer leichten durchlaufenden Außenwand kann dadurch die Schalldämmung der Trennwand ungenügend werden [51].

Das Verzweigungsdämmaß $D_{v2}$ ist somit praktisch frequenzunabhängig. Gl. (4.1) kann daher mit guter Genauigkeit für die bewerteten Schalldämmaße $R_{2,w}$ und $R_{f,w}$ angewandt werden.

---

*) gilt für Kreuz-Verzweigung, bei T-Stoß (z. B. bei Außenwand) statt 12 dB nur 9 dB.

Da jedoch für massive Bauteile normalerweise nur das $R'_w$ vorliegt, muß die enthaltene Schallängsleitung (Wege 2 und 4) herauskorrigiert werden:

$$R_{fw} = R'_{fw} + K_{2,4} \qquad\qquad (4.3)$$

dabei bedeuten:

$R'_{fw}$    bewertetes Schalldämmaß des Flankenbauteils nach Kurve a in Bild 4.2 (Labor-Meßwerte)

$K_{2,4}$    Korrektur bezüglich Schallängsleitung im Labor über Wege 2 und 4:

| $R'_{fw}$ | 48 | 50 | 52 | 54 | 56 | 58 | dB |
|---|---|---|---|---|---|---|---|
| $K_{2,4}$ | 0 | 1 | 1 | 2 | 4 | 5 | dB |

Sinngemäß können die Gleichungen (4.1) bis (4.3) auf die Wege 3 und 4 angewandt werden. Nach dem Reziprozitätsprinzip [5] müssen die Übertragungswege 3 und 4 zahlenmäßig gleich groß sein, so daß praktisch nur Weg 2 und z. B. Weg 3 berechnet werden müssen. Nach [22] kann für die Berechnung von $R_{3,w}$ näherungsweise $D_{v3} = D_{v2}$ gesetzt werden.

$R_{3,w}$ und $R_{2,w}$ unterscheiden sich dann nur um $10 \lg \dfrac{S_{Tr}}{S_{12}}$, so daß sie häufig in 1. Näherung gleich groß sind.

Analog zu Gl. (4.3) muß dann auch noch für den Weg 1 das bewertete Schalldämmaß $R_{1,w}$ der Trennwand ohne Nebenwege (Wege 2, 3 und 4) ermittelt werden:

$$R_{1,w} = R'_{1,w} + K_{2,3,4} \qquad\qquad (4.4)$$

Bei Gleichung (4.4) bedeuten:

$R'_{1,w}$    bewertetes Schalldämmaß der Trennwand nach Kurve a in Bild 4.2 (Labor-Meßwert)

$K_{2,3,4}$    Korrektur bezüglich Schallängsleitung im Labor über Wege 2, 3, 4:

| $R'_{1,w}$ | 48 | 50 | 52 | 54 | 56 | 58 | dB |
|---|---|---|---|---|---|---|---|
| $K_{2,3,4}$ | 1,5 | 2 | 2,5 | 3 | 4 | 5 | dB |

Das bewertete Schalldämmaß $R'_w$ zwischen zwei Räumen errechnet sich dann durch energetische Addition der über das trennende Bauteil und die beteiligten Flankenbauteile (f) auf den Wegen 1 bis 4 übertragenen Schalleistungen nach folgenden Beziehungen:

$$R'_w = -10 \lg \left[ 10^{-0,1 R_{1w}} + \sum_{f=1}^{4} \left( 10^{-0,1 R_{2w}} + 10^{-0,1 R_{3w}} + 10^{-0,1 R_{4w}} \right) \right] \qquad (4.5)$$

Mit den oben genannten Näherungen für $D_{v3} = D_{v2} = D_{vf}$ reduziert sich der Rechenaufwand praktisch auf die Berechnung für den Weg 2 bei den beteiligten Flankenbauteilen (f = 1 – 4) wie folgt:

$$R'_w = -10 \lg \left[ 10^{-0,1 R_{1w}} + \sum_{f=1}^{4} \left( n - 1 + \frac{S_{f2}}{S_{Tr}} \right) 10^{-0,1(R_{fw} + D_{vf})} \right] \qquad (4.6)$$

dabei bedeuten:

$R_{1w}$    bewertetes Schalldämmaß der Trennwand, s. Gl. (4.4)

$R_{fw}$    bewertetes Schalldämmaß des Flankenbauteils f, s. Gl. (4.3)

$D_{vf}$    Verzweigungsdämmaß nach Gl. (4.2 a) bzw. (4.2 b)

$S_{f2}, S_{Tr}$    s. Gl. (4.1)

n    Anzahl der möglichen Flankenwege (= 3 bei einschaligen Trennwänden; = 2 bei Trennwänden mit Vorsatzschale oder Decken mit schwimmendem Estrich).

### 4.1.3  Verbesserung durch biegeweiche Vorsatzschalen

Durch eine biegeweiche Vorsatzschale aus Gipskartonplatten o.ä. entsteht eine zweischalige
Wand, deren schalltechnisches Verhalten mit dem Masse-Feder-Modell (s. Abschn. 2.1 und
Bild 4.7) erklärt werden kann. Die Schalldämmung der Wand wird dabei nur oberhalb der
Resonanzfrequenz $f_0$ verbessert, bei $f_0$ verschlechtert und für $f < f_0$ nicht verändert, s. Bild 4.7.

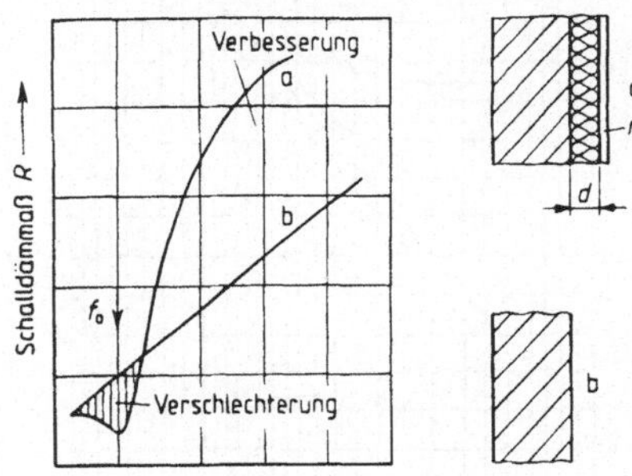


Bild 4.7
Zur akustischen Wirkung einer Vorsatzschale der
Flächenmasse m' mit Wandabstand d durch Masse-
Feder-System mit Resonanzfrequenz $f_0$ (s. Gl. (4.7))

Für die Resonanzfrequenz $f_0$ gilt nach [4]:

Fall A: Luftschicht mit schallabsorbierender Einlage, z. B. Faserdämmstoffe nach DIN 18 165

$$f_0 \approx \frac{650}{\sqrt{m'd}} \ \text{Hz} \tag{4.7 a}$$

Fall B: Dämmschicht mit beiden Schalen vollflächig verbunden (Anwendung vor allem bei
Wärmedämmverkleidungen, s. Außenwände, Abschn. 5.2)

$$f_0 \approx 190 \sqrt{\frac{s'}{m'}} \ \text{Hz} \tag{4.7 b}$$

dabei bedeuten:

m'  flächenbezogene Masse der biegeweichen Schale in kg/m$^2$
d   Schalenabstand in cm
s'  dynamische Steifigkeit der Dämmschicht in $\dfrac{\text{MN}}{\text{m}^3}$

Damit durch die Vorsatzschale eine größtmögliche Verbesserung erreicht wird, muß die
Resonanzfrequenz $f_0$ unter 100 Hz liegen; bei einer 12,5 mm Gipskartonplatte muß der
Wandabstand d dazu mindestens rund 4 cm betragen.

Die Schalldämmung ist um so besser, je weniger starr die Verbindung der beiden Schalen
ist, gewisse Verbindungen sind jedoch möglich, da biegeweiche Schalen unterhalb der
Grenzfrequenz $f_{gr}$ (s. Abschn. 4.1.1) eine um 10 bis 20 dB verringerte Abstrahlung aufweisen. Verwendet werden heute meist freistehende Ständerkonstruktionen aus Holz oder
Metall-C-Profilen, welche mit schwingfähigen Elementen an der Wand gehalten werden
oder die Gipskartonplatten werden direkt über Mineralfaserplatten o.ä. mit Ansetzmörtel
angeklebt z. B. als Mineralfaser-Verbundplatten.

Die Schallübertragung über die Wand selbst (Weg 1 nach Bild 4.6) wird dadurch im Mittel
um 10 bis 15 dB verringert. Die tatsächlich erreichbare Verbesserung für die Schalldämmung zwischen zwei Räumen wird jedoch durch die Schallängsleitung über die flankierenden Bauteile (Wege 2 und 3 bei Vorsatzschale im lauten Raum) begrenzt und liegt am Bau

zwischen etwa 3 dB bei schweren Wänden bis etwa 10 dB bei sehr leichten Wänden, s. Bild 4.8.

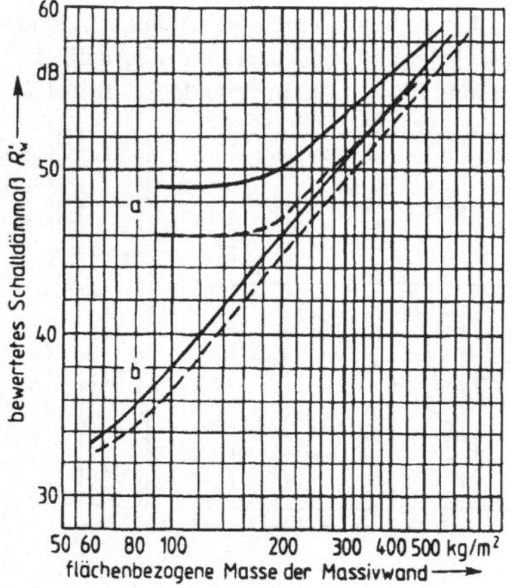

Bild 4.8
Erreichbares Schalldämmaß R'$_w$ von Massivwänden mit biegeweicher Vorsatzschale mit f$_o$ < 100 Hz

a   mit Vorsatzschale *
b   ohne Vorsatzschale

Abhängig von der mittleren Flächenmasse der Flankenbauteile nach [59]:

———  gültig für $\overline{m}'_L$ = 300 kg/m$^2$
– – –  gültig für $\overline{m}'_L$ = 150 kg/m$^2$

* einschließlich 2 dB Vorhaltemaß, (Meßwerte am Bau häufig rund 2 dB höher)

Bei genügend schwerer Massivwand und nicht zu leichten flankierenden Bauteilen kann somit R'$_w$ = rund 55 bis 60 dB mit einer geeigneten Vorsatzschale am Bau erreicht werden.

**Ungeeignete Verkleidungen.** Hierbei sind zwei Fälle zu unterscheiden:

**Fall 1:** Die zu dämmenden Geräusche sind tieffrequent z. B. in Lüfterräumen, Heizungsräumen, Traforäumen, Aufzugsräumen, so daß hier die Resonanzfrequenz f$_o$ eventuell mit dem Geräuschmaximum zusammenfällt und dadurch keine Verminderung, sondern eher eine Verstärkung erreicht wird. Z. B. bei Gipskartonplatten auf 30 bis 40 mm Mineralfaserplatten liegt die Resonanzfrequenz häufig bei f$_o$ = rund 125 Hz, derartige Vorsatzschalen sollten daher in o. g. Räumen nicht verwendet werden. Zur wesentlichen Verbesserung der Schalldämmung bei tiefen Frequenzen sind größere Wandabstände ($\geq$ 60 mm) erforderlich.

**Fall 2:** Es werden Wärmedämmplatten mit relativ steifer Dämmschicht z. B. Mehrschichtleichtbauplatten mit Hartschaumkern oder Gipskarton-Hartschaum-Verbundplatten verwendet. Durch die zu große Steifigkeit liegt die Resonanz häufig bei f$_o$ = rund 400 bis 800 Hz

l   200 mm Normalbeton
2   20 mm Mehrschicht-
         Leichtbauplatten
3   5 mm Beschichtung

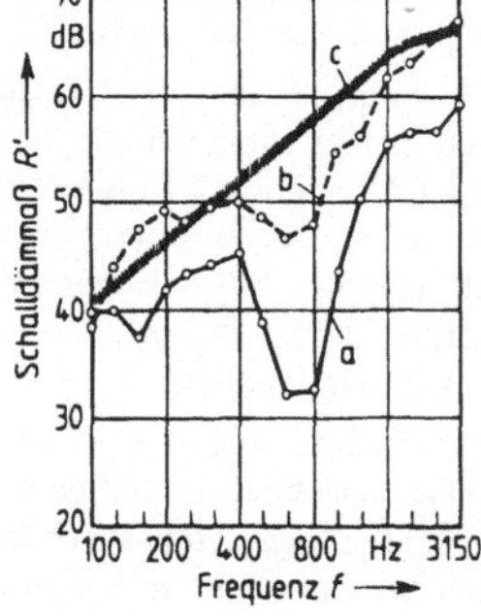

Bild 4.9
Verschlechterung der Luftschalldämmung einer Wohnungstrennwand aus Normalbeton durch eine Verkleidung mit Mehrschicht-Leichtbauplatten [40]

a   ursprünglicher Zustand
      R'$_w$ = 42 dB
b   mit zusätzlicher Vorsatzschale auf einer Seite
      R'$_w$ = 54 dB
c   zu erwarten für Betonwand ohne Verkleidung
      R'$_w$ $\geq$ 55 dB

und verschlechtert in diesem Bereich die Schalldämmung erheblich (siehe auch Außenwände Abschn. 5.2). Obwohl dieser Effekt seit 30 Jahren bekannt ist, wird dieser Fehler heute immer noch gemacht, siehe z. B. Schadensfall in Bild 4.9.

### 4.1.4 Doppelschalige Haustrennwände

Mit einschaligen Reihenhaustrennwänden kann im günstigsten Fall $R'_w$ = rund 57 bis 60 dB, also die Mindestanforderung nach DIN 4109 [59] erreicht werden. Durch Schallängsleitungseffekte wir bei einschaligen Haustrennwänden die Mindestanforderung ($R'_w$ = 57 dB, s. Tafel 4.1) jedoch häufig unterschritten [37]. Außerdem werden in solchen Häusern oft ein ungenügender Trittschallschutz, vor allem von Treppen, und ungenügender Körperschallschutz, z. B. Hantiergeräusche aus dem Bad o. ä. bemängelt. Reihenhaustrennwände sollten deshalb unbedingt zweischalig ausgeführt werden, ein erhöhter Schallschutz ($R'_w \geq 67$ dB, s. Tafel 4.2) kann nur zweischalig erreicht werden.

**Zweischalige Wände** aus zwei schweren, biegesteifen Schalen ergeben nur dann einen erheblich besseren Luft- und Körperschallschutz (12 dB und mehr, s. Bild 4.10), wenn zwischen den Schalen eine über die ganze Haustiefe und -höhe durchgehende, schallbrückenfreie Fuge angeordnet wird. Für die Resonanzfrequenz $f_o$ des Masse-Feder-Systems aus den zwei Schalen-Massen (m') und der als Feder wirkenden Luft- oder Dämmschicht in der Fuge (d) gilt dann [4]:

**Fall A:** Fuge mit Mineralfasereinlage

$$f_o \approx \frac{3400}{\sqrt{m' \cdot d}} \text{ Hz} \tag{4.8 a}$$

**Fall B:** Fuge mit lose eingestellten steiferen Dämmplatten (z. B. Weichfaserdämmplatten) bzw. Dämmplatten mit beiden Schalen vollflächig verbunden (z. B. bei Ortbeton-Doppelwänden)

$$f_o \approx 900 \sqrt{\frac{s'}{m'}} \text{ Hz} \tag{4.8 b}$$

dabei bedeuten:

m'  flächenbezogene Masse einer Schale in $\frac{kg}{m^2}$
d   Schalenabstand in cm
s'  dynamische Steifigkeit der Fuge bzw. Dämmschicht in $\frac{MN}{m^3}$, s. Tafel 4.4

Tafel 4.4  Dynamische Steifigkeit s' verschiedener Dämmschichten bei Haustrennwänden nach [25].

| Lfd. Nr. | Material | Dicke in mm | dynamische Steifigkeit s' in MN/m³ | |
|---|---|---|---|---|
| | | | Platten lose eingelegt | Platten fest mit Schalen verbunden |
| 1 | Mineralfaserplatten | 15 | 8 | 12 bis 15 |
| | | 30 | 4 | 6 bis 8 |
| 2 | Hartschaumplatten | 10 | | 80 bis 200 |
| | | 20 | ca. 30 bis 50 | 40 bis 100 |
| 3 | poröse Holzfaserdämmplatten | 10 | ca. 20 | ca. 1000 |
| | | 20 | ca. 10 | ca. 500 |
| 4 | reine Luftschicht (bei unporösen Baustoffen) | 30 | ca. 15 | – |
| | | 50 | ca. 10 | – |

Um eine Resonanzfrequenz $f_o$ von rund 100 Hz und damit praktisch eine Verbesserung für den gesamten Frequenzbereich (100 bis 3150 Hz) zu erhalten, muß z. B. bei rund 300 kg/m$^2$ schweren Schalen (z. B. 240 mm HLZ-Mauerwerk) die Fuge mindestens d = 40 mm (Fall A s. S. 63) breit sein oder eine dynamische Steifigkeit von höchstens s' = 4 $\frac{MN}{m^3}$ (Fall B s. S. 63) aufweisen. Nach Tafel 4.4 ist dies praktisch nur mit Mineralfaserplatten zu erreichen. Die theoretisch zu erwartende Schalldämmung ist dann allerdings enorm (s. Bild 4.10).

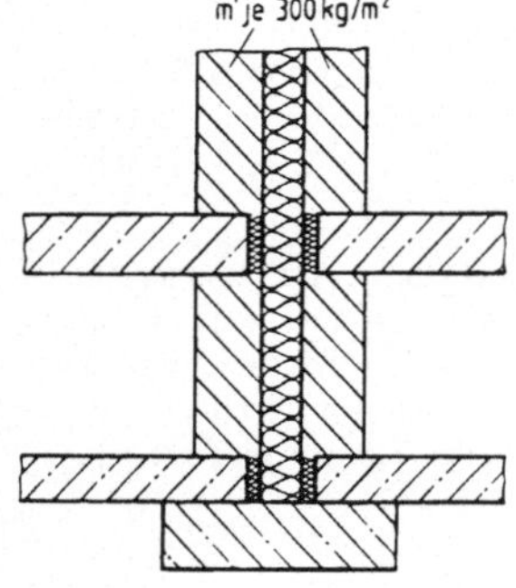

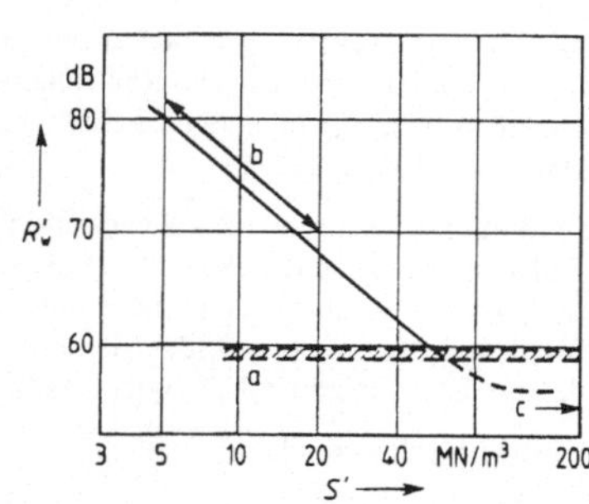


Bild 4.10    Rechnerisch zu erwartendes, bewertetes Schalldämmaß R'$_w$ von doppelschaligen Haustrennwänden mit 300 kg/m$^2$ je Schale, abhängig von der dynamischen Steifigkeit s' der Fuge nach [25]

    a    zu erwarten für einschalige Wand mit 600 kg/m$^2$ (s. Bild 4.2, Kurve a)
    b    zu erwarten für Mauerwerks-Doppelwände mit lose eingestellten Faserdämmplatten
    c    zu erwarten für Ortbeton-Doppelwände mit Weichfaser- oder Hartschaum-Dämmplatten

Bei **Mauerwerk-Doppelwänden** mit mindestens 20 mm breiter Fuge und lose eingestellten Faserdämmplatten (s. Tafel 4.4) kann nach Bild 4.10 gegenüber einer gleich schweren einschaligen Wand eine Verbesserung um 12 dB und mehr erreicht werden. Bei den eigentlich zu steifen Holzfaserdämmplatten ergibt sich jedoch nur durch das nicht vollflächige Anliegen der Platten, bedingt durch herausquellenden Mörtel bei den Fugen u. ä., eine ausreichend geringe dynamische Steifigkeit der Fuge (sogenannte Kontaktfederwirkung, siehe [25]). Bei Doppelwänden aus geklebten Großformatsteinen ist diese Kontaktfederwirkung häufig nicht oder nur gering vorhanden, so daß hier nur Mineralfaserplatten verwendet werden sollten.

In DIN 4109 wird generell die Verwendung von Mineralfaser-Trittschallplatten im Fugenhohlraum empfohlen und bei m' $\leq$ 200 kg/m$^2$ der Einzelschale muß die Dicke der Trennfuge mindestens 30 mm betragen. Das bewertete Schalldämmaß R'$_w$ der Haustrennwand kann dann mit folgender Dimensionierungsformel ermittelt werden:

$$R'_{w,\,Doppelwand} = R'_{w,\,einschalig} + 12\,dB \tag{4.9}$$

R'$_{w,\,einschalig}$ ist dazu aus der Summe der flächenbezogenen Massen der Einzelschalen (einschließlich Putz) nach Kurve a' in Bild 4.2 bzw. Tabelle 4.5 zu bestimmen.

In der Praxis sind die erreichten Schalldämmwerte heute noch häufig wesentlich niedriger, wie dies auch eine Untersuchung von Gösele [26] zeigt, s. Bild 4.11.

Ähnliche Ergebnisse ergaben auch eine neuere Untersuchung von Nutsch [47] und eigene Messungen.

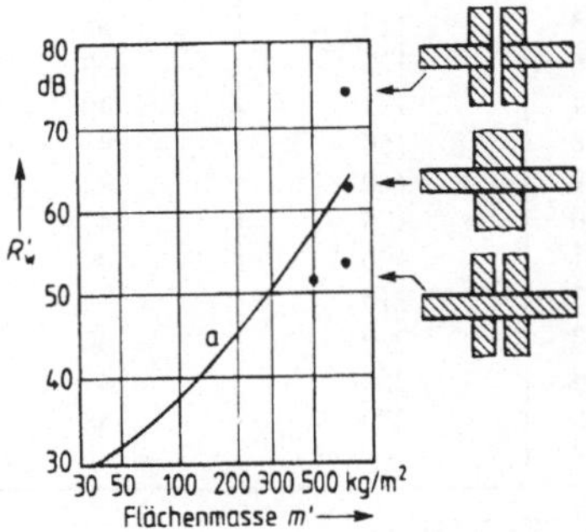


Bild 4.11
Häufigkeitsverteilung des bewerteten Schalldämm-
maßes $R'_w$ von Haustrennwänden aus 2 x 240 mm
Hohlblocksteinen, untersucht in 40 Bauten [26]

A   theoretisch zu erwarten

B   zu erwarten für gleichschwere einschalige
    Wände

Die Ursache sind Körperschallbrücken zwischen den Wandschalen selbst und vor allem
zwischen den Deckenplatten (siehe Bild 4.12), sowie teilweise ungeeignete Dämmschichten. Für die Zukunft muß deshalb dringend empfohlen werden, die Fugen von Haustrennwänden größer zu machen, mindestens 40 bis 50 mm, da die Fuge dann leichter schall-
brückenfrei ausgeführt werden kann. Die Wandschalen können dazu z.B. entsprechend
dünner gemacht werden (z. B. 175 mm statt 240 mm) und nur an den Enden wird die Fuge
auf einer Steinbreite auf 10 bis 20 mm verringert [27].

Bei **Ortbeton-Doppelwänden** aus 150 bis 175 mm Betonschalen mit 10 bis 20 mm dicken
bituminierten Holzfaserplatten dazwischen ergibt sich eine Resonanzfrequenz $f_o$ von über
1 KHz aufgrund der hohen Steifigkeit der Platten und deren vollflächigem Anliegen. Die
resultierende Schalldämmung ist daher bei Ortbeton-Doppelwänden häufig um 2 bis 4 dB
geringer als bei einer gleichschweren einschaligen Wand. Es sollten daher Filigranplatten
oder/und weichere Dämmplatten verwendet werden. Versuche mit 2 x 15/10 mm Mineralfaser-Trittschalldämmplatten zwischen 150 mm dicken Ortbetonwänden ergaben $R'_w = 68$ dB
[37], also eine Verbesserung um rund 6 bis 8 dB gegenüber einer einschaligen Ausführung.
Spezielle Mineralfaser-Fugendämmplatten sind inzwischen im Handel erhältlich.

**Einfluß von Schallbrücken**

Durch feste Verbindungen in der Fuge durch Mörtel o. ä. oder eine durchgehende Decke
wird die Schalldämmung von Doppelwänden erheblich verschlechtert und häufig wird
dann kaum mehr erreicht als mit einer der beiden Wandschalen allein, siehe Bild 4.12.

Bild 4.12
Bewertetes Schalldämmaß $R'_w$ doppelschaliger
Betonwände **ohne** und **mit** durchgehender Trennfuge im Vergleich mit gleich schweren, einschaligen Betonwänden nach [28]

a   Werte für einschalige Wände

Wesentliche Ursache für diese gravierende Verschlechterung der Schalldämmung von Doppelwänden mit biegesteifen Schalen ist, daß die Körperschallanregung über die Schallbrücken Biegeschwingungen erzeugt, welche von der zweiten Schale normal abgestrahlt werden können aufgrund der tiefliegenden Grenzfrequenz ($\rightarrow$ Spuranpassung).

### 4.1.5  Ausführungsbeispiele nach DIN 4109

DIN 4109-89, Beiblatt 1, enthält die als Tafel 4.7 (einschalige Wände) und Tafel 4.8 (Doppelwände) wiedergegebenen Ausführungsbeispiele (Rechenwerte $R'_{w,R}$ einschl. Vorhaltemaß) für Gebäude in Massivbauart.

Für die **Dimensionierung im Einzelfall** wurde die „Gewichtskurve" a' in Bild 4.2 in tabellarischer Form dargestellt, siehe Tafel 4.5, und zur vereinfachten Berücksichtigung der Schallängsleitung die in Tafel 4.6 wiedergegebenen Korrekturen eingeführt. Das bewertete Schalldämmaß $R'_w$ einschaliger Wände und Decken wird dann wie folgt berechnet:

$$R'_w = R'_{w300} + K_{L,1} \qquad (4.10)$$

dabei bedeuten:

$R'_{w300}$   $R'_w$-Werte nach Tafeln 4.5 und 4.7

$K_{L1}$   Korrektur nach Tafel 4.6 zur Berücksichtigung der Schall-Längsleitung bei von $\overline{m}'_{Lmittel} = 300$ kg/m$^2$ abweichenden flankierenden Bauteilen.

Tafel 4.5   Bewertes Schalldämmaß $R'_w$ von einschaligen, biegesteifen Wänden und Decken (Rechenwerte einschl. Vorhaltemaß) nach Beiblatt 1 zu DIN 4109, dort Tabelle 1.

**Anmerkung:** Meßergebnisse haben gezeigt, daß bei verputzten Wänden aus dampfgehärtetem Gasbeton und Leichtbeton mit Blähtonzuschlag mit Steinrohdichte $\leq 0{,}8$ kg/dm$^3$ bei einer flächenbezogenen Masse bis 250 kg/m$^2$ das bewertete Schalldämm-Maß um 2 dB höher angesetzt werden kann. Das gilt auch für zweischaliges Mauerwerk, sofern die flächenbezogene Masse der Einzelschale $\leq 250$ kg/m$^2$ beträgt.

| Zeile | flächenbezogene Masse in kg/m$^2$ | bewertes Schalldämm-Maß $R'_w{}^1$) | Zeile | flächenbezogene Masse in kg/m$^2$ | bewertes Schalldämm-Maß $R'_w{}^1$) |
|---|---|---|---|---|---|
| 1 | 85$^2$) | 34 | 17 | 320 | 50 |
| 2 | 90$^2$) | 35 | 18 | 350 | 51 |
| 3 | 95$^2$) | 36 | 19 | 380 | 52 |
| 4 | 105$^2$) | 37 | 20 | 410 | 53 |
| 5 | 115 | 38 | 21 | 450 | 54 |
| 6 | 125 | 39 | 22 | 490 | 55 |
| 7 | 135 | 40 | 23 | 530 | 56 |
| 8 | 150 | 41 | 24 | 580 | 57 |
| 9 | 160 | 42 | | | |
| 10 | 175 | 43 | 25 | 630 | 58 |
| 11 | 190 | 44 | 26 | 680 | 59 |
| 12 | 210 | 45 | 27 | 740 | 60 |
| 13 | 230 | 46 | 28$^3$) | 810 | 61 |
| 14 | 250 | 47 | 29 | 880 | 62 |
| 15 | 270 | 48 | 30 | 960 | 63 |
| 16 | 295 | 49 | 31 | 1040 | 64 |

Fußnoten s. nächste Seite

Fußnoten zu Tafel 4.5

[1]) Gültig für flankierende Bauteile mit einer mittleren flächenbezogenen Masse von $\approx 300$ kg/m$^2$

[2]) Sofern Wände aus Gipswandbauplatten nach DIN 18 163 bestehen, nach DIN 4103 Teil 2 ausgeführt sind und am Rand ringsum mit Streifen von 2 bis 3 mm Bitumenfilz oder einem Material gleichwertiger Körperschalldämpfung eingebaut sind, darf das bewertete Schalldämm-Maß R'$_w$ um 2 dB höher angesetzt werden.

[3]) Die Werte der Zeilen 25 bis 31 sind für einschalige Wände unsicher; sie können jedoch für die Ermittlung des Schalldämm-Maßes zweischaliger Wände aus biegesteifen Schalen als ausreichend gesichert angesetzt werden.

Tafel 4.6  Korrekturwert $K_{L,1}$ für von 300 kg/m$^2$ abweichende mittlere flächenbezogene Massen der flankierenden Bauteile nach DIN 4109-89, Beiblatt 1; dort Tabelle 13

| Art des trennenden Bauteiles | Korrektur für $K_{L,1}$ in dB für mittlere flächenbezogene Massen m'$_{L,\text{mittel}}$ in kg/m$^2$ | | | | | | |
|---|---|---|---|---|---|---|---|
| | 400 | 350 | 300 | 250 | 200 | 150 | 100 |
| einschalige, biegesteife Wände und Decken | 0 | 0 | 0 | 0 | $-1$ | $-1$ | $-1$ |
| einschalige, biegesteife Wände mit biegeweichen Vorsatzschalen und Massivdecken mit schwimmendem Estrich und/oder mit Unterdecke | $+2$ | $+1$ | 0 | $-1$ | $-2$ | $-3$ | $-4$ |

Tafel 4.7  Beispiele für einschalige, in Normalmörtel gemauerte Wände nach DIN 4109-89, Beiblatt 1, dort Tabelle 5 (Rechenwerte)

| Zeile | bewertetes Schalldämm-Maß R'$_{w,R}$[1]) in dB | Rohdichte-Klasse der Steine und Wanddicke der Rohwand bei einschaligem Mauerwerk | | | | | |
|---|---|---|---|---|---|---|---|
| | | beiderseitiges Sichtmauerwerk | | beiderseitig je 10 mm Putz P IV (Gips- und Kalkgipsputz) 20 kg/m$^2$ | | beiderseitig je 15 mm Putz P I, P II oder P III (Kalk, Kalkzement-Zementputz) 50 kg/m$^2$ | |
| | | Stein-Rohdichte-Klasse | Wanddicke in mm | Stein-Rohdichte-Klasse | Wanddicke in mm | Stein-Rohdichte-Klasse | Wanddicke in mm |
| 1 | 37 | 0,6 | 175 | 0,5[2]) | 175 | 0,4 | 115 |
| 2 | | 0,9 | 115 | 0,7[2]) | 115 | 0,6[3]) | 100 |
| 3 | | 1,2 | 100 | 0,8 | 100 | 0,7[3]) | 80 |
| 4 | | 1,4 | 80 | 1,2 | 80 | 0,8[3]) | 70 |
| 5 | | 1,6 | 70 | 1,4 | 70 | – | – |
| 6 | 40 | 0,5 | 240 | 0,5[2]) | 240 | 0,5[2]) | 175 |
| 7 | | 0,8 | 175 | 0,7[3]) | 175 | 0,7[3]) | 115 |
| 8 | | 1,2 | 115 | 1,0[3]) | 115 | 1,2 | 80 |
| 9 | | 1,8 | 80 | 1,6 | 80 | 1,4 | 71 |
| 10 | | 2,2 | 70 | 1,8 | 70 | – | – |

Fortsetzung und Fußnoten s. nächste Seite

Tafel 4.7, Fortsetzung

| Zeile | bewertetes Schalldämm-Maß $R'_{w,R}$[1] in dB | Rohdichte-Klasse der Steine und Wanddicke der Rohwand bei einschaligem Mauerwerk | | | | | |
| --- | --- | --- | --- | --- | --- | --- | --- |
| | | beiderseitiges Sichtmauerwerk | | beiderseitig je 10 mm Putz P IV (Gips- und Kalkgipsputz) 20 kg/m² | | beiderseitig je 15 mm Putz P I, P II oder P III (Kalk, Kalkzement-Zementputz) 50 kg/m² | |
| | | Stein-Rohdichte-Klasse | Wanddicke in mm | Stein-Rohdichte-Klasse | Wanddicke in mm | Stein-Rohdichte-Klasse | Wanddicke in mm |
| 11 | 42 | 0,7 | 240 | 0,6[3] | 240 | 0,5[2] | 240 |
| 12 | | 0,9 | 175 | 0,8[3] | 175 | 0,6[3] | 175 |
| 13 | | 1,4 | 115 | 1,2 | 115 | 1,0[4] | 115 |
| 14 | | 2,0 | 80 | 1,6 | 100 | 1,2 | 100 |
| 15 | | – | – | 1,8 | 80 | 1,4 | 80 |
| 16 | | – | – | 2,0 | 70 | 1,6 | 70 |
| 17 | 45 | 0,9 | 240 | 0,8[3] | 240 | 0,6[2] | 240 |
| 18 | | 1,2 | 175 | 1,2 | 175 | 0,9[3] | 175 |
| 19 | | 2,0 | 115 | 1,8 | 115 | 1,4 | 115 |
| 20 | | 2,2 | 100 | 2,0 | 100 | 1,8 | 100 |
| 21 | 47 | 0,8 | 300 | 0,8[3] | 300 | 0,6[2] | 300 |
| 22 | | 1,0 | 240 | 1,0[3] | 240 | 0,8[3] | 240 |
| 23 | | 1,6 | 175 | 1,4 | 175 | 1,2 | 175 |
| 24 | | 2,2 | 115 | 2,2 | 115 | 1,8 | 115 |
| 25 | 52 | 0,8 | 490 | 0,7 | 490 | 0,6 | 490 |
| 26 | | 1,0 | 365 | 1,0 | 365 | 0,9 | 365 |
| 27 | | 1,4 | 300 | 1,2 | 300 | 1,2 | 300 |
| 28 | | 1,6 | 240 | 1,6 | 240 | 1,4 | 240 |
| 29 | | – | – | 2,2 | 175 | 2,0 | 175 |
| 30 | 53 | 0,8 | 490 | 0,8 | 490 | 0,7 | 490 |
| 31 | | 1,2 | 365 | 1,2 | 365 | 1,2 | 365 |
| 32 | | 1,4 | 300 | 1,4 | 300 | 1,2 | 300 |
| 33 | | 1,8 | 240 | 1,8 | 240 | 1,6 | 240 |
| 34 | | – | – | – | – | 2,2 | 175 |
| 35 | 55 | 1,0 | 490 | 0,9 | 490 | 0,9 | 490 |
| 36 | | 1,4 | 365 | 1,4 | 365 | 1,2 | 365 |
| 37 | | 1,8 | 300 | 1,8 | 300 | 1,6 | 300 |
| 38 | | 2,2 | 240 | 2,2 | 240 | 2,0 | 240 |
| 39 | 57 | 1,2 | 490 | 1,2 | 490 | 1,2 | 490 |
| 40 | | 1,6 | 365 | 1,6 | 365 | 1,6 | 365 |
| 41 | | 2,2 | 300 | 2,0 | 300 | 2,0 | 300 |

[1]) Gültig für flankierende Bauteile mit einer flächenbezogenen Masse $m'_{L,mittel}$ von etwa 300 kg/m²; für andere mittlere flächenbezogene Massen von flankierenden Bauteilen s. Tafel 4.6.

[2]) Bei Schalen aus Gasbetonsteinen und -platten nach DIN 4165 und DIN 4166 sowie Leichtbetonsteinen mit Blähton als Zuschlag nach DIN 18151 und DIN 18152 kann die Steinrohdichte-Klasse um 0,1 niedriger sein.

[3]) Bei Schalen aus Gasbetonsteinen und -platten nach DIN 4165 und DIN 4166 sowie Leichtbetonsteinen mit Blähton als Zuschlag nach DIN 18151 und DIN 18152 kann die Steinrohdichte-Klasse um 0,2 niedriger sein.

[4]) Bei Schalen aus Gasbetonsteinen und -platten nach DIN 4165 und DIN 4166 sowie Leichtbetonsteinen mit Blähton als Zuschlag nach DIN 18151 und DIN 18152 kann die Steinrohdichte-Klasse um 0,3 niedriger sein.

**Berechnungsbeispiel:**

Für den nebenstehenden Grundrißtyp [7] soll die **Wohnungstrennwand** (WTRW) aus 240 mm Mauerwerk (verputzt) so dimensioniert werden, daß ein erhöhter Schallschutz nach DIN 4109, Beibl. 2, ($R'_w \geq 55\,\mathrm{dB}$) erreicht wird (Wohnungsdecken s. Abschn. 4.2.1).

Die **Wandrohdichte** $\rho_\omega$ kann aus der Steinrohdichte $\rho_{St}$ wie folgt berechnet werden:

$\rho_\omega = \rho_{St} - 0{,}1\,(\rho_{St} - K)$ ($\rho$ jeweils in kg/m$^3$) wobei: $K = 1000$ für Normalmörtel bzw. $K = 500$ für Leichtmörtel und $\rho_{St} \leq 1000$ kg/m$^3$.

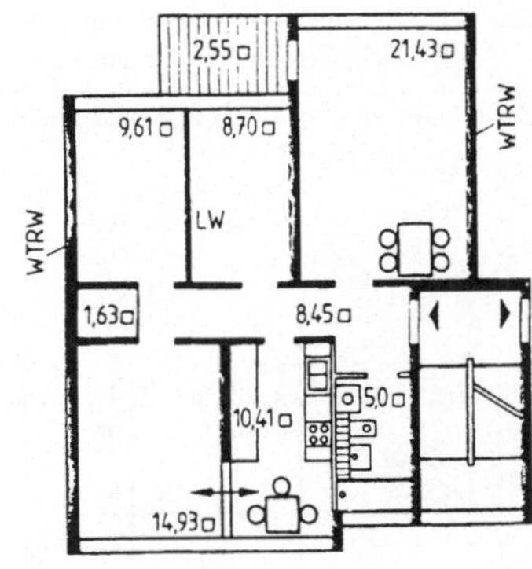

**flankierende Bauteile:**

300 mm **Außenwand** aus Leichtziegel o. ä.[*]) (Rohdichteklasse 0,8 $\rightarrow$ 800 $\frac{\mathrm{kg}}{\mathrm{m}^3}$) mit Leichtmörtel vermauert, außen 15 mm, innen 10 mm Putz

$$\rightarrow m'_{L_1} = 0{,}3 \cdot 770 + 25 + 10 = 266\ \mathrm{kg/m^2}$$

80 mm **Innenwände** aus Gipsplatten, verspachtelt

$$\rightarrow m'_{L_2} = 72\ \mathrm{kg/m^2}\ \text{(Herstellerangabe)}$$

160 mm **Massivdecken**, verspachtelt

$$\rightarrow m'_{L_3} = 0{,}16 \cdot 2300 = 368\ \mathrm{kg/m^2}.$$

Untere Decke trägt wegen des schwimmenden Estrichs nicht zur Schallübertragung über flankierende Bauteile bei und ist deshalb bei der Bestimmung von $m'_{L,Mittel}$ nicht zu berücksichtigen:

$$m'_{L,Mittel} = \frac{1}{3}\,(266 + 72 + 368) \approx 235\ \mathrm{kg/m^2}$$

Gerundet auf die Werte der Tafel 4.6 ist $K_{L,1} = 0$ dB und für die Wohnungstrennwand ist dann nach Tafel 4.5 eine flächenbezogene Masse von mindestens:

$$m'_{WTRW} = 490\ \mathrm{kg/m^2}$$

erforderlich; die erforderliche Wandrohdichte bei beidseitig 10 mm Putz ist dann:

$$\rho_\omega = \frac{490 - 20}{0{,}24} \approx 1958\ \mathrm{kg/m^3}$$

Es sind also Steine der Rohdichteklasse 2.2 (kg/dm$^3$) notwendig.

Um Steine der Rohdichteklasse 2.0 (kg/dm$^3$) verwenden zu können, wäre ein schwererer Putz (mindestens 2 x rund 17 kg/m$^2$) bei der Wohnungstrennwand erforderlich (siehe auch Berechnung für die Decken am Ende des Abschnitts 4.2.1).

---

[*]) Voraussetzung für die Anwendung des vereinfachten Verfahrens nach DIN 4109-89 [59] ist ein schalltechnisch günstiges Lochbild und vermörtelte Lagerfugen, s. hierzu auch [51].

Tafel 4.8   Beispiele für zweischaliges Mauerwerk, in Normalmörtel gemauert, mit durchgehender Gebäudetrennfuge (Rechenwerte) nach DIN 4109-89, Beiblatt 1, dort Tabelle 6

| Zeile | bewertetes Schalldämm-Maß $R'_{w,R}$ | Rohdichte-Klasse der Steine und Mindestwanddicke der Rohwand bei zweischaligem Mauerwerk | | | | | |
| | | beiderseitiges Sichtmauerwerk | | beiderseitig je 10 mm Putz P IV (Kalkgips- und Gipsputz) $2 \cdot 10$ kg/m$^2$ | | beiderseitig je 15 mm Putz P I, P II oder P III (Kalk, Kalkzement oder Zementputz) $2 \cdot 25$ kg/m$^2$ | |
| | | Stein-Rohdichte-Klasse | Mindestdicke der Schalen ohne Putz | Stein-Rohdichte-Klasse | Mindestdicke der Schalen ohne Putz | Stein-Rohdichte-Klasse | Mindestdicke der Schalen ohne Putz |
| | in dB | – | in mm | – | in mm | – | in mm |
| 1 | 57 | 0,6 | $2 \cdot 240$ | 0,6[1] | $2 \cdot 240$ | 0,7[2] | $2 \cdot 175$ |
| 2 | | 0,9 | $2 \cdot 175$ | 0,8[2] | $2 \cdot 175$ | 0,9[4] | $2 \cdot 150$ |
| 3 | | 1,0 | $2 \cdot 150$ | 1,0[3] | $2 \cdot 150$ | 1,2[4] | $2 \cdot 115$ |
| 4 | | 1,4 | $2 \cdot 115$ | 1,4[5] | $2 \cdot 115$ | | |
| 5 | 62 | 0,6 | $2 \cdot 240$ | 0,6[6] | $2 \cdot 240$ | 0,5[6] | $2 \cdot 240$ |
| 6 | | 0,9 | $175 + 240$ | 0,8[7] | $2 \cdot 175$ | 0,8[7] | $2 \cdot 175$ |
| 7 | | 0,9 | $2 \cdot 175$ | 1,0[7] | $2 \cdot 150$ | 0,9[7] | $2 \cdot 150$ |
| 8 | | 1,4 | $2 \cdot 175$ | 1,4 | $2 \cdot 115$ | 1,2 | $2 \cdot 115$ |
| 9 | 67 | 1,0 | $2 \cdot 240$ | 1,0[8] | $2 \cdot 240$ | 0,9[8] | $2 \cdot 240$ |
| 10 | | 1,2 | $175 + 240$ | 1,2 | $175 + 240$ | 1,2 | $175 + 240$ |
| 11 | | 1,4 | $2 \cdot 175$ | 1,4 | $2 \cdot 175$ | 1,4 | $2 \cdot 175$ |
| 12 | | 1,8 | $115 + 175$ | 1,8 | $115 + 175$ | 1,6 | $115 + 175$ |
| 13 | | 2,2 | $2 \cdot 115$ | 2,2 | $2 \cdot 115$ | 2,0 | $2 \cdot 115$ |

[1]) Bei Schalenabstand $\geq 50$ mm und Gewicht jeder einzelnen Schale $\geq 100$ kg/m$^2$ kann die Stein-Rohdichte-Klasse um 0,2 niedriger sein.

[2]) Bei Schalenabstand $\geq 50$ mm und Gewicht jeder einzelnen Schale $\geq 100$ kg/m$^2$ kann die Stein-Rohdichte-Klasse um 0,3 niedriger sein.

[3]) Bei Schalenabstand $\geq 50$ mm und Gewicht jeder einzelnen Schale $\geq 100$ kg/m$^2$ kann die Stein-Rohdichte-Klasse um 0,4 niedriger sein.

[4]) Bei Schalenabstand $\geq 50$ mm und Gewicht jeder einzelnen Schale $\geq 100$ kg/m$^2$ kann die Stein-Rohdichte-Klasse um 0,5 niedriger sein.

[5]) Bei Schalenabstand $\geq 50$ mm und Gewicht jeder einzelnen Schale $\geq 100$ kg/m$^2$ kann die Stein-Rohdichte-Klasse um 0,6 niedriger sein.

[6]) Bei Schalen aus Gasbetonsteinen oder -platten nach DIN 4165 oder DIN 4166 sowie aus Leichtbeton-Steinen mit Blähton als Zuschlag nach DIN 18 151 oder DIN 18 152 und einem Schalenabstand $\geq 50$ mm und Gewicht jeder einzelnen Schale von $\geq 100$ kg/m$^2$ kann die Stein-Rohdichte-Klasse um 0,1 niedriger sein.

[7]) Bei Schalen aus Gasbetonsteinen oder -platten nach DIN 4165 oder DIN 4166 sowie aus Leichtbeton-Steinen mit Blähton als Zuschlag nach DIN 18 151 oder DIN 18 152 und einem Schalenabstand $\geq 50$ mm und Gewicht jeder einzelnene Schale von $\geq 100$ kg/m$^2$ kann die Stein-Rohdichte-Klasse um 0,2 niedriger sein.

[8]) Bei Schalen aus Gasbetonsteinen oder -platten nach DIN 4165 oder DIN 4166 sowie aus Leichtbeton-Steinen mit Blähton als Zuschlag nach DIN 18 151 oder DIN 18 152 kann die Stein-Rohdichte-Klasse um 0,2 niedriger sein.

## 4.2  Luft- und Trittschalldämmung von Decken

### 4.2.1  Massivdecken

Die Luft- und Trittschalldämmung von Massivdecken hängt von der flächenbezogenen Masse der Rohdecke ab und vom aufgebrachten schwimmenden Estrich sowie von einer etwaigen Unterdecke. Außerdem sind beim Luftschallschutz die flankierenden Wände von entscheidender Bedeutung.

**Trittschalldämmung**

Bei homogenen Deckenplatten kann der Norm-Trittschallpegel nach [11] vorherberechnet werden, er steigt mit rund 5 dB pro Frequenz-Dekade an und nimmt um rund 10 dB ab bei Verdopplung der Deckendicke. Für den äquivalenten Normtrittschallpegel **$L_{nweq}$ von Rohdecken** ergibt sich daraus der nachfolgende Zusammenhang [29]:

$$L_{nweq} = 164 - 35 \lg \frac{m'}{m'_0} \tag{4.11}$$

dabei bedeuten:
$m'$  flächenbezogene Masse der einschaligen Decke (Rohdecke)
$m'_0$  Bezugswert $= 1 \ kg/m^2$

Der nach Gl. (4.11) gerechnete Verlauf ist in Bild 4.13 als Gerade eingetragen und zeigt die mögliche Abweichung von Meßwerten. Bei großen Hohlräumen oder ähnlichem ist die

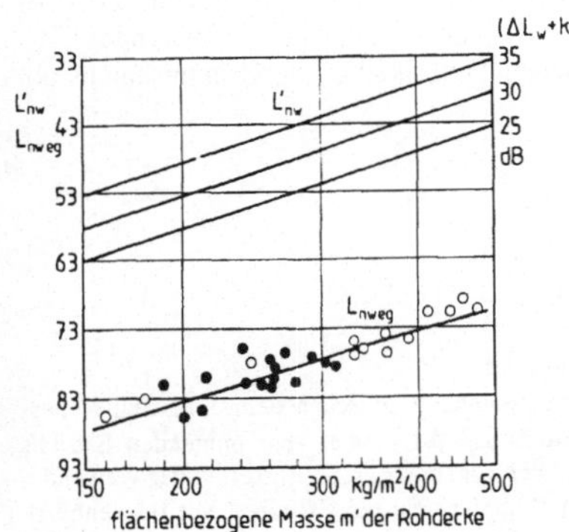


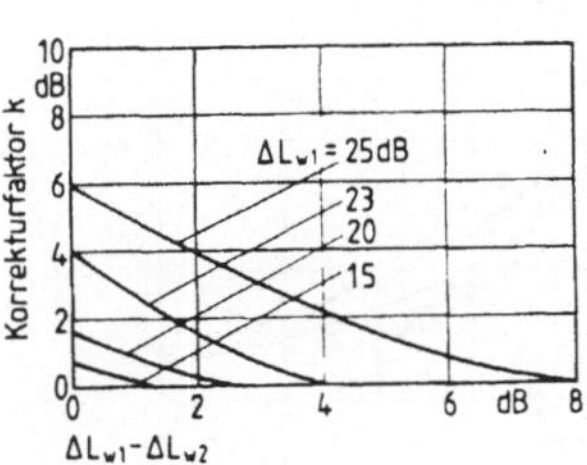


Bild 4.13
Abhängigkeit des äquivalenten Normtrittschallpegels $L_{nweq}$ von einschaligen, massiven Rohdecken verschiedener Art von ihrer flächenbezogenen Masse

Zur Bestimmung des Korrekturfaktors k aus der Differenz der Verbesserungsmaße $\Delta L_{w1}$ und $\Delta L_{w2}$ für die Berechnung des $L'_{nw}$ einer fertigen Decke, nach [4]

○  homogene Platten
●  Decken mit Hohlräumen

und $L'_{nw}$ fertiger Decken, abhängig vom Verbesserungsmaß $\Delta L_w$ des Fußbodens [4] entsprechend Gl. (2.23):

$$L'_{nw} \approx L_{nweq} - (\Delta L_w + k)$$

Trittschallübertragung normalerweise etwas größer als bei homogenen Decken gleichen Gewichts. Aus Bild 4.13 ergeben sich für die heute üblichen 180 mm dicken Massivplattendecken $L_{nweq}$-Werte von rund 73 dB.

Für einen ausreichenden Trittschallschutz (s. Tafel 4.1) sind somit Fußbodenaufbauten mit Verbesserungsmaßen $\Delta L_w$ von über 20 dB notwendig. Beispiele für das Trittschall-Verbesserungsmaß $\Delta L_w$ von schwimmendem Estrich und von Gehbelägen sind in Tafel 4.9 beim Berechnungsbeispiel am Ende des Abschn. 4.2.1 zusammengestellt. Im oberen Teil des Diagramms in Bild 4.13 ist der zu erwartende **$L'_{nw}$-Wert der fertigen Decke** abzulesen.

Wenn die Verbesserungsmaße $\Delta L_{w1}$ und $\Delta L_{w2}$ von schwimmendem Estrich und Gehbelag etwa gleich groß sind, ist für den resultierenden Normtrittschallpegel der fertigen Decke ($L'_{nw}$ nach Gl. (2.23)) noch der Korrekturfaktor k nach Bild 4.13 zu berücksichtigen (s. Tafel 4.9).

Im Wohnungsbau ist der **schwimmende Estrich** (Ausführung s. DIN 18560, Teil 2) das wichtigste Mittel zur Verringerung der Trittschall-Übertragung. Er wirkt nach dem Masse-Feder-Prinzip (s. Abschn. 2.1) und ergibt oberhalb der Resonanzfrequenz $f_o$:

$$f_o \approx 160 \sqrt{\frac{s'}{m'_e}} \; \text{Hz} \qquad\qquad (4.12)$$

dabei bedeuten:

s'       dynamische Steifigkeit der Dämmschicht in $MN/m^3$

$m'_e$   flächenbezogene Masse des Estrichs in $kg/m^2$

eine stark mit der Frequenz zunehmende Trittschallminderung ($\Delta L$ s. Bild 2.11).

Da die Estrich-Masse aus praktischen Gründen relativ wenig variiert werden kann (etwa 45 bis 90 $kg/m^2$) hängt die Lage der Resonanzfrequenz $f_o$ und damit die resultierende Trittschallverbesserung maßgeblich von der dynamischen Steifigkeit s' der Dämmschicht ab. Den Zusammenhang zeigt Bild 4.14.

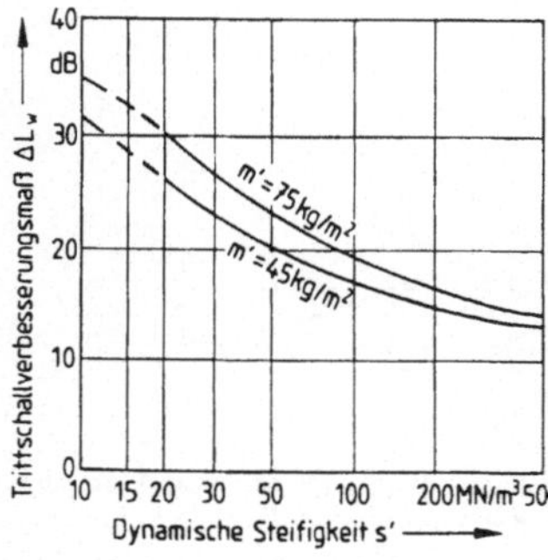


Bild 4.14
Zusammenhang zwischen dem Trittschallverbesserungsmaß $\Delta L_w$ eines schwimmenden Estrichs und der dynamischen Steifigkeit s' der verwendeten Dämmschicht bei Estrichen mit flächenbezogenen Massen m' von 75 und 45 $kg/m^2$ nach [59]

Gilt nur für vollkommen schallbrückenfreie Estriche

Um die notwendige Verbesserung ($\Delta L_w > 20$ dB) zu erreichen, muß die Resonanzfrequenz $f_o$ sehr tief liegen (etwa 60 Hz) und deshalb dürfen nur geprüfte **Trittschall-Dämmplatten nach DIN 18 165** (z. B. 20/15 mm Mineralfaser-Trittschalldämmplatten mit s' rund 10 $MN/m^3$) bzw. **nach DIN 18 164** (z. B. 23/20 mm Hartschaum-Trittschalldämmplatten mit s' rund 20 $MN/m^3$) verwendet werden. Eine so tiefe Abstimmung des Masse-Feder-Systems schwimmender Estrich ist notwendig, da die Trittschallanregung der relativ leichten Estrichplatte um mindestens 20 dB größer ist als der Trittschall von der rund viermal schwereren Rohdecke selbst (siehe $L_{nwcq}$ in Bild 4.13). Die Estrichplatte muß deshalb auch sehr sorgfältig am Rand isoliert werden von den umgebenden Wänden. Beispiele für geeignete Wandanschlüsse nach [59] zeigt Bild 4.15.

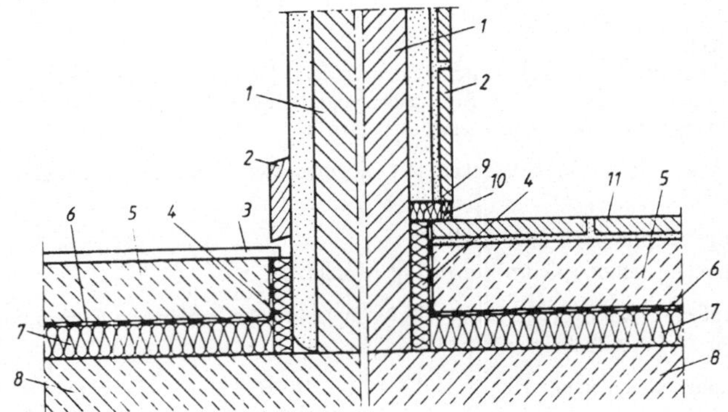


Bild 4.15  Beispiele für den Wandanschluß bei schwimmendem Estrich

links:  bei Wandputz und weichem Gehbelag
rechts: bei Fliesenbelag an Wand und Boden

1   Mauerwerk oder Beton verputzt
2   Sockelleiste mit hartem Anschluß bzw.
    Wandfliesen oder Platten im Dickbett oder
    Dünnbett
3   weicher Bodenbelag
4   Randdämmstoffstreifen
5   Estrich

6   Abdichtung
7   Trittschall-Dämmschicht
8   Massivdecke
9   Dämmstreifen als Trennfuge
10  elastische Fugenmasse
11  Bodenfliesen oder Platten

Aus obengenannten Gründen wirken sich alle **Schallbrücken** beim schwimmenden Estrich verheerend aus und der resultierende Trittschallschutz ist um 10 bis 20 dB geringer als bei einwandfreier Bauausführung. Sehr häufig sind Schallbrücken in den Randfugen durch unsachgemäßes Verlegen der Randdämmstreifen und fehlende Abdeckung der Randbereiche sowie durch Spachtelmasse oder Fliesenklebemörtel, aber auch Schallbrücken zur Rohdecke durch ungenügende Abdeckung horizontal verlaufender Rohre (z. B. Heizung) auf der Rohdecke bzw. ungenügende Abdichtung der Isolierung bei senkrechten Steigleitungen zu den Heizkörpern. Die $L'_{nw}$-Werte bei Fliesenbelägen liegen deshalb heute im Mittel noch rund 20 dB über den Werten bei Teppichböden, siehe Bild 4.1, und häufig wird dabei die Mindestanforderung nach DIN 4109-1989 ($L'_{nw}$ = 53 dB) wesentlich überschritten. Zur weitgehenden Vermeidung von Randfugen durch Fliesenklebemörtel wird empfohlen, die Randisolierung erst nach Verlegen der Beläge abzuschneiden und dann alsbald elastisch zu verfugen.

Durch Teppichbeläge o. ä. wird zwar die Verschlechterung des Trittschallschutzes durch vorhandene Schallbrücken des Estrichs weitgehend ausgeglichen, nicht jedoch die Verminderung des Luftschallschutzes durch die zusätzliche Schallängsleitung über die Schallbrücken [41].

## Luftschalldämmung

Durch einen schallbrückenfreien schwimmenden Estrich wird die Luftschalldämmung einer Decke wesentlich verbessert (für Decke selbst rund 15 bis 20 dB), jedoch wird die erreichbare Verbesserung wie bei der biegeweichen Vorsatzschale (s. Bild 4.8) durch die Schall-

Längsleitung über die flankierenden Wände begrenzt. Das resultierende Schalldämmaß $R'_w$ einschaliger Massivdecken mit schwimmendem Estrich oder anderen schwimmend verlegten Fußböden mit $\Delta L_w \geq 25\,dB$ kann mit folgender Beziehung vorherberechnet werden:

$$R'_w \approx R'_{w300} + 4\,dB + K_{L,1} \tag{4.13}$$

dabei bedeuten:

$R'_{w300}$  bewertetes Schalldämmaß der Rohdecke nach Tafel 4.5 (einschließlich Vorhaltemaß)

$K_{L,1}$  Korrektur nach Tafel 4.6 zur Berücksichtigung der Schall-Längsleitung bei von $m'_{L,mittel} = 300\,kg/m^2$ abweichenden flankierenden Bauteilen.

Entsprechendes gilt für Massivdecken mit biegeweicher Unterdecke oder gleichwertiger Akustikdecke.

**Berechnungsbeispiel nach DIN 4109**

Für die Wohnungstrenndecke im Beispiel in Abschn. 4.1.5

160 mm Massivdecke ($m' = 368\,kg/m^2$) mit schwimmendem Estrich und Gehbelag ($\Delta L_w \geq 20\,dB$)

soll ein erhöhter Schallschutz ($R'_w \geq 55\,dB$, $L'_{nw} \leq 46\,dB$, s. Tafel 4.2) erreicht werden. Der errechnete $L'_{nw}$-Wert muß für den Nachweis nach DIN 4109-1989 dann mindestens 2 dB (Vorhaltemaß) niedriger sein, also hier 44 dB; beim $R'_w$ ist das Vorhaltemaß im $R'_{w300}$ (s. Gl. (4.13)) bereits enthalten. Beispiele für das Trittschallverbesserungsmaß $\Delta L_w$ von schwimmenden Estrichen und von Gehbelägen sind in Tafel 4.9 zusammengestellt.

**Luftschalldämmung**

Die größte Schallängsleitung liegt beim mittleren Zimmer (siehe Grundriß in Abschn. 4.1.5) vor mit folgenden **flankierenden Bauteilen:**

2 x leichte Innenwände  ($m'_L = 72\,kg/m^2$)

1 x tragende Innenwand ($m'_L = 300\,kg/m^2$)

1 x Außenwand  ($m'_L = 266\,kg/m^2$)

somit:  $m'_{LMittel} = \dfrac{1}{4}(72 + 72 + 300 + 266) = 177,5\,kg/m^2$ und nach Tafel 4.6:

$$K_{L,1} = -2\,dB$$

damit nach Gl. (4.13)

$$R'_w = 51 + 4 - 2 = 53\,dB$$

Mit der vorgesehenen Bauausführung wird somit noch nicht einmal die Mindestanforderung nach DIN 4109: $R'_w = 54\,dB$ s. Tafel 4.1 erfüllt, und der angestrebte erhöhte Schallschutz ($R'_w \geq 55\,dB$) wird um 2 dB unterschritten. Die **Decke** muß **dicker** (z. B. 180 mm) und die nichttragenden Innenwände sollten schwerer ausgeführt werden, oder durch Gipskarton-Ständerwände ersetzt werden.

**Trittschalldämmung bei 180 mm Massivdecke**

$m' = 0,18 \cdot 2300 = 414\,kg/m^2$, entsprechend nach Gl. (4.11) bzw. Bild 4.13: $L_{nweq} = 73\,dB$, somit muß der schwimmende Estrich folgendes Verbesserungsmaß aufweisen:

$$\Delta L_w \geq L_{nweq} - L'_{nwAnford.} + 2\,dB = 73 - 46 + 2 = 29\,dB \tag{4.14}$$

Die entsprechende Ausführung des schwimmenden Estrichs ist aus Tafel 4.9 zu entnehmen, die dynamische Steifigkeit der Trittschalldämmplatten darf im vorliegenden Fall nicht größer sein als 10 bis 15 $MN/m^3$ (s. auch Fußnote 1 bei Tafel 4.9).

Tafel 4.9  Trittschallverbesserungsmaß $\Delta L_w$ von schwimmenden Estrichen und von weichfedernden Gehbelägen (Rechenwerte nach DIN 4109 – Beiblatt 1, dort Tab. 17 und 18)

| Zeile | Fußbodenaufbau | $\Delta L_w$ in dB | |
|---|---|---|---|
| | | mit hartem Gehbelag | mit weichfederndem Gehbelag [1]) ($\Delta L_w \geq 20$ in dB) |
| 1 | Schwimmende Estriche mit und ohne Gehbelag | | |
| 1.1 | Gußasphaltestriche nach DIN 18 560 Teil 2 mit einer flächenbezogenen Masse $\geq 45$ kg/m$^2$ auf Dämmschichten aus Dämmstoffen nach DIN 18 164 Teil 2 oder DIN 18 165 Teil 2 mit einer dynamischen Steifigkeit s' von höchstens<br>50 MN/m$^3$<br>40 MN/m$^3$<br>30 MN/m$^3$<br>20 MN/m$^3$<br>15 MN/m$^3$<br>10 MN/m$^3$ | 20<br>22<br>24<br>26<br>27<br>29 | 20<br>22<br>24<br>26<br>29<br>32 |
| 1.2 | Estriche nach DIN 18 560 Teil 2 mit einer flächenbezogenen Masse $\geq 75$ kg/m$^2$ auf Dämmschichten aus Dämmstoffen nach DIN 18 164 Teil 2 oder DIN 18 165 Teil 2 mit einer dynamischen Steifigkeit s' von höchstens<br>50 MN/m$^3$<br>40 MN/m$^3$<br>30 MN/m$^3$<br>20 MN/m$^3$<br>15 MN/m$^3$<br>10 MN/m$^3$ | 22<br>24<br>26<br>28<br>29<br>30 | 23<br>25<br>27<br>30<br>33<br>34 |
| 2 | weichfedernde Gehbeläge (direkt auf Massivdecke!) | $\Delta L_w$ in dB | |
| 2.1 | PVC-Beläge mit Unterschicht auf PVC-Schaumstoff oder Korkment | 16 | |
| 2.2 | Nadelvlies, Dicke = 5 mm | 20 | |
| 2.3 | Polteppiche[2]) | | |
| 2.3.1 | Unterseite geschäumt, Gesamtdicke = 4 mm nach DIN 53 855 Teil 3 | 19 | |
| 2.3.2 | Unterseite geschäumt, Gesamtdicke = 6 mm nach DIN 53 855 Teil 3 | 24 | |
| 2.3.3 | Unterseite geschäumt, Gesamtdicke = 8 mm nach DIN 53 855 Teil 3 | 28 | |
| 2.3.4 | Unterseite ungeschäumt, Gesamtdicke = 4 mm nach DIN 53 855 Teil 3 | 19 | |
| 2.3.5 | Unterseite ungeschäumt, Gesamtdicke = 6 mm nach DIN 53 855 Teil 3 | 21 | |
| 2.3.6 | Unterseite ungeschäumt, Gesamtdicke = 8 mm nach DIN 53 855 Teil 3 | 24 | |

[1]) Wegen der möglichen Austauschbarkeit von weichfedernden Gehbelägen, die sowohl dem Verschleiß als auch besonderen Wünschen der Bewohner unterliegen, dürfen diese bei dem Nachweis der Mindestanforderungen nach DIN 4109 nicht angerechnet werden.
[2]) Pol aus Polyamid, Polypropylen, Polyacrylnitril, Polyester, Wolle und deren Mischungen.

## 4.2.2 Holzbalkendecken

Es ist bekannt, daß der Schallschutz von alten Holzbalkendecken geringer ist als der von Massivdecken mit schwimmendem Estrich (s. auch Abschn. 4.5) Die Ursache liegt vor allem an der Übertragung über den Balken und die meist steife Befestigung der unteren Deckenbekleidung. Untersuchungen von Gösele [4], [30] haben inzwischen jedoch gezeigt, daß mit Holzbalkendecken bei geeignetem Aufbau ein sehr guter Schallschutz erreicht werden kann, der dem von guten Massivdecken praktisch nicht nachsteht. Zur Verbesserung des Schallschutzes sind folgende Maßnahmen möglich:

a) Lösen der festen Verbindungen an den Balken unten oder oben; normalerweise wird dazu die untere Verkleidung über Federbügel, Federschienen oder elastische Abhängungen befestigt. Die Trittschallminderung beträgt im Mittel rund 10 dB gegenüber einer Befestigung über Lattung.

b) Aufdoppeln einer zweiten Gipskartonplatte o. ä. auf die untere Bekleidung erhöht die Trittschalldämmung um rund 4 dB.

c) Dämpfung des Hohlraums zwischen den Balken durch absorbierendes Material ergibt eine Verringerung der Schallübertragung gegenüber einem leeren Hohlraum um rund 10 dB. Aus wirtschaftlichen Gründen wird der Hohlraum meist nicht ganz gefüllt, sondern mit z. B. 50 bis 100 mm dicken Mineralwolle-Matten u-förmig ausgekleidet.

d) Aufbringen eines schwimmend verlegten Fußbodens oder Estrichs. Allerdings ist die Verbesserung des Trittschallschutzes bei Holzbalkendecken wesentlich geringer als bei Massivdecken (z. B. schwimmender Zementestrich auf 30/25 mm Mineralfaser statt 30 dB nur rund 16 dB!). Die Verbesserung kann jedoch wesentlich erhöht werden, wenn die Rohdecke mit aufgeklebten Steinplatten oder durch Sand beschwert wird (s. Beispiel in Tafel 4.10). Auf eine einwandfreie Isolierung des schwimmenden Fußbodens gegenüber den Wänden muß geachtet werden, da sonst durch Körperschallübertragung über die Wände der erreichbare Trittschallschutz auf $L'_{nw}$ = rund 53 dB begrenzt wird.

e) Bei sichtbaren Balken ist entweder die Maßnahme d notwendig oder/und eine Verkleidung zwischen den Balken. Mit zweitgenannter Maßnahme wird gegenüber der unverkleideten Decke eine Verbesserung um rund 10 dB erreicht.

f) Nur sehr weiche Teppichbeläge tragen merkbar zur Trittschalldämmung bei Holzbalkendecken bei, z. B. Velours mit $\Delta L_w$ = 30 dB direkt auf der Rohdecke rund 16 dB und auf schwimmendem Fußboden rund 12 dB.

**Erläuterung zu Tafel 4.10:**

1 Spanplatte DIN 68 763, gespundet oder mit Nut und Feder

2 Holzbalken

3 Gipskartonplatte nach DIN 18 180

4 Faserdämmstoff nach DIN 18 165 Teil 2, Typ T, dynamische Steifigkeit s' $\leq$ 15 MN/m$^3$

5 Faserdämmstoff nach DIN 18 165 Teil 1, Typ WZ-w oder W-w, längenbezogener Strömungswiderstand $\Xi \geq 5$ kN.s/m$^4$

6 Federbügel

7 Unterkonstruktion aus Holz, Achsabstand der Latten $\geq$ 400 mm; Befestigung über Federbügel, so daß kein fester Kontakt zwischen Latte und Balken

8 Mechanische Verbindungsmittel oder Verleimung

9 Bodenbelag

10 Kaltbitumenschicht

11 Gipskartonplatten nach DIN 18 180, 12,5 oder 15 mm dick, oder Spanplatten nach DIN 68 763, 10 bis 16 mm dick

12 Betonplatten oder Betonsteine, Seitenlänge $\leq$ 400 mm, in Kaltbitumen verlegt, offene Fugen zwischen den Platten, flächenbezogene Masse mindestens 140 kg/m$^2$

13 Zementestrich

Beispiele für Holzbalkendecken mit gutem Luft- und Trittschallschutz sind in Tafel 4.10 zusammengestellt. Die Luftschalldämmung hängt jedoch in ausgeführten Bauten praktisch nur von der Schall-Längsübertragung entlang der Wände ab. Die sich dadurch ergebende

Tafel 4.10   Schallschutz verschiedener Holzbalkendecken nach [4], [30];
Untere Bekleidung jeweils über Federbügel befestigt

| Deckenausführung (1 bis 13 s. S. 76) | Fußbodenaufbau oberhalb der Balkenabdeckung | $R_w$ bzw. $R'_w$ in dB | | $L'_{nw}$ in dB (TSM) | |
|---|---|---|---|---|---|
| | | im Massivbau [1]) | im Holzbau | ohne Gehbelag | mit $\Delta L_w \geq 26$ dB |
| 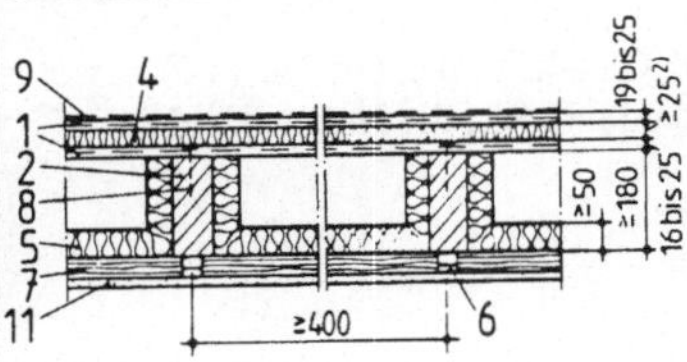 | Spanplatten auf mineralischem Faserdämmstoff | 53 | 55 | 58 (+ 5) | 51 (+ 12) |
| 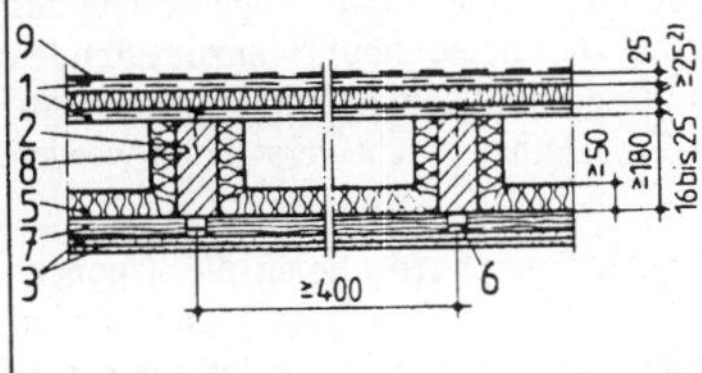 | | 54 | 58 | 51 (+ 12) | 44 (+ 19) |
| 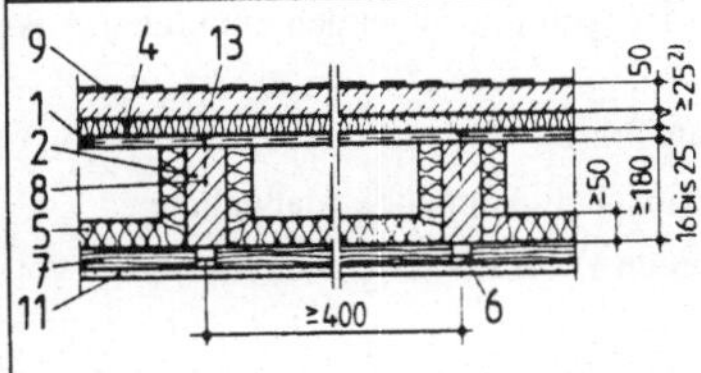 | Schwimmender Estrich auf mineralischem Faserdämmstoff | 55 | 59 | 50 (+ 13) | 45 (+ 18) |
| 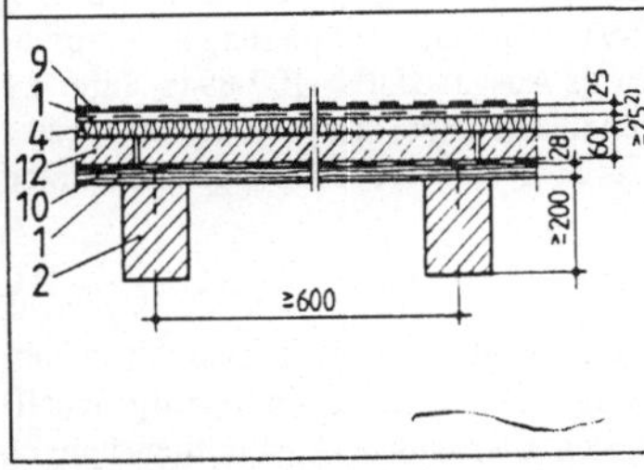 | Spanplatten auf mineralischem Faserdämmstoff auf Betonplatten | 54 | 58 | 52 (+ 11) | 45 (+ 18) |

[1]) Gültig bei rund 350 kg/m$^2$ schweren flankierenden Wänden, leichtere s. Abschn. 4.5.
[2]) Dicke unter Belastung

Grenze liegt in Holzhäusern bei $R'_{Lw}$ = 58 bis 62 dB und in Massivbauten bei $R'_{Lw}$ = rund 55 dB, wenn alle Wände etwa 350 kg/m$^2$ schwer sind. Bei leichteren flankierenden Wänden wird die Mindestanforderung $R'_w$ = 54 dB sehr schnell unterschritten, es empfiehlt sich deshalb im Einzelfall eine genauere Berechnung der Schallängsleitung analog zu Abschn. 4.1.2, wobei für das Stoßstellendämmaß $D_{v2}$ = rund 4 dB angenommen werden kann (siehe hierzu auch neuere Ergebnisse in Abschn. 4.5), um damit das Schallängsdämmaß für die Luftschallübertragung entlang der durchgehenden flankierenden Wände (= Weg 2 nach Gl. (4.1) in Abschnitt 4.1.2; Wege 2 und 3 spielen hier keine Rolle) zu berechnen. Die Direktübertragung über die Holzbalkendecke selbst (= Weg 1, siehe Abschnitt 4.1.2) kann nach [30] näherungsweise aus dem Trittschallschutzmaß TSM ohne Gehbelag ermittelt werden:

$$R_w \approx TSM_{\text{ohne Gehbelag}} + 52 \text{ dB} \tag{4.15 a}$$

bzw.

$$R_w \approx 115 \text{ dB} - L'_{nw \text{ ohne Gehbelag}} \tag{4.15 b}$$

und dann durch energetische Addition entsprechend Gl. (4.5) oder mit Gl. (4.6) – wobei n = 1 zu setzen ist – das resultierende Gesamtschalldämmaß $R'_w$ der Holzbalkendecke.


## 4.3  Schallschutz beim Treppenhaus

In den letzten Jahren haben Klagen über Störungen durch Sprechen und Gehgeräusche aus dem Treppenhaus stark zugenommen. Dabei spielen die heute häufig anzutreffenden „offenen Grundrisse" eine große Rolle und gerade in diesem Fall sollte auch umgekehrt gewährleistet sein, daß Gespräche in der Wohnung im Treppenhaus nicht verstanden werden können.

In DIN 4109 – Ausgabe 1962 wurden baurechtliche Anforderungen nur an die Treppenraumwand gestellt. Zwar enthielt früher Blatt 5 [59] auch bereits eine Empfehlung für den Trittschallschutz (TSM $\geq$ +3 dB) und für Wohnungseingangstüren, welche unmittelbar in einen Wohnraum führen ($R_w$ etwa 42 dB), bezüglich Treppen mit folgenden konkreten Ausführungshinweisen:

– Treppen mit Abstand von der Treppenraumwand ausführen

– Podeste mit schwimmendem Estrich oder andere trittschalldämmende Maßnahmen

– Fertigteile (Treppenläufe und eventuell auch Podest) unter Zwischenschaltung von Dämmstreifen auf Konsolen auflegen;

in der Praxis werden diese Maßnahmen jedoch erst seit Erscheinen des ersten Nachfolge-Entwurfs von DIN 4109 1979 häufiger angewandt. Entsprechende Anforderungen, Empfehlungen und Ausführungshinweise enthält die heute gültige Ausgabe DIN 4109-89 (s. Tafel 4.1 bis 4.3) und es ist zu hoffen, daß zukünftig der Schallschutz bei Treppenhäusern besser wird. Nachfolgend werden die möglichen bzw. erforderlichen Verbesserungsmaßnahmen kurz aufgezeigt.

**Trittschallschutz bei Treppen**

In Mehrfamilienhäusern werden heute noch häufig $L'_{nw}$-Werte über 53 dB gemessen, obwohl die oben genannten Maßnahmen vorgesehen waren. Die Ursache sind häufig Schallbrücken zwischen Plattenbelag und Treppenraumwänden oder andere Ausführungsmängel. Bei einwandfreier Ausführung kann jedoch nach Untersuchungen von E r t e l [13] und M a l o n n u. a. [46] mit elastischen Lagerungen der Treppenläufe oder des Podestes (siehe

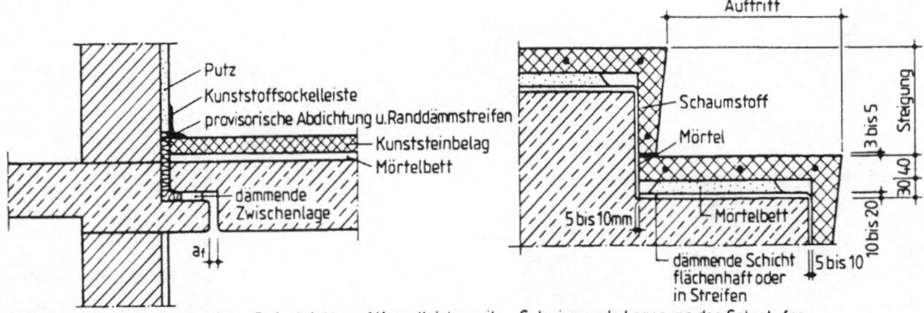


Bild 4.16 Zwei Vorschläge nach H. Malonn, H. Paschen und J. Steinert [46] für die Ausführung schalldämmender Treppen

Bild 4.16) und einer Fuge zu den Treppenhauswänden $L'_{nw} < 38\,dB$ erreicht werden. Ein entsprechender Trittschallschutz kann beim Podest mit einem schwimmenden Estrich erreicht werden, wobei die Trittschalldämmplatten etwas steifer, das heißt dünner sein können als die Estrich-Dämmschichten bei Wohnungstrenndecken.

Ausschlaggebend für die Wirksamkeit ist auch hier eine einwandfreie Randisolierung.

Mit schwimmend verlegten Trittplatten (siehe Bild 4.16) wurde zwar im Labor ebenfalls ein sehr hoher Trittschallschutz erreicht, in Versuchsbauten [13], [46] wurde jedoch nur ein mittelmäßiger Trittschallschutz ($L'_{nw} = 53\,dB$) aufgrund von Körperschallbrücken der Trittplatten mit den Wänden erreicht. Hier sind somit also noch einige Entwicklungsarbeiten notwendig.

### Wohnungseingangstüren

Die Schalldämmung von Türen hängt gleichermaßen von der Schalldämmung des Türblattes wie von der Dichtung der Falze, der Fuge an der Türunterkante und den Anschlüssen der Zarge am Mauerwerk ab. Die **Anforderungen** und Richtwerte in Tafel 4.1, 4.2 und 4.3 ($R_w = 27\,dB$ bzw. $32/37\,dB$) beziehen sich auf die **gebrauchsfertige Türe** (Türblatt einschließlich Rahmen oder Zarge).

Türblätter mit entsprechender Schalldämmung, bis zu bewerteten Schalldämmaßen von $R_w = 45\,dB$ und darüber, werden heute von fast allen Herstellern angeboten, leider liegen jedoch selten Prüfzeugnisse für die gebrauchsfertige Tür vor.

Im eingebauten Zustand sind häufig die Dichtungen der Falze und der Türunterkante unbefriedigend oder teilweise nicht vorhanden, so daß sich bei Güteprüfungen heute noch überwiegend nur $R'_w$-Werte um $20\,dB$ ergeben.

Zur Erfüllung der obengenannten Anforderungen muß vor allem die Dichtung des Türblattes gegen die Zarge und den Fußboden verbessert werden. Hierzu sind in Bild 4.17 einige typische Beispiele für ungünstige bzw. akustisch befriedigende **Zargendichtungen** nach [6] zusammengestellt. Für eine schalltechnisch gute Abdichtung sollte die Einfederung des Dichtungsprofils mindestens 3 mm betragen, bei verzogenen Türblättern oder ähnlichen noch größer sein. Das Anliegen der Dichtung kann am Bau auf einfache Weise geprüft werden, in dem man ein Papierblatt einklemmt und versucht dieses herauszuziehen; gelingt dies, dann ist die Dichtung ungenügend und das Türblatt muß nachjustiert werden, um einen höheren Anpreßdruck zu erreichen oder es muß eine geeignetere Dichtung eingebaut werden.

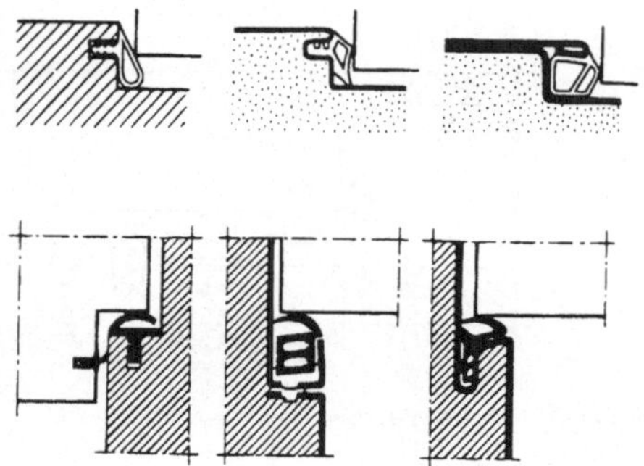

Bild 4.17
Zargendichtung bei Türen nach
[6]

oben      Ungünstige Kammer-
          oder Schlauchprofile.
          Die Einfederung ist zu
          gering, der Anpreß-
          druck zu groß

unten     Geeignete Lippenprofi-
          le. Gute Einfederung
          bei kleinem Anpreß-
          druck möglich

Mit **Bodendichtungen** in Form von Absenkdichtungen, Schleiflippen und Höckerschwelle o.ä. wurden von S ä l z e r [6] im Labor $R_w$-Werte von 34 bis 36 dB gemessen. Am Bau sind derartige Dichtungen häufig ungünstiger wegen Unebenheiten des Fußbodens, nicht ganz nach außen geführtem Dichtungsprofil, oder die Dichtung sitzt auf dem Teppichboden auf, so daß noch Schalldurchgänge vorhanden sind, welche die Schalldämmung vermindern. Schalldämmwerte bis etwa 30 dB können auch mit sogenannten Absorptionskammern an der Türblatt-Unterseite oder Anschluß des Türblatt-Hohlraums über eine Öffnung an die Türfuge erreicht werden.

Bei Wohnungseingangstüren ergibt sich auch häufig die Möglichkeit einer Anschlagschwelle mit Dichtung (s. Bild 4.18) durch einen etwas höheren Fußbodenaufbau im Treppenraum. Damit kann, wenn der Anschlag in der gleichen Ebene wie die Zargendichtung liegt, eine schalltechnisch optimale Dichtung erreicht werden und die erhöhte Anforderung $R'_w$ = 37 dB auch am Bau erreicht werden. Beispiele für geeignete Bodendichtungen zeigt Bild 4.18. Orientierende Angabe zu den notwendigen Maßnahmen, abhängig von der geforderten Schalldämmung am Bau enthält Tafel 4.11.

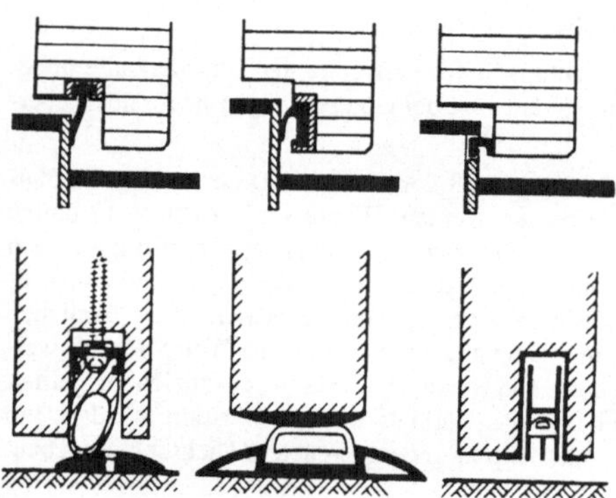

Bild 4.18
Beispiele geeigneter Bodendichtungen

oben      Anschlagdichtung für
          bei Wohnungsein-
          gangstüren häufige
          Schwellensituation

unten     Auflaufdichtungen mit
          Höckerschwelle oder
          Absenkdichtung bei
          eben durchlaufendem
          Fußboden

Tafel 4.11   Orientierende Angaben für das bewertete Schalldämm-Maß $R'_w$ von Türkonstruktionen im eingebauten Zustand nach [6] aus [73] entnommen

| am Bau gefordertes Schalldämm-Maß $R'_w$ für die betriebsfertige Türanlage in dB | bewertete Schalldämm-Maß des Türblattes im Labor | Zargendichtung | Bodendichtung | Zarge | Bemerkungen |
|---|---|---|---|---|---|
| $R'_w = 20$ dB | $R_w = 25$ dB | beliebig | keine | beliebig | – |
| $R'_w = 25$ dB | $R_w = 30$ dB | weiche Schlauchdichtung oder einfache Lippendichtung | keine bei 2 mm Fuge über Teppich, Absorptionskammer oder Höckerschwellendichtung über PVC | beliebig | – |
| $R'_w = 30$ dB | $R_w = 37$ dB | hochwertige Lippendichtung | Absorptionskammer über Teppich oder justierbare Höckerschwellendichtungen oder automatische Dichtungen | beidseitig gedichtete formstabile Holzzargen, hinterfüllte oder beidseitig gedichtete Stahlzargen | zwei dreiteilige Bänder, von außen justierbar, empfehlenswert |
| $R'_w = 35$ dB | $R_w = 42$ dB | Doppelfalzzargendichtungen mit hochwertigen Lippendichtungen | Höckerschwellendichtung mit einwandfreier Anbindung an die Zargendichtung oder Kombination einer Höckerschwellendichtung mit Absorptionskammer | besonders formstabile, zusätzlich beschwerte Holzzargen mit mindestens zweifacher Kitt-Dichtungsebene, umlaufend oder Spezialstahlzarge, hinterfüllt oder mit ausreichender Flächenmasse | die Verwendung von drei von außen justierbaren Bändern, einer von außen justierbaren Bodendichtung und einer verstellbaren Schloßfalle empfiehlt sich |

Fortsetzung und Anwendung s. nächste Seite

Tafel 4.11, Fortsetzung

| am Bau gefordertes Schall-dämm-Maß $R'_w$ für die betriebs-fertige Tür-anlage in dB | bewertete Schall-dämm-Maß des Tür-blattes im Labor | Zargen-dichtung | Bodendichtung | Zarge | Bemerkungen |
|---|---|---|---|---|---|
| $R'_w = 40$ dB | $R_w = 47$ dB | Doppelfalzzar-gendichtungen mit hochwer-tigen Lippen-dichtungen | Höckerschwel-lendichtung mit einwandfreier Anbindung an die Zargen-dichtung oder Kombination einer Höcker-schwellen-dichtung mit Absorptions-kammer | besonders formstabile, zu-sätzlich be-schwerte Holz-zargen mit mindestens zweifacher Kitt-Dichtungs-ebene, umlau-fend, oder Spe-zialstahlzarge, hinterfüllt oder mit ausreichen-der Flächen-masse | individuelle Einmessung jeder Tür und Nachbesserung erforderlich |
| $R'_w = 45$ dB | Am Bau nur mit Doppeltüren mit Sicherheit zu erzielen | | | | individuelle Einmessung jeder Tür und Nachbesserung erforderlich |

**Anmerkung:** Es hat sich als erforderlich erwiesen, den vollständigen Einbau der Türen an eine Firma zu vergeben, damit die Garantieleistungen der gesamten Türkonstruktion (einschließlich Zarge, Zargen- und Bodendichtung) eindeutig erbracht werden können.

## 4.4  Schallschutz bei haustechnischen Anlagen und gegenüber Betrieben

### Anforderungen nach DIN 4109

Geräusche von **haustechnischen Anlagen** sollen nach DIN 4109-89 [59] in fremden Wohn- und Schlafräumen **nicht lauter als 35 dB(A) (Wasserversorgungsanlagen) bzw. 30 dB(A) (sonstige Anlagen)** sein. Dabei ist der maximal auftretende Schallpegel $L_{AF}$ nach DIN 52 219 maßgebend, wobei einzelne kurzzeitige Spitzen, die beim Betätigen der Arma-turen entstehen, z. Z. nicht zu berücksichtigen sind; ebenso unterliegen Nutzergeräusche (z. B. Abstellen eines Zahnputzbechers, Spureinlauf beim WC etc.) nicht diesen Anforde-rungen. Für normalerweise nur tags genutzte Räume (Arbeitsräume, Unterrichtsräume) gilt nach DIN 4109-89 generell der erstgenannte höhere Grenzwert.

**Haustechnische Anlagen** im Sinne von DIN 4109 sind alle zum Gebäude gehörenden technischen Gemeinschaftseinrichtungen:

- Ver- und Entsorgungsanlagen (Wasserinstallationen, Müllabwurfanlage)
- Transportanlagen (Aufzug u. ä.)
- fest eingebaute betriebstechnische Anlagen (Heizung, Lüftung)
- Gemeinschafts-Waschanlagen
- Küchenanlagen von Krankenhäusern, Hotels u. ä.
- Schwimmbad, Sauna, Sportanlagen
- Garagenanlagen, Kellertüren u. ä.

Außer Betracht bleiben Maschinen, Geräte und dergleichen, soweit sie ortsveränderlich sind, z. B. Staubsauger, Waschmaschinen, Küchengeräte u. ä.

Für Geräusche der Wasserinstallationen wurde bereits 1970 in Ergänzungserlassen der Länder zu DIN 4109-62 (siehe z. B. Bekanntmachung des Innenministeriums Baden-Württemberg vom 7. April 1971 Nr. V 7115/76, Anl. 43, GA Bl. 1971) der Grenzwert von 30 auf 35 dB(A) erhöht. Allerdings gleichzeitig wurden in diesem Erlaß Angaben für die Bauausführung und Grundrißanordnung entsprechend nachfolgenden Ausführungshinweisen gemacht und Untersuchungen von Gösele und Voigtsberger [31] haben gezeigt, daß bei Beachtung dieser Angaben die Installationsschallpegel zwischen 20 und 25 dB(A) liegen und nur bei dem sehr ungünstigen Fall mit Installationen an der Trennwand zu einem fremden Wohnraum der frühere Grenzwert von 30 dB(A) etwa erreicht wird. Die nach der neuen DIN 4109-89 wieder zulässigen 35 dB(A) stellen somit einen Rückschritt dar und entsprechen absolut nicht den heutigen Bewohner-Wünschen nach Ungestörtheit.

Für einen **guten Schallschutz** sollten nach der Erfahrung die Installationsschallpegel nicht größer als **25 dB(A)** sein. Bei heute häufig sehr niedrigem Grundgeräuschpegel in Wohnungen (rd. 20 dB(A)) führen laute Installationsgeräusche zwangsläufig zu Störungen.

Für Geräusche von **Betrieben** im selben Gebäude oder baulich damit verbundenen Gebäuden gelten nach DIN 4109-62: Maximalpegel $\leq$ 30 dB(A) bzw. 40 dB(A) (nur tags), wie für haustechnische Anlagen. Zukünftig gelten nach DIN 4109-89 folgende Grenzwerte:

$$\text{tags} \quad (6^{00} - 22^{00} \text{ Uhr}): \textbf{35 dB(A)}$$

$$\text{nachts} \quad (22^{00} - 6^{00} \text{ Uhr}): \textbf{25 dB(A)}$$

für den Beurteilungspegel nach DIN 45 645 (s. Abschn. 2.2.2 und [62]), und kurzzeitige Geräuschspitzen dürfen diese um nicht mehr als 10 dB(A) überschreiten. Zur Gewährleistung eines entsprechenden Schallschutzes werden in DIN 4109-89, für Bauteile zwischen „besonders lauten" und schutzbedürftigen Räumen die als Tafel 4.12 wiedergegebenen Anforderungen angegeben. Bei der Luftschalldämmung muß dabei die Flankenübertragung über angrenzende Bauteile (s. Abschn. 4.1.2 und 4.1.5) und sonstige Nebenwegübertragungen, z. B. über Lüftungsanlagen, beachtet werden.

Analog sind bei der Berechnung des Trittschallschutzes nach Abschnitt 4.2.1 zusätzlich die in Tafel 4.13 angegebenen Korrekturwerte $K_T$ für die Schallausbreitungsverhältnisse zu berücksichtigen ($L'_{nw} = L_{nweq} - \Delta L_w - K_T$).


**Ausführungshinweise zur Wasserinstallation**

Die Einhaltung maximal zulässiger Schallpegel in Aufenthaltsräumen beim Betrieb haustechnischer Anlagen setzt sowohl Maßnahmen bei der Bauplanung als auch bei der Bauausführung voraus. Nachfolgend werden für Anlagen der Wasserinstallation Einflüsse und Maßnahmen zur Geräuschverringerung angegeben.

Tafel 4.12   Mindestwerte für die Luft- und Trittschalldämmung von Bauteilen zwischen „besonders lauten" Räumen und schutzbedürftigen Räumen nach DIN 4109-89, dort Tabelle 5

| Spalte | 1 | 2 | 3 | 4 | 5 |
|---|---|---|---|---|---|
| | | | bewertetes Schalldämm-Maß erf. $R'_w$ dB | | bewerteter Norm-Tritt-schallpegel erf. $L'_{n,w}$ [1]) [2]) (Trittschall-schutzmaß erf. TSM) dB |
| Zeile | Art der Räume | Bauteile | Schalldruck-pegel $L_{AF}$ = 75 bis 80 dB(A) | Schalldruck-pegel $L_{AF}$ = 81 bis 85 dB(A) | |
| 1.1 | Räume mit „besonders lauten" haustechnischen Anlagen oder Anlageteilen | Decken, Wände | 57 | 62 | – |
| 1.2 | | Fußböden | – | | 43 [3]) (20) [3]) |
| 2.1 | Betriebsräume von Hand-werks- und Gewerbe-betrieben; Verkaufsstätten | Decken, Wände | 57 | 62 | – |
| 2.2 | | Fußböden | – | | 43 (20) |
| 3.1 | Küchenräume der Küchen-anlagen von Beherber-gungsstätten, Kranken-häusern, Sanatorien, Gast-stätten, Imbißstuben und dergleichen | Decken, Wände | 55 | | – |
| 3.2 | | Fußböden | – | | 43 (20) |
| 3.3 | Küchenräume wie vor, jedoch auch nach 22 Uhr in Betrieb | Decken, Wände | 57 [4]) | | – |
| | | Fußböden | – | | 33 (30) |
| 4.1 | Gasträume, nur bis 22.00 Uhr in Betrieb | Decken, Wände | 55 | | – |
| 4.2 | | Fußböden | – | | 43 (20) |
| 5.1 | Gasträume (maximaler Schalldruckpegel $L_{AF} \leq$ 85 dB(A)), auch nach 22.00 Uhr in Betrieb | Decken, Wände | 62 | | – |
| 5.2 | | Fußböden | – | | 33 (30) |
| 6.1 | Räume von Kegelbahnen | Decken, Wände | 67 | | – |
| 6.2 | | Fußböden a) Keglerstube b) Bahn | – – | | 33 (30) 13 (50) |
| 7.1 | Gasträume (maximaler Schalldruckpegel 85 dB(A) $\leq L_{AF} \leq$ 95 dB(A) z. B. mit elektroakusti-schen Anlagen | Decken, Wände | 72 | | – |
| 7.2 | | Fußböden | – | | 28 (35) |

[1]) Jeweils in Richtung der Lärmausbreitung.

[2]) Die für Maschinen erforderliche Körperschalldämmung ist mit diesem Wert nicht erfaßt; hierfür sind gegebenenfalls weitere Maßnahmen erforderlich – s. auch Beiblatt 2 zu DIN 4109/11.89, Abschn. 2.3. Ebenso kann je nach Art des Betriebes ein niedrigeres erf. $L'_{n,w}$ (beim Trittschallschutzmaß ein höheres erf. TSM) notwendig sein, dies ist im Einzelfall zu überprüfen.

[3]) Nicht erforderlich, wenn geräuscherzeugende Anlagen ausreichend körperschallgedämmt aufgestellt werden; eventuelle Anforderungen nach Tabelle 3 bleiben hiervon unberührt.

[4]) Handelt es sich um Großküchenanlagen und darüberliegende Wohnungen als schutzbedürftige Räume, gilt erf. $R'_w$ = 62 dB.

Tafel 4.13 Korrekturwerte $K_T$ zur Ermittlung des Trittschallschutzes für verschiedene räumliche Zuordnungen „besonders lauter" Räume (LR) zu schutzbedürftigen Räumen (SR) nach DIN 4109-89, Beibl. 1, dort Tab. 36.

| Spalte | a | b | c |
|---|---|---|---|
| Zeile | Lage des schutzbedürftigen Raumes (SR) | | $K_T$ dB |
| 1 | unmittelbar unter dem „besonders lauten" Raum (LR) | 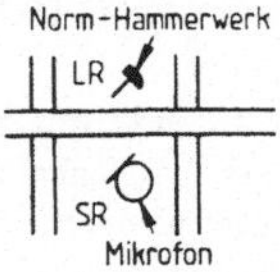 | 0 |
| 2 | neben oder schräg unter dem „besonders lauten" Raum (LR) | 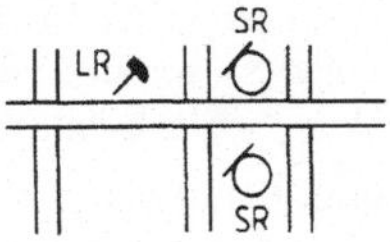 | + 5 |
| 3 | wie Zeile 2, jedoch ein Raum dazwischenliegend | 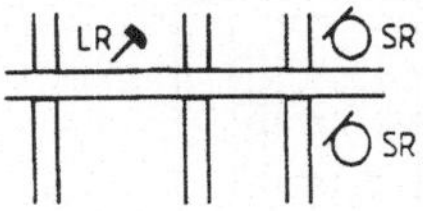 | + 10 |
| 4 | über dem „besonders lauten" Raum (LR) (Gebäude mit tragenden Wänden) | 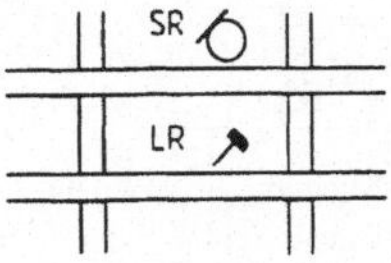 | + 10 |
| 5 | über dem „besonders lauten" Raum (LR) (Skelettbau) | 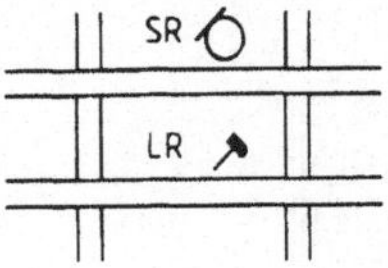 | + 20 |
| 6 | über dem „besonders lauten" Kellerraum (LR) | 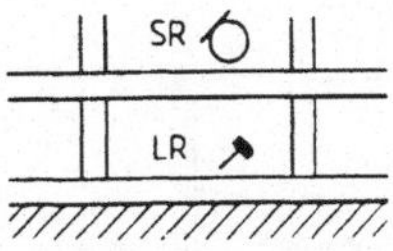 | [1] |
| 7 | neben oder schräg unter dem „besonders lauten" Raum (LR), jedoch durch Haustrennfuge (d = 50 mm) getrennt | 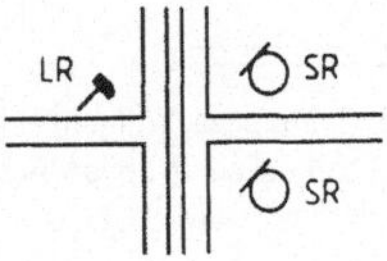 | + 15 |

[1] für $L_{nw} = 48 - \Delta L_w$

Installationsgeräusche entstehen in erster Linie in den Armaturen bei der Wasserentnahme und eventuell beim Abfluß der Abwässer. Die Geräusche entstehen dabei an den Querschnittsverengungen in den Armaturen und breiten sich entlang der Rohrleitung und der Wassersäule aus. Durch Reduzierung des Ausflusses, vor allem durch das Anbringen eines Luftsprudlers, wurden die Armaturen in den letzten Jahren leiser und in baurechtlichen Vorschriften wurde festgelegt, wie laut Armaturen für den Wohnungsbau u. ä. sein dürfen. Armaturen und Geräte der Wasserinstallation wurden dazu in folgende zwei Gruppen eingeteilt:

**Gruppe I:**

zulässiger Armaturen-Geräuschpegel bei der Prüfung im Labor $\leq$ 20 dB(A), für solche Grundrisse, bei denen Wasserleitungen an Wänden von Wohn- und Schlafräumen angebracht werden (s. Bild 4.19)

**Gruppe II:**

zulässiger Armaturen-Geräuschpegel bei der Prüfung im Labor $\leq$ 30 dB(A), für solche Grundrisse, bei denen die leitungsführende Wand durch einen zwischenliegenden Raum (z. B. Küche) von Wohn- und Schlafraum getrennt ist.

Entsprechende **Grundrißanordnungen I und II** sind in den Bildern 4.19 und 4.20 dargestellt.

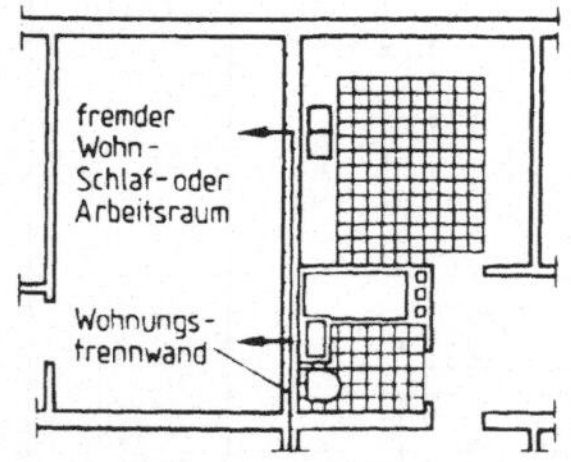


a) Armatur oder Rohrleitung an Wohnungstrennwand; fremder Wohn-, Schlaf- oder Arbeitsraum grenzt unmittelbar an; besonders starke Übertragung

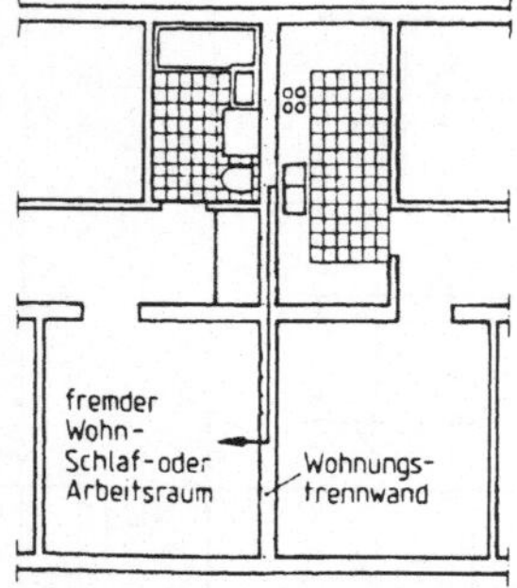


b) Armatur oder Rohrleitung an Wohnungstrennwand; fremder Wohn-, Schlaf- oder Arbeitsraum grenzt mittelbar an; starke Übertragung

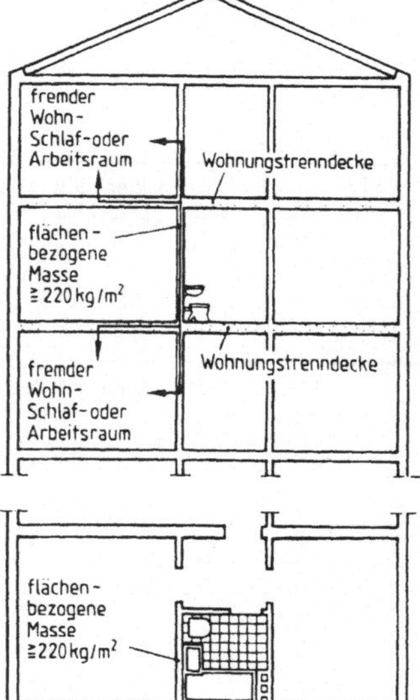


c) Armatur oder Rohrleitung an Trennwand, die einen Wohn-, Schlaf- oder Arbeitsraum begrenzt; starke Übertragung zum fremden Wohn-, Schlaf- oder Arbeitsraum im darunter- und darüberliegenden Geschoß

Bild 4.19   Grundrißanordnung I (bauakustisch ungünstig); Beispiele a, b, c für Armatur oder Rohrleitung an Wänden, die einen Wohn-, Schlaf- oder Arbeitsraum begrenzen

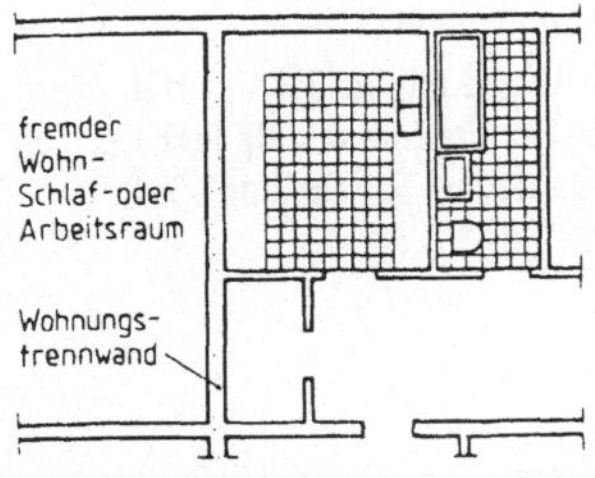


a) Armatur oder Rohrleitung nicht an Wohnungstrennwand (und nicht an Wänden, die einen
   Wohn-, Schlaf- oder Arbeitsraum begrenzen)

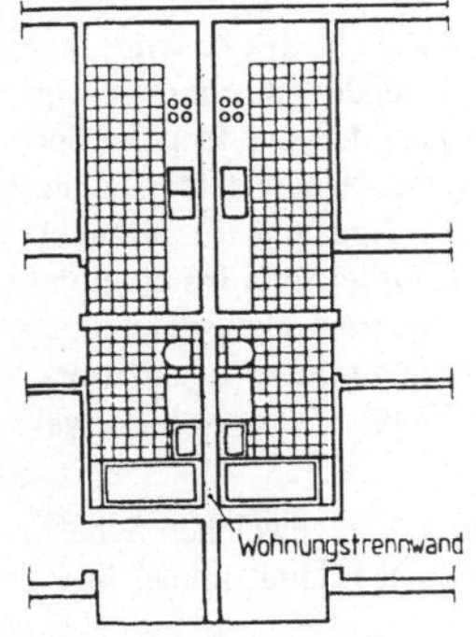


b) Armatur oder Rohrleitung zwar an Wohnungstrennwand, jedoch keine Wohn-, Schlaf- oder
   Arbeitsräume an Wohnungstrennwand angrenzend

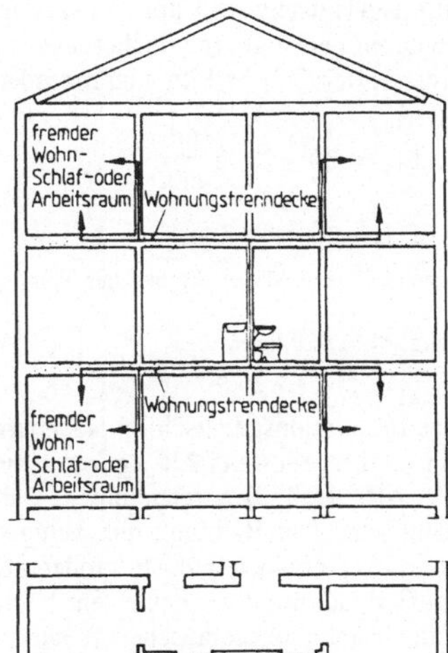


c) Armatur oder Rohrleitung nicht an Trennwand,
   die einen Wohn-, Schlaf- oder Arbeitsraum
   begrenzt, sondern an Zwischenwand zwischen
   Bad und Küche

Bild 4.20  Grundrißanordnung II (bauakustisch günstig); Beispiele a, b, c für Armatur oder Rohrleitung
           nicht an Wänden, die einen Wohn-, Schlaf- oder Arbeitsraum begrenzen (um 5 bis 10 dB(A)
           geringere Übertragung)

Nach [4] nimmt der Geräuschpegel von Armaturen um rund 12 dB(A) bei einer Verdopplung des Durchflusses zu. Der **Ruhedruck** der Wasserleitungsanlage vor den Armaturen
darf deshalb nicht mehr als **5 bar** betragen, bei höherem Druck müssen Druckminderer eingebaut werden.

Durchgangsarmaturen (z. B. Absperrventile u. ä.) dürfen nicht zum Drosseln verwendet
werden, sondern müssen in Betrieb voll geöffnet sein.

Zur Verminderung der Schallübertragung auf die Installationswand und die entsprechende
Weiterleitung werden seit langem die Rohrleitungen durch **Körperschallisolierungen**
(Gummieinlagen in Rohrschellen, Rohrummantelungen) von der Wand getrennt. Diese
Maßnahmen ergeben zwar im Labor eine um 5 bis 20 dB(A) verminderte Körperschallüber-
tragung [31], in ausgeführten Bauten wirkt sich die Körperschallisolierung der Leitungen
kaum auf das in dem Wohnraum auftretende Installationsgeräusch aus, da noch feste Ver-
bindungen zwischen Rohrleitung und Wand bestehen und auch die Armatur fest mit der
Wand verbunden ist.

Viel wesentlicher ist die Beachtung des nachfolgenden Zusammenhangs:

**Installationsgeräusche sind um so leiser je schwerer die Wand ist,** an der Rohrleitungen und Armaturen befestigt sind. Näherungsweise gilt für den Installationsschallpegel $L_{In}$ von einer Armatur der Gruppe I im angrenzenden Nachbarraum folgende Beziehung [31]:

$$L_{In} = 30 - 20 \lg \frac{m'}{m'_o} \qquad (4.16)$$

Dabei bedeuten:

m'   flächenbezogene Masse (kg/m$^2$) der Trennwand, an der die Armatur bzw. Rohrleitung befestigt ist

$m'_o$   Bezugsgröße 220 kg/m$^2$

Damit das Installationsgeräusch im Nachbarraum z. B. nicht größer als 30 dB(A) wird, muß die Trennwand **mindestens 220 kg /m$^2$** schwer sein. Eine entsprechende Anforderung wurde in DIN 4109-89 [59] aufgenommen. Dabei geht man davon aus, daß das Installationsgeräusch in vertikaler Richtung nur wenig pro Stockwerk abnimmt. Neuere Untersuchungen hierzu [31] ergaben jedoch größenordnungsweise 10 dB(A) Abnahme je Geschoß. Trotzdem sind, aufgrund der heute sehr häufig anzutreffenden viel zu leichten Installationswände, die Installationsgeräusche oft lauter als 30 dB(A), wie die Häufigkeitsdarstellung und ein Einzelbeispiel in Bild 4.21 zeigen [37]. Eine Verminderung zu lauter Installationsgeräusche kann häufig nur durch Verkleiden der abstrahlenden Wand mit einer biegeweichen Vorsatzschale (s. Abschn. 4.1.3) erreicht werden.

Günstiger als leichte massive Installationswände sind Trennwände mit biegeweichen Schalen (Gipskarton-Ständerwände). Messungen in ausgeführten Bauten ergaben damit immer Werte unter 30 dB(A).

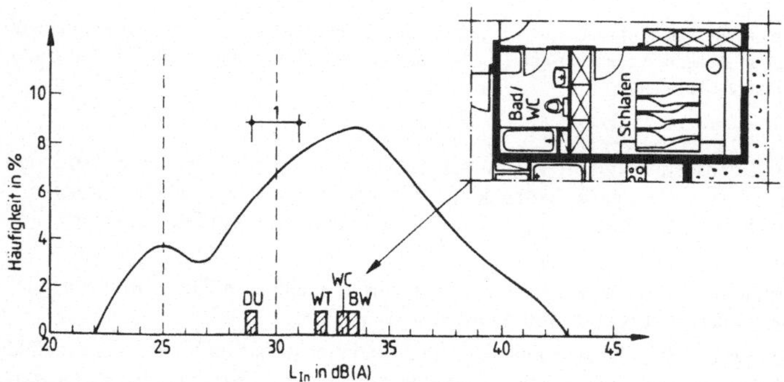


Bild 4.21   Häufigkeitsverteilung von gemessenen Installationsschallpegeln $L_{In}$ in den Jahren 1979-84 (überwiegend Klagefälle) und Einzelmeßwerte bei einem Mehrfamilienhaus mit 80 mm Gipsplattenwände (Grundrißsituation siehe rechts oben):

Bereich 1 ist zu erwarten nach Gl. (4.16)

Meßwerte: DU von Dusche, WT von Waschtischeinlauf, WC von WC-Spülung, BW von Badewannen-Einlauf

Für **Abwasserleitungen** gelten die zuvor genannten Regeln bezüglich Grundriß und Schwere der Wand sinngemäß. Wenn Abwasserleitungen in Wandschlitzen verlegt werden, sollte die flächenbezogene Masse der Restwand mindestens 220 kg/m$^2$ betragen und die Leitungen körperschallgedämmt verlegt werden. Starke Richtungsänderungen sollten vermieden werden, da bei Richtungsänderungen das Abwasserrohr durch auftretende Strömungsvorgänge zu Körperschallschwingungen angeregt wird.

Beim Benutzen der **Sanitär-Einrichtungsgegenstände** (z. B. Plätschern in der Badewanne, Brausestrahl in der Duschwanne, Becher abstellen auf Ablage u. ä.) wird, ebenso wie beim Ein- und Auslauf des Wassers, Körperschall erzeugt, der auf die umgebenden Wände und Decken übertragen wird. Die Einrichtungsgegenstände müssen daher gut körperschallisoliert werden; z. B. bei Wannen und WC wird eine sehr gute Körperschalldämmung erreicht, wenn sie auf dem schwimmenden Estrich aufgestellt werden.

**Ausführungshinweise für andere technische Anlagen**

Neben den Geräuschen von der Wasserinstallation werden häufig Störgeräusche von der Heizung, vom Aufzug, von Müllabwurfanlagen, von der Tiefgarage und sogar von der Türklingel bemängelt. Bei allen diesen Anlagen entstehen die Störgeräusche überwiegend durch Körperschallanregung. Zur Verminderung der störenden Geräusche ist deshalb eine körperschallgedämmte Befestigung bzw. Aufstellung der genannten Einrichtungen notwendig, z. B. wie folgt:

– Heizungsanlage auf schwimmend gelagerter Betonplatte aufstellen

– Heizungspumpen körperschallisoliert befestigen und eventuell Leitungsschalldämpfer einbauen

– Beim Aufzug ist die Grundrißanordnung von großer Bedeutung (z. B. Schlafräume nicht am Aufzugsschacht); körperschallgedämmte Aufstellung der gesamten Aufzugsanlage; bei einschaligem Aufzugsschacht sollte die Schachtwand und die Schachtdecke mindestens aus 250 mm Beton sein und zwischen Schacht und nächstgelegenem Schlafraum eine schwere Wand ($\geq$ 350 kg/m$^2$) angeordnet werden; weitere Maßnahmen s. VDI 2566 – Lärmminderung an Aufzugsanlagen.

– Bei Müllabwurfanlagen muß der innere Schacht körperschallisoliert werden gegenüber dem Bauwerk, und der Schacht sollte unten senkrecht münden in den Auffangbehälter, welcher Gummiräder haben sollte und auf einem schwimmenden Estrich stehen sollte.

– Bei Garagentoren kann durch körperschallgedämmte Befestigung der Torrahmen und weichfedernde Puffer eine Lärmminderung erreicht werden.

## 4.5  Schalltechnische Probleme bei der Altbausanierung

Die Sanierung von Altbauten gewinnt in den letzten Jahren immer mehr an Bedeutung. Zum einen werden große alte Wohnhäuser, welche um die Jahrhundertwende gebaut wurden, aufgeteilt in mehrere Wohnungen oder zumindest das Dachgeschoß ausgebaut, aber auch bei Wohnungen der 50er und 60er Jahre (rund 8,3 Mio.) wird heute mit grundlegender Sanierung bereits begonnen [50], [38].

Die Erreichung eines guten Schallschutzes stellt dabei ein gewisses Problem dar, da die damals üblicherweise verwendeten Konstruktionen im Normalfall nicht ausreichen, um die heutigen Anforderungen nach DIN 4109 [59] bzw. die gestiegenen Ansprüche der Bewohner entsprechend dem heute in Neubauten erreichten Schallschutz zu erfüllen. Die Entwicklung des Schallschutzes in Mehrfamilienhäusern verdeutlicht Bild 4.22 beispielhaft bei Wohnungstrenndecken.

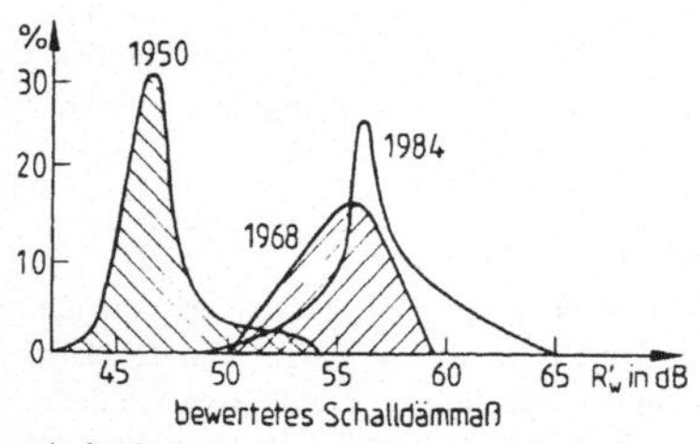


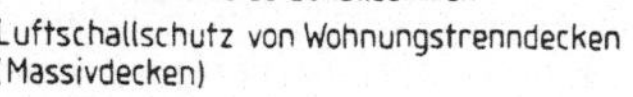


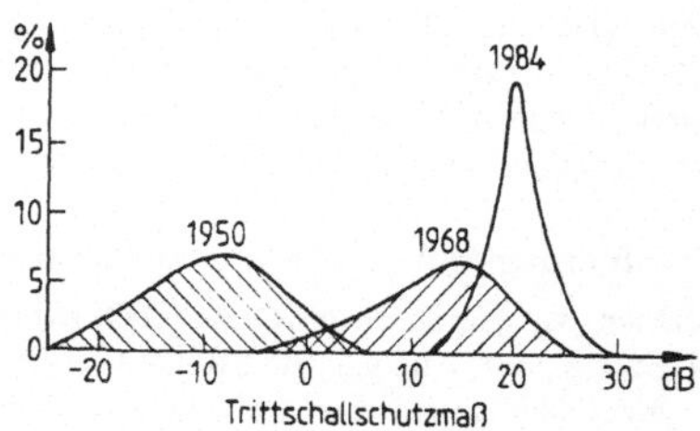


Bild 4.22   Zur Entwicklung des Schallschutzes von Wohnungstrenndecken (Häufigkeitsverteilung nach [38], [4]).

Analog dazu ist der Schallschutz von Wohnungstrennwänden aus den 50er Jahren oder früher häufig völlig unzureichend, da z. B. sehr leichtes Hohlblockmauerwerk o. ä. verwendet wurde.

Erst mit der Einführung des schwimmenden Estrichs Anfang der 60er Jahre verbesserte sich der Schallschutz von Wohnungstrenndecken erheblich und auch von Wohnungstrennwänden durch schwerere Ausführung (s. Bild 4.22).

Für eine wirkungsvolle Sanierung muß daher der vorhandene Schallschutz genau analysiert werden, einschließlich der Schallängsleitung, damit geeignete Maßnahmen an der richtigen Stelle getroffen werden. Nachfolgend werden häufige Problempunkte bei älteren Häusern aufgezeigt und Lösungsmöglichkeiten angegeben.

- **Schallängsleitung durch leichte Innenwände**

Der Einfluß einer erhöhten Schallängsleitung über zu leichte flankierende Bauteile auf die Luftschalldämmung von Wohnungstrennwänden und Massivdecken mit schwimmendem Estrich wurde bereits in Abschn. 4.1.2 sowie bei den Berechnungsbeispielen (4.1.5 und 4.2.1) aufgezeigt (s. auch Tafel 4.6).

Bei in Altbauten häufig anzutreffenden Decken mit **Verbundestrich** ist neben einem geringeren Trittschallschutz auch der Luftschallschutz gering, wobei als Ursache eine erhöhte Schallängsleitung vom Verbundestrich (auf Gleitschicht) auf leichte Innenwände festgestellt wurde. Ein Meßbeispiel hierzu zeigt Bild 4.23. Es zeigt den starken Einfluß dieser erhöhten Schallängsleitung durch den Verbundestrich (rund – 5 dB statt nur rund – 1 dB bei massiver einschaliger Decke, s. Tafel 4.6).

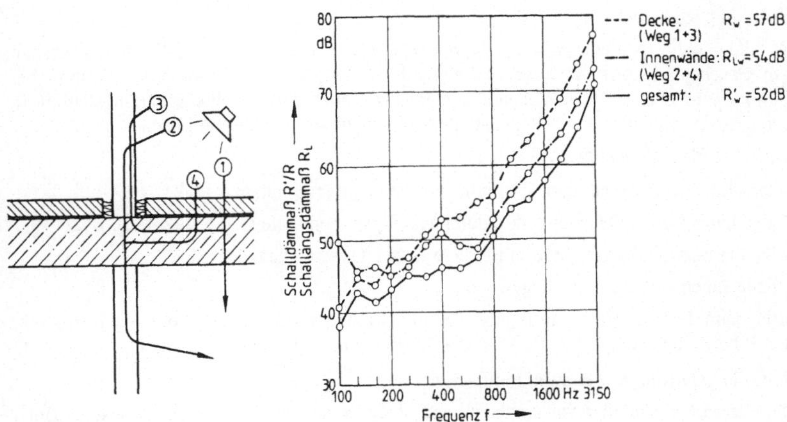



Bild 4.23   Beispiel zum Einfluß der erhöhten Schallängsleitung über Verbundestrich und leichte Gipsplattenwände auf die Luftschalldämmung von Massivdecken

Zur Verminderung dieser hohen Schallängsleitung müssen leichte Innenwände mit einer biegeweichen Vorsatzschale (s. Abschn. 4.1.3) verkleidet werden oder die Innenwände als Gipskartonplatten-Ständerwand ausgeführt werden, da über solche Montagewände praktisch keine Längsleitung erfolgt, s. Meßbeispiel in Bild 4.24.

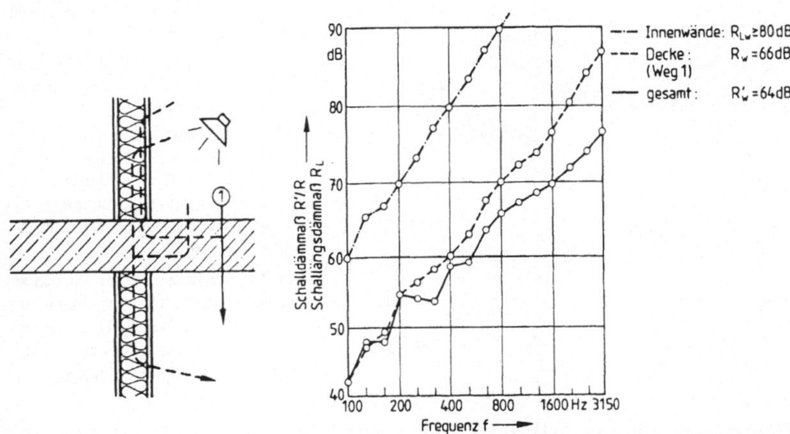



Bild 4.24   Beispiel zum Einfluß der sehr geringen Schallängsleitung über Gipskarton-Ständerwände als leichte Innenwände auf die Luftschalldämmung von Wohnungstrenndecken

## • Hohlkörperdecken

Da alte Hohlkörperdecken in der Regel sehr leicht sind, ist der Schallschutz zwischen den Geschossen normalerweise ungenügend (s. Beispiel in [4]). Außerdem kommt bei Hohlkörperdecken zu oben behandeltem Problem noch eine erhöhte Schallängsleitung in horizontaler Richtung durch Resonanzerscheinungen der Hohlräume hinzu.

Mit folgenden Maßnahmen:

– schwimmender Estrich auf Mineralfasertrittschalldämmplatten

– abgehängte dichte Deckenverkleidung aus Gipskartonplatten

– leichte massive Innenwände mit biegeweicher Vorsatzschale

– neue Innenwände als Montagewände

wurde beim Umbau alter Fabrikgebäude mit Hohlkörperdecken zu Wohnungen ein sehr guter Schallschutz ($R'_w \geq 55\,dB$, TSM $\geq +\,21\,dB$ (ohne Gehbelag)) erreicht.

## • Schallängsleitung bei Holzbalkendecken

Bei älteren Mehrfamilienhäusern ist zumindest die Decke zum Dachgeschoß meist als Holzbalkendecke ausgeführt. Das schalltechnische Verhalten von Holzbalkendecken und Maßnahmen zur Verbesserung des Schallschutzes der Decke selbst wurden bereits in Abschn. 4.2.2 besprochen. Entscheidend für die erreichbare Luftschalldämmung ist jedoch die Schallängsleitung über die flankierenden Wände (Berechnungsmöglichkeit siehe Abschnitt 4.2.2).

Bei **durchgehenden Massivwänden** ist die erreichbare Luftschalldämmung aufgrund der geringeren Stoßstellendämmung [45] wesentlich niedriger als bei Massivdecken. Bild 4.25 zeigt die erreichbare Luftschalldämmung abhängig von der Flächenmasse der flankierenden Wände im Vergleich zu Massivdecken.

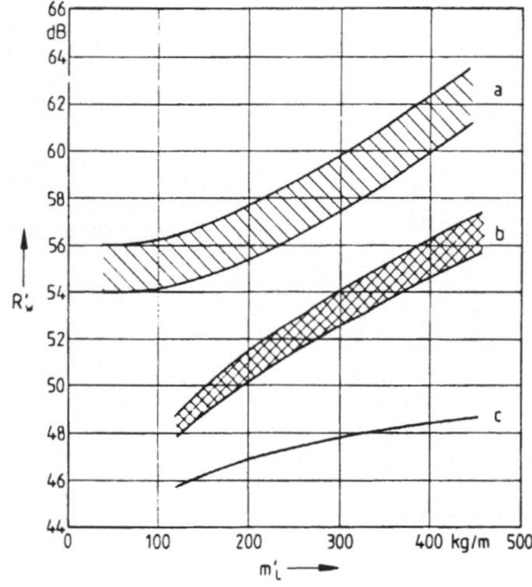


Bild 4.25
Bewertetes Schalldämmaß $R'_w$ von Wohnungsdecken

a   160 bis 200 mm Massivplattendecken mit schwimmendem Estrich nach [4]

b   (alte) Holzbalkendecken mit schwimmendem Estrich (TSM = + 10 bis + 20 dB)

c   alte Holzbalkendecken mit PVC-Belag oder Bretterboden (TSM = rund – 3 dB)

in Abhängigkeit von der flächenbezogenen Masse $m'_L$ der flankierenden massiven Wände (bei Berechnung vereinfachend vier gleichschwere Wände angenommen)

Neuere Untersuchungen [49] ergaben bei leichten Wänden mit Wandbalken wesentlich höhere Stoßstellendämmaße (z. B. bei $m'_L = 150\,kg/m^2$ : Dv = 14 dB), so daß dann höhere $R'_w$-Werte als nach Bild 4.25 erreicht werden können. In jedem Fall empfiehlt sich deshalb eine genaue Untersuchung der Schallängsleitung, um evtl. notwendige Verkleidungen der Wände festzulegen. Im Beispiel in Bild 4.26 wurde dadurch ein sehr großer Schallschutz erreicht.

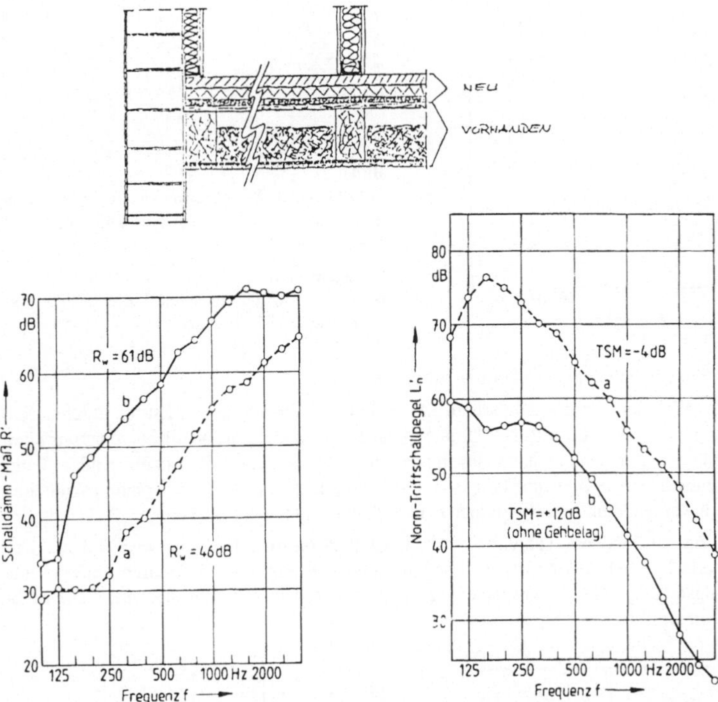


Bild 4.26  Schallschutz einer Holzbalkendecke in einem Mehrfamilienhaus zwischen DG und 2. OG [45]

a  ursprüngliche Konstruktion
b  nach DG-Ausbau (Maßnahmen: schwimmender Gußasphaltestrich, Gipskartonplatten-Ständerwände und massive durchgehende Wände mit biegeweicher Vorsatzschale verkleidet)

## • Verbesserung von Trennwänden durch biegeweiche Vorsatzschale

In Altbauten sind häufig Wände aus Hohlblocksteinen (Ziegel, Bims o. ä.) oder rund 120 bis 140 mm dicke ausgemauerte Holzfachwerkwände anzutreffen, welche dann nur ein bewertetes Schalldämmaß von $R'_w$ = etwa 45 bis 50 dB aufweisen. Durch Verkleiden mit einer **biegeweichen Vorsatzschale** (s. Abschn. 4.1.3) können solche Wände wesentlich verbessert werden, wie das Meßbeispiel in Bild 4.27 zeigt (siehe jedoch auch Bild 4.28). Damit die Mindestanforderung nach DIN 4109-89 von $R'_w$ = 53 dB erfüllt wird, müssen dann allerdings häufig auch noch flankierende Bauteile (z. B. eine leichte Innenwand o. ä.) verkleidet werden.

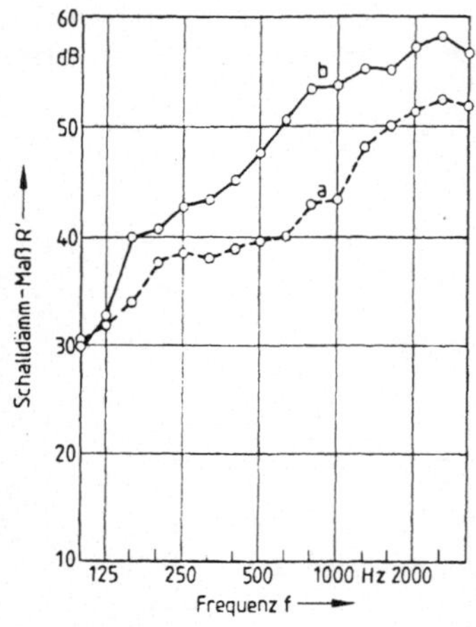

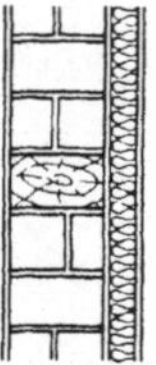

Bild 4.27
Schalldämmaß R' in Abhängigkeit von der Frequenz einer ausgemauerten rund 140 mm dicken Fachwerkwand

a   angetroffener Zustand: $R'_w$ = 45 dB
b   nach Verkleiden mit einer biegeweichen Vorsatzschale $R'_w$ = 52 dB

In diesem Zusammenhang ist außerdem zu beachten:

1. Unter der Wohnungstrennwand darf auf keinen Fall ein schwimmender Estrich durchlaufen, da sonst die erreichbare Luftschalldämmung auf $R'_w$ = rund 42 bis 44 dB begrenzt wird und damit für Wohnungstrennwände ungenügend ist. Bei nachträglich einzubauenden Wohnungstrennwänden, z. B. wenn ältere, sehr große Wohnungen in kleinere Wohnungseinheiten aufgeteilt werden, muß der schwimmende Estrich unbedingt getrennt werden.

2. Sofern ein vorhandener schwimmender Estrich **Schallbrücken** aufweist – bezüglich Trittschallschutz ist dies bei Teppichböden kaum merkbar – kann dadurch eine erhöhte Schallängsleitung [41] die Verbesserung der Vorsatzschale zunichte machen, siehe Meßbeispiel in Bild 4.28.

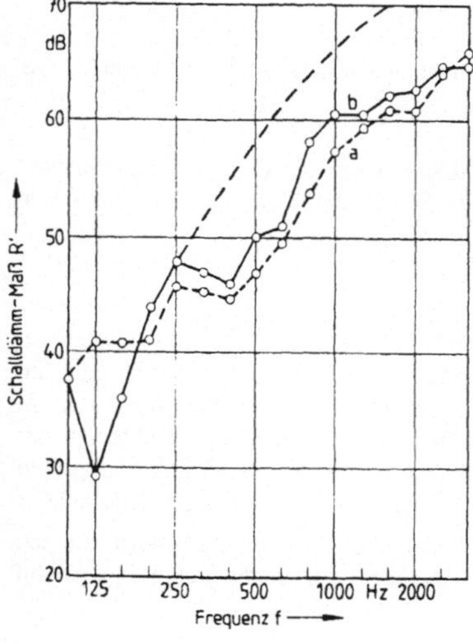

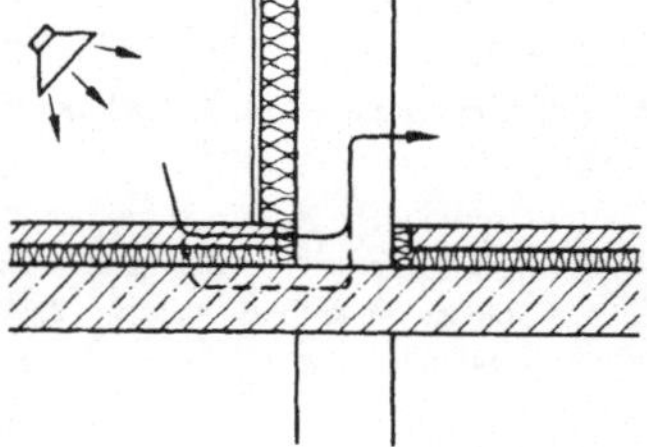

Bild 4.28
Erhöhte Schallängsleitung durch Schallbrücken bei schwimmendem Estrich, wodurch Vorsatzschale umgangen wird

a   ursprünglicher Zustand: $R'_w$ = 53 dB
b   mit Vorsatzschale: $R'_w$ = 53 dB

---   ohne Schallbrücke zu erwarten

3. **Massive Vormauerungen** auf einer durchgehenden Decke sind **ungeeignet**; wie nachfolgendes Beispiel in Bild 4.29 zeigt, kann damit keine Verbesserung erreicht werden. Hauptursache hierfür ist die durchgehende Deckenplatte, die durch Schallängsleitung die Vormauerung zu Biegeschwingungen anregt, welche diese, da es sich um eine **biegesteife Schale** handelt, normal abstrahlt. Eine gute Verbesserung der Schalldämmung hätte dagegen durch Anbringen einer biegeweichen Vorsatzschale erreicht werden können, bei weniger als halbem Platzbedarf.

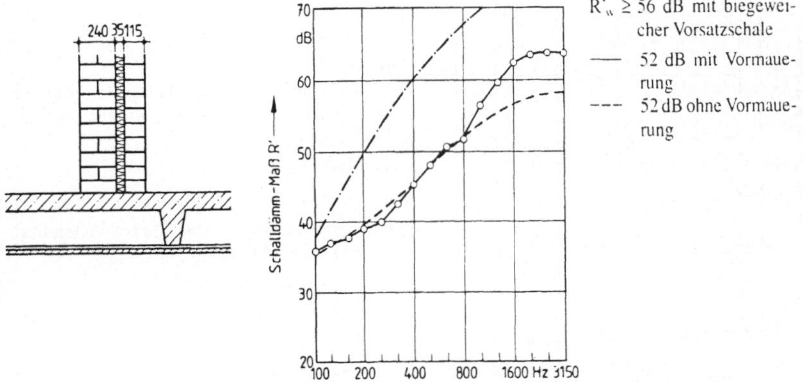


Bild 4.29   Schalldämmaß $R'_w$ in Abhängigkeit von der Frequenz einer Massivwand mit Vormauerung: $R'_w = 52\,\mathrm{dB}$ und zu erwartende Schalldämmung ohne Vormauerung bzw. mit biegeweicher Vorsatzschale

## • Schalldämmung und Schallängsleitung bei Dächern (s. auch Abschn. 5.3)

Beim Dachgeschoßausbau wird häufig eine (schalltechnisch) undichte Nut- und Feder-Bretterverkleidung angebracht, wodurch die Schalldämmung des Daches gegen außen relativ gering ist ($R'_w$ = rund 37 bis 38 dB), aber auch die Schallängsleitung über das Dach zu groß wird. Sofern dann noch eine große Schallübertragung über undichte Fugen am Trennwandanschluß des Daches hinzukommt, ist die Schalldämmung der Trennwand im Dachgeschoß wesentlich geringer als in den darunterliegenden Geschossen, um bis zu 10 dB bei einschaligen Trennwänden und sogar bis zu 20 dB bei zweischaligen Haustrennwänden [53].

Damit die Schallübertragung über den Dachhohlraum möglichst gering ist, müssen zur Wärmedämmung zwischen den Sparren Mineralfaserplatten verwendet werden (s. auch Abschn. 5.3). Eine weitere Minderung kann dann noch erreicht werden durch Bedämpfen des Hohlraumes zwischen den Dachlatten über der Trennwand durch Mineralfaserplatten. Bei dichten Anschlußfugen und einer dichten Innenbekleidung (z. B. Gipskartonplatten) wurden dann Schalldämmwerte von $R'_w = 55\,\mathrm{dB}$ erreicht (s. Beispiel in Bild 4.30). Um eine höhere Schalldämmung, z. B. zwischen Reihenhäusern, zu erreichen, muß dann die Trennwand selbst, einschließlich der flankierenden massiven Wände ein höheres Schalldämmmaß aufweisen und das Dach evtl. eine doppelte Beplankung mit Gipskartonplatten erhalten. Mit einer in [53] angegebenen Vorherberechnungs-methode für das Schallängsdämmaß des Daches können die erforderlichen Maßnahmen zukünftig genauer geplant werden und die zu erwartende resultierende Schalldämmung analog zu Gl. (4.5) in Abschn. 4.1.2 berechnet werden.

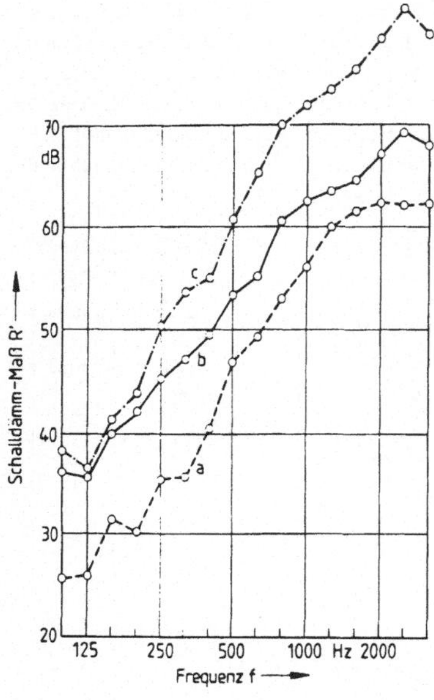


Bild 4.30
Schalldämmaß R' bzw. $R_v$ in Abhängigkeit von der Frequenz einer Wohnungstrennwand im Dachgeschoß

a   angetroffener Zustand:

   $R'_w \approx 47$ dB

b   Fugen gedichtet und Mineralwolleauflage über der Trennwand:

   $R'_w \approx 55$ dB

c   Schalldämmung der Trennwand allein, ermittelt aus Körperschallmessungen:

   $R'_{v,w} = 60$ dB

- **Verbesserung der Wärmedämmung von Außenwänden**

Der Einfluß von wärmedämmenden Verkleidungen auf die Schalldämmung gegen außen sowie auf die Schallängsleitung im Gebäude wird in Abschn. 5.2 besprochen, Näheres siehe dort.

- **Verbesserung der Schalldämmung von Fenstern (s. auch Abschn. 5.1)**

Die Schalldämmung alter Fenster, in der Regel Verbundfenster, liegt, aufgrund der Schallübertragung über undichte Fensterfälze und evtl. auch Anschlußfugen, meist im Bereich $R_w$ = rund 22 bis 26 dB. Eine Verbesserung der Schalldämmung auf $R_w$ = 30 bis 35 dB, die in vielen Fällen – ausgenommen sehr hohe Außenlärmbelastung – ausreichend ist, kann durch folgende einfache Maßnahmen erreicht werden:

– Einbau einer umlaufenden, weichfedernden Dichtung (Hohlprofil- oder Lippendichtung), die in eine in den Falz eingefräste Nut eingedrückt wird.

– Ersetzen der Außenscheibe bei Verbundfenstern durch eine 4 bis 6 mm dicke Scheibe bzw. Einbau einer Isolierglasscheibe mit $R_w \geq 35$ dB bei Einfachfenstern.

Voraussetzung dabei ist, daß das Fenster noch in gutem Zustand ist, so daß das Fenster evtl. nachjustiert werden kann, damit ein einwandfreies Anliegen der Dichtung gewährleistet ist. Den Erfolg sorgfältig ausgeführter Sanierungsmaßnahmen an einem alten Fenster zeigen die Meßergebnisse in Bild 4.31.

Die Schalldämmung des sanierten Fensters entpricht damit etwa der Schalldämmung von heute üblichen Einfachfenstern mit Isolierglas (4/12/4). Eine noch höhere Verbesserung (bis $R_w$ = rund 50 dB) kann durch ein innen angebrachtes Vorsatzfenster erreicht werden; es entsteht dabei ein Kastenfenster (s. hierzu Abschn. 5.1). Diese Maßnahme bietet sich bei extremem Außenlärm und wenn z. B. nur einzelne Fenster einer Wohnung verbessert werden sollen oder aus Denkmalschutz-Gründen alte Fenster nicht verändert werden dürfen an.

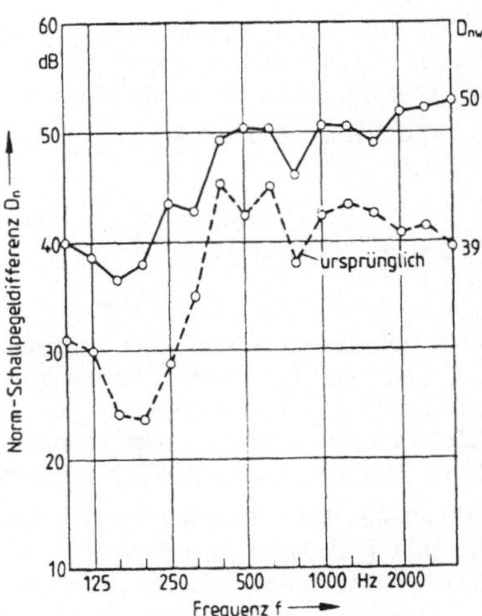


Bild 4.31
Schalldämmaß in Abhängigkeit von der Frequenz eines alten Verbundfensters (2/30/2)

a   angetroffener Zustand:

    $R'_w = 26$ dB

b   mit umlaufender Dichtung und 4 mm dicker Außenscheibe:

    $R'_w = 33$ dB

## • Verbesserung alter Rolladenkasten

Alte Rolladenkasten haben häufig eine dünne Innenwand (Sperrholz o. ä.) und einen ebenso leichten Montagedeckel, aber vor allem wegen undichten Fugen im Bereich der Montagedeckel ist der Schallschutz relativ gering. Die Schalldämmung kann wesentlich verbessert werden durch folgende Maßnahmen, siehe auch Beispiel in Bild 4.32:

a   Beschwerung des Montagedeckels und der Innenwand mit einer Schwerfolie o. ä.

b   Einbau einer Absorptionschicht zur Bedämpfung des Kastenhohlraumes, z. B. mit rund 20 mm dicken Mineralfaserplatten auf dem Montagedeckel

c   Dichten der Fugen des Montagedeckels

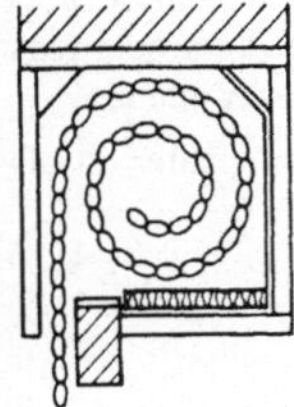


Bild 4.32
Norm-Schallpegeldifferenz $D_n$ in Abhängigkeit von der Frequenz

o— —o   ursprünglicher Zustand:

    $D_{nw} = 39$ dB

o——o   mit Beschwerung (Maßnahme a) und rund 20 mm dicke Mineralfaserplatte auf dem Montagedeckel:

    $D_{nw} = 50$ dB

(ohne Fugendichtung)

Sofern der Einbau einer Absorptionsschicht – welche auch die Wärmedämmung verbessert – aus Platzgründen nicht möglich ist, müssen die Fugen des Montagedeckels unbedingt, z. B. dauerelastisch, gedichtet werden. Bei dem Beispiel in Bild 4.32 konnte damit ebenfalls $D_{nw}$ = 50 dB erreicht werden (nur Beschwerung: $D_{nw}$ = 45 dB). Der verbesserte Rolladenkasten (umgerechnet auf Fensterfläche $R_w$ = rund 43 dB) liegt damit z. B. rund 10 dB über dem sanierten Fenster nach Bild 4.31, so daß die Schallübertragung über den Rolladenkasten praktisch keinen wesentlichen Einfluß mehr auf die Gesamtschalldämmung (Fenster einschließlich Rolladenkasten) hat.

Abschließend kann aufgrund der durchgeführten Untersuchungen [33], [36], [38], [45], [49], [50] festgestellt werden, daß in Altbauten derselbe schalltechnische Standard wie in Neubauten erreicht werden kann, sofern die Maßnahmen auf die vorhandene Bausubstanz abgestimmt werden. Bei konsequenter Anwendung der Montagebauweise können sogar bessere Schalldämmwerte als im Massiv-Neubau erreicht werden.

# 5  Schutz gegen Außenlärm

Der Straßenverkehrslärm ist im letzten Jahrzehnt, neben Industrie und Gewerbelärm, die störendste Lärmquelle für viele Wohnbereiche geworden. Der Wunsch nach „lärmgeschützten Wohnungen" wurde deshalb immer stärker. Für die Planung von neuen Baugebieten hat man bereits 1971 in der VN DIN 18 005 [56] Immissionsgrenzwerte festgelegt, s. Abschn. 7. Diese Richtwerte (z. B. WA nachts 40 dB(A)) können beim Straßenverkehrslärm jedoch oftmals nicht eingehalten werden, aber vor allem bei bestehenden Baugebieten (Baulücke, Sanierung) ist ein Abschirmwall (oder -wand) nicht mehr möglich. Die notwendige Lärmminderung für den Wohnbereich muß dann durch eine entsprechende Schalldämmung der Außenbauteile (Fenster, Außenwände, Dach, Rolladenkasten u. ä.) erreicht werden.

Welche Anforderungen man an die Außenbauteile stellen muß, hängt einmal vom Außenlärm ab und zum anderen von der Art der Nutzung des Raumes (z. B. Schlafraum oder tags genutzter Büroraum) bzw. dem entsprechend noch zulässigen Verkehrsgeräusch innen.

Damit der von außen eindringende Verkehrslärm (Mittelungspegel $L_m$) nicht lauter ist als [76], [20]:

>     z. B. in Wohnräumen:    tags rund 30 bis 35 dB(A)
>
>         in Schlafräumen:    nachts rund 25 bis 30 dB(A)

ergeben sich die in der Tafel 5.1 (Teil A) wiedergegebenen **Anforderungen** an das resultierende Schalldämmaß $R'_{w,res}$ der **Außenbauteile** (Wand einschl. Fenster, Rolladenkasten u. ä.) von Aufenthaltsräumen. Abhängig vom Verhältnis der gesamten Außenfläche $S_{(W+F)}$ zur Grundfläche $S_G$ eines Raumes sind dann die Anforderungen (Teil A) nach Teil B in Tafel 5.1 noch zu erhöhen oder zu mindern; für übliche Wohngebäude (Raumhöhe rund 2,5 m, Raumtiefe $\geq$ 4,5 m) beträgt der Korrekturwert – 2 dB.

Der „**maßgebliche Außenlärmpegel**" kann überschlägig nach Tafel 5.2 abgeschätzt werden, nach RLS 90 [71] berechnet werden oder nach DIN 45 642 [63] gemessen werden; zu dem berechneten oder gemessenen (0,5 m vor offenem Fenster) Freifeldpegel sind 3 dB(A) zu addieren (entspricht $L_{ma}$ in Gl. (2.28)). Gemeint ist dabei der Mittelungspegel $L_m$ bzw.

Tafel 5.1 Anforderungen an die Luftschalldämmung von Außenbauteilen nach DIN 4109-89, dort Tab. 8 und 9

**Teil A: erforderliche resultierende Gesamt-Schalldämmung**

| Zeile | Lärm-pegel-bereich | „Maß-geblicher Außen-lärm-pegel" | Raumarten | | |
|---|---|---|---|---|---|
| | | | Bettenräume in Kranken-anstalten und Sanatorien | Aufenthaltsräume in Wohnungen, Übernachtungs-räume in Beher-bergungsstätten, Unterrichtsräume u. ä. | Büroräume[1]) u ä. |
| | | in dB(A) | erf. $R'_{w,res}$ des Außenbauteils in dB | | |
| 1 | I | bis 55 | 35 | 30 | – |
| 2 | II | 56 bis 60 | 35 | 30 | 30 |
| 3 | III | 61 bis 65 | 40 | 35 | 30 |
| 4 | IV | 66 bis 70 | 45 | 40 | 35 |
| 5 | V | 71 bis 75 | 50 | 45 | 40 |
| 6 | VI | 76 bis 80 | [2]) | 50 | 45 |
| 7 | VII | > 80 | [2]) | [2]) | 50 |

**Teil B: Korrekturwerte für $R'_{w,res}$**

| 1 | $S_{(W+F)}/S_G$ | 2,5 | 2,0 | 1,6 | 1,3 | 1,0 | 0,8 | 0,6 | 0,5 | 0,4 |
|---|---|---|---|---|---|---|---|---|---|---|
| 2 | Korrektur | + 5 | + 4 | + 3 | + 2 | + 1 | 0 | – 1 | – 2 | – 3 |

[1]) An Außenbauteile von Räumen, bei denen der eindringende Außenlärm aufgrund der darin ausgeübten Tätigkeiten nur einen untergeordneten Beitrag zum Innenraumpegel leisten, werden keine Anforderungen gestellt.

[2]) Die Anforderungen sind hier aufgrund der örtlichen Gegebenheiten festzulegen.

bei um mehr als 10 dB(A) höherem mittleren Maximalpegel $L_1$ (s. Abschn. 2.2.2) der Wert $(L_1 - 10\,dB(A))$ am Tag. Für die Nachtzeit ist ein Abnehmen des Außenpegels um mindestens 5 dB(A) vorausgesetzt. Sofern dies nicht der Fall ist, z. B. bei einer Bahnlinie oder ähnlichem, sollte dies berücksichtigt werden und die Anforderungen entsprechend höher gewählt werden.

Die erforderliche Schalldämmung der Außenbauteile kann im Einzelfall auch mit der Gl. (2.28) nach VDI 2719 [76] bestimmt werden bzw. nach Gl. (5.1) zur Abstimmung der Schalldämmung der Einzelelemente aufeinander. Bei üblichen Wohngebäuden (s. o.) ist z. B. wenn die Wand ein um 5 dB höheres Schalldämmaß aufweist als in Tafel 5.1, Teil A, gefordert, bis 40 % Fensterflächenanteil ein um 5 dB geringeres Schalldämmaß des Fensters ausreichend.

Tafel 5.2   Nomogramm nach DIN 4109 zur Abschätzung von Verkehrslärm (s. Beispiel mit DTV = 9000 $^{Kfz}$/24 h → in 25 m: rund 67,5 dB(A)/).

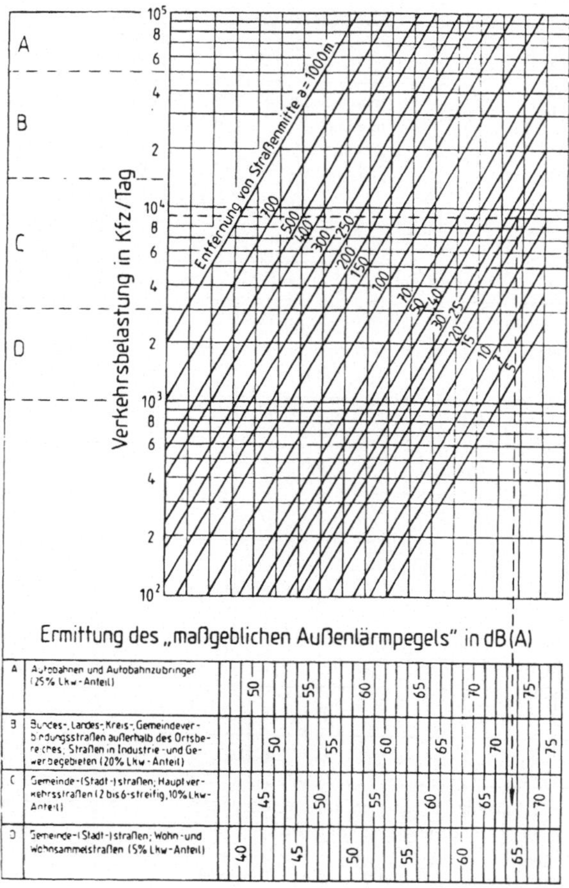


Für das resultierende Schalldämmaß des Gesamtaußenbauteils $R'_{w,res.}$ gilt:

$$R'_{w,res} = -10 \lg \left( \frac{1}{S_g} \sum_{i=1}^{n} S_i \, 10^{-R_{w,i}/10} \right) \tag{5.1}$$

dabei bedeuten:

$S_g$   Gesamtfläche in $m^2$, die sich aus den Teilflächen $S_i$ zusammensetzt: $S_g = S_1 + \dots S_i + \dots S_n$

$S_i$   Fläche des i-ten Elements in $m^2$

$R_{w,i}$   bewertetes Schalldämmaß in dB des i-ten Elements.

Die schalltechnischen Eigenschaften und Kennzeichnungen der Außenbauteile von Wohnungen – Fenster, Außenwände, Dach, Rolladenkasten, Lüftungseinrichtungen – werden nachfolgend besprochen.

## 5.1 Schalldämmung von Fenstern, Rolladenkasten, Lüftern

**Fenster**

Die Schalldämmung eines Fensters hängt entscheidend von der Dichtheit der Funktionsfugen ab. Untersuchungen von Koch und Mechel [36] ergaben die in Bild 5.1 dargestellten Abweichungen zwischen Laborwerten und dem am Bau erreichten Schalldämmaß ($R'_w$). Die Ursachen waren Undichtheiten im Fensterfalz und teilweise zwischen Blendrahmen und Außenwand (grobe Einbaufehler).

Heute als schalldämmend angebotene Fenster sollten daher unbedingt mit Mehrfachverriegelungen (4- bis 7-fach) versehen sein und eventuell mit zwei Fugendichtungen (für $R_w \geq 40\,\text{dB}$ praktisch erforderlich). Bei fugendichten Fenstern erfolgt die Schallübertragung dann im wesentlichen über die Verglasung und nur bei hochschalldämmender Verglasung auch über den Fensterrahmen, wodurch z.B. mit Einfachfenstern kaum höhere Werte als etwa 45 dB erreicht werden.

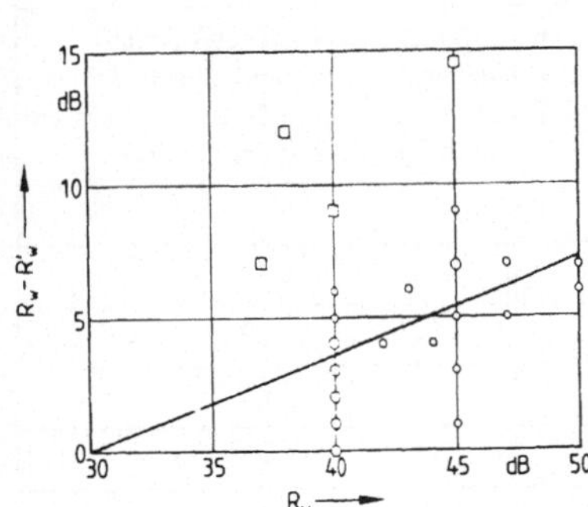

Bild 5.1
Unterschied zwischen Laborwert $R_w$ und am Bau gemessenen Werten des bewerteten Schalldämmaßes $R'_w$ von Fenstern nach [36]

—— Regressionsgerade ohne die Fälle mit groben Einbaufehlern (□)

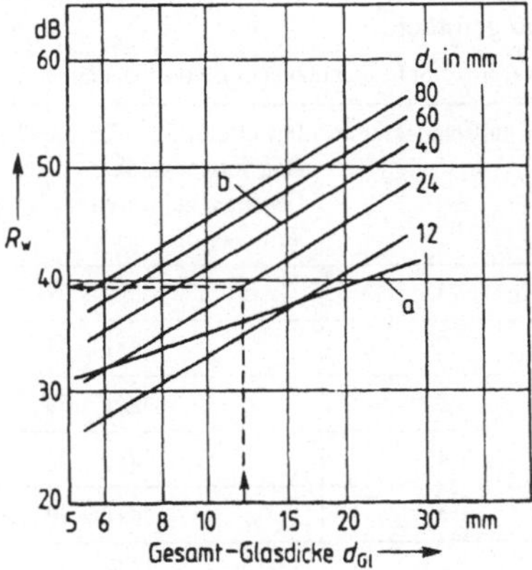

Bild 5.2
Bewertetes Schalldämmaß $R_w$ von Doppelscheiben abhängig von der Gesamtglasdicke $d_{Gl}$ und dem Luftabstand $d_L$ zwischen den Scheiben (Geradenschar b [20], nur Schallübertragung über Luftschicht)

Zum Vergleich: Einfachscheiben (Gerade a)

Die Schalldämmung von heute, schon aus Gründen des Wärmeschutzes verwendeten doppelschaligen Verglasungen ist aus Bild 5.2 zu entnehmen [20]. Doppelverglasungen stellen ein Masse-Feder-System (s. Abschn. 2.1) dar und bei kleinen Scheibenabständen, z.B. 12 mm wie bisher häufig bei Isolierglasscheiben, liegt die Resonanzfrequenz über 100 Hz, wodurch bis zu einer Gesamtglasdicke ($d_{Gl}$) von etwa 15 mm die Schalldämmung geringer ist, verglichen mit einer gleich dicken Einfachscheibe (Gerade a in Bild 5.2). Bei Isolierglasscheiben kann durch Gasfüllungen die Schalldämmung um rund 3 bis 6 dB verbessert werden gegenüber den Werten nach Bild 5.2, allerdings bleibt von der Verbesserung durch Gasfüllungen bei fertigen Fenstern wegen einer starken Übertragung über die Randverbindung der Scheiben im Mittel nur 1 dB übrig [4].

Die **erreichbare Schalldämmung** mit verschiedenen Fensterausführungen      **$R_w$ in dB**
beträgt heute:

- Einfachfenster, normale Isolierglasscheibe:                          30 bis 40
                , hochschalldämmendes Isolierglas:                         bis 45
- Verbundfenster, normale Ausführung:                             35 bis 43
                , hochschalldämmende Ausführung:                      bis 48
- Kastenfenster, je nach Verglasung und Rahmen:                  48 bis 55

Bei alten Fenstern, welche häufig noch keine Dichtung haben, kann mit nachträglich leicht einzubauenden Dichtungsprofilen eine Verbesserung um 5 bis 10 dB erreicht werden, abhängig von der Verglasung [33], siehe auch Beispiel in Bild 4.31, Abschn. 4.5.

Um die Kennzeichnung und Auswahl von Fenstern zu vereinfachen, wurden in VDI 2719 [76] die Schallschutzklassen nach Tafel 5.3 eingeführt. Der Laborwert des Fensters sollte danach mindestens 2 dB (s. hierzu auch Bild 5.1) über der Anforderung am Bau (s. Tafel 5.1) liegen. Für Fenster mit $R_w \geq 40$ dB sollte nach [76], [36] das bewertete Schalldämmaß der Verglasung nochmals etwa 3 dB höher gewählt werden, insgesamt also 5 dB höher als am Bau gefordert.

Tafel 5.3    Schallschutzklassen von Fenstern nach VDI 2719.

| Schallschutzklasse | bewertetes Schalldämmaß $R'_w$ des am Bau funktionsfähig eingebauten Fensters, gemessen nach DIN 52 210 Teil 5 in dB | erforderliches bewertetes Schalldämmaß $R_w$ des im Labor funktionsfähig eingebauten Fensters, gemessen nach DIN 52 210 Teil 2 in dB |
|---|---|---|
| 1 | 25 bis 29 | $\geq 27$ |
| 2 | 30 bis 34 | $\geq 32$ |
| 3 | 35 bis 39 | $\geq 37$ |
| 4 | 40 bis 44 | $\geq 42$ |
| 5 | 45 bis 49 | $\geq 47$ |
| 6 | $\geq 50$ | $\geq 52$ |

**Rolladenkasten, Lüftungselemente**

Zur Kennzeichnung der Schalldämmung von Rolladenkasten und Lüftungselementen wird nach DIN 52 210 [66] die Normschallpegeldifferenz $D_n$ bzw. $D_{nw}$ (s. Abschn. 2.2.3, Gl. (2.18)) bestimmt. Diese unterschiedliche Kennzeichnung führt leicht zu falschen Schlüssen beim Vergleich des $R_w$-Wertes eines Fensters mit dem $D_{nw}$-Wert z. B. eines Rolladenkastens. Zum überschlägigen Vergleich bei normal großen Fenstern (rund 2 m$^2$) muß vom $D_{nw}$-Wert etwa 7 dB abgezogen werden; z. B. ein Fenster mit $R_w = 42$ dB und ein Rolladenkasten mit $D_{nw} = 49$ dB ($\rightarrow$ bezogen auf die Fensterfläche: $49 - 7 = 42$ dB) übertragen gleich viel Schall in einen Raum und das resultierende Gesamtschalldämmaß des Fensters einschließlich Rolladenkasten beträgt $R_{w.res} = 39$ dB. Für die genaue Berechnung des Gesamtschalldämmaßes $R_{wres}$ nach Gl. (5.1) muß der $D_{nw}$-Wert umgerechnet werden nach folgender Beziehung:

$$R_w = D_{nw} - 10 \lg \frac{A_o}{S_{Prü}} \tag{5.2}$$

dabei bedeuten:

$A_o$     Bezugsabsorptionsfläche $= 10$ m$^2$
$S_{Prü}$    lichte Einbaufläche des Elementes in der Prüfwand in m$^2$

Die Schalldämmung von **Rolladenkasten** ist besser als ihr Ruf. Eine Untersuchung von verschiedenen handelsüblichen Rolladenkasten ergab die in Tafel 5.4 angegebenen $D_{nw}$-Werte [42] [20]. Für den Vergleich mit Fenstern umgerechnet (7 dB Abzug, s. o.) lagen die Werte zwischen 42 und 52 dB, also meist über den $R_w$-Werten von Fenstern; lediglich bei einem extrem leichten sogenannten Mini-Rolladenkasten sank der Wert auf 35 dB, so daß nur bei diesem Kasten etwa gleich viel Schall übertragen wird wie über ein dichtes Einfach-Fenster.

Aus Tafel 5.4 ist zu ersehen, daß für eine hohe Schalldämmung der Montagedeckel genügend schwer und dicht sein muß und der Kastenhohlraum durch Schallabsorptionsmaterial (Mineralfaser o. ä.) gedämpft werden muß, Näheres siehe [42]. Mit diesen Maßnahmen kann häufig auch bei Altbauten eine wesentliche Verbesserung der Schalldämmung erreicht werden, s. Beispiel in Abschn. 4.5.

Tafel 5.4   Bewertete Normschallpegeldifferenz $D_{nw}$ von handelsüblichen Rolladenkästen, gemessen im Labor, Kastenlänge jeweils ca. 1 m, Rolladen im Kasten

| lfd. Nr. | Aufbau des Rolladenkastens Kasten | Montagedeckel | $D_{nw}$ dB |
|---|---|---|---|
| 1 | Formkörper aus zementgebundener Holzwolle, außenseitig Hartschaumstreifen, verputzt | 10 mm dicke Holzspanplatte | 49 |
| 2 | Formkörper aus zementgebundener Holzwolle, verputzt; im Hohlraum raumseitig 1 mm Bleiblech und 20 mm dicke Mineralfaserplatte | 10 mm dicke Holzspanplatte mit 1 mm Bleiblech beklebt, Mineralfaserauflage | 59 |
| 3 | wie lfd. Nr. 2, jedoch ohne Bleiblech | wie lfd. Nr. 2, ohne Bleiblech | 57 |
| 4 | Formkörper aus Hartschaum, beidseitig Holzwolle-Leichtbauplatte, verputzt | 10 mm dicke Holzspanplatte, Hartschaumauflage | 51 |
| 5 | wie lfd. Nr. 4, Hohlraum zur Hälfte mit 20 mm Mineralfaserplatten ausgekleidet | wie lfd. Nr. 4 | 54 |
| 6 | Kasten aus 1,25 mm Stahlblech, außen- und innenseitig 20 mm dicke, besandete Hartschaumplatten, verputzt | 19 mm dicke Holzspanplatte, 10 mm Hartschaumauflage | 50 |
| 7 | wie lfd. Nr. 6, Hohlraum zur Hälfte mit 20 mm Mineralfaserplatten ausgekleidet | 19 mm dicke Holzspanplatte, 1 mm Stahlblech aufgeklebt, 20 mm Mineralfaserplatte | 55 |
| 8 | wie lfd. Nr. 7 | wie lfd. Nr. 7, jedoch Fugen am Montagedeckel mit plastischer Masse gedichtet | 59 |
| 9 | Kasten außen: 2 mm Stahlblech, 15 mm Holzwolle-Leichtbauplatte, Putz; Kasten innen: 13 mm Holzspanplatte, 15 mm Hartschaum, Putz | 13 mm dicke Holzspannplatte | 54 |
| 10* | Kasten aus 2 mm dicken Aluminiumprofilen | Kunststoff-Hohlprofil | 42 |
| 11* | Kasten aus 7 mm dicken PVC-Profilen | 7 mm dickes PVC-Profil | 51 |
| 12* | wie lfd. Nr. 11 | wie lfd. Nr. 11, mit 1 mm Stahlblech beklebt | 55 |

* Hierbei handelt es sich um platzsparende Mini-Rolladenkästen.

Ein ausreichender Schutz gegen Außenlärm ist nur dann gegeben, wenn die Fenster geschlossen sind. Die Fugendurchlässigkeit schalldämmender Fenster ist jedoch so gering (a-Wert < 1), daß der notwendige Mindestluftwechsel (rund 20 m$^3$ Frischluft pro Person und Stunde) nicht mehr gewährleistet ist und diese Fenster dann viel häufiger als z. B. alte Fenster zum Lüften geöffnet werden müssen. Fenster in Spaltlüftungsstellung vermindern den eindringenden Verkehrslärm jedoch nur um etwa 15 bis 20 dB(A). Bei höherem Außengeräuschpegel sollten deshalb zumindest bei Schlafräumen schalldämmende **Lüftungseinrichtungen** vorgesehen werden. In Zusammenhang mit dem Fenster gibt es zwei Möglichkeiten (zur Ausführung siehe [43]):

- Lüftungselemente mit Ventilator

- Zuluftschleuse im Fensterbereich und zentrale Absaugung über Bad, Küche.

Damit die Schalldämmung des Fensters nicht wesentlich verschlechtert wird, müssen die Zuluftschleusen, je nach Außenlärm und Größe des Fensters ungefähr folgende $D_{nw}$-Werte aufweisen:

| Außenlärmpegel in dB(A) | tritt z. B. auf in | $D_{nw}$ in dB erforderlich für Zuluftschleuse |
|---|---|---|
| 50 bis 60 | Wohnstraßen | 41 bis 45 |
| 61 bis 65 | innerstädtischen Wohnbereichen | 46 bis 50 |
| 66 bis 70 | innerstädtischen Wohnbereichen | 51 bis 55 |
| > 70 | städtischen Hauptverkehrsstraßen | 56 bis 60 |

## 5.2  Außenwände

Die schall- und wärmetechnischen Anforderungen sind bei **einschaligen Außenwänden** gegenläufig: für einen guten Wärmeschutz sollten möglichst leichte, porige Materialien verwendet werden, wodurch entsprechend der niedrigen flächenbezogenen Masse der Wand dann aber die Schalldämmung niedrig ist. Die mindest notwendige Flächenmasse (m') zur Erfüllung der Anforderungen nach Tafel 5.1 kann aus dem Diagramm in Bild 4.2 oder nach Tafel 4.5 ermittelt werden. Die Schallängsleitung auf die oftmals leichten Innenwände muß dabei berücksichtigt werden. Nach Untersuchungen hierzu von Gösele, s. Teil 2 in [33], ist bei Außenwänden der Einfluß der Schallängsleitung jedoch etwas größer als bei Trennwänden, bedingt durch die Zuleitung von benachbarten Außenwandbereichen und die um 3 dB geringere Verzweigungsdämmung (T-Stoß, s. Gl. (4.2 a)). Die Schalldämmung von Außenwänden kann dadurch bei leichten Innenwänden (m'$_1$ ≈ 150 kg/m$^2$) um bis zu 5 dB geringer sein gegenüber gleich schweren Trennwänden, s. Bild 5.3.

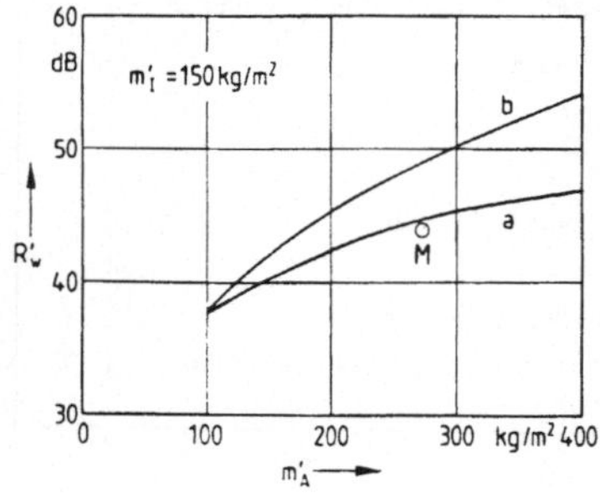


Bild 5.3
Rechnerisch zu erwartendes bewertetes Schalldämmaß R'$_w$ einer einschaligen, massiven Außenwand, abhängig von ihrer flächenbezogenen Masse m'$_A$ (Kurve a) nach Gösele [33], gültig für Innenwände mit m'$_1$ = 150 kg/m$^2$

M  gemessene Dämmung für Außenwand aus 240 mm Bimshohlblocksteinen

b  zum Vergleich die Werte als Trennwand nach Bild 4.2

## Einfluß von wärmedämmenden Verkleidungen

Verkleidungen unter Verwendung von Hartschaum als Dämmschicht verschlechtern generell die Schalldämmung durch die mitten im interessierenden Frequenzbereich liegende Resonanzfrequenz des Masse-Feder-Systems [32].

**Verkleidungen innen** mit steifer Dämmschicht, z. B. Gipskarton-Hartschaum-Verbundplatten führen zu einer Verringerung der Schalldämmung der Außenwand um im Mittel $\Delta R_w = -5\,dB$. Viel schlimmer ist jedoch, daß die Schallängsleitung über die Außenwand zwischen über- und nebeneinanderliegenden Wohnungen um ca. 10 bis 15 dB erhöht wird, siehe Beispiele in Bild 5.4.

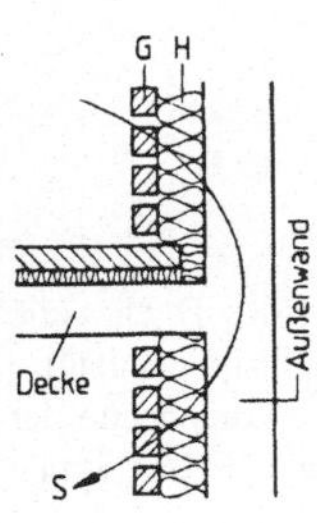


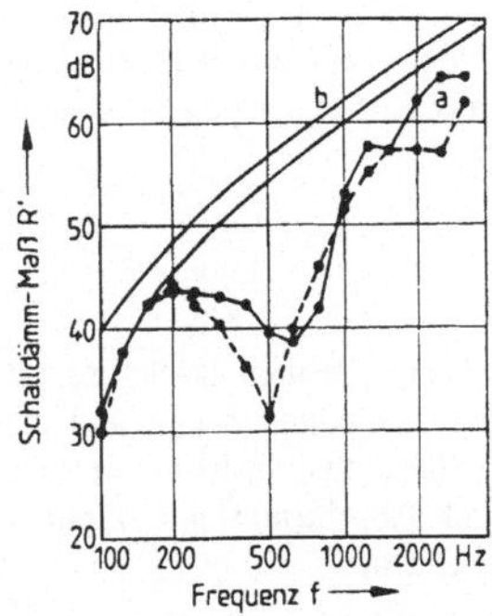


Bild 5.4   Zwei Beispiele für die Schalldämmung zwischen zwei übereinanderliegenden Wohnungen von Mehrfamilienhäusern, bei denen die Außenwände mit Gipskartonplatten (G) auf Hartschaumplatten (H) verkleidet worden sind [32]

a   mit Verkleidung ($R'_w = 45$ bzw. 47 dB)
b   Vergleichsbereich aus anderen Bauten ($R'_w$ rund 55 bis 57 dB)

Entsprechend wirkt sich eine steife Wärmedämmschicht in der Heizkörpernische aus, so daß bei großflächigen Nischen dadurch die Luftschalldämmung ebenfalls unzulässig vermindert werden kann.

Um diesen Mangel zu vermeiden, müssen weichfedernde Dämmschichten, z. B. Mineralfaserplatten, verwendet werden, wobei eventuell eine Dampfbremse zwischen Gipskartonplatte oder ähnlichem und Dämmschicht angeordnet werden muß. Mit einer solchen biegeweichen Vorsatzschale wird die Schalldämmung der Außenwand verbessert (Näheres s. [33]).

Bei **außenseitigen Verkleidungen** zur Verbesserung des Wärmeschutzes werden folgende zwei Ausführungen häufig angewandt:

a   aufgeklebte Hartschaumschicht mit einem Kunststoffputz o. ä. (sogenannte Thermohaut)

Bei diesen Systemen ergibt das Masse-Feder-System eine Resonanz-Verschlechterung bei mittleren bis hohen Frequenzen und dadurch im Mittel eine Verminderung der Schalldämmung gegen außen um $\Delta R_w = -2$ bis $-5\,dB$; die Schallängsleitung wird nicht beeinflußt.

Mit entsprechenden Systemen mit Mineralfaserplatten als Dämmschicht und rund 15 mm mineralischem Putz kann dieser Mangel weitgehendst vermieden werden und die Schalldämmung der Außenwand eventuell sogar etwas verbessert werden.

b    Plattenverkleidungen mit Luftabstand und Mineralfaserplatten dahinter

Eine Außenverkleidung mit Fassadenplatten ist zwar eine schalltechnisch günstige Vorsatzschale mit weichfedernder Zwischenschicht, infolge der aus anderen Gründen erwünschten Fugen (Abfuhr des durch die Wand diffundierenden Wasserdampfes aus dem Wandhohlraum) ist die Wirkung relativ gering, nur rund + 3 dB, bezogen auf Verkehrslärm.

**Zweischalige Außenwände** mit einer Vormauerung (Abstand rund 60 bis 120 mm), welche über einzelne Drahtanker mit der tragenden Wandschale verbunden ist, ergaben im Labor Schalldämmwerte um etwa 5 bis 8 dB höher als für eine gleich schwere Einfachwand. Damit sind $R_w$-Werte von 55 bis 60 dB zu erreichen, die auch bei extrem großem Außenlärm einen ausreichenden Schallschutz gewährleisten.

## 5.3  Dächer

Bei Wohnräumen im ausgebauten Dachgeschoß muß die Schalldämmung des Daches die Anforderung an die Außenwand nach Tafel 5.1 (Achtung: Korrektur nach Teil B häufig $\geq$ + 2 dB) erfüllen. Allerdings wird in vielen Fällen der Schallpegel an der Außenseite der Dächer, bedingt durch Abschirmeffekte, kleiner sein als bei Außenwänden, die der Straße unmittelbar zugewandt sind.

Mit **massiven Dächern** wird wegen der hohen Flächenmasse praktisch immer eine ausreichend hohe Schalldämmung erreicht.

Bei **Schrägdächern** mit Deckung aus Ziegeln oder Betondachsteinen liegt aufgrund des zweischaligen Aufbaus bei dichter **Innenverkleidung** und mit **Mineralwolle** im Hohlraum das bewertete Schalldämmaß meist über 45 dB [20]. Für Schalldämmwerte von 50 dB und darüber ist zusätzlich eine dichte Außenschale z. B. in Form einer Rauhspundschalung notwendig und eventuell eine Aufdopplung der Innenbekleidung, s. hierzu auch [53] und Abschn. 4.5 bezüglich Schallängsleitung.

Dächer mit **Hartschaumdämmschicht** ergeben eine geringere Schalldämmung, bedingt durch den kleineren und unbedämpften Hohlraum; bei Anordnung des Hartschaums zwischen den Sparren wurden $R_w$-Werte zwischen 33 bis 40 dB gemessen. Hartschaum-Anordnungen auf einer äußeren Beplankung (Rauhspundschalung o. ä.) ergeben bei innen sichtbaren Sparren ähnliche Schalldämmwerte und nur mit einer dichten Innenverkleidung wurden bis zu 45 dB erreicht. Außerdem ist die **Schallängsleitung** bei hartschaum-gedämmten Dächern wesentlich **größer** als bei Dächern mit Mineralwolle im Hohlraum, bedingt durch eine starke Übertragung längs des Hohlraums zwischen Dämmschicht und Dachdeckung, so daß damit ohne zusätzliche Maßnahmen (z. B. erstes Sparrenfeld beidseitig der Trennwand mit Mineralwolledämmung) kein ausreichender Luftschallschutz im Dachgeschoß zwischen Reihenhäusern erreicht wird [37] [53], s. hierzu auch Abschn. 4.5.

# 6 Schallschutz in Skelettbauten mit Montagewänden

Verwaltungsbauten, Schulen und Krankenhäuser werden häufig als Skelettbau mit leichtem Innenausbau ausgeführt. Die Schalldämmung in solchen Bauten ist häufig in horizontaler Richtung relativ gering, dagegen zwischen den Geschossen meist sehr gut.

Die Ursachen für eine geringe Schalldämmung zwischen nebeneinander liegenden Räumen liegen in der Regel nicht an den Trennwänden selbst, sondern

1. an Undichtheiten beim Anschluß an Fassade, Fußboden und Decke

2. an der Schallängsleitung der flankierenden Bauteile.

Die Auswirkungen des erstgenannten Mangels und mögliche Verbesserungsmaßnahmen werden in [34] und [6] ausführlich behandelt, Näheres hierzu siehe dort. Zur Einhaltung der gestellten Anforderungen (s. z. B. Tafel 4.3) muß bereits bei der Planung (vor Ausschreibung!) der Einfluß der Schallängsleitung vorherberechnet werden. Hierfür enthält DIN 4109 – 89, Beiblatt 1, ein **genaues Rechenverfahren** mit Beispielen und umfangreiche Ausführungsbeispiele für die verschiedenen Bauteile:

- Montagewände mit biegeweichen Schalen aus Gipskartonplatten oder Spanplatten als Trennwand und als flankierende Wand.

- Deckenverkleidungen aus Gipskartonplatten u. ä. oder Akustikplatten

- Massivdecken mit Verbundestrich oder schwimmendem Estrich.

Als **vereinfachte Regel** für die Planung sollten für die Berücksichtigung der verschiedenen Schallübertragungswege: Trennwand, untere und obere Decke, Fassade, Flurwand und eventuell Kabelkanal und ähnliche und gewisse Undichtheiten am Bau die Schallängsdämmaße $R_{Lw}$ um 5 bis 8 dB und das Schalldämmaß $R_w$ der Trennwand um rund 5 dB höher sein als das geforderte Bau-Schalldämmaß $R'_w$ (siehe z. B. Tafel 4.3). Ein entsprechendes vereinfachtes Nachweisverfahren enthält auch DIN 4109–89, Beiblatt 1, Näheres s. dort.

Nachfolgend werden die Eigenschaften von Montagewänden, Deckenverkleidungen, schwimmendem Estrich und Fassaden kurz besprochen.

### Montagewände

Montagewände werden zweischalig ausgebildet mit biegeweichen Schalen aus: Gipskartonplatten, Holzspanplatten oder Blechtafeln und Ständerwerken aus Holz oder Stahlprofilen. Bei geeigneter Ausführung (s. hierzu [4], [6], [34]) werden die in der Tafel 6.1 angegebenen Schalldämmwerte erreicht.

### Durchgehende Deckenverkleidungen

In oben genannten Bauten sollen Deckenverkleidungen die meist umfangreiche Installation (z. B. Lüftungskanäle, Elektro- und Sanitärinstallationen) verdecken und als „Akustikdecke" für eine Schallabsorption im Raum sorgen. Bei durchgehenden Deckenverkleidungen darf außerdem die Schallängsübertragung über den Deckenhohlraum nicht zu groß werden. Vertikale Abschottungen über den Trennwänden sind an den durchlaufenden Rohrleitungen nur sehr schwer dicht zu bekommen; außerdem müssen sie beim Versetzen der Trennwand neu gemacht werden. Diese Nachteile können durch die sogenannte horizontale

Tafel 6.1　Luftschalldämmung zweischaliger Trennwände mit zwei dünnen, biegeweichen Schalen untersucht in einem Prüfstand mit bauähnlichen Schall-Nebenwegen nach [4]

| lfd. Nr. | Schalen-material | Schalen-verbindung | Schalen-beschwerung | Wanddicke in mm | flächen-bezogene Masse in kg/m² | bewertetes Schall-dämmaß $R'_w$ in dB |
|---|---|---|---|---|---|---|
| 1 | 12,5 mm Gips-kartonplatten | getrennte Schalen | keine Beschwerung | 125 | 25 | 52 |
| 2 | | | 2. Lage Gips-kartonplatten | 155 | 52 | 55 |
| 3 | | gemeinsame Ständer aus Stahlblech | keine Beschwerung | 75 | 24 | 45 |
| 4 | | C-Profilen | | 100 | 24 | 47 |
| 5 | | | 2. Lage Gips-kartonplatten | 100 | 49 | 51 |
| 6 | | | | 125 | 50 | 52 |
| 7 | | gemeinsame Holzständer | | 85 | 30 | 37 |
| 8 | 16 mm Holzspanplatten | getrennte Schalen | keine Beschwerung | 200 | 25 | 55 |
| 9 | | | | 100 | 25 | 50 |
| 10 | | | mit Beschwerung | 100 bis 150 | 45 bis 50 | 51 bis 55 |
| 11 | | gemeinsame Ständer oder Rahmen | keine Beschwerung | 80 bis 100 | 25 bis 30 | 40 bis 45 |
| 12 | | | mit Beschwerung | 90 bis 120 | 35 bis 50 | 43 bis 50 |
| 13 | 1 mm Stahl-blech | getrennte Schalen | mit Beschwerung | 80 bis 150 | 35 bis 40 | 51 bis 55 |
| 14 | | gemeinsame Ständer bzw. Verbindungen | keine Beschwerung | 60 | 20 bis 25 | 39 bis 45 |
| 15 | | | mit Beschwerung | 80 bis 100 | 35 bis 40 | 47 bis 50 |

Abschottung (dichte Akustikdecke mit Mineralfaserauflage) vermieden werden. Das Schall-Längsdämmaß $R_{Lw}$ solcher Deckenverkleidungen hängt von der Schalldämmung der Decke selbst ab und ganz wesentlich von der Mineralfaserauflage, s. Bild 6.1.

Mit relativ leichten Deckenverkleidungen (8 bis 10 kg/m²) können somit bei 100 mm dicker Mineralfaserauflage $R_{Lw}$-Werte von 50 bis 60 dB erreicht werden.

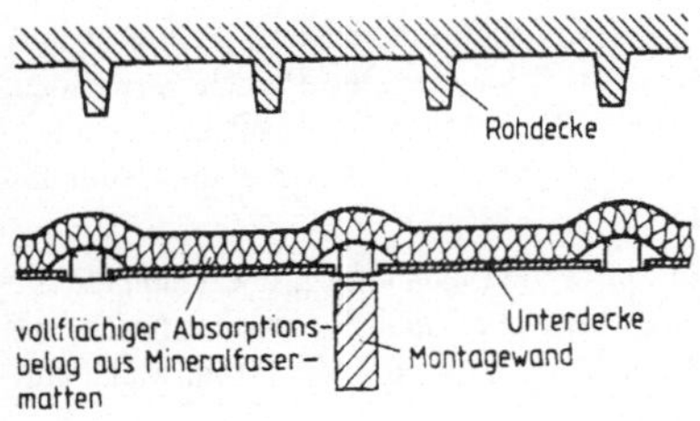


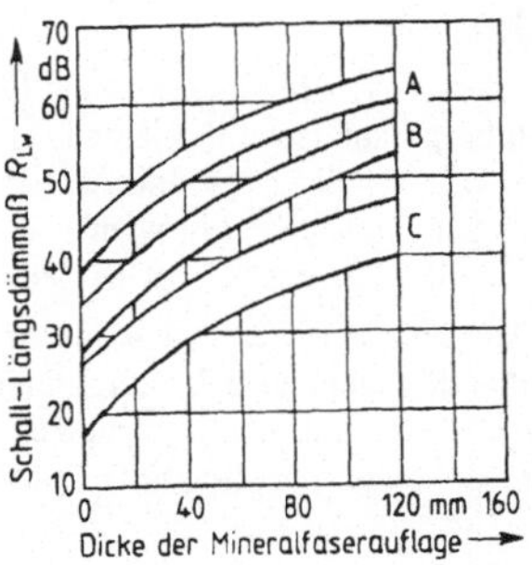


**Bild 6.1**
Erhöhung der Schall-Längsdämmung von abgehängten Unterdecken mit vollflächiger Mineralfaserauflage mit Raumgewichten zwischen 15 und 30 kg/m$^3$ und einem Strömungswiderstand zwischen 8 und 12 kNs/m$^4$ [6]

A  Abhängehöhe: 30 bis 50 cm

   nicht absorbierende Unterdecken aus:
   ungelochten Gipskarton-Elementen

absorbierende Unterdecken aus:
   gelochten Metall-Elementen mit schallabsorbierender Einlage und zusätzlicher Abdeckung aus ungelochtem Gipskarton,

   porösen Holzspan-Elementen mit zusätzlicher Abdeckung aus ungelochtem Gipskarton,
   Mineralfaserplatte ohne Dekor (20 mm dick)

B  Abhängehöhe: 30 bis 50 cm

   nicht absorbierende Unterdecken aus:
   ungelochten Metall-Elementen,

absorbierende Unterdecken aus:
   gelochten Metall-Elementen mit schallabsorbierender Einlage und zusätzlicher Abdeckung aus ungelochtem Blech,
   Mineralfaserplatten mit starkem Dekor (Lochung)

C  Abhängehöhe: 80 bis 100 cm

absorbierende Unterdecken aus:
   gelochten Metall-Elementen mit schallabsorbierender Einlage und zusätzlicher Abdeckung aus ungelochtem Blech,
   Mineralfaserplatten

## Schwimmender Estrich

Wenn im Hinblick auf die Versetzbarkeit der Trennwand ein schwimmender Estrich von einem Raum zum anderen durchläuft, wird durch die Schallängsleitung der erreichbare Schallschutz begrenzt. Der Trittschallschutz in horizontaler Richtung ist dann geringer als bei einer Rohdecke nach unten. Vor allem ist aber auch die erreichbare Luftschalldämmung relativ gering, bei Zementestrichen $R'_w$ = max. rund 40 dB.

Bei Gußasphaltestrichen liegen die Werte um rund 5 bis 8 dB höher, bedingt durch eine höhere Körperschalldämpfung im Gußasphaltestrich. Für einen höheren Schallschutz muß der schwimmende Estrich an der Trennwand getrennt werden (s. hierzu [6] [59]) oder besser, auf den schwimmenden Estrich verzichtet werden. In horizonaler Richtung ist die Schallängsdämmung der Massivdecke mit Verbundestrich ausreichend hoch, z. B. eine flächenbezogene Gesamtmasse von rund 300 kg/m$^2$ ergibt bereits $R_{Lw}$ = 56 dB. Auch in vertikaler Richtung ergibt sich ein sehr guter Schallschutz bei Bauten mit einigermaßen dichter Deckenverkleidung und leichten Trennwänden mit biegeweichen Schalen, da die untergehängte Deckenverkleidung schalltechnisch den schwimmenden Estrich ersetzt. Der Luft- und Trittschallschutz der Decke wird durch die Deckenverkleidung um 10 dB oder mehr verbessert.

**Fassaden**

Bei leichten Fassaden aus einzelnen Elementen ist die Schallängsübertragung gering, wenn eine Stoßfuge auf Höhe der Trennwand vorhanden ist und biegeweiche Platten verwendet werden. Das Schall-Längsdämmaß liegt dann zwischen $R_{Lw}$ = rund 50 bis 60 dB. Entsprechendes gilt für leichte Flurwände. Für massive Brüstungen kann das Schallängsdämmaß $R_{Lw}$ nach Gl. (4.1) mit $D_v$ = 4 dB berechnet werden.

Beim Anschluß der Trennwand an der Fassade sind in der Praxis häufig grobe Undichtheiten vorhanden, bedingt z. B. durch einen durchlaufenden Kabelkanal. Es ist zu empfehlen, hier alle Fugen elastisch abzudichten und den Kabelkanal beidseitig der Trennwand auf rund 0,5 m Länge mit Mineralwolle auszufüllen.

# 7  Städtebaulicher Schallschutz

Für die Berücksichtigung eines angemessenen Schallimmissionsschutzes bei der städtebaulichen Planung (Flächennutzungsplan, Bebauungsplan) enthält DIN 18 005 [56] – Schallschutz im Städtebau – Berechnungsverfahren und im Beiblatt 1 Orientierungswerte (Planungsrichtpegel) für Baugebiete abhängig von der Nutzung, s. Tafel 7.1.

Die Berechnungsverfahren in DIN 18 005 sind für die Zwecke der Bauleitplanung vereinfacht.

Genauere Verfahren zur Berechnung der Schallausbreitung sind in den „Richtlinien für den Lärmschutz an Straßen" RLS 90 [71] und den Richtlinien VDI 2714 [75] und VDI 2571 [74] sowie in [35] und [44] angegeben.

Vergleicht man die Planungsrichtpegel nach Tafel 7.1 mit den tatsächlich vorhandenen Verkehrslärmpegeln in der Nähe von Straßen:

• Wohnstraßen: tags rund 55 bis 65 dB(A) und nachts rund 10 dB(A) weniger

• Durchgangsstraßen: tags rund 65 bis 70 dB(A) und nachts rund 7 dB(A) weniger

• städtische Hauptverkehrsstraßen: tags über 70 dB(A) und nachts rund 5 dB(A) weniger

so sieht man, daß die Planungsrichtpegel nach DIN 18 005 eine strenge Forderung darstellen und heute nur in seltenen Fällen noch ohne Maßnahmen eingehalten werden können. Für den Neubau oder die wesentliche Änderung von Straßen sowie von Schienenwegen wurden deshalb in der Verkehrslärmschutzverordnung – 16. BimSchV [77] höhere Immissionsgrenzwerte festgelegt, z. B. für Wohngebiete (WR, WA, WS): tags 59 / nachts 49 dB(A); Näheres s. [77].

Eine Übersicht über erreichbare Abschirmwirkungen mit verschiedenen Maßnahmen zeigt Bild 7.1.

Aus Bild 7.1 ist zu entnehmen, daß auf der abgewandten Gebäudeseite (Abschirmwirkung rund 20 bis 30 dB(A)) die Richtwerte von DIN 18 005 meist eingehalten werden können, so daß hier ein relativ ungestörtes Wohnen möglich ist; Schlafräume sollten deshalb immer abgewandt von der Lärmquelle orientiert werden. Für die der Lärmquelle zugewandten Gebäudeseiten sind bauliche Maßnahmen nach Abschn. 5 notwendig.

Anders als beim Straßenverkehrslärm kann und muß bei Industrie und Gewerbebetrieben die Lärmemission durch geeignete Maßnahmen auf das jeweils zulässige Maß beschränkt werden; für Schallquellen in Gebäuden durch eine entsprechende Schalldämmung der Au-

Tafel 7.1   Schalltechnische Orientierungswerte für die städtebauliche Planung nach Beiblatt 1 zu
           DIN 18 005, Teil 1

Bei der Bauleitplanung sind in der Regel den verschiedenen schutzbedürftigen Nutzungen (z. B.
Bauflächen, Baugebieten, sonstigen Flächen) folgende Orientierungswerte für den Beurteilungspegel
zuzuordnen. Ihre Einhaltung oder Unterschreitung ist wünschenswert, um die mit der Eigenart des
betreffenden Baugebietes bzw. der betreffenden Baufläche verbundene Erwartung auf angemessenen
Schutz vor Lärmbelastungen zu erfüllen:

| | | | |
|---|---|---|---|
| a) Bei Reinen Wohngebieten (WR), Wochenendhausgebieten, Ferienhausgebieten | tags<br>nachts | 50<br>40/35 | dB(A)<br>dB(A) |
| b) Bei Allgemeinen Wohngebieten (WA), Kleinsiedlungsgebieten (WS) und Campingplatzgebieten | tags<br>nachts | 55<br>45/40 | dB(A)<br>dB(A) |
| c) Bei Friedhöfen, Kleingartenanlagen und Parkanlagen | tags und nachts | 55 | dB(A) |
| d) Bei besonderen Wohngebieten (WB) | tags<br>nachts | 60<br>45/40 | dB(A)<br>dB(A) |
| e) Bei Dorfgebieten (MD) und Mischgebieten (MI) | tags<br>nachts | 60<br>50/45 | dB(A)<br>dB(A) |
| f) Bei Kerngebieten (MK) und Gewerbegebieten (GE) | tags<br>nachts | 65<br>55/50 | dB(A)<br>dB(A) |
| g) Bei sonstigen Sondergebieten, soweit sie schutzbedürftig sind, je nach Nutzungsart | tags<br>nachts | 45 bis 65<br>35 bis 65 | dB(A)<br>dB(A) |

h) Bei Industriegebieten[*])

Diese Werte sollten bereits auf den Rand der Bauflächen bzw. der überbaubaren Grundstücksflächen
in den jeweiligen Baugebieten oder der Flächen sonstiger Nutzung bezogen werden.

Bei zwei angegebenen Nachtwerten soll der niedrigere für Industrie- und Gewerbelärm sowie für
Geräusche von vergleichbaren öffentlichen Betrieben gelten.

Bei Beurteilungspegeln über 45 dB(A) ist selbst bei nur teilweise geöffnetem Fenster ungestörter
Schlaf häufig nicht mehr möglich.

[*]) Für Industriegebiete kann – soweit keine Gliederung nach § 1 Abs. 4 und 9 BauNVO erfolgt – kein
    Orientierungswert angegeben werden.

ßenbauteile und bei Schallquellen im Freien z. B. durch Abschirmung durch das Gebäude
selbst [44]. Eine Zusammenstellung von Schalldämmwerten üblicher Außenbauteile von Industriebauten enthält Tafel 7.2. Verfahren zur Berechnung der Schallimmission in der
Nachbarschaft von Gewerbebetrieben und Industrieanlagen enthalten die Richtlinien

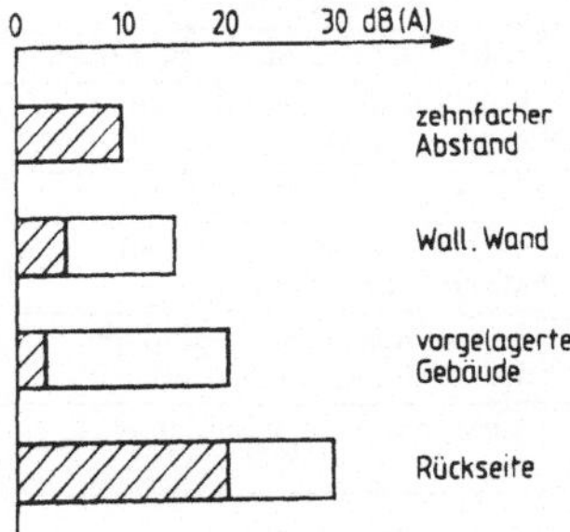


Bild 7.1
Erreichbare Minderung durch verschiedene Maßnahmen bei Verkehrslärm [44]

☐   Streubereich

VDI 2714 – Schallausbreitung im Freien – [75] und VDI 2571 – Schallabstrahlung von Fabrikbauten – [74], siehe hierzu auch [35]. Für die Beurteilung der Schallimmission von einem bestehenden Betrieb bei einem benachbarten Wohngebäude oder Gebiet wurden in VDI 2058 [72] bzw. TALärm Immissionsrichtwerte aufgestellt, welche bei Betriebsneubauten in jedem Fall einzuhalten sind. Die Immissionsrichtwerte von VDI 2058 bzw. TALärm stimmen überein mit den Festlegungen der DIN 18 005, s. Tafel 7.1. Nach VDI 2058 sollen zusätzlich auch kurzzeitige Überschreitungen der Richtwerte um mehr als 30 dB(A) tags und 20 dB(A) nachts vermieden werden, außerdem wird nach VDI 2058 die lauteste Stunde während der Nachtzeit beurteilt.

Tafel 7.2   Zusammenstellung von Werten des bewerteten Schalldämmaßes $R'_w$ üblicher Bauelemente für Industriebauten

| **Wände, Dächer, einfache Fenster, Tore** | | | | |
|---|---|---|---|---|
| Nr. | Bauelement | Gesamt-dicke in mm | Flächen-gewicht in kg/m² | $R'_w$ nach DIN 52 210 in dB |
| 1 | Wände, Mauerwerk jeweils verputzt | | | |
| 1.1 | Vollziegel, Kalksandstein | 145<br>270 | 270<br>460 | 49<br>55 |
| 1.2 | Hochlochziegel | 145<br>270 | 200<br>350 | 47<br>53 |
| 1.3 | Kalksandlochsteine | 145<br>270 | 180<br>320 | 42<br>51 |
| 1.4 | Leichtbeton-Hohlblocksteine<br>Bims-Hohlblocksteine | 205<br>270 | 245<br>270 | 45<br>50 |
| 1.5 | Bimsbeton-Vollsteine | 145<br>270 | 150<br>340 | 42<br>52 |
| 1.6 | Schwerbeton, porendicht | 120<br>190 | 300<br>430 | 50<br>54 |
| 1.7 | Stahlbetonplatten aus Kiesbeton | 100<br>150 | 230<br>345 | 47<br>54 |
| 1.8 | Gasbeton, mit Putz (5 bis 10 mm) | 110<br>170<br>220<br>250 | 85<br>100<br>130<br>190 | 36<br>40<br>42<br>46 |
| 1.9 | Gasbetonplatten, unverputzt<br>(Fugen nicht zusätzlich gedichtet) | 150 | | 34 |
| 1.10 | Holzwolle-Leichtbauplatten, beidseitig verputzt | 80 | 75 | 36 |
| 1.11 | Well-Asbestzement-Platten (6 mm dick), siehe auch bei Dächern | 55 | 12,5 | 19 |
| 1.12 | 1 mm Stahlblech, Trapezprofil | 45 | 11 | 25 |
| 1.13 | 1 mm Stahlblech, Trapezprofil, mit 50 mm dicken Mineralfaserplatten innen | 120 | | 32 |
| 1.14 | 1,5 mm Aluminium-Trapez-Profil auf 55 mm Schaumpolystrol in Aluminiumblech | 170 | 13 | 25 |
| 1.15 | Aluminiumblech, unbedämpft | 2<br>0,5 | 5<br>2,3 | 24<br>19 |

Fortsetzung s. nächste Seiten

Tafel 7.2, Fortsetzung

**Wände, Dächer, einfache Fenster, Tore**

| Nr. | Bauelement | Gesamt-dicke in mm | Flächen-gewicht in kg/m$^2$ | $R'_w$ nach DIN 52 210 in dB |
|---|---|---|---|---|
| 2 | Dächer | | | |
| 2.1 | Stahlbetonplatten aus Kiesbeton nach DIN 1045 | 100<br>180 | 230<br>430 | 47<br>57 |
| 2.2 | Stahlsteindecke (DIN 4159)<br>Gasbeton-Deckenplatten (DIN 4164)<br>Spannbeton-Hohldielen (DIN 4227)<br>Bimsbeton-Hohldielen | 165<br>240<br>120<br>120 | 250<br>160<br>220<br>185 | 46<br>45<br>49<br>49 |
| 2.3 | Beton-Stahlzellendecke (1,3 mm Stahlblech, Profilhöhe 50 mm) | 100 | 165 | 39 |
| 2.4 | Well-Asbestzement-Platten, siehe 1.11, mit Unterdecke in ca. 0,5 m Abstand, aus:<br>a) 20 mm Mineralfaserplatten (10 kg/m$^2$)<br>b) 18 mm Akustikplatten mit Auflage aus<br>   40 mm Mineralfasermatten (zus. 11 kg/m$^2$)<br>c) 12,5 mm Gipskartonplatte mit Auflage aus<br>   40 mm Mineralfasermatten (zus. 14 kg/m$^2$) | 55 | 12,5 | 19<br><br>35<br><br>42<br><br>42 |
| 2.5 | Dachhaut aus geklebter Bitumenpappe auf Holzschalung (Dachspanplatten) mit Unterdecken wie bei 2.4<br>Ausführung a<br>Ausführung b<br>Ausführung c | | | <br>38<br>43<br>40 |
| 2.6 | Trapezblech, siehe 1.12,<br>mit Unterdecken wie bei 2.4<br>Ausführung a<br>Ausführung b<br>Ausführung c | 45 | 11 | 25<br><br>31<br>39<br>40 |
| 2.7 | Stahltrapezblech-Decke (Profilhöhe 90 mm) mit 30 mm dicker Glasfaser-Dachisolierplatten-Auflage (ca. 150 kg/m$^3$) und Bekiesung (ca. 15 kg/m$^2$), dazwischen bituminös abgedichtet | ca. 150 | ca. 40 | 48 |
| 3 | Fenster | | | |
| | Richtwert für einfache Fenster ohne besondere Dichtung<br>Fensterflügel zum Lüften gekippt<br>offene Fenster | | | ca. 20<br>ca. 10<br>0 |
| 4 | Tore, Türen, Öffnungen | | | |
| | im geöffneten Zustand<br>Richtwert für übliche Tore und Türen<br>Rolltore | | | 0<br>20<br>10 bis 15 |

**Industrieverglasungen**

| Lfd. Nr. | Art der Verglasung | Aufbau | | $R'_w$ nach DIN 52 210 in dB |
|---|---|---|---|---|
| 1 | Glasscheiben | festverglast | Dicke:  3 mm<br>Dicke:  6 mm<br>Dicke: 12 mm | 29<br>33<br>36 |

Fortsetzung s. nächste Seite

Tafel 7.2, Fortsetzung

| **Industrieverglasungen** | | | |
|---|---|---|---|
| Lfd. Nr. | Art der Verglasung | Aufbau | $R'_w$ nach DIN 52 210 in dB |
| 2 | kittlose Einfachverglasung | Stahlsprossen, 7 mm Drahtglas, Randwinkel verkittet | 20 bis 23 |
| 3 | kittlose Doppelverglasung | Stahlsprossen, 7 mm Drahtglas, 15 mm Luftzwischenraum, 7 mm Rohglas nicht verkittet<br>Randwinkel verkittet | 24<br>27 |
| 4 | kittlose Doppelverglasung | Stahlsprossen, 7 mm Drahtglas, 45 mm Luftzwischenraum, 7 mm Rohglas. Randwinkel verkittet | 30 |
| 5 | kittlose Einfachverglasung mit Isolierglas | Stahlsprossen, 1 Drehflügel, Isolierglas 5,5/12/5,5 mm, nicht verkittet | 28 |
| 6 | kittlose Doppelverglasung mit Isolierglas | Stahlsprossen, Isolierglas 5,5/12/5,5 mm. in 100 mm Abstand, 7 mm Rohglasscheibe. ringsumlaufend Randdampfungselemente, nicht verkittet | 38 |
| 7 | Lichtband mit Einfachverglasung | Aluminiumrahmen, 7 mm Drahtglas. Glasstöße außen mit Silikon abgedichtet | 28 |
| 8 | Lichtband mit Einfachverglasung | Aluminiumrahmen, PLEXIGLAS-XT (Stegdoppelplatte), umlaufend verkittet | 23 |
| 9 | Lichtband mit Doppelverglasung | Aluminiumrahmen, 7 mm Rohglas, 15 mm Luftzwischenraum. 7 mm Drahtglas. Glasstöße außen mit Silikon abgedichtet<br>umlaufend verkittet | 29<br>33 |
| 10 | Kombination von kittloser Verglasung und Lichtband-Konstr. (ohne Verbindung | Aluminiumrahmen, Isolierglas 8/16/5,5 mm. 160 mm Luftzwischenraum, 7 mm Rohglas im Lichtband, nicht verkittet | 48 |
| 11 | Lichtband mit Profilglas-Verglasung | einfach 16 kg/m$^2$<br>einfach 21 kg/m$^2$<br>einfach 29 kg/m$^2$<br>außen jeweils ringsumlaufend und zwischen den einzelnen Elementen mit Silikon gedichtet | 26<br>30<br>31 |
| 12 | Lichtband mit Profilglas-Verglasung | doppelt 32 kg/m$^2$<br>außen ringsumlaufend und zwischen den einzelnen Elementen mit Silikon gedichtet | 36 |
| 13 | Glasbausteine | Dicke: 50 mm<br>Dicke: 80 mm | 37<br>45 |
| 14 | Lichtkuppel | einschalig 1200 mm x 1800 mm | 21 |
| 15 | Lichtkuppel | doppelschalig 1200 mm x 1800 mm | 24 |
| 16 | Lichtkuppel | wie Nr. 15. zusätzlich 6 mm Drahtglasscheibe dicht an Unterseite der Massivdecke eingebaut | 44 |

Quellen: [3], [4], [6], [74].

# II Wärme

*Von Richard Jenisch*

Wohn- und Nutzräume müssen in unseren geographischen Breitengraden während des Winters beheizt werden, um ein für die Menschen thermisch behagliches Raumklima herzustellen (s. Kapitel Klima); die Gebäudehülle muß eine dieser Forderung entsprechende Schutzfunktion übernehmen und erfüllen. Die hierzu erforderlichen wärmeschutztechnischen Maßnahmen an der Gebäudehülle richten sich aber nicht allein nach Erwartungen im Hinblick auf das Raumklima, zusätzlich sind neben Fragen der Wirtschaftlichkeit bei der Herstellung und späteren Unterhaltung des Bauwerks auch Umweltprobleme zu beachten. Bei der Verbrennung von fossilen Brennstoffen entsteht $CO_2$. Um die Erdatmosphäre von $CO_2$-Emissionen zu entlasten, muß der Verbrauch von Energie für die Gebäudebeheizung drastisch gesenkt, das heißt der Wärmeschutz der Gebäude muß deutlich erhöht werden.

Nicht zuletzt hat man sich bei der Dimensionierung des Wärmeschutzes und der Auswahl der Baustoffe auch mit dem Problem zu befassen, wie Schäden an Bauteilen durch Feuchteeinwirkung zu verhindern sind. Ein unzureichender Wärmeschutz, z. B. im Bereich von Wärmebrücken, begünstigt die Entstehung von Tauwasserniederschlägen, die wiederum häufig das Auftreten von Schimmelpilzen auf Bauteiloberflächen zur Folge haben.

# 1  Wärmetransport

Örtlich unterschiedliche Temperaturen führen zu einer Wärmebewegung in Richtung des Temperaturgefälles. Je nachdem, ob die Temperaturen zeitlich konstant oder veränderlich sind, ergeben sich stationäre oder instationäre Wärmeströme. Der Wärmetransport kann auf unterschiedliche Art erfolgen: in festen Stoffen durch Wärmeleitung, in Gasen und Flüssigkeiten durch Konvektion und bei strahlungsdurchlässigen Stoffen durch Wärmestrahlung. Diese verschiedenen Arten des Wärmetransportes können allein oder miteinander kombiniert auftreten.

## 1.1  Wärmeleitung

In festen Stoffen erfolgt die Wärmeübertragung durch Leitung. Darunter versteht man einen an Materie gebundenen Energietransport, wobei der Wärmeaustausch zwischen unmittelbar benachbarten Molekülen stattfindet.

Bei homogenen und isotropen Stoffen besteht zwischen der Wärmestromdichte q und der Temperaturverteilung im Körper die Beziehung

$$q = - \lambda \cdot \frac{\partial \vartheta}{\partial n} \tag{1.1}$$

wobei n die Normale zu den Isothermen ist (s. Bild 1.1). Das negative Vorzeichen bringt zum Ausdruck, daß der Wärmestrom entgegengesetzt zur positiven Änderung des Temperaturfeldes gerichtet ist. Die physikalische Größe $\lambda$ ist ein Stoffwert, der ausdrückt, wie gut die Wärmeübertragung im Material erfolgt und wird Wärmeleitfähigkeit genannt. Je nach Struktur und Aufbau schwankt sie bei festen Stoffen in sehr weiten Grenzen. Bei Metallen ist die Wärmeleitfähigkeit wegen der vorhandenen freien Elektronen sehr groß. Nach dem Gesetz von Wiedemann-Franz ist bei diesen das Verhältnis der thermischen zur elektrischen Leitfähigkeit näherungsweise konstant. Gute elektrische Leiter wie Kupfer und

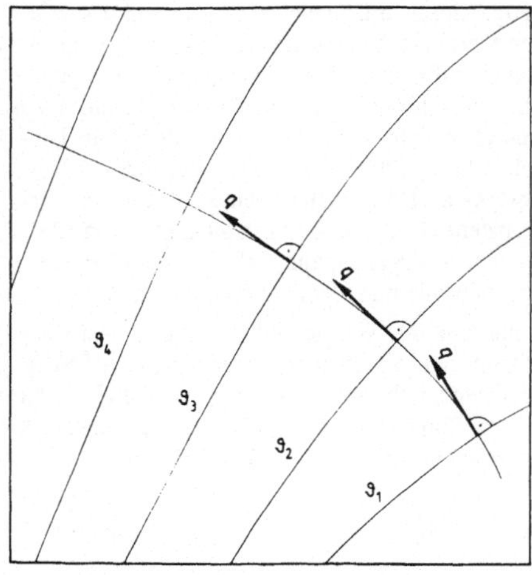

Bild 1.1
Isothermen $\vartheta_1 \ldots \vartheta_n$ in einen Körper in Richtung abnehmender Temperaturen bei einer Wärmestromdichte q

Tafel 1.1   Wärmeleitfähigkeit $\lambda$ und Rohdichte $\rho$ einiger Stoffe nach [53] [57] bei 20 °C

| Art | Stoff | $\rho$ in kg/m$^3$ | $\lambda$ in W/(m·K) |
|---|---|---|---|
| Metall | Aluminium, rein | 2700 | 238 |
| | Kupfer, rein | 8960 | 394 |
| | Kupfer, technisch | 8300 | 372 |
| | Stahl | 7900 | 52 |
| kristalline Struktur | Quarzit | 2800 | 6,0 |
| | Marmor | 2600 | 2,8 |
| | Granit | 2750 | 2,9 |
| amorpher Aufbau | Bitumen | 1000 | 0,16 |
| | Acrylglas | 1180 | 0,18 |
| | Hartgummi | 1150 | 0,16 |
| anisotroper Aufbau | **Schiefer** | | |
| | senkrecht zur Schichtung | 2700 | 1,83 |
| | parallel zur Schichtung | 2700 | 2,90 |
| | **Tanne** | | |
| | senkrecht zur Faserrichtung | 450 | 0,12 |
| | parallel zur Faserrichtung | 450 | 0,26 |
| | **Kiefer** | | |
| | senkrecht zur Faserrichtung | 520 | 0,14 |
| | parallel zur Faserrichtung | 520 | 0,35 |
| | **Eiche** | | |
| | senkrecht zur Faserrichtung | 690 | 0,16 |
| | parallel zur Faserrichtung | 690 | 0,30 |

Aluminium sind deshalb auch gute Wärmeleiter. „Verunreinigungen" beeinträchtigen sowohl die elektrische Leitfähigkeit der Metalle als auch die Wärmeleitfähigkeit.

Nichtmetallische Stoffe leiten generell die Wärme bedeutend schlechter als Metalle, ihre physikalische und chemische Struktur ist eine wesentliche Einflußgröße. So ist bei amorphen Stoffen die Wärmeleitfähigkeit kleiner als bei solchen mit einer kristallinen Struktur. Anisotrope Stoffe folgen nicht mehr der Regel, daß die Wärmeleitfähigkeit unabhängig von der Richtung des Wärmestromes ist. Bei Holz z. B. unterscheidet sich die Wärmeleitfähigkeit sehr deutlich beim Wärmestrom senkrecht und parallel zur Faserrichtung.

Tabelle 1.1 auf S. 118 zeigt den Einfluß der vorgenannten Größen auf die Wärmeleitfähigkeit einiger Stoffe.

In der Regel ist die Wärmeleitfähigkeit temperaturabhängig. Bei Stoffen, die wasseraufnahmefähig sind, beeinflußt auch deren Wassergehalt die Wärmebewegung. Als Stoffwert ist die Wärmeleitfähigkeit nur experimentell bestimmbar.

## 1.2  Konvektion und Wärmeübergang

In Gasen und Flüssigkeiten erfolgt der Wärmetransport zusätzlich zur Wärmeleitung durch die Fortbewegung der Moleküle innerhalb des zur Verfügung stehenden Raumes, wobei diese ihren Energieinhalt mit sich führen. Die Strömungen innerhalb der Gase oder Flüssigkeiten können entweder durch örtliche Temperatur- bzw. Dichteunterschiede oder durch mechanische Hilfsmittel wie Pumpen und dergleichen verursacht werden. Im ersten Fall handelt es sich um eine freie oder natürliche, im zweiten Fall um eine erzwungene Konvektion.

Die mathematischen Ansätze zur Behandlung der Wärmeübertragung durch Konvektion müssen neben den Gesetzen der Wärmeleitung auch die der Hydrodynamik erfassen. Die Gleichungen lassen sich in der Regel nur für bestimmte Rand- und Anfangsbedingungen bei vereinfachenden Annahmen zu den Randwerten der Temperatur und der Geschwindigkeit an den Grenzen des Systems lösen. Untersuchungsergebnisse anwendungsorientierter Probleme werden teilweise in der Literatur angegeben, so z. B. auch rechnerische und experimentelle Untersuchungen der Wärmeübertragungsvorgänge in Luftschichten hinter Vorhangfassaden und im belüfteten Steildach [30], [58], [64].

Findet ein Wärmeaustausch zwischen Gas oder Flüssigkeiten und einer angrenzenden, festen Oberfläche statt, bezeichnet man diesen Vorgang als Wärmeübergang. Im Bereich des baulichen Wärmeschutzes muß der Wärmeübergang von der Luft zum Bauteil bzw. umgekehrt in die Berechnungen mit einbezogen werden. Die Übertragungsvorgänge sind auch hier relativ kompliziert und mathematisch nicht einfach zu erfassen. Für die praktische Anwendung wurde deshalb ein Wärmeübergangskoeffizient $\alpha_c$ durch Konvektion nach folgender Gleichung definiert:

$$\Phi = \alpha_c \cdot A \cdot (\vartheta_L - \vartheta_O) \tag{1.2}$$

$\vartheta_L$ ist die Luft- und $\vartheta_O$ die Oberflächentemperatur. Die Lufttemperatur muß noch näher definiert werden, denn in unmittelbarer Nähe der Oberfläche ist in der Luft ein Temperaturgradient vorhanden, der aber mit zunehmender Distanz von der Oberfläche kleiner wird. Die in Gleichung (1.2) definierte Lufttemperatur liegt vor, wenn der Temperaturgradient null wird.

Der Wärmeübergangskoeffizient $\alpha_c$ ist kein Stoffwert, denn er ist abhängig von mehreren Veränderlichen wie Temperatur, Strömungsgeschwindigkeit, Oberflächenbeschaffenheit und den geometrischen Verhältnissen. Da die Strömungsgeschwindigkeit eine entscheidende Einflußgröße ist, unterscheidet man zwischen dem Wärmeübergang bei freier oder erzwungener Konvektion. Die Tafel 1.2 enthält Angaben über die Größenordnung des Wärmeübergangskoeffizienten $\alpha_c$ von Luft und Wasser bei freier und erzwungener Konvektion nach [52] und [57].

Tafel 1.2   Wärmeübergangskoeffizient $\alpha_c$ bei freier und erzwungener Konvektion in Luft und Wasser

| Art der Konvektion | Medium | Wärmeübergangskoeffizient $\alpha_c$ in $W/(m^2 \cdot K)$ |
|---|---|---|
| freie | Luft<br>Wasser | 3 bis    10<br>100 bis   600 |
| erzwungene | Luft<br>Wasser | 10 bis   100<br>500 bis 10000 |

## 1.3   Wärmestrahlung

Jeder Körper emittiert elektromagnetische Strahlung, deren Intensität und spektrale Energieverteilung von seiner Temperatur und Oberflächenbeschaffenheit abhängt. Da die Temperatur hierbei die entscheidende Einflußgröße ist, spricht man auch von Temperaturstrahlen [82]. Die Ausbreitung der Strahlung ist nicht an Materie gebunden und deshalb auch im Vakuum möglich.

Die Wellenlängen verschiedener Strahlungen sind in Tafel 1.3 zusammengestellt.

Die Thermographie, die nur mit Einschränkungen zur Bewertung des Wärmeschutzes von Gebäuden herangezogen werden kann, beruht auf der Messung von Temperaturstrahlung.

Tafel 1.3   Strahlung und Wellenlänge

| Bezeichung der Strahlung | Wellenlänge in m |
|---|---|
| Höhenstrahlung | $< 0,05 \cdot 10^{-12}$ |
| Gamma-Strahlung | 0,5   bis 30  $\cdot 10^{-12}$ |
| Röntgen-Strahlung | 0,006 bis 30  $\cdot 10^{-9}$ |
| ultraviolette Strahlung | 0,01  bis 0,4 $\cdot 10^{-6}$ |
| sichtbare Strahlung | 0,4   bis 0,8 $\cdot 10^{-6}$ |
| Wärmestrahlung | 0,8   bis 300$\cdot 10^{-6}$ |
| Radiowellen | $> 0,2 \cdot 10^{-3}$ |

## 1.3.1   Strahlungsgesetze

Die von einem Körper ausgestrahlte Energie wird durch die Kelvintemperatur T und den Strahlungseigenschaften der Oberfläche bestimmt. Einen Körper, der bei der Temperatur T die höchstmögliche Energiemenge abstrahlt, bezeichnet man als einen „schwarzen Strahler" (oder „schwarzen Körper").

Die spektrale spezifische Ausstrahlung eines schwarzen Strahlers ist durch das Planck-sche Strahlungsgesetz gegeben:

$$M = c_1 \cdot \frac{\lambda^{-5}}{(\exp \frac{c_2}{\lambda \cdot T} - 1)} \tag{1.3}$$

Hierin bedeuten:

$c_1 = 2\,\pi \cdot c^2 \cdot h$

$c_2 = c \cdot h/k$

c    Lichtgeschwindigkeit in Vakuum

h    Plancksches Wirkungsquantum

k    Boltzmann-Konstante

Die spektrale spezifische Ausstrahlung $M_\lambda$ ist temperaturabhängig. Außerdem verteilt sie sich nicht gleichmäßig auf alle Wellenlängen der Strahlen, sondern steigt von kleinsten Wellenlängen ausgehend mit zunehmender Wellenlänge an bis zu einem Maximalwert bei der Wellenlänge $\lambda_{max}$, um dann wieder abzunehmen, wobei der Wert von $\lambda_{max}$ von der Temperatur des Strahlers abhängt (Bild 1.2).

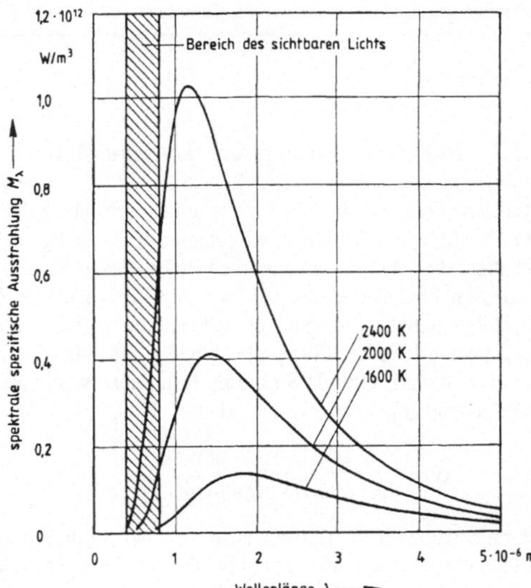


Bild 1.2
Spektrale spezifische Ausstrahlung $M_\lambda$ der Strahlung des schwarzen Strahlers nach dem Planckschen Gesetz

Integriert man die vom schwarzen Strahler in den Halbraum ausgestrahlte Energie über alle Wellenlängen, dann erhält man das Stefan-Boltzmannsche Gesetz der Gesamtstrahlung (spezifische Ausstrahlung):

$$M_s = \sigma \cdot T^4 \tag{1.4}$$

wobei $\sigma$ die Stefan-Boltzmann-Konstante ist.

In der Praxis wird in der Regel die Gleichung (1.4) in der folgenden Form angewandt:

$$M_s = C_s \cdot (T/100)^4 \tag{1.5}$$

Dabei ist $C_s = \sigma \cdot 10^8$ die Strahlungskonstante des schwarzen Strahlers.

Bild 1.2 zeigt, daß das Maximum der spektralen Energie-Ausstrahlung sich mit steigender Temperatur zu kleinen Wellenlängen verschiebt. Aus dem Planckschen Strahlungsgesetz ergibt sich, daß das Produkt aus $\lambda_{max}$ und der zugehörigen Temperatur T konstant ist (Wiensches Verschiebungsgesetz).

$$\lambda_{max} \cdot T = 2896 \cdot 10^{-6} \ m \cdot K \tag{1.6}$$

Die in den Grundgesetzen der Temperaturstrahlung auftretenden Konstanten sind in Tafel 1.4 zusammengestellt.

Tafel 1.4    Konstanten der Temperaturstrahlung

| Bezeichnung | Konstante |
|---|---|
| Lichtgeschwindigkeit | $c \ = 2,9979 \cdot 10^8 m/s$ |
| Plancksches Wirkungsquantum | $h \ = 6,625 \ \cdot 10^{-34} J \cdot s$ |
| Boltzmann-Konstante | $k \ = 1,3805 \cdot 10^{-23} \ J/k$ |
| Erste Strahlungskonstante | $c_1 \ = 3,7415 \cdot 10^{-16} W \cdot m^2$ |
| Zweite Strahlungskonstante | $c_2 \ = 1,4388 \cdot 10^{-2} m \cdot K$ |
| Stefan-Boltzmann-Konstante | $\sigma \ = 5,6697 \cdot 10^{-8} \ W/(m^2 \cdot K^4)$ |
| Strahlungskonstante des schwarzen Strahlers | $C_s \ = 5,67 \ W/(m^2 \cdot K^4)$ |

## 1.3.2   Reflexion, Absorption, Transmission

Strahlung, die auf die Oberfläche eines Körpers auftritt, kann reflektiert, absorbiert oder bei transparenten Stoffen durchgelassen werden. Bei der reflektierten Strahlung unterscheidet man zwischen der spiegelnden und diffusen Reflexion. Eine spiegelnde oder gerichtete Reflexion liegt vor, wenn Ein- und Ausfallswinkel der Strahlung im Vergleich zu Flächennormalen gleich sind; bei der diffusen oder nicht gerichteten Reflexion verteilt sich die zurückgeworfene Strahlung gleichmäßig über den ganzen Raum. In der Regel wird nicht die gesamte auftreffende Strahlung reflektiert, sondern nur ein Bruchteil, der durch den Reflexionsgrad $\rho$ gekennzeichnet wird:

$$\rho = \frac{\text{reflektierte Strahlung}}{\text{auftreffende Strahlung}} \tag{1.7}$$

Der nichtreflektierte Teil der auftreffenden Strahlung kann den Körper passieren, wenn er aus einem strahlungsdurchlässigen Material besteht oder von ihm absorbiert werden. Die Absorptionsfähigkeit der Materialfläche wird durch den Absorptionsgrad $\alpha$ ausgedrückt:

$$\alpha = \frac{\text{absorbierte Strahlung}}{\text{auftreffende Strahlung}} \tag{1.8}$$

Als Transmissionsgrad $\tau$ bezeichnet man den Anteil an durchgelassener Strahlung:

$$\tau = \frac{\text{durchgelassene Strahlung}}{\text{auftreffende Strahlung}} \tag{1.9}$$

Zwischen diesen drei Größen besteht die Beziehung:

$$\rho + \alpha + \tau = 1 \tag{1.10}$$

### 1.3.3  Emission und Absorption

Die spektrale spezifische Ausstrahlung $M_\lambda$ eines Temperaturstrahles nach dem Planckschen Strahlungsgesetz (Gl. 1.3)) ergibt einen Maximalwert, der nur vom schwarzen Strahler erreicht wird. Bei realen Körpern ist die Ausstrahlung geringer und man unterscheidet je nach Art zwischen grauer und selektiver Strahlung. Wird, wie im Bild 1.3 dargestellt, die spektrale spezifische Ausstrahlung um einen konstanten Faktor über den ganzen Wellenlängenbereich gegenüber der schwarzen Strahlung (a) reduziert, nennt man dies eine graue Strahlung (b), weist die Ausstrahlung jedoch eine unregelmäßige Verteilung auf, spricht man von einer selektiven Strahlung (c). In vielen technischen Bereichen kann man eine graue Strahlung mit ausreichender Näherung annehmen. Das Verhältnis der von der Oberfläche eines realen Körpers emittierten spezifischen Ausstrahlung $M$ zu der des schwarzen Körpers $M_s$ nennt man dessen Emissionsgrad $\varepsilon$

$$\varepsilon = \frac{M}{M_s} \tag{1.11}$$

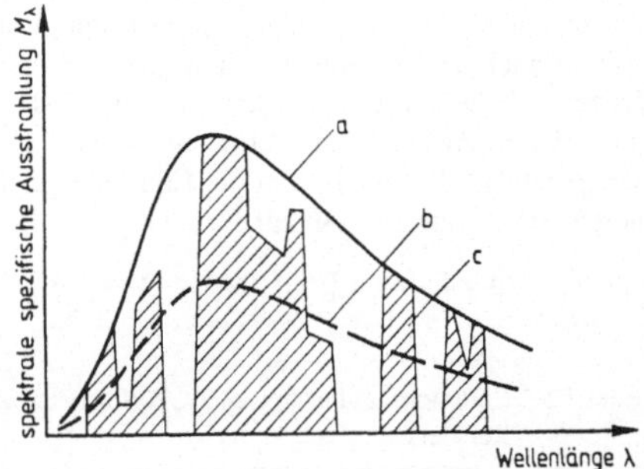


Bild 1.3
Schematische Darstellung der spektralen spezifischen Ausstrahlung $M_\lambda$ schwarzer (a), grauer (b), selektiver (c) Strahlung

Ähnlich der Strahlungskonstanten $C_s$ des schwarzen Strahlers nach Gl. (1.5) kann man die Strahlungskonstante $C$ eines beliebigen Körpers definieren. Dann ist auch

$$\varepsilon = \frac{C}{C_s} \tag{1.12}$$

Die spezifische Ausstrahlung $M$ eines derartigen Körpers in den Halbraum ist

$$M = \varepsilon \cdot \sigma \cdot T^4 \tag{1.13}$$

bzw.

$$M = \varepsilon \cdot C_s (T/100)^4 \tag{1.14}$$

Der Emissionsgrad $\varepsilon$ ist eine für jeden Strahler charakteristische Funktion der Temperatur. Er ist kein reiner Stoffwert, sondern wird auch von der Oberflächenbeschaffenheit (glänzend, matt) beeinflußt. Die im Bereich des Bauwesens zu erwartenden Strahlertemperaturen sind in der Regel nicht höher als 100 °C. In Tafel 1.5 wird der Emissionsgrad einiger Stoffe für den Temperaturbereich von 0 bis 100 °C angegeben. Bei diesen niedrigen Strahlertemperaturen kann man eine grobe Einteilung in zwei Gruppen unterschiedlicher Oberflächen vornehmen. Man unterscheidet zwischen Metallflächen mit einem mittleren Emissionsgrad $\varepsilon$ von rund 0,05 und nichtmetallischen Oberflächen mit einem mittleren Emissionsgrad $\varepsilon$ von rund 0,9. Hierbei spielt die optische Farbe der Oberfläche praktisch keine Rolle. Zwischen dem Emissionsgrad einer mit schwarzer oder mit weißer Ölfarbe gestrichenen Oberfläche besteht kaum ein Unterschied.

Jeder Temperaturstrahler kann über seine Oberfläche sowohl Strahlung emittieren als auch absorbieren. Nach dem Kirchhoffschen Gesetz ist der Emissionsgrad $\varepsilon$ der Oberfläche des Strahles bei jeder Temperatur und für jede Wellenlänge gleich dem Absorptionsgrad $\alpha$ der Oberfläche.

$$\varepsilon = \alpha \tag{1.15}$$

### 1.3.4  Strahlungsaustausch zwischen parallelen, ebenen Flächen

Die bisherigen Angaben bezogen sich auf die Strahlung einer einzelnen Fläche. In der Praxis sind immer mehrere Körper unterschiedlicher Temperaturen vorhanden, deren Oberflächen gegenseitig Wärme durch Strahlung austauschen. Dabei emittieren sowohl die wärmeren als auch die kälteren Körper Strahlungsenergie. Die bei diesem Wärmeaustausch übertragene Wärmemenge ist gleich der Differenz der von den Flächen jeweils absorbierten Strahlungsanteile. Neben den Temperaturen und Emissionsgraden der Oberflächen bestimmt auch deren Geometrie und gegenseitige Lage den Wärmeaustausch. Ein relativ einfacher Fall liegt vor, wenn sich zwei parallele, gleich große, ebene Flächen gegenüberstehen, deren Abstand im Vergleich zu der Fläche A klein ist. Wenn die Flächen die Temperaturen $T_1$ und $T_2$ und die Emissionsgrade $\varepsilon_1$ und $\varepsilon_2$ aufweisen, tritt zwischen ihnen folgender Wärmestrom $\Phi$ auf:

$$\Phi = C_{1,2} \cdot A \left[ (T_1/100)^4 - (T_2/100)^4 \right] \tag{1.16}$$

Tafel 1.5  Emissionsgrad technischer Oberflächen zwischen 0 und 100 °C nach E. Schmidt, Eckert und Reinders

| Oberfläche | Emissionsgrad |
|---|---|
| Silber, poliert | 0,03 |
| Kupfer, poliert | 0,04 |
| Kupfer, schwarz oxydiert | 0,82 |
| Aluminium, walzblank | 0,05 |
| Eisen, blank geätzt | 0,16 |
| Eisen, geschmirgelt | 0,26 |
| Eisen, stark verrostet | 0,85 |
| Glas | 0,88 |
| Linoleum | 0,88 |
| Papier | 0,89 |
| Holz | 0,91 |
| Mörtel, Putz, Beton | 0,93 |
| Ziegel | 0,93 |
| Dachpappe | 0,93 |
| Aluminiumbronzeanstrich | 0,40 |
| Ölfarbenanstrich, schwarz, matt | 0,97 |
| Ölfarbenanstrich, schwarz, glänzend | 0,88 |
| Ölfarbenanstrich, weiß | 0,89 |
| Heizkörperlack | 0,93 |

Die Größe $C_{1,2}$ ist die Strahlungsaustauschkonstante und hängt ab von den Emissionsgraden der beiden Oberflächen.

$$C_{1,2} = \frac{C_s}{1/\varepsilon_1 + 1/\varepsilon_2 - 1} \tag{1.17}$$

Um den Wärmeaustausch durch Strahlung formal wie eine Wärmeübertragung nach Gl. (1.2) berechnen zu können, führt man den Temperaturfaktor a und den Wärmeübergangskoeffizienten $\alpha_r$ der Strahlung ein.

$$a = \frac{(T_1/100)^4 - (T_2/100)^4}{T_1 - T_2} \tag{1.18}$$

$$\alpha_r = a \cdot \frac{C_S}{1/\varepsilon_1 + 1/\varepsilon_2 - 1} \tag{1.19}$$

Der Wärmestrom infolge von Strahlung zwischen den Flächen ist

$$\Phi = \alpha_r \cdot A \cdot (T_1 - T_2) \tag{1.20}$$

bzw.

$$\Phi = \alpha_r \cdot A \cdot (\vartheta_1 - \vartheta_2) \tag{1.21}$$

Der Temperaturfaktor a in Abhängigkeit der beiden Oberflächentemperaturen ist in Bild 1.4 dargestellt. Tafel 1.6 enthält den Wärmeübergangskoeffizienten $\alpha_r$ der Strahlung für drei verschiedene Fälle.

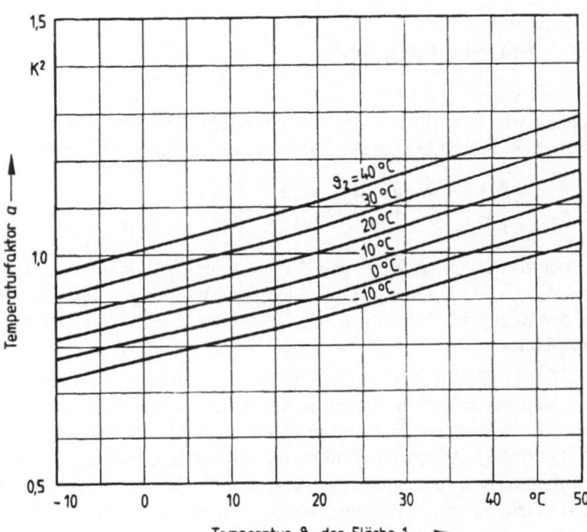


Bild 1.4
Temperaturfaktor a in Abhängigkeit der beiden Oberflächentemperaturen $\vartheta_1$ und $\vartheta_2$

Tafel 1.6 Wärmeübergangskoeffizient $\alpha_r$ der Strahlung bei Oberflächen unterschiedlicher Emissionsgrade

| Oberflächen-kombination | Temperatur $\vartheta_1$ der Oberfläche 1 in °C | Wärmeübergangskoeffizient $\alpha_r$ in W/(m² · K) bei der Temperatur $\vartheta_2$ der Oberfläche | | | |
|---|---|---|---|---|---|
| | | − 10 °C | 10 °C | 30 °C | 50 °C |
| A | − 10 | 3,4 | 3,8 | 4,2 | 4,7 |
| | 10 | 3,8 | 4,2 | 4,7 | 5,2 |
| | 30 | 4,2 | 4,7 | 5,2 | 5,7 |
| | 50 | 4,7 | 5,2 | 5,7 | 6,3 |
| B | − 10 | 0,21 | 0,23 | 0,26 | 0,29 |
| | 10 | 0,23 | 0,26 | 0,28 | 0,32 |
| | 30 | 0,26 | 0,28 | 0,31 | 0,35 |
| | 50 | 0,29 | 0,32 | 0,35 | 0,38 |
| C | − 10 | 0,11 | 0,12 | 0,13 | 0,15 |
| | 10 | 0,12 | 0,13 | 0,15 | 0,16 |
| | 30 | 0,13 | 0,15 | 0,16 | 0,18 |
| | 50 | 0,15 | 0,16 | 0,18 | 0,20 |

A: 2 nichtmetallische Oberflächen; $\varepsilon_1 = \varepsilon_2 = 0,9$,
   Strahlungsaustauschkonstante $C_{1,2} = 4.639$ W/(m² · K⁴)
B: 1 nichtmetallische und 1 metallische Oberfläche; $\varepsilon_1 = 0,9$ und $\varepsilon_2 = 0,05$
   Strahlungsaustauschkonstante $C_{1,2} = 0,282$ W/(m² · K⁴)
C: 2 metallische Oberflächen $\varepsilon_1 = \varepsilon_2 = 0,05$,
   Strahlungsaustauschkonstante $C_{1,2} = 0,145$ W/(m² · K⁴)


## 1.4 Fourier-Gleichung

Nach Fourier gilt für zeitlich veränderliche Temperaturfelder $\vartheta(t)$ mit inneren Wärmequellen W folgende partielle Differentialgleichung 2. Ordnung

$$\frac{\partial \vartheta}{\partial t} = \frac{\lambda}{c \cdot \rho} \left( \frac{\partial^2 \vartheta}{\partial x^2} + \frac{\partial^2 \vartheta}{\partial y^2} + \frac{\partial^2 \vartheta}{\partial z^2} \right) + \frac{W}{c \cdot \rho} \tag{1.22}$$

wobei vorausgesetzt wird, daß die Wärmeleitfähigkeit $\lambda$, die spezifische Wärmekapazität c und die Dichte $\rho$ zeit-, orts- und temperaturabhängig sind. Für den Quotienten $\lambda/c \cdot \rho$ wird in der Regel das Formelzeichen a verwendet und diese Größe als Temperaturleitfähigkeit bezeichnet.

Die Gl. (1.22) für den räumlichen und zeitlichen Verlauf der Temperatur in einem Körper läßt sich nur in Fällen mit einfachen Anfangs- und Randbedingungen geschlossen integrieren. Die Lösungen zu einer größeren Anzahl technischer Fragestellungen findet man in [57] und [58]. Ansonsten muß man numerische Lösungsmethoden anwenden, die in der Regel rechnerisch sehr aufwendig sind und die Verwendung von Rechenanlagen voraussetzen [73]. Viele aktuelle Probleme werden mit Hilfe der numerischen Methoden untersucht und die Ergebnisse in Fachzeitschriften veröffentlicht; z. B. [6], [27], [49].

# 2 Stationäre Wärmebewegungen

Vom baulichen Wärmeschutz werden Aussagen zur wärmeschutztechnischen Qualität der Bauteile über längere Zeiträume hinweg erwartet. Hier kann man sich auf Berechnungen stützen, die von der Annahme eines stationären Wärmestromes ausgehen.

## 2.1 Kenngrößen des Wärmeschutzes von Bauteilen

Bauteile wie Wände, Decken und Dächer sind plattenförmige Körper und die verwendeten Baustoffe sind quasihomogen. Deshalb kann man, wenn man die Randanschlüsse und eventuell vorhandene Wärmebrücken ausschließt, einen eindimensionalen Wärmestrom annehmen.

Beim Wärmedurchgang von einem Raum durch ein Bauteil zum Freien unterscheidet man drei Einzelvorgänge (s. Bild 2.1), wobei der Vorgang II vom Bauteil selbst bestimmt wird. Materialeigenschaft und Geometrie des Bauteils sind die maßgebenden Größen bezüglich der Wärmebewegung und Grundlage zur Beurteilung der wärmeschutztechnischen Qualität des Bauteiles.

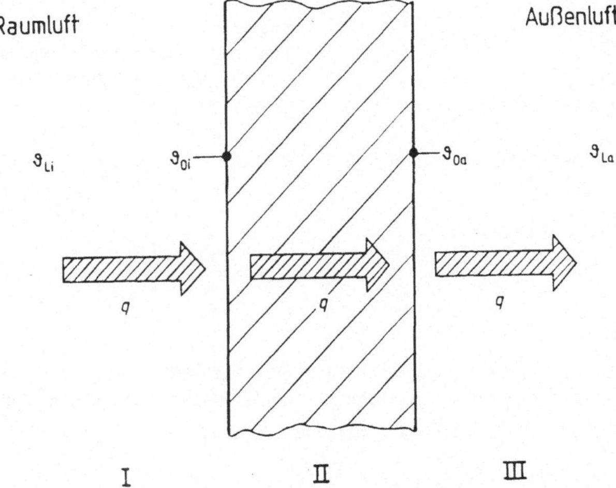


Bild 2.1    Schematische Darstellung des Wärmedurchganges durch ein Bauteil
I    Wärmeübergang von der Raumluft zur raumseitigen Bauteiloberfläche,
II   Wärmedurchgang durch das Bauteil,
III  Wärmeübergang von der außenseitigen Bauteiloberfläche an die Außenluft
q    Wärmestromdichte

### 2.1.1 Wärmedurchlaßwiderstand

Bei einem plattenförmigen isotropen Körper ohne innere Wärmequellen (s. Bild 2.2), dessen Temperaturfeld nicht von der Zeit abhängt, ist der durch ihn fließende Wärmestrom

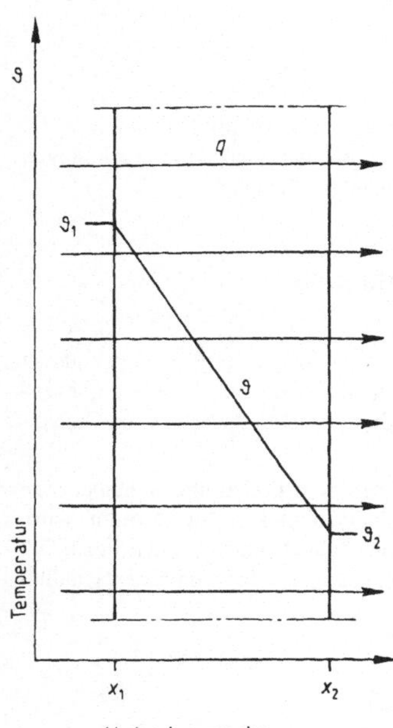



Bild 2.2
Temperaturverlauf in einer einschichtigen, ebenen
Platte bei stationärer Wärmestromdichte q
Dicke der Platte: $s = x_2 - x_1$

eindimensional und es gilt nach den Gl. (1.1) und (1.22):

$$q = -\lambda \, \frac{d\vartheta}{dx} \tag{2.1}$$

und

$$\frac{d^2\vartheta}{dx^2} = 0 \tag{2.2}$$

Aus den Lösungen dieser beiden Differentialgleichungen erhält man die Gleichungen für
die Wärmestromdichte q und für das Temperaturfeld in dem plattenförmigen Bauteil.

Die Integration der Gl. (2.1) liefert die allgemeine Lösung

$$q \cdot x = -\lambda \cdot \vartheta + C$$

mit der willkürlichen Integrationskonstante C. Um C zu bestimmen, müssen die Randbe-
dingungen an beiden Plattenoberflächen festgelegt werden. Üblicherweise trifft man die in
Bild 2.2 gezeigte Zuordnung von Ort und Temperatur. Damit erhält man die Gleichung der
Wärmestromdichte durch die Platte.

$$q = \frac{\lambda}{s} \, (\vartheta_1 - \vartheta_2) \tag{2.3}$$

Die doppelte Integration der Gl. (2.2) ergibt für den Temperaturverlauf in der Platte folgende allgemeine Lösung:

$$\vartheta = C_1 \cdot x + C_2$$

Um die Integrationskonstanten $C_1$ und $C_2$ zu bestimmen, werden auch hier die Randbedingungen entsprechend Bild 2.2 herangezogen. Es ist dann:

$$C_1 = \frac{\vartheta_1 - \vartheta_2}{x_1 - x_2} = - \frac{\vartheta_1 - \vartheta_2}{s}$$

und

$$C_2 = \vartheta_1 + \frac{\vartheta_1 - \vartheta_2}{s} \cdot x_1$$

Damit erhält man die Gleichung für den Temperaturverlauf über den Plattenquerschnitt zu

$$\vartheta = \vartheta_1 - \frac{\vartheta_1 - \vartheta_2}{s} (x - x_1)$$

Legt man, wie dies üblicherweise getan wird, den Anfang der x-Achse in die Ebene der raumseitigen Oberfläche des Bauteils ($x_1 = 0$), dann ist

$$\vartheta = \vartheta_1 - \frac{\vartheta_1 - \vartheta_2}{s} \cdot x \tag{2.4}$$

In der Platte besteht somit ein konstantes Temperaturgefälle, wobei die Isothermen parallel zur Oberfläche verlaufen und die Wärmestromlinien senkrecht zur Oberfläche gerichtet sind. Dieses Ergebnis ist selbstverständlich, denn wenn innere Wärmequellen fehlen und die Temperaturen sich zeitlich nicht ändern, muß der Betrag von q in jeder Ebene der Platte gleich und konstant sein. Nach Gl. (2.1) ist aber dann auch der Gradient $\vartheta$ konstant und dies bedeutet eine stetige Temperaturabnahme innerhalb der Platte in Richtung des Wärmestromes.

Den Quotienten aus Wärmeleitfähigkeit $\lambda$ des Materials und der Dicke s der Platte in Gl. (2.3) bezeichnet man als den Wärmedurchlaßkoeffizienten:

$$\Lambda = \frac{\lambda}{s} \tag{2.5}$$

Er ist zahlenmäßig gleich der Wärmestromdichte für den Fall, daß die Temperaturdifferenz zwischen den beiden Plattenoberflächen 1 Kelvin beträgt.

Die wärmeschutztechnische Qualität einer Bauteilschicht wird in der Regel in der Angabe seines Wärmedurchlaßwiderstandes ausgedrückt. Er ist der Kehrwert der Gl. (2.5):

$$R = \frac{s}{\lambda} \tag{2.6}$$

Bisher wurde nur eine einzelne Schicht untersucht; in der Praxis besteht ein Bauteil jedoch in der Regel aus mehreren Schichten und für jede gilt die Gl. (2.3). Es sollen nun zwei hintereinander angeordnete Schichten der Dicken $s_1$ und $s_2$, bestehend aus unterschiedlichen Stoffen mit den Wärmeleitfähigkeiten $\lambda_1$ und $\lambda_2$ betrachtet werden. Die den Wärmestrom hervorrufenden Temperaturen seien $\vartheta_1$, $\vartheta_2$ und $\vartheta_3$, wobei $\vartheta_1$ der wärmeren, $\vartheta_3$ der kälteren Oberfläche und $\vartheta_2$ der Trennfläche zugeordnet sei. Dann ist

$$q_1 = \frac{\lambda_1}{s_1} (\vartheta_1 - \vartheta_2) \quad \text{und} \quad q_2 = \frac{\lambda_2}{s_2} (\vartheta_2 - \vartheta_3)$$

Bei stationären Temperaturverhältnissen muß $q_1 = q_2$ sein, wenn keine inneren Wärmequellen vorhanden sind. Folglich ist

$$q = \frac{\lambda_1}{s_1} (\vartheta_1 - \vartheta_2) = \frac{\lambda_2}{s_2} (\vartheta_2 - \vartheta_3)$$

Löst man die beiden Gleichungen nach der jeweiligen Temperaturdifferenz auf und addiert diese, so erhält man:

$$\vartheta_1 - \vartheta_3 = q \left( \frac{s_1}{\lambda_1} + \frac{s_2}{\lambda_2} \right)$$

und

$$q = \frac{1}{\left( \frac{s_1}{\lambda_1} + \frac{s_2}{\lambda_2} \right)} (\vartheta_1 - \vartheta_3)$$

mit

$$R_\lambda = \frac{s_1}{\lambda_1} + \frac{s_2}{\lambda_2}$$

Demnach ergibt sich der Gesamtwiderstand der beiden Schichten aus der Summe der beiden Einzelwiderstände.

Besteht ein Bauteil aus n Schichten der Dicken $s_1 \dots s_n$ und der Wärmeleitfähigkeiten $\lambda_1 \dots \lambda_n$, so gilt die Beziehung

$$R_\lambda = \frac{s_1}{\lambda_1} + \frac{s_2}{\lambda_2} + \dots + \frac{s_n}{\lambda_n} \tag{2.7}$$

## 2.1.2 Wärmeübergangswiderstand

Der Wärmeübergang, hervorgerufen durch eine vorhandene Temperaturdifferenz zwischen Luft und der Oberfläche eines Bauteils, erfolgt durch Konvektion (s. Abschn. 1.2) und Strahlung (s. Abschn. 1.3). Für die praktische Anwendung im Bereich des Bauwesens werden die definierten Wärmeübergangskoeffizienten der Konvektoren $\alpha_c$ und der Strahlung $\alpha_r$ zu einem gemeinsamen Koeffizienten zusammengefaßt

$$\alpha = \alpha_c + \alpha_r \tag{2.8}$$

Die Wärmestromdichte beim Übergang von Luft an die Bauteiloberfläche bzw. umgekehrt, ist bei der Temperaturdifferenz $\vartheta_L - \vartheta_O$

$$q = \alpha \cdot (\vartheta_L - \vartheta_O) \tag{2.9}$$

Die im Bereich des Bauwesens vorkommenden Oberflächen sind in der Regel nichtmetallisch, d. h. man kann in erster Näherung alle im normalerweise vorliegenden Temperaturbereich kleiner 100 °C als stark absorbierend mit $\varepsilon = 0{,}9$ betrachten (s. Tafel 1.5). Unter diesen Voraussetzungen ist es zulässig, vereinfachend einen konstanten Wert für den Wärmeübergangskoeffizienten der Strahlung anzunehmen.

Da der konvektive Wärmeübergang in erster Linie durch die Luftgeschwindigkeit in der Nähe der Bauteiloberfläche bestimmt wird, ist hier zwischen dem Inneren eines Raumes mit natürlicher Konvektion und dem äußeren Bereich mit einer durch den Wind erzwungenen Konvektion zu unterscheiden. Dies führt zu einer verhältnismäßig geringen Anzahl von Festlegungen von Wärmeübergangskoeffizienten nach Gl. (2.8) im Anwendungsbereich des Bauwesens (s. Tafel 2.1). Die Unterscheidung zwischen innen im Raum und außen im Freien erfolgt durch die Indizes i und a. Der Kehrwert des Wärmeübergangskoeffizienten ist der Wärmeübergangswiderstand.

Tafel 2.1  Wärmeübergangskoeffizienten und Wärmeübergangswiderstände an Bauteiloberflächen

| Bauteil und Lage | Wärmeübergangs-koeffizient $\alpha$ in $W/(m^2 \cdot K)$ | Wärmeübergangs-widerstand R in $m^2 \cdot K/W$ |
|---|---|---|
| **Innen im Raum** | | |
| Außenwand | 8 | 0,13 |
| Dach, Dachschräge | 8 | 0,13 |
| Kellerdecke | 6 | 0,17 |
| Decken bei Wärmestrom | | |
| von unten nach oben | 8 | 0,13 |
| von oben nach unten | 6 | 0,17 |
| **Außen im Freien** | | |
| Außenwand mit hinterlüfteter Außenhaut | 13 | 0,08 |
| belüftete Dachschräge | 13 | 0,08 |
| sonstige Bauteile, unabhängig von der Lage | 24 | 0,04 |

## 2.1.3  Wärmedurchgangswiderstand und Wärmedurchgangskoeffizient

Die in Bild 2.1 dargestellten Wärmestromdichten q für die drei Einzelvorgänge beim Wärmedurchgang durch ein Bauteil vom Raum zum Freien sind

– beim Wärmeübergang von der Raumluft zur raumseitigen Bauteiloberfläche

$$q = \alpha_i \cdot (\vartheta_{Li} - \vartheta_{Oi}) \tag{2.10}$$

– beim Wärmedurchgang durch das Bauteil

$$q = \Lambda \cdot (\vartheta_{Oi} - \vartheta_{Oa}) \tag{2.11}$$

– und beim Wärmeübergang von der außenseitigen Bauteiloberfläche an die Außenluft

$$q = \alpha_a \cdot (\vartheta_{Oa} - \vartheta_{La}) \tag{2.12}$$

Bei stationären Temperaturverhältnissen ist

$$q = \alpha_i (\vartheta_{Li} - \vartheta_{Oi}) = \Lambda (\vartheta_{Oi} - \vartheta_{Oa}) = \alpha_a (\vartheta_{Oa} - \vartheta_{La})$$

Löst man diese drei Gleichungen nach der jeweiligen Temperaturdifferenz auf und addiert diese, so erhält man

$$\vartheta_{Li} - \vartheta_{La} = q (R_i + R_\lambda + R_a)$$

und

$$q = \frac{1}{(R_i + R_\lambda + R_a)} (\vartheta_{Li} - \vartheta_{La})$$

bzw.

$$q = k \cdot (\vartheta_{Li} - \vartheta_{La}) \tag{2.13}$$

mit

$$R_k = R_i + R_\lambda + R_a$$

$R_k$ ist der Wärmedurchgangswiderstand des Bauteils mit Einschluß der beidseitigen Wärmeübergangswiderstände. Sein Kehrwert ist der Wärmedurchgangskoeffizient

$$k = \frac{1}{(R_i + R_\lambda + R_a)} \qquad (2.14)$$

## 2.2 Wärmeleitfähigkeit von Baustoffen

In der Praxis trifft man selten reine Stoffe an, meistens liegen natürliche oder künstliche Mischungen aus mehreren Bestandteilen vor, wobei die Wärmeleitfähigkeit der einzelnen Komponenten und deren Anteil diejenige des Endproduktes bestimmen. Deshalb kann die Art und Menge eines Zuschlags erheblichen Einfluß auf die Wärmeleitfähigkeit eines Materials ausüben. Beimengung von Quarzsand bei Beton und Putz z. B. erhöht deren Wärmeleitfähigkeit wegen der Fähigkeit des Quarzes, Wärme besonders gut zu leiten. Bild 2.3 zeigt die an Probekörpern aus Blähton-Beton mit unterschiedlichem Gehalt an Quarzsand gemessenen Wärmeleitfähigkeiten [69]. Bei Stoffen, die sich wärmeschutztechnisch günstig verhalten sollen, ist es deshalb zweckmäßig, auf Zuschläge aus Quarzsand zu verzichten.

Ruhende Luft weist eine sehr kleine Wärmeleitfähigkeit auf. Bei porösen Stoffen, die sehr viel Luft enthalten, führt dies zu einem verringerten Wärmedurchgang. Je poröser der Stoff ist, desto kleiner wird seine Wärmeleitfähigkeit sein. Deshalb wird bei vielen Baustoffen versucht, durch Erhöhung der Porosität die Wärmeleitfähigkeit zu verringern. Dies geschieht durch eine künstliche Porenbildung durch Treibmittel, der Beimengung von porö-

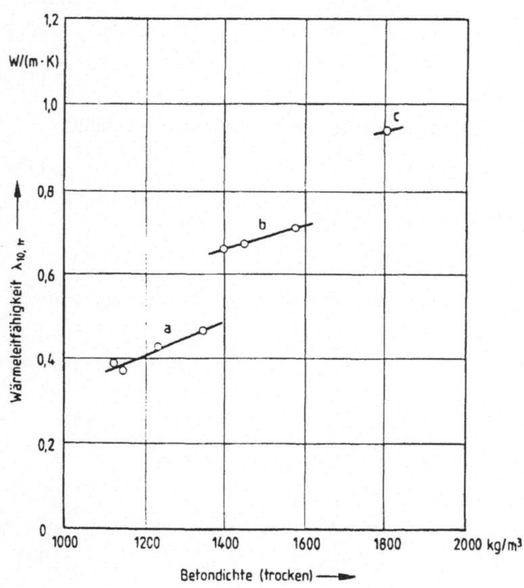


Bild 2.3
Gemessene Werte der Wärmeleitfähigkeit an trockenen Probenkörpern aus Blähton-Beton bei einer Probenmitteltemperatur von 10 °C, abhängig von der Trockenrohdichte und Gehalt an Quarzsand

a ohne Quarzsandzusatz,
b mit 26 % Quarzsandzusatz,
c mit 47 % Quarzsandzusatz.

sen Zuschlägen bei der Herstellung von Leichtbetonen oder durch Lochbildung bei Mauersteinen.

Wegen der geringen Dichte der Luft (1,29 kg/m$^3$ bei 0 °C und Normaldruck) verringert diese ihrem Volumenanteil entsprechend auch die Materialrohdichte. Viele Luftporen reduzieren also nicht nur die Wärmeleitfähigkeit, sondern auch die Rohdichte. Deshalb gilt die Faustformel, daß Stoffe geringer Rohdichte kleine Wärmeleitfähigkeiten aufweisen.

Bild 2.4 zeigt den Zusammenhang zwischen der Wärmeleitfähigkeit $\lambda$ lufttrockener Baustoffe und der Rohdichte $\rho$ nach J. S. Cammerer.

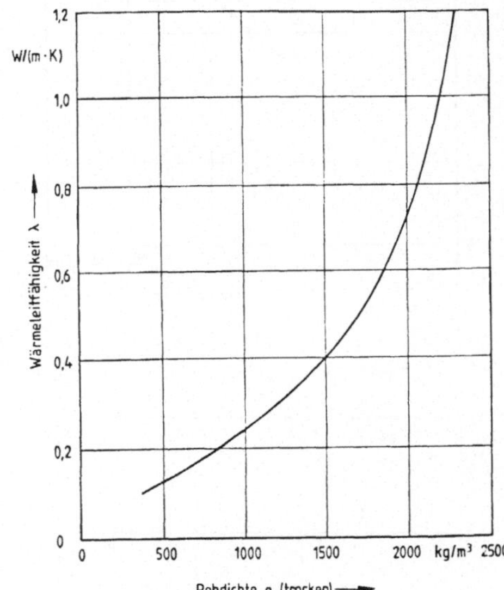


Bild 2.4
Durchschnittswerte der Wärmeleitfähigkeit $\lambda$ lufttrockener Baustoffe, abhängig von der Rohdichte nach J. S. Cammerer

Die Abhängigkeit der Wärmeleitfähigkeit von der Rohdichte läßt sich näherungsweise durch eine Exponentialfunktion der Form

$$\lambda = a \cdot e^{b\rho} \tag{2.15}$$

darstellen, wobei b ein Maß für die Zunahme der Wärmeleitfähigkeit mit der Dichte ist. In der halb logarithmischen Darstellung wird die Abhängigkeit der Wärmeleitfähigkeit von der Rohdichte zu einer Geraden (s. Bild 2.5).

Neben dem Luftanteil beeinflußt auch das Gerüstmaterial die Wärmeleitfähigkeit der Baustoffe. Deshalb wird in der Regel die Wärmeleitfähigkeit unterschiedlicher Stoffe trotz gleicher Rohdichte differieren. Je nach der Zusammensetzung der Stoffe entsteht ein Streubereich, wie in Bild 2.6 am Beispiel von vier verschiedenen Betonen gezeigt wird.

Die experimentell gefundene Gesetzmäßigkeit über die exponentielle Abhängigkeit der Wärmeleitfähigkeit von der Rohdichte gilt nicht für sehr leichte Wärmedämmstoffe. Bei extrem porösen Stoffen mit einem hohen Anteil an Luft spielt die Wärmeübertragung durch

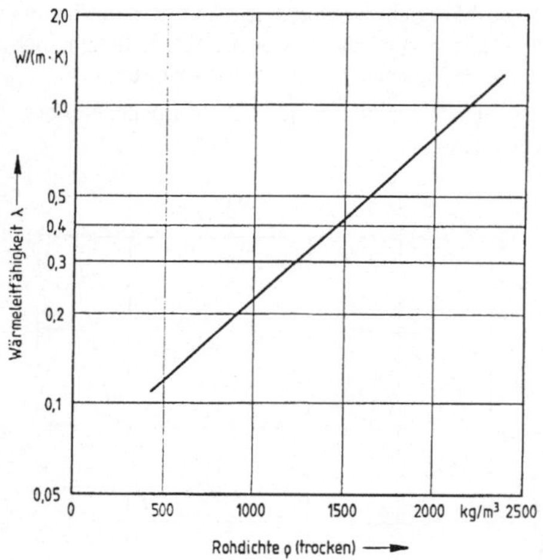



**Bild 2.5**
Durchschnittswerte der Wärmeleitfähigkeit λ lufttrockener Baustoffe, abhängig von der Rohdichte

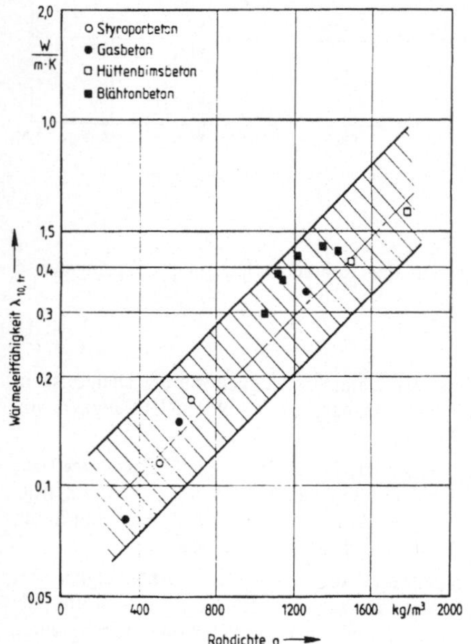



**Bild 2.6**
Streubereich der Wärmeleitfähigkeit λ verschiedener Leichtbetone, gemessen an trockenen Probekörpern

—·—·—·— Gerade nach Bild 2.5

Konvektion und Strahlung in den Luftporen eine zunehmende Rolle. Rechnerische Untersuchungen mit kubischen Modellen [9], [36] zeigen, daß bei sehr niedrigen Rohdichten die Wärmeleitfähigkeit auf Grund der erwähnten Einflüsse wieder zunimmt. Dies wird auch bei der Untersuchung der Dämmstoffe, wie in Bild 2.7 gezeigt wird, bestätigt.

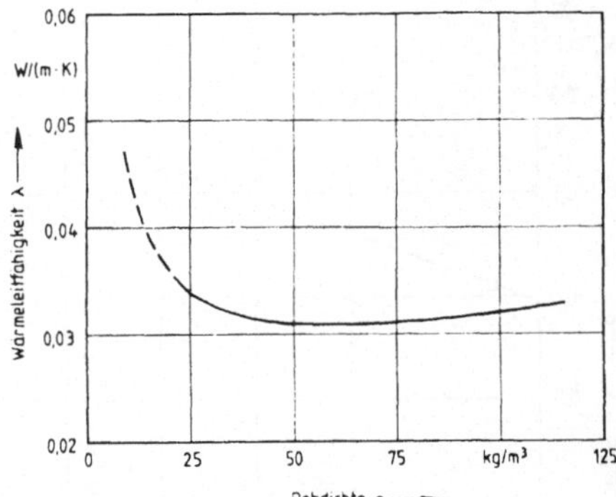


Bild 2.7
Wärmeleitfähigkeit λ von Faserdämmstoffen, abhängig von der Rohdichte

Die Wärmeleitfähigkeit eines Stoffes ist, wenn man von den Einflüssen der Materialeigenschaften absieht, kein konstanter Wert. Sie hängt sowohl von der Temperatur als auch vom Wassergehalt des Materials ab. In dem im Bauwesen interessierenden Temperaturbereich von 0 bis 100 °C ist die Wärmeleitfähigkeit in erster Näherung linear von der Temperatur abhängig (s. Bild 2.8). Sie nimmt bei amorphen Stoffen um etwa 0,1 bis 0,4 % je 1 Kelvin Temperaturanstieg zu. Bei Kristallen dagegen nimmt die Wärmeleitfähigkeit mit steigender Temperatur ab.

Der Einfluß des Wassergehaltes auf die Wärmeleitfähigkeit von Baustoffen ist beachtlich. Diese nimmt mit steigendem Wassergehalt zu, was sich aber nur zum Teil auf die hohe

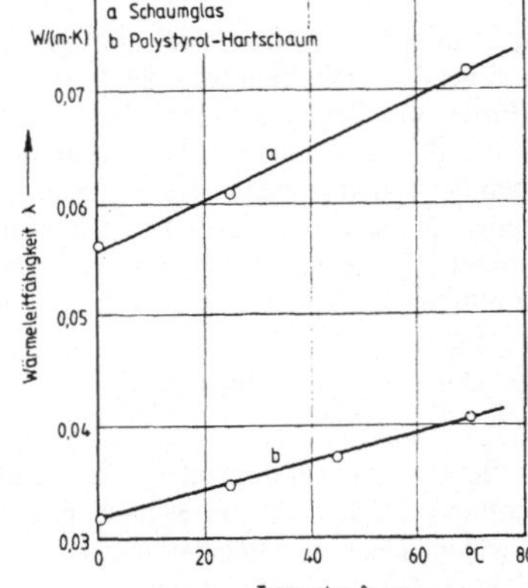


Bild 2.8
Wärmeleitfähigkeit λ von Schaumstoffen, abhängig von der Materialtemperatur

Schaumglas:
$\rho = 156$ kg/m³
Polystyrol-Hartschaum:
$\rho = 20$ kg/m³

Wärmeleitfähigkeit des Wassers, das sich in den Kapillaren und in den Poren befindet, zurückzuführen ist. Von größerem Einfluß ist der Energietransport bei dem in den Poren stattfindenden Wasserdampfdiffusionsvorgang. Bild 2.9 zeigt am Beispiel verschiedener Betone, wie sich der Wassergehalt auf die Wärmeleitfähigkeit des Materials auswirkt.

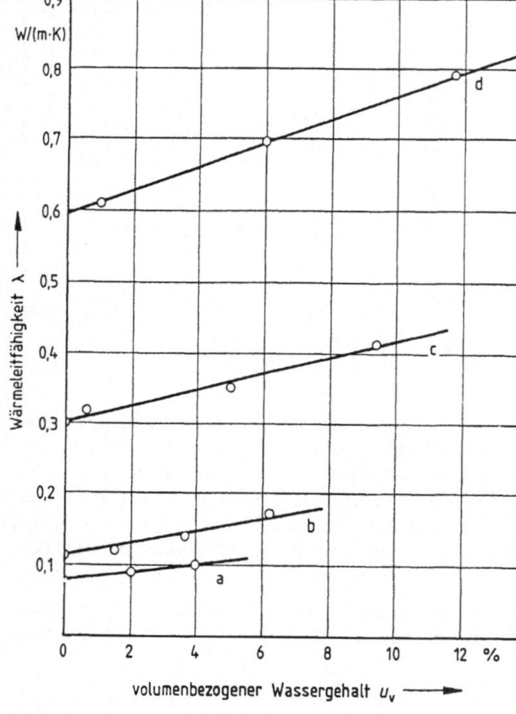


Bild 2.9
Wärmeleitfähigkeit λ verschiedener Leichtbetone, abhängig vom Wassergehalt des Materials

a) Gasbeton (510 kg/m³)
b) Styroporbeton (330 kg/m³)
c) Blähbeton (1060 kg/m³)
d) Hüttenbimsbeton (1925 kg/m³)

Mauerwerk ist in seinem Aufbau nicht homogen und es ist deshalb streng genommen nicht möglich, von der Wärmeleitfähigkeit des Mauerwerkes zu sprechen. Sowohl die Steine als auch der Mörtel verhalten sich in ihrer Wärmeleitfähigkeit in der Regel recht unterschiedlich, weshalb örtlich schwankende Wärmestromdichten und Oberflächentemperaturen auftreten. Wegen der genormten Steinabmessungen entsteht ein sich stets wiederholendes Muster von Temperaturschwankungen. Der Gesamtwärmestrom $\Phi$ durch die Wandfläche A und die gemittelte Differenz der Oberflächentemperatur $(\vartheta_{Oi} - \vartheta_{Oa})_m$ erlauben es, eine mittlere Wärmeleitfähigkeit $\lambda_m$ des Mauerwerkes zu definieren, für die die Gleichung

$$\Phi = \frac{\lambda_m}{s} \cdot A \cdot (\vartheta_{Oi} - \vartheta_{Oa})_m \tag{2.16}$$

gilt. Die mittlere Wärmeleitfähigkeit $\lambda_m$ des Mauerwerkes kann experimentell an größeren Probekörpern von mindestens 1 m Kantenlänge nach DIN 52 611 „Bestimmung des Wärmedurchlaßwiderstandes von Wänden und Decken" [87], [88] oder mit Hilfe numerischer Rechenverfahren [28] ermittelt werden.

## 2.2.1 Rechenwert der Wärmeleitfähigkeit von Baustoffen

Damit bei Berechnungen zur Bewertung des Wärmeschutzes von Bauteilen die Wärmeleitfähigkeitswerte der verwendeten Baustoffe vergleichbar sind, wurde der Rechenwert
der Wärmeleitfähigkeit $\lambda_R$ definiert. Er berücksichtigt die Einflüsse der Temperatur, des
Wassergehalts des Baustoffes sowie material- und herstellungsbedingte Schwankungen der
Stoffeigenschaft.

Tafel 2.2   Praktischer Wassergehalt von Baustoffen nach DIN 4108, Teil 4

| Zeile | Baustoffe | Praktischer Feuchtegehalt[1] volumen-bezogen[2] $u_v$ in % | masse-bezogen $u_m$ in % |
|---|---|---|---|
| 1 | Ziegel | 1,5 | – |
| 2 | Kalksandsteine | 5 | – |
| 3   3.1 | Beton mit geschlossenem Gefüge mit dichten Zuschlägen | 5 | – |
| 3.2 | Beton mit geschlossenem Gefüge mit porigen Zuschlägen | 15 | – |
| 4   4.1 | Leichtbeton mit haufwerksporigem Gefüge mit dichten Zuschlägen nach DIN 4226 Teil 1 | 5 | – |
| 4.2 | Leichtbeton mit haufwerksporigem Gefüge mit porigen Zuschlägen nach DIN 4226 Teil 2 | 4 | – |
| 5 | Gasbeton | 3,5 | – |
| 6 | Gips, Anhydrit | 2 | – |
| 7 | Gußasphalt, Asphaltmastix | $\approx 0$ | $\approx 0$ |
| 8 | anorganische Stoffe in loser Schüttung; expandiertes Gesteinsglas (z. B. Blähperlit) | – | 5 |
| 9 | mineralische Faserdämmstoffe aus Glas-, Stein-, Hochofenschlacken-(Hütten-)Fasern | – | 1,5 |
| 10 | Schaumglas | $\approx 0$ | $\approx 0$ |
| 11 | Holz, Sperrholz, Spanplatten, Holzfaserplatten, Holzwolle-Leichtbau-platten, Schilfrohrplatten und -matten, Organische Faserdämmstoffe | – | 15 |
| 12 | pflanzliche Faserdämmstoffe aus Seegras, Holz-, Torf- und Kokos-fasern und sonstigen Fasern | – | 15 |
| 13 | Korkdämmstoffe | – | 10 |
| 14 | Schaumkunststoffe aus Polystyrol, Polyurethan (hart) | – | 5 |

[1] Unter praktischem Feuchtegehalt versteht man den Feuchtegehalt, der bei der Untersuchung genügend
   ausgetrockneter Bauten, die zum dauernden Aufenthalt von Menschen dienen, in 90 % aller Fälle
   nicht überschritten wurde.

[2] Der volumenbezogene Feuchtegehalt bezieht sich auch bei Lochsteinen, Hohldielen oder sonstigen
   Bauelementen mit Lufthohlräumen immer auf das Material allein ohne die Hohlräume.

Nach DIN 52 612 „Bestimmungen der Wärmeleitfähigkeit mit dem Plattengerät" [89], [90] ist als Bezugstemperatur der Wert 10 °C festgelegt.

Auch der beachtliche Einfluß des Wassergehaltes auf die Wärmedämmung der Bauteile wird für die praktische Anwendung berücksichtigt; dabei ist die baustoffabhängige Bezugsgröße der praktische Wassergehalt der Baustoffe, er wird experimentell ermittelt und ist im Anhang A des Teiles 4 „Wärme- und feuchteschutztechnische Kennwerte" der DIN 4108 „Wärmeschutz im Hochbau" [78] für die wichtigsten Baustoffe aufgeführt (s. Tafel 2.2 und Kapitel Feuchte).

Wird die Wärmeleitfähigkeit eines Baustoffes an mehreren Probekörpern experimentell bestimmt, dann schwanken die Meßwerte wegen material- und herstellungsbedingter Streuungen um einen Mittelwert. Wenn genügend Meßwerte vorliegen, kann mittels statistischer Rechenmethoden bei einem vorgegebenen Vertrauensbereich die obere und untere Vertrauensgrenze berechnet werden. Für den Rechenwert der Wärmeleitfähigkeit wurde, um diese Schwankungen zu berücksichtigen, der Vertrauensbereich 90 % gewählt. Mit einer Wahrscheinlichkeit von 90 % liegen die Meßwerte dadurch unter der oberen Vertrauensgrenze und der Endverbraucher wird vor eventuell nicht erkennbaren Heizenergieverlusten geschützt, die aus unsicheren Zahlenangaben zur Wärmeleitfähigkeit der Baustoffe auf Grund schwankender Materialwerte resultieren.

Die Rechenwerte der Wärmeleitfähigkeit genormter Baustoffe sind in DIN 4108 Teil 4 enthalten (s. Tafel 2.3) [78]. Neben genormten Baustoffen befinden sich auch solche auf dem Markt, deren Rechenwert der Wärmeleitfähigkeit $\lambda_R$ in einer Zulassung oder einem Bescheid geregelt ist und die im Bundesanzeiger veröffentlicht werden.

Tafel 2.3   Rechenwerte der Wärmeleitfähigkeit und Richtwerte der Wasserdampf-Diffusionswiderstandszahlen

| Zeile | Stoff | Rohdichte[1)2)] in kg/m$^3$ | Rechenwert der Wärmeleitfähigkeit $\lambda_R$[3)] in W/(m·K) | Richtwert der Wasserdampf-Diffusionswiderstandszahl $\mu$[4)] |
|---|---|---|---|---|
| **1 Putze, Estriche und andere Mörtelschichten** | | | | |
| 1.1 | Kalkmörtel, Kalkzementmörtel, Mörtel aus hydraulischem Kalk | (1800) | 0,87 | 15/35 |
| 1.2 | Leichtmörtel nach DIN 1053 Teil 1 | | | |
| 1.2.1 | Leichtmörtel LM 21 | (≤ 700) | 0,21 | 15/35 |
| 1.2.2 | Leichtmörtel LM 36 | (≤ 1000) | 0,36 | 15/35 |
| 1.3 | Zementmörtel | (2000) | 1,4 | 15/35 |
| 1.4 | Kalkgipsmörtel, Gipsmörtel, Anhydritmörtel, Kalkanhydritmörtel | (1400) | 0,70 | 10 |
| 1.5 | Gipsputz ohne Zuschlag | (1200) | 0,35 | 10 |

Fortsetzung s. nächste Seiten, Fußnoten s. S. 148/149

Tafel 2.3, Fortsetzung

| Zeile | Stoff | Roh-dichte[1,2] in kg/m³ | Rechen-wert der Wärme-leitfähig-keit $\lambda_R$[3] in W/(m·K) | Richtwert der Wasserdampf-Diffusions-widerstandszahl $\mu$[4] |
|---|---|---|---|---|
| 1.6 | Wärmedämmputzsysteme nach DIN 18 550 Teil 3 Wärmeleitfähigkeitsgruppe 060 070 080 090 100 | (≥ 200) | 0,060 0,070 0,080 0,090 0,100 | 5/20 |
| 1.7 | Anhydritestrich | (2100) | 1,2 | |
| 1.8 | Zementestrich | (2000) | 1,4 | 15/35 |
| 1.9 | Magnesiaestrich | | | |
| 1.9.1 | Unterböden und Unterschichten von zweilagigen Böden | (1400) | 0,47 | |
| 1.9.2 | Industrieböden und Gehschicht | (2300) | 0,70 | |
| 1.10 | Gußasphaltstrich, Dicke ≥ 15 mm | (2300) | 0,90 | [5] |
| **2 Großformatige Bauteile** | | | | |
| 2.1 | Normalbeton nach DIN 1045 (Kies- oder Splittbeton mit geschlossenem Gefüge; auch bewehrt) | (2400) | 2,1 | 70/150 |
| 2.2 | Leichtbeton und Stahlleichtbeton mit geschlossenem Gefüge nach DIN 4219 Teil 1 und Teil 2, hergestellt unter Verwendung von Zuschlägen mit porigem Gefüge nach DIN 4226 Teil 2 ohne Quarzsandzusatz[6] | 800 900 1000 1100 1200 1300 1400 1500 1600 1800 2000 | 0,39 0,44 0,49 0,55 0,62 0,70 0,79 0,89 1,0 1,3 1,6 | 70/150 |
| 2.3 | Dampfgehärteter Gasbeton nach DIN 4223 | 400 500 600 700 800 | 0,14 0,16 0,19 0,21 0,23 | 5/10 |
| 2.4 | Leichtbeton mit haufwerksporigem Gefüge, z. B. nach DIN 4232 | | | |
| 2.4.1 | mit nichtporigen Zuschlägen nach DIN 4226 Teil 1, z. B. Kies | 1600 1800 2000 | 0,81 1,1 1,4 | 3/10 5/10 |

Tafel 2.3, Fortsetzung

| Zeile | Stoff | Roh-dichte[1)2)] in kg/m$^3$ | Rechen-wert der Wärme-leitfähig-keit $\lambda_R$[3)] in W/(m·K) | Richtwert der Was-serdampf-Diffu-sions-wider-stands-zahl $\mu$[4)] |
|---|---|---|---|---|
| 2.4.2 | mit porigen Zuschlägen nach DIN 4226 Teil 2 ohne Quarzsandzusatz[6)] | 600<br>700<br>800<br>1000<br>1200<br>1400<br>1600<br>1800<br>2000 | 0,22<br>0,26<br>0,28<br>0,36<br>0,46<br>0,57<br>0,75<br>0,92<br>1,2 | 5/15 |
| 2.4.2.1 | ausschließlich unter Verwendung von Naturbims | 500<br>600<br>700<br>800<br>900<br>1000<br>1200 | 0,15<br>0,18<br>0,20<br>0,24<br>0,27<br>0,32<br>0,44 | 5/15 |
| 2.4.2.2 | ausschließlich unter Verwendung von Blähton | 500<br>600<br>700<br>800<br>900<br>1000<br>1200 | 0,18<br>0,20<br>0,23<br>0,26<br>0,30<br>0,35<br>0,46 | 5/15 |
| **3 Bauplatten** | | | | |
| 3.1 | Asbestzementplatten nach DIN 274 Teil 1 bis Teil 4 und DIN 18517 Teil 1 | (2000) | 0,58 | 20/50 |
| 3.2 | Gasbeton-Bauplatten, unbewehrt, nach DIN 4166 | | | |
| 3.2.1 | mit normaler Fugendicke und Mauermörtel nach DIN 1053 Teil 1 verlegt | 500<br>600<br>700<br>800 | 0,22<br>0,24<br>0,27<br>0,29 | 5/10 |
| 3.2.2 | dünnfugig verlegt | 500<br>600<br>700<br>800 | 0,19<br>0,22<br>0,24<br>0,27 | 5/10 |

Tafel 2.3, Fortsetzung

| Zeile | Stoff | Roh-dichte[1,2] in kg/m$^3$ | Rechen-wert der Wärme-leitfähig-keit $\lambda_R$[3] in W/(m·K) | Richtwert der Was-serdampf-Diffu-sions-wider-stands-zahl $\mu$[4] |
|---|---|---|---|---|
| 3.3 | Wandbauplatten aus Leichtbeton nach DIN 18 162 | 800<br>900<br>1000<br>1200<br>1400 | 0,29<br>0,32<br>0,37<br>0,47<br>0,58 | 5/10 |
| 3.4 | Wandbauplatten aus Gips nach DIN 18 163, auch mit Poren, Hohlräumen, Füllstoffen oder Zuschlägen | 600<br>750<br>900<br>1000<br>1200 | 0,29<br>0,35<br>0,41<br>0,47<br>0,58 | 5/10 |
| 3.5 | Gipskartonplatten nach DIN 18 180 | (900) | 0,21 | 8 |
| **4 Mauerwerk einschließlich Mörtelfugen** | | | | |
| 4.1 | Mauerwerk aus Mauerziegeln nach DIN 105 Teil 1 bis Teil 4 | | | |
| 4.1.1 | Vollklinker, Hochlochklinker, Keramikklinker | 1800<br>2000<br>2200 | 0,81<br>0,96<br>1,2 | 50/100 |
| 4.1.2 | Vollziegel, Hochlochziegel | 1200<br>1400<br>1600<br>1800<br>2000 | 0,50<br>0,58<br>0,68<br>0,81<br>0,96 | 5/10 |
| 4.1.3 | Leichthochlochziegel mit Lochung A und Lochung B nach DIN 105 Teil 2 | 700<br>800<br>900<br>1000 | 0,36<br>0,39<br>0,42<br>0,45 | 5/10 |
| 4.1.4 | Leichthochlochziegel W nach DIN 105 Teil 2 | 700<br>800<br>900<br>1000 | 0,30<br>0,33<br>0,36<br>0,39 | 5/10 |
| 4.2 | Mauerwerk aus Kalksandsteinen nach DIN 106 Teil 1 und Teil 2 und aus Kalksand-Plansteinen nach DIN 106 Teil 1 | 1000<br>1200<br>1400<br>1600<br>1800<br>2000<br>2200 | 0,50<br>0,56<br>0,70<br>0,79<br>0,99<br>1,1<br>1,3 | 5/10<br><br>5/25 |

Fortsetzung s. nächste Seite

Tafel 2.3, Fortsetzung

| Zeile | Stoff | Roh-dichte[1)2)] in kg/m$^3$ | Rechen-wert der Wärme-leitfähig-keit $\lambda_R^{3)}$ in W/(m·K) | Richtwert der Was-serdampf-Diffu-sions-wider-stands-zahl $\mu^{4)}$ |
|---|---|---|---|---|
| 4.3 | Mauerwerk aus Hüttensteinen nach DIN 398 | 1000<br>1200<br>1400<br>1600<br>1800<br>2000 | 0,47<br>0,52<br>0,58<br>0,64<br>0,70<br>0,76 | 70/100 |
| 4.4 | Mauerwerk aus Gasbeton-Blocksteinen und Gasbeton-Plansteinen nach DIN 4165 | | | |
| 4.4.1 | Gasbeton-Blocksteine (G) | 400<br>500<br>600<br>700<br>800 | 0,20<br>0,22<br>0,24<br>0,27<br>0,29 | 5/10 |
| 4.4.2 | Gasbeton-Plansteine (GP) | 400<br>500<br>600<br>700<br>800 | 0,15<br>0,17<br>0,20<br>0,23<br>0,27 | 5/10 |
| 4.5 | Mauerwerk aus Betonsteinen | | | |
| 4.5.1 | Hohlblöcke aus Leichtbeton (Hbl) nach DIN 18 151 mit porigen Zuschlägen nach DIN 4226 Teil 2 ohne Quarzsandzusatz | | | |
| 4.5.1.1 | 2 K Hbl, Breite ≤ 240 mm<br>3 K Hbl, Breite ≤ 300 mm<br>4 K Hbl, Breite ≤ 365 mm<br>5 K Hbl, Breite ≤ 490 mm<br>6 K Hbl, Breite ≤ 490 mm | 500<br>600<br>700<br>800<br>900<br>1000<br>1200<br>1400 | 0,29<br>0,32<br>0,35<br>0,39<br>0,44<br>0,49<br>0,60<br>0,73 | 5/10 |
| 4.5.1.2 | 2 K Hbl, Breite = 300 mm<br>3 K Hbl, Breite = 365 mm | 500<br>600<br>700<br>800<br>900<br>1000<br>1200<br>1400 | 0,29<br>0,34<br>0,39<br>0,46<br>0,55<br>0,64<br>0,76<br>0,90 | 5/10 |

Tafel 2.3, Fortsetzung

| Zeile | Stoff | Roh-dichte[1,2] in kg/m$^3$ | Rechen-wert der Wärme-leitfähig-keit $\lambda_R$[3] in W/(m·K) | Richtwert der Was-serdampf-Diffu-sions-wider-stands-zahl $\mu$[4] |
|---|---|---|---|---|
| 4.5.2 | Vollsteine und Vollblöcke aus Leichtbeton nach DIN 18152 | | | |
| 4.5.2.1 | Vollsteine (V) | 500<br>600<br>700<br>800<br>900<br>1000<br>1200<br>1400<br>1600<br>1800<br>2000 | 0,32<br>0,34<br>0,37<br>0,40<br>0,43<br>0,46<br>0,54<br>0,63<br>0,74<br>0,87<br>0,99 | 5/10<br><br>10/15 |
| 4.5.2.2 | Vollblöcke (Vbl) (außer Vollblöcken S-W aus Natur-bims nach Zeile 4.5.2.3 und aus Blähton oder aus einem Gemisch aus Blähton und Naturbims nach Zeile 4.5.2.4) | 500<br>600<br>700<br>800<br>900<br>1000<br>1200<br>1400<br>1600<br>1800<br>2000 | 0,29<br>0,32<br>0,35<br>0,39<br>0,43<br>0,46<br>0,54<br>0,63<br>0,74<br>0,87<br>0,99 | 5/10<br><br>10/15 |
| 4.5.2.3 | Vollblöcke S-W aus Naturbims | | | |
| 4.5.2.3.1 | Länge ≥ 490 mm | 500<br>600<br>700<br>800 | 0,20<br>0,22<br>0,25<br>0,28 | 5/10 |
| 4.5.2.3.2 | Länge l:<br>240 mm ≤ l < 490 mm | 500<br>600<br>700<br>800 | 0,22<br>0,24<br>0,28<br>0,31 | 5/10 |
| 4.5.2.4 | Vollblöcke S-W aus Blähton oder aus einem Gemisch aus Blähton und Naturbims | | | |
| 4.5.2.4.1 | Länge ≥ 490 mm | 500<br>600<br>700<br>800 | 0,22<br>0,24<br>0,27<br>0,31 | 5/10 |

Fortsetzung s. nächste Seite

Tafel 2.3, Fortsetzung

| Zeile | Stoff | Roh-dichte[1)2)] in kg/m$^3$ | Rechen-wert der Wärme-leitfähig-keit $\lambda_R$[3)] in W/(m·K) | Richtwert der Was-serdampf-Diffu-sions-wider-stands-zahl $\mu$[4)] |
|---|---|---|---|---|
| 4.5.2.4.2 | Länge l: 240 mm ≤ l < 490 mm | 500 600 700 800 | 0,24 0,26 0,30 0,34 | 5/10 |
| 4.5.3 | Hohlblöcke (Hbn) und T-Hohlblöcke (Tbn) aus Normalbeton mit geschlossenem Gefüge nach DIN 18153 | | | |
| 4.5.3.1 | 2 K, Breite ≤ 240 mm<br>3 K, Breite ≤ 300 mm<br>4 K, Breite ≤ 365 mm | (≤ 1800) | 0,92 | 20/30 |
| 4.5.3.2 | 2 K, Breite = 300 mm<br>3 K, Breite = 365 mm | (≤ 1800) | 1,3 | 20/30 |
| **5 Wärmedämmstoffe** | | | | |
| 5.1 | Holzwolle, Leichtbauplatten nach DIN 1101[8)]<br>Plattendicke ≥ 25 mm<br>Plattendicke = 15 mm | (360 bis 480)<br>(570) | 0,090<br>0,15 | 2/5 |
| 5.2 | Mehrschicht-Leichtbauplatten nach DIN 1101<br>Polystyrol-Partikelschaumschicht nach DIN 18164 Teil 1<br>Wärmeleitfähigkeitsgruppe[9)]  040 | (≥ 15) | 0,040 | 20/50 |
| | Mineralfaserschicht nach DIN 18165 Teil 1<br>Wärmeleitfähigkeitsgruppe[10)]  040<br>045 | (50 bis 250) | 0,040<br>0,045 | 1 |
| | Holzwolleschichten[11)] (Einzelschichten)<br>Dicke d: 10 mm ≤ d < 25 mm | (460 bis 650) | 0,15 | |
| | Dicke ≥ 25 mm | (360 bis 480) | 0,090 | 2/5 |
| 5.3 | Schaumkunststoffe nach DIN 18159 Teil 1 und Teil 2 an der Baustelle hergestellt | | | |
| 5.3.1 | Polyurethan(PUR)-Ortschaum nach DIN 18159 Teil 1 | (≥ 37) | 0,030 | 30/100 |
| 5.3.2 | Harnstoff-Formaldehydharz(UF)-Ortschaum nach DIN 18159 Teil 2 | (≥ 10) | 0,041 | 1/3 |
| 5.4 | Korkdämmstoffe<br>Korkplatten nach DIN 18161 Teil 1<br>Wärmeleitfähigkeitsgruppe  045<br>050<br>055 | (80 bis 500) | 0,045<br>0,050<br>0,055 | 5/10 |

Tafel 2.3, Fortsetzung

| Zeile | Stoff | Roh-dichte[1,2] in kg/m³ | Rechen-wert der Wärme-leitfähig-keit $\lambda_R$[3] in W/(m · K) | Richtwert der Was-serdampf-Diffu-sions-wider-stands-zahl $\mu$[4] |
|---|---|---|---|---|
| 5.5 | Schaumkunststoffe nach DIN 18 164 Teil 1[12] | | | |
| 5.5.1 | Polystyrol(PS)-Hartschaum Wärmeleitfähigkeitsgruppe   025 030 035 040 | | 0,025 0,030 0,035 0,040 | |
| | Polystyrol-Partikelschaum | (≥ 15) (≥ 20) (≥ 30) | | 20/50 30/70 40/100 |
| | Polystyrol-Extruderschaum | (≥ 25) | | 80/250 |
| 5.5.2 | Polyurethan(PUR)-Hartschaum Wärmeleitfähigkeitsgruppe   020 025 030 035 | (≥ 30) | 0,020 0,025 0,030 0,035 | 30/100 |
| 5.5.3 | Phenolharz(PF)-Hartschaum Wärmeleitfähigkeitsgruppe   030 035 040 045 | (≥ 30) | 0,030 0,035 0,040 0,045 | 10/50 |
| 5.6 | mineralische und pflanzliche Faserdämmstoffe nach DIN 18 165 Teil 1[13] Wärmeleitfähigkeitsgruppe   035 040 045 050 | (8 bis 500) | 0,035 0,040 0,045 0,050 | 1 |
| 5.7 | Schaumglas nach DIN 18 174 Wärmeleitfähigkeitsgruppe   045 050 055 060 | (100 bis 500) | 0,045 0,050 0,055 0,060 | 5) |
| **6 Holz und Holzwerkstoffe[14]** | | | | |
| 6.1 | Holz | | | |
| 6.1.1 | Fichte, Kiefer, Tanne | (600) | 0,13 | 40 |
| 6.1.2 | Buche, Eiche | (800) | 0,20 | |

Fortsetzung s. nächste Seite

Tafel 2.3, Fortsetzung

| Zeile | Stoff | Roh-dichte[1)2)] in kg/m³ | Rechen-wert der Wärme-leitfähig-keit $\lambda_R$[3)] in W/(m·K) | Richtwert der Wasserdampf-Diffu-sions-wider-stands-zahl µ[4)] |
|---|---|---|---|---|
| 6.2 | Holzwerkstoffe | | | |
| 6.2.1 | Sperrholz nach DIN 68705 Teil 2 bis Teil 4 | (800) | 0,15 | 50/400 |
| 6.2.2 | Spanplatten | | | |
| 6.2.2.1 | Flachpreßplatten nach DIN 68761 Teil 1 und Teil 4 und DIN 68763 | (700) | 0,13 | 50/100 |
| 6.2.2.2 | Strangpreßplatten nach DIN 68764 Teil 1 (Vollplatten ohne Beplankung) | (700) | 0,17 | 20 |
| 6.2.3 | Holzfaserplatten | | | |
| 6.2.3.1 | harte Holzfaserplatten nach DIN 68750 und DIN 68754 Teil 1 | (1000) | 0,17 | 70 |
| 6.2.3.2 | poröse Holzfaserplatten nach DIN 68750 und Bitumen-Holzfaserplatten nach DIN 68752 | ≤ 300 ≤ 400 | 0,060 0,070 | 5 |

**7 Beläge, Abdichtstoffe und Abdichtungsbahnen**

| Zeile | Stoff | Roh-dichte in kg/m³ | $\lambda_R$ in W/(m·K) | µ |
|---|---|---|---|---|
| 7.1 | Fußbodenbeläge | | | |
| 7.1.1 | Linoleum nach DIN 18171 | (1000) | 0,17 | |
| 7.1.2 | Korklinoleum | (700) | 0,081 | |
| 7.1.3 | Linoleum-Verbundbeläge nach DIN 18173 | (100) | 0,12 | |
| 7.1.4 | Kunststoffbeläge, z. B. auch PVC | (1500) | 0,23 | |
| 7.2 | Abdichtstoffe, Abdichtungsbahnen | | | |
| 7.2.1 | Asphaltmastix, Dicke ≥ 7 mm | (2000) | 0,70 | [5)] |
| 7.2.2 | Bitumen | (1100) | 0,17 | |
| 7.2.3 | Dachbahnen, Dachdichtungsbahnen | | | |
| 7.2.3.1 | Bitumendachbahnen nach DIN 52128 | (1200) | 0,17 | 10000/ 80000 |
| 7.2.3.2 | nackte Bitumenbahnen nach DIN 52129 | (1200) | 0,17 | 2000/ 20000 |
| 7.2.3.3 | Glasvlies-Bitumendachbahnen nach DIN 52143 | | | 20000/ 60000 |

Fortsetzung s. nächste Seite

Tafel 2.3, Fortsetzung

| Zeile | Stoff | Roh-dichte[1,2] in kg/m³ | Rechen-wert der Wärme-leitfähig-keit $\lambda_R$[3] in W/(m · K) | Richtwert der Was-serdampf-Diffu-sions-wider-stands-zahl $\mu$[4] |
|---|---|---|---|---|
| 7.2.4 | Kunststoff-Dachbahnen | | | |
| 7.2.4.1 | nach DIN 16 729 (ECB)     2,0 K     2,0 | | | 50 000/ 75 000 70 000/ 90 000 |
| 7.2.4.2 | nach DIN 16 730 (PVC-P) | | | 10 000/ 30 000 |
| 7.2.4.3 | nach DIN 16 731 (PIB) | | | 400 000/ 1 750 000 |
| 7.2.5 | Folien | | | |
| 7.2.5.1 | PVC-Folien, Dicke ≥ 0,1 mm | | | 20 000/ 50 000 |
| 7.2.5.2 | Polyethylen-Folien, Dicke ≥ 0,1 mm | | | 100 000 |
| 7.2.5.3 | Aluminium-Folien, Dicke ≥ 0,05 mm | | | [5] |
| 7.2.5.4 | Andere Metallfolien, Dicke ≥ 0,1 mm | | | [5] |
| **8 Sonstige gebräuchliche Stoffe[15]** | | | | |
| 8.1 | Lose Schüttungen[16], abgedeckt | | | |
| 8.1.1 | aus porigen Stoffen:<br>Blähperlit<br>Blähglimmer<br>Korkschrot, expandiert<br>Hüttenbims<br>Blähton, Blähschiefer<br>Bimskies<br>Schaumlava | (≤ 100)<br>(≤ 100)<br>(≤ 200)<br>(≤ 600)<br>(≤ 400)<br>(≤ 1000)<br>≤ 1200<br>≤ 1500 | 0,060<br>0,070<br>0,050<br>0,13<br>0,16<br>0,19<br>0,22<br>0,27 | |
| 8.1.2 | aus Polystyrolschaumstoff-Partikeln | (15) | 0,045 | |
| 8.1.3 | aus Sand, Kies, Splitt (trocken) | (1800) | 0,70 | |
| 8.2 | Fliesen | (2000) | 1,0 | |
| 8.3 | Glas | (2500) | 0,80 | |

Fortsetzung s. nächste Seite

Tafel 2.3, Fortsetzung

| Zeile | Stoff | Roh-dichte[1)2)] in kg/m³ | Rechen-wert der Wärme-leitfähig-keit $\lambda_R$[3)] in W/(m·K) | Richtwert der Was-serdampf-Diffu-sions-wider-stands-zahl $\mu$[4)] |
|---|---|---|---|---|
| 8.4 | Natursteine | | | |
| 8.4.1 | kristalline metamorphe Gesteine (Granit, Basalt, Marmor) | (2800) | 3,5 | |
| 8.4.2 | Sedimentsteine (Sandstein, Muschelkalk, Nagelfluh) | (2600) | 2,3 | |
| 8.4.3 | vulkanische porige Natursteine | (1600) | 0,55 | |
| 8.5 | Böden (naturfeucht) | | | |
| 8.5.1 | Sand, Kiessand | | 1,4 | |
| 8.5.2 | Bindige Böden | | 2,1 | |
| 8.6 | Keramik und Glasmosaik | (2000) | 1,2 | 100/300 |
| 8.7 | Kunstharzputz | (1100) | 0,70 | 50/200 |
| 8.8 | Metalle | | | |
| 8.8.1 | Stahl | | 60 | |
| 8.8.2 | Kupfer | | 380 | |
| 8.8.3 | Aluminium | | 200 | |
| 8.9 | Gummi (kompakt) | (1000) | 0,20 | |

[1]) Die in Klammern angegebenen Rohdichtewerte dienen nur zur Ermittlung der flächenbezogenen Masse, z. B. für den Nachweis des sommerlichen Wärmeschutzes.

[2]) Die bei den Steinen genannten Rohdichten entsprechen den Rohdichteklassen der zitierten Stoffnormen.

[3]) Die angegebenen Rechenwerte der Wärmeleitfähigkeit $\lambda_R$ von Mauerwerk dürfen bei Verwendung von Leichtmörtel nach DIN 1053 Teil 1 um 0,06 W/(m·K) verringert werden, jedoch dürfen die verringerten Werte bei Gasbeton-Blocksteinen nach Zeile 4.4 sowie bei Vollblöcken S-W aus Naturbims, Blähton oder einem Gemisch aus Blähton und Naturbims nach den Zeilen 4.5.2.3.1 und 4.5.2.4.1 die Werte der entsprechenden Zeilen 2.3 sowie 2.4.2.1 und 2.4.2.2 nicht unterschreiten.

[4]) Es ist jeweils der für die Baukonstruktion ungünstigere Wert einzusetzen. Bezüglich der Anwendung der $\mu$-Werte siehe DIN 4108 Teil 3 und Beispiele in DIN 4108 Teil 5.

[5]) Praktisch dampfdicht. Nach DIN 52615: $s_d \geq 1500$ m.

[6]) Bei Quarzsandzusatz erhöhen sich die Rechenwerte der Wärmeleitfähigkeit um 20 %.

[7]) Die Rechenwerte der Wärmeleitfähigkeit sind bei Hohlblöcken mit Quarzsandzusatz für 2 K Hbl um 20 % und für 3 K Hbl bis 6 K Hbl um 15 % zu erhöhen.

[8]) Platten der Dicken < 15 mm dürfen wärmeschutztechnisch nicht berücksichtigt werden (siehe DIN 1101).

[9]) Bei Vereinbarung anderer Wärmeleitfähigkeitsgruppen oder Schaumkunststoffe nach DIN 18164 Teil 1 gelten die Werte der Zeile 5.5.

[10]) Bei Vereinbarung anderer Wärmeleitfähigkeitsgruppen gelten die Werte der Zeile 5.6.

Fortsetzung s. nächste Seite

Fußnoten Tafel 2.3, Fortsetzung

[11]) Holzwolleschichten (Einzelschichten) mit Dicken < 10 mm dürfen zur Berechnung des Wärmedurchlaßwiderstandes $R_\lambda$ nicht berücksichtigt werden (siehe DIN 1101). Bei Diffusionsberechnungen werden sie jedoch mit ihrer wasserdampfdiffusionsäquivalenten Luftschichtdicke $s_d$ in Ansatz gebracht.

[12]) Bei Trittschalldämmplatten aus Schaumkunststoffen werden bei sämtlichen Erzeugnissen der Wärmedurchlaßwiderstand $R_\lambda$ und die Wärmeleitfähigkeitsgruppe auf der Verpackung angegeben (siehe DIN 18164 Teil 2).

[13]) Bei Trittschalldämmplatten aus Faserdämmstoffen wird bei sämtlichen Erzeugnissen die Wärmeleitfähigkeitsgruppe auf der Verpackung angegeben (siehe DIN 18165 Teil 2).

[14]) Die angegebenen Rechenwerte der Wärmeleitfähigkeit $\lambda_R$ gelten für Holz quer zur Faser, für Holzwerkstoffe senkrecht zur Plattenebene. Für Holz in Faserrichtung sowie für Holzwerkstoffe in Plattenebene ist näherungsweise der 2,2 fache Wert einzusetzen, wenn kein genauerer Nachweis erfolgt.

[15]) Diese Stoffe sind hinsichtlich ihrer wärmeschutztechnischen Eigenschaften nicht genormt. Die angegebenen Wärmeleitfähigkeitswerte stellen obere Grenzwerte dar.

[16]) Die Dichte wird bei losen Schüttungen als Schüttdichte angegeben.


## 2.2.2 Wärmedämmstoffe

Durch die in den vergangenen Jahren gestiegenen Anforderungen an den Wärmeschutz im Bauwesen gewinnen die Wärmedämmstoffe neben den herkömmlichen Baustoffen immer mehr an Bedeutung. Informationen über Material, Bezeichnungen, Beschaffenheit und Anwendungstypen der verschiedenen Wärmedämmstoffe sind in den zugehörigen Stoffnormen enthalten (s. Tafel 2.4).

Für alle im Bauwesen verwendeten Wärmedämmstoffe ist eine Güteüberwachung bei der Produktion vorgeschrieben und zwar unabhängig davon, ob es sich um genormte oder bauaufsichtlich zugelassene Produkte handelt. Dadurch wird gewährleistet, daß die Produkte in

Tafel 2.4   Stoffnormen der Wärmedämmstoffe

| Norm | Bezeichnung | Stoffart |
|---|---|---|
| DIN 18159 | Schaumkunststoff als Ortschäume im Bauwesen | Polyurethan-Ortschaum<br>Harnstoff-Formaldehydharz-Ortschaum |
| DIN 18161 | Korkerzeugnisse als Dämmstoffe für das Bauwesen | Korkrinde |
| DIN 18164 | Schaumkunststoffe als Dämmstoffe für das Bauwesen | Phenolharz-Hartschaum<br>Polystyrol-Hartschaum<br>Polyurethan-Hartschaun<br>Polyvinylchlorid-Hartschaum |
| DIN 18165 | Faserdämmstoffe für das Bauwesen | mineralische oder pflanzliche Fasern |
| DIN 18174 | Schaumglas als Dämmstoffe für das Bauwesen | geschäumtes Silikatglas |
| DIN 1101 | Holzwolle-Leichtbauplatten und Mehrschicht-Leichtbauplatten als Dämmstoffe für das Bauwesen | mineralisch gebundene Holzwolle<br>Hartschaum- oder Mineralfaserdämmschicht mit ein- oder beidseitiger Beschichtung aus mineralisch gebundener Holzwolle |

gleichmäßiger Qualität hergestellt werden und daß sie die angegebenen Eigenschaften aufweisen, welche auf die praktische Anwendung und Beanspruchung am Gebäude abgestimmt und stoffspezifisch verschieden sind.

## Wärmeleitfähigkeit

Die Wärmeleitfähigkeit der Dämmstoffe bewegt sich in Grenzen von ca. 0,020 W/(m · K) bis 0,06 W/(m · K). Um bei wärmeschutztechnischen Berechnungen nicht auf eine große Anzahl von sich teilweise nur wenig unterscheidenden Werten zurückgreifen zu müssen, sind die Rechenwerte der Wärmeleitfähigkeit der Wärmedämmstoffe in Wärmeleitfähigkeitsgruppen zusammengefaßt worden. Von dieser Regelung sind die Holzwolle-Leichtbauplatten und der Harnstoff-Formaldehydharz-Ortschaum ausgenommen. Eine Zusammenstellung der Wärmeleitfähigkeitsgruppen für die verschiedenen Stoffarten ist in Tafel 2.5 angegeben.

Tafel 2.5   Wärmeleitfähigkeit der Wärmedämmstoffe

| Stoffart | Wärmeleitfähigkeitsgruppe | | | | | | | | |
|---|---|---|---|---|---|---|---|---|---|
| | 020 | 025 | 030 | 035 | 040 | 045 | 050 | 055 | 060 |
| Kork | | | | | • | • | • | | |
| Phenolharz-Hartschaum | | | • | • | • | • | | | |
| Polystyrol-Hartschaum | | • | • | • | • | | | | |
| Polyurethan-Hartschaum | • | • | • | • | | | | | |
| Polyurethan-Ortschaum | | | • | | | | | | |
| Faserdämmstoffe | | | | • | • | • | • | | |
| Schaumglas | | | | | | • | • | • | • |

Abhängig ist die Wärmeleitfähigkeit von Wärmedämmstoffen im wesentlichen von
– der Wärmeleitfähigkeit des Basismaterials,
– Art, Größe und Anordnung der Poren,
– der Struktur der festen Bestandteile (faserig, geschäumt),
– der Rohdichte.

Seit langer Zeit werden auch Schaumkunststoffe zur Wärmedämmung verwendet, deren Zellen nicht Luft, sondern ein hochmolekulares Gas mit einer wesentlich kleineren Wärmeleitfähigkeit als die der Luft enthalten. Dementsprechend ist die Wärmeleitfähigkeit dieser Schaumkunststoffe (z. B. Polyurethan-Hartschaum) niedriger als bei solchen mit Luft in den Zellen. Wird im Laufe der Zeit durch Diffusion das Zellgas teilweise gegen Luft ausgetauscht, steigt die Wärmeleitfähigkeit des Materials an. Dieser Alterungsprozeß erstreckt sich über viele Jahre, kann aber deutlich abgeschwächt werden, wenn das als Platten gelieferte Material bei der Produktion mit gasdiffusionsdichten Deckschichten (z. B. Metallfolien von mindestens 0,05 mm Dicke) abgedeckt wird.

## Maßtoleranzen

Bei wärmegedämmten Konstruktionen mit belüfteten Luftschichten wird in den Normen in der Regel für die Luftschicht eine Mindestdicke vorgeschrieben. Bei deren Planung muß beachtet werden, daß bei der Herstellung von Wärmedämmstoffen Maßabweichungen zulässig sind. Um bei hinterlüfteten Bauteilen einen ausreichenden Lüftungsquerschnitt zu gewährleisten, sind die Maßtoleranzen, insbesondere bei Faserdämmstoffen. zu beachten.

Tafel 2.6 enthält Angaben über die zulässigen Dickenabweichungen bei Faserdämmstoffen nach DIN 18 165.

Tafel 2.6   Anwendungstypen bei Faserdämmstoffen und zulässige Dickenabweichungen

| Anwendungstyp | Zulässige Abweichung des gemessenen Mittelwertes von der Nenndicke d | Einzelwertes vom Mittelwert |
|---|---|---|
| W | + 5 mm oder 6 %[1]<br>– 1 mm | ± 5 mm |
| WL | + 15 mm<br>– 5 % | ± 10 mm |
| WD, WV | + 5 mm<br>– 1 mm | ± 3 mm |

[1]) Der größere Wert ist maßgebend.

## Anwendungstypen

Je nach Anwendungsgebiet werden unterschiedliche Anforderungen an bestimmte Eigenschaften der Dämmstoffe gestellt. Die Kennzeichnung erfolgt durch ein Typ-Kurzzeichen, z. B. „W" für Wärmedämmstoffe und „T" für Trittschalldämmstoffe. Die Tafel 2.7 gibt einen Überblick über alle in den Dämmstoffnormen aufgeführten Typ-Kurzzeichen und deren Anwendungsgebiete.

Tafel 2.7   Anwendungstypen und Anwendungsgebiete

| Typ | Beanspruchbarkeit | Beispiele für Anwendungsgebiete |
|---|---|---|
| W | nicht druckbeanspruchbar | in Wänden und belüfteten Dächern |
| WL | nicht druckbeanspruchbar | für belüftete Dachkonstruktionen |
| WD | druckbeanspruchbar, auch bei höheren Temperaturen | in unbelüfteten Dächern direkt unter der Dachhaut und unter druckverteilenden Böden |
| WDS | druckbeanspruchbar, mit höherer Belastung auch bei höheren Temperaturen | für unbelüftete Dächer direkt unter der Dachhaut und Sondereinsatzgebiete wie unter druckverteilenden Böden bei Parkdecks, Industrieböden |
| WDH | druckbeanspruchbar mit höherer Belastung auch bei höheren Temperaturen | für unbelüftete Dächer direkt unter der Dachhaut und Sondereinsatzgebiete wie unter druckverteilenden Böden von Parkdecks, auch befahrbar mit LKW oder Feuerwehrfahrzeugen |
| WS | druckbeanspruchbar mit höherer Belastung | Sondereinsatzgebiete wie unter druckverteilenden Böden bei Parkdecks, Industrieböden |
| WV | nicht druckbeanspruchbar, begrenzt beanspruchbar auf Abreißen und Scheren | für angesetzte (Schallschutz-)Vorsatzschalen ohne Unterkonstruktion (bei Innenwänden) |

**Mehrschicht-Leichtbauplatten nach DIN 1101**

Mehrschicht-Leichtbauplatten bestehen aus einer Hartschaum-(HS) oder Mineralfaser-dämmschicht (MF), die ein- (Zweischichtplatten) oder beidseitig (Dreischichtplatten) mit mineralisch gebundener Holzwolle bekleidet ist. Ihre Bezeichnung richtet sich nach der Gesamtdicke der Dämmplatte in mm, der Anzahl und Dicke der Einzelschichten und der Art des Dämmstoffes (HS oder MF). Eine Mehrschicht-Leichtbauplatte HS-ML 50/3 (5/40/5) – 040 ist z. B. insgesamt 50 mm dick, aus drei Einzelschichten zusammengesetzt, die aus 40 mm Polystyrol-Hartschaum der Wärmeleitfähigkeitsgruppe 040 und aus zwei je 5 mm dicken Holzwolleschichten bestehen.

Bei der Berechnung des Wärmedurchlaßwiderstandes einer Mehrschicht-Leichtbauplatte dürfen die einzelnen Holzwolleschichten nicht berücksichtigt werden, wenn sie weniger als 10 mm dick sind (Regelfall). In den Ausnahmefällen, in denen die Holzwolleschicht 10 mm und mehr, aber weniger als 25 mm beträgt, wird zur Berechnung ihres Wärmedurchlaßwiderstandes die Wärmeleitfähigkeit $\lambda$ = 0,15 W/(m · K) verwendet.

**Beispiel**  Der auf den Wärmeschutz anrechenbare Wärmedurchlaßwiderstand einer Mehrschicht-Leichtbauplatte MF-ML 75/3 (5/60/10) – 045 beträgt $R_\lambda$ = 1,33 + 0,07 = 1,40 m² · K/W.


## 2.3  Wärmedurchlaßwiderstand von Luftschichten

In abgeschlossenen Luftschichten erfolgt der Wärmetransport durch Wärmeleitung, Konvektion und Strahlung. Der Anteil der Wärmeleitung ist sehr gering und spielt nur bei sehr dünnen Luftschichten oder im Luftspalt eine Rolle, dagegen ist der Einfluß der Strahlung und der Konvektion relativ groß.

Die Wärmeübertragung durch Strahlung ist unabhängig von der Dicke der Luftschicht und wird in erster Linie von den Strahlungszahlen der beiden begrenzenden Oberflächen bestimmt (s. Tafel 1.6). Bei Temperaturen niedriger als 100 °C wird praktisch nur zwischen metallischen Oberflächen mit kleinem Emissionsgrad und nicht-metallischen mit großem Emissionsgrad unterschieden.

Der Konvektionsanteil an der Wärmeübertragung in einer Luftschicht hängt von deren Lage und Dicke ab. Je dicker eine Luftschicht ist, um so mehr Wärme wird durch Konvektion transportiert. Bei waagrechten Luftschichten spielt auch die Richtung des Wärmestromes eine Rolle. Geht sie von oben nach unten und somit entgegengesetzt zum konvektiven Auftrieb, dann erhöht sich der Widerstand gegen die Wärmebewegung.

Wenn bei einer Luftschicht Breite und Dicke von ähnlicher Größenordnung sind, dann beeinflußt auch der Rand die Wärmeübertragung. Deshalb muß bei Berechnungen unterschieden werden zwischen großflächigen Luftschichten und schmalen Luftspalten.


### 2.3.1  Großflächige Luftschichten

Beim Wärmetransport durch großflächige Luftschichten sind die maßgebenden Größen die Dicke und Lage der Luftschicht, die Richtung des Wärmestromes, die Emissionszahl und Temperatur der einander gegenüberliegenden Begrenzungsflächen. In den Tafeln 2.8 und 2.9 werden die Wärmedurchlaßwiderstände unterschiedlicher Luftschichten angegeben.

Tafel 2.8   Wärmedurchlaßwiderstand von waagrechten Luftschichten zwischen nichtmetallischen Begrenzungsflächen ($\varepsilon = 0,9$), abhängig von der Dicke der Schicht und der Richtung des Wärmestromes nach [52]

| Dicke der Luftschicht | Wärmedurchlaßwiderstand bei Wärmestrom von | |
| --- | --- | --- |
| in cm | unten nach oben in $m^2 \cdot K/W$ | oben nach unten in $m^2 \cdot K/W$ |
| 0,5 | 0,11 | 0,12 |
| 1 | 0,14 | 0,16 |
| 2 | 0,15 | 0,19 |
| 4 | 0,16 | 0,21 |
| 6 | 0,16 | 0,22 |
| 8 | 0,16 | 0,23 |
| 10 | 0,16 | 0,23 |
| 15 | 0,16 | 0,24 |
| 20 | 0,16 | 0,24 |

Tafel 2.9   Wärmedurchlaßwiderstand von senkrechten Luftschichten zwischen Begrenzungsflächen mit unterschiedlichen Emissionsgraden $\varepsilon$, abhängig von der Dicke der Luftschicht nach [52]
$\varepsilon = 0,9$ : nichtmetallische Begrenzungsfläche
$\varepsilon = 0,05$: metallische Begrenzungsfläche

| Dicke der Luftschicht | Wärmedurchlaßwiderstand bei Emissionsgeraden der Begrenzungsflächen von | | |
| --- | --- | --- | --- |
| in cm | $\varepsilon = 0,9/0,9$ in $m^2 \cdot K/W$ | $\varepsilon = 0,9/0,05$ in $m^2 \cdot K/W$ | $\varepsilon = 0,05/0,05$ in $m^2 \cdot K/W$ |
| 0,5 | 0,12 | 0,22 | 0,22 |
| 1 | 0,15 | 0,39 | 0,41 |
| 2 | 0,17 | 0,55 | 0,60 |
| 4 | 0,18 | 0,63 | 0,69 |
| 6 | 0,18 | 0,62 | 0,68 |
| 8 | 0,18 | 0,60 | 0,65 |
| 10 | 0,18 | 0,59 | 0,64 |
| 15 | 0,17 | 0,56 | 0,60 |
| 20 | 0,17 | 0,53 | 0,57 |

## 2.3.2   Luftspalte in Bauteilen

In Bauteilen sind auch Luftspalte mit einer Breite b kleiner als deren Dicke s anzutreffen, z. B. an den Stoßstellen nicht sorgfältig verlegter Wärmedämmplatten. Die Form des Luftspaltes beeinflußt sowohl die Wärmeübertragung durch Wärmestrahlung als auch die durch Konvektion. Eine vereinfachte Gleichung für die Berechnung des Wärmedurchlaßwiderstandes R eines Luftspaltes wird von A n d e r s o n [1] angegeben.

$$R = \frac{1}{\Lambda_c + \Lambda_r} \tag{2.17}$$

$\Lambda_c$ repräsentiert den Wärmetransport durch Konvektion zusammen mit Wärmeleitung und $\Lambda_r$ den für Wärmestrahlung.

Der Wert von $\Lambda_c$ ist von der Lage und der Dicke s der Luftschicht sowie von der Richtung des Wärmestroms abhängig. Für Näherungsrechnungen können nach [1] folgende Werte für $\Lambda_c$ in Gl. (2.17) eingesetzt werden:

**Luftschicht senkrecht**

$$\text{für } s \geq 0{,}027 \text{ m:} \quad \Lambda_c = 0{,}92 \qquad \text{in } W/(m^2 \cdot K)$$
$$\text{für } s < 0{,}027 \text{ m:} \quad \Lambda_c = 0{,}025/s \qquad \text{in } W/(m^2 \cdot K)$$

**Luftschicht waagrecht**

Wärmestrom von unten nach oben:
$$\text{für } s \geq 0{,}0175 \text{ m:} \quad \Lambda_c = 1{,}43 \qquad \text{in } W/(m^2 \cdot K)$$
$$\text{für } s < 0{,}0175 \text{ m:} \quad \Lambda_c = 0{,}025/s \qquad \text{in } W/(m^2 \cdot K)$$

Wärmestrom von oben nach unten:
$$\text{für } s \geq 0{,}085 \text{ m:} \quad \Lambda_c = 0{,}1 \cdot s^{-0{,}44} \quad \text{in } W/(m^2 \cdot K)$$
$$\text{für } s < 0{,}085 \text{ m:} \quad \Lambda_c = 0{,}025/s \qquad \text{in } W/(m^2 \cdot K)$$

Bei der Wärmeübertragung durch Strahlung im Luftspalt beeinflußt neben den Emissionsgraden der Oberflächen und deren Temperatur auch die Geometrie des Spaltes das Ergebnis. Es ist

$$\Lambda_r = a \cdot \frac{C_s}{\dfrac{1}{\varepsilon_1} + \dfrac{1}{\varepsilon_2} - 1} \cdot \frac{1}{2} \cdot \left( 1 + \sqrt{1 + \frac{s^2}{b^2}} - \frac{s}{b} \right) \tag{2.18}$$

Für die Emissionsgrade der beiden Oberflächen $\varepsilon_1 = \varepsilon_2 = 0{,}9$ einer Mitteltemperatur im Spalt von $10\,°C$ und einer Temperaturdifferenz von 10 K zwischen den beiden Flächen erhält man die Zahlenwertgleichung

$$\Lambda_r = 2{,}1 \cdot \left( 1 + \sqrt{1 + \frac{s^2}{b^2}} - \frac{s}{b} \right) \quad \text{in } W/(m^2 \cdot K)\text{, s und b in m eingesetzt} \tag{2.19}$$

Nach Gl. (2.17) kann der Wärmedurchlaßwiderstand der Luftschicht im Spalt mit den angegebenen Werten $\Lambda_c$ und $\Lambda_r$ näherungsweise berechnet werden.


## 2.4  Temperaturen der Bauteile

Beim Wärmedurchgang durch eine Bauteilschicht ist ein Temperaturgefälle vorhanden, das nach Gl. (2.4) berechnet wird. Besteht ein Bauteil aus mehreren Schichten, dann wird, je nach deren Dicke und der Wärmeleitfähigkeit des Materials, in ihm ein Temperaturgefälle mit schichtweise unterschiedlichen Gradienten auftreten (s. Bild 2.10). Diese Temperaturverteilung kann entweder rechnerisch oder graphisch ermittelt werden.


### 2.4.1  Rechnerische Ermittlung der Temperaturen

Wählt man die Schicht- und Temperaturbezeichnungen nach Bild 2.10, dann ist

$$R_K = R_i + R_{\lambda 1} + R_{\lambda 2} + R_{\lambda 3} + R_{\lambda 4} + R_a$$

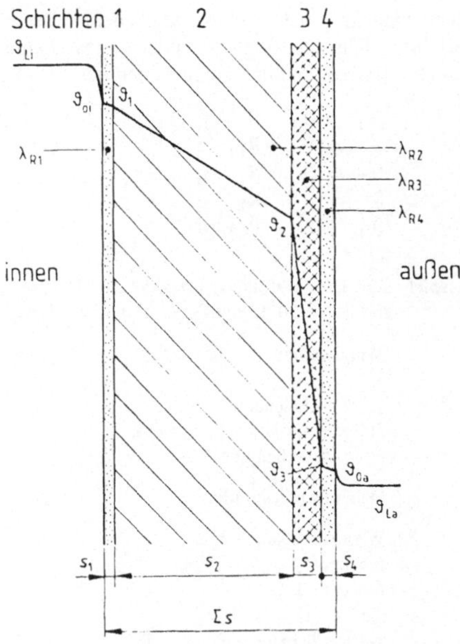


Bild 2.10
Temperaturverlauf in einem mehrschichtigen Bauteil

und

$$q = k\,(\vartheta_{Li} - \vartheta_{La}) = \frac{\vartheta_{Li} - \vartheta_{La}}{R_k} \tag{2.20}$$

Da der Betrag der Wärmestromdichte in jeder einzelnen Schicht denselben Wert aufweisen muß, gilt auch

$$q = \alpha_i\,(\vartheta_{Li} - \vartheta_{La})$$
$$q = \Lambda_1\,(\vartheta_{Oi} - \vartheta_1)$$
$$\vdots \tag{2.21}$$
$$q = \Lambda_4\,(\vartheta_3 - \vartheta_{Oa})$$
$$q = \alpha_a\,(\vartheta_{Oa} - \vartheta_{La})$$

Nimmt man Gl. (2.20) und die erste Gleichung aus der Gleichungsgruppe (2.21), dann ist wegen der Gleichheit der Wärmestromdichte

$$k = (\vartheta_{Li} - \vartheta_{La}) = \alpha_i\,(\vartheta_{Li} - \vartheta_{Oi})$$

In der Regel sind die Lufttemperaturen $\vartheta_{Li}$ und $\vartheta_{La}$ bekannt. Dann kann die unbekannte Oberflächentemperatur $\vartheta_{Oi}$ nach folgender Gleichung berechnet werden:

$$\vartheta_{Oi} = \vartheta_{Li} - R_i \cdot \frac{\vartheta_{Li} - \vartheta_{La}}{R_k} = \vartheta_{Li} - R_i \cdot q$$

Wenn man in gleicher Weise mit jeder weiteren Gleichung der Gleichungsgruppe (2.21) verfährt, erhält man folgendes Gleichungsschema zur Berechnung der Temperatur der beiden Oberflächen und der Trennebenen der einzelnen Bauteilschichten:

$$\vartheta_{Oi} = \vartheta_{Li} - R_i \cdot q$$
$$\vartheta_1 = \vartheta_{Oi} - R_{\lambda 1} \cdot q$$
$$\vartheta_2 = \vartheta_1 - R_{\lambda 2} \cdot q$$
$$\vartheta_3 = \vartheta_2 - R_{\lambda 3} \cdot q$$
$$\vartheta_{Oa} = \vartheta_3 - R_{\lambda 4} \cdot q$$

**Beispiel**  Für den nachfolgend beschriebenen Aufbau einer Außenwand wird für die Lufttemperaturen $\vartheta_{Li} = 20\,°C$ und $\vartheta_{La} = -10\,°C$ die Temperaturverteilung berechnet:

**Wandaufbau:**

| | |
|---|---|
| 15  mm Innenputz | $\lambda = 0,7\ \ W/(m \cdot K)$ |
| 300 mm Gasbeton-Mauerwerk | $\lambda = 0,24\ W/(m \cdot K)$ |
| 20  mm Außenputz | $\lambda = 0,87\ W/(m \cdot K)$ |

**Wärmewiderstände:**

| | |
|---|---|
| Wärmeübergang innen: | $R_i = 0,13\ m^2 \cdot K/W$ |
| Innenputz: | $R_{\lambda 1} = 0,02\ m^2 \cdot K/W$ |
| Mauerwerk: | $R_{\lambda 2} = 1,25\ m^2 \cdot K/W$ |
| Außenputz: | $R_{\lambda 3} = 0,02\ m^2 \cdot K/W$ |
| Wärmeübergang außen: | $R_a = 0,04\ m^2 \cdot K/W$ |
| Wärmedurchgangswiderstand | $R_k = 1,46\ m^2 \cdot K/W$ |

**Wärmestromdichte:**

$$q = \frac{(20,0 + 10,0)}{1,46} = 20,55\ W/m^2$$

**Temperaturen:**

$$\vartheta_{Li} = 20,0\,°C$$
$$\vartheta_{Oi} = 20,0 - 0,13 \cdot 20,55 = 17,3\,°C$$
$$\vartheta_1 = 17,3 - 0,02 \cdot 20,55 = 16,9\,°C$$
$$\vartheta_2 = 16,9 - 1,25 \cdot 20,55 = -8,8\,°C$$
$$\vartheta_{Oa} = -8,8 - 0,02 \cdot 20,55 = -9,2\,°C$$
$$\vartheta_{La} = -9,2 - 0,04 \cdot 20,55 = -10,0\,°C$$

## 2.4.2  Graphische Ermittlung der Temperaturen

Da bei stationären Temperaturen die Wärmestromdichte in allen Bauteilschichten gleich ist, wird in einem Diagramm mit der Temperatur als Ordinate und dem Wärmedurchgangswiderstand $R_k$ als Abszisse die Wärmestromdichte eine Gerade mit der Steigung $\dfrac{\vartheta_{Li} - \vartheta_{La}}{R_k}$ darstellen. Die Schnittstellen der Abszissenwerte der Wärmewiderstände mit dieser Geraden ergeben an der Ordinate die zugehörigen Temperaturen. Bild 2.11 zeigt, wie die Temperaturen des Beispiels vom Abschnitt 2.4.1 graphisch bestimmt werden.

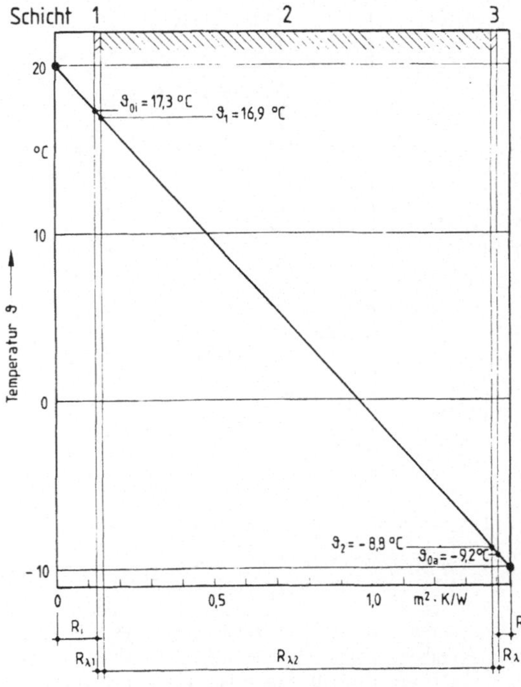



Bild 2.11
Graphische Ermittlung der
Temperaturen in der Außen-
wand nach Abschnitt 2.4.1

Raumlufttemperatur:

$\vartheta_{Li} = 20\,°C$

Außenlufttemperatur:

$\vartheta_{La} = -10\,°C$

# 2.5 Mittelung des Wärmedurchgangskoeffizienten und des Wärmedurchlaßwiderstandes

Die bisherigen Betrachtungen des Wärmedurchganges durch ein Bauteil beruhten auf der Annahme, daß das Bauteil aus einer oder mehreren Schichten homogenen Materials, die senkrecht zur Richtung des Wärmestromes angeordnet sind, besteht.

Für den Fall, daß nebeneinanderliegende Bereiche einen unterschiedlichen Materialaufbau zeigen, werden die Wärmeströme in diesen Bereichen wegen der unterschiedlichen wärme-schutztechnischen Eigenschaften nicht gleich sein und folglich auch nicht die Wärmedurch-laßwiderstände bzw. Wärmedurchgangskoeffizienten. Bei einem Aufbau nach Bild 2.12 stellen sich folgende Wärmeströme ein:

$$\Phi_1 = k_1 \cdot A_1 \cdot (\vartheta_{Li} - \vartheta_{La})$$
$$\Phi_2 = k_2 \cdot A_2 \cdot (\vartheta_{Li} - \vartheta_{La})$$

$$\vdots$$

$$\Phi_n = k_n \cdot A_n \cdot (\vartheta_{Li} - \vartheta_{La})$$

$$(2.22)$$

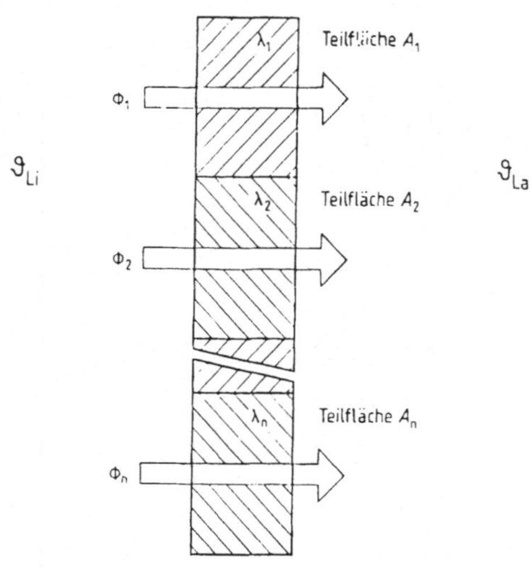



Bild 2.12
Wärmeströme durch ein Bauteil mit nebeneinanderliegenden Bereichen unterschiedlichen Aufbaues ohne Querleitung.
Die Lufttemperaturen innen und außen sind $\vartheta_{Li}$ und $\vartheta_{La}$.

Die zugehörigen Wärmedurchgangskoeffizienten werden nach Gl. (2.14) berechnet. Für eine Gesamtbetrachtung des Wärmedurchganges durch das Bauteil ist in der Regel die Kenntnis der einzelnen Wärmeströme unwichtig, wesentlich ist, daß der Gesamtwärmestrom $\Phi_{ges}$ ohne große Umstände berechnet werden kann. Dazu wird ein mittlerer Wärmedurchgangskoeffizient $k_m$ definiert, für den gilt

$$\Phi_{ges} = k_m \cdot A \cdot (\vartheta_{Li} - \vartheta_{La}) \tag{2.23}$$

Nach Gl. (2.22) ist $\Phi_{ges}$ auch

$$\Phi_{ges} = \Phi_1 + \Phi_2 + \ldots + \Phi_n$$

oder

$$\Phi_{ges} = (k_1 \cdot A_1 + k_2 \cdot A_2 + \ldots + A_n \cdot k_m)(\vartheta_{Li} - \vartheta_{La}) \tag{2.24}$$

Nach Gleichsetzung der beiden Gl. (2.23) und (2.24) ergibt sich der definierte mittlere Wärmedurchgangskoeffizient $k_m$ zu

$$k_m = \frac{k_1 \cdot A_1 + k_2 \cdot A_2 + \ldots + k_n \cdot A_n}{A} \tag{2.25}$$

In manchen Fällen ist es zweckmäßig, den mittleren Wärmedurchlaßwiderstand $R_{\lambda m}$ eines Bauteils anzugeben. Er läßt sich mit Hilfe der Gl. (2.14) und (2.25) wie folgt berechnen:

$$R_{\lambda m} = R_{km} - (R_i + R_a) \tag{2.26}$$

Bei den Definitionen der Mittelwerte nach den Gl. (2.25) und (2.26) wird vorausgesetzt, daß der Wärmestrom nur senkrecht zur Oberfläche gerichtet ist und kein Wärmeaustausch parallel zu derselben zwischen den einzelnen Bereichen stattfindet. Da diese Annahme in der Wirklichkeit nicht zutrifft, sind die Ergebnisse von Berechnungen nur Näherungswerte. Ob sie im Rahmen der vorgesehenen Genauigkeit akzeptiert werden können, muß von Fall zu Fall abgeschätzt werden. Je größer der Unterschied zwischen den Wärmeleitfähigkeitswerten der nebeneinanderliegenden Bauteilschichten ist, um so größer ist die von der Rechnung nicht erfaßte Wärmebewegung parallel zur Oberfläche der Bauteile und um so größer wird die Abweichung des Rechenergebnisses von den tatsächlichen Verhältnissen sein. In solchen Fällen müssen andere Berechnungsarten herangezogen werden, z. B. die Methode der finiten Elemente [27], [49], [73].

# 3 Instationäre Wärmebewegung

Nicht immer ist die Lufttemperatur zu beiden Seiten eines Bauteils konstant. Wenn sie sich zeitlich ändert und zu instationären Wärmebewegungen führt, wird das wärmeschutztechnische Verhalten der Bauteile nicht mehr allein von der Wärmeleitfähigkeit $\lambda$ des Materials bestimmt. Neben ihr sind noch die Rohdichte $\rho$ und die spezifische Wärmekapazität c von Bedeutung. Je nach dem vorliegenden Problem treten sie zusammengefaßt als Temperaturleitfähigkeit

$$a = \frac{\lambda}{c \cdot \rho} \tag{3.1}$$

oder als Wärmeeindringkoeffizient

$$b = \sqrt{\lambda \cdot c \cdot \rho} \tag{3.2}$$

in Erscheinung.

Starke Temperaturänderungen in Räumen liegen bei Aufheiz- und Auskühlvorgängen vor, oder im Sommer, wenn die Lufttemperatur auf Grund der Sonnenzustrahlung schwankt.

## 3.1 Stoffkenngrößen

Die spezifische Wärmekapazität c ist eine Materialeigenschaft und gibt an, wie groß die Wärmemenge ist, die 1 kg eines Stoffes aufnimmt oder abgibt, wenn dessen Temperatur um 1 K erhöht oder gesenkt wird. Die Einheit ist $J/(kg \cdot K)$. Gemeinsam mit der Flächenmasse m in $kg/m^2$ bestimmt sie die Wärmespeicherfähigkeit $Q_{sp}$ eines Bauteils von 1 $m^2$

$$Q_{sp} = m \cdot c \tag{3.3}$$

in $J/(m^2 \cdot K)$. Für Berechnungen für den baulichen Wärmeschutz sind Rechenwerte der spezifischen Wärmekapazität verschiedener Stoffe in DIN 4108, Teil 4, angegeben. Da Schwankungen innerhalb der einzelnen Materialarten relativ gering sind, werden diese in Stoffgruppen mit einem einzigen Zahlenwert zusammengefaßt (s. Tafel 3.1).

Die Temperaturleitfähigkeit in der Fourier-Gleichung (Gl. (1.22)) bestimmt die Ausbreitungsgeschwindigkeit des Temperaturfeldes.

Je größer die Temperaturleitfähigkeit a ist, um so größer ist die Geschwindigkeit, mit der sich die Temperaturänderung im Stoff vollzieht.

Tafel 3.1   Rechenwerte der spezifischen Wärmekapazität c verschiedener Stoffe nach DIN 4108, Teil 4

| Zeile | Stoff | Spezifische Wärmekapazität c in $J/(kg \cdot K)$ |
|---|---|---|
| 1 | anorganische Bau- und Dämmstoffe | 1000 |
| 2 | Holz und Holzwerkstoffe einschließlich Holzwolle-Leichtbauplatten | 2100 |
| 3 | pflanzliche Fasern und Textilfasern | 1300 |
| 4 | Schaumkunststoffe und Kunststoffe | 1500 |
| 5 | Metalle | |
| 5.1 | Aluminium | 800 |
| 5.2 | Sonstige Metalle | 400 |
| 6 | Luft ($\rho = 1{,}25$ kg/m$^3$) | 1000 |
| 7 | Wasser | 4200 |

Der Wärmeeindringkoeffizient b nach Gl. (3.2) kennzeichnet den Einfluß der thermischen Materialeigenschaften auf den Wärmestrom in der Wand. Bei kleinen Werten des Wärmeeindringkoeffizienten ist auch der von einer Temperaturänderung verursachte Wärmestrom klein. In der Tafel 3.2 werden Zahlenwerte der Wärmeeindringkoeffizienten einiger Stoffe angegeben.

Wenn zwei halbunendliche Körper unterschiedlicher Stoffe, die die Temperaturen $\vartheta_1$ und $\vartheta_2$ aufweisen, zur Berührung gebracht werden, stellt sich in der Berührungsebene die Berührungstemperatur

$$\vartheta_0 = \frac{\vartheta_1 \cdot b_1 + \vartheta_2 \cdot b_2}{b_1 + b_2} \tag{3.4}$$

ein, die hauptsächlich von der Temperatur des Körpers mit dem größeren Wärmeeindringkoeffizienten bestimmt wird. Dies erklärt, warum sich zwei Körper aus unterschiedlichen Stoffen, jedoch derselben Temperatur beim Anfassen mit der Hand unterschiedlich anfühlen, wie an folgendem Beispiel gezeigt wird:

Betrachtet werden jeweils ein Körper aus Beton ($b = 2200$ J/(m$^2 \cdot$ K $\cdot$ s$^{1/2}$)) und aus Polystyrol-Hartschaum ($b = 15$ J/(m$^2 \cdot$ K $\cdot$ s$^{1/2}$)), die jeweils eine Temperatur von 50 °C aufweisen.

Tafel 3.2   Wärmeeindringkoeffizient b einiger Baustoffe

| Stoff | Rohdichte $\rho$ in kg/m$^3$ | Wärmeeindringkoeffizient b in $J/(m^2 \cdot K \cdot s^{0.5})$ |
|---|---|---|
| Normalbeton | 2400 | rund 2200 |
| Leichtbeton | 1000 | rund 600 |
| Gasbeton | 400 | rund 250 |
| Kalksandstein | 1600 | rund 1100 |
| Holz | 600 | rund 400 |
| Kork | 120 | rund 100 |
| Schaumkunststoff | 20 | rund 35 |

Bei der Annahme einer Hauttemperatur von $\vartheta = 28\,°C$ und einem Wärmeeindringkoeffizienten der Haut von $b = 1000\ J/(m^2 \cdot K \cdot s^{1/2})$ ergeben sich nach Gl. (3.4) folgende Berührungstemperaturen:

bei Beton: $\qquad\qquad\qquad\qquad \vartheta_0 = 43\,°C$

bei Polystyrol-Hartschaum: $\qquad \vartheta_0 = 29\,°C$.

Bei dieser Berechnung wurde die Fähigkeit des menschlichen Körpers, durch interne Regelvorgänge die Hauttemperatur zu beeinflussen, nicht beachtet.

## 3.2 Aperiodische Temperaturänderungen

Sowohl das Auskühl- als auch das Aufheizverhalten eines Raumes wird von der Wärmespeicherfähigkeit der raumumschließenden Bauteile bestimmt. Je größer deren Wärmespeicherfähigkeit ist, desto langsamer kühlt ein Raum aus und um so langsamer läßt er sich aufheizen.

### 3.2.1  Auskühlen eines Raumes

Je langsamer ein Raum nach dem Abstellen der Raumheizung auskühlt, desto länger bleibt die Raumlufttemperatur im behaglichen Bereich. Daraus wird oft der Schluß gezogen, daß bei unterbrochenem Heizbetrieb (z. B. Nachtabsenkung bei Zentralheizungen) bei schweren Bauweisen mit hoher Wärmespeicherfähigkeit der Bauteile die Einsparung an Heizenergie größer sei als bei leichten Bauweisen. Experimentelle Untersuchungen [19] haben dies nicht bestätigt, sondern ergaben für schwere und leichte Bauweisen bei automatischer Nachtabsenkung etwa gleich große Einsparungen, bei vollständiger Nachtabschaltung war die Energieeinsparung bei leichter Bauweise höher als bei schwerer. Dies ist damit zu erklären, daß die über Tag und Nacht gemittelte Raumlufttemperatur, die für die Wärmeverluste maßgebend ist, bei Bauteilen mit hohem Wärmespeichervermögen wegen des langsamen Absinkens der Lufttemperatur höher ist als bei leichten Bauteilen, bei denen die Raumlufttemperatur (s. Bild 3.1) schneller fällt. Die lange Auskühlzeit der schweren Bauweisen mit hoher Wärmespeicherung kann zur Einsparung von Heizenergie nur ausgenutzt werden, wenn die Heizung individuell bedient, d. h. der Nutzungssituation entsprechend je Raum abgestellt oder gedrosselt wird. In der Regel ist dies bei Einzelofenheizungen, nicht jedoch bei der automatisch geregelten Zentralheizung möglich.

### 3.2.2  Aufheizen eines Raumes

Die Aufheizung eines Raumes soll in der Regel rasch vor sich gehen. Der Anstieg der Lufttemperatur $\vartheta_{Li}$ (t) bzw. der Oberflächentemperatur $\vartheta_{Oi}$ (t) des Bauteils aus homogenem Material in Abhängigkeit der Zeit t erfolgt nach den Gleichungen [26]:

$$\vartheta_{Oi}\,(t) = \vartheta_{Oi}(o) + q_O \cdot \frac{2}{\sqrt{\pi}} \cdot \frac{1}{b} \cdot \sqrt{t} \tag{3.5}$$

$$\text{und}\qquad \vartheta_{Li}\,(t) = \vartheta_{Oi}(o) + q_O \left( \frac{1}{\alpha_i} + \frac{2}{\sqrt{\pi}} \cdot \frac{1}{b} \cdot \sqrt{t} \right) \tag{3.6}$$

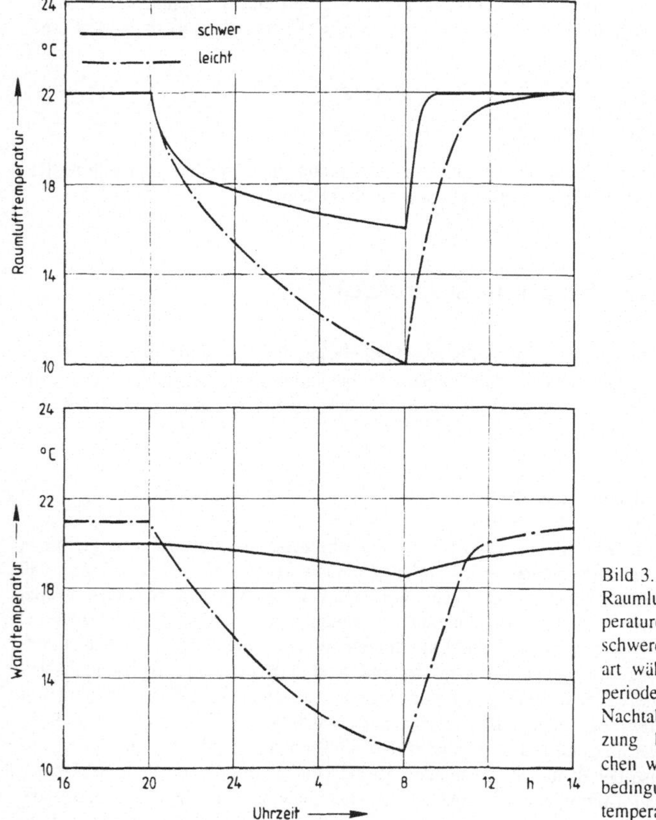

Bild 3.1
Raumluft- und Wandtemperaturen in einem Raum schwerer und leichter Bauart während einer Tagesperiode bei 12stündiger Nachtabsenkung der Heizung bei durchschnittlichen winterlichen Außenbedingungen (Außenlufttemperatur -2 °C)

Dabei ist $q_o$ die Wärmestromdichte von der Raumluft zur Bauteiloberfläche, $\vartheta_{Oi}$ (0) die Oberflächentemperatur vor Beginn des Heizens. Die Gleichungen (3.5) und (3.6) gelten für die Zeitspanne, bis der eindringende Wärmestrom die andere Seite des Bauteils erreicht. Befindet sich eine Wärmedämmschicht, bei der man wegen der geringen Rohdichte und Dicke ihre Wärmespeicherfähigkeit vernachlässigen kann, auf der raumseitigen Oberfläche des Bauteils, nimmt Gl. (3.5) die Form an:

$$\vartheta_{Oi}\,(t) = \vartheta_{Oi}(o) + q_O\left(R_\lambda + \frac{2}{\sqrt{\pi}}\cdot\frac{1}{b}\cdot\sqrt{t}\right) \tag{3.7}$$

wobei $R_\lambda$ der Wärmedurchlaßwiderstand der Dämmschicht ist. Nicht immer sind die Voraussetzungen gegeben, die Gl. (3.5) bis (3.6) anzuwenden. In solchen Fällen kann der Anstieg der Oberflächentemperatur $\vartheta_{Oi}$ auch experimentell mit Hilfe einer Flächenheizfolie ermittelt werden [20]. Bild 3.2 zeigt den Temperaturanstieg, der an einigen Probekörpern gemessen wurde. Er erfolgt um so rascher, je kleiner der Wärmeeindringkoeffizient b bzw. je geringer die Wärmespeicherfähigkeit ist. Wird nach dem Einschalten der Heizung ein ra-

Bild 3.2
Anstieg der Oberflächentemperatur verschiedener Wandausführungen bei einer Heizleistung von 55 W/m²

a Normalbeton
b 10 mm Gipsplatten auf Normalbeton
c 10 mm Gipsplatten auf 10 mm Polystyrol-Hartschaum auf Normalbeton

Wärmeeindringkoeffizient b:
Beton         $b = 2100\ J/(m^2 \cdot K \cdot s^{0,5})$
Gips          $b = \ \ 850\ J/(m^2 \cdot K \cdot s^{0,5})$
Polystyrol-
Hartschaum    $b = \ \ \ \ 30\ J/(m^2 \cdot K \cdot s^{0,5})$

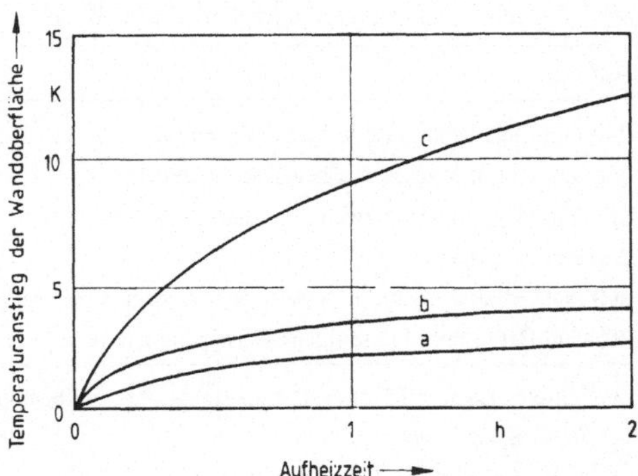


scher Temperaturanstieg gewünscht, ist ein kleiner Wärmeeindringkoeffizient b und folglich eine geringe Wärmespeicherung der oberflächennahen Schichten an der Raumseite der Bauteile erforderlich.

## 3.3 Periodische Temperaturänderungen

An strahlungsreichen Tagen im Sommer schwankt die Außenlufttemperatur in einem 24-Stunden-Rhythmus und bewirkt eine Wärmewelle durch die Außenbauteile in Richtung der eingeschlossenen Räume. Während des Durchganges wird ihre Amplitude abgeschwächt und zeitlich verschoben. Das Verhältnis der maximalen Temperaturschwankung an der inneren zur maximalen Schwankung an der äußeren Oberfläche wird als Temperaturamplitudenverhältnis TAV [60] und die zeitliche Verzögerung der Wellenbewegung durch das Bauteil als Phasenverschiebung φ bezeichnet (s. Bild 3.3).

Abgesehen von einigen Sonderfällen, z. B. bei Bauteilen besonders großer Räume mit kleinen Fensterflächen und mit relativ geringen Speichermassen der Innenbauteile, wird in der Praxis dem Temperaturamplitudenverhältnis und der Phasenverschiebung keine besondere Bedeutung zugeordnet.

Für einige Wand- und Deckenkonstruktionen wird in Tafel 3.3 das Temperaturamplitudenverhältnis angegeben.

Bild 3.3
Dämpfung (TAV) und zeitliche Verschiebung (φ) einer Wärmewelle, die eine Wand durchwandert
$\vartheta_{0a}$, $\vartheta_{0i}$ Oberflächentemperaturen der Wand
t       Zeit
TAV     Temperaturamplitudenverhältnis
φ       Phasenverschiebung

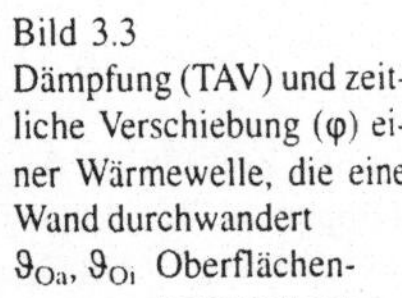
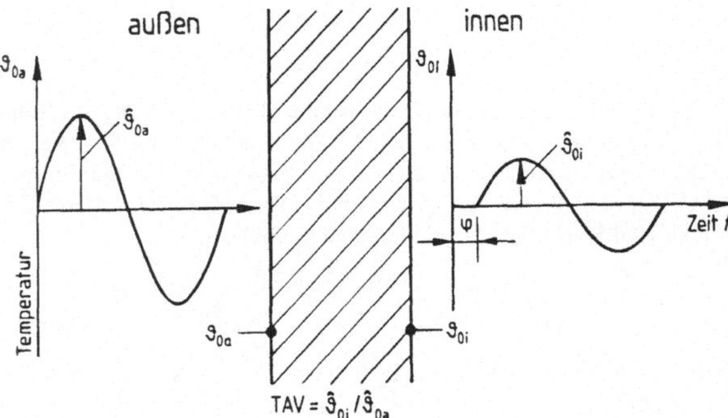

Tafel 3.3    Temperaturamplitudenverhältnis einiger Wand- und Dachkonstruktionen

| Aufbau | TAV |
|---|---|
| 240 mm Ziegel-Mauerwerk, beidseitig verputzt | 0,14 |
| 365 mm Ziegel-Mauerwerk, beidseitig verputzt | 0,04 |
| 250 mm Gasbeton-Mauerwerk, beidseitig verputzt | 0,13 |
| 200 mm Leichtbetonwand | 0,28 |
| 300 mm Mauerwerk mit außenseitigem Wärmedämmsystem | 0,03 |
| 200 mm Beton mit raumseitigem Wärmedämmsystem | 0,35 |
| unbelüftetes Dach mit 50 mm Dämmschicht auf Stahlbetonplatte | 0,03 |
| belüftetes Sparrendach mit<br>100 mm Mineralfaserdämmstoff und 15 mm Gipskartonplatten | 0,35 |
| Trapezblechdach mit 40 mm Polystyrol-Hartschaum | 0,88 |

# 3.4  Näherungsverfahren zur Ermittlung eindimensionaler, instationärer Temperaturfelder

Geschlossene Lösungen der Fourier-Gleichung bei der Untersuchung instationärer Temperaturfelder sind in der praktischen Anwendung selten zu finden. Abhilfe schaffen nur numerische oder graphische Näherungsverfahren, bei denen die Differentialgleichung von Fourier in eine Differenzengleichung umgewandelt wird. Bei ebenen Bauteilen mit einem eindimensionalen Wärmestrom in Richtung der x-Koordinate lautet die Differenzengleichung

$$\frac{\Delta \vartheta}{\Delta t} = a \cdot \frac{\Delta^2 \vartheta}{(\Delta x)^2} \tag{3.8}$$

## 3.4.1  Graphisches Differenzenverfahren

Von B i n d e r [51] und S c h m i d t [35] stammen ein einfaches Lösungsverfahren, dessen Anwendungsschema in Bild 3.4 gezeigt wird.

Das Bauteil ist in n Schichten der Dicke $\Delta x$ unterteilt, wobei die mit der Temperatur verknüpften Ortskoordinaten jeweils in der Mitte der Schicht liegt. In der Schicht n ist dies der Ort

$$x = (n - \frac{1}{2}) \cdot \Delta x \tag{3.9}$$

Unterteilt wird der Zeitablauf der Temperaturveränderung im Bauteil in die Zeitschritte $\Delta t$. Zum Zeitpunkt $t = m \cdot \Delta t$ ist der Ortskoordinate x nach Gl. (3.9) die Temperatur $\vartheta_{n,m}$ zugeordnet, wobei m eine ganze Zahl ist. Als Näherung für die Temperaturen $\vartheta$ beim Übergang vom Zeitpunkt $t = m \cdot \Delta t$ zu $t = (m + 1) \Delta t$ erhält man durch Einsetzen der Differenzausdrücke in die Gl. (3.8) die Diffenrenzengleichung

$$\frac{\vartheta_{n,m+1} - \vartheta_{n,m}}{\Delta t} = a \cdot \frac{\vartheta_{n+1,m} - 2\vartheta_{n,m} + \vartheta_{n-1,m}}{(\Delta x)^2} \tag{3.10}$$

Um die mit der fortschreitenden Zeit von $t = m \cdot \Delta t$ nach $t = (m + 1) \Delta t$ sich verändernden Temperaturen berechnen zu können, wird Gl. (3.10) nach $\vartheta_{n,m+1}$ aufgelöst. Dies führt zu

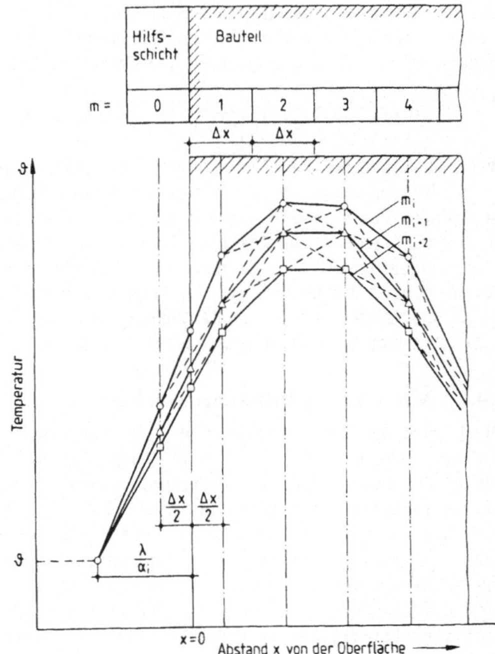


Bild 3.4
Anwendungsschema für die graphische Ermittlung der Temperatur in einem Bauteil.

$$\vartheta_{n,m+1} = p\,(\vartheta_{n+1,m} + \vartheta_{n-1,m}) + (1 - 2\,p)\,\vartheta_{n,m} \tag{3.11}$$

mit dem Modul p:

$$p = \frac{a \cdot \Delta t}{(\Delta x)^2} \tag{3.12}$$

Damit die Gl. (3.11) stabile Lösungen liefert, darf der letzte Term nicht negativ werden und dies bedeutet, daß $p \leq 0,5$ sein muß.

Wird der Modul $p = 0,5$ gesetzt, dann verschwindet das letzte Glied in der Gl. (3.11) und die Temperatur $\vartheta_{n,m+1}$ ist das Mittel aus den Temperaturen der Schichten $(n - 1)$ und $(n + 1)$ zum Zeitpunkt m. Der Wert $\vartheta_{n,m+1}$ kann graphisch ermittelt werden, indem in der Konstruktion in Bild 3.4 die Temperaturen $\vartheta_{n-1,m}$ und $\vartheta_{n+1,m}$ durch eine Gerade miteinander verbunden werden. Der Schnittpunkt dieser Geraden mit der Ortskoordinate in der Mitte der Schicht n ergibt die gesuchte Temperatur $\vartheta_{n,m+1}$.

Dadurch, daß $p = 0,5$ gesetzt wurde, sind die Zeitschritte $\Delta t$ und gewählte Dicke $\Delta x$ der Schichten nicht mehr unabhängig voneinander. Nach Gl. (3.11) ist mit $p = 0,5$

$$\Delta t = \frac{1}{2} \cdot \frac{(\Delta x)^2}{a} \tag{3.13}$$

Zum Anfang der Berechnung $(m = 0)$ ist die Temperaturverteilung in den Schichten 1 bis n des Bauteils vorgegeben, ebenso die Temperatur $\vartheta_L$ der an die Bauteiloberfläche angrenzenden Luft. Um die Lufttemperatur in das graphische Schema des Bildes 3.4 einzufügen, wird ein Hilfspunkt im Abstand von $\lambda/\alpha$ vor der Wandoberfläche $(x = 0)$ festgelegt. Er ergibt sich aus der Forderung nach einer konstanten Wärmestromdichte beim Wärmeübergang von der angrenzenden Luft zur Bauteiloberfläche mit der Temperatur $\vartheta_W$ und beim weiteren Wärmedurchgang durch die 1. Hälfte der 1. Schicht. Dies führt zur Gleichung

$$\alpha \, (\vartheta_{W,m} - \vartheta_{L,m}) = \frac{\lambda}{\Delta x/2} \cdot (\vartheta_{1,m} - \vartheta_{W,m}) \tag{3.14}$$

Wegen der Zuordnung der Temperaturen im Bauteil an die Mitte der Einzelschichten wird, um die Randbedingung der konstanten Wärmestromdichte an der Bauteiloberfläche ($x = 0$) zu erfüllen, eine Hilfsschicht $n = 0$ mit dem zugehörigen Temperaturbezugspunkt im Abstand $\Delta x/2$ vor der Bauteiloberfläche eingeführt. Somit kann, wenn die Temperaturverteilung in einem Bauteil zum Zeitpunkt $t = 0$ bekannt ist, mit Hilfe des in Bild 3.4 gezeigten Schemas, die zeitliche und örtliche Temperaturveränderung graphisch ermittelt werden. Wegen der Beschränkungen im Darstellungsmaßstab, der Zeichengenauigkeit ist das Verfahren in seiner praktischen Anwendung stark eingeschränkt.

### 3.4.2  Numerisches Differenzenverfahren

Die Lösung der Differenzengleichung (3.8) kann auf verschiedenen Wegen erreicht werden; einen Überblick über die verschiedenen Lösungsansätze zeigt [61]. Ein in [42] abgeleitetes numerisches Differenzenverfahren beruht auf demselben mathematischen Ansatz wie beim graphischen Verfahren in Abschn. 3.4.1. Die Temperaturen der einzelnen Schichten werden nach Gl. (3.11) berechnet. Auch bei der numerischen Lösung nach diesem Ansatz muß die Hilfsschicht $n = 0$ mit der fiktiven Temperatur $\vartheta_{0,m}$ eingeführt werden, um die Randbedingung der konstanten Wärmestromdichte beim Wärmeübergang von der Luft zur 1. Hälfte der Schicht $n = 1$ in das Rechenschema einzubauen. Hierbei wird rechnerisch der Wärmeübergang in einen Wärmeleitvorgang umgewandelt und es gilt dann:

$$\frac{\lambda}{\Delta x/2} \, (\vartheta_{W,m} - \vartheta_{0,m}) = \frac{\lambda}{\Delta x/2} \, (\vartheta_{1,m} - \vartheta_{W,m}) \tag{3.15}$$

Damit wird die Oberflächentemperatur der Wand

$$\vartheta_{W,m} = \frac{1}{2} \, (\vartheta_{0,m} + \vartheta_{1,m}) \tag{3.16}$$

Man erhält die Gleichung für die fiktive Temperatur $\vartheta_{0,m}$ der Hilfsschicht $n = 0$, wenn Gl. (3.16) in (3.15) eingesetzt wird zu

$$\vartheta_{0,m} = \frac{1-s}{1+s} \, \vartheta_{1,m} + \frac{2\,s}{1+s} \, \vartheta_{L,m} \tag{3.17}$$

mit der dimensionslosen Größe

$$s = \frac{\alpha \cdot \Delta x}{2 \cdot \lambda} \tag{3.18}$$

Bisher wurde konstante Lufttemperatur vorausgesetzt. Erfolgt jedoch während des Zeitabschnittes $\Delta t$ eine Zu- oder Abnahme von $\vartheta_{L,m}$ auf $\vartheta_{L,m+1}$, dann wird in Gl. (3.17) der Mittelwert der beiden Temperaturen eingesetzt und sie verändert sich zu

$$\vartheta_{0,m} = \frac{1-s}{1+s} \, \vartheta_{1,m} + \frac{s}{1+s} \, (\vartheta_{L,m} + \vartheta_{L,m+1}) \tag{3.19}$$

Beim Übergang von der Zeit $t = m \cdot \Delta t$ zu $t = (m + 1) \cdot \Delta t$ erhält man für die 1. Schicht die Temperatur $\vartheta_{1,m+1}$ durch Einsetzen der Gl. (3.19) in Gl. (3.11)

$$\vartheta_{1,m+1} = \frac{p}{1+s}\,(s\,(\vartheta_{L,m+1} + \vartheta_{L,m}) + (1+s)\,\vartheta_{L,m}) + \left(1 - p\,\frac{1+3\,s}{1+s}\right)\vartheta_{1,m} \quad (3.20)$$

Der letzte Term dieser Gleichung muß > 0 sein, um stabile Lösungen zu ergeben. Folglich lautet die neue Stabilitätsbedingung für p:

$$p \leq \frac{1+s}{1+3\,s} \quad\quad (3.21)$$

Nach Gl. (3.18) ist s immer positiv und kann prinzipiell jeden Wert zwischen 0 und $\infty$ annehmen. Demnach liegen die Werte von p stets zwischen 1 bei s = 0 und $\frac{1}{3}$ bei s = $\infty$. Folglich muß, um die Forderung von Gl. (3.21) einzuhalten, in jedem Fall

$$p \leq \frac{1}{3} \quad\quad (3.22)$$

sein.

Wird die Modulbedingung mit dem oberen Grenzwert p = $\frac{1}{3}$ in Gl. (3.11) eingesetzt, dann werden die Schichttemperaturen nach folgender Gleichung bestimmt:

$$\vartheta_{n,m+1} = \frac{1}{3}\,(\vartheta_{n-1,m} + \vartheta_{n,m} + \vartheta_{n+1,m}) \quad\quad (3.23)$$

Mit den Gleichungen (3.16), (3.17) und (3.23) läßt sich die Temperaturverteilung in einem Bauteil in Abhängigkeit der Zeit berechnen.

Das Verfahren läßt sich auch auf Körper aus mehreren Schichten erweitern [42].

**Beispiel**  Eine unendlich dicke Betonwand habe eine Anfangstemperatur über den gesamten Querschnitt von 0 °C. An der freien Seite steige die Lufttemperatur zum Zeitpunkt m = 1 sprunghaft von 0 °C auf 20 °C an. Als Schichtbreite n wird y = 0,02 m gewählt. Bei Normalbeton beträgt die Wärmeleitfähigkeit = 2,1 W/(m · K) und die Temperaturleitfähigkeit a = 0,88 · $10^{-6}$ m²/s. Der Wärmeübergangskoeffizient ist $\alpha_i$ = 7,69 W/(m² · K) ($R_i$ = 0,13 m² · K/W). Nach Gl. (3.12) ergibt sich bei p = $\frac{1}{3}$ für die Zeitschrittlänge einen Wert von t = 151,5 sec. bzw. 2,53 min. und nach Gl. (3.18) für die dimensionslose Größe s ein Wert von 0,03662. Im nachfolgenden Schema wird die Temperaturverteilung in der Wand für m = 8 Schritte (rund 20 min.) berechnet.

**Berechnungsschema**

| Zeit-schritt | Luft | Hilfs-schicht | Ober-fläche | Temperaturen Schicht n | | | | | |
| | | | | 1 | 2 | 3 | 4 | 5 | 6 |
| m | $\vartheta_{L,m}$ | $\vartheta_{O,m}$ | $\vartheta_{W,m}$ | $\vartheta_{1,m}$ | $\vartheta_{2,m}$ | $\vartheta_{3,m}$ | $\vartheta_{4,m}$ | $\vartheta_{5,m}$ | $\vartheta_{6,m}$ |
| – | °C | °C | °C | °C | °C | °C | °C | °C | °C |
| 0 | 0,0 | 0,0 | 0,0 | 0,0 | 0,0 | 0,0 | 0,0 | 0,0 | 0,0 |
| 1 | 20,0 | 1,4 | 0,7 | 0,0 | 0,0 | 0,0 | 0,0 | 0,0 | 0,0 |
| 2 | 20,0 | 1,9 | 1,2 | 0,5 | 0,0 | 0,0 | 0,0 | 0,0 | 0,0 |
| 3 | 20,0 | 2,1 | 1,5 | 0,8 | 0,2 | 0,0 | 0,0 | 0,0 | 0,0 |
| 4 | 20,0 | 2,4 | 1,7 | 1,0 | 0,3 | 0,1 | 0,0 | 0,0 | 0,0 |
| 5 | 20,0 | 2,6 | 1,9 | 1,2 | 0,5 | 0,1 | 0,0 | 0,0 | 0,0 |
| 6 | 20,0 | 2,7 | 2,1 | 1,4 | 0,6 | 0,2 | 0,1 | 0,0 | 0,0 |
| 7 | 20,0 | 2,9 | 2,2 | 1,6 | 0,7 | 0,3 | 0,1 | 0,0 | 0,0 |
| 8 | 20,0 | 3,0 | 2,4 | 1,7 | 0,9 | 0,4 | 0,1 | 0,0 | 0,0 |

# 4  Lüftung in Wohnungen

Räume, die von Menschen genutzt werden, müssen aus hygienischen Gründen gelüftet werden, um in der Luft enthaltene Schadstoffe abzuführen. Belastet wird die Luft durch Wasserdampf, Kohlendioxid und Geruchsstoffe, die von den Menschen selbst produziert werden. Die erzeugten Schadstoffmengen hängen sehr stark von der körperlichen Betätigung der Menschen ab. Durch den Austausch der mit Schadstoffen belasteten Raumluft mit der unverbrauchten Außenluft soll erreicht werden, daß aus hygienischer Sicht geforderte Toleranzwerte der Schadstoffe nicht überschritten werden. Die Intensität der Raumlüftung wird entweder als Luftwechselrate in $m^3$ Luft, die je Stunde ersetzt wird, oder als Luftwechselzahl n angegeben. Unter der Luftwechselzahl versteht man das Verhältnis des während einer Stunde ausgetauschten Luftvolumens zum Raumvolumen.

## 4.1  Lüftung und Luftfeuchte

Für den baulichen Wärmeschutz sind relative Luftfeuchte bzw. Taupunktstemperatur $\vartheta_s$ der Raumluft wichtige Größen. Sie sind zusammen mit der Oberflächentemperatur $\vartheta_{Oi}$ maßgebend, ob Tauwasser auf der raumseitigen Oberfläche der Bauteile ausfällt oder nicht. Je höher die relative Feuchte und damit auch die Taupunktstemperatur der Raumluft ist, um so größer ist die Gefahr eines Tauwasserniederschlages. Der Einfluß der Lüftung auf die Raumluftfeuchte wird im Kapitel Feuchte, Abschn. 2.3, Maßnahmen gegen Tauwasser auf Bauteiloberflächen werden in Kapitel Feuchte, Abschn. 10.1 behandelt.

Die Mindestlüftung von Räumen richtet sich nicht allein nach der Luftfeuchte, sondern auch nach der zulässigen Konzentration an Kohlendioxid, Geruchsstoffen usw. Bisher gibt es noch keine allgemein gültigen Forderungen. In DIN 4108, Beiblatt vom November 1975 wird eine Mindestluftwechselzahl $n = 0,8\ h^{-1}$ empfohlen, die auch von anderer Seite bestätigt wird [46]. Andere Quellen nennen eine Mindestluftwechselrate von 15 $m^3$ Luft je Person und Stunde [71], die verdoppelt werden muß, wenn in den Räumen geraucht wird.

## 4.2  Lüftungswärmeverluste

Bei dem aus hygienischen Gründen geforderten Luftaustausch zwischen innen und außen entsteht ein Lüftungswärmeverlust, da warme Raumluft durch kalte Außenluft ersetzt wird. Er wird bei der Auslegung der Heizeinrichtungen und Heizflächen zur Beheizung von Gebäuden durch den Norm-Lüftungswärmebedarf nach DIN 4701 (3.83) „Regeln für die Berechnung des Normwärmebedarfs von Gebäuden" berücksichtigt. Der Lüftungswärmebedarf ist die stündlich aufzubringende Wärmemenge, um die Luft des aus dem Luftwechsel herrührenden Volumenstromes $\dot{V}$ von der Außentemperatur $\vartheta_{La}$ auf die Innentemperatur $\vartheta_{Li}$ zu erwärmen. Sie ist

$$q = \dot{V} \cdot c_p \cdot \rho_L \cdot (\vartheta_{Li} - \vartheta_{La}) \tag{4.1}$$

$c_p$ ist die spezifische Wärmekapazität und $\rho_L$ die Dichte der Luft. Aus dem Raumluftvolumen $V_R$ und der Luftwechselzahl n berechnet sich der Luftvolumenstrom $\dot{V}$ zu

$$\dot{V} = n \cdot V_R \tag{4.2}$$

Für $c_p = 1005$ J/(kg $\cdot$ K) und $\rho_L = 1,205$ kg/m$^3$ der Luft bei 20 °C ist

$$q = 1211 \cdot n \cdot V_R (\vartheta_{Li} - \vartheta_{La}) \quad \text{in J/h} \tag{4.3}$$

bzw.

$$q = 0,34 \cdot n \cdot V_R (\vartheta_{Li} - \vartheta_{La}) \quad \text{in W} \tag{4.4}$$

Bei geschlossenen Fenstern fließt Luft nur durch die Fensterfugen. Der Luftvolumenstrom hängt von dem Fugendurchlaßkoeffizienten a des Fensterrahmens, der Länge l der Fugen und der Differenz zwischen dem Staudruck $p_a$ des Windes und dem Luftdruck $p_i$ im Raum ab. Wegen der strömungstechnischen Verhältnisse in den Fugen steigt der Luftdurchgang nicht linear mit der Druckdifferenz $(p_a - p_i)$ an. Für den Luftvolumenstrom kann

$$\dot{V} = a \cdot l \cdot (p_a - p_i)^n \tag{4.5}$$

angesetzt werden. Für praktische Verhältnisse kann man mit hinreichender Genauigkeit $n = {}^2\!/_3$ rechnen.

Der Versuch, die Lüftungswärmeverluste durch minimale Lüftung oder durch Abdichten der Fensterfugen zu reduzieren, ist entschieden abzulehnen. Ein aus hygienischen Gründen erforderlicher Mindestwert für die Lufterneuerung von $n = 0,5$ h$^{-1}$ wird in DIN 4701 vorausgesetzt und ist Grundlage für die Berechnung des Mindestwertes des Norm-Lüftungsbedarfs.

# 5 Wärmeschutz von Bauteilen

## 5.1 Außenwände

Außenwände sind Gebäudeteile mit großen Variationsmöglichkeiten in Ausführung und Materialauswahl. Häufig werden sie als Mauerwerk unterschiedlichster Steine errichtet mit oder ohne zusätzliche Wärmedämmung. Andere Bauarten bestehen aus Betonplatten mit zwischenliegenden Wärmedämmschichten oder aus beidseitig bekleideten Holzrahmenkonstruktionen. Die letzteren beiden Außenwand-Bauarten beruhen in der Regel auf einer fabrikmäßigen Fertigung und die dort hergestellten Bauteile werden an der Baustelle zusammengefügt.

Soll eine Außenwand einen guten Wärmeschutz aufweisen, muß der Planer vorab die Entscheidung treffen, ob der Wärmeschutz ohne oder mit zusätzlichen Wärmedämmschichten erreicht werden soll. Bei Mauerwerk allein ist die Auswahl des Steinmaterials (Rohdichte und Wärmeleitfähigkeit) und die Wanddicke entscheidend. Wenn der Wärmeschutz durch zusätzlich angebrachte Wärmedämmschichten verbessert wird, sind auch die Eigenschaften der Dämmstoffe und deren Lage mit zu beachten.

Drei Möglichkeiten bestehen zur Anordnung der Dämmschicht:

– außenseitige Dämmung,

– raumseitige Dämmung,

– Kerndämmung bei zweischaligem Mauerwerk.

## 5.1.1 Einschalige Mauerwerkswände

Wie in Abschnitt 2.2 „Wärmeleitfähigkeit von Baustoffen" ausgeführt wurde, sind die in Tabellen angegebenen Werte der Wärmeleitfähigkeit des Mauerwerks größer als die der Steine allein.

Grund hierfür ist die hohe Wärmeleitfähigkeit des Normalmörtels von $\lambda_R = 0,87$ W/(m·K). Um den Wärmeschutz des Mauerwerks zu verbessern, werden zum Aufmauern der Außenwände Leichtmörtel, sofern deren Festigkeit ausreicht, verwendet. Hergestellt werden Leichtmauermörtel in zwei unterschiedliche Qualitäten, nämlich als Leichtmörtel LM 21 ($\lambda_R = 0,21$ W/(m·K); $\rho \leq 700$ kg/m³) und als Leichtmörtel 36 ($\lambda_R = 0,36$ W/m·K); $\rho \leq$ 1000 kg/m³).

Bei nichtgenormten Mauerwerkssteinen wird der Rechenwert der Wärmeleitfähigkeit des Mauerwerks bei Vermauerung mit den verschiedenen Mörtelarten im Bundesanzeiger veröffentlicht, ebenso für Mauerwerkssteine mit einer in einem Bescheid bestätigten, von der Norm abweichenden Wärmeleitfähigkeit.

Für Mauerwerk aus genormten Steien wird der Rechenwert der Wärmeleitfähigkeit in DIN 4108 T 4 bei Vermauerung mit Normalmörtel angegeben. Bei Wänden, die mit einem Leichtmörtel aufgemauert werden, wird der Tabellenwert der DIN 4108 durch einen Abzug $\Delta\lambda$ korrigiert, der als Verbesserungsmaß bezeichnet wird. Dieses hängt nicht nur von der Qualität des Leichtmörtels, sondern auch von seinem Flächenanteil in den Fugen und von der wärmeschutztechnischen Qualität der Steine ab.

Rechnerische Untersuchungen [28] und Messungen an Versuchswänden ergaben, daß das Verbesserungsmaß um so größer, je höher der Mörtelanteil und je kleiner die Wärmeleitfähigkeit der Steine und des Mörtels ist (s. Bild 5.1). Der Mörtel- bzw. Fugenanteil hängt vom Steinformat und der Vermauerungsart ab. Bei den üblichen Steinabmessungen schwankt er zwischen etwa 7 % und 13 %. Das Verbesserungsmaß $\Delta\lambda$ erstreckt sich dann für die in Bild 5.1 angenommenen Werte von 0,03 W/(m·K) bis 0,12 W/(m·K).

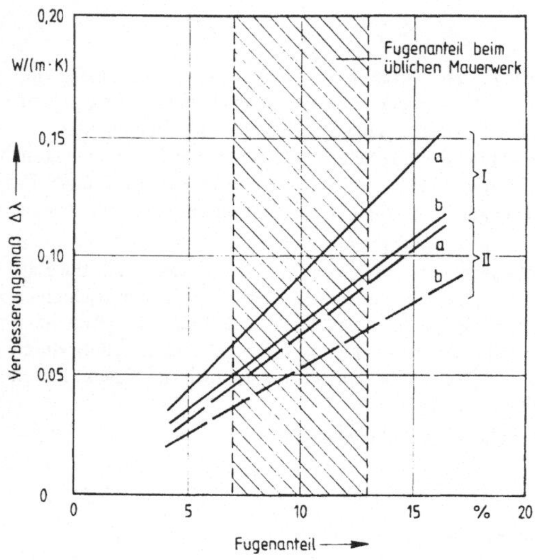


Bild 5.1
Verbesserungsmaß $\Delta\lambda$ von Vollsteinen und Vollblöcken, abhängig vom Anteil der Mörtelfugen am Mauerwerk

a $\lambda_{Stein}$ = 0,1  W/(m·K)
b $\lambda_{Stein}$ = 0,2  W/(m·K)
I $\lambda_{Mörtel}$ = 0,15 W/(m·K)
II $\lambda_{Mörtel}$ = 0,3  W/(m·K)

Tafel 5.1 Wärmedurchlaßwiderstand $R_\lambda$ und Wärmedurchgangskoeffizient k von beidseitig verputztem Mauerwerk unterschiedlicher Dicken, abhängig vom Rechenwert der Wärmeleitfähigkeit $\lambda_R$

| $\lambda_R$ in W/(m·K) | Wärmedurchlaßwiderstand $R_\lambda$ in m²·K/W Wanddicke ohne Putz | | | Wärmedurchgangskoeffizient k in W/(m²·K) Wanddicke ohne Putz | | |
|---|---|---|---|---|---|---|
| | 240 mm | 300 mm | 365 mm | 240 mm | 300 mm | 365 mm |
| 0,15 | 1,64 | 2,04 | 2,47 | 0,55 | 0,45 | 0,38 |
| 0,16 | 1,54 | 1,92 | 2,32 | 0,58 | 0,48 | 0,40 |
| 0,17 | 1,45 | 1,80 | 2,19 | 0,62 | 0,51 | 0,42 |
| 0,18 | 1,37 | 1,71 | 2,07 | 0,65 | 0,53 | 0,45 |
| 0,19 | 1,30 | 1,62 | 1,96 | 0,68 | 0,56 | 0,47 |
| 0,20 | 1,24 | 1,54 | 1,87 | 0,71 | 0,58 | 0,49 |
| 0,21 | 1,18 | 1,47 | 1,78 | 0,74 | 0,61 | 0,51 |
| 0,22 | 1,13 | 1,40 | 1,70 | 0,77 | 0,64 | 0,54 |
| 0,23 | 1,08 | 1,34 | 1,63 | 0,80 | 0,66 | 0,56 |
| 0,24 | 1,04 | 1,29 | 1,56 | 0,83 | 0,68 | 0,58 |
| 0,25 | 1,00 | 1,24 | 1,50 | 0,85 | 0,71 | 0,60 |
| 0,26 | 0,96 | 1,19 | 1,44 | 0,88 | 0,73 | 0,62 |
| 0,27 | 0,93 | 1,15 | 1,39 | 0,91 | 0,76 | 0,64 |
| 0,28 | 0,90 | 1,11 | 1,34 | 0,94 | 0,78 | 0,66 |
| 0,29 | 0,87 | 1,07 | 1,30 | 0,96 | 0,80 | 0,68 |
| 0,30 | 0,84 | 1,04 | 1,26 | 0,99 | 0,83 | 0,70 |
| 0,31 | 0,81 | 1,01 | 1,22 | 1,02 | 0,85 | 0,72 |
| 0,32 | 0,79 | 0,98 | 1,18 | 1,04 | 0,87 | 0,74 |
| 0,33 | 0,77 | 0,95 | 1,15 | 1,07 | 0,89 | 0,76 |
| 0,34 | 0,75 | 0,90 | 1,11 | 1,09 | 0,92 | 0,78 |
| 0,35 | 0,73 | 0,90 | 1,08 | 1,12 | 0,94 | 0,80 |
| 0,36 | 0,71 | 0,87 | 1,05 | 1,14 | 0,96 | 0,82 |
| 0,37 | 0,69 | 0,85 | 1,03 | 1,16 | 0,98 | 0,84 |
| 0,38 | 0,67 | 0,83 | 1,00 | 1,19 | 1,00 | 0,85 |
| 0,39 | 0,66 | 0,81 | 0,98 | 1,21 | 1,02 | 0,87 |
| 0,40 | 0,64 | 0,79 | 0,95 | 1,23 | 1,04 | 0,89 |
| 0,41 | 0,63 | 0,77 | 0,93 | 1,26 | 1,06 | 0,91 |
| 0,42 | 0,61 | 0,75 | 0,91 | 1,28 | 1,08 | 0,93 |
| 0,43 | 0,60 | 0,74 | 0,89 | 1,30 | 1,10 | 0,94 |
| 0,44 | 0,59 | 0,72 | 0,87 | 1,32 | 1,12 | 0,96 |
| 0,45 | 0,57 | 0,71 | 0,85 | 1,35 | 1,14 | 0,98 |
| 0,46 | 0,56 | 0,69 | 0,83 | 1,37 | 1,16 | 1,00 |
| 0,47 | 0,55 | 0,68 | 0,82 | 1,39 | 1,18 | 1,01 |
| 0,48 | 0,54 | 0,67 | 0,80 | 1,41 | 1,20 | 1,03 |
| 0,49 | 0,53 | 0,65 | 0,78 | 1,43 | 1,22 | 1,05 |
| 0,50 | 0,52 | 0,64 | 0,77 | 1,45 | 1,23 | 1,06 |
| 0,52 | 0,50 | 0,62 | 0,74 | 1,49 | 1,27 | 1,10 |
| 0,54 | 0,48 | 0,60 | 0,72 | 1,53 | 1,31 | 1,13 |
| 0,56 | 0,47 | 0,58 | 0,69 | 1,57 | 1,34 | 1,16 |
| 0,58 | 0,45 | 0,56 | 0,67 | 1,60 | 1,38 | 1,19 |
| 0,60 | 0,44 | 0,54 | 0,65 | 1,64 | 1,41 | 1,22 |
| 0,62 | 0,43 | 0,52 | 0,63 | 1,67 | 1,44 | 1,25 |

Fortsetzung und Hinweis s. nächste Seite

Tafel 5.1, Fortsetzung

| $\lambda_R$ in W/(m·K) | Wärmedurchlaßwiderstand $R_\lambda$ in m²·K/W Wanddicke ohne Putz | | | Wärmedurchgangskoeffizient k in W/(m²·K) Wanddicke ohne Putz | | |
|---|---|---|---|---|---|---|
| | 240 mm | 300 mm | 365 mm | 240 mm | 300 mm | 365 mm |
| 0,64 | 0,42 | 0,51 | 0,61 | 1,71 | 1,47 | 1,28 |
| 0,66 | 0,40 | 0,49 | 0,59 | 1,74 | 1,50 | 1,31 |
| 0,68 | 0,39 | 0,48 | 0,58 | 1,78 | 1,54 | 1,34 |
| 0,70 | 0,38 | 0,47 | 0,56 | 1,81 | 1,57 | 1,37 |
| 0,72 | 0,37 | 0,46 | 0,55 | 1,84 | 1,60 | 1,39 |
| 0,74 | 0,36 | 0,45 | 0,53 | 1,87 | 1,62 | 1,42 |
| 0,76 | 0,36 | 0,43 | 0,52 | 1,90 | 1,65 | 1,45 |
| 0,78 | 0,35 | 0,42 | 0,51 | 1,93 | 1,68 | 1,48 |
| 0,80 | 0,34 | 0,42 | 0,50 | 1,96 | 1,71 | 1,50 |
| 0,82 | 0,33 | 0,41 | 0,49 | 1,99 | 1,74 | 1,53 |
| 0,84 | 0,33 | 0,40 | 0,47 | 2,02 | 1,76 | 1,55 |
| 0,86 | 0,32 | 0,39 | 0,46 | 2,04 | 1,79 | 1,58 |
| 0,88 | 0,31 | 0,38 | 0,45 | 2,07 | 1,82 | 1,60 |
| 0,90 | 0,31 | 0,37 | 0,45 | 2,10 | 1,84 | 1,62 |
| 0,92 | 0,30 | 0,37 | 0,44 | 2,12 | 1,87 | 1,65 |
| 0,94 | 0,30 | 0,36 | 0,43 | 2,15 | 1,89 | 1,67 |
| 0,96 | 0,29 | 0,35 | 0,42 | 2,17 | 1,91 | 1,69 |
| 0,98 | 0,28 | 0,35 | 0,41 | 2,20 | 1,94 | 1,72 |
| 1,00 | 0,28 | 0,34 | 0,41 | 2,22 | 1,96 | 1,74 |
| 1,05 | 0,27 | 0,33 | 0,39 | 2,28 | 2,02 | 1,79 |
| 1,10 | 0,26 | 0,31 | 0,37 | 2,34 | 2,07 | 1,85 |
| 1,15 | 0,25 | 0,30 | 0,36 | 2,39 | 2,12 | 1,90 |

Hinweis: Zwischenwerte können linear interpoliert werden

Um die Berechnungen für den Nachweis des ausreichenden Wärmeschutzes einer Mauerwerkswand aus genormten Steinen möglichst einfach zu halten, wurde jedoch ein für alle Mauerwerksarten nach DIN 4108, Teil 4, einheitliches Verbesserungsmaß von $\Delta\lambda = 0,06$ W/(m·K) festgelegt (s. Tafel 2.3, Fußnote 3). Die Wärmeleitfähigkeit der mit Normalmörtel gemauerten Wand wird um diesen Betrag verringert.

Tafel 5.1 enthält den Wärmedurchlaßwiderstand $R_\lambda$ und den Wärmedurchgangskoeffizienten von beidseitig verputztem Mauerwerk der üblichen Dicken von 240 mm, 300 mm und 365 mm, abhängig von der Wärmeleitfähigkeit des Mauerwerks.

## 5.1.2  Außenwände mit Außendämmung

Ist beabsichtigt, den Wärmeschutz einer Außenwand durch eine zusätzliche Dämmaßnahme zu verbessern und dies durch eine außenseitig angebrachte Wärmedämmschicht zu erreichen, dann sind die meisten sich aus Wärmebrücken ergebenden Probleme gelöst. Die außenseitige Wärmedämmung ist eine über die Umfassungswände gelegte Außenschicht und überdeckt gefährdete Stellen, wie Decken im Bereich des Deckenauflagers, Betonstürze und dergleichen.

Die Wärmedämmsysteme, die außenseitig an den Außenwänden angebracht werden können, lassen sich in 3 Gruppen einteilen:

– Wärmedämmputze

– Wärmedämmsysteme mit Außenputz (Thermohaut)

– Wärmedämmsystem mit hinterlüfteter Außenfassade.

Die quantitative Verbesserung des Wärmeschutzes einer Wand durch eine zusätzliche Wärmedämmung wirkt sich nicht bei allen Wänden gleich stark aus. Die gleiche Zusatzdämmung erbringt bei sehr kleinen Wärmedurchlaßwiderständen der Wände eine wesentlich stärkere Reduzierung des Wärmedurchgangskoeffizienten als bei einer Wand mit hohem Wärmedurchlaßwiderstand (s. Bild 5.2). Bild 5.3 zeigt, wie sich der Wärmedurchgangskoeffizient k einer Wand ohne Wärmedämmung ändert, wenn diese wärmeschutztechnisch verbessert wird, wobei die zusätzlich angebrachte Wärmedämmung einen Wärmedurchlaßwiderstand $R_{ZD}$ aufweist.

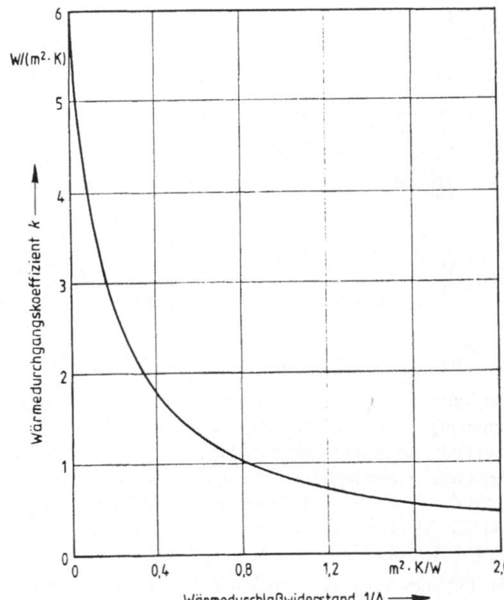


Bild 5.2
Wärmedurchgangskoeffizient
k, abhängig vom Wärmedurchlaßwiderstand $R_\lambda$ einer Wand
Wärmeübergangswiderstand

innen:  $1/\alpha_i = 0{,}13\ m^2 \cdot K/W$
außen:  $1/\alpha_a = 0{,}04\ m^2 \cdot K/W$

## a) Außenwände mit Wärmedämmputz

Einschalige Außenwände aus Mauerwerk erhalten üblicherweise einen Außenputz als Witterungsschutz. Die Überlegung liegt nahe, durch poröse Zuschläge die Wärmeleitfähigkeit des Putzes zu verringern und ihn zur Verbesserung des Wärmeschutzes der Außenwand heranzuziehen. Einen derartigen Putz bezeichnet man als Wärmedämmputz. Da er hinsichtlich seiner Festigkeit nicht so widerstandsfähig ist wie ein normaler Außenputz, muß er durch einen Oberputz gegen mechanische Beschädigungen geschützt werden. Ausführungsvorschriften sind in DIN 18550 Teil 3 festgelegt. Hinsichtlich ihrer wärmetechnischen Eigenschaften sind die Wärmedämmputze in Wärmeleitfähigkeitsgruppen von 060 bis 100 unterteilt.

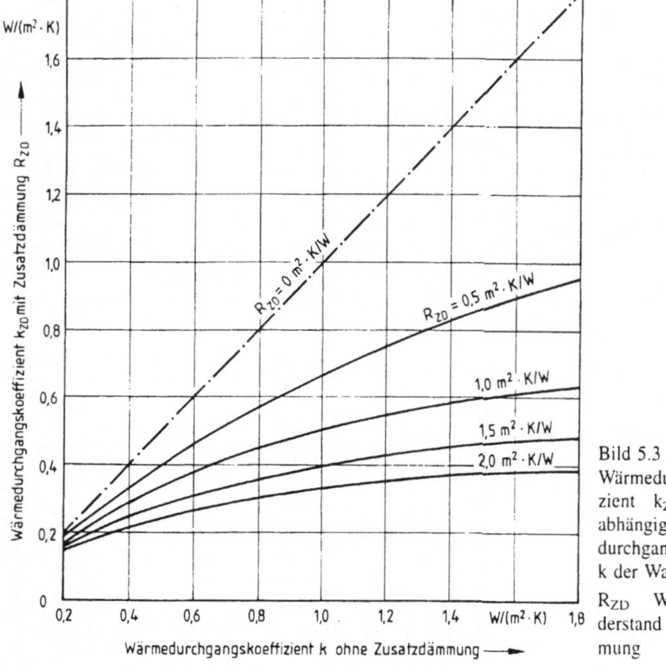



Bild 5.3
Wärmedurchgangskoeffizient $k_{ZD}$ einer Wand abhängig vom Wärmedurchgangskoeffizienten k der Wand allein

$R_{ZD}$ Wärmedurchlaßwiderstand der Zusatzdämmung

## b) Außenwände mit Dämmsystem und Außenputz

Zur Verbesserung des Wärmeschutzes einer Außenwand wird oft außenseitig eine Wärmedämmnung aus Polystyrol-Hartschaumplatten, Mineralfaserplatten oder Mehrschicht-Leichtbauplatten angeklebt oder angedübelt und verputzt. Solche Konbinationen werden als Wärmedämm-Verbundsystem bezeichnet. Der Wärmeschutz der Außenwand wird in erster Linie durch die Art und Dicke der Wärmedämmplatten bestimmt, das Mauerwerksmaterial und die Mauerwerksdicke sind unter diesen Umständen nach wirtschaftlichen Gesichtspunkten festzulegen.

Der Putz des Systems ist als Folge der jahres- und tageszeitlichen Schwankungen der Lufttemperatur, Luftfeuchte und der Sonneneinstrahlung Wärmespannungen ausgesetzt. Je nach Farbgebung der Oberfläche und der Orientierung der Wand können Temperaturschwankungen im Putz bis zu 70 K auftreten. Die hierdurch hervorgerufenen Spannungen dürfen keine Risse im Putz verursachen. Um dies zu verhindern, müssen mechanische und thermische Eigenschaften des Putzes und des Wärmedämmstoffes aufeinander abgestimmt sein [14]. Zur Vermeidung einer schädlichen Tauwasserbildung zwischen Wärmedämmschicht und Außenputz darf letzterer keinen zu großen Diffusionswiderstand aufweisen (Kapitel Feuchte, Abschn. 10.2).

## c) Außenwände mit Dämmsystem und hinterlüfteten Außenwandbekleidungen

Ein dauerhafter Witterungsschutz der Außenwände ergibt sich bei deren Bekleidung mit Fassadenplatten, die hinterlüftet werden. Die Hinterlüftung hat nicht nur die Aufgabe,

Schlagregen von der Tragkonstruktion fernzuhalten, sondern dient auch dazu, durch die Wand diffundierenden Wasserdampf an die Außenluft abzuführen. In der Regel muß die Spaltbreite des Belüftungsraumes mindestens 2 cm betragen (Kapitel Feuchte, Abschn. 10.3), sie darf aber bei Außenwandbekleidungen aus kleinformatigen Faserzementplatten auf 1 cm reduziert werden.

Als Wärmedämmaterial haben sich Mineralfaserplatten durchgesetzt, die mit Rechenwerten der Wärmeleitfähigkeit von $\lambda_R$ = 0,04 W/(m · K) und 0,035 W/(m · K) geliefert werden.

### 5.1.3 Außenwände mit raumseitiger Wärmedämmung

Während die außenseitig angebrachte Wärmedämmung aus bauphysikalischer Sicht als nahezu problemlos zu bezeichnen ist, stecken in der raumseitigen Wärmedämmung einige Schwierigkeiten. So kann sich bei manchen Wärmedämmaterialien aus der Art, wie sie an der Wand befestigt und wie sie bekleidet werden, ein Einfluß auf die Schalldämmung ergeben (Kapitel Schall). Die Auswahl des Dämmsystems wirkt sich also nicht nur auf den Wärme- und Feuchteschutz, sondern auch auf den Schallschutz aus.

Beim Wärme- und Feuchteschutz sind zwei Punkte zu beachten:

a) Zwischen Dämmstoff und Außenwand kann ein unzulässig großer Tauwasserniederschlag entstehen.

b) Im Bereich der Deckenauflager und an den angrenzenden Innenwänden entstehen Wärmebrücken mit der Gefahr, daß Oberflächen-Tauwasser im Winter auftritt.

Zu a) Nach DIN 4108 (8.81), Teil 3, kann der rechnerische Nachweis des ausreichenden Feuchteschutzes entfallen, wenn die diffusionsäquivalente Luftschichtdicke $s_d$ der raumseitig angebrachten Wärmedämmung einschließlich Innenputz bzw. Bekleidungsplatten einen Wert $s_d \geq 0{,}5$ m aufweist (Kapitel Feuchte, Abschn. 10.2).

Zu b) Durch die raumseitig angebrachte Wärmedämmung wird die Wirkung der Stahlbetonplattendecke als Wärmebrücke verstärkt. Um Feuchteschäden an dieser Stelle zu verhindern, sind weitere Dämmaßnahmen in diesem Bereich notwendig (s. Abschn. 7.3.2).

Die raumseitige Wärmedämmung ist vorteilhaft, wenn ein unterbrochener Heizbetrieb vorausgesagt werden kann. Wegen der geringen Wärmespeicherfähigkeit des Wärmedämmsystems lassen sich die Räume relativ schnell aufheizen.

### 5.1.4 Zweischaliges Mauerwerk nach DIN 1053

Bei Sichtmauerwerk ist zum Schutz gegen Schlagregen die zweischalige Ausführung nach DIN 1053 „Mauerwerk" [74] besonders gut geeignet. Der zum Regenschutz notwendige Hohlraum zwischen den beiden Schalen bietet sich auch zur Aufnahme von Wärmedämmstoff an. Nach DIN 1053 muß jedoch eine Luftschicht von mindestens 40 mm Dicke übrig bleiben. Ist dies der Fall, gibt es keine Beschränkungen für die verwendeten Dämmstoffe. Die Wandkonstruktion ist relativ aufwendig und je nach Ausführung 350 mm bis 480 mm dick. Für die Außenschale dürfen nur witterungs- und frostbeständige Mauersteine verwendet werden. Bei Ausnützung des gesamten zur Verfügung stehenden Raumes kann beim zweischaligen Mauerwerk mit Kerndämmung und Luftschicht eine Dämmschicht von 80 mm Dicke im Hohlraum untergebracht werden (Bild 5.4).

Wenn der Hohlraum ganz mit Dämmstoff ausgefüllt wird, berührt dieser die Außenschale und kann bei Schlagregen naß werden, da die Außenschale allein nicht schlagregensicher ist. Damit eventuell eindringendes Regenwasser keinen Schaden am Dämmstoff anrichtet,

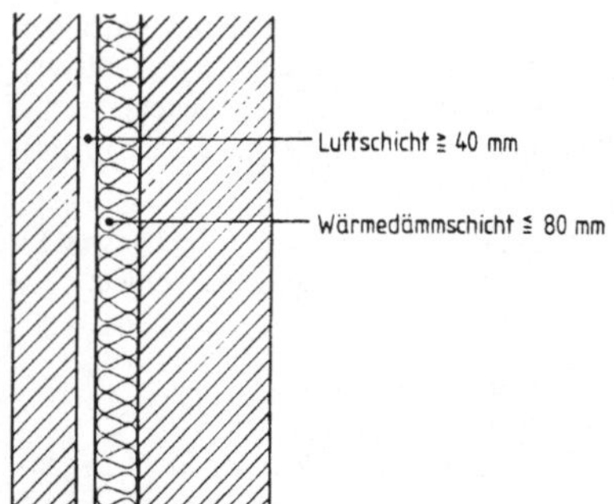



Bild 5.4
Zweischaliges Mauerwerk nach DIN 1053 mit
Wärmedämmung und Luftschicht

muß dieser wasserunempfindlich und wasserabweisend (hydrophob) sein. Es müssen Wärmedämmstoffe (Kerndämmung) verwendet werden, die für diesen Anwendungsbereich genormt sind oder deren Eignung nachgewiesen und durch eine bauaufsichtliche Zulassung bestätigt wird. Solche wurden erteilt für Mineralfaserdämmstoffe, Schaumkunststoffplatten, lose Dämmstoffe und Ortschäume.

Die losen Dämmstoffe und Ortschäume können auch noch später bei bereits bestehenden Wänden in den Hohlraum eingefüllt werden.

## 5.2  Decken

Bei Decken liegen die in DIN 4108 verlangten Mindestwerte des Wärmedurchlaßwiderstandes zwischen $R_\lambda = 0{,}17$ m$^2\cdot$K/W in zentralbeheizten Bürogebäuden und $R_\lambda = 1{,}75$ m$^2\cdot$K/W, wenn sie über das Freie auskragen (s. Abschn. 8). Der Grund liegt in den unterschiedlichen Lufttemperaturen unterhalb der Decken. Bei der auskragenden Decke muß durch einen besonders guten Wärmeschutz gewährleistet werden, daß im Winter bei tiefen Außentemperaturen die Fußbodentemperatur so hoch ist, daß bei einem längeren Aufenthalt im Raum keine unbehaglichen Verhältnisse für die Anwesenden entstehen.

Decken als Gesamtkonstruktion bestehen aus der Rohdecke mit Unterputz und dem Fußboden bzw. der Deckenauflage. Für beide Teile bestehen konstruktive Variationsmöglichkeiten mit wärmeschutztechnisch unterschiedlichen Qualitäten. Deshalb ist der Wärmeschutz der Rohdecke und der Deckenauflage getrennt zu betrachten und erst am Schluß zum Gesamtergebnis zusammenzufassen. Bei der Planung muß beachtet werden, daß in der Regel bei Decken auch schalltechnische Anforderungen bestehen. Wie beim Wärmeschutz sind Rohdecke und Deckenauflager zusammen maßgebend für den erreichbaren Schallschutz, wobei die Fußbodenkonstruktion sowohl beim Schall- als auch beim Wärmeschutz dominierend ist.

### 5.2.1  Rohdecken

Übliche Deckenkonstruktionen sind die Stahlbetonplattendecke und die verschiedenen Massivdecken mit Füllkörpern. Während der Wärmedurchlaßwiderstand der Stahlbetonplattendecke sich mit den einfachen Rechenregeln nach Abschnitt 2.1 bestimmen läßt, ist dies bei den Massivdecken mit Füllkörpern nicht möglich. Im Teil 4 der DIN 4108 wird daher der Wärmedurchlaßwiderstand der gängigsten Deckenkonstruktionen in Tabellen angegeben (s. Tafel 5.2). Deckenkonstruktionen in Holzbauweisen sind wärmeschutztechnisch unproblematisch. In der Regel läßt sich die Decke in zwei Bereiche unterteilen, den Balken und den Gefachbereich. Der Wärmeschutz der Decke wird berechnet, indem die beiden Wärme-

Tafel 5.2 Wärmedurchlaßwiderstand $R_\lambda$ von Decken

| Spalte | 1 | 2 | 3 | 4 |
|---|---|---|---|---|
| Zeile | Bezeichnung und Darstellung | Dicke s<br><br>in mm | Wärmedurchlaß-widerstand $R_\lambda$ in $m^2 \cdot K/W$<br>im Mittel | an der ungünstigsten Stelle |
| **1** | **Stahlbetonrippen- und Stahlbetonbalkendecken** nach DIN 1045 mit Zwischenbauteilen nach DIN 4158 | | | |
| 1.1 | Stahlbetonrippendecke (ohne Aufbeton, ohne Putz) 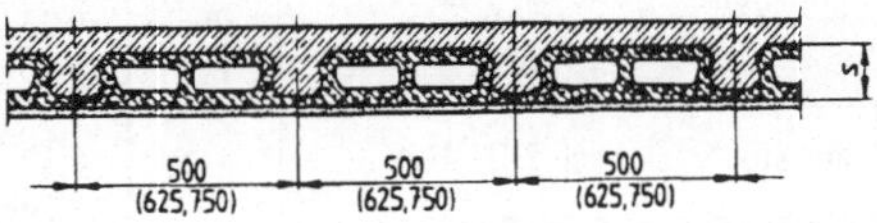 | 120<br>140<br>160<br>180<br>200<br>220<br>250 | 0,20<br>0,21<br>0,22<br>0,23<br>0,24<br>0,25<br>0,26 | 0,06<br>0,07<br>0,08<br>0,09<br>0,10<br>0,11<br>0,12 |
| 1,2 | Stahlbetonbalkendecke (ohne Aufbeton, ohne Putz) 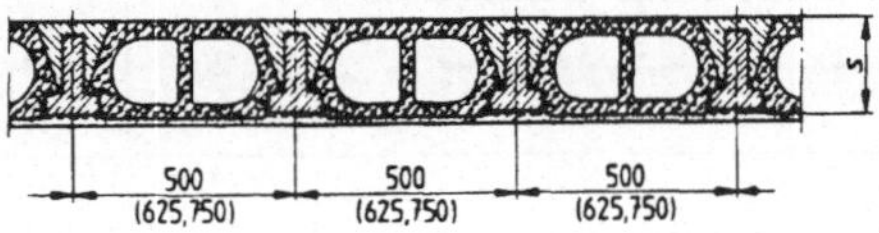 | 120<br>140<br>160<br>180<br>200<br>220<br>240 | 0,16<br>0,18<br>0,20<br>0,22<br>0,24<br>0,26<br>0,28 | 0,06<br>0,07<br>0,08<br>0,09<br>0,10<br>0,11<br>0,12 |
| **2** | **Stahlbetonrippen- und Stahlbetonbalkendecken** nach DIN 1045 mit Deckenziegeln nach DIN 4160 | | | |
| 2.1 | Ziegel als Zwischenbauteile nach DIN 4160 ohne Querstege (ohne Aufbeton, ohne Putz) 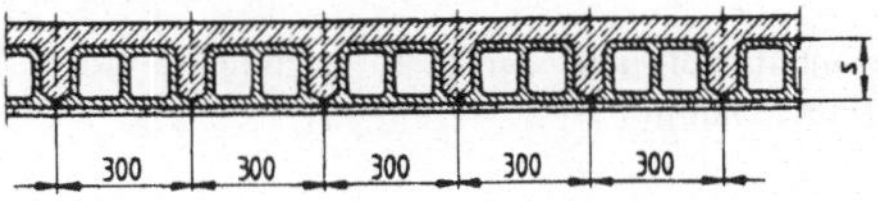 | 115<br>140<br>165 | 0,15<br>0,16<br>0,18 | 0,06<br>0,07<br>0,08 |
| 2.2 | Ziegel als Zwischenbauteile nach DIN 4160 mit Querstegen (ohne Aufbeton, ohne Putz) 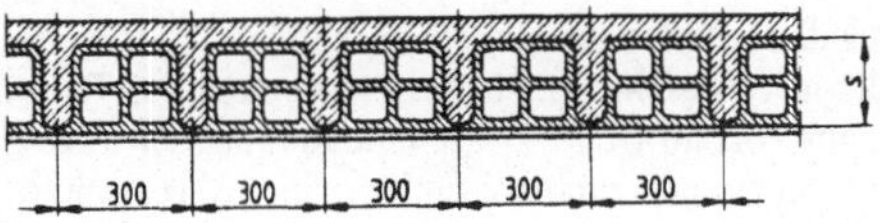 | 190<br>225<br>240<br>265<br>290 | 0,24<br>0,26<br>0,28<br>0,30<br>0,32 | 0,09<br>0,10<br>0,11<br>0,12<br>0,13 |

Fortsetzung s. nächste Seite

Tafel 5.2, Fortsetzung

| Spalte | 1 | 2 | 3 | 4 |
|---|---|---|---|---|
| Zeile | Bezeichnung und Darstellung | Dicke $s$ <br><br><br><br><br><br><br><br> in mm | Wärmedurchlaßwiderstand $R_\lambda$ in $m^2 \cdot K/W$ <br> im Mittel | an der ungünstigsten Stelle |
| **3 Stahlsteindecken** nach DIN 1045 aus Deckenziegeln nach DIN 4159 | | | | |
| 3.1 | Ziegel für teilvermörtelbare Stoßfugen nach DIN 4159 | 115<br>140<br>165<br>190<br>225<br>240<br>265<br>290 | 0,15<br>0,18<br>0,21<br>0,24<br>0,27<br>0,30<br>0,33<br>0,36 | 0,06<br>0,07<br>0,08<br>0,09<br>0,10<br>0,11<br>0,12<br>0,13 |
| 3.2 | Ziegel für vollvermörtelbare Stoßfugen nach DIN 4159 | 115<br>140<br>165<br>190<br>225<br>240<br>265<br>290 | 0,13<br>0,16<br>0,19<br>0,22<br>0,25<br>0,28<br>0,31<br>0,34 | 0,06<br>0,07<br>0,08<br>0,09<br>0,10<br>0,11<br>0,12<br>0,13 |
| **4 Stahlbetonhohldielen** nach DIN 1045 | | | | |
| | (ohne Aufbeton, ohne Putz) | 65<br>80<br>100 | 0,13<br>0,14<br>0,15 | 0,03<br>0,04<br>0,05 |

durchgangskoeffizienten flächenanteilmäßig nach Gl. (2.25) gemittelt werden. Vorschläge für Ausführungsmöglichkeiten findet man in [63].

## 5.2.2 Fußbodenaufbau

Um einen ausreichenden Trittschallschutz zu gewährleisten, wird in der Regel ein schwimmender Estrich als Fußbodenaufbau vorgesehen. Er besteht aus einem auf Trittschalldämmplatten verlegten Estrich (s. Kapitel Schall). Die Trittschalldämmplatten tragen auf Grund ihrer Struktur und des Herstellungsmaterials auch wesentlich zum Wärmeschutz der Decke bei und die gewählte Plattendicke richtet sich in der Regel nach den wärmeschutztechnischen Anforderungen an die Decke. Hierbei ist zu beachten, daß vom Hersteller neben der

Lieferdicke auch die Dicke im eingebauten Zustand (unter Belastung) angegeben werden muß, z. B. 20/15 mm bei einer Lieferdicke von 20 mm und einer Dicke unter Belastung von 15 mm. Maßgebend für den Wärmedurchlaßwiderstand $R_\lambda$ ist die Dicke unter Belastung.

Trittschalldämmplatten bestehen meistens aus mineralischen Faserdämmstoffen nach DIN 18 165, Teil 2 [85] oder Schaumkunststoffen nach DIN 18 164, Teil 2 [83]. Beide Stoffarten weisen nur geringe Unterschiede in ihrer Wärmeleitfähigkeit auf, welche näherungsweise für beide Stoffarten $\lambda = 0{,}04$ W/(m · K) beträgt. Es ist daher möglich, den Wärmedurchlaßwiderstand eines schwimmenden Estrichs auf einer Stahlbetonplatte üblicher Dicke mit genügender Genauigkeit anzugeben. Bild 5.5 zeigt die Werte in Abhängigkeit der Dicke der Trittschalldämmplatten. Auch die Mindestanforderungen der DIN 4108 an den Wärmeschutz verschiedener Deckenarten sind eingetragen, so daß man ablesen kann, wie dick die Trittschalldämmplatten sein müssen, um den gestellten Anforderungen zu genügen.

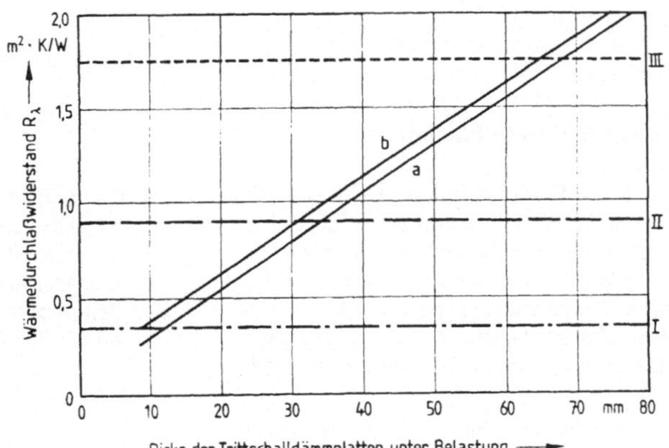


Bild 5.5   Wärmedurchlaßwiderstand $R_\lambda$ eines schwimmenden Estrichs allein (a) und verlegt auf einer 180 mm dicken Stahlbetonplattendecke (b), abhängig von der Dicke der Trittschalldämmplatten ($\lambda_R = 0{,}04$ W/(m · K))

Mindestanforderungen an den Wärmeschutz von Decken nach DIN 4108:
I   Wohnungstrenndecken   $R_\lambda = 0{,}35$ m² · K/W
II   Kellerdecken   $R_\lambda = 0{,}90$ m² · K/W
III   Auskragende Decke   $R_\lambda = 1{,}75$ m² · K/W

Beim Nachweis des ausreichenden Wärmeschutzes einer Decke wird in der Regel der Bodenbelag nicht berücksichtigt, er ist unabhängig von den schall- und wärmeschutztechnischen Anforderungen frei wählbar. Da er verhältnismäßig leicht ausgewechselt werden kann, würde eine Berechnung des Wärmedurchlaßwiderstandes unter Beachtung des Bodenbelages nach einer Auswechslung desselben nicht mehr zutreffen, sofern der Ersatz wärmeschutztechnisch nicht gleichwertig ist. Abgewichen von dieser Regel wird nur bei Decken in zentralbeheizten Bürogebäuden, denn hier ist es infolge der Schall-Längsübertragung oft nicht möglich, einen schwimmenden Estrich einzubauen. In diesem Fall muß der geforderte Trittschallschutz durch einen weichfedernden Gehbelag erbracht werden, der direkt auf die Deckenplatte aufgebracht wird. Meist werden textile Bodenbeläge gewählt, die auch maßgeblich zum Wärmeschutz beitragen.

## 5.3  Dächer

Bei Dächern unterscheidet man hinsichtlich ihrer Neigung zwischen Steildach, flachgeneigtem Dach und Flachdach. Eine allgemein verbindliche Definition der verschiedenen Dacharten gibt es jedoch nicht. Als Witterungsschutz erhalten Flachdächer eine Abdichtung, geneigte Dächer eine Dachdeckung.

Bauphysikalisch wird zwischen belüfteten und nicht belüfteten Dachkonstruktionen unterschieden. Erstere werden häufig als Kaltdach, letztere als Warmdach bezeichnet. Diese Differenzierung nach Art der Belüftung beruht auf dem unterschiedlichen Verhalten der beiden Konstruktionsarten bei Diffusionsvorgängen und führt daher auch zu unterschiedlichen feuchteschutztechnischen Anforderungen (Kapitel Feuchte, Abschn. 10.2 und 10.5). Während das nichtbelüftete Dach vorzugsweise als Flachdach zur Ausführung kommt, stellt beim geneigten Dach die belüftete Ausführung die Regel dar.

### 5.3.1  Das nicht belüftete Flachdach

Beim nicht belüfteten Flachdach bilden Tragkonstruktion, Wärmedämmschicht und Dachhaut eine konstruktive Einheit, die in ihren Einzelelementen so aufeinander abzustimmen ist, daß das Dach den bauphysikalischen Anforderungen genügt. In der Regel ist davon auszugehen, daß die Wärmedämmschicht oberhalb der Tragkonstruktion angeordnet wird, um diese vor großen Temperaturdehnungen – eine Folge von großen Temperaturdifferenzen, die sich aus dem jahreszeitlichen Gang der Außenlufttemperaturen und der Sonneneinstrahlung auf die Dachhaut ergeben – zu schützen. Bild 5.6 zeigt den Temperaturverlauf in ei-

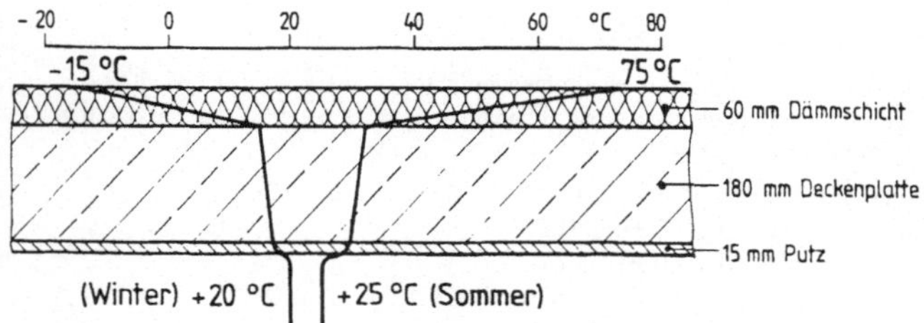


Bild 5.6    Temperaturverlauf in einem nicht belüfteten Flachdach im Sommer und im Winter.

nem nicht belüfteten Flachdach im Sommer und im Winter bei der Annahme von stationären Temperaturverhältnissen. Man erkennt, daß die große Temperaturschwankung an der Dachoberfläche durch die Dämmschicht stark abgeschwächt wird. Die Annahme stationärer Temperaturen im Dach ist nur für den Winter gerechtfertigt. Bei der sommerlichen Wärmebeanspruchung schwankt die Temperatur entsprechend dem 24stündigen Rhythmus der Sonneneinstrahlung (s. Bild 5.7).

Die entstehende Wärmewelle dringt nur bis zu einer gewissen Tiefe in die Konstruktion. Die Temperaturdifferenz in der Tragplatte ist daher nicht so extrem wie in Bild 5.6 gezeichnet. Die für die Wärmedehnung der Tragkonstruktion verantwortliche jährliche

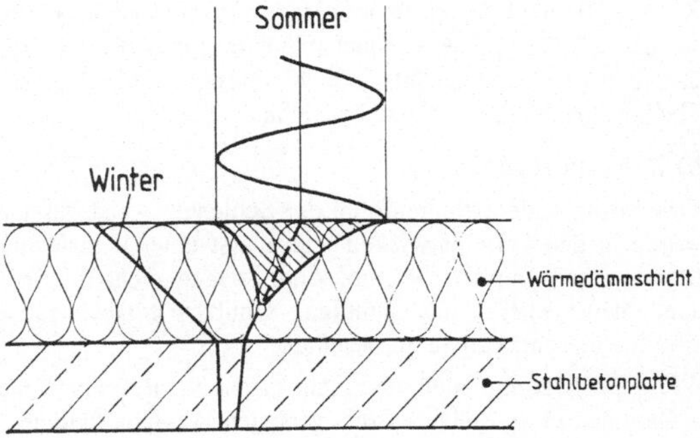

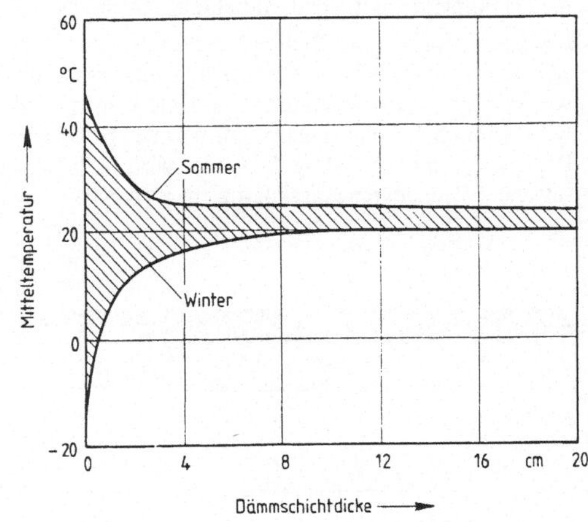


Bild 5.7
Schematische Darstellung der Temperaturverteilung über dem Querschnitt eines nicht belüfteten Flachdaches an einem Wintertag und einem Sommertag.

Schwankung der Mitteltemperatur klingt mit zunehmender Dicke der Dämmstoffschicht relativ rasch ab, wie in Bild 5.8 gezeigt wird [11]. In dem untersuchten Beispiel wird dieser Zustand bei einer Dämmstoffdicke von etwa 60 mm erreicht. Eine Erhöhung der Dicke über diesen Wert hinaus wirkt sich auf die Wärmedehnung praktisch nicht mehr aus.



Bild 5.8
Jährliche Schwankung der Mitteltemperatur der Stahlbetonplatte eines nichtbelüfteten Flachdaches in Abhängigkeit der Dicke der Wärmedämmschicht

Dicke der Stahlbetonplatte: 150 mm

Wärmeleitfähigkeit des Dämmstoffes: $\lambda = 0,04$ W/(m · K)

### a) Das konventionelle Flachdach

Das Bild 5.9 zeigt den schematischen Aufbau eines einschaligen, nichtbelüfteten Flachdaches. Nach DIN 4108, Teil 2 muß einen Wärmedurchlaßwiderstand von mindestens

Bild 5.9
Schematischer Aufbau eines nichtbelüfteten Flachdaches
a   Oberflächenschutz z. B. Kiesschüttung
b   Dachabdichtung und Dampfdruckausgleichsschicht
c   Wärmedämmung
d   Dampfsperre
e   Tragkonstruktion

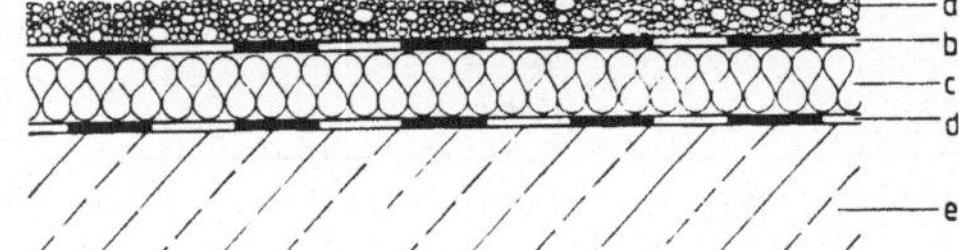

$R_\lambda = 1{,}10\ m^2 \cdot K/W$ erreicht werden. Beim Nachweis des ausreichenden Wärmeschutzes werden die Dampfsperre, Dachabdichtung und der Oberflächenschutz nicht mitgerechnet, da sie wärmeschutztechnisch nicht relevant sind. Bei Planung und Ausführung sind die Flachdachrichtlinien [92] zu beachten.

### b) Das Umkehrdach

Eine völlig andere Reihenfolge der Schichten weist das Umkehrdach auf. Dieser Dachtyp wurde in den USA entwickelt und zuerst unter dem Namen IRMA-Dach (Insulated Roof Membrane Assembly) bekannt. Hier schützt nicht die Dachhaut die Wärmedämmschicht, sondern umgekehrt, die Dämmung schützt die Dachhaut (s. Bild 5.10). Folgende Punkte sind bei diesem Aufbau zu beachten:

– Die Dachdämmplatten sind nicht gegen Niederschlagsfeuchte geschützt, daher dürfen nur Dämmstoffe mit einer extrem geringen Wasseraufnahme verwendet werden. Als geeignet erwiesen sich extrudierte Polystyrol-Hartschaumplatten mit verdichteter Oberfläche. Um ein „Aufschwimmen" der Platten und das Abheben durch Sogkräfte bei Wind zu verhindern, müssen sie durch eine mindestens 50 mm dicke Kiesschüttung oder durch Gehwegplatten beschwert werden. Offene Fugen zwischen den Dämmplatten wirken beim Umkehrdach verstärkt als Wärmebrücken und müssen vermieden werden. Deshalb sollten die Dämmplatten mit einem Stufenfalz versehen sein.

– Bei Regen werden die Dämmplatten unterströmt, wobei zusätzliche Wärmeverluste entstehen, die in erster Linie von der Regenintensität, der Temperatur des Regenwassers sowie von der Wärmedämmung der Unterkonstruktion abhängen. Diesem Wärmeverlust wird dadurch Rechnung getragen, daß der berechnete Wärmedurchgangskoeffizient des Daches $k_{ber}$ um den Betrag $\Delta k$ erhöht wird [23]. Der bei allen Nachweisverfahren einzusetzende Wärmedurchgangskoeffizient ist dann

$$k_D = k_{ber} + \Delta k \qquad\qquad (5.1)$$

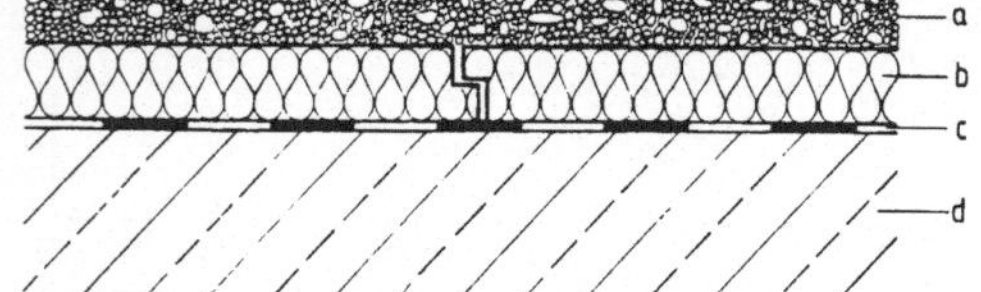


Bild 5.10
Schematischer Aufbau des Umkehrdaches (UK-Dach)

a   Kiesschüttung
b   Wärmedämmung
c   Dachabdichtung
d   Tragkonstruktion

Tafel 5.3   Betrag $\Delta k$, um den der berechnete Wärmedurchgangskoeffizient $k_{ber}$ eines Umkehrdaches erhöht werden muß

| Prozentualer Anteil des Wärmedurchlaßwiderstandes der Unterkonstruktion am gesamten Wärmedurchlaßwiderstand in % | Betrag $\Delta_k$, um den der berechnete Wert $k_{ber}$ erhöht wird in $W/(m^2 \cdot K)$ |
|---|---|
| 0   bis 10 | 0,05 |
| 10,1 bis 50 | 0,03 |
| > 50 | 0 |

Hinweis:   Wenn der Wärmedurchlaßwiderstand $R_\lambda$ der Unterkonstruktion einen Wert kleiner als $0{,}1\ m^2 \cdot K/W$ aufweist, beträgt die Korrektur immer $\Delta k = 0{.}05\ m^2 \cdot K/W$

Der auf die Unterströmung durch Regenwasser zurückzuführende Wärmeverlust wird um so geringer sein, je besser der Wärmeschutz der Unterkonstruktion ist. Daher wurden die in Tafel 5.3 genannten Korrekturen $\Delta k$ in Abhängigkeit der Wärmedämmung festgelegt.

Das Umkehrdach kennt keine diffusionstechnischen Probleme, da Dachhaut und Dampfsperre hier identisch sind.

Ein Kompromiß zwischen Umkehrdach und konventionellem Flachdach ist das DUO-Dach, das jedoch bei Neuplanungen wegen des hohen Aufwandes kaum in Frage kommt, bei bestehenden Gebäuden jedoch eine überlegenswerte Sanierungsmaßnahme darstellt. Es ermöglicht, den Wärmeschutz eines konventionellen Flachdaches zu verbessern, ohne das ganze Dach erneuern zu müssen, sofern das bereits vorhandene technisch noch in einem guten Zustand ist. Auf der Dachhaut des bestehenden Daches werden Wärmedämmplatten des Umkehrdaches aufgebracht und nach Vorschrift beschwert. Voraussetzung ist, daß die Tragkonstruktion die zusätzliche Belastung der Kiesschicht erlaubt, der Regenabfluß gewährleistet ist und die Dämmplatten in ihrer Lage gesichert werden können.

### c) Dächer mit Ortschaum

Polyurethan-Ortschäume, die auf die Tragplatte aufgespritzt werden, bilden Wärmedämmung und Dachabdichtung in einer Einheit. Beim Spritzvorgang entsteht eine geschlossene Oberfläche, die praktisch wasserundurchlässig ist, aber gegen UV-Strahlung geschützt werden muß. Der Polyurethan-Ortschaum selbst ist ein geschlossenzelliger Hartschaum mit einer relativ niedrigen Wärmeleitfähigkeit, nämlich $\lambda_R = 0,03$ W/(m·K). Er paßt sich nahtlos und formgetreu an die Dachgeometrie an. Der Schaum entsteht durch chemische Reaktion aus zwei Reaktionskomponenten und einem Treibmittel, und seine Eigenschaften werden durch die Zusammensetzung der Komponenten bestimmt. Bei der Beschichtung des Daches wird das Gemisch unter Druck über die Düsen eines Mischkopfes auf die zu dämmende Fläche aufgespritzt, auf der es sofort aufschäumt und zu Schaumstoff erhärtet. Da die Dicke der Schicht, die in einem Arbeitsgang aufgesprüht werden kann, begrenzt ist, muß mehrfach gespritzt werden. Das Aufbringen des Schaumstoffes erfordert große Erfahrung und die Arbeit läßt sich nur bei günstigen Witterungsverhältnissen durchführen.

Ein besonderes Einsatzgebiet für den PUR-Ortschaum scheint sich bei der Sanierung von Dächern aufzutun [32]. Ein Vorteil liegt unter anderem auch darin, daß durch den PUR-Ortschaum keine zusätzliche Belastung der Tragkonstruktion erfolgt.

### d) Sperrbetondach

Beim konventionellen, nicht belüfteten Flachdach gibt es immer wieder Probleme mit der Dachhaut. Dies führte zu der Entwicklung des Sperrbetondaches, bei dem die Betonplatte wasserundurchlässig ausgeführt wird und die Aufgabe der Dachabdichtung übernimmt. Die Wärmedämmung ist entgegen den Angaben in der DIN 18 530 „Massive Deckenkonstruk-

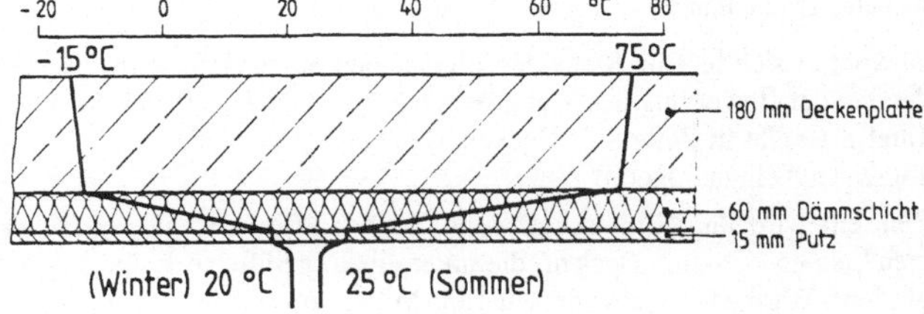


Bild 5.11
Temperaturverlauf
in einem Sperrbeton-
dach im Sommer und
im Winter

tionen" [86] an der Unterseite der Tragplatte angebracht. Dadurch treten im Laufe eines Jahres in der Betonplatte relativ große Temperaturschwankungen auf (s. Bild 5.11). Durch konstruktive Maßnahmen muß gewährleistet werden, daß die sich hieraus ergebenden Wärmedehnungen zu keinen Schäden führen. Ein besonderes Augenmerk ist auf einwandfrei funktionierende Gleitlager zu richten und auf die richtige Planung des Festhaltebereiches [65]. Um im Sommer den Temperaturanstieg durch Sonnenzustrahlung zu bremsen, ist das Aufbringen einer mindestens 60 mm dicken Kiesschicht zu empfehlen.

## 5.3.2  Das belüftete Dach

In der Regel besteht beim belüfteten Dach die Tragkonstruktion aus Holz, wobei alle Neigungen möglich sind. In seltenen Fällen trifft man das belüftete Dach auch über Stahlbetonplattendecken an.

Belüftet werden Dächer, um aus dem Gebäudeinnern in das Dach eindiffundierende Feuchte an die Außenluft abzuführen, ohne daß am Dach ein Schaden entsteht. Die die Feuchtigkeit aufnehmende und weitertransportierende Luftschicht hat ihren Platz im Gefach zwischen den Sparren bzw. Balken und zwischen Wärmedämmschicht und Unterspannbahn bzw. Dachdeckung. Sie steht mit der Außenluft durch am Dachrand – beim geneigten Dach auch am First – angeordneten Ein- und Auslaßöffnungen in Verbindung. Von dieser Luftschicht kann Feuchtigkeit aber nur in ausreichendem Umfang aus dem Dach abtransportiert werden, wenn die Luft im Hohlraum zwischen Wärmedämmschicht und Dachdeckung sich bewegt bzw. strömt. Die Antriebskraft der Luftströmung im Spalt sind vom Wind verursachte Druckdifferenzen zwischen Ein- und Austrittsöffungen der Luftschicht und beim geneigten Dach zusätzlich der thermische Auftrieb der Luft im Spalt, wenn letztere wärmer als die Außenluft ist. Für die Erwärmung Luft im Hohlraum ist einerseits während der Heizperiode der nach außen gerichtete Wärmestrom aus dem Hausinnern und andererseits die bei Sonnenschein von der Dachdeckung absorbierte Sonnenenergie verantwortlich. Behindert wird die Luftströmung im Belüftungshohlraum durch die Reibungswiderstände der begrenzenden Oberflächen und durch ungewollte Querschnittsverengungen im Gefach durch eventuell aufquellende Wärmedämmstoffe sowie durch konstruktiv bedingte Querschnittsverengungen an den Ein- und Auslaßöffnungen am Dachrand bzw. Traufe und First.

Um die Luftströmung im Hohlraum zu sichern, gibt es in den technischen Regelwerken Vorgaben über die Mindesthöhe der Luftschicht und den Mindestwert des freien Querschnittes der Zu- und Abluftöffnungen am Dachrand und -first. Dies ist aber nicht, wie häufig angenommen wird, eine Muß-Vorschrift, sondern die Einhaltung dieser Vorgaben entbinden lediglich den Planer vom rechnerischen Nachweis nach DIN 4108, Teil 3 und Teil 5, daß in der Dachkonstruktion keine schädliche Tauwasserbildung durch Wasserdampfdiffusion zu erwarten ist (s. Kapitel Feuchte).

Wegen der wechselnden Windrichtung und der sich dadurch verändernden Druckverteilung an den Ein- und Auslaßöffnungen des Daches können sich die Strömungsrichtungen in der Luftschicht ändern. Es kann daher nicht eindeutig festgelegt werden, was eine Einlaß- und was eine Auslaßöffnung ist. Die in manchen Regelwerken ausgesprochene Empfehlung, die Auslaßöffnung größer zu dimensionieren als die Einlaßöffnung, ist somit unbrauchbar.

Obwohl es sich hier im Sinne des allgemeinen Sprachgebrauchs um „Dächer" handelt, werden bei der Bewertung des Wärmeschutzes nach DIN 4108 belüftete Dachkonstruktionen in Tafel 8.1 nicht in Zeile 8.2 „Decken, die Aufenthaltsräume nach oben gegen die Außenluft abgrenzen" eingeordnet.

Beurteilt wird ihr Wärmeschutz nach Zeile 6 „Decken unter nicht ausgebauten Dachräumen", da es sich um „Decken, die unter einem belüfteten Raum liegen" handelt. Gefordert wird ein Wärmedurchlaßwiderstand im Mittel von mindestens 0,9 $m^2 \cdot$ K/W und an der ungünstigsten Stelle (Wärmebrücke) von mindestens 0,45 m$^2 \cdot$ K/W, wenn es sich nicht um einen leichten Bauteil handelt, der nach Tafel 8.2 zu beurteilen ist.

### 5.3.2.1 Geneigte Dächer mit Belüftung

Beim geneigten Dach mit Belüftung besteht die Tragkonstruktion aus Sparren und die für den Wärmeschutz notwendige Wärmedämmung kann

– zwischen den Sparren eingelegt (Bild 5.12) oder

– unten an den Sparren befestigt werden (Bild 5.13).

Um Wärmeverluste durch Undichtheiten in der Dachkonstruktion so gut wie möglich zu begrenzen, sind eventuell vorhandene Fugen dauerhaft und luftundurchlässig abzudichten. Falls die raumseitige Bekleidung der Dachschräge durch eine Holzschalung erfolgt, muß, da die Stoßstellen einer Nut- und Federschalung luftdurchlässig sind, zwischen Sparren und Holzschalung eine Windsperre eingebaut werden. In der Regel wird hierzu eine Folie verwendet, deren Überlappungen winddicht verklebt und deren Anschlüsse an die angrenzenden Bauteile winddicht ausgebildet werden müssen. Bei richtiger Materialwahl wird die Windsperre auch die Aufgabe der Dampfsperre übernehmen.

Bei sachgerechter Ausführung sind geneigte Dächer regen- und schneesicher, aber nicht regen- und schneedicht. Deshalb wird in der Regel zusätzlich eine Unterspannbahn oder ein Unterdach eingebaut.

**Wärmedämmung zwischen den Sparren**

Dies ist der konventionelle Aufbau des geneigten Daches (s. Bild 5.12). Der Sparren ist im Vergleich zum daneben eingebauten Wärmedämmstoff eine Wärmebrücke und beeinflußt den Wärmeschutz des Daches erheblich (siehe Beispiel in Abschn. 8.1.2). Wegen der durch konstruktive Vorgaben begrenzten Sparrenhöhe und der Mindestdicke der Luftschicht zwischen Wärmedämmung und Unterspannbahn sind dem erreichbaren Wärmeschutz des Daches Grenzen gesetzt.

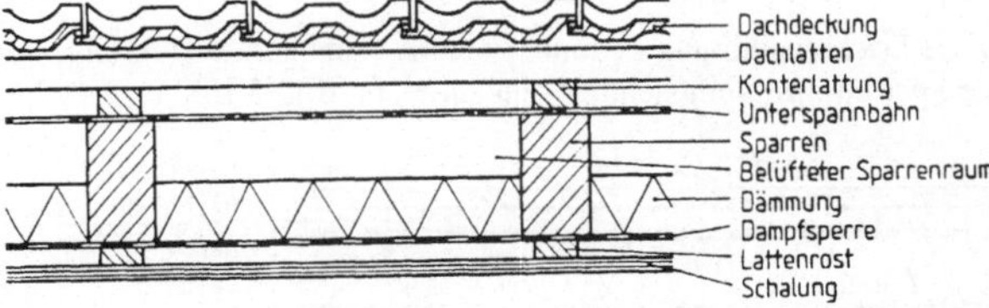


Bild 5.12
Wärmedämmung zwischen
den Sparren

**Wärmedämmung unter den Sparren**

Diese Ausführung (siehe Bild 5.13) trifft man bei der Neuplanung eines Daches praktisch nicht an, eher beim nachträglichen Ausbau eines bisher nicht für Wohnzwecke genutzten Dachgeschosses. Die auf der ganzen Fläche durchgehende Wärmedämmung kommt voll zur Geltung und die Dachsparren beeinträchtigen nicht den Wärmeschutz des Daches.

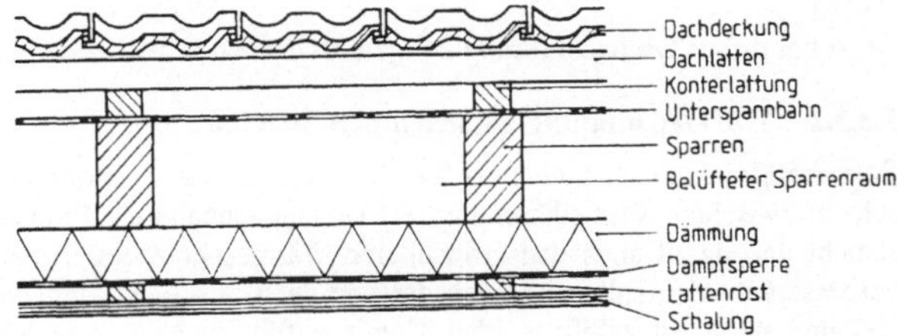


Bild 5.13
Wärmedämmung unter
den Sparren

### 5.3.2.2  Belüftete Dächer über einer Stahlbetondecke

Diese Konstruktion kommt praktisch nur als Flachdach zur Ausführung. Die Stahlbetonplatte ist das statische Tragwerk. Die tragende Schale für die Dachhaut liegt in der Regel auf Holzbalken oder Holzbinder auf.

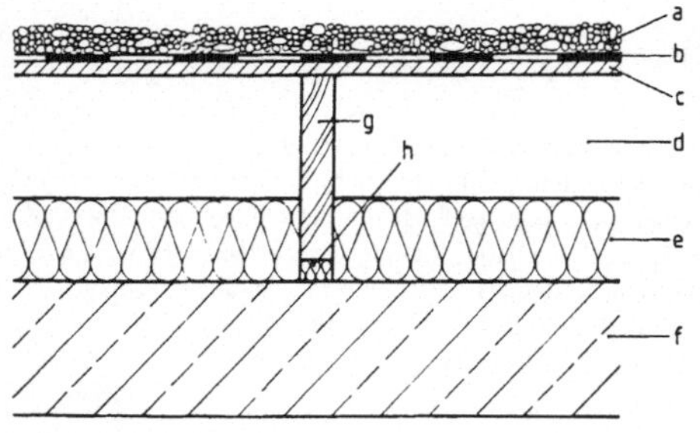


Bild 5.14
Schematischer Aufbau
eines belüfteten Daches
auf einer Stahlbetonplatte

a  Oberflächenschutz
   (z. B. Kiesschüttung)
b  Dachabdichtung
c  Schalung
d  belüfteter Hohlraum
e  Wärmedämmung
f  Stahlbetonplattendecke
g  Holzkonstruktion
h  Dämmstoffstreifen

## 5.3.3  Das geneigte Dach ohne Belüftung

Beim geneigten Dach ohne Belüftung kann die für den Wärmeschutz notwendige Wärmedämmung

– auf den Sparren aufgelegt (Bild 5.15) oder

– zwischen den Sparren eingelegt werden (Bild 5.16).

### 5.3.3.1  Wärmedämmung auf den Sparren

Diese Dachsausführung kommt vor allem dann zur Ausführung, wenn gewünscht wird, daß die Sparren im Raum sichtbar sein sollen (s. Bild 5.15).

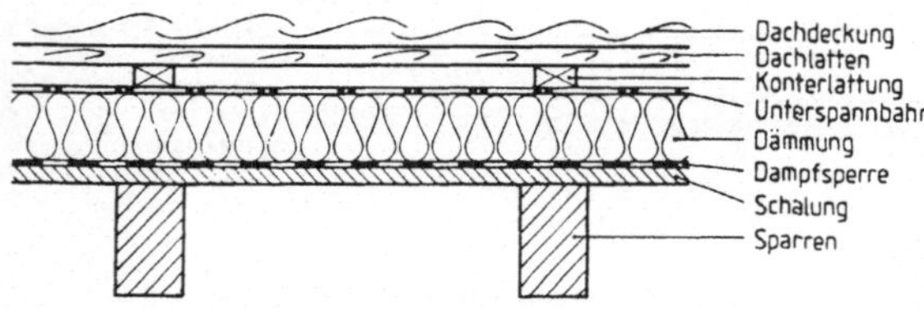


Bild 5.15
Wärmedämmung auf den
Sparren

Manche für diese Dachausführung produzierte Dämmstoffe sind obenseitig mit einer dampfdurchlässigen, wasserabweisenden Pappe kaschiert. Wenn ein solcher Dämmstoff zur Anwendung kommt, kann auf den gesonderten Einbau einer Unterspannbahn verzichtet werden.

Auch bei dieser Dachausführung ist die durchgehende Wärmedämmschicht voll wirksam.

### 5.3.3.2  Wärmedämmung zwischen den Sparren

Beim belüfteten Dach nach Bild 5.12 begrenzt die vorgeschriebene Mindestdicke der Luftschicht zwischen Wärmedämmung und Unterspannbahn die Einbaudicke der Wärmedämmschicht und damit auch den erreichbaren Wärmeschutz des Daches. Wenn dieser deutlich verbessert werden soll, muß auch der von der Luftschicht eingenommene Raum mit Wärmedämmaterial ausgefüllt werden. Damit entfällt aber die in vielen Regelwerken geforderte und nach weit verbreiteter Meinung unbedingt erforderliche Dachbelüftung. Diese Ansicht beruht auf der irrtümlichen Annahme, daß belüftete Dächer sicherer seien als unbelüftete. Begünstigt wird diese Ansicht durch die Festlegung in DIN 4108, Teil 3, daß nur belüftete Dachkonstuktionen ohne rechnerischen Nachweis des Tauwasserschutzes als geeignet gelten, sofern die dort festgelegten Belüftungshöhen und -querschnitte eingehalten werden. Übersehen wird, daß auch nicht belüftete Konstruktionen zulässig sind, wenn ein rechnerischer Nachweis nach DIN 4108, Teil 3 und Teil 5 geführt wird, daß kein schädlicher Tauwasserausfall zu erwarten ist (s. Feuchte, Abschn. 6.4). Daß belüftete Dächer nicht sicherer als unbelüftete sind, ja sogar das Gegenteil der Fall sein kann, haben Freilandversuche an belüfteten und nicht belüfteten Dächern bewiesen [25]. Bei richtiger Konstruktion sind die Holzteile bei nicht belüfteten Dächern trockener als bei belüfteten. Dies hat auch Auswirkungen auf den chemischen Holzschutz [43].

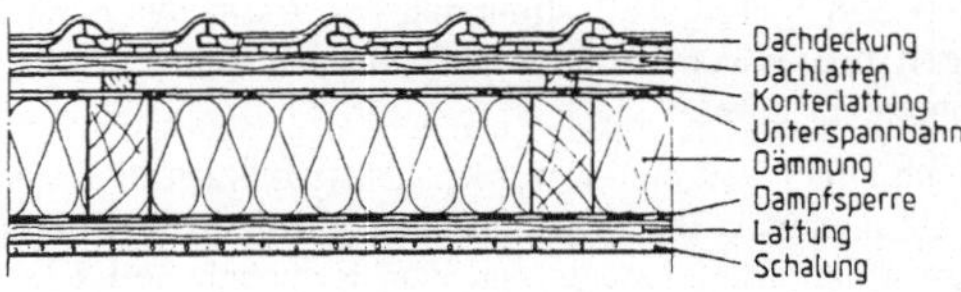


Bild 5.16
Das vollgedämmte, geneigte Dach
ohne Belüftung

Beim nicht belüfteten, voll gedämmten Steildach muß immer eine Konterlattung vorgesehen werden (s. Bild 5.16), sonst kann eventuell eingedrungenes Wasser nicht mehr unbehindert auf der Unterspannbahn in Richtung Traufe ablaufen. Bei voller Verfüllung des Raumes zwischen den Sparren mit Wärmedämmstoff kann dieser, wegen der zulässigen Maßtoleranzen (s. Tafel 2.7) über die Oberkante der Sparren hinausstehen. Bei fehlender Konterlattung drücken dann die Dachlatten den Wärmedämmstoff in ihrer Auflagestelle zusammen und es fehlt der freie Raum zwischen Dachlatte und Unterspannbahn; eventuell eingedrungenes Wasser staut sich an den Dachlatten und es entstehen Schäden am Dach.

Eine weitere Verbesserung des Wärmeschutzes des vollgedämmten Daches läßt sich einfach durch eine zusätzliche, durchgehend auf den Sparren aufgelegte Wärmedämmschicht verwirklichen.


## 5.4  Fenster

### 5.4.1  Transmissionswärmeverluste

Die wärmeschutztechnische Qualität des Fensters wird von den wärmedämmenden Eigenschaften der Verglasung und des Rahmens bestimmt. Bei beiden Elementen kann deren Wärmeschutz nicht mehr nach den einfachen Rechenregeln nach Abschn. 2.2 ermittelt werden. Wenn die jeweiligen Wärmedurchgangskoeffizienten $k_V$ der Verglasung und $k_R$ des Rahmens bekannt sind, läßt sich der Wärmedurchgangskoeffizient $k_F$ des Fensters nach folgender Gleichung berechnen:

$$k_F = \frac{A_V \cdot k_V + A_R \cdot k_R}{A} \tag{5.2}$$

$A_V$ ist die Verglasungsfläche, $A_R$ die Rahmenfläche und $A$ die Fensterfläche.

### 5.4.1.1 Rahmenmaterial und Wärmeschutz

Fensterrahmen werden aus Holz, Kunststoff, Metall oder aus Kombinationen dieser Materialien hergestellt. Je nach dem verwendeten Werkstoff liegen die Werte der Wärmedurchgangskoeffizienten zwischen rund 2 $W/(m^2 \cdot K)$ bei Holz- und Kunststoffrahmen und rund 5 $W/(m^2 \cdot K)$ bei Metallrahmen. Der hohe Wärmedurchgangskoeffizient letzterer beruht auf der hohen Wärmeleitfähigkeit des hierzu verwendeten Metalls. Um den Wärmeschutz der Metallrahmen zu verbessern, muß der direkte Wärmedurchgang von innen nach außen im Metalprofil unterbrochen werden. Hierzu wird dieses in eine innere und äußere Profilschale getrennt und mit einem Material kleinerer Wärmeleitfähigkeit und ausreichender Festigkeit miteinander verbunden. Derart verbesserte Metallprofile bezeichnet man als wärmegedämmte Metallprofile.

Der Wärmedurchgangskoeffizient der Rahmen wird entweder durch Messungen nach DIN 52619, Teil 3 „Bestimmung des Wärmedurchlaßwiderstandes und Wärmedurchgangskoeffizienten von Fenstern, Messung am Rahmen" oder mit Hilfe numerischer Rechenverfahren bestimmt.

Nach DIN 4108, Teil 4, werden Fensterrahmen in 3 Materialgruppen eingestuft, die Gruppe 2 ist nochmals in 3 Untergruppen geteilt. Als Kriterium der Einteilung dient neben den Konstruktionsmerkmalen und dem Rahmenmaterial auch der Wärmedurchgangskoeffizient $k_R$ des Rahmens (s. Tafel 5.4).

Tafel 5.4    Einordnung der Rahmenmaterialgruppen von Fensterprofilen nach Material oder Wärmedurchgangskoeffizient $k_R$ der Rahmenprofile

| Rahmen-materialgruppe | Material | $k_R$ des Rahmenprofils in $W/(m^2 \cdot K)$ |
| --- | --- | --- |
| 1 | Holz<br>Kunststoff<br>Holzkombinationen | $\leq 2,0$ |
| 2.1 | wärmegedämmte | über 2,0 bis 2,8 |
| 2.2 | Metall- oder<br>Betonprofile | über 2,8 bis 3,5 |
| 2.3 | | über 3,5 bis 4,5 |
| 3 | Metall oder Beton | $< 4,5$ |

### 5.4.1.2 Verglasung und Wärmeschutz

Bei Mehrscheiben-Isoliergläsern hängt der Wärmedurchgang vom Scheibenabstand, der Anzahl der Zwischenräume, der Wärmeleitfähigkeit des eingeschlossenen Glases und dem Emissionsgrad der Scheibenoberflächen ab.

Bei normalen Isoliergläsern mit Luftfüllung und mit einem Scheibenabstand von 6 mm bis 12 mm liegt der Wärmedurchgangskoeffizient zwischen 3,4 $W/(m^2 \cdot K)$ und 3,0 $W/(m^2 \cdot K)$. Wird die Luft im Scheibenzwischenraum durch ein Gas mit kleinerer Wärmeleitfähigkeit ersetzt und wird auf der Scheibenoberfläche eine Beschichtung mit geringem

Emissionsgrad aufgebracht, dann sind für diese Verglasungen Wärmedurchgangskoeffizienten zwischen 1,3 W/(m$^2\cdot$K) und 2,0 W/(m$^2\cdot$K) zu erwarten.

Die Scheiben der Isoliergläser sind am Rand durch metallene Abstandshalter miteinander verbunden. Dieser Randverbund ist eine Wärmebrücke und erhöht den Wärmedurchgang durch die Isoliergläser.

Ermittelt wird der Wärmedurchgangskoeffizient experimentell nach DIN 52 619 Teil 2 „Bestimmung des Wärmedurchlaßwiderstandes und des Wärmedurchgangskoeffizienten von Fenstern; Messung an der Verglasung". Bei dieser Messung wird in der Regel der Einfluß des Randverbundes auf den Wärmedurchgang nicht mit erfaßt. Deshalb beziehen sich die Angaben der Wärmedurchgangskoeffizienten $k_V$ in Tabellen auf die Glasfläche allein

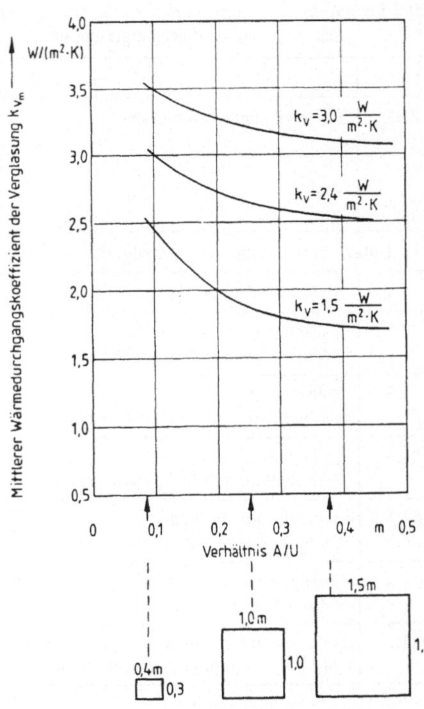


Bild 5.17
Mittlerer Wärmedurchgangskoeffizient $k_{Vm}$ von Verglasungen, abhängig von der Scheibengröße nach [50]

und der Randeinfluß bleibt unberücksichtigt. Er kann aber, insbesondere bei kleineren Scheibenformaten, den mittleren Wärmedurchgangskoeffizienten $k_{Vm}$ der Verglasung deutlich erhöhen (s. Bild 5.17). Rechnerisch kann der Einfluß des erhöhten Abflusses an Wärmeenergie über den Randverbund der Gläser durch einen längenbezogenen Wärmedurchgangskoeffizienten $k_L$ (s. Abschn. 6.4.3) erfaßt werden (s. Bild 5.18).

Bisher wird der Randeinfluß bei den in DIN 4108, Teil 4, angegebenen Wärmedurchgangskoeffizienten $k_F$ der Fenster nicht berücksichtigt (s. Tafel 5.5).

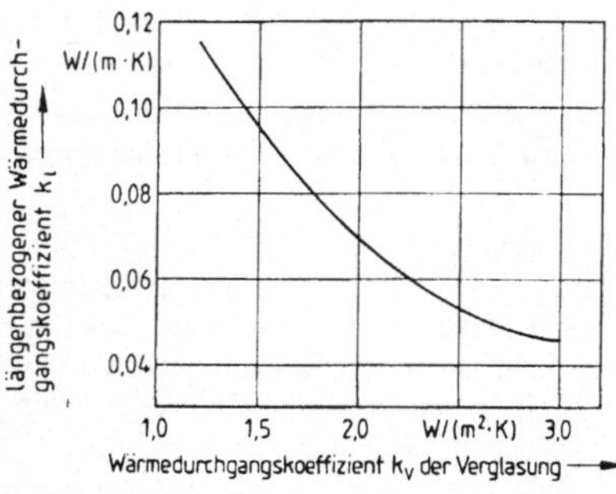



**Bild 5.18**
Längenbezogener Wärmedurchgangskoeffizient $k_L$ für den Verglasungsrand in Abhängigkeit vom Wärmedurchgangskoeffizienten $k_V$ für die Verglasung im ungestörten Bereich nach [50]

**Tafel 5.5** Wärmedurchgangskoeffizient $k_F$ für Fenster und Fenstertüren abhängig von der Rahmenmaterialgruppe und der Verglasungsart

| Spalte | 1 | 2 | 3 | 4 | 5 | 6 | 7 |
|---|---|---|---|---|---|---|---|
| Zeile | Beschreibung der Verglasung | Verglasung $k_V$ in W/(m²·K) | Fenster und Fenstertüren einschließlich Rahmen $k_F$ für Rahmenmaterialgruppe in W/(m²·K) | | | | |
| | | | 1 | 2.1 | 2.2 | 2.3 | 3 |
| **1** | **Unter Verwendung von Normalglas** | | | | | | |
| 1.1 | Einfachverglasung | 5.8 | 5.2 | | | | |
| 1.2 | Isolierglas mit ≥ 6 bis ≤ 8 mm Luftzwischenraum | 3,4 | 2,9 | 3,2 | 3,3 | 3,6 | 4,1 |
| 1.3 | Isolierglas mit > 8 bis ≤ 10 mm Luftzwischenraum | 3,2 | 2,8 | 3,0 | 3,2 | 3,4 | 4,0 |
| 1.4 | Isolierglas mit > 10 bis ≤ 16 mm Luftzwischenraum | 3,0 | 2,6 | 2,9 | 3,1 | 3,3 | 3,8 |
| 1.5 | Isolierglas mit zweimal ≥ 6 bis ≤ 8 mm Luftzwischenraum | 2,4 | 2,2 | 2,5 | 2,6 | 2,9 | 3,4 |
| 1.6 | Isolierglas mit zweimal > 8 bis ≤ 10 mm Luftzwischenraum | 2,2 | 2,1 | 2,3 | 2,5 | 2,7 | 3,3 |
| 1.7 | Isolierglas mit zweimal > 10 bis ≤ 16 mm Luftzwischenraum | 2,1 | 2,0 | 2,3 | 2,4 | 2,7 | 3,2 |
| 1.8 | Doppelverglasung mit 20 bis 100 mm Scheibenabstand | 2,8 | 2,5 | 2,7 | 2,9 | 3,2 | 3,7 |
| 1.9 | Doppelverglasung aus Einfachglas u. Isolierglas (Luftzwischenraum 10 bis 16 mm) mit 20 bis 100 mm Scheibenabstand | 2,0 | 1,9 | 2,2 | 2,4 | 2,6 | 3,1 |
| 1.10 | Doppelverglasung aus zwei Isolierglaseinheiten (Luftzwischenraum 10 bis 16 mm) mit 20 bis 100 mm Scheibenabstand | 1,4 | 1,5 | 1,8 | 1,9 | 2,2 | 2,7 |

Fortsetzung s. nächste Seite

Tafel 5.5, Fortsetzung

| Spalte | 1 | 2 | 3 | 4 | 5 | 6 | 7 |
|---|---|---|---|---|---|---|---|
| Zeile | Beschreibung der Verglasung | Verglasung $k_V$ in W/(m²·K) | Fenster und Fenstertüren einschließlich Rahmen $k_F$ für Rahmenmaterialgruppe in W/(m²·K) | | | | |
| | | | 1 | 2.1 | 2.2 | 2.3 | 3 |
| **2  Unter Verwendung von Sondergläsern** | | | | | | | |
| 2.1 | | 3,0 | 2,6 | 2,9 | 3,1 | 3,3 | 3,8 |
| 2.2 | | 2,9 | 2,5 | 2,8 | 3,0 | 3,2 | 3,8 |
| 2.3 | | 2,8 | 2,5 | 2,7 | 2,9 | 3,2 | 3,7 |
| 2.4 | | 2,7 | 2,4 | 2,7 | 2,9 | 3,1 | 3,6 |
| 2.5 | | 2,6 | 2,3 | 2,6 | 2,8 | 3,0 | 3,6 |
| 2.6 | | 2,5 | 2,3 | 2,5 | 2,7 | 3,0 | 3,5 |
| 2.7 | | 2,4 | 2,2 | 2,5 | 2,6 | 2,9 | 3,4 |
| 2.8 | | 2,3 | 2,1 | 2,4 | 2,6 | 2,8 | 3,4 |
| 2.9 | | 2,2 | 2,1 | 2,3 | 2,5 | 2,7 | 3,3 |
| 2.10 | | 2,1 | 2,0 | 2,3 | 2,4 | 2,7 | 3,2 |
| 2.11 | | 2,0 | 1,9 | 2,2 | 2,4 | 2,6 | 3,1 |
| 2.12 | | 1,9 | 1,8 | 2,1 | 2,3 | 2,5 | 3,1 |
| 2.13 | | 1,8 | 1,8 | 2,0 | 2,2 | 2,5 | 3,0 |
| 2.14 | | 1,7 | 1,7 | 2,0 | 2,2 | 2,4 | 2,9 |
| 2.15 | | 1,6 | 1,6 | 1,9 | 2,1 | 2,3 | 2,9 |
| 2.16 | | 1,5 | 1,6 | 1,8 | 2,0 | 2,3 | 2,8 |
| 2.17 | | 1,4 | 1,5 | 1,8 | 1,9 | 2,2 | 2,7 |
| 2.18 | | 1,3 | 1,4 | 1,7 | 1,9 | 2,1 | 2,7 |
| 2.19 | | 1,2 | 1,4 | 1,6 | 1,8 | 2,0 | 2,6 |
| 2.20 | | 1,1 | 1,3 | 1,6 | 1,7 | 2,0 | 2,5 |
| 2.21 | | 1,0 | 1,2 | 1,5 | 1,7 | 1,9 | 2,4 |
| **3  Glasbaustein-Wand** nach DIN 4242 mit Hohlglasbausteinen nach DIN 18175 | | | | | | | 3,5 |

## 5.4.2  Wärmegewinne durch Sonnenstrahlung

Ein wesentliches Unterscheidungsmerkmal der Fenster im Vergleich zu anderen Bauteilen ist die Transparenz der Verglasung, d. h., daß beim Fenster, im Gegensatz zu nichttransparenten Bauteilen, die Wärmestrahlung am Energietransport mitbeteiligt ist. Die Wärmestrahlung kann entweder von außen nach innen oder umgekehrt gerichtet sein. Im ersten Fall handelt es sich um Sonnenstrahlung, die Wärmeenergie in das Gebäudeinnere überträgt und einen Wärmegewinn darstellt, im zweiten Fall um langwellige Wärmestrahlung, die Wärmeenergie aus dem Gebäudeinneren zum Freien transportiert und somit zum Wärmeverlust beiträgt.

Bewertet wird die Strahlungsdurchlässigkeit der Verglasung durch den Gesamtenergiedurchlaßgrad g. Er ist definiert als das Verhältnis der durch die Verglasung in das Gebäudeinnere übertragenen Wärmeenergie zur auftreffenden Strahlungsenergie (s. Bild 5.19).

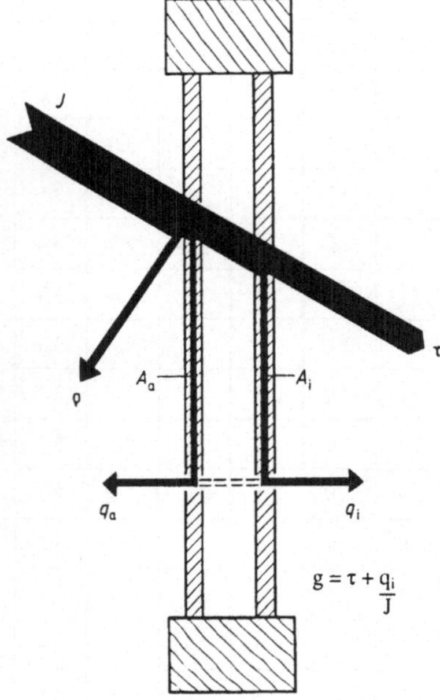


Bild 5.19
Schematische Darstellung des Strahlendurchganges, Reflexion und Absorption von Sonnenstrahlung an einer Isolierglasscheibe

| | |
|---|---|
| J | auftreffende Strahlung |
| ρ | reflektierte Strahlung |
| τ | transmittierte Strahlung |
| $A_i$, $A_a$ | absorbierte Strahlung |
| $q_i$, $q_a$ | Wärmeabgabe von der inneren und äußeren Scheibe auf Grund der absorbierten Strahlungswärme |
| g | Gesamtenergiedurchlaßgrad |

Bei der Wärmeübertragung der langwelligen Wärmestrahlung von innen nach außen ist der Strahlungsanteil am Wärmetransport im Wärmedurchgangskoeffizienten $k_V$ enthalten (s. Abschn. 2.3).

Im Bereich der restriktiven Wärmeschutzvorschriften zur Begrenzung des Heizenergieverbrauches wird bislang der Wärmeschutz des Fensters nur durch den Wärmedurchgangskoeffizienten $k_V$ der Verglasung bewertet. Unberücksichtigt bleibt der Wärmegewinn aus der durch die Verglasung in den Raum gelangenden Sonnenenergie, die im Winter die Raumheizung entlastet. Diese Energiezufuhr hängt von der Intensität I der auf das Fenster auftreffenden Sonnenstrahlung und vom Energiedurchlaßgrad g der Verglasung ab.

Der im Winter und in der Übergangszeit im Gebäude durch Solarenergie erzielbare Wärmegewinn kann zeitweise größer als von innen nach außen gerichtete Transmissionswärmeverluste durch die Verglasung sein. Dies läßt sich an Hand einer einfachen Energiebilanz-

betrachtung zwischen Transmissionswärmeverlust und Gewinn an Wärmeenergie durch
Sonnenstrahlung beim Fenster belegen, die auch durch Messungen bestätigt wurde.

Der Transmissionswärmeverlust $\Phi_T$ durch eine Verglasung mit dem Wärmedurchgangskoeffizienten $k_V$ ist

$$\Phi_T = k_V \cdot A \cdot (\vartheta_{Li} - \vartheta_{La}) \tag{5.3}$$

Durch Sonnenstrahlung erzielt der Raum einen Wärmegewinn von

$$\Phi_s = g \cdot A \cdot I \tag{5.4}$$

I ist die Intensität der auf die Verglasung auftreffenden Strahlung in $W/m^2$. Der Gesamtwärmedurchgang ist

$$\Phi = \Phi_T - \Phi_s = k_V \cdot A (\vartheta_{Li} - \vartheta_{La}) - g \cdot A \cdot I \tag{5.5}$$

Wenn $\Phi$ negativ ist, überwiegt die Wärmezufuhr der Sonnenenergie den Transmissionswärmeverlust und es entsteht ein Wärmegewinn. Der Übergang von Wärmeverlust zu Wärmegewinn ($\Phi = 0$) findet beim Schwellenwert der Intensität der Strahlung $I_s$ statt:

$$I_s = \frac{k_V}{g} \cdot (\vartheta_{Li} - \vartheta_{La}) \tag{5.6}$$

Der Schwellenwert $I_s$ ist um so niedriger, je kleiner der Wärmedurchgangskoeffizient der
Verglasung und je größer der Gesamtenergiedurchlaßgrad ist.

Bild 5.20 zeigt den Gesamtwärmedurchgang durch zwei verschiedene Verglasungen, abhängig von der auftreffenden Sonnenstrahlung. Daraus ist zu ersehen, daß beim Übergang vom
Wärmeverlust zum Wärmegewinn durch Sonneneinstrahlung der Gesamtenergiedurchlaßgrad g sich stärker auswirkt als der Wärmedurchgangskoeffizient $k_V$. Bei einer normalen

Bild 5.20
Wärmeverlust und Wärmege-
winn durch unterschiedliche
Verglasungen in Abhängigkeit
der Sonneneinstrahlung bei
einer Temperaturdifferenz zwischen Raum- und Außenluft
von 20 K

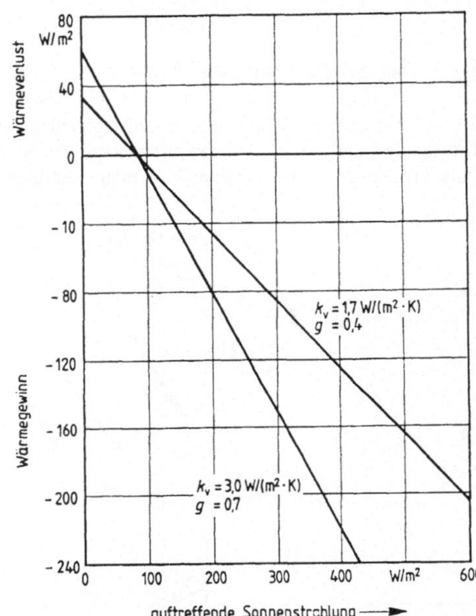

Isolierverglasung mit $k_v = 3{,}0$ W/(m$^2 \cdot$ K) und $g = 0{,}7$ ist der Wärmegewinn bei Sonneneinstrahlung größer als bei einem Wärmeschutzglas mit $k_v = 1{,}7$ W/(m$^2 \cdot$ K) und einem angenommenen Energiedurchlaßgrad $g = 0{,}4$. Dabei ist der Schwellenwert $I_s$ bei beiden Gläsern nahezu gleich groß, nämlich $I_s = 86$ W/m$^2$ beim Isolierglas und $I_s = 85$ W/m$^2$ beim Wärmeschutzglas. Daß Wärmegewinne durch Sonneneinstrahlung auch in bewohnten Häusern zu erwarten sind, wurde durch Wärmeverbrauchsmessungen in zwei fünfgeschossigen Wohnbauten mit je 20 Wohnungen mit Außenwänden unterschiedlich hoher Wärmedämmung in Holzkirchen/Obb. bestätigt [22]. In den Wohnungen wurde der Wärmeverbrauch als Wochenmittel in Abhängigkeit der Globalstrahlung ermittelt (s. Bild 5.21).

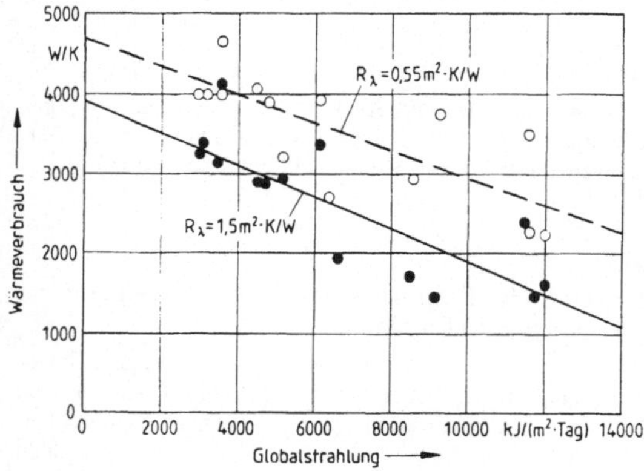


Bild 5.21
Gemessener Wärmeverbrauch in zwei Wohnblöcken mit je 20 Wohnungen bei Holzkirchen mit Außenwänden unterschiedlich hoher Wärmedämmung, abhängig von der Globalstrahlung

### 5.4.3 Sonnenstrahlung auf Fenster

Die auf ein Fenster auftreffende Strahlung besteht aus der direkten Sonnenstrahlung, der diffusen und der von der Umgebung reflektierten Strahlung (s. Bild 5.22). Während die direkte Strahlung sowohl richtungs- als auch zeitabhängig ist, liegt bei der diffusen und re-

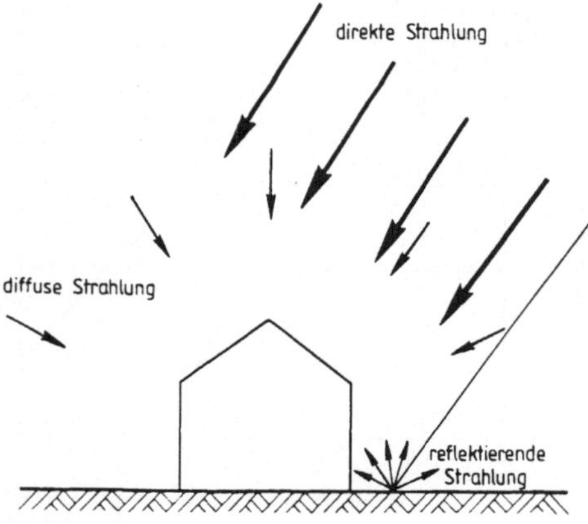


Bild 5.22
Schematische Darstellung der Strahlung, die auf ein Bauwerk trifft

flektierten Strahlung nur eine Zeitabhängigkeit vor (Bild 5.23). Daher kann z. B. auch ein
gegen Norden orientiertes Fenster einen Strahlungsgewinn erzielen, ohne daß eine direkte
Strahlung auftrifft. Alle drei Strahlungsarten zusammengefaßt ergeben die Globalstrahlung.
Die meteorologischen Stationen des deutschen Wetterdienstes messen in vielen Städten die
Globalstrahlung als Tagesmittelwert und geben sie in den Wetterberichten bekannt. Die
Meßwerte hängen von der Jahreszeit und dem Grad der Bewölkung ab. Um abschätzen zu
können, wie stark sich die Sonnenstrahlung auf das Fenster als Energiegewinn bemerkbar
macht, muß man wissen, wie oft der Schwellenwert $I_s$ überschritten wird. Hierzu liefern
die Tagesmittelwerte der Globalstrahlung nur eine unzureichende Aussage, man benötigt
vielmehr Angaben über die Häufigkeit des Auftretens verschiedener Strahlungsintensitäten
auf verschieden orientierten Flächen im Laufe eines Tages, abhängig von der Jahreszeit.
Globalstrahlungen, die nach dieser Forderung ausgewertet wurden, sind in Bild 5.24 darge-

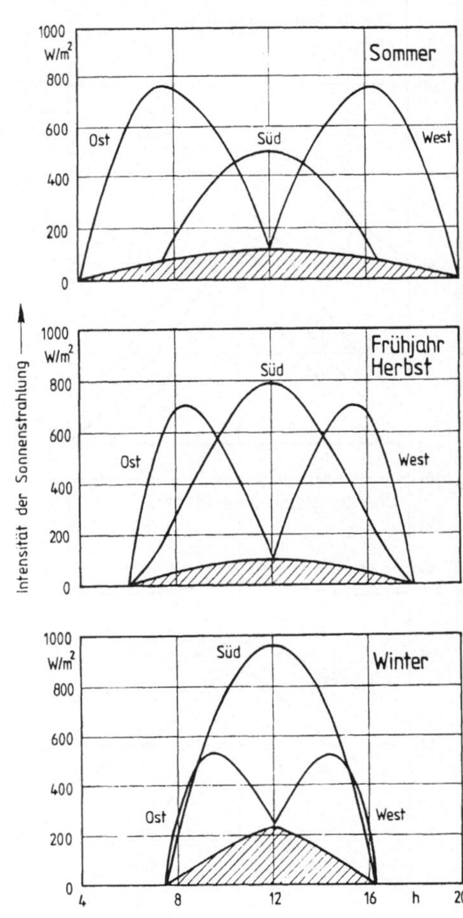


Bild 5.23
Zeitlicher Verlauf des Strah-
lungsempfanges unterschiedlich orientierter Flächen zu
unterschiedlichen Jahreszeiten

Der schraffierte Bereich ist
die von der Himmelsrichtung
unabhängige diffuse und reflektierte Strahlung

stellt. Es zeigt die auf die Tageslänge bezogene prozentuale Dauer des Auftretens verschiedener Sonneneinstrahlungen auf unterschiedlich orientierte Fensterflächen im Winter (November bis Januar) und in der Übergangszeit (März und September) in Holzkirchen [8]. Wenn der Schwellenwert einer Verglasung nach Gl. (5.6) berechnet wird, kann daraus abgelesen werden, wie häufig dieser Wert überschritten wird. Dabei ist natürlich zu berücksichtigen, daß der Schwellenwert nicht nur vom Wärmedurchgangskoeffizienten $k_V$ und dem Gesamtenergiedurchlaßgrad g abhängt, sondern auch von der Temperaturdifferenz zwischen innen und außen. Bei Annahme einer Temperaturdifferenz im Winter (November bis Januar) von 21 K und während der Übergangszeit (März) von 14 K erhält man bei Nor-

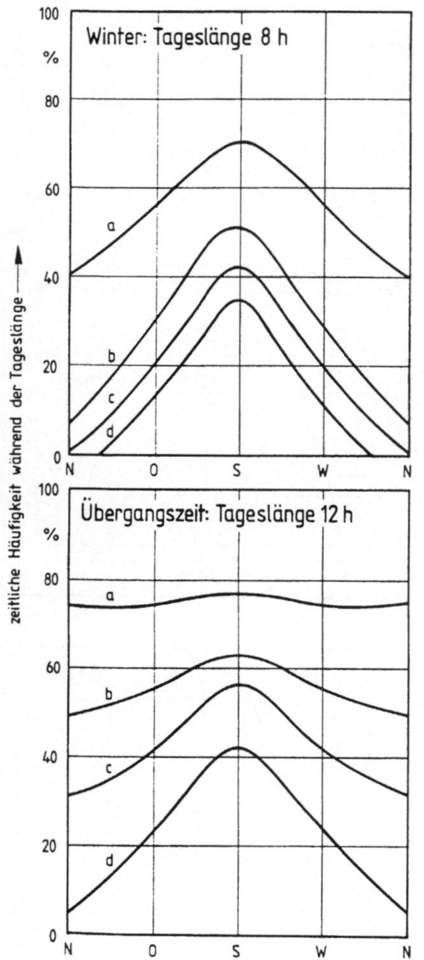



Bild 5.24
Auf die Tageslänge bezogene prozentuale Dauer des Auftretens verschiedener Strahlungsintensitäten auf unterschiedlich orientierte Fensterflächen im Winter (November bis Januar) und in der Übergangszeit

malverglasungen Schwellenwerte von $I_s = 90$ W/m$^2$ (Winter) und $I_s = 60$ W/m$^2$ (Übergangszeit). Aus den Bildern 5.25 und 5.26 kann man ablesen, daß bei einem Südfenster der Schwellenwert $I_s$ im Winter mit einer Häufigkeit von rund 55 % und im März von rund 70 % überschritten wird. Diese Zahlenangaben treffen natürlich unmittelbar nur auf die Klimawerte von Holzkirchen zu. Sie sind in der Tendenz jedoch auch auf andere Orte übertragbar.

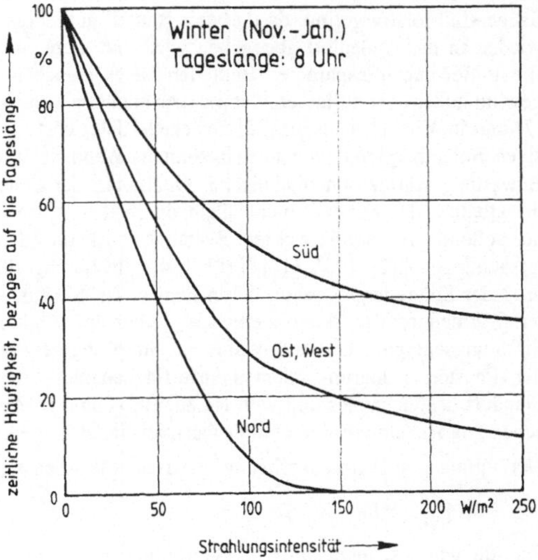

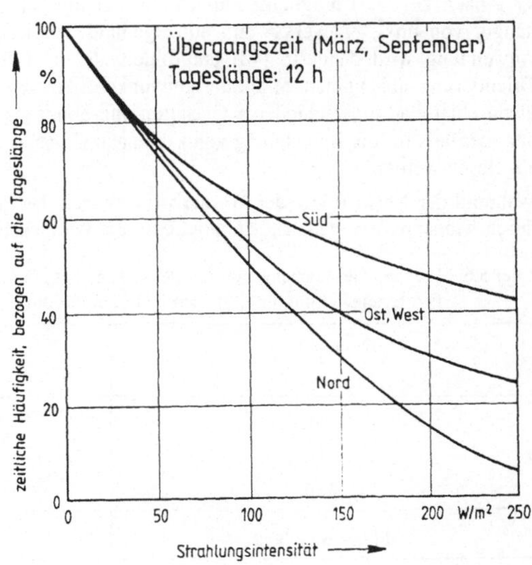


Bild 5.25
Auf die Tageslänge bezogene prozentuale Dauer des Auftretens von Strahlung auf unterschiedlich orientierten Fensterflächen im Winter, abhängig von der Strahlungsintensität

Bild 5.26
Auf die Tageslänge bezogene prozentuale Dauer des Auftretens von Strahlung auf unterschiedlich orientierten Fensterflächen in der Übergangszeit, abhängig von der Strahlungsintensität

### 5.4.4  Äquivalenter Wärmedurchgangskoeffizient von Fenstern und temporärer Wärmeschutz

In den bisherigen Anforderungsvorschriften wird die Energieeinsparung nur nach den Transmissionswärmeverlusten, d. h. durch den Wärmedurchgangskoeffizienten der Bauteile bewertet. Mögliche Energiegewinne durch Sonnenstrahlung bleiben weitgehend außer acht. Diese Betrachtungsweise ist bei den nichttransparenten Bauteilen angebracht, denn die möglichen Gewinne an Solarenergie durch absorbierte Sonnenstrahlung an der Außenoberfläche sind relativ gering, da die vom Bauteil aufgenommene Wärmeenergie hauptsächlich wieder an die Außenluft abgegeben wird und nicht, wie gewünscht, an die Raumluft abfließt. Bei den transparenten Bauteilen ist es jedoch nicht gerechtfertigt, den Strahlungsgewinn außer acht zu lassen, denn experimentelle Untersuchungen in bewohnten Gebäuden [7] und in Versuchshäusern [22] beweisen, daß Fenster einen beachtlichen Beitrag zur passiven Solarenergienutzung leisten können. Wenn der Gewinn aus Sonnenstrahlung in die Bewertung wärmeschutztechnischer Qualitäten der Fenster einbezogen werden soll, kann die Qualität des Fensters nicht allein durch den Wärmedurchgangskoeffizienten $k_F$ zufriedenstellend ausgedrückt werden. Bestätigt wurde dies durch umfangreiche rechnerische Untersuchungen [12], [13], [17], [18], [34], die durchgeführt wurden, um zu ermitteln, wie groß der Solarenergiegewinn durch Fenster ist. Sie führten zur Definition eines äquivalenten Wärmedurchgangskoeffizienten $k_{eq,F}$, der um so kleiner wird, je größer der Gewinn an Strahlungsenergie ist. Hierzu wurde ein Strahlungsgewinnkoeffizient $S_F$ eingeführt, der von der Fensterorientierung, dem Fensterflächenanteil, den klimatischen Bedingungen am Standort des Gebäudes und vom Heizbetrieb abhängt. Ausführliche Angaben zum rechnerischen Ansatz und ein Berechnungsbeispiel findet man bei [18].

Der äquivalente Wärmedurchgangskoeffizient des Fensters ist nach dieser Definition

$$k_{eq.\,F} = k_F - g \cdot s_F \tag{5.7}$$

Für die wärmeschutztechnische Beurteilung der Fensterqualität soll die Berechnung von $k_{eq,F}$ nach Gl. (5.7) möglichst einfach sein. Damit scheidet eine Berechnung von $S_F$, abhängig von orts-, bauwerks- und nutzergebundenen Kennwerten, aus. Für die praktische Anwendung wird daher in [18] empfohlen, die in Tafel 5.6 angegebenen, nur von der Orientierung abhängigen Strahlungsgewinnkoeffizienten zu verwenden. Der Gesamtenergiedurchlaßgrad g verschiedener Glasarten und Sonnenschutzvorrichtungen nach [76], [91], der ebenfalls für die Berechnung von $k_{eq,F}$ nach Gl. (5.7) erforderlich ist, kann aus Tafel 5.7 abgelesen werden.

Während der Nacht findet der Wärmeverlust durch das geschlossene Fenster hauptsächlich durch Transmission statt. Es ist möglich, den Wärmeschutz der Fenster für diese Zeit zu

Tafel 5.6  Empfohlene Rechenwerte für den Strahlungsgewinnkoeffizienten $S_F$, abhängig von der Fensterorientierung bzw. für den Fall, daß nur diffuse Strahlung vorliegt

| Orientierung | $S_F$<br>in $W/(m^2 \cdot K)$ |
|---|---|
| Süd | 2,4 |
| Ost, West | 1,8 |
| Nord | 1,2 |
| diffuse Strahlung | 1,0 |

Tafel 5.7  Zusammenstellung des Gesamtenergiedurchlaßgrades von verschiedenen Glasarten und Sonnenschutzvorrichtungen

| Glasart bzw. Sonnenschutz | $g$ |
|---|---|
| Doppelverglasung aus Klarglas | 0,65 bis 0,80 |
| Dreifachverglasung aus Klarglas | 0,60 bis 0,75 |
| absorbierende Sonnenschutzgläser | 0,50 bis 0,65 |
| reflektierende Sonnenschutzgläser | 0,30 bis 0,60 |
| absorbierende und reflektierende Sonnenschutzgläser | 0,30 bis 0,55 |
| Klargläser mit innenliegenden Sonnenschutzvorrichtungen (Lamellenstores, Vorhänge usw.) | 0,30 bis 0,60 |
| Klargläser mit zwischen den Scheiben liegenden Sonnenschutzvorrichtungen | 0,30 bis 0,60 |
| Klargläser mit außen nicht in der Fensterebene liegenden Sonnenschutzvorrichtungen | 0,15 bis 0,30 |
| Klargläser mit außen in der Fensterebene liegendem Sonnenschutz | 0,10 bis 0,20 |

verbessern, indem vorhandene Roll-, Klapp- oder Schiebeläden geschlossen werden. Die Wirkung besteht in erster Linie in der Wärmedämmung der Luftschicht, die zwischen Fenster und Laden eingeschlossen wird. Bei manchen Konstruktionen wird der Wärmeschutz zusätzlich durch besondere Dämmaßnahmen an den Läden verbessert. Voll wirksam werden beide Maßnahmen nur, wenn der Austausch der Luft im Zwischenraum zwischen Laden und Fenster mit der Luft im Freien vernachlässigt werden kann. Dies setzt voraus, daß eine Fensterlüftung während dieser Zeit nicht erfolgt.

Bezeichnet wird die verbesserte Wärmedämmung des Fensters während der Nacht als temporärer Wärmeschutz. Bewertet wird er durch den Deckelfaktor D, der vom Verhältnis des verbesserten Wärmedurchgangskoeffizienten $k_{F + tw}$ zum Rechenwert des Wärmedurchgangskoeffizienten $k_F$, dem Heizungsbetrieb, dem Grad der Belüftung und den örtlichen Klimaverhältnissen abhängt.

Der Wärmedurchgangskoeffizient unter Berücksichtigung des tempörären Wärmeschutzes ist

$$k_{eq, F} = k_F (1 - D) \tag{5.8}$$

Bild 5.27 enthält ein Diagramm zur Ermittlung des Deckelfaktors, berechnet für einen durchschnittlichen Raum mit und ohne Nachtabsenkung bei schwacher Lüftung für die Klimadaten von Essen [18]. Bei einem Holzfenster mit Isolierverglasung und einem Rolladen ohne zusätzliche Wärmedämmung als temporärem Wärmeschutz sei $k_F = 2,6$ W/(m$^2 \cdot$ K) und $k_{F + tw} = 1,8$ W/(m$^2 \cdot$ K). Nach Bild 5.27 ist der Deckelfaktor bei einem Heizbetrieb mit Nachtabsenkung D = 0,12 und der äquivalente Wärmedurchgangskoeffizient $k_{eq.F} = 2,6 \cdot 0,88 = 2,3$ W/(m$^2 \cdot$ K).

Werden die Verbesserungen durch den Strahlungsgewinn am Tag und durch den temporären Wärmeschutz zur Nacht zusammengefaßt, ist

$$k_{eq, F} = k_F (1 - D) - g \cdot S_F \tag{5.9}$$

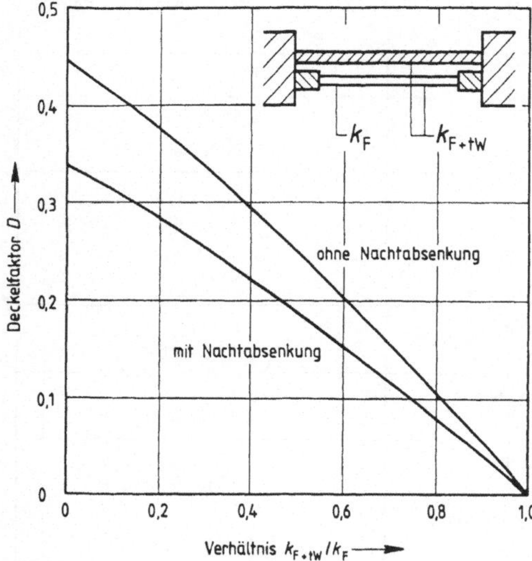


Bild 5.27
Deckelfaktor D in Abhängigkeit von $k_{F+tW}/k_F$

Ist bei dem obengenannten Raum das Fenster (g = 0,8) nach Süden orientiert und damit nach Tafel 5.6 der Strahlungsgewinnkoeffizient $S_F$ = 2,4 W/(m² · K), dann beträgt der äquivalente Wärmedurchgangskoeffizient $k_{eq,F}$ = 2,6 · 0,88 − 0,8 · 2,4 = 0,37 W/(m² · K).

# 6  Wärmebrücken

Wärmebrücken sind Schwachstellen in einer Baukonstruktion. Ihre Auswirkungen werden oft als Tauwasserschäden erkennbar und sind dann häufig der Anlaß für Auseinandersetzungen zwischen Bauherr und Architekt. Für den Planer ist es daher wichtig, zu erkennen, wo eine Wärmebrücke vorliegt und ob eine Verbesserung des Wärmeschutzes an dieser Stelle der Baukonstruktion notwendig ist.

Die Wahl der Schutzmaßnahmen kann erfolgen auf Grund

− der auf langjähriger Bewährung basierenden anerkannten Regeln der Bautechnik,

− von Informationen über Wärmebrücken und deren Auswirkung auf den Wärmeschutz in der Fachliteratur,

− rechnerischer Untersuchungen von Wärmebrücken, sofern entsprechende Rechner und Rechnerprogramme zur Verfügung stehen.

## 6.1  Wärmebrückenproblematik

Als Wärmebrücken werden örtlich begrenzte Stellen bezeichnet, die im Vergleich zu den angrenzenden Bauteilbereichen eine höhere Wärmestromdichte aufweisen. Ihr physikalisches Merkmal ist, daß die Wärmestromlinien an dieser Stelle nicht mehr parallel zueinander verlaufen, sondern verzerrt sind. Diese örtlich erhöhte Wärmestromdichte verursacht nicht nur einen zusätzlichen Wärmeverlust, sondern reduziert auch in dem betreffenden Bereich die Oberflächentemperatur des Bauteils. Mit Hilfe der folgenden Überlegung soll dies verdeutlicht werden. Betrachtet werde eine Außenwand mit einer darin enthaltenen Wärmebrücke, der Wärmedurchgangskoeffizient des ungestörten Bauteils sei $k_o$. Für den Bereich der Wärmebrücke kann ein Wärmedurchgangskoeffizient $k'$ definiert werden, der wegen der vergleichsweise erhöhten Wärmestromdichte größer als $k_o$ sein muß. Nach Gl. (2.20) in Abschnitt 2.4.1 ist die Oberflächentemperatur im ungestörten Teil der Wand

$$\vartheta_{Oi} = \vartheta_{Li} - \frac{k_o}{\alpha_i}(\vartheta_{Li} - \vartheta_{La})$$

und im Bereich der Wärmebrücke

$$\vartheta_{Oi}' = \vartheta_{Li} - \frac{k'}{\alpha_i}(\vartheta_{Li} - \vartheta_{La})$$

Bei gleichbleibenden Umgebungstemperaturen $\vartheta_{Li}$ und $\vartheta_{La}$ muß die Oberflächentemperatur $\vartheta_{Oi}'$ kleiner als $\vartheta_{Oi}$ sein, da $k'$ größer als $k_o$ ist. Dabei wird angenommen, daß der Zahlenwert von $\alpha_i$ in beiden Bauteilbereichen gleich ist.

Für die Praxis sind die wesentlichen Auswirkungen von Wärmebrücken also

– erhöhte Wärmeverluste sowie

– verringerte Oberflächentemperatur in diesem Bereich.


## 6.1.1  Erhöhte Wärmeverluste

Der erhöhte Wärmeverlust im Bereich von Wärmebrücken verursacht einen höheren Wärmebedarf eines Raumes bzw. eines Gebäudes und muß bei der Dimensionierung der Heizkörper und der Heizkessel berücksichtigt werden. Wärmebrücken verursachen somit nicht nur höhere Investitionskosten bei der Auslegung der Heizanlage, sondern bei der Nutzung der Gebäude auch höhere Heizkosten; sie vermindern die Wirtschaftlichkeit des Wärmeschutzes eines Bauwerkes.


## 6.1.2  Verringerte Oberflächentemperaturen

Wird die Oberflächentemperatur durch eine vorhandene Wärmebrücke abgesenkt, muß unterschieden werden, ob an dieser Stelle die Taupunktstemperatur der Raumluft unterschritten wird oder nicht. Bei Unterschreitung entsteht ein Tauwasserniederschlag auf der Bauteiloberfläche mit entsprechenden negativen Folgeerscheinungen, z. B. einer Schimmelpilzbildung, im anderen Fall tritt nur eine verstärkte Staubablagerung auf.

**Schimmelpilzbildung**

Die bei Tauwasser häufig auf der Wandoberfläche auftretenden Schimmelpilze gehören hauptsächlich zur Gattung Penicillin und Aspergillus, sie bilden sich, wenn folgende Zustände gegeben sind [3], [45]:

– Feuchtigkeit. Zum Keimen, Wachsen und zur Fortpflanzung der Pilze muß freies Wasser auf der Oberfläche oder innerhalb der Materialporen vorhanden sein, das in der Regel aus Tauwasser auf der Bauteiloberfläche stammt.

– Temperatur. Schimmelpilze überleben in einem relativ breiten Temperaturbereich zwischen 0 °C und 50 °C. Bildung und Fortpflanzung erfolgt jedoch sehr schnell bei

Temperaturen zwischen etwa + 15 °C und + 30 °C, also bei Temperaturbedingungen, wie sie in bewohnten Gebäuden praktisch während des ganzen Jahres anzutreffen sind.

– Nahrung. Für Bildung und Wachstum benötigt der Schimmelpilz Proteine. Die Ausgangssubstanzen für die Entstehung sind vielfältig und praktisch immer gegeben, sei es aus den Baustoffen selbst, aus Ablagerungen auf der Oberfläche oder aus der Luft.

– Zeit. Sporen von Pilzen sind in der Luft stets in großen Mengen (ungefähr $10^3$ bis $10^6$ Sporen/m$^3$) vorhanden, die sich auf den Oberflächen absetzen und dort wachsen können, wenn Feuchtigkeit und Nahrung vorhanden sind. Die Inkubationszeit für die Bildung von Hyphen, der Grundstruktur der Pilze, beträgt etwa eine Woche.

Nicht nur aus ästhetischer Sicht sind Schimmelpilze auf Bauteiloberflächen zu beanstanden, sondern vordringlich auch aus hygienischen Gründen, denn die von ihnen abgeschiedenen Sporen können bei den Bewohnern allergische Erkrankungen hervorrufen. Hier muß aber auch darauf hingewiesen werden, daß Tauwasserniederschläge mit negativen Folgeerscheinungen nicht immer allein von Wärmebrücken verursacht werden, sondern daß die Art der Beheizung und der Grad der Raumlüftung durch die Bewohner einen entscheidenden Einfluß auf die Vorbedingungen für das Entstehen von Feuchteschäden hat.

**Staubablagerungen.** Bei weniger ausgeprägten Wärmebrücken unterschreitet in der Regel die Oberflächentemperatur nicht die Taupunktstemperatur der Raumluft, Tauwasserschäden bleiben aus. Die Bereiche der Wärmebrücken machen sich trotzdem durch verstärkte Staubablagerungen an dieser Stelle bemerkbar, weil als Folge der abgesenkten Oberflächentemperatur im Grenzschichtbereich die relative Feuchte der angrenzenden Luft ansteigt und die oberflächennahe Bauteilschicht, je nach Verlauf deren Sorptionsisothermen, Wasserdampf aus der Luft aufnimmt. Wegen der elektrischen Wechselwirkung zwischen den Wasserdipolen und den Staubionen, die sich gegenseitig anziehen, lagert sich Staub vermehrt im Bereich der Wärmebrücke ab und die Oberfläche wird allmählich dunkler als die Umgebung. Nach mehreren Heizperioden zeichnen sich z. B. die Ränder der beim Deckenauflager in die Deckenplatte eingelegten Wärmedämmplatten ab. Diese Oberflächenverfärbungen sind grundsätzlich kein Baumangel, sie werden in der Regel nur dann sichtbar, wenn die üblichen Zeitintervalle für Schönheitsreparaturen überschritten werden.

In der Umgangssprache wird eine Wärmebrücke oft als Kältebrücke bezeichnet und der auftretende Wärmeverlust als Kältezufuhr beschrieben. Physikalisch ist dies nicht korrekt, denn bei dem an der Schwachstelle der Baukonstruktion stattfindenden Vorgang wird Energie in Form von Wärme von einem höheren zu einem niedrigeren Energieniveau transportiert. Der Kältebegriff dagegen bezieht sich auf Empfindungen und Reaktionen des Menschen, wenn seine Umgebungstemperatur im Vergleich zur „normalen" Temperatur wesentlich niedriger ist.


## 6.2  Arten von Wärmebrücken


Nach Gl. (1.1) wird die Richtung des Wärmestromes in einem Bauteil vom Temperaturgefälle bestimmt und wie in Abschn. 2.1.1 gezeigt, sind in einer homogenen Platte die Wärmestromlinien in allen ihren Ebenen senkrecht zur Oberfläche gerichtet. Entstehen – aus welchen Gründen auch immer – Temperaturunterschiede in den Ebenen parallel zur Bauteiloberfläche, dann ändern die Wärmestromlinien wegen der Querkomponente ihre Richtung und weichen vom parallelen Verlauf ab. Dies ist der Fall, wenn entweder Stoffe unterschiedlicher Wärmeleitfähigkeit nebeneinander angeordnet sind oder wenn die Bauteile von der Plattenform, beispielsweise an der Anschlußstelle zweier Bauteile, abweichen. Im er-

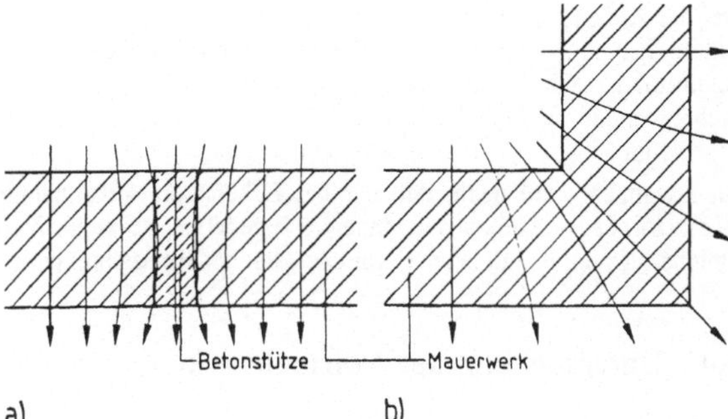


**Bild 6.1**
Wärmestromlinien in einer stoffbedingten (a) und formbedingten (b) Wärmebrücke

sten Fall spricht man von einer stoffbedingten, im zweiten Fall von einer form- oder geometriebedingten Wärmebrücke. Bild 6.1 zeigt beispielhaft die beiden Wärmebrückenarten.

In der Literatur werden teilweise auch noch lüftungs- und umgebungsbedingte Wärmebrükken erwähnt [4], [66]. Hier wird der Lüftungswärmeverlust durch Gebäudeundichtheiten oder ein erhöhter Wärmeverlust als Folge einer höheren Umgebungstemperatur, z. B. in der Heizkörpernische, angesprochen. Da in beiden Fällen n u r ein nicht von der Baukonstruktion verursachter erhöhter Wärmeverlust ohne das charakteristische Merkmal einer gleichzeitigen Erniedrigung der Oberflächentemperatur in Erscheinung tritt, ist die Bezeichnung Wärmebrücke bei dieser Form des erhöhten Wärmeverlustes nicht angebracht.

## 6.3  Behandlung von Wärmebrücken in der DIN 4108

Obwohl Wärmebrücken oft Ursache für Schäden am Bauwerk und Anlaß für gerichtliche Auseinandersetzungen sind, findet man in DIN 4108 nur spärliche Hinweise zur Thematik Wärmebrücken. Teil 2 – Wärmedämmung und Wärmespeicherung; Anforderungen und Hinweise für Planung und Ausführung [76] – enthält in Abschn. 5.4 – Wärmebrücken – folgende Aussage:

– Für den Bereich der Wärmebrücken sind Anforderungen der Tabelle 1, Teil 2 (s. Tafel 8.1 im Abschnitt 8) einzuhalten, wobei teilweise für die ungünstigste Stelle geringere Forderungen angegeben werden (in Fußnote 5 des Abschnittes 5.4 der Norm wird zur Berechnung von Wärmebrücken auf DIN 4108, Teil 5, hingewiesen).

– Ecken von Außenbauteilen mit gleichartigem Aufbau sind nicht als Wärmebrücken zu behandeln. Bei anderen Ecken von Außenbauteilen ist der Wärmeschutz durch konstruktive Maßnahmen zu verbessern (Angabe in Fußnote 6 des Abschnittes 5.4 der Norm: Geeignete konstruktive Maßnahmen zur Minderung von Wärmebrückenwirkungen sollten in gesonderten Veröffentlichungen erläutert werden).

– Für übliche Verbindungsmittel, wie z. B. Nägel, Schrauben, Drahtanker, sowie Mörtelfugen von Mauerwerk nach DIN 1053 braucht kein Nachweis der Wärmebrückenwirkung geführt werden.

Diese Ausführungen – insbesondere zu den Außenecken – sind nur unter dem Gesichtspunkt zu verstehen, daß in erster Linie eine schädliche Tauwasserbildung auf der Bauteiloberfläche verhindert werden soll, während der erhöhte Wärmeverlust durch die Wärmebrücke als eine konstruktiv bedingte Tatsache nicht weiter beachtet wird.

Bei der Außenecke wird angenommen, daß bei einem ausreichend dimensionierten Wärmeschutz der Außenwand deren Eckentemperatur höher als die Taupunktstemperatur der Raumluft ist. Ob der in Tabelle 1 des Teiles 2 der DIN 4108 geforderte Mindestwert der Außenwände von $R_\lambda = 0{,}55$ m$^2$K/W dies gewährleistet, wird allerdings öfters angezweifelt [2], [4] und [31].

Zu erwähnen wäre noch, daß der bei Ecken von Außenbauteilen in der Norm genannte gleichartige Aufbau bei Mauerwerk gegeben ist, wenn beidseitig von der Ecke Steine gleichen Materials, gleicher Form und gleicher Rohdichteklasse verwendet werden.

## 6.4  Untersuchung der Wärmebrücken

Um die Wirkung von Wärmebrücken auf die Temperaturverteilung auf der Bauteiloberfläche und auf die erhöhten Wärmeverluste bewerten zu können, müssen ausreichend genaue Untersuchungsmöglichkeiten experimenteller oder rechnerischer Art zur Verfügung stehen, wobei im ersten Fall die erforderlichen Messungen entweder im Labor [37] oder im fertigen Bauwerk [38] stattfinden. Da experimentelle Untersuchungen zur Ermittlung wärmeschutztechnischer Größen und Eigenschaften von Bauteilen in der Regel sehr zeitaufwendig sind, war man sowohl bei der praxisorientierten Anwendung als auch in der Forschung schon immer bestrebt, wenn möglich die rechnerische Umtersuchung dem sehr zeitaufwendigen Experiment vorzuziehen. In den nachfolgenden Abschnitten wird das Prinzip der rechnerischen Untersuchungsmethoden beschrieben.

### 6.4.1  Numerische Methode

Wärmebrücken werden immer noch sehr häufig mittels der Rechenregeln der DIN 4108, Teil 5, Abschn. 10 [79] untersucht. Bei diesem einfachen Rechenverfahren treten wegen der hierbei nicht berücksichtigten Querleitung in der Regel große Abweichungen vom realen Ergebnis auf. Dies kann zu schwerwiegenden Fehlbeurteilungen der Verhältnisse führen. Für die rechnerische Untersuchung von Wärmebrücken muß die Differentialgleichung

$$\frac{\partial^2 \vartheta}{\partial x^2} + \frac{\partial^2 \vartheta}{\partial y^2} + \frac{\partial^2 \vartheta}{\partial z^2} = 0 \tag{6.1}$$

herangezogen werden. Sie beschreibt die Temperatur- und damit auch die Wärmestromlinien in einem Körper im stationären Temperaturzustand. x, y und z sind die Ortskoordinaten in einem räumlichen, kartesischen Koordinatensystem. Geschlossene, analytische Lösungen dieser Differentialgleichung existieren nur für wenige Beispiele mit bestimmten Geometrie- und Randbedingungen, die in der Praxis selten anzutreffen sind. Die Lösung der Differentialgleichung (6.1) ist für beliebige Randbedingungen durch numerische Verfahren möglich, z. B. nach der Methode der finiten Elemente. Über eine Wärmebilanz der Wärmeströme durch die Oberflächen eines jeden dieser Elemente werden die Wärmeströme mit der Temperatur im Kern des Elementes verbunden, wobei die Wärmeleitfähigkeit des Materials in die Rechnung mit eingeht. Je feiner der Körper in solche Elemente unterteilt wird, um so geringer wird der berechnete Näherungswert von dem tatsächlichen Wert abweichen, jedoch um so größer wird auch der Rechenaufwand sein. Es leuchtet ein, daß für derartige Berechnungen elektronische Rechenanlagen ausreichender Speicherkapazität vorhanden sein müssen [27], [49].

Unterzieht man sich der relativ aufwendigen Arbeit, Temperatur- und Wärmestromfelder in einem Bauteil mit Wärmebrücken mittels einer Finiten-Elemente-Methode oder ähnlichem zu berechnen, dann erwartet man in der Regel Aussagen zu folgenden Punkten:

1. Wie ist der Temperaturverlauf auf der raumseitigen Bauteiloberfläche?

2. Wo ist die niedrigste Oberflächentemperatur und wie ist ihr Betrag?

3. Wie groß sind die durch die Wärmebrücke verursachten, zusätzlichen Wärmeverluste?

Die Antwort zu Punkt 1 kann nur ein Diagramm liefern, die Aussagen zu den Punkten 2 und 3 sollten in Form temperaturunabhängiger Einzahlangaben erfolgen. Ergänzt werden diese durch die Aufzeichnung der Isothermen im Bauteil [66] oder durch die Wärmestromlinien [62].

## 6.4.2 Bewertung der Oberflächentemperatur – spezifische Temperaturabsenkung

Die Oberflächentemperatur eines flächigen Bauteils wird nach Abschn. 2.4.1 durch folgende Gleichung bestimmt:

$$\vartheta_{Oi} = \vartheta_{Li} - \frac{k}{\alpha_i} \, (\vartheta_{Li} - \vartheta_{La}) \tag{6.2}$$

Sie hängt nicht nur vom Wärmedurchgangskoeffizienten k des Bauteils und vom raumseitigen Wärmeübergangskoeffizienten $\alpha_i$, sondern auch von den beidseitigen Lufttemperaturen $\vartheta_{Li}$ und $\vartheta_{La}$ ab. Aus Gl. (6.2) läßt sich die konstruktionsabhängige dimensionslose Bewertungsgröße

$$f_s = \frac{\vartheta_{Li} - \vartheta_{Oi}}{\vartheta_{Li} - \vartheta_{La}} = \frac{k}{\alpha_i} \tag{6.3}$$

ableiten, die als spezifische Temperaturabsenkung $f_s$ bezeichnet wird [27]. Ihr Zahlenwert liegt zwischen 0 und 1. Analog zu Gl. (6.3) gilt dann für eine Wärmebrücke, deren Oberflächentemperatur $\vartheta_{Oi, min}$ mit den zugehörigen Lufttemperaturen $\vartheta_{Li}$ und $\vartheta_{La}$ bekannt ist:

$$f_{s, WB} = \frac{\vartheta_{Li} - \vartheta_{Oi, min}}{\vartheta_{Li} - \vartheta_{La}} \tag{6.4}$$

Mit der spezifischen Temperaturabsenkung der Wärmebrücke $f_{s, WB}$ läßt sich für jede beliebige Kombination der Lufttemperaturen die Oberflächentemperatur berechnen.

$$\vartheta_{Oi, min} = \vartheta_{Li} - f_{s, WB} \cdot (\vartheta_{Li} - \vartheta_{La}) \tag{6.5}$$

Zur Bewertung der Tauwassergefahr auf Wänden wird auch folgende Form einer Relativtemperatur

$$\vartheta_{O, rel} = \frac{\vartheta_{Oi} - \vartheta_{La}}{\vartheta_{Li} - \vartheta_{La}} \tag{6.6}$$

verwendet, deren Zahlenwerte ebenfalls zwischen 0 und 1 liegen [38]. Diese Relativtemperatur wird teilweise auch als normierte Innen-Oberflächentemperatur $\Theta_{Oi}$ bezeichnet [15].

Selbstverständlich besteht zwischen beiden Größen $f_s$ und $\vartheta_{Oi}$ ein Zusammenhang. Aus der Addition der Gl. (6.3) und (6.6) folgt

$$f_s + \Theta_{Oi} = 1 \tag{6.7}$$

Da Gl. (6.5) aus Gl. (6.2) abgeleitet wurde und diese allgemein zur Berechnung von Oberflächentemperaturen verwendet wird, erscheint es angebracht, in der Praxis für die Bewertung von Wärmebrücken und die Berechnung derer Oberflächentemperaturen die spezifische Temperaturabsenkung $f_s$ zu verwenden.

**Spezifische Temperaturabsenkung von Wärmebrücken**

Bei der Untersuchung von Tauwasserschäden wird die Taupunktstemperatur der Raumluft mit der Oberflächentemperatur des Bauteils verglichen. Dabei hat sich eingebürgert, von einer zulässigen Taupunktstemperatur $\vartheta_s = 9{,}3\,°C$ ($\vartheta_{Li} = 20\,°C$ und $\varphi_i = 50\,\%$) auszugehen. Nach DIN 4108, Teil 3 sollen die Oberflächen von Außenbauteilen bis zu einer Außentemperatur von $\vartheta_{La} = -15\,°C$ tauwasserfrei bleiben. Daraus läßt sich die Forderung ableiten, daß

$$f_s \leq \frac{20{,}0 - 9{,}3}{20{,}0 + 15} = 0{,}31$$

sein muß. Damit kann, wenn $\vartheta_{Oi,\,min}$, $\vartheta_{Li}$ und $\vartheta_{La}$ aus Berechnungen oder Messungen bekannt sind und $f_s$ nach Gl. (6.4) berechnet wird, eine Konstruktion hinsichtlich der Tauwassergefahr bewertet werden.

# 6.4.3  Berechnung der zusätzlichen Wärmeverluste – Wärmeverlustwert

Die durch Wärmebrücken entstehenden Wärmeverluste können in einer Größenordnung liegen, die bei der Wärmebedarfsberechnung zur Dimensionierung der Heizung berücksichtigt werden sollten. Eine dafür feststehende und anerkannte Regel besteht zur Zeit noch nicht. Der Haustechniker, der für die Auslegung der Heizung verantwortlich ist, steckt in einer schwierigen Lage, denn weder die DIN 4108 – Wärmeschutz im Hochbau, Teil 2, Wärmedämmung und Wärmespeicherung; Anforderungen und Hinweise zur Planung und Ausführung (8.81) – [76] noch die DIN 4701 – Regeln für die Berechnung des Wärmebedarfs von Gebäuden (3.83) – [81] gibt ihm eine ausreichende Anleitung [31]. Um den durch Wärmebrücken verursachten zusätzlichen Wärmeverlust beim Ermitteln des Wärmebedarfs eines Gebäude erfassen zu können, muß ein leicht zu handhabendes Verfahren gesucht werden. Es sollte sich zum einen einfach in die bestehenden Berechnungsformeln einfügen lassen und zum andern auf Kenngrößen basieren, die sich in Tabellenform darstellen lassen. Das Ziel sollte darin bestehen, die Rechenregeln der DIN 4701 beizubehalten und ein wärmebrückenspezifisches Korrekturglied zu entwickeln. Grundsätzlich ist diese Aufgabe auf zwei Arten lösbar. Der erhöhte Wärmeverlust kann z. B. durch die Einführung eines wärmebrückenabhängigen Wärmeverlustwertes, der auf die Länge oder Anzahl der Wärmebrücken bezogen ist, oder durch eine fiktive Vergrößerung der wärmeübertragenden Bauteilfläche berücksichtigt werden [27], [66]. Physikalisch überzeugender ist der erste Weg, weshalb nachfolgend ein solches Verfahren beschrieben wird.

Die Transmissionswärmeverluste über eine Wärmebrücke sind in ihrem Absolutwert nicht nur von der Geometrie und dem verwendeten Material, sondern auch von der Differenz der Temperaturen der Raum- und Außenluft abhängig. Für den Vergleich verschiedener Wärmebrücken und der Berechnung der zusätzlichen Wärmeverluste ist eine konstruktionsspezifische, von den Lufttemperaturen unabhängige Größe zu definieren. Man wählt hierzu den durch die Wärmebrücke hervorgerufenen zusätzlichen Wärmeverlust $\Delta\Phi$. Er ist die Differenz zwischen dem Wärmestrom $\Phi_{WB}$ im Bereich der Wärmebrücke mit der Fläche $A_{WB}$ und dem Wärmestrom $\Phi_0$, der sich ohne Wärmebrücke einstellen würde. Es ist

$$\Delta\Phi = \Phi_{WB} - \Phi_0 \tag{6.8}$$

mit $\qquad \Phi_0 = k_0 \cdot A_{WB} \cdot (\vartheta_{Li} - \vartheta_{La}) \tag{6.9}$

$k_0$ ist der Wärmedurchgangskoeffizient des ungestörten Bauteils. Den Wärmestrom $\Phi_{WB}$ im Wärmebrückenbereich erhält man, indem über die Wärmestromdichte q im Wärmebrückenbereich (Fläche $A_{WB}$) integriert wird, also über den Bereich, dessen Oberflächentemperatur sich von derjenigen des ungestörten Bereichs unterscheidet. Nach dem Energieerhaltungssatz ist der Transmissionswärmestrom über die Oberfläche der Wärmebrücke $A_{WB}$ in das Bauteil gleich dem Wärmestrom des Wärmeüberganges von der Raumluft auf die Wärmebrückenoberfläche.

$$\Phi_{WB} = \int_{A_{WB}} \alpha_i \cdot (\vartheta_{Li} - \vartheta_{Oi}) \cdot dA \tag{6.10}$$

Begrenzt wird die Integrationsfläche $A_{WB}$ durch die Linie auf der Bauteiloberfläche, an der die erniedrigte Oberflächentemperatur der Wärmebrücke in die Oberflächentemperatur des ungestörten Bauteils übergeht. Der zusätzliche Wärmeverlust $\Delta\Phi$ nach Gl. (6.8) wird im Falle einer linienförmigen Wärmebrücke durch den längenbezogenen Wärmedurchgangskoeffizienten $k_l$ in W/(m · K), im Falle einer punktförmigen Wärmebrücke durch den punktförmigen Wärmedurchgangskoeffizienten $k_p$ in W/K charakterisiert. Linienförmige geometrische Wärmebrücken liegen vor im Winkel am Anschluß zweier Bauteile, stoffbedingte linienförmige Wärmebrücken im Bereich ungenügend gedämmter Stützen in einem Außenbauteil. Punktförmige Wärmebrücken entstehen z. B. durch die metallische Verankerung von Vorsatzschalen von Betonsandwich-Wänden in Tragteilen. Bei linearen Wärmebrücken tritt ein zusätzlicher Wärmeverlust von

$$\Delta\Phi_l = k_l \cdot l \cdot (\vartheta_{Li} - \vartheta_{La}) \tag{6.11}$$

und bei punktförmigen Wärmebrücken von

$$\Delta\Phi_p = k_p \cdot n \cdot (\vartheta_{Li} - \vartheta_{La}) \tag{6.12}$$

auf, wobei in Gl. (6.11) l die lineare Ausdehnung der Wärmebrücke und in Gl. (6.12) n die Anzahl der Wärmebrücken ist. Im Falle der linearen Wärmebrücken berechnet sich die Einzugsfläche $A_{WB}$ derselben aus der Länge l und der wirkungsvollen Breite $b_{WB}$ der Wärmebrücke zu

$$A_{WB} = l \cdot b_{WB} \tag{6.13}$$

Setzt man die Gl. (6.10), (6.11) und (6.13) in die Gl. (6.8) ein, dann ergibt sich folgende Definition für den linearen Wärmeverlustwert $k_l$:

$$k_l = \int_{b_{WB}} \alpha_i \cdot \frac{(\vartheta_{Li} - \vartheta_{Oi})}{(\vartheta_{Li} - \vartheta_{La})} \cdot db - k_o \cdot b_{Wb} \tag{6.14}$$

Analog findet man die Definition für den Wärmeverlustwert $k_p$ einer punktförmigen Wärmebrücke zu

$$k_p = \int_{A_{WB}} \alpha_i \cdot \frac{(\vartheta_{Li} - \vartheta_{Oi})}{(\vartheta_{Li} - \vartheta_{La})} \cdot dA - k_o \cdot A_{Wb} \tag{6.15}$$

Für konkrete Wärmebrücken läßt sich das Flächenintegral in Gl. (6.14) bzw. in Gl. (6.15) entweder durch graphische Intergration aus Temperaturmessungen oder durch numerische Integration aus berechneten Oberflächentemperaturen bestimmen. Ein Unsicherheitsfaktor liegt noch im Zahlenwert des Wärmeübergangskoeffizienten $\alpha_i$. Bei ebenen Oberflächen liegt der Wert $\alpha_i$ zwischen 6 W/(m² · K) und 8 W/(m² · K). In Ecken und Winkeln sinkt er ab auf Werte von 5 W/(m² · K) und teilweise noch niedriger. In der Praxis wird zur Vereinfachung $\alpha_i$ in den Ecken und in der Fläche als gleich angesetzt. Um bei der Bewertung einer Wärmebrücke bezüglich der Tauwassergefahr auf der sicheren Seite zu liegen, wird mehrfach mit $\alpha_i = 5$ W/(m$^2 \cdot$ K) gerechnet [27], [62], [66]. Der Wärmeverlust durch das Bauteil mit Wärmebrücke wird dann nach folgenden Gleichungen bestimmt:

bei linearen Wärmebrücken der Länge $l$:

$$\Phi = (k_o \cdot A + k_l \cdot l) \cdot (\vartheta_{Li} - \vartheta_{La}) \tag{6.16}$$

bei n punktförmigen Wärmebrücken:

$$\Phi = (k_o \cdot A + k_p \cdot n) \cdot (\vartheta_{Li} - \vartheta_{La}) \tag{6.17}$$

Bei diesem Rechenverfahren beziehen sich die Flächenangaben auf die lichten Raummaße. Es liegt also eine Abweichung vor im Vergleich zu den beim Wärmeschutznachweis nach der Wärmeschutzverordnung zu verwendenden Außenmaße des Gebäudes.


### 6.4.4  Berechnungsbeispiel

Ein anschauliches Beispiel für die Unterschiede zwischen den Ergebnissen aus dem einfachen Verfahren ohne Querleitung nach DIN 4108 und einem numerischen, rechnergestützten Verfahren mit Querleitung besteht im Fall einer Außenwand mit Betonstütze, die wahlweise raum- oder außenseitig gedämmt ist (s. Bild 6.2) [49].

Berechnet wurden für den stationären Temperaturzustand die raumseitigen Oberflächentemperaturen und der Wärmeverlust mit und ohne Querleitung. Die Ergebnisse sind in den Diagrammen des Bildes 6.2 enthalten. Demnach wäre, wenn Querleitung ignoriert wird, in diesem Beispiel die Oberflächentemperatur im Stützenbereich unabhängig von der Lage der Wärmedämmschicht und immer höher als im Wandbereich, ein Ergebnis, das erfahrungsgemäß mit der Wirklichkeit nicht übereinstimmt. Eine auf der raumseitigen Oberfläche eines Außenbauteils angebrachte Wärmedämmschicht wirkt sich auf die Oberflächentemperatur grundsätzlich günstiger aus als eine außenseitige Anordnung. Die Ergebnisse aus der Berechnung mit Querleitung stimmen mit diesen Kenntnissen überein und zeigen weiterhin, daß die raumseitige Oberflächentemperatur stellenweise deutlich niedriger ist als sie sich nach den Berechnungen nach DIN 4108 ergibt. Bei den gewählten Randbedingungen beträgt die Oberflächentemperatur der ungestörten Wandfläche 16,8 °C und bleibt unverändert bis zu einem Abstand von etwa 40 cm von der Stützenachse. Das Temperaturminimum tritt, je nach Lage der Wärmedämmschicht, in der Mitte der Stütze oder rechts und links derselben im Anschlußbereich zur angrenzenden Wand auf. In beiden Fällen ist die niedrigste Temperatur 14,0 °C. Nach Gl. (6.4) ist bei dieser Konstruktion die spezifische Temperaturabsenkung der Wärmebrücke $f_s = 0,2$ und wesentlich kleiner als der als Kriterium für Tauwasser geltende Wert von $f_s = 0,31$. Folglich besteht bei den Klimaverhältnissen der Raumluft, wie sie bei üblicher Heizung und Lüftung zu erwarten sind, keine Gefahr eines Tauwasserniederschlags. Die reduzierte Oberflächentemperatur wird jedoch, wenn längere Zeiträume zwischen den Renovierungsmaßnahmen auftreten, eine erhöhte Staubablagerung an diesen Stellen zur Folge haben.

Auch bei der Berechnung der Wärmeverluste durch die Wand gibt es Unterschiede zwischen den beiden Berechnungsarten. Ist die Stütze – wie in Bild 6.2 gezeigt – in der Mitte eines Wandelementes von 1 m Höhe angeordnet, beträgt der Wärmeverlust ohne Querleitung (DIN 4108) $\Phi = 25,4$ W, mit Querleitung $\Phi = 28,6$ W. Er ist somit um rund 13 % höher als nach der einfachen Rechnung.

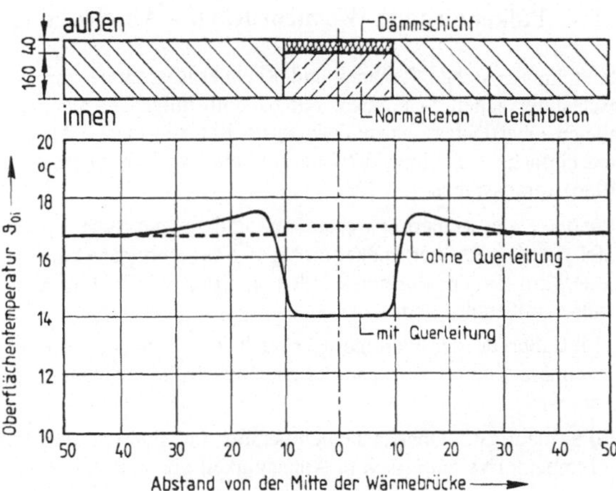



**Bild 6.2**
Temperaturverlauf entlang der Oberfläche einer Wand mit gedämmter Betonstütze bei Lufttemperaturen innen und außen von $20\,°C$ und $-10\,°C$

Normalbeton:
$\lambda = 2{,}0$ W/(m · K)

Leichtbeton:
$\lambda = 0{,}2$ W/(m · K)

Dämmstoff:
$\lambda = 0{,}04$ W/(m · K)

Ungestörte Wand:
$k_o = 0{,}86$ W/(m² · K)
$\alpha_i = 8$ W/(m² · K)

Wärmeverlust der Wand
mit Querleitung
$\Phi = 28{,}6$ W
ohne Querleitung
$\Phi = 25{,}4$ W

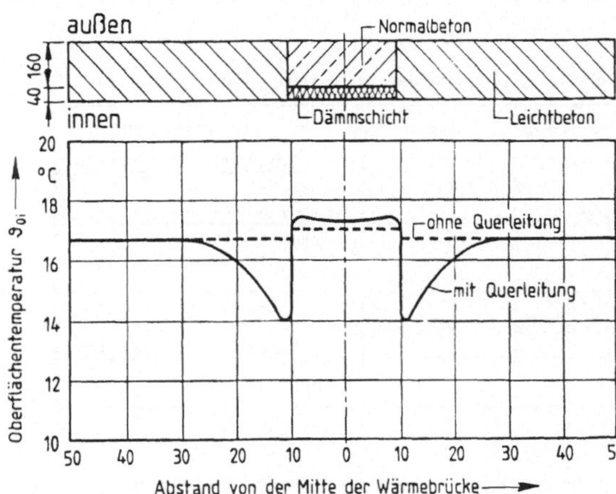



Die Betonstütze ist eine lineare Wärmebrücke, deren längenbezogener Wärmeverlust $k_l$ durch graphische Integration des Flächenintegrals nach Gl. (6.14) berechnet werden kann. Es ist

$$k_l = \frac{\alpha_i \sum_{n=1}^{n} (\vartheta_{Li} - \vartheta_{Oi.n})\,\Delta b}{(\vartheta_{Li} - \vartheta_{La})} - k_o \cdot b_{WB}$$

für $\Delta b = 0{,}05$ m, $b_{WB} = 0{,}8$ m, $\alpha_i = 8$ W/(m² · K), $(\vartheta_{Li} - \vartheta_{La}) = 30$ K und $k_o = 0{,}86$ W/(m² · K):

$$k_l = \frac{8 \cdot 29{,}4 \cdot 2 \cdot 0{,}05}{30} - 0{,}86 \cdot 0{,}8 = 0{,}096 \text{ W}/(\text{m}^2 \cdot \text{K})$$

Nach Gl. (6.16) ist dann der Wärmeverlust

$$(0{,}86 + 0{,}096) \cdot 30 = 28{,}7 \text{ W}.$$

### 6.4.5  Balkenförmige Wärmebrücken – Abschätzung nach ISO 6946/2

Nicht immer stehen Rechner und Rechnerprogramme zur Verfügung, um Wärmebrücken rasch untersuchen zu können. Für balkenförmige Wärmebrücken in Bauteilen mit planparallelen Oberflächen wurde deshalb im Rahmen eines internationalen Normungsverfahrens eine einfache Näherungsmethode erarbeitet und als internationale Norm ISO 6946, Teil 2 (1986) verabschiedet [5], [93].

Grundlage des Näherungsverfahrens sind rechnerische Untersuchungen verschiedener, in Tafel 6.1 dargestellter, balkenförmiger Wärmebrücken mittels numerischer Methoden. Für diese Wärmebrückenformen wurden empirische Näherungsgleichungen zur Berechnung folgender Größen abgeleitet:

a) Einflußbreite der Wärmebrücke, d. h. der Bereiche, in dem der Wärmestrom eine feststellbare Komponente parallel zur Oberfläche aufweise und als Wirkungsbreite bezeichnet wird;

b) die niedrigste Oberflächentemperatur im Bereich der Wärmebrücke bei stationären Temperaturverhältnissen in Abhängigkeit der Lufttemperatur innen und außen;

c) der Betrag des Wärmeverlustes der Baukonstruktion einschließlich Wärmebrücke.

Tafel 6.1   Querschnitte der verschiedenen Wärmebrücken nach ISO 6946/2

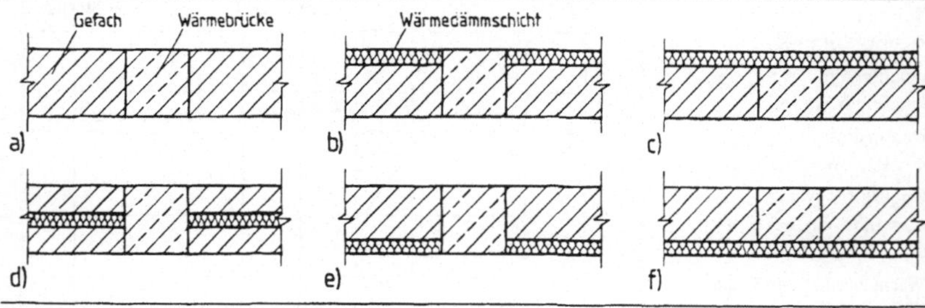


Von diesen sechs Wärmebrückenformen sind für die praktische Anwendung im Wohnungsbau im Prinzip nur die Ausführungen von c) und f) des Bildes von Interesse. Bei diesen ist jedoch die Abweichung der Computerberechnung von der Berechnung nach DIN 4108 relativ gering und es stellt sich die Frage, ob sich der Aufwand einer exakteren Berechnung lohnt. Eine Beschreibung der Berechnungsformeln nach ISO 6946/2 findet man in [5].

### 6.4.6  Wärmebrückenkataloge

Wie im Abschnitt 6.4.1 erwähnt wurde, ist der Aufwand zur Untersuchung von Wärmebrücken nach einer numerischen Methode sehr groß. Daher werden derartige Berechnungen hauptsächlich an Forschungs-, Prüf- und Universitäts- bzw. Hochschulinstituten durchgeführt. Frühzeitig wurden hier Wärmebrücken unterschiedlichster Art untersucht und die Ergebnisse in Fachzeitschriften veröffentlicht, siehe z. B. [4], [16], [27], [29] und [33]. Für den in der Praxis arbeitenden Ingenieur ist es jedoch mühsam, die breitgestreuten Fachaufsätze zu überprüfen, um die Lösung für ein ihn im Moment beschäftigendes Problem zu finden. Um hier Abhilfe zu schaffen, wurden von mehreren Autoren Wärmebrückenkataloge zusammengestellt [62], [66]. In [66] werden die Untersuchungsergebnisse von ca. 180, in [62] von ca. 100 verschiedenen Wärmebrücken vorgestellt. In beiden Werken werden Diagramme mit dem Temperaturverlauf entlang der Bauteiloberflächen gezeigt. Aus ihnen kann Ort und Betrag der niedrigsten Oberflächentemperatur abgelesen werden. In [62] wird zusätzlich die spezifische Temperaturabsenkung $f_s$ abgegeben. Hinsichtlich der Angaben über die durch die Wärmebrücken verursachten, zusätzlichen Wärmeverluste unterscheiden sich die beiden Werke. Während [66] für jede Wärmebrücke den längen- oder punktbezogenen Wärmeverlustwert, wie er in Abschn. 6.4.3 definiert wurde, nennt, verwendet [62] für diese Angaben einen eigens definierten, längenbezogenen Leitwert. Eine Umrechnung des Leitwertes zum Wärmeverlustwert ist an Hand der gegebenen Daten möglich.

### 6.4.7 Einfluß des raumseitigen Wärmeübergangskoeffizienten auf die Oberflächentemperatur

Der Wärmeübergangskoeffizient wirkt sich nicht nur auf den Betrag des Wärmedurchgangskoeffizienten k aus, sondern beeinflußt nach Gl. (6.2) auch die Oberflächentemperatur des Bauteils. Die DIN 4108 schreibt zwei unterschiedliche Werte für $\alpha_i$ vor. Für die Er-

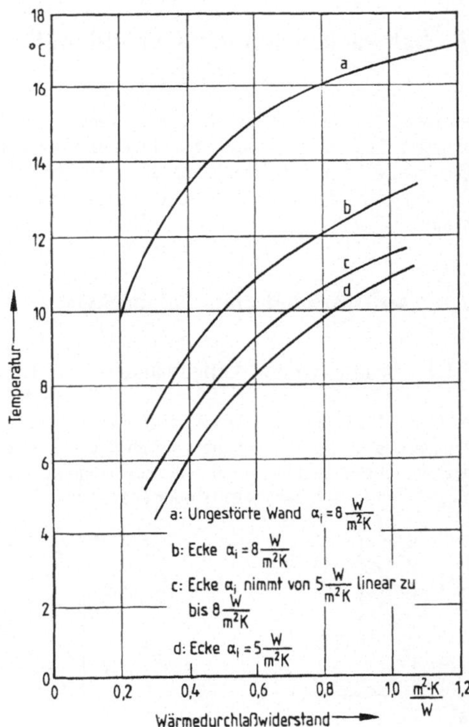


Bild 6.3
Oberflächentemperatur der Wandfläche bzw. Winkeltemperatur bei verschiedenen Wärmeübergangskoeffizienten in Abhängigkeit vom Wärmedurchlaßwiderstand der Wand
Lufttemperaturen:
innen:   20 °C
außen: − 10 °C nach [27]

mittlung des Wärmedurchgangskoeffizienten für Wärmeverlustberechnungen sind die in Teil 4, Tabelle 5 (s. Tafel 2.1) genannten, von der Lage der Bauteile abhängigen Werte von $\alpha_i = 8$ W/(m$^2$·K) und $\alpha_i = 6$ W/(m$^2$·K) zu verwenden. Ist dagegen eine Konstruktion auf das Auftreten von Oberflächentauwasser zu untersuchen, ist nach DIN 4108, Teil 3, grundsätzlich mit $\alpha_i = 6$ W/(m$^2$·K) zu rechnen, denn mit abnehmenden Werten von $\alpha_i$ wird die Oberflächentemperatur niedriger. Es ist daher sinnvoll, zur Überprüfung von Konstruktionen auf Tauwassergefahr den kleinsten in der Praxis zu erwartenden Wärmeübergangskoeffizienten zu verwenden. Dabei ist zu beachten, daß in Winkeln (Anschlußstelle zweier Bauteile) und in Ecken (Anschlußstelle dreier Bauteile) wegen der verringerten Luftströmung an diesen Stellen der Wärmeübergangskoeffizient $\alpha_i$ auf einen Wert von etwa 5 W/(m$^2$·K) oder noch niedriger absinkt. Den Einfluß des Zahlenwertes von $\alpha_i$ auf die Oberflächentemperatur im Wandwinkel zeigt Bild 6.3.

Damit die Resultate der Untersuchung von Wärmebrücken durch unterschiedliche Institutionen mittels numerischer Methoden vergleichbar sind, sollte immer der gleiche Wert von $\alpha_i$ für die Berechnungen verwendet werden. Mit dem Hinweis auf die Wirklichkeitsnähe wird von mehreren Autoren [4], [27], [66] empfohlen, in Winkeln und Ecken mit $\alpha_i = 5$ W/(m$^2$·K) zu rechnen. [62] hat sich dagegen generell für $\alpha_i = 6$ W/(m$^2$·K) entschieden. Die Resultate der verschiedenen Autoren sind daher nicht immer direkt vergleichbar.

# 7  Schwachstellen der Gebäudehülle

Im folgenden Abschnitt werden einige immer wiederkehrende Formen von Wärmebrücken angesprochen und über in der Fachliteratur publizierte Untersuchungsergebnisse berichtet. Dabei wird in den meisten Fällen die spezifische Temperaturabsenkung bewertet und sofern möglich, auch Angaben zum längen- oder punktbezogenen Wärmeverlustwert gemacht.

## 7.1  Außenwinkel und Außenecken

### 7.1.1  Winkel zweier Außenwände

Auf Grund der geometrischen Verhältnisse ist beim Außenwandwinkel die Erwärmungsfläche an der Innenseite und die Auskühlfläche an der Außenseite unterschiedlich groß. Je nachdem, ob es sich um einen vorspringenden oder eingezogenen Außenwinkel (s. Bild 7.1) handelt, wirkt sich dies negativ oder positiv aus.

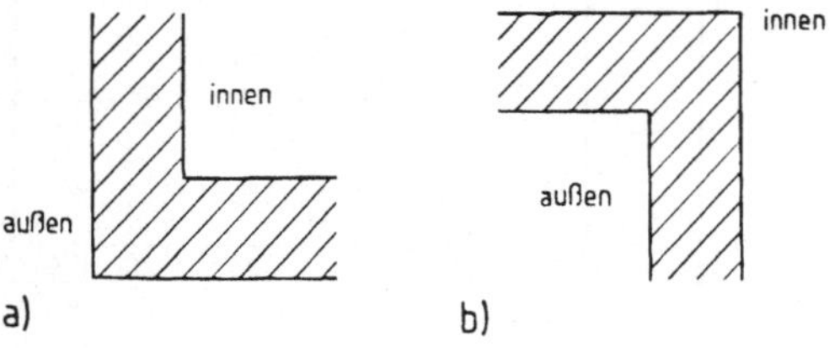


Bild 7.1
Vorspringender (a) und
eingezogener (b) Außenwinkel

Nur beim vorspringenden Außenwandwinkel besteht eine kritische Situation, denn hier ist die wärmeabgebende Außenfläche größer als die wärmeaufnehmende Innenfläche. Dadurch divergieren die Wärmestromlinien, wie in Bild 6.1 gezeigt und die Temperatur im Wandwinkel ist niedriger als in der Wandfläche.

Der Verlauf der Oberflächentemperatur entlang der Wandoberfläche zum Wandwinkel ist in Bild 7.2 für Außenwände mit unterschiedlichem Wärmedurchlaßwiderstand dargestellt.

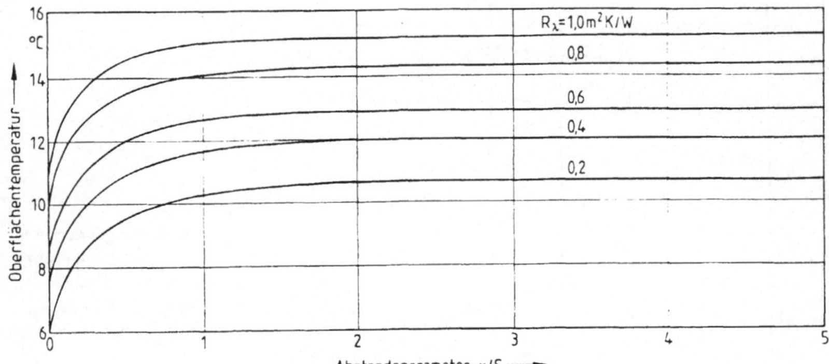


Bild 7.2    Oberflächentemperatur in Abhängigkeit von dem Abstandsparameter x/s (x = Abstand vom Winkel, s = Dicke der Wand) bei verschiedenen Wärmedurchlaßwiderständen nach [27] Innenlufttemperatur 20 °C, Außenlufttemperatur – 10 °C

Deutlich zu erkennen ist eine starke Abnahme der Oberflächentemperatur in Richtung zum Wandwinkel. Sie setzt ein bei einem Abstand vom Wandwinkel von etwa dem eineinhalbfachen Betrag der Wanddicke.

Die Abhängigkeit der Winkeltemperatur $\vartheta_E$ vom Wärmedurchlaßwiderstand einer homogenen Außenwand kann aus Bild 7.3 abgelesen werden. Zum Vergleich wird auch die Oberflächentemperatur $\vartheta_{Oi}$ der Wand in das Diagramm mit eingezeichnet.

Bild 7.3

Oberflächentemperatur der Wand $\vartheta_{Oi}$ und des Außenwinkels $\vartheta_E$, abhängig vom Wärmedurchlaßwiderstand $R_\lambda$ der Außenwand für eine Raumlufttemperatur von 20 °C und eine Außenlufttemperatur von – 10 °C nach [27]
Wand:   $\alpha_i = 8$ W/(m² · K)
Winkel: $\alpha_i = 5$ W/(m² · K)

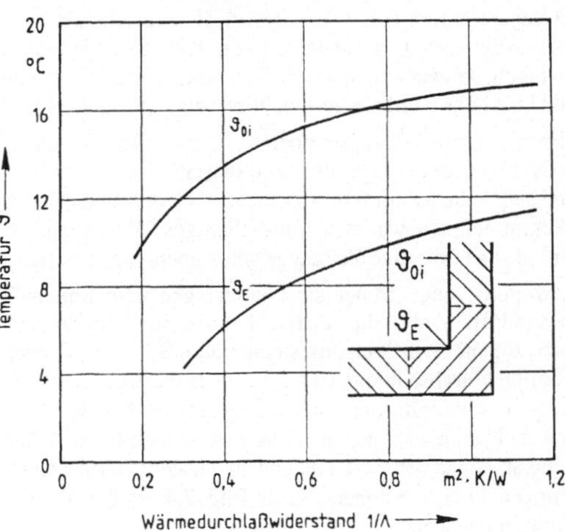

## Spezifische Temperaturabsenkung im Wandwinkel

Aus den Temperaturwerten in Bild 7.3 läßt sich die spezifische Temperaturabsenkung nach Gl. (6.3) bzw. (6.4) berechnen. Das Ergebnis ist in Bild 7.4 enthalten.

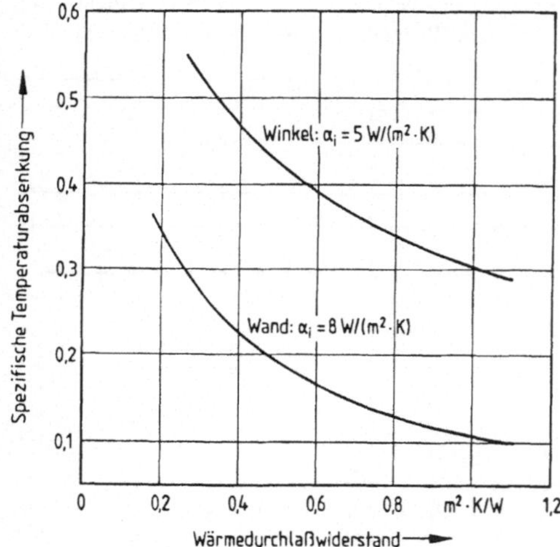


Bild 7.4
Spezifische Temperaturabsenkung $f_s$ des Wandwinkels bzw. der ungestörten Wand in Abhängigkeit vom Wärmedurchlaßwiderstand der Wand nach [27]

Wand: $\alpha_i$ = 8 W/(m² · K)

Winkel: $\alpha_i$ = 5 W/(m² · K)

## Mindestwärmedurchlaßwiderstand nach DIN 4108

Betrachtet man eine Außenwand mit einem Wärmdurchlaßwiderstand von $R_\lambda$ = 0,55 m² · K/W, der also gerade den Mindestanforderungen der DIN 4108, Teil 2, entspricht, dann ist nach Bild 7.4 deren spezifische Temperaturabsenkung im Winkel $f_s$ = 0,41. Nach Abschn. 6.4.2 soll aber, wenn Tauwasser bei den nach DIN 4108, Teil 3 normierten Klimawerten ($\vartheta_{Li}$ = 20 °C, $\vartheta_{La}$ = − 15 °C, $\alpha_i$ = 50 %) vermieden werden soll, die spezifische Temperaturabsenkung den Wert 0,31 nicht übersteigen. Demnach ist eine Außenwand, deren Wärmeschutz gerade noch den Anforderungen der DIN 4108 entspricht, in den Außenwinkeln tauwassergefährdet. Daß trotz dieser Feststellung der Mindestwert der DIN 4108 nicht erhöht wurde, hängt wohl mit zwei Tatsachen zusammen.

Erstens ist die Bezugstemperatur der Außenluft von $\vartheta_{La}$ = − 15 °C sehr niedrig angesetzt. Als Tagesmitteltemperatur wird dieser Wert in den meisten Städten höchstens alle fünf Jahre über einen Zeitraum von mehr als zwei Tagen in Folge unterschritten [67]. Damit aber Schimmelpilze wachsen, muß flüssiges Wasser aus Kondensation- und Verdunstzeitraum mindestens für eine Zeitdauer von sieben Tagen vorhanden sein.

Zweitens waren früher die Fensterfugen verhältnismäßig undicht und auch bei natürlicher Raumlüftung war die relative Feuchte in Wohnräumen oft nicht höher als 40 % [39]. Bei der zugehörigen Taupunktstemperatur $\vartheta_s$ = 6,0 °C ergibt die Berechnung eine spezifische Temperaturabsenkung von $f_s$ = 0,40, die kleiner als der in Bild 7.4 abgelesene Wert von $f_s$ = 0,41 ist. Um die Tauwassergefahr in Außenwinkeln deutlich unter die zulässige Toleranzschwelle zu drücken, sollte man jedoch bei der Planung von Neubauten oder bei Sanierungsmaßnahmen von Außenwänden den Wärmeschutz deutlich über die Mindestanforderungen hinaus erhöhen. Nach Bild 7.4 ist ein Wert von mindestens $R_\lambda$ = 1,0 m²·K/W empfehlenswert.

Den Auskühleffekt in der Außenecke könnte man durch eine in die Außenecke eingelassene Dämmplatte wesentlich entschärfen (s. Bild 7.5). Die Ausführung scheitert in der Praxis allerdings meist an Schwierigkeiten, die sich aus der Maßanordnung der Steine ergeben.

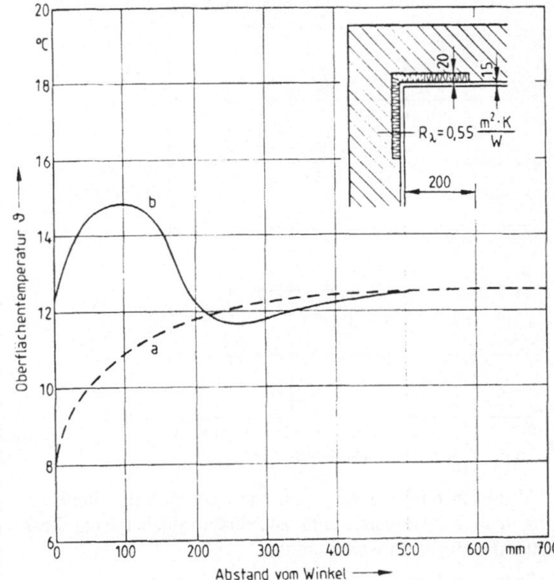


**Bild 7.5**
Oberflächentemperatur einer Wand, abhängig vom Abstand von der Außenecke ohne (a) und mit (b) einer Dämmplatte ($\lambda$ = 0,04 W/(m²·K) im Außenwinkel nach [27]

Lufttemperaturen innen und außen: 20 °C und – 10 °C

## Wärmeverlustwert

Der erhöhte Wärmeverlust im Außenwinkel wird durch den längenbezogenen Wärmedurchgangskoeffizienten $k_l$ berechnet, der in Bild 7.6 in Abhängigkeit von der Dicke der Wand für verschiedene Wärmedurchlaßwiderstände dargestellt ist.

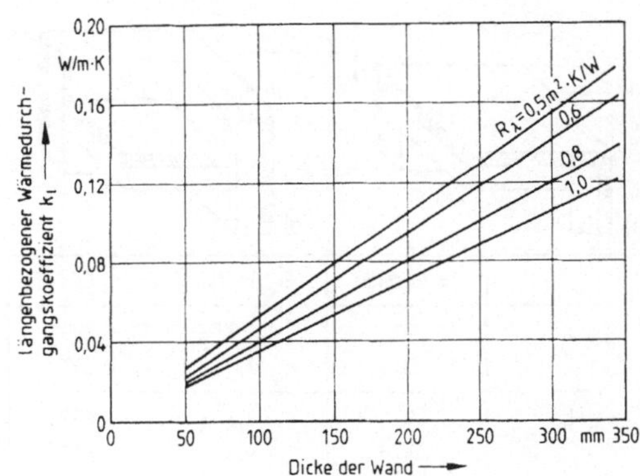


**Bild 7.6**
Längenbezogener Wärmedurchgangskoeffizient $k_l$ des Außenwinkels einer Außenwand in Abhängigkeit der Dicke für verschiedene Wärmedurchlaßwiderstände nach [27]

## 7.1.2  Außenecke

Beim Stoß von drei senkrecht aufeinanderstehenden Bauteilen (dreidimensionale Ecke) wird die Oberflächentemperatur noch stärker abgesenkt. Dieser Fall ist in Bild 7.7 dargestellt bei der Annahme, daß alle drei Bauteile denselben Wärmedurchlaßwiderstand aufweisen.

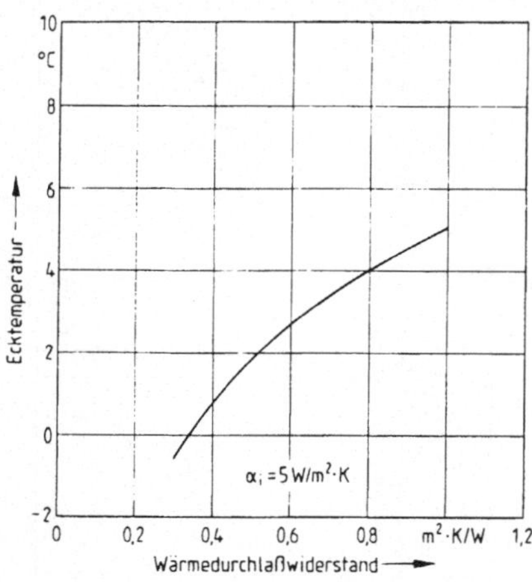


Bild 7.7
Ecktemperatur bei einer dreidimensionalen Ecke in Abhängigkeit vom Wärmedurchlaßwiderstand der angrenzenden Bauteile

Lufttemperatur innen:    20 °C

Lufttemperatur außen: −10 °C

nach [27]

Ein Vergleich mit Bild 7.3 zeigt, wie stark sich der dreidimensionale Verlauf der Wärmestromlinien im Vergleich zum zweidimensionalen bemerkbar macht und er die Oberflächentemperatur noch weiter absenkt.

Häufig anzutreffen sind dreidimensionale Ecken beim Anschluß des Flachdaches an zwei Außenwände. Bild 7.8 zeigt als Beispiel die Ecke eines bündig abschließenden Daches und eines Flachdaches mit einer Attika. Wände und Deckenplatte bestehen aus Beton. Die Anordnung und Dicke der Wärmedämmschichten gehen aus dem Bild 7.8 hervor. Berechnet wurde die Ecktemperatur für verschiedene Dicken der Wärmedämmschicht ($\lambda = 0{,}04$ W/(m$^2 \cdot$ K)) der Außenwand und der Attika. Beim Dach selbst beträgt in beiden Fällen die Dicke der Wärmedämmschicht 80 mm.

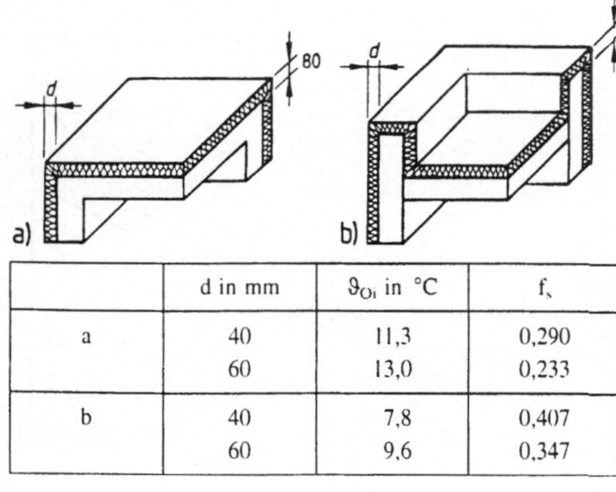


| | d in mm | $\vartheta_{Oi}$ in °C | $f_x$ |
|---|---|---|---|
| a | 40 | 11,3 | 0,290 |
| | 60 | 13,0 | 0,233 |
| b | 40 | 7,8 | 0,407 |
| | 60 | 9,6 | 0,347 |

Bild 7.8
Ecktemperatur eines Flachdaches ohne Überstand (a) und eines Flachdaches mit Attika (b) bei $\vartheta_{Li} = 20$ °C und $\vartheta_{La} = -10$ °C nach [4]

Dämmaterial: $\lambda = 0{,}04$ W/(m · K); $\alpha_i = 5$ W/(m$^2 \cdot$ K)

Durch die Attika wird die wärmeabgebende Außenfläche zusätzlich vergrößert und dadurch die Ecktemperatur im Vergleich zum Dach ohne Überstand noch stärker abgesenkt. Um das Tauwasserrisiko in der Ecke möglichst gering zu halten, sollte die Wärmedämmschicht beim Dach ohne Überstand mindestens 60 mm und beim Dach mit Attika mindestens 80 mm dick sein.

## 7.2  Fensteranschlüsse

Auch Fensteranschlüsse an die Laibung sind kritische Stellen für Tauwasserschäden. Je nachdem, ob die Fenster außenbündig, innenbündig oder mittig eingesetzt werden, verändert sich das Verhältnis der Innen- zur Außenfläche und damit der Verlauf der Wärmestromlinien bzw. der Isothermen. Die Ergebnisse von Berechnungen [66] sind in Tafel 7.1 für zwei monolithische, 365 mm dicke Wände enthalten, deren Wärmedurchlaßwiderstand sich etwa um den Faktor zwei unterscheiden. Um die Werte der spezifischen Temperaturabsenkung vergleichbar zu machen, wurden sie in Bild 7.9 einander gegenübergestellt.

Bild 7.9
Spezifische Temperaturabsenkung $f_s$ im Bereich des Fensterabschlusses an die Laibung (s. Tafel 7.1) nach [66]

a)  Anschluß innenbündig
b)  Anschluß mittig
c)  Anschluß außenbündig
d)  Anschluß außenbündig und 20 mm Wärmedämmschicht auf der Laibung

Wärmedurchlaßwiderstand $R_\lambda$

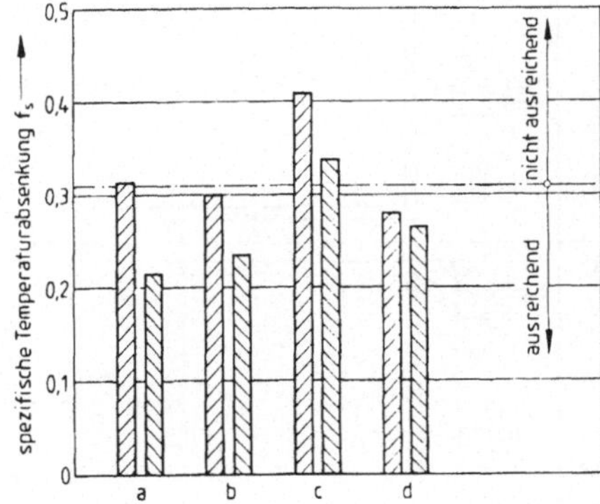


▨▨▨ = 0,56 m² · K/W

◪◪◪ = 1,15 m² · K/W

Wie zu erwarten, wird mit zunehmendem Wärmedurchlaßwiderstand $R_\lambda$ der Wand an der gefährdeten Stelle die Oberflächentemperatur höher bzw. die spezifische Temperaturabsenkung niedriger. Auch der Wärmeverlustwert verringert sich bei verbessertem Wärmeschutz der Wand.

Deutliche Unterschiede sind bei der spezifischen Temperaturabsenkung zwischen den drei Arten der Fensteranschlüsse festzustellen. Die Anordnung des Fensters in der Mitte der Laibung bzw. innenbündig an der Wand ist deutlich günstiger als der außenbündige Anschluß. Während die ersten beiden Arten der Fensteranschlüsse bei gut wärmedämmenden Außenwänden nicht durch Tauwasser gefährdet sind, ist der außenbündige Anschluß immer problematisch. Hier muß die raumseitige Fensterlaibung (s. Tafel 7.1, Bild D) mit mindestens 20 mm Wärmedämmaterial belegt werden, um bei Werten der Luftfeuchte von etwa 55 % tauwasserfrei zu bleiben. Den Temperaturverlauf entlang der Oberfläche der Außenwand und der Fensterlaibung für die drei Arten der Fensteranschlüsse zeigt Bild 7.10. Es ist zu erkennen, daß die Oberflächentemperatur der Laibung geometriebedingt zur Kante ansteigt und daß der Anstieg um so ausgeprägter ist, je größer die Laibungsfläche wird. Weiterhin ist festzustellen, daß die Temperatur im Winkel zwischen Fensterrahmen und

Tafel 7.1 Einfluß des Fensteranschlusses bei monolithischen Wänden auf die Oberflächentemperatur $\vartheta_{Oi.min}$ und den längenbezogenen Wärmedurchgangskoeffizienten $k_l$ nach [66]

$\vartheta_{Li} = 20\,°C$, $\vartheta_{La} = -10\,°C$

Wände: 365 mm Dicke; $R_\lambda = 0,56\ m^2 \cdot K/W$ und $1,15\ m^2 \cdot K/W$

| Bild | Fensteranschluß | $R_\lambda$ in $m^2 \cdot K/W$ | $\vartheta_{Oi.\,min}$ in °C | $f_s$ — | $k_l$ in W/(m·K) |
|---|---|---|---|---|---|
| A |  außen | 0,56 | 10,6 | 0,314 | 0,17 |
|   |       | 1,15 | 13,6 | 0,214 | 0,13 |
| B | 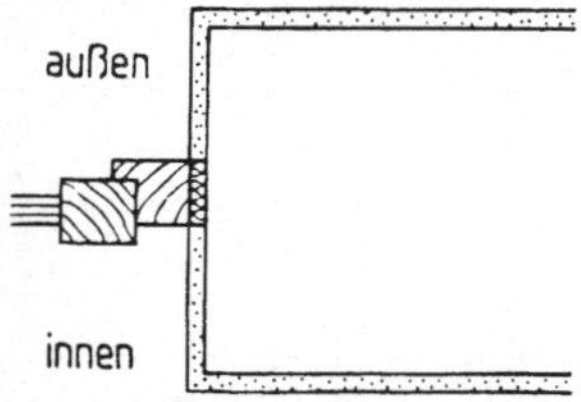 außen / innen | 0,56 | 11,0 | 0,300 | 0,12 |
|   |       | 1,15 | 13,0 | 0,234 | 0,07 |
| C | 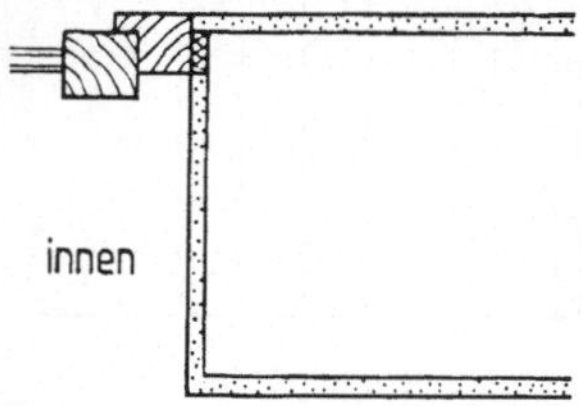 innen | 0,56 | 7,7 | 0,411 | 0,29 |
|   |       | 1,15 | 9,8 | 0,34 | 0,21 |
| D | 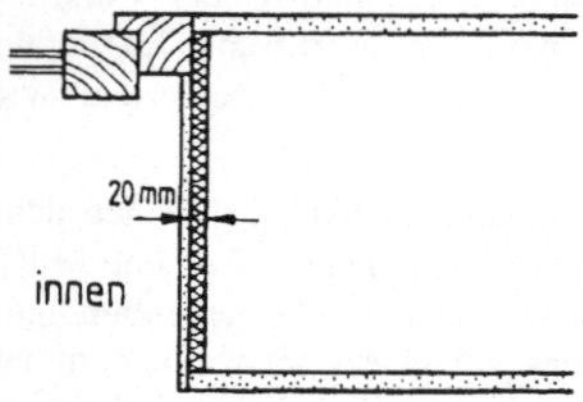 innen | 0,56 | 11,6 | 0,28 | 0,14 |
|   |       | 1,15 | 12,1 | 0,263 | – |

-laibung um so höher ist, je näher der Anschluß zum Innenraum rückt. Im ersten Moment ist überraschend, daß bei dem innenbündigen Fensteranschluß das Temperaturminimum nicht wie bei den anderen beiden Anordnungen im Winkel zwischen Rahmen und Laibung liegt, sondern um knapp 100 mm neben die Laibungskante gerückt ist. Verständlich wird diese Tatsache, wenn man sich den Verlauf der Wärmestromlinien vorstellt.

Tafel 7.2  Einfluß des Fensteranschlusses auf die Oberflächentemperatur $\vartheta_{Oi,min}$ und den längenbezogenen Wärmedurchgangskoeffizienten $k_l$ bei Außenwänden mit zusätzlicher Außen- oder Innendämmung nach [66]

$\vartheta_{Li} = 20\,°C$, $\vartheta_{La} = -10\,°C$

Mauerwerk: $R_\lambda = 0,34\ m^2 \cdot K/W$

| Bild | Fensteranschluß | $\vartheta_{Oi,min}$ in °C | $f_\cdot$ – | $k_l$ in W/(m·K) |
|---|---|---|---|---|
| A | 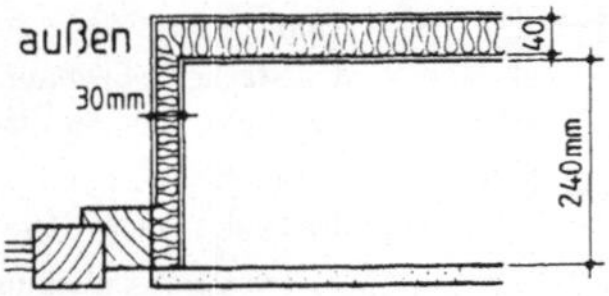 | 15,1 | 0,163 | 0,10 |
| B | 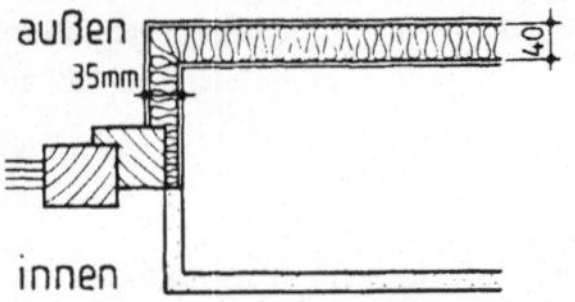 | 15,1 | 0,163 | 0,05 |
| C | 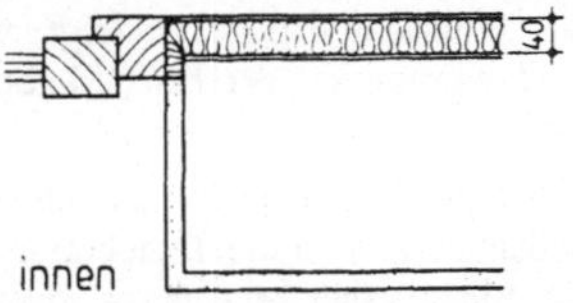 | 15,1 | 0,163 | 0,02 |
| D | 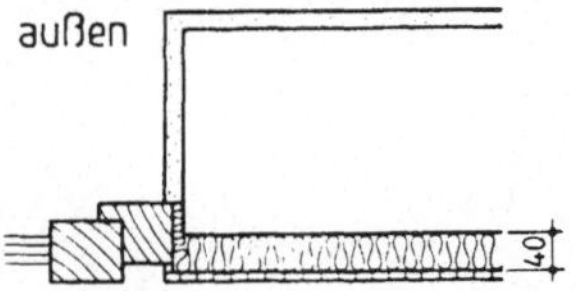 | 16,7 | 0,109 | 0,04 |
| E | 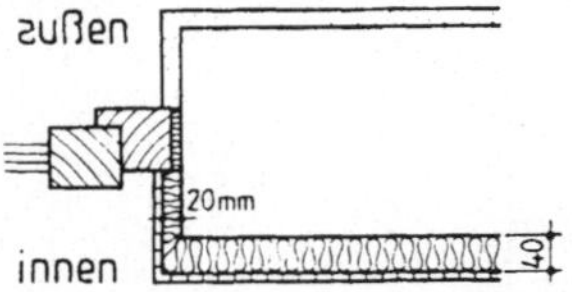 | 10,4 | 0,32 | 0,09 |
| F | 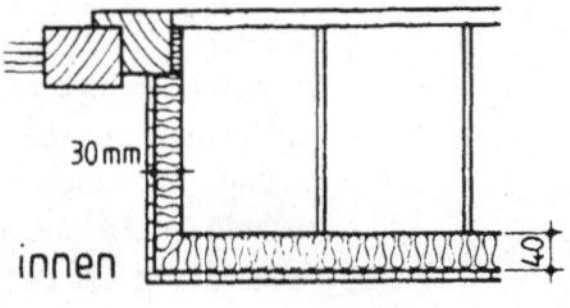 | 10,0 | 0,334 | 0,15 |

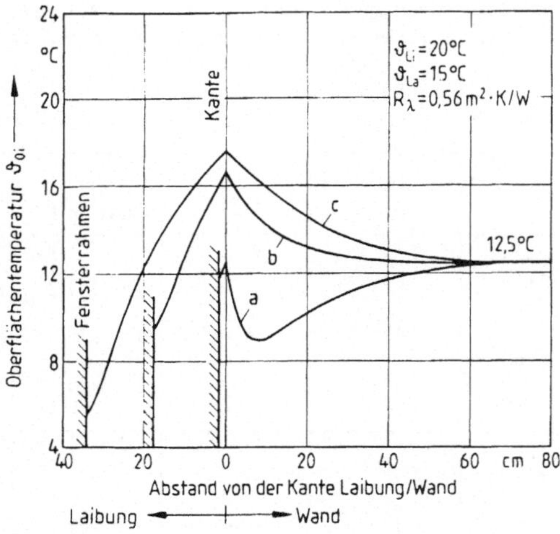

Bild 7.10
Oberfächentemperatur der Außenwand und der Fensterlaibung [66]

Dicke der Wand: 365 mm

a) Fensteranschluß innenbündig
b) Fensteranschluß mittig
c) Fensteranschluß außenbündig

Wegen der hohen Wärmeleitfähigkeit des Mauerwerkmaterials im Vergleich zu Holz entsteht neben dem Rahmenanschluß in der Wand ein thermischer Kurzschluß mit erhöhter Wärmestromdichte, welche die Temperaturabnahme verursacht. Bild 7.11 zeigt, wie bei außenbündigem Anschluß eine 20 mm dicke Wärmedämmung auf der Fensterlaibung die Winkeltemperatur anhebt.

Die Verhältnisse bei einer Außenwand mit zusätzlicher Außen- oder Innendämmung sind in Tafel 7.2 wiedergegeben. Bei raumseitiger Wärmedämmung sind die Temperaturverhältnisse bei dem außenbündigen Anschluß (s. Tafel 7.2, Bild F) sehr kritisch, er sollte daher vermieden werden.

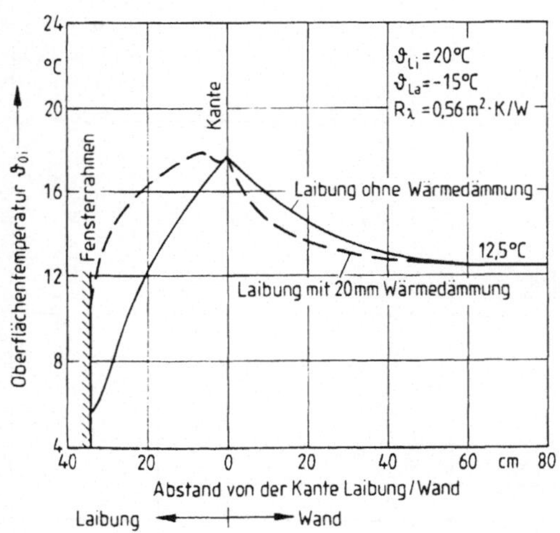

Bild 7.11
Oberflächentemperatur der Außenwand und der Fensterlaibung bei außenbündigem Anschluß ohne und mit Wärmedämmung auf der Laibung nach [66]

# 7.3  Deckenanschlüsse

## 7.3.1  Wohnungstrenndecken, einschalige Außenwände

Im Winkel des Deckenauflagers sind die Flächenverhältnisse der wärmeaufnehmenden und -abgebenden Flächen anders als beim Außenwandwinkel. Einer größeren Erwärmungsfläche an der Raumseite (Unterseite der Deckenplatte) steht eine kleinere Auskühlungsfläche an der Außenseite (Stirnseite der Deckenplatte) gegenüber (s. Bild 7.12). Dies wirkt sich normalerweise temperaturerhöhend aus. Bei Verwendung von Normalbeton für die Decke wird jedoch die positive Wirkung des günstigen Verhältnisses der Erwärmungs- zur Auskühlungsfläche durch die hohe Wärmeleitfähigkeit des Betons überdeckt und dadurch die Winkeltemperatur am Deckenauflager abgesenkt. Um die Auswirkung der hohen Wärmeleitfähigkeit des Betons auf die Oberflächentemperatur zu verringern, wird an der Stirnseite der Stahlbetonplatte eine Wärmedämmschicht angebracht (s. Bild 7.12).

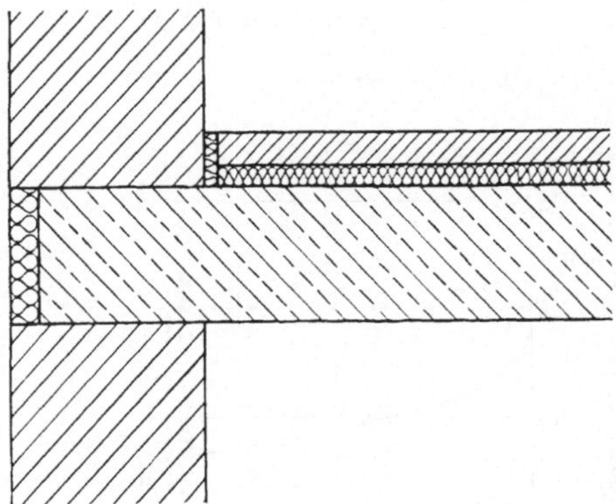

Bild 7.12
Dämmung an der Stirnseite
der Stahlbetonplattendecke

**Spezifische Temperaturabsenkung**

Die Temperatur am Deckenauflager zur Außenwand (Dicke 300 mm); Wärmedurchlaßwiderstand $R_\lambda = 0{,}55$ m$^2 \cdot$ K/W), abhängig von der Dicke der Dämmschicht an der Stirnseite der Deckenplatte zeigt Bild 7.13, die zugehörige spezifische Temperaturabsenkung Bild 7.14.

Bei einer Außenwand, deren Wärmeschutz gerade den Mindestanforderungen entspricht, reicht eine ca. 15 mm dicke Dämmschicht der Wärmeleitfähigkeit $\lambda = 0{,}04$ W/(m$\cdot$K) bereits aus, um bei durchschnittlichen Temperatur- und Feuchteverhältnissen der Raumluft einen Tauwasserniederschlag in der Ecke zu verhindern (s. Bild 7.14). Normalerweise wird man jedoch aus Sicherheitsgründen und um die Wärmeverluste in diesem Bereich zu reduzieren, die Dämmschicht an der Stirnseite der Decke dicker wählen, z. B. 50 mm. Auch Dicke und Wärmedurchlaßwiderstand der Wand beeinflussen die Oberflächentemperatur. Mit zunehmender Wanddicke verlängert sich die Wegstrecke der Wärmestromlinien durch die Wärmebrücke und damit steigt die Oberflächentemperatur an. Bei größerem Wärmedurchlaßwiderstand der Wand erhöht sich die Temperatur der Wandoberfläche und damit auch am Deckenauflager (s. Bild 7.14). Ebenso wirkt sich die Dicke der Betonplatte auf die Oberflächentemperatur an dieser Stelle aus, die Auswirkung ist jedoch relativ gering und kann in der Praxis vernachlässigt werden.

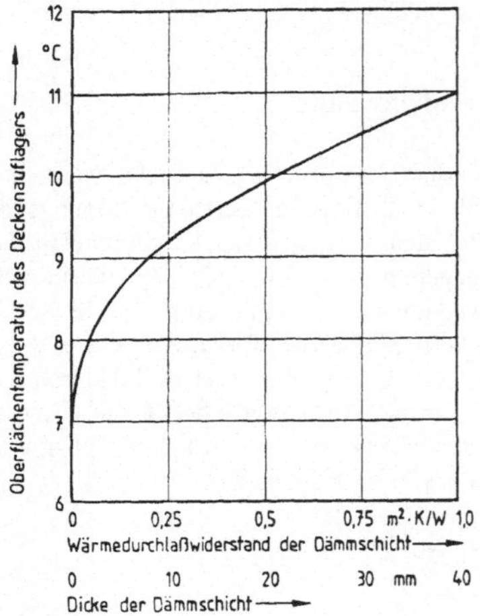



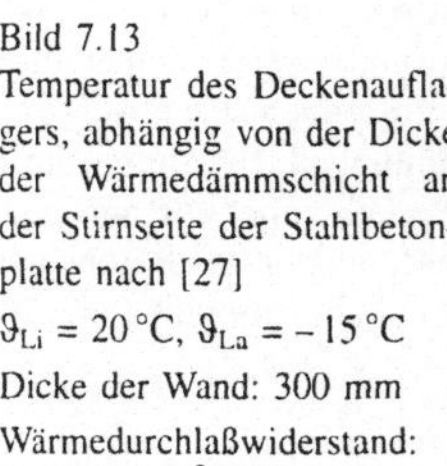

Bild 7.13
Temperatur des Deckenauflagers, abhängig von der Dicke der Wärmedämmschicht an der Stirnseite der Stahlbetonplatte nach [27]

$\vartheta_{Li} = 20\,°C$, $\vartheta_{La} = -15\,°C$

Dicke der Wand: 300 mm

Wärmedurchlaßwiderstand:
$R_\lambda = 0,55\ m^2 \cdot K/W$

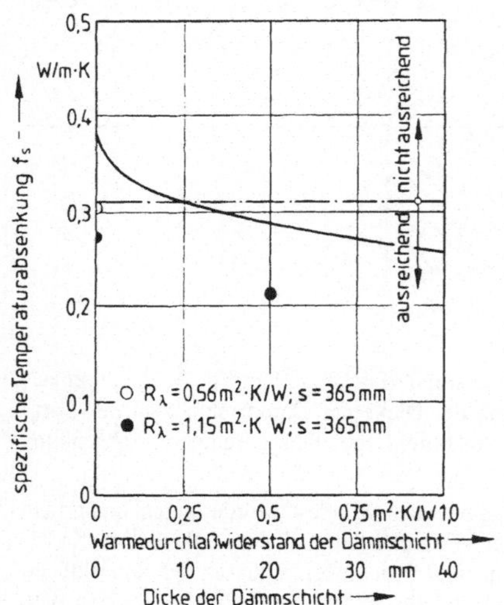



Bild 7.14
Spezifische Temperaturabsenkung des Deckenauflagers, abhängig von der Dicke der Wärmedämmschicht an der Stirnseite der Stahlbetonplatte nach [27] und [66]

Dicke der Wand: 300 mm

Wärmedurchlaßwiderstand der Wand:
$R_\lambda = 0,55\ m^2 \cdot K/W$

## Längenbezogener Wärmedurchgangskoeffizient

Bei einer Wohnungstrenndecke setzt sich der längenbezogene Wärmedurchgangskoeffizient aus einem Anteil aus dem oberen und einem Anteil aus dem unteren Raum zusammen. Da bei einer Wohnungstrenndecke immer beide Räume zum Wärmeverlust beitragen, ist eine getrennte Angabe der Anteile nicht erforderlich. In Bild 7.15 wird der längenbezogene Wärmedurchgangskoeffizient als zusammengefaßter Betrag angegeben.

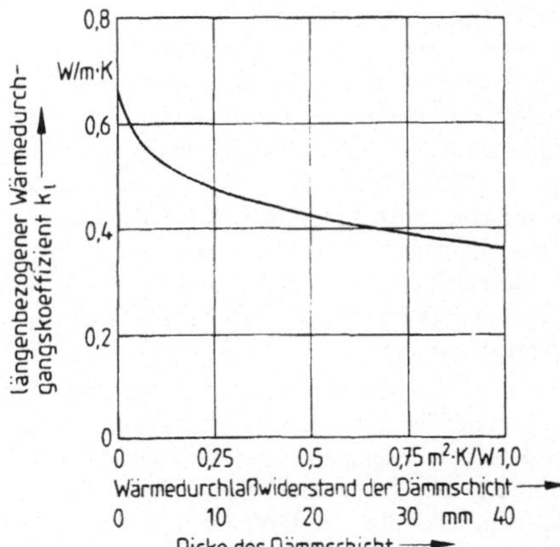

Bild 7.15
Längenbezogener Wärme-
durchgangskoeffizient $k_l$ am
Deckenauflager, abhängig
von der Dicke der Wärme-
dämmschicht an der Stirnseite
der Deckenplatte nach [27]

## 7.3.2 Wohnungstrenndecken, Außenwände raumseitig gedämmt

Wird der Wärmeschutz einer Außenwand durch eine raumseitig angebrachte Wärmedämmung verbessert, so beeinflußt diese Maßnahme die Temperatur im Winkel des Deckenauflagers. Beim Durchgang der Wärme durch die gedämmte Außenwand ist der Temperatur-

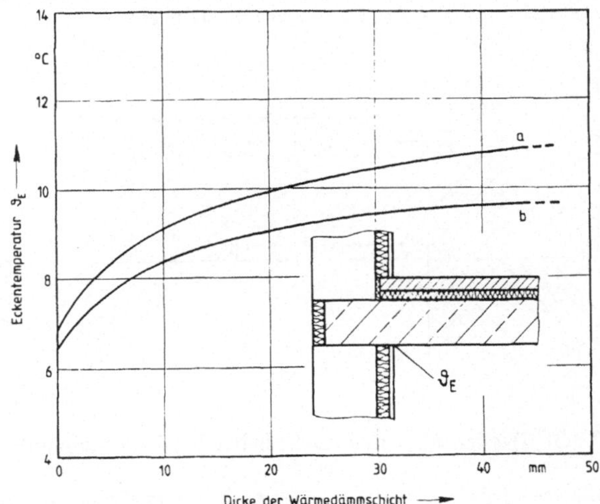

Bild 7.16
Eckentemperatur $\vartheta_E$ am Deckenauflager, abhängig von der Dicke der Wärmedämmschicht an der Stirnseite
der Betonplatte bei einer Außenwand ($R_\lambda = 0{,}56$ m$^2 \cdot$ K/W) ohne (a) und mit raumseitiger Wärmedämmung
(b) und Lufttemperaturen innen und außen von 20 °C und – 15 °C

Raumseitige Wärmedämmung: s = 20 mm, $\lambda_R = 0{,}04$ W/(m $\cdot$ K)

gradient in der Dämmschicht wesentlich größer als in der eigentlichen Wand, da die Wärmeleitfähigkeit des Dämmaterials kleiner als die des Mauerwerksmaterials ist. Folglich ist die Temperatur in der Berührungsebene der Wand mit der Wärmedämmschicht deutlich niedriger als bei einer gleichen Außenwand ohne Wärmedämmschicht. Am Deckenauflager bildet die neben der Wärmedämmschicht verlaufenden Deckenplatte aus Beton einen thermischen Kurzschluß. Die Folge ist, daß an dieser Stelle im Beton eine erhöhte Wärmestromdichte auftritt und die Oberflächentemperatur im Winkel des Deckenauflagers niedriger ist als bei einer gleichen Außenwand ohne Wärmedämmschicht an der Raumseite, die Gefahr der Tauwasserbildung an dieser Stelle nimmt zu. Bild 7.16 zeigt die rechnerisch ermittelten Ecktemperaturen zwischen Decke und Außenwand mit und ohne raumseitige Wärmedämmung [27].

Um das Auftreten von Feuchteschäden bei raumseitiger Wärmedämmung zu verhindern, muß an der Deckenunterseite eine Dämmschicht von mindestens 20 mm Dicke angebracht werden. Die Eckentemperatur wird dadurch bei den im Bild 7.16 angenommenen Temperaturen um ca. 3 K erhöht. Wärmeschutztechnisch genügt eine Breite der Dämmplatten von 500 mm, aus optischen Gründen wird aber in der Regel die gesamte Deckenunterseite bekleidet werden.

Den gleichen Effekt kann man erreichen, indem man in die Betondecke Dämmplatten einlegt. Diese müssen mindestens 500 mm breit sein und bündig mit der Wand abschließen (siehe Bild 7.17). Diese Lösung ist allerdings problematisch, denn durch die verputzten Dämmplatten kann der Schallschutz der Decke beeinträchtigt werden, vor allem, wenn die belegte Fläche groß ist. Außerdem zeichnet sich der Rand der Dämmplatten zur Betonplatte nach etwa 1 bis 2 Jahren als dunkler Streifen ab; ebenso die Stoßstellen der Dämmplatten, wenn sie nicht dicht gestoßen und die Stoßfuge gegen durchlaufenden Mörtel abgedichtet wird. Im Extremfall können bei schlecht verlegten Dämmplatten massive Wärmebrücken entstehen und Feuchteschäden auftreten.

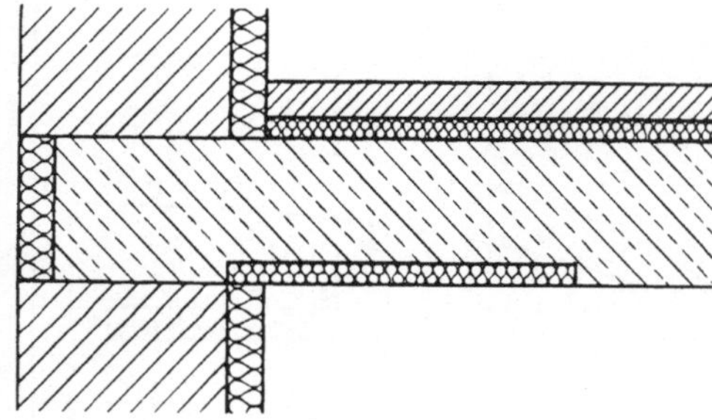

Bild 7.17
In die Decke eingelegte Dämmplatte bei einer Außenwand mit raumseitiger Wärmedämmung

### 7.3.3  Decken über dem nicht beheizten Untergeschoß

Untergeschoßwände bestehen meistens aus Normalbeton. Die Auflagestelle des Außenwandmauerwerkes ist eine Wärmebrücke, die sich vom Fußpunkt der Erdgeschoß-Außenwand sowohl zum Freien als auch zum Keller erstreckt. Üblicherweise wird hier zur Bekämpfung der Wärmebrücke eine Wärmedämmplatte an der Stirnseite der Deckenplatte angebracht, was eine unbefriedigende Teilmaßnahme ist, denn die Wärmebrücke setzt sich über die Dämmplatte hinaus in der Betonwand fort. Daher sollte die Wärmedämmschicht nach unten in die Untergeschoßwand verlängert werden (s. Bild 7.18). Damit wird jedoch der Wärmebrückenanteil der Betondecke und Betonwand zum Keller nicht bekämpft. Um an dieser Stelle den Wärmeschutz zu verbessern, wäre es notwendig, Wärmedämmplatten an der Deckenunterseite und an der Betonaußenwand anzubringen. Doch ist dieser Wärmebrückenanteil, da die Kellertemperaturen selten auf Werte niedriger als 10 °C absenken, nicht besonders kritisch, daher sind zusätzliche Dämmaßnahmen im Keller in der Regel nicht erforderlich.

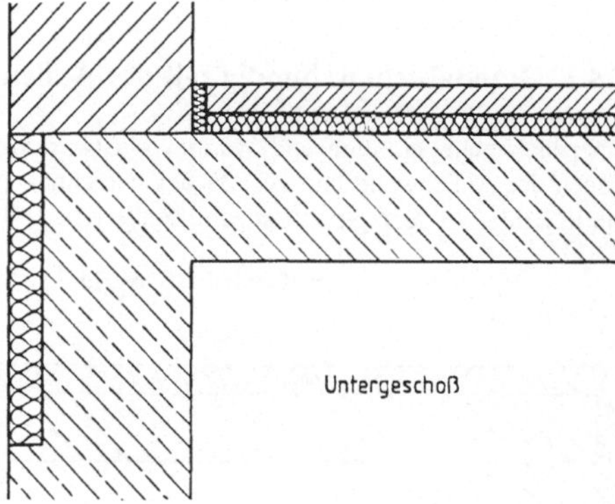


Bild 7.18
Dämmung in der Untergeschoßwand am Fußpunkt der Erdgeschoßwand

## 7.3.4 Auskragende Decke

Bei auskragenden Decken setzt sich eine Betonplatte aus dem Bauwerk nach außen fort, wodurch eine formbedingte Wärmebrücke entsteht (Bild 7.19). Derartige Decken müssen wärmeschutztechnisch so ausgeführt werden, daß auch bei tiefsten Außentemperaturen die Fußbodentemperatur nicht unbehaglich niedrig ist. In DIN 4108 wird gefordert, daß der Wärmedurchlaßwiderstand der Decke mindestens $1,75 \ m^2 \cdot K/W$ beträgt. Erreicht wird dies üblicherweise durch eine an der Unterseite der auskragenden Betonplatte angebrachten Wärmedämmschicht, die auch die Wirkung der an der Auflagestelle vorhandenen Wärmebrücke vermindert.

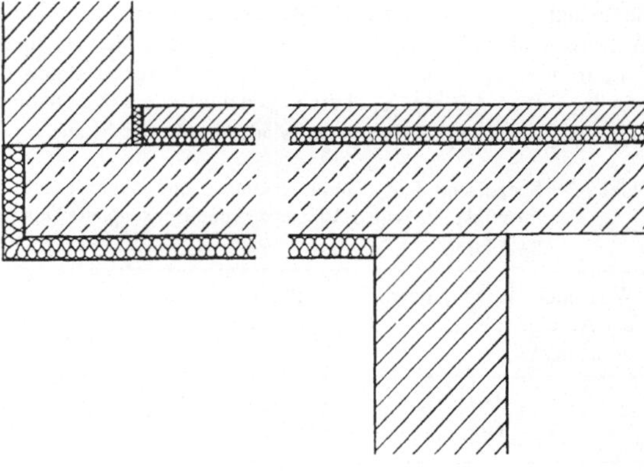

Bild 7.19
Auskragende Decke mit Dämmung an der Unterseite

## 7.4  Flachdach

Am Rand des Flachdaches ist eine stoff- und formbedingte Wärmebrücke anzutreffen. Beim Randabschluß ist zu unterscheiden, ob dieser bündig mit der Außenwand erfolgt oder die Deckenplatte übersteht bzw. als Attika ausgebildet wird. Der bündige Randabschluß ist thermisch günstiger als ein Überstand bzw. eine Attika, da diese wegen der vergrößerten Außenflächen einen Kühlrippeneffekt hervorrufen.

### 7.4.1  Randabschluß bündig mit der Außenwand

Oberflächentemperaturen und Wärmeverlustwert wurden von [66] für verschiedene Variationen der Außenwand und des Daches berechnet. In Tafel 7.20 werden die Ergebnisse für die in Bild 7.20 gezeigte, oft anzutreffende Konstruktion wiedergegeben.

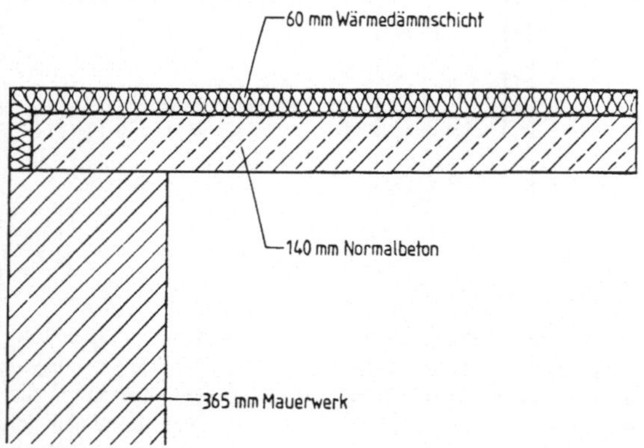


Bild 7.20
Rand des Flachdaches mit bündigem Abschluß

Bei einem gutem Wärmeschutz der Außenwand und des Flachdaches werden normalerweise keine Tauwasserprobleme entstehen. Sehr günstig wirkt sich eine Weiterführung der Wärmedämmschicht an der Stirnseite in das Mauerwerk hinein sowohl auf die Oberflächentemperatur als auch auf den Wärmeverlust aus. Bei der Wand mit dem kleineren Wärmedurchlaßwiderstand nach Tafel 7.3 ergibt sich für diesen Fall eine spezifische Temperaturabsenkung von $f_s$ = 0,257 und ein längenbezogener Wärmedurchgangskoeffizient von $k_l$ = 0,11 W/(m²·K). Leider scheitert diese Maßnahme in der Praxis meist an den Schwierigkeiten, die sich aus der Maßordnung der Steine ergeben.

Tafel 7.3   Spezifische Temperaturabsenkung $f_s$ und längenbezogener Wärmedurchgangskoeffizient $k_l$ im Winkel zwischen Außenwand und Deckenplatte beim Flachdach mit bündigem Abschluß nach [100]

| Wärmedurchlaßwiderstand $1/\Lambda$ der Außenwand in m²·K/W | spezifische Temperaturabsenkung $f_s$ | längenbezogener Wärmedurchgangskoeffizient $k_l$ in W/(m·K) |
|---|---|---|
| 0,64 | 0,303 | 0,23 |
| 1,15 | 0,263 | 0,22 |

## 7.4.2 Überstehendes Flachdach

Beim überstehenden Flachdach vergrößert sich, wie aus Bild 7.21 ersichtlich, die wärmeabgebende Dachfläche; der überstehende Rand des Daches wirkt wie eine Kühlrippe. Je größer der Überstand ist, um so größer ist die Wärmeabgabe des Daches und um so niedriger die Oberflächentemperatur im Winkel zwischen Außenwand und Deckenplatte.

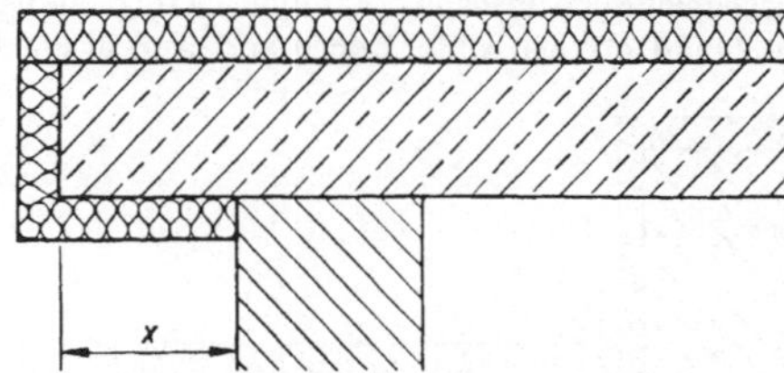

Bild 7.21
Dämmung der überstehenden
Betonplatte eines Flachdaches

Bild 7.22 zeigt die spezifische Temperaturabsenkung $f_s$ und den längenbezogenen Wärmedurchgangskoeffizienten $k_l$ aus einer Außenwandkonstruktion mit $R_\lambda = 0,55$ m$^2 \cdot$ K/W und einer Betonplatte mit 50 mm dicker Wärmedämmschicht auf dem Dach.

Bild 7.22
Spezifische Temperaturabsenkung $f_s$ und längenbezogener
Wärmedurchgangskoeffizient
$k_l$, abhängig von der Länge
der überstehenden Betonplatte
nach [27]

Außenwand:
$R_\lambda = 0,55$ m$^2 \cdot$ K/W

Dämmschicht:
50 mm Dicke mit
$\lambda = 0,04$ W/(m $\cdot$ K)

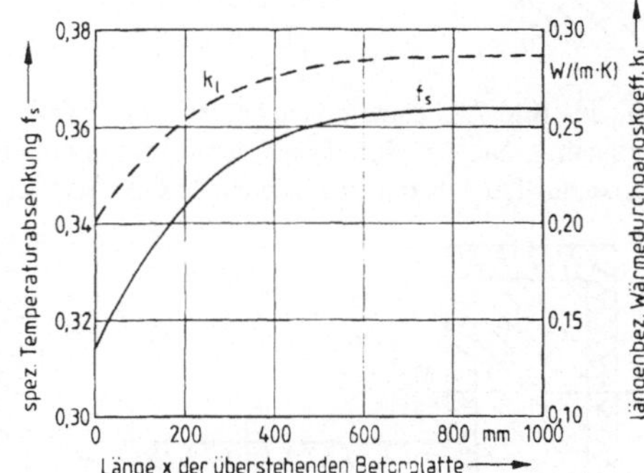


Bei dieser Dachausführung, die einen wohl ausreichenden, aber nicht besonders befriedigenden Wärmeschutz aufweist, kann man deutlich den negativen Einfluß des Dachüberstandes auf die Oberflächentemperatur und den Wärmeverlust erkennen. Wenn ein Dachüberstand aus planerischen Gründen notwendig ist, sollte er möglichst klein bleiben, die Dicke der Wärmedämmschicht des Daches muß auf mindestens 80 mm erhöht werden und der Wärmedurchlaßwiderstand der Außenwand sollte $R_\lambda = 1,2$ m$^2 \cdot$ K/W nicht unterschreiten. In kritischen Fällen muß eine Dämmplatte wie in Bild 7.23 gezeigt in die Betonplatte eingelegt werden, die rund 50 mm in die Außenwand eingreift.

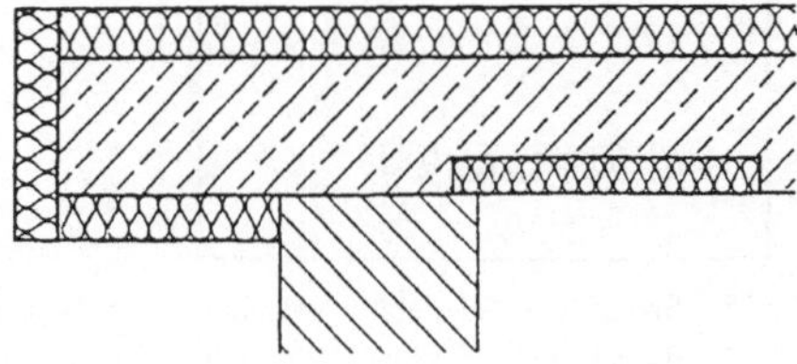

Bild 7.23
In die Deckenplatte eingelegte Dämmplatte zur Verbesserung des Wärmeschutzes

### 7.4.3  Attika

Bei der Attika liegen geometrisch ähnliche Verhältnisse vor wie beim auskragenden Flachdach (s. Bild 7.24). Entsprechende Dämmaßnahmen sind erforderlich, damit die Temperatur im Winkel nicht zu niedrig und der Wärmeverlust nicht zu groß wird. Grundsätzlich ist eine ringsumlaufende Wärmedämmung notwendig. Wenn die Oberkante der Attika die Deckenplatte um mehr als 500 mm überragt, bringt eine Wärmedämmung auf der oberen Abschlußfläche der Attika keinen Vorteil mehr und kann entfallen.

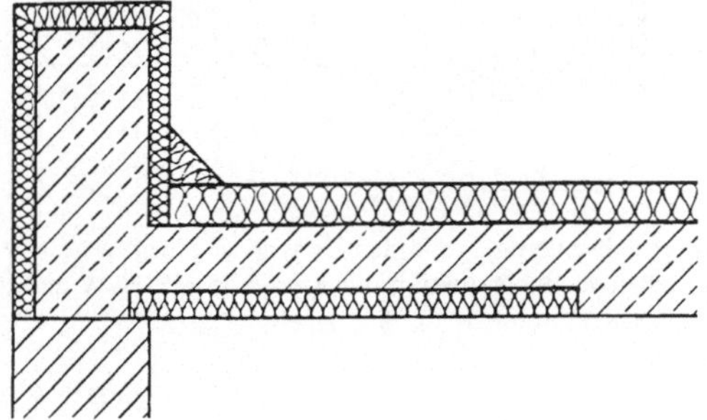

Bild 7.24
Dämmung einer Attika

Wie aus Bild 7.25 entnommen werden kann, ist die Oberflächentemperatur im Winkel relativ niedrig. Nur bei einer Dicke der Wärmedämmschicht von mindestens 60 mm und einer Attika aus Leichtbeton sind akzeptable Oberflächentemperaturen zu erwarten.

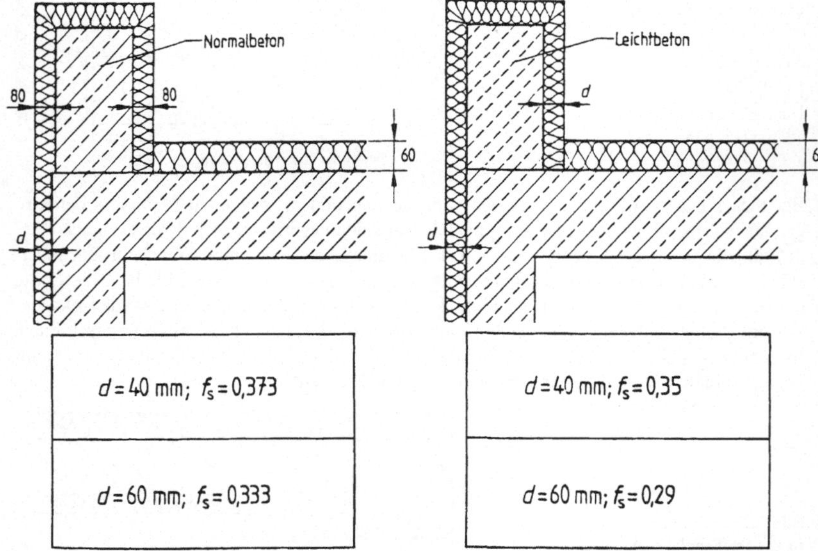


Bild 7.25   Spezifische Temperaturabsenkung $f_s$ im Winkel zwischen Decke und Wand, abhängig von der Dicke der Wärmedämmung im Bereich Attika aus Normal- und Leichtbeton nach [4]

## 7.5  Balkonplatten

Die aus dem Baukörper herausragende Balkonplatte ist sowohl eine form- als auch eine stoffbedingte Wärmebrücke. Wegen der außenseitigen Flächenvergrößerung (s. Bild 7.26) entsteht ein erhöhter Wärmeverlust und eine Temperaturabsenkung im Winkel zwischen Außenwand und Deckenplatte. Meistens ist die Oberflächentemperatur des unterseitigen Winkels niedriger als die des oberseitigen Winkels, der durch den schwimmenden Estrich geschützt ist. Bei der in Bild 7.26 gezeigten Konstruktion mit einem ca. 70 mm hochste-

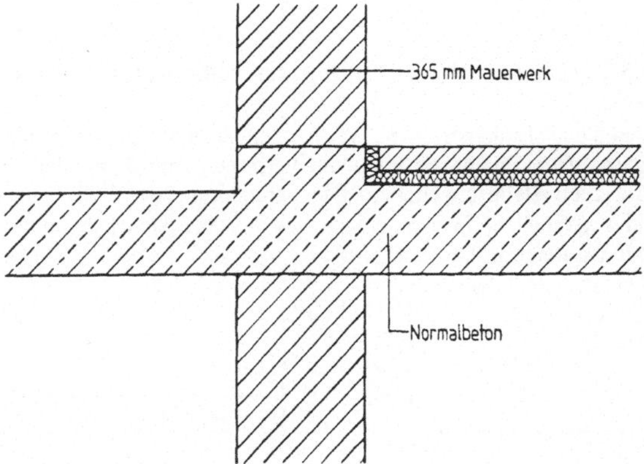


Bild 7.26
Balkonplatte als Wärmebrücke

henden Betonkranz liegen geometrisch ungünstige Verhältnisse vor und es gibt fast keinen Unterschied zwischen den beiden Oberflächentemperaturen in den beiden Winkeln. Für diese Konstruktion wurde die spezifische Temperaturabsenkung berechnet. Das Ergebnis zeigt Bild 7.27 für Außenwände mit unterschiedlichem Wärmedurchlaßwiderstand. Die Temperaturverhältnisse sind bei der Balkonplatte nicht so ungünstig wie bei der überstehenden Balkonplatte eines Flachdaches, denn oberhalb der Decke befindet sich ein beheizter Wohnraum, der den Verlauf der Wärmestromlinien in der Weise beeinflußt, daß die Oberflächentemperatur an den kritischen Stellen angehoben wird. Bei gut wärmedämmenden Außenwänden kann auf Zusatzmaßnahmen zur Vermeidung von Tauwasser verzichtet werden, wenn raumklimatisch günstige Verhältnisse zu erwarten sind, z. B. in gut belüfteten Büroräumen und dergleichen.

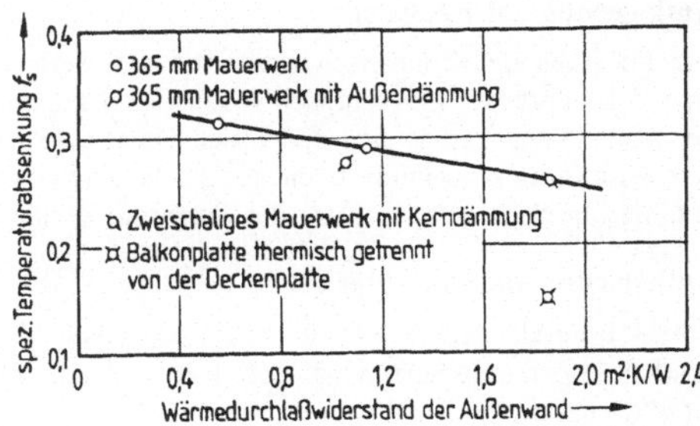


Bild 7.27
Spezifische Temperaturabsenkung einer Balkonplatte nach
[66]

Der längenbezogene Wärmedurchgangskoeffizient $k_l$ der Balkonplatte ist relativ groß und bewegt sich bei den von [66] untersuchten Konstruktionen zwischen Werten von $k_l = 0,66$ W/(m · K) und $k_l = 0,72$ W/(m · K), und zwar wird $k_l$ um so größer, je besser der Wärmeschutz der Außenwand ist. Dies ist physikalisch verständlich, denn ein höherer Wärmedurchlaßwiderstand bewirkt eine höhere Oberflächentemperatur und Wärmeverluste sind proportional zur Temperaturdifferenz an der Wärmebrücke. Um erhöhte Wärmeverluste zu reduzieren und um kritische Temperaturen am Übergang der Betonplatte an die Außenwand zu verhindern, sind Dämmaßnahmen in diesem Bereich zweckmäßig. Konstruktiv bestehen mehrere Möglichkeiten, den Wärmeschutz der Balkonplatte zu verbessern.

## 7.5.1  Thermische Trennung der Balkonplatte von der Deckenplatte

Durch das Einlegen einer Wärmedämmschicht in die Trennfuge (s. Bild 7.28) wird der Wärmestrom in die Balkonplatte verringert und damit die Oberflächentemperatur an der kritischen Stelle angehoben. Die Verankerung der Balkonplatte mit dem Baukörper kann auf verschiedene Weisen erfolgen, von denen sich jede anders auf Oberflächentemperatur und Wärmeverlust auswirken.

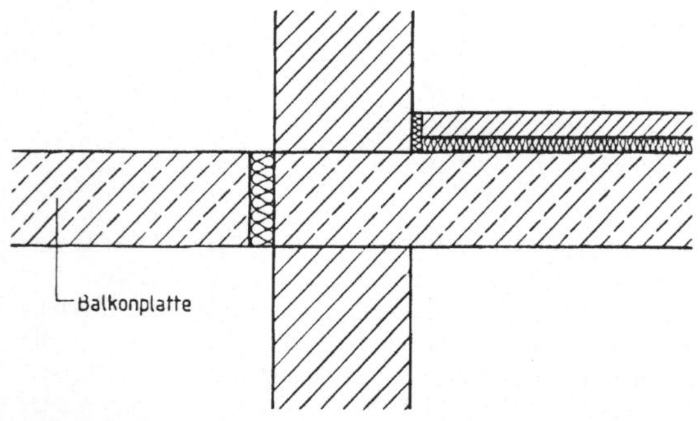


Bild 7.28
Verbesserung des Wärmeschutzes der Balkonplatte durch Abtrennung vom Baukörper

**Edelstahlanker**

Die Balkonplatte wird durch speziell hierzu entwickelte Edelstahlanker mit integrierter Wärmedämmplatte mit dem Baukörper verbunden. Nach [66] wird dadurch nicht nur die spezifische Temperaturabsenkung wesentlich verringert (s. Bild 7.27), sondern auch der längenbezogene Wärmeverlustwert $k_l$ um rund 50 % reduziert.

**Auflagerung auf Kragarmen**

Die im Gebäude verankerten Kragarme aus Beton, die die Balkonplatten tragen, bilden eine Wärmebrücke. Um raumseitig Tauwasser zu vermeiden, müssen die Tragarme mit einer Außendämmung an den drei freien Oberflächen belegt werden. Nach [4] reicht hierzu eine 40 mm dicke Dämmschicht mit der Wärmeleitfähigkeit $\lambda = 0,04$ W/(m · K) aus. Es ist unnötig, die Stirnseite am Ende der Tragarme zu dämmen.

**Auflagerung auf Querscheiben**

Eine wärmeschutztechnisch günstige Konstruktion liegt vor, wenn die Balkonplatte in tragenden Querwandscheiben gelagert werden kann, da hierbei die Balkonplatte nicht mehr direkt in der Außenwand verankert wird.

## 7.5.2  Allseitig gedämmte Balkonplatte

Durch die Einhüllung der Balkonplatte in Wärmedämmstoff (Bild 7.29) wird die Wärmeabgabe derselben an die Außenluft verringert und so der Wärmeschutz verbessert. Da rechnerische Untersuchungen ergeben haben, daß wegen des Kühlrippeneffektes der Betonplatte sich die Wirkung der Wärmedämmung auf einen Abstand von etwa 800 mm von der Hauswand beschränkt, ist es bei Balkonen mit üblichen Tiefen nicht notwendig, die Stirnfläche der Platte zu dämmen. Bei entsprechendem Aufbau kann die oberseitige Wärmedämmung auch zur Verbesserung des Trittschallschutzes der Balkonplatte beitragen (Kapitel Schall).

Bei Außenwänden mit einem Wärmedurchlaßwiderstand größer $1,0$ $m^2 \cdot K/W$ wird eine spezifische Temperaturabsenkung kleiner $0,25$ erreicht.

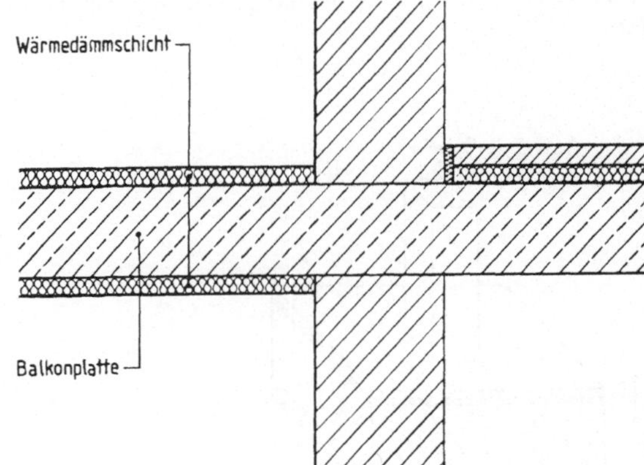


Bild 7.29
Verbesserung des Wärmeschutzes der Balkonplatte durch ober- und unterseitige Wärmedämmung

## 7.5.3  Einlassung von Dämmplatten in die Deckenplatte

Eine wärmeschutztechnisch mögliche Lösung besteht im Einlegen einer Dämmschicht in die Deckenplatte, die aber etwa 50 mm beim Auflager in die Außenwand hineingeführt werden muß (s. Bild 7.30). Der Nachteil dieser Maßnahme besteht darin, daß der Rand der Dämmplatte zur Deckenplatte sich nach einiger Zeit als dunkler Streifen abzeichnet und der Luftschallschutz eventuell verschlechtert wird.

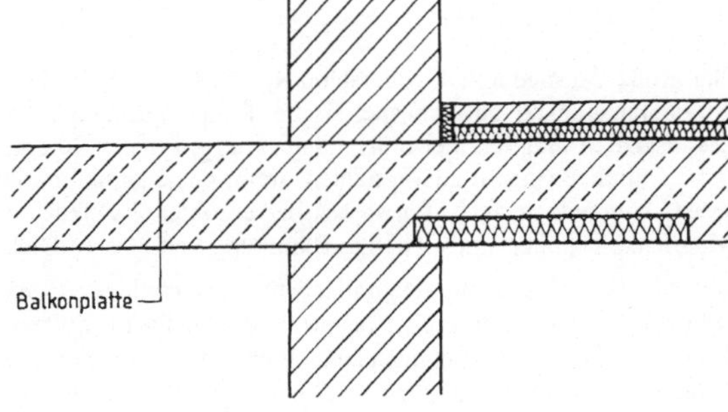


Bild 7.30
Verbesserung des Wärmeschutzes der Balkonplatte durch in die Stahlbetonplatte eingelegte Dämmplatten

## 7.6   Durchgehende Betonstützen im Bereich eines Luftgeschosses

In Luftgeschossen und Tiefgaragen werden häufig durchgehende Betonstützen angetroffen (s. Bild 7.31), die form- und stoffbedingte Wärmebrücken darstellen. Am Fußpunkt der Stütze, wo diese die Decke durchdringt, wird die niedrigste Oberflächentemperatur auftreten. Diese und der Wärmeverlust durch die Betonstütze hängen von deren Abmessungen ab. Um die Oberflächentemperatur an der kritischen Stelle zu erhöhen, und um die Wärmeverluste durch die Stütze zu verringern, wird diese in der Regel unterhalb der Decke ringsum mit Wärmedämmstoff eingehüllt. Rechnerische Untersuchungen wurden von [4] zur Ermittlung der niedrigsten Oberflächentemperatur und der Wärmeverluste der in Bild 7.31 gezeigten Decke durchgeführt. Die daraus errechnete spezifische Temperaturabsenkung und der daraus errechnete Wärmedurchgangskoeffizient wird in den Bildern 7.32 und 7.33 dargestellt.

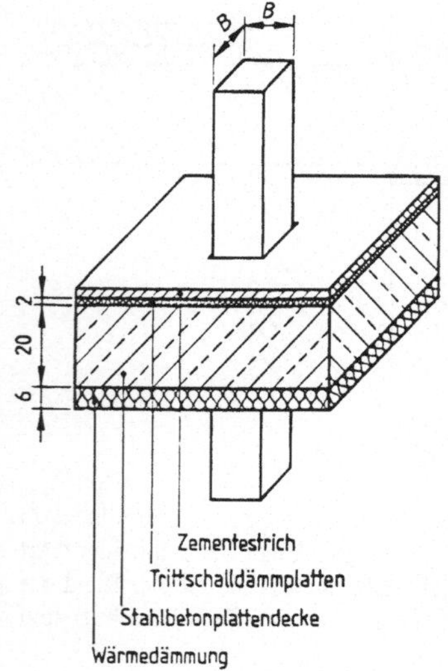


Bild 7.31
Durchgehende Betonstütze im Bereich eines Luftgeschosses

Wärmeschutz der Trenndecke:

Forderung:
$R_\lambda \geq 1,75 \ m^2 \cdot K/W$

im Beispiel vorhanden:
$R_\lambda = 2,14 \ m^2 \cdot K/W$

Der große Wärmedurchlaßwiderstand $R_\lambda = 2,14 \ m^2 \cdot K/W$ der Trenndecke zum Luftgeschoß wirkt sich günstig auf die spezifische Temperaturabsenkung aus. Nach Bild 7.32 ist es grundsätzlich möglich, bei Stützenabmessungen bis zu 30 cm x 30 cm gänzlich auf zusätzliche Dämmaßnahmen zu verzichten, wenn das Raumklima keine erhöhte Luftfeuchte aufweist. Um jedoch auch Tauwasser bei erhöhten Luftfeuchten zu vermeiden, sollte nach Möglichkeit immer eine allseitige Dämmung von 40 mm Dicke eingeplant werden.

Die für die Stützen mit quadratischem Querschnitt berechneten Werte können auch auf rechteckige Querschnitte übertragen werden, denn für Stützen mit gleichem Verhältnis des Umfanges U zur Querschnittfläche A ergeben sich die gleichen minimalen Oberflächentemperaturen und die gleichen punktbezogenen Wärmedurchgangskoeffizienten.

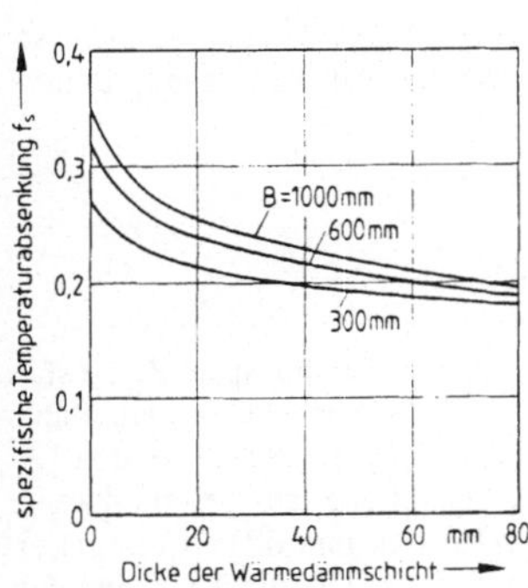


Bild 7.32
Spezifische Temperaturabsenkung $f_s$ am Fußpunkt der Betonstütze, abhängig von der Dicke der Mantel-Wärmedämmschicht ($\lambda$ = 0,04 W/m·K)) für verschiedene Stützenabmessungen

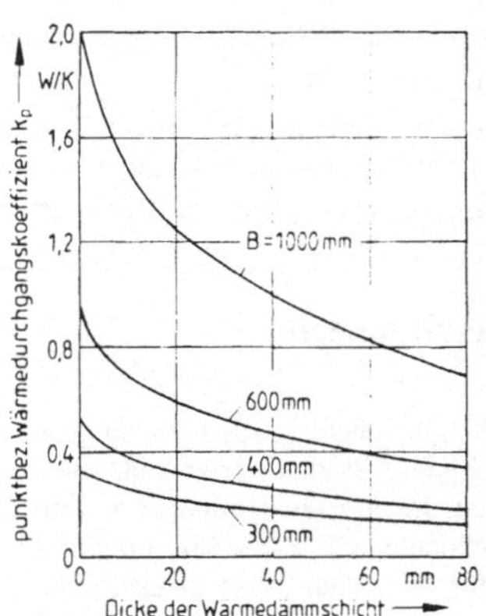


Bild 7.33
Punktbezogener Wärmedurchgangskoeffizient $k_p$ durch die Betonstütze, abhängig von der Dicke der Mantel-Wärmedämmschicht ($\lambda$ = 0,04 W/m·K)) für verschiedene Stützenabmessungen B
Stützenlänge unterhalb der Decke: 3000 mm

Aus vorher besprochenen Baukonstruktionen ist bekannt – z. B. bei der auskragenden Dachplatte (s. Abschn. 7.4.2) –, daß die Wirkung der Wärmedämmschicht mit zunehmendem Abstand vom Baukörper nachläßt. Dies trifft auch auf die Stütze im Luftgeschoß zu. Bei einer nur bereichsweise angebrachten Dämmung von 500 mm unterhalb der Decke werden bereits dieselben minimalen Oberflächentemperaturen erreicht wie bei der vollständigen Dämmung der Stütze.

Decken über Luftgeschossen ruhen öfters unterhalb der Außenwände auf Betonwänden. Wenn die sich nach oben fortsetzenden Außenwände ebenfalls aus Beton bestehen und eine Außendämmung als Wärmeschutz erhalten, darf diese nicht auf der Höhe der Deckenplatte enden, sondern muß um mindestens 500 mm in den Geschoßbereich verlängert und durch eine mindestens ebenso weit reichende Wärmedämmung auf der Luftgeschoßseite ergänzt

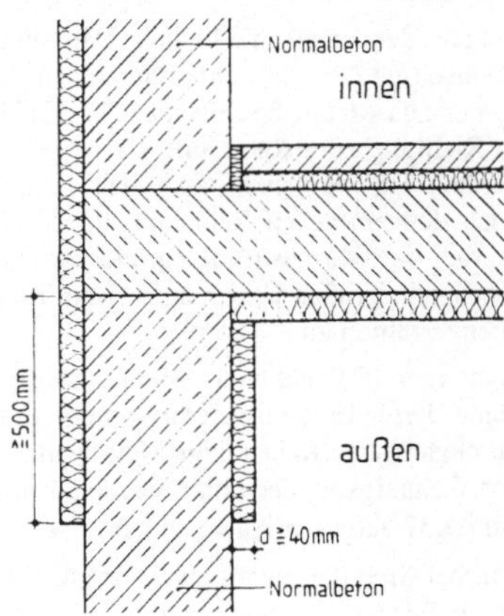


Bild 7.34
Beidseitige Dämmung der Betonwand eines Luftgeschosses

werden, wie in Bild 7.34 gezeigt wird. Dadurch wird die Auswirkung der dort vorhandenen Wärmebrücke gemildert.

Bei gemauerten Außenwänden oberhalb des Luftgeschosses sind die Verhältnisse nicht so kritisch wie bei Beton-Außenwänden, doch sollte auch in diesem Fall die tragende Betonwand beidseitig entsprechend Bild 7.34 gedämmt werden.

## 7.7  Metallpaneele

Leichte Metallpaneele werden als vorgefertigte Elemente für die nichttransparente Ausfachung in Metallfassaden verwendet. Sie bestehen aus zwei Deckschichten, die am Rand durch einen druckfesten Umleimer miteinander verbunden sind. In der Regel werden für die Deckschichten ca. 1 bis 3 mm dicke Aluminium- oder Stahlbleche, aus gestalterischen Gründen für die außenseitige Deckschicht manchmal auch 4 bis 10 mm dicke Colorgläser verwendet. Der Rand wird entweder als Stufenfalz oder mit glatter Oberfläche ausgeführt (s. Bild 7.35). Um zu verhindern, daß Wasserdampf in den Kernbereich der Paneele eindringen kann, wird die Stirnfläche des Umleimers mit einer als Feuchtesperre dienenden Folie verklebt.

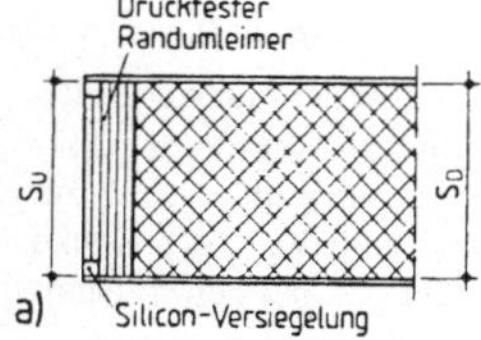


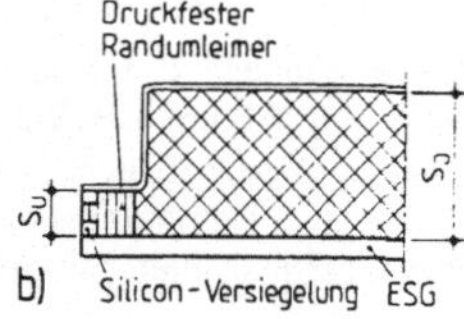


Bild 7.35
Paneel mit verschiedenen Randausbildungen nach [50]
a)  Randbereich mit glatter Oberfläche
b)  Randbereich mit Stufenfalz

Der Wärmeschutz der Paneele hängt sowohl vom Wärmedurchlaßwiderstand des Kernbereichs als auch von dem des Umleimers ab, wobei letzterer immer kleiner als der des Kernbereiches ist. Auch die Wärmeleitfähigkeit des für die Deckschicht verwendeten Metalls beeinflußt den Wärmeschutz des Paneels, ebenso die der Randfolie, sofern sie aus Aluminium besteht.

Wegen der unterschiedlichen Dämmwerte zwischen Paneelmitte und Umleimer ist die raumseitige Oberflächentemperatur in der Mitte des Paneels höher als am Rand. Daher tritt in der aus Metall bestehenden Deckschicht ein Wärmestrom parallel zur Paneeloberfläche in Richtung zum Rand auf, der wegen der hohen Wärmeleitfähigkeit des Metalls recht erheblich ist. Berechnet man den mittleren Wärmedurchgangskoeffizienten eines Paneels nach den einfachen Rechenregeln der DIN 4108, Teil 5 (s. Abschnitt 2.5), dann werden hierbei die Wärmeströme parallel zur Bauteiloberfläche nicht erfaßt und das Ergebnis wird einen sehr großen Fehler aufweisen. Realistische Werte sind nur mit Hilfe numerischer Rechenverfahren zu erhalten.

Achtziger [50] hat viele Metallpaneele experimentell und rechnerisch untersucht und an Hand dieser Ergebnisse ein Nomogramm entwickelt, mit dessen Hilfe der mittlere Wärmedurchgangskoeffizient von Metallpaneelen mit für die praktische Anwendung ausreichender Genauigkeit bestimmt werden kann. Dieses Nomogramm ist in Bild 7.36 zu sehen, Bild 7.37 zeigt ein Anwendungsbeispiel.

Um bei Metallpaneelen einen vergleichsweise guten Wärmeschutz zu erreichen, sollten folgende Forderungen eingehalten werden:

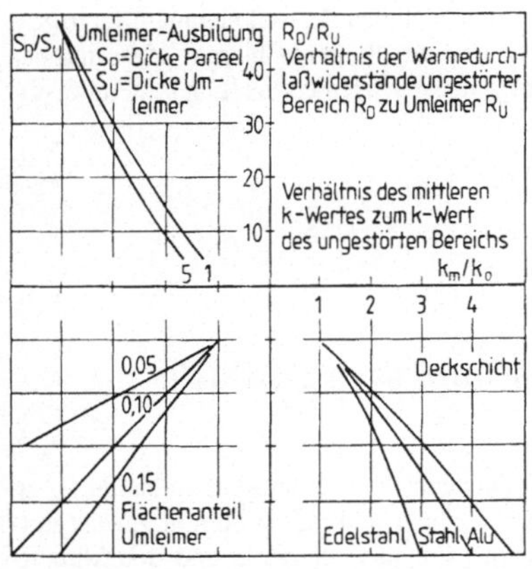

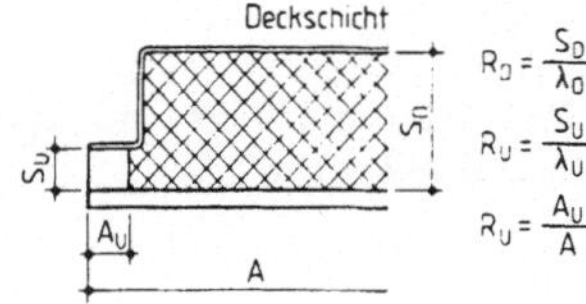

Bild 7.36
Nomogramm zur näherungsweisen Bestimmung des Wärmedurchgangskoeffizienten von Paneelen

1. Im ungestörten Feld des Paneels soll der Wärmedurchgangskoeffizient nicht größer als $0{,}40$ W/(m$^2 \cdot$ K) sein.

2. Der Umleimer soll möglichst dick und die Wärmeleitfähigkeit des Materials kleiner $0{,}1$ W/(m $\cdot$ K) sein.

3. Für die Abdeckung der freien Stirnfläche des Umleimers darf nicht eine Aluminiumfolie verwendet werden, da sie wegen der hohen Wärmeleitfähigkeit des Aluminiums eines thermischen Kurzschluß am Rand des Paneels bildet und dessen Wärmedurchgangskoeffizienten bis zu 80 % vergrößern kann. Das Eindringen von Wasser oder Wasserdampf durch die Randverbindung in das Paneel kann auch durch eine Kunststoffolie verhindert werden.

Metallpaneele und -rahmen mit den Wärmedurchgangskoeffizienten $k_P$ und $k_R$ werden zu Metallfassaden zusammengefügt. Deren Wärmedurchgangskoeffizient $k_{Fa}$ wird nach folgender Gleichung berechnet:

$$k_{Fa} = \frac{k_P \cdot A_P + k_R \cdot A_R}{A_P + A_R} \qquad (7.1)$$

Dabei ist $A_p$ die Fläche des Paneels und $A_R$ die des Rahmens.

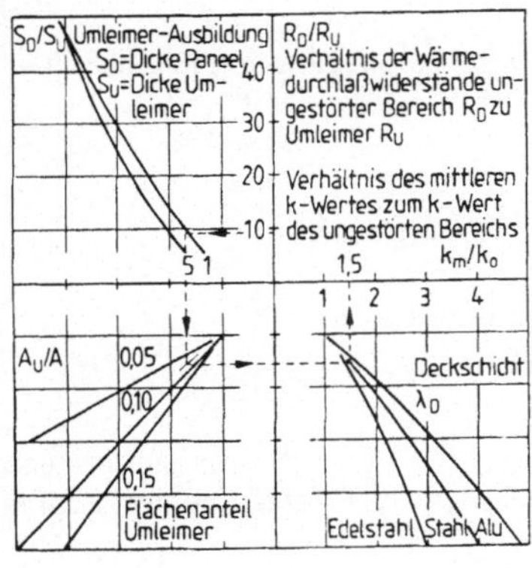

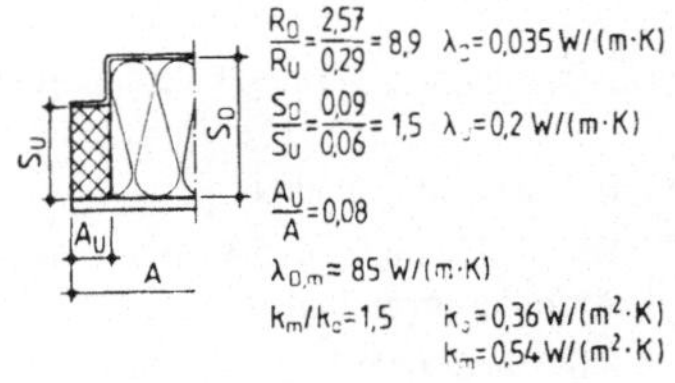

Bild 7.37
Beispiel zur Bestimmung des mittleren Wärmedurchgangskoeffizienten für ein Paneel

Das Paneel des Beispieles in Bild 7.37 werde in einen Rahmen der Rahmenmaterialgruppe 2.1 ($k_R$ = 2,8 W/(m² · K)) eingesetzt. Der Flächenanteil des Rahmens beträgt 15 % und der des Paneels 85 %. Für den mittleren Wärmedurchgangskoeffizienten der Leichtmetallfassade $k_{Fa}$ erhält man den Wert:

$$k_{Fa} = 0,85 \cdot 0,54 + 0,15 \cdot 2,8 = 0,83 \ W/(m^2 \cdot K)$$

# 8  Anforderungen an den Wärmeschutz nach DIN 4108

Nach den allgemeinen Anforderungen der Bauordnungen der Länder sind Gebäude so zu erstellen, daß Leben und Gesundheit nicht bedroht werden und daß sie ihrem Zweck entsprechend ohne Mißstände benutzbar sind, d. h., daß ein ihrer Nutzung und den klimatischen Verhältnissen entsprechender Wärmeschutz vorhanden ist. Die Baukonstruktion soll vor Schäden durch Feuchteeinwirkung aus der Luft geschützt werden und der Verbrauch an Heizenergie soll in tragbaren Grenzen bleiben. Wegen dieser im Grundsatz verschiedenen Betrachtungsweisen – einerseits Schutz der Konstruktion, andererseits Einsparung an Heizenergie – gibt es zwei technische Regelwerke, die sich mit dem Wärmeschutz von Bauteilen bzw. von Gebäuden befassen:

> Die DIN 4108, die Mindestwerte des Wärmedurchlaßwiderstandes der Bauteile zum Schutz der Menschen vor thermisch unbehaglichen Zuständen und zum Schutz der Baukonstruktion vor Schäden fordert,

und

> die Wärmeschutzverordnung (WSchVo), die sich ausschließlich mit Forderungen nach einem energiesparenden Wärmeschutz befaßt (s. Abschn. 9).

## 8.1  Mindestanforderungen an den Wärmeschutz im Winter nach DIN 4108

Die Norm DIN 4108 „Wärmeschutz im Hochbau" (8.81) besteht aus den 5 folgenden Teilen:

Teil 1:   Größen und Einheiten;

Teil 2:   Wärmedämmung und Wärmespeicherung;
          Anforderungen und Hinweise für Planung und Ausführung;

Teil 3:   Klimabedingter Feuchteschutz;
          Anforderungen und Hinweise für Planung und Ausführung;

Teil 4:   Wärme- und feuchteschutztechnische Kennwerte;

Teil 5:   Berechnungsverfahren.

Die Mindestanforderungen an den Wärmeschutz sind im Teil 2 der DIN 4108 enthalten und betreffen Gebäude, die auf eine Temperatur von mindestens 19 °C beheizt werden. Bei Erfüllung dieser Mindestanforderungen ist zu erwarten,

– daß die Außenwände bei normalen Heizungs- und Lüftungsverhältnissen frei von Tauwasserniederschlägen bleiben,

– daß die Fußböden und Decken ausreichend fußwarm sind,

– daß die Deckenkonstruktion bei Flachdächern vor Wärmespannungen geschützt ist.

Der Nachweis des Mindestwärmeschutzes nach DIN 4108 besteht darin, daß man für die gegebenen Außenbauteile den Wärmedurchlaßwiderstand $R_\lambda$ oder den Wärmedurchgangskoeffizienten k ermittelt und nachweist, daß entweder der vorhandene Wärmedurchlaßwiderstand größer oder gleich dem geforderten Mindestwert $R_\lambda$ oder der vorhandene Wärmedurchgangskoeffizient kleiner oder gleich dem zulässigen Maximalwert k ist.

Die Mindestwerte des Wärmedurchlaßwiderstandes $R_\lambda$ bzw. Maximalwerte des Wärmedurchgangskoeffizienten k der Bauteile sind in Tafel 8.1 angegeben. Bei Außenwänden, Decken unter nicht ausgebauten Dachräumen und Dächern gelten diese Werte nur, wenn die flächenbezogene Gesamtmasse m dieser Bauten größer 300 kg/m² ist (schwere Bauteile).

Der Wärmeschutz der Außenbauteile ist in DIN 4108 unter der Voraussetzung eines Dauerzustandes der Beheizung bemessen. Werden Räume nur zeitweise beheizt, kühlen sie nach dem Abstellen der Heizung aus und die Auskühlung ist um so stärker, je geringer die Wärmespeicherung der Bauteile ist, d. h. je leichter diese sind. Bei starker Auskühlung eines Raumes sinken die Oberflächentemperaturen der Außenbauteile ebenfalls sehr stark und es besteht die Gefahr der Tauwasserbildung, die vermieden werden muß. Experimentelle und theoretische Untersuchungen zeigen, daß die Auskühlung eines Raumes nicht nur von der Wärmespeicherung der Bauteile, sondern auch von deren Wärmedurchlaßwiderstand abhängt. Eine reduzierte Wärmespeicherfähigkeit kann durch einen erhöhten Wärmeschutz kompensiert werden. Diese Erkenntnis wurde schon in der Ausgabe 7.52 der DIN 4108 berücksichtigt, indem bei leichten Bauteilen eine höhere Wärmedämmung gefordert wurde. Die derzeit geltenden Anforderungen für leichte Bauteile mit einer flächenbezogenen Gesamtmasse kleiner 300 kg/m² sind in Tafel 8.2 enthalten.

Weist ein Bauteil Wärmedämmschichten auf, so werden naturgemäß nur jene Schichten zur Speicherfähigkeit beitragen, die zwischen beheiztem Innenraum und Dämmschicht angeordnet sind. Bei der Berechnung der Flächenmasse zur Einordnung in die Tafel 8.2 sind deshalb folgende Festlegungen zu beachten:

a) Bei Bauteilen mit Wärmedämmschicht wird die Flächenmasse derjenigen Schichten bewertet, die zwischen der raumseitigen Oberfläche und der Dämmschicht angeordnet sind. Als Dämmschicht gilt hier, wenn die Wärmeleitfähigkeit des Materials $\lambda_R \leq 0{,}1$ W/(m · K) und der Wärmedurchlaßwiderstand $R_\lambda \geq 0{,}25$ m² · K/W ist.

b) Bei Bauteilen ohne Dämmschicht (z. B. Mauerwerk) wird die Gesamtmasse des Bauteils bestimmt.

c) Holz- und Holzwerkstoffe dürfen bei der Ermittlung der Flächenmasse näherungsweise mit dem zweifachen Wert ihrer Masse in Rechnung gestellt werden.

d) Werden die Anforderungen bereits von einer oder mehreren Schichten, unabhängig von der Lage und dem Wärmedurchlaßwiderstand der Dämmschicht erfüllt, braucht kein Nachweis nach a) geführt zu werden.

Bei der Anwendung der Tafel 8.2 ist zu beachten, daß es sich hier um zusätzliche Forderungen zu Tafel 8.1 handelt. Ein Flachdach mit einer flächenbezogenen Masse von 200 kg/m² muß nach Tafel 8.1 einen Mindestwärmedurchlaßwiderstand von $R_\lambda = 1{,}1$ m² · K/W aufweisen, obwohl in Tafel 8.2 bei dieser Flächenmasse nur ein Mindestwert von $R_\lambda = 0{,}60$ m² · K/W angegeben wird.

Tafel 8.1  Mindestwerte der Wärmedurchlaßwiderstände $R_\lambda$ und Maximalwerte der Wärmedurchgangskoeffizienten k von Bauteilen (mit Ausnahme leichter Bauteile nach Tafel 8.2)

| Spalte | | 1 | | 2 | | 3 | |
|---|---|---|---|---|---|---|---|
| | | | | 2.1 | 2.2 | 3.1 | 3.2 |
| Zeile | | Bauteile | | Wärmedurchlaßwiderstand $R_\lambda$ | | Wärmedurchgangskoeffizient k | |
| | | | | im Mittel | an der ungünstigsten Stelle | im Mittel | an der ungünstigsten Stelle |
| | | | | in $m^2 \cdot K/W$ | | in $W/(m^2 \cdot K)$ | |
| 1 | 1.1 | Außenwände[1] | allgemein | 0,55 | | 1,39; 1,32[2] | |
| | 1.2 | | für kleinflächige Einzelbauteile (z. B. Pfeiler) bei Gebäuden mit einer Höhe des Erdgeschoßfußbodens (1. Nutzgeschoß) $\leq 500$ m über NN | 0,47 | | 1,56; 1,47[2] | |
| 2 | 2.1 | Wohnungstrennwände[3] und Wände zwischen fremden Arbeitsräumen | in nicht zentralbeheizten Gebäuden | 0,25 | | 1,96 | |
| | 2.2 | | in zentralbeheizten Gebäuden[4] | 0,07 | | 3,03 | |
| 3 | | Treppenraumwände[5] | | 0,25 | | 1,96 | |
| 4 | 4.1 | Wohnungstrenndecken[3] und Decken zwischen fremden Arbeitsräumen[6][7] | allgemein | 0,35 | | 1,64[8]; 1,45[9] | |
| | 4.2 | | in zentralbeheizten Bürogebäuden[4] | 0,17 | | 2,33[8]; 1,96[9] | |
| 5 | 5.1 | unterer Abschluß nicht unterkellerter Aufenthaltsräume[6] | unmittelbar an das Erdreich grenzend | 0,90 | | 0,93 | |
| | 5.2 | | über einen nicht belüfteten Hohlraum an das Erdreich grenzend | | | 0,81 | |
| 6 | | Decken unter nicht ausgebauten Dachräumen[6][10] | | 0,90 | 0,45 | 0,90 | 1,52 |
| 7 | | Kellerdecken[6][11] | | 0,90 | 0,45 | 0,81 | 1,27 |
| 8 | 8.1 | Decken, die Aufenthaltsräume gegen die Außenluft abgrenzen[6] | nach unten[12] | 1,75 | 1,30 | 0,51; 0,50[2] | 0,66; 0,65[2] |
| | 8.2 | | nach oben[13][14] | 1,10 | 0,80 | 0,79 | 1,03 |

[1]) Die Zeile 1 gilt auch für Wände, die Aufenthaltsräume gegen Bodenräume, Durchfahrten, offene Hausflure, Garagen (auch beheizte) oder dergleichen abschließen oder an das Erdreich angrenzen. Zeile 1 gilt nicht für Abseitenwände, wenn die Dachschräge bis zum Dachfuß gedämmt ist.

[2]) Dieser Wert gilt für Bauteile mit hinterlüfteter Außenhaut.

Fortsetzung s. nächste Seite

Fußnoten zu Tafel 8.1, Fortsetzung

[3]) Wohnungstrennwände und -trenndecken sind Bauteile, die Wohnungen voneinander oder von fremden Arbeitsräumen trennen.

[4]) Als zentralbeheizt im Sinne dieser Norm gelten Gebäude, deren Räume an eine gemeinsame Heizzentrale angeschlossen sind, von der ihnen die Wärme mittels Wasser, Dampf oder Luft unmittelbar zugeführt wird.

[5]) Die Zeile 3 gilt auch für Wände, die Aufenthaltsräume von fremden, dauernd unbeheizten Räumen trennen, wie abgeschlossenen Hausfluren, Kellerräumen, Ställen, Lagerräumen usw. Die Anforderung nach Zeile 3 gilt nur für geschlossene, eingebaute Treppenräume; sonst gilt Zeile 1.

[6]) Bei schwimmenden Estrichen ist für den rechnerischen Nachweis der Wärmedämmung die Dicke der Dämmschicht im belasteten Zustand anzusetzen.
Bei Fußboden- oder Deckenheizungen müssen die Mindestanforderungen an den Wärmedurchlaßwiderstand durch die Deckenkonstruktion unter- bzw. oberhalb der Ebenen der Heizfläche (Unter- bzw. Oberkante Heizrohr) eingehalten werden. Es wird empfohlen, die Wärmedurchlaßwiderstände $R_\lambda$ über diese Mindestanforderungen hinaus zu erhöhen.

[7]) Die Zeile 4 gilt auch für Decken unter Räumen zwischen gedämmten Dachschrägen und Abseitenwänden bei ausgebauten Dachräumen.

[8]) Für Wärmestromverlauf von unten nach oben

[9]) Für Wärmestromverlauf von oben nach unten

[10]) Die Zeile 6 gilt auch für Decken, die unter einem belüfteten Raum liegen, der nur bekriechbar oder noch niedriger ist, sowie für Decken unter belüfteten Räumen zwischen Dachschrägen und Abseitenwänden bei ausgebauten Dachräumen (bezüglich der erforderlichen Belüftung siehe DIN 4108 Teil 3).

[11]) Die Zeile 7 gilt auch für Decken, die Aufenthaltsräume gegen abgeschlossene, unbeheizte Hausflure o. ä. abschließen.

[12]) Die Zeile 8.1 gilt auch für Decken, die Aufenthaltsräume gegen Garagen (auch beheizte), Durchfahrten (auch verschließbare) und belüftete Kriechkeller abgrenzen.

[13]) Siehe auch DIN 18 530.

[14]) Zum Beispiel Dächer und Decken unter Terrassen.

Tafel 8.2   Mindestwerte der Wärmedurchlaßwiderstände $R_\lambda$ und Maximalwerte der Wärmedurchgangskoeffizienten k für Außenwände, Decken unter nicht ausgebauten Dachräumen und Dächer mit einer flächenbezogenen Gesamtmasse unter 300 kg/m$^2$ (leichte Bauteile)

| flächenbezogene Masse der raumseitigen Bauteilschichten in kg/m$^2$ | Wärmedurchlaßwiderstand des Bauteils $R_\lambda$ in m$^2 \cdot$ K/W | Wärmedurchgangskoeffizient des Bauteils k in W/(m$^2 \cdot$ K) | |
|---|---|---|---|
| | | Bauteile mit nicht hinterlüfteter Außenhaut | Bauteile mit hinterlüfteter Außenhaut |
| 0 | 1,75 | 0,52 | 0,51 |
| 20 | 1,40 | 0,64 | 0,62 |
| 50 | 1,10 | 0,79 | 0,76 |
| 100 | 0,80 | 1,03 | 0,99 |
| 150 | 0,65 | 1,22 | 1,16 |
| 200 | 0,60 | 1,30 | 1,23 |
| 300 | 0,55 | 1,39 | 1,32 |

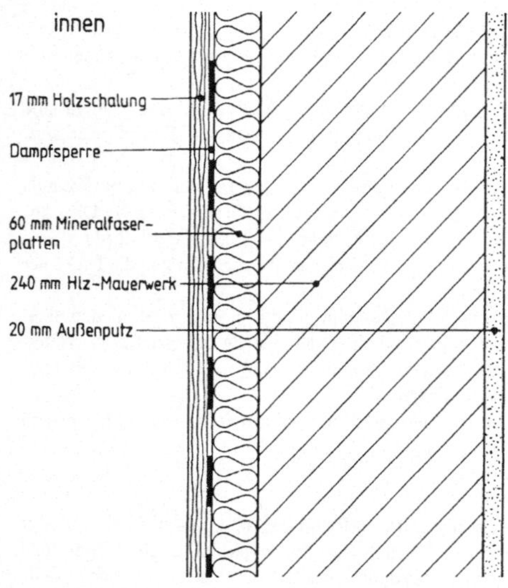


Bild 8.1
Aufbau einer Außenwand mit raumseitiger Wärmedämmschicht

Holz
$\lambda_R = 0,13$ W/(m · K)
$\rho = 600$ kg/m$^3$

Mineralfaserdämmstoff
$\lambda_R = 0,04$ W/(m · K)
$\rho = 50$ kg/m$^3$

Hochlochziegel-Mauerwerk
$\lambda_R = 0,50$ W/(m · K)
$\rho = 1200$ kg/m$^3$

Außenputz
$\lambda_R = 0,87$ W/(m · K)
$\rho = 1800$ kg/m$^3$

Dampfsperre wird wärmeschutztechnisch nicht berücksichtigt

**Beispiel für die Anwendung der Tafel 8.2 (s. Bild 8.1)**

Wärmedurchlaßwiderstand der Dämmschicht: $R_\lambda = 0,06/0,04 = 1,50$ m$^2$ · K/W

nach a) darf nur die Flächenmasse der Holzschale bewertet werden,
nach c) ist mit dem doppelten Wert zu rechnen.

Flächenmasse: m = 600 · 0,017 · 2 = 20 kg/m$^2$

Erforderlicher Wärmedurchlaßwiderstand nach Tafel 8.2:

$$R_\lambda = 1,40 \text{ m}^2 \cdot \text{K/W}$$

Berechnung des Wärmedurchlaßwiderstandes der Wand:

| | |
|---|---|
| Holzschale: | $R_\lambda = 0,017/0,13 = 0,13$ m$^2$ · K/W |
| Mineralfaserplatte: | $R_\lambda = 0,06\ /0,04 = 1,50$ m$^2$ · K/W |
| Hlz-Mauerwerk (1200 kg/m$^3$): | $R_\lambda = 0,24\ /0,50 = 0,48$ m$^2$ · K/W |
| Außenputz: | $R_\lambda = 0,02\ /0,87 = 0,02$ m$^2$ · K/W |

| | |
|---|---|
| Gesamtwärmedurchlaßwiderstand | $R_\lambda = 2,13$ m$^2$ · K/W |

Der berechnete Wert $R_\lambda = 2,13$ m$^2$ · K/W ist größer als der erforderliche Wert $R_\lambda = 1,40$ m$^2$ · K/W nach Tafel 8.2, folglich ist der Wärmeschutz der Außenwand gut ausreichend.

## 8.1.1  Außenwände

Bei Außenwänden muß der Mindestwärmeschutz an jeder Stelle vorhanden sein, z. B. an Fensterbrüstungen, Fensterstürzen, Rolladenkasten und dergleichen. Für Heizkörpernischen enthält die Wärmeschutzverordnung eine darüber hinausgehende Forderung, die verlangt, daß der Wärmedurchlaßwiderstand im Bereich der Heizkörpernische nicht kleiner sein darf als der der angrenzenden Außenwand.

Mörtelfugen im Mauerwerk sind im Sinne der DIN 4108 keine Wärmebrücken und unterliegen deshalb nicht den Anforderungen der Tafel 8.1.

## 8.1.2  Belüftete Außenbauteile

Bei Außenbauteilen mit belüfteten Gefachbereichen erbringen die Bauteilschichten zwischen der belüfteten Luftschicht und der Außenluft keinen wesentlichen Anteil zum Wärmeschutz, sie werden deshalb bei dem rechnerischen Nachweis nicht berücksichtigt. Da die hinterlüftete Außenschale jedoch einen wenn auch nur geringen Schutz gegen Wärmeverluste durch Wärmestrahlung darstellt, wird an der Außenseite des Bauteils mit einem Wärmeübergangswiderstand $R_a = 0,08\ m^2 \cdot K/W$ gerechnet. Auch im Rippenbereich gilt eine Sonderregelung. Der Wärmedurchlaßwiderstand der Rippe wird nur für die Dicke berechnet, in der die Wärmedämmschicht seitlich anliegt (s. Bild 8.2).

Der Wärmeschutz des Gefach- und des Rippenbereiches wird getrennt bewertet; im Gefachbereich müssen die Anforderungen nach Tafel 8.2 und im Rippenbereich nach Tafel 8.1 erfüllt werden.

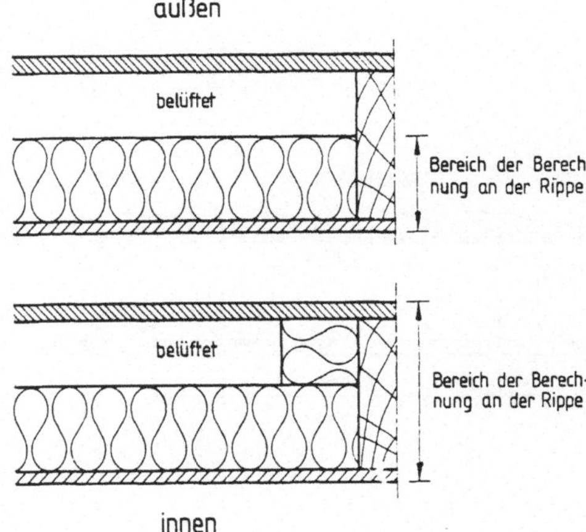


Bild 8.2
Berechnung des Wärmedurchlaßwiderstandes im Rippenbereich neben belüfteten Gefachbereichen

**Beispiel**  Nachweis des ausreichenden Wärmeschutzes nach DIN 4108 einer belüfteten Dachschräge nach Bild 8.3:

G e f a c h b e r e i c h :

| | |
|---|---|
| Gipskartonplatte: | $R_\lambda = 0,015/0.21 = 0,07\ m^2 \cdot K/W$ |
| Mineralfaserdämmstoff: | $R_\lambda = 0,12\ /0,04 = 3,00\ m^2 \cdot K/W$ |

Wärmedurchlaßwiderstand im Gefachbereich:     $R_\lambda = 3,07\ m^2 \cdot K/W$

Flächenmasse: $m = 900 \cdot 0,015 = 14\ kg/m^2$

Erforderlicher Mindestwärmedurchlaßwiderstand
nach Tafel 8.2 im Gefachbereich bei $m = 14\ kg/m^2$     $R_\lambda = 1,50\ m^2 \cdot K/W$
Vorhanden im Gefachbereich:     $R_\lambda = 3,07\ m^2 \cdot K/W$

Die Anforderungen der Tafel 8.2 sind eingehalten.

R i p p e n b e r e i c h :

| | |
|---|---|
| Gipskartonplatte: | $R_\lambda = 0,015/0.21 = 0,07\ m^2 \cdot K/W$ |
| Holzsparren: | $R_\lambda = 0,12\ /0,13 = 0,92\ m^2 \cdot K/W$ |

Wärmedurchlaßwiderstand im Rippenbereich:     $R_\lambda = 0,99\ m^2 \cdot K/W$

**Beispiel,**    Erforderlicher Mindestwärmedurchlaßwiderstand nach
**Forts.**    Tafel 8.1 an der ungünstigsten Stelle (Zeile 6):    $R_\lambda = 0{,}45\ \mathrm{m}^2 \cdot \mathrm{K/W}$
    vorhanden im Rippenbereich    $R_\lambda = 0{,}99\ \mathrm{m}^2 \cdot \mathrm{K/W}$

Die Anforderungen der Tafel 8.1 sind eingehalten.

Mittlerer Wärmedurchgangskoeffizient:

Dieser Wert wird für den Nachweis des ausreichenden Wärmeschutzes nach der Wärmeschutzverordnung benötigt.

Gefachbereich:  $R_{K1} = 0{,}13 + 3{,}07 + 0{,}08 = 3{,}28\ \mathrm{m}^2 \cdot \mathrm{K/W}$
    $k_1\ \ = 1/3{,}28 = 0{,}30\ \mathrm{W}/(\mathrm{m}^2 \cdot \mathrm{K})$
    Flächenanteil $A_1/A = 0{,}88$

Rippenbereich:  $R_{K2} = 0{,}13 + 0{,}99 + 0{,}08 = 1{,}20\ \mathrm{m}^2 \cdot \mathrm{K/W}$
    $k_2\ \ = 1/1{,}20 = 0{,}83\ \mathrm{W}/(\mathrm{m}^2 \cdot \mathrm{K})$
    Flächenanteil $A_2/A = 0{,}12$

Mittelwert:    $k_m\ \ = 0{,}30 \cdot 0{,}88 + 0{,}83 \cdot 0{,}12 = 0{,}36\ \mathrm{W}/(\mathrm{m}^2 \cdot \mathrm{K})$

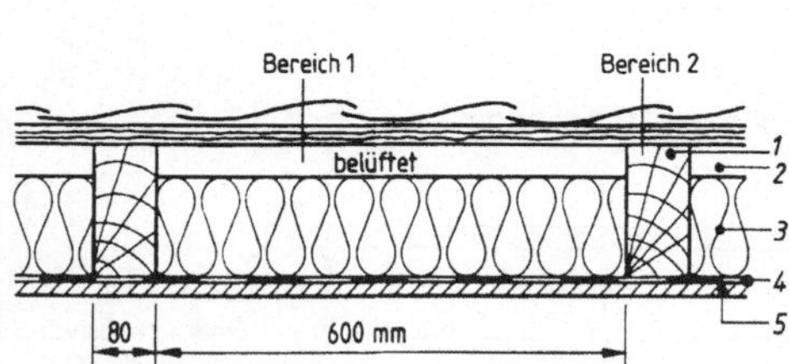


Bild 8.3
Dachschräge mit belüftetem Hohlraum zwischen den Sparren
1 Sparren 80 x 160 mm;
   $\lambda_R = 0{,}13\ \mathrm{W}/(\mathrm{m} \cdot \mathrm{K})$
2 belüfteter Hohlraum
3 120 mm Mineralfaserdämmstoff;
   $\lambda_R = 0{,}04\ \mathrm{W}/(\mathrm{m} \cdot \mathrm{K})$
4 Dampfsperre (wird nicht berücksichtigt)
5 15 mm Gipskartonplatte;
   $\lambda_R = 0{,}21\ \mathrm{W}/(\mathrm{m} \cdot \mathrm{K})$, $\rho = 900\ \mathrm{kg/m}^3$
Gefachanteil: $A_1/A = 0{,}6/0{,}68 = 0{,}88$
Rippenanteil: $A_2/A = 0{,}08/0{,}68 = 0{,}12$

## 8.1.3 Wärmebrücken

Nach DIN 4108 sind im Bereich von Wärmebrücken die Anforderungen der Tafel 8.1 einzuhalten, übliche Verbindungsmittel wie Nägel, Schrauben, Drahtanker und Mörtelfugen von Mauerwerk sind von der Notwendigkeit des Nachweises ausgeklammert. Bei Wärmebrücken unterscheidet man, ob sie stoff- oder formbedingt sind (Abschnitt 6.5.1). Zu den formbedingten Wärmebrücken gehören die Ecken von Außenbauteilen, nach DIN 4108 gelten diese bei Außenbauteilen mit gleichartigem Aufbau nicht als Wärmebrücken.

## 8.1.4 Fenster und Fenstertüren

Die DIN 4108 stellt keine zahlenmäßigen Anforderungen an den Wärmeschutz von Fenstern; sie schreibt lediglich vor, daß Fenster und Fenstertüren in Außenwänden von beheizten Räumen mit Isolier- oder Doppelverglasung versehen werden müssen.

Außentüren werden in der DIN 4108 nicht behandelt. Türen mit zu kleinem Wärmedurchlaßwiderstand sind anfällig bezüglich Tauwasserniederschlägen, die zu unmittelbaren Belästigungen führen können.

## 8.1.5  Bauteile innerhalb von Wohnungen

An Bauteile innerhalb von Wohnungen bestehen keine wärmeschutztechnischen Anforderungen. Trotzdem sollte bei der Planung in Betracht gezogen werden, daß Schlafzimmer häufig nicht beheizt werden und deshalb ein entsprechender Wärmeschutz der Wand zwischen Schlafzimmer und sonstigen Räumen sinnvoll ist.

Wände und Decken zwischen fremden Wohnungen oder Arbeitsräumen benötigen nach Tafel 8.1 einen Mindestwärmeschutz.

## 8.2  Empfehlungen für den Wärmeschutz im Sommer nach DIN 4108

Im Hochsommer können in Aufenthaltsräumen durch von außen zugeführte Wärmeenergie unbehagliche Raumlufttemperaturen auftreten. Die Energiezufuhr in den Raum erfolgt hauptsächlich als Sonnenstrahlungsenergie durch die Fenster, der stationäre und instationäre Wärmedurchgang durch die nichttransparenten Bauteile ist vergleichsweise vernachlässigbar. Gedämpft werden kann der Temperaturanstieg der Raumluft durch eine hohe Wärmespeicherfähigkeit der Innenbauteile, die bei einer Übertemperatur der Raumluft von dieser Wärmeenergie aufnehmen. Bild 8.4 zeigt den zeitlichen Verlauf der Lufttemperatur eines Raumes mit Innenbauteilen aus verschiedenen Baustoffen bei Sonneneinstrahlung [56]. Am Ende der Sonneneinstrahlung ist die Lufttemperatur in allen Fällen höher als zu Beginn der Einwirkung, weil die Innenbauteile nicht die gesamte, zugeführte Energie speichern können. Bei einer Folge von heißen Sonnentagen steigt der Höchstwert der Raumlufttemperatur immer höher an, wenn nicht zusätzlich ein Teil der zugeführten Energie dem Raum wieder entzogen wird. Dies kann durch Lüftung erfolgen, wenn die Außenlufttemperatur niedriger als die Raumlufttemperatur ist (s. Bild 8.5). Die Beschattung der Fensterflächen ergibt eine weitere Möglichkeit, die Raumlufttemperatur zu beeinflussen. Sie kann durch Verbauung, feste Blenden oder bewegliche Sonnenschutzvorrichtungen erzielt werden.

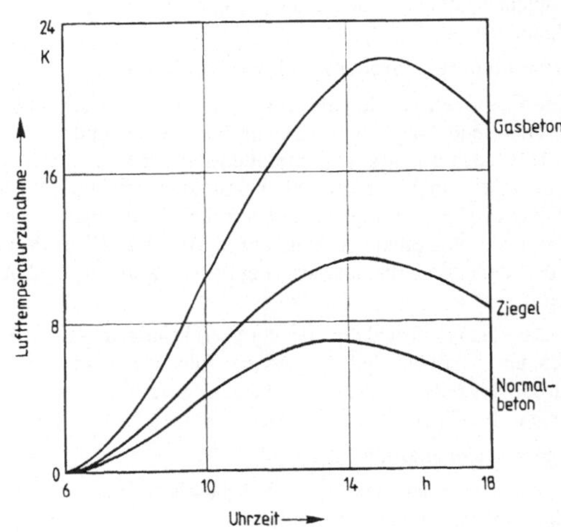


Bild 8.4
Zeitlicher Verlauf der Lufttemperatur eines Raumes mit Innenbauteilen aus verschiedenen Baustoffen

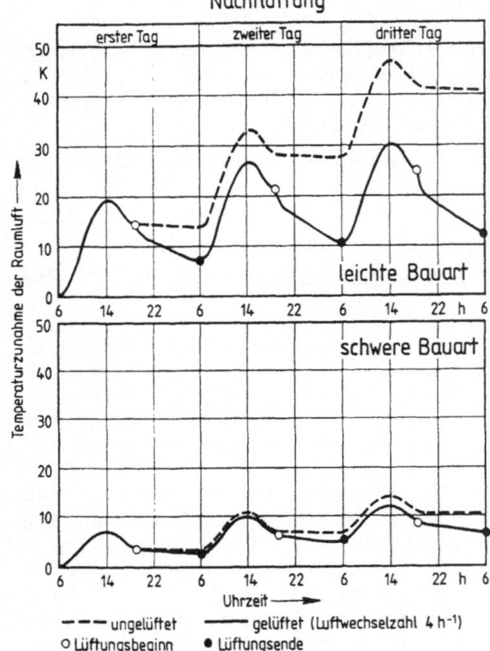


Bild 8.5
Zeitlicher Verlauf der Lufttemperatur in einem Raum leichter und schwerer Innenbauart an 3 aufeinanderfolgenden Tagen mit Sonneneinstrahlung ohne Lüftung und mit Nachtlüftung.

## 8.2.1 Zufuhr an Strahlungsenergie in Räume

Folgende Größen haben einen starken Einfluß auf die Zufuhr an Strahlungsenergie in den Raum:

**Gesamtenergiedurchlaßgrad der Verglasung**

Der Gesamtenergiedurchlaßgrad g einer Verglasung ergibt sich aus deren strahlungstechnischen und wärmeschutztechnischen Daten und wird experimentell nach DIN 67 507 „Lichttransmissionsgrade, Strahlungstransmissionsgrade und Gesamtenergiedurchlaßgrade von Verglasungen" bestimmt. Er ist das Verhältnis der transmittierten Strahlung und der Wärmeabgabe der inneren Scheibe auf Grund der absorbierten Strahlungswärme an den Raum zur auftreffenden Strahlung (s. Bild 5.21). Das Produkt aus Strahlungsintensität J und Gesamtenergiedurchlaßgrad g ergibt den strahlungsbedingten Energietransport in $W/m^2$ in den Raum.

Gesamtenergiedurchlaßgrade von Verglasungen werden in Tafel 5.8 für Normalverglasungen und Glasbausteine angegeben. Bei Sonnenschutzgläsern können auf Grund von Einfärbungen oder Oberflächenbehandlung der Glasscheiben die Werte zwischen 0,2 und 0,8 liegen. Im Einzelfall ist der Nachweis nach DIN 67 507 zu führen.

**Fensterflächenanteil**

Die Fenstergröße wird beim Wärmeschutz im Sommer als Fensterflächenanteil f in das Nachweisverfahren eingeführt:

$$f = \frac{A_F}{A_W + A_F} \tag{8.1}$$

Die Fensterfläche $A_F$ wird auf die Außenwandfläche, die Fenster enthält, bezogen. Außenwände ohne Fenster bleiben unberücksichtigt; gerechnet wird mit den lichten Rohbaumaßen.

Die Bezugsfläche ist bei Dachfenstern die direkt besonnte Dach- bzw. Dachdeckenfläche.

**Sonnenschutz der Fenster**

Die quantitative Angabe zur Wirkung des Sonnenschutzes nach DIN 4108, Teil 2, erfolgt durch den Abminderungsfaktor z. Er ist definiert als das Verhältnis der durchgelassenen Wärmeenergie zur auftreffenden Strahlung und wird in Anlehnung an DIN 67 507 gemessen. Sonnenschutzmaßnahmen können außen- oder innenseitig vorgesehen werden, wobei außenliegende Sonnenschutzvorrichtungen am wirkungsvollsten sind. Bei mehreren, hintereinanderliegenden Sonnenschutzvorrichtungen ist deren gemeinsamer Abminderungsfaktor das Produkt aus den Einzelwerten $z_1$, $z_2$, ... $z_n$

$$z = z_1 \cdot z_2 \cdot ... z_n \tag{8.2}$$

Bei Vordächern, Loggien und Markisen muß näherungsweise sichergestellt sein, daß keine direkte Besonnung des Fensters erfolgt. Tafel 8.3 enthält Angaben über Abminderungsfaktoren z verschiedener Sonnenschutzvorrichtungen.

Tafel 8.3    Abminderungsfaktoren z von Sonnenschutzvorrichtungen nach DIN 4108, Teil 2

| Sonnenschutzvorrichtung | z |
| --- | --- |
| fehlende Sonnenschutzvorrichtung | 1,0 |
| innenliegende oder zwischen den Scheiben liegende Jalousien | 0,5 |
| außenliegende Jalousien mit feststehenden oder drehbaren Lamellen, hinterlüftet | 0,25 |
| außenliegende Jalousien<br>Fensterläden mit feststehenden oder drehbaren Lamellen | 0,3 |

**Energiedurchlässigkeit der transparenten Außenbauteile**

Die Energiedurchlässigkeit der transparenten Außenbauteile $g_F$ wird von dem Gesamtenergiedurchlaßgrad g der Verglasung und dem Abminderungsfaktor z der Sonnenschutzvorrichtungen bestimmt zu

$$g_F = g \cdot z \tag{8.3}$$

## 8.2.2   Abgabe der zugeführten Energie an die Umgebung

Die dem Raum zugeführte Strahlungsenergie kann zum Teil durch Lüftung nach außen wieder abgeführt und zum Teil von den Innenbauteilen durch deren Wärmespeicherfähigkeit aufgenommen werden.

**Lüftung**

Eine quantitative Bewertung der Lüftung ist nicht möglich, man kann nur feststellen, ob diese die Temperaturverhältnisse im Raum verbessern kann oder nicht. Während der heißen

Jahreszeit verspricht in der Regel nur die Nachtlüftung Erfolg, was aufgrund der Nutzung meist nur bei Wohnbauten möglich ist. In DIN 4108, Teil 2, wird die Möglichkeit der Nachtlüftung als erhöhte natürliche Lüftung bezeichnet.

**Innenbauart**

Bild 8.4 zeigt den Einfluß der Masse der Innenbauteile auf den Anstieg der Raumlufttemperatur. Beurteilt wird die Wärmespeicherfähigkeit durch die „Innenbauart", die definiert ist als die Masse der Innenbauteile, bezogen auf die Außenwandfläche, die Fenster enthält. Obwohl die Angabe zur Innenbauart in $kg/m^2$ erfolgt, handelt es sich nicht um eine Flächenmasse im üblichen Sinne, da Masse und Fläche auf verschiedene Bauteile bezogen werden. Bei der Berechnung sind folgende Festlegungen zu beachten:

a) Bei Innenbauteilen ohne Wärmedämmschicht wird die Masse zur Hälfte gerechnet.

b) Bei Innenbauteilen mit Wärmedämmschicht darf nur die Masse derjenigen Schichten angerechnet werden, die zwischen der raumseitigen Oberfläche und der Dämmschicht angeordnet sind. Als Dämmschicht gilt hier, wenn die Wärmeleitfähigkeit des Materials $\lambda_R \leq 0,1$ W/(m · K) und der Wärmedurchlaßwiderstand $R_\lambda \geq 0,25$ $m^2$ · K/W sind.

   Insgesamt darf jedoch nicht mehr als die Hälfte der Gesamtmasse des Bauteils in Rechnung gestellt werden.

c) Holz- und Holzwerkstoffe dürfen bei der Ermittlung der Innenbauart mit dem zweifachen Wert ihrer Masse in die Berechnung eingebracht werden.

Bei der Beurteilung wird unterschieden zwischen leichter und schwerer Innenbauart. Für einen Wert > 600 $kg/m^2$ liegt eine schwere Innenbauart vor.

## 8.2.3  Bewertung des Wärmeschutzes im Sommer nach DIN 4108

Der Wärmeschutz im Sommer ist eine Empfehlung, keine baurechtliche Forderung, er wird zwischen Bauherrn und Architekt frei vereinbart. Der Nachweis wird für jeden einzelnen Raum getrennt geführt. Um die Zufuhr an Strahlungsenergie zu begrenzen, empfiehlt DIN 4108, Teil 2, daß das Produkt

$$g_F \cdot f \tag{8.4}$$

einen zulässigen Maximalwert in Abhängigkeit der Innenbauart und der Lüftungsmöglichkeit nicht überschreiten soll (s. Tafel 8.4).

Tafel 8.4   Empfohlene Höchstwerte ($g_F \cdot f$) in Abhängigkeit der Lüftungs- und Innenbauart

| Innen-Bauart | empfohlene Höchstwerte ($g_F \cdot f$) | |
| --- | --- | --- |
| | erhöhte natürliche Belüftung | |
| | ist nicht vorhanden | ist vorhanden |
| leicht | 0,12 | 0,17 |
| schwer | 0,14 | 0,25 |

Bei nach Norden orientierten Räumen oder solchen, bei denen die Fenster durch Verbauung ganztägig beschattet sind, dürfen die in Tafel 8.4 genannten Höchstwerte um 0,25 erhöht werden. Als Nordorientierung gilt, wenn die Richtung um nicht mehr als etwa 22,5° von der Nordrichtung abweicht.

# 9   Energiesparender Wärmeschutz bei Gebäuden

Über viele Jahre hinweg wurden die zahlenmäßigen Anforderungen an den Wärmeschutz von Bauteilen ausschließlich nach Sicherheitsgesichtspunkten (z.B. Schutz der Baukonstruktion gegen schädliches Tauwasser) und nach Hygienekriterien festgelegt. Die hierauf beruhenden Mindestwerte des Wärmeschutzes der Bauteile sind in der DIN 4108 „Wärmeschutz im Hochbau" enthalten, die baurechtlich eingeführt und Bestandteil der Landesbauordnungen der Länder ist. Erst mit dem Aufkommen der Energiekrise Anfang der 70er Jahre wurde als zusätzliches Merkmal für die Bemessung des Wärmeschutzes eines Gebäudes die Einsparung von Heizenergie aktuell.

Als Grundlage für gesetzliche Aktivitäten auf dem Gebiet der Energieeinsparung verabschiedete der Bundestag das Energieeinsparungsgesetz, das seit dem 22. Juli 1976 in Kraft ist. Darauf basierend erließ die Bundesregierung die Verordnung über einen energiesparenden Wärmeschutz bei Gebäuden (Wärmeschutzverordnung), um den Heizenergieverbrauch von Gebäuden zu begrenzen. Die derzeitig geltende Ausgabe vom Februar 1982 (s. Abschn. 9.1) ist seit dem 1. Januar 1984 in Kraft. Inzwischen ergab sich außer der prinzipiellen Notwendigkeit des sorgsamen Umganges mit Energie ein weiterer Grund, Heizenergie einzusparen, nämlich der Umstand, daß unsere Umwelt zunehmend durch die bei der Verbrennung fossiler Brennstoffe auftretenden Emissionen, vor allem von $CO_2$, belastet wird. Um den Verbrauch dieser Brennstoffe in den Heizungsanlagen zu reduzieren, muß der Wärmeschutz unserer Gebäude über das bisherige Niveau hinaus verbessert und das hierbei anzuwendende Rechenverfahren verfeinert werden. In der derzeitig geltenden Ausgabe der Wärmeschutzverordnung (2.82) wird die wärmeschutztechnische Qualität eines Gebäudes allein durch den Wärmedurchgangskoeffizienten (s. Abschnitt 9.1.1) bewertet. Lüftungswärmeverluste, sowie interne und solare Wärmegewinne, treten in dem Nachweisverfahren nicht in Erscheinung. Um beim Entwurf eines Gebäudes energetisch sinnvolle Maßnahmen zur Einsparung von Heizenergie planen zu können, ist ein Nachweisverfahren, das auch diese Einflußgrößen berücksichtigt, notwendig. Ein verhältnismäßig einfaches Rechenverfahren, das den Jahres-Heizwärmebedarf eines Gebäudes aus Monatsbilanzen der Wärmeverluste und -gewinne (Monatsbilanzverfahren) ermittelt, ist Grundlage des europäischen Normenentwurfes prEN 832 „Thermal performance of buildings – Calculation of energy use for heating – Residential buildings". Dieser Entwurf wurde vom Deutschen Institut für Normung als DIN EN 832 (E 12.92) „Wärmetechnisches Verhalten von Gebäuden. Berechnung des Heizwärmebedarfes-Wohngebäude" veröffentlicht. Auf dessen Basis beruht das Nachweisverfahren der neuen Wärmeschutzverordnung (93) (s. Abschn. 9.2), das aber den Jahres-Heizwärmebedarf eines Gebäudes nicht nach dem Monatsbilanzverfahren, sondern nach einem vereinfachten Jahresbilanzverfahren bestimmt. Für eingehendere Untersuchungen des thermischen Verhaltens von Gebäuden müssen auf instationären Berechnungen beruhende dynamische Simulations-Rechenprogramme angewandt werden. Diese ermöglichen sowohl eine Analyse des Wärmebedarfes von Gebäuden als auch die Berechnung der zu erwartenden Tagesverläufe der Lufttemperaturen im Gebäudeinneren auf der Grundlage von Test-Referenztagen, sie ermöglichen somit Voraussagen über die voraussichtlichen raumklimatischen Verhältnisse.

## 9.1   Wärmeschutzverordnung (2.82)

In den Anwendungsbereich der Wärmeschutzverordnung fallen alle beheizten Gebäude, die neu erstellt werden, sowie bauliche Veränderungen bestehender Gebäude, wenn diese um mindestens einen beheizten Raum erweitert oder wenn Bauteile beheizter Räume ersetzt

**Tafel 9.1**   Einteilung der Gebäude und Anforderungen nach der Wärmeschutzverordnung (2.82)

### Gebäudenutzung bzw. bauliche Veränderungen

| Gebäude mit normalen Innentemperaturen | Gebäude mit niedrigen Innentemperaturen | Gebäude für Sport- und Versammlungszwecke | bauliche Änderungen bestehender Gebäude |
|---|---|---|---|
| $\vartheta_{Li} \geq 19\,°C$ | $19\,°C > \vartheta_{Li} > 12\,°C$ jährlich mehr als 4 Monate beheizt | $\vartheta_{Li} \geq 15\,°C$ jährlich mehr als 3 Monate beheizt | $\vartheta_{Li} \geq 19\,°C$ |

### Transmissionswärmeverluste

| | | | |
|---|---|---|---|
| $k_{m,max} = 0,45 + \dfrac{0,165}{A/V}$ oder Tafel 9.3 | $k_{m,max} = 0,71 + \dfrac{0,14}{A/V}$ | $k_{m,max} = 0,45 + \dfrac{0,165}{A/V}$ | $k_{m,max} = 0,45 + \dfrac{0,165}{A/V}$ oder Tafel 9.4 |

### Anforderungen an Fenster und Fenstertüren

| Doppelverglasung wird gefordert | Einfachverglasung ist zulässig | Einfachverglasung ist zulässig | Doppelverglasung wird gefordert |
|---|---|---|---|
| $k_F \leq 3,1\ W/(m^2 \cdot K)$ Großflächenverglasungen (z. B. Schaufensteranlagen $k_F = 1,75\ W/(m^2 \cdot K)$ | $k_F = 5,2\ W/(m^2 \cdot K)$ | $k_F = 5,2\ W/(m^2 \cdot K)$ Hallenbäder: Doppelverglasung wird gefordert $k_F \leq 3,1\ W/(m^2 \cdot K)$ | $k_F \leq 3,1\ W/(m^2 \cdot K)$ |

### Heizkörpernischen

Der Wärmeschutz darf nicht schlechter sein als im Bereich der restlichen Außenwände. Heizkörper vor Verglasungen müssen rückseitig mit einer Abdeckung versehen sein.

### Flächenheizungen

Der Wärmedurchgangskoeffizient des Bauteils darf den Wert 0,45 W/(m² · K), von der Heiz-Fläche aus in Richtung des Wärmestromes gerechnet, nicht überschreiten

### Lüftungswärmeverluste

Der Fugendurchlaßkoeffizient a darf die in Tafel 9.5 angegebenen Werte nicht überschreiten

werden. Hinsichtlich der Anforderungen an den Wärmeschutz nach der Nutzungsart bzw. der Raumlufttemperatur wird entsprechend Tafel 9.1 unterschieden. Bei Gebäuden mit normalen Innentemperaturen ($\vartheta_{Li} \geq 19\,°C$) stehen zwei Nachweisverfahren zur freien Wahl:

– Anforderungen an den Wärmedurchgangskoeffizienten in Abhängigkeit von A/V:
Das Nachweisverfahren beurteilt das gesamte Gebäude durch eine Einzahlangabe, den mittleren Wärmedurchgangskoeffizienten $k_m$ des Gebäudes unter Berücksichtigung der Gebäudehülle A und des Gebäudevolumens V (erhöhter Wärmeschutz).

Tafel 9.2   Bezeichnung der Wärmedurchgangskoeffizienten und Flächen der Bauteile sowie Hinweise
zur Flächenberechnung

| Formelzeichen | Bauteilbezeichnung | Hinweise zu den Maßen bei den Flächenberechnungen |
|---|---|---|
| $k_W$, $A_W$ | An die Außenluft grenzende Außenwände und Abseitenwände zum nicht wärmegedämmten Dachraum | Gebäudeaußenmaße: OK des Geländes bzw. OK der darüberliegenden Decke bis OK der obersten Decke oder OK der wirksamsten Dämmschicht |
| $k_F$, $A_F$ | Fenster und Fenstertüren | lichte Rohbaumaße |
| $k_D$, $A_D$ | wärmegedämmte Dachfläche, Dachschräge, Kehlbalkendecke usw. | Gebäude- bzw. Bauteilaußenmaße |
| $k_G$, $A_G$ | Kellerdecke (unbeheizte Keller); erdberührende Wand- und Bodenflächen von beheizten Räumen | Gebäude- bzw. Bauteilaußenmaße |
| $k_{DL}$, $A_{DL}$ | Decken, die das Gebäude nach unten gegen die Außenluft abgrenzen | Gebäude- bzw. Bauteilaußenmaße |
| $k_{AB}$, $A_{AB}$ | Bauteile, die das Gebäude gegen Teile mit wesentlich niedrigerer Temperatur abgrenzen | Gebäudeaußenmaße: OK der Decke bis OK der darüberliegenden Decke oder OK der wirksamen Dämmschicht |

– Anforderungen an den Wärmedurchgangskoeffizienten für einzelne Außenbauteile:

Hier werden die Wärmeverluste dadurch begrenzt, daß für die verschiedenen Bauteile des Gebäudes obere Höchstwerte der Wärmedurchgangskoeffizienten festgelegt werden.

Bild 9.1
Begrenzung der Transmissionswärmeverluste durch Festlegung eines maximalen mittleren Wärmedurchgangskoeffizienten $k_{m.\,max}$ in Abhängigkeit vom Verhältnis A/V der Gebäudehüllfläche A zum Gebäudevolumen V bei Gebäuden mit normalen Innentemperaturen

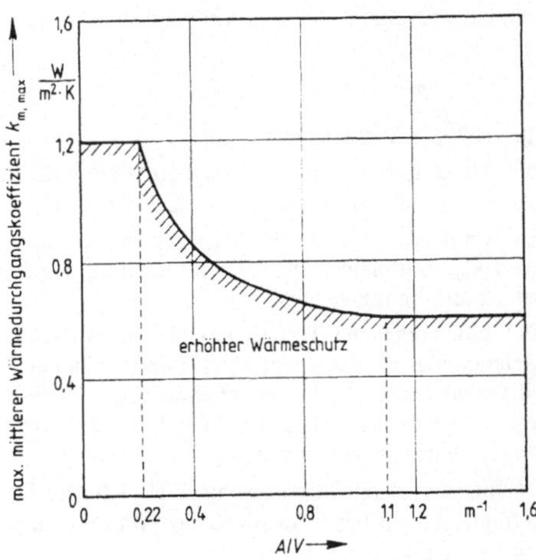

### 9.1.1 Anforderungen an den Wärmedurchgangskoeffizienten in Abhängigkeit von A/V

Die Transmissionsverluste durch Außenbauteile werden sowohl von deren Wärmedurchgangskoeffizienten als auch von deren Flächen bestimmt; beide Größen sind bei der Bewertung des Wärmeschutzes von Gebäuden zu beachten. Je größer das sich aus dem Nutzungszweck ergebende, zu beheizende Gebäudevolumen ist, um so größer wird die Hüllfläche des Gebäudes sein und damit auch die Wärmeverluste. Bei gleichem Gebäudevolumen und gleicher Qualität des Wärmeschutzes der Außenbauteile wird der Wärmeverlust aber auch davon abhängen, ob die Außenfläche stark gegliedert ist (größere Hüllfläche und größerer Wärmeverlust) oder nicht (kleinere Hüllfläche und geringerer Wärmeverlust). Wenn für alle Gebäude ein gleichwertiger Gesamtwärmeschutz angestrebt wird, muß bei vergleichsweise großen Hüllflächen der Wärmeschutz der Außenbauteile besser sein als bei vergleichsweise kleinen Hüllflächen. Für die Gebäudegeometrie muß daher ein Bezugswert gefunden werden. Als geeignete Größe erweist sich das Verhältnis der Gebäudehüllfläche A zum beheizten Gebäudevolumen V. Je größer der Quotient A/V ist, um so besser muß der Wärmeschutz der Außenbauteile sein. Um nicht jedes einzelne Bauteil bewerten zu müssen, wird ein mittlerer Wärmedurchgangskoeffizient $k_m$ des ganzen Gebäudes nach folgender Gleichung definiert:

$$k_m = \frac{k_W A_W + k_F A_F + 0.8\, k_D A_D + 0.5\, k_G A_G + k_{DL} A_{DL}}{A} \qquad (9.1)$$

Die Bedeutung der Indizes zur Unterscheidung der Wärmedurchgangskoeffizienten k und der Flächen A der verschiedenen Bauteile ist in Tafel 9.2 angegeben.

Die Gebäudehüllfläche A nach Gl. (9.1) ist:

$$A = A_W + A_F + A_D + A_G + A_{DL} \qquad (9.2)$$

Bei der Ermittlung der Einzelflächen sind die Festlegungen in Tafel 9.2 zu beachten. Das Bauwerksvolumen V ist das von der Gebäudehüllfläche A eingeschlossene Volumen.

Zur Festlegung der Anforderungen an den Wärmeschutz des Gebäudes wird der Quotient A/V gebildet und je nach Gebäudenutzung (Tafel 9.1) der höchstzulässige Wärmedurchgangskoeffizient $k_{m,\,max}$ ermittelt (Bild 9.1). Bei Gebäuden mit normalen Innentemperaturen, bzw. für Sport und Versammlungszwecke, beträgt er

$$k_{m,\,max} = 0.45 + \frac{0.165}{A/V} \qquad (9.3)$$

für $0.22 \leq A/V \leq 1.10 \ \mathrm{m^{-1}}$.

Bei $A/V > 1.10 \ \mathrm{m^{-1}}$ ist $k_{m,\,max} = 0.60 \ \mathrm{W/(m^2 \cdot K)}$ und
bei $A/V < 0.22 \ \mathrm{m^{-1}}$ ist $k_{m,\,max} = 1.20 \ \mathrm{W/(m^2 \cdot K)}$.

Ein Vergleich dieses noch zulässigen Wertes $k_{m,\,max}$ mit dem nach Gl. (9.1) berechneten Wert $k_m$ entscheidet, ob der Wärmeschutz des Gebäudes den Anforderungen der Wärmeschutzverordnung genügt.

Die außenliegenden Türen eines Gebäudes dürfen wärmeschutztechnisch der Außenwand gleichgesetzt werden, wenn die Gesamtfläche der Außentür höchstens 5 $\mathrm{m^2}$ und ein eventuell vorhandener Glasflächenanteil höchstens 10 % beträgt. Werden diese Flächen überschritten, ist bei der Tür mit einem Wert $k = 5.2 \ \mathrm{W/(m^2 \cdot K)}$ zu rechnen, es sei denn, der k-Wert der Tür wird genauer ermittelt.

Dachfenster, deren Fläche weniger als 4 % der Deckenfläche einschließlich Dachschrägen beträgt, müssen beim Nachweis des Wärmeschutzes nicht berücksichtigt werden; verlangt wird jedoch $k_F \leq 3.1 \ \mathrm{W/(m^2 \cdot K)}$.

Sind Gebäudeteile mit wesentlich niedrigerer Raumtemperatur (z. B. außenliegende Treppenräume, Lagerräume) vorhanden, so werden in der Gleichung (9.1) die abgrenzenden Bauteile durch das Glied $0{,}5\ k_{AB}A_{AB}$ berücksichtigt, wobei $k_{AB}$ der Wärmedurchgangskoeffizient des Bauteils ist, der das Gebäude vom Raum mit niedrigerer Temperatur trennt. Das Volumen dieses Gebäudeteiles wird nicht in die Volumenberechnung des zu beurteilenden Gebäudes einbezogen.

Bei Reihenhäusern ist ein Nachweis für jedes einzelne Haus zu führen, wobei die Haustrennwände als wärmeundurchlässig angenommen und bei der Ermittlung von A und A/V nicht berücksichtigt werden. Bei Häusern mit 2 Trennwänden darf zusätzlich der mittlere Wärmedurchgangskoeffizient $k_{m,W+F}$ für Außenwände einschließlich Fenster und Fenstertüren (s. Abschn. 9.1.2) den Wert $1{,}6\ W/(m^2 \cdot K)$ nicht überschreiten. Ist der gleichzeitige Bau des Nachbarhauses in der Reihe nicht gesichert, müssen die Gebäudetrennwände zusätzlich den Mindestwärmeschutz für Außenwände nach DIN 4108, Tafel 8.1, aufweisen.

Dieses Nachweisverfahren – bekannt als A/V-Methode – wird in der praktischen Anwendung häufig mit der Begründung abgelehnt, daß es rechnerisch zu aufwendig sei. Es hat aber den großen Vorzug, daß Kompensationsmöglichkeiten bezüglich des Wärmeschutzes der verschiedenen Bauteile bestehen. Der geringere Wärmeschutz an einer Stelle kann durch den verbesserten Wärmeschutz an anderer Stelle ausgeglichen werden, wie später an einem Beispiel gezeigt wird.

## 9.1.2 Anforderungen an den Wärmedurchgangskoeffizienten für einzelne Außenbauteile

Bei diesem Verfahren bleiben Gebäudegröße und Gebäudeform weitgehend unberücksichtigt. Je nach Art des Bauteils werden maximale Wärmedurchgangskoeffizienten vorgeschrieben, die nicht überschritten werden dürfen. Für Außenwände und Fenster wird ein Mittelwert nach folgender Gleichung definiert:

$$k_{m,W+F} = \frac{k_W \cdot A_W + k_F \cdot A_F}{A_W + A_F} \tag{9.4}$$

dessen zulässiger Höchstwert vom Gebäudegrundriß abhängt und dabei in einem gewissen Umfang die Gebäudeform berücksichtigt. Die Flächen $A_W$ und $A_F$ sind nach der Tafel 9.2 zu ermitteln.

Die maximal zulässigen Wärmedurchgangskoeffizienten der Bauteile sind in Tafel 9.3 aufgeführt.

Dieses, oft als Bauteil-Methode bezeichnete Nachweisverfahren, ist in der Anwendung sehr einfach, führt im Vergleich zur A/V-Methode jedoch häufig zu unwirtschaftlichen Forderungen.

## 9.1.3 Anforderungen bei baulichen Änderungen bestehender Gebäude

Bei Erweiterung eines Gebäudes um mindestens einen beheizten Raum sind für den neuen Gebäudeteil die an Neubauten mit normalen Innentemperaturen gestellten Anforderungen zu erfüllen. Bei erstmaligem Einbau, Ersatz oder Erneuerungen von Außenbauteilen im Sinne der Wärmeschutzverordnung dürfen die Wärmedurchgangskoeffizienten dieser Bauteile die zulässigen Werte nach Spalte 2 der Tafel 9.4 nicht übersteigen. Der Nachweis gilt auch als erbracht, wenn die in Spalte 3 dieser Tafel angegebenen Dämmstoffdicken eingehalten werden.

Tafel 9.3   Maximal zulässige Wärmedurchgangskoeffizienten für einzelne Außenbauteile

Außenwände einschließlich Fenster und Fenstertüren

| Gebäude, deren Grundriß ein Quadrat mit einer Seitenlänge von 15 m nicht umschreibt | Gebäude, deren Grundriß ein Quadrat mit einer Seitenlänge von 15 m umschreibt |
|---|---|
| 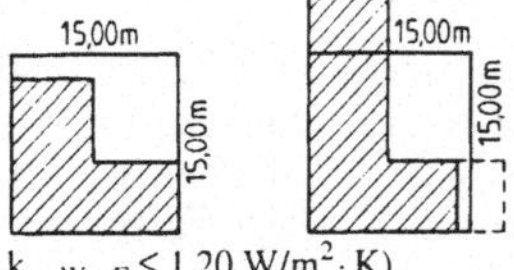 $k_{m,W+F} \le 1{,}20$ W/m²·K) | 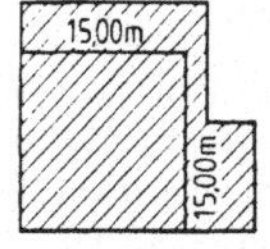 $k_{m,W+F} \le 1{,}50$ W/m²·K) |

Für die Einordnung ist dasjenige Vollgeschoß zugrundezulegen, das den kleinsten Wert $k_{m,W+F}$ ergibt. Bei geschoßweisen unterschiedlichen äußeren Grundrißabmessungen darf geschoßweise verfahren werden.

Decken unter nicht ausgebauten Dachräumen und Decken (einschließlich Dachschrägen), die Räume nach oben und unten gegen die Außenluft abgrenzen.

$$k_D \le 0{,}30 \text{ W/(m}^2\cdot\text{K)}$$

Kellerdecken, Wände und Decken gegen unbeheizte Räume sowie Decken und Wände, die an das Erdreich grenzen

$$k_G \le 0{,}55 \text{ W/(m}^2\cdot\text{K)}$$

## 9.1.4   Fenster und Fenstertüren

Beim Fenster ist zwischen dem Transmissionswärmeverlust auf Grund des Wärmedurchganges und dem Lüftungswärmeverlust wegen der Luftdurchlässigkeit der Fensterfugen zu unterscheiden.

Tafel 9.4   Wärmedurchgangskoeffizienten $k_{max}$ bzw. Mindestdämmstoffdicke bei erstmaligem Einbau; Ersatz oder Erneuerung von Bauteilen

| 1 | 2 | 3 |
|---|---|---|
| Bauteil | $k_{max}$[1] in W/(m²·K) | Mindestdicke[2] in mm |
| Außenwände | 0,60 | 50 |
| Decken unter nicht ausgebauten Dachräumen und Decken, die Räume nach oben oder unten gegen Außenluft abgrenzen | 0,45 | 80 |
| Kellerdecken, Wände und Decken gegen Erdreich oder an unbeheizte Räume grenzend | 0,70 | 40 |
| Fenster | Doppel- oder Isolierverglasung | |

[1]) Der k-Wert kann unter Berücksichtigung vorhandener Bauteilschichten ermittelt werden.

[2]) Die Dickenangaben beziehen sich auf eine Wärmeleitfähigkeit von 0,04 W/(m·K). Bei Dämmstoffen anderer Wärmeleitfähigkeit sind die Dicken entsprechend anzugleichen. Vorhandene Mineralfaser- oder Schaumkunststoffe dürfen mit einer Wärmeleitfähigkeit von 0,04 W/(m·K) bewertet werden.

Zur Begrenzung der Transmissionswärmeverluste ist in der Wärmeschutzverordnung festgelegt, daß der Wärmedurchgangskoeffizient des Fensters den Wert

$$k_F = 3,1 \ W/(m^2 \cdot K)$$

nicht übersteigen darf.

Zur Verringerung der Lüftungswärmeverluste bei geschlossenen Fenstern und Fenstertüren wird in der Wärmeschutzverordnung festgelegt, daß der Fugendurchlaßkoeffizient a die in Tafel 9.5 angegebenen Werte nicht überschreitet. a ist ein Maß für die Dichtheit der Fensterfugen und zahlenmäßig gleich der Luftmenge in $m^3$, die während einer Stunde durch 1 m Fensterfuge bei einer Druckdifferenz zwischen innen und außen von 1 daPa strömt.

Der Fugendurchlaßkoeffizient a wird in der Regel experimentell bestimmt. Grundlagen der Messungen sind festgelegt in der Norm DIN 18055 „Fenster; Fugendurchlässigkeit, Schlagrechensicherheit und mechanische Beanspruchung; Anforderungen und Prüfung".

In DIN 4108, Teil 4, Tabelle 4, werden folgende Konstruktionsmerkmale für Fensterprofile in Abhängigkeit des Fugendurchlaßkoeffizienten genannt:

$a \leq 2,0 \ m^3/m \cdot h \, (daPa)^{2/3}$: Holzfenster mit Profilen nach DIN 68 121 ohne Dichtungen;

$a \leq 1,0 \ m^3/m \cdot h \, (daPa)^{2/3}$: Fenster mit beliebigen Profilen mit alterungsbeständigen, weichfedernden, leicht auswechselbaren Dichtungen.


## 9.1.5  Heizkörpernischen

Der Wärmedurchgangskoeffizient von Heizkörpernischen darf nicht größer sein als der der angrenzenden Außenwand. Werden Heizkörper vor einer Verglasung aufgestellt, muß zwischen Heizkörper und Verglasung eine Abdeckung angebracht werden.


## 9.1.6  Flächenheizungen

Bei Flächenheizungen (z. B. Fußbodenheizung, Deckenstrahlungsheizung o. ä.) darf der Wärmedurchgangskoeffizient zwischen Heizebene und der dem Raum abgewandten Bauteiloberfläche einen Wert von 0,45 $W/(m^2 \cdot K)$ nicht überschreiten.


Tafel 9.5  Zulässiger Fugendurchlaßkoeffizient a der Fensterfugen für Gebäude unterschiedlicher Nutzungsart

| Gebäudenutzung und Beheizung | $a$ in $m^3/m \cdot h(daPa)^{2/3}$ |
|---|---|
| Gebäude | |
| – mit normalen Innentemperaturen ($\vartheta_{Li} \leq 19\,°C$) | |
|    bis einschließlich 2 Vollgeschossen | 2,0 |
|    bei mehr als 2 Vollgeschossen | 1,0 |
| – mit niedrigen Innentemperaturen ($19\,°C > \vartheta_{Li} > 15\,°C$) | 2,0 |
| – für Sport- und Versammlungszwecke | |
|    allgemein | 2,0 |
|    Hallenbäder | 1,0 |

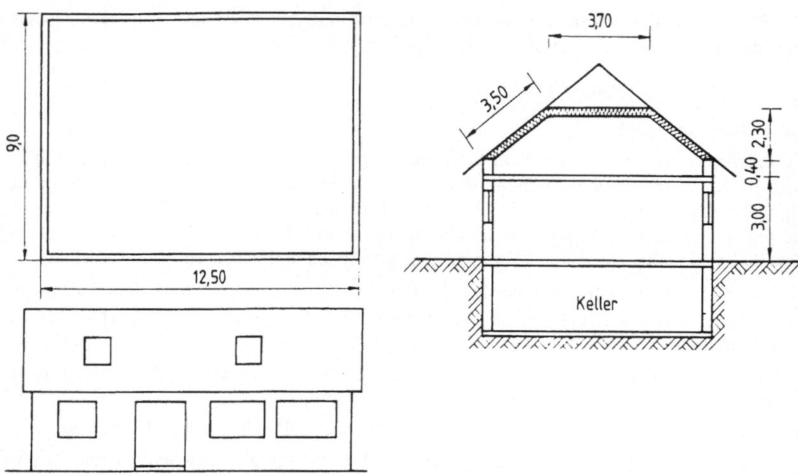

Bild 9.2    Beispiel zur Anwendung der Wärmeschutzverordnung bei einem Einfamilienhaus

## 9.1.7   Beispiel zur Anwendung der Wärmeschutzverordnung (2.82)

Bei einem voll unterkellerten Einfamilienhaus mit ausgebautem Dachgeschoß (Bild 9.2) wird nachfolgend der Wärmeschutz nach beiden Nachweisverfahren untersucht und beurteilt.

**Flächen der Bauteile**

| | |
|---|---|
| Außenwand: | $A_W = 145{,}0\ m^2$ |
| Fenster: | $A_F = 30{,}4\ m^2$ |
| Kellerdecke: | $A_G = 112{,}5\ m^2$ |
| Dachschräge und Kehlbalkendecke: | $A_D = 133{,}8\ m^2$ |
| Gesamtfläche: | $A = 421{,}7\ m^2$ |

Auf jeder Dachseite sind 2 Dachfenster mit je 1 m² Fläche eingebaut. Die Außentür einschl. Glasanteil hat eine Fläche von 4,8 m², der Glasanteil beträgt 0,4 m².

**Wärmeschutz der Bauteile**

| | |
|---|---|
| Außenwand: | $k_W = 0{,}80\ W/(m^2 \cdot K)$ |
| Fenster: | $k_F = 2{,}6\ \ W/(m^2 \cdot K)$ |
| Kellerdecke: | $k_G = 0{,}63\ W/(m^2 \cdot K)$ |
| Dachschräge und Kehlbalkendecke: | $k_D = 0{,}45\ W/(m^2 \cdot K)$ |
| Dachfenster: | $k_{DF} = 3{,}1\ \ W/(m^2 \cdot K)$ |

**Nachweis nach der A/V-Methode**

Gebäudevolumen: $V = 565{,}1\ m^3$

Die Fläche der 4 Dachfenster in den beiden Dachschrägen beträgt 4 m². Dies ist rund 3 % der Deckenflächen. Die Dachfenster bleiben deshalb beim Wärmeschutznachweis unberücksichtigt. Die Fläche der Außentür ist kleiner 5 m² und der Glasflächenanteil ist weniger als 10 % der Türfläche, weshalb der Wärmeschutz der Tür dem Wert der Außenwand gleichgesetzt wird.

Zulässiger Höchstwert des mittleren Wärmedurchgangskoeffizienten nach Gl. (9.3):

$$k_{m,max} = 0{,}45 + \frac{0{,}165}{A/V} \quad \text{wobei } A/V = 421{,}7/565{,}1 = 0{,}75 \text{ m}^{-1} \text{ ist}$$

$$k_{m,max} = 0{,}45 + \frac{0{,}165}{0{,}75} = 0{,}67 \text{ W}/(\text{m}^2 \cdot \text{K})$$

Vorhandener mittlerer Wärmedurchgangskoeffizient nach Gl. (9.1)

Die Berechnung erfolgt zweckmäßigerweise nach folgendem Schema:

| | Fläche A in $\text{m}^2$ | k-Wert in $\text{W}/(\text{m}^2 \cdot \text{K})$ | Faktor c – | $c \cdot k \cdot A$ in W/K |
|---|---|---|---|---|
| Außenwand | 145,0 | 0,80 | 1 | 116,0 |
| Fenster | 30,4 | 2,6 | 1 | 79,0 |
| Kellerdecke | 112,5 | 0,63 | 0,5 | 35,4 |
| Dachschräge und Kehlbalkendecke | 133,8 | 0,45 | 0,8 | 48,2 |
| | A = 421,7 | | | $\sum c \cdot k \cdot A = 278{,}6$ |

Nach Gleichung (9.1) ist $k_m = 278{,}6/421{,}7 = 0{,}66 \text{ W}/(\text{m}^2 \cdot \text{K})$

Beurteilung: Der vorhandene Wert $k_m = 0{,}66 \text{ W}/(\text{m}^2 \cdot \text{K})$ ist nicht größer als der zulässige Wert $k_{m,max} = 0{,}67 \text{ W}/(\text{m}^2 \cdot \text{K})$, deshalb entspricht der Wärmeschutz den Anforderungen der Wärmeschutzverordnung (2.82).

**Nachweis nach der Bauteil-Methode**

Zulässiger Höchstwert der Wärmedurchgangskoeffizienten der Bauteile nach Tafel 9.3

Außenwand und Fenster je Geschoß: $k_{m.W+F}$ = 1,20 $\text{W}/(\text{m}^2 \cdot \text{K})$

Kellerdecke: $k_G$ = 0,55 $\text{W}/(\text{m}^2 \cdot \text{K})$

Dachschräge und Kehlbalkendecke $k_D$ = 0,30 $\text{W}/(\text{m}^2 \cdot \text{K})$

Vorhandene Wärmedurchgangskoeffizienten:

Außenwand und Fenster

im EG: $k_{m.W+F} = (0{,}8 \cdot 105{,}6 + 2{,}6 \cdot 23{,}4)/129{,}0 = 1{,}13 \text{ W}/(\text{m}^2 \cdot \text{K})$

im DG: $k_{m.W+F} = (0{,}8 \cdot 39{,}4 + 2{,}6 \cdot 7{,}0)/46{,}4 = 1{,}07 \text{ W}/(\text{m}^2 \cdot \text{K})$

Kellerdecke $k_G$: = 0,63 $\text{W}/(\text{m}^2 \cdot \text{K})$

Dachschräge bzw. Kehlbalkendecke: $k_D$: = 0,45 $\text{W}/(\text{m}^2 \cdot \text{K})$

Beurteilung: Der vorhandene Wert des Wärmedurchgangskoeffizienten der Kellerdecke $k_G = 0{,}63 \text{ W}/(\text{m}^2 \cdot \text{K})$ und der Dachschräge bzw. Kehlbalkendecke $k_D = 0{,}45 \text{ W}/(\text{m}^2 \cdot \text{K})$ ist größer als der jeweils zulässige Höchstwert. Der Wärmeschutz dieser Bauteile entspricht **nicht** den Anforderungen der Wärmeschutzverordnung. Der Wert $k_{m.W+F}$ von Außenwand und Fenster erfüllt die Forderungen.

## 9.2 Wärmeschutzverordnung (93)

Ziel der neuen, am 1. Januar 1995 in Kraft tretenden Wärmeschutzverordnung (93) ist, den Energieverbrauch zur Beheizung von Neubauten zu beschränken, indem der Jahres-Heizwärmebedarf der Gebäude begrenzt wird. Vorgegeben wird entweder ein auf das Bauwerksvolumen V oder auf die Gebäudenutzfläche A bezogener, maximal zulässiger Jahres-Heizwärmebedarf in $kWh/(m^3 \cdot a)$ bzw. $kWh/(m^2 \cdot a)$ in Abhängigkeit des Verhältnisses der Gebäudehüllfläche A zum Bauwerksvolumen V.

Nachfolgend werden einige immer wiederkehrende Begriffe definiert.

**Heizwärmebedarf eines Gebäudes.** Dies ist ein rechnerisch ermittelter Gebäude-Kennwert, der auf normierten Randbedingungen basiert.

**Heizenergiebedarf eines Gebäudes.** Bei dieser Größe werden die Umwandlungsverluste an Primärenergie, die zur Erzeugung des berechneten Heizwärmebedarfes erforderlich ist, berücksichtigt.

**Heizwärmeverbrauch eines Gebäudes.** Er entsteht bei der Beheizung des realen Gebäudes unter realen Randbedingungen und hängt somit sehr stark vom Nutzerverhalten und von den jährlich schwankenden Außentemperaturen ab.

Der Heizwärmebedarf eines Gebäudes nach DIN EN 832 (E 12.92) ist nicht identisch mit dem Norm-Wärmebedarf nach DIN 4701 „Regeln zur Berechnung der Wärmeleistung von Gebäuden", der zur Auslegung der Heizung dient.

### 9.2.1 Monatsbilanzenverfahren nach DIN EN 832 (E 12.92)

Das Verfahren nach DIN EN 832 (E 12.92) zur Ermittlung des Jahres-Heizwärmebedarfes eines Gebäudes basiert auf einer Energiebilanz aus Wärmeverlusten und -gewinnen in monatlichen Zeitabschnitten. Die Berechnungen beruhen auf der Annahme eines stationären Temperaturzustandes unter Berücksichtigung einer eingeschränkten Wärmespeicherfähigkeit der Bauteile durch den Nutzungsgrad $\eta_M$ solarer und interner Wärmegewinne im Monat M. Der Jahres-Heizwärmebedarf ergibt sich aus der Aufsummierung aller positiven Monatswerte, d. h. solcher Werte, bei denen die Wärmeverluste größer als die Wärmegewinne sind.

Bei der Beheizung von Räumen zur Aufrechterhaltung einer bestimmten Lufttemperatur stehen den Wärmeverlusten aus Wärmeleitung und Lüftung die solaren und internen Wärmegewinne und eventuell auch solchen aus Wärmerückgewinnungsanlagen gegenüber. Im Einzelnen sind bei der Ermittlung des Wärmebedarfes folgende Einflußgrößen zu beachten:

– Transmissionswärmeverluste infolge von Wärmeleitung in den Bauteilen und Wärmeübergang an Innen- und Außenoberflächen,

– Lüftungswärmeverluste beim Austausch warmer Raumluft durch kalte Außenluft,

– Gewinne aus der Sonnenstrahlung infolge von Strahlungstransmission durch strahlungsdurchlässige Bauteile,

– Interne Wärmegewinne aus der Raumbeleuchtung, dem Betrieb von elektrischen Geräten, Kochen und ähnlichem, sowie

– Gewinne aus Wärmerückgewinnungsanlagen, sofern vorhanden.

Nachfolgend werden die Grundgleichungen für die Bestimmung des Jahres-Heizwärmebedarfes eines Gebäudes nach DIN EN 832 (E 12.92) angegeben.

Der Heizwärmebedarf $Q_H$ einer Heizperiode wird als Summe der Monatswerte $Q_{H,M}$ berechnet, wobei nur Werte $Q_{H,M} > 0$ berücksichtigt werden.

Dann ist der Jahres-Heizwärmebedarf $Q_H$:

$$Q_H = \sum_M Q_{H,M} \quad \text{in kWh/a} \tag{9.5}$$

mit $\quad Q_{H,M} = (H_T + H_L) \cdot (\vartheta_{Li,m,M} - \vartheta_{La,m,M}) \cdot t - \eta_M \cdot (\Phi_{S,M} + \Phi_{I,M}) - Q_{WRG,M}$ (9.6)

Dabei bedeutet:

$H_T$      spezifischer Transmissionswärmebedarf in W/K
$H_L$      spezifischer Lüftungswärmebedarf in W/K
$\vartheta_{Li,m,M}$    mittlere Innentemperatur im Monat M
$\vartheta_{La,m,M}$   mittlere Außentemperatur im Monat M
$t$      Länge des Monats in h
$\eta_M$     Nutzungsgrad der solaren und internen Wärmegewinne im Monat M
$\Phi_{S,M}$    mittlerer solarer Wärmegewinn im Monat M
$\Phi_{I,M}$    interner Wärmegewinn, gemittelt über den Monat M
$Q_{WRG,M}$   Wärmerückgewinnung im Monat M

Als interne Wärmegewinne dürfen nach DIN EN 832 die in Tafel 9.6 angegebenen Durchschnittswerte für Berechnungen verwendet werden. Bei Annahme eines üblichen Wohnverhaltens kann pauschal mit einem durchschnittlichen internen Wärmegewinn von 4,5 $W/m^2$ gerechnet werden.

Wird zur Wärmerückgewinnung aus der Abluft ein Wärmetauscher eingesetzt, ist die wiedergewonnene Energie proportional zum Luftwechsel. Da auch der Lüftungswärmeverlust proportional zu ihm ist, muß die Wärmerückgewinnung $Q_{WRG,M}$ ebenso proportional zum Lüftungswärmeverlust ein. Mit der Einführung des Wärmerückgewinnungsgrades $\zeta_M$ für den Monat M kann die mit solchen Anlagen gewonnene und wieder verwertbare Energiemenge durch die Gleichung (9.7) in das Rechenschema eingeführt werden.

$$Q_{WRG,M} = \zeta_M \cdot H_L \cdot (\vartheta_{Li,m,M} - \vartheta_{La,m,M}) \cdot t \tag{9.7}$$

Von der Gleichung (9.6) ausgehend, kann der Jahres-Heizwärmebedarf unter Rückgriff auf Tabellen mit Monatswerten der Außenlufttemperatur und Strahlungsintensitäten des Gebäudestandortes ermittelt werden.

Tafel 9.6   Richtwerte für durchschnittliche interne Wärmegewinne verschiedener Wärmequellen nach DIN EN 832

| Wärmequelle | durchschnittliche Wärmeleistung in W |
|---|---|
| Bewohner ($N_p$ = Anzahl) | $65 \cdot N_p$ |
| Kochen | 100 |
| Technische Geräte:   Fernsehapparat | 25 |
|       Kühlschrank | 40 |
|       Kochherd | 20 |
|       Gefriertruhe | 70 |
|       Geschirrspülmaschine | 50 |
|       Waschmaschine | 35 |
|       Wäschetrockner | 20 |
| Beleuchtung:   Wohneinheit    $< 50\ m^2$ | 15 |
|       50 bis 100 $m^2$ | 30 |
|       $> 100\ m^2$ | 45 |

## 9.2.2 Jahres-Heizwärmebedarf nach Wärmeschutzverordnung (93)

Der Jahres-Heizwärmebedarf $Q_H$ eines Gebäudes setzt sich zusammen aus dem Transmissions- und Lüftungswärmebedarf $Q_T$ und $Q_L$ , verringert um den solaren und internen Wärmegewinn $Q_S$ und $Q_I$ , und wird nach folgender Gleichung ermittelt:

$$Q_H = 0,9 \cdot (Q_T + Q_L) - (Q_S + Q_I) \quad \text{in kW} \cdot \text{h/a} \tag{9.8}$$

Der Zahlenwert 0,9 in Gl. (9.8) ist ein Reduktionsfaktor für verbrauchverringernde Effekte, z.B. Nachtabsenkung, Teilbeheizung u.ä., die bei diesem einfachen Nachweisverfahren nicht in Ansatz gebracht werden.

Sowohl der Transmissionswärmebedarf als auch der Lüftungswärmebedarf eines Gebäudes hängen von der mittleren Temperaturdifferenz zwischen Raum- und Außenluft während der Heizperiode und von deren Dauer ab, also von der Heizgradtagezahl Gt des Gebäudestandortes.

Die Heizgradtagezahl wird bestimmt von der Grenztemperatur $\vartheta_x$ der Außenluft, bei der die Heizung im Herbst in Betrieb genommen und im Frühjahr abgestellt wird (Heizperiode), sowie von der mittleren Außenlufttemperatur am Standort während der Heizperiode. Die Heizgradtagezahl ist das Produkt aus der Zahl der Heiztage der Heizperiode und der Temperaturdifferenz zwischen der mittleren Raumlufttemperatur und der mittleren Außenlufttemperatur während dieser Zeit. In der Regel wird $\vartheta_x$ zu 15 °C angenommen. Bei Häusern mit einer extrem guten Wärmedämmung ist der Wert von $\vartheta_x$ niedriger.

Um im Nachweisverfahren der Wärmeschutzverordnung (93) einen vom Standort unabhängigen Wert des Jahres-Heizwärmbedarfes zu erhalten, wird in das Rechenverfahren die Heizgradtagezahl Gt = 3500 (k · d)/a eines mittleren, idealisierten Standortes in der Bundesrepublik Deutschland eingeführt.

Falls eine Wärmerückgewinnungsanlage zum Tragen kommt, wird deren Auswirkung auf den Jahres-Verbrauch durch einen Korrekturfaktor beim Lüftungswärmeverbrauch berücksichtigt.

### 9.2.2.1 Anwendungsbereich

Der Anwendungsbereich der WSchV(93) umfaßt alle beheizbaren Neubauvorhaben, sowie bauliche Änderungen bestehender Gebäude mit normalen Innentemperaturen, wenn diese um einen oder mehrere Räume erweitert oder einzelne Bauteile ganz oder teilweise erneuert werden.

Bei Neuplanungen hängt das Anforderungsniveau von der Nutzungsart des Gebäudes und den damit verbundenen Raumlufttemperaturen, teilweise auch von der voraussichtlichen Dauer des Heizungsbetriebes ab. Unterschieden wird bei den Raumlufttemperaturen zwischen den Bewertungen „normal" und „niedrig". Bei Gebäuden mit normalen Innentemperaturen wird eine Lufttemperatur von mindestens 19 °C vorausgesetzt, bei solchen mit niedrigen Innentemperaturen müssen die Temperaturwerte zwischen 19 °C und 12 °C liegen; diese Gebäude müssen außerdem mindestens 4 Wochen lang im Jahr beheizt werden.

Gebäude mit folgenden Nutzungen werden dem Bereich der normalen Innentemperaturen zugeordnet:

1. Wohngebäude,

2. Büro- und Verwaltungsgebäude,

3. Schulen, Bibliotheken,

4. Krankenhäuser, Altenwohnheime, Altenheime, Pflegeheime, Entbindungs- und Säuglingsheime, sowie Aufenthaltsgebäude in Justizvollzugsanstalten und Kasernen,

5. Gebäude des Gaststättengewerbes,

6. Waren- und sonstige Geschäftshäuser,

7. Betriebsgebäude, soweit sie nach ihrem üblichen Verwendungszweck auf Innentemperaturen von mindestens 19 °C beheizt werden,

8. Gebäude für Sport- und Versammlungszwecke, soweit sie nach ihrem üblichen Verwendungszweck auf Innentemperaturen von mindestens 15 °C und jährlich mehr als 3 Monate beheizt werden.

9. Gebäude, die eine nach den Nummern 1 bis 8 gemischte oder ähnliche Nutzung aufweisen.

Vom Anwendungsbereich der Wärmeschutzverordnung sind ausgenommen:

1. Traglufthallen, Zelte und Raumzellen sowie sonstige Bauten, die wiederholt aufgestellt und zerlegt werden und nicht mehr als 2 Heizperioden am jeweiligen Aufstellungsort beheizt werden

2. unterirdische Bauten zum Zwecke der Landesverteidigung, des Zivil- oder Katastrophenschutzes,

3. Werkstätten, Werk- und Lagerhallen, soweit sie nach ihrem üblichen Verwendungszweck großflächig und langanhaltend offengehalten werden müssen,

4. Unterglasanlagen und Kulturräume im Gartenbau.

### 9.2.2.2 Transmissionswärmeverlust $Q_T$

Für eine Heizperiode der Länge $t_H$ berechnet sich der Transmissionswärmeverlust $Q_T$ nach Gl. (9.9) bzw. mit der Heizgradtagezahl Gt nach Gl. (9.10).

$$Q_T = \sum_i (r_i \cdot k_i \cdot A_i) \cdot (\vartheta_{Li,m} - \vartheta_{La,m}) \cdot t_H \tag{9.9}$$

bzw. $\qquad Q_T = k_m \cdot A \cdot G_t \cdot f \quad$ in $k \cdot h/a$ $\hfill$ (9.10)

Dabei ist:

$r_i$     Temperaturreduktionsfaktor für das Bauteil i zur Berücksichtigung bauspezifischer Temperaturdifferenzen (s. Tafel 9.7)

$k_i$     Wärmedurchgangskoeffizient des Bauteils i in $W/(m^2 \cdot K)$

$A_i$     Fläche des Bauteils i in $m^2$

$\vartheta_{Li,m}$     Mittlere Raumlufttemperatur während der Heizperiode in °C

$\vartheta_{La,m}$     Mittlere Außenlufttemperatur während der Heizperiode in °C

$t_H$     Dauer der Heizperiode in h/a

$k_m$     mittlerer Wärmedurchgangskoeffizient nach Gl. (9.1) in $W/(m^2 \cdot K)$

$A$     Gebäudehüllfläche nach Gl. (9.2) in $m^2$

Gt     Heizgradtagezahl in $K \cdot d/a$

f     Umrechnungskoeffizient 0,024 $kW \cdot h/(W \cdot d)$ zur Umwandlung der Heizgradtage in Heizgradstunden und des Wärmestromes von W in kW.

Nach Gl. (9.9) ist der Transmissionswärmeverlust proportional der Temperaturdifferenz zwischen Innen- und Außenluft. Bei Bauteilen, die beheizte Räume der Temperatur $\vartheta_{Li}$ von unbeheizten der Temperatur $\vartheta_{La}'$ trennen, ist die Differenz zwischen den Temperaturen der beiderseits angrenzenden Luft wesentlich geringer als bei Bauteilen, die direkt an die Außenluft der Temperatur $\vartheta_{La}$ angrenzen. Damit die Gl. (9.9) auch diese Bauteile einschließt, wird die verringerte Temperaturdifferenz durch den Temperaturreduktionsfaktor $r = (\vartheta_{Li} - \vartheta_{La}')/(\vartheta_{Li} - \vartheta_{La})$ berücksichtigt.

Mit der in der Wärmeschutzverordnung festgelegten Heizgradtagezahl von Gt = 3500 $K \cdot d/a$ nimmt das Produkt Gt $\cdot$ f den Wert 84 $kW \cdot h \cdot K/(W \cdot a)$ an. Werden diese Festlegungen in

Tafel 9.7   Temperaturreduktionsfaktoren r zur Berücksichtigung bauspezifischer Temperaturdifferenzen

| Bauteil und Formelzeichen des Wärmedurchgangskoeffizienten | | Reduktions-faktor r |
|---|---|---|
| Dächer und Dachdeckenflächen | $k_D$ | 0,8 |
| Abseitenwände zum nicht wärmegedämmten Dachraum | $k_W$ | 0,8 |
| an das Erdreich grenzende Wände | $k_W$ | 0,5 |
| Wände gegen nicht beheizte Gebäudeteile | $k_{AB}$ | 0,5 |
| Decken über nicht beheizten Räumen | $k_G$ | 0,5 |
| an das Erdreich grenzende Decken beheizter Räume | $k_G$ | 0,5 |
| Wände zu unbeheizten Glasvorbauten | | |
|   mit Einfachverglasung | $k_{WG}$ | 0,7 |
|   mit Doppelverglasung | $k_{WG}$ | 0,6 |
|   mit Wärmeschutzverglasung ($k_V \leq 2{,}0$ W/(m$^2 \cdot$ K)) | $k_{WG}$ | 0,5 |

Gl. (9.10) übernommen, dann berechnet sich der jährliche Transmissionswärmeverlust nach der Zahlenwertgleichung

$$Q_T = 84 \cdot (k_W \cdot A_W + k_F \cdot A_F + 0{,}8 \cdot k_D \cdot A_D + 0{,}5 \cdot k_G \cdot A_G + k_{DL} \cdot A_{DL}$$
$$+ 0{,}5 \cdot k_{AB} \cdot A_{AB}) \quad \text{in kWh/a} \tag{9.11}$$

mit k in W/(m$^2 \cdot$ K) und A in m$^2$.

Bei anderen Bauteilen sind die in der Tafel 9.7 angegebenen Werte für r in die Gl. (9.11) zur Berechnung von $Q_T$ einzusetzen. Bei der Ermittlung der Einzelflächen $A_i$ der Bauteile ist nach den Festlegungen in Tafel 9.2 im Abschnitt 9.1 zu verfahren.

Wenn Rolladenkästen eingebaut werden, darf deren Wärmedurchgangskoeffizient nicht größer als 0,6 W/(m$^2 \cdot$ K) sein.

### 9.2.2.3   Lüftungswärmeverlust $Q_L$

Nach Abschn. 6.2 berechnet sich der Lüftungswärmeverlust eines Raumes, der durch den Austausch warmer Raumluft durch kalte Außenluft während einer Heizperiode der Dauer $t_H$ entsteht, wie folgt:

$$Q_L = c_p \cdot \rho_L \cdot n \cdot V_R \cdot (\vartheta_{Li,m} - \vartheta_{La,m}) \cdot t_H \tag{9.12}$$

bzw.     $$Q_L = c_p \cdot \rho_L \cdot n \cdot V_R \cdot Gt \cdot f \quad \text{in kW} \cdot \text{h/a} \tag{9.13}$$

Dabei ist:

$\rho_L$  Dichte der Luft in kg/m$^3$ (Bei 20 °C ist $\rho_L = 1{,}205$ kg/m$^3$)

$c_p$  spezifische Wärmekapazität der Luft ($c_p = 1005$ J/(kg · K) bzw. $c_p = 0.279$ W · h/(kg · K))

$n$  Luftwechselzahl in h$^{-1}$

$V_R$  Raumvolumen in m$^3$

$\vartheta_{Li,m}$  Mittlere Raumlufttemperatur während der Heizperiode in °C

$\vartheta_{La,m}$  Mittlere Außenlufttemperatur während der Heizperiode in °C

$t_H$  Dauer der Heizperiode in h/a

$Gt$  Heizgradtagezahl in K · d/a

$f$  Umrechnungskoeffizient 0,024 kW · h/(W · d) zur Umwandlung der Heizgradtage in Heizgradstunden und des Wärmestromes von W in kW

Werden die Zahlenwerte von $c_p$, $\rho_L$, Gt und f in Gl. (9.13) eingesetzt, erhält man folgende Zahlenwertgleichung:

$$Q_L = 0{,}279 \cdot 1{,}205 \cdot n \cdot V_R \cdot 84$$
$$Q_L = 0{,}34 \cdot n \cdot V_R \cdot 84$$

bzw.      $Q_L = 28{,}56 \cdot n \cdot V_R$   in $kW \cdot h/a$                              (9.14)

Im Nachweisverfahren der Wärmeschutzverordnung wird das Volumen $V_R$ der einzelnen Räume nicht ermittelt, sondern zur Berechnung des Lüftungswärmeverlustes das anrechenbare Luftvolumen $V_L$ des Gebäudes eingeführt. Es ist wie folgt definiert:

$$V_R = V_L = 0{,}8 \cdot V \tag{9.15}$$

mit V als das von der Gebäudehüllfläche A eingeschlossene Volumen (s. Abschn. 9.1.1). Nach der Wärmeschutzverordnung berechnet sich der Lüftungswärmeverlust zu

$$Q_L = 0{,}34 \cdot n \cdot 0{,}8 \cdot V \cdot Gt \cdot f$$

bzw.      $Q_L = 22{,}85 \cdot n \cdot V$   in $kW \cdot h/a$                              (9.16)

Beim Nachweis des Jahres-Heizwärmebedarfes nach der Wärmeschutzverordnung (93) wird zwischen den drei folgenden Situationen unterschieden: Luftwechsel im Gebäude ohne und mit mechanisch betriebener Lüftungsanlage bzw. letzteres kombiniert mit einer Wärmerückgewinnung.

**A Lüftungswärmeverlust ohne mechanisch betriebene Lüftungsanlage**

Wenn keine mechanisch betriebene Lüftungsanlage vorhanden ist, wird der aus hygienischen Gründen vorausgesetzte Mindestluftwechsel mit einer Luftwechselzahl $n = 0.8 \ h^{-1}$ in die Berechnung eingeführt. Für diese Situation ergibt sich ein Lüftungswärmeverlust von

$$Q_L = 22{,}85 \cdot 0{,}8 \cdot V = 18{,}28 \cdot V \quad \text{in } kW \cdot h/a \tag{9.17}$$

**B Lüftungswärmeverlust mit mechanisch betriebener Lüftungsanlage ohne Wärmerückgewinnung**

Durch eine Regeleinrichtung muß sich vom Nutzer eine Luftwechselzahl von mindestens $0{,}3 \ h^{-1}$ und höchstens $0{,}8 \ h^{-1}$ einstellen lassen. Der rechnerische Lüftungswärmeverlust beträgt dann

$$Q_L = 0{,}95 \cdot 18{,}25 \cdot V = 17{,}36 \cdot V \quad \text{in } kW \cdot h/a \tag{9.18}$$

**C Lüftungswärmeverlust mit mechanisch betriebener Lüftungsanlage mit Wärmerückgewinnung**

In diesem Fall wird gefordert, daß der zeitliche Mittelwert des Außenluftwechsels sich zwischen $0{,}5 \ h^{-1}$ und $1{,}0 \ h^{-1}$ regeln läßt und daß mindestens 60 % der Wärmeenergie aus der Differenz des Wärmeinhaltes zwischen Fort- und Zuluftvolumenstrom zurückgewonnen wird, wobei eine Kühlung der Zuluft unter Einsatz elektrischer oder aus fossilen Brennstoffen gewonnener Energie nicht zulässig ist. Bei Wärmerückgewinnungsanlagen ohne Wärmepumpe muß je kWh aufgewendete elektrische Arbeit mindestens 5,0 kWh, bei Anlagen mit Wärmepumpe mindestens 4,0 kWh nutzbare Wärme abgegeben werden. Bei diesen Randbedingungen berechnet sich der Lüftungswärmeverlust zu:

$$Q_L = 0{,}8 \cdot 18{,}25 \cdot V = 14{,}6 \cdot V \quad \text{in } kW \cdot h/a \tag{9.19}$$

### 9.2.2.4  Solare Wärmegewinne $Q_S$

Wegen der Transparenz der Fensterverglasung gelangt ein Teil der auf die Scheiben auftreffenden Sonnenstrahlung in das Gebäudeinnere und trägt zur Erwärmung der Raumluft bei. Diese Energiezufuhr hängt vom Gesamtenergiedurchlaßgrad der Verglasung, von der Intensität der Sonnenstrahlung und der Fensterorientierung ab (s. Abschn. 5.4.2). Der beim solaren Wärmegewinn auftretende Wärmestrom $\Phi$ ist:

$$\Phi = g_j \cdot (1 - f_R) \cdot A_{F.j} \cdot I_j \tag{9.20}$$

Die Größen in Gl. (9.20) haben folgende Bedeutung:

$g_j$    Gesamtenergiedurchlaßgrad der Verglasung in der Himmelsrichtung j
$f_R$    Rahmenanteil des Fensters
$A_{F,j}$    Fensterfläche (Rohbaumaß in der Himmelsrichtung j
$I_j$    Strahlungsintensität aus der Himmelsrichtung j

Durch Aufsummierung der Sonnenenergie über die Heizperiode erhält man den solaren
Wärmegewinn während dieser Zeitspanne zu

$$Q_S = \sum_j g_j \cdot (1 - f_R) \cdot A_{F,j} \cdot I_{J,j} \qquad (9.21)$$

mit $I_{J,j}$ als mittlere, jährliche Strahlungsintensität aus der Himmelsrichtung j. Damit kann
der solare Wärmegewinn in Gl. (9.8) eingebracht werden. Abweichend von DIN EN 832
(E 12.92) ermöglicht das Nachweisverfahren zur Bestimmung des Jahres-Heizwärmebedarfes nach der Wärmeschutzverordnung (93), als Alternative den solaren Wärmegewinn durch
den äquivalenten Wärmedurchgangskoeffizienten $k_{eq,F}$ (s. Abschn. 5.4.4) zu berücksichtigen. In diesem Fall wird in Gl. (9.11) der Wärmedurchgangskoeffizient $k_F$ des Fensters
durch die Größe $k_{eq,F}$ ersetzt. Bei dieser Vorgehensweise entfällt in Gl. (9.8) die Größe $Q_f$.

**A Berechnung der solaren Wärmegewinne aus der Gesamtstrahlung**

Entsprechend der einzelnen Fenster i der Orientierung j wird der solare Wärmegewinn nach
folgender Gleichung berechnet:

$$Q_S = \sum_{i,j} 0{,}46 \cdot g_i \cdot A_{F,i,j} \cdot I_j \qquad (9.22)$$

Im Zahlenfaktor 0,46 ist ein mittlerer Nutzungsgrad und die Abminderung der Glasfläche
durch den Fensterrahmen bis maximal 40 % sowie eine Teilverschattung enthalten. Bei
größeren Rahmenanteilen ist die Gl. (9.22) nicht mehr anwendbar.

Für die himmelsrichtungsabhängige Strahlungsmenge $I_j$ sind nach der Wärmeschutzverordnung (93) folgende Werte in Gl. (9.22) einzusetzen:

$$I_S = 400 \text{ kWh/(m}^2\cdot\text{a)} \quad \text{für Südorientierung}$$

$$I_{W/O} = 275 \text{ kWh/(m}^2\cdot\text{a)} \quad \text{für West- und Ostorientierung}$$

$$I_N = 160 \text{ kWh/(m}^2\cdot\text{a)} \quad \text{für Nordorientierung}$$

Unter Fensterorientierung ist eine Abweichung der Himmelsrichtung von nicht mehr als
45° von der Senkrechten auf die Fensterflächen zu verstehen. In den Grenzfällen NO, NW,
SO und SW gilt jeweils der kleinere Wert für $I_j$.

Fenster in Dachflächen mit einer Neigung von weniger als 15° sind wie Fenster mit West-
und Ostorientierung zu behandeln.

Bei überwiegender Beschattung der Fenster ist in allen Himmelsrichtungen der Wert $I_N$ anzusetzen.

Der solare Wärmegewinn darf in der Gl. (9.22) nur bis zu einer Fensterfläche von höchstens $^2/_3$ der dazugehörigen Wandfläche berücksichtigt werden.

**B Berücksichtigung der solaren Wärmegewinne durch den äquivalenten Wärme-**
   **durchgangskoeffizienten $k_{eq,F}$**

Um Solargewinne durch Verglasungen als konstruktionsspezifische Größe der Fenster berücksichtigen zu können, wurde für diese der äquivalente Wärmedurchgangskoeffizient $k_{eq,F}$ nach
Gl. (5.7) im Abschn. 5.4.4 definiert. Er ist um so kleiner, je größer der Gewinn an Strahlungs-

energie ist. Der Wert von $k_{eq,F}$ wird dann in Gl. (9.11) an Stelle des Wärmedurchgangskoeffizienten $k_F$ der Fenster eingesetzt, der Term für $Q_I$ in Gl. (9.8) entfällt in diesem Fall.

$$k_{eq,F} = k_F - g \cdot S_{F,j}$$

g ist der Gesamtenergiedurchlaßgrad der Verglasung und $S_{F,j}$ der Koeffizient für solare Wärmegewinne in $W/(m^2 \cdot K)$ der Himmelsrichtung j. Für ihn sind je nach Fensterorientierung folgende Werte in die Gleichung zur Berechnung von $k_{eq,F}$ einzusetzen:

$$S_{F,S} \quad = 2{,}40 \; W/(m^2 \cdot K) \quad \text{für Südorientierung}$$

$$S_{F,W/O} = 1{,}65 \; W/(m^2 \cdot K) \quad \text{für West- und Ostorientierung}$$

$$S_{F,N} \quad = 0{,}90 \; W/(m^2 \cdot K) \quad \text{für Nordorientierung}$$

Für Orientierung und Beschattung der Fensterflächen gelten dieselben Regeln wie beim solaren Wärmegewinn aus der Gesamtstrahlung. Bei Dachfenstern mit einer Neigung $\leq 15°$ ist mit dem Zahlenwert von $S_{F,W/O}$ zu rechnen.

Für Fertighäuser kann, wenn der spätere Standort des Gebäudes noch unbekannt ist, der Nachweis unter Annahme einer West-/Ostorientierung für alle Fensterflächen geführt werden.

Weiterhin wird festgelegt, daß solare Wärmegewinne nur bis zu einem Fensteranteil von höchstens ⅔ der Wandfläche im Nachweisverfahren mittels des äquivalenten Wärmedurchgangskoeffizienten $k_{eq,F}$ berücksichtigt werden dürfen. Für darüber hinausgehenden Fensterflächen wird in die Gl. (9.11) der Transmissionswärmeverlust mit dem Wärmedurchgangskoeffizient $k_F$ der Fenster berechnet.

### 9.2.2.5  Interne Wärmegewinne $Q_I$

Bei der Nutzung von Gebäuden entsteht auch Wärme durch den Betrieb von Elektrogeräten, durch künstliche Beleuchtung, durch anwesende Menschen, beim Kochen usw. Diese Energiemengen tragen aber auch dazu bei, die Raumluft zu erwärmen, sie wird folgerichtig als Energiebeitrag in das Nachweisverfahren der Wärmeschutzverordnung (93) einbezogen. Da die Wärmeabgabe dieser Wärmequellen sich sowohl im Laufe eines Tages als auch im Laufe eines Jahres ändert, muß für das Nachweisverfahren auf pauschalierte Jahreswerte zurückgegriffen werden. In der DIN EN 832 wird für diesen Fall empfohlen, bei üblichem Wohnverhalten mit dem Wert 4,5 $W/m^2$ zu rechnen.

Der mittlere Wärmegewinn aus internen Wärmequellen wird in dem Nachweisverfahren durch folgenden Ansatz berücksichtigt:

$$Q_I = Q_{I,Pers} + Q_{I,abs} = \xi_A \cdot A_N \quad \text{in } kW \cdot h/a \tag{9.23}$$

$Q_{I,pers}$    personenbezogene interne Wärmegewinne (Personenwärme, Elektrowärme am Arbeitsplatz usw.)
$Q_{I,abs}$    personenunabhängige interne Wärmegewinne (Elektrogeräte, Haushalt, Beleuchtung usw.)
$\xi_A$    flächenbezogener Richtwert für interne Wärmegewinne
$A_N$    Gebäudenutzfläche

Nach der Wärmeschutzverordnung (93) wird die Gebäudenutzfläche aus dem Bauwerksvolumen berechnet:

$$A_N = 0{,}32 \cdot V \tag{9.24}$$

Mit dem in der Wärmeschutzverordnung angegebenen Zahlenwert von $\xi_A = 25 \; kW \cdot h/(m^2 \cdot a)$ und der Definition der Gebäudenutzfläche nach Gl. (9.24) wird der anrechenbare, interne Wärmegewinn nach folgender Zahlenwertgleichung ermittelt:

$$Q_I = 25 \cdot A_N = 8 \cdot V \quad \text{in } kW \cdot h/a \tag{9.25}$$

## Büro- und Verwaltungsgebäude

In Büro- und Verwaltungsgebäuden ist Personendichte größer als in Wohnbauten und folglich auch der interne Wärmegewinn größer als bei diesen. Daher wird hier der interne Wärmegewinn höher als in Gl. (9.25) angesetzt. Er darf mit folgendem Betrag im Nachweisverfahren angesetzt werden:

$$Q_I = 1{,}25 \cdot 8 \cdot V = 10 \cdot V \quad \text{in kW} \cdot \text{h/a} \tag{9.26}$$

Lüftungswärmeverluste sind hierbei grundsätzlich nach Gl. (9.17) zu berechnen, auch dann, wenn eine geregelte Lüftungsanlage ohne oder mit Wärmerückgewinnung vorgesehen ist.

Tafel 9.8   Einteilung der Gebäude nach Nutzung und Anforderung nach WSchV(93)

| Gebäudenutzung bzw. bauliche Änderungen | | |
|---|---|---|
| Gebäude mit normalen Innentemperaturen $\vartheta_{Li} \geq 19\,°C$ | Gebäude mit niedrigen Innentemperaturen $19\,°C > \vartheta_{Li} \geq 12\,°C$ und jährlich mehr als 4 Monate beheizt | Bauliche Änderungen bestehender Gebäude $\vartheta_{Li} \geq 19\,°C$ bzw. $19\,°C > \vartheta_{Li} \geq 12\,°C$ und jährlich mehr als 4 Monate beheizt |
| **Bewertungsgröße: Jahres-Heizwärmebedarf** | **Bewertungsgröße: Jahres-Heizwärmebedarf** | **Bewertungsgröße: Maximaler Wärmedurchgangskoeffizient** |
| Nachweis nach Abschn. 9.3.1 | Nachweis nach Abschn. 9.3.2 | Nachweis nach Abschn. 9.3.3 |
| **Fenster und Fenstertüren** | | |
| Doppelverglasung [1]) verlangt Wenn Heizkörper vor Verglasungen stehen, muß $k_F \leq 1{,}5$ W/(m²·K) sein | Bei Einfachverglasung muß mit $k_F = 5{,}2$ W/(m²·K) gerechnet werden | $k_F \leq 1{,}8$ W/(m²·K) Wenn Heizkörper vor Verglasungen stehen, muß $k_F \leq 1{,}5$ W/(m²·K) sein |
| **Heizkörper** | | |
| Im Bereich der Heizkörper darf der Wärmeschutz der Außenwand nicht schlechter sein als im Bereich der restlichen Außenwände. Vor Verglasungen aufgestellte Heizkörper müssen rückseitig mit einer nicht demontierbaren oder mit einer integrierten Abdeckung versehen werden, deren Wärmedurchgangskoeffizient nicht größer als 0,9 W/(m²·K) sein darf. | | |
| **Flächenheizung** | | |
| Bei Bauteilen gegen das Freie, gegen das Erdreich oder gegen nicht beheizte Räume, darf der Wärmedurchgangskoeffizient des Bauteils den Wert 0,35 W/(m²·K), von der Heizfläche an in Richtung des Wärmestromes gerechnet, nicht überschreiten. | | |
| **Dichtheit** | | |
| Bauteile der wärmeübertragenden Umfassungsfläche müssen luftdicht sein. Eventuell vorhandene Fugen sind entsprechend dem Stand der Technik luftundurchlässig abzudichten. Anforderungen an Fugendurchlaßkoeffizenten: s. Abschn. 9.2.3.4 | | |
| **RLT-Anlage mit Luftkühlung und Gebäude mit einem Fensterflächenanteil von 50 % je zugehöriger Fassade oder mehr** | | |
| Um den Energiedurchgang bei Sonneneinstrahlung zu begrenzen, muß für jede Fassade $(g_F \cdot f) \leq 0{,}25$ sein. Ausgenommen hiervon sind nach Norden orientierte oder ganztägig beschattete Fenster. Der Abminderungsfaktor z der Sonnenschutzvorrichtung muß $\leq 0{,}5$ sein. | | |

[1]) Großflächige Verglasungen, z. B. Schaufensteranlagen, sind von dieser Forderung ausgenommen, wenn sie nutzungsbedingt erforderlich sind.

### 9.2.3 Nachweisverfahren nach Wärmeschutzverordnung (93)

Beim Nachweis des ausreichenden Wärmeschutzes eines Gebäudes ist die Bewertungsgröße bei lichten Raumhöhen bis zu 2,6 m der auf die Gebäudenutzfläche $A_N$, bei lichten Raumhöhen von mehr als 2,6 m der auf das Bauwerksvolumen V bezogene Jahres-Heizwärmebedarf.

Bei neu zu erstellenden Gebäuden wird diese Bewertungsgröße in Abhängigkeit des Flächen-Volumen-Verhältnisses A / V (s. Abschn. 9.1.1) begrenzt.

Werden bei bestehenden Gebäuden Bauteile erneuert oder ersetzt, dann dürfen vorgegebene Maximalwerte der Wärmedurchgangskoeffizienten nicht überschritten werden.

Eine Zusammenstellung der Anforderungen befindet sich in Tafel 9.8.

#### 9.2.3.1 Anforderungen zur Begrenzung des Jahres-Heizwärmebedarfes bei Gebäuden mit normalen Temperaturen

Für den Nachweis des ausreichenden Wärmeschutzes muß der Jahres-Heizwärmebedarf $Q_H$ nach Gl. (9.8) bestimmt und dann, je nach Raumhöhe, auf das beheizte Bauwerksvolumen V oder auf die Gebäudenutzfläche $A_N$ bezogen werden. Der so berechnete Wert $Q_H' = Q_H/V$ in $kW \cdot h/(m^3 \cdot a)$ oder $Q_H'' = Q_H/A_N$ in $kW \cdot h/(m^2 \cdot a)$ darf den in Tafel 9.9 in Abhängigkeit von A / V angegebenen oder den nach Gl. (9.27) bzw. (9.28) ermittelten Wert nicht übersteigen.

Tafel 9.9  Maximaler Jahres Heizwärmebedarf, bezogen auf das beheizte Bauwerksvolumen V oder auf die Gebäudenutzfläche AN in Abhängigkeit von A/V

| $A/V$ in $m^{-1}$ | $\leq 0,20$ | 0,30 | 0,40 | 0,50 | 0,60 | 0,70 | 0,80 | 0,90 | 1,00 | $\geq 1,05$ |
|---|---|---|---|---|---|---|---|---|---|---|
| $Q_H'$ in $kWh/(m^3 \cdot a)$ | 17,3 | 19,0 | 20,7 | 22,5 | 24,2 | 25,9 | 27,7 | 29,4 | 31,1 | 32,0 |
| $Q_H''$ in $kWh/(m^2 \cdot a)$ | 54,0 | 59,4 | 64,8 | 70,2 | 75,6 | 81,1 | 86,5 | 91,9 | 97,3 | 100,0 |

Für $0,2 \leq A/V \leq 1,05$ gilt:

$$Q_H' = 13,82 + 17,32 \cdot (A/V) \quad \text{in } kWh/(m^3 \cdot a) \tag{9.27}$$

$$Q_H'' = Q_H'/0,32 \quad \text{in } kWh/(m^2 \cdot a) \tag{9.28}$$

A ist in $m^2$ und V in $m^3$ einzusetzen.

**Vereinfachtes Verfahren für kleine Wohngebäude**

In der Wärmeschutzverordnung (2.82) ist es grundsätzlich zulässig, als Alternative zum mittleren Wärmedurchgangskoeffizienten $k_m$ der Gebäudehülle, den ausreichenden Wärmeschutz dadurch nachzuweisen, daß ein für die einzelne Bauteile vorgegebener, maximaler Wärmedurchgangskoeffizient nicht überschritten wird (s. Abschn. 9.1.2). Auch in der Wärmeschutzverordnung (93) ist dieses relativ einfache Nachweisverfahren aufgenommen worden. Es ist allerdings auf kleine Wohngebäude mit nicht mehr als 2 Vollgeschossen und nicht mehr als 3 Wohneinheiten beschränkt. Die Anforderungen an den Wärmeschutz gelten als erfüllt, wenn die Wärmedurchgangskoeffizienten der von der Umfassungsfläche erfaßten Bauteile die in Tafel 9.10 angegebenen Maximalwerte nicht übersteigen.

Tafel 9.10    Maximal zulässige Wärmedurchgangskoeffizienten einzelner Bauteile der wärmeübertragenden Umfassungsfläche A kleiner Wohngebäude

| Bauteil | maximal zulässiger Wärmedurchgangskoeffizient $k_{max}$ in $W/(m^2 \cdot K)$ |
|---|---|
| Außenwände | $k_W \leq 0{,}50$ [1]) |
| Außenliegende Fenster und Fenstertüren sowie Dachfenster | $k_{m,eq.F} \leq 0{,}70$ [2]) |
| Decken unter nicht ausgebauten Dachräumen und Decken (einschließlich Dachschrägen), die Räume nach oben und unten gegen die Außenluft abgrenzen | $k_D \leq 0{,}22$ |
| Kellerdecken, Wände und Decken gegen unbeheizte Räume sowie an das Erdreich grenzende Wände | $k_G \leq 0{,}35$ |

[1]) Die Anforderung gilt auch als erfüllt für 365 mm dickes Mauerwerk aus einem Baustoff mit einer Wärmeleitfähigkeit von 0,21 $W/(m \cdot K)$.

[2]) Der mittlere äquivalente Wärmedurchgangskoeffizient $k_{m,eq.F}$ ist ein über alle außenliegende Fenster und Fenstertüren sowie Dachfenster gemittelter Wert bei Erfassung der solaren Wärmegewinne nach Abschnitt 9.2.2.4.

## Reihenhäuser

Bei aneinandergereihten Gebäuden ist der Nachweis des ausreichenden Wärmeschutzes für jedes Gebäude einzeln zu führen. Hierbei werden Gebäudetrennwände als wärmeundurchlässig angenommen und bei der Ermittlung von A und A/V nicht berücksichtigt. Dies gilt auch für die angrenzenden Trennwände, wenn ein bestehendes Gebäude um einen beheizten Raum erweitert wird (s. Abschn. 9.2.3.3).

Beim Reihenmittelhaus mit zwei Trennwänden gilt zusätzlich die Forderung, daß für die Fassadenfläche der Mittelwert des Wärmedurchgangskoeffizienten aus Außenwand und Fenster nicht größer als

$$k_{m. W + F} = 1{,}0 \ W/(m^2 \cdot K)$$

sein darf.

Diese Anforderung ist auch bei gegeneinander versetzten Gebäuden einzuhalten, wenn der Anteil der gemeinsamen Trennwand 50 % und mehr der ganzen Trennwand ist. Ist die Nachbarbebauung nicht gesichert, müssen die Trennwände den Mindestwärmeschutz nach DIN 4108 für Außenwände aufweisen.

## Geschlossene, nicht beheizte Glasvorbauten.

Im Bereich der Glasvorbauten dürfen die äquivalenten Wärmedurchgangskoeffizienten $k_{eq. F}$ der Fenster, Fenstertüren und Außentüren sowie die der Außenwände mit den Temperatur-Reduktionsfaktoren der Tafel 9.11 kombiniert werden.

Tafel 9.11    Temperatur-Reduktionsfaktoren bei Glasvorbauten

| Bauteil | Fenster, Fenstertüren, Außentüren mit | | | Außenwände |
|---|---|---|---|---|
| | Einfachverglasung | Isolierverglasung | Wärmeschutzglas $k_V \leq 2{,}0 \ W/(m^2 \cdot K)$ | |
| Reduktions-faktor | 0,70 | 0,60 | 0,50 | 0,50 |

### 9.2.3.2   Anforderungen zur Begrenzung des Jahres-Transmissionswärmebedarfes bei Gebäuden mit niedrigen Temperaturen

Bei Gebäuden mit niedrigen Innentemperaturen wird nur der Jahres-Transmissionswärmebedarf ohne Berücksichtigung des Lüftungswärmebedarfes, der solaren und der inneren Wärmegewinne, ermittelt. Er wird nach folgender Gl. berechnet:

$$Q_T = 30 \cdot (k_W \cdot A_W + k_F \cdot A_F + 0,8 \cdot k_D \cdot A_D + 0,5 \cdot k_G \cdot A_G + k_{DL} \cdot A_{DL} + 0,5 \cdot k_{AB} \cdot A_{AB}) \quad \text{in kWh/a} \tag{9.29}$$

Der nach Gl. (9.29) bestimmte Jahres-Transmissionswärmebedarf wird auf das beheizte Bauwerksvolumen V bezogen. Der so berechnete Wert $Q_T' = Q_T/V$ in kWh/($m^3 \cdot$ a) darf den in Tafel 9.12 angegebenen oder den nach Gl. (9.30) in Abhängigkeit von A/V ermittelten Wert nicht überschreiten.

Tafel 9.12   Maximaler Jahres-Heizwärmebedarf, bezogen auf das beheizte Bauwerksvolumen V

| A/V in $m^{-1}$ | ≤ 0,20 | 0,30 | 0,40 | 0,50 | 0,60 | 0,70 | 0,80 | 0,90 | ≥ 1,00 |
|---|---|---|---|---|---|---|---|---|---|
| $Q_T'$ in kWh/($m^3 \cdot$ a) | 6,20 | 7,80 | 9,40 | 11,00 | 12,60 | 14,20 | 15,80 | 17,40 | 19,00 |

Für 0,2 ≤ A/V ≤ 1,0 gilt:

$$Q_T' = 3,0 + 16 \cdot (A/V) \quad \text{in kWh/}(m^3 \cdot a) \tag{9.30}$$

A ist in $m^2$ und V in $m^3$ einzusetzen.

### Decken beheizter Räume gegen Erdreich

Bei Decken **ohne Wärmedämmung** wird $k_G = 2,0$ W/($m^2 \cdot$ K) gesetzt, für die Berechnung von $Q_T$ nach Gl. (9.29) werden die Temperatur-Reduktionsfaktoren der Tafel 9.13 entnommen. Bei Decken **mit Wärmedämmung** ist der Wärmedurchgangskoeffizient rechnerisch zu bestimmen, zur Berechnung des Jahres-Transmissionswärmebedarfes gelten die Reduktionsfaktoren nach Tafel 9.7.

Tafel 9.13   Temperatur-Reduktionsfaktoren der Wärmedurchgangskoeffizienten kG für Decken gegen das Erdreich

| $A_G$ in $m^2$ | ≤ 100 | 500 | 1000 | 1500 | 2000 | 2500 | 3000 | 5000 | ≥ 8000 |
|---|---|---|---|---|---|---|---|---|---|
| Temperatur-Reduktionsfaktoren | 0,50 | 0,29 | 0,23 | 0,20 | 0,18 | 0,17 | 0,16 | 0,14 | 0,12 |

Für 100 ≤ $A_G$ ≤ 8000 mit $A_G$ in $m^2$ gilt: $f_G = 2,33 / \sqrt[3]{A_G}$

### 9.2.3.3   Anforderungen bei baulichen Änderungen bestehender Gebäude

Werden bereits bestehende Gebäude erweitert oder es werden bei Umbauten neue Bauteile eingebaut oder andere erneuert, sind folgende Festlegungen zu beachten:

### A Erweiterung eines Gebäudes

Bei Erweiterung eines Gebäudes um mindestens einen beheizten Raum oder um mehr als 10 $m^2$ zusammenhängende, beheizte Gebäudenutzfläche sind für den neuen Gebäudeteil die Anforderungen der Tafel 9.8 für Gebäude mit normalen oder niedrigen Innentemperaturen einzuhalten.

## B Erneuerung oder Ersatz von Bauteilen

Werden beheizten Gebäuden nachfolgend aufgezählte Bauteile erstmalig eingebaut, ersetzt oder erneuert, (wobei deren Anteil an der Gesamtfläche des Bauteils mehr als 20 % betragen muß), sind die in Tafel 9.14 genannten Anforderungen einzuhalten.

1. Außenwände

2. Außenliegende Fenster, Fenstertüren und Dachfenster

3. Decken unter nicht ausgebauten Dachräumen, Dachschrägen und Decken, die beheizte Räume nach oben oder unten gegen die Außenluft abgrenzen

4. Kellerdecken

5. Wände oder Decken gegen unbeheizte Räume

Unter Erneuerung sind folgende Maßnahmen zu verstehen:

Bei Außenwänden:

a) Bekleidungen in Form von Platten oder plattenartigen Bauteilen oder Verschalungen sowie Mauerwerks-Vorsatzschalen werden angebracht.

b) Bei beheizten Räumen werden auf der Innenseite der Außenwände Bekleidungen oder Verschalungen aufgebracht oder Dämmschichten eingebaut.

Bei Decken nach den Ziffern 3 bis 5 der obigen Aufzählung:

a) Dachhaut und eventuell darunter vorhandene Dachschalung werden ersetzt.

b) Bekleidungen in Form von Platten oder plattenartigen Bauteilen (sofern nicht unmittelbar angemauert, angemörtelt oder geklebt) oder Verschalungen werden angebracht oder Dämmschichten eingebaut.

Tafel 9.14    Maximal zulässige Wärmedurchgangskoeffizienten bei erstmaligem Einbau, Ersatz und bei Erneuerung von Bauteilen beheizter Gebäude [1]

| Bauteil | max. Wärmedurchgangskoeffizient $k_{max}$ in $W/(m^2 \cdot K)$ [2] | |
| --- | --- | --- |
| | $\vartheta_{Li} \leq 19\,°C$ | $12\,°C < \vartheta_{Li} < 19\,°C$ |
| Außenwände<br>– allgemein<br>– mit Außendämmung als Erneuerungsmaßnahme | $k_W \leq 0.50$ [3]<br>$k_W \leq 0.40$ | $k_W \leq 0,75$<br>– |
| Fenster, Fenstertüren, Dachfenster | $k_F \leq 1.8$ | – |
| Decken unter nicht ausgebauten Dachräumen, Dachschrägen und Decken, die Räume nach oben und nach unten gegen die Außenluft abgrenzen | $k_D \leq 0.30$ | $k_D \leq 0,40$ |
| Kellerdecken. Decken und Wände gegen unbeheizte Räume sowie Decken und Wände die an das Erdreich grenzen | $k_G \leq 0.50$ | – |

[1] Auf das Einhalten der Anforderung kann dann verzichtet werden, wenn im Einzelfall die aufzuwendenden Mittel in keinem Verhältnis zu der noch zu erwartenden Nutzungsdauer des Gebäudes stehen.

[2] Der Wärmedurchgangskoeffizient kann unter Berücksichtigung vorhandener Bauteilschichten ermittelt werden.

[3] Die Anforderung gilt als erfüllt für ein Mauerwerk der Dicke 365 mm aus Baustoffen einer Wärmeleitfähigkeit von $\leq 0,21$ W/(m · K).

### 9.2.3.4  Anforderungen an die Dichtheit von Fenster- und Türfugen

Zur Begrenzung der Lüftungswärmeverluste über die Fugen von Fenstern, Fenstertüren und Außentüren dürfen deren Fugendurchlaßkoeffizienten die in Tafel 9.15 angegebenen Werte nicht überschreiten.

Ohne weiteren Nachweis durch ein Prüfzeugnis dürfen nachstehende Werte der Fugendurchlaßkoeffizienten als gegeben angenommen werden:

Bei allen Fensterkonstruktionen mit umlaufender, alterungsbeständiger, leicht auswechselbarer und weichfedernder Dichtung in der Fuge:

$$a \leq 1{,}0 \; m^3/(m \cdot h \cdot (daPa)^{2/3})$$

Bei Holzfenstern mit Profilen nach DIN 68 121 – Holzfenster-Profile – ohne Dichtung in den Fugen:

$$1{,}0 \leq a \leq 2{,}0 \; m^3/(m \cdot h \cdot (daPa)^{2/3})$$

Andere leicht regulierbare Lüftungseinrichtungen sind zulässig, wenn sie im geschlossenen Zustand die Forderungen der Tafel 9.14 erfüllen.

Tafel 9.15   Zulässige Fugendurchlaßkoeffizienten von Fenstern, Fenstertüren und Außentüren

| Innen-temperaturen | Anzahl der Geschosse | zulässige Fugendurchlaßkoeffizienten in $m^3/(m \cdot h \cdot (daPa)^{2/3})$ | | |
| --- | --- | --- | --- | --- |
| | | Fenster und Fenstertüren | Außentüren | RLT-Anlagen |
| normal | 1 und 2 Vollgeschosse | $\leq 2{,}0$ | $\leq 2{,}0$ | $\leq 1{,}0$ |
| | mehr als 2 Vollgeschosse | $\leq 1{,}0$ | – | $\leq 1{,}0$ |
| niedrig | allgemein | $\leq 2{,}0$ | – | – |

## 9.2.4  Anwendungsbeispiel

Ein 5-geschossiges Altenwohnheim mit nebenstehendem Grundriß weist die untengenannten Gebäudedaten auf:

Von der Hüllfläche umschlossenes Volumen:
$V = 9660 \; m^3$

Wärmeübertragende Hüllfläche:
$A = 3688 \; m^2$

Verhältnis der Hüllfläche zum Bauwerksvolumen:
$A/V = 0{,}38 \; m^{-1}$

Anrechenbares Luftvolumen $V_L$ nach Gl. (9.15):
$V_L = 0{,}8 \cdot V = 7728 \; m^3$

Gebäudenutzfläche $A_N$ nach Gl. (9.24):
$A_N = 0{,}32 \cdot V = 3091 \; m^2$

Nachfolgend wird der Transmissions- und Lüftungswärmeverlust sowie der solare und interne Wärmegewinn berechnet.

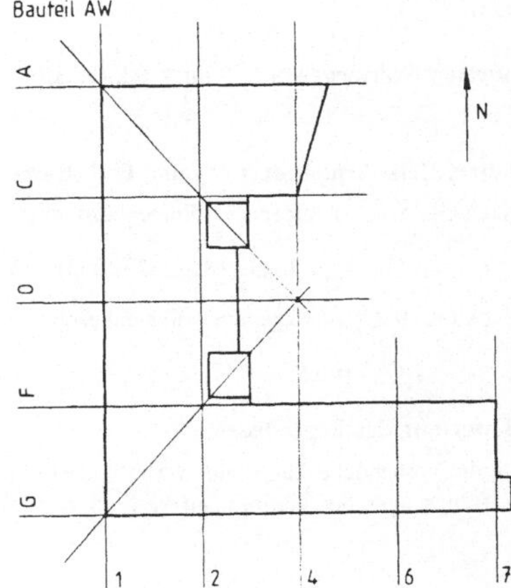

Transmissionswärmeverlust $Q_T$ nach Gl. (9.11):

| Bauteil | Fläche A | k-Wert | Reduktions-faktor r | $r \cdot k_i \cdot A_i$ |
|---|---|---|---|---|
| – | in m$^2$ | in W/(m$^2 \cdot$ K) | – | in W/K |
| Außenwand | 1345 | 0,51 | 1,0 | 686 |
| Fenster (g = 0,63) | 681 | 1,6 | 1,0 | 1090 |
| Dach | 806 | 0,27 | 0,8 | 174 |
| Decken über unbeheizten Räumen Bauteile gegen Erdreich | 684 | 0,39 | 0,5 | 133 |
| Decken, die unten an Außenluft grenzen | 172 | 0,34 | 1,0 | 58 |

$$\sum A = 3688 \qquad\qquad\qquad \sum r \cdot k_i \cdot A_i = 2141$$

Es ist    $Q_T = 84 \cdot \sum r \cdot k_i \cdot A_i = 84 \cdot 2141$          **= 179 884 kW · h/a**

**Lüftungswärmeverlust $Q_L$ nach Gl. (9.17):**

Die Räume werden normal belüftet, also ohne Lüftungsanlage. Folglich ist

$$Q_l = 22,85 \cdot 0,8 \cdot V = 18,28 \cdot 9660$$          **= 176 585 kW · h/a**

Solarer Wärmegewinn $Q_S$ nach Gl. (9.22):

| Orientierung | Energiedurch-laßgrad | Fenster-fläche | Strahlungs-intensität | Strahlungsgewinn $Q_j$ $0,46 \cdot g_j \cdot A_j \cdot I_j$ |
|---|---|---|---|---|
| – | – | in m$^2$ | in kW · h/(m$^2 \cdot$ a) | in kW · h/a |
| Nord | 0,63 | 153 | 160 | 7094 |
| Ost | 0,63 | 165 | 275 | 13150 |
| Süd | 0,63 | 189 | 400 | 21909 |
| West | 0,63 | 174 | 275 | 13867 |

$$\sum 0{,}46 \cdot g_j \cdot A_j \cdot I_j = 56020$$

Es ist    $Q_S$                                          **= 56 020 kW · h/a**

**Interner Wärmegewinn $Q_I$ nach Gl. (9.25):**

Es ist    $Q_l = 8 \cdot V = 8 \cdot 9660$                          **= 77 280 kW · h/a**

**Jahres-Heizwärmebedarf $Q_H$ und $Q_H$' (Geschoßhöhe h > 2,6 m):**

Nach Gl. (9.8) ist folgender volumenbezogener Jahres-Heizwärmebedarf vorhanden:

$$Q_H = [0,9 \cdot (179\,884 + 176\,585) - (56\,020 + 77\,280)]/9660 \qquad \mathbf{Q_H = 19,4 \ kW \cdot h/(m^3 \cdot a)}$$

Nach Gl. (9.27) ist folgender volumenbezogener Jahres-Heizwärmebedarf zulässig:

$$Q_H{}' = 13,82 + 17,32 \cdot 0,38 \qquad\qquad \mathbf{Q_H{}' = 20,5 \ kW \cdot h/(m^3 \cdot a)}$$

**Bewertung des Ergebnisses:**

Da der vorhandene Jahres-Heizwärmebedarf $Q_H$ den zulässigen Wert $Q_H$' nicht übersteigt, werden die Anforderungen der Wärmeschutzverordnung (93) erfüllt.

# III Feuchte

Von Heinz Klopfer

# 1   Einführung

## 1.1   Wasser: Ein ganz besonderer Stoff

Im allgemeinen Sprachgebrauch verwendet man für Wasser im festen, flüssigen und gasförmigen Zustand bekanntlich verschiedene Namen, nämlich Eis, Wasser und Wasserdampf. Korrekterweise bezeichnet man die chemische Verbindung aus 1 Atom Sauerstoff und 2 Atomen Wasserstoff ohne Rücksicht auf den Aggregatzustand immer als Wasser, weil sich auch bei Änderung des Aggregatzustandes die chemische Zusammensetzung nicht ändert. Diese Sprachregelung wird wegen der damit verbundenen einfacheren Ausdrucksweise auch in diesem Buchkapitel benützt und nur dann, wenn ein spezieller Aggregatzustand gemeint ist, wird dieser deutlich gemacht. Das in Baustoffen und in Luft enthaltene Wasser wird auch als Feuchte bezeichnet.

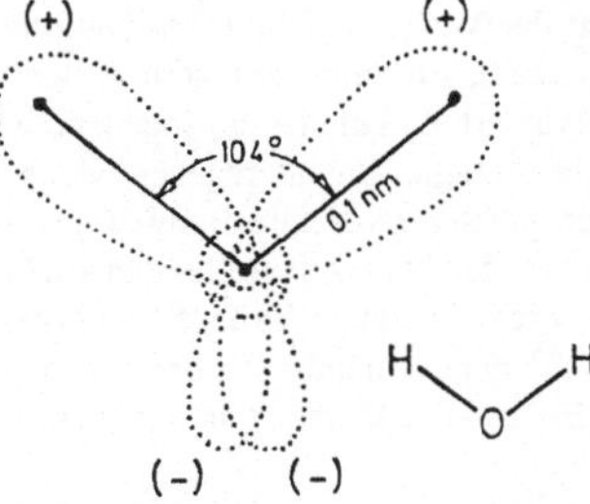


Bild 1.1
Wassermolekül, schematisch nach Bjerrum

In Bild 1.1 ist ein Wassermolekül schematisch dargestellt [3]. Die Aufenthaltsorte (Orbitale) der 2 x 5 Elektronen des Moleküls sind punktiert gezeichnet. Es liegen ein kugelförmiges und vier keulenförmige Orbitale vor, von denen zwei sogenannte freie Elektronenorbitale sind, welche aus der den Wasserstoffatomen entgegengesetzten Seite des Moleküls herausragen. Die Winkel zwischen den Achsen der vier keulenförmigen Orbitale liegen wegen der gegenseitigen Abstoßung der Elektronen in der Nähe von 104°, so daß die Achsen dieser vier Elektronenbahnen nach den Ecken eines gedachten Tetraeders zeigen, dessen Zentrum mit dem des Sauerstoffatoms übereinstimmt. Faßt man die Darstellung des Wassermoleküls in Bild 1.1 als eine Projektion auf die Ebene HOH auf, dann müßten die zwei freien Elektronenorbitale genaugenommen direkt übereinander liegen. Während die Achse eines der beiden Orbitale vom Sauerstoffatom ausgehend schräg nach vorn auf den Betrachter zuläuft, zeigt die Achse des anderen Orbitals vom Sauerstoffatom ausgehend schräg nach hinten.

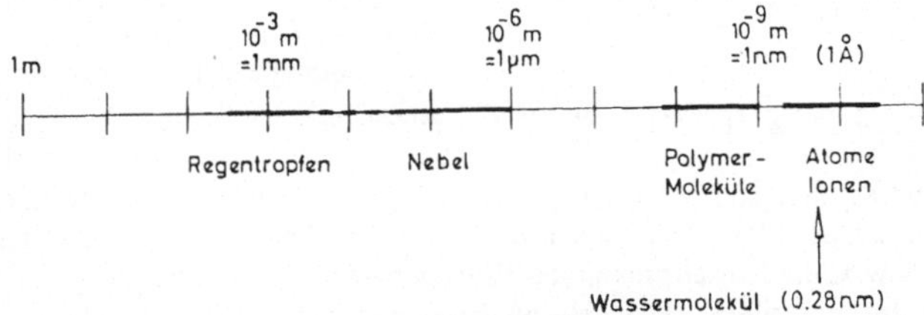


Bild 1.2   Das Wassermolekül in der Skala der Längeneinheiten

Die geringe Größe des Wassermoleküls im Vergleich zu anderen Gebilden soll durch Bild 1.2 demonstriert werden. Die Grundeinheit „1 Meter" ist dem linken Bildrand zugeordnet, und jeder weitere Teilstrich beim Fortschreiten nach rechts kommt einer Verkleinerung der Länge um den Faktor 10 gleich. Atome, Ionen und kleine Moleküle haben Abmessungen im Nanometerbereich. So bewegen sich die Durchmesser der (elektrisch neutralen) Atome innerhalb der Grenzen 0,1 nm und 0,6 nm, während positiv geladene Atome (Kationen) stets kleinere, negativ geladene (Anionen) stets größere Durchmesser haben als die entsprechenden, elektrisch neutralen Atome. Das relativ kleine Wassermolekül mit einem „Durchmesser" von ca. 0,28 nm liegt damit noch innerhalb des Größenbereichs der Atome.

Eine große Bedeutung für das physikalische und chemische Verhalten des Wassers hat die elektrische Ladung der Wassermoleküle [21], [41]. Im Bereich der Wasserstoffatome überwiegt die positive elektrische Ladung, während die negative Ladung auf der den Wasserstoffatomen abgewandten Seite des Moleküls vorherrscht (Bild 1.1). Damit ist das Wassermolekül als Ganzes gesehen zwar elektrisch neutral, die Ladungsverteilung im Molekül aber ungleichmäßig (Polarität).

Die Polarität der Wassermoleküle hat unmittelbar zur Folge, daß diese dazu neigen, sich zu größeren Einheiten zusammenzulagern. Unter den vielen möglichen, gegenseitigen Anordnungen zweier Wassermoleküle ist die sogenannte „tetraedrische Wasserstoffbrückenbindung" die bei weitem bevorzugte. Sie ist gegeben, wenn ein negativ geladener Bereich des einen Moleküls an einen positiv geladenen Bereich des anderen Moleküls in solcher Position angrenzt, daß die Achsen der beiden betreffenden Elektronenorbitale in einer Linie liegen (Bild 1.3). Damit sind durch Wasserstoffbrücken verbundene Wassermoleküle jeweils um einen Winkel von etwa 120° gegeneinander verdreht und bilden hohlraumreiche Sechseckstrukturen, die sogenannte Eisstruktur. Diese ist an Schneekristallen makroskopisch erkennbar.

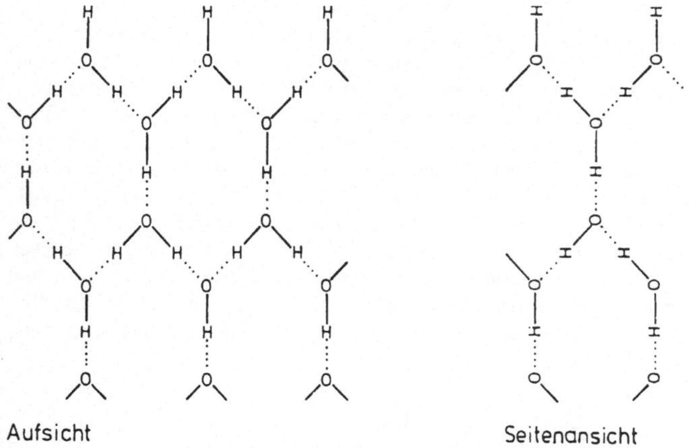

Aufsicht                                                     Seitenansicht

Bild 1.3    Die gegenseitige Lage der Wassermoleküle bei tetraedrischer Wasserstoffbrückenbindung

Die Richtungsabhängigkeit und die ungewöhnlich große Kraft der Wasserstoffbrückenbindung bestimmen die Molekülstrukturen des Wassers in allen drei Aggregatzuständen. Gemäß Bild 1.4 wird die Kristallstruktur des Eises in vereinfachter Darstellung in einer Ebene von Sechserringen gebildet, welche jeweils einen Hohlraum umschließen. Die lichte Weite dieses Hohlraums ist beim Eis relativ klein und kann nur von einem Wasserstoffmolekül

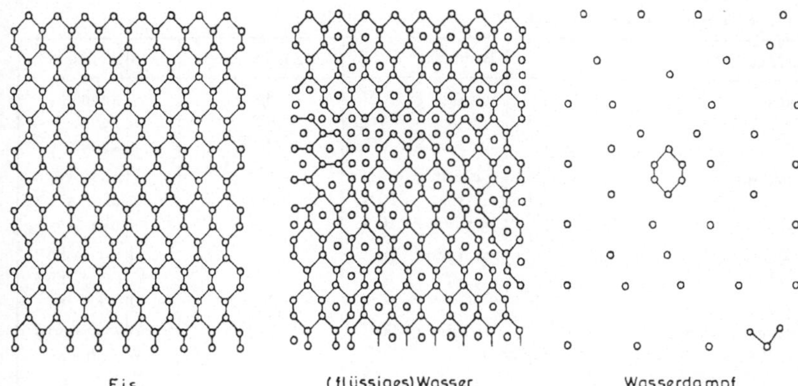



Bild 1.4  Molekülstrukturen von Eis, Wasser und Wasserdampf (0 = Wassermolekül)

besetzt werden. Das flüssige Wasser setzt sich aus wenig Einzelmolekülen und viel Bruch-
stücken der Eisstruktur zusammen, deren Hohlräume jetzt genug Platz für Wassermoleküle
haben. Mit zunehmender Temperatur werden die Bruchstücke der Eisstruktur, die man
„Cluster" nennt, kleiner und der Anteil der Einzelmoleküle wächst. Auch im gasförmigen
Wasserdampf finden sich neben Einzelmolekülen noch Cluster, die aus bis zu 8 Einzelmolekülen bestehen. Erst bei der kritischen Temperatur des Wassers (+374 °C) sind alle Cluster zerfallen; der Wasserdampf besteht dann ausschließlich aus Einzelmolekülen.

Die Polarität des Wassermoleküls bedingt aber nicht nur intermolekulare Kräfte zu anderen
Wassermolekülen, sondern auch zu polaren Gruppen anderer Moleküle [29], [67]. So bestehen starke Wechselwirkungen mit Amin-, Hydroxyl-, Karboxyl-, Amid-, Ester- und Äther-
gruppen in organischen Verbindungen, während reine Kohlenwasserstoffgruppen sich gegen Wasser neutral verhalten. Eine intensive Wechselwirkung besteht auch zu den
Oberflächen der Metalle und Metalloxide, welche also sehr begierig Wassermoleküle anla-
gern. Die aus Metalloxiden bestehenden mineralischen Baustoffe sind daher unter normalen Umständen an ihren inneren und äußeren Oberflächen mit dünnen Wasserfilmen
überzogen (s. Abschn. 2.4).

Die große technische Bedeutung der Wechselwirkung zwischen zahlreichen Stoffen und Wassermolekülen hat zu der Einführung zweier spezieller Begriffe für diese Eigenschaft geführt:

Stoffe mit großer Wechselwirkung zu Wassermolekülen werden als hydrophil (wasserfreund-
lich), Stoffe mit geringer Wechselwirkung als hydrophob (wasserabweisend) bezeichnet
(s. Abschn. 3.5.1). Hydrophile, feinporige Stoffe bezeichnet man als hygroskopisch, da die
Wasseranlagerung an ihren großen inneren Oberflächen zu meßbaren Wassergehalten führt.

Die ausgeprägte Polarität der Wassermoleküle und der dadurch bewirkte innere Zusammenhalt im Wasser haben aber schließlich auch noch zur Folge, daß das Wasser im Vergleich
zu anderen Stoffen zahlreiche Anomalien im physikalischen Verhalten zeigt (Tafel 1.1),
wobei hier vor allem die große spezifische Wärmekapazität, die großen Werte der Verdun-
stungs- bzw. Kondensationswärme und die große Oberflächenspannung zu erwähnen sind.
So ist zum Verdampfen einer bestimmten Wassermenge so viel Energie erforderlich, wie
man zum Erwärmen der etwa 580fachen Menge um 1 K benötigen würde. Die gleiche
Energie wird beim Tauen des Wasserdampfes wieder frei. Dieses ist für das Klima auf der
Erde von größter Bedeutung, weil dadurch Temperaturänderungen stark verzögert werden.

Tafel 1.1  Physikalische Kenngrößen für Wasser, Wasserdampf und Eis

| Eigenschaft | Bedingung | | Zahlenwert | Maßeinheit |
|---|---|---|---|---|
| Dichte | gasförmig, | 20 °C | 0,80 | kg/m$^3$ |
| | flüssig, | 4 °C | 1000 | kg/m$^3$ |
| | fest, | 0 °C | 917 | kg/m$^3$ |
| Viskosität | gasförmig, | 100 °C | 12,5 | $\mu$Pa $\cdot$ s |
| | flüssig, | 20 °C | 1,0 | mPa $\cdot$ s |
| | fest, | −10 °C | 2,6 | mPa $\cdot$ s |
| spezifische Wärmekapazität | gasförmig, | 20 °C | 1,84 | kJ / (kg $\cdot$ K) |
| | flüssig, | 20 °C | 4,18 | kJ / (kg $\cdot$ K) |
| | fest, | 0 °C | 2,09 | kJ / (kg $\cdot$ K) |
| Wärmeleitfähigkeit | gasförmig, | 100 °C | 0,105 | W / (m $\cdot$ K) |
| | flüssig, | 20 °C | 0,59 | W / (m $\cdot$ K) |
| | fest, | 0 °C | 2,22 | W / (m $\cdot$ K) |
| Verdampfungswärme | gasförmig, | 100 °C | 2250 | kJ / kg |
| | flüssig, | 0 °C | 2500 | kJ / kg |
| | fest, | 0 °C | 2830 | kJ / kg |
| Schmelzwärme | | 0 °C | 334 | kJ / kg |
| Oberflächenspannung | flüssig, | 0 °C | 0,076 | N / m |
| | flüssig, | 20 °C | 0,073 | N / m |
| Zahl der Moleküle in der | gasförmig | | $0,27 \cdot 10^{20}$ | cm$^{-3}$ |
| Volumeneinheit | flüssig | | $0,33 \cdot 10^{23}$ | cm$^{-3}$ |
| | fest | | $0,31 \cdot 10^{23}$ | cm$^{-3}$ |
| Durchmesser des Wassermoleküls | | | 0,28 | nm |
| Masse des Wassermoleküls | | | $3,0 \cdot 10^{-26}$ | kg |
| Masse einer monomolekularen Wasserschicht | | | 0,26 | mg / m$^2$ |
| Mittlere Geschwindigkeit der Wassermoleküle | gasförmig, | 20 °C | 590 | m / s |
| Mittlere freie Weglänge | gasförmig, | 20 °C | 40 | nm |
| | flüssig, | 20 °C | 0,3 | nm |
| Zahl der Platzwechsel pro Molekül | gasförmig, | 1 atm. | $10^9$ | s$^{-1}$ |
| | flüssig, | 1 atm. | $10^8$ | s$^{-1}$ |
| Zahl der gegenseitigen Molekülstöße | 1 atm., | 20 °C | $10^{29}$ | cm$^{-3} \cdot$ s$^{-1}$ |
| Gaskonstante des Wasserdampfes | | | 0,46 | kJ / (kg $\cdot$ K) |
| Dipolmoment | flüssig, | 20 °C | $0,60 \cdot 10^{-29}$ | A $\cdot$ s $\cdot$ m |

Ohne die Anwesenheit von Wasser in der Erdatmosphäre und im Bereich der Erdoberfläche würde die Sonne im Tagesrhythmus Temperaturwechsel von mehreren Hundert Kelvin erzeugen, so daß allein aus diesem Grund organisches Leben unmöglich wäre. Andererseits reicht die Verdampfung einer nur etwa 5 mm dicken Wasserschicht aus, um die eingestrahlte Sonnenenergie eines strahlungsreichen Sommertages zu binden. Diese Fähigkeit des Wassers, beim Verdampfen Energie zu binden und sie beim Tauen wieder abzugeben, ist nicht nur für das Wetter, die Landwirtschaft usw. von Bedeutung, sondern auch für das Durchfeuchtungs- und das Trocknungsverhalten von Baustoffen, für das Klima in unbebautem und bebautem Gelände und für die Klimatechnik.

## 1.2  Warum Feuchteschutz für Bauwerke?

Funktionsfähige und dauerhafte Bauwerke entstehen nur, wenn Planer und Ausführende die
vielfältigen Erscheinungsformen des auf Bauwerke einwirkenden Wassers (Bild 1.5) und
die Gegenmaßnahmen kennen. Daß der vorzeitige Bauwerkszerfall, der sog. Bauschaden,
sehr oft feuchtebedingt ist, läßt erkennen, daß hier noch mancher Nachholbedarf besteht[1].

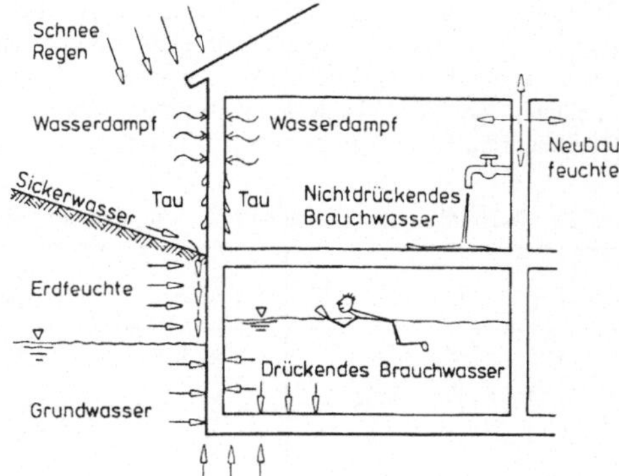


Bild 1.5
Bezeichnungen für das auf Bauwerke
einwirkende Wasser

Aus der Sicht der Bauwerksnutzer ist ein konsequenter Schutz der Bauwerke vor Wasser
aus folgenden Gründen notwendig:

**a) Gesundheit der Bewohner**

In warmfeuchter Umgebung gedeihen Mikroorganismen und viele Kleinlebewesen so gut,
daß die Gefahr infektiöser und allergischer Erkrankungen für den Menschen sehr groß werden kann. In kühlfeuchter Umgebung kann es zu rheumatischen Erkrankungen und zu einer
generellen Abwehrschwäche des menschlichen Organismus kommen.

**b) Nutzung der Räume**

Viele Nutzungen von Räumen erfordern ein definiertes Raumklima, welches nur dann gewährleistet werden kann, wenn eine unkontrollierte äußere Feuchteeinwirkung ausgeschaltet ist. Die Leistungsfähigkeit des Menschen ist ebenfalls nur in einem relativ eng begrenzten Klimabereich optimal.

**c) Wärmeschutz der Bauwerke**

Auch der Energieaufwand zur Beheizung wird davon beeinflußt, ob ein Bauwerk trocken
gehalten wird oder nicht. Die Wärmeleitfähigkeit der Baustoffe steigt nämlich mit der
Stoffeuchte an. Unnötig zu verdunstende Wassermengen aus Durchfeuchtungen erfordern
einen zusätzlichen Energieaufwand.

**d) Erhaltung der Bausubstanz**

Einer der wichtigsten Einflüsse auf die Geschwindigkeit des allmählichen und im Prinzip
unvermeidbaren Zerfalls der Bauwerke geht ohne Zweifel vom Wasser aus. Es ermöglicht
vielerlei chemische, physikalische und biologische Prozesse, welche bei Trockenheit nicht
ablaufen können.

---

[1] Die jetzt etwa 400 Bauschäden beschreibende Bauschädensammlung [46] enthält etwa 50% Feuchteschäden.

# 2  Feuchtespeicherung

## 2.1  Der Wasserdampfgehalt der Luft

Luft kann nur eine begrenzte Menge Wasser in Gasform (Wasserdampf) aufnehmen, nämlich nur so viel, bis sie gesättigt ist. Diese Menge ist allerdings sehr stark von der Temperatur abhängig, wobei die Aufnahmefähigkeit mit der Temperatur zunimmt (Tafel 2.1). Auch
Luft, welche kälter als $0\,°C$ ist, kann noch eine entsprechend kleine Menge Wasserdampf
aufnehmen. Ab $100\,°C$ kann der Wasserdampf einen vorgegebenen Raum völlig ausfüllen,
so daß dann im Extremfall nur noch Wasserdampf und gar keine Luft mehr vorliegt.

Tafel 2.1   Wasserdampfkonzentration in Luft im Sättigungszustand als Funktion der Temperatur

| $\vartheta$ in °C | $c_s$ in g/m$^3$ | $\vartheta$ in °C | $c_s$ in g/m$^3$ | $\vartheta$ in °C | $c_s$ in g/m$^3$ |
|---|---|---|---|---|---|
| − 15 | 1,39 | ± 0 | 4,85 | + 15 | 12,8 |
| − 14 | 1,52 | + 1 | 5,20 | + 16 | 13,7 |
| − 13 | 1,65 | + 2 | 5,57 | + 17 | 14,5 |
| − 12 | 1,80 | + 3 | 5,95 | + 18 | 15,4 |
| − 11 | 1,96 | + 4 | 6,36 | + 19 | 16,3 |
| − 10 | 2,14 | + 5 | 6,79 | + 20 | 17,3 |
| − 9 | 2,33 | + 6 | 7,25 | + 21 | 18,3 |
| − 8 | 2,53 | + 7 | 7,74 | + 22 | 19,4 |
| − 7 | 2,75 | + 8 | 8,26 | + 23 | 20,6 |
| − 6 | 2,98 | + 9 | 8,81 | + 24 | 21,8 |
| − 5 | 3,23 | + 10 | 9,39 | + 25 | 23,0 |
| − 4 | 3,50 | + 11 | 10,0 | + 26 | 24,4 |
| − 3 | 3,81 | + 12 | 10,7 | + 27 | 25,8 |
| − 2 | 4,14 | + 13 | 11,3 | + 28 | 27,2 |
| − 1 | 4,49 | + 14 | 12,1 | + 29 | 28,8 |

Luft kann aber auch mit Wasserdampf übersättigt sein. Das bedeutet, die lösliche Menge
Wasserdampf, welche unsichtbar ist wie die Luft selbst, wurde überschritten. Der Überschuß ist nicht mehr in der Luft als Wasserdampf gelöst, sondern bildet feine Tröpfchen,
welche als Nebel oder Wolken in Erscheinung treten.

Ist der Wasserdampf in der Luft in geringerer Konzentration vorhanden als bei der betreffenden Temperatur löslich wäre, so nennt man die Luft ungesättigt. Zur Kennzeichnung
dieses Zustandes gibt man das Verhältnis der vorhandenen Wasserdampfkonzentration c zur
maximal löslichen Konzentration $c_s$ bei der betreffenden Temperatur an und bezeichnet es
als relative Luftfeuchte $\varphi$:

$$\varphi = \frac{c}{c_s} \tag{2.1}$$

Die relative Luftfeuchte wird entweder in Prozent oder als Zahl angegeben, z.B. 45% oder 0,45. In alle Gleichungen dieses Buchkapitels ist $\varphi$ stets nur als Zahl einzusetzen. Auf Bild 2.1 ist der Wasserdampfgehalt von Luft in Abhängigkeit der Temperatur und der relativen Luftfeuchte dargestellt (sogenanntes Carrier-Diagramm), wobei derjenige Temperaturbereich herausgegriffen wurde, in dem sich die Außenluft in Mitteleuropa normalerweise bewegt. Die mit $\varphi = 100\%$ bezeichnete Kurve stellt die Sättigungsfeuchte dar; die Kurven für kleinere relative Luftfeuchten verlaufen so, daß sie bei jeder Temperatur den Ordinatenabschnitt zwischen der Temperaturachse und der Sättigungsfeuchte entsprechend dem durch die relative Luftfeuchte angegebenen Verhältnis teilen. Bei der Temperatur von 0 °C hat der Verlauf der Kurven einen kaum erkennbaren Knick mit nach oben zeigender Spitze.

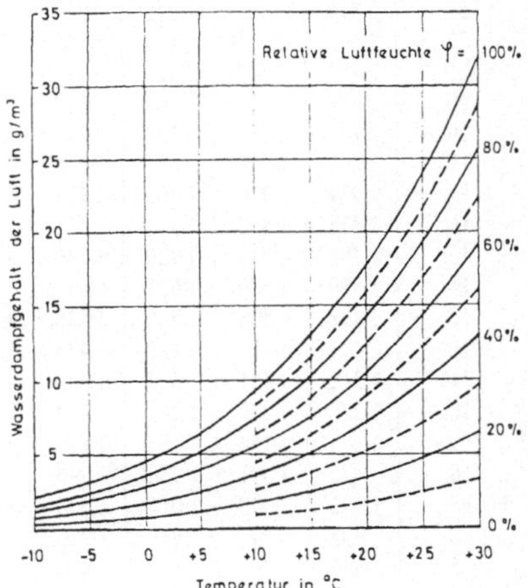


Bild 2.1
Wasserdampfgehalt von Luft als Funktion der Temperatur (Carrier-Diagramm)

Es ist in der Bauphysik üblich geworden, die Wasserdampfmenge in Luft nicht als Konzentration, sondern als Partialdruck anzugeben. Der sogenannte Wasserdampfpartialdruck ist derjenige Druck, den man dem Wasserdampf entsprechend seinem Anteil am Gasgemisch Luft zuteilen müßte, damit zusammen mit den übrigen Gasbestandteilen der Luft, die ebenfalls einen ihrer Menge entsprechenden Partialdruck zugeteilt bekommen, ein Gesamtdruck von etwa 1 bar vorliegt, der für das Luftgemisch auf der Erdoberfläche kennzeichnend ist. Viele Mißverständnisse beruhen darauf, daß man statt der korrekten, aber umständlichen Bezeichnung „Wasserdampfpartialdruck" oft kurz „Wasserdampfdruck" sagt. Daraus wird dann gelegentlich der irrige Schluß gezogen, der in der Luft vorhandene Wasserdampf könne für sich allein einen mechanischen Druck ausüben, während tatsächlich nur das Gasgemisch „Luft" als Ganzes einen Druck auf Festkörper- und Flüssigkeitsoberflächen ausüben kann.

Mit für baupraktische Belange ausreichender Genauigkeit kann Luft als „ideales" Gas angesehen werden. Das bedeutet, daß Proportionalität besteht zwischen dem Wasserdampfpartialdruck p und der Wasserdampfkonzentration c gemäß folgender Beziehung, die unter dem Namen „ideale Gasgleichung" bekannt ist:

$$p = c \cdot R \cdot T \qquad (2.2)$$

Der Wasserdampfkonzentration c entspricht der Wasserdampfpartialdruck p, der maximalen Wasserdampfkonzentration $c_s$ oder Sättigungsfeuchte entspricht ein maximaler Wasserdampfdruck $p_s$ oder Sattdampfdruck. Auf Tafel 2.2 ist der Sattdampfdruck als Funktion der

Tafel 2.2 Sattdampfdruck des Wasserdampfs in Luft als Funktion der Temperatur nach DIN 4108

| $\vartheta_L$ in °C | Wasserdampfsättigungsdruck $p_s$ über Wasser bzw. Eis in Pa | | | | | | | | | |
|---|---|---|---|---|---|---|---|---|---|---|
| | 0,0 | 0,1 | 0,2 | 0,3 | 0,4 | 0,5 | 0,6 | 0,7 | 0,8 | 0,9 |
| 30 | 4 244 | 4 269 | 4 294 | 4 319 | 4 344 | 4 369 | 4 394 | 4 419 | 4 445 | 4 469 |
| 29 | 4 006 | 4 030 | 4 053 | 4 077 | 4 101 | 4 124 | 4 148 | 4 172 | 4 196 | 4 219 |
| 28 | 3 781 | 3 803 | 3 826 | 3 848 | 3 871 | 3 894 | 3 916 | 3 939 | 3 961 | 3 984 |
| 27 | 3 566 | 3 588 | 3 609 | 3 631 | 3 652 | 3 674 | 3 695 | 3 717 | 3 739 | 3 759 |
| 26 | 3 362 | 3 382 | 3 403 | 3 423 | 3 443 | 3 463 | 3 484 | 3 504 | 3 525 | 3 544 |
| 25 | 3 169 | 3 188 | 3 208 | 3 227 | 3 246 | 3 266 | 3 284 | 3 304 | 3 324 | 3 343 |
| 24 | 2 985 | 3 003 | 3 021 | 3 040 | 3 059 | 3 077 | 3 095 | 3 114 | 3 132 | 3 151 |
| 23 | 2 810 | 2 827 | 2 845 | 2 863 | 2 880 | 2 897 | 2 915 | 2 932 | 2 950 | 2 968 |
| 22 | 2 645 | 2 661 | 2 678 | 2 695 | 2 711 | 2 727 | 2 744 | 2 761 | 2 777 | 2 794 |
| 21 | 2 487 | 2 504 | 2 518 | 2 535 | 2 551 | 2 566 | 2 582 | 2 598 | 2 613 | 2 629 |
| 20 | 2 340 | 2 354 | 2 369 | 2 384 | 2 399 | 2 413 | 2 428 | 2 443 | 2 457 | 2 473 |
| 19 | 2 197 | 2 212 | 2 227 | 2 241 | 2 254 | 2 268 | 2 283 | 2 297 | 2 310 | 2 324 |
| 18 | 2 065 | 2 079 | 2 091 | 2 105 | 2 119 | 2 132 | 2 145 | 2 158 | 2 172 | 2 185 |
| 17 | 1 937 | 1 950 | 1 963 | 1 976 | 1 988 | 2 001 | 2 014 | 2 027 | 2 039 | 2 052 |
| 16 | 1 818 | 1 830 | 1 841 | 1 854 | 1 866 | 1 878 | 1 889 | 1 901 | 1 914 | 1 926 |
| 15 | 1 706 | 1 717 | 1 729 | 1 739 | 1 750 | 1 762 | 1 773 | 1 784 | 1 795 | 1 806 |
| 14 | 1 599 | 1 610 | 1 621 | 1 631 | 1 642 | 1 653 | 1 663 | 1 674 | 1 684 | 1 695 |
| 13 | 1 498 | 1 508 | 1 518 | 1 528 | 1 538 | 1 548 | 1 559 | 1 569 | 1 578 | 1 588 |
| 12 | 1 403 | 1 413 | 1 422 | 1 431 | 1 441 | 1 451 | 1 460 | 1 470 | 1 479 | 1 488 |
| 11 | 1 312 | 1 321 | 1 330 | 1 340 | 1 349 | 1 358 | 1 367 | 1 375 | 1 385 | 1 394 |
| 10 | 1 228 | 1 237 | 1 245 | 1 254 | 1 262 | 1 270 | 1 279 | 1 287 | 1 296 | 1 304 |
| 9 | 1 148 | 1 156 | 1 163 | 1 171 | 1 179 | 1 187 | 1 195 | 1 203 | 1 211 | 1 218 |
| 8 | 1 073 | 1 081 | 1 088 | 1 096 | 1 103 | 1 110 | 1 117 | 1 125 | 1 133 | 1 140 |
| 7 | 1 002 | 1 008 | 1 016 | 1 023 | 1 030 | 1 038 | 1 045 | 1 052 | 1 059 | 1 066 |
| 6 | 935 | 942 | 949 | 955 | 961 | 968 | 975 | 982 | 988 | 995 |
| 5 | 872 | 878 | 884 | 890 | 896 | 902 | 907 | 913 | 919 | 925 |
| 4 | 813 | 819 | 825 | 831 | 837 | 843 | 849 | 854 | 861 | 866 |
| 3 | 759 | 765 | 770 | 776 | 781 | 787 | 793 | 798 | 803 | 808 |
| 2 | 705 | 710 | 716 | 721 | 727 | 732 | 737 | 743 | 748 | 753 |
| 1 | 657 | 662 | 667 | 672 | 677 | 682 | 687 | 691 | 696 | 700 |
| 0 | 611 | 616 | 621 | 626 | 630 | 635 | 640 | 645 | 648 | 653 |
| − 0 | 611 | 605 | 600 | 595 | 592 | 587 | 582 | 577 | 572 | 567 |
| − 1 | 562 | 557 | 552 | 547 | 543 | 538 | 534 | 531 | 527 | 522 |
| − 2 | 517 | 514 | 509 | 505 | 501 | 496 | 492 | 489 | 484 | 480 |
| − 3 | 476 | 472 | 468 | 464 | 461 | 456 | 452 | 448 | 444 | 440 |
| − 4 | 437 | 433 | 430 | 426 | 423 | 419 | 415 | 412 | 408 | 405 |
| − 5 | 401 | 398 | 395 | 391 | 388 | 385 | 382 | 379 | 375 | 372 |
| − 6 | 368 | 365 | 362 | 359 | 356 | 353 | 350 | 347 | 343 | 340 |
| − 7 | 337 | 336 | 333 | 330 | 327 | 324 | 321 | 318 | 315 | 312 |
| − 8 | 310 | 306 | 304 | 301 | 298 | 296 | 294 | 291 | 288 | 286 |
| − 9 | 284 | 281 | 279 | 276 | 274 | 272 | 269 | 267 | 264 | 262 |
| − 10 | 260 | 258 | 255 | 253 | 251 | 249 | 246 | 244 | 242 | 239 |
| − 11 | 237 | 235 | 233 | 231 | 229 | 228 | 226 | 224 | 221 | 219 |
| − 12 | 217 | 215 | 213 | 211 | 209 | 208 | 206 | 204 | 202 | 200 |
| − 13 | 198 | 197 | 195 | 193 | 191 | 190 | 188 | 186 | 184 | 182 |
| − 14 | 181 | 180 | 178 | 177 | 175 | 173 | 172 | 170 | 168 | 167 |
| − 15 | 165 | 164 | 162 | 161 | 159 | 158 | 157 | 155 | 153 | 152 |
| − 20 | 103 | 102 | 101 | 100 | 99 | 98 | 97 | 96 | 95 | 94 |

Temperatur für ein Temperaturintervall von 0,1 K angegeben. Aus der Definition der relativen Luftfeuchte und der Proportionalität zwischen Partialdruck und Konzentration folgt, daß die relative Luftfeuchte als das Verhältnis von vorhandenem Wert zu maximalem Wert nicht nur der Wasserdampfkonzentration, sondern auch des Wasserdampfpartialdrucks angesehen werden kann:

$$\varphi = \frac{c}{c_s} = \frac{p}{p_s} \tag{2.3}$$

Der Wasserdampfpartialdruck im Sättigungszustand kann für die im folgenden angegebenen Temperaturbereiche aber auch nach einer in DIN 4108 [98] mitgeteilten Zahlenwertgleichung berechnet werden:

$$p_s = a \left(b + \frac{\vartheta}{100\,°C}\right)^n \tag{2.4}$$

| $p_s$ | $\vartheta$ | a | b | n |
|---|---|---|---|---|
| Pa | °C | Pa | – | – |

Das rechts von Gleichung (2.4) stehende Kästchen kennzeichnet hier und im folgenden die betreffende Gleichung als Zahlenwertgleichung. Es enthält die in der Gleichung auftretenden Größen und schreibt die bei ihrer zahlenmäßigen Anwendung einzuhaltenden Dimensionen vor. Partialdrücke werden durch Kleinbuchstaben (p) als solche kenntlich gemacht, Gesamtdrücke als Großbuchstaben (P).

Den drei Parametern a, b und n sind folgende Werte zuzuteilen:

| | $0\,°C \leq \vartheta \leq 30\,°C$ | $-20\,°C \leq \vartheta \leq 0\,°C$ |
|---|---|---|
| a | 288,68 Pa | 4,689 Pa |
| b | 1,098 | 1,486 |
| n | 8,02 | 12,30 |

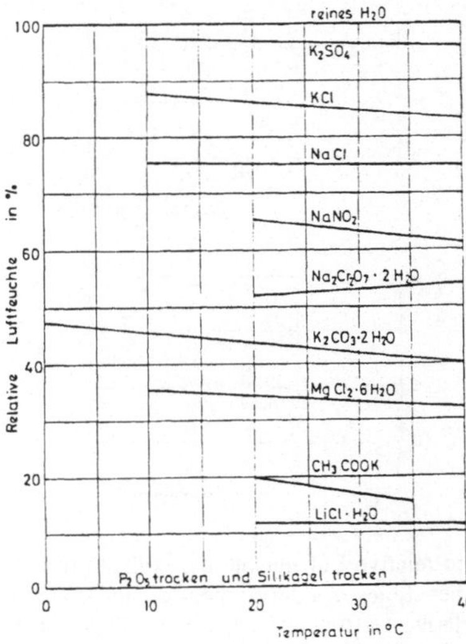


Bild 2.2
Relative Luftfeuchte über gesättigten
Salzlösungen

In abgeschlossenen Räumen mit einer genügend großen freien Oberfläche einer Salzlösung stellen sich für die Salzlösung typische relative Luftfeuchten ein, wie Schneider [31] angibt und durch Bild 2.2 erläutert wird: Eine relative Luftfeuchte von 100% findet man nur über reinem Wasser. Stark wirkende Trocknungsmittel, wie Phosphorpentoxid und Silicagel, können die Luft in abgeschlossenen Räumen nahezu wasserfrei halten, so daß in diesen praktisch 0% relative Luftfeuchte herrscht. Die in Bild 2.2 genannten Salze führen in wäßriger Lösung nur dann zur angegebenen Luftfeuchte über der Lösung, wenn die Lösung gesättigt ist. Mit abnehmender Salzkonzentration steigt die relative Luftfeuchte über der betreffenden Lösung an. Die Ausbildung eines spezifischen Gleichgewichts im Wasserdampfgehalt der Luft über einer gesättigten Salzlösung wird in der Labortechnik häufig dazu benützt, um in Lufträumen gewünschte relative Luftfeuchten aufrechtzuerhalten. Gegen Änderungen der Luftfeuchte weitgehend stabile Verhältnisse ergeben sich allerdings nur dann, wenn man die Lösung im Überschuß mit Salz versieht, so daß die gesättigte Salzlösung einen Bodenkörper aus zugehörigem Salz besitzt. Wird dann nämlich dem Luftraum über der Salzlösung aus irgendeiner Quelle Wasserdampf zugeführt, so steigt die relative Luftfeuchte dennoch nicht an, weil der von der Salzlösung aufgenommene Wasserdampf Salz aus dem Bodenkörper löst und damit die Menge an gesättigter Salzlösung vermehrt. Wird dem Luftraum dagegen Wasserdampf entzogen, so verdunstet Wasser aus der gesättigten Salzlösung und der Bodenkörper wächst. Da es viel Aufwand erfordert, die Temperatur eines Luftraumes über längere Zeit konstant zu halten, ist es erwünscht, solche Salze zur Herstellung gesättigter Salzlösungen zur Verfügung zu haben, deren Gleichgewichts-Luftfeuchte sich nur wenig mit der Temperatur ändert. Die in Bild 2.2 angegebenen Salze erfüllen diese Forderung weitgehend.

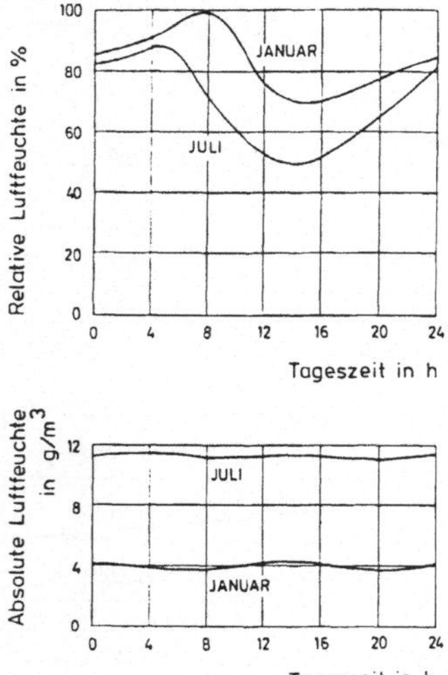


Bild 2.3
Relative und absolute Luftfeuchte im Tagesgang

Die relative Luftfeuchte der Außenluft ändert sich gemäß Bild 2.3 im Normalfall im Laufe eines Tages in dem Sinne, daß am frühen Nachmittag zur Zeit der größten Temperatur die relative Luftfeuchte auf einen Minimalwert absinkt und am frühen Morgen kurz vor Sonnenaufgang bei der tiefsten Temperatur Maximalwerte erreicht werden [76]. Der absolute Wassergehalt der Luft ändert sich dabei bemerkenswert wenig. Daraus läßt sich folgern, daß die relative Luftfeuchte der Außenluft im Tagesrhythmus in erster Linie durch die Temperaturänderung der Luft gesteuert wird und daß die Feuchtigkeitsaufnahme der Luft beim Kontakt mit dem Erdboden, freien Wasserspiegeln usw. und die Feuchtigkeitsabgabe durch Tauwasserausscheidung usw. für den Tagesgang der relativen Luftfeuchte nur eine Nebenrolle spielen.

Einen Überblick über die jahreszeitliche Veränderung der relativen Luftfeuchte und der Temperatur der Außenluft (Monatsmittel) in einer mitteleuropäischen Stadt erhält man durch Bild 2.4 [18]. Die Hystereseschleife zeigt, daß die Temperaturen und die relativen Luftfeuchten in der ersten Jahreshälfte niedriger sind als in der zweiten (Aufheizungs- und Abkühlungs-Phase). Ferner nehmen die relativen Luftfeuchten generell mit abnehmender Temperatur zu. Bemerkenswert ist auch die hohe relative Luftfeuchte von etwa 82%, welche den Mittelwert für das Freiluftklima in der Bundesrepublik darstellt (Tafel 2.3). Bei Nebel und bei Regen sind stets 100% relative Luftfeuchte vorhanden. Die in Räumen sich einstellenden, durch die Bauweise und die Nutzung bedingten relativen Luftfeuchten werden in Abschnitt 2.3 näher untersucht.

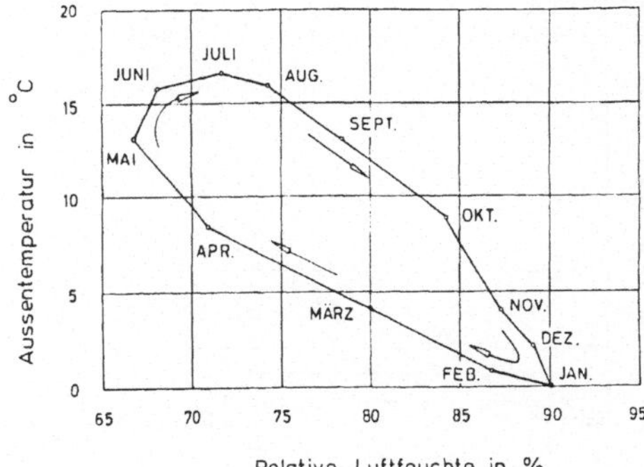


Bild 2.4
Relative Luftfeuchte und Temperatur im Freien im Jahresgang (Monatsmittelwerte für Hannover)

Tafel 2.3   Typische Werte der relativen Luftfeuchte in Räumen und im Freien

| Bedingungen | relative Luftfeuchte in % |
|---|---|
| **In der freien Atmosphäre** | |
| Mittelwert für Hannover im Winterhalbjahr | ~ 87 |
| Mittelwert für Hannover im Sommerhalbjahr | ~ 78 |
| Mittelwert für 15 europäische Städte im Winterhalbjahr | 84,5 |
| Mittelwert für regenfreie Juninächte bei Stuttgart | ~ 90 |
| Mittelwert für regenfreie Junitage bei Stuttgart | ~ 55 |
| **In geschlossenen Räumen bei 20 °C** | |
| Kaufhäuser | 50 bis 70 |
| Maschinenfabriken und ähnliche Betriebe | 40 bis 50 |
| Wohn- und Arbeitszimmer | |
|     im Sommerhalbjahr | 50 bis 70 |
|     im Winterhalbjahr | 30 bis 55 |
| Kühl- und Lagerräume für Lebensmittel | 75 bis 100 |
| Badezimmer | 65 bis 100 |
| Chemische Betriebe | 35 bis 50 |
| Theater, Turnhallen | 50 bis 80 |
| Wäschereien, Schwimmbäder | 80 bis 95 |

## 2.2  Abkühlung und Erwärmung feuchter Luft

Der Zusammenhang zwischen der Wasserdampfkonzentration in Luft, der Temperatur und der relativen Luftfeuchte ist durch Bild 2.1 vollständig beschrieben. Auf Bild 2.5 ist das Carrier-Diagramm nochmals wiedergegeben und mit weiteren Einzelheiten versehen, welche seine Anwendungsmöglichkeiten erläutern.

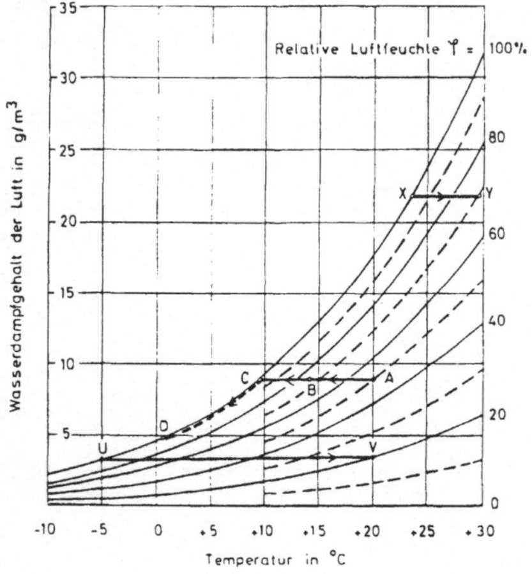


Bild 2.5
Typische Veränderungen der relativen Luftfeuchte, dargestellt im Carrier-Diagramm

Dazu folgende Beispiele:

Wird feuchte Luft unter solchen Bedingungen (z. B. sehr schnell) abgekühlt, daß sie dabei keinen Wasserdampf abgeben kann, so bedeutet dies in Bild 2.5, daß der geometrische Ort des Luftzustandes sich auf einer Geraden parallel zur Temperaturachse in Richtung fallender Temperatur bewegen muß (beispielsweise von A nach B). Bei einer solchen Abkühlung erhöht sich die relative Luftfeuchte kontinuierlich, bis sie schließlich den Wert 100% erreicht (bei C). Dann besitzt die abgekühlte Luft den bei dieser Temperatur maximal möglichen Gehalt an Wasserdampf, d.h. sie ist wasserdampfgesättigt. Man sagt, die Luft hat nun ihren Taupunkt – besser ihre Tautemperatur – erreicht. Bei weiterer Abkühlung fällt notwendigerweise Wasserdampf aus, der als Nebel oder Tau bezeichnet wird, und die relative Luftfeuchte bleibt bei 100%. Die ausgefällte Tauwassermenge ist die Differenz zwischen dem Wasserdampfgehalt bei der Tautemperatur und dem maximalen Wasserdampfgehalt bei derjenigen Temperatur, auf die abgekühlt wurde (z.B. bei D).

Mit Hilfe von Gleichung (2.4) kann für den Temperaturbereich von 0 °C bis 30 °C die Tautemperatur $\vartheta_S$ von Luft der Temperatur $\vartheta_L$ und der relativen Luftfeuchte $\varphi_L$ wie folgt formelmäßig angegeben werden:

$$\vartheta_S = \varphi_L^{\gamma} \cdot (100\,°C + \vartheta_L) - 100\,°C \tag{2.5}$$

Für das Bauwesen ist die Abkühlung von Luft an kalten Bauteiloberflächen von besonderer Bedeutung. Liegt die Oberflächentemperatur eines Bauteils unter oder bei der Tautemperatur der angrenzenden Luft, so gibt die vorbeistreichende Luft, die beim Kontakt mit der Bauteiloberfläche deren Temperatur annimmt, Tauwasser ab. Die sich dabei einstellende Tauwasserstromdichte ist Gegenstand der Ausführungen in Abschnitt 4.1.

Wird die geschilderte Überlegung angewendet, um im Hochbau die Tauwassergefahr an Innenseiten von Außenbauteilen abzuschätzen, so ist gemäß DIN 4108, Teil 3, Abschnitt 3.1, eine Außentemperatur von $-15\,°C$ und ein Wärmeübergangskoeffizient $\alpha_i = 6\ W/m^2\,K$ in die Rechnung einzusetzen, wenn nicht besondere Bedingungen andere Werte erforderlich machen.

Es besteht Anlaß zur Feststellung, daß der Begriff Tautemperatur nur ein Kennwert für feuchte Luft ist und angibt, bis auf welche Temperatur diese Luft abgekühlt werden darf, bevor sie Tauwasser abgibt. Die Tautemperatur ist also ein Kriterium dafür, ob an einer Oberfläche Tauwasser anfällt oder nicht. Es wäre aber falsch, von einem Taupunkt im Inneren eines Bauteils zu reden, da die Frage, ob in einem Bauteil Tauwasser ausfällt oder nicht, auch die Berücksichtigung der die Dampfdiffusion behindernden Wirkung der Baustoffschichten erfordert (s. Abschn. 6.4) und nicht nur die Bestimmung der Tautemperatur von Luft und des Temperaturprofils in einem Bauteil.

Eine weitere Anwendung von Bild 2.5 ist die Ermittlung der notwendigen Temperatur eines abgegrenzten Luftvolumens über einer größeren Wasseroberfläche, z.B. in einem Hallenbad, um eine bestimmte relative Luftfeuchte nicht zu überschreiten. Ausgangspunkt der Überlegungen ist der Wasserspiegel, weil die dort vorbeistreichende Luft einerseits die Wassertemperatur und andererseits eine relative Luftfeuchte von 100% annimmt (beispielsweise Punkt X für eine Wassertemperatur von $23\,°C$). Die derartig konditionierte Luft wird beim Hochwirbeln in den freien Luftraum erwärmt, indem sie dort mit wärmerer Luft und wärmeren Oberflächen in Kontakt tritt. Dem entspricht auf Bild 2.5 eine Ortsveränderung von Punkt X parallel zur Temperatur-Achse in den Bereich niederer relativer Luftfeuchte hinein, z.B. nach Y. Es ist also möglich, durch Anhebung der Lufttemperatur über die Wassertemperatur die Raumluft auf eine bestimmte relative Luftfeuchte zu senken. Das ist für die Werkstoffe der Einbauteile und die Baustoffe der raumbegrenzenden Bauteile in Hallenbädern von Wichtigkeit, weil gemäß den Ausführungen in Abschnitt 2.5 der Wassergehalt von Baustoffen entscheidend von der relativen Luftfeuchte, aber kaum von der Temperatur bestimmt wird. Die angestellte Überlegung setzt aber voraus, daß das Luftvolumen keinen Luftaustausch erfährt, d.h., sie gilt beim Beispiel Hallenbad nur für den betriebsfreien Zustand, wenn alle Lüftungsgeräte abgestellt sind. In diesem Fall steht die wärmere Raumluft im hygrischen Gleichgewicht zur kälteren Wasseroberfläche und es ist kein Anlaß zur Wasserverdunstung vorhanden. In Betriebszeiten ist aus hygienischen Gründen und in Ruhezeiten wegen immer vorhandener Undichtigkeiten der Gebäudehülle stets ein gewisser Luftwechsel gegeben, der dann eine gewisse Wasserverdunstung zur Folge hat.

Schließlich sei noch der die Raumluftfeuchte senkende Effekt der Stoßlüftung angesprochen. Dabei wird durch kurzfristiges, kräftiges Lüften die „verbrauchte" und bei der Raumnutzung befeuchtete warme Luft durch trockene, kalte Außenluft ersetzt. Wenn der Luftaustausch abgeschlossen ist und die Lüftungsöffnungen wieder geschlossen werden, so erwärmt sich die Außenluft im Raum rasch, ohne zunächst Feuchte mit den Raumbegrenzungsflächen oder den im Raum aufgestellten Gegenständen austauschen zu können. Das bedeutet in Bild 2.5, daß der Luftzustand sich gemäß einer zur Temperaturachse parallelen Geraden vom Ort des Zustandes der Außenluft (z.B. bei Punkt U) bis zur Temperatur der Raumluft (Punkt V) verändert, was einem sehr kräftigen Abfallen der relativen Luftfeuchte entspricht. Die durch Erwärmung relativ „trocken" gewordene Luft im Raum nimmt allmählich Wasserdampf auf, der aus der Raumnutzung, den Einrichtungsgegenständen oder den raumbegrenzenden Bauteilen stammen kann und die relative Luftfeuchte der Raumluft wieder ansteigen läßt.

## 2.3  Die Raumluftfeuchte als Gleichgewichtszustand

Die in einem Raum unter stationären Bedingungen sich einstellende relative Luftfeuchte stellt einen Gleichgewichtszustand dar, welcher in einer Bilanzbetrachtung ermittelt werden kann. Dabei ist die im Raum bei dessen Nutzung produzierte sowie die in der zufließenden Außenluft enthaltene Wasserdampfmenge derjenigen Wasserdampfmenge gegenüberzustellen, welche mit der entweichenden Raumluft abtransportiert wird (Bild 2.6). Der Austausch der Raumluft wird in erster Linie durch bewußtes Lüften und durch windbedingte Fugenspaltströmungen an Fenstern und Türen hervorgerufen. Bei der Bilanz-Betrachtung greift man einen bestimmten Zeitabschnitt, zweckmäßig eine Stunden heraus und vernachlässigt die Wasserdampfmenge, welche durch die Wände, Decken usw. diffundiert. Es kann nämlich leicht gezeigt werden, daß durch Luftwechsel in Form von beabsichtigter Lüftung und infolge der Fugendurchlässigkeit an Fenstern, Türen, Anschlußfugen von Bauteilen usw. viel mehr Wasserdampf abgeführt wird als durch das Diffundieren von Wasserdampf durch Bauteile hindurch.

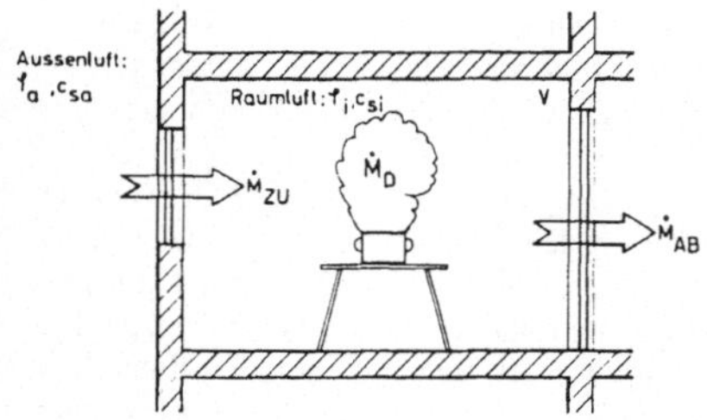


Bild 2.6
Zur Bilanz der Wasserdampfkonzentration in einem durchlüfteten Raum

Für die Bilanz muß bekannt sein, in welchem Umfang Raumluft durch Außenluft ersetzt wird, wofür als Maß die Luftwechselzahl L benützt wird. Diese gibt an, wie oft das Raumvolumen V je Stunde ausgetauscht wird. Welche Luftwechselzahlen zu erwarten sind, wird später (s. Abschn. 3.4) eingehender untersucht. Damit kann für den von außen in den Raum eindringenden Wasserdampfstrom $\dot{M}_{zu}$ wie folgt geschrieben werden:

$$\dot{M}_{zu} = L \cdot V \cdot \varphi_a \cdot c_{sa} \tag{2.6}$$

Analog ist der mit der entweichenden Luft abfließende Wasserdampfstrom $\dot{M}_{AB}$ anzugeben:

$$\dot{M}_{ab} = L \cdot V \cdot \varphi_i \cdot c_{si} \tag{2.7}$$

Der im Raum produzierte Wasserdampfstrom $\dot{M}_D$ muß ebenfalls bekannt sein. Er ergibt sich aus der Art der Raumnutzung. Damit kann nun die Bilanz aufgestellt werden:

$$\dot{M}_{zu} + \dot{M}_D = \dot{M}_{ab} \tag{2.8}$$

Durch Einsetzen von (2.6) und (2.7) in (2.8) erhält man:

$$L \cdot V \cdot \varphi_a \cdot c_{sa} + \dot{M}_D = L \cdot V \cdot \varphi_i \cdot c_{si} \tag{2.9}$$

Die Auflösung nach $\varphi_i$ ergibt:

$$\varphi_i = \varphi_a \cdot \frac{c_{sa}}{c_{si}} + \frac{\dot{M}_D}{L \cdot V \cdot c_{si}} \tag{2.10}$$

Die rechte Seite von Gleichung (2.10) läßt die beiden Beiträge zur Raumluftfeuchte erkennen: der erste Anteil ist der Beitrag der Außenluft, der zweite Anteil ist der durch Wasserdampfproduktion im Raum verursachte.

Für einen Wohnraum üblicher Größe (V = 50 m³), eine Raumtemperatur $\vartheta_i$ = 20 °C, eine relative Luftfeuchte der Außenluft $\varphi_a$ = 80% und eine nutzungsbedingte Wasserdampfproduktion $\dot{M}_D$ = 200 g/h sind die nach Gleichung (2.10) errechneten Raumluftfeuchten bei verschiedenen Luftwechselzahlen und Außentemperaturen in Bild 2.7 dargestellt. Hohe relative Raumluftfeuchten treten danach dann auf, wenn die Luftwechselzahl merklich unter 0,5 h$^{-1}$ sinkt und wenn die Außenlufttemperatur nicht sehr tief ist. Bei sehr intensivem Luftwechsel (bei dem die Raumlufttemperatur jedoch gleichbleibt!) wird eine untere Grenze der relativen Raumluftfeuchte erreicht, die nicht mehr unterschritten werden kann. Es handelt sich um denjenigen Zustand, bei dem der Wasserdampfgehalt der Raumluft genau so groß ist wie der Wasserdampfgehalt der Außenluft. Für L $\rightarrow \infty$ folgt nämlich aus (2.10):

$$\varphi_i \cdot c_{si} = \varphi_a \cdot c_{sa} \tag{2.11}$$

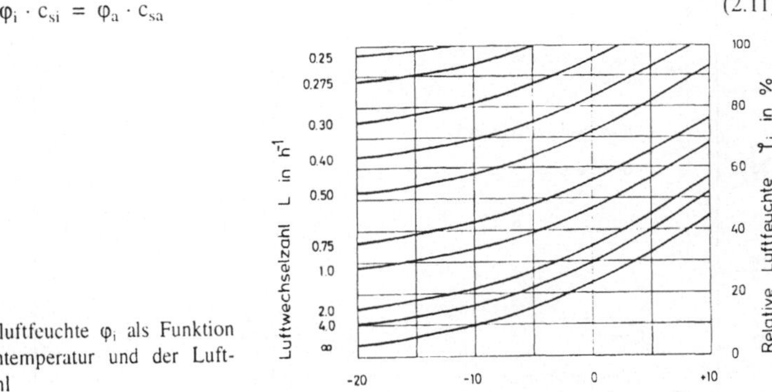


Bild 2.7
Die Raumluftfeuchte $\varphi_i$ als Funktion der Außentemperatur und der Luftwechselzahl

Das aber bedeutet:

$$c_i = c_a \tag{2.12}$$

Zur Wasserdampfproduktion $\dot{M}_D$ können folgende Angaben gemacht werden: Ein Erwachsener gibt bei leichter Bürotätigkeit pro Stunde etwa 50 g Wasserdampf über Haut und Atemluft an seine Umgebung ab. Ein Handwerker bringt es auf etwa 150 g, ein Hochleistungssportler setzt etwa 1000 g pro Stunde frei. Beim Kochen und Braten in einer Küche werden pro Stunde etwa 500 bis 1000 g Wasserdampf freigesetzt, beim Geschirrspülen fallen pro Spülgang etwa 200 g Wasserdampf an. Es ist bei solchen Bilanzen im Einzelfall zu prüfen, ob man die Spitzenproduktion, die nur in bestimmten Tagesstunden auftritt, oder einen auf den gesamten Tag bezogenen Mittelwert einer Berechnung zugrunde legt. Pflanzen geben in weitgehend gleichmäßigem Umfang so viel Wasserdampf ab, wie man ihnen in Form von Wasser beim Gießen zuführt. Welche Menge Wasserdampf an Wasseroberflächen durch Verdunstung entsteht, wird in Abschnitt 4.1 beschrieben.


## 2.4 Charakteristische Werte der Baustoff-Feuchte

Die in einem Baustoff enthaltene Menge an Wasser (Feuchte) gibt man entweder als massebezogenen Wassergehalt $u_m$ oder als volumenbezogenen Wassergehalt $u_v$ an:

$$u_m = \frac{\text{Masse des Wassers}}{\text{Masse des trockenen Baustoffs}} \qquad u_v = \frac{\text{Volumen des Wassers}}{\text{Volumen des Baustoffs}}$$

Beide Wassergehalte sind dimensionslose Größen und werden entweder als echte Brüche oder in Prozent angegeben. Es gilt die Beziehung:

$$u_m = \frac{\rho_w}{\rho_B} \cdot u_v \tag{2.13}$$

Die möglichen Wassergehalte in einem feinporigen, mineralischen Baustoff von absoluter Trockenheit bis zur völligen Porenfüllung mit Wasser sind in dem Säulendiagramm auf Bild 2.8 schematisch dargestellt.

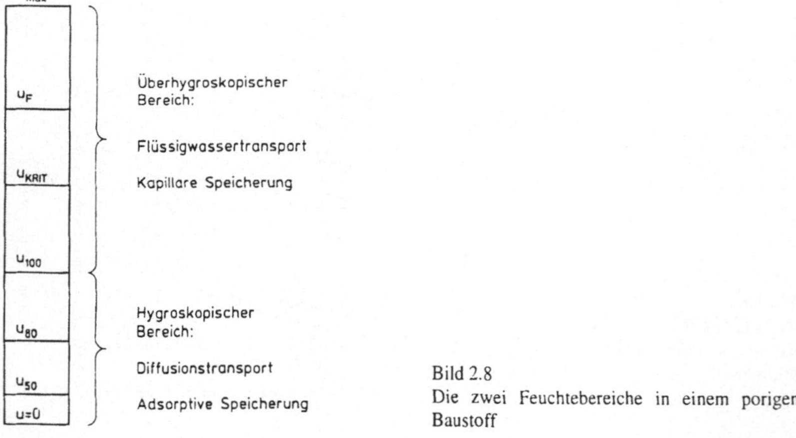


Bild 2.8
Die zwei Feuchtebereiche in einem porigen Baustoff

Man kann danach zwei Wassergehaltsbereiche unterscheiden:

Im Bereich niedriger Feuchte den sogenannten hygroskopischen Bereich, in dem Diffusionsvorgänge den Feuchtetransport und Absorptionsvorgänge die Wasserspeicherung bestimmen. Im Bereich höherer Feuchte, dem sogenannten überhygroskopischen Bereich, wird der Wassertransport durch ungesättigte Porenwasserströmung bestimmt, und die Oberflächenspannung des Wassers und der dadurch bedingte Kapillardruck beeinflussen das Wasser entscheidend. Die Wasserspeicherung wird durch Füllung von Porenbereichen, beginnend bei den kleinsten Porenweiten und ansteigend zu immer größeren Porenweiten bewerkstelligt.

Folgende charakteristische Feuchtewerte sind im Baustoff möglich: Die **Sättigungs-Feuchte** $u_{max}$ eines feinporigen Baustoffes entspricht der völligen Füllung aller dem Wasser zugänglichen Hohlräume oder der maximalen Wasseraufnahme quellbarer porenfreier Stoffe.

Der **Freiwillige Wassergehalt** $u_F$ (auch als Wasserkapazität bezeichnet) stellt sich dann ein, wenn man einen Stoff einige Zeit der Einwirkung drucklosen Wassers aussetzt. Grobporige, wasserbenetzbare Stoffe durchfeuchten dann rasch und vollständig ($u_F = u_{max}$). Bei hydrophilen, feinporigen Stoffen (wie fast alle mineralischen Baustoffe) stellt sich dagegen zunächst eine Teildurchfeuchtung ($u_F$) ein. Im Laufe vieler Jahre nimmt der Wassergehalt eines ständig so mit drucklosem Wasser beaufschlagten Baustoffes allerdings über den

Wert von $u_F$ hinaus langsam zu und erreicht schließlich den Wert $u_{max}$. Denn die das Eindringen weiterer Wassers zunächst verhindernde eingeschlossene Luft löst sich langsam im Porenwasser und entweicht dadurch. Bei Holz bezeichnet man $u_F$ traditionsgemäß als Faser-Sättigungsfeuchte. Bei hohlraumfreien wasserquellbaren Stoffen fallen $u_F$, $u_{100}$ und $u_{max}$ zusammen.

Der **kritische Wassergehalt** $u_{kr}$ gibt die Grenze an, wann die Leistungsfähigkeit für Flüssigwassertransport in einem austrocknenden Baustoff so weit abgesunken ist, daß die Wasserverdunstung an der Baustoffoberfläche nicht mehr befriedigt werden kann. Dann sinkt die Baustoff-Feuchte in der Oberflächenzone in kurzer Zeit stark ab und die Verdunstung geht stark zurück. Der kritische Wassergehalt ist also dem Knickpunkt in der Knickpunktskurve nach Krischer zugeordnet (s. Abschn. 3.6).

Bei zementgebundenen Baustoffen gibt es einen weiteren charakteristischen **Wassergehalt** $u_H$, der nach dem völligen Hydratisieren des Zementes vorliegt, wenn in dieser Zeit keine Wasserabgabe an die Umgebung erfolgt ist. Es handelt sich also um die „Ausgangsfeuchte", mit welcher der betreffende Baustoff nach Abschluß seiner Verfestigung in seine Nutzungsphase hineingeht. Alle zuvor beschriebenen, kennzeichnenden Wassergehalte von Baustoffen befinden sich im überhygroskopischen Wassergehaltsbereich.

Im hygroskopischen Wassergehaltsbereich bestimmt die relative Luftfeuchte die Baustoff-Feuchte. Die **hygroskopischen Gleichgewichts-Feuchten** kennzeichnet man durch Indizierung mit derjenigen relativen Luftfeuchte, mit der sie im Gleichgewicht stehen. So entspricht z. B. die Feuchte $u_{50}$ dem Wassergehalt bei 50 % relativer Luftfeuchte und damit etwa dem Wert, den Baustoffe in bewohnten Räumen annehmen. Die Stoffeuchte $u_{100}$ kennzeichnet den Zustand, in dem alle Mikroporen mit Wasser gefüllt sind: Dann herrscht in der Porenluft eine relative Luftfeuchte von 100 %, und ein Massetransport durch Dampfdiffusion in den Poren ist nur noch im Temperaturgefälle möglich. Die obere Grenze des hygroskopischen Wassergehaltsbereiches ist hier erreicht.

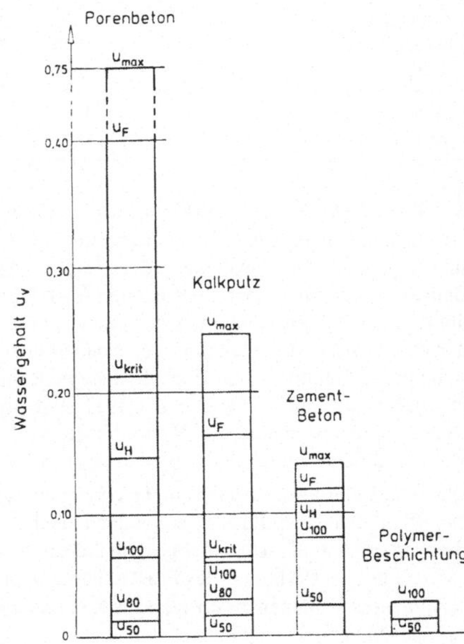


Bild 2.9
Vier Säulendiagramme von Baustoffen mit den kennzeichnenden Wassergehalten

Auf Bild 2.9 sind die Säulendiagramme von 4 Baustoffen dargestellt. Jede Säule symbolisiert das Wasseraufnahmevermögen des betreffenden Stoffes, angegeben als volumenbezogener Wassergehalt. In die Säulen sind die kennzeichnenden Wassergehalte eingetragen. Tafel 2.4 enthält von K. Kießl [64] angegebene und vom Verfasser ergänzte Zahlenwerte für $u_{max}$, $u_F$ und $u_{KRIT}$ für eine Reihe häufig gebrauchter Baustoffe.

Tafel 2.4  Maximaler, freier und kritischer Wassergehalt sowie die Gleichgewichtsfeuchte für $\varphi = 1$ von Baustoffen

| Baustoff | Baustoffeuchte, volumenbezogen | | | |
|---|---|---|---|---|
| | $u_{max}$ | $u_F$ | $u_{KR}$ | $u_{100}$ |
| Schlaitdorfer Sandstein | 0,15 | 0,11 | 0,035 | 0,013 |
| Rütherer Sandstein | 0,21 | 0,16 | 0,047 | 0,034 |
| Obernkirchner Sandstein | 0,17 | 0,11 | 0,035 | 0,014 |
| Krenzheimer Muschelkalk | 0,13 | 0,07 | 0,024 | 0,005 |
| Gasbeton | 0,73 | 0,38 | 0,20 | 0,037 |
| Klinker | 0,17 | 0,16 | 0,09 | 0,0040 |
| Vormauerziegel | 0,19 | 0,16 | 0,08 | 0,0064 |
| Handschlagziegel | 0,24 | 0,18 | 0,05 | 0,0080 |
| Lochporotonziegel | 0,26 | 0,24 | 0,07 | 0,0085 |
| Kalksandstein | 0,30 | 0,21 | 0,14 | 0,11 |
| Beton, calcitisch | 0,19 | 0,13 | 0,09 | 0,10 |
| quarzitisch | 0,14 | 0,11 | 0,08 | 0,10 |
| Zementputz | 0,14 | 0,13 | 0,08 | 0,09 |
| Kalkzementputz | 0,16 | 0,14 | 0,08 | 0,08 |
| Kalkputz | 0,24 | 0,18 | 0,08 | 0,04 |
| PS-Hartschaum | 0,97 | 0,04 | – | – |
| Mineralwolle | 0,95 | – | – | – |

Der **Praktische Feuchtegehalt** eines Baustoffes ist derjenige Wassergehalt, der in der Praxis, d.h. in eingebauten Baustoffen, mit einer Wahrscheinlichkeit von 90 % nicht überschritten wird. Die Festlegung des Zahlenwertes des Praktischen Feuchtegehaltes eines Baustoffes erfolgt in einem geregelten Verfahren, wozu zahlreiche Proben aus Bauwerken, die dem dauernden Aufenthalt von Menschen dienen, entnommen werden. Die Messungen dürfen erst nach Austrocknung der Neubaufeuchte vorgenommen werden und sollen unterschiedliche Standorte, den Einfluß verschiedener Himmelsrichtungen usw. berücksichtigen. In DIN 4108, Teil 4, Tabelle A 1 [97] sind praktische Feuchtegehalte zusammengestellt, wobei für die anorganischen Baustoffe der volumenbezogene, für organische Stoffe, Faserstoffe und Schüttungen der massebezogene Wassergehalt angegeben ist.

Der Praktische Feuchtegehalt dient vorzugsweise zur Festlegung der Rechenwerte der Wärmeleitfähigkeit von Baustoffen, jedoch auch als Anhaltspunkt dafür, wie an bewohnten Bauwerken vorgefundene Wassergehalte zu bewerten sind. Versucht man, die statistischmeßtechnische Definition des Praktischen Feuchtegehaltes mit den hier besprochenen kennzeichnenden Feuchten zu korrelieren, so könnte man ihn etwa der hygroskopischen Feuchte $u_{85}$ zuordnen.

## 2.5 Die hygroskopischen Wassergehalte der Baustoffe

Derjenige Wassergehalt, der sich in einem Baustoff nach längerer Lagerung in Luft konstanter relativer Luftfeuchte und Temperatur einstellt, wird als Gleichgewichtsfeuchte zu der betreffenden Luft bezeichnet. Die in Bezug auf feuchte Luft möglichen Gleichgewichtsfeuchten eines Baustoffes faßt man in der sogenannten Sorptionsisotherme zusammen, das heißt, in einem für jeden Baustoff charakteristischen funktionalen Zusammenhang zwischen dessen Wassergehalt und der relativen Luftfeuchte seiner Umgebung. Man bezeichnet diese Gleichgewichtsfeuchten auch als hygroskopische Feuchten. Es ist bemerkenswert, daß der Verlauf von Sorptionsisothermen poröser Baustoffe im Achsensystem „Wassergehalt - relative Luftfeuchte" so wenig von der Temperatur abhängt, daß für die Belange des Bauwesens die Temperaturabhängigkeit außer Betracht bleiben kann (Bild 2.10). Das ist keineswegs selbstverständlich, weil der Gehalt an Wasserdampf in Luft ja in einem ausgeprägten Maße temperaturabhängig ist und die Sorptionsisotherme den Gleichgewichtszustand zwischen feuchter Luft und dem am Feststoff absorbierten Wasser beschreibt. Der Verlauf der „Sorptionsisotherme von Wasserdampf in Luft" ist linear, weil die relative Luftfeuchte in diesem Sinne definiert ist.

Die Sorptionsisothermen der porigen, mineralischen Baustoffe und die von Polymer-Baustoffen unterscheiden sich in ihrer Form: Weitaus die meisten **mineralischen Baustoffe** sind feinporige Feststoffe mit großer innerer Oberfläche, an welche Wasserfilme angelagert werden. Die beachtliche Größe der inneren Oberfläche einiger Baustoffe ist auf Tafel 2.5

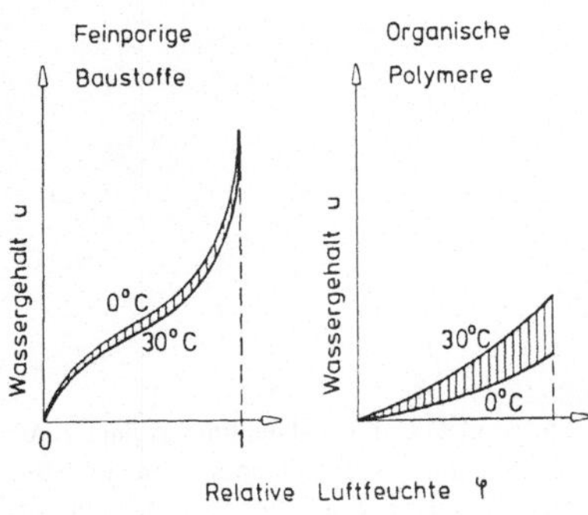


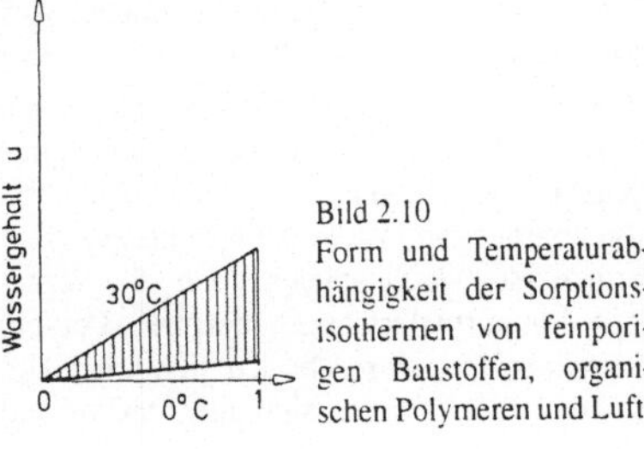


Bild 2.10

Form und Temperaturabhängigkeit der Sorptionsisothermen von feinporigen Baustoffen, organischen Polymeren und Luft

Tafel 2.5 Porenvolumen und innere Oberfläche von Baustoffen

| Baustoffe | Porenvolumen in % | innere Oberfläche in $m^2/g$ |
|---|---|---|
| Schlaitdorfer Sandstein | 16 | 1,5 |
| Rüthener Sandstein | 22 | 4,3 |
| Obernkirchner Sandstein | 17 | 1,2 |
| Krenzheimer Muschelkalk | 14 | 0,4 |
| Gasbeton | 72 | 38 |
| Klinker | 17 | 0,5 |
| Handschlagziegel | 24 | 0,3 |
| Lochporotonziegel* | 26 | 1,3 |
| Vormauerziegel | 19 | 0,4 |
| Beton** B 15 | 14 | 24 |
| B 25 | 16 | 25 |
| B 35 | 15 | 31 |
| B 45 | 14 | 39 |
| Zementputz | 14 | 16 |
| Kalkzementputz | 14 | 11 |
| Kalkputz | 24 | 2 |

* bestimmt am Scherben     ** alkalisch

neben dem Porenvolumen angegeben. Man erkennt, daß kein direkter Zusammenhang zwischen beiden besteht. Denn die Größe der inneren Oberfläche wird vom Porenvolumen und den Porendurchmessern bestimmt. Das gleiche Porenvolumen liefert eine desto größere innere Oberfläche, je kleiner die Porendurchmesser sind. Die Größe der inneren (und äußeren) Oberfläche eines feinporigen Baustoffes kann mit folgender Beziehung ermittelt werden, welche aus der BET-Theorie folgt:

$$O = O_0 \cdot u_m (\varphi^*) \cdot (1 - \varphi^*) \tag{2.14}$$

Hierbei bedeuten:

$O_0$ in $m^2/g$    die Fläche, welche 1 g Wasser in monomolekularer Schicht bedecken kann
               ($O_0 = 3850\ m^2/g$).

$\varphi^*$             eine beliebige relative Luftfeuchte zwischen 0 und 0,75

$u_m (\varphi^*)$ in g/g   die massebezogene Gleichgewichtsfeuchte des Baustoffs für die relative Luftfeuchte $\varphi^*$.

Die Sorptionsisothermen feinporiger Baustoffe zeigen einen s-förmig gekrümmten Verlauf, dessen unterer Teil dadurch verursacht wird, daß die Anlagerung der ersten Molekülschicht Wasser auf der inneren Baustoffoberfläche bei niederen relativen Luftfeuchten stark exotherm (unter Energieabgabe) erfolgt. Die weiteren Schichten Wasser werden erst bei deutlich höheren Luftfeuchten und mit geringerer Wärmetönung aufgenommen. Der bei relativen Luftfeuchten ab etwa 70% eintretende, immer steiler werdende Anstieg der Sorptionsisotherme wird im wesentlichen von der Einlagerung von Wasserinseln in die sehr feinen Poren des Feststoffes bestimmt, was man mit der Theorie der Kapillarkondensation und der BET-Theorie [4] [5] theoretisch erklären kann (Bild 2.11).

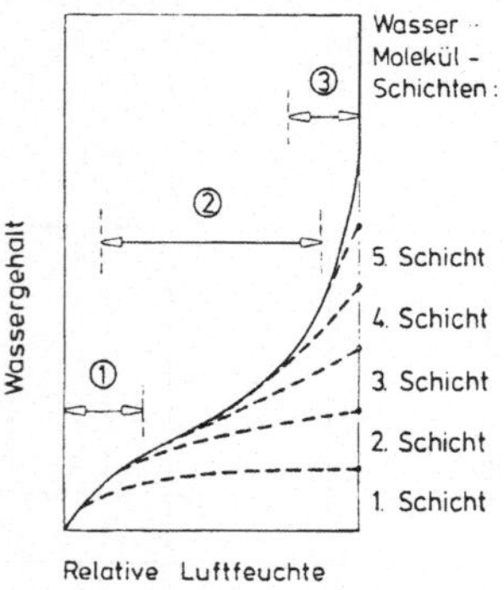


Bild 2.11
Monomolekulare ① und multimolekulare ② Adsorption sowie Kapillarkondensation ③ bestimmen die Gestalt der Sorptionsisothermen feinporiger Stoffe

Die Menge an sorbiertem Wasser in porösen Baustoffen hängt demgemäß i. w. von der Größe der inneren Oberfläche und der von der relativen Luftfeuchte bestimmten und den Porendurchmessern begrenzten Dicke der Sorptionsschicht ab. Der in der Porenluft enthaltene Wasserdampf macht sich im Wassergehalt eines Baustoffs zahlenmäßig nicht bemerkbar.

**Organische Polymere,** die sich bei mikroskopischer Betrachtung als von Natur aus porenfrei erweisen, nehmen als (eingefrorene) Flüssigkeiten Wasser vorzugsweise durch einen Lösungsvorgang auf. Ihre Sorptionsisothermen haben in der Regel einen nur schwach und einseitig gekrümmten Verlauf. Die Menge an aufgenommenem Wasser hängt von der Dichte polarer Gruppen im Polymermolekül entscheidend ab, doch spielen auch die Vernetzungsdichte und die Anteile kristalliner Bereiche im normalerweise amorphen Polymer eine Rolle. In mit Füllstoffen und Pigmenten versehenen Polymeren bilden sich unter Umständen Wasserhüllen um diese „Fremdkörperteilchen" oder es lagert sich aufgrund osmotischer Effekte bei höheren relativen Luftfeuchten Wasser in das Gefüge ein. Dann zeigt die Sorptionsisotherme bei höheren relativen Luftfeuchten einen deutlichen Anstieg. Auf Bild 2.12 ist dargestellt, wieviel Wasser Bitumen, das mit den angegebenen Füllstoffen versetzt worden war, im Laufe mehrerer Jahre aufgenommen hat [26]. Die Wasseraufnahme ist offensichtlich deutlich von der Wasserlöslichkeit der Füllstoffe abhängig, ein Beweis für deren osmotische Wirkung. Die Wasseraufnahme in organische Polymere ist auch deutlich temperaturabhängig in dem Sinne, daß die aufnehmbare Wassermenge mit der Temperatur steigt.

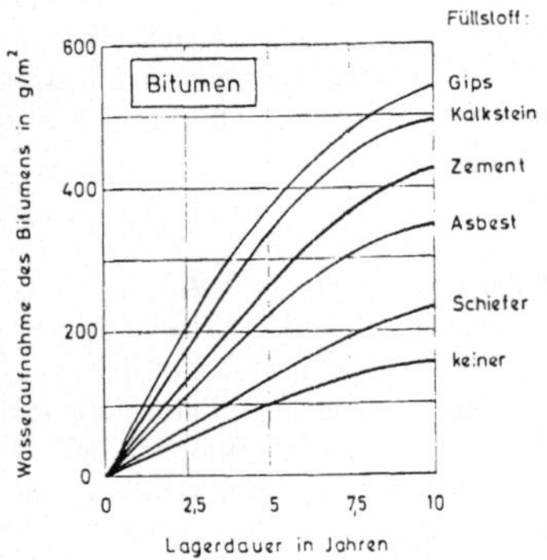

Bild 2.12 Osmotische Wasseraufnahme von Bitumen mit verschiedenen Füllstoffen

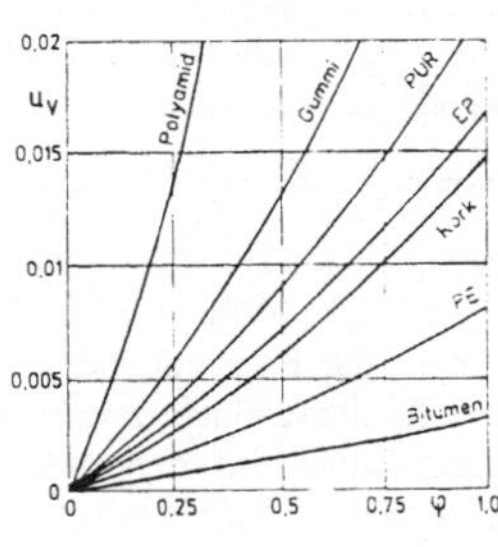

Bild 2.14 Sorptionsisothermen organischer Polymerer bei 20 °C

Auf Bild 2.13 sind Sorptionsisothermen feinporiger Baustoffe, auf Bild 2.14 Sorptionsisothermen von organischen Polymeren, welche im Bauwesen viel verwendet werden, dargestellt. Organische Polymere haben im Vergleich zu den meisten Baustoffen kleine Wassergehalte, weshalb der Ordinatenmaßstab bei den Bildern 2.13 und 2.14 verschieden gewählt wurde; außerdem münden die Isothermen von organischen Polymeren in einem definierten Winkel in die vertikale Gerade ein, welche 100 % Luftfeuchte entspricht. Wenn osmotisch wirkende Stoffe oder feine Poren im Polymer enthalten sind, zeigt die Sorptionsisotherme nahe 100 % relativer Luftfeuchte einen steileren Anstieg, in gleichem Sinne wie die Sorptionsisothermen poröser Baustoffe.

Bei der Messung von Sorptionsisothermen ist es üblich, die Wassergehalte entweder bei allmählicher Steigerung oder bei allmählicher Erniedrigung der relativen Luftfeuchte zu bestimmen. Dann erhält man beim üblichen Vorgehen zwei verschiedene Isothermen, einen sogenannten Adsorptionsast und einen sogenannten Desorptionsast und spricht von Hyste-

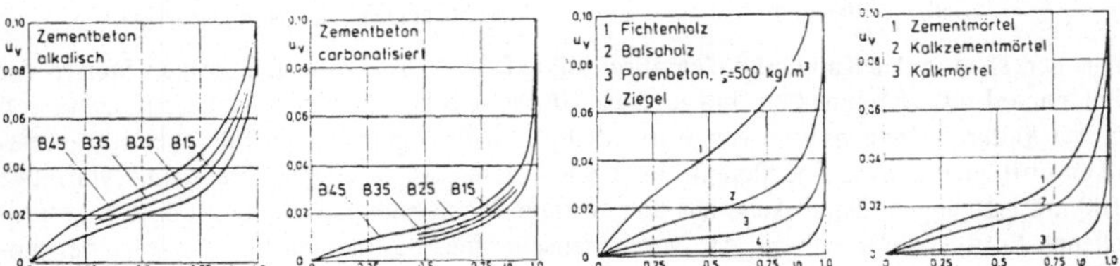

Bild 2.13 Sorptionsisothermen feinporiger Baustoffe

rese [20]. Es bestehen begründete Zweifel, ob dieser Erscheinung eine echte Hysterese zugrunde liegt. Denn ein definiertes Gefüge kann zu einer gegebenen relativen Luftfeuchte nur eine einzige Gleichgewichtsfeuchte haben. Ursache für die Messung zweier verschiedener Äste kann entweder eine zu kurze Meßzeit und/oder eine Veränderung im Baustoff bzw. der Porenflüssigkeit im Verlauf der Messung sein (siehe den Beitrag von K l o p f e r in [60]), so daß die beiden Äste entweder noch nicht den Gleichgewichtszustand angeben oder verschiedenen Baustoffzuständen oder Porenflüssigkeiten entsprechen. Hier ist noch manches ungeklärt.

Der Verlauf der Sorptionsisothermen feinporiger Stoffe im Bereich $\varphi > 0{,}7$ wird von der Theorie der Kapillarkondensation folgendermaßen erklärt: In sehr feinen Kapillaren tritt eine Kondensation von Wasserdampf schon unterhalb 100% relativer Luftfeuchte auf, wobei der quantitative Zusammenhang von folgender, nach W. T h o m s o n alias Lord K e l - v i n benannter Gleichung beschrieben wird:

$$\varphi_K = \exp\left(-2\sigma/(\rho \cdot r \cdot R \cdot T)\right) \tag{2.15}$$

$\varphi_K$ ist diejenige relative Luftfeuchte, bei der in Kapillaren mit sehr engem Radius der Wasserdampf bereits unterhalb 100% relativer Luftfeuchte wegen „Dampfdruckerniedrigung" kondensiert und damit die Pore mit Wasser füllt. Auf Bild 2.15 ist der durch Gleichung (2.15) beschriebene Zusammenhang zwischen $\varphi_K$ und r durch eine analoge Bemaßung des oberen und unteren Bildrandes dargestellt. Zusätzlich ist am linken Bildrand der in Abschn. 3.5 näher erläuterte Kapillardruck angegeben, der sich in der Wasserfüllung der betreffenden Kapillaren einstellt, wenn sich Menisken ausbilden.

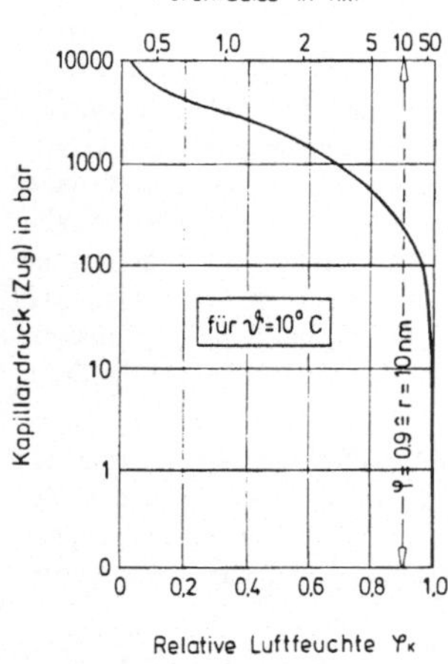


Bild 2.15
Porenradium, Kapillardruck und relative Luftfeuchte bei der Kapillarkondensation

Aus der Theorie der Kapillarkondensation folgt (Bild 2.15), daß in feinporigen Stoffen der Porenanteil mit Durchmessern bis zu etwa 10 nm sich bei einer relativen Luftfeuchte von $\varphi = 0{,}90$ durch Kondensation von Wasserdampf mit flüssigem Wasser füllt. Bei 100% relativer Luftfeuchte wird eine Porenfüllung mit Wasser bis zu einem Porenradius von etwa 100 nm erzwungen. Damit kann aus dem Verlauf der Sorptionsisotherme in dem angesprochenen Luftfeuchtebereich auf das Vorhandensein eines bestimmten Porenanteils oder umgekehrt bei Kenntnis der Porenverteilung auf den Verlauf der Sorptionsisotherme bei hohen relativen Luftfeuchten geschlossen werden.

## 2.6 Die überhygroskopischen Wassergehalte der Baustoffe

Die Speicherung von Wasser im überhygroskopischen Bereich erfolgt in der Weise, daß bei Wasserzufuhr die feinsten Porenkanäle zuerst gefüllt werden und dann eine Füllung der Poren mit steigendem Radius erfolgt. Denn in den feineren Poren tritt ein größerer Kapillarsog auf, als in den weiteren Poren, weshalb feinere Poren Wasser aus größeren heraussaugen können. Umgekehrtes tritt beim Austrocknen auf. Grenzen zwei porige Baustoffe mit überhygroskopischem Wassergehalt aneinander, so sind in der Berührungsfläche die Poren bis zum gleichen Radius wassergefüllt, weil nur dann der Kapillardruck ausgeglichen ist. Will man die beiden zugehörigen Wassergehalte angeben, so müssen dazu die Porenverteilungskurven der beiden Baustoffe bekannt sein.

Leider ist es bis heute nicht mit befriedigender Genauigkeit möglich, Porenverteilungskurven von Baustoffen zu messen. Mittels Druckporosimetrie, Tensiometrie und Schleuderversuchen wird versucht, bis zu kleinsten Porenweiten von $10^{-7}$ m bzw. $10^{-8}$ m die Porenvolumenanteile den Porenweiten zuzuordnen. Bild 2.16 zeigt im rechten Bildteil eine solche, als „differentielle Porenverteilungskurve" bezeichnete Kurve. Integriert man das Porenvolumen über den Radius, so erhält man die im linken Bildteil gezeigte „integrale Porenverteilungskurve".

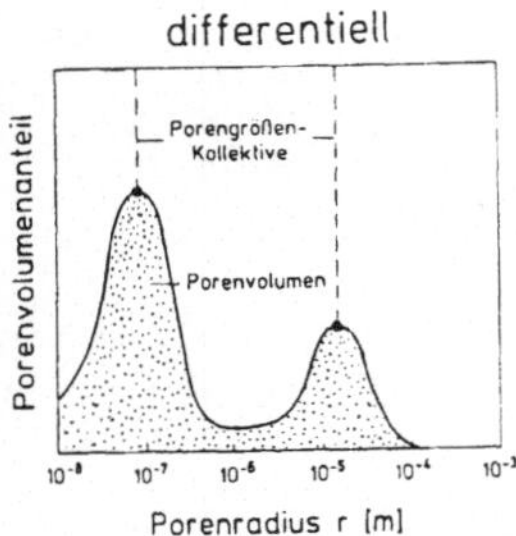


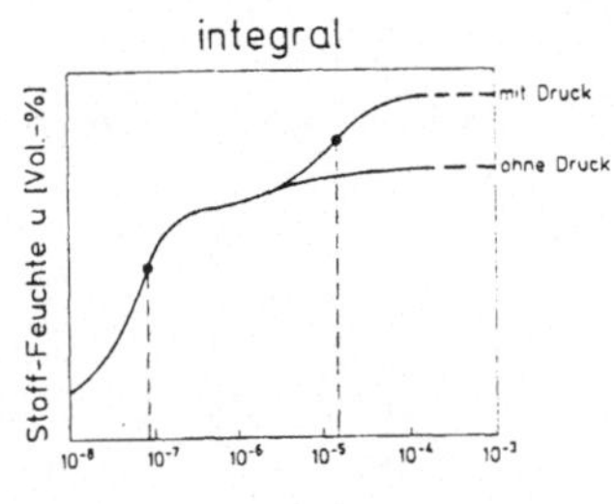


Bild 2.16   Differentielle und integrale Porenverteilungskurven

Im überhygroskopischen Wassergehaltsbereich gibt es keine so lückenlose Zuordnung zwischen Umgebungsbedingung und Baustoff-Feuchte wie im hygroskopischen Bereich, in dem für jede relative Luftfeuchte ein ganz bestimmter Wassergehalt des Baustoffs angegeben werden kann. Drei Wassergehalte sind jedoch typische Ausgangspunkte oder Ziele überhygroskopischen Feuchtetransports:

– Die Porensättigung als Ergebnis sehr langer Flüssigwassereinwirkung.

– Die freiwillige Wasseraufnahme als Ergebnis kurzfristiger Flüssigwassereinwirkung.

– Die Feuchte nach Hydratation, mit der zementgebundene Baustoffe nach ihrer Erhärtung und vor ihrer Austrocknung vorliegen.

In aller Regel sind bei Baustoffen überhygroskopische Feuchten Ausnahmen, d. h. zeitlich begrenzte oder örtlich begrenzte Erscheinungen, welche fast immer unerwünscht sind, wie die Herstellungsfeuchte, die Neubaufeuchte, durch Niederschlag oder Tauwasser bedingte lokale Feuchtspitzen usw. Nur wenige Baustoffe sind auch genügend dauerhaft, wenn sie langfristig überhygroskopisch feucht sind.

# 3 Mechanismen des Feuchtetransports

## 3.1 Diffusion

### 3.1.1 Wasserdampf-, Oberflächen- und Lösungsdiffusion

„Diffusion" ist das Wandern einzelner sehr kleiner Teilchen (Atome, Ionen, Moleküle), verursacht durch die thermische Eigenbeweglichkeit (Brownsche Molekularbewegung) dieser kleinen Teilchen. Bei makroskopischer Betrachtung herrscht in dem Medium, in welchem Diffusion stattfindet, anscheinend Bewegungslosigkeit. Die diffundierenden Teilchen fliegen mit gleicher statistischer Wahrscheinlichkeit in alle Raumrichtungen. Dennoch tritt bei unterschiedlicher Konzentration der diffundierenden Teilchen ein makroskopisch, feststellbarer, gerichteter Massenstrom auf, dessen Bewegungssinn in die Richtung mit geringerer Konzentration führt (Ausgleich von Konzentrationsunterschieden). Das beruht darauf, daß von Stellen größerer Konzentration mehr Teilchen wegdiffundieren als von Stellen kleinerer Konzentration. Man kennt drei Arten der Diffusion von Wassermolekülen (Bild 3.1):

– Wasserdampfdiffusion

– Lösungsdiffusion

– Oberflächendiffusion.

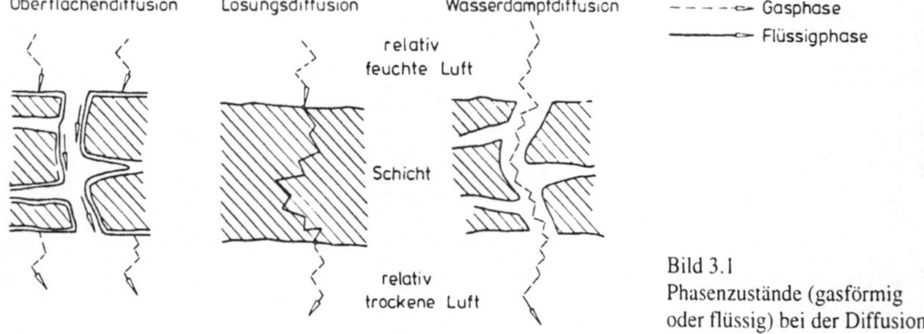


Bild 3.1
Phasenzustände (gasförmig oder flüssig) bei der Diffusion

**Wasserdampfdiffusion** liegt vor, wenn die Wassermoleküle innerhalb der sie umgebenden Luft, also im Gaszustand, diffundieren. Auch die in den Poren von Baustoffen enthaltene, ruhende Luft enthält natürlich Wasserdampf, der in dieser Luft diffundiert und einen Massenstrom von Stellen größerer zu kleinerer Wasserdampfkonzentration zur Folge hat (Abschnitt 6).

**Lösungsdiffusion** ist die Bewegung einzelner Teilchen in einem flüssigen oder quasi-flüssigen Medium, in dem sie gelöst sind. So kann sich Wasser nicht nur in vielen Flüssigkeiten, sondern auch in organischen Polymeren (Kunststoffe, Bitumen, Holz, Cellulose usw.) lösen, wobei der Umfang der Löslichkeit und damit die Durchlässigkeit für Wassermoleküle mit der Dichte der hydrophilen Gruppen in Polymeren gesetzmäßig zunimmt. Durch die Wasseraufnahme in ein Polymer wird dieses gequollen, was die Diffusion der Wassermoleküle erleichtert und zu konzentrationsabhängiger Lösungsdiffusion führt (Abschnitt 9).

**Oberflächendiffusion** ist die Bewegung derjenigen Wassermoleküle, welche auf den inneren und äußeren Oberflächen von Festkörpern einen dünnen Wasserfilm (Adsorptionsschicht) gebildet haben. Die Dicke dieses Films richtet sich nach der relativen Luftfeuchte über der Adsorptionsschicht und wird von 1 bis 20 Moleküllagen Wasser gebildet. Der gerichtete Massentransport in diesen Oberflächenfilmen folgt ebenfalls dem Wasserdampfpartialdruckgefälle, macht sich aber nur dann bemerkbar, wenn einerseits die bedeckte Fläche sehr groß ist, was bei den meisten feinporigen Baustoffen der Fall ist, und wenn andererseits die Beweglichkeit der Wassermoleküle im Film genügend groß ist, d.h., wenn die Adsorptionsschicht genügend dick ist. Das ist erst bei höheren relativen Luftfeuchten der Fall.

Auf Bild 3.1 sind schematisch die Phasen (flüssig oder gasförmig) dargestellt, in denen sich die diffundierenden Wassermoleküle befinden, welche eine beidseitig von Luft begrenzte Baustoffschicht durchdringen. In der relativ feuchten Luft oberhalb der Schicht und in der relativ trockenen Luft unterhalb der Schicht erfolgt die Diffusion natürlich in der Gasphase als Wasserdampfdiffusion. Aber auch in der Porenluft tritt eine Wasserdampfdiffusion auf. Die Oberflächendiffusion und die Lösungsdiffusion spielen sich in der Flüssigphase ab.

Der Transportmechanismus Diffusion überwiegt in relativ trockenen Baustoffen, solange die Kapillarleitung noch keine Bedeutung hat und keine Strömung aufgrund von Gesamtdruckunterschieden auftritt. Das ist aber für die meisten Bauteile der normale Zustand. Es ist noch nicht genau erforscht, welchen Anteil am gesamten Feuchtetransport die genannten Diffusionsarten (neben der Effusion in den feinsten Poren) bei den verschiedenen Baustoffen haben. Zum Beispiel hat in gebrannten Ziegeln wegen der relativ kleinen inneren Oberfläche die Oberflächendiffusion im Vergleich zur Wasserdampfdiffusion nur eine geringe Bedeutung und Lösungsdiffusion ist wegen der Wasserdichtigkeit und Unquellbarkeit des glasartigen Feststoffgerüstes nicht möglich. Von Holz weiß man, daß in ihm alle drei Diffusionsarten stattfinden können. In sehr dichtem Zementstein tritt nur die in Abschnitt 3.2 behandelte Effusion auf.


## 3.1.2  Diffusionsvorgänge im Bauwesen

In Deutschland setzte eine ernsthafte Beschäftigung der Baufachleute mit der Wasserdampfdiffusion erst in den Jahren nach 1945 ein, als beim Wiederaufbau auch Flachdächer in nennenswerter Zahl zur Ausführung kamen. In vielen der damals gebauten einschaligen Flachdächer traten zunächst unerklärliche Durchfeuchtungen auf, die man später als den Tau eingedrungenen Wasserdampfes erkannte. Da dieses Problem neu und eine Lösung dringend erforderlich war, setzte bei den damals noch wenigen Bauphysikern alsbald eine intensive Forschungstätigkeit ein. Bei der Sichtung der Literatur stellte sich dann heraus, daß man in Schweden und in Amerika mit den Außenwänden von Holzhäusern ähnliche Probleme hatte. In den Füllungen der eine Holzrahmenkonstruktion darstellenden Wände wurden an den Schichtgrenzen der gewählten Einlagestoffe oft analoge Durchfeuchtungen festgestellt, die als der Tau des durch die Wände diffundierenden Wasserdampfes identifiziert wurden. Diese ausländischen Erfahrungen faßte K. E g n e r in einem Forschungsbericht [59] zusammen. Die deutsche Forschung auf diesem Gebiet führte dann zunächst zu einer sich als überaus günstig erweisenden Definition der Dichtigkeitskenngröße für Werkstoffe gegen diffundierenden Wasserdampf, die sogenannte Diffusionswiderstandszahl $\mu$, die wir O. K r i s c h e r [70] verdanken. In der Folge haben S c h ü l e, C a e m m e r e r, C a m m e r e r und weitere Forscher umfangreiche Messungen zur Bestimmung der Größe der Diffusionswiderstandszahl und der sie beeinflussenden Bedingungen durchgeführt. Dann ist in Abstimmung aller an den Forschungsarbeiten beteiligten deutschen Forscher eine einheitliche Normenklatur für dieses Gebiet vereinbart worden [7], [8]. Ein erster Abschluß dieser Bemühungen war mit dem Beitrag G l a s e r s [13] erreicht, der die physikalischen Verhältnisse von im Temperaturgefälle liegenden und von Wasserdampf durchdrungenen Bauteilen untersuchte, die Fehler in den damals herrschenden Vorstellungen aufdeckte und erstmals die heute noch als richtig angesehene Wasserdampfdruckverteilung im stationären Zustand bei Tauwasseranfall im Wandinneren und den Ort des anfallenden Tauwassers richtig erkannte. Die von G l a s e r ausgearbeitete Methode zur Beurteilung mehrschichtiger Bauteile hinsichtlich Tauwasseranfall trägt noch heute seinen Namen, ist genormt und wird später eingehend erläutert (s. Abschn. 6.4 und 6.5). Die derzeit laufenden Forschungsarbeiten gelten dem Erfassen der weiteren Wassertransportmechanismen, insbesondere dem Flüssigwassertransport in einschichtigen und mehrschichtigen Bauteilen unter instationären thermischen und hygrischen Bedingungen.

Das angesprochene und mit dem von G l a s e r konzipierten Verfahren zu einem gewissen Abschluß gekommene wissenschaftliche Werkzeug zur Bewältigung der stationären Wasserdampfdiffusionsprobleme ist nicht nur auf Flachdächer oder Außenwände in Holzkonstruktionen anwendbar, sondern im Prinzip auf alle Bauteile. Hervorzuheben als Anwendungsgebiet der Glaserschen Theorie sind mehrschichtige Außenwände, insbesondere solche mit Kerndämmung oder Innendämmung und Decken, die nach unten gegen Außenluft abschließen. Ferner Flachdächer der verschiedensten Bauweisen, die wegen der Notwendigkeit einer wasserdichten Außenhaut, welche immer auch einen beachtlichen Diffusionswiderstand für Wassermoleküle darstellt, besondere Maßnahmen wie Dampfsperren, Dampfbremsen und Entlüftungsquerschnitte usw. erfordern. Die an Erdreich grenzenden Böden, Wände und Decken bewohnter Räume müssen bezüglich Wasserdampfdiffusion besonders untersucht werden, weil die klimatischen Randbedingungen stark abweichen von den in DIN 4108, Teil 3 beim Glaserverfahren angegebenen, und weil keine Trocknungsperiode auftritt.

Bei Baustoffen, welche zwischen relativ dampfdichte Schichten eingeschlossen sind, ist die durch Wasserdampfdiffusion mögliche Umlagerung des Wassergehaltes bei veränderlichen Temperaturgefällen zu beachten. So ist im Holz von Holzfenstern im Winterhalbjahr die Holzfeuchte unter dem Außenanstrich immer größer als unter dem Innenanstrich und kann unter Umständen den Außenanstrich oder das Holz schädigen. In Estrichen mit relativ dampfdichten Bodenbelägen und in Flachdächern mit relativ dampfdichten Dachdichtungen kann eingeschlossene Feuchte Schäden anrichten, wenn sie durch Temperaturgefälle lokal konzentriert wird ([46] Band 3, S. 122 bis 125 und Band 5, S. 120/121). Schließlich ist auch das Austrocknen nicht zu feuchter Baustoffe im wesentlichen ein Diffusionsvorgang, welcher allerdings im Zustand hoher Feuchte von anderen Transportmechanismen unterstützt wird. Die Ermittlung von Wassergehaltsverteilungen in Bauteilen als Folge von Diffusion unter relativ trockenen Bedingungen (hygroskopischer Bereich) wird in Abschnitt 7 behandelt, wenn die Baustoffe feuchter sind (hygroskopischer Bereich), in Abschnitt 8.


## 3.2  Effusion


Wenn Wassermoleküle diffundieren, entspricht der zurückgelegte Weg einem geknickten Linienzug. Die Knickpunkte entsprechen den Orten des Zusammenstoßes mit anderen Teilchen oder begrenzenden Wandungen. Auf Bild 3.2 ist links der Zickzackweg eines diffundierenden Wassermoleküles in Luft dargestellt, rechts der Weg in flüssigem Wasser. Den mittleren Abstand von Knickpunkt zu Knickpunkt heißt man die mittlere freie Weglänge $\lambda$, wenn zunächst nur der Zusammenstoß mit anderen Teilchen, nicht aber mit begrenzenden

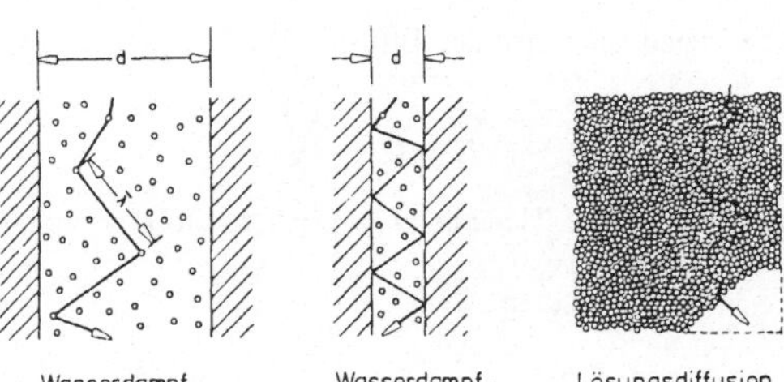



Bild 3.2
Die mittlere freie Weglänge
der Wassermoleküle bei Wasserdampfdiffusion, Effusion
und Lösungsdiffusion

Wandungen betrachtet wird. $\overline{\lambda}$ ist bei der Diffusion von Gasen sowohl von der Temperatur als auch vom Gesamtdruck abhängig, wobei mit abnehmender Temperatur und steigendem Druck die mittlere freie Weglänge kleiner wird. Für Wassermoleküle in Luft von 20 °C und 1 bar Gesamtdruck beträgt die mittlere freie Weglänge etwa 40 nm. Bei der Diffusion in der Flüssigphase (Lösungsdiffusion) hat $\overline{\lambda}$ etwa die gleiche Größe wie der Teilchendurchmesser, der bei Wassermolekülen etwa 0,3 nm beträgt.

Befindet sich Wasserdampf enthaltende Luft in so kleinen Poren eines Feststoffes, daß deren Durchmesser kleiner ist als die freie Weglänge der Wassermoleküle $\overline{\lambda}$ (Bild 3.2, Mitte), so wird der Weg der diffundierenden Wassermoleküle durch Zusammenstöße mit den Porenwandungen mehr bestimmt als durch Zusammenstöße mit anderen Molekülen. Man spricht dann von Effusion, gelegentlich auch von (Knudsenscher) Molekularbewegung. Die Abgrenzung gegen Wasserdampfdiffusion beschreibt man durch die sogenannte Knudsenzahl Kn, welche wie folgt definiert ist:

$$Kn = \frac{\overline{\lambda}}{2r} \tag{3.1}$$

Damit können folgende Knudsen-Bereiche unterschieden werden:

Kn < 1 Kontinuumsbereich

Kn > 1 Effusionsbereich

Im Kontinuumsbereich kann sowohl Diffusion als auch Strömung der Wasserdampf enthaltenden Luft auftreten, je nachdem, ob Partialdruck- bzw. Konzentrationsunterschiede oder Gesamtdruckdifferenzen vorliegen. Im Effusionsbereich ist eine Unterscheidung zwischen Strömung und Diffusion nicht mehr möglich; es gibt nur Effusion.

Der Massestrom $\dot{M}$, der einen feinporigen Feststoff mit dem Porenquerschnitt A nach dem Mechanismus der Effusion durchdringt, wird durch folgende Beziehung beschrieben, sofern für die Poren eine kreiszylindrische Gestalt mit dem Durchmesser 2r vorausgesetzt werden darf:

$$\dot{M} = \frac{8}{3} \cdot A \cdot r \cdot \sqrt{\frac{1}{2\pi\overline{R}}} \cdot \sqrt{\frac{\overline{M}}{T}} \cdot \frac{dp}{dx} \tag{3.2}$$

Hierbei ist $\overline{R}$ die Universelle Gaskonstante (8,315 kJ/(kmol · K)), während $\overline{M}$ die relative Molmasse der diffundierenden Teilchen (bei Wasser: 18 g) darstellt. Der Druck p kann entweder ein Wasserdampfpartialdruck oder ein Gesamtdruck sein. Der Temperatureinfluß ist im Anwendungsbereich Bauwesen relativ gering, da die absolute Temperatur nur mit der Wurzel eingeht.

Abkürzend kann man den Effusionskoeffizienten E einführen,

$$E = \frac{8}{3} \cdot r \cdot \sqrt{\frac{1}{2\pi \overline{R}}} \cdot \sqrt{\frac{\overline{M}}{T}} \tag{3.3}$$

mit dessen Hilfe Gleichung (3.2) sich wie folgt schreiben läßt:

$$\dot{M} = A \cdot E \cdot \frac{dp}{dx} \tag{3.4}$$

Wenn in Porengefügen mit breiter Verteilung der Porendurchmesser verschiedene Transportmechanismen neben der Effusion auftreten, ist es meist berechtigt, die Effusion der Diffusion „zuzuschlagen", da die Transportgesetze sehr verwandt und die Massenstromdichten infolge Effusion relativ klein sind. Die Bezeichnung „Molekularbewegung" für Effusion ist nicht sehr glücklich gewählt, da auch Diffusion eine Molekularbewegung ist.

## 3.3　Strömung von Wasser in gesättigten Poren

Wenn Flüssigkeiten genügend langsam strömen, ändern sich die Geschwindigkeit und deren Richtungssinn von Teilchen zu Teilchen nur allmählich. Man kann daher Stromlinien und Geschwindigkeitsprofile angeben. Die auch in strömenden Flüssigkeiten oder Gasen auftretende Diffusion der Teilchen führt zu einer Art Verzahnung unterschiedlich schnell fließender Schichten. Der entsprechende Widerstand in den Grenzflächen zwischen Schichten mit verschiedenen Fließgeschwindigkeiten wird durch den sogenannte Viskositätskoeffizienten $\eta$ gekennzeichnet, der im Newtonschen Fließgesetz definiert ist:

Gemäß Bild 3.3 sei eine Flüssigkeitsschicht der Dicke dx betrachtet, die sich zwischen zwei Platten der Fläche A befindet. Werden die Platten relativ langsam und parallel so gegeneinander verschoben, daß ihre Relativgeschwindigkeit dv ist, dann wird diesem Verschieben ein Widerstand F entgegengesetzt, der in hohem Maß von der Art der Flüssigkeit und ihrer Temperatur abhängt. Bezeichnet man wie üblich die Widerstandskraft F bezogen auf die Fläche A als Scherspannung $\tau$ und die Relativgeschwindigkeit dv der Platten bezogen auf den Plattenabstand dx als Geschwindigkeitsgefälle, so ist nach Messungen an zahlreichen Flüssigkeiten und Gasen bei nicht zu großen Geschwindigkeitsgefällen die Scherspannung mit guter Genauigkeit proportional dem Geschwindigkeitsgefälle (Newtonsches Fließgesetz):

$$\tau = \eta \cdot \frac{dv}{dx} \tag{3.5}$$

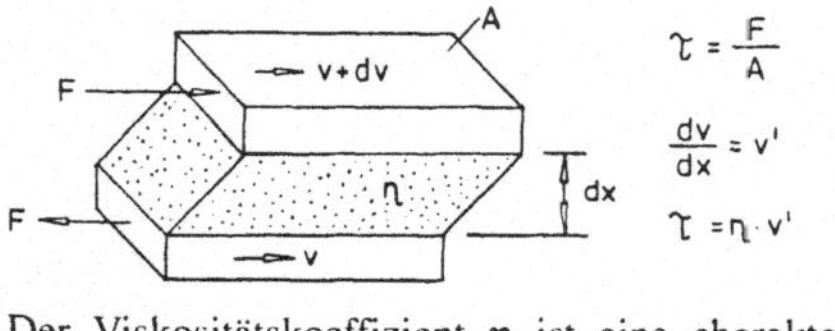

Bild 3.3
Definition des Viskositätskoeffizienten $\eta$ an einer gescherten Flüssigkeitsschicht

Der Viskositätskoeffizient $\eta$ ist eine charakteristische Stoffkenngröße von Flüssigkeiten und Gasen und ist in der Regel sehr temperaturabhängig. Zahlenwerte des Koeffizienten sind in Tafel 3.1 zusammengestellt. Wenn das Strömen von Flüssigkeiten und Gasen dem Newtonschen Fließgesetz (3.5) genügt, spricht man von viskosem Fließen.

Die Sickerströmung von Wasser durch wassergesättigte poröse Festkörper unter der Wirkung von Druckunterschieden ist ein besonderer Fall viskosen Fließens. Dazu sei als ein-

Tafel 3.1   Viskositätskoeffizienten verschiedener Flüssigkeiten

| Flüssigkeit | Temperatur | $\eta$ in m Pa·s |
|---|---|---|
| Wasser | 0 °C | 1,8 |
| | 10 °C | 1,3 |
| | 20 °C | 1,0 |
| | 30 °C | 0,80 |
| | 40 °C | 0,65 |
| | 60 °C | 0,47 |
| | 80 °C | 0,35 |
| | 100 °C | 0,28 |
| Aceton | 15 °C | 0,34 |
| Butanol | 10 °C | 4,0 |
| Xylol / Toluol | 20 °C | 0,60 |
| Leinöl | 20 °C | 33 |
| Silikonat in Wasser      50%ig | | 5 |
| Wasserglas in Wasser    20%ig | | 20 |
| Siliconharze in Lösemittel   5%ig | | 2 |
| Polymere in Lösemittel | | |
|     niedrigviskos    10%ig | | 10 |
|     mittelviskos    20%ig | | 100 |
| Flüssigharze, lösemittelfrei | | |
|     niedrigviskos | | 100 |
|     mittelviskos | | 50 000 |
| Beschichtungsstoffe, lösemittelhaltig | | |
|     leicht streichbar | | 100 |
|     mäßig streichbar | | 200 |
|     schlecht streichbar | | 400 |
| Beschichtungsstoffe, wäßrig | | 50 |

faches Modell einer durchströmten Pore eine kreiszylindrische Röhre vom Radius r betrachtet, in der das Wasser unter der Wirkung eines Druckunterschiedes dP zwischen zwei im Abstand dx voneinander entfernten Querschnitten des Rohres viskos fließt. Hagen und Poiseuille haben das Gesetz dieser Rohrströmung errechnet. Es lautet:

$$\dot m = v_m \cdot \rho_w = \frac{\rho_w \cdot r^2}{8\eta} \cdot \frac{dP}{dx} \tag{3.6}$$

Die rechte Seite von Gleichung (3.6) kann, wie durch den unterbrochenen Bruchstrich angezeigt, als das Produkt zweier Größen aufgefaßt werden: der erste Bruch ändert sich nicht, wenn stets der gleiche Rohrdurchmesser und die gleiche Flüssigkeit (mit gleicher Dichte und gleichem Viskositätskoeffizienten) vorhanden sind. Der zweite Bruch stellt das sogenannte hydraulische Gefälle dar, d.h. der auf die Rohrlänge bezogene Druckverlust infolge der Zähigkeit des Wassers. In einer verallgemeinerten Form lautet das Hagen-Poiseuillesche Gesetz für die Rohrströmung daher

$$\dot m = k_D \cdot \frac{dP}{dx} \tag{3.7}$$

Die mit $k_D$ bezeichnete Größe nennt man spezifische Durchlässigkeit nach Darcy, denn Gleichung (3.7) wurde erstmalig von D a r c y auf die Sickerströmung von Wasser durch die Poren von Festkörpern angewendet. Damit wird der durchströmte Porenraum als ein Bündel parallel liegender Rohre angesehen. Der Einfachheit halber betrachtet man bei der Massenstromdichte den gesamten Probenquerschnitt A anstelle der Querschnittsfläche der Stromkanäle. In Wirklichkeit strömt das Wasser natürlich nur durch die Poren des betrachteten Körpers. Nachdem aber $k_D$ stets durch Messungen ermittelt werden muß, bedeutet der Bezug auf den gesamten Querschnitt des durchströmten Stoffes lediglich eine Änderung der Kenngröße $k_D$ um einen bestimmten Faktor gegenüber dem auf die Porenfläche bezogenen Wert. Bei der Anwendung des Darcyschen Gesetzes auf die Durchströmung von Baustoffen und Böden sind die Gültigkeitsgrenzen zu beachten:

Eine Durchströmung setzt (Gesamt-) Druckunterschiede voraus und gilt nur unter der Voraussetzung, daß der Widerstand des strömenden Wassers ausschließlich von seiner Viskosität herrührt. Das bedeutet, daß in relativ engporigen Festkörpern, z. B. in Ziegeln, Sandsteinen, Sanden usw., neben Wasser keine Luft vorhanden sein darf, weil sonst die Oberflächenspannung des Wassers große Kräfte auf das Wasser auszuüben vermag. In weitporigen Körpern, z. B. in Kiesen, tritt der Effekt der Oberflächenspannung bei Anwesenheit von Luft allerdings in den Hintergrund.

Das Darcysche Gesetz der laminaren Porenwasserströmung findet seine praktische Anwendung im Bauwesen vor allem bei der Berechnung von stationären Sickerwasserströmungen in rolligen Böden und Sickerschichten und bei Konsolidationsvorgängen in bindigen Böden.

Für die klassischen Baustoffe liegen nur wenige Werte der spezifischen Durchlässigkeit $k_D$ vor, weil die Gültigkeit des Darcyschen Gesetzes an eine völlige Wassersättigung und an Gesamtdruckunterschiede gebunden ist – Voraussetzungen, die in Bauteilen selten erfüllt sind. Der häufigste Fall des Vorliegens einer laminaren Strömung flüssigen Wassers in Bauteilen dürften Undichtigkeiten in Form von Rissen oder grobporiger Bereiche sein, durch welche Wasser dringt.

Wegen der Unzusammendrückbarkeit von Wasser und des nach D a r c y linearen Zusammenhanges zwischen Massenstromdichte und Druckgefälle genügen Sickerströmungen der Potentialtheorie. Das bedeutet, daß in isotropen Baustoffen die Stromlinien und die Linien gleichen Druckes sich rechtwinklig schneiden müssen. Undurchlässige Berandungen stellen Stromlinien dar, von stehendem Wasser mit konstanter Tiefe bedeckte Oberflächen sind

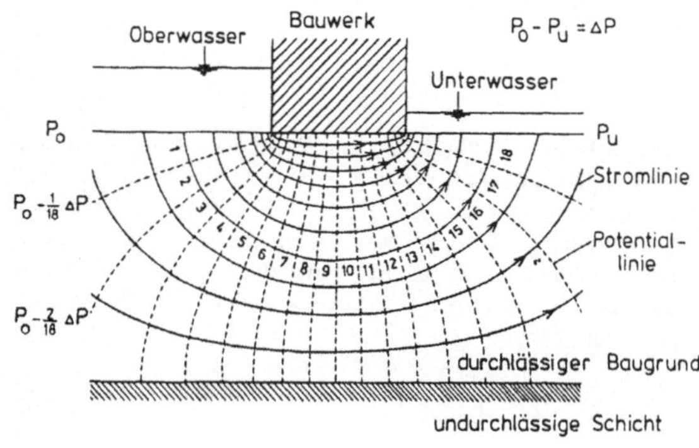


Bild 3.4
Rungesches Netz bei Unterströmung eines Bauwerks durch Sickerwasser

Potentiallinien. Ein solches Netz aus Strom- und Potentiallinien eines vom Grundwasser umströmten Bauwerkes im Vertikalschnitt ist auf Bild 3.4 dargestellt. Man kann solche Netze nach der Potentialtheorie berechnen [61], zeichnerisch nach einer von R u n g e gegebenen Anleitung konstruieren oder experimentell, vor allem im elektrischen Analogieversuch, gewinnen.

## 3.4  Strömung feuchter Luft

Luftströmungen werden von Gesamt-Druckunterschieden ausgelöst, wobei die hier zu betrachtenden, von der Temperatur, dem Wind und Lüftungseinrichtungen erzeugten Druckunterschiede maximal etwa 200 Pa betragen. Durch Mitführen von Wasserdampf kann strömende Luft Wasserdampf-Massenstromdichten erzeugen, welche diejenigen der Wasserdampfdiffusion um mehrere Zehnerpotenzen übersteigen können.

Als Ursache von Gesamtdruckunterschieden in der bodennahen Atmosphäre kommen die vom Wind an der Luv- und Lee-Seite einer Gebäudehülle erzeugten positiven und negativen Staudrücke, die an der gleichen Gebäudeseite in verschiedener Höhenlage wegen unterschiedlicher Windgeschwindigkeiten auftretenden unterschiedlichen Staudrücke, die vom Dichteunterschied verschieden warmer Luftsäulen erzeugten thermischen Auftriebskräfte sowie der von Gebläsen und Absauganlagen haustechnischer Anlagen erzeugte Überdruck und Unterdruck in Räumen in Betracht.

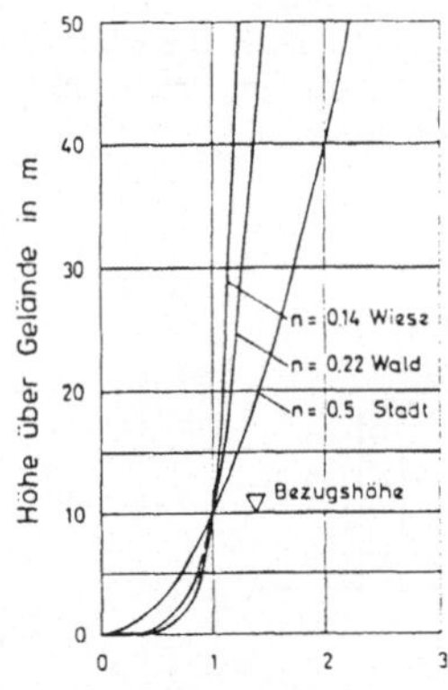


Bild 3.5
Geschwindigkeitsprofile der bodennahen Windströmung über Stadt, Wald und Wiese

Für die Bauphysik sind die langfristigen Mittelwerte des Windes von vorrangiger Bedeutung, nicht die maximalen Windkräfte, welche für die Standsicherheit eines Bauwerkes oder einzelner Bauteile maßgeblich sind. Als Bezugshöhe für Windangaben gilt die 10-Metermarke, die entsprechende Windgeschwindigkeit wird mit $v_{10}$ bezeichnet. Mittlere Windgeschwindigkeiten im norddeutschen Raum sind etwa 5 m/s, im süddeutschen Raum etwa 1,5 m/s. Ein Mittelwert für die Bundesrepublik ist etwa 3,0 m/s. Zu berücksichtigen ist, daß die in der ganzen Bundesrepublik vorherrschende Windrichtung etwa Südwest ist und Nor  und Ost-Fassaden relativ selten unter Staudruck stehen. Die Höhenabhängigkeit der Windgeschwindigkeit gehorcht einem Exponentialgesetz, dessen Exponent von der Rauh  keit der windbestrichenen Erdoberfläche bestimmt wird, wie auf Bild 3.5 dargestellt. Die Gleichung der Windprofile lautet:

$$\frac{v(h)}{v_{10}} = \left(\frac{h}{10m}\right)^n \tag{3.8}$$

Als Staudruck bezeichnet man denjenigen Druck, der beim senkrechten Anblasen einer ebenen Platte unmittelbar vor deren Flächenzentrum (Staupunkt) auftritt. Die Größe des Staudruckes errechnet sich aus der Windgeschwindigkeit v und der Dichte $\rho_L$ der Luft zu:

$$P_{ST} = \frac{v^2 \cdot \rho_L}{2} \tag{3.9}$$

Die an Gebäudehüllflächen auftretenden Über- und Unterdrücke werden auch von der Geometrie des angeblasenen Gebäudes sowie der Anblasrichtung bestimmt. Die in einer bestimmten Höhenlage der Gebäudehülle auftretende horizontale Druckverteilung wird dadurch berücksichtigt, daß man einen Formfaktor C einführt, der angibt, welchen Bruchteil des Staudruckes der Winddruck an der betreffenden Stelle hat. Formfaktoren werden im Experiment bestimmt oder am Bauwerk gemessen; sie sind dimensionslos und können positives oder negatives Vorzeichen haben, um anzuzeigen, ob Überdruck oder Unterdruck vorliegt:

$$P_{Wi} = C \cdot P_{ST} \tag{3.10}$$

Auf Bild 3.6 ist die Winddruckverteilung an einem Haus dargestellt. Diese Winddruckbelastung ist für den Luftwechsel in Räumen und für die Durchlüftung von zweischaligen Dächern unbedingt notwendig. Die wirksame Druckdifferenz setzt sich aus dem Überdruck auf der Einströmseite und dem Unterdruck auf der Ausströmseite zusammen (Bild 3.7).

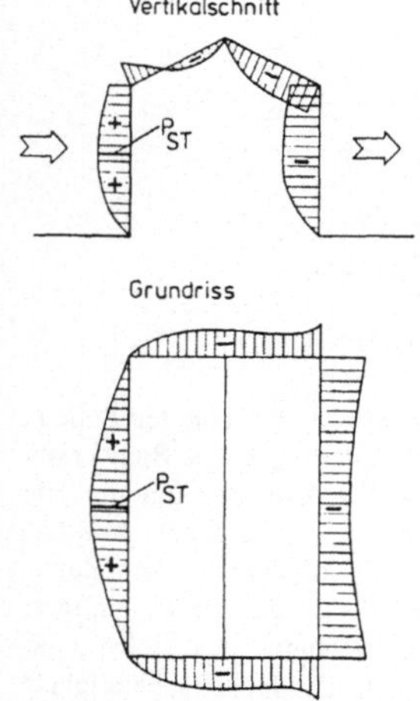


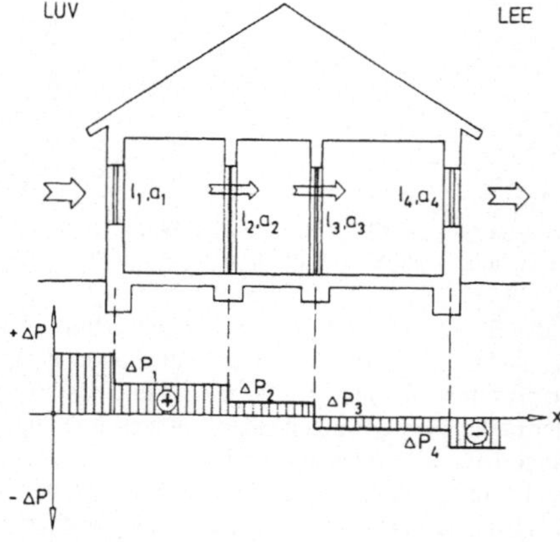


Bild 3.6   Winddruckverteilung an einem Bauwerk, schematisch

Bild 3.7   Winddruckverteilung in den verschiedenen Räumen eines Gebäudes unter Windbelastung

Die entscheidenden Widerstände für den die Gebäude durchflutenden Luftstrom bilden die Fugen an Fenstern und Türen. Die Größe des durch eine einzelne Fuge dringenden Luftvolumenstromes ergibt sich aus folgender Gleichung:

$$\dot{V} = l \cdot a \cdot \Delta P_{wi}^{2/3} \tag{3.11}$$

Wenn nun in Strömungsrichtung nacheinander verschiedene Fugen der Länge $l_i$ und der Durchlaßkoeffizienten $a_i$ auftreten, z. B. Fensterfugen – Zwischenwandtürfugen – Fensterfugen, so stellt sich ein Luftstrom folgender Größe ein:

$$\dot{V} = \frac{\Delta P_{wi}^{2/3}}{\left[ \sum_i \left( \frac{1}{l_i \cdot a_i} \right)^{3/2} \right]^{2/3}} \tag{3.12}$$

Der Druckabfall an der Fuge i besitzt dann den Wert:

$$\Delta P_{wi} = \left( \frac{\dot{V}}{l_i \cdot a_i} \right)^{3/2} \tag{3.13}$$

Die Luftwechselzahl $L_i$ im Raum i mit dem Volumen $V_i$ hat dann die Größe:

$$L_i = \frac{\dot{V}}{V_i} \tag{3.14}$$

Fugendurchlaßkoeffizienten kann man Tafel 3.2 entnehmen, welche aus DIN 4701 [99, 100] stammt. DIN 4108, Teil 4 [97] begrenzt die Fugendurchlaßkoeffizienten neuer Fenster und Fenstertüren ohne Dichtung auf Werte $2 \geq a \geq 1$ m³/(m · h · (daPa)$^{2/3}$), von Fenstern mit Dichtung auf a $\leq 1$ m³/(m · h · (daPa)$^{2/3}$).

Tafel 3.2   Fugendurchlaßkoeffizienten nach DIN 4701

| Bauteil | | Gütemerkmal | $a$<br>m³/(m·h·Pa$^{2/3}$) | $a \cdot l$<br>m³/(h·Pa$^{2/3}$) |
|---|---|---|---|---|
| Fenster | zu öffnen | Beanspruchungsgruppen B, C, D | 0,3 | – |
|  |  | A | 0,6 | – |
|  | nicht zu öffnen | normal | 0,1 | – |
| Türen | Außentüren,<br>Drehtüren<br>Schiebetüren<br>Pendeltüren<br>Karusseltüren | sehr dicht, umlaufender Anschlag<br>normal, Schwelle<br>normal<br>normal | 1<br>2<br>20<br>30 | –<br>–<br>–<br>– |
|  | Innentüren | dicht mit Schwelle<br>normal ohne Schwelle | 3<br>9 | –<br>– |
| Außenwand-<br>elemente | durchgehende<br>Fugen | sehr dicht<br>ohne garantierte Dichtheit | 0,1<br>1 | –<br>– |
| F·<br>Außenjalousien |  | von außen zugänglich<br>von innen zugänglich | –<br>– | 0,2<br>4 |

Verläuft die Luftströmung in Luftspalten oder in Luftkanälen, die an der gleichen Gebäudeseite, aber in verschiedener Höhenlage ihre Ein- und Austrittsöffnung haben, so ist die Druckdifferenz aus Windbelastung durch Einsetzen von Gl. (3.8) und (3.9) in (3.10) zu gewinnen:

$$\Delta P_{wi} = c \cdot \frac{\rho_L}{2} \cdot v_{10}^2 \left[ \left( \frac{h_o}{10m} \right)^{2n} - \left( \frac{h_n}{10m} \right)^{2n} \right] \tag{3.15}$$

Die aus Dichteunterschieden der Luft herrührenden Druckunterschiede lassen sich wie folgt angeben, wenn h die Höhenausdehnung der Luftsäule angibt:

$$\Delta P_A = g \cdot h \cdot (\rho_{L1} - \rho_{L2}) \tag{3.16}$$

Die Dichte von Luft in Abhängigkeit von der Temperatur und der relativen Luftfeuchte kann Bild 3.8 entnommen werden. Man erkennt, daß die Dichte feuchter Luft sowohl mit der Temperatur als auch mit der relativen Luftfeuchte abnimmt, wobei jedoch die relative Luftfeuchte im Vergleich zur Temperatur nur einen bescheidenen Einfluß ausübt.

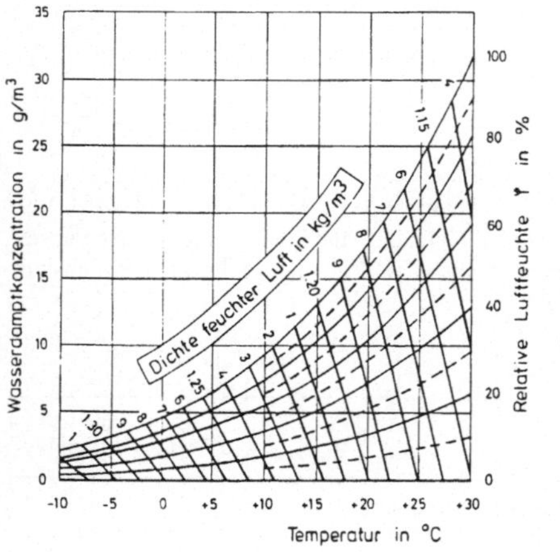


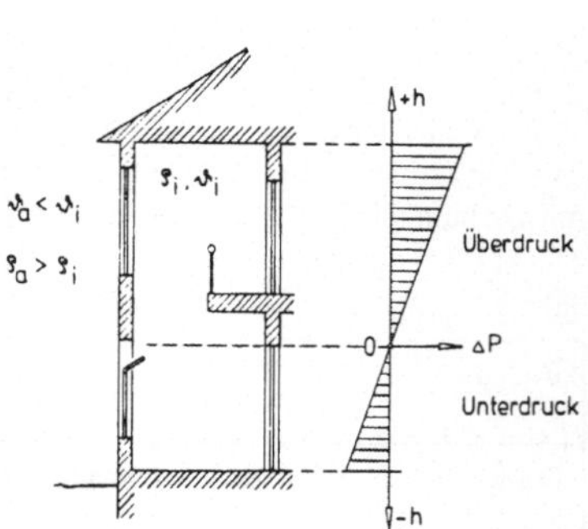


Bild 3.8    Dichte feuchter Luft, dargestellt im Carrier-Diagramm

Bild 3.9    Vertikale Verteilung des Differenzdruckes zwischen Raumluft und Außenluft in einem hohen Raum

Hat z. B. die Raumluft eine andere Dichte als die Außenluft, so treten linear mit der Höhe veränderliche Druckunterschiede zwischen der Außenluft und der Raumluft auf. Der Nullpunkt in der Differenz-Druckverteilung tritt dort auf, wo Verbindung zwischen Raumluft und Außenluft besteht. Ist die Dichte der Luft außen größer als innen, so herrscht im Raum unterhalb der Nullpunkthöhe Unterdruck, wie auf Bild 3.9 dargestellt. Ebenso ist die Beziehung (3.16) auf den Auftrieb der in vertikalen Spalten oder Kanälen befindlichen Luftsäulen anwendbar, wenn die dort befindliche Luft eine andere Dichte aufweist als die Außenluft oder die Raumluft. Das ist der Fall, wenn das Bauteil im Temperaturgefälle liegt und die von außen eintretende Luft beim Durchströmen der Kanäle eine andere Temperatur annimmt. Solche durchströmten bzw. hinterlüfteten Bauteile sollen weder zu stark noch zu schwach durchströmt werden, weil man zwar einerseits den Wärmeschutz nicht schädigen, andererseits aber die entfeuchtende Wirkung der Luftströmung nutzen will. Bei der Berechnung der vertikalen Durchlüftung von Bauteilen muß man die gleichzeitige Wirkung des Windes, der stets eine nach unten gerichtete Strömung bewirken will, des thermischen Auftriebs als Motor der Strömung und die Reibung der strömenden Luft als Bremse berücksichtigen [48]. Nach den Gesetzen der Strömungslehre (Gleichung von B e r n o u l l i) erhält man die mittlere Strömungsgeschwindigkeit zu:

$$v = \sqrt{\frac{2}{\rho_L} \cdot \frac{\Delta P_{wi} - \Delta P_A}{1 + \lambda \cdot \frac{1}{d}}} \tag{3.17}$$

Hierbei muß (genau genommen!) der Reibungsbeiwert $\lambda$ aus der bekannten Darstellung von C o l e b r o o k e, P r a n d t l und K a r m a n in Abhängigkeit von der Reynolds-Zahl der Strömung,

$$Re = \frac{v \cdot d \cdot \rho_L}{\eta_L} \tag{3.18}$$

entnommen werden. Man wird beim Nachrechnen baupraktischer Verhältnisse mit den angegebenen Formeln feststellen, daß die hier behandelten Spaltströmungen Geschwindigkeiten von 0,1 bis 2 m/s aufweisen und die Reynolds-Zahl oft im Bereich des Übergangs von der laminaren zur turbulenten Strömung liegt. Wegen der vielen Imponderabilien bei der Berechnung von Durchlüftungsströmungen wird es daher als ausreichend angesehen, vereinfacht nur mit $\lambda = 0,04$ zu rechnen.

Die baupraktische Bedeutung der unter atmosphärischen Druckunterschieden auftretenden Luftströmungen ist einerseits in der natürlichen Durchlüftung von Räumen mit Auswirkung auf das Raumklima zu sehen (siehe Abschnitte 2.3 und 10.1). Ferner kann bei klimatisierten Räumen an Undichtigkeiten in den raumumschließenden Bauteilen Raumluft in die Baukonstruktion eindringen und der in der strömenden Luft enthaltene Wasserdampf an einer unerwünschten Stelle kondensieren. Eine besonders starke Wasseranreicherung an Wandungen durchströmter Spalte ist im Winterhalbjahr möglich, wenn sich Eisschichten bilden ([46], Band 5, Seiten 90/91). Es muß daher an Außenbauteile die Forderung der Luftdichtigkeit gestellt werden, nicht nur um unnötige Heizenergieverluste zu vermeiden, sondern auch um die Gebäudehülle vor Durchfeuchtungsschäden zu schützen. Eine eventuell vorhandene Klimaanlage sollte so eingestellt werden, daß im Raum ein leichter Unterdruck gegenüber der Außenluft herrscht ([46], Band 2, S. 130/131).

Durchlässig für strömende Luft sind die schmalen Spalten zwischen Fensterrahmen und Fensterflügel bzw. zwischen Türrahmen und Türblatt, die Fugen in Verschalungen aus Brettern, Schindeln, klein- oder mittelformatigen Platten usw. Das Baustoffgefüge von feinporigen Stoffen wie Putz, Beton, Mauerwerk usw. ist in der Regel als dicht zu betrachten. Wenn allerdings porige Baustoffe für raumumschließende Bauteile von mit größerem Über- oder Unterdruck betriebenen Räumen dienen sollen, dann ist deren Gasdurchlässigkeit unter den im Einzelfall vorliegenden Bedingungen zu beachten, vor allem, wenn sie die im Hochbauwerk e kleine Gleichgewichtsfeuchte haben. Feinporige Baustoffe können unter Umständen durch Befeuchtung gasdicht gemacht werden, weil Kapillarwasser im Sinne von Dichtungspropfen in den Poren wirkt. Auch geeignete Anstriche und Tapeten wirken in diesem Sinne.

# 3.5  Kapillarität

### 3.5.1  Grenzflächenspannung, Randwinkel und Kapillardruck

Unter dem Begriff „Kapillarität" faßt man diejenigen physikalischen Erscheinungen bei Flüssigkeiten zusammen, welche von einer spezifischen Kraftwirkung an der Flüssigkeitsoberfläche maßgeblich beeinflußt werden. Auf Bild 3.10 sind einige Beispiele dieser Kraftwirkung, nämlich die Kugelgestalt von frei fallenden Tropfen, die gute und die schlechte Benetzung einer Festkörperoberfläche, die Depression (Absinken) und die Aszension (Aufsteigen) des Wassers in einer engen Röhre und die Ausbildung von Menisken an Berandungen von Wasserflächen, dargestellt. Die diese Erscheinungen verursachende Kraftwirkung nennt man Oberflächenenergie, Grenzflächenspannung oder Oberflächenspannung und findet sie in der Fachliteratur mit $\sigma$, $\gamma$, H oder T bezeichnet. Im folgenden wird dem Namen Grenzflächenspannung und dem Buchstaben $\sigma$ der Vorzug gegeben.

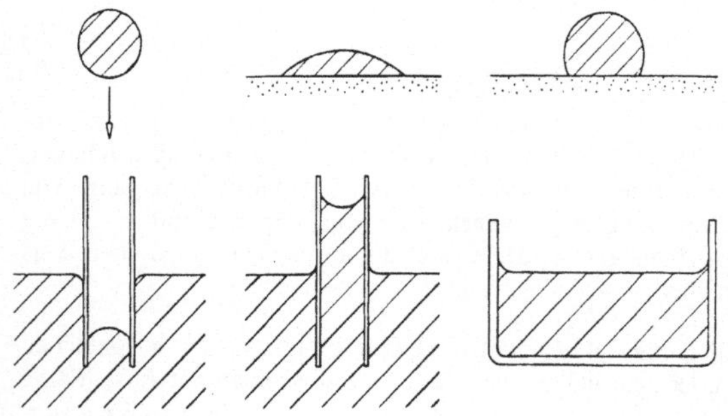

Bild 3.10
Häufig beobachtbare Wirkungen der Oberflächenspannung des Wassers

Der Begriff „Grenzflächenspannung" ist mit dem Begriff der mechanischen Spannung in einem Festkörper als Folge einer Krafteinwirkung nur verwandt, also keinesfalls wesensgleich:

Die mechanische Spannung ist definiert als Kraft pro Fläche. Eine solche Spannung tritt dann auf, wenn Körper gewaltsam verformt werden. Mit zunehmender Verformung wachsen die Spannungen an, bis schließlich der Zusammenhalt des Festkörpers durch Bruch verlorengeht. Die Grenzflächenspannung dagegen ist die an der Grenzfläche zwischen zwei Stoffen in einer sehr dünnen Schicht (wenige Moleküle dick) auftretende Kraft pro Länge, wobei die Länge einer gedachten Schnittkante in der Grenzfläche gemeint ist.

Die Grenzflächenspannung als physikalisches Phänomen kann jedoch auf zwei letztlich identische Weisen gedeutet werden: Einmal als die Kraft pro Länge in einem gedachten Schnitt senkrecht durch die Grenzfläche, womit diese als eine spezielle Membran aufgefaßt wird. Die entsprechende mathematische Behandlung der Grenzfläche idealisiert diese Übergangszone zwischen zwei Stoffen als dickenlose Fläche, während in Wirklichkeit die Grenzfläche eine gewisse Dicke von allerdings nur wenigen Moleküllagen hat. Andererseits kann man die Grenzflächenspannung deuten als die Energie, welche notwendig ist, neue Grenzfläche zu schaffen bzw. als die Energie, die frei wird, wenn die Grenzfläche sich um ein bestimmtes Maß verkleinert. In der jüngeren physikalischen Literatur wird die energetische Deutung der Grenzflächenspannung bevorzugt, oft wird die Kraftwirkung nicht einmal mehr erwähnt. Im hier behandelten Zusammenhang wird nur auf die Kraftwirkung Bezug genommen.

Die beiden Deutungsmöglichkeiten gehen auch aus der Dimension der Grenzflächenspannung hervor:

$$\sigma \text{ in N/m ist } \begin{cases} \text{Kraft in N} & \text{/ Schnittlänge in m} \\ \text{Energie in N·m / Fläche in m}^2 \end{cases} \tag{3.19}$$

Im folgenden wird bevorzugt die Grenzfläche von Wasser gegen Luft angesprochen. Grenzflächen gegen Gase heißt man Oberflächen, die entsprechende Grenzflächenspannung bezeichnet man daher auch als Oberflächenspannung. Der Begriff Grenzfläche ist also Oberbegriff, ein Spezialfall ist die Oberfläche. Oberflächen sind in ihrer mechanischen Wirkung mit Membranen vergleichbar, welche an allen Stellen und in jeder Richtung tangential zur Grenzfläche unter einer gleichgroßen Zugkraft stehen und sich gegen den Widerstand der flüssigen Phase zusammenziehen wollen. Aus diesem Grunde nehmen Flüssigkeitstropfen im schwerelosen Raum Kugelgestalt an, und die Flüssigkeit im Tropfen steht unter Überdruck. Unabhängig davon, ob die Grenzfläche sich krümmt, sich verkleinert oder vergrößert, die Kraft pro Länge in der Oberfläche bleibt dennoch konstant. Demzufolge hat ein Flüssigkeitstropfen, der im Schwerfeld auf einer Unterlage aufliegt, keine exakte Kugelgestalt, da der im liegenden Tropfen zusätzlich vorhandene hydrostatische Druck höhenveränderlich ist und die konstante Oberflächenspannung dem veränderlichen Innendruck nur durch veränderliche Krümmung der Oberfläche das Gleichgewicht halten kann.

Ein weiterer charakteristischer Unterschied zwischen der mechanischen Spannung in einem Festkörper und einer Grenzflächenspannung ist der, daß die mechanischen Spannungen in Festkörpern im wesentlichen nur von der Verformung des Körpers und kaum von den Umgebungsbedingungen abhängen, in welchen der Festkörper sich befindet. Umgekehrt wird die Größe von Grenzflächenspannungen durch eine Biegung oder Dehnung der Grenzfläche nicht beeinflußt. Für den Zahlenwert der Grenzflächenspannung $\sigma$ entscheidend sind die stoffliche Natur der beiden aneinandergrenzenden Partner bzw. die Verhältnisse im Gasraum über der Flüssigkeitsoberfläche. Wenn daher vereinfachend nur von der „Oberflächenspannung einer Flüssigkeit" gesprochen wird, ohne die Verhältnisse im Gasraum näher zu beschreiben, dann ist dabei stillschweigend vorausgesetzt, daß der Gasraum in der unmittelbaren Nähe der Flüssigkeitsoberfläche aus Luft besteht, welche den Dampf der jenseits der Grenzfläche befindlichen Flüssigkeit in maximal möglicher Menge enthält. Das ist nämlich der natürliche Zustand über einer Flüssigkeitsoberfläche.

Die Grenzflächenspannung wirkt nicht nur in den Grenzflächen zwischen Flüssigkeiten und Gasen, sie tritt auch an den Grenzflächen zwischen Festkörpern und Gasen, zwischen verschiedenen Flüssigkeiten, zwischen Festkörpern und Flüssigkeiten sowie zwischen zwei Festkörpern auf. Das wird wenig beachtet, wahrscheinlich deshalb, weil nur an der Grenze zwischen einer Flüssigkeit und einem Gas sich diese Kraftwirkung an einer leicht beobachtbaren Krümmung der Flüssigkeitsoberfläche bemerkbar macht.

Die Größe der Grenzflächenspannung hängt nach den erst in jüngster Zeit aufgeklärten Gesetzmäßigkeiten von den Arten der Kraftwirkung zwischen den jeweiligen Molekülen oder Atomen der beiden Stoffe diesseits und jenseits der Grenzfläche entscheidend ab [67]. Die Temperaturabhängigkeit ist – gesehen mit den Augen des Bauphysikers – vergleichsweise gering. Zahlenwerte für die Oberflächenspannung (gegen Luft) sind in Tafel 3.3 zusammengestellt. In Bild 3.11 sind die Oberflächenspannungen verschiedener Festkörper und

Tafel 3.3   Oberflächenspannung $\sigma$ von Flüssigkeiten und Festkörpern

| Art des Stoffes | | $\sigma$ in N/m | Art des Stoffes | | | $\sigma$ in N/m |
|---|---|---|---|---|---|---|
| Lösemittel (20 °C) | Butanol | 0,023 | wässrige | $H_2SO_4$ | 12%ig | 0,072 |
| | Xylol | 0,030 | Lösungen | KOH | 10%ig | 0,076 |
| | Testbenzin | 0,038 | (20 °C) | NaCl | 3%ig | 0,074 |
| | Glykol | 0,048 | Wasser | | 0 °C | 0,0756 |
| | | | | | 10 °C | 0,0742 |
| Beschichtungs- | PVAc-Dispersion | 0,035 | | | 20 °C | 0,0727 |
| stoffe | Acryl-Einbrennlack | 0,027 | | | 30 °C | 0,0712 |
| (20 °C) | Chlorkautschuklack | 0,035 | | | 40 °C | 0,0696 |
| | 2K-PUR-Decklack | 0,034 | | | 60 °C | 0,0662 |
| | | | | | 80 °C | 0,0626 |
| | | | | | 100 °C | 0,0589 |
| Kunststoffe | Teflon | 0,019 | Metalle bzw. | Silber | | 1,13 |
| (20 °C) | Polyäthylen | 0,030 | Salze | Kupfer | | 1,65 |
| | Polyamid | 0,035 | (20 °C) | Bariumsulfat | | 1,25 |
| | PVC | 0,038 | | Calciumfluorid | | 2,50 |
| | | | | Kochsalz | | 0,18 |

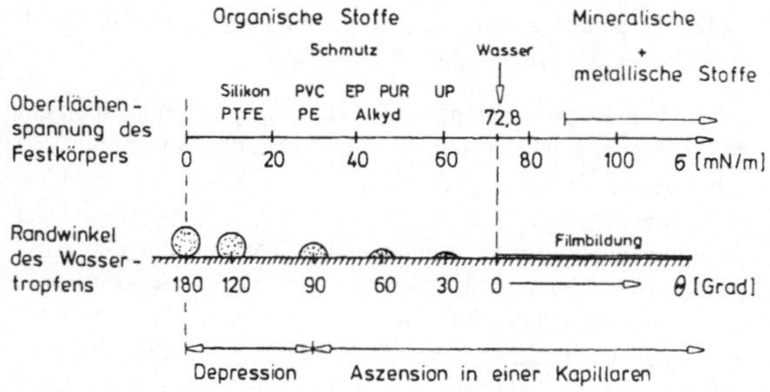


Bild 3.11
Zusammenhang zwischen der Festkörper-Oberflächenspannung und dem Randwinkel eines aufliegenden Wassertropfens

die zugehörigen Randwinkel aufliegender Wassertropfen nach Untersuchungen von Neumann und Sell [23] dargestellt. Relativ kleine Oberflächenspannungen haben organische Polymere, große Oberflächenspannungen haben alle anorganischen Stoffe. Im Bereich zwischen $\sigma = o$ und $\sigma = 72,8$ mN/m (Wasser) ist der sich einstellende Randwinkel eines Wassertropfens angegeben, welcher die entsprechende Festkörperoberfläche kontaktiert.

Ein besonderer Effekt tritt dort auf, wo drei verschiedene Stoffe, z. B. ein Festkörper, eine Flüssigkeit und ein Gas aneinandergrenzen. Diese Situation ist auf Bild 3.12 dargestellt.

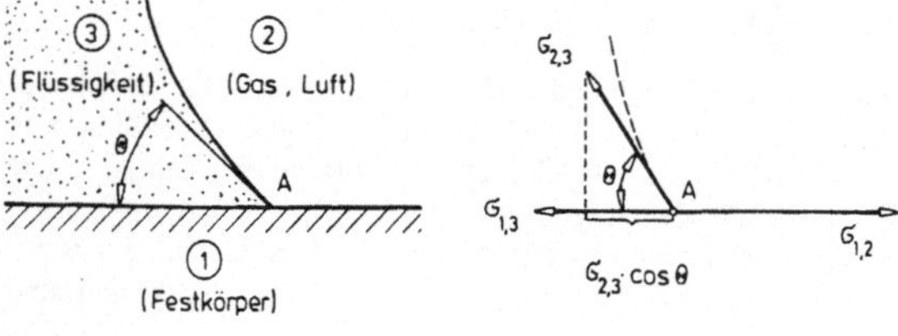


Bild 3.12
Kräftegleichgewicht an der gemeinsamen Kante von Festkörper, Flüssigkeit und Gas

Nur im Punkt A, der in Wirklichkeit eine Kante ist, greifen alle drei Grenzflächenspannungen, gekennzeichnet durch die beiden Indizes, welche den beiden Stoffen diesseits und jenseits der Grenzfläche zugeordnet sind, gemeinsam an. Der rechte Teil von Bild 3.12 zeigt das Vektordiagramm dieser Kräftekonstellation. Die Gleichgewichtsbedingung für die Horizontalkräfte lautet:

$$\sigma_{1,3} + \sigma_{2,3} \cdot \cos\theta = \sigma_{1,2} \tag{3.20}$$

Daraus folgt für den Randwinkel $\theta$:

$$\cos\theta = \frac{\sigma_{1,2} - \sigma_{1,3}}{\sigma_{2,3}} \tag{3.21}$$

Gleichung (3.20) heißt nach ihrem Entdecker „Zweiter Laplacescher Satz". Danach ist der Randwinkel $\theta$ festgelegt durch die Größe der drei Grenzflächenspannungen und nicht etwa durch die geometrische Situation in der Umgebung von A. Es kommt demnach für die Größe von $\theta$ nur auf die stoffliche Natur der drei aneinandergrenzenden Medien an. Bei einer gegebenen Kombination von drei Stoffen hat also der sich einstellende Randwinkel immer die gleiche Größe. Vorausgesetzt ist dabei allerdings, daß die Festkörperoberfläche ideal eben und energetisch homogen ist. Durch Alterung, Oxidation, Adsorption, Verschmutzung usw. einer Oberfläche wird der Randwinkel einer berührenden Flüssigkeit natürlich verändert. Auf Tafel 3.4 sind Randwinkel für Kombinationen von Festkörpern und Flüssigkeiten angegeben, wobei als Gas Luft vorausgesetzt ist.

Tafel 3.4 Randwinkel $\theta$ verschiedener Flüssigkeiten auf verschiedenen Restkörpern (Die mit * versehenen Zahlen bedeuten die Anzahl der C-Atome von Diol- und Dicarbonsäure)

| Bedingung | $\theta$ in Grad | Bedingung | $\theta$ in Grad |
|---|---|---|---|
| Wasser auf Wolle (Wollfett) | 160 | Quecksilber auf Stahl | 154 |
| Silikon, PTFE | 120 | Glas | 140 |
| Paraffin, Wachs | 105 | | |
| Polyäthylen | 95 | Fluorchlorkohlenwasserstoff-Polymer benetzt mit Wasser | 100 |
| Epoxid | 80 | Glycerin | 96 |
| PUR | 70 | Tricresylphosphat | 67 |
| Alkydharz | 60 | Benzol | 45 |
| Polyester 2.2* | 50 | Hexadecan | 37 |
| 6.6* | 80 | Decan | 27 |
| 10.10* | 92 | Heptan | 8 |
| Metall, Glas, Mineral | 0 | | |

Zur Erläuterung des zweiten Laplaceschen Satzes seien folgende Überlegungen angestellt:

Ein Gleichgewicht mit definiertem Randwinkel $\theta$ ist wegen des beschränkten Existenzbereiches der Cosinusfunktion nur möglich, wenn die rechte Seite von Gleichung (3.21) zwischen den beiden Grenzen -1 und +1 liegt, wenn also die drei Grenzflächenspannungen innerhalb gewisser Grenzen in einem bestimmten gegenseitigen Verhältnis vorliegen. Nach Gleichung (3.20) dürfen sich die Grenzflächenspannungen des Festkörpers gegen das Gas einerseits und gegen die Flüssigkeit andererseits maximal um den Wert der Grenzflächenspannung der Flüssigkeit gegen das Gas unterscheiden, wenn ein Gleichgewicht möglich sein soll.

Wenn bei einer gegebenen Kombination von Festkörper, Flüssigkeit und Gas die Oberflächenspannung $\sigma_{2,3}$ zwischen Flüssigkeit und Gas z. B. durch Zugabe bestimmter Chemikalien zur Flüssigkeit reduziert, dann muß nach Gleichung (3.21) der Randwinkel $\theta$ kleiner werden. Das ist die Wirkungsweise der Tenside, welche die Oberflächenspannung des Wassers reduzieren und damit die Benetzung eines von reinem Wasser nicht oder schlecht benetzbaren Festkörpers verbessern bzw. überhaupt ermöglichen.

Gemäß Tafel 3.3 ist die Oberflächenspannung von Metallen und Mineralien gegen Luft relativ sehr groß. Benetzt man Festkörper mit derart großer Oberflächenspannung mit Wasser, so bedeutet dies in Gleichung (3.20), daß $\sigma_{1,2}$ die überragende Größe ist und die Gleichung nicht erfüllt werden kann. Der Punkt A auf Bild 3.12 wandert wegen des nicht kompensierbaren Überschusses an nach rechts ziehender Kraft unaufhörlich nach rechts, die Flüssigkeit breitet sich auf dem Festkörper aus und der Benetzungswinkel $\theta$ ist Null. Aus Gleichung (3.20) wird dann die Ungleichung

$$\sigma_{1,2} > \sigma_{1,3} + \sigma_{2,3} \tag{3.22}$$

Die überschüssige Kraft am Punkt A, welche das Ausbreiten der Flüssigkeit, das sogenannten Spreiten, bewirkt, heißt man den Spreitungsdruck $P_{sp}$:

$$P_{sp} = \sigma_{1,2} - (\sigma_{1,3} + \sigma_{2,3}) \tag{3.23}$$

Durch Beschichten einer Festkörperoberfläche mit einer Substanz kleiner Oberflächenspannung, z. B. mit Silikon, wird erreicht, daß $\sigma_{1,2}$ die kleinste Größe unter den drei Grenzflächenspannungen am Rande eines aufgebrachten Flüssigkeitstropfens wird. Die rechte Seite von Gleichung (3.21) wird nun negativ und damit der Randwinkel $\theta$ größer als $^{\pi}/_2$. In dieser Situation wirken die Oberflächenspannungen am Punkt A so, daß sie die Flüssigkeit an der Ausbreitung auf der Oberfläche behindern. Man klassifiziert daher nach der Größe von $\theta$ die Benetzbarkeit eines Festkörpers wie folgt:

$$
\begin{array}{lc}
\text{vollständig benetzbar:} & \theta = 0 \\[4pt]
\text{unvollständig benetzbar:} & 0 \le \theta \le 90° \\[4pt]
\text{nicht benetzbar:} & 90° \le \theta \le 180°
\end{array}
$$

Ist die Grenzfläche gekrümmt, so folgt aus der Deutung der Grenzflächenspannung als Kraft pro Schnittlänge, daß ein Druck von der Grenzfläche in Richtung senkrecht zur Grenzfläche ausgeübt wird. Wäre ein solcher Druck nicht existent, dann müßte die Grenzfläche immer eben sein, denn eine unter Zugspannung stehende Membran nimmt immer eine ebenflächige Gestalt an, es sei denn, sie wird durch seitliche Drücke ausgelenkt. Schon L a p l a c e hat die Beziehung zwischen der Grenzflächenspannung $\sigma$, den beiden Hauptkrümmungsradien $R_1$ und $R_2$ der Grenzfläche und dem erzeugten Druck, dem sogenannten Kapillardruck $P_K$ angegeben:

$$P_K = \sigma \left( \frac{1}{R_1} + \frac{1}{R_2} \right) \tag{3.24}$$

Gleichung (3.24) ist bekannt als der „Erste Satz von Laplace", allerdings in einer etwas vereinfachten Darstellung. Nach Gleichung (3.24) nimmt die Größe des Kapillardrucks mit steigender Krümmung der Oberfläche, das heißt mit kleiner werdenden Krümmungsradien zu. Der Kapillardruck wird als positiv bezeichnet, wenn er Zugspannungen bzw. Unterdruck erzeugt. Das ist dann der Fall, wenn die Grenzfläche vom unter Zugspannung stehenden Stoff aus konkav erscheint. Für die ebene Flüssigkeitsoberfläche, das heißt für unendlich große Krümmungsradien, wird der Kapillardruck nach (3.24) zu Null.

## 3.5.2  Der Wasseraufnahmekoeffizient

Bei porigen, wasserbenetzbaren Baustoffen zieht der vom Meniskus erzeugte Kapillardruck angrenzendes Flüssigwasser in die Poren herein. Dabei wird mit zunehmender Eindringtiefe der viskose Fließwiderstand des Wassers immer größer. Deshalb ist die Beziehung zwischen der Eindringtiefe des Wassers und der Zeit eine Parabel, wie in Abschnitt 5.3 für eine kreiszylindrische Kapillare bewiesen wird. Die Eindringtiefe nimmt also mit fortschreitender Zeit immer langsamer zu:

$$h = \sqrt{\frac{r \cdot \sigma \cdot \cos\theta}{2\eta \cdot \zeta^2} \cdot t} = w' \cdot \sqrt{t} \tag{3.25}$$

Zahlreiche Experimente haben das durch diese Gleichung vorausgesagte parabolische Zeitgesetz des Eindringens von Wasser in eine Kapillarröhre auch für reale Baustoffe sehr gut bestätigt. Darauf basiert eine Prüfmethode zur Charakterisierung der kapillaren Saugfähigkeit von Baustoffoberflächen im unbehandelten Zustand bzw. nach Durchführung einer Oberflächenbehandlung. Der vor der Wurzel stehende Ausdruck wird nach Künzel als Wassereindringkoeffizient w' bezeichnet. Diese Größe wird gemessen, indem man die zu prüfende Baustoffprobe mit der maßgeblichen Oberfläche wenige Millimeter in einen Wasserspiegel eintaucht (Bild 3.13). Durch regelmäßiges Beobachten der Baustoffprobe ermittelt man den zeitlichen Verlauf der Eindringtiefe des Wassers. Trägt man die Eindringtiefe in Abhängigkeit von der Eintauchzeit in ein Diagramm ein, erhält man näherungsweise die erwartete Parabel. Zweckmäßiger ist es, die Zeitachse im Wurzelmaßstab zu teilen, dann verläuft die Eindringtiefe als Funktion der Zeit entsprechend einer Geraden.

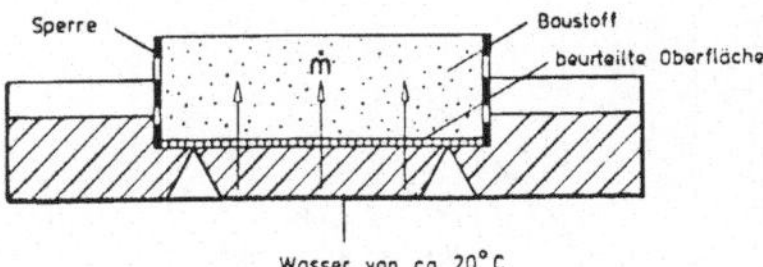


Bild 3.13
Kapillarer Wasseraufnahmeversuch,
schematisch

Entsprechendes gilt auch für die aufgenommene Wassermenge als Funktion der Zeit, welche sich leichter und genauer bestimmen läßt als die Saughöhe und deshalb zur Kennzeichnung des kapillaren Saugvermögens von Baustoffen bevorzugt wird. In Analogie zu Gleichung (3.25) wird der Wasseraufnahmekoeffizient w wie folgt definiert.

$$m = w \cdot \sqrt{t} \tag{3.26}$$

| m | w | t |
|---|---|---|
| kg/m$^2$ | kg/m$^2$h$^{0,5}$ | h |

Danach ist der Zahlenwert des Wasseraufnahmekoeffizienten w die als Ergebnis eines Saugversuches ermittelbare aufgesaugte, flächenbezogene Wassermenge für die Saugzeit von 1 Stunde. Der Versuch ist in DIN 52617 [118] genormt. Auf Tafel 3.5 sind in Anlehnung an Schwarz [33] Wasseraufnahmekoeffizienten von Baustoffen zusammengestellt.

Die im Experiment durch wiederholtes Wägen feststellbare Wasseraufnahme als Funktion der Zeit (im Wurzelmaßstab) nimmt in aller Regel den in Bild 3.14 dargestellten Verlauf: Der linear ansteigende mittlere Ast entspricht dem eigentlichen kapillaren Saugen. Der an der Ordinate auftretende Schwellenwert entspricht dem Haftwasser, das an der Saugfläche verbleibt, wenn die Probe zum Wägen aus dem Wasserbad entnommen wird. Der flach an-

Tafel 3.5    Wasseraufnahmekoeffizienten w von Baustoffen

| Baustoff | Rohdichte in kg/m³ | Wasserauf-nahme-koeffizient in kg/ $(m^2 \cdot h^{0,5})$ | Baustoff | Rohdichte in kg/m³ | Wasserauf-nahme-koeffizient in kg/ $(m^2 \cdot h^{0,5})$ |
|---|---|---|---|---|---|
| Gasbeton | 530 640 | 2,0 4,0 | Bimsbeton | 845 1 005 | 3,0 2,0 |
| Klinker Handschlagziegel Lochprotonziegel Vormauerziegel | 2 100 1 850 1 600 1 960 | 6,8 4,7 5,0 5,3 | Gipsbauplatte | 600 900 | 38 70 |
| Kalksandstein | 1 635 1 920 | 8,0 3,0 | Weißkalkputz Kalkzementputz Zementputz | 1 830 1 930 1 930 | 7 bis 13 0,5 bis 2,0 0,1 bis 0,5 |
| Schlaitdorfer Sandstein Rütherer Grünsandstein Obernkirchner Sandstein Krenzheimer Sandstein | 2 180 2 090 2 160 2 280 | 1,4 6,0 1,8 1,4 | Kunststoffdispersion-beschichtungen 2K-Polymer-beschichtungen | 1 500 1 500 | 0,05 bis 0,20 $10^{-1}$ bis $10^{-5}$ |
| Zementbeton | 2 290 2 410 | 0,5 0,1 | Silikonisierte Baustoffoberflächen | – | 0,01 bis 0,10 |

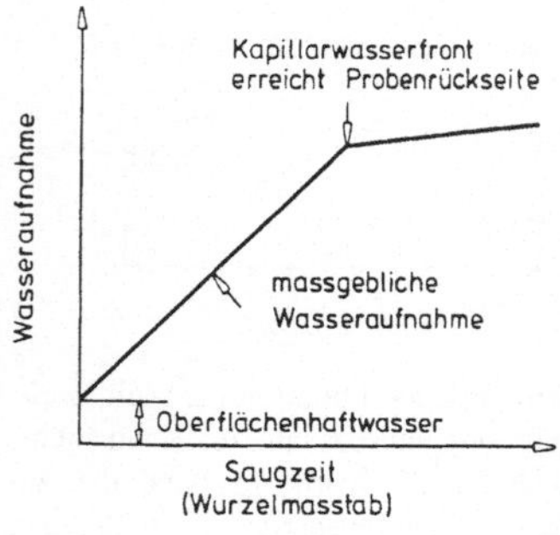


Bild 3.14
Wasseraufnahme als Funktion der Zeit beim Saugversuch, schematisch

steigende Ast zu fortgeschrittener Zeit entspricht dem Umverteilen des Wassers von gröberen in feinere Kapillaren, sobald die Kapillarwasserfront die Probenrückseite erreicht hat, und ist verbunden mit einem geringen Nachsaugen.

Der Wasseraufnahmekoeffizient w wird dazu benützt, die Wasseraufnahmefähigkeit von Baustoffen bei Kontakt mit flüssigem Wasser zu charakterisieren und dient zur Einteilung der Baustoffe in folgende Gruppen:

$$\text{stark saugend:} \quad w > 2,0 \text{ kg} / (m^2 \cdot h^{0,5})$$

$$\text{wasserhemmend:} \quad w \leq 2,0 \text{ kg} / (m^2 \cdot h^{0,5})$$

$$\text{wasserabweisend:} \quad w \leq 0,5 \text{ kg} / (m^2 \cdot h^{0,5})$$

$$\text{wasserdicht:} \quad w \leq 0,001 \text{ kg} / (m^2 \cdot h^{0,5})$$

Die Anwendung des Wasseraufnahmekoeffizienten beim Schlagregenschutz geht aus Abschn. 10.3 hervor.

### 3.5.3 Kapillaritätserscheinungen im Bauwesen

Die baupraktische Bedeutung der Kapillarität beruht auf der Kraftwirkung zwischen Wasser oder anderen Flüssigkeiten einerseits und den Porenwänden bzw. Partikeln von Baustoffen andererseits. Für die Bauphysik sind vor allem folgende Kapillarerscheinungen von Interesse:

a) Die Wasseraufnahme von Fassaden bei Schlagregen. Hierbei handelt es sich um einen periodisch auftretenden Vorgang, der vor allem bei Sichtmauerwerk und bei Putzen praktische Bedeutung hat (s. Abschn. 10.3).

b) In älteren Bauwerken haben Wände selten die heute üblichen Horizontalsperren, weshalb in diesen häufig aufsteigende Feuchte vorzufinden ist. Die Wasseraufnahme erfolgt irgendwo im Erdreich, der kapillar leitende Wandbaustoff transportiert diese Feuchte nach oben in die über dem Gelände liegenden, relativ trockenen Wandbereiche (Abschnitte 5.6 und 10.4).

c) Wenn in geschichteten Bauteilen Tauwasser anfällt, so geschieht dies meist in einer Grenzfläche zwischen zwei Baustoffen (Abschnitt 6.5). Die Wassergehaltsverteilung in der Umgebung der betauten Grenzfläche wird durch die Kapillarität der beiden Baustoffe maßgeblich bestimmt, weshalb die nach DIN 4108 in der Tauperiode zulässige Tauwassermenge vom Saugverhalten der Baustoffe beiderseits der Tauebene abhängig gemacht ist.

d) Wenn Tauwasser auf Bauteiloberflächen anfällt, so entscheiden die Kapillareigenschaften des betauten Baustoffs, ob das Wasser an der Oberfläche bleibt oder ob es in den Baustoff eingesaugt wird. Es ist in aller Regel günstig, wenn Wandoberflächen Tauwasser vorübergehend speichern können (Abschnitt 10.1).

e) Der Wassertransport in überhygroskopisch durchfeuchteten kapillarleitenden Baustoffen wird vom kapillaren Wassertransport entscheidend bestimmt. Darauf wird in den Abschnitten 3.6 und 8 näher eingegangen.

f) Es ist möglich, mit Imprägniermitteln die kapillare Wasseraufnahme poröser Baustoffe auszuschalten, ohne daß das Porenvolumen des Baustoffgefüges nennenswert verkleinert wird. Die Imprägniermittel besetzen die Porenwandungen und erniedrigen die sehr große Oberflächenspannung der anorganischen Baustoffoberfläche bis auf den relativ kleinen Wert des im Imprägniermittel enthaltenen Bindemittels. Dieser muß auf jeden Fall kleiner sein als die Oberflächenspannung von Wasser (Bild 3.11). Eine wasserabweisend gemachte Oberflächenzone von Baustoffen behindert allerdings (s. Abschn. 3.8) in gewissem Umfang die Austrocknung.

g) In festigkeitslosen, quasi flüssigen Strukturen, welche durch Ansammlung zahlreicher kleiner Partikel gebildet werden, wie Feinsande, Böden, Frischmörtel für Putze usw., kann darin enthaltenes Wasser durch Bildung von Brücken zwischen den Einzelkörnern einen gewissen Zusammenhalt erzeugen. Darauf beruht z. B. die Kohäsion bindiger Böden, die Haftung frischer Putzmörtel an Wänden und die Pseudofestigkeit frisch verarbeiteten Mauermörtels, die Festigkeit von zu Tabletten gepreßten Pulvern usw.

In Bild 3.15 ist eine solche Wasserbrücke dargestellt, die rotationssymmetrisch ausgebildet sein soll und an der engsten Stelle den Radius $R_0$ habe. Die Haftkraft beträgt dann:

$$F_H = \pi \cdot R_0^2 \cdot P_K + 2\pi R_0 \cdot \sigma \tag{3.27}$$

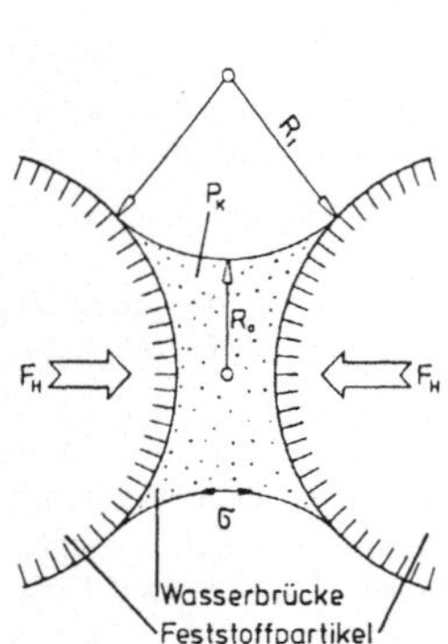


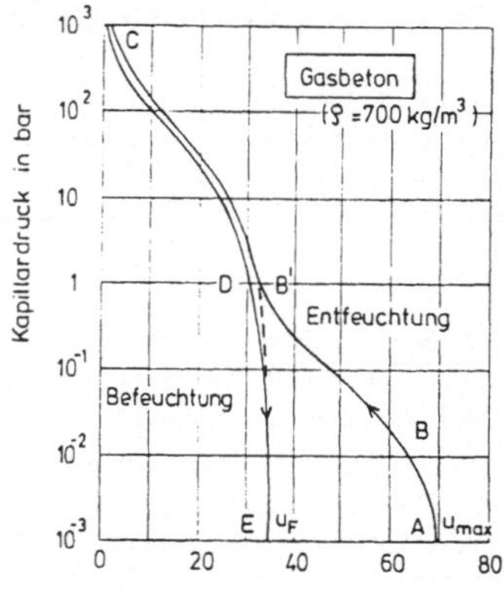


Bild 3.15   Kapillarwasserbrücke zwischen zwei Feststoff-Partikeln

Bild 3.16   Kapillardruckkurven für Entfeuchtung und Befeuchtung von Gasbeton

Der erste Term der rechten Seite berücksichtigt den Kapillardruck, der im Engpaß der Wasserbrücke auf der Fläche $\pi R_0^2$ wirkt. Der zweite Term beruht auf der ebenfalls im Engpaß der Wasserbrücke wirkenden Oberflächenspannung, die auf dem Kreis mit dem Radius $R_0$ angreift. Mit zunehmender Entfeuchtung eines Kornhaufwerkes werden die Radien $R_0$ und $R_1$ immer kleiner. Dabei steigt der Kapillardruck an. Bei welchem Sättigungsgrad der Poren mit Wasser welche Kohäsionskräfte auftreten, kann nur in komplizierten Berechnungen [80] oder im Experiment bestimmt werden. Ein typisches Ergebnis einer solchen experimentellen Bestimmung ist auf Bild 3.16 schematisch dargestellt:

Der Verlauf des Kapillardrucks im Porenwasser in Abhängigkeit vom Sättigungsgrad der Poren mit Wasser heißt Kapillardruckkurve. Im völlig wassergesättigten Zustand (Punkt A) ist kein Unterdruck im Kapillarwasser vorhanden, da keine Menisken ausgebildet sind. Bei beginnender Entfeuchtung steigt zunächst der Kapillardruck rasch an, wobei aus den Erweiterungsstellen der Porenkanäle das Wasser entweicht. Die Menisken zwischen den feinporigen Bereichen und den Erweiterungsstellen der Porenkanäle bestimmen den Kapillardruck in einem großen Bereich der Porensättigung (B bis B'). Dann beginnt ein steiler Anstieg des Kapillardrucks, weil nun die Menisken der Wasserbrücken sich stark krümmen bzw. nur noch in den feinsten Poren Wasser verbleibt (Punkt C). Beim Befeuchten durch Zufuhr drucklosen oder druckarmen Wassers sinkt der Kapillardruck relativ schnell ab, so daß eine relativ hohe Porensättigung bei relativ kleinem Kapillardruck erreicht wird (Bereich D). Eine völlige Porensättigung durch druckloses Wasser kann nicht erreicht werden (Punkt E); es bleiben Einschlüsse von Luft erhalten. Bei erneuter Entfeuchtung erfolgt der Anstieg des Kapillardrucks über Punkt B' zur Kurve der Entfeuchtung aus dem wassergesättigten Zustand.

Bei rigoroser Vereinfachung der Geometrie der Baustoffporen lassen sich manche Kapillaritätsprobleme in ihren grundsätzlichen Aspekten gut erklären. Als Porenmodelle werden kreiszylindrische Röhren, Röhrenbündel mit abgestuften Röhrendurchmessern, Röhren mit regelmäßigen Engpässen und Erweiterungen, Kugelschüttungen, Röhrennetze usw. verwendet. In Kapitel 5 wird das Porenmodell der kreiszylindrischen Röhre konstanten Durchmessers auf einige bautechnische Kapillaritätsprobleme angewendet.

## 3.6 Flüssigwassertransport in ungesättigten Poren

Beim heutigen Kenntnisstand erscheinen eine wirklichkeitsnahe Idealisierung des Porengefüges der Baustoffe und die mathematische Erfassung des Zusammenwirkens der vielen möglichen Speicher- und Transportmechanismen der Baustoff-Feuchte in diesen Poren als so aussichtslos, daß eine allgemein gültige, realitätsnahe und dennoch praktikable Theorie des Wassertransports in Baustoffen auf dieser Basis in absehbarer Zeit nicht erwartet werden darf.

Um diesem Dilemma zu entweichen, ist kurz vor dem zweiten Weltkriege von Krischer [70] und seinen Schülern erstmals der Weg zu einer „makroskopischen" Theorie der Feuchtebewegung in porösen Stoffen eingeschlagen worden. Darunter soll eine Theorie verstanden werden, welche nur von makroskopisch feststellbaren Effekten, hier den Wassergehalten, ausgeht, deren typische Verteilungen und die Regeln, denen die Änderungen der Verteilungen folgen, erkundet, um dann die interessierenden Vorgänge mathematisch nachzubilden.

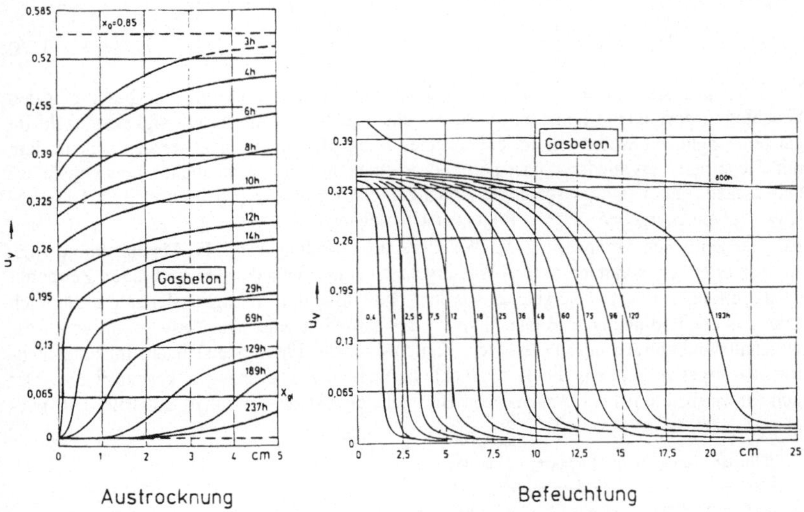



Bild 3.17  Wassergehaltsverteilungen in Porenbeton beim Befeuchten und beim Austrocknen, gemessen von Krischer

Zu diesem Zwecke wurden in gründlichen Messungen die Wassergehaltsverteilungen beim Austrocknen und bei Durchfeuchten einiger feinporiger, saugfähiger Baustoffe ermittelt. Die bei Porenbeton festgestellten Wassergehaltsverteilungen beim Durchfeuchten und beim Austrocknen werden durch Bild 3.17 beschrieben. Jeweils die rechtsseitige Oberfläche ist wasserdicht, die Austrocknung bzw. die Befeuchtung erfolgt durch die linksseitige Oberfläche. Die Linien geben die Wassergehaltsprofile zu den angegebenen Zeiten wieder. Dazu sei folgendes bemerkt:

Der Wassergehalt zu Beginn der Austrocknung lag infolge künstlicher Maßnahmen nahe der Porensättigung. In der Probe liegt ständig ein Wassergehaltsgefälle zu der Verdunstungsfläche hin vor. Etwa ab der 14. Stunde sinkt der Wassergehalt an der Baustoffoberfläche stark ab, die Porenluftfeuchte fällt unter 100 % ab. Nun wird deutlich weniger Wasser an der Oberfläche verdunstet. Der Knickpunkt in der Krischerschen Knickpunktskurve ist erreicht (siehe unten). Ab etwa der 69. Stunde erfolgt das weitere Austrocknen durch die schon relativ trockene Oberflächenzone nur noch nach dem Mechanismus Diffusion. Man erkennt das am konkaven Kurvenverlauf in Oberflächennähe, dessen Ausdehnung sich allmählich auf die ganze Probendicke erstreckt. Schließlich wird der kleine Wassergehalt erreicht, welcher das Gleichgewicht zur umgebenden feuchten Luft darstellt.

Bei dem Befeuchtungsversuch war an der wasseraufnehmenden Oberfläche ein reichliches Wasserangebot vorhanden. Deshalb hat sich dort der kennzeichnende Wassergehalt $u_F$ eingestellt. Die Wassergehaltsprofile zu verschiedenen Zeiten zeigen deutlich die in den Gasbeton hinein fortschreitende Wasserfront. Der Endzustand der Befeuchtung wird wesentlich schneller erreicht als der Endzustand der Austrocknung. Die Wassergehaltsverteilung für 800 h zeigt, daß der Wassergehalt „freiwillige Wasseraufnahme" mittelfristig ansteigt.

Da es sich bei der Feuchteverlagerung in Baustoffen um Ausgleichsvorgänge handelt, bei denen feuchtere Zonen Wasser oder Wasserdampf an trockenere Zonen abgeben, hat K r i - s c h e r [70] folgenden Ansatz für das Feuchtetransport-Gesetz gemacht:

$$\dot{m} = \rho_w \cdot æ(u) \cdot \frac{du_v}{dx} \tag{3.28}$$

Die Flüssigkeitsleitzahl $æ$ ist die zentrale Kennfunktion dieser Theorie. Sie beschreibt den Feuchtetransport als die Folge eines Wassergehaltsgefälles. Weil die Flüssigkeitsleitzahl im ganzen möglichen Wassergehaltsbereich eines Baustoffes angewendet werden soll, in dem mit Sicherheit verschiedene Transportmechanismen mit unterschiedlicher Leistungsfähigkeit wirken, muß $æ$ eine ausgeprägte Abhängigkeit vom Wassergehalt aufweisen. Die Zahlenwerte von $æ$ ergeben sich aus folgender Überlegung:

Aus der zeitlichen Veränderung der Wassergehaltsverteilung kann die Massenstromdichte, aus der örtlichen Veränderung das Wassergehaltsgefälle für jeden Ort und jeden Zeitpunkt im betreffenden Baustoff hergeleitet werden. Die Größe der Flüssigkeitsleitzahl ergibt sich dann aus der Bedingung, daß Gleichung (3.28) befriedigt wird. Die Auswertung von Wassergehaltsverteilungen liefert also viele Zahlenwerte der Flüssigkeitsleitzahl im untersuchten Wassergehaltsbereich, die sich glücklicherweise zu Kurvenzügen konzentrieren. Der sich für Gasbeton aus der Analyse von Bild 3.17 ergebende Verlauf ist auf Bild 3.18 wie-

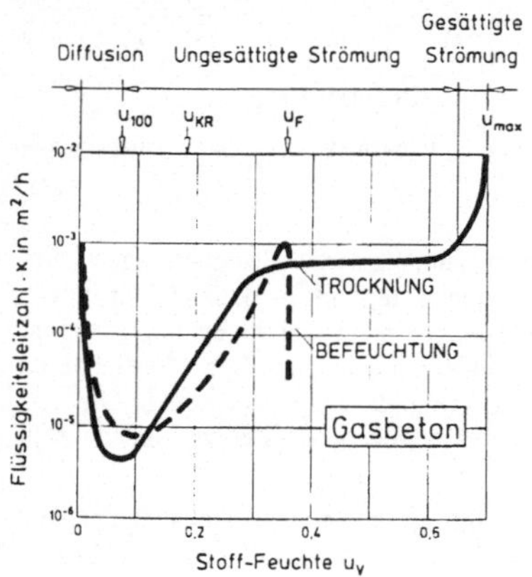



Bild 3.18
Die Flüssigkeitsleitzahl von Porenbeton, abgeleitet aus Bild 3.17

dergegeben, wobei zum leichteren Verständnis die charakteristischen Baustoff-Feuchten (Abschnitt 2.4) am oberen Bildrand angegeben sind. Zum Funktionsverlauf æ(u) läßt sich folgendes sagen:

a) Der Austrocknungsvorgang ergibt eine andere Kurve als der Befeuchtungsvorgang. Es wird demgemäß bei æ unterschieden in Werte für das „Saugen" und das „Umverteilen" von Wasser.

b) Der Bereich von 0 bis etwa 5 Prozent Feuchte ($\mu_{100}$) entspricht dem Gültigkeitsbereich der Wasserdampfdiffusion, die gut durchforscht ist.

c) Der Kurvenanstieg im Bereich von etwa 5 bis 35 Prozent Feuchte ($u_F$) ist auf die beschleunigende Wirkung flüssigen Wassers auf die Transportfähigkeit zurückzuführen.

d) Von $u_F$ bis zu etwa $u_{max}$ bleibt die Flüssigkeitsleitzahl konstant.

e) Bei Annäherung an $u_{max}$ steigt æ assymptotisch gegen Unendlich, weil im dann wassergesättigten Gasbeton ohne Wassergehaltsgefälle nach dem Mechanismus der gesättigten Porenströmung Wasser durch den Baustoff bewegt werden kann.

f) Der aus dem Befeuchtungsversuch abgeleitete Verlauf der Flüssigkeitsleitzahl erreicht bei Annäherung an $u_F$ einen Maximalwert und fällt dann steil ab, weil nun kein weiteres Wasser aufgenommen wird.

Zeichnet man die bei der Austrocknung eines kapillarporösen Baustoffes auftretende Massenstromdichte an der Verdunstungsfläche über der Zeit auf, erhält man die nach K r i - s c h e r benannte Knickpunktskurve (Bild 3.19): Die Stromdichte des Massenverlustes bleibt so lange weitgehend konstant, als der Körper bis zu seiner Oberfläche relativ feucht ist und deshalb der Nachschub aus dem Körperinneren leistungsfähiger ist als die Verdunstung. In dieser Zeit herrscht an der Körperoberfläche 100 % relative Luftfeuchte. Am Knickpunkt ist derjenige Wassergehalt erreicht, bei dem die Verdunstungsstromdichte nicht mehr durch kapillaren Nachschub befriedigt werden kann und der Wassergehalt und die relative Luftfeuchte an der Oberfläche stark zurückgehen. Bei einem Wassergehalt von $u_v = 0{,}08$ bei Gasbeton tritt ein weiterer, weniger stark ausgeprägter Knick in der Kurve auf, weil jetzt nur noch reine Dampfdiffusion ohne beschleunigenden Flüssigwassertransport möglich ist.

Entscheidend für die späteren Überlegungen ist der bei praktisch allen feinporigen mineralischen Baustoffen (im semilogarithmischen Achsensystem) auftretende lineare Anstieg der Flüssigkeitsleitzahl æ zwischen dem Diffusionsbereich und der freiwilligen Wasseraufnah-

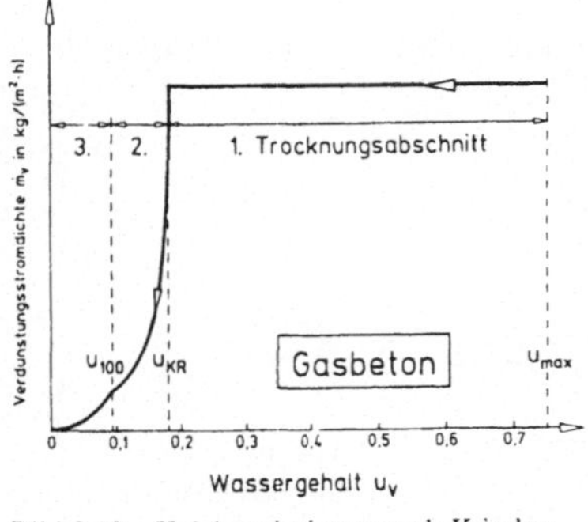


Bild 3.19 Knickpunktskurve nach Krischer

Tafel 3.6 Flüssigkeitsleitzahlen von Baustoffen in $m^2/h$

| Baustoff | æ $(u = 0)$ | æ $(u_F)$ |
|---|---|---|
| Gasbeton | $8 \cdot 10^{-6}$ | $8 \cdot 10^{-4}$ |
| Obernkirchner Sandstein | $1 \cdot 10^{-5}$ | $1 \cdot 10^{-3}$ |
| Baumberger Sandstein | $8 \cdot 10^{-6}$ | $1 \cdot 10^{-4}$ |
| Ziegel | $5 \cdot 10^{-4}$ | $1 \cdot 10^{-2}$ |
| Kalksandstein | $4 \cdot 10^{-6}$ | $1 \cdot 10^{-4}$ |
| Zementputz | $8 \cdot 10^{-9}$ | $2 \cdot 10^{-6}$ |
| Kalkzementputz | $8 \cdot 10^{-9}$ | $4 \cdot 10^{-5}$ |
| Kalkputz | $2 \cdot 10^{-8}$ | $2 \cdot 10^{-3}$ |

me $u_F$. Verlängert man diese Gerade bis $u = 0$, so kann dort für die Flüssigkeitsleitzahl æ der Wert $æ_0$ angegeben werden, ebenso wie für $u = u_F$ ein Wert $æ = æ_F$ existiert. Der gradlinige ansteigende Verlauf von æ kann also mit den beiden Punkten

$$u = 0 \quad \rightarrow \quad æ = æ_0$$
$$u = u_F \quad \rightarrow \quad æ = æ_F$$

festgelegt und als Gleichung nach einem Vorschlag von K. Kießl [64] wie folgt angeschrieben werden:

$$æ(u) = æ_0 \cdot \exp \left( \frac{u}{u_F} \cdot \ln \frac{æ_F}{æ_0} \right) \tag{3.29}$$

Das Transportgesetz (3.28) und die wassergehaltsabhängige Flüssigkeitsleitzahl (3.29) charakterisieren den Flüssigwassertransport im ungesättigten Porensystem von Baustoffen. Die Extrapolation von æ in den Diffusionsbereich hinein ist aus physikalischer Sicht eigentlich nur bis zu etwa $u_{75}$ zu rechtfertigen, weil bei niedrigeren Feuchten kein Flüssigwassertransport in den Poren mehr auftreten kann. Da mit kleiner werdenden Wassergehalten æ aber stark abnimmt, ist es praktisch ohne Belang, ob man den Funktionsbereich von æ auf Baustoff-Feuchten von $u_F$ bis herunter zu $u = 0$ ausdehnt oder bei $u_{75}$ enden läßt.

Auf Tafel 3.6 sind die baupraktischen Extremwerte der Flüssigkeitsleitzahlen von Baustoffen, nämlich $æ_{u=0}$ und $æ_{u=u_F}$. beispielhaft angegeben. Diese Werte sollen nur die Größenordnung kennzeichnen, weil derzeit wegen noch bestehender Schwierigkeiten bei den Meßverfahren und vielleicht auch wegen der von Natur aus relativ großen Schwankungen im Gefüge der Baustoffe genauere Zahlenwerte nicht angegeben werden können.

## 3.7  Elektrokinese

Das in wassergesättigten, feinporigen Stoffen wie Putzen, Natursteinen, bindigen und sandigen Böden, Baumstämmen, Ästen und Pflanzenstengeln sowie in organischen Polymeren enthaltene Wasser beginnt zu fließen, wenn das Wasser elektrisch geladene Teilchen (Ionen) enthält und einem elektrischen Spannungsgefälle ausgesetzt wird.

Dabei wird das Wasser in Richtung zur Kathode hin bewegt. Umgekehrt beobachtet man ein Spannungsgefälle, wenn das geladene Teilchen enthaltende Porenwasser aus irgendeinem Grunde zum Fließen gebracht wird. Diese Art des Wassertransports wird gewöhnlich als „Elektro-Osmose" bezeichnet; hier soll von „elektrokinetischem Wassertransport" gesprochen werden.

Die Erscheinung der Elektrokinese kann durch folgenden Versuch (Bild 3.20) demonstriert werden:

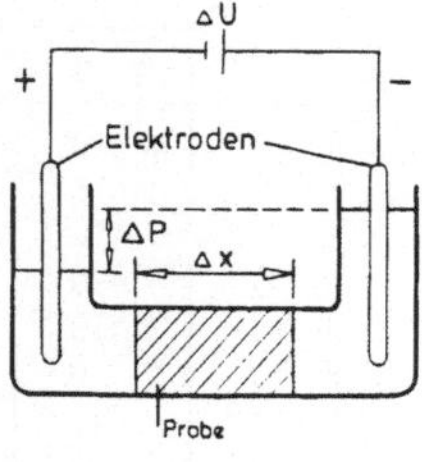


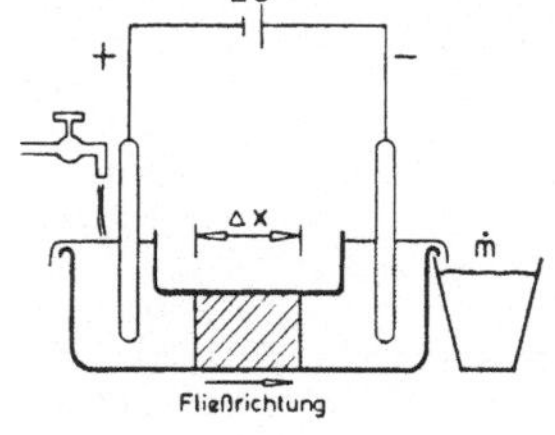


Bild 3.20
Prinzip der elektrokinetischen
Stau- und Fließversuche

Man bringt eine entsprechende Stoffprobe in eine u-förmige Apparatur, in der sie unterhalb des Wasserspiegels liegt und der Wirkung einer elektrischen Spannung ausgesetzt wird. Daß sie von Wasser durchströmt wird, zeigt ein entsprechender Abfluß. Längs der Röhre angebrachte Piezometerrohre lassen erkennen, daß in der Probe kein Gesamtdruck-Gefälle vorliegt, solange der Abfluß des Wassers gewährleistet ist. Eine derartige Versuchsanordnung wird als Fließversuch (Bild 3.20 rechts) bezeichnet und dazu benützt, den Zusammenhang zwischen dem elektrischen Spannungsgefälle und der Massenstromdichte an Wasser zu messen.

Der beschriebene Versuch läßt sich dadurch abwandeln, indem der Abfluß des Wassers verhindert und stattdessen ein Steigrohr angebracht wird, so daß die durch die Probe strömende Wassermenge allmählich einen Druck aufbauen muß. Dann spricht man von einem Stauversuch (Bild 3.20 links). Nach einer gewissen Anlaufzeit stellt sich ein Gleichgewichtszustand ein, derart, daß zu jedem elektrischen Spannungsgefälle im Fließversuch ein bestimmtes Gesamtdruckgefälle im Stauversuch gehört.

Die theoretischen Zusammenhänge zwischen der Gesamtdruckdifferenz und der elektrischen Spannungsdifferenz beim Stauversuch sowie zwischen dem elektrischen Spannungsgefälle und der transportierten Wassermenge beim Fließversuch wurden von H e l m h o l t z , L a m b ,  P e r r i n  und  S m o l u c h o w s k y  aufgeklärt. Die entsprechenden Gleichungen enthalten einige physikalische Größen, die nur schwer meßbar und für die technische Anwendung ohne direkten Belang sind. Es hat sich daher eingebürgert, in Analogie zum Darcyschen Gesetz (Abschnitt 3.3) die beim „Fließversuch" transportierte Wassermenge durch eine vereinfachte Gleichung zu beschreiben, die nur noch den Zusammenhang zwischen dem Spannungsgefälle und der geförderten Wassermenge wiedergibt:

$$\dot{m} = k_e \cdot \frac{dU}{dx} \tag{3.30}$$

Betrachtet man nun den Gleichgewichtszustand beim Stauversuch als eine exakte Kompensation einer Darcyschen Sickerströmung gemäß Gleichung (3.7) durch elektrokinetischen Wassertransport gemäß Gleichung (3.30), so liefert das Gleichsetzen der beiden Gleichungen folgende Beziehung:

$$dp = \frac{k_e}{k_d} \cdot dU = h_e \cdot U \tag{3.31}$$

Die spezifische elektrokinetische Steighöhe h ist, wie in Gleichung (3.31) angegeben, das Verhältnis der beiden Durchlässigkeitskoeffizienten für gesättigte Porenwasserströmung ($k_D$) und für elektrokinetischen Wassertansport ($k_e$). Anwendungen findet der elektrokineti-

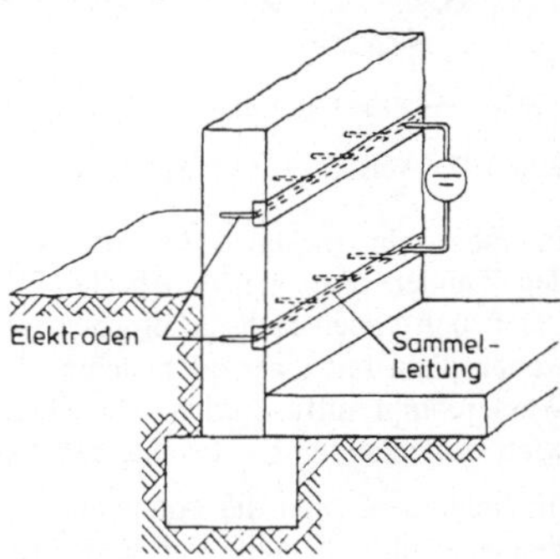


Bild 3.21
Elektrodenanordnung einer aktiven elektrokinetischen Anlage gegen aufsteigende Wandfeuchte, schematisch

sche Wassertransport in der Form, daß er als Methode zur Messung von Wasserbewegungen in Bauteilen, Böden und Bäumen [32], zur Verbesserung von Bodeneigenschaften durch Entwässerung und Eintragung stabilisierender Fremdionen [30], zur Entwässerung von Baustoffen und zur Verhinderung des Aufsteigens der Bodenfeuchte in Wänden [10], [44] benützt wird.

Die auf elektrokinetischer Basis arbeitenden Verfahren zur Unterdrückung aufsteigender Wandfeuchte werden in zwei Varianten eingesetzt: Bei **aktiven** elektrokinetischen Mauerentfeuchtungsanlagen wird mit Fremdstrom über zwei in unterschiedlicher Wandhöhe befindlichen Elektrodenreihen ein nach unten gerichteter Wasserstrom bis zum Erreichen eines bestimmten Trockenheitsgrades erzwungen (Bild 3.21). Bei den **passiven** Anlagen werden die ebenfalls in verschiedener Wandhöhe verlaufenden Elektrodenreihen kurzgeschlossen. Weil dann kein Spannungsgefälle mehr vorliegen kann, muß gemäß Gleichung (3.30) auch die Wasserstromdichte Null sein.

Es muß jedoch gesagt werden, daß die aktive und die passive elektrokinetische Bauwerkstrockenlegung umstritten sind, weil die Anwendung nicht immer erfolgreich ist.

## 3.8  Zusammenwirken verschiedener Transportmechanismen

Beim Eindringen von Wasser in poröse Stoffe können nach R o s e [28] sechs verschiedene Stadien unterschieden werden, welche in Bild 3.22 dargestellt sind. Dabei soll in der Reihenfolge von A bis F der Wassergehalt zunehmen.

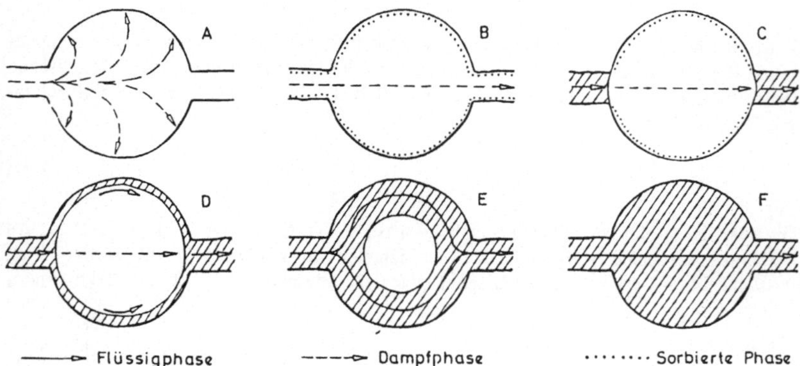



Bild 3.22   Wassertransportmechanismen in einem Porensystem bei steigendem Wassergehalt

In einem sehr trockenen Baustoff (A) wird aller in die Poren eindringende Wasserdampf an den Wänden adsorbiert (s. Abschn. 2.5), so daß in diesem Stadium von einem eigentlichen „Transport" noch nicht gesprochen werden kann. Es wird nur gespeichert. Sind die Porenwände dann mit einer oder mehreren Molekülschichten belegt (B), ist der Porenraum für Wasserdampf diffundierbar. Die Dicke des absorbierten Wasserfilms steht im Gleichgewicht zur relativen Luftfeuchte der Porenluft.

Im Stadium C sind die Porenengpässe als Folge von Kapillarkondensation mit flüssigem Wasser gefüllt, während sich in den Erweiterungen Luft und Wasserdampf und an den Wänden eine Sorbatschicht befindet. Bei Stadium C ist die Sorbatschicht noch so dünn, daß der Wassertransport in der Porenerweiterung nur durch Wasserdampfdiffusion erfolgt, während in den Engpässen der Wassertransport in der Flüssigphase mit nur kleinem Widerstand bewerkstelligt wird.

Im Stadium D ist die Dicke der Sorbatschicht in der Erweiterung so angewachsen, daß infolge von Flüssigwassertransport (s. Abschn. 3.6) Wasser in nennenswerter Menge transportiert wird. Weil nun kontinuierlicher Wassertransport in der Flüssigphase möglich ist, wird die Leistungsfähigkeit der Wasserdampfdiffusion ab jetzt deutlich übertroffen.

Im Stadium E enthalten die Erweiterungen bereits so viel Wasser, daß sich eine ungesättigte Strömung nach dem Gesetz von Krischer ausbilden kann (s. Abschn. 3.6). In der Porenerweiterung ist zwar noch eine Luftblase eingeschlossen, doch kann diese als im Wasser frei schwimmend charakterisiert werden.

Im Stadium F ist der Porenraum wassergesättigt und der Wassertransport gehorcht voll dem Darcyschen Gesetz.

Zusammenfassend ergibt sich für feinporige Baustoffe, daß die Leistungsfähigkeit für Wassertransport mit zunehmendem Wassergehalt zunehmen muß, was auch den Erfahrungen entspricht. Außerdem kann gesagt werden, daß im relativ trockenen Zustand der Wassertransport durch offenporige Stoffe im wesentlichen den Diffusionsgesetzen unterliegt, wobei die Gesetze der Wasserdampfdiffusion desto besser erfüllt werden, je trockener das Baustoffgefüge ist. Im wassergesättigten Zustand gehorcht das dann fließende Wasser dem Darcyschen Gesetz. Dazwischen liegt der Bereich der ungesättigten Porenwasserströmung nach dem von Krischer vorgeschlagenen Gesetz mit der Flüssigkeitsleitzahl als Transportkenngröße.

Ein weiteres, häufig auftretendes Zusammenspiel zweier verschiedener Transportmechanismen ist die rasche kapillare Wasseraufnahme saugfähiger Baustoffoberflächen, gefolgt von einem langsamen Trocknen durch Diffusion. Ein derartiges Geschehen ist typisch für nicht weiter behandelten Außenputz unter Schlagregeneinwirkung, für Innenputz bei vorübergehendem Anfall von Oberflächenkondensat usw. Extrem und nicht selten zum Schaden führend wird das Geschehen meist erst dann, wenn an der Oberfläche der saugfähigen Baustoffschicht eine die Wasserabgabe behindernde weitere Schicht bzw. Oberflächenbehandlung vorliegt, jedoch an irgendwelchen Stellen eine lokale kapillare Wasseraufnahme möglich ist. Solche Situationen sind auf Bild 3.23 dargestellt:

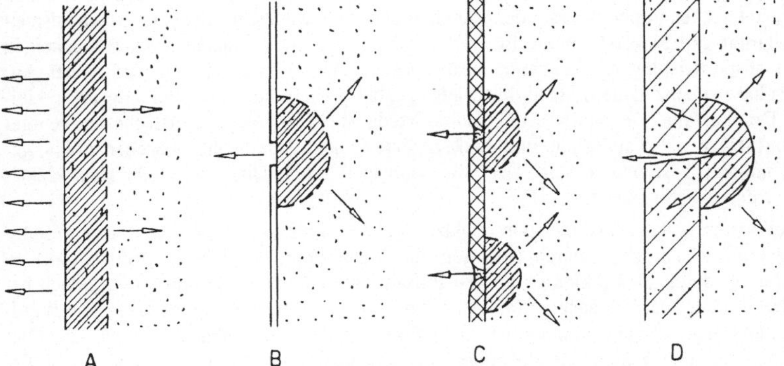


Bild 3.23   Rasche Wasseraufnahme und langsame Wasserabgabe bei vier Situationen

Bildteil A zeigt das Geschehen bei einem saugfähigen Baustoff mit einer Oberfläche ohne Besonderheiten. Die durch Schraffur kenntlich gemachte kapillare Durchfeuchtungszone trocknet in der durch Pfeile angedeuteten Intensität und Richtung relativ schnell wieder aus.

Auf Bildteil B ist das analoge Geschehen, jedoch bei Vorhandensein einer mit einer Fehlstelle behafteten Beschichtung dargestellt, wobei die Beschichtung nur nach dem Mechanismus der Diffusion von Wassermolekülen durchdringbar sein soll. Die Fehlstelle führt zu lokaler Wasseraufnahme bei Schlagregen, wobei die Beschichtung durch Verhindern der vollflächigen Wasseraufnahme den Wasseranfall an der Fehlstelle in der Regel vergrößert. Die Wasserabgabe durch Diffusion wird durch die Beschichtung sehr verzögert, wobei natürlich die äquivalente Luftschichtdicke der Beschichtung einen wichtigen Einfluß hat.

Auf Bildteil C ist eine Baustoffoberfläche mit einem Fliesenbelag gezeigt, dessen Fliesen z. B. wegen einer Glasur absolut wasserdicht sind, während der Fugenmörtel als in der Regel sehr saugfähiger Baustoff die Funktion der Fehlstelle übernimmt.

Auf Bildteil D ist der Oberflächenbereich eines saugenden Baustoffs dargestellt, der durch Imprägnieren wasserabstoßend gemacht worden sei (durch weite Schraffur angedeutet). Die Fehlstelle zur Wasseraufnahme sei ein entsprechend weit klaffender und tief reichender Riß, der erst nach dem Imprägnieren entstanden ist. Bei Rißweiten über etwa 0,3 mm kann auch eine sehr gut hydrophobierende Imprägnierung die Wasseraufnahme infolge Schlagregen am Riß nicht mehr verhindern. Die Wasserabgabe erfolgt auch hier wieder ausschließlich durch Diffusion. Obwohl durch die üblichen, festkörperarmen Hydrophobierungsmittel die Baustoffporen praktisch nicht verengt werden, tritt auch hier eine langsame Austrocknung ein:

Erstens liegt die Durchfeuchtungszone tiefer als bei nicht imprägnierter Oberflächenzone. Zweitens ist im imprägnierten Bereich nur noch reine Wasserdampfdiffusion und keine beschleunigte Diffusion bzw. kein Flüssigwassertransport möglich. Die Ausdrucksweise, daß die üblichen hydrophobierenden Imprägniermittel die Wasserdampfdiffusion nicht behindern würden, ist genau genommen richtig. Dennoch wird die Austrocknungs-Stromdichte durch Imprägnieren deutlich verkleinert.

Die verschiedenen Wassertransportmechanismen haben deutlich unterschiedliche Leistungsfähigkeiten. Das wirkt sich einerseits im Zusammenspiel der Mechanismen aus. Andererseits ist oft von Interesse, ob die Leistungsfähigkeit der Verdunstung auf der Baustoffoberfläche erreicht werden kann oder nicht. Dazu ist folgendes zu sagen:

In feinporigen anorganischen Stoffen ist die Leistungsfähigkeit des Wassertransports durch Diffusion größenordnungsmäßig dem durch Elektrokinese gleichwertig. Die Mechanismen Kapillarität und Sickerströmung übertreffen die beiden zuvor genannten Mechanismen in der Transportleistung um Zehnerpotenzen. Das kapillare Wasseraufsaugen ist in der Anfangsphase (kleine Zeiten) etwa gleich leistungsfähig wie eine Sickerströmung unter kleinem Druckgefälle. Der Stofftransport durch Verdunstung aus einer Oberfläche ist weniger leistungsfähig als Kapillarität und Sickerströmung und kann daher gegebenenfalls geschwindigkeitsbestimmend sein. Der Wassertransport durch Diffusion bleibt stets kleiner als der durch Verdunstung.

In Polymeren ist kein Stofftransport denkbar, welcher die Leistungsfähigkeit einer Verdunstung erreicht. Ferner ist durch Diffusion ein durchschnittlich größerer Stofftransport zu erzielen als durch Elektrokinese. Für den Einsatz von polymeren Baustoffen ist jedoch besonders wichtig, daß die ausgesprochen leistungsfähigen Transportmechanismen wie Kapillarität und ungesättigte Strömung hier nicht zum Zuge kommen können und daß daher Beschichtungen und Folien auf Polymerbasis, aufgebracht auf poröse, saugfähige Stoffe, schnelle Wassergehaltsänderungen verhindern können.

## 3.9 Porenweiten und Transportmechanismen

Die lichte Weite der Hohlräume in Feststoffen übt einen großen Einfluß auf die darin möglichen Mechanismen des Wassertransports aus, was mit Bild 3.24 erläutert werden soll:

Die obere Grenze der Porenweite für Kapillaritätseffekte liegt bei etwa 1 mm. Ab dort wird wegen zu geringer Krümmung der Flüssigkeitsoberfläche der Kapillardruck so gering, daß z. B. ein nur wenige Zentimeter langer Flüssigkeitsfaden trotz Kapillarzug infolge seiner Schwere aus der Pore ausfließen könnte. Die obere Grenze der Kapillarität ist also der Beginn des Bereichs der freien Strömung flüssigen Wassers, der Sickerströmung.

Wo die untere Grenze für die wassertransportierende Wirkung der Menisken liegt, erscheint noch unklar. Wasser in einer kreisrunden Röhre hat bei völliger Benetzung nach der Theorie bei einem Radius von r = 1,5 µm einen Unterdruck von 1 bar, was ein Zerreißen des Flüssigkeitsfadens bedeuten müßte. Andererseits zeigen die Überlegungen zur Kapillarkondensation und zur Wasserspeicherung im überhygroskopischen Bereich, daß in sehr feinen Kapillaren bevorzugt Wasser eingelagert wird. In sehr feinen Poren haben die Menisken also wohl eher eine fixierende als eine transportierende Wirkung.

Die Strömung flüssigen Wassers hat in Baustoffporen keine obere Grenze, wohl aber eine untere, nämlich dort, wo die Oberflächenspannung an freien Wasseroberflächen über den Kapillardruck das Geschehen bestimmt. Steht das strömende Wasser allerdings unter größerem hydrostatischem Druck, dann vergrößert sich der Bereich möglicher Strömung zu kleineren Porenweiten hin. Auch könnte die Kapillarität durch restlose Wasserfüllung aller Poren ausgeschaltet werden, was in der Praxis an Bauwerken allerdings nahezu nie erreichbar ist.

Die Strömung von Gasen, z. B. von Wasserdampf, unterliegt nicht der Wirkung der Oberflächenspannung, weshalb bei der Gasströmung die untere Grenze bei demjenigen Porendurchmesser zu sehen ist, bei dem die Porenweite kleiner wird als die freie Weglänge der diffundierenden Gasmoleküle. Bei Atmosphärendruck liegt diese Grenze bei etwa 50 nm. Dann ist nur noch Effusion möglich.

Reine Wasserdampfdiffusion setzt ruhende Luft voraus, wozu die Porenweiten auf jeden Fall den Zentimeterbereich nicht übertreffen dürfen. Sonst tritt Konvektion auf, welche so starke Massenströme zur Folge hat, daß die Diffusion vernachlässigbar wird. Die untere Grenze der Wasserdampfdiffusion ist wieder dort anzusetzen, wo die lichte Porenweite die freie Weglänge der diffundierenden Wassermoleküle erreicht, also Effusion auftritt.

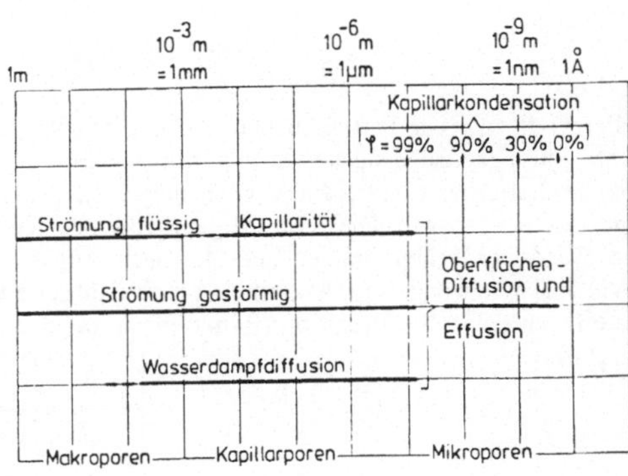


Bild 3.24
Mögliche Wassertransportmechanismen und ein Vorschlag zur Benennung von Poren in der Skala der Längeneinheiten

Aus den genannten Gründen wird vorgeschlagen, die Hohlräume in (festen) Baustoffen nach ihrer Größe wie folgt zu bezeichnen:

- Makroporen (d $\geq$ 1 mm), weil das darin befindliche Wasser von den Porenwandungen zwar im Sinne von Gefäßwandungen begrenzt, aber sonst nicht weiter beeinflußt wird. Daher kann es z. B. allein unter Schwerkraftwirkung aus den Poren ausfließen.

- Kapillarporen (1 mm > d $\geq$ 0,1 µm), weil die an freien Wasseroberflächen auftretenden Kapillarkräfte das Wasser bewegen oder festhalten können, auch z. B. entgegen der Schwerkraft. Eine Dampfdruckerniedrigung über den Menisken wie bei den Mikroporen findet hier nicht statt.

- Mikroporen (0,1 µm > d > 0,3 nm), in denen Wasser ausschließlich durch Diffusion und Effusion transportiert wird. Die Wasserspeicherung erfolgt durch Absorption an den Porenwänden. Auch in relativ trockener Umgebung enthalten diese Poren noch Wasser, der betreffende Wassergehalt wird durch die Sorptionsisotherme wiedergegeben.


# 4  Feuchteübergang

## 4.1  Verdunsten und Tauen von Wasser an Baustoffoberflächen

Luftbespülten Oberflächen von Festkörpern und Flüssigkeiten haftet eine wenige Millimeter dicke, mehr oder weniger ruhende Luftschicht an, welche Grenzschicht heißt und den Übergang zur Atmosphäre darstellt. Beim Berechnen des Wärmedurchganges durch Bauteile muß diese Grenzschicht Berücksichtigung finden, da auch eine dünne Luftschicht wegen der geringen Wärmeleitfähigkeit der Luft für den Wärmedurchgang einen nennenswerten Widerstand darstellt. Bei der Berechnung der Wasserdampfdiffusion durch Bauteile hindurch kann diese Grenzschicht jedoch hinsichtlich ihres Diffusionswiderstandes vernachlässigt werden (s. Abschn. 4.2), da zur geringen Dicke die kleine Diffusionswiderstandszahl von Luft hinzukommt. Wenn aber die Verdunstung von Wasser aus einer Oberfläche oder das Betauen einer Oberfläche quantitativ erfaßt werden soll, so ist der Diffusionswiderstand der Grenzschicht natürlich nicht vernachlässigbar; er stellt vielmehr den einzigen und daher maßgeblichen Widerstand für den Stofftransport dar. Der Stoffübergang des Wasserdampfes durch die Luftgrenzschicht hindurch wird durch folgende Gleichung beschrieben:

$$\dot{m} = \beta \cdot \Delta c = \frac{\beta}{R_D \cdot T} \cdot \Delta p = \beta' \cdot \Delta p \qquad (4.1)$$

Hierbei ist $\Delta p$ der Partialdruckunterschied des Wasserdampfes zwischen der Festkörper- bzw. Flüssigkeitsoberfläche und der Atmosphäre und $R_D \cdot T$ ist das Bindeglied zwischen Konzentration und Partialdruck (Gleichung 2.2), dessen Zahlenwerte aus Tafel 6.2 entnommen werden können. Die Stoffübergangskoeffizienten $\beta$ und $\beta'$ für Verdunstungsvorgänge an Wandoberflächen sind in Tafel 4.1 nach Angaben von Illig [14] zusammengestellt. Wie Illig ferner gezeigt hat, gilt folgende Zahlenwertgleichung zwischen den Übergangskoeffizienten für Stofftransport ($\beta$) und für Wärmetransport ($\alpha$):

$$\beta \simeq 3,5 \cdot d \qquad
\begin{array}{|c|c|}
\hline
\beta & \alpha \\
\hline
\text{m/h} & \text{W/m}^2 \cdot \text{K} \\
\hline
\end{array}
\qquad (4.2)$$

Tafel 4.1   Wasserdampfübergangskoeffizienten $\beta$ und $\beta'$

| Situation | nähere Bedingung | Wasserdampfübergangskoeffizient | |
|---|---|---|---|
| | | $\beta$ in m/h | $\beta'$ in kg/m²·h·Pa) |
| freie Strömung in Räumen | $\delta_0 - \delta_L =$  5 K | 13 | $1,1 \cdot 10^{-4}$ |
| | 10 K | 16 | $1,2 \cdot 10^{-4}$ |
| | 15 K | 18 | $1,35 \cdot 10^{-4}$ |
| | 20 K | 20 | $1,5 \cdot 10^{-4}$ |
| im Freien | Windstille | 45 | $3,3 \cdot 10^{-4}$ |
| | Wind 5 m/s | 85 | $6,3 \cdot 10^{-4}$ |
| | Sturm 25 m/s | 330 | $25,0 \cdot 10^{-4}$ |

Daß ein solch einfacher Zusammenhang zwischen $\alpha$ und $\beta$ besteht, ist damit zu erklären, daß der Wärmeübergang und der Stoffübergang in physikalisch analoger Weise von der Grenzschicht, insbesondere deren Dicke, behindert werden.

Der Stoffübergang (Verdunsten, Tauen) des Wassers ist quantitativ nur schwer zu erfassen, weil der Partialdruckunterschied $\Delta p$ des Wasserdampfes zwischen der Oberfläche und der Atmosphäre von vielen Einflüssen abhängt. Betrachtet man den Wasserdampfdruck der Außenluft als gegeben, so wird $\Delta p$ noch von der Temperatur der Oberfläche und vom Wasserdampfdruck an der Oberfläche bestimmt.

Auf Bild 4.1 sind diejenigen Vorgänge zusammengestellt, welche die Oberflächentemperatur $\vartheta_0$ mitbestimmen: Die Außenluft wirkt über ihre Temperatur und Strömungsgeschwindigkeit, welche im Wärmeübergangskoeffizienten zum Ausdruck kommt. Die Sonneneinstrahlung kann einen ganz großen Einfluß auf $\vartheta_0$ haben. Die Transmissionswärme ist bei gut gedämmten Außenwänden unbedeutend, kann aber in anderen Fällen von Einfluß sein. Die Latentwärme, welche beim Phasenübergang des Wassers auftritt, ergibt sich aus der Beziehung:

$$\dot{q}_v = \dot{m} \cdot r = \frac{\beta \cdot r}{R_D \cdot T} \cdot \Delta p \qquad (4.3)$$

Demnach ist der Latentwärmestrom dem Verdunstungsmassenstrom proportional und wirkt beim Verdunsten als Wärmesenke, beim Tauen als Wärmequelle. Die Verdunstungswärme r ist auf Bild 4.2 in Abhängigkeit der Temperatur dargestellt. Beim Verdunsten von Eis

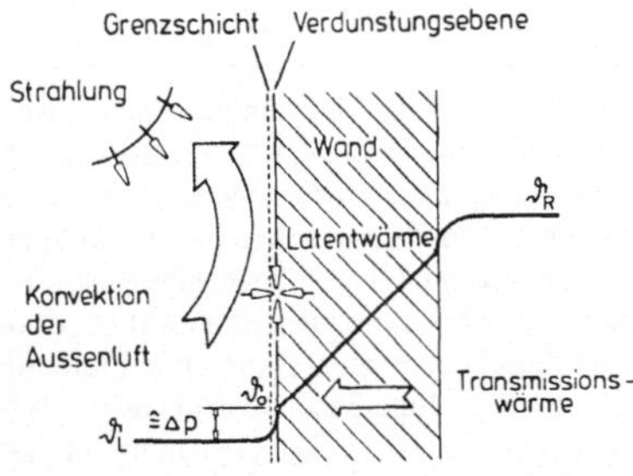


Bild 4.1   Vorgänge, welche die Oberflächentemperatur eines Bauteils und damit den Stoffübergang merklich beeinflussen

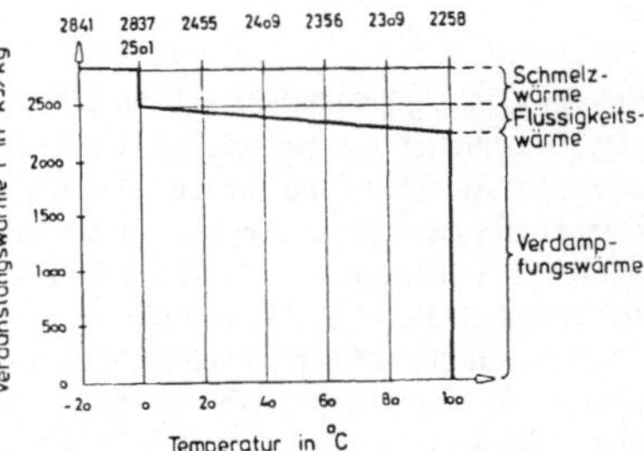


Bild 4.2   Die beim Verdunsten bzw. Tauen von Wasser umgesetzte Energiemenge

oder Schnee müssen die als Schmelz-, Flüssigkeits- und Verdampfungswärme bezeichneten Energiebeträge aufgewendet werden, während zum Verdampfen aus 100 °C warmem Wasser „nur noch" die Verdampfungswärme zugeführt werden muß.

Die vorstehenden Ausführungen zeigen, wie komplex die Bedingungen sind, welche auf den Stoffübergang Einfluß nehmen. Werner und Gertis haben in [54] einen Weg beschrieben, wie alle genannten Einflüsse berücksichtigt werden können. In der Praxis des Bauphysikers wird jedoch meist so vorgegangen, daß die Oberflächentemperatur nur unter Beachtung der Wärmedurchlaßwiderstände und der Wärmeübergangswiderstände berechnet wird. Der Verdunstungsmassenstrom $\dot{m}_v$ wird dann mit Gleichung (4.1) unter Verwendung von modifizierten Stoffübergangskoeffizienten und dem aus $\vartheta_0$ und $\vartheta_L$ sich ergebenden Dampfdruckunterschied $\Delta p$ berechnet. Näherungsformeln, die auf solchen modifizierten Übergangskoeffizienten beruhen, werden im folgenden angegeben.

In Anlehnung an Sprenger [76] kann man die Wasserverdunstung durch eine im Freien befindliche ruhende Wasseroberfläche wie folgt beschreiben:

$$\dot{m} = (1,6 + 1,2 \cdot V) \cdot 10^{-4} \cdot \Delta p \qquad (4.4)$$

| $\dot{m}$ | $v$ | $\Delta p$ |
|---|---|---|
| kg/m$^2$h | m/s | Pa |

In dieser Zahlenwertgleichung ist der Einfluß der Luftgeschwindigkeit $v$ unmittelbar zu erkennen. Bei der Berechnung der Wasserdampfpartialdruckdifferenz ist für die Wasseroberfläche naturgemäß $\varphi = 1$ zu setzen.

Die Wasserverdunstung in Hallenbädern ist deutlich kleiner als in Freibädern, Seen usw. und natürlich von der Benutzerzahl des Bades abhängig. Biasin und Krumme [2] unterscheiden, ob die Lufttemperatur über dem Wasser größer, kleiner oder gleich groß ist wie die Wassertemperatur:

$$\vartheta_L < \vartheta_w: \quad \dot{m} = -0,055 + 1,0 \cdot 10^{-4} \cdot \Delta p$$
$$\vartheta_L = \vartheta_w: \quad \dot{m} = -0,055 + 0,8 \cdot 10^{-4} \cdot \Delta p \qquad (4.5)$$
$$\vartheta_L > \vartheta_w: \quad \dot{m} = -0,055 + 0,7 \cdot 10^{-4} \cdot \Delta p$$

| $\dot{m}$ | $\Delta p$ |
|---|---|
| kg/m$^2$h | Pa |

Beim benutzten Hallenbad ist nach Kappler die Personenzahl pro Quadratmeter Badefläche ($p^x$) von großem Einfluß:

$$\dot{m} = 0,12 + 8,9 \cdot 10^{-4} \cdot P^x \cdot \Delta p \qquad (4.6)$$

| $\dot{m}$ | $p^x$ | $\Delta p$ |
|---|---|---|
| kg/m$^2$h | m$^{-2}$ | Pa |

Aus den Gl. (4.5) geht hervor, daß die Verdunstung erst einsetzt, wenn $\Delta p$ einen bestimmten Betrag überschreitet. Das bedeutet, die Gleichungen gelten nur dann, wenn die Massenstromdichte $\dot{m}$ positiv ist. Als Grund für das zunächst etwas merkwürdig anmutende Ergebnis wird von Kappler eine im Wasserbecken ruhende, relativ dicke Grenzschicht angesehen. Die bei kleiner werdender Lufttemperatur im Verhältnis zur Wassertemperatur größer werdende Massenstromdichte in den Gln. (4.5) läßt sich mit der dann zunehmenden Konvektion der Raumluft begründen. Die mit Gl. (4.6) errechenbare Massenstromdichte bezieht sich bei Becken ohne Freibord auch auf den normalen Überflutungsbereich des Beckenumgangs. Eine Besucherzahl von 0,3 m$^{-2}$ ist als Maximum, eine solche von 0,15 m$^{-2}$ als gute Belegung anzusehen. Die Gleichung für das benutzte Bad ist nur auf die Benutzungszeiten anzuwenden, in der übrigen Tageszeit ist die Verdunstung aus den Gln. (4.5) zu berechnen. Bei den Gln. (4.5) und (4.6) ist vorausgesetzt, daß die Lüftung die Wasseroberfläche nicht anbläst, was in der Praxis ja auch normalerweise erfüllt ist.

Das Tauen des Wasserdampfes der Luft auf kalten Oberflächen ist sozusagen die Umkehrung der Wasserverdunstung, d. h. Gleichung (4.1) und die Stoffübergangskoeffizienten auf Tafel 4.1 sind anwendbar. Bild 4.3 enthält auf diese Weise berechnete Tauwassermengen, wobei für die Luft 20 °C, für die Konvektionsverhältnisse die Bedingungen in Räumen vorausgesetzt wurden. Aus dem Diagramm kann also entnommen werden, ob und gegebenenfalls welche Tauwassermengen an den Innenseiten von Außenwänden beheizter Wohnräume bei bekannter Wandoberflächentemperatur und bei bekannter Raumluftfeuchte φ zu erwarten sind.

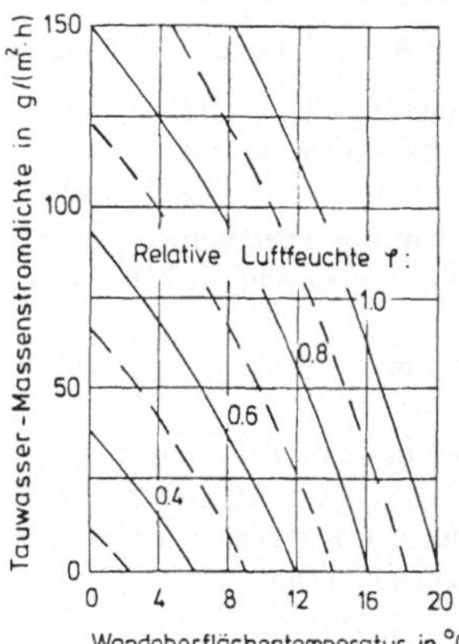


Bild 4.3
Tauwasseranfall auf einer kalten Wandoberfläche
bei üblichen Raumluftbedingungen

## 4.2  Schichtdickenäquivalente für die Luftgrenzschicht

Das Vorstellungsvermögen für die Wirkung einer Luftgrenzschicht wird gesteigert, wenn man eine gleichwertige Schichtdicke des vom Tauen oder Verdunsten betroffenen Baustoffes angeben kann. Dabei muß berücksichtigt werden, ob der Baustoff sich im hygroskopischen Feuchtebereich befindet und das Wasser in ihm diffundiert, oder ob er sich im überhygroskopischen Feuchtebereich befindet und ungesättigte Porenwasserströmung in ihm auftritt.

Im Baustoffinneren mit hygroskopischen Wassergehalten ist die Diffusionsstromdichte gemäß Gleichung (6.7) wie folgt festgelegt:

$$\dot{m} = \frac{\delta}{\mu} \cdot \frac{\Delta p}{\Delta x} \tag{6.7}$$

In der zugehörigen Luftgrenzschicht kann die Massenstromdichte gemäß Gleichung (4.1) mit

$$\dot{m} = \beta` \cdot \Delta p \tag{4.1}$$

angegeben werden. Setzt man die beiden Massenstromdichten gleich und löst nach $\Delta x$ auf, so erhält man:

$$\Delta x = \frac{\delta}{\mu \cdot \beta`} \tag{4.7}$$

Die so zahlenmäßig festgelegte äquivalente Schichtdicke für den Stoffübergang bei Diffusion im Baustoffinneren erweist sich als recht klein. Für $\mu = 15$ (Mittelwert für viele Mauerwerkswände), $\beta' = 6,3 \cdot 10^{-4}\,kg/m^2hPa$ (Wind von 5 m/s) und $\delta = 0,68 \cdot 10^{-6}\,kg/mhPa$ (15 °C) erhält man

$$\Delta x = 0,07\ mm \qquad \text{(Mittelwert im Freien)},$$

für $\mu = 7$ (Gasbeton), $\beta' = 1,1 \cdot 10^{-4}\,kg/m^2hPa$ (in Räumen bei einem Temperaturunterschied von 5 K in der Grenzschicht) und $\delta = 0,72 \cdot 10^{-6}\,kg/mhPa$ (30 °C) ergibt sich

$$\Delta x = 0,9\ mm \qquad \text{(baupraktische Obergrenze)}.$$

Die äquivalente Baustoffdicke für die Luftgrenzschicht bei Wasserdampfdiffusionsvorgängen im Baustoff ist also kleiner als 1 mm und damit vernachlässigbar, zumal die Genauigkeit von Schichtdicken bei Baustoffen nicht größer als 1 mm ist.

Wenn Baustoffe überhygroskopische Wassergehalte aufweisen, kann die Massenstromdichte des Wassertransports gemäß Gleichung (3.26) wie folgt beschrieben werden:

$$\dot{m} = \rho_w \cdot æ(u) \cdot \frac{\Delta u}{\Delta x} \qquad (3.26)$$

An einer Baustoffoberfläche mit gegebenem Wassergehalt u und bekannter Flüssigkeitsleitzahl $æ(u)$, von der eine Massenstromdichte $\dot{m}$ durch Verdunstung entweicht, muß ein ganz bestimmtes Wassergehaltsgefälle in den Baustoff hinein vorliegen, das man aus Gleichung (3.26) ableiten kann:

$$\frac{\Delta u}{\Delta x} = \frac{\dot{m}}{\rho_w \cdot æ(u)} \qquad (4.8)$$

Wegen der Analogie in den Transportgesetzen der Lösungsdiffusion und der ungesättigten Porenwasserströmung wird nun auf Abschnitt 9.3 verwiesen, in dem die Desorption aus einer Schicht begrenzter Dicke mit der Oberflächenbedingung u = 0 behandelt und zeichnerisch dargestellt ist (Bild 9.7). Eine unmittelbare Übertragung dieses Bildes auf einen austrocknenden Baustoff mit überhygroskopischer Feuchte ist wegen der unterschiedlichen Oberflächen-Bedingungen u = 0 (Lösungsdiffusion) und $\dot{m}$ = konstant (ungesättigte·Porenwasserströmung) nicht möglich. Die oben angestellte Überlegung, daß im Baustoff mit ungesättigter Porenwasserströmung bei vorgegebener Verdunstungsstromdichte und bekannter Größe der Flüssigkeitsleitzahl gemäß Gleichung (4.8) ein eindeutig definiertes Wassergehaltsgefälle vorliegen muß, hilft aber weiter: Man sucht in Bild 9.7 diejenigen Stellen an den Wassergehaltskurven auf, welche das mit Gleichung (4.8) berechnete Wassergehaltsgefälle haben. Verbindet man diese für unterschiedliche Wassergehalte bestimmten Stellen miteinander, so hat man damit den Verlauf derjenigen Oberflächen ermittelt, an der die Verdunstungsstromdichte den vorgegebenen Wert aufweisen würde. Der Abstand der beiden Oberflächen, einerseits für u = 0 (bei Lösungsdiffusion), andererseits für $\dot{m}$ = konstant (übertragen auf ungesättigte Porenwasserströmung) ist die äquivalente Baustoffdicke für die Luftgrenzschicht bei ungesättigter Porenwasserströmung im Baustoff. Bild 4.4 zeigt die beiden Oberflächenverläufe bei austrocknendem Gasbeton, und als Abstand zwischen beiden, die äquivalente Baustoffdicke für die Luftgrenzschicht. Ausgangspunkt war Bild 9.7, das die Desorption bei einem Koeffizientenverhältnis von $\alpha = 1000$ beschreibt. Dieses Verhältnis entspricht aber genau den drei Zehnerpotenzen im Zahlenwert der Flüssigkeitsleitzahl von Gasbeton, wenn der Wassergehalt von u = 0 bis $u = u_F$ ansteigt.

Im Wassergehaltsbereich des Gasbetons von $u_F$ bis $u_{max}$ behält die Flüssigkeitsleitzahl denjenigen Wert bei, den sie bei $u_F$ erreicht hat (Bild 3.18). Daher haben alle Wassergehaltsprofile in diesem Bereich diejenige Gestalt, die bei $u_F$ in Bild 9.7 vorliegt. Wenn man nun noch die Wassergehaltsprofile im Wassergehaltsbereich u < 0,07 auslöscht, weil sie in diesem hygroskopischen Bereich natürlich keine Gültigkeit haben, so ist die Übertragung von Bild 9.7 auf die Wassergehalte von austrocknendem Gasbeton im überhygroskopischen Bereich bis auf die verschiedenen Randbedingungen an der Oberfläche fertiggestellt. Die Übertragung des Oberflächenverlaufes von der Lösungsdiffusion mit u = 0 auf ungesättigte Porenwasserströmung mit $\dot{m}$ = konstant mit dem Abstand dazwischen, welcher die äquivalente Baustoffdicke angibt, ist nun in dieses Bild hinein vorzunehmen. Man stellt fest, daß im Falle des trocknenden Gasbetons bei Wassergehalten oberhalb $u_F$ die äquivalente Baustoffdicke etwa 75 mm beträgt, wenn an der Oberfläche Windstille herrscht, und daß bei weiter absinkendem Wassergehalt von $u_F$ bis zu $u_{100}$ die äquivalente Baustoffdicke auf den geringen Wert zurückgeht, der im hygroskopischen Feuchtebereich bei Diffusion im Baustoff gegeben ist.

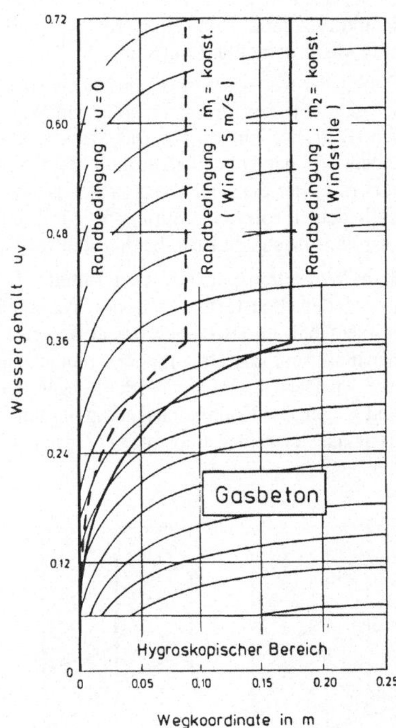


Bild 4.4
Der Oberflächenverlauf bei austrocknendem Gasbeton bei den Randbedingungen u = 0 und $\dot{m}$ = konstant

## 4.3  Übergangsbedingungen an der Kontaktstelle zweier Baustoffe

Grenzen zwei Baustoffe mit Kontakt aneinander, so kann Wasser über die Grenzfläche hinweg weitergegeben werden. Hier soll die Frage behandelt werden, welche Gesetzmäßigkeiten diesem Feuchteübergang zugrunde liegen.

Liegt dem Stofftransport beiderseits der Grenzfläche der Mechanismus Diffusion zugrunde, so ist als treibendes Potential für den Stofftransport das Partialdruckgefälle anzusehen. Wie auf Bild 4.5 Bildteil A dargestellt, wird der Partialdruckverlauf an der Grenzfläche zwar einen Knick aufweisen, jedoch kann kein Sprung auftreten. Wäre ein Partialdrucksprung vorhanden, würde dies ein unendlich starkes Gefälle mit unendlich starkem lokalem Stofftransport zur Folge haben, was den Sprung sofort wieder ausgleichen würde. Ein Knick im Partialdruckverlauf tritt deshalb auf, weil die Diffusionswiderstandzahlen der kontaktierenden Baustoffe in aller Regel unterschiedlich sind. Ferner muß der Verlauf der relativen Luftfeuchte $\varphi$ in der Umgebung der Grenzfläche im Prinzip gleich sein wie der Partialdruckverlauf. Der Wassergehalt u springt an der Grenzfläche, weil der gleichen relativen Luftfeuchte $\varphi$ bzw. dem gleichen Partialdruck p gemäß den verschiedenen Sorptionsisothermen unterschiedliche Wassergehalte in den beiden Baustoffen zugeordnet sein müssen.

Die Kombination aus Baustoff mit Diffusion und Baustoff mit Diffusion und Kapillarität ist auf Bildteil B dargestellt. Der Wassergehalt springt an der Grenzfläche, der Wasserdampfdruckverlauf hat einen Knick. Im Baustoff mit Diffusion und Kapillarität muß die Luft wasserdampfgesättigt sein.

Erfolgt der Wassertransport in beiden kontaktierenden Baustoffen nach dem Mechanismus der ungesättigten Strömung, so ist ein Wassergehaltsgefälle als treibendes Potential vorhanden (Bild 4.5, Bildteil C). Das Wassergehaltsgefälle muß an der Grenzfläche einen Knick haben, und der Wassergehalt muß einen Sprung aufweisen. Ferner muß der Verlauf des Radius $r_{max}$, der den Durchmesser der größten Pore, welche noch mit Kapillarwasser gefüllt ist, bedeuten soll, ohne Sprung aber mit Knick über die Grenzfläche hinweg verlaufen. Die relative Luftfeuchte ist in beiden Baustoffen $\varphi = 1$.

Beim Wassertransport infolge gesättigter Porenströmung (Bildteil D) in beiden aneinandergrenzenden Baustoffen muß der Wassergehalt sprungförmig verlaufen, mit konstantem Wassergehalt im jeweiligen Baustoff, weil hier eine völlige Porenfüllung mit Wasser vorliegen muß, und das Gesamtporenvolumen der beiden Baustoffe normalerweise nicht gleich groß ist. Der Gesamtdruckverlauf hat in der Grenzfläche keinen Sprung, aber einen Knick, weil wegen der Kontinuitätsbedingung unterschiedliche Gefälle die unterschiedliche Durchlässigkeit der beiden Baustoffe kompensieren müssen.

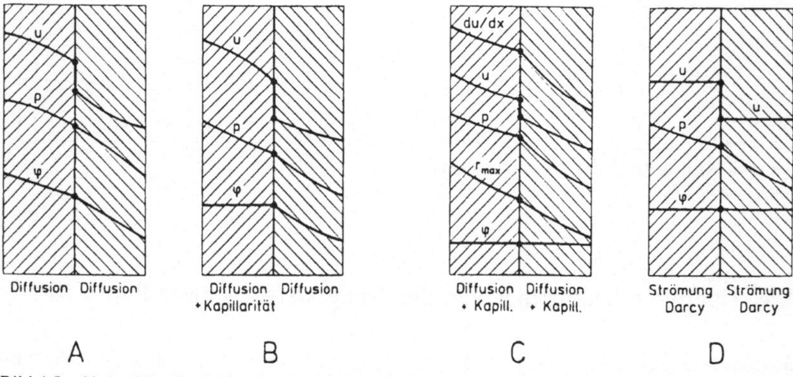


Bild 4.5    Verlauf des Partialdrucks, des Wassergehaltes und der relativen Luftfeuchte an der Grenzfläche zweier Baustoffe

# 5 Kapillarer Wassertransport in Modellkapillaren

Der kapillare Wassertransport (ungesättigte Porenwasserströmung) in Baustoffen ist wegen der einer genauen Beschreibung völlig unzugänglichen Porenform, welche die treibenden und die bremsenden Kräfte des kapillaren Wassertransports maßgeblich mitbestimmt, nur näherungsweise berechenbar. Daher muß man entweder die wirklichen Poren durch einfache Porenmodelle ersetzen oder man betrachtet das ganze Geschehen „makroskopisch", wie in Abschnitt 3.6 erläutert wurde.

Im folgenden wird das Porenmodell der kreiszylindrischen Röhre mit konstantem Radius, welche mit den Nachbarröhren kontinuierlich wasserdurchlässig verbunden ist, zur Berechnung einiger einfacher, kapillarer Befeuchtungsvorgänge herangezogen.

## 5.1 Druckkomponenten für die Kapillarröhre

Auf Bild 5.1 ist ein Teilstück einer im Querschnitt kreisrunden Kapillarröhre gleichbleibenden Durchmessers 2r dargestellt, wobei angenommen sei, daß die Röhre von der Festkörperoberfläche bis zur Tiefe h, gemessen senkrecht zur Festkörperoberfläche, schon mit Flüssigkeit gefüllt sei. Die generelle Richtung der Kapillarröhre schließt den Winkel $\gamma$ mit der Vertikalen ein, d. h. sie verläuft senkrecht zur Baustoffoberfläche wie die Koordinate h. Die tatsächliche Länge l der Kapillare ist größer als der entsprechende Weg auf der Koordinate h, das Verhältnis beider sei konstant und heiße Umwegfaktor q. Auf den Flüssigkeitsfaden können folgende Drücke wirken:

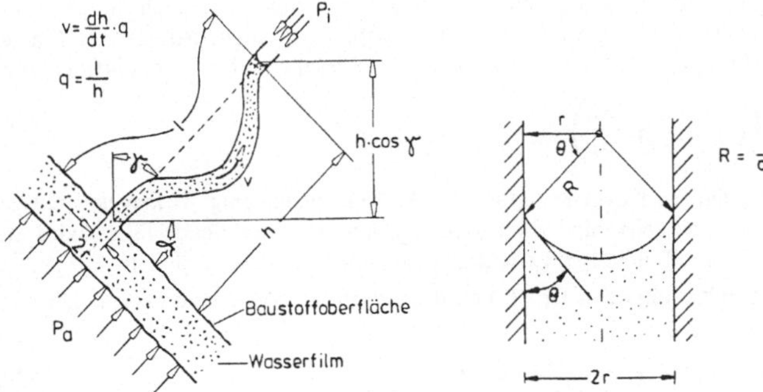


Bild 5.1 Bezeichnungen an der zylindrischen Modellkapillarröhre

Bild 5.2 Porenradius und Krümmungsradius des Meniskus

### a) Hydrostatischer Druck $P_G$

Die Schwere bewirkt Drücke, die nach dem bekannten hydrostatischen Paradoxon nur von der vertikal zu messenden Tiefe unter der Wasseroberfläche und nicht von der Gestalt des Flüssigkeitsfadens bestimmt werden.

$$P_G = \rho_w \cdot g \cdot h \cdot \cos\gamma \qquad (5.1)$$

### b) Kapillardruck $P_K$

Der Kapillardruck geht aus von der Grenzfläche Wasser-Luft an der Spitze des eingedrungenen Wasserfadens. Die Krümmung dieser Grenzfläche ergibt sich aus dem Radius der kreiszylindrischen Porenwandung und dem Benetzungswinkel $\theta$, wie auf Bild 5.2 dargestellt. Wenn die Eindringtiefe h sehr viel größer ist als der Radius r, kann der Meniskus als Kugelkalotte betrachtet werden. Dann gilt sinngemäß nach Gleichung (3.24):

$$P_K = \frac{2 \cdot \sigma \cdot \cos\theta}{r} \tag{5.2}$$

**c) Viskoser Widerstand bzw. Strömungsdruck $P_V$**

Jede Flüssigkeit setzt wegen ihrer Viskosität dem Strömen einen Widerstand entgegen. Bei laminarer Strömung, die bei Kapillareffekten in Baustoffporen meistens gegeben sein dürfte, ist der Strömungswiderstand der tatsächlichen Länge l der Röhre und der Fließgeschwindigkeit proportional (Poiseuillesches Gesetz, s. Abschn. 3.3):

$$P_V = \frac{8\eta \cdot q^2}{r^2} \cdot h \cdot \frac{dh}{dt} \tag{5.3}$$

Als Fließgeschwindigkeit wird hier der Mittelwert des Geschwindigkeitsprofils verstanden. Durch Gleichung (5.3) wird der Druck angegeben, der sich dem Strömen der Flüssigkeit dort entgegenstellt, wo das Strömen erzwungen wird.

**d) Äußerer Druck $P_a$ bzw. innerer Druck $P_i$**

Wird die in der Kapillare befindliche Flüssigkeit an der Porenöffnung unter Druck gesetzt, so wird von äußerem Druck $P_a$ gesprochen. Wirkt der Druck dagegen aus dem Inneren des porösen Körpers auf den Meniskus ein, so wird von innerem Druck $P_i$ gesprochen.

**e) Trägheitsdruck $P_T$**

Bei Beschleunigungen, d. h. bei Geschwindigkeitsänderungen, muß auch noch die Massenträgheit des Flüssigkeitsfadens überwunden werden, wobei der Trägheitsdruck der Masse der beschleunigten Flüssigkeit mal der Änderung der Fließgeschwindigkeit proportional ist:

$$P_T = \frac{d}{dt}\left(q^2 \cdot \rho_w \cdot h \cdot \frac{dh}{dt}\right) \tag{5.4}$$

Alle vorstehend aufgezählten Druck-Komponenten können gleichzeitig wirken und einige können auch noch orts- und zeitveränderlich sein. Nur von einfachen Sonderfällen wird im folgenden berichtet. Generell nicht berücksichtigt wird dabei die Massenträgheit.

Die Formeln für den hydrostatischen Druck und den Strömungswiderstand lassen sich wie folgt abkürzen:

$$P_G = \chi \cdot h \quad \text{mit} \quad \chi = \rho_w \cdot g \cdot \cos\gamma \tag{5.5}$$

$$P_V = \Xi \cdot h \cdot \frac{dh}{dt} \quad \text{mit} \quad \Xi = \frac{8\eta \cdot q^2}{r^2} \tag{5.6}$$

Die Größe $\Xi$ kann in Strömungsversuchen direkt gemessen werden und wird als längenspezifischer Strömungswiderstand bezeichnet. Sie kann aber auch über den Wasseraufnahmekoeffizienten ermittelt werden (s. Abschn. 3.5.2.).

## 5.2 Zur Ortsveränderlichkeit der Druckkomponenten

Zur Verdeutlichung des Prinzips der Druckbilanz bei Berechnungen mit dem gewählten Kapillarenmodell sei zunächst das Aufsteigen des Wassers in einer in Wasser eintauchenden, vertikalen Röhre behandelt. Der Radius der Röhre sei 10 µm, die Wandung der Röhre sei völlig benetzbar ($\theta = 0$). Wie später noch gezeigt wird, ist die maximale Steighöhe des Wassers für die genannten Bedingungen 1,48 m. Unabhängig von der Höhenlage des Meniskus beim Aufsteigen wirken auf den Wasserfaden stets die gleichen Druck-Komponenten; die Größe der einzelnen Komponenten ist jedoch von der Höhenlage des Meniskus abhängig: Immer zieht der Kapillarzug in gleicher Größe nach oben, die Schwere und der viskose Strömungswiderstand wirken je nach Höhenlage des Meniskus und der betrachteten Stelle in unterschiedlicher Größe dem Kapillarzug entgegen.

Auf Bild 5.3 sind die Druck-Komponenten, welche bei verschiedenen Steighöhen des Wasserfadens jeweils am Kapillarfuß auftreten, graphisch dargestellt. Der als Unterdruck wirkende Kapillarzug ist links der Ordinate, der hydrostatische Druck und der viskose Widerstand sind rechts dargestellt. Bei jeder Höhenlage des Meniskus muß auf Höhe des Wasserspiegels in der Kapillare der Gesamtdruck Null sein. Der Kapillarzug ist von der Höhenlage des Meniskus unabhängig, d. h. konstant. Der Schweredruck verschwindet nur bei der Steighöhe h = 0 und er wächst mit zunehmender Steighöhe linear. Da bei jeder Höhenlage des Meniskus der Unterdruck erzeugende Kapillardruck am Fuß der Kapillaren gleich groß sein muß wie die Summe aus Überdruck verursachendem Schweredruck und Strömungsdruck, muß gemäß Bild 5.3 der Strömungsdruck mit steigender Höhenlage des Meniskus linear abnehmen.

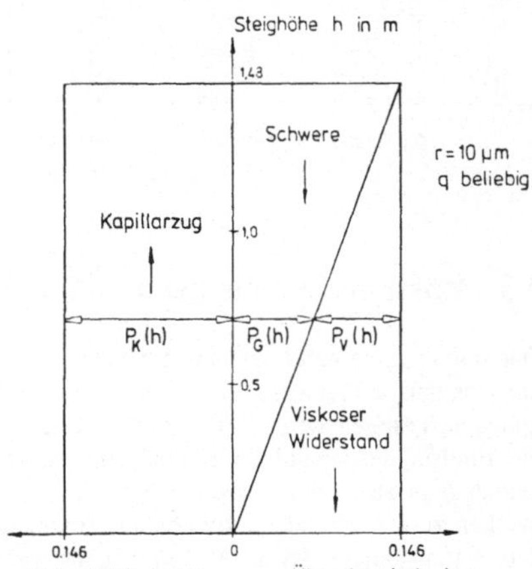


Bild 5.3
Druckkomponenten am Fuß eines aufsteigenden
Wasserfadens bei unterschiedlicher Steighöhe

Zu Beginn des Aufsteigens ist der Schweredruck noch klein, d. h. näherungsweise stellt sich ein Gleichgewicht aus Kapillarzug und viskosem Widerstand ein. Kurz vor dem Erreichen der maximalen Steighöhe ist der viskose Widerstand sehr klein geworden, weil die Steiggeschwindigkeit gegen Null geht. Daher ergibt sich die maximale Steighöhe aus dem Gleichgewicht zwischen dem Kapillarzug und dem hydrostatischen Druck. Bei allen übrigen Steighöhenlagen des Meniskus (ausgenommen Anfangs- und Endzustand) sind jeweils der Kapillarzug und der Schweredruck am Fuß der Kapillaren bekannt, so daß der viskose Widerstand aus der Differenz leicht errechnet werden kann. Der viskose Widerstand führt aber zur Aufstiegsgeschwindigkeit. Diese soll jedoch nicht betrachtet werden, was in Abschnitt 5.5 begründet wird.

Die Druckverteilung im wassergefüllten Bereich einer Kapillarröhre bei einer vorgegebenen Höhenlage des Meniskus (vor dem Erreichen des Gleichgewichtszustandes mit maximaler Steighöhe) wird auf Bild 5.4 gezeigt: Infolge des am Meniskus erzeugten Kapillarzuges wird im Wasser ein über die ganze Höhe gleichbleibender Unterdruck hervorgerufen. Infolge der Schwere des Wassers wird ein nach unten linear zunehmender (hydrostatischer) Druck im Wasser erzeugt, der am Meniskus bei Null beginnt und am unteren Ende der Kapillare seinen größten Wert annimmt. Einen im Prinzip gleichartigen Druckverlauf wie die Schwere erzeugt der Strömungswiderstand, da die Schubkräfte an den Porenwandungen sich vom Meniskus bis zur Eintrittsöffnung des Kapillarwassers aufsummieren. Die Überlagerung von Kapillarzug, hydrostatischem Druck und Strömungsdruck führt schließlich zu einem resultierenden Druck, der als Unterdruck in Erscheinung tritt. Er hat am Meniskus seinen größten Betrag und nimmt von dort linear ab bis zum Kapillarfuß. Die Summe aller Drücke am Kapillarfuß ist notwendigerweise Null.

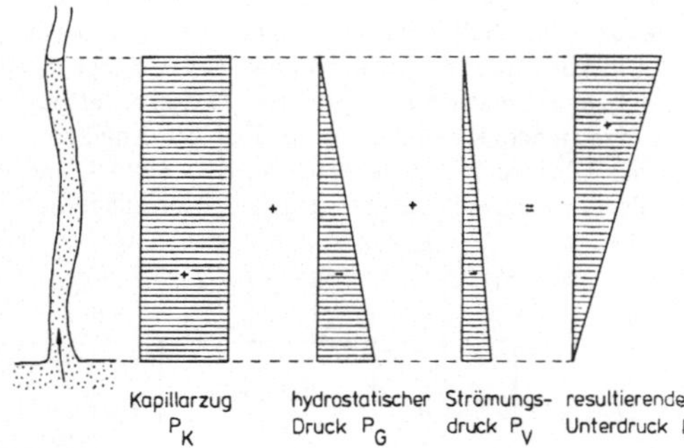



Bild 5.4
Gesamtdruckverteilung entlang
der Höhe eines aufsteigenden
Wasserfadens

## 5.3  Wasseraufnahme beim anfänglichen Saugen

Das untere Ende einer kreiszylindrischen Kapillare werde in die Oberfläche eines Flüssigkeitsspiegels eingetaucht, so daß die benetzende Flüssigkeit sofort mehr oder weniger begierig aufgesogen wird. In den ersten Bruchteilen einer Sekunde nach dem Eintauchen ist die Eindringgeschwindigkeit sehr groß, so daß merkliche Trägheitskräfte auftreten. Verzichtet man aber darauf, dieses nur kurz während Geschehen unmittelbar nach dem Eintauchen zu erfassen, dann können die Trägheitskräfte vernachlässigt werden. In der folgenden Anfangsphase der kapillaren Wasseraufsaugung ist der Flüssigkeitsfaden noch kurz, deshalb spielt die Schwere nur eine geringe Rolle. Wenn aber die Schwere ganz vernachlässigt wird, gilt die erhaltene Lösung für alle Winkel $\gamma$, d. h. für alle Eindringrichtungen. Auch soll kein äußerer oder innerer Druck vorliegen. Unter diesen Voraussetzungen ergibt sich das Eindringen der Flüssigkeit aus dem Gleichgewicht zwischen Kapillarzug $P_K$ und viskosem Widerstand $P_V$:

$$P_K = \Xi \cdot h \cdot \frac{dh}{dt} \tag{5.7}$$

(5.7) nimmt nach Trennen der Variablen h und t folgende Gestalt an:

$$P_K \cdot dt = \Xi \cdot h \cdot dh \tag{5.8}$$

Die Integration mit der Anfangsbedingung

$$t = 0 \quad \text{für} \quad h = 0$$

liefert

$$h = \sqrt{\frac{2 P_K \cdot t}{\Xi}} \tag{5.9}$$

Die Beziehung zwischen der Eindringtiefe und der Zeit gemäß (5.9) ist eine Parabel, die Eindringtiefe nimmt also mit fortschreitender Zeit immer langsamer zu. Durch Einsetzen von (5.2) und (5.6) in (5.9) erhält man für die Modell-Kapillare:

$$h = \sqrt{\frac{r \cdot \sigma \cdot \cos\theta \cdot t}{2\eta \cdot q^2}} \tag{5.10}$$

Zahlreiche Experimente haben den durch Gleichung (5.9) bzw. (5.10) vorausgesagten parabolischen Zeitverlauf der Steighöhe von Wasser in einer Kapillarröhre auch für reale Baustoffe sehr gut bestätigt. Deshalb konnte in Abschn. 3.5.2 der sogenannte Wasseraufnahmekoeffizient w eingeführt werden. Im Sinne dieses Koeffizienten sei nun die Eindringtiefe h durch die flächenbezogene Masse des aufgenommenen Wassers ersetzt:

$$m = \left[\frac{\rho_w \cdot u_F}{q} \cdot \sqrt{\frac{r \cdot \sigma \cdot \cos\theta}{2\eta}}\right] \cdot \sqrt{t} \tag{5.11}$$

Der Ausdruck in eckigen Klammern entspricht dem Wasseraufnahmekoeffizienten. Durch einen Vergleich zwischen gemessenen Wasseraufnahmekoeffizienten und dem in Gleichung (5.11) angegebenen Klammerausdruck sind Rückschlüsse auf die Größe des Umwegfaktors q möglich, worauf in Abschnitt 5.5 eingegangen wird.


## 5.4  Anfängliches Saugen unter äußerem Druck

Eine Erweiterung der Lösung für das in Abschnitt 5.3 behandelte kapillare Saugen in der Anfangsphase ist leicht möglich für den Fall der zusätzlichen Einwirkung eines äußeren Druckes $P_a$ auf den benetzenden Flüssigkeitsfilm, wie das z. B. an Fassaden bei Regen unter dem Einfluß von Winddruck der Fall ist. In diesem Fall fördern $P_k$ und $P_a$ das Eindringen des Wassers, während $P_v$ bremsend wirkt:

$$P_k + P_a = \Xi \cdot h \cdot \frac{dh}{dt} \tag{5.12}$$

Die Integration mit der Anfangsbedingung

$$t = 0 \quad \text{für} \quad h = 0$$

liefert

$$h = \sqrt{\frac{2 (P_k + P_a) \cdot t}{\Xi}} \tag{5.12}$$

Betrachtet man den zeitlichen Verlauf beim Eindringen sowohl unter Druck als auch ohne Druck gemäß den Gleichungen (5.12) und (5.9), so stellt man fest, daß die Eindringtiefen als Funktion der Zeit in beiden Fällen Parabeln darstellen. Das legt nahe, die Eindringtiefe unter Druck auf die Eindringtiefe ohne Druck, aber unter sonst gleichen Bedingungen zu beziehen. Dividieren von (5.12) durch (5.9) liefert:

$$H = \frac{h\,(P_k + P_a)}{h\,(P_k)} = \sqrt{1 + \frac{P_a}{P_k}} \tag{5.13}$$

Durch Einsetzen von (5.2) in (5.13) erhält man schließlich:

$$H = \sqrt{1 + \frac{P_a \cdot r}{2 \cdot \sigma \cdot \cos\theta}} \tag{5.14}$$

Für die Bedingungen, welche beim Aufsaugen von Wasser in einen mineralischen Baustoff erfüllt werden könnten, ist auf Bild 5.5 das Verhältnis der Eindringtiefe für verschiedene Porenradien und äußere Drücke graphisch dargestellt. Baustoffe mit Porenweiten kleiner als 100 µm werden demgemäß in ihrer kapillaren Wasseraufnahme durch Windkräfte mit Drücken kleiner als 0,001 N/mm$^2$ (entspricht 10 cm Wassersäule!) nach der vorliegenden Berechnung nicht mehr beeinflußt. Diese Aussage ist nunmehr auch experimentell bestätigt worden. Dagegen lassen sich durch höhere Drücke, wie sie etwa beim Verpressen von Rissen ausgeübt werden, wesentliche Steigerungen der Eindringtiefe erreichen, wenn die Einwirkung des Druckes über längere Zeit auch wirklich gegeben ist.

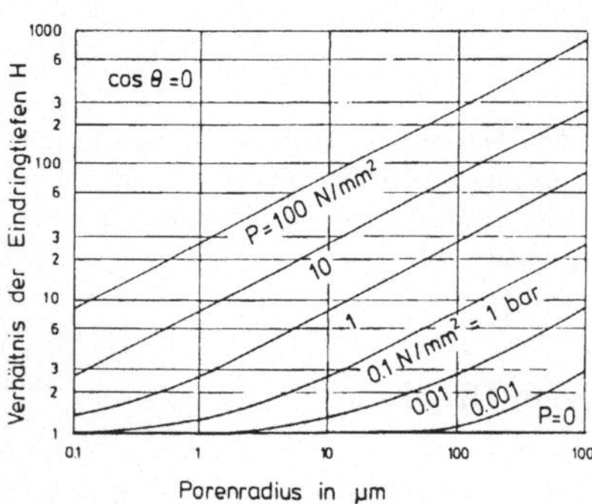


Bild 5.5
Beeinflussung der Eindringtiefe von Kapillarwasser durch einen äußeren Überdruck

## 5.5　Die maximale Steighöhe in einer Röhre

Eine zylindrische Röhre werde vertikal in einen Flüssigkeitsspiegel hineingetaucht, so daß die Flüssigkeit in der Röhre emporsteigt, weil der Randwinkel kleiner als 90° sein soll. Ein äußerer Druck und ein innerer Druck seien nicht vorhanden. Die maximale Steighöhe läßt sich aufgrund folgender Überlegung leicht errechnen: Der Gleichgewichtszustand ist erreicht, wenn die Aufsteiggeschwindigkeit Null geworden ist. Damit ist $P_v = 0$. Ferner seien $P_i = P_a = 0$. Es verbleiben $P_K$ und $P_G$ als wirkende Drücke:

$$h = h_{max} \quad \text{für} \quad P_K = P_G \tag{5.15}$$

Daraus folgt mit Hilfe von Gl. (5.2) und (5.5):

$$h_{max} = \frac{2 \cdot \sigma \cdot \cos\theta}{\rho_w \cdot r \cdot g \cdot \cos\gamma} \tag{5.16}$$

Setzt man für die Bedingungen „völlig benetzbare vertikale Porenwandungen" und „reines Wasser" die Kennwerte $\theta = 0$, $\gamma = 0$, $\rho_w = 1000$ kg/m$^3$, $g = 9,81$ m/s$^2$ und $\sigma = 0,0727$ N/m ein, so erhält man:

$$h_{max} = \frac{14,82}{r}$$

| $h_{max}$ | r |
|-----------|-----|
| mm | mm |

(5.17)

Das bedeutet für einen Porenradius von 1 µm, wie er z. B. in einem Ziegelstein auftritt, eine maximale Steighöhe von 14820 mm = 14,8 m. Dieser Wert und ebenso alle nach Gleichung (5.16) und (5.17) errechenbaren maximalen Steighöhen für die in den Baustoffen vorhandenen (mittleren) Porenradien sind viel größer als die an Wänden ohne entsprechende Abdichtungsmaßnahmen beobachteten Steighöhen aufsteigender Feuchte. Dies hat im wesentlichen folgende Gründe:

Aufsteigende Feuchte in Wänden usw. verteilt sich auch in horizontaler Richtung und gelangt so auch an Wand-Oberflächen, von wo aus sie in die Atmosphäre hinein verdunsten kann. Die verdunstende Wassermenge muß aber gemeinsam mit der aufsteigenden Wassermenge durch die Kapillaren nachgeliefert werden, was größere Strömungsgeschwindigkeiten und damit größere viskose Widerstände erzeugt. Selbst wenn die maximale Steighöhe erreicht ist, tritt also noch ein viskoser Widerstand wegen des Nachschubs für die seitliche Verdunstung auf. Außerdem ist am Fuße von Bauteilen das Wasserangebot nicht immer unbegrenzt, so daß die Steighöhe nicht von dem Gleichgewicht aus kapillarer Saugkraft und der Schwere des Wasserfadens, sondern vom Gleichgewicht zwischen seitlicher Verdunstung und dem Wassernachschub am Wandfuß bestimmt wird. Die tatsächliche Steighöhe in Wänden ist also bei einem jahreszeitlich sehr unterschiedlichen Angebot an Baugrundfeuchte auch sehr zeitveränderlich.

In der Praxis beobachtet man ferner statt einer exakten Saughöhe einen sogenannten Kapillarsaum, d. h. einen Bereich der maximalen Saughöhe. Dies beruht auf der unterschiedlichen Weite der verschiedenen Porenkanäle und auf der Ortsveränderlichkeit der Weite eines jeden Porenkanals. Zur Verdeutlichung dieses Aspekts ist auf der linken Seite von Bild 5.6 schematisch eine vertikal aufsteigende rotationssymmetrische Kapillarröhre mit wechselndem Radius dargestellt, daneben die Größe der Druckkomponenten $P_K$ und $P_G$ in Abhängigkeit von der Steighöhe h. Während der hydrostatische Druck $P_G$ mit der Steighöhe linear zunimmt, ist der Kapillardruck $P_K$ allein vom Porenradius an der betreffenden Stelle abhängig. Es existieren mehrere Gleichgewichtslagen, nämlich immer dort, wo $P_K = P_G$ ist, also an den mit A, B und C bezeichneten Stellen. Liegt der Meniskus in den Positionen A oder C, so hat er eine stabile Lage, da bei einer Verschiebung nach oben oder unten eine Rückkehr in die Ausgangsposition erfolgt. Die Lage B ist instabil, obwohl Gleichgewicht

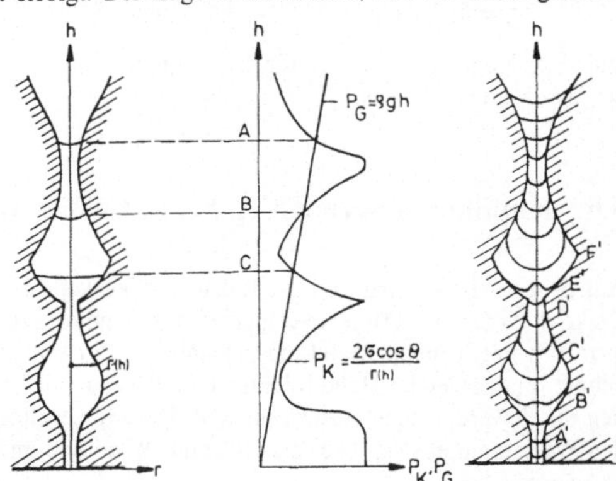


Bild 5.6
Maximale Steighöhen und Form der Menisken in einer Röhre mit ortsveränderlichem Radius

herrscht: Bewegt sich der Meniskus nach oben, so strebt er die Lage A an, sinkt er etwas, fällt er sofort in Position C.

Der auf Bild 5.6 rechts befindliche Längsschnitt durch die Kapillare zeigt die Form der Menisken, wie sie bei Experimenten in einer Raumstation mit stark verringerter Schwerkraft beobachtet werden konnte [73]. Im Engpaß A' treten bei vollständiger Benetzung stark gekrümmte Menisken auf, welche einen starken Kapillarzug entwickeln. Im Erweiterungsbereich B' fällt der Kapillarzug dann ab und der Meniskus erfährt eine momentane Aufbeulung im Mittelbereich, weil der Wasserfaden infolge Trägheit jetzt schiebt. Ein Teil des Meniskus wirkt nun bremsend auf den Wasserfaden. Bei weiterem Anstieg nimmt durch zunehmende Krümmung der Kapillarzug wieder zu, der Wasserfaden wird wieder beschleunigt (C' → D'), bis durch die Erweiterung des Porenkanals der Kapillarzug wieder zurückgeht und die beschleunigte Flüssigkeit schiebt. Es findet also ein ständiger Wechsel von Beschleunigung und Abbremsung statt, der viel Energie verbraucht. Ferner treten in den realen Kapillaren viele Richtungsänderungen auf. Diese und folgender Effekt, den E. Maisch [73] festgestellt hat, führen zu einem weiteren Verbrauch an Bewegungsenergie: Dem parabelförmigen Geschwindigkeitsprofil im wassergefüllten Teil der Röhre steht am Meniskus ein über den Querschnitt gleichmäßiger Anstieg des Wasserfadens gegenüber. Das erfordert eine Umverteilung des Wassers unmittelbar hinter dem Meniskus. Das alles führt zu einem wesentlich größeren Energieverbrauch als bei einer Kapillare mit konstantem Radius, weshalb der Wassertransport in einem realen Porensystem wesentlich langsamer abläuft, als sich aus Berechnungen am Porenmodell der zylinderförmigen Röhre konstanten Durchmessers ergibt.

Eine Anpassung des hier besprochenen Porenmodells an das reale kapillare Saugen in Baustoffporen hinein ist möglich über den Umwegfaktor q: Der theoretische Wert gemäß Gleichung (5.10') kann mit gemessenen Wasseraufnahmekoeffizienten verglichen werden. Erste Abschätzungen für q ergaben Werte zwischen 30 und 300. Ein so großer Unterschied kann nicht mehr mit der Umwegigkeit der Kapillar-Röhren allein erklärt werden, sondern zeigt den beachtlichen Energieverlust infolge der oben diskutierten Beschleunigungs- und Abbremsungs-Effekte des Wasserfadens. Legt man für die Umwegigkeit der Porenkanäle einen q-Wert von 5 zugrunde, so ist für den Energieverlust beim Strömen ein weiterer Verlustfaktor von 6 bis 60 anzusetzen. D. h. der Energieverlust infolge Strömens ist größer als der Energieverlust infolge der Umwegigkeit der Kapillarröhren. Der Faktor q kann also in zwei Komponenten aufgespalten werden:

$$q = q_e \cdot q_v \tag{5.18}$$

Die erste Komponente erfaßt die Umwegigkeit, die zweite die scheinbar höhere Viskosität des strömenden Wassers.


## 5.6  Kapillarwasseraufstieg bei seitlicher Verdunstung

Auf Bild 5.7 ist schematisch ein Teilstück einer kapillarporösen Wand der Länge b und der Dicke d dargestellt. Das Wasserangebot am Wandfuß sei unbegrenzt. Die Massenstromdichte $\dot{m}$ des unten in die Wand eindringenden und dann darin aufsteigenden Kapillarwassers nehme mit steigender Höhe h laufend ab, da von den beiden Wandoberflächen Wasser seitlich durch Verdunstung entweichen soll. Die Massenstromdichte $\dot{m}_v$ des seitlich abdunstenden Wasserdampfes sei, über die Höhe der Wand und im Laufe der Zeit betrachtet, konstant und vorgegeben.

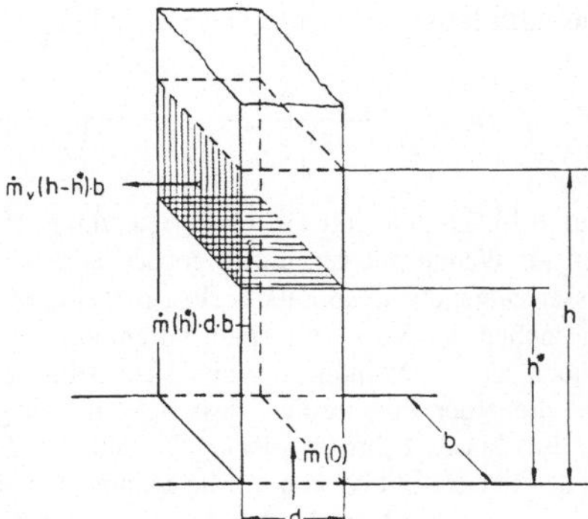


**Bild 5.7**
Bezeichnungen an einer Wand mit aufsteigender Feuchte

Nun wird der Gleichgewichtszustand betrachtet, der sich zwischen dem vertikalen Kapillarwasserstrom und dem seitlichen Verdunstungsstrom einstellt und der zu einer bestimmten vertikalen Durchfeuchtungshöhe h in der Wand führt: Durch den Wandquerschnitt d · b in einer beliebigen Höhe h* innerhalb der Durchfeuchtungshöhe h muß in der Zeiteinheit so viel Kapillarwasser hindurchfließen, wie das Produkt aus $\dot{m}_v$ und der über h* liegenden Abdunstungsfläche ausmacht, wenn $\dot{m}_v$ die Verdunstung auf beiden Seiten der Wand berücksichtigt. Aus der geschilderten Überlegung folgt:

$$\dot{m}(h^*) \cdot d \cdot b = \dot{m}_v(h - h^*)\,b \tag{5.19}$$

Gleichung (5.19) besagt, daß die Stromdichte des aufsteigenden Kapillarwassers vom Größtwert am Fuße der Mauer linear bis zur Höhe h auf Null abnimmt. Dieser Kapillarstrom hat einen Strömungswiderstand zur Folge, dessen Ermittlung wegen der ortsveränderlichen Strömungsgeschwindigkeit eine etwas umständliche Integration erfordert. Daher sei hier nur das Ergebnis wiedergegeben:

$$P_v' = \frac{4 \cdot \eta \cdot q^2 \cdot \dot{m}_v \cdot h^2}{\rho_w \cdot r^2 \cdot d \cdot u_F} \tag{5.20}$$

Dieser für eine kreiszylindrische Röhre hergeleitete Widerstand lautet in allgemeiner Form:

$$P_v' = \Omega \cdot h^2 \quad \text{mit} \quad \Omega = \frac{4 \cdot \eta \cdot q^2 \cdot \dot{m}_v}{\rho_w \cdot r^2 \cdot d \cdot u_F} \tag{5.21}$$

In Gleichung (5.20) bedeutet $u_F$ die bei kapillarer Durchströmung sich einstellende Baustoff-Feuchte $u_F$, nämlich die freiwillige Wasseraufnahme. $P_v'$ ist der Strömungsdruck, der bei der maximalen Steighöhe h, also im Gleichgewichtszustand, auftritt und von dem zur Aufrechterhaltung der seitlichen Verdunstungsstromdichte $\dot{m}_v$ notwendigen Kapillarwassertransport verursacht wird.

Wenn die maximale Durchfeuchtungshöhe der Wand erreicht wird, geht die Steiggeschwindigkeit gegen Null. Dann stellt sich ein Gleichgewichtszustand zwischen Kapillarzug, Schwere und Strömungswiderstand infolge des Nachschubs für die Verdunstung ein:

$$P_K = P_G + P_v' = \chi \cdot h + \Omega \cdot h^2 \tag{5.23}$$

Diese quadratische Gleichung für die maximale Steighöhe h hat die Lösung

$$h = \frac{\chi}{2\,\Omega} \left( -1 \;_{(\pm)}\; \sqrt{1 + \frac{4\Omega \cdot P_K}{\chi^2}} \;\right) \tag{5.24}$$

was nach Einsetzen von (5.1), (5.2) und (5.22) folgendes ergibt:

$$h = \frac{\rho_w^2 \cdot g \cdot \cos\gamma \cdot r^2 \cdot d \cdot u_F}{8\eta \cdot q^2 \cdot \dot{m}_v}\left(-1_{(\pm)}\sqrt{1 + \frac{32\eta \cdot q^2 \cdot \dot{m}_v \cdot \sigma \cdot \cos\theta}{r^3 \cdot \rho_w^3 \cdot d \cdot u_F \cdot g^2 \cdot \cos^2\gamma}}\right) \quad (5.25)$$

Auf Bild 5.8 sind mit Hilfe von Gleichung (5.25) errechnete maximale kapillare Saughöhen für Wände mit vernünftig gewählten Parametern entsprechend baupraktischen Verhältnissen angegeben. So entsprechen die ausgezogenen Kurven einer Wanddicke von 24 cm. Die neben der Kurve für einen Porenradius von 10 µm gezeichnete, strichlierte Kurve gilt jedoch für eine Wanddicke von 48 cm beim Porenradius von 10 µm, als Parameter der Kurven dient der Porenradius, dessen Wert den ganzen Bereich der Kapillarporenradien von 0,3 µm bis 300 µm überdeckt. Die auf der Abszisse aufgetragene Verdunstungsrate stellt gemäß der Definition von $\dot{m}_v$ die Summe der verdunstenden Wassermengen für beide Wandoberflächen dar: Eine Verdunstungsrate von etwa 0,1 kg/(m$^2 \cdot$d) kann typisch sein für eine Wandoberfläche mit einem Dispersionsanstrich unter trockenen Umgebungsbedingungen. Unbehandelte Wände in gut durchlüfteten Innenräumen können Verdunstungsraten von etwa 1 kg/(m$^2 \cdot$d) haben, entsprechende Wandoberflächen im Freien können je nach Windeinfluß Verdunstungsraten von 10 bis 100 kg/(m$^2 \cdot$d) aufweisen. Hierbei ist immer ein reichliches Wasserangebot am Wandfuß vorausgesetzt.

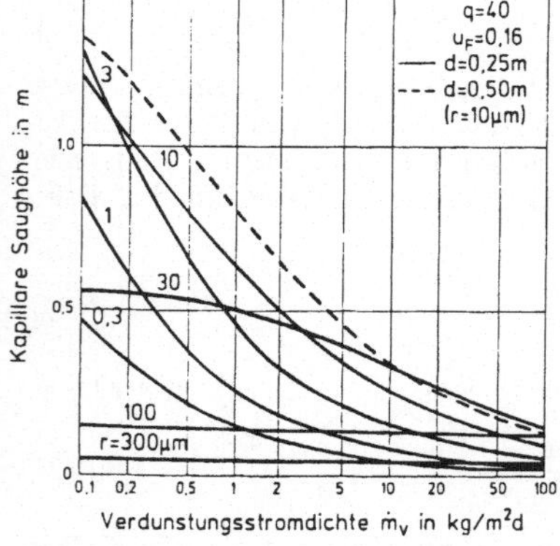


Bild 5.8
Maximale kapillare Steighöhe in einer Wand als Funktion der Verdunstungsrate und des Porenradius (Porenvolumen konstant bleibend)

Auf Bild 5.8 erkennt man, daß bei praxisüblichen Verdunstungsraten die Steighöhe in Wänden mit Kapillarradien von wenigstens 30 Mikrometer nur wenig von der Verdunstungsrate beeinflußt werden, weil nämlich die Saughöhe von der Kapillarkraft begrenzt wird, während der aufsteigende Massenstrom zur Versorgung der Verdunstungsflächen stets ausreichend groß ist. Bei Porenradien von weniger als 30 Mikrometer ist dagegen die kapillare Saughöhe entscheidend von der Verdunstungsrate abhängig, da hier der Widerstand für Wassertransport maßgeblich ist und die Größe der Verdunstungsfläche sich nach der Verdunstungsrate richten muß. Daß die maximale Steighöhe mit zunehmender Wanddicke wächst, entspricht ebenfalls der Vorstellung, da mit zunehmender Dicke mehr Wasser aufsteigen und deshalb die Verdunstungsfläche größer sein kann. Im Bereich von Verdunstungsstromdichten $> 1$ kg/m$^2$d werden gemäß Bild 5.8 die größten Steighöhen bei Porenradien zwischen 10 µm und 30 µm erreicht.

Kleine kapillare Saughöhen stellen sich gemäß Bild 5.8 sowohl in relativ großporigen als auch in relativ feinporigen Wandbaustoffen ein. Beides ist schon lange bekannt und wird auch technisch seit langem genutzt: Grobporige Filterschichten aus Kies, Drainplatten usw. wirken „kapillarbrechend" und werden daher als Schutz gegen aufsteigende Erdfeuchte im Hoch- und Tiefbau, vor allem unter erdbegrenzten Bodenplatten, eingesetzt. Dichtend wirkende Feinporigkeit erreicht man bei zementgebundenen Betonen und Mörteln durch niederen Wasserzementwert, wodurch „wasserdichter" Beton oder Putz entsteht, in dem ein entsprechend geringer Flüssigwassertransport auftritt.

Bautechnische Maßnahmen gegen aufsteigende Wandfeuchte werden in Abschnitt 10.4 geschildert.

# 6  Stationäre Wasserdampfdiffusion in Bauteilen

## 6.1  Diffusionswiderstandszahl und $s_D$-Wert

Als Maß für die Dichtigkeit eines Werkstoffgefüges gegen diffundierende Wassermoleküle wird die (Wasserdampf-) Diffusionswiderstandszahl $\mu$ benützt. Sie ist eine dimensionslose Größe, deren Zahlenwert angibt, wieviel Mal dichter das betreffende Stoffgefüge gegen diffundierende Wassermoleküle ist als eine ruhende, gleich dicke Luftschicht.

Zwei Gründe kann man angeben, weshalb es sinnvoll ist, bei der Diffusionswiderstandszahl das bei einem beliebigen Stoff gegebene Ausmaß der Durchlässigkeit auf die Durchlässigkeit ruhender Luft zu beziehen: Würde man einen zunächst sehr dichten Stoff durch immer weitere Vergrößerung des Porenraumes entmaterialisieren, so würde die Diffusionswiderstandszahl von anfänglich großen Zahlenwerten ausgehend immer kleiner werden. Wenn das die Poren bildende Festkörpergerüst schließlich fast verschwunden ist, wie z.B. bei Mineralwolle, so steht den Wassermolekülen praktisch nur noch die ruhende Luft als Hindernis entgegen. Das ist die kleinste mögliche Behinderung für die diffundierenden Wassermoleküle in der Erdatmosphäre. Da der Widerstand ruhender Luft als Bezugspunkt dient, hat diese die Diffusionswiderstandszahl $\mu = 1$. Das heißt aber, der mögliche Wertebereich von Diffusionswiderstandszahlen liegt zwischen Unendlich und Eins.

$$1 \leq \mu \leq \infty$$

Gegen diffundierende Wassermoleküle absolut dichte Werkstoffgefüge entsprechend einer unendlich großen Diffusionswiderstandszahl haben nur Metalle und Glas, alle anderen Stoffe sind mehr oder weniger wasserdampfdurchlässig. Zweitens ist die Diffusionswiderstandszahl wegen ihres Bezuges auf die Dichtigkeit ruhender Luft eine Strukturkenngröße, die sich in theoretische Betrachtungen in hervorragender Weise einfügt. Das wird in den folgenden Abschnitten ersichtlich.

Um die Dichtigkeit einer Baustoffschicht, nicht eines Baustoffes, gegen Wasserdampfdiffusion zu kennzeichnen, genügt die Angabe der Diffusionswiderstandszahl des verwendeten Baustoffes natürlich nicht, da sowohl die Art des Baustoffes als auch die Dicke einer Schicht für das Ausmaß deren Undurchlässigkeit entscheidend sind. Die einfachste Definition, welche den Widerstand einer Baustoffschicht kennzeichnet, ist das Produkt aus Schichtdicke und Diffusionswiderstandszahl. Daher wird der Begriff der äquivalenten Luftschichtdicke $s_d$ gemäß folgender Definition als Maß für den Diffusionswiderstand einer Baustoffschicht in der Bauphysik verwendet:

$$s_d = \mu \cdot s$$

Der Name „äquivalente Luftschichtdicke" gibt die Bedeutung sehr anschaulich wieder: Die Dichtigkeit einer Baustoffschicht gegen diffundierende Wassermoleküle unter stationären Bedingungen wird durch diejenige Dicke einer Schicht ruhender Luft angegeben, die vorhanden sein müßte, damit diese Luftschicht unter den vorgegebenen Bedingungen genau so viel Wassermoleküle hindurchdiffundieren lassen würde wie die Baustoffschicht.

Bei der Messung von Diffusionswiderstandszahlen [116] werden Scheiben aus den zu untersuchenden Baustoffen zwischen zwei Lufträume (außerhalb und innerhalb des mit der Probe verschlossenen Schälchens) mit gleicher Temperatur, aber verschiedener relativer Luftfeuchte eingebracht (Bild 6.1). Durch Wägung der Schälchen in gewissen Zeitabständen stellt man fest, wieviel Wasser in einer bestimmten Zeit die Probe bekannter Fläche durchdringt. Dann wird durch Berechnung oder Messung ermittelt, wieviel Wasser diffundiert wäre, wenn anstelle der Probe ruhende Luft vorgelegen hätte. Das Verhältnis beider Mengen ergibt die Diffusionswiderstandszahl. Da nun aber in ruhender Luft nur Wasserdampfdiffusion stattfindet, in einem Feststoff aber Effusion, Lösungs-, Oberflächen- und Dampfdiffusion möglich sind, ist die Größe der Diffusionswiderstandszahl genau genommen auch von dem absoluten Betrag der relativen Luftfeuchte der durch die Poren getrennten Klimate abhängig und nicht nur von der Differenz der relativen Luftfeuchten gemäß der nur für Wasserdampfdiffusion geltenden Gesetzmäßigkeit. Bei wissenschaftlichen Betrachtungen muß man also beachten, daß die Diffusionswiderstandszahl eines Baustoffs von der relativen Luftfeuchte in dem Sinne beeinflußt wird, daß mit steigender relativer Luftfeuchte die Diffusionswiderstandszahl kontinuierlich abnimmt. Darauf wird in Abschnitt 7.1 intensiver eingegangen. Baupraktisch unterscheidet man nur einen sogenannten Feuchtbereich von 50 % bis 100 % relative Luftfeuchte und einen Trockenbereich von 0 % bis 50 % relative Luftfeuchte und kennzeichnet die entsprechende Diffusionswiderstandszahl durch einen Index.

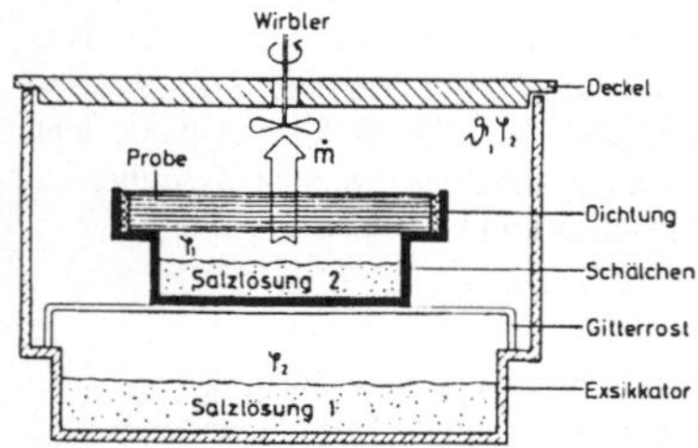


Bild 6.1
Einrichtung zur Messung der Diffusionswiderstandszahl

In DIN 4108, Teil 4 [97] sind in einer umfassenden Zusammenstellung viele Diffusionswiderstandszahlen enthalten, welche den bauphysikalischen Berechnungen zum Zwecke des Tauwasserschutzes immer zugrunde gelegt werden sollten. Bei den meisten Baustoffen sind für die Diffusionswiderstandszahl zwei Zahlenwerte angegeben, welche obere und untere Grenzwerte darstellen. Bei Berechnungen soll gemäß einem Hinweis in DIN 4108 immer der bei der Betrachtung der Tauperiode ungünstige Wert verwendet werden. Die Zusammenstellung der Diffusionswiderstandszahlen in DIN 4108 ist hinsichtlich der Stoffe auf Basis von organischen Polymeren jedoch recht unvollständig. Daher enthält Tafel 6.1 eine ergänzende Zusammenstellung, welche auf eigenen Messungen beruht. Die gemessenen

Tafel 6.1 Diffusionswiderstandszahlen $\mu$ von Polymerbeschichtungen

| | Durchdrungener Stoff | | $\mu_{0-50}$ | $\mu_{50-100}$ |
|---|---|---|---|---|
| **Produkte des Marktes** | **Dispersionsputze** | | | |
| | Basis: | Füllstoffe: | | |
| | Propionat-Acetat | Kunststoffgranulat | 1 100 | 50 |
| | Styrol-Acrylat | Marmorsplitt | 780 | 50 |
| | Styrol-Acrylat | Kalksteinsplitt | 640 | 10 |
| | Styrol-Acrylat | Quarzsand | 150 | 5 |
| | **Fassadenanstriche** | | | |
| | Kautschuk-Latex-Dispersion | | 12 500 | 200 |
| | Dispersions-Füllfarbe | | 396 | 99 |
| | PVAC-Dispersionsfarbe | | 960 | 160 |
| | 1-Komponenten-Silikatfarbe | | 110 | 70 |
| | 2-Komponenten-Silikatfarbe | | 190 | 80 |
| | Kautschuk-Latex-Lösung | | 24 000 | 22 000 |
| | Pigmentierte Epoxidharz-Dispersion | | 2 160 | 120 |
| | **Bituminöse Abdichtungsanstriche** | | | |
| | gefüllte Bitumenlösung | | 182 000 | 112 000 |
| | fasergefüllte Bitumenemulsion | | 41 500 | 200 |
| | Teerpech-Lösung | | 96 000 | 43 000 |
| | **Teerpech-Epoxidharz-Anstriche** | | | |
| | lösemittelhaltige Type | | 225 000 | 94 000 |
| | lösemittelfreie Type | | 87 000 | 44 000 |
| | **farblose Beschichtung auf Basis** | | | |
| | feuchtigheitshärtendes PUR | | 10 300 | 8 900 |
| **Modell-Substanzen** | Methylcellulose (MH 20 K) | PVK = 0% | 560 | 160 |
| | Polyvinylacetat (Mowilith 30) | 0% | 3 000 | 2 000 |
| | Leinöl-Aikyd (Beckosol 260 N) | 0% | 35 100 | 14 700 |
| | Polyurethan (D'phen 800, D'dur L 67) | 0% | 29 000 | 16 000 |
| | Chlorkautschuk (Pergut S 40, Clophen A 60) | 0% | 150 000 | 90 300 |
| | Leinölfirnis (sikkativiert) | 0% | 10 500 | 5 900 |
| | Pigmentierung: Titandioxid | 10% | 19 300 | 6 800 |
| | Zinkoxid | 18% | 19 300 | 6 600 |
| | | 25% | 23 200 | 5 600 |
| | Epoxidharz (Epikote 1001, Versamid 115) | 0% | 45 100 | 33 300 |
| | Pigemtierung: Titandioxid | 12% | 90 000 | 41 700 |
| | Schwerspat | 23% | 111 000 | 41 400 |
| | | 30% | 148 000 | 42 300 |
| | Bitumen (B 15 Purfina) | 0% | 93 000 | 107 000 |
| | Pigmentierung: Schiefermehl | 22% | 187 000 | 94 000 |
| | Talkum | 32% | 275 000 | 49 000 |
| | | 46% | 227 000 | 26 400 |

Modellsubstanzen sind durch die Art ihres Bindemittels und ihres Pigment-Füllstoff-Gemisches sowie durch die Kenngröße „PVK" charakterisiert. Die Pigment-Volumen-Konzentration PVK ist das Verhältnis der Volumina von Pigment + Füllstoff einerseits zu dem gesamten Filmvolumen (Bindemittel + Pigment + Füllstoff) andererseits. PVK = 0 bedeutet daher, das Polymer enthält weder Pigment noch Füllstoff.

## 6.2  Gesetzmäßigkeiten des Wasserdampftransports

Adolf Fick hat als erster das allen Diffusionsvorgängen zugrunde liegende Gesetz erkannt, weshalb man dieses in der Literatur unter dem Namen „1. Ficksches Gesetz" findet:

$$\dot{m} = D \cdot \frac{\Delta c}{\Delta x} \tag{6.2}$$

Der in Gleichung (6.2) rechts stehende Bruch wird als Konzentrationsgefälle bezeichnet, weil er angibt, wie sehr sich die Konzentration längs des Weges ändert. Der Diffusionskoeffizient D ist das Maß für die Durchlässigkeit eines Stoffgefüges gegenüber den darin diffundierenden Teilchen. Im Unterschied zur Diffusionswiderstandszahl kennzeichnet der Diffusionskoeffizient die Durchlässigkeit des Werkstoffgefüges und nicht dessen Widerstand. Der Zahlenwert des Diffusionskoeffizienten gibt den Betrag der Massenstromdichte beim Konzentrationsgefälle 1 an und nicht das Verhältnis zweier Massenstromdichten. Wendet man das 1. Ficksche Gesetz auf die Wasserdampfdiffusion in ruhender Luft an,

$$\dot{m} = D_D \cdot \frac{\Delta c}{\Delta x} \tag{6.3}$$

so ist als Diffusionskoeffizient $D_D$ derjenige für Wasserdampf in Luft zu wählen. Als Konzentration ist selbstverständlich diejenige des Wasserdampfes in der Luft zu verstehen.

Nach DIN 52615 [116] kann der Diffusionskoeffizient $D_D$ in Abhängigkeit von der absoluten Temperatur T und des Luftdrucks $P_L$ aus folgender Zahlenwertgleichung ermittelt werden, in der $T_0 = 273$ K und $P_{L0} = 101\,325$ Pa den atmosphärischen Normzustand charakterisieren:

$$D_D = 0{,}083 \cdot \frac{P_{L0}}{P_L} \cdot \left(\frac{T}{T_0}\right)^{1,81} \tag{6.4}$$

| $D_D$ | $P_L$ | T |
|---|---|---|
| m²/h | Pa | K |

Je niedriger der Luftdruck und je höher die Temperatur, desto größer ist der Diffusionskoeffizient $D_D$, das heißt die Beweglichkeit der Wassermoleküle in der Luft.

Greift man nun auf die schon in Abschnitt 2.1 gemachte Feststellung zurück, daß Luft sich weitgehend „ideal" verhält, d. h. den sogenannten Gasgesetzen mit ausgezeichneter Genauigkeit gehorcht, so darf man anstelle der Wasserdampfkonzentration den Wasserdampfpartialdruck in entsprechendem Sinne benützen. Durch Einsetzen von Gleichung (2.2) in (6.3) erhält man:

$$\dot{m} = \frac{D_D}{R \cdot T} \cdot \frac{\Delta p}{\Delta x} = \delta \cdot \frac{\Delta p}{\Delta x} \tag{6.5}$$

Der Diffusionsleitkoeffizient $\delta$ für Wasserdampfdiffusion in Luft hat also die analoge Bedeutung wie der Diffusionskoeffizient $D_D$, nur ist der erstere dann anzuwenden, wenn Wasserdampfpartialdruckgefälle als auslösende Ursache angesehen werden, während der letztere Anwendung findet, wenn Konzentrationsgefälle als Ursache der Diffusion gelten. Physikalisch gesehen ist es gleichwertig, ob man Konzentrationsgefälle oder Partialdruckgefälle betrachtet, so lange die Temperatur etwa gleich groß bleibt. Dann wird das gleiche Geschehen nur unterschiedlich beschrieben. Aus mathematischer Sicht kann jedoch die eine oder die andere Betrachtungsweise vorteilhafter sein. So werden in Abschnitt 9 die instationären Vorgänge der Lösungsdiffusion zweckmäßigerweise als Folge von Konzentrationsunterschieden beschrieben. Die stationäre und die instationäre Wasserdampfdiffusion in porösen Baustoffen dagegen werden zweckmäßiger auf der Basis des Wasserdampfpartialdruckes behandelt, wie in den Abschnitten 6, 7, und 8 ersichtlich wird.

Geht die Wasserdampfdiffusion von der Flüssigphase des Wassers aus, d.h. wird Wasser verdunstet, so wird dabei aus jeweils 18 g Wasser immer 22,4 l Wasserdampf erzeugt. Das erzeugte Gas verdrängt ein entsprechendes Volumen angrenzender Luft. Dadurch entsteht eine Luftverschiebung von der Verdunstungsfläche hinweg, welche die Verdunstung beschleunigt. Dann muß Gleichung (6.5) um ein Korrekturglied (den sogenannten Stefan-Faktor) erweitert werden:

$$\dot{m} = \delta \cdot \frac{P_L}{P_L - p_s} \cdot \frac{\Delta p}{\Delta x} \tag{6.6}$$

Der Stefanfaktor enthält den Gesamtdruck $P_L$ der Luft, in welche der Wasserdampf eingeschleust wird und den Sattdampfdruck $p_s$ des Wasserdampfes. Auf Tafel 6.2 ist neben anderen in diesem Abschnitt erläuterten Kenngrößen der Stefansche Korrekturfaktor für einige Temperaturen angegeben. Man kann daraus entnehmen, daß der Stefanfaktor erst bei Temperaturen über etwa 30 °C merklich größer als Eins wird und daher normalerweise nicht berücksichtigt zu werden braucht.

Tafel 6.2 Verschiedene Kenngrößen der Theorie der Wasserdampfdiffusion als Funktion der Temperatur

| $\vartheta$ in °C | $R_D \cdot T$ in kJ/kg | $D_D$ in m$^2$/h | $\delta$ in kg/(m·h·Pa) | $1/\delta$ in m·h·Pa/kg | $\dfrac{P_L}{P_L - p_s}$ — |
|---|---|---|---|---|---|
| 30 | 140,2 | 0,101 | 0,723/−6 | 1,38/+6 | 1,044 |
| 25 | 137,9 | 0,0976 | 0,710/−6 | 1,41/+6 | 1,033 |
| 20 | 135,6 | 0,0943 | 0,697/−6 | 1,43/+6 | 1,024 |
| 15 | 133,3 | 0,0914 | 0,685/−6 | 1,46/+6 | 1,017 |
| 10 | 131,0 | 0,0886 | 0,675/−6 | 1,48/+6 | 1,012 |
| 5 | 128,7 | 0,0857 | 0,665/−6 | 1,50/+6 | 1,009 |
| ± 0 | 126,3 | 0,0828 | 0,655/−6 | 1,53/+6 | 1,006 |
| − 5 | 124,0 | 0,0803 | 0,646/−6 | 1,55/+6 | 1,004 |
| − 10 | 121,7 | 0,0774 | 0,637/−6 | 1,57/+6 | 1,003 |
| − 15 | 119,4 | 0,0745 | 0,628/−6 | 1,59/+6 | 1,002 |
| − 20 | 117,1 | 0,0724 | 0,619/−6 | 1,62/+6 | 1,001 |

Betrachtet man die Diffusion der Wassermoleküle in Baustoffen als Wasserdampfdiffusion, so kann das Transportgesetz aus Gleichung (6.5) abgeleitet werden. Die geringere Diffundierbarkeit der Baustoffe im Vergleich zu ruhender Luft muß durch die Diffusionswiderstandszahlen der Baustoffe im Sinne eines Abminderungsfaktors Berücksichtigung finden:

$$\dot{m} = \frac{\delta}{\mu} \cdot \frac{\Delta p}{\Delta x} \tag{6.7}$$

Der Diffusionsleitkoeffizient $\delta$ ändert sich mit der Temperatur nur wenig. Daher ist es erlaubt, bei der Berechnung der Diffusionsstromdichte im für das Bauwesen maßgeblichen Temperaturbereich von etwa $-10\,°C$ bis etwa $+30\,°C$ von einem Mittelwert auszugehen. In diesem Sinne findet man in DIN 4108, Teil 5 [98], folgende Zahlenwertgleichung zur Berechnung der Diffusionsstromdichte beim Nachweis des Tauwasserschutzes:

$$\dot{m} = \frac{\Delta p}{1,5 \cdot 10^6 \cdot \mu \cdot s} \qquad \begin{array}{|c|c|c|c|} \hline \dot{m} & p & \mu & s \\ \hline \mathrm{kg/m^2 h} & \mathrm{Pa} & - & \mathrm{m} \\ \hline \end{array} \qquad (6.7')$$

Der Zahlenfaktor $1,5 \cdot 10^6$ entspricht also dem Kehrwert des Diffusionsleitkoeffizienten bei etwa $5\,°C$ und ist daran gebunden, daß die bei Gleichung (6.7') angegebenen Dimensionen verwendet werden.


## 6.3 $s_D$-Werte zusammengesetzter Schichten

Betrachten wir zunächst ein Schichtenpaket, das sich aus planparallel begrenzten Einzelschichten der Dicken $s_i$ mit den Diffusionswiderstandszahlen $\mu_i$ zusammensetze. Der Diffusionsstrom durchdringe das Schichtenpaket senkrecht zu den Schichtebenen und es herrschen stationäre Verhältnisse (Bild 6.2).

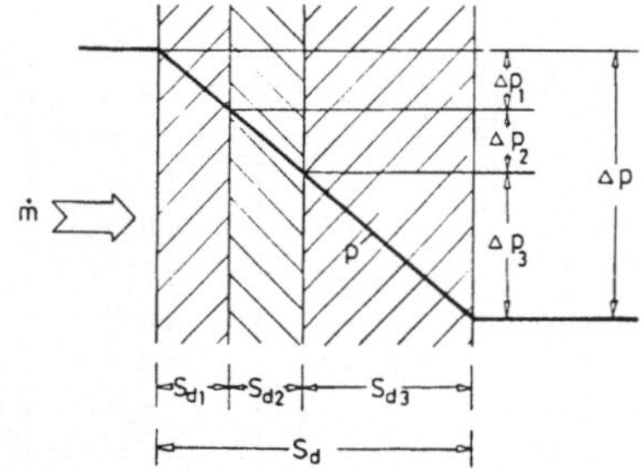


Bild 6.2
Senkrecht zum Diffusionsstrom hintereinander angeordnete Baustoffschichten (Serienschaltung)

Die Voraussetzung stationärer Verhältnisse bedeutet, daß die Massenstromdichte in jeder der Einzelschichten gleich groß ist. Wäre dies nämlich nicht der Fall, so würde es entweder zur Anreicherung oder Verarmung an Wasser in einer der Schichten kommen, das heißt die Wassergehaltsverteilung würde sich ändern. Das aber widerspricht der Voraussetzung stationärer Verhältnisse. Es gilt also:

$$\dot{m}_1 = \dot{m}_2 = \ldots = \frac{\Delta p_1}{1,5 \cdot 10^6 \cdot s_{d1}} = \frac{\Delta p_2}{1,5 \cdot 10^6 \cdot s_{d2}} = \ldots \qquad (6.8)$$

Gleichung (6.8) besagt, daß das Verhältnis von Wasserdampfpartialdruckabfall $\Delta p_i$ zu zugehöriger äquivalenter Luftschichtdicke $s_{di}$ in allen Schichten des Schichtenpakets gleich groß sein muß. Betrachten wir deshalb das auf Bild 6.2 im Querschnitt dargestellte Schichtenpaket, in dem die Schichten nicht in ihrer wahren Dicke, sondern in ihrer äquivalenten Luftschichtdicke als Dicke erscheinen. Der Verlauf des Wasserdampfpartialdruckes muß hier nicht nur in jeder Einzelschicht linear sein, sondern auch der gesamte Verlauf durch das Schichtenpaket muß eine Gerade sein und nicht etwa ein geknickter Linienzug. Denn nur dann ist immer der Partialdruckabfall $\Delta p_i$ proportional der äquivalenten Luftschichtdicke $s_{di}$. Wendet man diese Erkenntnis auf das Schichtenpaket als Ganzes an, so muß der gesamten Wasserdampfpartialdruckdifferenz $\Delta p$ folgende Summe als äquivalente Luftschichtdicke des Schichtenpaketes zugeordnet werden:

$$s_{d,GES} = s_{d1} + s_{d2} + \dots = \sum_i s_{di} \tag{6.9}$$

Es gilt also die Additionsregel für die äquivalenten Luftschichtdicken hintereinander liegender Schichten, wenn stationäre Wasserdampfdiffusion vorliegt.

Wenden wir uns nun einer Schicht zu, die ebenfalls senkrecht zum Diffusionsstrom orientiert sei, die aber unterschiedlich beschaffene Teilflächen mit unterschiedlichen äquivalenten Luftschichtdicken besitze (Bild 6.3). Die gesamte Fläche A soll also aus Teilflächen $A_1$ bis $A_n$ mit zugehörigen äquivalenten Luftschichtdicken $s_{d1}$ bis $s_{dn}$ bestehen. Welche mittlere äquivalente Luftschichtdicke $s_d$ muß der Gesamtfläche A zugeordnet werden, wenn auch hier stationäre Verhältnisse herrschen und ein Wasserdampfaustausch unter den Teilflächen (also senkrecht zur Diffusionsrichtung) nicht möglich ist? Die Lösung ergibt sich, indem man zunächst den gesamten Diffusionsstrom $\dot{M}$ durch Addition der Teilströme durch die Teilflächen berechnet und dann denjenigen $s_d$-Wert ermittelt, der den gleichen Diffusionsstrom ergeben würde. Aus Gründen der einfacheren Schreibweise seien bei der Herleitung der Gleichung nur zwei Teilflächen betrachtet.

Der Diffusionsstrom durch die Teilfläche $A_1$ ist folgender:

$$\dot{M}_1 = A_1 \cdot \dot{m}_1 = \frac{\Delta p_1 \cdot A_1}{1,5 \cdot 10^6 \cdot s_{d1}} \tag{6.10}$$

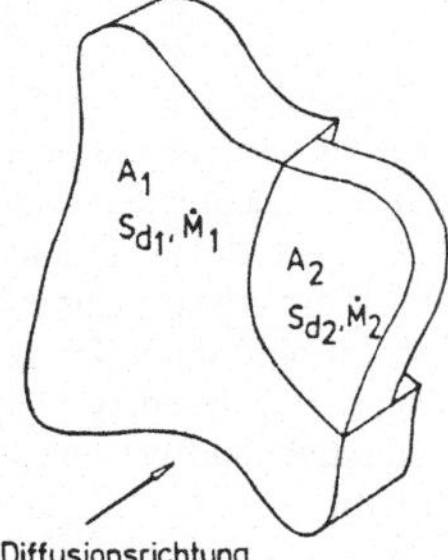


Bild 6.3  Senkrecht zum Diffusionsstrom nebeneinander angeordnete Baustoff-Schichten (Parallelschaltung)

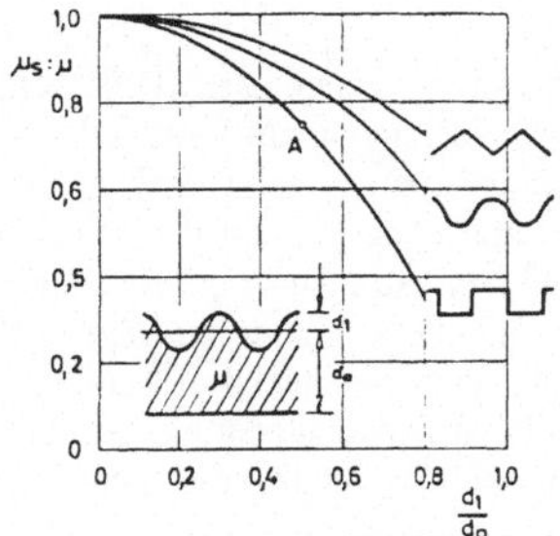


Bild 6.4  Scheinbare Diffusionswiderstandszahl bei einer Oberflächenprofilierung

Die Summe der Diffusionsströme durch beide Teilflächen ist:

$$\dot{M} = \dot{M}_1 + \dot{M}_2 = \frac{\Delta p}{1,5 \cdot 10^6} \left[ \frac{A_1}{s_{d1}} + \frac{A_2}{s_{d2}} \right] \tag{6.11}$$

Wenn der Diffusionsstrom bekannt ist, so ergibt sich die zugehörige äquivalente Luftschichtdicke aus folgender Beziehung, die man durch Umstellung von Gleichung (6.10) erhält:

$$s_d = \frac{\Delta p \cdot A}{1,5 \cdot 10^6 \cdot \dot{M}} \qquad (6.12)$$

Einsetzen von (6.11) in (6.12) liefert unmittelbar die gesuchte mittlere äquivalente Luftschichtdicke:

$$s_d = \frac{\Delta p \cdot A}{1,5 \cdot 10^6 \cdot \dfrac{\Delta p}{1,5 \cdot 10^6}\left[\dfrac{A_1}{s_{d1}} + \dfrac{A_2}{s_{d2}}\right]} = \frac{1}{\dfrac{A_1}{A} \cdot \dfrac{1}{s_{d1}} + \dfrac{A_2}{A} \cdot \dfrac{1}{s_{d2}}} \qquad (6.13)$$

Bei beliebig vielen Teilflächen lautet die Beziehung:

$$s_d = \left(\sum i \, \frac{A_i}{A} \cdot \frac{1}{s_{di}}\right)^{-1} \qquad (6.14)$$

Wenn Schichten keine ebene, sondern eine profilierte Oberfläche haben, so durchdringt diese Schichten eine größere Diffusionsstromdichte, als man aufgrund des Mittelwertes der Schichtdicke erwarten würde. Das liegt daran, daß die Dünnstellen durchlässiger sind als die Verdickungsstellen undurchlässiger. Das sei am Beispiel der auf Bild 6.4 dargestellten Rechteckprofilierung erläutert:

Beträgt die Dicke der Dünnstelle 50 % des Mittelwertes, die Dicke der Verdickungsstelle 150 % des Mittelwertes, so sind die Diffusionsstromdichten folgende:

Dünnstelle: 200 % der Stromdichte bei mittlerer Schichtdicke $\Big\}$ $\Sigma = 267\,\%$
Dickstelle:   67 % der Stromdichte bei mittlerer Schichtdicke

Der Mittelwert der Diffusionsstromdichte beträgt damit: $0,5 \cdot 267 = 133\,\%$ derjenigen Stromdichte, welche bei ebener Oberfläche und dem Mittelwert der Schichtdicke auftreten würde.

Auf Bild 6.4 sind die scheinbaren Diffusionswiderstandszahlen $\mu_s$, bezogen auf die wirkliche Diffusionswiderstandszahl $\mu$ des schichtbildenden Stoffes, angegeben, welche man bei drei Profilierungsarten zu erwarten hat. Die Abszisse berücksichtigt den maximalen Ausschlag des Profiles, bezogen auf den Mittelwert der Schichtdicke, wie in der kleinen Zeichnung innerhalb von Bild 6.4 dargestellt. Das oben gegebene Beispiel für die größere Durchlässigkeit profilierter Schichten im Vergleich zu planparallelen Schichten wird durch Punkt A bestätigt, der dem Rechteckprofil und einem maximalen Ausschlag der Profilierung von 50 % der mittleren Dicke zugeordnet ist, und eine Reduzierung der effektiven Diffusionswiderstandszahl auf 75 % angibt, was dem Kehrwert von 133 % entspricht.

Für den Zustand stationärer Wasserdampfdiffusion lassen sich viele weitere Formeln zur Abschätzung äquivalenter Luftschichtdicken oder scheinbarer Diffusionswiderstandszahlen von Schichten komplizierterer Struktur herleiten. Unter anderem hierin zeigt sich die kluge Definition der Diffusionswiderstandszahl. In dem Buch „Wassertransport durch Diffusion in Feststoffen" [66] sind solche Formeln für folgende weitere Situationen angegeben:

– offenporige Struktur

– geschlossenzellige Struktur

– Schichten mit Fehlstellen

– Doppelschichten mit Fehlstellen in den Einzelschichten.

Einige dieser Formeln konnten anhand von Meßwerten überprüft werden, wobei sich eine zufriedenstellende Übereinstimmung ergab.

## 6.4 Das Glaser-Verfahren

### 6.4.1 Beschreibung des Verfahrens

In Abschnitt 6.3 wurde gezeigt, daß bei stationärer Diffusion der Partialdruck in senkrecht zur Richtung des Diffusionsstromes geschichteten Bauteilen linear verläuft, wenn das Bauteil im Querschnitt so dargestellt ist, daß die einzelnen Schichten nicht im geometrisch richtigen Dickenverhältnis, sondern entsprechend ihrer äquivalenten Luftschichtdicke erscheinen. Wenn also die Wasserdampfpartialdrücke an den beiden Oberflächen eines Bauteiles bekannt sind, z. B. weil man die Klimate zu beiden Seiten des Bauteiles kennt, so kann der Verlauf des Wasserdampfpartialdruckes bei der vorausgesetzten Darstellungsart leicht durch lineare Verbindung der beiden Partialdrücke $p_i$ und $p_a$ an den Oberflächen des Bauteiles ermittelt werden. Diese Erkenntnis liegt dem sogenannten Glaser-Verfahren zugrunde, welches als halbgraphisches Verfahren von G l a s e r bereits im Jahre 1959 [13] veröffentlicht, jedoch erst im Jahre 1981 in DIN 4108, Teil 5 [98], aufgenommen worden ist. Vorarbeiten hierzu haben der Amerikaner W o o l l e y [91] und die Schweden J o h a n n s s o n und P e r s s o n [16] geleistet. Das Glaser-Verfahren ist bei den Bauphysikern seit langem gebräuchlich und wird allgemein als bewährt und sehr nützlich angesehen, weil man damit rechnerisch ermitteln kann, ob in einem Außenbauteil unter deutschen Klimabedingungen Tauwasser als Folge von Wasserdampfdiffusion zu erwarten ist oder nicht.

Die Durchführung des Verfahrens geschieht zweckmäßig in folgenden Schritten:

**a) Tabellarische Berechnung**

Die einzelnen Schichten des zu beurteilenden Bauteils einschließlich der beiden Luftgrenzschichten sind gemäß Tafel 6.3 in der ersten Spalte untereinander aufzuführen. Die letzte Zeile ist für die Summen der Werte in den darüberstehenden Zeilen reserviert. In den folgenden Spalten sind die zugehörigen Dicken, Diffusionswiderstandszahlen, äquivalenten Luftschichtdicken und Wärmeleitfähigkeiten der einzelnen Schichten anzugeben. Um das bei stationären Verhältnissen sich einstellende Temperaturprofil berechnen zu können,

Tafel 6.3  Vorbereitende tabellarische Berechnungen für das Glaser-Verfahren

| Spalte | 1 | 2 | 3 | 4 | 5 | 6 | 7 | 8 |
|---|---|---|---|---|---|---|---|---|
| | Schicht<br>– | $s$<br>m | $\mu$<br>– | $s_d$<br>m | $\lambda_R$<br>W/(m·K) | $1/\alpha$, $1/\Lambda$<br>m²·K/W | $\vartheta$<br>°C | $p_s$<br>Pa |
| – | Wärmeübergang innen | – | – | – | – | 0,13 | 20,0 | 2340 |
| 1 | Spanplatte | 0,019 | 50 | 0,95 | 0,13 | 0,15 | 18,7 | 2158 |
| 2 | Polystyrol-Partikelhartschaum | 0,10 | 20 | 2,00 | 0,04 | 2,50 | 17,2 | 1963 |
| 3 | Spanplatte V 100 | 0,019 | 100 | 1,90 | 0,13 | 0,15 | –7,7 | 318 |
| 4 | Luftschicht – belüftet | 0,03 | – | – | – | – | –9,2 | 279 |
| 5 | Außenschale | 0,02 | – | – | – | – | – | – |
| – | Wärmeübergang außen | – | – | – | – | 0,08 | –10,0 | 260 |
| | | | | $\sum s_d =$ 4,85 | | $1/k =$ 3,01 | | |

enthält die nächste Spalte wahlweise die Wärmeübergangswiderstände der beiden Grenzschichten oder die Wärmedurchlaßwiderstände der Bauteilschichten. Die letzte Zeile in
dieser Spalte enthält als Summe den Wärmedurchgangswiderstand $k^{-1}$ des Bauteils. Die in
allen Bauteilschichten und in den thermischen Grenzschichten auftretenden Temperaturdifferenzen ergeben sich aus dem Wärmedurchgangswiderstand des Bauteils, der Gesamt-
temperaturdifferenz zwischen den durch das Bauteil getrennten Klimaten und dem Über-
gangs- bzw. Durchlaßwiderstand der betreffenden Schicht (Gleichung (2.16) in Kapitel II).
Die nächste Spalte enthält die an den Schichtgrenzen auftretenden Temperaturen, also das
Temperaturprofil, erzeugt durch Summierung der Temperaturdifferenzen pro Teilschicht.
Weil allein aufgrund der Kenntnis der Temperatur der zugehörige Sattdampfdruck des Wasserdampfes eindeutig angegeben werden kann, sind in der folgenden Spalte die Sattdampf-
drücke an den Schichtgrenzen aufgeführt, welche man zweckmäßig aus der auf eine
Schrittweite von 0,1 K verdichteten Tabelle der Sattdampfdrücke (s. Tafel 2.2) abliest.

## b) Erstellung des Glaser-Diagramms

Unter einem Glaser-Diagramm versteht man ein spezielles Diagramm in einem kartesischen Achsensystem, dessen Ordinate dem Wasserdampfpartialdruck einschließlich dem
Sattdampfdruck zugeordnet ist, während die Abszisse die äquivalenten Luftschichtdicken
der Bauteilschichten repräsentiert. In dieses Achsensystem zeichnet man das Bauteil im
Querschnitt so ein, daß die Richtung des Diffusionsstromes mit der Abszissenrichtung
übereinstimmt.

Der tabellarisch aus dem Temperaturprofil hergeleitete Verlauf des Sattdampfdruckes durch
den Bauteilquerschnitt wird nun in das Glaser-Diagramm eingetragen. Dabei werden die
für die Schichtgrenzen ermittelten Sattdampfdrücke linear verbunden, wenn die Temperaturdifferenzen pro Schicht nicht größer als etwa 10 Kelvin sind. Sind sie größer, werden
die Sattdampfdrücke auch für Zwischenpunkte, z. B. für die Mittelebenen der betreffenden
Schichten, ermittelt und eingetragen.

Nun wird die lineare Verbindung zwischen den beiden Wasserdampfpartialdrücken $p_i$ und
$p_a$ an den Bauteiloberflächen hergestellt, welche den Verlauf des Wasserdampfpartialdruk-
kes im Bauteil darstellt. Die Werte für $p_i$ und $p_a$ an den Bauteiloberflächen ergeben sich
aus den Temperaturen und relativen Luftfeuchten der beidseitigen Klimate. Ist die lineare
Verbindung möglich, ohne den Polygonzug des Sattdampfdruckes zu schneiden, ist der
lineare Wasserdampfdruckverlauf richtig und eine Tauwasserbildung ist im ganzen Querschnitt nicht zu erwarten. Ist die lineare Verbindung zwischen den beiden Dampfdruckwer-

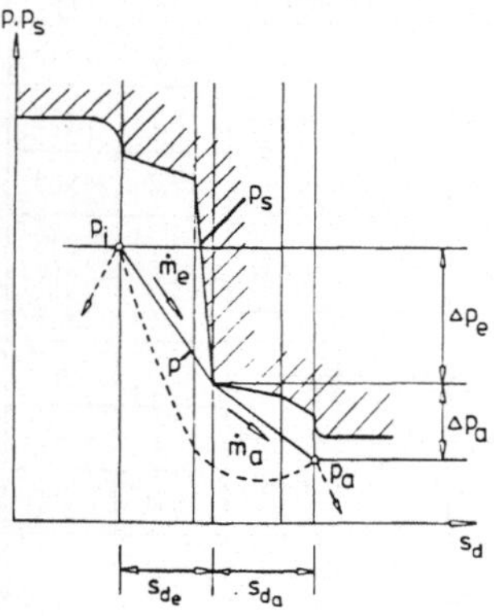


Bild 6.5
Seilregel als Hilfsmittel zur Festlegung des
Dampfdruckverlaufes im Glaserdiagramm

ten an den Bauteiloberflächen nicht möglich, ohne den Polygonzug des Sattdampfdruckprofils zu schneiden, so muß der Dampfdruckverlauf nach der Seilregel bestimmt werden (Bild 6.5): Die beiden Punkte, welche den bekannten Wasserdampfpartialdrücken $p_i$ und $p_a$ an den Bauteiloberflächen entsprechen, stellt man sich als Seilrollen vor, über die ein gewichtsloses Seil mit reichlichem Durchhang (durch Strichlierung gekennzeichnet) gelegt sei. Das Sattdampfdruckprofil stelle die untere Kante eines Hindernisses dar. Wird nun an den beiden Seilenden jeweils außerhalb des Bauteilquerschnittes gezogen, so daß sich das Seil strammt, dann legt es sich an bestimmten Stellen an das ein Hindernis bildende Sattdampfdruckprofil an; in den übrigen Bereichen verläuft das Seil gradlinig und berührungslos. Der Verlauf des straffgespannten Seiles ist der Verlauf des Wasserdampfpartialdruckes. An Berührungsstellen mit dem Sattdampfdruckprofil wird Wasserdampf ausgeschieden, wobei die Tauwassermenge $\dot{m}_T$ der Winkeländerung des Dampfdruckprofils an der Ausscheidungsstelle proportional ist:

$$\dot{m}_T = \dot{m}_e - \dot{m}_a = \frac{\Delta p_e}{1,5 \cdot 10^6 \cdot s_{d,e}} - \frac{\Delta p_a}{1,5 \cdot 10^6 \cdot s_{d,a}} \qquad (6.19)$$

Dabei soll der Index e den Bereich des Eindiffundierens bis zur Stelle des Tauwasseranfalls, der Index a den Bereich des Ausdiffundierens vom Tauwasserbereich weg kennzeichnen. $\Delta p_e$ und $s_{d,e}$ stellen die Dampfdruckdifferenz und die äquivalente Luftschichtdicke dar, die der Wasserdampf beim Vordringen zur Tauwasserebene überwinden muß. Entsprechendes gilt für den Bereich des Ausdiffundierens. Die Tauwasserstromdichte $\dot{m}_T$ ist also nichts anderes als die Differenz zwischen der eindiffundierenden und der ausdiffundierenden Stromdichte. Auch dann, wenn im Wandquerschnitt unter den betrachteten Klimabedingungen kein Tauwasser auftritt, gibt die Seilregel den Dampfdruckverlauf richtig wieder, nämlich als lineare Verbindung zwischen den Dampfdrücken an den beiden Bauteiloberflächen.

## 6.4.2 Wahl der Randbedingungen

Bei der Beantwortung der Frage, ob mit Tauwasseranfall im Inneren von Außen-Bauteilen im Winterhalbjahr unter deutschen Außenklimabedingungen zu rechnen ist und welche Gefahren davon ausgehen, sind drei Fälle zu unterscheiden:

A) Beim Bauteil handelt es sich um eine bekannte und bewährte Bauweise, bei der erfahrungsgemäß beim Einsatz in Wohn- und Bürogebäuden oder Gebäuden ähnlicher Nutzung keine Tauwasserbildung zu erwarten ist. Eine Aufzählung von in diesem Sinne unbedenklichen Außenwänden, belüfteten und nichtbelüfteten Dächern enthält DIN 4108, Teil 3, Abschnitt 3.2.3. Hierbei darf das Gebäude einerseits nicht klimatisiert sein, andererseits muß es in Deutschland gelegen sein. Durch diese beiden Bedingungen soll sicher gestellt werden, daß die herbei vorausgesetzten Klimarandbedingungen innen und außen auch tatsächlich vorliegen. Selbst wenn eine Berechnung nach B) ein negatives Ergebnis liefern sollte, ist die praktische Bewährung dennoch das entscheidende Kriterium.

B) Die Bauteile kommen zum Einsatz in Wohn- oder Büro-Gebäuden oder in ähnlich genutzten, nicht klimatisierten Gebäuden in Deutschland, sind jedoch nicht von der in DIN 4108, Teil 3 enthaltenen Aufzählung erfaßt und nicht erfahrungsgemäß eindeutig unbedenklich. Dann ist das Glaser-Verfahren, wie in Abschnitt 6.4.1 beschrieben, anzuwenden, wobei folgende Klimabedingungen zugrunde gelegt werden müssen:

Tauperiode:

| | |
|---|---|
| Außenklima: | – 10 °C, 80 % relative Luftfeuchte |
| Innenklima: | 20 °C, 50 % relative Luftfeuchte |
| Dauer: | 1440 Stunden (60 Tage) |

Verdunstungsperiode:

a)   Wandbauteile und Decken unter nicht ausgebauten Dachräumen

| | |
|---|---|
| Außenklima: | 12 °C, 70 % relative Luftfeuchte |
| Innenklima: | 12 °C, 70 % relative Luftfeuchte |
| Klima im | |
| Tauwasserbereich: | 12 °C, 100 % relative Luftfeuchte |
| Dauer: | 2160 Stunden (90 Tage) |

b)   Dächer, welche Aufenthaltsräume gegen die Außenluft abschließen

Außenklima, Innenklima und Dauer wie a)

| | |
|---|---|
| Dachoberfläche: | wahlweise auch 20 °C anstatt 12 °C |
| Temperatur im | |
| Tauwasserbereich: | entsprechend dem Temperaturgefälle von außen nach innen |

In nicht beheizten, belüfteten Nebenräumen, z. B. in belüfteten Dachräumen und Garagen, ist Außenklima anzunehmen.

Das Glaser-Verfahren wird also zunächst für die extreme Winterbedingungen repräsentierende Tauperiode durchgeführt. Tritt dabei kein Tauwasser auf, ist die Unbedenklichkeit hinsichtlich Tauwasseranfall als gegeben anzusehen. Tritt jedoch in der Tauperiode Tauwasser auf, so ist dieses dennoch als unbedenklich anzusehen, sofern folgende weitere Bedingungen (gemäß DIN 4108, Teil 3, Abschn. 3.2.1) erfüllt sind:

a) Das in der Tauperiode angefallene Wasser kann gemäß einer weiteren Berechnung nach dem Glaser-Verfahren unter den für die Verdunstungsperiode genannten Bedingungen wieder austrocknen. Typische Glaser-Diagramme für die Tauperiode bei Tauwasseranfall und die zugehörige Verdunstungsperiode zeigt Bild 6.6.

b) Die Baustoffe, welche mit dem Tauwasser in Berührung kommen, werden dadurch nicht geschädigt, z. B. durch Korrosion, Pilzbefall usw.

c) Bei Dächern und Wänden darf die in der Tauperiode anfallende Menge an Wasser insgesamt 1,0 kg/m$^3$ nicht überschreiten. Ausnahmen sind unter d) und e) genannt.

d) Tritt das Tauwasser an der Grenzfläche von nicht kapillar saugenden Schichten auf, so darf zwecks Begrenzung des Ablaufens oder Abtropfens die Tauwassermenge den Betrag von 0,5 kg/m$^2$ nicht überschreiten.

e) Bei Holz darf durch den Tauwasseranfall der massebezogene Wassergehalt nicht mehr als 5 %, bei Holzwerkstoffen (Holzwolleleichtbauplatten nach DIN 1101 und Mehrschichtleichtbauplatten nach DIN 1104, Teil 1 sind davon ausgenommen) nicht mehr als 3 % zunehmen.

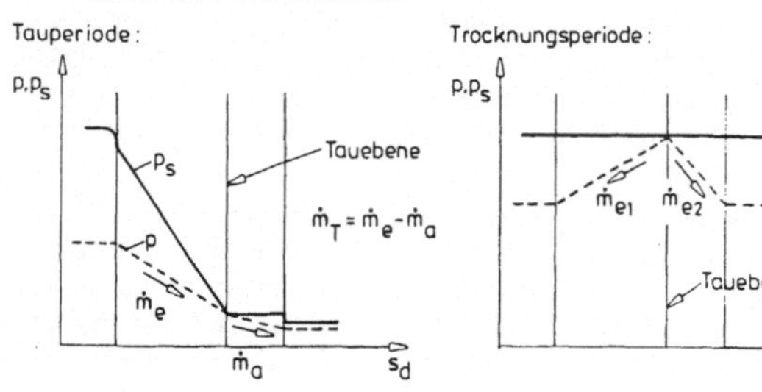



Bild 6.6
Dampfdruck- und Sattdampfdruck-Verlauf beim Glaserdiagramm in der Tau- und in der Trocknungsperiode

C) Darf das Bauteil wegen eines extremen Außenklimas, z. B. infolge Hochgebirgslage, oder wegen eines besonderen Innenklimas, z. B. als Hallenbad oder wegen Klimatisierung, nicht mehr anhand des Glaser-Verfahrens mit genormten Klimarandbedingungen gemäß B) beurteilt werden, so kann auf folgende Berechnungsmethode zurückgegriffen werden, welche ebenfalls das Glaser-Verfahren zur Grundlage hat, jedoch die speziellen Bedingungen berücksichtigt und deshalb arbeitsaufwendiger ist:

R. Jenisch [15] hat ein Verfahren hergeleitet, das von dem Jahresmittelwert der Außenluft ausgehend zunächst festzustellen gestattet, ob die Kondensations-Austrocknungsbilanz insgesamt positiv oder negativ ist. Dann wird diejenige Außentemperatur rechnerisch festgestellt, ab welcher Kondensat in der Wand auftritt. Für die sieben Städte Braunschweig, Bremen, Clausthal, Hamburg, Karlsruhe, München und Münster kann dann aus einer Tabelle entnommen werden, wie lange die Tauperiode dauert und welche mittlere Temperatur die Außenluft in dieser Zeit hat. Aus einem Glaser-Diagramm für die mittlere Temperatur der Außenluft in der Tauperiode kann die Tauwassermenge berechnet werden.

Recht einfach und durchsichtig scheint die weitere Methode zu sein, die Berechnung nach dem Glaser-Verfahren für jede Woche des Jahres mit den dazu gehörigen tatsächlichen Klimabedingungen durchzuführen. Dies liegt nahe, weil das Glaser-Verfahren schon auf relativ kleinen Elektronenrechnern programmiert werden kann. Dabei würde man für die Winterperiode, sofern in dieser überhaupt Tauwasser auftritt, die gesamte Tauwassermenge und den Ort des Tauwasseranfalls erhalten. Setzt man dann am Ort des Tauwasseranfalls die relative Luftfeuchte auch in der Verdunstungsperiode mit 100 % an, so erhält man die in der wärmeren Jahreszeit austrockenbare Wassermenge. Bis heute sind die beiden zuletzt genannten Berechnungen jedoch nicht üblich, weil durch bautechnische Maßnahmen die Tauwasserbildung meist leicht abzustellen ist (s. Abschn. 10.2) und weil das Glaser-Verfahren sowieso die tatsächliche Feuchtesituation im Bauteil nicht richtig beschreibt.

Bei der Beurteilung von Berechnungsergebnissen nach dem Glaser-Verfahren sollte man folgendes bedenken:

a) Es wird nur der Transportmechanismus „Wasserdampfdiffusion" berücksichtigt. Bei größeren Stoffeuchten tritt in fast allen Baustoffen eine starke Steigerung des Wassertransports durch Wasserinseln und Kapillarität auf, welche beim Glaser-Verfahren keine Beachtung findet.

b) Die Speicherfähigkeit der Baustoffe für Feuchte wird nicht berücksichtigt. Daher liefert das Glaser-Verfahren nur dann realitätsnahe Aussagen, wenn die Baustoffe relativ dampfdurchlässig sind, im hygroskopischen Bereich relativ wenig Feuchte speichern und das Klima sich nur langsam ändert.

c) Die genormten Klimarandbedingungen sind gegenüber den tatsächlichen Gegebenheiten eines Jahresablaufs radikal vereinfacht und verschärft.

Aus den genannten Gründen ist die Berechnung nach Glaser mit den genormten Randbedingungen und Bewertungskriterien nicht als realitätsnah anzusehen. Eine Tauwassermenge nach Glaser wird also nur zufällig mit einer an einem Bauobjekt feststellbaren Tauwassermenge übereinstimmen. Die Ergebnisse des Glaser-Verfahrens liegen aber auf der sicheren Seite. Wenn ein Bauteil damit als unbedenklich bewertet wird, ist es immer auch tatsächlich unbedenklich. Wird ein Bauteil bei der Beurteilung mittels des Glaser-Verfahrens jedoch als bedenklich angesehen, so kann es bedenklich sein, muß es aber nicht.

## 6.5   Beispiele typischer Glaserdiagramme

Die Glaserdiagramme von Bauteilquerschnitten hängen wesentlich von den Wärmeleitfähigkeiten und den Diffusionswiderstandszahlen sowie den Dicken der beteiligten Baustoffschichten und deren Reihenfolge im Wandaufbau ab. Die möglichen Formen der Diagramme sollen beispielhaft an Bild 6.7 erklärt werden, in dem vier Wandaufbauten aus jeweils einem Wandbildner und einem Wärmedämmstoff in unterschiedlicher Anordnung im Glaserdiagramm dargestellt sind: Wandaufbau A stellt eine Wand mit innenliegender Wärmedämmschicht dar. Wandaufbau C behandelt den analogen Fall mit außenliegender Wärmedämmschicht, während Fall B den Wandbildner mit Kerndämmung darstellt. Man erkennt, daß der Sattdampfdruck $p_s$ relativ hohe Werte im Wandquerschnitt annimmt, wenn die Wärmedämmschicht an der Außenseite angordnet ist, und daß der Sattdampfdruck eine nach unten orientierte, ungünstige Spitze erhält, wenn die Wärmedämmschicht innenseitig plaziert ist. Diese Spitze wird um so gefährlicher, je kleiner die Wärmeleitfähigkeit und die Diffusionswiderstandszahl des Dämmstoffes im Vergleich zum Wandbildner ausfällt.

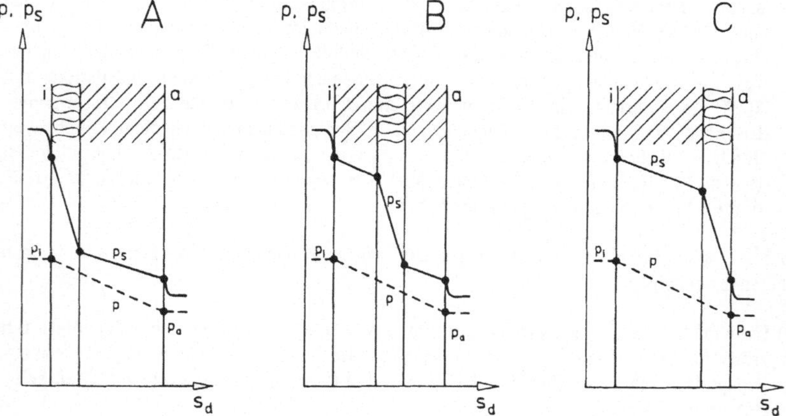

Bild 6.7     Drei Glaserdiagramme für Bauteile mit Innen-, Außen- und Kerndämmung

Die Wirkung einer Dampfsperre im Wandquerschnitt sei anhand von Bild 6.8 erläutert: Der Wandaufbau D besteht aus einem Wandbildner mit raumseitig angeordneter Dampfsperre, der Wandaufbau E mit außenliegender Dampfsperre. Ein sogenanntes Sandwich mit beidseitiger Dampfsperre ist unter Buchstabe F dargestellt. Eigentlich muß eine Dampfsperre im Glaserdiagramm durch eine Schicht von unendlich großem $s_d$-Wert, d. h. unendlich großem Abzissenwert dargestellt werden, was natürlich unmöglich ist. Denkt man sich jedoch ein solches Diagramm dargestellt und schneidet die Dampfsperre durch zwei Schnitte parallel zur Ordinate heraus und fügt die beiden übrigen Teile wieder zusammen, so erhält man die mit D, E und F bezeichneten Glaserdiagramme. Der Verlauf des Sattdampfdruckes ist praktisch unabhängig davon, ob eine Dampfsperre angebracht ist oder nicht, denn die geringe Schichtdicke der gebräuchlichen Dampfsperrschichten beeinflußt das Temperatur-

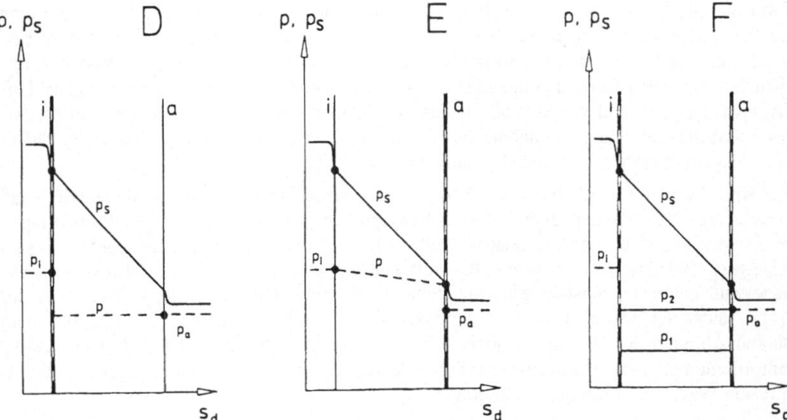


Bild 6.8   Drei Glaserdiagramme für Bauteile mit innenliegender, außenliegender und beidseitiger Dampfsperre

profil im Wandquerschnitt, und damit den Sattdampfdruck nicht. Der Dampfdruckverlauf im Glaserdiagramm kommt durch lineare Verbindung von $p_i$ und $p_a$ zustande, sofern kein Tauwasseranfall erfolgt. Weil nun aus den Glaserdiagrammen die Dampfsperren mit unendlich großem $s_d$-Wert herausgetrennt wurden, und die Dampfdrücke $p_i$ und $p_a$ bei den beiden Querschnitten D und E eigentlich unendlich weit voneinander entfernt sind, muß der Dampfdruckverlauf zwischen $p_i$ und $p_a$ horizontal sein. Beim Schichtaufbau D pflanzt sich der Dampfdruck $p_a$ deshalb in das Innere des Querschnittes hinein, während sich der Dampfdruck $p_i$ wegen der innenseitigen Dampfsperre auf den Querschnitt nicht auswirken kann. Die Anordnung D bleibt daher nach Glaser tauwasserfrei. Bei der Anordnung E pflanzt sich der Dampfdruck $p_i$ in den Bauteilquerschnitt hinein fort, und der Dampfdruck $p_a$ kann wegen der außenseitigen Dampfsperre nicht wirksam werden. Da jedoch $p_i$ im Querschnitt bei horizontalem Verlauf in spitzem Winkel auf $p_s$ treffen würde, was wegen der Seilregel unmöglich ist, treffen sich p und $p_s$ erst an der Innenseite der außenseitigen Dampfsperre. Dort fällt nach Glaser dann Tauwasser an.

Beim Sandwich F verhindern die beiden Dampfsperren eine Einwirkung des innenseitigen und des außenseitigen Dampfdruckes auf den Baustoff zwischen den Dampfsperren. Es stellt sich daher ein horizontaler Dampfdruckverlauf im Bauteil ein, dessen Betrag $p_1$, $p_2$ usw. vom Wassergehalt des Baustoffes zwischen den Dampfsperren bestimmt wird.

# 7   Instationäre Wasserdampfdiffusion in Bauteilen

## 7.1   Die beschleunigende Wirkung der Baustoff-Feuchte

Wenn das Glaserverfahren für eine bestimmte Fragestellung nicht anwendbar oder zu realitätsfern ist oder wenn Feuchtigkeitsverteilungen und nicht nur Tauwassermengen interessieren, so kann die Wasserdampfdiffusion in Bauteilen auch genauer untersucht werden. Dabei ist aber neben der „idealen" Diffusion auch der beschleunigende Effekt der Baustoff-Feuchte auf den Feuchtetransport zu berücksichtigen.

Führt man Diffusionsversuche mit Baustoffen im Temperaturgleichgewicht aus, indem man die Wasserdampfdruckdifferenz gleich groß hält, jedoch die relativen Luftfeuchten zu beiden Seiten der Proben steigert, so müßte bei strenger Gültigkeit der für die Wasserdampfdiffusion geltenden Gesetzmäßigkeiten die Diffusionsstromdichte bzw. die errechnete Diffusionswiderstandszahl gleich groß bleiben. Tatsächlich stellt man jedoch eine von der Art des Baustoffes abhängige Zunahme des Diffusionsstromes bzw. ein Abnehmen der Diffusionswiderstandszahl mit steigender relativer Luftfeuchte fest.

Auf Bild 7.1 ist ein dafür typisches Beispiel aus Versuchsergebnissen von Krischer und Mitarbeitern [19] wiedergegeben, das an Betonproben gewonnen wurde. Die Proben lagen im Temperaturgefälle und die relative Luftfeuchte auf der wärmeren Seite wurde langsam gesteigert. Dabei erhöhte sich die Baustoff-Feuchte allmählich und die Diffusionswiderstandszahl nahm zunächst langsam ab. Schließlich, als auf der wärmeren Oberfläche der Probe Tauwasser ausfiel, kam es zu starkem Feuchtigkeitsanstieg im Beton und zu einem starken Abfallen der Diffusionswiderstandszahl. Das Absinken der Diffusionswiderstandszahl mit zunehmender Baustoff-Feuchte wurde schon damals mit einem zusätzlichen Transport von Wasser im Flüssigzustand erklärt.

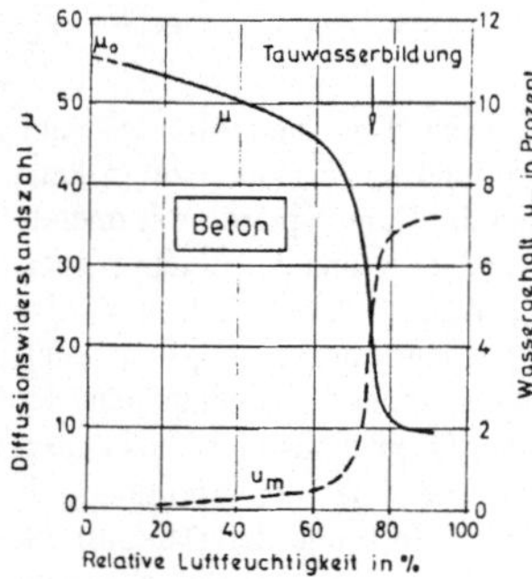


Bild 7.1
Abnahme der Diffusionswiderstandszahl mit zunehmender Baustoff-Feuchte

Auf Tafel 7.1 sind Ergebnisse von Diffusionsversuchen nach der Schälchenmethode im Temperaturgleichgewicht in Form der Diffusionswiderstandszahlen für vier verschiedene Baustoffe wiedergegeben. Die Proben wurden sowohl im „Naturzustand" als auch im über das volle Volumen „silikonimprägnierten" Zustand untersucht. Durch das Silikon wird die innere Oberfläche wasserabstoßend gemacht, d. h., es ist weder Oberflächendiffusion noch Kapillarität noch Kapillarkondensation verbunden mit der Bildung von „Wasserinseln" möglich. Am Kopf der einzelnen Spalten von Tafel 7.1 sind die relativen Luftfeuchten an-

Tafel 7.1    Beeinflussung der Diffusionswiderstandszahlen verschiedener Baustoffe durch eine Silikon-Imprägnierung und die relative Luftfeuchte bei der Messung

| Baustoff | unbehandelt | | | silikonisiert | | |
|---|---|---|---|---|---|---|
|  | 0 bis 52 % | 52 bis 93 % | 52 bis 100 % | 0 bis 52 % | 52 bis 93 % | 52 bis 100 % |
| Gasbeton | 13 | 9 | 8 | 11 | 11 | 11 |
| Ziegel | 30 | 22 | 18 | 13 | 13 | 13 |
| KS-Stein | 50 | 29 | 17 | 73 | 68 | 66 |
| Beton | 120 | 40 | 20 | 200 | 180 | 170 |

gegeben, die an den beiden Seiten der auf Schälchen befestigten Probescheiben bei der Messung vorlagen. Es ist festzustellen, daß die Diffusionswiderstandszahlen bei den silikonimprägnierten Baustoffen kaum vom Bereich der relativen Luftfeuchte, welche natürlich mit einer bestimmten Baustoff-Feuchte korrespondiert, abhängt. Das beweist, daß hier die Dampfdiffusion der entscheidende Transportmechanismus ist. Bei den nicht imprägnierten Baustoffen war eine starke Abnahme der Diffusionswiderstandszahl mit zunehmender relativer Luftfeuchte zu verzeichnen, offensichtlich weil neben der Dampfdiffusion ein zusätzlicher Feuchtetransport eingesetzt hat.

Als Ursache des Absinkens der Diffusionswiderstandszahl wurde früher in erster Linie das Auftreten von Oberflächendiffusion an den Porenwänden angesehen. Neuerdings neigt man mehr zu der erstmals von **Philipp** und **d e  V r i e s** [25] vertretenen Auffassung, die den Diffusionsstrom beschleunigende Wirkung zunehmender Baustoff-Feuchte sei auf den Effekt von Wasserinseln bzw. von Flüssigwassertransport zurückzuführen (Bild 7.2).

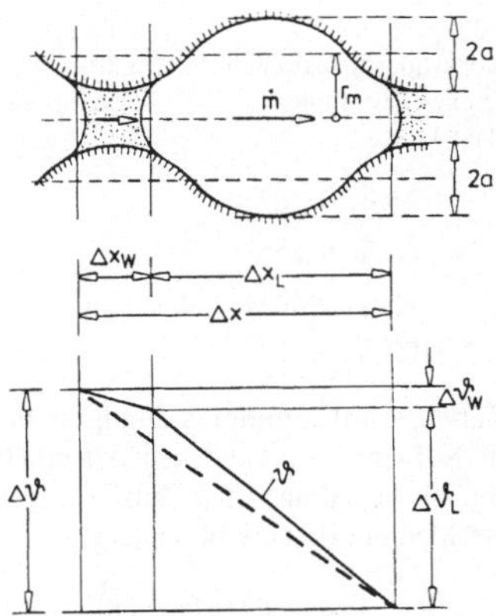

Bild 7.2
Wasserinseln in Poren wechselnder Weite beschleunigen den Feuchte-Transport

In engen Poren wechselnder Weite tritt Wassereinlagerung bei steigender Feuchte durch Kapillarkondensation usw. zuerst in den Engpässen auf, weshalb sich dort Wasserinseln bilden. In dem kapillar festgehaltenen flüssigen Wasser werden Wassermoleküle sehr leicht weiterbewegt, d. h., die Wasserinseln bilden einen praktisch widerstandsfreien Wegbereich. Mit zunehmender Baustoff-Feuchte wachsen die Wasserinseln und der durch Dampfdiffusion zu überwindende Weg in den Porenerweiterungen wird zunehmend kürzer. Daß der Effekt der Wasserinseln so schwer ins Gewicht fällt, erklärt sich damit, daß durch die Wasserinseln gerade diejenigen Bereiche, die der Dampfdiffusion den größten Widerstand bieten würden, zu verlustfreien Strecken werden.

Erfolgt die Dampfdiffusion im Temperaturgefälle, so beschleunigt, wie im unteren Teil von Bild 7.2 erklärt wird, ein weiterer Effekt den Massentransport: In den Wasserinseln und im porenbildenden Feststoff wird die Wärme besser weitergeleitet als im gasgefüllten Porenbereich, weshalb das Temperaturgefälle im gasgefüllten Bereich größer ist als im wassergefüllten. Durch ein größeres Temperaturgefälle wird aber die Wasserdampfdiffusion beschleunigt. Auf den Bildern 7.3 und 7.4 sind die Diffusionswiderstandszahlen von Portlandzementbetonen verschiedener Druckfestigkeitsklassen und von drei Putzarten als Funktion der relativen Luftfeuchte dargestellt. Gemessen wurden die Widerstandszahlen in den Luftfeuchtegefällen

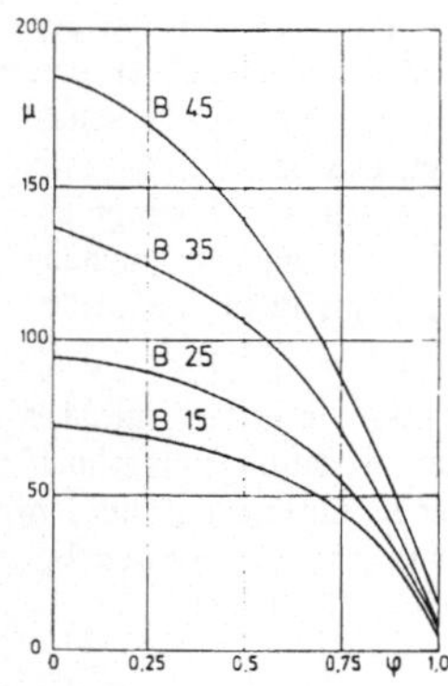

Bild 7.3
Diffusionswiderstandszahlen
von Betonen gestaffelter
Festigkeitsklasse

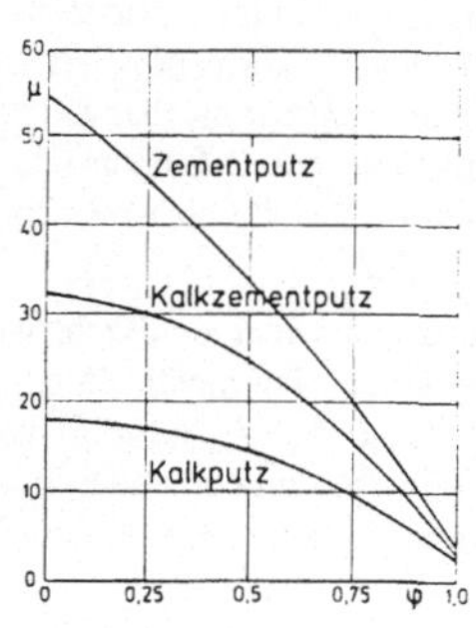

Bild 7.4
Diffusionswiderstandszahlen
von Putzen

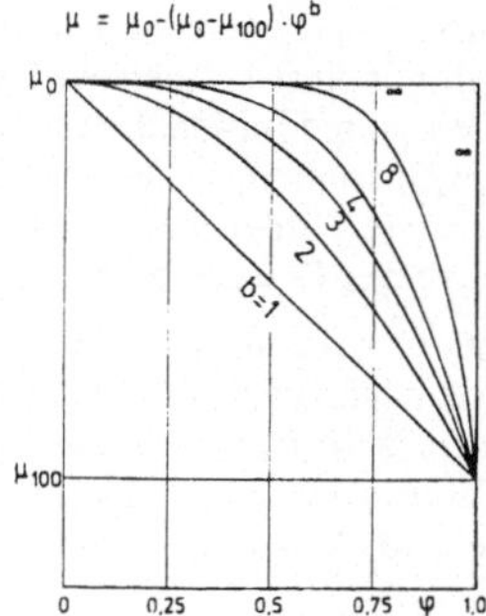

Bild 7.5
Mathematische Nachbildung
des Verlaufs $\mu(\varphi)$

$$25\,\% \rightarrow \phantom{0}0\,\%$$
$$52\,\% \rightarrow 25\,\%$$
$$75\,\% \rightarrow 52\,\% \text{ und}$$
$$100\,\% \rightarrow 75\,\%$$

Die Kurven wurden mittelnd durch die in den vier Bereichen vorliegenden Werte hindurchgelegt. Kurven der gefundenen Art erhält man auch bei anderen mineralischen und auch bei organischen Baustoffen. Eine Gleichung, welche diesen Verlauf der Diffusionswiderstandszahlen gut beschreibt, lautet:

$$\mu = \mu_0 - (\mu_0 - \mu_{100}) \cdot \varphi^b \tag{7.1}$$

Die drei Freiwerte $\mu_0$, $\mu_{100}$ und b dienen zur Anpassung der Kurve an die Meßwerte. Dabei sind $\mu_0$ und $\mu_{100}$ die Werte der Diffusionswiderstandszahl bei 0 % und 100 % relativer Luftfeuchte. Der Exponent b steuert die Krümmung der Kurve, wie aus Bild 7.5 abgelesen werden kann. Für b = 1 wird die Funktion $\mu(\varphi)$ zur Geraden. Für b = ∞ wird daraus eine abgewinkelte Gerade.

## 7.2  Das Berechnungsverfahren

F. Husseini [63] hat als erster ein Berechnungsverfahren für die Feuchteverteilung in Baustoffen angegeben, welches den Transportmechanismus Diffusion und die beschleunigende Wirkung der Baustoff-Feuchte auf die Diffusion berücksichtigt. Später hat D. Ricken [77] dieses Verfahren auf mehrschichtige Bauteile angewendet und verschiedene Verbesserungen vorgenommen. Unter anderem hat er auch in aufwendigen Versuchen gezeigt, daß die Diffusionswiderstandszahlen der Baustoffe, sofern diese im Temperaturgleichgewicht gemessen werden, im Temperaturbereich von −10 °C bis +30 °C, der für das Bauwesen genügt, temperaturunabhängig sind.

Der Gedanke des numerischen Verfahrens ist folgender: Das betrachtete Bauteil wird gedanklich in viele dünne, planparallel begrenzte Schichten unterteilt (Bild 7.6). Die geringe

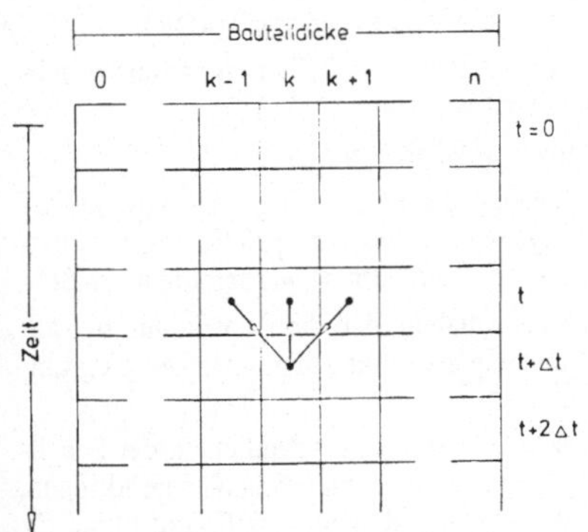
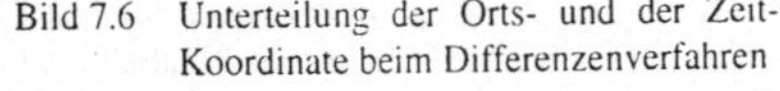

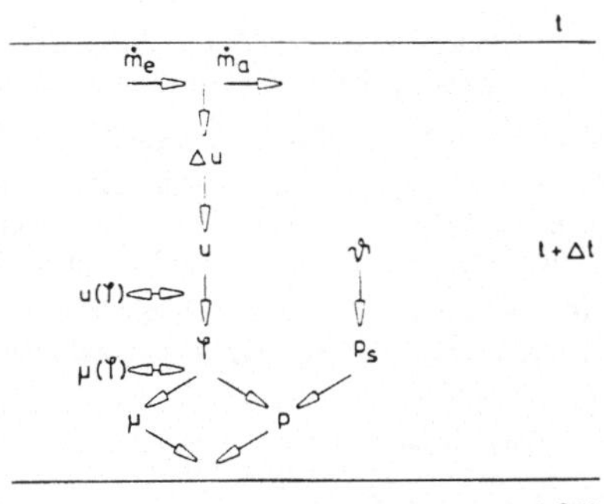

Bild 7.6   Unterteilung der Orts- und der Zeit-
Koordinate beim Differenzenverfahren

Bild 7.7   Der Algorithmus eines Rechenschrittes
beim Differenzenverfahren

Dicke jeder Schicht erlaubt es, die Mittelebene der betreffenden Schicht als den Sitz aller Eigenschaften derselben zu betrachten. Auch die Zeitachse wird in viele kleine Intervalle unterteilt, so daß die in Wirklichkeit kontinuierliche Orts- und Zeitveränderlichkeit des Diffusionsvorganges gemäß dem Prinzip des Differenzenverfahrens durch einzelne Schritte mit sprunghaften Änderungen ersetzt wird. Nun sei angenommen, daß die Berechnung bereits bis zum Zeitpunkt t fortgeschritten sei, so daß für die Zeit t von jeder Schicht alle hier interessierenden Größen bekannt sind. Es soll nun der Zustand in der Schicht k im Zeitpunkt $t + \Delta t$ berechnet werden. Dazu wird, wie auf Bild 7.7 dargestellt, zunächst der Zustrom (ein Abwandern soll ein negativer Zustrom sein!) von Wasser, den die Schicht k aus den beiden benachbarten Schichten $k-1$ und $k+1$ im Zeitintervall $\Delta t$ erhält, mittels Gleichung (6.7) berechnet. Die Summe dieser beiden Mengen verändert den Wassergehalt u im Element k. Aus dem neuen Wassergehalt ergibt sich über die bekannte Sorptionsisotherme des Baustoffs die relative Luftfeuchte $\varphi$ in den Poren der Schicht k. Aus der auf unabhängigem Wege berechneten Temperatur $\vartheta$ in der Baustoffschicht k zum betrachteten Zeitpunkt wird der Sättigungsdampfdruck $p_s$ ermittelt. Aus diesem und der relativen Luftfeuchte folgt dann der tatsächliche Dampfdruck p in der Schicht k.

Die zur Zeit $t + \Delta t$ vorhandenen Zahlenwerte der relevanten Kenngrößen für den Baustoffzustand (Wassergehalt, relative Luftfeuchte, Wasserdampfdruck, Temperatur und Wasserdampfsättigungsdruck) in der Schicht k gehen also aus den entsprechenden Daten von 3 Schichten für den vorausgegangenen Zeitpunkt t hervor, wie auf Bild 7.6 angedeutet. Für alle anderen Schichten wird die Berechnung ebenfalls in dieser Weise durchgeführt, so daß schließlich alle interessierenden Größen in allen Schichten für die Zeit $t + \Delta t$ vorliegen. Dann wird mit diesen Zahlenwerten für das nächste Zeitintervall die analoge Berechnung durchgeführt und damit der Zustand zur Zeit $t + 2\Delta t$ ermittelt usw. Das bedeutet, daß der Berechnungsgang für alle Schichten des Bauteils gleichmäßig von Zeitintervall zu Zeitintervall weiterschreitet. Da eine solche Berechnung viele Einzelschritte mit ständig sich wiederholenden, gleichartigen Rechnungen enthält, muß sie mit elektronischen Datenverarbeitungsanlagen durchgeführt werden.

Husseini und Ricken haben viele Beispiele berechnet für verschiedene Bauteilquerschnitte und verschiedene Randbedingungen und die interessantesten Ergebnisse in Graphiken dargestellt und im Text erläutert.

Das geschilderte Verfahren hat gegenüber dem Glaser-Verfahren folgende Vorteile:

a) Es können instationäre Diffusionsvorgänge in geschichteten Bauteilen unter Berücksichtigung der Speicherfähigkeit der Baustoffe berechnet werden.

b) Es können weitgehend beliebige Randbedingungen gewählt werden.

c) Es können der Transportmechanismus Diffusion und die beschleunigende Wirkung der Baustoff-Feuchte auf die Diffusion berücksichtigt werden. Feuchtespeicherung im überhygroskopischen Bereich und Flüssigwassertransport (Kapillarität) werden nicht erfaßt.

Als Nachteil gegenüber dem Glaser-Verfahren ist festzuhalten, daß die Berechnung nur auf elektronischen Rechenanlagen durchführbar ist und die Erstellung eines Rechenprogrammes voraussetzt.

Als Beispiel einer solchen Berechnung sind auf Bild 7.8 die Massestromdichten der Feuchte dargestellt, welche eine 24 cm dicke Gasbetonwand im Jahresverlauf durchdringen, wenn innen Wohnklima (20 °C, 50 % relative Luftfeuchte) und außen das Freiluftklima für den Raum Hannover vorliegen. Die Kurve „nach Glaser" ergab sich durch Anwendung des Glaser-Verfahrens auf jeden einzelnen Tag des Jahres. Die Kurven „Innenoberfläche" und „Außenoberfläche" geben die zwei unterschiedlichen Massenstromdichten der Diffusion wieder, welche die Innenoberfläche bzw. die Außenoberfläche der Wand durchdringen, berechnet mit dem numerischen Verfahren und mit den gleichen Klimadaten. Man erkennt, daß das Glaser-Verfahren eine mittlere Massenstromdichte liefert, während das Husseini-Ricken-Verfahren für die beiden Außenwandoberflächen deutlich verschiedene Massenstromdichten liefert. Der Unterschied beider Kurven entspricht der gespeicherten bzw. aus der Wand entnommenen Wassermenge: Von Anfang Februar bis Ende Juli trocknet die Wand, in der übrigen Jahreszeit wird sie feuchter.

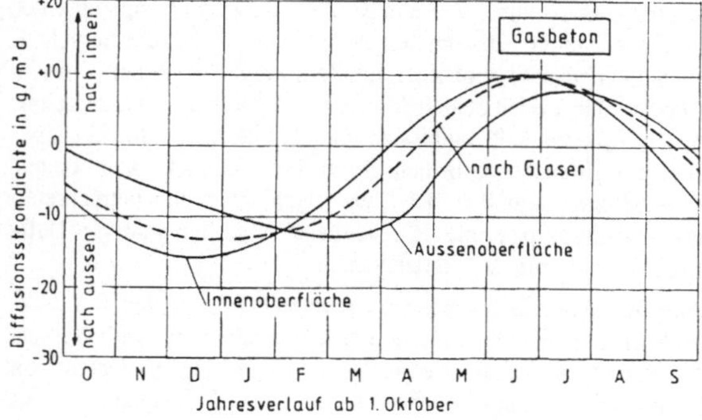


Bild 7.8
Der eine 24 cm dicke Gasbetonwand durchdringende Wasserdampf-Diffusionsstrom im Jahresablauf

Das Husseini-Ricken-Verfahren läßt sich besonders vorteilhaft auf die Fragen zur Betonfeuchte anwenden, die bei Kunststoffbeschichtungen und Anstrichen auf Beton auftreten. Denn der gefügedichte Stahlbeton hat nur einen kleinen überhygroskopischen Feuchtebereich und transportiert die Feuchte zum weit überwiegenden Teil durch Diffusion. Polymergebundene Schichten haben gar keinen überhygroskopischen Feuchtebereich und sind überhaupt nur durch Feuchtediffusion durchdringbar. Als Beispiel sei ein Industriehallenfußboden, der direkt auf Erdreich liegt und aus einer 20 cm dicken Stahlbetonplatte mit aufgebrachter Epoxidbeschichtung besteht, betrachtet (Bild 7.9). Die etwa eine Woche alte Betonplatte mußte aus Termingründen so früh beschichtet werden. Dargestellt ist die zeitliche Entwicklung der Betonfeuchte. Nach 5 bis 10 Jahren hat sich eine endgültige Feuchtig-

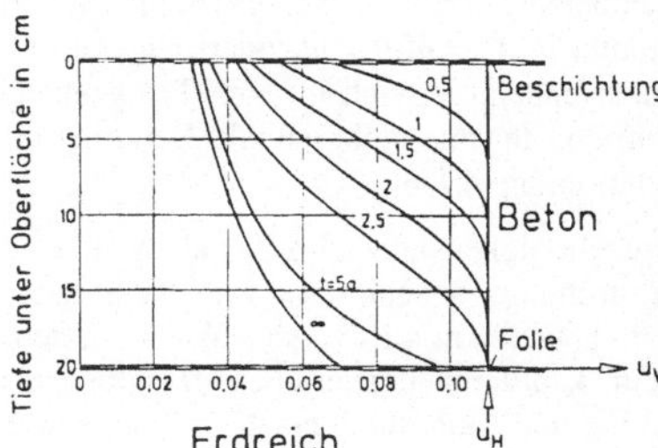


Bild 7.9
Die Wassergehaltsverteilungen in einem austrocknenden Hallenfußboden aus 20 cm Stahlbeton

keitsverteilung eingestellt, wobei unter der Beschichtung eine Feuchte von etwa $u_v = 0{,}03$ entsprechend etwa 92 % relativer Luftfeuchte vorliegt. Nach unten wird die Betonplatte deutlich feuchter. Sie ist jedoch an der Grenze zum Erdreich deutlich trockener als nach der Hydratation des Zementes (Wassergehalt etwa 7 % statt 11 %). Der Boden unter der Betonplatte nimmt bis auf etwa 1 m Tiefe ebenfalls an der Austrocknung teil, was jedoch auf Bild 7.9 nicht dargestellt ist.

# 8 Instationärer Feuchtetransport mit Diffusion und Kapillarität

## 8.1 Die Differentialgleichung und ihre Lösung

Philipp und de Vries [25] haben im Jahre 1957 die Grundlagen und de Vries [38], [39] hat in den Folgejahren eine Verfeinerung der makroskopischen Theorie von Krischer (Abschnitt 3.6) vorgenommen. In seiner Dissertationsschrift [64] hat dann K. Kießl diese Theorie für die Belange des Bauwesens weiterentwickelt. Kießl vertritt dort die Meinung, man müsse den gesamten Massentransport eigentlich in vier Komponenten zerlegen, um den Dampf- und den Flüssigkeitstransport einerseits, den Feuchte- und den Temperatureinfluß anderseits in den vier Kombinationsmöglichkeiten zu erfassen. In der Zwischenzeit wurden von Kießl und seinen Mitarbeitern weitere Messungen und Überlegungen zu diesem Thema angestellt, aufgrund derer nunmehr folgende Differentialgleichung als Ergebnis einer Bilanzbetrachtung an einem Raumelement resultiert, wenn der betrachtete Stoff im Temperatur- und Feuchtegefälle seinen Wassergehalt allmählich ändert:

$$\rho_w \cdot \frac{\partial u}{\partial t} = \rho_w \cdot \frac{\partial}{\partial x}\left(\chi\,(u) \cdot \frac{\partial u}{\partial x}\right) + \frac{\partial}{\partial x}\left(\frac{\delta}{\mu} \cdot \frac{\partial p}{\partial x}\right) \tag{8.1}$$

Die linke Seite dieser Gleichung bedeutet die zeitliche Änderung des Wassergehaltes im Baustoff, die rechte Seite gibt die Ursachen dafür an. Der erste Term der rechten Seite berücksichtigt die ungesättigte Porenwasserströmung (s. Abschn. 3.6), der zweite die Wasserdampfdiffusion (s. Abschn. 6.2). Beide Glieder der rechten Seite geben die Differenzen der in das Element eindringenden und es verlassenden Massenstromdichten an, also die Feuchte, welche in dem Raumelement in der betrachteten Zeitspanne gespeichert wird, wenn dieses instationär von der ungesättigten Porenwasserströmung und der Dampfdiffusion durchdrungen wird. Bei der Dampfdiffusion wird der Einfluß der Luftfeuchte und der Temperatur von dem Wasserdampfpartialdruck p erfaßt, die Durchlässigkeit des Baustoffes kommt in der Diffusionswiderstandszahl $\mu$ zum Ausdruck. Hierbei ist derjenige Wert für $\mu$ anzuwenden, der sich im sog. Trockenbereich ergibt und den beschleunigenden Effekt der Sorptionsfeuchte nicht enthält. Denn dieser Effekt wird ja durch die ungesättigte Porenwasserströmung erfaßt.

Die Flüssigkeitsleitzahl $\chi$ (u) als Maß der Durchlässigkeit für eine ungesättigte Porenwasserströmung ist sehr stark vom Wassergehalt abhängig. Beim kapillaren Saugen bei direktem Kontakt mit flüssigem Wasser treten größere Werte der Flüssigkeitsleitzahl auf als beim kapillaren Umverteilen des Wassers ohne Wasserkontakt. Der Temperatureinfluß ist gering und kann durch ein Korrekturglied erfaßt werden. Dieses hat folgende Zahlenwerte:

$$0,5 \text{ bei } 0\,°C$$
$$1,0 \text{ bei } 20\,°C$$
$$1,5 \text{ bei } 40\,°C$$

Wenn der instationäre Feuchtetransport wie üblich geschichtete Bauteile aus verschiedenen Baustoffen erfaßt, ist für die Feuchtespeicherung eine Kennfunktion zu wählen, welche auf alle üblichen Baustoffe anwendbar ist und den gesamten möglichen Wassergehaltsbereich erfaßt. Dafür haben Kießl und Mitarbeiter den funktionalen Zusammenhang zwischen Wassergehalt und relativer Luftfeuchte vorgeschlagen und ihn als Feuchtespeicherfunktion bezeichnet: Im hygroskopischen Bereich bis etwa 90 bis 95 % relativer Luftfeuchte ist die Feuchtespeicherfunktion mit der Sorptionsisotherme identisch. Im überhygroskopischen Bereich wird eigentlich der Kapillardruck als Speicherkenngröße verwendet. Da dieser mit den Kapillardurchmessern und über die Kelvin-Thomson-Bezeichnung (Gl. 2.15) mit der relativen Luftfeuchte verbunden ist, kann auch für die überhygrospopischen Feuchten die relative Luftfeuchte zur Charakterisierung der Feuchtespeicherung herangezogen werden. Der Zusammenhang zwischen der relativen Luftfeuchte und dem Radius dieser mit Wasser gefüllten Poren geht aus der folgenden Aufstellung hervor:

$$\varphi = 0,9 \qquad \rightarrow r \leq 10^{-8}\,m$$
$$\varphi = 0,99 \qquad \rightarrow r \leq 10^{-7}\,m$$
$$\varphi = 0,999 \quad \rightarrow r \leq 10^{-6}\,m$$
$$\varphi = 0,9999 \rightarrow r \leq 10^{-5}\,m$$

Das Zusammenfügen der Sorptionsisotherme und der Kapillardruckkurve zur Feuchtespeicherfunktion ist auf Bild 8.1 dargestellt.

Wenn die Feuchtespeicherfunktion u ($\varphi$) benützt wird, ist Gl. (8.1) zweckmäßigerweise wie folgt zu schreiben:

$$\rho_w \cdot \frac{\partial u}{\partial \varphi} \cdot \frac{\partial \varphi}{\partial t} = \rho_w \cdot \frac{\partial}{\partial x}\left(\chi\,(u) \cdot \frac{\partial u}{\partial \varphi} \cdot \frac{\partial \varphi}{\partial x}\right) + \frac{\partial}{\partial x}\left(\frac{\delta}{\mu} \cdot \frac{\partial p}{\partial x}\right) \qquad (8.2)$$

Die gesuchte Größe ist nunmehr die relative Luftfeuchte $\varphi$, aus welcher der Wassergehalt des betreffenden Baustoffes unschwer zu ermitteln ist. Der Ausdruck $\partial \mu : \partial \varphi$ ist die erste Abteilung der Feuchtespeicherfunktion u ($\varphi$).

Die Gln. (8.1) bzw. (8.2) lassen sich nur numerisch lösen, wobei parallel zur Feuchteverteilung auch die zugehörige Temperaturverteilung berechnet werden muß.

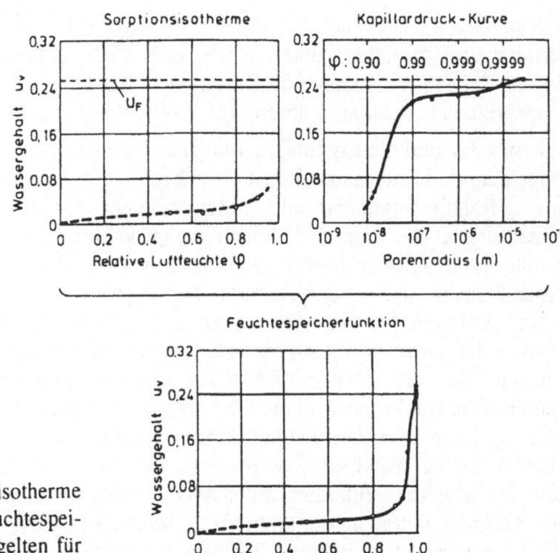



Bild 8.1
Das Zusammenfügen von Sorptionsisotherme
und Kapillardruck-Kurve führt zur Feuchtespeicherfunktion u (φ). Die Zahlenwerte gelten für
Kalksandstein, nach Kießl, Krus und Künzel)

## 8.2  Einige Ergebnisse von Berechnungen

Auf den Bildern 8.2 und 8.3 sind zwei von Kießl selbst mitgeteilte Ergebnisse von Berechnungen nach seiner Theorie dargestellt: Bild 8.2 stellt den Querschnitt eines Gasbeton-
daches dar, das aus einer 15 cm dicken Gasbetonplatte mit oberseitiger Dachdichtung, die
als Dampfsperre wirkt, besteht. Im Januar 1962 wurde ein solches zu Meßzwecken ereich-
tetes Dach mit einem gleichmäßigen Wassergehalt von 20 Volumenprozent eingebaut und
die Stoffeuchte meßtechnisch über mehrere Jahre hinweg verfolgt. Die im Bild angegebenen Stoffeuchteverteilungen zu verschiedenen Zeitpunkten, nämlich die Meßwerte und die
durch Rechnung ermittelten Werte, stimmen sehr gut überein. Mit dem Verfahren von G l a -
s e r kann der stattgefundene Austrocknungsprozeß weder nachgerechnet noch verstanden

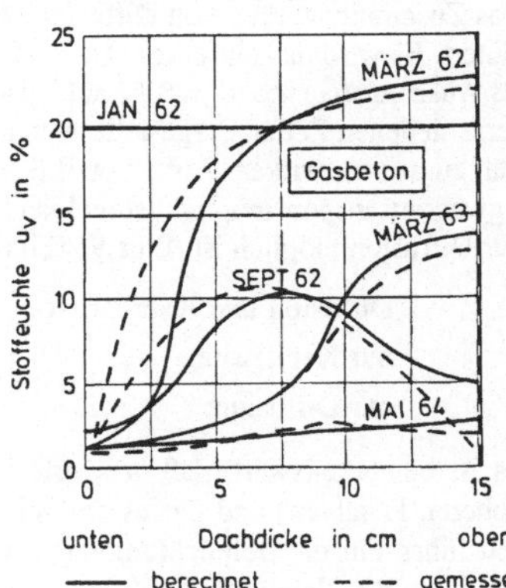



Bild 8.2
Wassergehaltsprofile in einem austrocknenden Gasbetondach

werden. Auch wäre nach G l a s e r der Dachaufbau unzulässig, denn gemäß dem Glaser-Verfahren, durchgeführt unter den in DIN 4108 genormten Bedingungen, würde eine im Verlauf der Jahre zunehmende Durchfeuchtung unter der Dachhaut eintreten und ein Schaden wäre unvermeidbar, während in Wirklichkeit eine Austrocknung erfolgt.

Auf Bild 8.3 sind die Ergebnisse von Berechnungen an einem als Außenwand dienendem, innengedämmten Kalksandsteinmauerwerk mit beidseitigem Verputz wiedergegeben. Die klimatischen Randbedingungen entsprechen weitgehend den in der Bundesrepublik herrschenden Verhältnissen. Bei Beginn der Berechnung war eine Gleichgewichtsfeuchte $u_{90}$ als Neubaufeuchte der beteiligten Baustoffe vorhanden. Dargestellt sind die extremalen Stoffeuchten im dritten Jahr, welche an den Zeitgrenzen zwischen Austrocknungsperiode und Befeuchtungsperiode auftreten. Der linke Bildteil zeigt die Ergebnisse bei Vorhandensein, der rechte die Ergebnisse bei fehlender Dampfsperre nahe der raumseitigen Wandoberfläche. Im September, d. h. am Ende der jahreszeitlichen Austrocknungsperiode, ist die Kalksandsteinwand ohne Dampfsperre trockener, weil die Dampfsperre natürlich auch die Austrocknung behindert. Am Ende der jahreszeitlichen Durchfeuchtungsperiode ist die Wand ohne Dampfsperre im Mittel feuchter als die Wand mit Dampfsperre, insbesondere deshalb, weil der Mauerwerksbereich nahe der Mineralwolldämmschicht hohe Feuchtewerte angenommen hat. Eine Berechnung nach G l a s e r würde an der Grenzfläche zwischen Mauerwerk und Dämmschicht Tauwasseranfall ergeben, jedoch keinerlei Hinweis dafür liefern, welche Stoffeuchten sich in der Umgebung der Tauebene einstellen und wie die Wassergehaltsverteilung z. B. im Sommer ist.

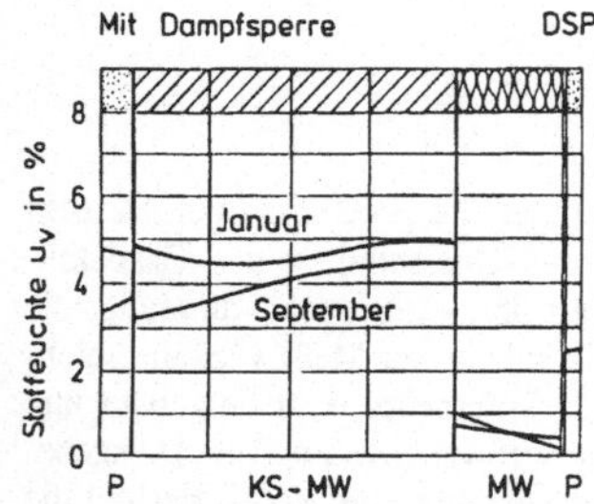

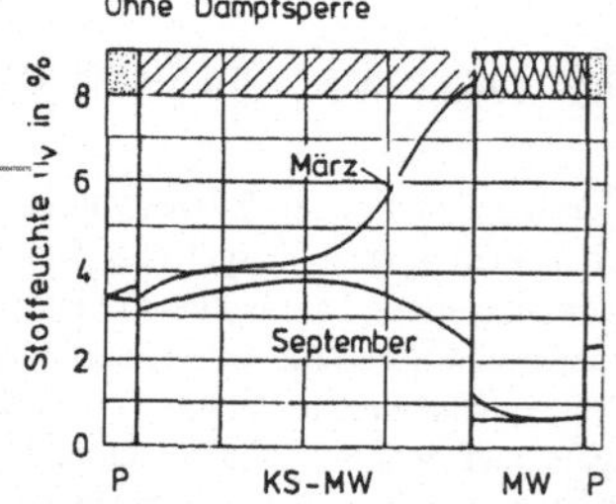


Bild 8.3    Wassergehaltsverlauf in Kalksandstein-Mauerwerk mit Innendämmung am Anfang und am Ende der Tauperiode

Das Zusammenwirken von Diffusion und Flüssigwassertransport sei anhand von Bild 8.4 erläutert: Es wird das einseitige Austrocknen von frischem, 5 cm dicken Gasbeton verfolgt, der als Ausgangsfeuchte $u_H = 0{,}14$ aufweist. Im Bildteil A sind die Wassergehaltsverteilungen zu verschiedenen Zeiten dargestellt, wenn Diffusion und Flüssigwassertransport wie in der Realität zusammenwirken. Auf Bildteil B ist der hypothetische Fall nachgerechnet, daß nur Flüssigwassertransport möglich ist und keine Diffusion, auf Bildteil C der hypothetische Fall, daß nur Diffusion möglich ist. Eine 95 %ige Austrocknung ist nach folgenden Zeiten erreicht:

| | |
|---|---|
| Diffusion und Kapillarität: | 8 Tage |
| nur Kapillarität: | 20 Tage |
| nur Diffusion: | 40 Tage |

Es ist bemerkenswert, daß der reale Fall des Zusammenwirkens von Kapillarität (bei den höheren Feuchten) und Diffusion (bei den niederen Feuchten) zur kleinsten Austrocknungszeit führt. Für die Befeuchtung durch einseitig angrenzendes flüssiges Wasser ergab die Berechnung die gleiche Reihenfolge.

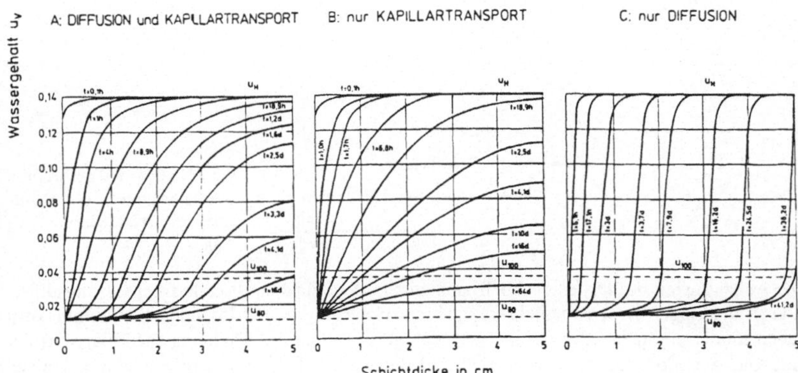


Bild 8.4 Wassergehaltsprofile in austrocknendem Gasbeton, wenn Diffusion und Kapillartransport einzeln und gemeinsam wirken

# 9 Lösungsdiffusion

## 9.1 Gesetzmäßigkeiten der Lösungsdiffusion

Der Wassertransport infolge Diffusion kann gemäß dem 1. Fickschen Gesetz (Abschnitt 6.2) immer durch folgende Gleichung beschrieben werden:

$$\dot{m} = -D \cdot \frac{dc}{dx} \tag{9.1}$$

Die Größenordnung des Diffusionskoeffizienten bei der Diffusion kleiner Teilchen in verschiedenen Medien geht aus Bild 9.1 hervor. Handelt es sich speziell um Lösungsdiffusion von Wassermolekülen, so ist die Konzentration c an diffundierenden Wassermolekülen nicht nur diejenige Größe, deren Gefälle die Massenstromdichte maßgeblich bestimmt, sondern sie ist gleichzeitig auch das Maß für die Wasserspeicherung im vom Diffusionsstrom durchdrungenen Stoff. Die Lösungsdiffusion ist für die Bauphysik vor allem wegen der Diffusionsvorgänge in organischen Polymeren (Kunststoffe, Bitumen, Gummi usw.), in polymergebundenen Stoffen sowie in quellfähigen Böden von Wichtigkeit.

Führt man an einem Volumelement die bei instationären Vorgängen übliche Bilanzbetrachtung durch, so sind wegen der Ortsveränderlichkeit der Konzentration in den drei Achsenrichtungen die Massenstromdichten, welche die jeweils gegenüberliegenden Seiten des Kontrollelementes durchdringen, geringfügig voneinander verschieden. Daher ist auch die Summe der in das Kontrollelement ein- und ausdiffundierenden Stoffmengen in der Regel von Null verschieden und bewirkt eine Konzentrationsänderung $dc$ im Raumelement. Im eindimensionalen Fall und wenn der Diffusionskoeffizient nur mit der Konzentration veränderlich ist, ergibt diese Bilanz folgende Differentialgleichung:

$$\frac{\partial c}{\partial t} = \frac{\partial}{\partial t}\left(D(c) \cdot \frac{\partial c}{\partial x}\right) \tag{9.2}$$

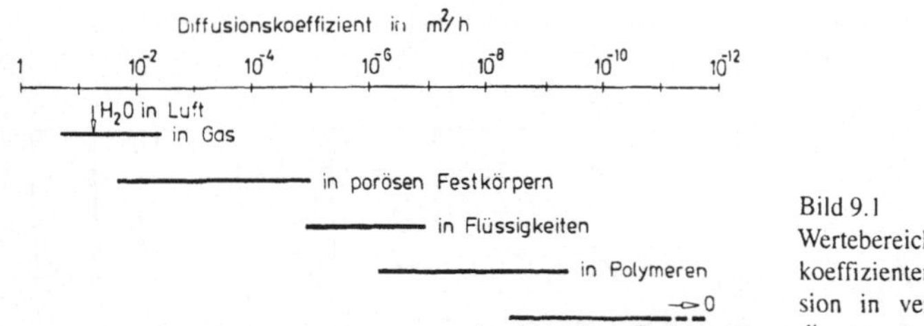



Bild 9.1
Wertebereich des Diffusionskoeffizienten bei der Diffusion in verschiedenen Medien

Die Abhängigkeit des Diffusionskoeffizienten von der Konzentration darf bei Lösungsdiffusion in der Regel nicht unberücksichtigt bleiben. Denn die sich lösenden Wassermoleküle haben immer ein mehr oder weniger ausgeprägtes Quellen des Mediums zur Folge, das als eine Gefügeauflockerung anzusehen ist und die weitere Diffusion sehr erleichtert. Umgekehrt führt Wasserabgabe zur Entquellung und Gefügeverdichtung. Für gewisse Zwecke reicht es allerdings aus, die Konzentrationsabhängigkeit des Diffusionskoeffizienten bei der Wahl von dessen Zahlenwert zu berücksichtigen und im übrigen so zu verfahren, als ob ein konstanter Diffusionskoeffizient vorliege. Unter dieser Voraussetzung geht Gleichung (9.2) in folgende vereinfachte Form über:

$$\frac{\partial c}{\partial t} = D \cdot \frac{\partial^2 c}{\partial x^2} \tag{9.3}$$

Gleichung (9.3) ist eine lineare, partielle Differentialgleichung zweiter Ordnung (Fouriersche Differentialgleichung), welche in der Anwendung auf Diffusionsvorgänge als 2. Ficksches Gesetz bezeichnet wird. Ihre Lösungen für sehr viele Randbedingungen sind bekannt, weil diese Differentialgleichung nicht nur die Diffusion, sondern auch die Wärmeleitung, die Konsolidation bindiger Böden und weitere physikalische Ausgleichs- und Schwingungsvorgänge beschreibt. Daher findet man Lösungen für viele Anfangs- bzw. Randbedingungen in der Fachliteratur mehrerer Spezialgebiete.

Im folgenden werden zunächst einige theoretische Lösungen von Gleichung (9.3), d. h. für konstanten Diffusionskoeffizienten im eindimensionalen Fall, welche für das Bauwesen von Interesse sind, vorgeführt. Anschließend wird auf die schwierigere Behandlung konzentrationsabhängiger Diffusionsvorgänge gemäß Gleichung (9.2) eingegangen.

## 9.2  Lösungsdiffusion bei konstantem Diffusionskoeffizienten

### a) Sorption und Desorption bei kleiner Wirkungstiefe

Ein Körper besitze in seinem Inneren überall den Wassergehalt $c_1$. Nun werde seine Oberfläche mit einer Umgebung in Kontakt gebracht, welche den Wassergehalt an der Oberfläche spontan auf den Wert $c_2$ erhöhe. Unter dem Konzentrationsgefälle von der Oberfläche zu den tieferliegenden Schichten dringt Wasser allmählich in den Körper ein und erzeugt dort ein sich laufend veränderndes Konzentrationsprofil. Dieses wird, solange die Eindringtiefe deutlich kleiner als die Dicke des Körpers bleibt, durch folgende Gleichung wiedergegeben:

$$\frac{c - c_1}{c_2 - c_1} = 1 - \phi\left(\frac{x}{2 \cdot \sqrt{D \cdot t}}\right) \tag{9.4}$$

Hierbei ist $\phi(x)$ das sogenannte Wahrscheinlichkeitsintegral, das wie folgt definiert ist:

$$\phi(x) = \frac{2}{\sqrt{2\pi}} \cdot \int_0^x e^{-t^2} dt \qquad (9.5)$$

$\phi(x)$ ist in einschlägigen mathematischen Werken tabelliert. Dargestellt ist Gleichung (9.4) auf Bild 9.2, wobei die dargestellte (durchgezogene) Kurve alle zu den verschiedensten Zeiten auftretenden Konzentrationsprofile repräsentiert. Es ändert sich im Laufe der Zeit lediglich der Abszissenmaßstab.

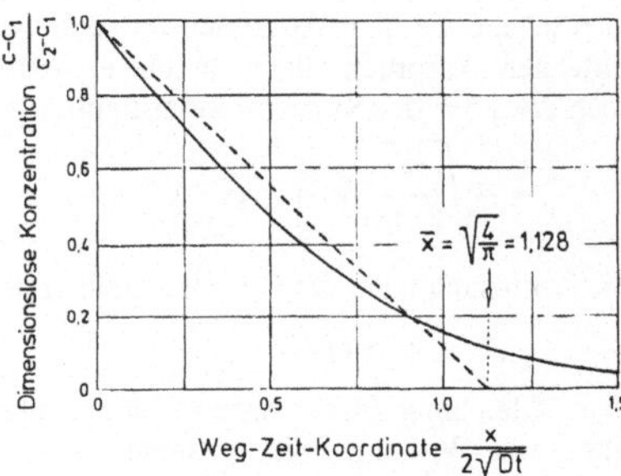


Bild 9.2
Konzentrationsprofil beim Eindiffundieren in einen Körper großer Dicke (Halbraum)

Die aufgenommene, auf die Fläche bezogene Wassermenge M erhält man aus folgender Beziehung:

$$M = 1{,}128 \cdot (c_2 - c_1) \cdot \sqrt{D \cdot t} \qquad (9.6)$$

Wie bei kapillarer Wasseraufnahme wächst also die durch Lösungsdiffusion aufgenommene Wassermenge in der Eindringphase mit der Wurzel der Zeit. Weil das Konzentrationsprofil im vorliegenden Fall asymptotisch gegen die letztendlich im Körper erreichte Konzentration $c_2$ ausläuft, ist es nicht ohne weiteres möglich, von einer Eindringtiefe zu einer bestimmten Zeit zu reden. Legt man jedoch, wie auf Bild 9.2 durchgeführt, eine Gerade so durch das Konzentrationsprofil, daß die Flächen zwischen Gerade und Kurve sich ausgleichen, so liegt der Schnittpunkt dieser Geraden mit der die Konzentration $c_1$ symbolisierenden Abszisse in der Wirkungstiefe $\bar{x}$. Für diese läßt sich folgende Gleichung herleiten:

$$\bar{x} = 2{,}256 \cdot \sqrt{D \cdot t} \qquad (9.7)$$

Analoges gilt für die Wasserabgabe bei einer auf die Oberflächennähe beschränkten Desorption.

**b) Oszillierende Oberflächenkonzentration**

Verändert sich die Oberflächenkonzentration gemäß einer Sinusschwingung mit einem Maximalausschlag $c_0$ um den Mittelwert $c_m$ und der Periodendauer T, so kann dafür folgende Gleichung angegeben werden:

$$c(t) = c_m + c_0 \cdot \cos \frac{2\pi t}{T} \qquad (9.8)$$

Für den Konzentrationsverlauf im Inneren eines Körpers, an dessen Oberfläche die Konzentration gemäß Gleichung (9.8) oszilliert, wurde folgende Lösung hergeleitet:

$$c(t) = c_m + c_0 \cdot \exp\left(-\sqrt{\frac{\pi}{D \cdot T}} \cdot x\right) \cdot \cos\left(\frac{2\pi t}{T} - \sqrt{\frac{\pi}{D \cdot T}} \cdot x\right) \qquad (9.9)$$

Die graphische Darstellung dieser Gleichung ist auf Bild 9.3 wiedergegeben. Die sechs ausgezogenen Linien geben den Konzentrationsverlauf zu denjenigen Zeiten wieder, welche durch Unterteilung der Periodendauer T in sechs gleiche Zeitabschnitte entstehen. Alle Konzentrationsprofile bewegen sich innerhalb der beiden gestrichelt dargestellten Hüllkurven, für welche man durch Weglassen des Cosinus-Gliedes in (9.9) folgende Gleichung erhält:

$$\bar{c} = c_m \pm c_0 \cdot \exp\left(-\sqrt{\frac{\pi}{D \cdot T}} \cdot x\right) \tag{9.10}$$

Legt man aufgrund des Verlaufes der Konzentrationsprofile in Bild 9.3 die Wirkungstiefe $\bar{x}$ so fest, daß sie dem Abszissenwert $3{,}54 = \sqrt{4\pi}$ entspricht, so erhält man einen besonders einfachen Ausdruck für $\bar{x}$. In dieser Wirkungstiefe beträgt die Konzentrationsamplitude noch etwa 5% der Konzentrationsamplitude an der Oberfläche. Dafür gilt:

$$\sqrt{\frac{\pi}{D \cdot T}} \cdot \bar{x} = \sqrt{4\pi} \tag{9.11}$$

Die Auflösung nach der Wirkungstiefe ergibt

$$\bar{x} = 2 \cdot \sqrt{D \cdot T} \tag{9.12}$$

Nach Gleichung (9.12) haben Konzentrationsschwankungen mit großer Periodendauer T eine große Wirkungstiefe, während rasche Konzentrationswechsel sich nur in einer relativ dünnen Schicht auswirken. Um eine Vorstellung von den Wirkungstiefen der Feuchte in organischen Polymeren zu erhalten, wurden diese für einen Diffusionskoeffizienten von $0{,}7 \cdot 10^{-8}$ cm²/s (entsprechend dem Mittelwert der im Bautenschutz verwendeten organischen Polymeren bei 20 °C) und verschiedene Periodendauern errechnet. Die Ergebnisse zeigen, daß tageszeitlich bedingte Feuchtewechsel bis etwa 0,5 mm Tiefe wirken, monatliche Feuchtezyklen etwa 2 mm tief in Polymere hinein reichen.

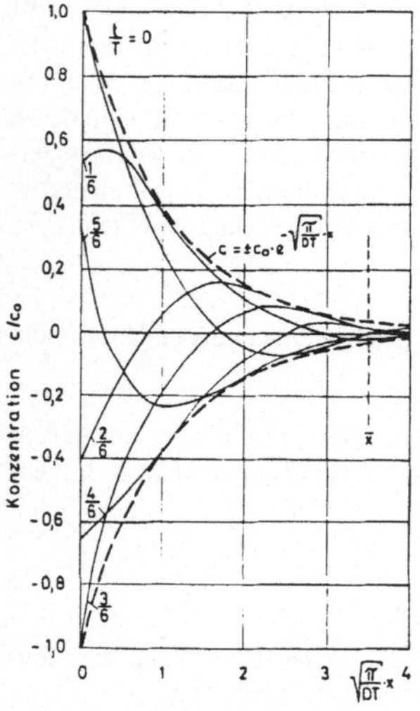

Bild 9.3   Konzentrationsprofile bei sinusförmig schwingender Oberflächenkonzentration

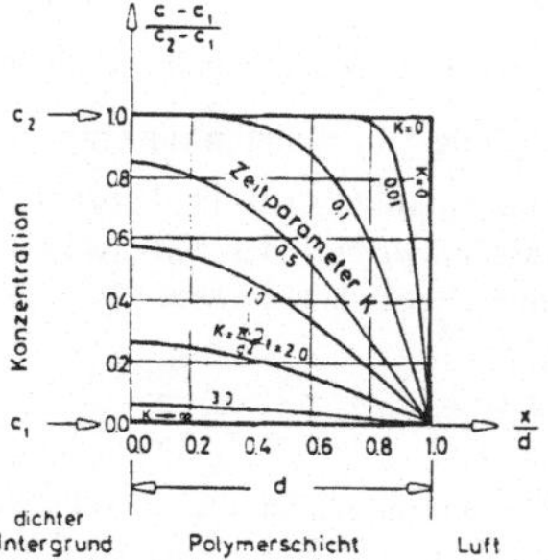

Bild 9.4   Konzentrationsprofile beim Ausdiffundieren aus einer Schicht begrenzter Dicke

## c) Wasserabgabe aus und Wasseraufnahme in eine Schicht konstanter Dicke

Auf einem ebenen, völlig undurchlässigen Untergrund großer Flächenausdehnung befinde sich eine von Wasser nach dem Mechanismus der Lösungsdiffusion durchdringbare Schicht konstanter Dicke (Bild 9.4). In dieser habe sich die konstante Konzentration $c_2$ von Wasser entsprechend den Umgebungsbedingungen vor der freien Oberfläche der Schicht eingestellt. Nun werde die Konzentration in der Oberflächenzone der Schicht spontan auf $c_1$ verringert und in gleichbleibender Größe auf diesem Niveau gehalten. Die Zwischenzustände zwischen der Anfangs- und der Endkonzentration sind in Bild 9.4 als weitere Kurven eingezeichnet. Die mathematische Lösung dieses Problems lautet:

$$\frac{c - c_1}{c_2 - c_1} = -2 \cdot D_{11}\left(\frac{x}{2\,d}, \frac{\pi\,D}{d^2} \cdot t\right) \tag{9.13}$$

Dabei ist $D_{11}$ eine von Tölke [83] eingeführte D-Funktion, welche von den zwei in der Klammer angegebenen dimensionslosen Veränderlichen, die den Ort und die Zeit betreffen, abhängig ist. Die graphische Darstellung von Gleichung (9.13) sind die auf Bild 9.4 wiedergegebenen Kurven in Verbindung mit den normierten Achsen: Die Abszisse entspricht der durch Bezug auf die Schichtdicke dimensionslos gemachten Wegkoordinate, die verschiedenen Konzentrationsprofile sind der dimensionslosen Zeitkoordinate $K = \pi \cdot D \cdot t/d^2$ zugeordnet. Wie man der Graphik leicht entnehmen kann, ist die mittlere Konzentration in der Schicht auf etwa 5 % der Ausgangskonzentration abgesunken, wenn die dimensionslose Zeitkoordinate etwa den Wert $K \sim 3$ erreicht hat. Man könnte diesen Zustand als den praktischen Endzustand $t_{PR}$ bezeichnen und kann eine Gleichung dafür gewinnen, wenn man $K = \pi$ setzt:

$$\frac{\pi \cdot D}{d^2} = t_{PR} = \pi \tag{9.14}$$

Daraus folgt:

$$t_{PR} = \frac{d^2}{D} \tag{9.15}$$

In analoger Weise lassen sich Gleichungen für weitere Zustände zwischen Anfang und Ende des Wasserabgabevorganges herleiten. Bemerkenswert ist, daß wegen der speziellen Gestalt des dimensionslosen Zeitparameters analoge Zustände in Schichten unterschiedlicher Dicke zu Zeitpunkten auftreten müssen, welche sich mit dem Quadrat des Verhältniswerts der Schichtdicken verändern.

Für den Vorgang der Wasseraufnahme durch Lösungsdiffusion in eine Schicht begrenzter Dicke erhält man die analoge Graphik aus derjenigen für den Wasserabgabevorgang leicht

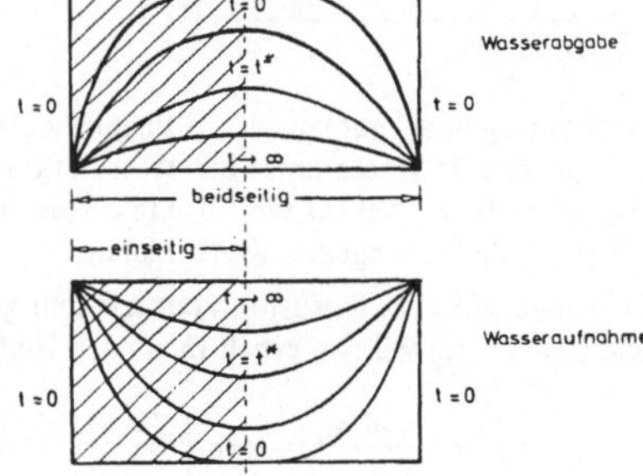


Bild 9.5
Übertragung der Konzentrationsprofile für die Wasseraufnahme auf die Wasserabgabe und für die einseitige auf die beidseitige Wasseraufnahme oder Wasserabgabe

dadurch, indem man Bild 9.4 um die Abszisse nach unten klappt. Die Formeln für die erforderliche Zeitdauer bis zum Erreichen bestimmter Zwischenzustände sind für Wasserabgabe und -aufnahme gleich. Für beidseitige Wasseraufnahme oder Wasserabgabe ergibt sich die Lösung durch Spiegelung der Graphik für die einseitige Wasseraufnahme bzw. Wasserabgabe an der Ordinate, wie auf Bild 9.5 dargestellt.

## 9.3  Konzentrationsabhängige Lösungsdiffusion

Es ist nicht genau bekannt, welcher Gesetzmäßigkeit die Konzentrationsabhängigkeit des Diffusionskoeffizienten bei der Lösungsdiffusion gehorcht. Wählt man jedoch den Ansatz

$$D(c) = D(c_1) \cdot \exp\left(\frac{c - c_1}{c_2 - c_1} \cdot \ln \frac{D(c_2)}{D(c_1)}\right) \tag{9.16}$$

so ist man damit in der Lage, sowohl mit der Konzentration zu- als auch abnehmende Diffusionskoeffizienten je nach Wahl der oberen und unteren Grenzwerte $D(c_1)$ und $D(c_2)$ zu beschreiben. Das dürfte für die Berechnung aller praktisch bedeutsamer Lösungsdiffusionsvorgänge genügen, da bisher zwar sowohl mit der Konzentration zunehmende als auch abnehmende Diffusionskoeffizienten gemessen wurden, nicht aber Konzentrationsabhängigkeiten, welche Minima oder Maxima durchlaufen oder andere ungewöhnliche Funktionsverläufe aufweisen. Ferner ist der Ansatz (9.16) identisch mit dem von K i e ß l für den kapillaren Wassertransport gewählten (Abschnitt 3.6), worauf weiter unten noch eingegangen wird. Auf Bild 9.6 ist Gleichung (9.16) graphisch dargestellt, wobei $D(c_2) : D(c_1)$ abkürzend mit $\alpha$ bezeichnet wurde:

$$\alpha = \frac{D(c_2)}{D(c_1)} \tag{9.17}$$

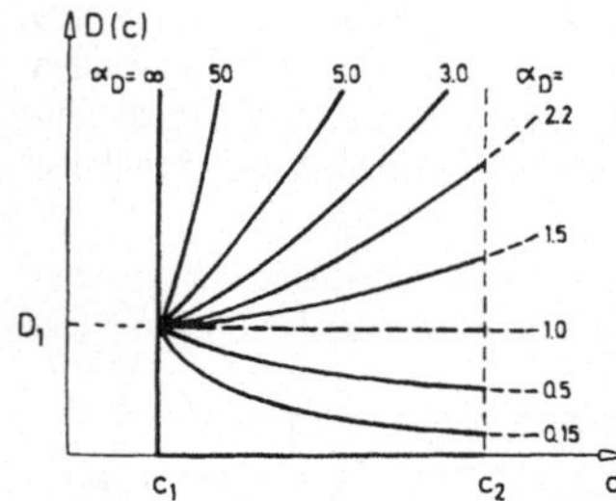


Bild 9.6
Konzentrationsabhängigkeit des Diffusionskoeffizienten gemäß Gleichung (9.16) als Funktion von $\alpha$

Erfahrungsgemäß nimmt der Diffusionskoeffizient mit der Konzentration um so mehr zu, je mehr das Polymere unter der Wasseraufnahme quillt. Aus der Literatur und aus eigenen Versuchen folgt, daß für die Lösungsdiffusion der beachtlich große Wertebereich von $\alpha$ mit $1 \leq \alpha \leq 10\,000$ angegeben werden kann.

Geht man mit dem Diffusionskoeffizienten gemäß Gleichung (9.16) in das 2. Ficksche Gesetz (Gleichung 9.2), so erhält man nach Einführen der Substitutionen

$$\chi = \frac{\ln \alpha}{4\pi\,(\alpha - 1)} \cdot \exp\left(\frac{c - c_1}{c_2 - c_1} \cdot \ln \alpha\right), \tag{9.18}$$

$$K = \frac{\pi \cdot D(c_1) \cdot (\alpha - 1)}{d^2 \cdot \ln\alpha} \cdot t \quad \text{und} \tag{9.19}$$

$$\xi = \frac{x}{2\,d} \tag{9.20}$$

folgende nichtlineare Differentialgleichung, die durch weitere Substitutionen nicht mehr vereinfacht werden kann:

$$\frac{\partial \chi}{\partial K} = \chi \cdot \frac{\partial^2 \chi}{\partial \xi^2} \tag{9.21}$$

Diese Gleichung ist nur noch numerisch lösbar. Zahlreiche Lösungen für verschiedene Randbedingungen, verschiedene $\alpha$-Werte und auch für Zylinder- und für Kugelkoordinaten sind in dem Buch „Wassertransport durch Diffusion in Feststoffen" [66] angegeben. Welche Gestalt die entsprechenden Konzentrationsprofile annehmen, sei durch die drei folgenden Bilder verdeutlicht:

Die einseitige Austrocknung einer planebenen Schicht, z. B. einer Polymerbeschichtung auf undurchlässigem Untergrund bei einem $\alpha$-Wert von 1000, wird durch die Konzentrationsprofile auf Bild 9.7 beschrieben. Das Konzentrationsgefälle konzentriert sich weitgehend auf die Zone unmittelbar unter der durchlässigen Oberfläche, weil dort im Bereich geringerer Konzentration die Durchlässigkeit kleiner ist als im Inneren der Schicht, was durch ein größeres Konzentrationsgefälle kompensiert werden muß.

Auf Bild 9.8 ist die zu Bild 9.7 analoge Situation bei der Wasseraufnahme dargestellt. Das Eindringen der Feuchte erfolgt schalenförmig, wobei der bereits durchfeuchtete Bereich, der gequollen und relativ durchlässig ist, mit einem kleinen Konzentrationsgefälle überwunden wird, während der wesentliche Teil der Konzentrationsdifferenz im eigentlichen

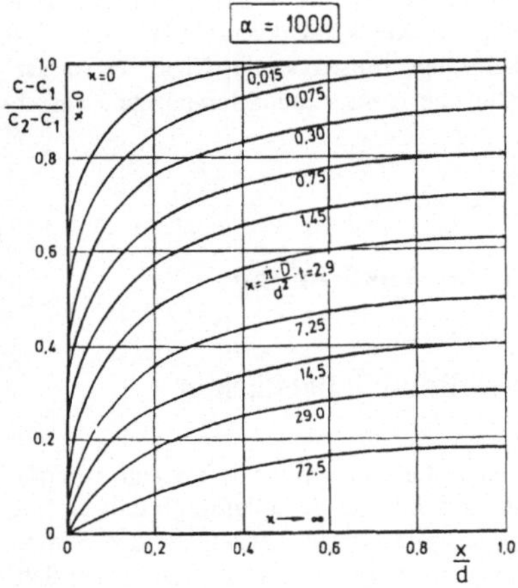


Bild 9.7 Konzentrationsprofile für die Wasserabgabe aus einer Schicht begrenzter Dicke bei konzentrationsabhängigem Diffusionskoeffizienten ($\alpha = 1000$)

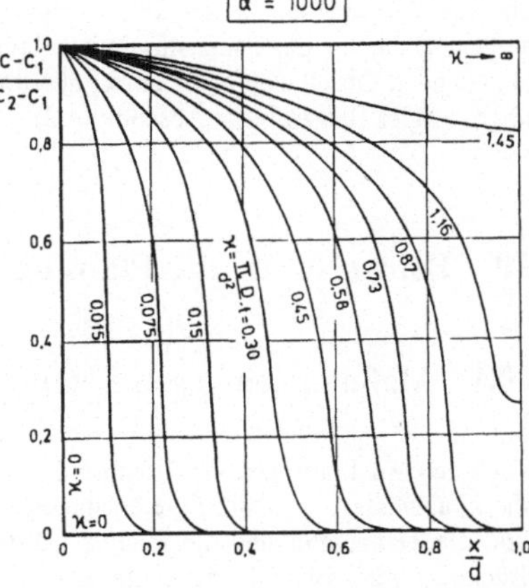


Bild 9.8 Konzentrationsprofile für die Wasseraufnahme in eine Schicht begrenzter Dicke bei konzentrationsabhängigem Diffusionskoeffizienten ($\alpha = 1000$)

Aufquellbereich, d. h. in der Grenzfläche zwischen gequollenem und nicht gequollenem Werkstoff verbraucht wird.

Schließlich ist auf Bild 9.9 in einer Übersicht gezeigt, wie die Konzentrationsprofile für Austrocknung und Wasseraufnahme sich mit wachsender Konzentrationsabhängigkeit des Diffusionskoeffizienten, d. h. wachsendem $\alpha$ verändern und welcher Ausartung für $\alpha \to \infty$ sie zustreben.

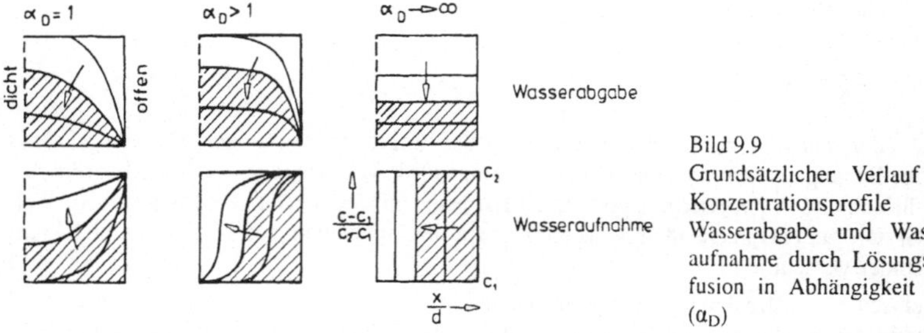


Bild 9.9
Grundsätzlicher Verlauf der Konzentrationsprofile bei Wasserabgabe und Wasseraufnahme durch Lösungsdiffusion in Abhängigkeit von $(\alpha_D)$

Wegen der weitgehenden Analogie des Ansatzes (9.16) für den konzentrationsabhängigen Diffusionskoeffizienten bei der Lösungsdiffusion mit der wassergehaltsabhängigen Flüssigkeitsleitzahl gemäß Gleichung (3.29) können die Konzentrationsprofile für stark konzentrationsabhängige Lösungsdiffusion ($\alpha > 100$) auch als Feuchteprofile infolge allein wirksamen kapillaren Wassertransports (ohne Diffusionsanteil) angesehen werden. Während der Vorgang der Wasseraufnahme bei Lösungsdiffusion und ungesättigter Porenwasserströmung direkt verglichen werden kann, ist bei der Wasserabgabe folgendes zu bedenken: Bei der Lösungsdiffusion bededeutet die Luftgrenzschicht an der Verdunstungsfläche keinen merklichen Widerstand, weil im Polymer die Diffusion nur wenig leistungsfähig ist. Bei ungesättigter Porenwasserströmung stellt die Luftgrenzschicht eine sehr große Bremse dar, welche die Austrocknung maßgeblich behindert, wie die Knickpunktkurven (Abschnitt 3.6) zeigen. Daher ist der Konzentrationsverlauf bei Lösungsdiffusion in der Nähe der wasserabgebenden Oberfläche nicht direkt übertragbar auf die Austrocknung feinporiger, wasserungesättigter Baustoffe (s. Abschnitt 4.2).


# 10  Hinweise für die Planung und die Ausführung


## 10.1  Maßnahmen gegen Betauung von Bauteiloberflächen

Nach den Ausführungen in Abschnitt 2.2 gibt feuchte Luft an von ihr bestrichene Oberflächen Tauwasser ab, wenn diese entsprechend kalt sind. Entscheidend dafür, ob dies eintritt, sind die Temperatur und die relative Luftfeuchte der zirkulierenden Luft, die den Partialdruck des Wasserdampfes bestimmen, und die Temperatur der Oberfläche, welche den Sattdampfdruck an der Oberfläche festlegt (Bild 10.1). Die Tauwassermenge folgt aus den in Abschnitt 4.1 angestellten Betrachtungen. Sind die in Frage kommenden Oberflächen raumbegrenzend, so ergibt sich die relative Luftfeuchte der Tauwasser abgebenden Raumluft aus der in Abschnitt 2.3 aufgestellten Bilanz der im Raum produzierten, der durch

Luftaustausch zugeführten und der abgeführten Wasserdampfmenge. Damit ist es möglich, den Tauwasseranfall auf raumbegrenzenden Oberflächen durch Einflußnahme auf folgende Bedingungen zu mindern oder auszuschalten:

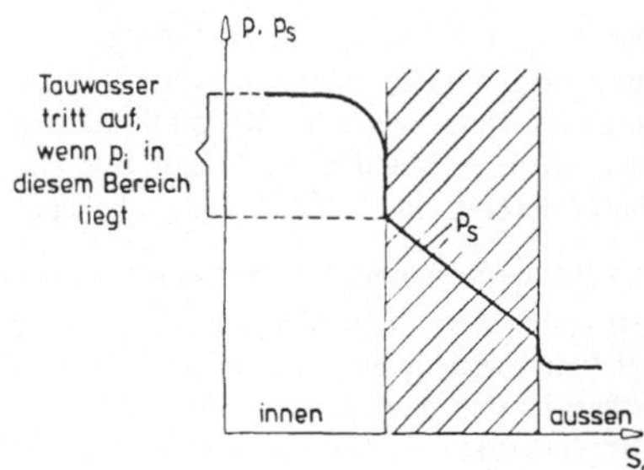


Bild 10.1
Bereich des Wasserdampfpartialdruckes an der
Innenseite einer Außenwand, in dem Tauwasser
zu erwarten ist

## a) Luftwechselzahl

Die in den letzten Jahren in deutlich vermehrtem Umfang auftretenden Folgeschäden von Tauwasserbildung auf den Innenseiten von Außenbauteilen, nämlich Schimmelbefall, Ablösung von Wandbelägen, Fäulnis usw., hängen mit den Bestrebungen zur Einsparung von Heizenergie eng zusammen. So wird beim Austausch alter Fenster gegen neue, welche dicht schließende umlaufende Dichtungsbänder im Spalt zwischen Rahmen und Flügel enthalten müssen, der natürliche Luftwechsel stark vermindert. Das hebt nach den in Abschnitt 2.3 gemachten Ausführungen die relative Luftfeuchte an und vergrößert damit die Tauwassergefahr. Auch haben sich wegen der stark gestiegenen Heizkosten die Lüftungsgewohnheiten der Bewohner (oft unbewußt) im Sinne eines geringeren Luftwechsels verändert, weil ja die abgegebene Luft nicht nur Wasserdampf, sondern auch Wärme mitnimmt. Schließlich trägt im Mietwohnungsbau die neuerdings ausschließlich am Wärmeverbrauch zu orientierende Heizkostenabrechnung zu einem sparsameren Lüften der Mieter bei. In dieser Lage scheint nur durch Aufklärung der Bewohner zu einem bewußteren Heizen und Lüften der Wohnungen eine Abhilfe möglich.

Allgemeinverständliche Merkblätter über die Zusammenhänge von Heizen, Lüften, Tauwasserbildung, Schimmelbefall usw. sind von verschiedener Seite zur Aufklärung von Mietern verfaßt worden.

Es ist daher festzuhalten, daß als wichtigste Maßnahme gegen Betauung von raumbegrenzenden Oberflächen eine ausreichende Durchlüftung des Raumes sicherzustellen ist.

## b) Wärmedurchgangskoeffizient des Bauteils

Je kleiner der Wärmedurchgangskoeffizient eines Bauteils, desto geringer ist die Gefahr der Tauwasserbildung auf diesem Bauteil. Denn die Abgabe von Tauwasser setzt an denjenigen Oberflächen eines Raumes zuerst ein, welche am kältesten sind. Früher waren das meist die einscheibigen Fenster, heute sind es meist Wärmebrücken. Bei Räumen mit hohen Lufttemperaturen und hohen relativen Luftfeuchten, z. B. Hallenbäder, wird die Wärmedämmung von Außenbauteilen oft anhand der Bedingung, daß Tauwasser vermieden werden muß, in ihrem Ausmaß festgelegt. Der für Büro- und Wohnbauten in DIN 4108, Teil 2 vorgeschriebene Mindestwärmeschutz ist so konzipiert, daß unter den in Deutschland vorliegenden Klimabedingungen kein Tauwasser an den Innenseiten der Außenbauteile auftritt, wenn die etwa 20 °C warme Raumluft keine größere relative Luftfeuchte hat als etwa 50%. Weil durch den vorgeschriebenen Mindestwärmeschutz die Tauwasserbildung an Bauteiloberflächen weitgehend verhindert wird, tritt Tauwasser in der Praxis vorwiegend an geometrischen oder baustoffbedingten Wärmebrücken auf, wo ein erhöhter Wärmeabfluß zu einer lokal tieferen Oberflächentemperatur an der Innenseite führt. Daher ist künftig noch mehr als zuvor auf eine sorgfältige Wärmedämmung im Bereich von Wärmebrücken zu achten.

Durch noch so gute Wärmedämmung allein ist es aber nicht möglich, eine Tauwasserbildung in genutzten Räumen zu vermeiden, wenn nicht ausreichend gelüftet wird. Denn durch die Nutzer wird der Raumluft ständig Wasserdampf zugeführt, so daß die Luft schon nach wenigen Stunden wasserdampfgesättigt sein muß, wenn keine Abfuhr von Wasserdampf durch Lüftung, Taubildung oder Speicherung in Baustoffen möglich ist.

### c) Volumenbezogene Wasserdampfproduktion

Menschen, Tiere und Pflanzen geben ständig Wasserdampf ab. Auch viele menschliche Tätigkeiten, wie Baden, Duschen, Kochen, Waschen, Backen, haben eine oft wesentliche Wasserdampfproduktion zur Folge. Je größer die auf das Raumvolumen bezogene Wasserdampfproduktion ist, desto höhere Luftfeuchten werden erreicht. So hat die Besichtigung vieler Wohnungen ergeben, daß die Wahrscheinlichkeit des Auftretens von Tauwasser in gleichen Wohnungen mit wachsender Bewohnerzahl steigt, und daß Kleinkinder offensichtlich eine größere Wasserdampfproduktion zur Folge haben als Erwachsene. In sozialen Mietwohnungen mit starker Belegung sind die Tauwasserschäden am häufigsten.

Raumbegrenzende Oberflächen können ganz oder teilweise als Kondensatpuffer ausgebildet werden, welche eine vorübergehend starke Wasserdampfproduktion zum Teil aufnehmen und in Zeiten geringerer Produktion wieder an die Raumluft abgeben. Dazu reicht eine 1 cm dicke Putzschicht oder eine offenporig oder nicht behandelte Holzverschalung aus. Auch saugfähige Holzmöbel, Textilien, Teppichböden usw. wirken in diesem Sinne. An einer rechnerischen Behandlung dieser Sorptionsvorgänge im Wechselspiel mit der Wasserdampfproduktion und der Raumlüftung wird gearbeitet.

Ist die auf das Raumvolumen bezogene Wasserdampfproduktion in speziellen Fällen zu hoch, so kann einerseits auf eine Drosselung hingewirkt werden, indem z. B. Pflanzen entfernt werden, das Waschen an einen anderen Ort verlegt wird usw. Manchmal ist es auch möglich, die Wasserdampfquelle einzukapseln, z. B. einen Pflanzenbehälter, ein Aquarium oder ein Schwimmbad abzudecken, oder den in hoher Konzentration produzierten Wasserdampf der Abluft direkt zuzuführen, z. B. durch einen Abzug über dem Herd.

### d) Wärmeübergangswiderstand an der Wandoberfläche

Der Unterschied zwischen der Raumlufttemperatur und der Oberflächentemperatur eines Außenbauteils ist um so kleiner, je geringer der Wärmeübergangswiderstand ist. Daher sollten tauwassergefährdete Bereiche gut belüftet werden. In diesem Sinne können Warmluftschleier Fensterscheiben von Tauwasser freihalten, was allerdings mit einem erhöhten Wärmeverlust verbunden ist. Um wenigstens die normale Luftzirkulation zur Auswirkung zu bringen, sollten von gefährdeten Flächen alle Hindernisse für vorbeistreichende Luft, wie Vorhänge, Möbel, Pflanzen, Wandteppiche usw. entweder entfernt oder aber mit Abstand von der Wand angeordnet werden. Bei Einbauschränken an Außenwänden ist die Tauwassergefahr in der Zone Schrankrückwand-Außenwandoberfläche besonders groß, wenn der Schrank samt Inhalt wärmedämmend wirkt und der Diffusionswiderstand des Schrankes relativ klein ist. Hier sei zur Abhilfe eine kräftige Wärmedämmung an der Schrankrückseite empfohlen, welche gegen Wasserdampfdiffusion und gegen seitlich hinzuströmende Luft abgekapselt sein muß (Bild 10.2).

### e) Raumlufttemperatur

Die Gefahr der Tauwasserbildung nimmt unter sonst gleichen Bedingungen mit steigender Raumlufttemperatur ab. Da eine erhöhte Lufttemperatur zusätzliche Kosten verursacht, kann sie nicht

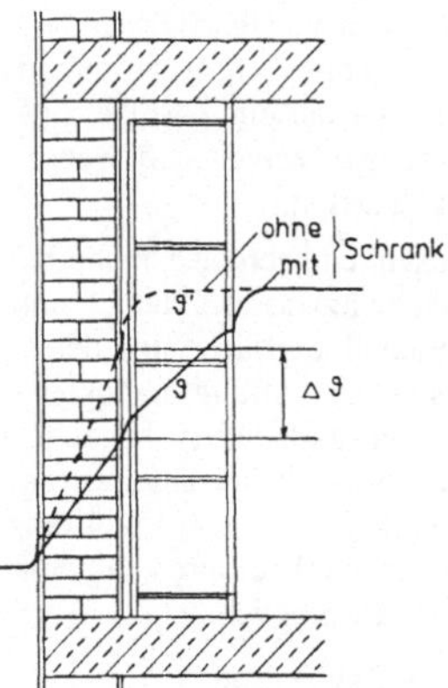



Bild 10.2
Temperaturverläufe $\vartheta$ und $\vartheta'$ sowie Temperaturabsenkung $\Delta\vartheta$ an einer Außenwand durch Einbau eines Wandschrankes

empfohlen werden. Temperaturabsenkungen sollten jedoch klein gehalten werden. In diesem Sinne kann ein instationäres Heizen, z. B. eine Temperaturabsenkung während berufsbedingter Abwesenheit oder der nächtlichen Schlafenszeit, ungünstig sein, weil in der abgekühlten Phase Tauwasser auftreten kann. Ebenso ist es ganz falsch, ein Schlafzimmer den Tag über mit reduzierter Temperatur zu betreiben und abends kurz vor dem Zubettgehen die warme Luft aus anderen Räumen in das Schlafzimmer zu leiten. Diese warme Luft wird mit ganz großer Wahrscheinlichkeit an die kühlsten Oberflächen im Schlafzimmer Tauwasser abgeben. Spezialtapeten mit einer wenige Millimeter dicken Dämmschicht an ihrer Unterseite können bereits ausreichen, die Taubildung bei instationärem Heizbetrieb zu vermeiden. Lüftungsöffnungen in der Türe zwischen einer (beheizten) Wohnung und einem unbeheizten Raum können dazu führen, daß im unbeheizten Raum durch Tauwasserbildung an kalten Wandoberflächen starke Durchfeuchtungen auftreten.

## f) Raumorientierung

Die Durchlüftung von Raumgruppen beruht auf der Windeinwirkung auf das Gebäude, weshalb die Außenluft an bestimmten Fassaden in das Gebäude eindringt, und an anderen Fassaden abgesaugt wird. Die relative Luftfeuchte der Raumluft wird in denjenigen Räumen am wirksamsten erniedrigt, in welche die Außenluft direkt eindringt, während Räume um so weniger „entfeuchtet" werden, je mehr die Durchlüftungsluft sich schon durch andere Räume bewegt und dabei Wasserdampf aufgenommen hat. Nach Süden und Westen orientierte Räume werden daher in der Regel am besten entfeuchtet.

## g) Baustoffwahl

Eine weitere Maßnahme ist die Wahl von Werkstoffen, welche gegen Feuchte, Schimmel usw. unempfindlich sind, also von Pilzen nicht angegriffen werden, gegen Dauerfeuchte resistent und leicht zu reinigen sind. Auch gibt es Kitte, Anstriche, Textilien, Tapeten usw., welche pilzwidrig ausgerüstet sind und damit für eine gewisse Zeit einen Befall nicht zulassen. Umgekehrt sollen nicht gerade solche Werkstoffe an den gefährdeten Stellen verwendet werden, welche in besonderem Maße anfällig sind, weil sie z. B. biologisch abbaubare Stoffe enthalten, wie Rauhfasertapeten, leinölhaltige Kitte und Anstriche.

Zur Bekämpfung bereits eingetretenen Pilzbefalls halten Apotheken und Drogerien Produkte bereit, welche man dem Waschwasser beigibt oder direkt auf die Oberfläche sprüht. Diese Produkte töten die Mikroorganismen ab, beseitigen aber eine bereits eingetretene Schädigung nicht und verhindern auch einen neuen Befall nicht.

In Naßräumen, wo man Oberflächenkondensat nutzungsbedingt nicht vermeiden kann, ist es manchmal schon hilfreich, wenn man das Abtropfen des Tauwassers z. B. von der Decke vermeiden kann. Zu diesem Zwecke gibt es sogenannte Antikondensatputze, welche starkes kapillares Saugen zeigen und weder einen Wasserfilm auf der Oberfläche noch eine Tropfenbildung zulassen.

Bauteiloberflächen eingeerdeter nicht beheizter Bauwerke sind im Sommerhalbjahr am meisten der „Schwitzwasserbildung" unterworfen, weil dann der Temperaturunterschied zwischen der Bauteiloberfläche und der einströmenden Außenluft am größten ist. Zur Vermeidung von solchem lüftungsbedingten Tauwasser sollte man derartige Bauwerke nicht gerade im Sommer stark lüften, sondern im Winter oder in der Übergangszeit. In diesem Sinne sind z. B. Bautenschutzarbeiten an eingeerdeten Behältern, Rohren, Tunneln usw., die stets unter kräftiger Be- und Entlüftung ausgeführt werden müssen, zweckmäßigerweise im Winterhalbjahr durchzuführen. Im Sommer ist eine Belüftung dann meist nur mit entfeuchteter Außenluft möglich.

**h) Baurechtliche Bewertung**

Die Tauwasserbildung an der Innenseite von Außenbauteilen ist natürlich auch ein rechtliches Problem. Es ist zu unterschieden, ob der Tauwasseranfall an Wärmebrücken oder generell an einem bestimmten Bauteil auftritt. Wärmebrücken sind bautechnisch zu beseitigen. Beim Tauwasseranfall im Normalbereich von Bauteilen ist zu prüfen, ob durch erhöhte Lüftung oder durch bautechnische Maßnahmen dem Übel begegnet werden soll. In der Regel werden die Tauwasserbildung und ihre Folgen in Wohnungen von den Gerichten als ein Mangel des Bauwerks angesehen. Dabei entlastet der Nachweis, daß das Bauwerk den zur Zeit seiner Erstellung geltenden Vorschriften hinsichtlich Wärmedämmung genügt, alleine nicht. Denn ein Vermieter ist verpflichtet, eine Wohnung den sich ändernden Ansprüchen anzupassen. Oft ist gerade der Einbau neuer, besser dämmender, aber dichter schließender Fenster, welcher dem Bewohner Heizkosten spart, als Ursache des den Wohnwert mindernden Tauwasserbefalls anzusehen und daher vom Veranlasser zu vertreten. Nur wenn ein solcher Einbau dicht schließender Fenster mit einer ausgiebigen Belehrung des Wohnungsnutzers verbunden wird, z. B. durch ein den physikalischen Sachverhalt erläuterndes und die möglichen bzw. notwendigen Gegenmaßnahmen aufzählendes Merkblatt, verbunden mit dem Angebot zu einer zusätzlichen mündlichen Erläuterung, kann ein dennoch auftretender Tauwasseranfall als ein Bewohnungsfehler angesehen werden, zumal wenn dem Nutzer dann noch nachgewiesen werden kann, daß er gegen die Anweisungen verstoßen hat.

## 10.2   Maßnahmen gegen Tauwasseranfall im Bauteilinneren

Erwartet man Anfall von Tauwasser im Inneren von Bauteilen, dann kann man entweder durch Absenken der relativen Luftfeuchten der angrenzenden Klimate (sofern dies überhaupt möglich ist) oder durch nachstehende Maßnahmen am Bauteil die Tauwassergefahr senken oder ausschalten:

**A) Verändern der Schichtenfolge**

Die Tendenz sollte sein, die Schichten so anzuordnen, daß deren $s_d$-Werte von innen nach außen abnehmen und deren Wärmedurchlaßwiderstände von innen nach außen zunehmen, damit der Sattdampfdruck möglichst hoch, der Dampfdruck möglichst nieder verläuft (Bild 10.3).

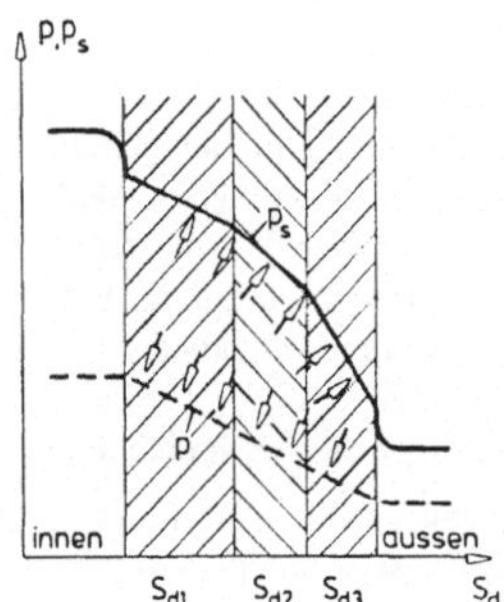


Bild 10.3
Anhebung des Sattdampfdrucks und
Senkung des Dampfdruckes als Mittel
gegen Tauwasseranfall im Bauteilinneren

## B) Austausch von Baustoffen

Bei der Baustoffwahl wird auch über die Diffusionswiderstandszahlen entschieden. Bei Innendämmung und bei Kerndämmung ist es zur Vermeidung von Tauwasser in aller Regel günstig, Dämmstoffe mit großen Diffusionswiderstandszahlen zu wählen. Bei homogenem Wandaufbau und bei außenliegender Wärmedämmung spielen die $s_d$-Werte der Schichten keine entscheidende Rolle. Bei Flachdächern kann eine feuchte Wärmedämmschicht z. B. dann gelegentlich belassen werden, wenn eine besonders wasserdampfdurchlässige Kunststoffdichtungsbahn anstelle einer Bitumendichtungsbahn eingesetzt wird.

## C) Einbau von Dampfbremsen bzw. Dampfsperren

Durch Einbau von Dampfbremsen ($s_d \geq 10$ m) und Dampfsperren ($s_d \geq 1000$ m) wird der Dampfdruck in dem vor dem Diffusionsstrom geschützten Bereich des Bauteils erniedrigt, im übrigen Bereich erhöht (Bild 10.4). Daher sollten solche Sperrschichten möglichst nahe an die diejenige Bauteiloberfläche, welche an das Tauwasser liefernde Klima angrenzt, gelegt werden. Auf mechanischen Schutz der Sperrschicht und auf das Vorliegen ausreichender Kondensatpuffer ist unabhängig von diesem Grundsatz zu achten.

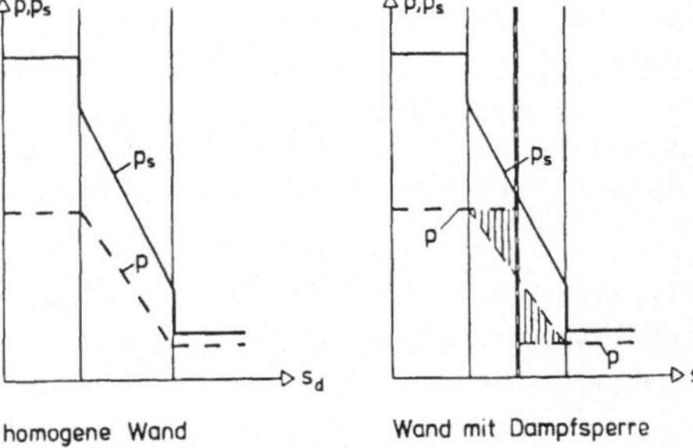


Bild 10.4
Absenken des Dampfdruckes
hinter einer Dampfsperre und
Anhebung des Dampfdruckes
vor einer Dampfsperre in einer Außenwand

Von Dampfbremsen bzw. Dampsperren werden oft auch weitere Funktionen erfüllt: So wirken sie beim konventionell gedichteten Flachdach als zweite Dichtungsschicht und werden auch als Notdeckung benützt, d. h. als vorläufige Dichtungsschicht bis zum Erstellen des kompletten Flachdachaufbaus. Ferner werden sie bei Bedarf auch als Winddichtung und als Dichtung gegen strömende Luft eingesetzt.

**D) Hinterlüften**

Durch Hinterlüften innen oder außen liegender Schichten werden diese in Bezug auf Wasserdampfdiffusion von dem übrigen Bauteil abgekoppelt. Das ist insbesondere bei außen liegenden Schichten mit großen $s_d$-Werten (z. B. Metallfassaden) sinnvoll oder gar erforderlich. Oft wird dabei der Wärmeschutz des Bauteils verringert. Auch müssen bestimmte Bedingungen erfüllt sein, wenn die Hinterlüftung wirksam sein soll, wozu in den Abschnitten 3.4 und 10.5 weitere Angaben zu finden sind.

**E) Entlüfter, Entspannungsschichten usw.**

In Verbindung mit relativ dampfdichten Schichten werden nicht selten sogenannte Dampfdruck-Entspannungsschichten eingebaut, welche durch eine gewisse Porosität den „Dampfdruck abbauen" sollen. Solche Schichten reduzieren den Wasserdampfpartialdruck innerhalb des Bauteils nicht, können also auch eine Tauwasserausscheidung nicht verhindern und Tauwasser nicht in vernünftigen Zeiträumen austrocknen lassen. Sie werden vielmehr einerseits dort eingesetzt, wo heiße (bituminöse) Stoffe mit Temperaturen von mehr als 100 °C auf feuchte Bauteile aufgebracht werden müssen und wo durch die hohe Temperatur das Wasser im Baustoff verdampft und Blasen erzeugt, wenn der Wasserdampf nicht durch die Porenkanäle in der Entspannungsschicht abgeführt werden kann. Manchmal erfüllt die sogenannte Dampfdruck-Entspannungsschicht auch die Funktion einer Trennlage, um beim Rissigwerden oder starken Verformungen des Untergrundes die über der Trennlage liegenden Schichten vor dem Mitreißen zu bewahren. Schließlich werden in gedichtete Dächer (Abschnitt 10.7) unter Umständen Entspannungsschichten eingebaut, um den Druck der zwischen Dampfsperre und Dachdichtung im Bereich der Dämmung eingeschlossenen Luft zu entspannen, wenn infolge Temperaturerhöhung die Luft ihr Volumen vergrößern will. Es wird also der Gesamtdruck und nicht der Wasserdampfdruck entspannt!

Gering ist auch die Wirkung von sogenannten Dachentlüftern, welche man gelegentlich in der Dichtungsschicht von flachen oder schwach geneigten Dächern vorfindet. Eine ausreichend effektive Entfeuchtung von Wärmedämmstoffen ist wie bei den Entspannungsschichten durch Dachentlüfter deshalb nicht möglich, weil die Austrocknung nur nach dem wenig leistungsfähigen Mechanismus der Diffusion erfolgt und nicht durch Strömung. Letztere setzt wirksame Gesamtdruckunterschiede und nicht nur Partialdruckunterschiede in den Belüftungskanälen voraus.

In DIN 4108, Teil 3 werden Bedingungen für Bauteilschichten, Dampfbremsen, Dampfsperren und Hinterlüftungen genannt, welche die betreffenden Bauteile hinsichtlich Tauwasserbildung im Bauteilinneren unbedenklich machen. Dabei ist vorausgesetzt, daß der Wärmeschutz der DIN 4108 genügt. Diese Bedingungen lauten vereinfacht wie folgt:

a) Mauerwerk mit außenseitiger Dämmung und Putz für den Putz:                    $s_d \leq 4$ m

b) Mauerwerk mit raumseitiger Dämmung und Innenputz
   für Dämmung und Innenputz:                    $s_d \geq 0,5$ m

c) Bewehrte Gasbetonplatten mit äußerem Kunststoffputz für den Kunststoffputz:  $s_d \leq 4$ m

d) Wände in Holzbauart mit Beplankung und Wetterschutz
   innere Sperrschicht:                    $s_d \geq 10$ m
   äußere Beplankung:                    $s_d \leq 10$ m

e) Nichtbelüftete Dächer mit Dampfsperre
   für Dampfsperre:                    $s_d \geq 100$ m
   Wärmedurchlaßwiderstand
   unterhalb der Dampfsperre:          $\leq 20\,\%$ des Gesamt-Wärmedurchlaßwiderstandes

Nicht angesprochen ist in DIN 4108 das Vorgehen beim Abschätzen der Tauwassergefahr bei Außenbauteilen beheizter Räume in eingeerdeten Geschossen. Wegen der stets niedrigeren Temperaturen im Erdreich im Vergleich zur Raumluft ist bei beheizten Untergeschossen das ganze Jahr über „Tauperiode", so daß wegen Fehlens einer Austrocknungsperiode ein noch so kleiner Tauwasseranfall nicht akzeptiert werden kann.

Unser derzeitiges Verständnis der Tauwasserbildung im Inneren von Bauteilen beruht auf der Erfahrung und auf Berechnungen nach Glaser (Abschnitt 6.4 und 6.5). Inzwischen ist es jedoch gelungen, die Wasserdampfdiffusion im Inneren mehrschichtiger Bauteile unter wirklichkeitsnahen Randbedingungen und mit verfeinerten Stoffkennwerten zu berechnen, und dabei auch die Speicherung der Feuchte in den Baustoffen zu berücksichtigen (Abschnitte 7 und 8). Aus diesen Berechnungen geht hervor, daß die Ergebnisse nach der Methode von Glaser dann wirklichkeitsnah sind, wenn die Diffusionswiderstandszahlen klein und die Feuchtespeicherung gering ist, wie dies z. B. für Ziegel und Mineralwolle zutrifft. Umgekehrt erhält man nach Glaser ein völlig falsches Bild von der Wasserdampfdiffusion in Außenbauteilen, wenn diese aus relativ diffusionsdichten und stark feuchtigkeitsspeichernden Baustoffen wie z. B. Beton, Gasbeton oder Holz bestehen. In solchen Fällen empfiehlt es sich, bei Entscheidungen größerer Tragweite eine instationäre Berechnung durchzuführen.

## 10.3  Maßnahmen gegen Schlagregen und Spritzwasser

Gegen Schlagregen kann man ein Bauwerk durch die Gestaltung seiner Fassade, die Baustoffwahl und Bautenschutzmaßnahmen schützen. Gestalterische Maßnahmen sind weit herabgezogene Dächer, große Dachüberstände, nach unten zurückspringende Fassadenflächen, Untergeschosse aus unempfindlichen Werkstoffen, wasserableitende Gesimse usw. (Bild 10.5).

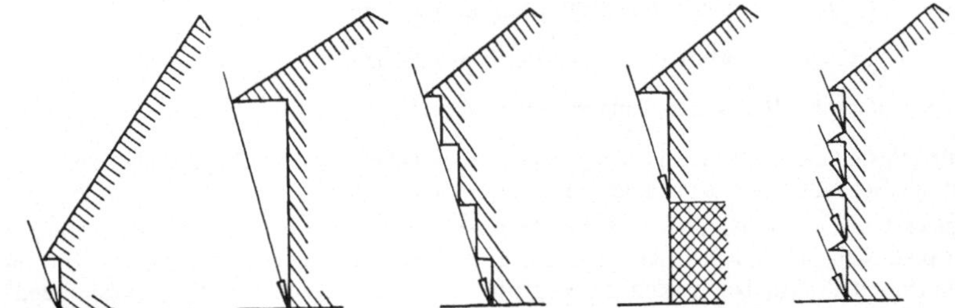

Bild 10.5    Gestaltung einer Fassade zwecks Schlagregenschutz (tiefgezogenes Dach, großer Dachüberstand, geschoßweise versetzte Außenwände, unterschiedliche Wandarten und Gesimse)

Die Baustoffwahl bei Außenwänden ist stets in Verbindung mit dem Wandaufbau (Bild 10.6) zu sehen: Einerseits kann eine homogen aufgebaute Wand aus einem Wandbaustoff gewählt werden, der von Natur aus nur wenig oder nur langsam Wasser aufnimmt, wie z. B. Sichtbeton, oder der genügend speicherfähig ist bei entsprechender Wanddicke (Bild A). Zweitens kann vor der Wand eine hinterlüftete Schale angebracht werden, welche den Regen abhält (Bild B). Schindeln und Platten auf Traggerüsten oder freistehende Vormauerschalen wirken in diesem Sinne. Die schützende Schale selbst darf durchfeuchten, wenn ihr das aus anderen Gründen nicht schadet. Drittens kann die Oberfläche einer Wand durch Anstriche, mineralische Putze, Kunstharzputze, Imprägniermittel usw. so gegen Wasseraufnahme behandelt werden, daß die Wand schlagregensicher wird (Bild C). Die von Rissen in der Wand ausgehende Gefahr ist hierbei mehr zu beachten als im Fall A, weil das an der Wandoberfläche ablaufende Niederschlagswasser konzentriert auf die Risse einwirkt. Dem kann durch rißüberbrückende Beschichtungen oder Hydrophobieren der oberflächennahen Rißflanken entgegengewirkt werden. Schließlich kann in die Wand eine undurchlässige Schicht eingebaut werden (Bild D), z. B. eine geschlossene Mörtelschale, eine hydrophobe Kerndämmschicht oder eine Dichtungshaut in Form einer Kunststoff-Folie, eines Bitumenpapiers usw.

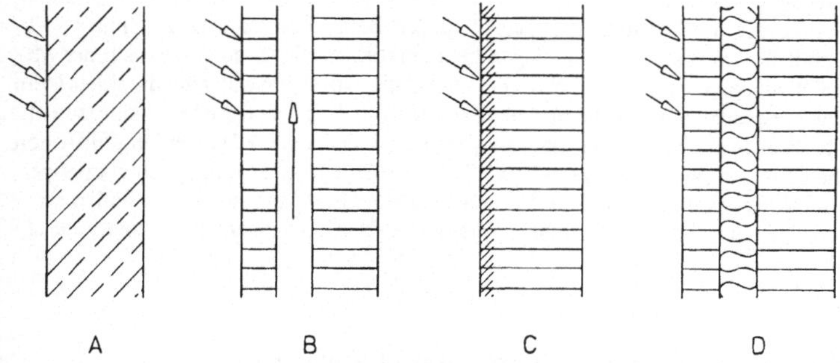



Bild 10.6   Möglichkeiten des Schlagregenschutzes bei der Konzeption des Außenwand-Querschnittes

Bei der Wahl der Maßnahmen gegen Schlagregen an Außenwänden leisten die Empfehlungen in DIN 4108, Teil 3 [96] Hilfe: Dazu muß zunächst die Intensität der Schlagregenbeanspruchung durch Einordnung des Gebäudes in eine von drei Beanspruchungsgruppen gekennzeichnet werden:

Gruppe I :   Geringe Schlagregenbeanspruchung

Gruppe II:   Mittlere Schlagregenbeanspruchung

Gruppe III:   Starke Schlagregenbeanspruchung

Kriterien sind die Jahresniederschlagsmenge, der Windreichtum der Gegend, die Exponiertheit des Gebäudestandortes und die Höhe des Gebäudes.

Tabelle I in DIN 4108, Teil 3 enthält für diese drei Schlagregenbeanspruchungsgruppen Beispiele schlagregendichter Außenwände. Eine Kurzfassung davon ist auf Tafel 10.1 zusammengestellt. Hierbei werden die Begriffe „wasserhemmend" und „wasserabweisend" für Außenputze und Fugemörtel mit der in Abschnitt 3.5.2 definierten Bedeutung benützt.

Beim Einsatz von Sichtmauerwerk sind die in DIN 1053 [94] angegebenen Bedingungen zu beachten: Einschaliges Sichtmauerwerk an Gebäuden für den dauernden Aufenthalt von Menschen muß in jeder Steinlage mindestens zwei Steinreihen aufweisen, zwischen denen eine durchgehende, schichtweise versetzte, hohlraumfrei vermörtelte, 2 cm dicke Längsfuge verläuft (Bild 10.7). Auch ist das Mauerwerk im gesamten Querschnitt vollfugig und kraftschlüssig zu mauern. Zweischaliges Sichtmauerwerk ohne Luftschicht muß zwischen den beiden Mauerwerksschalen eine Mörtelschale von 2 cm Dicke enthalten, welche keine Unterbrechung aufweisen darf und als Putz auf die zuerst errichtete Hintermauerschale aufzubringen ist. Die Außenschale ist vollfugig und kraftschlüssig aus frostbeständigen Baustoffen zu mauern. Die Innenschale und die Geschoßdecke sind an den Fußpunkten der Außenschale gegen rückstauende Sickerfeuchte zu schützen. Ein solcher Schutz ist auch

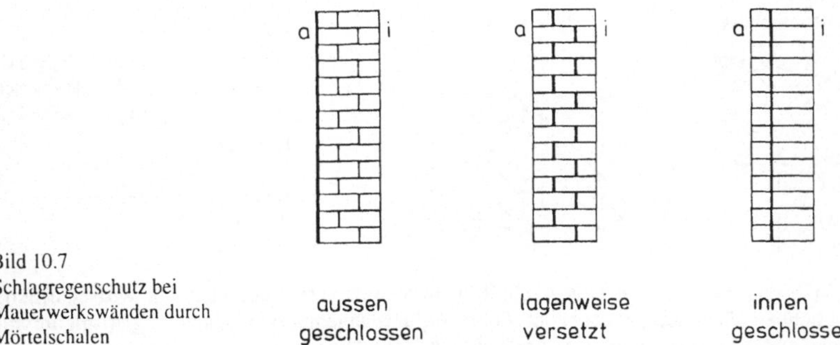



Bild 10.7
Schlagregenschutz bei
Mauerwerkswänden durch
Mörtelschalen

bei hinterlüfteter Außenschale anzuwenden. Da die angegebenen Bedingungen eine sehr sorgfältige Erstellung des Mauerwerks erfordern, welche nicht immer gewährleistet ist, hat sich einschaliges Sichtmauerwerk ebenso wie zweischaliges ohne Luftschicht bezüglich Schlagregendichtigkeit in der Vergangenheit als riskante Bauweise erwiesen. Die Neufassung der DIN 1053 hat hier günstige Änderungen gebracht.

Bei den Wandbekleidungen werden in Tafel 10.1 zwei Ausführungsarten unterschieden: Die in DIN 18 515 [110] genormten Plattenverkleidungen aus Naturstein, Betonwerkstein und keramischen Platten und die in DIN 18 516 [112] genormten, leichteren und größeren Platten auf Traggerüsten, wie z. B. Faserzementplatten.

Tafel 10.1   Feuchtetechnische Anforderungen an Außenwände beim Schlagregenschutz nach DIN 4108

| Wandbauart | Schlagregen-Beanspruchungsgruppe | | |
|---|---|---|---|
| | I | II | III |
| Putz DIN 18 550 | ohne Anforderung | wasserhemmend | wasserabweisend |
| Kunstharzputz | nach DIN 18 550, Teil 3 | | |
| Sichtmauerwerk DIN 1053 | einschalig ≥ 31 cm | einschalig ≥ 37,5 cm | zweischalig, mit oder ohne Luftschicht |
| Bekleidung | nach DIN 18 515 [110] angemörtelt oder angemauert | | |
| | | | zusätzlich Unterputz und wassserabweisender Fugenmörtel |
| | nach DIN 18 515 [110] hinterlüftet | | |
| | nach DIN 18 516 [111] | | |
| Beton Leichtbeton | gefügedicht | | |
| Holzbau nach DIN 68 800, Teil 2 | mit 11,5 cm Vormauerschale | | |
| | | | zusätzlich hinterlüftet |
| | Bekleidung nach DIN 18 516 [111] | | |

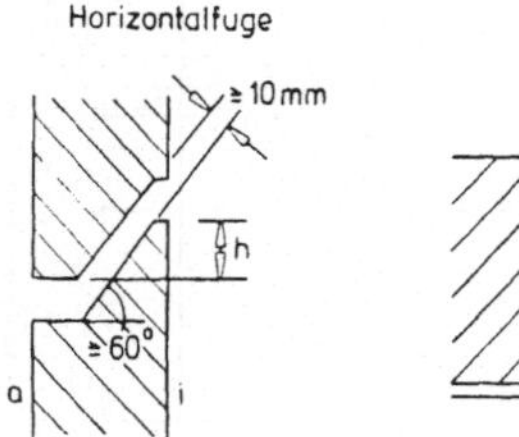


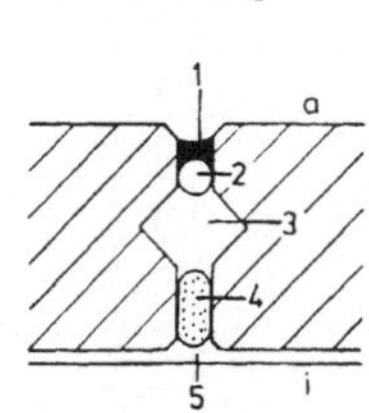


Bild 10.8
Konstruktive Ausbildung von Fugen zwischen großformatigen Wandelementen zum Erreichen von Schlagregensicherheit

1 Dichtstoff
2 Schaumstoffband
3 Druckentspannungskammer
4 Windsperrstoff
5 Innenputz

Es ist bedauerlich, daß in DIN 4108, Teil 3 die weit verbreitete und sehr wirtschaftliche Möglichkeit, Sichtmauerwerk, Putz, Gasbeton und angemörtelte Bekleidungen mit Imprägniermitteln, Versiegelungen, Anstrichen usw. gegen Wasseraufnahme zu behandeln, überhaupt nicht angesprochen ist. Zwar ist an einigen Stellen von wasserhemmendem und wasserabweisendem Außenputz und von wasserabweisendem Fugenmörtel die Rede, unklar ist aber, ob hier durch Zusätze vergütete Baustoffe oder nachträglich behandelte Bauteile gemeint sind.

In DIN 4108, Teil 3 werden auch Empfehlungen zur Ausbildung der Fugen zwischen vorgefertigten großformatigen Wandplatten gegeben (Bild 10.8 und Tafel 10.2). Hierbei werden für Vertikalfugen nur bei Vorliegen der Schlagregen-Beanspruchungsgruppe III Maßnahmen für notwendig gehalten. Horizontalfugen sollen entweder offen sein und müssen dann in bestimmter Weise schwellenförmig ausgebildet werden oder sie sollen mit dauerelastischen Dichtstoffen verschlossen werden und brauchen dann nur noch mit entsprechend kleineren Schwellen ausgestattet zu sein.

Die Schlagregendichtheit von Fenstern ist in DIN 18 055 [101] geregelt, in der die Fenster in die Beanspruchungsgruppen A bis D eingeteilt sind. Die Beanspruchungsgruppe ist im Leistungsverzeichnis anzugeben. Gemäß Tafel 10.3 ist die Gebäudehöhe das Kriterium im Normalfall, jedoch können in Sonderfällen auch andere Aspekte (z. B. geographische Lage, Einbauart der Fenster usw.) maßgeblich sein. Bei Wahl der Gruppe D sind die Anforderungen anzugeben.

Tafel 10.2   Zuordnung von Fugenabdichtungsarten und Schlagregenbeanspruchungsgruppen nach DIN 4108

| Fugenart | Beanspruchungsgruppe I geringe Schlagregenbeanspruchung | Beanspruchungsgruppe II mittlere Schlagregenbeanspruchung | Beanspruchungsgruppe III starke Schlagregenbeanspruchung |
|---|---|---|---|
| Vertikalfugen | | | konstruktive Fugenausbildung |
| | | | Fugen nach DIN 18 540 Teil 1 |
| Horizontalfugen | offene, schwellenförmige Fugen, Schwellenhöhe h ≥ 60 mm | offene, schwellenförmige Fugen, Schwellenhöhe h ≥ 80 mm | offene, schwellenförmige Fugen, Schwellenhöhe h ≥ 100 mm |
| | | | Fugen nach DIN 18 540 Teil 1 mit zusätzlichen konstruktiven Maßnahmen, z. B. mit Schwelle h ≥ 50 mm |

Tafel 10.3   Beanspruchungsgruppen für die Fugendurchlässigkeit und Schlagregendichtigkeit von Fenstern nach DIN 18 055

| Beanspruchungsgruppe | A | B | C | D |
|---|---|---|---|---|
| Prüfdruck in Pa<br>entspricht Windstärke | ≤ 150<br>≤ 7 | ≤ 300<br>≤ 9 | ≤ 600<br>≤ 11 | Sonder-<br>regelung |
| Gebäudehöhe in m (Richtwert) | ≤ 8 | ≤ 20 | ≤100 | |

Schlagregen kann nicht nur in dem Sinne wirken, daß er außen liegende Schichten durchfeuchten und in Extremfällen ganze Wände durchnässen kann. Auch die Möglichkeit einer schädigenden Wirkung des aufgenommenen Wassers, insbesondere auf nicht frostbeständige Baustoffe, ist zu beachten. Schließlich ist eine Fassade als das „Gesicht des Bauwerks" auch unter ästhetischen Aspekten zu beurteilen: Ausblühsalze, Schmutzfahnen, Auswaschungseffekte, biologischer Bewuchs usw. sind nicht seltene Folgen der Beaufschlagung von Fassaden durch Regen. Vermeidbare Fassadenverschmutzungen können einen Bauwerksmangel darstellen ([46] Band 4, Seiten 80/81 sowie Seiten 84/85 und Seiten 86/87). C. S o e r g e l unterscheidet bei den vermeidbaren Fassadenverschmutzungen die vorschnelle, die übermäßige und die stellenweise Verschmutzung.

Spritzwasser tritt dort auf, wo Regen auf horizontale oder schwach geneigte Flächen auftrifft und zurückgeschleudert wird. Dabei können angrenzende, aufsteigende Bauteile durchfeuchtet und geschädigt oder nur verschmutzt werden. Gefährdet sind insbesondere Außenwände umittelbar über dem Gelände, über Gesimsen und über Balkonkragplatten, ferner Säulenfüße, Brüstungen usw. Im Spritzwasserbereich sind daher entweder zusätzliche Schutzmaßnahmen erforderlich oder es dürfen nur gegen Feuchte, Frost und Verschmutzung unempfindliche Baustoffe eingesetzt werden. Man kann bei gefährdeten Baustoffen, beispielsweise Holz, auch einen Abstand vom Spritzwasserbereich einhalten. Schäden infolge Spritzwasser werden immer wieder irrtümlich auf aufsteigende Erdfeuchte zurückgeführt.

## 10.4   Maßnahmen gegen aufsteigende Feuchte

Folgende Maßnahmen gegen kapillar aufsteigende Feuchte in Wänden, Stützen usw. stehen zur Verfügung:

a) Horizontal- und Vertikalabdichtungen gemäß DIN 18 195, Teil 4 (Abschnitt 10.6). Derartige Abdichtungen müssen an Neubauten regelmäßig ausgeführt werden. Ältere Bauwerke weisen solche Abdichtungen allerdings um so seltener auf, je älter sie sind.

b) Durch Baustoffschichten mit großen Porenweiten (Dränplatten, Dränmatten, Kiesschichten, Filtersteine usw.) sowie durch sehr feinporige Baustoffe (Beton, Zementputz, dichte Natursteine usw.) und durch porenfreie Stoffe (Asphaltbeton, Gußasphalt, Bitumenbahnen, Polymerfolien, Metallfolien, Metallbleche, Kunststoffestriche und Polymerbeschichtungen) kann Kapillarwasser abgehalten werden. Denn kapillarer Aufstieg von Wasser in Baustoffen setzt Porendurchmesser von etwa 0,5 mm bis etwa 0,2 μm voraus (Abschnitt 5.6). In diesem Sinne werden in Süddeutschland die Außenwände der Untergeschosse nahezu aller Gebäude in gefügedichtem Beton und nur die Innenwände in (saugfähigem) Mauerwerk mit Horizontalsperren errichtet. Außenputze sind unter der Erde zur Begrenzung der kapillaren Wasseraufnahme in Mörtelgruppe III (Zementputz) und mit zusätzlichen Bitumenanstrich auszuführen.

c) Horizontalsperren können in Wände auch noch nachträglich eingebaut werden. Dazu kann Mauerwerk bereichsweise ausgebaut und nach Verlegung der Sperrschicht wieder eingebaut werden. Auch kann in gemauerten Wänden eine Lagerfuge aus wasserdichtem Mörtel, z. B. aus Epoxidmörtel erstellt werden, welche eine relativ unauffällige Sperrschicht bildet. Ferner kann mit speziellen Steinsägen zunächst von der einen Seite und dann von der anderen auf die ganze Länge der halbe Wandquerschnitt mit einem Sägeschlitz versehen und mit einer Sperrschicht und geeignetem Mörtel wieder gefüllt werden. Bei einer anderen Arbeitsmethode wird auf etwa 1 m Länge der ganze Wandquerschnitt durchgesägt und mit Dichtung und Mörtel gefüllt und dann der nächste Wandabschnitt ebenso behandelt. Schließlich kann man in genügend weiche Mörtelfugen gewellte Bänder aus nichtrostendem Stahl als Dichtungsschicht einrammen.

d) Porige Wände können im Injektionsverfahren (Bild 10.9) entweder porenfüllend oder hydrophobierend gedichtet werden. Zur Porenfüllung dienen Injektionsmittel auf Basis Zement, Wasserglas, Polyurethan und Epoxid, wobei die Reihenfolge der Anwendbarkeit bei zunehmend dichteren Baustoffgefügen entspricht. Zur Hydrophobierung dienen spezielle Silikonlösungen. Die Einbringung kann nahezu drucklos durch Schwerkraft oder durch Niederdruck (etwa 3 bis 7 bar) erfolgen. Die Dauer des Einbringens darf nicht zu kurz sein. Die Injektionslöcher haben Durchmesser von 15 bis 30 mm und müssen so zahlreich sein, daß die gedichteten Bereiche um die Bohrlöcher herum eine lückenlose Barriere bilden. Dazu darf erfahrungsgemäß der Bohrlochabstand nicht größer als etwa 15 cm sein. Bei Mauerwerk aus relativ dichten Steinen sind die Bohrlöcher vorzugsweise in Kreuzungspunkten des Mauermörtels anzuordnen.

e) Durch Elektrokinese (Elektro-Osmose) im passiven und im aktiven Verfahren sind manche Bauwerke erfolgreich gedichtet worden, andere ohne Erfolg (Abschnitt 3.7).

f) „Mauerlungen" und „Entfeuchtungsröhrchen", welche zur Förderung der Verdunstung der aufsteigenden Feuchte im Sockelbereich in Wände eingesetzt werden, haben erfahrungsgemäß wenig Nutzen. Dagegen kann man durch Freilegung der Außenwand im Untergeschoßbereich (Bild 10.10) die Wandfeuchte abdunsten lassen und damit ihr Aufsteigen in den Erdgeschoßbereich unter Umständen verhindern ([46], Band 3, Seite 40).

g) Gelingt es mit wirtschaftlich vertretbarem Aufwand nicht, die aufsteigende Feuchte aus der Wand zu entfernen, kann durch sogenannte Sanierputze (sehr porige, hydrophobe, etwa 3 cm dick aufzutragende mineralische Putze) die raumseitige Wandoberfläche trocken gehalten werden. Auch Dichtungsschlämme sind in diesem Sinne im Bereich der

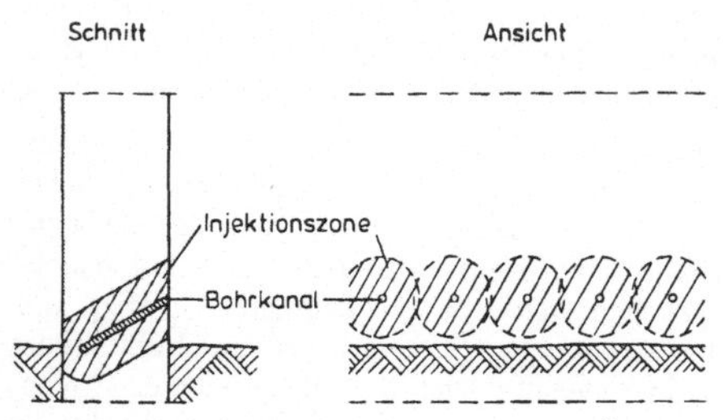


Bild 10.9 Anordnung der Bohrkanäle und Überlappung der Injektionszonen bei der Injektionsdichtung von Wänden gegen aufsteigende Feuchte

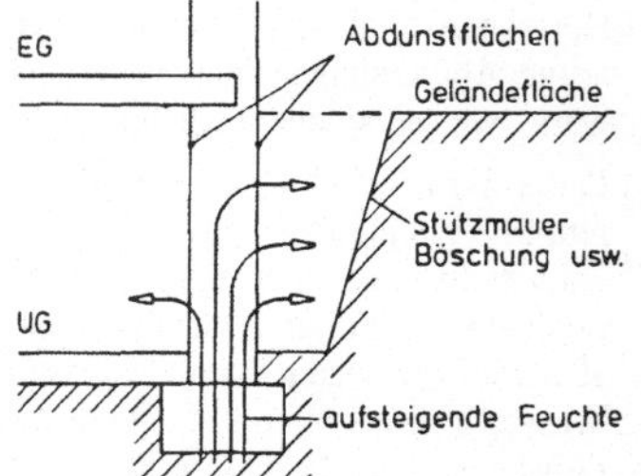


Bild 10.10 Vergrößerung der Abdunstfläche zur Reduzierung der Aufsteighöhe von Feuchte in Wänden

Altbausanierung schon oft mit Erfolg eingesetzt worden. Hinterlüftete Wandverkleidungen oder Vormauerschalen können ebenfalls eine sinnvolle Problemlösung darstellen. Maßnahmen zur Sicherstellung der Hinterlüftung werden in Abschnitt 10.5 besprochen.

h) Bodenflächen in Erdgeschossen und Untergeschossen können gegen aufsteigende Feuchte durch Verlegen von Gusasphalt-Estrichen abgesperrt werden, welche entweder direkt begangen oder kunststoffbeschichtet oder mit Fliesen belegt werden können. Auch ist eine Horizontalsperre gemäß DIN 18 195 (Abschnitt 10.6) unter Estrichen anwendbar.

## 10.5  Sicherstellung einer ausreichenden Hinterlüftung

Hinterlüftungen werden zur Begrenzung einer Durchfeuchtung infolge Schlagregen, zur Abfuhr von anfallendem Tauwasser und zur Schaffung trockener und warmer Wandoberflächen, z. B. in Untergeschossen, ausgeführt. Auch sind sie wirksam als sommerlicher Wärmeschutz, wozu sie auf der Außenseite der Raumbegrenzungsflächen anzuwenden sind. Die physikalischen Gesetzmäßigkeiten der Hinterlüftung sind in Abschnitt 3.4 besprochen; G e r t i s [48] behandelt diese Grundlagen ausführlich.

Aus bauphysikalischer Sicht gibt es keinen zwingenden Grund für einen einzuhaltenden Mindestabstand zwischen dem eigentlichen Bauteil und der hinterlüfteten Schale. Ein Abstand von im Mittel 2 cm erscheint aber ausreichend, die Übertragung flüssigen Wassers unter baupraktischen Bedingungen auszuschließen. Die Belüftungsöffnungen am oberen und unteren Ende der vorgesetzten Schale sollen möglichst groß sein. Damit wird die Feuchtigkeit im Spalt rasch abgeführt. Das ist keine zwingende, sondern eine zweckmäßige Forderung. Am Fußpunkt der Schale soll ein schadloses Abfließen von eventuell anfallendem Tauwasser möglich sein. Bei kleinflächigen Bekleidungsplatten ist eine Hinterlüftung wegen der großen Fugendurchlässigkeit meist nicht erforderlich. Die einschlägigen Normen geben Hinweise auf die bei der betreffenden Bauweise anzuwendenden konstruktiven Maßnahmen. Andere Maßnahmen aufgrund besonderer Nachweise sollen damit nicht ausgeschlossen werden. Im folgenden wird aus den genannten einschlägigen Normen zitiert.

Hinterlüftete Fassadenbekleidungen aus Naturwerkstein, Betonwerkstein und keramischen Baustoffen sollen folgende Forderungen gemäß DIN 18 515 [111] erfüllen: „Die Luftschicht hinter den Platten muß mindestens 20 mm dick sein. Sie soll durch horizontale Be- und Entlüftungsschlitze am unteren und oberen Abschluß der Fassadenbekleidung mit der Außenluft in Verbindung stehen. Ihre Größe soll insgesamt 1 bis 3‰ der bekleideten Fläche betragen. Besteht der Untergrund aus Stoffen mit hoher Wasserdampfdurchlässigkeit bzw. Wasseraufnahmefähigkeit, ist der höhere Wert einzuhalten. Eine Hinterlüftung ist auch durch gleichmäßig verteilte, offene Horizontal- oder Vertikalfugen unter Verwendung der Plattenfugen möglich".

Außenwandbekleidungen auf Unterkonstruktion müssen, falls sie hinterlüftet werden sollen, gemäß DIN 18 156 E [112] folgenden Bedingungen genügen:

a) Der Belüftungsraum soll möglichst unmittelbar hinter der Bekleidung angeordnet sein.

b) Die Spaltbreite soll mindestens 2 cm betragen. Belüftungskanäle müssen mindestens 4 cm$^2$ Querschnitt haben, der Achsabstand der Kanäle darf 20 cm nicht übersteigen. Die Be- und Entlüftungsöffnungen müssen Querschnitte von mindestens 50 cm$^2$/m Wandlänge bei einer kleinsten Abmessung von 2 cm aufweisen. Dies gilt jedoch nicht für Schutzgitter.

c) Konstruktion und Montageanleitung müssen gewährleisten, daß der Belüftungsraum nicht durch planmäßige oder zufällige Ereignisse eingeengt oder verschlossen werden kann.

Belüftete Dächer, deren Wärmeschutz der DIN 4108 genügt und die auch folgende Forderungen erfüllen, sind nach DIN 4108, Teil 3 [96] ohne weiteren Nachweis unbedenklich bezüglich Tauwasseranfall (Bild 10.11):

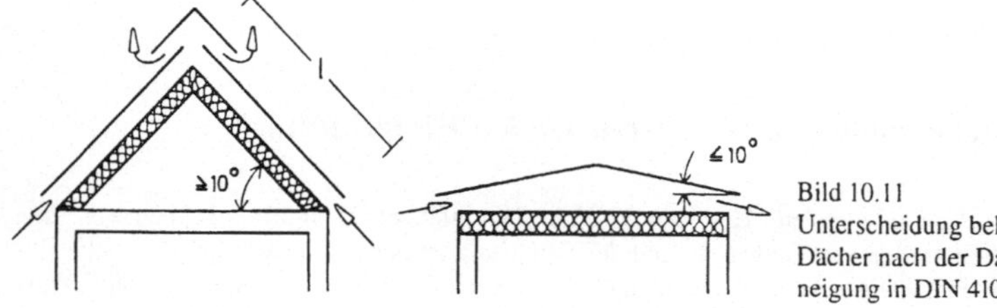


Bild 10.11
Unterscheidung belüfteter
Dächer nach der Dach-
neigung in DIN 4108, Teil 3

a) Belüftetes Dach, Neigung $\geq 10°$

Lüftungsquerschnitt am Trauf: $\geq$  2‰ der betreffenden Dachfläche $\geq 200$ cm$^2$/m

Lüftungsquerschnitt am First: $\geq 0,5$‰ der gesamten Dachfläche  $\geq 200$ cm$^2$/m

Lüftungsquerschnitt im Dachbereich: $\geq 2$ cm

$s_d$-Wert aller Schichten unterhalb des Luftspaltes bei vorgegebener Sparrenlänge l:

l $\leq$ 10 m:  $s_d \geq$  2 m

l $\leq$ 15 m:  $s_d \geq$  5 m

l $\leq$ 15 m:  $s_d \geq$ 10 m

b) Belüftetes Dach, Neigung $< 10°$

Lüftungsquerschnitt je Trauf: $\geq 2$‰ der gesamten Dachfläche

Höhe d des Lüftungsspaltes:  $\geq 5$ cm

$s_d$-Wert aller Schichten unterhalb des Luftspaltes: $\geq 10$ m

Wärmedurchlaßwiderstand unterhalb einer Dampfsperre ($s_d \geq 100$ m):

$\leq 20\%$ des Gesamt-Wärmedurchlaßwiderstandes

Durch sinnvolle Plazierung der Ein- und Austrittsöffnungen für die Luft ist insbesondere bei komplizierten Dachflächen eine restlose Durchlüftung sicherzustellen. Bei komplizierten Gebäudeformen ist auch zu prüfen, ob die Windumströmung der Gebäude tatsächlich zu Winddruck an einer Seite des Daches und zu Windsog an der anderen Seite führt.

Hinterlüftete Vormauerschalen sind unbedenklich hinsichtlich Tauwasseranfall, wenn sie DIN 1053, Blatt 1 [94] erfüllen. Dort sind zur Sicherung der Hinterlüftung folgende Forderungen genannt:

Luftspalt: mindestens 4 cm dick

Beginn der Luftschicht: $\leq 10$ cm über Erdgleiche

Lage der Lüftungsöffnungen: am oberen und am unteren Spaltende, auch im Brüstungsbereich

Größe der Lüftungsöffnungen oben und unten: jeweils 150 cm$^2$ Fläche pro 20 m$^2$ Wandfläche

Diese in DIN 1053 genannten Forderungen führen zu einer gebremsten Hinterlüftung, welche zur Abfuhr des im Winter an der Rückseite der Außenschale anfallenden Tauwassers im Jahreszyklus ausreicht. Jedoch haben die Luftschicht und die Außenschale im Sinne des winterlichen Wärmeschutzes noch eine positive Wirkung.

## 10.6 Grundsätze der Bauwerksabdichtung

Eine Bauwerksabdichtung ist eine fugenlos wasserdichte, flexible Schicht, welche geschützt zwischen anderen Baustoffschichten angeordnet und in aller Regel auf Bitumen- oder Kunststoffbasis formuliert ist.

Der gesamte Komplex der Bauwerksabdichtung ist in DIN 18 195 [102 bis 110] genormt und von H a a c k und E m i g [62] sowie von L u f s k y [72] beschrieben und kommentiert worden. Man hat dabei zwischen Erdfeuchte, nichtdrückendem Wasser und von innen oder von außen drückendem Wasser zu unterscheiden:

**Erdfeuchte** ist das im Boden vorhandene, sorptiv und kapillar gebundene Wasser, das beim Kontakt von Boden mit Baustoffen an letztere abgegeben werden kann.

**Nichtdrückendes Wasser** ist fließfähiges Wasser mit keinem oder nur geringfügigem und nur vorübergehendem hydrostatischem Druck, das als Niederschlag, Sickerwasser oder Brauchwasser anfällt.

**Drückendes Wasser** übt auf die Abdichtung einen hydrostatischen Druck aus und kommt z. B. als Grundwasser und als Rohr- oder Behälterinhalt vor. Es wird unterschieden in „von außen" drückendem und „von innen" drückendem Wasser.

Zur normgemäßen **Abdichtung gegen Erdfeuchte** verwendet man bitumenhaltige Stoffe in Form von Anstrichen, Spachtelmassen und Dichtungsbahnen sowie Kunststoff-Dichtungsbahnen. Es muß stets davon ausgegangen werden, daß der Baugrund feucht ist und daß dessen Feuchte durch Kontakt auf die Bauteile übergeht. Es wird nur gegen kapillaren Wassertransport und nicht etwa gegen Diffusion gedichtet. Die Anordnung der Abdichtungsschichten gegen Erdfeuchte gliedert sich in Horizontaldichtungen, welche in Wände und Böden eingebaut werden, sowie in Vertikalabdichtungen, die auf die Außenseite von Außenwänden aufgebracht werden (Bild 10.12). Da ein Nachweis der Rißüberbrückung durch die Dichtungsschicht nicht verlangt wird, können auch Anstriche und Spachtelmassen eingesetzt werden. Die weniger aufwendigen Maßnahmen gegen Erdfeuchte dürfen allerdings nur dann zum Einsatz kommen, wenn das Auftreten von nichtdrückendem oder drückendem Wasser mit Sicherheit ausgeschlossen ist. Daher müssen die betreffenden Bauwerke durch Dränung [75], [95] bis in Fundamenttiefe entwässert werden; der Baugrund darf nicht bindig sein, weil in bindigen Böden bei vorübergehend starkem Wasseranfall nichtdrückendes Wasser auch bei Vorliegen von Dränmaßnahmen nicht ausgeschlossen werden kann, und es darf sich nicht um eine Hanglage handeln, wo mit Stauwasser gerechnet werden muß.

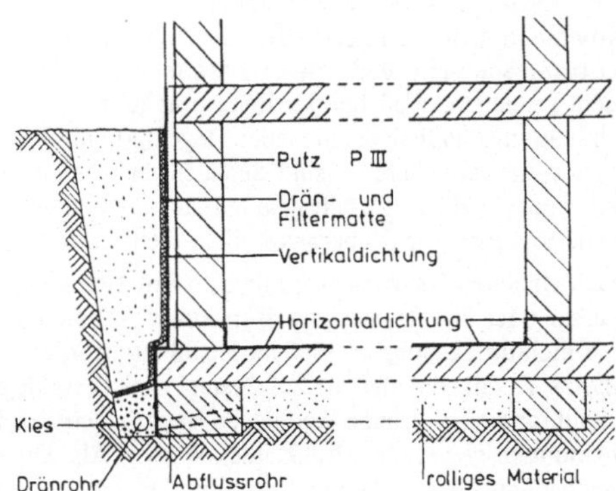


Bild 10.12
Maßnahmen gegen Erdfeuchte: Kapillarbrechendes rolliges Material, Dränrohre, Filter- und Dränmatten sowie Horizontal- und Vertikal-Dichtungen

Bei der Wahl der Abdichtungsmaßnahme gegen Erdfeuchte sollte man beachten, welche Nutzung der eingeerdeten Räume vorgesehen ist. Die übliche Bauweise von Untergeschossen ist nicht für feuchtigkeitsempfindliche Lagergüter oder für Aufenthaltsräume konzipiert. Auch der Baustoff der erdberührten Bauteile spielt eine wichtige Rolle: Stahlbeton kann relativ leicht so hergestellt werden, daß er praktisch keine kapillare Saugfähigkeit besitzt und damit gegen Erdfeuchte dicht ist und nicht zusätzlich gedichtet werden muß. Asphalt kann ebenfalls so hergestellt werden, daß er nicht kapillaraktiv ist und daher als Horizontaldichtung gegen Erdfeuchte (und gleichzeitig als Bodenbelag!) dienen kann. Analoges gilt für Kunststoff-Estriche.

Die Maßnahmen gegen **drückendes Wasser** bestehen in der vollständigen Umhüllung der betreffenden Bauwerksteile mit wenigstens 2, höchstens 5 Lagen von Dichtungsbahnen, welche vollflächig miteinander verklebt sein müssen (Bild 10.13). Die Zahl der Lagen richtet sich nach dem zu erwartenden maximalen Wasserdruck und der Art der Bahnen. Durch vollflächige Verklebung aller Lagen untereinander wird bewirkt, daß eine Undichtigkeitsstelle in einer Dichtungslage in dieser isoliert bleibt, d. h. keine Verbindung zu einer evtl. Undichtigkeitsstelle in einer anderen Dichtungslage zustandekommt. Nach den Gesetzen der Wahrscheinlichkeit ist dann derjenige Fall, der zur Undichtigkeit der Gesamtdichtung führen würde, nämlich daß Undichtigkeitsstellen in allen Lagen genau übereinander auftreten, nicht zu erwarten. Die größte Gefahr für das Entstehen von Undichtigkeiten in der Abdichtung besteht an Durchdringungen, Fugen und Rissen im Bauwerk.

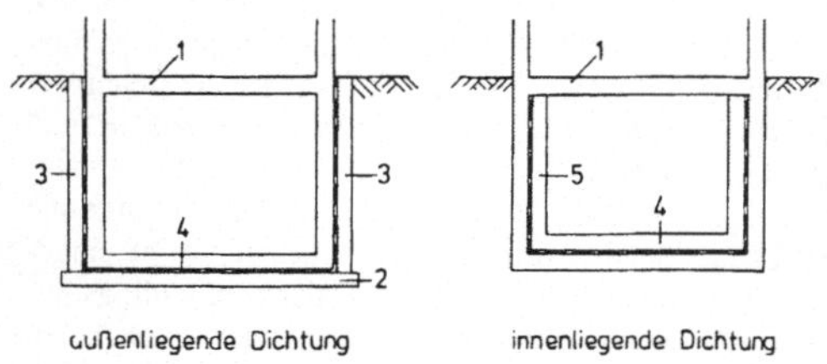


Bild 10.13
Maßnahmen gegen drückendes Wasser: Außenliegende oder innenliegende Wanne. (1 Tragkonstruktion, 2 Sauberkeitsschicht, 3 Stützmauerwerk, 4 Abdichtung, 5 innenliegende Stützkonstruktion)

Wasserdruckhaltende Abdichtungen müssen in allen Einzelheiten sorgfältig geplant werden und so flexibel und robust sein, daß sie einen langsam sich öffnenden Riß im Bauwerk von maximal 5 mm Spaltbreite unter voller Erhaltung der Dichtigkeit überbrücken können. Dies wird durch flexible Werkstoffe erreicht, d. h., entweder durch fließfähiges Bitumen mit Vlies-, Gewebe- oder Folienarmierung oder durch elastomere Kunststoffbahnen in Kombination mit armierten Bitumenbahnen. Andererseits müssen die Bauwerke natürlich so bemessen sein, daß die zu erwartenden Rißweiten die überbrückbaren mit Sicherheit nicht erreichen. Weil bei der Beanspruchung von Bauwerken durch drückendes Wasser die Abdichtungsmaßnahmen in aller Regel gründlich geplant und ausschließlich von Fachfirmen ausgeführt werden, sind Schäden an wasserdruckhaltenden Abdichtungen relativ selten. Treten jedoch Undichtigkeiten auf, dann sind diese in der Regel nur mit großem Aufwand und manchmal überhaupt nicht mehr zu beseitigen.

**Nichtdrückendes Wasser** kommt im Erdreich als Sickerwasser, im Freien als Oberflächenwasser oder Niederschlagswasser und in Räumen als Brauchwasser vor. Abdichtungen gegen nichtdrückendes Wasser im Hochbau erfordern ebenfalls eine sorgfältige Konstruktion bis ins Detail, die sich in Zeichnungen niederschlagen muß, und eine sorgfältige Arbeitsausführung. Ein großer Anteil der Bauschäden des Hochbaus beruht auf fehlerhaften Abdichtungen gegen nichtdrückendes Wasser. Als dichtende Schicht werden mehrlagige Bitumenbahnen oder einlagige Kunststoffbahnen sowie Kombinationen aus beiden eingesetzt.

Die mehrlagige, heiß verklebte bituminöse Abdichtung ist als eine sehr robuste (Gesamtdicke etwa 10 mm), lange bewährte, jedoch verarbeitungstechnisch aufwendige Maßnahme anzusehen. Demgegenüber ist die einlagige Kunststoff-Bahnenabdichtung eine relativ junge Bauweise mit mechanischer Empfindlichkeit (Dicke der Kunststoffdichtungsbahn etwa 1,5 mm), aber recht bequemer Verarbeitung und kurzer Ausführungszeit. Wegen der Perforationsgefahr müssen einlagige Kunststoffbahnen zwischen zwei kräftige Vliese oder andere Schutzschichten eingelegt werden. Die Baustellennähte müssen auf Dichtigkeit und Reißfestigkeit kontrolliert werden. Auch sind nur bestimmte Typen von Kunststoffbahnen zugelassen, deren Eigenschaften genormt sein und überwacht werden müssen und deren Dicken Mindestwerte erreichen müssen. Dabei ist auch zwischen mäßiger und starker Beanspruchung zu unterscheiden. Eine starke Beanspruchung liegt vor, wenn die Temperaturwechselbelastung einen Bereich von 40 Kelvin überschreitet, oder wenn die Wassereinwirkung ständig gegeben ist, oder wenn die Verkehrslasten nicht mehr vorwiegend ruhend sind, oder wenn die Abdichtung durch Fahrverkehr belastet wird. Die Wirksamkeit der verwendeten Abdichtung muß auch an langsam sich öffnenden Rissen oder Fugen mit einer maximalen Spaltbreite von 2 mm noch gegeben sein. Selbstverständlich müssen die wegen der geforderten Rißüberbrückung notwendigerweise flexiblen und daher gegen mechanische Beanspruchung empfindlichen Dichtungsschichten allseitig geschützt sein. Als nichtdrückend wird flüssiges Wasser auch dann noch bezeichnet, wenn etwa 5 cm Wasserspiegelhöhe nicht überschritten werden. Wenn an Abdichtungen gegen nichtdrückendes Wasser ein Wasserstau nicht völlig unmöglich ist, muß durch wenigstens zwei Abläufe auch bei kleinen Flächen ein Wasserstau verhindert werden, und die Abdichtung ist an ihren Berandungen im Grundsatz trogartig etwa 15 cm über die Abdichtungsebene bzw. über die Nutzungsebene hochzuführen (Bild 10.14). Die hochgezogenen Ränder der Abdichtung müssen mechanisch befestigt werden, eine Verklebung allein ist an senkrechten Flächen nicht ausreichend. Eine planmäßige Belastung einer Bitumen- oder Kunststoff-Abdichtung durch scherende Kräfte und konzentrierte Punktlasten ist zu vermeiden. Für die Abdichtung eingeerdeter Außenwände im Wohnungsbau in bindigen Böden scheinen sich selbstklebende Dichtungsbahnen durchzusetzen.

Auf die Abdichtung von sogenannten **Feucht- und Naßräumen** (Bäder, Saunen, Küchen usw.) wird in DIN 18 195 nicht mehr ausdrücklich eingegangen. Der Planer muß entscheiden, welche Beanspruchung vorliegt und welche Abdichtungsart im speziellen Fall zu wählen ist. Hierzu kann aber gesagt werden, daß im konventionellen Wohnungsbau Abdichtungen gegen nichtdrückendes Wasser in Küchen, Bädern, WCs usw. im allgemeinen nicht üblich sind und von dadurch bedingten Feuchtigkeitsschäden auch fast nichts bekannt ist.

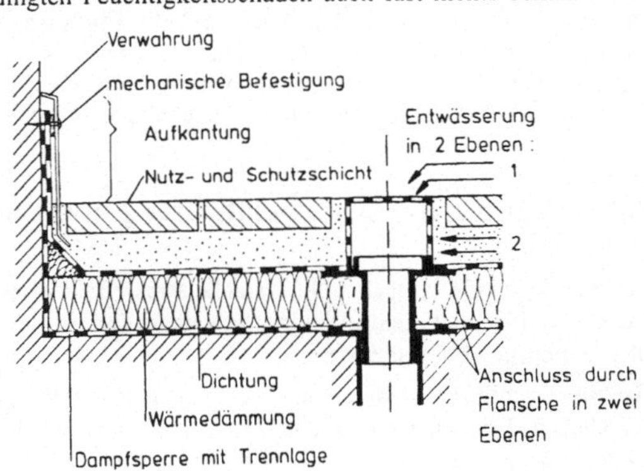


Bild 10.14
Maßnahmen gegen nichtdrückendes Niederschlagswasser auf einer Dachterrasse: Dichtung, Aufkantung, Verwahrung, Entwässerung usw.

Doch sind Bäder, Duschen, WCs usw. mit starker Nutzung, z. B. in Restaurants, Sportheimen, Krankenhäusern, Schulen usw., unbedingt gegen nichtdrückendes Wasser bis über die höchste Entnahmestelle, z. B. den Duschkopf, abzudichten. Auch die Bauweise kann entscheidend sein: Naßräume in Gebäuden in Holzbauweise oder mit Holzbalkendecken sollten immer abgedichtet werden. In Grenzfällen kann ein Dichtkleber ausreichend sein, der in einer Dicke von etwa 2 bis 3 mm aufgebracht wird und sowohl die Funktion der Dichtung als auch des Fliesenklebers übernimmt.

In den letzten 10 Jahren haben mineralisch gebundene **Dichtungsschlämmen** eine nennenswerte Verbreitung gefunden, wahrscheinlich wegen ihrer angenehmen Verarbeitbarkeit. Diese Schlämmen sind in Dicken von mehreren Millimetern aufzustreichen, haben ein für diese Werkstoffart relativ dichtes Gefüge und sind naturgemäß spröde, d. h. rißempfindlich. Die Anwendung wird durch bauaufsichtliche Zulassung geregelt [9]. Bei rißgefährdeten Untergründen (d.h. bei nahezu allen Bauweisen!) und bei drückendem Wasser dürfen Abdichtungen aus mineralisch gebundenen Dichtungsschlämmen nicht zur Anwendung kommen.

Aus wasserundurchlässigem Beton können **wasserdichte Stahlbetonbauwerke** hergestellt werden, die nicht zusätzlich gedichtet werden müssen. Dabei ist es kein Problem, den Beton so dicht herzustellen, daß durch sein Gefüge kein Wasser hindurchzufließen vermag. Schwieriger und nur mit entsprechendem Aufwand bei der Planung und bei der Bauausführung zu erreichen ist die Vermeidung von wasserdurchlässigen Rissen im Stahlbetonbauwerk. Sogenannte Schalenrisse und Biegerisse sind nicht wasserdurchlässig, wohl aber Trennrisse (Bild 10.15). Bei der Planung ist auf einfache und zwängungsfreie Tragsysteme zu achten, welche vor den Temperaturänderungen des Außenklimas geschützt sein sollten. Bei der Bauausführung sind die Eigenspannungen infolge der Hydratationswärme des abbindenden Zementes unschädlich zu machen, z. B. durch wärmedämmende Umhüllung der frisch erstellten Bauteile, durch langsam erhärtende Zemente und durch Eiszugabe anstatt Wasserzugabe in die Betonmischung.

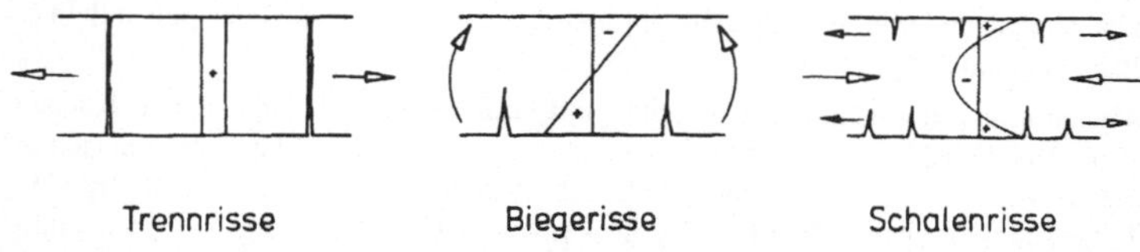


Bild 10.15   Klassifizierung der Risse in Beton bezüglich der Gefahr von Wasserdurchtritt

Auch in der gesamten Rohbauphase sind alle Einflüsse vom Bauwerk abzuhalten, welche dort zu rißerzeugenden Spannungen führen können. Wird ein solches wasserdichtes Stahlbetonbauwerk einmal trotzdem rissig, so können die Risse durch Rißinjektion mit Polyurethan oder Epoxidharz meist relativ leicht nachgedichtet werden.

## 10.7   Grundsätze der Dachdichtung und Dachdeckung

Dächer haben die Aufgabe, Niederschlagswasser sicher abzuleiten und das Eindringen von Regen und Schnee unter Winddruck weitgehend zu verhindern. Dabei sind Dachflächen der Witterung voll ausgesetzt.

Ist die Dachfläche weniger als 5 Grad gegen die Horizontale geneigt, spricht man von Flachdach. Ein solches muß eine Dachdichtung erhalten, d. h. eine lückenlos wasserdichte Schicht analog einer Bauwerksabdichtung gegen nichtdrückendes Wasser. Bei Dachneigungen von mehr als 5 Grad können grundsätzlich entweder Dachdichtungen oder Dachdeckungen ausgeführt werden. Dachdeckungen sind aus einzelnen Elementen zusammengefügte Dachflächen, welche den Niederschlag ableiten, jedoch wegen der Fugen zwischen den Elementen nicht wasserdicht wie eine Abdichtung sind. Die Art des Dachdeckungsmaterials (Dachziegel, Betondachstein, Schiefer, Wellplatten, gefalzte Blechtafeln usw.), die Formgebung, die gegenseitige Anordnung (Deckungsart) der Elemente sowie die Überdeckungslänge bestimmen die Mindestdachneigung, welche vorliegen muß, damit die betreffende Dachdeckung regendicht ist. Die Fugendurchlässigkeit einer Dachdeckung aus kleinformatigen Elementen ist so groß, daß auch bei ausgebauten Dachräumen die Dachdeckung bezüglich ihres Wasserdampfdiffusionswiderstandes nicht berücksichtigt zu werden braucht.

Geneigte Dächer werden durch die Witterung belastet, aber nur periodisch durch Feuchte beansprucht. Bauwerksabdichtungen dagegen sind immer durch weitere Baustoffschichten vor direkter Witterungseinwirkung geschützt, dafür aber meist durch Dauerfeuchte belastet. Flachdächer nehmen eine Mittelstellung ein. Dachterrassen sind, weil sie planmäßig im Sinne einer Verkehrsfläche genutzt werden und ihre Dichtungsschichten durch weitere Baustoffschichten gegen die aus der erwähnten Nutzung resultierende Beschädigungsgefahr geschützt sind, nicht als Dächer zu behandeln, sondern mit einer Bauwerksabdichtung zu versehen.

Die Dichtung und die Deckung von Dächern sind nach den Fachregeln des Dachdeckerhandwerks [119] zu planen und nach DIN 18 338, Dachdeckungs- und Dachdichtungsarbeiten [113], oder, im Falle gefälzter Metalldachdeckungen, nach DIN 18 339, Klempnerarbeiten, auszuführen. Wie sehr Flachdächer im Vergleich zu geneigten Dächern gegen Undichtigkeiten empfindlich sind und in welchen Bereichen geneigte Dächer gegen lokale Undichtigkeiten besonders empfindlich sind und daher einer besonders sorgfältigen oder zusätzlichen Abdichtung bedürfen, erkennt man an den sogenannten Einzugsflächen. Diese kennzeichnen die Gefährlichkeit einer Leckage an einem bestimmten Ort der Dichtfläche und umfassen definitionsgemäß diejenigen Dachbereiche, die das auf sie treffende Niederschlagswasser der Leckstelle zuleiten. Je größer die Einzugsfläche, desto schädlicher wirkt die Undichtigkeit. Auf Bild 10.16 sind verschiedene Dachformen mit einigen charakteristischen Einzugsflächen dargestellt.

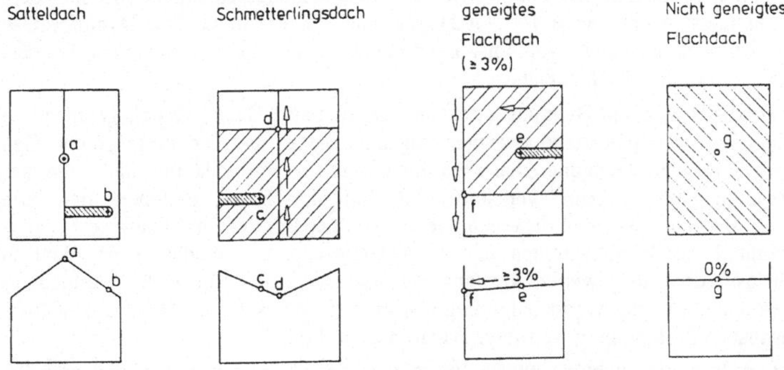


Bild 10.16   Einzugsflächen (schraffiert) möglicher Undichtigkeitsstellen a bis g in Dächern verschiedener Gestalt

Man unterscheidet einschalige und zweischalige Dächer (Bild 10.17) Bei einschaligen Dächern sind alle zur Erfüllung der verschiedenen bauphysikalischen Anforderungen (Regenschutz, Wärmeschutz, Tauwasserschutz usw.) notwendigen Baustoffschichten zu einem einzigen Schichtenpaket zusammengefügt. Bei den zweischaligen Dächern ist der Regenschutz auf einer besonderen Schale aufgebracht, welche durch einen belüfteten Spalt von der darunter angeordneten zweiten

Einschaliges Dach

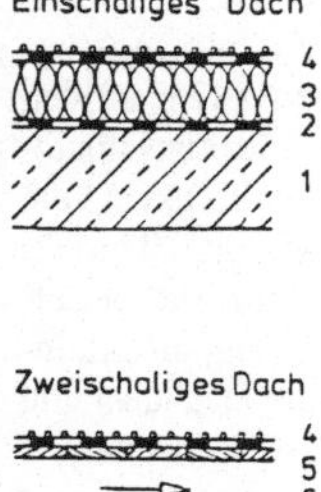

Zweischaliges Dach

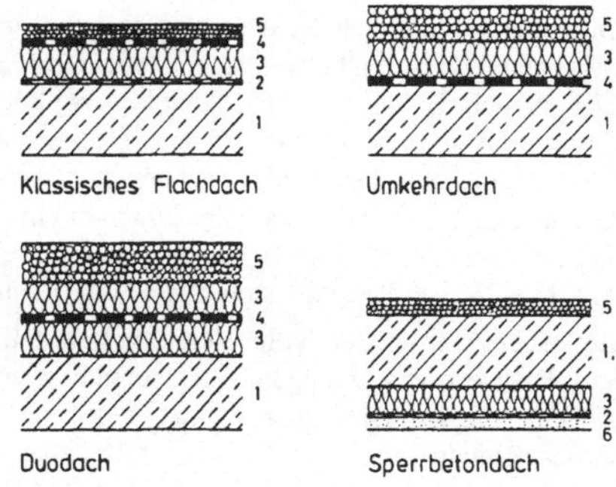



**Bild 10.17**
Typische Schichtenfolgen beim ein- und beim zweischaligen Dach (1 Tragkonstruktion, 2 Dampfsperre bzw. Dampfbremse, 3 Wärmedämmschicht, 4 Dachdichtung mit UV-Schutz, 5 Obere Schale, 6 Luftraum)

**Bild 10.18**
Typische Schichtenfolgen bei verschiedenen Flachdachbauweisen (1 Tragkonstruktion, 2 Dampfsperre bzw. Dampfbremse, 3 Wärmedämmschicht, 4 Dachdichtung, 5 Kiesschüttung, 6 Kondensatpuffer)

Schale getrennt ist. Die untere Schale hat nahezu immer die Tragfunktion, den Schall-, den Tauwasser- und den Wärmeschutz sowie den winddichten Abschluß des darunter befindlichen Raumes zu erfüllen. Die Bedingungen, welche zur Gewährleistung der Durchlüftung des trennenden Luftspaltes erfüllt sein müssen, wurden in Abschnitt 10.5 angegeben. Verschiedene Bauweisen einschaliger Flachdächer sind auf Bild 10.18 durch die Schichtenfolge im Vertikalschnitt beschrieben:

Beim **klassischen (einschaligen) Flachdach** wird die Dichtungsschicht durch eine Kiesschüttung von meist 5 cm Dicke vor vorzeitiger Alterung geschützt. Die Dampfbremse schützt die Wärmedämmschicht vor Tauwasser bei der im Winter auftretenden Wasserdampfdiffusion von innen nach außen.

Beim **Umkehrdach** wird die Dichtung direkt auf die tragende Decke gelegt, gelegentlich unter Anwendung einer Schutzlage zwischen tragender Decke und Dichtungsschicht. Den mechanischen Schutz der Dichtung nach oben übernimmt die Wärmedämmschicht, die hier aus durchfeuchtungsbeständigem Werkstoff, z.B. Extruderschaum, bestehen muß. Die Kiesschüttung muß mindestens so dick sein wie die Wärmedämmschicht, damit sie bei starkem Wasseranfall das Aufschwimmen der Wärmedämmschicht verhindern kann. Weil an Plattenfugen usw. doch in gewissem Umfang Sickerwasser in der Ebene der Wärmedämmung auftreten kann, ist die Wärmedämmung reichlich zu bemessen und die Tragkonstruktion als thermische Pufferzone in schwerer Bauart auszuführen.

Beim **Duodach** liegt die Dichtung gut geschützt zwischen Wärmedämmstoffen. Damit bei dieser Schichtenfolge kein Tauwasser auftritt, darf der Wärmedurchlaßwiderstand aller Schichten unterhalb der Dichtung nicht größer sein als etwa 20 % des Wärmedurchlaßwiderstandes der oberhalb der Dichtung liegenden Schichten. Sonst ist über der Tragkonstruktion eine Dampfbremse anzuordnen. Die Beschwerungsschicht muß das Aufschwimmen der oberen Wärmedämmschicht verhindern.

Beim **Sperrbetondach** ist die Tragkonstruktion gleichzeitig die Dichtung. Deshalb ist die Stahlbetondecke in wasserundurchlässigem Beton so zu planen und auszuführen, daß weder lokale Gefügeundichtigkeiten noch Risse im Beton zu erwarten sind. Damit die vor dem Betonieren in die Schalung gelegte und daher der Unterseite der Dachdecke anhaftende Wärmedämmschicht tauwasserfrei bleibt, ist eine Dampfsperre an ihrer Unterseite erforderlich. Bestimmte Raumnutzungen (Feuchträume) machen einen zusätzlichen Kondensatspeicher, z. B. eine Gipskartonplatte, unterhalb der Dampfsperre erforderlich. Wegen der verbleibenden Gefahr der Undichtigkeit sollten Sperrbetondächer nur über Räumen untergeordneter Nutzung gebaut werden.

Auf Bild 10.18 sind die unterhalb und oberhalb der Dichtungen und der Dampfsperren bzw. Dampfbremsen gegebenenfalls anzuordnenden Entspannungsschichten oder Trennlagen nicht dargestellt. Deren Wirkung und Anwendungsgebiet ist in Abschnitt 10.2 behandelt. Die besonderen Verhältnisse beim **Gasbetondach,** das nur aus der tragenden Gasbetonplatte mit oberseitig aufgebrachter Dachdichtung zu bestehen braucht, wurden bereits in Abschnitt 8.2 angesprochen. Es tritt zwar im Winter Tauwasser im Gasbeton unterhalb der Dichtungsschicht auf, doch trocknet der Gasbeton im Sommer wieder aus.

Bis vor einigen Jahren war man der Ansicht, beim zweischaligen Dach werde die Abfuhr des im Winterhalbjahr auftretenden Wasserdampfstromes durch den belüfteten Luftspalt in jedem Fall erreicht. Heute weiß man, daß selbst bei gesicherter Durchlüftung des Spaltes die untere Schale dem Wasserdampf einen Mindestwiderstand entgegensetzen muß, damit keine Tauwasserschäden auftreten (Abschnitt 10.5 und [46], Band 1, S. 31/32 sowie Band 4, S. 24/25). Ist nämlich die untere Schale sehr wasserdampfdurchlässig, erreicht die relative Luftfeuchte im Spalt relative hohe Werte und die Spaltwandungen werden in der kalten Jahreszeit mit Tauwasser oder Reif belegt. Insbesondere Reifbeläge sind schadensträchtig, weil, solange die Temperaturen der Spaltluft unter dem Gefrierpunkt bleiben, der Reifbelag immer dicker wird. In der folgenden Tauperiode kommt es dann zu kräftiger Befeuchtung der unteren Schale durch den tauenden und abfallenden Reifbelag.

Gedeckte Dächer werden heute zur Absicherung der Dichtigkeit, z. B. beim Ausbau der Dachräume zu Wohnzwecken und als rasch aufzubringender Regenschutz für die Zeit der Dachdeckungarbeiten, mit sogenannten Unterspannbahnen hinterlegt. Diese auf Basis von Kunststoff hergestellten Folien besitzen natürlich einen merklichen Widerstand gegen Wasserdampfdiffusion. Daher werden die Wärmedämmschichten mit Dampfsperren an der raumseitigen Oberfläche eingebaut. Die Unterspannbahnen können hinterlüftet werden, wenn das Glaserdiagramm bei fehlender Hinterlüftung der Unterspannbahn Tauwasser vorhersagt. Dazu müssen an den Traufen Lufteintrittsöffnungen und am First Luftaustrittsöffnungen angeordnet werden. Ein typischer Querschnitt durch ein solches zu Wohnzwecken ausgebautes Dach ist auf Bild 10.19 dargestellt. Die Konterlattung dient dem unbehinderten Abfluß von Niederschlagswasser, welches die Dachdeckung durchdrungen hat und dem schnelleren Abtrocknen der Dachdeckung an ihrer Unterseite. Die innere Schale ist für den Schallschutz und den Wärmeschutz von Bedeutung und muß zusammen mit der Dampfsperre die Windsperre bilden.

Bild 10.19
Typische Schichtenfolge beim
ausgebauten Dach (1 Dachdeckung, 2 Lattung und Konterlattung, 3 Unterspannbahn, 4 durchlüfteter Spalt, 5 Wärmedämmschicht, 6 Dampfsperre, 7 innere Schale, 8 Dachsparren)

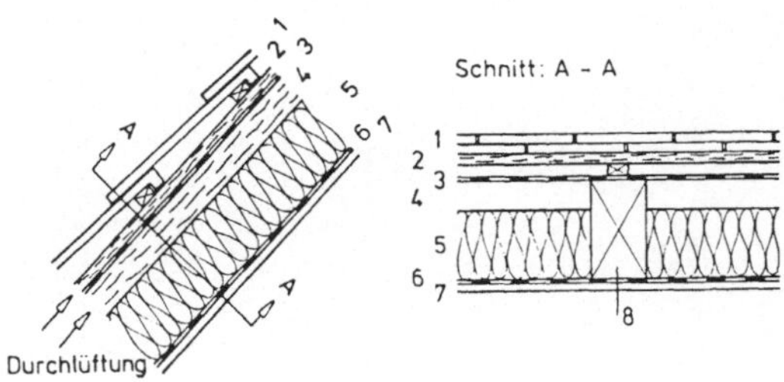

# IV  Licht

*Von Hanns Freymuth*

## Verzeichnis der Tafeln                                                                                      Seite

# 1  Möglichkeiten und Konsequenzen der Raumbeleuchtung mit Tageslicht

Die Bürger von Schilda, die ihr Rathaus ohne Fenster gebaut hatten, begannen in ihrem Schrecken über die Finsternis darin, Tageslicht in Säcke einzubinden und hineinzutragen, und gaben sich so der Lächerlichkeit preis: Sie hatten die Sonne vergessen, der wir Licht und Wärme verdanken und die – abhängig von der Stellung der Erde zu ihr – uns Tages- und Jahreszeiten zumißt. Heute ersetzen oder ergänzen wir zwar das Tageslicht durch künstliches und halten das fast für normal, aber es bleibt auch jetzt ein Schildbürgerstreich, wenn herkömmliche Büros in einem gerade fertiggestellten Rathaus trotz großer Fensterflächen sich als zu dunkel erweisen, weil der Architekt die Öffnungen, deren ein Gebäude nun einmal bedarf, damit das Tageslicht hinein kann, unzweckmäßig ausgebildet und unangemessen verglast hat.

Zwischen den Extremen der bergenden Höhle, in der das Lichtloch vor allem den Ausgang markiert, und des Gewächshauses, das auf höchsten Gewinn an Sonnenstrahlung angelegt ist, gibt es sehr viele Möglichkeiten, Tageslicht in Räume einzulassen. Überlegungen dazu betreffen zunächst immer die Geometrie des Raumes und seiner Lichtöffnungen und prägen entscheidend jeden Gebäudeentwurf; wer einmal die wesentlichen Zusammenhänge erkannt hat, begeht nicht schon mit den ersten Entwurfsideen Schildbürgerstreiche und bemerkt auch rechtzeitig, welche Probleme besser gemeinsam mit einem erfahrenen Fachmann zu lösen wären.

Als Gebäude und Räume in den letzten Jahrzehnten die herkömmlichen Maße sprengten, ging dabei offenbar auch das in Jahrhunderten gewachsene Gefühl für die einem Raum jeweils angemessene Lichtöffnungsgröße verloren: das Gefühl für Zusammenhänge zwischen der Geometrie des Raumes und der Lichtöffnungen und die Konsequenzen für die Raumausstattung. Am Beispiel kennzeichnender Raumtypen seien hier zunächst solche tageslichttechnischen Zusammenhänge erläutert.

## 1.1  Hohlraum mit Licht von außen

### 1.1.1  Einige Erläuterungen am Beispiel der Höhle

Stellen wir uns als den ursprünglichen und einfachen Fall einer Raumbeleuchtung mit Licht von außen eine Höhle als Hohlkugel mit einem Loch vor. Ist das Loch im Verhältnis zum Kugelraum klein und die Kugelinnenfläche nicht gerade weiß oder von sehr heller (viel Licht zurückwerfender) Eigenfarbe, so wirkt die Hohlkugel oder Höhle immer, nicht nur für unser heutiges Helligkeitsbedürfnis, zu dunkel, und das Lichtloch blendet um so mehr, je weniger Licht die Innenflächen zurückzuwerfen vermögen (je dunkler ihre Eigenfarbe ist) und je heller es außerhalb der Kugel ist. Selbstverständlich wird es in der Höhle heller, wenn man das Lichtloch vergrößert; die Eigenfarbe der Höhlenwandungen beeinflußt aber ebenfalls die Lichtquantität und entscheidet vor allem über die Beleuchtungsqualität.

Wäre die Innenfläche der Höhle ideal schwarz, so würde das vom Loch hindurchgelassene (transmittierte) Licht von ihr vollständig geschluckt (absorbiert – und dabei in Wärme umgewandelt) und nichts zurückgeworfen (reflektiert). Weil sie kein Licht zurückwerfen, wären die Höhlenwandungen auch dann nicht sichtbar, wenn viel Licht einfiele; wer sich in der Höhle aufhielte oder durch eine zweite Öffnung hineinblickte, sähe nur das blendende Loch, dessen Entfernung und Größe sich jedoch nicht abschätzen ließen, und etwaige hellere Gegenstände, sofern Licht von außen direkt auf sie träfe. Selbst helle Dinge würden aber, vom Höhlenhintergrund aus vor dem Lichtloch gesehen, nur als schwarze Silhouette erscheinen, weil ja jedes reflektierte Licht fehlte, das ihre Rückseite hätte aufhellen können.

Wählte man ohne Veränderung des Lichtlochs für das Innere der Hohlkugel eine hellere Farbe, so würde auch der Innenraum insgesamt heller, weil die unverändert durch das Loch einfallende Lichtmenge in der Höhle vermehrt würde um das Licht, das ihre Wandungen reflektieren (welche dann, weil sie weniger Licht absorbieren, auch geringfügig kühler blieben).

Wäre die Innnenfläche der leeren Höhlenkugel ideal weiß, aber nicht glänzend, so würde alles durch das Loch auf sie treffende Licht gestreut (diffus, nach allen Seiten) in steter Wiederholung zurückgeworfen, bis die gesamte Innenfläche gleich hell wäre (die gleiche Leuchtdichte aufwiese). Das Loch würde wesentlich weniger blenden, aber blickte man durch ein zweites Loch in den Kugelraum, so wären seine Größe und die des Lichtlochs wieder nicht abzuschätzen, weil sich auch im völlig schattenlosen weißen Raum von allseits gleicher Leuchtdichte keine Konturen abzeichnen.

Wir wissen aus der eigenen Erfahrung, daß man im großen Bereich zwischen diesen zwei unwirklichen Extremen des alles Licht absorbierenden und des alles Licht reflektierenden Raumes das Innere einer Höhle, in die noch Licht von außen fällt, mehr oder weniger deutlich erkennt, nach längerem Aufenthalt darin auch bei nur sehr geringer Helligkeit, besonders wenn die Höhle keine ebenmäßige Hohlkugel ist und sich Gegenstände darin befinden, so daß Schatten sich abzeichnen und Leuchtdichteabstufungen entstehen, die räumliches Sehen überhaupt erst ermöglichen. Selbst ein völlig weißer, aber von ebenen Flächen begrenzter Raum wird räumlich ablesbar, weil seine Kanten sich durch Helligkeits-(Leuchtdichte-)Unterschiede der Flächen markieren.

## 1.1.2 Licht von oben – Licht von der Seite

Bei den größenunabhängigen Überlegungen am abstrakten Hohlkugelmodell haben wir noch die Herkunft des Lichts vernachlässigt. In unserer Erdenwirklichkeit kommt Tageslicht immer nur vom Himmel, also aus einer (fiktiven) Kuppel, deren Mittelpunkt der jeweilige gebaute Raum bildet. Weil waagerechte Öffnungen Licht – das in der Atmosphäre gestreute des Himmels wie das unmittelbar von der Sonne kommende – aus der ganzen Himmelskuppel, senkrechte aber höchstens aus einer Hälfte empfangen können, unterscheiden sich Räume mit waagerechten von solchen mit senkrechten Lichtöffnungen schon im möglichen Lichtempfang erheblich, außerdem aber auch in der Lichtverteilung im Raum.

Durch waagerechte Einzelöffnungen (waagerechte Oberlichter) fällt direktes Licht aus der Himmelskuppel vor allem auf den Fußboden und auf die mittleren bis unteren Wandbereiche (Bild 1.1); durch senkrechte Öffnungen (Fenster) trifft direktes Licht zunächst eben-

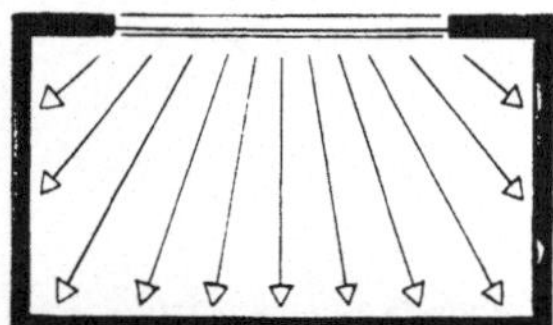

Bild 1.1 Lichteinfall von oben durch eine Lichtdecke: Prinzip im Raumquerschnitt

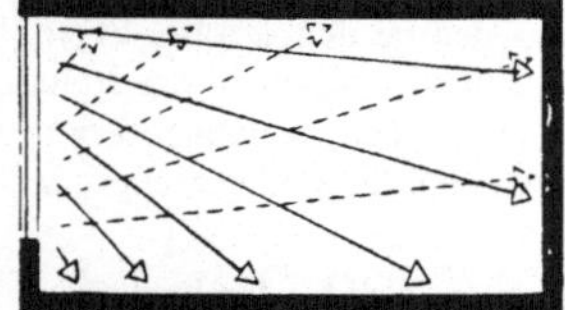

Bild 1.2 Tageslichteinfall von der Seite durch Fenster: Prinzip im Raumquerschnitt

falls, aber unter anderen Winkeln, auf Fußboden und Wände, dazu von der Umgebung, vor allem vom Erdboden reflektiertes vorwiegend auf die Raumdecke (Bild 1.2). Die lichtundurchlässigen Teile der Raumflächen mit Lichtöffnung – das ist bei waagerechten Oberlichtern die Raumdecke, bei Seitenlicht die Fensterwand – empfangen stets am wenigsten, nämlich nur von den anderen Raumflächen reflektiertes Licht. Mit der Farbgebung (der Wahl der Reflexionsgrade) für die Raumflächen lassen sich solche Nachteile der Lichtverteilung im Raum mildern, aber auch verschärfen.

Daß Räume mit Licht von oben sich – ganz abgesehen von der fehlenden Ausblickmöglichkeit – selbst bei gleicher Beleuchtung auf der Nutz- oder Arbeitsebene in ihrer Leuchtdichteverteilung charakteristisch von Seitenlichträumen unterscheiden, ist vor allem aus den schon in den Bildern 1.1 und 1.2 erkennbaren verschiedenen Auftreffwinkeln zu erklären.

Fällt ungefähr paralleles Licht aus einer begrenzten Öffnung (z. B. Projektor oder Taschenlampe) auf eine Fläche (z. B. Zeichenkarton), so ist die Fläche dann am besten beleuchtet, wenn das Licht „normal", das heißt in der Flächenachse auftrifft. Dreht man die Fläche unter dem unveränderten Lichtbündel, so empfängt sie in der Flächeneinheit weniger Licht, weil sich die gleiche Lichtmenge auf eine größere Auftrefffläche verteilt (Bild 1.3).

Durch die Lichtlöcher von Räumen fällt Licht vom Himmelsgewölbe zwar nicht parallel, aber doch nur aus ganz bestimmten Richtungen auf die Raumflächen. In Seitenlichträumen nimmt daher (Bild 1.4) das auf Tische fallende Himmelslicht mit wachsender Entfernung vom Fenster nicht nur mit dem kleiner werdenden Raumwinkel ab, aus dem Himmelsfläche für den Tisch wirksam wird, sondern auch wegen des immer ungünstigeren Auftreffwinkels, während dieses Licht an gleicher Stelle auf senkrechte, dem Fenster zugekehrte Flächen unter dem günstigsten Winkel trifft: Bei gleichem Lichtstrom (und gleichem Reflexionsgrad) sind die senkrechten Flächen nur wegen des optimalen Auftreffwinkels heller (Bilder 1.5 und 1.4). Auf einem weißen Papierblatt, im Raumhintergrund aus waagerechter in senkrechte Lage gedreht, kann man dies sehr schön beobachten. Auf **allen** Flächen von Seitenlichträumen sinken die Beleuchtungsstärken von unten nach oben ab (Bild 1.5).

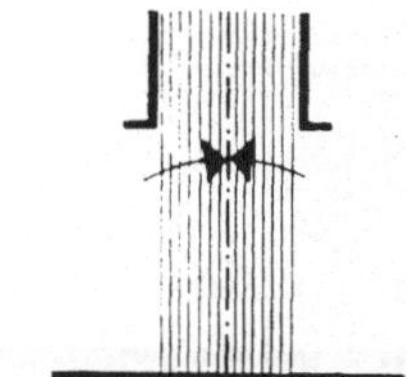

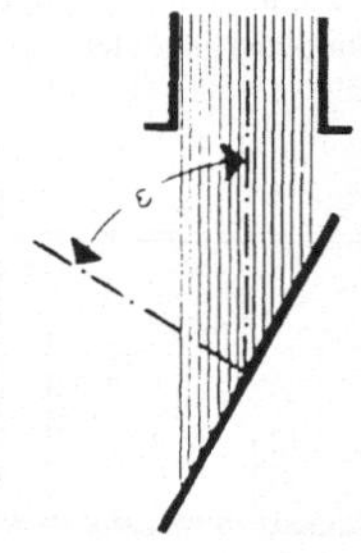

Bild 1.3  Bei unverändertem Lichtstrom nimmt die Beleuchtungsstärke auf einer Fläche mit dem Kosinus des Auftreffwinkels $\varepsilon$ ab.

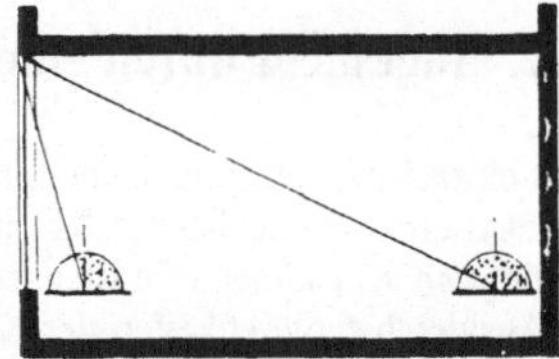

Bild 1.4  Bei Seitenlicht Abnahme der Beleuchtungsstärke mit wachsender Entfernung vom Fenster auf waagerechten ...

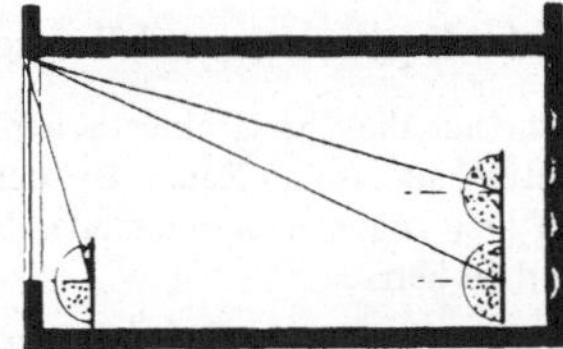

Bild 1.5  ... und auf senkrechten Flächen, die aber wegen günstigerer Auftreffwinkel besser beleuchtet sind.

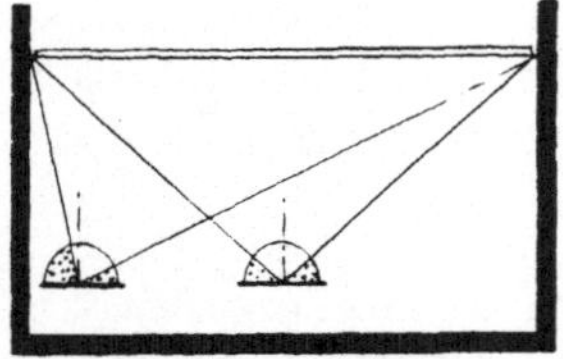

Bild 1.6   Von oben fällt auf waagerechte Flächen in Raummitte mehr Licht als am Rand und stets (Winkel!) mehr als ...

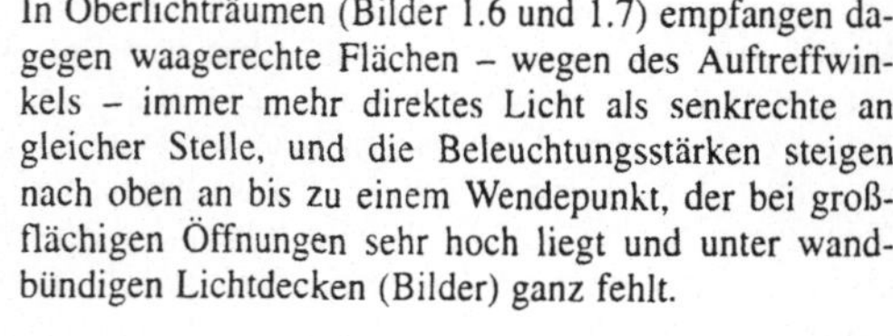

In Oberlichträumen (Bilder 1.6 und 1.7) empfangen dagegen waagerechte Flächen – wegen des Auftreffwinkels – immer mehr direktes Licht als senkrechte an gleicher Stelle, und die Beleuchtungsstärken steigen nach oben an bis zu einem Wendepunkt, der bei großflächigen Öffnungen sehr hoch liegt und unter wandbündigen Lichtdecken (Bilder) ganz fehlt.

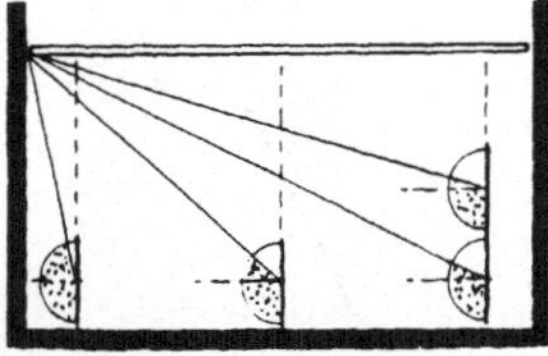

Bild 1.7   ... auf senkrechte Flächen an gleicher Stelle, auf die Raumwände mehr als auf freistehende Stellflächen.

## 1.2   Tageslicht durch eine Fensterwand

Die einfachste und immer noch, besonders im Wohnungsbau, häufigste Weiterentwicklung des Urraums Höhle ist der Raum mit nur einer Fensterwand. Die in unserem Klima ursprünglich sehr kleinen Fenster wurden größer, als wachsende äußere Sicherheit und bessere Ausgleichsmöglichkeiten der Klimaeinflüsse es erlaubten und lichtdurchlässige Materialien in größeren Flächen herstellbar und erschwinglich wurden. Sicherlich hat sich aber auch das Helligkeitsbedürfnis mit der Zeit gewandelt; wer sich den ganzen Tag im Freien aufhielt und nur zum Schutz vor den Unbilden der Witterung oder nachts seine Höhle oder Hütte aufsuchte, benötigte weniger Helligkeit in seiner Behausung als wir überwiegend in Gebäuden Lebenden.

### 1.2.1   Eigenarten und Bezeichnungen von Seitenlichtöffnungen

Nicht nur die Größe einer Seitenlichtöffnung, auch ihre Anordnung bestimmt die Tageslichtverhältnisse im Raum. Bei der Charakterisierung dieser Öffnungen und ihrer Teile werden hier zugleich definierende Bezeichnungen verwendet, weil darüber manchmal Unsicherheit herrscht.

**Fenster,** im Unterschied zu Oberlichtern Lichtöffnungen **in senkrechten** oder nur wenig davon abweichenden **Raumbegrenzungen** (Wänden), auch in geneigte Dächer eingebaute Dachflächen- oder Dachfenster, dienen neben der Lichtzufuhr dem oft gar nicht bewußten Kontakt nach außen, daher in der Regel **klar durchsichtig** verglast (Ausnahme: Einblickschutz).

Ob **Einzel**fenster (Bild 1.8), ggf. auch in Gruppen (Bild 1.9), oder Fenster**bänder** mit (Bild 1.10) nur schmalen oder (Bild 1.11) ohne Stützen dazwischen, ist primär nicht eine Frage der Form, sondern der Gebäudenutzung, welche entscheidend die Tageslichtverhältnisse in den Räumen, aber auch Gesicht und ggf. Konstruktion des Bauwerks bestimmt.

Ganz verglaste Außenwände, ob **klar durchsichtig** als **Glaswand** oder **undurchsichtig**, aber durchscheinend als **Lichtwand**, z. B. mit Bauelementen aus Glas oder Kunststoff, ggf. mit klar durchsichtigen Einzelfenstern als Ausblickmöglichkeit (Bild 1.12), können durch hohe Sonnenwärmeeinstrahlung, die Lichtwand auch durch Brillanzeffekte oder zu hohe Eigenleuchtdichte Schwierigkeiten bereiten und erfordern sorgfältige Sonnen- und Blendschutzüberlegungen.

**Hochliegende Fenster** (Brüstungshöhe ≥ 1,5 m, nicht „Oberlicht") unterbinden oder behindern Ausblickmöglichkeit (Bild 1.13), aber ergänzen gut normale Fenster in zweiter Wand. Arbeitsplätze darunter ohne direktes Licht mit störender Kontrastblendung.

Ob **Brüstung opak** (lichtundurchlässig, Bild 1.8 bis 1.11), **opal** (durchscheinend, aber undurchsichtig) oder **klar durchsichtig** (fest verglast oder Fenstertür), beeinflußt durch Beleuchtungszustand des brüstungsnahen Fußbodens Lichtmenge im Raum und besonders den Helligkeitseindruck insgesamt. Für Ausblickmöglichkeit übliche Brüstungshöhe 80 cm bis (außer in Hochhäusern schon als extrem empfunden) 100 cm, kann niedriger sein, wenn keine Brandschutzforderung entgegensteht, aber Sicherung gegen Herausstürzen nötig (z. B. Bild 1.8).

Ob im Raum über dem Fenster sichtbare **Sturz**fläche (Bilder 1.14, 1.9, 1.10) oder nicht (1.11), beeinflußt nicht nur die Form, sondern in hohem Maße die Beleuchtung des Raumes. Für „freie" Ausblickmöglichkeit Sturzunterkante ≥ 2,1 m über Fußboden. Hohe, sonst auch die Raumdecke abdunkelnde Sturzfläche ggf. opal ausbilden oder durch Fenster in Wandfläche gegenüber oder künstliches Licht aufhellen.

Wegen Kontrastblendung waagerechte Kanten von **Fensterkonstruktionsteilen** nicht in Augenhöhe eines Stehenden oder Sitzenden (Bilder 1.13, 1.14), alle Rahmen möglichst schmal halten. **Fensterleibung** in dicken Wänden (besonders früher) oft für bessere seitliche Lichtverteilung abgeschrägt (Bild 1.15).

Jede „**Verbauung**" der Himmelsfläche oberhalb der Brüstung – Gebäude, Geländeanstieg, Bäume (Bild 1.11), aber besonders auch Vorsprünge über dem Fenster, Loggienseiten usw. – beschränkt den Einfall von Himmelslicht.

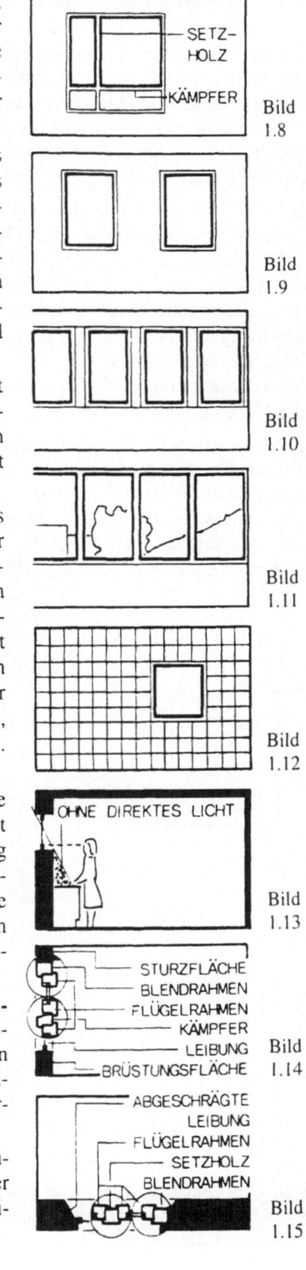



Bild 1.8

Bild 1.9

Bild 1.10

Bild 1.11

Bild 1.12

Bild 1.13

Bild 1.14

Bild 1.15

## 1.2.2  Einfluß der Raum- und Fensterhöhe

Es kann hier offen bleiben, ob die in den größeren Räumen der fürstlichen und der Bürgerbauten im ausgehenden Mittelalter zu beobachtenden größeren, vor allem aber höheren Fenster nur architektonisch-repräsentativ begründet waren oder ob man damals schon wußte, was erst nach dem ersten Viertel unseres Jahrhunderts weitgehend wieder vergessen wurde: daß ein Anheben der Fensteroberkante weit mehr Tageslicht in den Raum bringt als ein Verbreitern der Fenster, und zwar ganz besonders an engen Straßen (Bild 1.16).

Bild 1.17 veranschaulicht den Zusammenhang auf andere Weise: Vergrößert man bei unveränderter Fensterbreite und Raumtiefe die Fenster und damit in der Regel auch die Geschoßhöhe (hier um jeweils 25 cm), so nimmt trotz der sich ergebenden größeren Gebäudehöhe der Abstand zwischen den Gebäuden ab, der nötig wird, um im Erdgeschoß einen bestimmten Tageslichtkennwert einzuhalten. Das Bild verdeutlicht zugleich den Einfluß zunächst unwichtig erscheinender Details: In den oberen drei Beispielen sind die Fenster ohne, wegen ihrer großen Höhe in den unteren beiden jedoch mit Kämpfer (deutlich über Augenhöhe) angenommen, welcher den Zuwachs an Lichteinfallsfläche und damit die Abnahme des Gebäudeabstandes bremst.

Bei unveränderter Verbauung lassen sich mit größerer Fensterhöhe größere Raumtiefen mit Tageslicht versorgen. Setzt man eine nur geringe Verbauung voraus und nimmt als erwiesen an, daß die Helligkeitserwartung für Wohnungen allgemein geringer ist als für Arbeitsräume im weitesten Sinne – zwar wahrscheinlich, aber noch nicht wissenschaftlich bestätigt –, so ergeben sich die in den Bildern 1.18 bis 1.20 dargestellten Grenzen für einseitig in ganzer Fensterwandbreite geöffnete Räume.

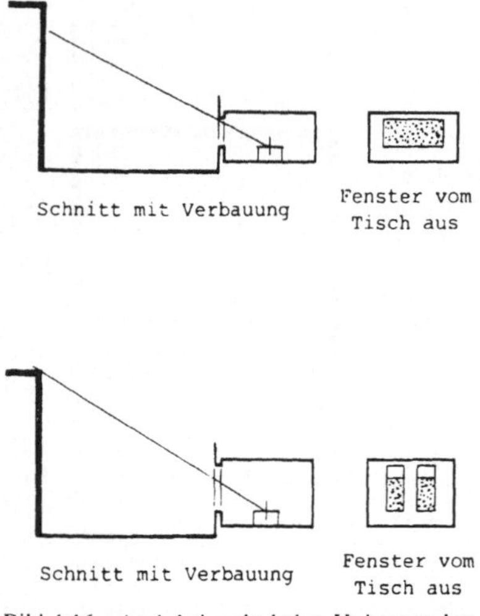



Bild 1.16   Auch bei recht hoher Verbauung lassen hohe Fenster mehr Himmelslicht in den Raum als niedere breite gleicher Fläche.

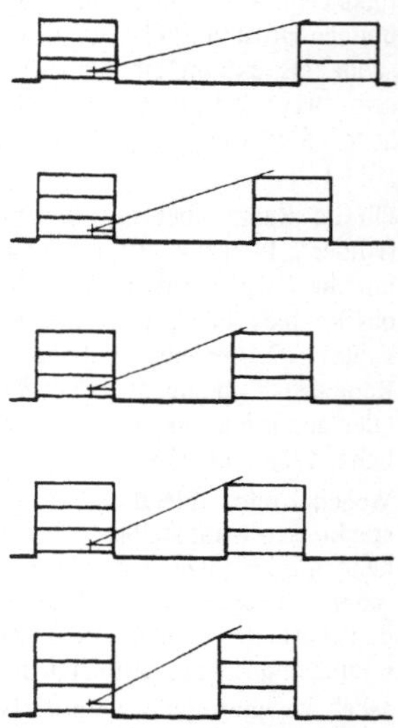

Bild 1.17   Einfluß der Fensterhöhe auf den beleuchtungstechnisch nötigen Mindestabstand

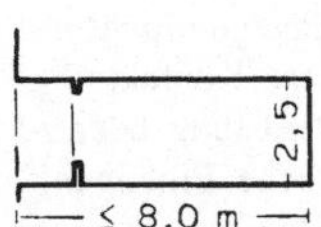


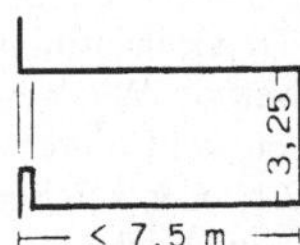


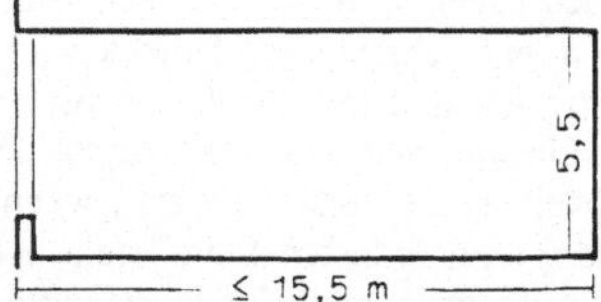


Bild 1.18 Einseitig befensterter Wohnraum mit Unterkante der vorspringenden Decke als Lichteinfallsgrenze

Bild 1.19 Einseitig befensterter Klassenraum: nur tafelgerichtete Sitzordnung mit Licht von links, sonst störende Blendung

Bild 1.20 Einseitig befensterte Sporthalle: trotz quantitativ noch ausreichender Tagesbeleuchtung wegen Blendung und Silhouetteneffekt schlecht geeignet für Spiele, daher besser zweiseitig Fenster

### 1.2.3  Einfluß der Grundrißform

Ähnlich wie die Höhe beeinflußt auch die Breite eines Fensters im Verhältnis zur Tiefe des Raumes dessen Tageslichtverhältnisse. Unterteilt man einen hinter einem Fensterband gelegenen Raum, so werden die Teilräume stets dunkler als der Gesamtraum, weil ihnen jeweils das Himmelslicht fehlt, das die sonst durch die abgetrennten Teile des Fensterbandes sichtbaren Himmelsflächen lieferten (Bild 1.21).

Im sogenannten „Berliner Zimmer" sitzt das Fenster zwar an sich zweckmäßig zur Beleuchtung der Ecke gegenüber (Bild 1.22), aber es ist viel zu schmal, läßt also insgesamt viel zu wenig Licht herein, und selbst in unverbauter Lage könnte auf die an das Fenster anschließenden Wände nahezu kein direktes Licht treffen, weil sie sich von ihm abkehren und zudem die diagonal gegenüberliegenden Außenwände für sie fast die gesamte Himmelsfläche verdecken; meist findet sich diese Ecklösung aber in engen Innenhöfen, in die ohnehin kaum noch Himmelslicht gelangt. Ebenso ungünstig ist die gleichfalls für Räume in einspringenden Gebäudeecken erfundene Fensterlage gegen eine seitlich anschließende Loggia (Bild 1.23).

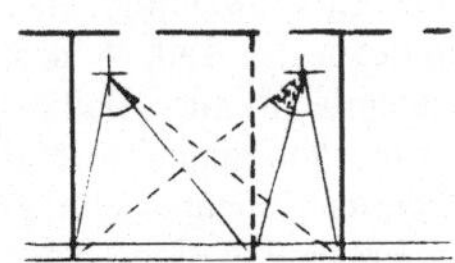

Bild 1.21  Lichtverlust durch Raumteilung

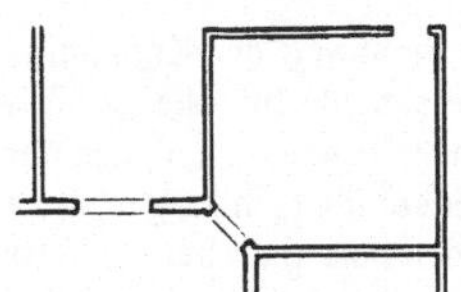

Bild 1.22 „Berliner Zimmer" in einspringender Gebäudeecke – berüchtigtes Beispiel einer schlechten Lösung

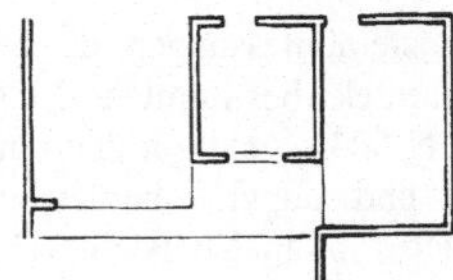

Bild 1.23 Ebenso ungünstige Lösung: Raum in einspringender Gebäudeecke gegen Loggia

### 1.2.4  Anwendungsgrenzen und Bemessungshilfen

Von der Doppelaufgabe des Fensters, Tageslicht hereinzulassen und die Sichtverbindung nach außen zu ermöglichen, ließe sich die der Beleuchtung zum Beispiel auch mit Oberlichtern lösen. Unersetzlich ist tagsüber jedoch offenbar die vom Fenster gebotene Freiheit, hinaussehen zu können. Es muß dabei nicht „schöne" Aussicht vermitteln, sondern das Gefühl, daß man trotz des Aufenthalts im geschlossenen Raum (in der Höhle) noch mit dem

Leben außen verbunden ist, etwa durch ein Stück Baum, Nachbarwände, auf die manchmal die Sonne scheint, eine Hofecke, in der etwas geschieht; die geschlossene Wand eines mit wenig Abstand frei vor dem Fenster stehenden Treppenhausturmes kann dagegen nicht mit der Umwelt verbinden und macht das Fenster wertlos. Wie wesentlich diese Kontaktmöglichkeit ist, bemerkt man erst, wenn sie behindert wird (durch zu hohe Brüstung oder zu niedrig angeordneten Sturz, siehe Abschnitt 1.2.1, oder durch starke seitliche Einengung) oder gar ganz fehlt (in tageslichtlosen oder undurchsichtig verglasten Räumen oder im Treppenturmbeispiel); entbehrlich erscheint sie nur in solchen (Groß-)Räumen, die mit vielfältigem Eigenleben selbst schon „Umwelt" bilden.

Auch die Grenzen der Beleuchtungsfunktion des Fensters zeigen sich in den Extremfällen. Nicht in normalen kleinen Zimmern, sondern erst in Räumen großer Tiefe bemerkt man auch ohne große Aufmerksamkeit, daß die Beleuchtungsstärke mit der Entfernung vom Fenster zunächst rasch, dann langsamer abnimmt (Versuch mit weißem Papierblatt und Bild 1.4), daß man beim Blick gegen die Fensterwand ähnlich wie in einer Höhle geblendet werden kann und daß die ausgeprägte Lichtrichtung die Anordnung von Arbeitsplätzen bestimmt (oder bestimmen sollte). Bei zu großen Raumtiefen versagt das Fenster als alleinige Lichtöffnung.

Die in den Bauordnungen geforderten Mindestfensterflächen sind in der Regel zu klein. DIN 5034 „Tageslicht in Innenräumen" [2] legt, weil die wechselnde Außenhelligkeit ohnehin eine konstante Arbeitsplatzbeleuchtung ausschließt, tageslichttechnische Grenzwerte nach Ergebnissen von Befragungen und begleitenden tageslichttechnischen Rechnungen [36] so fest, daß in Räumen von Wohnungen und ähnlichen Räumen ein als noch ausreichend hell empfundener Gesamteindruck zu erwarten ist. (Im allgemeinen genügt das einfallende Tageslicht dann auch für häusliche Arbeiten jeder Art.) Auf dieser Grundlage und unter Berücksichtigung eines unbehinderten Sichtkontakts nach außen gibt Teil 4 der DIN 5034 in Tabellen Fenstergrößen für solche Wohn- und ähnliche Räume mit nur einer Fensterwand ohne Balkon oder Loggia für verschiedene Raumabmessungen und Verbauungshöhen an [2]. Für Räume geringer Tiefe bei großer Fensterwandbreite erscheinen die dann nur von der Kontaktfunktion bestimmten Fensterbreiten (unabhängig von der Raumtiefe durchsichtige Glasbreite $\geq$ 55 v. H. der Fensterwandbreite) allerdings sehr üppig.

Fensterabmessungen, die mit den nicht von der Kontaktfunktion, sondern vom Helligkeitseindruck bestimmten Tabellenbereichen für die größeren Raumtiefen in Teil 4 der DIN 5034 recht gut übereinstimmen, ergeben sich nach der (stark vereinfacht) auch Balkone und Loggien berücksichtigenden überschlägigen Bemessung von Wohnraumfenstern nach [36] in Übersicht 1.1, mit der dort punktierten Verbauungs-Fenster-Höhenbeziehung auch für den Fall, daß man – wie in innerstädtischen Gebieten kaum anders möglich – entgegen DIN 5034 (die keine Pflichtnorm ist) auf einen hellen Gesamteindruck im Raum verzichtet und nur sicherstellen will, daß an nicht zu dunklen Tagen das Tageslicht in Fensternähe auch für feinere Arbeiten noch ausreicht.

Für andere als Wohnräume nennt Teil 1 der DIN 5034 von 1983 [2] keine tageslichttechnischen Mindestwerte mehr; die noch in den Leitsätzen von 1969 [1] angegebenen hatten sich – wenngleich nicht wissenschaftlich gesichert – als brauchbar erwiesen, erfordern aber zur Fensterbemessung, weil praktikable Tabellen fehlen, eine geometrisch-rechnerische Untersuchung und sind daher in Tafel 2.5 vor Abschnitt 2.5 angeführt, der solche Verfahren beschreibt. Als Anhalt können die in den Bildern 1.19 und 1.20 skizzierten Höhen-Tiefen-Verhältnisse dienen.

Für Arbeitsräume setzen die Arbeitsstättenrichtlinien [6] ohne nähere Begründung Mindestabmessungen für die Kontaktfunktion der Fenster fest.

Tafel 1.1     Fenstermaße für Räume in Wohnungen und ähnliche Räume (nach [36]; nicht für Räume mit Dach- und anderen geneigten Fenstern)

**Fensterhöhe** (Rohbaumaß) in Abhängigkeit von der Höhe der **Verbauung** und den **Ansprüchen** an die Raumhelligkeit

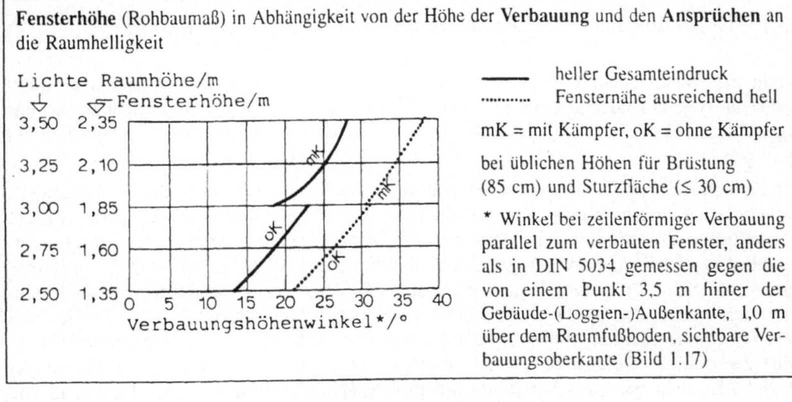


mK = mit Kämpfer, oK = ohne Kämpfer

bei üblichen Höhen für Brüstung (85 cm) und Sturzfläche ($\leq$ 30 cm)

* Winkel bei zeilenförmiger Verbauung parallel zum verbauten Fenster, anders als in DIN 5034 gemessen gegen die von einem Punkt 3,5 m hinter der Gebäude-(Loggien-)Außenkante, 1,0 m über dem Raumfußboden, sichtbare Verbauungsoberkante (Bild 1.17)

**Fensterbreite** (Rohbaumaß) in Abhängigkeit von der **Raum**beschaffenheit

| Fensteranordnung ▷ ▽ | ohne Loggia davor oder Balkon darüber | hinter Loggia oder unter Balkon |
|---|---|---|
| nur in einer Raumwand | $\geq \dfrac{m^2\ \text{Raumgrundfläche}}{8,40\ m}$ | $\geq \dfrac{m^2\ \text{Raumgrundfläche}}{6,00\ m}$ |
| nach Bauordnung notwendige Fenster in 2 Raumwänden | 1,4fache Breite der für Räume mit Fenstern nur in einer Wand ermittelten, und zwar anteilig für Wände ohne und mit Loggia davor (s. Beispiele) | |

**Benutzungsbeispiele**

Gegebener oder zulässiger **Verbauungs**höhenwinkel* 18°: für **hellen Gesamteindruck** Fensterhöhe ohne Kämpfer 1,60 m (Raumhöhe 2,75 m), mit Kämpfer 1,85 m (Raumhöhe 3,00 m)

**Raum**grundfläche 21 m², baurechtlich notwendige Fenster nur in **einer** Wand **ohne** Loggia davor oder Balkon darüber: Fenster**breite** $\geq \dfrac{21\ m^2}{8,4\ m} = 2,5\ m$

**Raum**grundfläche 21 m², baurechtlich notwendige Fenster nur in **einer** Wand **mit** Loggia davor: Fenster**breite** $\geq \dfrac{21\ m^2}{6,0\ m} = 3,5\ m$

**Raum**grundfläche 25,2 m², baurechtlich notwendige Fenster verteilt auf **zwei** Wände, davon **eine** hinter Loggia: Die Gesamtfenster**breite** müßte, lägen beide Wände hinter Loggia oder Balkon, $\geq \dfrac{25,2\ m^2}{6,0\ m} \cdot 1,4 = 5,88\ m$ betragen, und wenn beide Fensterwände ohne Loggia oder Balkon wären, $\geq \dfrac{25,2\ m^2}{8,4\ m} \cdot 1,4 = 4,2\ m$. Vorgesehen sei für die Türöffnung zur Loggia eine Breite von 2,25 m, also etwa 38 v. H. der hinter Loggia oder Balkon nötigen Gesamtbreite von 5,88 m; die restlichen 62 v. H. der Gesamtfensterbreite entfallen dann auf das Fenster ohne Loggia davor, nämlich $\geq 4,2\ m \cdot 0,62 = 2,6\ m$.

## 1.3  Tageslicht durch mehrere Fensterwände

### 1.3.1  Gegenüberliegende Fenster (zweiseitige Fensteranordnung)

Reicht die Raumbeleuchtung nur von einer Seite her nicht mehr aus, so sind im Stockwerksbau zwei einander gegenüberliegende Fensterwände die beleuchtungstechnisch günstigste Möglichkeit, auch größere Tiefen bei noch vertretbarer Raumhöhe mit Tageslicht zu versorgen.

Der Lichteinfall von zwei Seiten wirkt sich in seinen Nachteilen – doppelter Schattenwurf, doppelte Blendungsmöglichkeit – vor allem in Arbeitsräumen aus, die in ganzer Fläche gleichartig genutzt werden. Für Klassenräume – diese besonders intensiv genutzte, häufigste und daher auch am stärksten typisierte Sonderform des Arbeitsraums – wurde im Bemühen, die Nachteile gegenüberliegender Fenster möglichst gering zu halten, der nach dem österreichischen Architekten Franz Schuster benannte „Schustertyp", der mit je Geschoß nur zwei Klassenräumen an einem dazwischengelegenen Verkehrs- und Nebenraumelement eine zweiseitige Befensterung erst ermöglichte, nahezu normreif vervollkommnet (Bild 1.24): etwa quadratischer Raum mit großen Hauptfenstern links der Tafelwand und ihnen gegenüber lichtstreuend verglastem Nebenfensterband, dadurch schärferer Schattenwurf nur nach rechts, bereits etwas aufgehellt durch das gestreute Licht aus den Nebenfenstern; nur geringe Blendgefahr von den Nebenfenstern wegen ihrer weniger lichtdurchlässigen Verglasung und ihrer kleineren Fläche, die bei Tätigkeiten auf den Tischen sogar ganz außerhalb des Blickfelds liegt. Stören kann (vergleiche Bild 1.13) bei dunkler gehaltener Nebenfensterbrüstung ihr Kontrast zur hellen Fensterfläche darüber (oder der durch sie sichtbaren Himmelsfläche), deswegen nie dunkle Tafeln unter den Nebenfenstern! Die durch besonnte lichtstreuende Verglasungen entstehenden Probleme samt Abhilfemöglichkeiten behandelt Abschnitt 1.7.2.

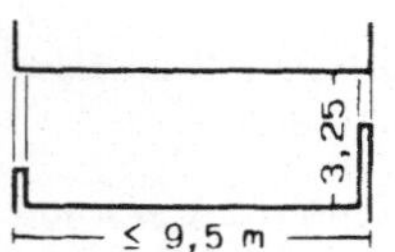

Bild 1.24  „Schustertyp" mit hochliegenden Nebenfenstern, lichtstreuend verglast

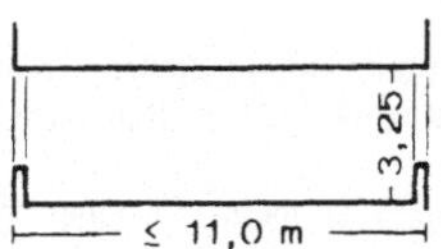

Bild 1.25  Grenzfall eines Raumes mit Hauptfenstern in zwei gegenüberliegenden Wänden

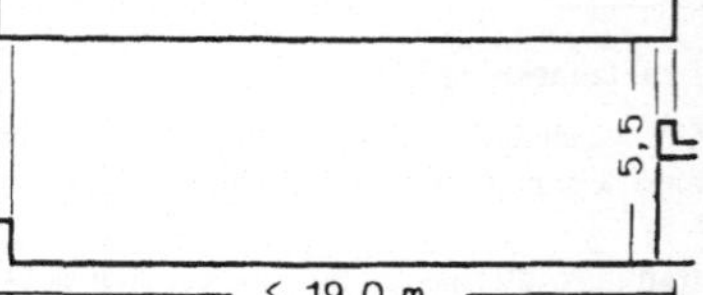

Bild 1.26  Zweiseitig befensterte Sporthalle für Hauptbewegungsrichtungen parallel zu den Fensterwänden; quer dazu Blendung möglich

### 1.3.2  Übereck angeordnete Fenster

Etwa rechtwinklig aneinanderstoßende Fensterwände verstärken die Nachteile mehrseitiger Fensteranordnung: in Arbeitsräumen mit Fensterwänden übereck sieht man entweder ständig gegen eine Fensterwand (Blendung!) oder schirmt mit dem eigenen Körper das Licht ab, das direkt von der zweiten Wand auf den Arbeitsplatz fallen könnte (Bild 1.27), und an Bildschirmarbeitsplätzen stört entweder die eine Fensterwand im Schirm durch Spiegelung oder die andere hinter dem Schirm durch Blendung. Wegen solcher erheblicher Qualitäts-

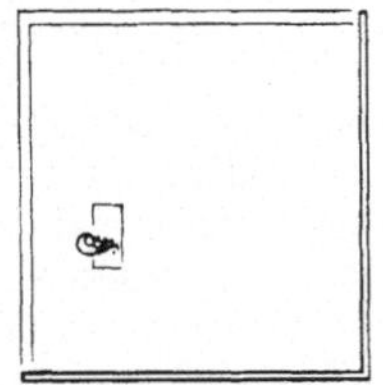 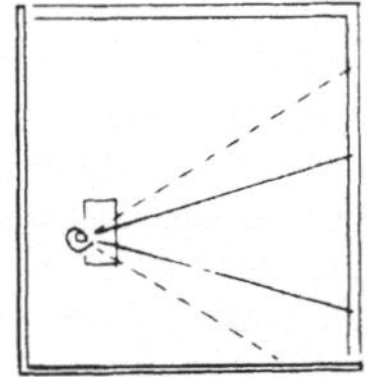

Bild 1.27 Etwa rechtwinklig übereck – störender Körperschatten oder Blendung

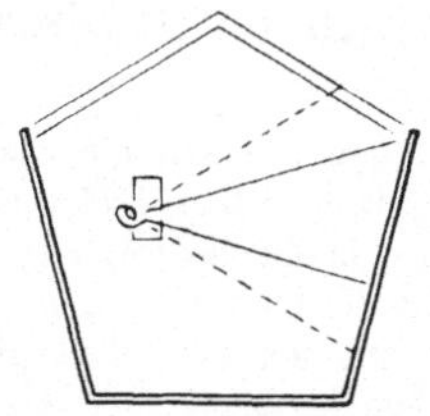

Bild 1.28 Fünfeckraum mit zwei aneinandergrenzenden Fensterwänden – günstige Lösung mehrseitiger Fensteranordnung (wie Klassenräume der Nachbarschaftsschule Berglen-Oppelsbohm, Arch. Behnisch & Partner, 1967)

einbußen für die Arbeitsplätze verzichtete man besser auf Fensteranordnungen übereck, zumal das Beleuchungsniveau sich durch zwei aneinandergrenzende Fensterwände nur in annähernd quadratischen Räumen sinnvoll anheben läßt; in langrechteckigen tiefen Räumen kann die kurze Fensterwand die Lichtverhältnisse in der ungünstigen Ecke nicht wesentlich verbessern.

Viel günstiger sind dagegen Fünfeckräume mit zwei aneinandergrenzenden Fensterwänden, weil man dort der – gemessen an einseitiger Fensteranordnung – zwar auch gesteigerten, aber nicht verdoppelten Blendungsmöglichkeit eher ausweichen kann (mehr geschlossene Flächen), der fensterferne Bereich aber recht gut beleuchtet ist (Bild 1.28).

In Seitenlichträumen mit rundumlaufenden Fenstern gibt es – außer etwa gegen einen Verkehrs- und Nebenraumkern – überhaupt keine blendungsfreie Blickrichtung mehr. In so formalistisch konzipierten Räumen lassen sich erträgliche Arbeitsplätze nur einrichten, wenn man mit getönter oder stark reflektierender Fensterverglasung die von innen wahrnehmbare Himmelsleuchtdichte und damit den Seitenlichteinfluß senkt und sie vorwiegend von oben (meist künstlich) beleuchtet, also zu Lasten erhöhter Bau- und Betriebskosten.

## 1.3.3 Anwendungsgrenzen und Bemessungshilfen

Weil die durch eine zusätzliche Fensterwand vermehrte Blendungsmöglichkeit offenbar – diese Deutung wird auch durch Befragungs- und Rechenergebnisse in [36] gestützt – das im Raum erwartete und daher nötige Helligkeitsniveau anhebt, verdoppelt man selbst mit zwei gegenüberliegenden Hauptfensterwänden nicht die mit einseitiger Anordnung befriedigend beleuchtbare Raumtiefe, sondern erreicht nur etwa das 1,5fache davon (Bild 1.26), mit Haupt- und hochliegenden Nebenfenstern höchstens das 1,2fache (Bilder 1.24 und 1.26 im Vergleich mit 1.19 und 1.20). Bei übereck befensterten Räumen gelten diese überschlägigen Tiefengrenzen für beide Richtungen.

Für mehrseitig befensterte Räume in Wohnungen und ähnliche Räume gibt Tafel 1.1 einen Anhalt zur Fensterbemessung.

Wenn unterschiedliche Verbauungsverhältnisse, ungewöhnliche Raumabmessungen (z. B. Verlassen des rechten Winkels) oder anderes die überschlägige Bemessung erschweren oder ihre Ergebnisse problematisch erscheinen, gewinnt man Sicherheit mit einer geometrisch-rechnerischen Untersuchung nach Abschnitt 2.5, welche die Randbedingungen genauer erfaßt und daher oft günstigere Lösungen erlaubt als eine Faustregel.

## 1.4  Tageslicht durch Oberlichtöffnungen

Sehr große Räume sind durch Fenster nicht mehr ausreichend mit Tageslicht zu beleuchten. Oberlichter setzten sich als Lichtöffnungen aber im schnee- und regenreichen Klima Mitteleuropas, das eine überaus sorgfältige Detaillierung erzwingt, recht spät durch, im wesentlichen erst, als die Industrialisierung sie unumgänglich machte, so daß man manche Oberlichtformen mit Industriehallen gleichsetzte und darüber die beleuchtungstechnischen Besonderheiten der Oberlichter vergaß.

### 1.4.1  Eigenarten und Bezeichnungen von Oberlichtöffnungen

**Oberlichter,** im Gegensatz zu Fenstern Lichtöffnungen **im oberen Raumabschluß** (in der Raumdecke oder dem Dach), können kaum noch dem Kontakt nach außen dienen, weil durch sie meist allenfalls Himmelsfläche sichtbar wäre; dennoch bleiben selbst durch undurchsichtige Oberlichter tageszeitliche und witterungsbedingte Helligkeitsschwankungen im Raum wahrnehmbar, so daß man in fensterlosen Räumen mit Oberlichtern – anders als bei ausschließlich künstlicher Beleuchtung – doch nicht ganz von der Sonne ausgeschlossen ist.

Die vielen Möglichkeiten der Oberlichtausformung lassen sich – allerdings mit manchen Überschneidungen – nach mehreren Gesichtspunkten untergliedern:

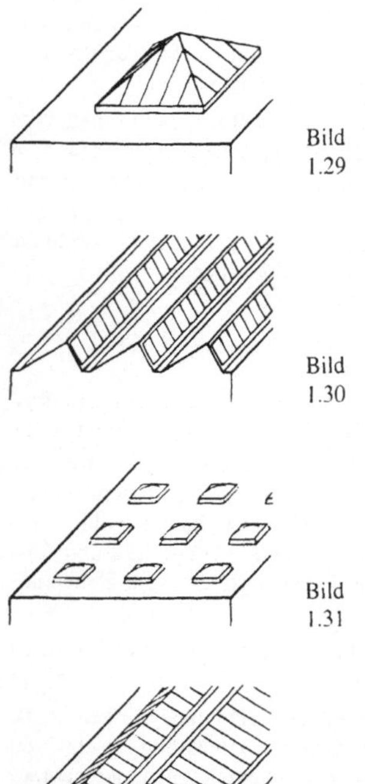

Bild 1.29

Bild 1.30

Bild 1.31

Bild 1.32

– **Einzel**oberlichter (z. B. Bild 1.29) können auch (z. B. Lichtkuppeln, Bild 1.31) in größerer Zahl gleichmäßig über eine Raumdecke verteilt, **bandförmige** – sonst meist zu mehreren nebeneinander (z. B. Bild 1.30) – auch einzeln angeordnet werden (Bild 1.47).

– Bei **flachen** Oberlichtern ist die Öffnung (unabhängig von der Form der Abdeckung) in waagerechte bis flach ($\leq 20°$) geneigte Dachflächen eingeschnitten (z. B. Bilder 1.32 links **Glassatteldach** und 1.31), bei geneigten die Öffnung selbst geneigt (z. B. Bilder 1.32 rechts **Pultoberlicht** und 1.30). Je flacher die Glasneigung, um so länger bleibt Schnee liegen!

– Oberlicht-„**Verglasung**" (so auch meist für Kunststoffe) **undurchsichtig,** stark lichtstreuend (Regellösung, um störende direkte Besonnung im Raum zu unterbinden) oder mehr oder weniger **durchsichtig** (z. B. leicht lichtstreuendes Guß- oder Ornamentglas), dann aber (außer bei senkrechten Nordöffnungen oder geringen Ansprüchen an die Sehbedingungen) mit beweglichem Sonnenschutz.

– Ein Oberlicht kann **nichttragend,** auf ein raumüberspannendes Tragwerk aufgesetzt sein oder **selbsttragend** (meist bandförmig) den Raum überdecken.

Ungleichmäßige Beleuchtung – unbeanstandetes Merkmal von Seitenlichträumen – stört in Oberlichträumen. Sehr viele kleine Oberlichter erzeugen zwar sehr gute Gleichmäßigkeit, bedingen aber mehr Öffnungsfläche als wenige große, und zwar um so ausgeprägter, je höher die Schachtwandungen von der Deckenunterkante bis zum Verglasungsansatz. Abgeschrägte Wandungen mildern solche Lichtverluste und lassen mehr Licht auf die Raumwände fallen (Bilder 1.33/1.34).

Für gleiche Beleuchtung auf waagerechter Nutz- oder Arbeitsfläche erfordern flache Oberlichter weniger Öffnungsfläche als geneigte, sind aber, da ganztägig der Sonne ausgesetzt, im Sommer wegen der Wärmeeinstrahlung problematisch und daher immer so knapp zu bemessen, wie gerade noch vertretbar.

Zu flachen Oberlichtern zählen meist **Dachflächenoberlichter** (englisch: shedroof!) als Bänder (Bild 1.35 rechts) wie als Einzeloberlichter (1.35 links), ebenso **Glassatteldächer** (Querschnitt links in Bild 1.32), die auch **Raupenoberlichter** heißen, wenn sie quer über Dachknickungen hinweg laufen (Bild 1.36).

**Shed- oder Sägedächer** (englisch: sawtooth-roofs, z. B. Bilder 1.30, 1.37) gegen Nord sind wegen der geringeren Sonnenwärmebelastung im Sommer die raumklimatisch günstigsten geneigten Oberlichter (siehe Abschnitt 3.2.3). Der einseitige Lichteinfall verleiht Shedräumen eher Seitenlichtcharakter, noch variierbar mit (bei selbsttragenden Sheds häufigeren) Schalenformen: innen konvexe (Bild 1.38 oben) reflektieren Licht in Richtung des direkten Einfalls (die Einseitigkeit verstärkend), innen konkave (1.38 unten) mehr entgegengesetzt (die Einseitigkeit abschwächend). Dachuntersicht stets gut aufgehellt, außer 1.38 oben.

Bandförmige **Laternen- oder Monitordächer** in vielen Querschnittsformen (Beispiele Bild 1.39) ermöglichen bei etwas größerem Öffnungsbedarf als Sägedächer zweiseitigen Lichteinfall; mit Nord- und Südöffnungen Wärmebelastung im Sommer geringer als unter flachen Oberlichtern, obschon größer als unter Nordsheds; schon klassisch sind allseits, oft mehrstufig verglaste große Einzellaternen über Zentralräumen.

**Licht-, auch Staub(!)decken,** meist stark lichtstreuend, für sehr gleichmäßige Beleuchtung und als Schutz gegen Einblick ins Dach unter beliebigen Oberlichtkonstruktionen häufig für Gemäldegalerien (z. B. Bild 1.40), früher auch Kassenhallen u. ä., vergrößern aber drastisch die benötigte Oberlichtfläche.

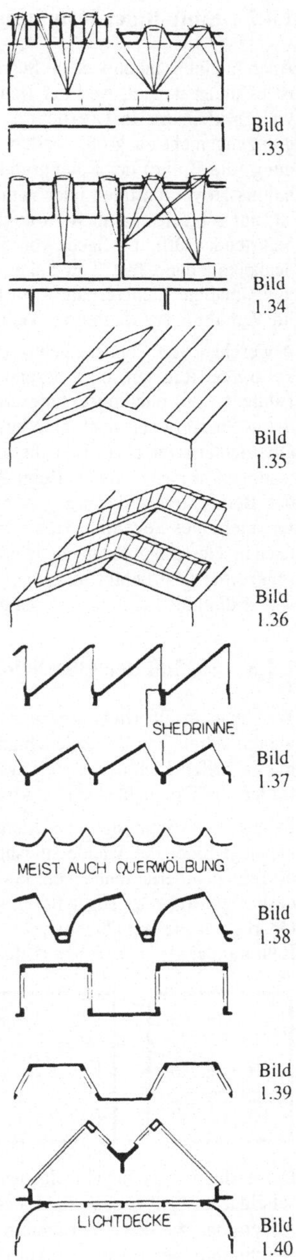


Bild 1.33

Bild 1.34

Bild 1.35

Bild 1.36

Bild 1.37

Bild 1.38

Bild 1.39

Bild 1.40

## 1.4.2  Einfluß der Raumproportion

Auch in einem innen weißen Schornstein – einem nach oben völlig offenen Oberlichtraum –
ist es unten dunkel, weil der Raumwinkel, aus dem direktes Licht nach unten fallen kann,
viel zu klein ist: In Oberlichträumen darf deren Höhe im Verhältnis zur oberen Raumbe-
grenzung nicht zu groß, sondern sollte in der Regel kleiner sein als die kürzere Ausdehnung (die Breite) der Raumgrundfläche. Man kann aber auch Räume, deren Höhe im Verhältnis zu vernünftigen oder vom Tragwerk erzwungenen Oberlichtabmessungen zu gering
ist, nur schlecht, nämlich zu ungleichmäßig oder um den Preis zu großer, das Raumklima
belastender Öffnungsfläche von oben beleuchten; zum Beispiel läßt eine 1,8 m dicke Dachdecke mit dann fast 2 m hohen Oberlichtschächten über nur 3 m hohen Räumen keine
gleichmäßige Lichtverteilung zu (Bild 1.34 links): Die Schachthöhe von Oberlichtern muß
im Verhältnis zur Raumhöhe klein sein.

Abgesehen von Sonderfällen – etwa besonderen Absichten mit der Lichtführung, wie in
kultischen Räumen, oder besonderen Ansprüchen an blendungsfreie (teilbare Sporthallen,
Bildtext 1.26) oder spiegelungsarme Beleuchtung (Ausstellungsräume) – wird man Räume,
deren Proportionen noch eine ausreichende Beleuchtung durch Fenster erlauben, nicht mit
Oberlichtern versehen. Erst für (gemessen an ihrer Höhe) große Räume werden Oberlicht-
lösungen immer sinnvoll. Beim Aufteilen in Teilräume, wie in teilbaren Sporthallen, sinkt
das Beleuchtungsniveau gegenüber dem ungeteilten Gesamtraum, so wie es Bild 1.21 am
Beispiel eines Seitenlichtraums erläutert. Die Raumproportion bestimmt neben raumklimatischen Gesichtspunkten auch die Wahl der Oberlichtart: so sind in überhohen Räumen
senkrechte Oberlichtöffnungen (Bilder 1.37 oben und 1.39 oben) wenig sinnvoll, weil zuwenig direktes Licht nach unten gelangt.

## 1.4.3  Einfluß der Oberlichtanordnung

Weil man in Oberlichträumen wesentlich empfindlicher als in Seitenlichträumen auf Ungleichmäßigkeiten der Beleuchtung reagiert, die Raumränder aber sogar unter einer gleichmäßig hellen Lichtdecke stets weniger Licht empfangen als die Raummitte (Bild 1.6), erfordert die Oberlichtanordnung besondere Sorgfalt.

Falls die Bestimmung eines Raumes nicht gerade eine Lichtkonzentration auf seine Mitte
nahelegt (oder die Wände ringsum Fenster besitzen), ist eine diesem Gleichmäßigkeitsbe-
dürfnis zuwiderlaufende Verdichtung flacher Oberlichter gegen die Raummitte hin zumindest ungünstig oder sogar falsch (Bild 1.41 links, wenig Licht auf Wänden!); richtig ist es,
Oberlichter gleichmäßig zu verteilen (1.41 Mitte), manchmal noch günstiger, sie gegen die
Raumränder zu verschieben (Bild 1.41 rechts).

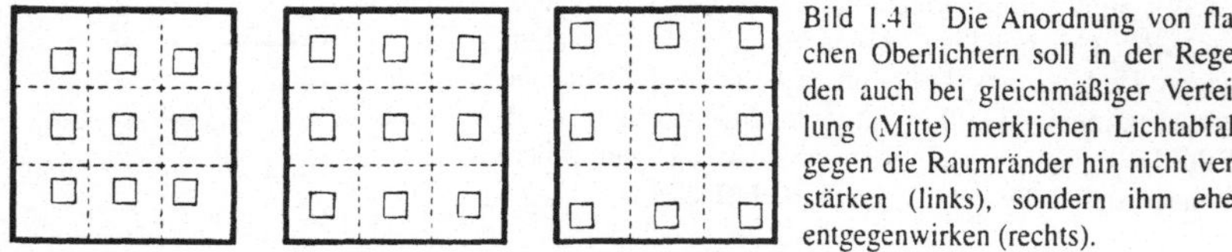

Bild 1.41  Die Anordnung von flachen Oberlichtern soll in der Regel
den auch bei gleichmäßiger Verteilung (Mitte) merklichen Lichtabfall
gegen die Raumränder hin nicht verstärken (links), sondern ihm eher
entgegenwirken (rechts).

Diese Hauptregel für alle flachen Oberlichter über fensterlosen Räumen (Bild 1.42: Glassatteldächer) gilt ebenso für Laternen-(Monitor-)Dächer (Bild 1.43), bei denen ein Herein-
ziehen der zu den Oberlichtern parallelen Wände (gestrichelt) die Beleuchtung dieser
Raumränder verbessern und ein Hinausschieben sie verschlechtern würde (punktiert). Auch

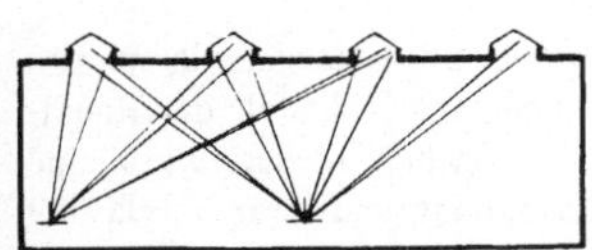

Bild 1.42    Glassatteldachhalle

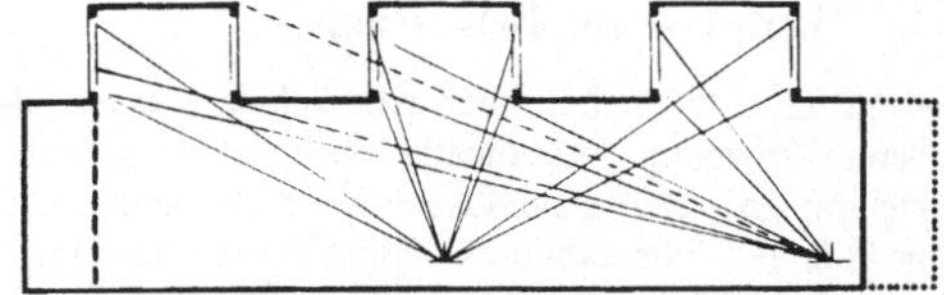

Bild 1.43    Himmelslichteinfall durch Laternendach

für diese bandförmigen Oberlichter deuten die Bilder an, daß die Raumränder stets weniger direktes Licht empfangen.

In den mit ihrem unsymmetrischen Lichteinfall eher seitenlichtartigen Shedräumen nimmt der direkte Lichtanteil – geometrisch bedingt – entgegen der Einfallsrichtung um so merklicher ab, je steiler die Shedöffnung (Bild 1.44). Versetzte man die Wand unter dem ersten Shed nach außen (punktiert in Bild 1.44) , so entstünde, falls die Wand keine ausgleichenden Fenster erhielte, eine unangenehme Zone ohne jedes direkte Licht. Wo solche Lösungen nicht zu umgehen waren, empfahl das Institut für Tageslichttechnik Stuttgart schon häufiger diesen dunklen Rand beleuchtende Öffnungen in der entgegengesetzten Dachfläche des ersten Sheds (Bild 1.45: Leichtathletikhalle der Hochschulsportanlage München, Arch. Heinle, Wischer und Partner, 1968).

Vollwandbinder zwischen oder unter Oberlichtern schränken die Lichtverteilung ähnlich ein wie zu hohe Schachtwandungen und vergrößern die notwendige Oberlichtfläche oft erheblich (Bild 1.46); zweckmäßiger sind in solchen Fällen in Fachwerk aufgelöste Binder.

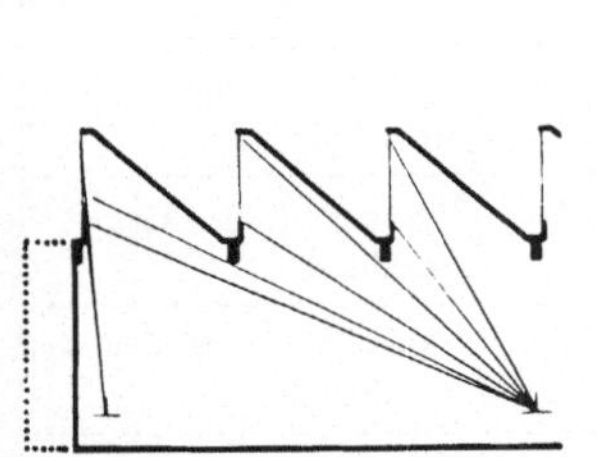

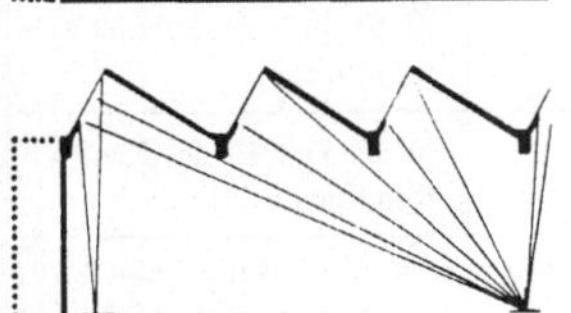

Bild 1.44    Der benachteiligte Raumrand unter dem ersten Sägezahn empfängt durch geneigte Öffnungen mehr Licht als durch senkrechte.

Bild 1.45    Die Zone vor dem ersten Sägezahn aufgehellt durch zusätzliche entgegengesetzte Dachöffnung

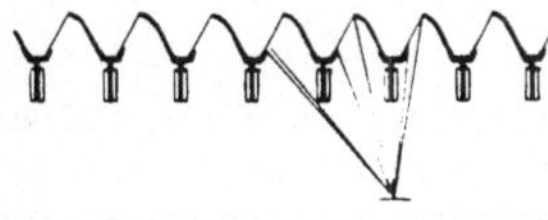

Bild 1.46    Infolge der Vollwandbinder, noch beidseitig verbreitert durch Klimakanäle, trotz des großen Öffnungsanteils unbefriedigend beleuchteter Bürogroßraum

### 1.4.4  Hinweise zur Bemessung

Obwohl der Lichteinfall durch Oberlichter – anders als bei Fenstern – meistens kaum von äußerer Verbauung beeinträchtigt wird, erlauben doch die unbegrenzte Vielfalt der Raumabmessungen – eher quadratische wie mehr langgestreckte, großflächige niedere wie kleine hohe Räume –, die zahllosen Möglichkeiten der Oberlichtausbildung und ihrer Verglasung und die vom gewählten Tragwerk abhängige innere Verbauung durch Oberlichtleibungen oder -schächte, Binder usw. keine Faustregeln zu ihrer Bemessung. Man muß in jedem Einzelfall mit den im Abschn. 2.5 beschriebenen geometrisch-rechnerischen Verfahren – das verbreitete (z. B. [12], [13]), im längst überholten Beiblatt 1 von 1963 zur DIN 5034 [1] angegebene Verfahren ist unzuverlässig [17]! – die Oberlichter auf die räumlichen Gegebenheiten abstimmen oder dies einem erfahrenen Fachmann auftragen. Tageslichttechnische Richtwerte – in Teil 1 der DIN 5034 von 1983 [2] nicht mehr enthalten – nennt Abschnitt 2.4.

Sehr grob vermitteln die erläuternden Bilder dieses Abschnitts 1.4 eine Vorstellung von Oberlichtproportionen. Tafel 1.2 kann nur für erste Entwurfsüberlegungen einen ungefähren Anhalt über die Öffnungsfläche von Oberlichtern für Räume ohne nennenswertes Seitenlicht geben und eine genaue Bemessung während der weiteren Bearbeitung keinesfalls erübrigen, weil eine Unterbemessung die Oberlichtentscheidung überhaupt fragwürdig machen, eine Überbemessung (vor allem flacher Oberlichter) aber ein unzumutbares sommerliches Raumklima verursachen kann. Die in der Tafel angenommene stark lichtstreuende (durch Eintrübung oder Einlagen undurchsichtige) Verglasung ist die einfachste und übliche Lösung, direkte oder Reflexblendung durch die Sonne zu unterbinden.

Tafel 1.2    Vororientierung über Oberlichtöffnungsanteile. Schwankungsbreiten für Räume ohne Seitenlicht mit „normaler" Dachdecke

| Oberlichtart | Verglasung | Lichtdurchlässigkeit $\tau_{dif}$ | Lichtöffnungsfläche, gemessen in Öffnungsebene (Bild 1.32) |
|---|---|---|---|
| Lichtkuppeln „normaler" Größe (je Öffnung $\leq 2{,}5\ m^2$) | doppelschalig milchig eingetrübt | $0{,}67 \leq \tau \leq 0{,}77$ | 7 bis 12 v. H. der Raumgrundfläche |
| Flache (Sattel-, Raupen-, Pyramiden- u. ä.) Oberlichter | stark lichtstreuend | $\tau \approx 0{,}5$ | 18 bis 25 v. H. der Raumgrundfläche |
| 60°-Sheds (-Säge-) und 60°-Laternen-(Monitor-)Dächer | stark lichtstreuend | $\tau \approx 0{,}5$ | 30 bis 40 v. H. der Raumgrundfläche |
| Senkrechtsheds (-säge-) und -laternen-(Monitor-)Dächer[*] | stark lichtstreuend[*] | $\tau \approx 0{,}5$ | 40 bis 55 v. H. der Raumgrundfläche |

[*] Für genau genordete senkrechte Oberlichtöffnungen ist stark lichtstreuende Verglasung nicht zwingend, wenn hochsommerliche Durchsonnung bis längstens etwa 7.30 und ab frühestens 16.30 Uhr wahrer Ortszeit nicht stört (Durchsonnungsdauer nördlich des 53. Breitengrades – etwa Bremen, Wittenberge – zunehmend; Umrechnung in mitteleuropäische Zeit siehe Abschnitt 2.2.1). Trotz der dann möglichen besser lichtdurchlässigen Verglasung ($\tau \approx 0{,}7$) Öffnungsfläche nicht umgekehrt proportional zur Lichtdurchlässigkeit verkleinern, weil sonst Blendungsstörungen wahrscheinlicher.

## 1.5  Oberlicht gemeinsam mit Seitenlicht

Seitenlicht und Oberlicht können einander in einem Raum gut ergänzen; der Planer muß jedoch wissen, wohin Licht vorwiegend von oben und wohin vorwiegend von der Seite gelangen soll und kann. An zwei Raumtypen seien schematisch die vielen sowohl von der

Raumform abhängigen wie auch sie bestimmenden Kombinationsmöglichkeiten angedeutet, bei denen manchmal die einfachen Definitionen von Seitenlicht und Oberlicht durcheinandergeraten.

Statt langrechteckiger Räume mit Tageslicht von links für tafelgerichtete Sitzordnung (Bild 1.19) benötigte der Schulbau der fünfziger und sechziger Jahre größere, eher quadratische, trotz ihrer Tiefe aber in ganzer Fläche gut mit Tageslicht beleuchtete Räume für freie Sitzgruppierungen. Neben zweiseitiger Fensteranordnung (Bild 1.24) verwendete man shedartige, meist stark lichtstreuend verglaste Dachaufsätze (oft bei nur niedrigen Hauptfenstern, damit die Räume nicht zu hoch gerieten: Bilder 1.47 und 1.48 nach [14]), auch abgewandelt zu zweiten Fensterstufen in terrassenartig abgetreppten Baukörpern (Bild 1.49); bei falscher Anordnung beleuchteten sie aber statt der Schülertische im wesentlichen die Wand zum Flur (Bild 1.50).

Eindeutiger den Oberlichtern zuzuordnen sind ergänzende Lichtkuppeln (Bild 1.51), die in gelegentlich versuchter falscher Anordnung (Bild 1.52) jedoch kaum Tageslicht in die zu beleuchtende Raumtiefe gelangen lassen.

Beim häufigen Industriehallenquerschnitt nach Bild 1.53 empfangen die außenwandnahen Bereiche Tageslicht vorwiegend durch die unteren Fensterbänder, während sich in einer breiten Mittelzone das Licht aus dem Satteloberlicht im First und aus den hochliegenden Fensterbändern mischt. Wenn das untere Fensterband entfällt, etwa wegen eines Nachbarbauteils, bliebe ohne weitere Oberlichter (in Bild 1.54 richtig nahe der Traufe) der außenwandnahe Bereich zu dunkel. Unter günstigen Umständen – keine Unterteilung, bezogen auf die Breite große Hallenlänge – können auch recht breite Hallen ohne zusätzliche, konstruktiv immer noch problematische Dachöffnungen entstehen (Bild 1.55).

Für solche Mischformen gibt es – zumal jeweils abzuwägen ist, ob eher der Seitenlicht- oder der Oberlichtcharakter das für einen hellen Gesamteindruck anzustrebende Beleuchtungsniveau bestimmt – keine Faustregeln zur Bemessung. Einen ersten Anhalt bietet die Analyse gelungener Beispiele (für Klassenräume z. B. in [14]); um Mehrkosten verursachende Über- oder Unterbemessung zu vermeiden, empfiehlt es sich aber immer, Oberlicht und Seitenlicht in genauen Untersuchungen nach Abschnitt 2.5 aufeinander abzustimmen.

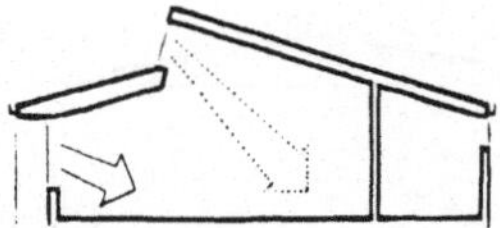

Bild 1.47   Shedartige Aufsätze immer **vor** dem (hier einseitig) zu beleuchtenden Bereich

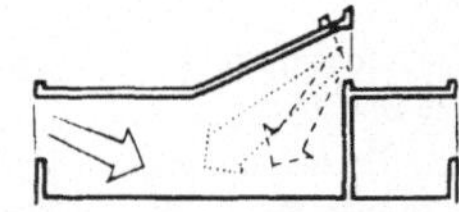

Bild 1.48   Bei entgegengesetztem Aufsatz durch Neigen auch Bereich darunter heller

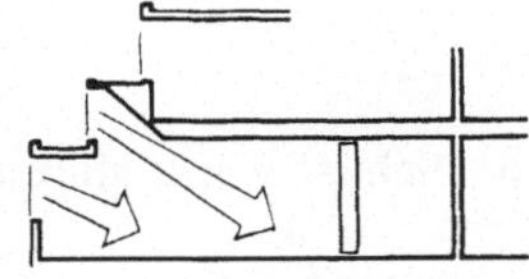

Bild 1.49   Sitzen zur Tafel: 2. Stufe durchsichtig möglich

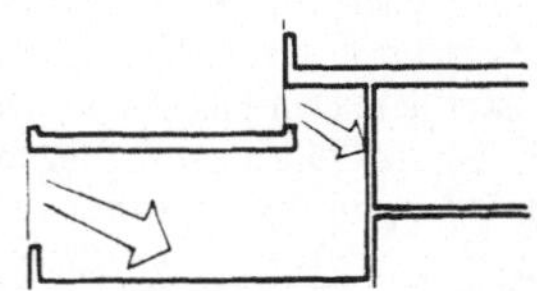

Bild 1.50   Zweite Fensterstufe viel zu weit hinten: Wandreflexion allein genügt nicht

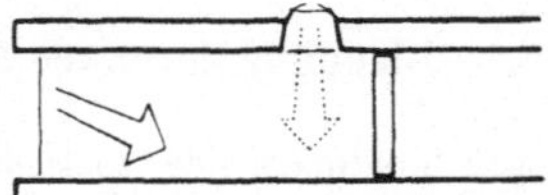

Bild 1.51   Flache Oberlichter nur **über** dem zu beleuchtenden Bereich und sparsam bemessen

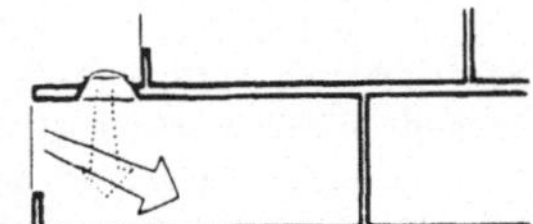

Bild 1.52   Entwurfsfehler: Fensternähe überhell, Raumtiefe trotzdem unzureichend

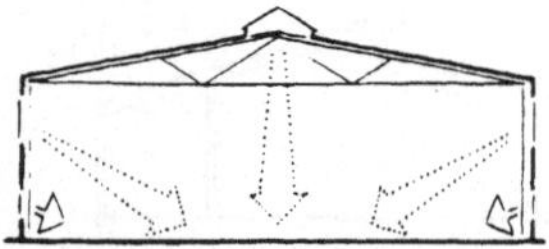

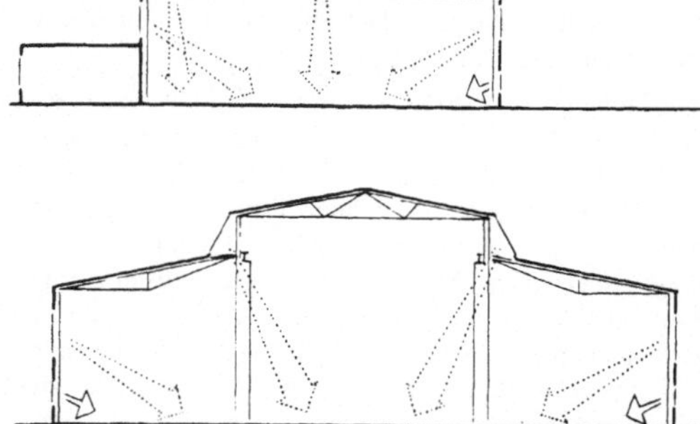

Bild 1.53 Höhere Räume benötigen zur ausreichenden Beleuchtung
ihrer Ränder auch die unteren Fensterbänder . . .

Bild 1.54 (oben rechts) . . . oder
wandnahe Oberlichter

Bild 1.55 (rechts) Laterne und Seitenlicht: so sparsam nur für ungeteil-
te Großhallen

## 1.6 Schutz gegen störende Blendung

Das Höhlenbeispiel (Abschnitt 1.1.1) veranschaulichte, daß erst Leuchtdichte-(Helligkeits-)
Unterschiede das Erkennen von Konturen und auch das Abschätzen von Entfernungen
ermöglichen, zu große Leuchtdichteunterschiede jedoch durch Blendung stören. Welche
Unterschiede man schon als unangenehm empfindet, hängt aber auch von der Größe der
kontrastierenden Flächen ab: Der große Kontrast zwischen Schwarz und Weiß ist bei kleiner Schrift Voraussetzung für müheloses Lesen, löst aber meist Unbehagen aus im Nebeneinander größerer schwarzer und weißer Flächen.

Die Quelle fast jeder Art von Beleuchtung blendet: überfordert – oft nur in gewissen Richtungen – die erstaunliche, jeden Fotoapparat weit übertreffende Fähigkeit der Anpassung
(Adaptation) des gesunden Auges an gleichzeitige oder kurz aufeinander folgende Leucht-
dichtekontraste.

### 1.6.1 Blendung durch die Sonne

Gegen **blindmachende,** so starke Blendung, daß man eine Zeitlang nichts mehr wahr-
nimmt, die (abgesehen von zu grellen künstlichen Lichtquellen) nur die Sonne selbst verursacht, muß man sich in allen Räumen – außer bei sehr geringen Ansprüchen an die Sehbedingungen – schützen können, ebenso gegen die **physiologische,** das Sehvermögen
vermindernde Blendung durch besonnte helle Raumflächen. Man vermeidet beides üblicherweise und einfach bei Fenstern mit hellen beweglichen inneren oder (wärmewirksam
besser) äußeren Vorrichtungen wie Vorhängen, Rollos, Markisen, Jalousetten usw. (nach
Abschnitt 3.2 auch bei nur geringen Abweichungen von Nord), bei Oberlichtern aber, weil
dort beweglicher Schutz schwierig zu warten ist, durch stark lichtstreuende Verglasung.
Daß solche Scheiben bei Besonnung sehr aufgehellt werden und dann selbst blenden können, stört in Oberlichtern meist nicht; in Fenstern müßten auch stark lichtstreuende Verglasungen, besonders in etwas größeren Flächen, zusätzlich einen inneren oder äußeren beweglichen Schutz erhalten.

## 1.6.2  Blendung durch den Himmel

Wenn Flächen hoher Leuchtdichte – hell bedeckter Himmel etwa – bei normaler (Arbeits-) Haltung im Gesichtsfeld liegen, geht die physiologische Blendung, für die beispielhaft der Tunneleffekt in einem langen, sonst dunklen Flur stehe, oft über in die sogenannte **„psychologische"**, auch ohne merklich vermindertes Sehvermögen Unbehagen erzeugende Blendung. Diese beiden Blendungsformen können einen Raum dunkler erscheinen lassen, als er ist, und – besonders die selten bewußt werdende „psychologische" Blendung – unklare Unzufriedenheit mit dem Raum wecken.

Im Roman „Der Richter und sein Henker" beschreibt Dürrenmatt sehr eindringlich, wie der Schriftsteller im recht dunklen Arbeitszimmer sich vor seinen Gästen, dem Kommissär und dem jungen Polizisten, so auf seinen Fensterplatz setzt, daß seine Befrager, obwohl er ihnen ins Gesicht sieht, ihn vor dem hellen Abendhimmel nur als dunkle Masse wahrnehmen, deren Mienenspiel sie nicht zu erkennen vermögen. Diese sehr häufige, die Grenze zwischen physiologischer und „psychologischer" Blendung verwischende Erscheinung des **Silhouettensehens** stört zwar nicht immer so; oft aber prägen die Gegenmaßnahmen einen Gebäudetyp.

Blendung durch helle Außenflächen ist eine Eigenart der Beleuchtung mit Tageslicht, der man möglichst ausweichen muß mit vernünftiger Raumeinrichtung und -nutzung. Wer seine eigenen Reaktionen sorgfältig analysiert, wird zum Beispiel einen Arbeitstisch nicht frontal gegen Fenster aufstellen, weil sonst die Augen bei jedem Aufblicken zu extremen, auf die Dauer ermüdenden, manchmal sogar Kopfschmerz verursachenden Adaptationsvorgängen gezwungen würden. Es wäre auch unsinnig, dem in der Fachliteratur oft überbetonten Silhouettensehen durch kräftig aufhellende natürliche oder (meist) künstliche Beleuchtung vom Raum her zu begegnen, solange es die als Umriß gesehene Person selbst mit einigen Schritten vom Fenster weg beheben kann (z. B. Lehrer im Klassenraum).

Erlaubt der Raumzweck kein Ausweichen, etwa in Sporthallen, in Versammlungs- oder Ausstellungsräumen (alles gegen helle Außenflächen Gesehene wird zum Schattenriß!), in Bürogroßräumen (Bild 1.27) oder in Klassenräumen mit „freier" Sitzgruppierung, so muß man, da helle Außenflächen blenden können auch an bedeckten Tagen (der Himmel besonders dann), an denen aber bewegliche Vorrichtungen die Helligkeit im Raum zu sehr senken würden, die Raumverhältnisse ändern: die von innen her wahrnehmbare Himmelsleuchtdichte durch Verglasungen geringerer Lichtdurchlässigkeit dämpfen, notfalls den Blick darauf ganz unterbinden, und zugleich die damit dem Raum entstehenden Lichtverluste ausgleichen entweder durch Vergrößern der vermindert lichtdurchlässigen Flächen oder durch zusätzliche natürliche oder künstliche Beleuchtung.

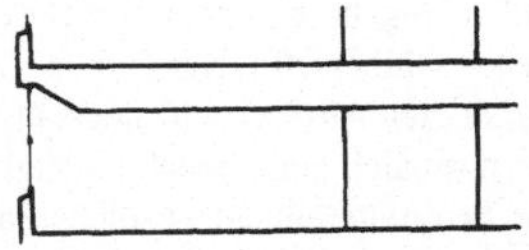

Bild 1.56  Ohne Volumensänderung in hohen Deckenraum erhöhte Fenster, die dann trotz (mit Kämpfer über Augenhöhe!) blendungsmildernd gut lichtstreuender oberer Hälfte die Klasse noch ausreichend beleuchten. Jalousetten schützen auch obere Hälfte vor Aufhellung bei Sonne (nach [17]).

Bei freier statt tafelgerichteter Sitzgruppierung in Klassenräumen blendet der Himmel oft Schüler mit Sitzrichtung gegen Fenster. Betriebskostengünstiger als getönte Sonnenschutzscheiben bei ständigem Kunstlicht (Bürogroßräume) helfen abgesenkte, die obere Himmelsfläche abdeckende Fensterstürze und zusätzliche, stark lichtstreuende Öffnungen außerhalb des Blickfelds (Bilder 1.47, 1.48) oder erhöhte (Bild 1.56) oder breitere (1.28), in der oberen Hälfte stark streuende Fenster.

Vorwiegend längs bespielte Sporthallen lassen sich ohne wesentliche Blendungsstörungen von den Längsseiten her beleuchten (Bild 1.26). In größeren, aus quergestellten Teilhallen zusammengesetzten Hallen mit Hauptspielrichtung quer zu denen in den Teilhallen werden jedoch Lichtöffnungen in Wänden – stets in einer der Hauptblickrichtungen! – zu Blendquellen, die beim Sport erheblich stören können. Für so teilbare Hallen wird daher wegen des Blendschutzes eine Tagesbeleuchtung nur von oben gefordert (z. B. Bild 1.45), obwohl die Raumgröße auch Glaswände mit ergänzenden Oberlichtern erlaubte. Fensterwände gegenüber von Tribünen machen Zuschauern das Geschehen zum Schattenspiel in jeder Halle, die nicht auch allein von oben (möglichst aus Tribünenrichtung) schon sehr hell beleuchtet ist. Erträglich werden Glaswände oder Fenster in teilbaren Sporthallen (auch in Arbeitshallen!) nur, wenn man vor den jeweils in Hauptblickrichtung gelegenen einen Blendschutz schließen kann (Markisen oder Jalousetten, notfalls auch Rollos oder Vorhänge innen im Raum); allerdings ist beim Bemessen der Oberlichter nur die durch solchen geschlossenen Blendschutz sehr verminderte Lichtdurchlässigkeit der Glaswände oder Fenster einzusetzen.

An Kassenschaltern etwa erleichtert es eine Silhouetten aufhellende natürliche oder künstliche (Gegen-)Beleuchtung, Herantretende zu erkennen.

## 1.7  Einflüsse der Verglasung

### 1.7.1  Durchsichtige Gläser

Beleuchtungstechnisch sind „durchsichtig" – aber nicht „klar"! – auch sehr gering lichtstreuende, wegen der Konturen verschleiernden Wirkung in der Umgangssprache oft als un- oder schlecht durchsichtig bezeichnete Gußgläser wie (Industrie-)Drahtglas, Antikglas, Gartenklarglas usw. Fenster – Inbegriff freier Durchsicht, besonders von innen nach außen – sollte man aber nur in begründeten Ausnahmen anders als farblos klar verglasen. Leider verursacht der leichte Grünton aller normalen „farblosen" Flachgläser bei größerer Gesamtdicke (also auch mehrerer dünnerer Scheiben hintereinander) solche Farbverschiebungen gegen Grün, daß für Mehrfachscheiben in Räumen mit hohen Farbwiedergabeansprüchen, wie Gemäldegalerien, sich nur wirklich farblose Sondergläser eignen.

Durchsichtige Sonnenschutzscheiben lassen stets weniger Licht hindurch und verändern verschieden stark, nur wenige Typen kaum mehr als normale „farblose" Gläser, die Farben der durch sie hindurch oder von ihnen reflektiert beleuchteten oder gesehenen Flächen. Man muß immer prüfen, ob die Farbänderungen im Raum oder (durch Reflexion) in der Umgebung – durch absorbierende Scheiben aus farbiger Glasmasse in Richtung auf die Glasfarbe, durch vorwiegend reflektierende, beschichtete Scheiben in der Durchsicht (transmittierend) oft anders als in der Draufsicht (reflektierend) – und die teils erhebliche Lichteinbuße noch vertretbar sind, und auch die raumklimatischen Folgen bedenken (siehe Abschnitt 2.5.4): Absorbierte Strahlung erwärmt die Scheiben (Fenster als Strahlungsheizfläche!), reflektierte bleibt außen (stört aber vielleicht bei Nachbarn).

Klare, noch ausreichend lichtdurchlässige Sonnenschutzgläser schließen wie Sonnenbrillen direkte Sonnenblendung nicht aus und bedürfen wie alle durchsichtigen Scheiben beweglicher Schutzvorrichtungen überall dort, wo man der Sonne nicht ausweichen kann, wenn sie stört (siehe Abschnitt 3.3.5).

## 1.7.2  Lichtstreuende und lichtlenkende Gläser

Lichtstreuende Ornament-Gußglasscheiben hemmen zwar den Ausblick von innen (daher früher ebenso wie Mattglasscheiben oft zur Steigerung der Arbeitskonzentration in unteren Fensterfeldern, obgleich solches Verweigern der Kontaktmöglichkeit eher irritiert), genügen aber entgegen verbreiteter Meinung zumindest bei Dunkelheit außen und eingeschalteter Raumbeleuchtung nicht als Einblickschutz, den wirksam nur durch Trübung oder Einlagen stark streuende Scheiben oder allenfalls Doppelscheiben aus zwei Ornamentgläsern der Kategorie bester Lichtstreuung gewähren.

Mit besonders prismierten Gußgläsern oder Glasbausteinen kann man Licht zwar nicht vermehren, aber in bestimmte Richtungen umlenken (Bild 1.57).

Durch Oberflächenprägung lichtstreuende Gläser lassen fast ebensoviel Licht hindurch wie farblos klares Glas (bei Glasbausteinen schlucken aber die tiefen Fugen Licht), durch Trübung oder Einlagen stark streuende Scheiben wesentlich weniger, verteilen es aber gleichmäßiger. Leider blenden alle stärker geprägten, besonders jedoch lichtlenkend prismierte Gläser bei Besonnung großflächig gleißend (**Brillanz,** blindmachend) und flimmern oft sogar an bedeckten Tagen irritierend. Im Hauptblickfeld können auch besonnte stark streuende (weißlich trübe) Scheiben blenden, meist aber nicht blindmachend. Geprägte lichtstreuende Gläser bedingen daher, wenn nicht Orientierung oder starke Verbauung Sonne während der Raumnutzung ausschließen, in der Regel einen beweglichen, am besten äußeren Sonnenschutz, dagegen weißlich trübe stark lichtstreuende Verglasungen nur als größere Flächen im Hauptblickfeld.

Obwohl man mit allen lichtstreuenden Scheiben Konstraste zwischen direkt besonnten und verschatteten Flächen vermeiden, eine insgesamt gleichmäßigere Raumbeleuchtung erreichen und auch den Durchblick verschleiern oder unterbinden kann, ergeben sich aus ihren besonderen Eigenschaften doch unterschiedliche Anwendungsgebiete.

Durch Prägung lichtstreuende Gläser eignen sich besonders dort, wo Brillanz durch Besonnung nicht entstehen oder nicht stören kann: im Gebäudeinneren als Durchblick erschwerende Trennwand- oder Türscheiben oder oberhalb blickdichter Lichtdecken für Dachverglasungen, denn ihre gute Lichtdurchlässigkeit ermöglicht geringere Dachglasanteile als in Bild 1.40 und ihre dennoch (z. B. bei Difulit 597) sehr gute Lichtstreuung eine bei richtiger Zuordnung der Öffnungen sehr gleichmäßige Aufhellung der Decken.

Gegen helle Flächen sichtbare Verglasungen, wie Oberlichter im oberen Raumabschluß (in Industrie- oder Sporthallen etwa, Bild 1.42 bis 1.45), Lichtdecken (Bild 1.40) oder senkrechte Verglasungen, die den Einblick oder (wie in Bild 1.56) den Blick auf zu helle Außenflächen unterbinden und innen· Schatten aufhellen sollen, führt man besser aus mit Scheiben, die das Licht durch Trübung, Mattierung oder Einlagen streuen. Die seltener verwendeten Trübgläser (Milchüberfangglas oder getrübte Kunststoffscheiben) sind in der Regel strukturlos-gleichförmig; „lebendiger" wir-

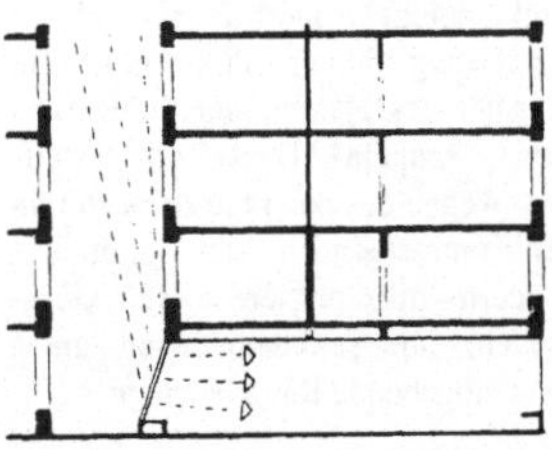

Bild 1.57  Lichtlenkende Glasbausteinwand am Lichtschacht als hinterer Abschluß eines Cafés: der sehr geringe, sonst nur den Fußboden erreichende Lichtanteil trifft so fast voll auf den Besucher und läßt vor allem die Wand selbst, in Grenzen auch den Raum hell erscheinen, obwohl insgesamt nicht mehr, sondern weniger Licht als durch normale Verglasung in den Raum gelangt (aber man nimmt, zwar gedämpft, Himmelshelligkeit statt der dunklen Hofwand wahr). Am hohen, die Sonne abschirmenden Hof keine Brillanzstörungen.

ken bereits mattierte Gläser (wegen der Schmutzanfälligkeit nicht sandstrahl-, sondern ätz-mattiert), besonders aber Scheiben mit Einlagen (sofern nicht aus getrübtem Kunststoff): Acryl-Kapillarfaser- oder -Schaumplatten, Glasvlies (filzartig, oft auch als aufhellende Abdeckung der „graueren" Kapillarplatten verwendet) oder Glasseidengespinst (sehr weiß mit erkennbar „gekämmtem" Faserverlauf). Die gute („transparente") Wärmedämmung der Kapillar- oder Schaumplatten erreichen Gespinst- oder Vlieseinlagen zwischen zwei Abdeckgläsern allenfalls mit weiterer Glasscheibe und Luftschicht (Tafel 3.1).

### 1.7.3  Spiegelungen in Gläsern

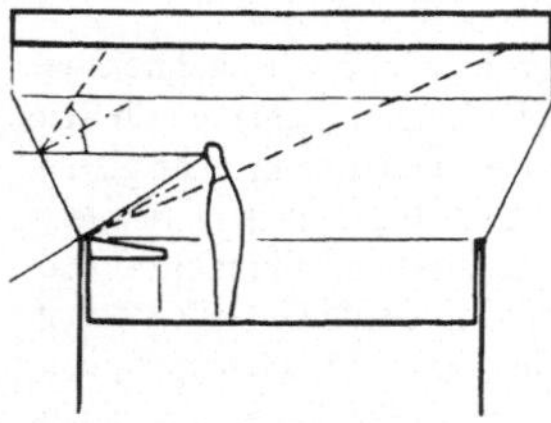

Bild 1.58  Da der Rückwurfwinkel immer dem Auftreffwinkel des Seh-strahls entspricht, kann die geneigte Steuerraumverglasung auch für den am Steuerpult im ungünstigen Fall stehenden Beobachter nur die Raum-decke spiegeln, nicht aber durch die Verglasung hinter ihm Sichtbares (Lichter des Hafen- und Straßenver-kehrs, Ampeln). Decke nicht weiß, aber wegen des bei Tage sonst stören-den Kontrastes auch nicht sehr dunkel, sondern mit mittleren Reflexions-graden; nur senkrecht nach unten Licht abgebende Raumleuchten!

Daß blanke Glasscheiben (also auch durch Trübung oder Einlagen stark lichtstreuende Gläser mit blanker Oberfläche) wie alle glänzenden Oberflächen immer spiegeln, fällt nur auf – und stört dann meist auch –, wenn das, was sich im Glas spiegelt, heller ist als das, was man durch das Glas hindurch betrachten möchte. So sieht man beim Blick aus dem Fenster eines beleuchteten Raumes statt der nächtlichen Umgebung das Raumspiegelbild; für den Blick von außen auf ein Gebäude spiegeln Fenster – besonders hinter Vorsprüngen gelegene – tags fast immer (wenn nicht gerade Sonne auf von außen sichtbare helle Raumflächen trifft) den Himmel oder helle Umgebungsflächen. Diese beim Betrachten von Schaufenstern oft störende Erscheinung zeigt sich bei Doppelscheiben fast doppelt so stark wie bei Einfachscheiben und macht Scheiben mit zusätzlichen Reflexbelägen bei Tage von außen praktisch undurchsichtig.

Spiegelungen in verglasten Bildern lassen sich notfalls durch Feinstmattierung der Glasoberflächen oder (besser) aufgedampfte, das Spiegelbild in weniger störende Spektralbereiche transponierende Reflexschichten mildern. Richtiger ist es, einen Raum durch geometrische Untersuchung so zu gestalten, daß für normale Betrachtungsrichtungen in den kritischen Scheiben (auch von Vitrinen oder Fenstern) nur dunklere und daher nicht störende Flächen als Spiegelbild erscheinen können, wie es Bild 1.58 am Beispiel eines Schleusensteuerraumes zeigt.

### 1.7.4  Glasreinigung

Glasscheiben verschmutzen zwar nicht stärker als andere Oberflächen in gleicher Lage, aber die Verschmutzung fällt beim Durchblick auf und vermindert den Lichteinfall. Auch wenn man bei ungeschützten geneigten oder oft Schlagregenfällen ausgesetzten Verglasungen auf eine gewisse Selbstreinigung durch Abregnen vertrauen darf, sofern die Verschmutzung mehr staubig als haftend-ölig ist, muß die Planung stets, auch bei Oberlichtern, gefahrlose Möglichkeiten für die regelmäßige beidseitige Glasreinigung vorsehen:

Flügelöffnungsarten, die das Putzen aller Scheiben erlauben, oder besondere Stege, Wagen, Fahrkörbe, notfalls Hubwagen. Extrem verstauben geneigte, durch Vorsprünge regengeschützte Verglasungen (Bild 1.59).

## 1.8 Einfluß der Raumoberflächen

Wie schon am einleitenden Höhlenbeispiel angedeutet, bestimmen die Reflexionsgrade der Raumflächen im gleichen Maße wie das auf sie treffende Licht den Helligkeitseindruck im Raum. Obwohl Hartmann [22] besonders für (allerdings vorwiegend künstlich beleuchtete) Bürogroßräume zu eher dunkler Raumausstattung rät, um Peripherieblendung zu vermeiden, erscheinen zumindest für Tageslichträume helle Oberflächen richtiger, um die Lichtausbeute zu erhöhen und die Kontraste zum außen Sichtbaren zu mildern, die ja ebenfalls Blendung verursachen.

Wenn man nicht gerade Spiegeleffekte beabsichtigt, wie etwa in Repräsentationsräumen, sollte man – vor allem in Arbeitsräumen jeder Art – nur nichtglänzende, matte Materialien verwenden (Fußböden, Tischflächen!), um störende Reflexblendung auszuschließen.

Auch die Struktur der Raumflächen beeinflußt die Beleuchtung. Bei gleicher Farbgebung reflektieren ebene Flächen mehr Licht, wirken also heller, als rauhe oder durch Riefen oder Kassetten gegliederte, jedoch abhängig von der die Lichtauftreffwinkel bestimmenden Raumgeometrie (Bilder 1.60 und 1.61, [11]).

## 1.9 Tageslicht-„Technik"

Der Beleuchtung eines Hohlraums mit Licht von außen (mit Tageslicht) setzt die Raumgeometrie naturgemäß engere Grenzen als der Beleuchtung durch Lichtquellen im Raum selbst (mit künstlichem Licht). Die bisher – meist auf dem Papier – immer wieder unternommenen, zum Beispiel in [8] ausführlich dargestellten Versuche, diese Grenzen zu sprengen durch Lichtlenkung (mit Prismen, Spiegeln oder optischen Linsensystemen) oder sogar Lichtleitung (durch Glasstäbe oder -fasern oder flüssigkeitsgefüllte Röhren), könnten zwar in Gebieten mit überwiegend klarem Himmel trotz der unvermeidlichen, technisch bedingten Lichtverluste

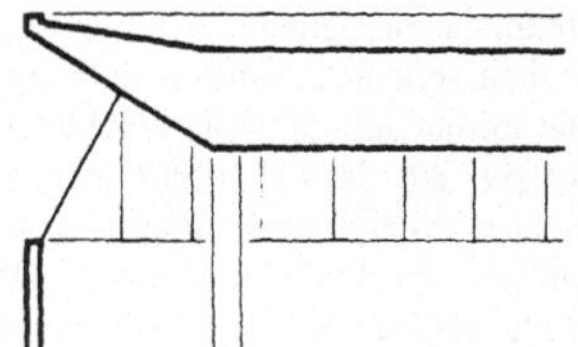

Bild 1.59 Für den Staub durch Glasneigung besseres Auflager und durch Dachvorsprung Schutz vor Abregnen

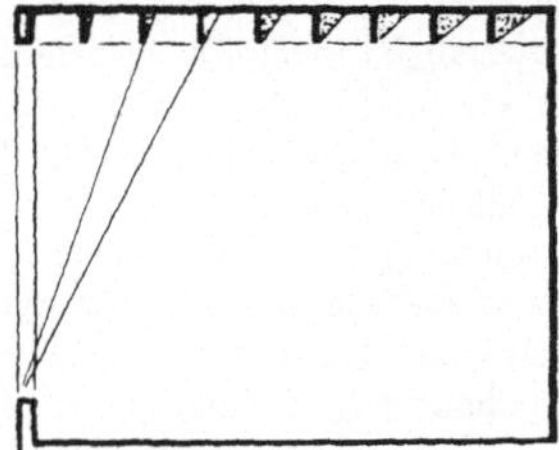

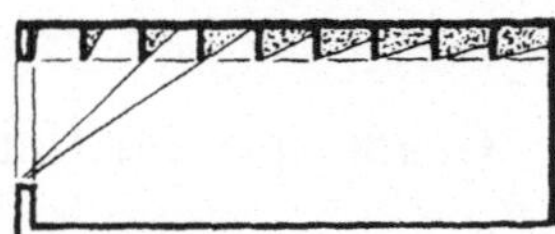

Bild 1.60 Die gleiche Decke bleibt über dem niederen Raum nicht nur wegen der kleineren Fensterfläche dunkler, sondern weil das flacher als im hohen Raum auftreffende, vorwiegend von unten reflektierte Licht mehr Kassettenflächen primär im Schatten läßt (aus [11]).

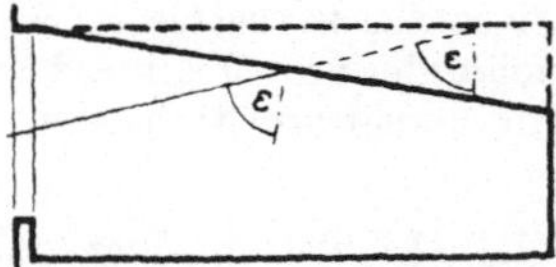

Bild 1.61 Günstigere Stellung von Wand- oder Deckenflächen zum Lichteinfall verbessert die Beleuchtung nicht nur dieser Flächen, sondern des ganzen Raumes etwas.

vielleicht aussichtsreich verlaufen, weil die direkt von der Sonne erzeugten Beleuchtungsstärken sehr hoch sind; in Klimagebieten mit häufigerer Bewölkung – und in Mitteleuropa und klimatisch ähnlichen Gebieten verdecken zu mehr als der Hälfte der Tageslichtstunden Wolken die Sonne! – darf man dagegen nur mit dem gestreut vom Himmel kommenden Licht rechnen, dessen Intensität so viel geringer ist, daß die Lichtauffangflächen, die nötig würden, um durch Fenster oder Oberlichter nicht mehr beleuchtbare Gebäudebereiche doch mit Tageslicht zu versorgen, wegen der Verluste beim (schon etwas schildbürgerhaft anmutenden) Transport ungleich größer werden müßten als Öffnungen, die zur unmittelbaren Tagesbeleuchtung entsprechender Raumbereiche vorzusehen wären. Durch Leitungen transportieren und verteilen läßt sich überdies einfacher als Licht, das man dafür erst konzentrieren müßte, die zu seiner Erzeugung benötigte elektrische Energie.

Auf Sonderfälle beschränkt bleiben selbst die harmloseren Möglichkeiten, die Tagesbeleuchtung der Raumtiefen zu verbessern mit lichtlenkend prismierten (Bild 1.57) oder auch nur stark lichtstreuenden (Bild 1.56) Gläsern in den nicht zur Blickverbindung nach außen notwendigen Lichtöffnungsbereichen, weil damit nie mehr, sondern stets weniger, aber besser verteiltes Licht als durch übliche Verglasungen in den Raum gelangt. Meistens muß man sich also bemühen, den häufig bereits von der Umgebung eingeschränkten Tageslichteinfall auf mehr herkömmliche – vorwiegend geometrische! – Weise durch zweckmäßige Ausbildung der Lichtöffnungen und des Raumes selbst oder des ganzen Gebäudekomplexes so gut wie möglich auszunutzen. Für die vielen Fälle, in denen die Bemessungshilfen dieses Abschnitts 1 mit den Tafeln 1.1 und 1.2 nicht ausreichen, beschreibt der folgende Abschnitt 2 die Grundlagen zu genaueren Untersuchungen.

# 2  Grundlagen für Untersuchungen zur Tagesbeleuchtung

## 2.1  Beleuchtungstechnische Begriffe und Größen

Lichtöffnungen in Gebäuden kann man auch ohne photometrische Grundkenntnisse richtig bemessen. Tafel 2.1 stellt nur grundsätzlich und ohne die Lichttechnikern geläufigen Feinheiten einige wesentliche Definitionen und Ableitungen dar; über lichttechnische Grundlagen unterrichten eingehender Fischer [13] und besonders anschaulich, wenn auch mit Blick auf künstliche Beleuchtung und nicht immer in der neuesten Schreibweise von Größen und Gleichungen, Keitz [24]. Eine leicht verständliche Physiologie des Sehens für beleuchtungstechnische Überlegungen einschließlich Grundlagenliteratur bietet Hartmann [22]. Wir beschränken uns hier auf einige Beispiele zur Bedeutung und Anwendung der in Tafel 2.1 grob definierten Größen und verzichten dabei vereinfachend durchweg auf die integrale Schreibweise der Gleichungen.

### 2.1.1  Lichtstrom, Lichtstärke

Licht ist nur ein Teil der von einer Lichtquelle (der Sonne oder einer beliebigen künstlichen Lichtquelle) ausgehenden elektromagnetischen Strahlung (Bild 2.1): der Anteil nämlich, der dann sichtbar wird, wenn man in die Strahlungsquelle blickt oder auf Flächen, welche auftreffende Strahlung reflektieren. In reiner Luft bleibt alle Strahlung unsichtbar;

das Lichtbündel eines Scheinwerfers wird nur bemerkbar an den von ihm getroffenen Staub- und Feuchtigkeitspartikelchen.

Bild 2.1 Spektrale Verteilung der Gesamtstrahlung von Sonne mit klarem Himmel auf waagerechter Fläche, wie vom Komitee E-2.1.2 der Internationalen Beleuchtungskommission (CIE) festgelegt, nach [28]. (Sonnenhöhe $\gamma_S = 90°$, Luftmasse $m = 1$; bei anderen Sonnenhöhen relative spektrale Verteilung kaum anders.)

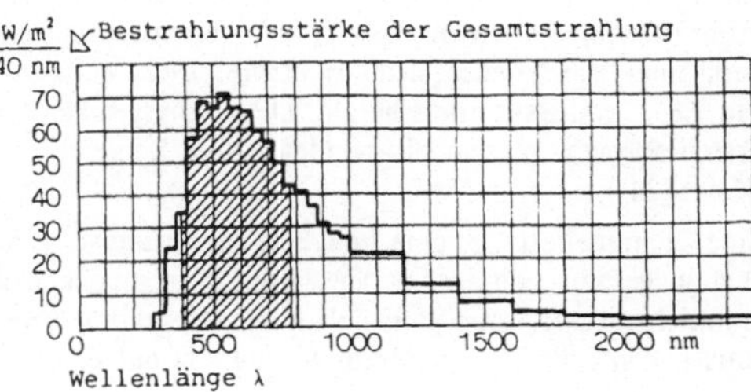


Tafel 2.1  Einige beleuchtungstechnische Begriffe, Größen, Einheiten

| Größe, Symbol | Einheit | Erläuterungen |
| --- | --- | --- |
| Raumwinkel $\Omega$ (Omega) | Steradiant sr (Verhältnisgröße) | Grundgröße der Photometrie, angegeben als Verhältnis der vom räumlichen Winkel ausgeschnittenen Fläche auf einer um den Winkelursprung (Lichtquelle oder Licht empfangender Punkt) gedachten Kugel zum Quadrat des Kugelradius: $1\ \text{sr} = 1\ \text{m}^2/\text{m}^2 = 1\ \text{cm}^2/\text{cm}^2$. Der Raumwinkel einer Kugel ist $4\pi$, einer Halbkugel $2\pi$. |
| Lichtstrom $\Phi$ (Phi) | Lumen lm | „Sichtbarer" Anteil des von einer Lichtquelle ausgehenden wie an einer Fläche reflektierten Strahlungsflusses (siehe Bild 2.1), bewertet nach dem Helligkeitsempfinden des menschlichen Auges. $1\ \text{lm} = 1\ \text{cd} \cdot \text{sr}$. |
| Lichtstärke I | Candela cd | Lichtstrom in einem sehr kleinen Raumwinkel; international festgelegte Grundgröße der Photometrie. |
| Beleuchtungsstärke E | Lux lx | Lichtstromdichte auf einer beleuchteten Fläche: Summe des auf eine Fläche treffenden Lichtstroms, geteilt durch diese Fläche: $1\ \text{lx} = 1\ \text{lm}/\text{m}^2 = 1\ \text{cd} \cdot \text{sr}/\text{m}^2$. |
| Leuchtdichte L | Candela je Quadratmeter cd/m² | Quotient aus der Lichtstärke gegen den Betrachter und der gesehenen scheinbaren Größe (Bild 2.2) der leuchtenden Fläche. Maß der wahrgenommenen Helligkeit. |
| Belichtung $Q_E$ | Luxsekunde lx·s | Produkt aus Beleuchtungsstärke und Beleuchtungsdauer (z. B. beim Photographieren). |
| Wellenlänge $\lambda$ (lambda) | Nanometer nm | Länge der (hier sinusförmigen) Schwingung der Strahlung (siehe Bild 2.1). $1\ \text{nm} = 10^{-9}\text{m}$; $1\,000\,000\ \text{nm} = 1\ \text{mm}$. |
| Transmissionsgrad $\tau$ (tau) | 1 (Verhältnisgröße) | Verhältnis des durchgelassenen Strahlungsflusses zum auftreffenden beim (falls nicht anders angegeben) Auftreffwinkel (Bild 1.3) $\varepsilon = 0°$; bei wachsenden Winkeln über 45° starke Abnahme des Transmissionsgrads. |
| Reflexionsgrad $\rho$ (rho) | 1 (Verhältnisgröße) | Verhältnis des zurückgeworfenen Strahlungsflusses zum auftreffenden beim (falls nicht anders angegeben) Auftreffwinkel (Bild 1.3) $\varepsilon = 0°$; bei wachsenden Winkeln über 45° starke Zunahme des Reflexionsgrads. |
| Absorptionsgrad $\alpha$ (alpha) | 1 (Verhältnisgröße) | Verhältnis des aufgenommenen Strahlungsflusses zum auftreffenden. Für strahlungsdurchlässige Materialien gilt $\alpha = 1 - \tau - \rho$, für undurchlässige $\alpha = 1 - \rho$. |

Der „sichtbare" Strahlungsanteil beginnt mit Wellenlängen von etwa 380 nm (Farbempfindung Violett) und endet mit etwa 780 nm (Farbempfindung Rot); der kürzerwellige Anteil (< 380 nm: Ultraviolett) bräunt zum Beispiel die Haut, der längerwellige (> 780 nm: Infrarot) wirkt nur noch als Wärme. Wesentlich ist aber, daß etwa die Hälfte der wärmewirksamen Sonnenenergie als sichtbares Licht auftrifft: „Licht und Strahlung im allgemeinen ist … transportierte Energie. Diese Energie kann, wenn sie absorbiert wird, in andere Energieformen verwandelt werden, zum Beispiel in Wärme oder elektrische Energie" (Keitz [24]).

Eine Lichtquelle (z. B. eine Leuchte) strahlt meist nach mehreren Seiten verschieden stark. Den insgesamt von ihr in den Raum abgegebenen Lichtstrom $\Phi$ kann man daher nur räumlich messen, zum Beispiel durch Integration über viele Einzelmessungen der **Lichtstärke I** in sehr kleinen **Raumwinkeln** $\Omega$ auf einer um die Lichtquelle gedachten Hohlkugel:

$$\Phi = \int I \cdot d\Omega \quad \text{(vereinfacht: } \Phi = I \cdot \Omega) \tag{1}$$

## 2.1.2  Beleuchtungsstärke

Man kann den von einer Leuchte in den Raum abgegebenen Lichtstrom $\Phi$ auch bestimmen, wenn man sie in eine vollkommen diffus (gestreut) reflektierend vorausgesetzte weiße Hohlkugel hängt, so daß der Lichtstrom sich durch Vielfachreflexion gleichmäßig auf der Kugelinnenfläche A verteilt (Ulbrichtsche Kugel); an einer gegen direktes Licht der Leuchte abgeschirmten Stelle der Kugelinnenfläche mißt man dann die Lichtstromdichte oder (nach geläufigerer Bezeichnung) die **Beleuchtungsstärke E,** den Quotienten aus auftreffendem Lichtstrom und Fläche,

$$E = \frac{\Phi}{A} \tag{2}$$

und erhält so:

$$\Phi = E \cdot A \tag{2a}$$

Eine Beleuchtungsstärke, zwar als Maß für den Lichtempfang einer Fläche die bekannteste beleuchtungstechnische Größe, kann man aber nicht sehen; allenfalls könnte man sich vorstellen, man befinde sich mit seinen Augen in der Licht empfangenden Fläche, etwa einer Tischplatte, und habe vor den Augen eine Matt- oder Milchglasscheibe, welche trotz ihrer Lichtstreuung alles Licht – direkt auftreffendes wie von anderen Flächen reflektiertes – hindurchließe. Größenordnungen nennt Tafel 2.2.

Tafel 2.2   Größenordnungen von Beleuchtungsstärken (nach [13])

| | |
|---|---|
| Vom Vollmond | 1 lx |
| Von Straßenbeleuchtung etwa | 10 lx |
| Arbeitsplatzbeleuchtung bei geringen und | 100 lx |
| bei hohen Ansprüchen an die Sehleistungen | 1 000 lx |
| Operationsbeleuchtung | 10 000 lx |
| Von Sonne aus 60° Höhe mit klarem Himmel | 100 000 lx |

### 2.1.3 Leuchtdichte

Wie schon im Abschnitt 1.1.1 am Höhlenbeispiel gezeigt, nimmt das Auge, wenn man nicht gerade in eine Lichtquelle hineinsieht, nur das Licht wahr, das ihm von beleuchteten Flächen zurückgeworfen wird. Setzt man eine Fläche (sei sie selbstleuchtend oder beleuchtet und Licht reflektierend) als vollkommen diffus strahlend voraus, so sieht sie aus allen Richtungen gleich hell aus, denn dann nimmt zwar die rechtwinklig (normal) zur strahlenden Fläche A wirksame Lichtstärke $I_0$ in Richtung gegen den Betrachter proportional zum Kosinus des Austrittswinkels $\varepsilon$ ab (Bild 2.2), aber mit dem Kosinus $\varepsilon$ proportional verhält sich auch die gesehene scheinbare, auf eine Ebene rechtwinklig zur Blickrichtung projizierte Größe A' zur leuchtenden Fläche A, so daß die Leuchtdichte $L_\varepsilon$ unter allen Betrachtungswinkeln $\varepsilon$ konstant bleibt:

$$L_\varepsilon = \frac{I_0 \cdot \cos \varepsilon}{A \cdot \cos \varepsilon} = \frac{I_0}{A} \qquad (3)$$

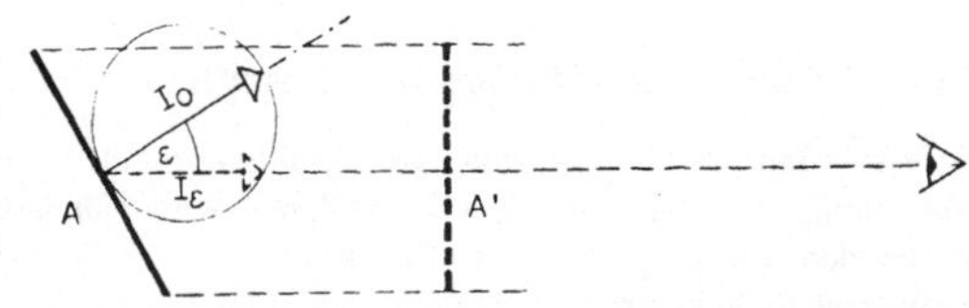


Bild 2.2 Scheinbare Flächengröße A' als Parallelprojektion der wirklichen Fläche A auf eine zur Blickrichtung rechtwinklig gedachte Ebene. Bei vollkommener Streuung ist die Lichtstärke $I_\varepsilon = I_0 \cdot \cos \varepsilon$.

Die Lichtstärke $I_0$ normal (rechtwinklig, also in nur **einer** bestimmten Richtung) zur vollkommen diffus strahlenden Fläche ist der (**räumlich,** nach allen Seiten ausgestrahlte) Lichtstrom $\Phi$, geteilt durch $\pi$:

$$I_0 = \frac{\Phi}{\pi} \qquad (4)$$

Man kann also für die Leuchtdichte auch setzen:

$$L = \frac{\Phi}{A \cdot \pi} \qquad (5)$$

Die Leuchtdichte L einer nicht selbstleuchtenden, sondern beleuchteten und gemäß ihrem Reflexionsgrad $\rho$ vollkommen diffus reflektierenden Fläche A, die vom empfangenen Lichtstrom $\Phi$ nur $\Phi \cdot \rho$ reflektiert, beträgt:

$$L = \frac{\Phi \cdot \rho}{A \cdot \pi} \qquad (6)$$

Da die Lichtstromdichte $\dfrac{\Phi}{A}$ einer beleuchteten Fläche A die Beleuchtungsstärke E ist, gilt auch:

$$L = \frac{E \cdot \rho}{\pi} \qquad (7)$$

Die Leuchtdichte, das heißt die wahrgenommene Helligkeit, einer beleuchteten Fläche hängt also in gleichem Maße von der auf ihr vorhandenen Beleuchtungsstärke wie von ihrem Reflexionsgrad ab. Benutzt man die früher übliche, direkt von der Lichtstromdichte (der Beleuchtungsstärke) abgeleitete Leuchtdichte-Einheit Apostilb, wird dieser für alle Beleuchtungsüberlegungen so wichtige Zusammenhang noch deutlicher:

$$1 \text{ asb} = \frac{1}{\pi} \text{ cd/m}^2: \quad L = E \cdot \rho \text{ asb} \qquad (7a)$$

Da es keine wirklich vollkommen diffus strahlenden oder reflektierenden Flächen gibt, ist allgemeiner und genauer zu formulieren: Die Leuchtdichte einer (auch räumlichen) **selbstleuchtenden** Fläche (Lichtquelle oder durchleuchtet und lichtstreuend) in Richtung auf den Betrachter ist der Quotient aus der Lichtstärke in dieser Richtung und der gesehenen scheinbaren Flächengröße; die Leuchtdichte einer **beleuchteten** Fläche ist das durch $\pi$ geteilte Produkt aus der Beleuchtungsstärke auf der Fläche und dem in Betrachtungsrichtung wirksamen Reflexionsgrad.

Tafel 2.3    Größenordnungen von Leuchtdichten

| | | |
|---|---|---|
| **Weißes** Papier, Beleuchtungsstärke   100 lx | | 25 cd/m$^2$ |
| **Weißes** Papier, Beleuchtungsstärke 1 000 lx | | 250 cd/m$^2$ |
| Vollständig bedeckter Himmel } Sonnenhöhe | 22,5° | 2 500 cd/m$^2$ |
| (**Mittel**, s. aber Bild 2.10!) } | 60° | 5 000 cd/m$^2$ |
| Sonne im Mittel etwa | | 200 000 000 cd/m$^2$ |

### 2.1.4    Transmission, Reflexion, Absorption

**Transmission** ist der Durchgang von Strahlung durch ein Medium ohne Veränderung ihrer Wellenlängen, wobei aber die verschiedenen Wellenlängen verschieden gut hindurchgelassen werden. Entsprechend ist **Reflexion** der von der Wellenlänge abhängige, sie aber nicht verändernde Rückwurf von Strahlung an einer Fläche. Besonders für Farb-, Sonnenschutz- und andere Sondergläser werden Transmission und Reflexion oft spektral (abhängig von der Wellenlänge) als Kurve angegeben (siehe Abschnitt 2.5.4). Sonst mißt man Transmission und Reflexion pauschal über das gesamte Spektrum mit Empfängern, deren spektrale Empfindlichkeit dem menschlichen Auge gleicht.

Klare Medien mit glatten Oberflächen verändern bei der Transmission die Lichtrichtung nicht; die Reflexion an glatten (polierten) Oberflächen folgt den Spiegelgesetzen (siehe auch Bild 1.58). Getrübte Medien oder solche mit rauhen Oberflächen streuen die transmittierte Strahlung, rauhe oder matte Flächen auch die reflektierte in verschiedene Richtungen, bei vollkommener Trübung oder Mattierung (kommt praktisch nicht, sondern nur angenähert vor) unabhängig vom Auftreffwinkel.

**Absorption** ist die Umwandlung der aufgenommenen (weder zurückgeworfenen noch hindurchgelassenen) Strahlung in eine andere Energieform bei Wechselwirkung mit der Materie (siehe Abschnitt 2.1.1!).

## 2.2    Sonne und Himmel als Lichtquelle

Die Bahn des Erdballs um die Sonne und seine Drehung um seine eigene, gegen die der Umlaufbahn um etwa 23,45° geneigte Achse bemessen Tages- und Jahreszeiten und ließen – abhängig von der Lage der Landmassen und in Wechselwirkung mit deren Vegetation – die astronomisch und meteorologisch so verschiedenen Klimazonen entstehen.

### 2.2.1    Astronomische Gegebenheiten

Wann die Sonne (bei klarem Himmel) auf einen bestimmten Punkt auf der Erde scheinen kann und unter welchen Höhen- und Seitenwinkeln sie zu welchen Zeiten stehen wird, läßt sich nach den in Teil 2 der DIN 5034 [2] angegebenen Gleichungen genau errechnen. Einfacher und anschaulicher kann man die Sonnenposition aus graphischen Darstellungen ablesen; am bekanntesten sind kreisförmige Projektionen der (scheinbaren) Sonnenbahnen im Himmelshalbraum auf eine waagerechte Ebene, von denen wir hier die Blätter von Tonne [37] verwenden, den der schwedische Architekt und Wegbereiter der Tageslichttechnik Gunnar Pleijel (1908–1962) bewogen hatte, die von ihm wie auch von der Commonwealth Experimental Building Station in Sydney (Australien) schon länger benutzte stereographische Projektion zu übernehmen.

Diese Blätter bilden die Sonnenbahnen etwa für den 21. Tag der eingetragenen Monate ab. Die Stundenlinien quer dazu geben die wahre Ortszeit an; es ist immer dann genau 12 Uhr mittags, wenn die Sonne den höchsten Tagesstand erreicht hat. Die Bildfolge 2.3 bis 2.6 belegt, wieviel man diesen Sonnenstandsblättern auf einen Blick entnehmen kann: in Polnähe (Bild 2.3: 79° N) geht die Sonne im Sommer nicht unter, bleibt im Winter aber ganz unter dem Horizont; in Äquatornähe (Bild 2.5: 1° N) scheint die Sonne im „Sommer" nur aus der nördlichen Hälfte des Himmels, im „Winter" nur aus der südlichen, zu den Tagundnachtgleichen (etwa 21. März und 23. September) steht sie am Äquator mittags genau im Zenit (Diagrammmittelpunkt); nahe den Wendekreisen (Bild 2.6: 23° S) steht die Sonne zur Sommersonnenwende (auf der Südhalbkugel am 21. Dezember!) mittags genau im Zenit. Man kann aus diesen Blättern die allein von der geographischen Breite bestimmte Tageslänge eines Ortes, das heißt seine astronomisch mögliche Sonnenscheindauer, sofort im Jahresgang ablesen.

Bild 2.4 zeigt, wie man den Stand der Sonne ermitteln kann (allerdings für beleuchtungstechnische Überlegungen sehr selten nötig): einpunktiert ist, wie (am Rand) ihr Azimutwinkel $\alpha_S$, und eingestrichelt, wie (mit Zirkel an der Skala h) ihr Höhenwinkel $\gamma_S$ abzulesen ist, hier für 10 Uhr etwa am 21. März und September auf 49° nördlicher Breite (z. B. etwa Paris, Karlsruhe, Wolgagrad, Gander auf Neufundland, Vancouver) .

Die für tageslichttechnische Überlegungen übliche Angabe der wahren Ortszeit (WOZ) macht die Diagramme unabhängig von der geographischen Länge für alle Orte gleicher geographischer Breite brauchbar. Falls ausnahmsweise Ergebnisse zu beziehen sind auf Zonenzeitangaben (z. B. Besonnung auf starre Arbeitszeiten), ist die wahre Ortszeit (WOZ) umzurechnen in die Zonenzeit, für uns in die mitteleuropäische Zeit (MEZ):

$$\text{MEZ} = \text{WOZ} + \text{Zeitgleichung} + \text{Zeitdifferenz} \qquad (8)$$

Mitteleurop. Sommerzeit MESZ = MEZ + 1 Std. (8a)
= osteurop. Zeit (OEZ)

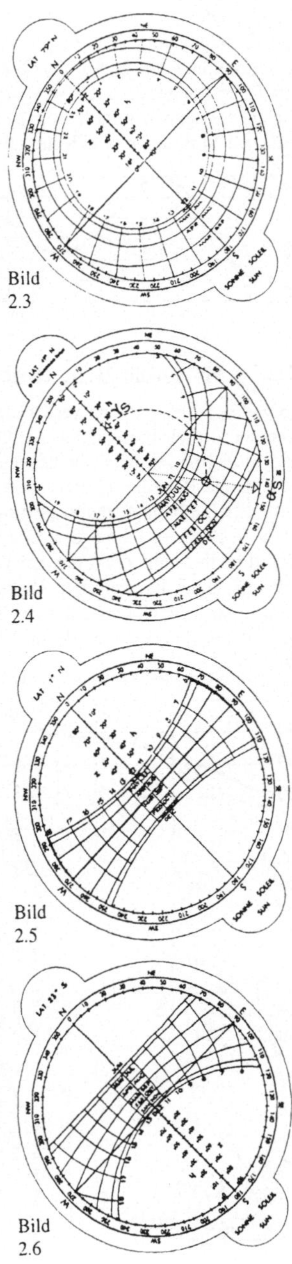

Bild
2.3

Bild
2.4

Bild
2.5

Bild
2.6

Die **Zeitgleichung** nach Bild 2.7 paßt die im Jahreslauf (wegen der nicht genau kreisförmigen Erdbahn um die Sonne) verschieden langen Sonnentage unserer exakt gleichtaktigen Zeiteinteilung an. Die **Zeitdifferenz** beträgt je Längengrad Abstand vom Bezugslängengrad der Zonenzeit nach Westen + 4, nach Osten − 4 Minuten, bei der auf 15° östlicher Länge bezogenen mitteleuropäischen Zeit also je Längengrad Abstand von dort nach Westen + 4 Minuten, so für Köln auf 7° Ost $(15 - 7) \cdot 4 = 32$ Minuten.

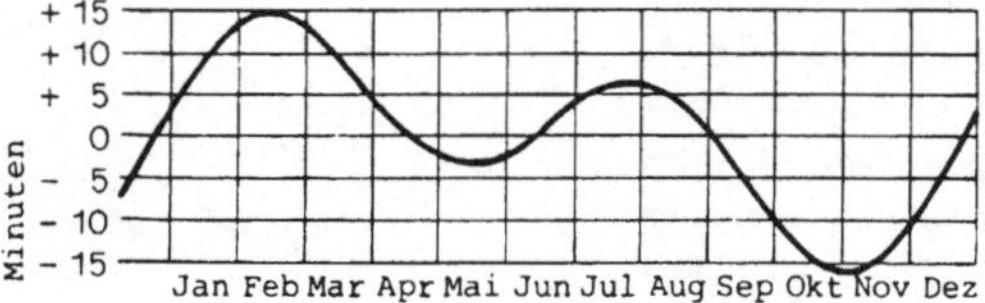


Bild 2.7   Die Zeitgleichung; die in manchen Veröffentlichungen umgekehrten Vorzeichen in Gleichung (8) **und** bei der Minutenangabe (so in DIN 5034, Teil 2 [2]) führen zum gleichen Ergebnis.

## 2.2.2   Meteorologische Gegebenheiten

In vielen Klimagebieten verdecken Wolken die Lichtquelle Sonne – zwar mit statistisch bekannter, örtlich verschiedener Häufigkeit, aber nicht auf Tag und Stunde vorhersehbar. Auf die Erde gelangt dann nur gestreutes Sonnenlicht, das die von oben besonnte und dadurch leuchtende Bewölkung und – sofern noch Himmelsbereiche „offen" sind – der je nach den örtlichen Trübungsverhältnissen nur leicht oder etwas stärker streuende „klare" Himmel liefern. In unserem Klima darf man im Sommer höchstens bis zur Hälfte der Tageslichtstunden direkte Sonne erwarten, im Winter – außer im Hochgebirge – nur während eines Drittels bis eines Fünftels der Tageslichtstunden. Die Besonnungsverhältnisse unterscheiden sich sogar im kleinen Gebiet der Bundesrepublik sehr (Bild 2.9) und hängen auch vom ausgewerteten Zeitraum ab (Berlin im September in den Bildern 2. 8 und 2.9!); wenn man, be-

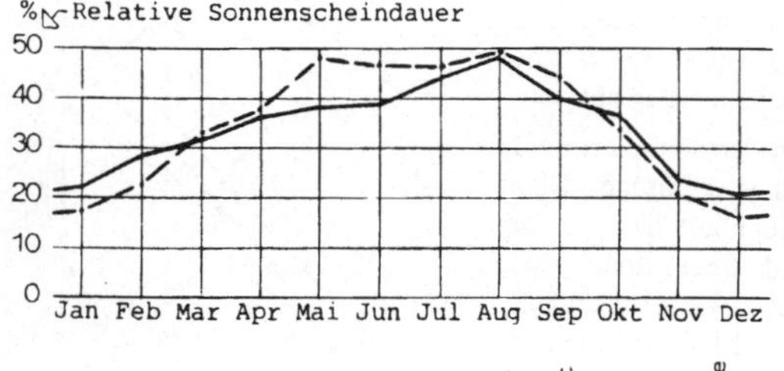


Bild 2.8   Monatsmittel der relativen Sonnenscheindauer (Prozent der astronomisch möglichen) nach [40] aus Meßwerten in

– · – · –   Berlin-Dahlem 1908 – 1944

————   Stuttgart-Hohenheim 1893 – 1914

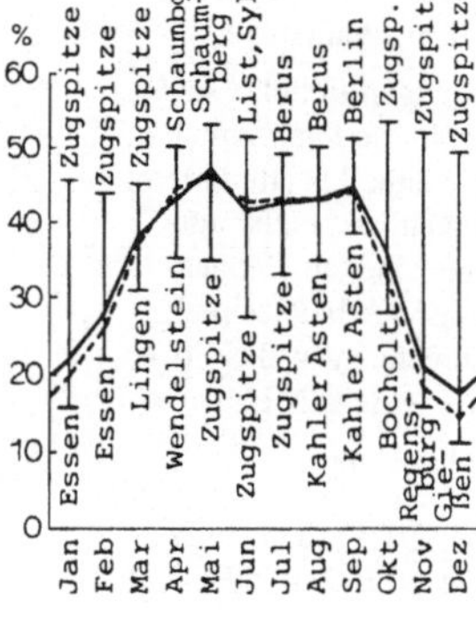


Bild 2.9   Sonnenscheinwahrscheinlichkeit (relative Sonnenscheindauer) nach [29] in der Bundesrepublik Deutschland 1951 – 1960

————   Monatsmittel und Schwankungsbreite mit Extremwerten aus 71 Stationen

– – – –   Monatsmittel aus den 17 namentlich bezeichneten Stationen

sonders bei Fragen zur Sonnenenergienutzung, die Sonnenscheinwahrscheinlichkeit einbeziehen muß (das Verhältnis der tatsächlich in unverbauter Lage zu erwartenden zur astronomisch möglichen Sonnenscheindauer, auch relative Sonnenscheindauer genannt), muß man daher örtlich zutreffende Daten – Tagesgänge der **stündlichen** Wahrscheinlichkeit – beim Wetterdienst erfragen.

### 2.2.3 Leuchtdichteverteilung des Himmels

Die Leuchtdichte (Helligkeit) des **vollständig bedeckten** Himmels sinkt im langjährigen Mittel unabhängig von der Position der von ihm verdeckten Sonne rotationssymmetrisch (Bild 2.11!) vom Zenit zum Horizont auf ein Drittel ab (Bild 2.10); ein unter dem Winkel $\varepsilon$ (Zenit = 0°) gesehenes Himmelsteilchen besitzt nach DIN 5034, Teil 2 [2], die auf die Zenitleuchtdichte $L_z$ bezogene Leuchtdichte

$$L_\varepsilon = L_z \cdot \frac{1 + 2\cos\varepsilon}{3} \qquad (9)$$

Für Blendungsuntersuchungen (Kontraste zwischen sichtbaren Himmels- und Raumflächen) muß man manchmal wissen, wie groß die vom Höhenwinkel $\gamma_S$ der (verdeckten) Sonne abhängige Leuchtdichte absolut ist; nach DIN 5034, Teil 2 [2] beträgt sie im Zenit:

$$L_z = \frac{9}{7\pi} \cdot (300 + 21\,000\sin\gamma_S)\ \mathrm{cd/m}^2 \qquad (10)$$

Die Leuchtdichteverteilung des **klaren** Himmels ist dagegen geprägt von der jeweiligen Stellung der Sonne: nach [5] symmetrisch zu deren Achse, um die Sonne am hellsten und ihr gegenüber am dunkelsten, wie die Bilder 2.12 und 2.13 beispielhaft zeigen. Sie beziehen sich wie Bild 2.11 auf die Zenitleuchtdichte, die für den klaren Himmel jedoch noch nicht einheitlich angegeben wird.

### 2.2.4 Von Sonne und Himmel erzeugte Beleuchtungsstärken

Wenn man vom seltenen, ungünstigen Fall des sehr klaren (dunklen) Himmels mit nur einer dicken Wolke vor der Sonne absieht, liefert der klare Himmel für die Beleuchtung in den Räumen in aller Regel mehr Tageslicht als der vollständig bedeckte. Solange die Sonne bei klarem Himmel nicht in die Lichtöffnungen scheint, sind die Unterschiede allerdings erheblich geringer, als der Vergleich der auf unverbauter waagerechter Fläche im Freien erzeugten Beleuchtungsstärken in Bild 2.14 vermuten läßt [16].

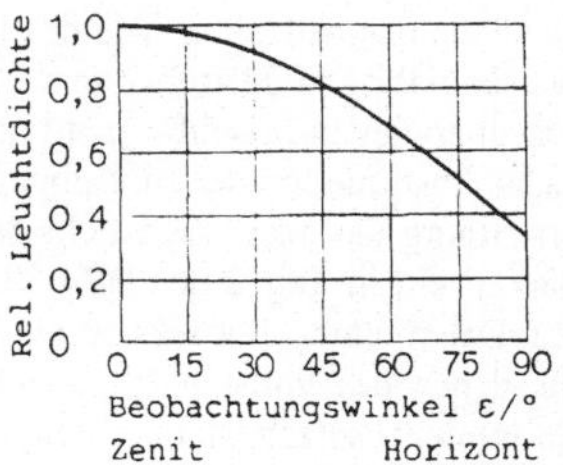


Bild 2.10 Leuchtdichteverteilung des vollständig bedeckten Himmels nach Gleichung (9)

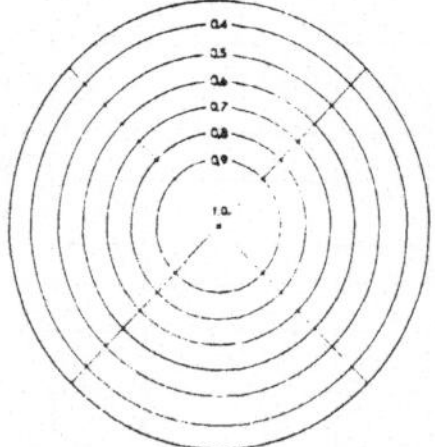

Bild 2.11 Stereographische Übertragung der Leuchtdichteverteilung von Bild 2.10

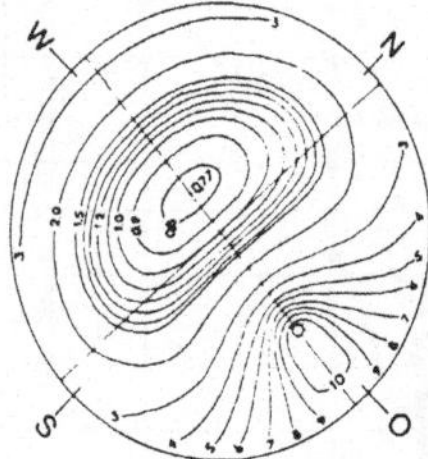

Bild 2.12 Leuchtdichteverteilung klarer Himmels, Sonnenhöhe 30°: 51° N, 21. V./VII., 7.30 Uhr WOZ

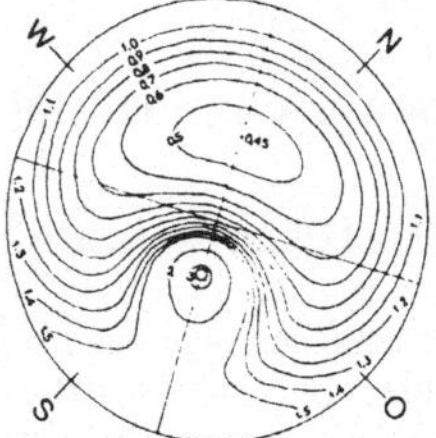

Bild 2.13 Leuchtdichteverteilung klarer Himmels, Sonnenhöhe 60°: 51° N, 21. VI., 11 Uhr WOZ

Zustände des bedeckten wie des klaren Himmels entsprechen allenfalls zufällig einmal den aus langjährigen **Mittel**werten entwickelten genormten Leuchtdichteverteilungen; tatsächlich überwiegen Mischformen mit – häufig stark bewegten – Teilbewölkungen und mannigfache Abstufungen der Eintrübung. Für Wirtschaftlichkeitsvergleiche soll als Grundlage zur Ermittlung der vom Tageslicht durchschnittlich in Räumen zu erwartenden Beleuchtungsstärken ein in Teil 2 der DIN 5034 [2] vorgeschlagener „**mittlerer Himmel**" dienen, dessen Daten unter Berücksichtigung der örtlichen Sonnenscheinwahrscheinlichkeit jeweils aus denen des vollständig bedeckten und des (orientierungsabhängigen!) klaren Himmels zusammenzusetzen sind. Solche schwierig zu bewältigenden Rechnungen (orientierungsabhängige Tagesgänge der monatlichen Mittelwerte!) müssen angesichts der stark streuenden Meßwerte besonders für die Leuchtdichten des klaren Himmels und (Bild 2.14) für die von ihm erzeugten Beleuchtungsstärken jedoch fragwürdig erscheinen.

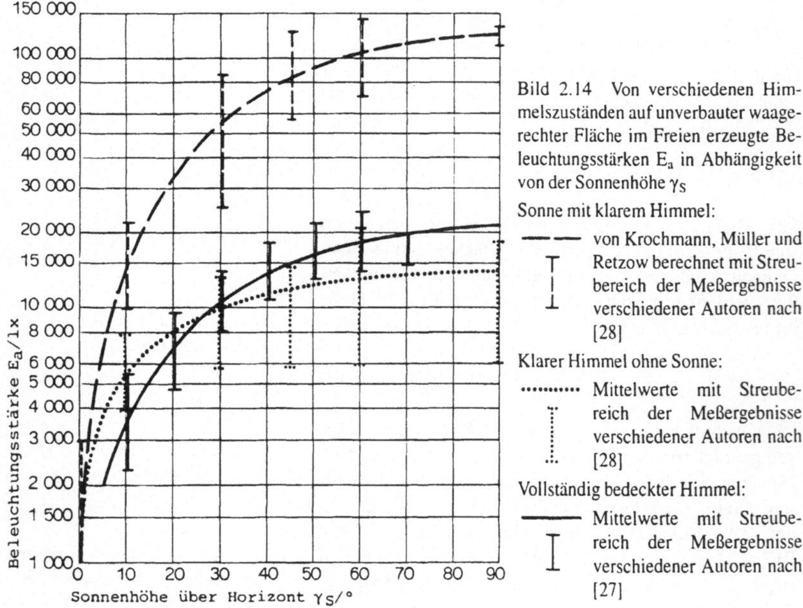



Bild 2.14   Von verschiedenen Himmelszuständen auf unverbauter waagerechter Fläche im Freien erzeugte Beleuchtungsstärken $E_a$ in Abhängigkeit von der Sonnenhöhe $\gamma_S$

Sonne mit klarem Himmel:

——— von Krochmann, Müller und Retzow berechnet mit Streubereich der Meßergebnisse verschiedener Autoren nach [28]

Klarer Himmel ohne Sonne:

············ Mittelwerte mit Streubereich der Meßergebnisse verschiedener Autoren nach [28]

Vollständig bedeckter Himmel:

——— Mittelwerte mit Streubereich der Meßergebnisse verschiedener Autoren nach [27]

# 2.3   Bewertungsmaßstäbe für Beleuchtungsverhältnisse

## 2.3.1   Helligkeitswahrnehmung

Das menschliche Auge kann sich an unterschiedlichste Beleuchtungsverhältnisse anpassen: es adaptiert. Dabei registriert es die verschiedenen Leuchtdichten im Gesichtsfeld nicht linear wie ein photo-elektrisches Meßgerät, sondern stellt sich innerhalb eines großen Schwankungsbereichs automatisch in einem recht verwickelten Vorgang auf eine (aus allen Leuchtdichten im Gesichtsfeld sich ergebende) mittlere Leuchtdichte ein – die Adaptationsleuchtdichte – und nimmt Helligkeits-, also Leuchtdichteunterschiede nicht absolut, sondern vergleichend wahr. Jeweils gleichzeitig gesehene Leuchtdichten stuft das adaptierte Auge durchaus richtig ab, aber wiederum nicht linear, sondern – wie bei anderen Sinneswahrnehmungen auch – etwa entsprechend den Logarithmen der Leuchtdichten (Weber-Fechnersches Gesetz); nacheinander gesehene Helligkeiten kann es jedoch nur ungenau miteinander vergleichen – eine Fläche bestimmter, unveränderter Leuchtdichte empfinden wir in hellerer Umgebung als dunkel, in dunklerer Umgebung aber als hell. Die physiologische Helligkeitswahrnehmung läßt sich daher nur schwer reproduzierbar messen und kennzeichnen.

## 2.3.2  Tätigkeitsbezogene Maßstäbe Leuchtdichte und Beleuchtungsstärke

Der etwa dem Logarithmus des Reizes folgenden Sinnenwahrnehmung kann man durch Ergebniswiedergabe in logarithmischem Maßstab entsprechen. Abgesehen davon, daß die Adaptation des Auges alle starr festgelegten Kennwerte problematisch macht, böte es sich an, Beleuchtungsverhältnisse durch Leuchtdichten der Raumoberflächen zu kennzeichnen. Weil aber die Leuchtdichte durch die Richtungsabhängigkeit ihres einen Faktors, des Reflexionsgrades, eine schwierige Meßgröße ist, hat sich der von den Materialeigenschaften unabhängige andere Faktor der Leuchtdichte, die einfach meßbare Beleuchtungsstärke, als Maßstab für den Lichtempfang der Raumoberflächen durchgesetzt, mit dem man vor allem die Leistung von Beleuchtungsanlagen einfach und objektiv vergleichen kann. Die in DIN 5035 „Innenraumbeleuchtung mit künstlichem Licht" [3] genannten Beleuchtungsstärken sollen in erster Linie (bei angenommener Beleuchtung von oben; Unterschied zum Seitenlicht siehe Abschnitt 1.1.2!) einwandfreie Lichtverhältnisse für bestimmte Sehleistungen sichern, sind also **tätigkeitsbezogen;** sie gelten, wenn nicht anders angegeben, für eine in 85 cm Höhe über dem Fußboden (etwa mittig zwischen der Arbeitshöhe eines Sitzenden und eines Stehenden) gedachte Bezugsebene. Wo es um die Grenzen der Erkennbarkeit geht – so bei der Straßen- und Tunnelbeleuchtung –, sind jedoch Kennwerte für Leuchtdichten üblich.

## 2.3.3  Raumbezogener Maßstab Tageslichtquotient

Es wäre wenig sinnvoll, tätigkeits- und damit eher augenblicksbezogene Beleuchtungsstärken der Bemessung von Tageslichtöffnungen zugrunde zu legen, zumal die im Raum von Sonne und Himmel erzeugten Beleuchtungsstärken von der Tages- und Jahreszeit und von der nicht vorhersehbaren Wetterlage abhängen und deshalb auch nicht zeitlich genau vorauszuberechnen sind. Man geht daher vom ungünstigeren Fall des bedeckten Himmels aus und gibt anstelle von Beleuchtungsstärken im Raum nur ihr Verhältnis zur gleichzeitigen Außenbeleuchtungsstärke an.

Dieses Verhältnis der direkt und durch Reflexion durch das Licht des vollständig bedeckten Himmels (Leuchtdichteverteilung nach Bild 2.10, wenn nicht anders vermerkt) bei schneefreier Umgebung in einem Punkt P der jeweiligen Bezugsfläche im Raum erzeugten Beleuchtungsstärke $E_P$ zur gleichzeitigen Beleuchtungsstärke von der unverbauten Himmelshalbkugel auf waagerechter Fläche im Freien $E_a$ bezeichnet man als den **Tageslichtquotienten D** (Daylight Factor; früheres deutsches Symbol T):

$$D = \frac{E_P}{E_a} \tag{11a}$$

oder üblicher

$$D = \frac{E_P}{E_a} \cdot 100\,\% \tag{11b}$$

Der Tageslichtquotient ist zwar an jedem Raumpunkt verschieden, aber er ist – bei bedecktem Himmel und unveränderten Reflexionsverhältnissen – eine jedem dieser Punkte eigene konstante, eigentlich geometrische Größe. Befragungen mit begleitenden Untersuchungen bestätigten, daß man diese seit langem benutzte, allein durch die Geometrie und die Materialeigenschaften des Raumes, seiner Lichtöffnungen und ihrer Verbauung bestimmte Verhältnisgröße zumindest in Räumen mit Seitenlicht recht gut in Beziehung setzen kann zu dem vom ganzjährigen Raumerlebnis geprägten Helligkeitseindruck der Raumbenutzer [36]. Der für bestimmte typische Raumpunkte als Richtwert angegebene Tageslichtquotient bezeichnet also nicht nur den Lichtempfang, sondern charakterisiert als **raumbezogene** Kenngröße in ausreichendem Maße auch allgemein die Qualität der Tageslichtverhältnisse.

Tafel 2.4    Größenordnungen von Tageslichtquotienten D

| | |
|---|---|
| Im Freien auf unverbauter waagerechter Fläche | $100\,\% = 1,0$ |
| auf unverbauter senkrechte Fläche (Fenster)*) | $50\,\% = 0,5$ |
| Im Raum auf waagerechter Fläche in Tischhöhe | |
| nahe hinter dem Fenster unter günstigen | $20\,\% = 0,2$ |
| und unter ungünstigeren Umständen | $5\,\% = 0,05$ |
| in Raumtiefe: Richtwert Arbeitsräume $\geq$ | $1\,\% = 0,01$ |
| in Wohnräumen oft herunter bis auf | $^1/_2\,\% = 0,005$ |

*) Reflexionsgrad des Erdbodens $\rho_u = 0,2$; D auf unverbauter senkrechter Fläche ist bei $\rho_u = 0,1$ nur
   $45\,\% = 0,45$

Für die kleinen Tageslichtquotienten auf Raumflächen ist die Prozentangabe bequemer und üblich; die als Rechenfaktoren benötigten Tageslichtquotienten auf der Verglasung von Fenstern oder Oberlichtern werden dagegen einfacher als Verhältniszahl (der Einheit 1) angegeben.

### 2.3.4    Gütemaßstab Gleichmäßigkeit der Beleuchtung

In Seitenlichträumen ist der Mensch seit jeher die vor allem auf waagerechten Flächen (Fußboden, Tischebene) sehr ungleichmäßige Beleuchtung gewohnt und empfindet sie als natürlich; sie wird auch meist gemildert durch eine verhältnismäßig gute Beleuchtung der Wand gegenüber den Fenstern. In Räumen mit Licht von oben und daher deutlich dunkleren Wänden, in denen man auf örtliche Ungleichmäßigkeiten viel empfindlicher reagiert, ist dagegen die **Gleichmäßigkeit g** – nämlich das Verhältnis der kleinsten ($E_{min}$) zur mittleren ($E_m$) oder zur größten Beleuchtungsstärke ($E_{max}$) auf der waagerechten Nutzfläche (wenn nicht anders angegeben) – ein wichtiger Gütemaßstab besonders zur Bewertung von Anlagen zur künstlichen Beleuchtung, aber auch zur Verteilung von Oberlichtöffnungen. Trotzdem enthält Teil 1 „Allgemeine Anforderungen" von 1983 der DIN 5034 „Tageslicht in Innenräumen" [2] auch für Oberlichträume keine Empfehlung zur Gleichmäßigkeit; vernünftig erscheint die noch in den inzwischen hinfälligen „Leitsätzen" der DIN 5034 „Innenraumbeleuchtung mit Tageslicht" von 1969 [1] und auch von Fischer [13] für Oberlichträume ausgesprochene und erfüllbare Empfehlung:

$$g_1 = \frac{E_{min}}{E_m} = \frac{D_{min}}{D_m} \geq \frac{1}{2} \tag{12}$$

Allerdings erübrigt auch eine gute Gleichmäßigkeit der Beleuchtung nicht Überlegungen zur Leuchtdichteverteilung im Raum, besonders zum Schutz gegen Blendung durch helle Außenflächen oder besonnte stark lichtstreuende Verglasung, wofür – obschon praktikable Bewertungsmaßstäbe noch fehlen – die Abschnitte 1.6 und 1.7.2 einige Hinweise geben.

## 2.4  Mindestwerte von Tageslichtquotienten

Teil 1 „Allgemeine Anforderungen" von 1983 der DIN 5034 „Tageslicht in Innenräumen" nennt Mindestwerte von Tageslichtquotienten nur für Wohn- und ihnen ähnliche Arbeitsräume, weil Grenzwerte zum Helligkeitseindruck in anderen Räumen bisher nicht wissenschaftlich begründet sind. Für diese anderen Räume lehnt sich Tafel 2.5 an die bewährten Mindestwerte in den nicht mehr gültigen „Leitsätzen" von 1969 der DIN 5034 an:

bei Lichtöffnungen in mehr als einer Raumfläche etwas angehobenes Helligkeitsniveau, um der möglichen Blendung durch helle Außenflächen aus mehreren Richtungen entgegenzuwirken, der man weniger ausweichen kann;

für nicht nur in Fensternähe genutzte Arbeitsräume höhere Mindestwerte als für Wohnräume, in denen die Raumtiefe „gemütlich" sein darf;

für (meist ausgedehntere) Oberlichträume Angabe eines **Mittel**werts, der – um die hier fehlende größere Helligkeit in Fensternähe auszugleichen und eine noch ausreichende Wandbeleuchtung zu sichern – etwas höher liegt als Mittelwerte gut beleuchteter Seitenlicht-(Arbeits-)Räume.

Wenn Tageslicht vor allem Gestaltungsmittel ist, wie in Versammlungs- und besonders Gottesdiensträumen, lassen sich Tageslichtquotienten-Richtwerte nicht sinnvoll festlegen, obgleich man in solchen Räumen immer noch lesen können sollte. Die durchaus mögliche

Tafel 2.5   Mindest-Tageslichtquotienten[1] für noch hellen Raumeindruck bei heller Farbgebung (mittlerer Raumreflexionsgrad $\rho_m \geq 0{,}5$)[2]

| Raumart | Raumbedingung | Empfehlung | Bezugsgrundlage | Quelle |
|---|---|---|---|---|
| Wohnräume (in Wohnungen alle Räume mit notwendigen Fenstern) und ähnliche Räume | Fenster nur in einer Wand | $D \geq 0{,}75\,\%$ | Auf waagerechter Nutzfläche[3] in halber Raumtiefe an der ungünstigeren Seite | [36; 2] |
| | Fenster in mehr als einer Wand | $D \geq 1\,\%$ | | [36] |
| Arbeitsräume (Büros, Werkstätten und -hallen, Unterrichtsräume, Sporthallen u. ä.) | Fenster nur in einer Wand | $D \geq 1\,\%$ | Auf waagerechter Nutzfläche[3] am ungünstigsten Punkt | [1] |
| | Lichtöffnungen in mehr als einer Raumfläche, sofern Seitenlicht überwiegt | $D \geq 1{,}75\,\%$ | | [14; 1] |
| | Licht überwiegend von oben | $D_m \geq 4\,\%$ | Mittel auf waagerechter Nutzfläche[3] | [1] |

[1]) Alle empfohlenen Werte setzen als **Rechen**grundlage einen Reflexionsgrad des Raumwinkelbereichs unter dem Horizont $\rho_u = 0{,}1$ voraus, so daß der von unten, vor allem vom Erdboden auf die Verglasung reflektierte Tageslichtanteil $D_u \leq 5\,\%$ beträgt.

[2]) Bei dunklerer Farbgebung erhöhte Empfehlung für D, so bei $\rho_m \approx 0{,}4$ um Faktor 1,15.

[3]) Die Nutzfläche (0,85 m über dem Fußboden, wenn nicht anders angegeben) endet in 1,0 m Abstand von den Raumwänden.

Anpassung (Adaptation) auch an sehr niedrige Beleuchtungsniveaus darf allerdings nicht gestört oder ausgeschlossen werden von blendenden Lichtöffnungen.

Die für Ausstellungsräume anzustrebenden Tageslichtverhältnisse hängen immer davon ab, was ausgestellt und wie Licht eingeführt werden soll. Auf den Wänden von Gemäldegalerien zum Beispiel scheinen bei stark lichtstreuenden Lichtdecken (Bild 1.40) Tageslichtquotienten um 0,75 % sinnvoll zu sein, dagegen wesentlich höhere Werte zwischen 2 und 4 % (mit wirksameren Schutzvorrichtungen gegen zu hohe Beleuchtungsstärken an hellen Tagen) bei direkter Beleuchtung durch klar durchsichtige (aber Durchsonnung stets ausschließende) Öffnungen, welche dem Auge den unmittelbaren Vergleich mit der Außenhelligkeit aufzwingen.

Je intensiver Lagerräume genutzt werden, um so unzweckmäßiger wird wegen der inneren Verbauung durch hohe Regale die Beleuchtung mit Tageslicht (und um so wichtiger die Ausblickmöglichkeit für darin Tätige).

## 2.5  Ermittlung von Tageslichtquotienten

Wie das Hohlkugelbeispiel im Abschnitt 1.1.1 andeutete, setzt sich die Beleuchtungsstärke in einem Flächenpunkt und daher ebenso der Tageslichtquotient zusammen aus dem unmittelbar von der Lichtquelle empfangenen und dem von der Umgebung reflektierten Licht. Der vorwiegend geometrisch bestimmte Tageslichtquotient D in einem Punkt einer (ebenen) Innenraum- oder Außenfläche, für den wir andere Lichtquellen außer dem vollständig bedeckten Himmel stets ausschließen , besteht also aus

– dem Himmelslichtanteil $D_H$, erzeugt allein durch direkt auftreffendes Licht des bedeckten Himmels nach (wenn nicht anders angegeben) Bild 2.10,

– dem Außenreflexionsanteil $D_V$, erzeugt durch (auch mehrfach) von Flächen des Außenraums („Verbauung") reflektiertes Licht dieses Himmels,

– dazu in einem Innenraum dem Innenreflexionsanteil $D_R$, erzeugt durch (auch mehrfach) von den Innenraumflächen reflektiertes Himmelslicht:

$$D = D_H + D_V + D_R \qquad (13)$$

Stark lichtstreuend (undurchsichtig, weißlich durchscheinend) verglaste Öffnungen, durch die man Himmel und Verbauung nicht mehr unterscheiden kann, nimmt man als ideal streuende selbstleuchtende Flächen an, welche Tageslichtquotienten $D_{dif}$ hervorrufen, bestehend aus dem „direkt" von den stark lichtstreuenden Öffnungen erzeugten Außenanteil $D_a$ (auch als $D_{dir}$ bezeichnet) und dem etwas anders als hinter durchsichtigen Öffnungen entstehenden Innenreflexionsanteil $D_{R_{dif}}$:

$$D_{dif} = D_a + D_{R_{dif}} \qquad (14)$$

Unabhängig von der Art der Verglasung ermittelt man Außenanteile und Innenreflexionsanteil stets getrennt.

## 2.5.1  Außenanteile $D_H + D_V$ hinter durchsichtiger Verglasung

Bei **unverglasten Rohbauöffnungen** ergäbe der Himmelslichtanteil $D_{H_r}$ an einem Punkt sich aus der Größe der von diesem Punkt aus sichtbaren Himmelsausschnitte (dem Raumwinkel, unter dem sie erscheinen), aus deren Lage im fiktiven Himmelsgewölbe (wegen

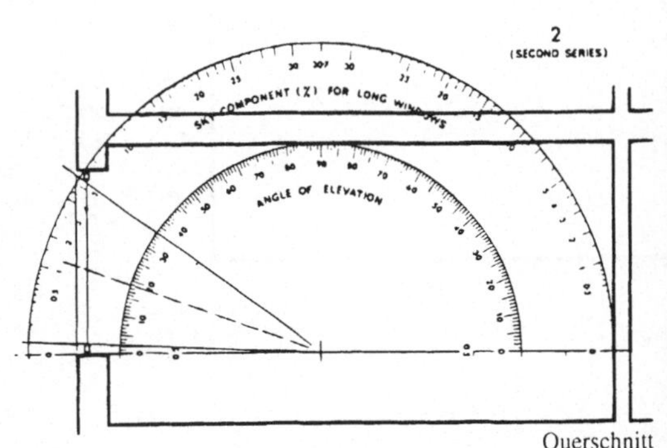


Querschnitt

Bild 2.15    Daylight Protractor

Bei einem **unendlich** langen, unverbauten Fensterband mit gereinigter, farblos klarer Einfachverglasung (der Protractor enthält bereits die winkelabhängige Durchlaßminderung dafür) würde der Himmelslichtanteil $D_H$ (Ablesung im **Querschnitt**, hier bequem schon an den Scheibenrahmen) betragen:

$$5,5 \ \% \ \text{(Glasoberkante)}$$
$$\underline{- \ 0,04 \ \% \ \text{(Glasunterkante)}}$$
$$5,46 \ \%$$

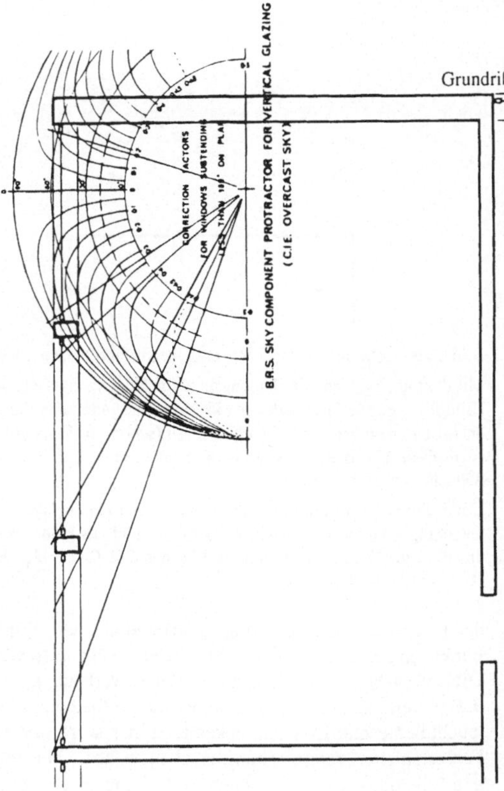


Grundriß

Im **Grundriß** sind am Schnittpunkt mit dem im Querschnitt gefundenen, gestrichelt eingetragenen **mittleren** Höhenwinkel (19°), unter dem der sichtbare, hier unverbaut angenommene Himmelssektor erscheint, die Korrekturfaktoren abzulesen welche die **endliche** Fensterlänge erfassen:

| | |
|---|---|
| Fenster I | $0,18 + 0,325 = 0,505$ |
| Fenster II | $0,47 - 0,385 = 0,085$ |
| Fenster III | $0,49 - 0,485 = \underline{0,005}$ |
| Summe Längenfaktoren | $0,595$ |

Im unverbauten Raum mit sorgfältig gereinigter Einfachverglasung ergibt sich also als Himmelslichtanteil am Untersuchungspunkt:

$$5,46 \ \% \cdot 0,595 = \underline{3,25 \ \%}$$

Die Minderungsfaktoren (vgl. Abschnitt 2.5.3) betragen für Konstruktionsteile $k_1 = 1,0$ (innerhalb der schon erfaßten Rahmen keine Unterteilung), für die zweite Fensterscheibe $\tau_2 = 0,89$ (Protractor ist für Einfachverglasung ausgelegt), für Scheibenverschmutzung $k_2 = 0,95$ (häufige Reinigung); mit Gesamtminderungsfaktor

$$k_{ges} = 1,0 \cdot 089 \cdot 0,95 = 0,845$$
$$D_H = 3,25 \ \% \cdot 0,845 = \underline{2,75 \ \%}$$

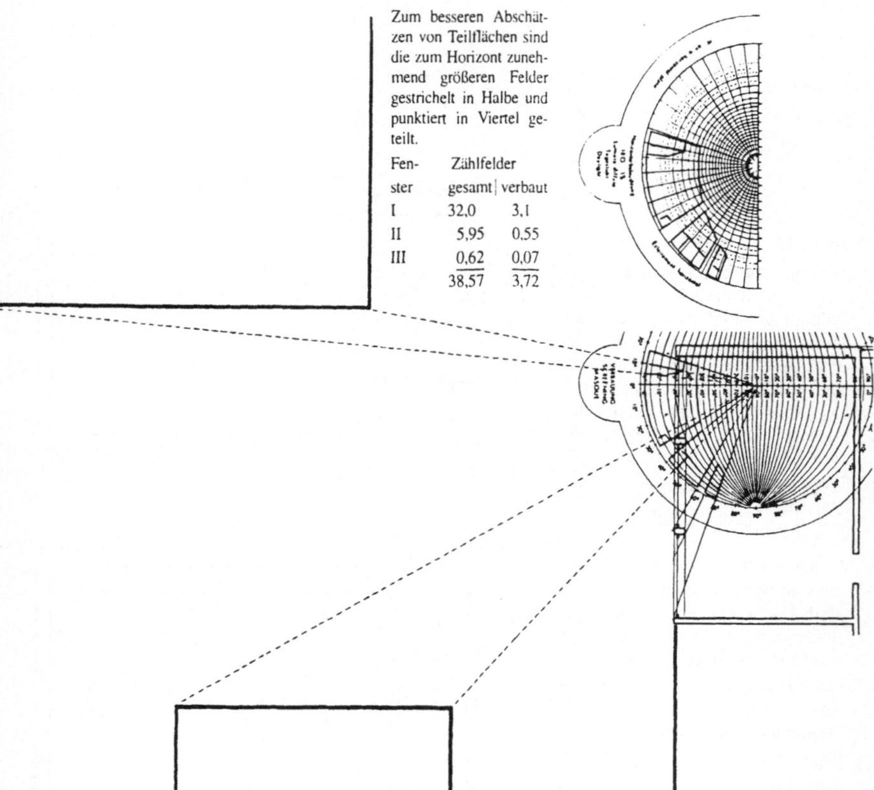

Zum besseren Abschätzen von Teilflächen sind die zum Horizont zunehmend größeren Felder gestrichelt in Halbe und punktiert in Viertel geteilt.

| Fenster | Zählfelder gesamt | verbaut |
|---|---|---|
| I | 32,0 | 3,1 |
| II | 5,95 | 0,55 |
| III | 0,62 | 0,07 |
| | 38,57 | 3,72 |

**Bild 2.16**    Stereographisches Raumwinkelverfahren nach Tonne

Mit dem untergelegten Verbauungsblatt als Höhenwinkelschablone ergeben sich aus den Höhenwinkeln (Bild 2.15) gegen Glasoberkante (35°) und Glasunterkante (2,5°) und den im Grundriß gefundenen seitlichen Begrenzungen die Öffnungsumrisse (schon mit Rahmen!) in stereographischer Projektion. Ebenso ist in diese Umrisse das Bild der Verbauung einkonstruiert (für Kanten rechtwinklig zur Fensterwand Schablone um 90° gedreht!).

Unter dieses Verbauungsbild legt man das eine Himmelshälfte in 500 Felder teilende Zählblatt für Beleuchtung waagerechter Flächen (oben) und zählt als Felder in den Öffnungen die ungeminderten (durch unverglaste Öffnungen erzeugten) Außenanteile $D_{Hr} + D_{Vr}$ des Tageslichtquotienten am untersuchten Punkt ab (10 Felder $\hat{=}$ 1 %).

des Leuchtdichteanstiegs zum Zenit) und aus dem Winkel, unter dem das Licht auf die den Punkt enthaltende Fläche trifft. Den Außenreflexionsanteil $D_{V_r}$ bestimmt man nach DIN 5034 bei üblicher, nicht extremer Verbauung (vorausgesetzter Reflexionsgrad $\rho_V = 0,2$) vereinfachend so, wie wenn die Verbauungssilhouette ein die jeweilige Himmelsleuchtdichte auf 15 v. H. senkender Filter wäre; die von A. Butenschön [9] dargestellten Fehler solcher Vereinfachung erscheinen noch hinnehmbar bei etwa parallelen Verbauungen (allenfalls also sehr langen Zeilen) mit einem mittleren Reflexionsgrad (einschließlich der Öffnungen) $\rho_{V_m} \approx 0{,}3$, deren Oberkante unter einem Höhenwinkel $\alpha \leq 40°$ gegen die Öffnungs**mitte** erscheint (Bild 2.29).

Diese noch nicht durch lichtundurchlässige Fensterteile, Verglasung und ihre Verschmutzung geminderten, vielfach abhängigen Außenanteile lassen sich mit Integralgleichungen errechnen, wie sie zum Beispiel für einige Grundfälle [2] und [13] angeben. Anschaulicher, uneingeschränkter und meist auch einfacher anwendbar sind geometrisch-graphische Ermittlungen, von denen hier zwei vorgestellt seien.

Sehr einfach kann man bei rechtwinkligen Planungen die in erster Fassung schon Anfang der vierziger Jahre von der Building Research Station entwickelten englischen **Daylight Protractors** handhaben, Winkelmesser, an denen man in der Querschnittszeichnung des Raumes den Himmelslichtanteil für unendlich lange Öffnungsbänder und im Raumgrundriß den Korrekturfaktor für die jeweilige Öffnungslänge ablesen kann (Bild 2.15). Mit etwas Geschick ermittelt man ebenso den Außenreflexionsanteil. Die Winkelmesser eignen sich für alle rechtwinklig begrenzten, besonders aber bandförmigen Seiten- und Oberlichtöffnungen; das zur 2. Serie erschienene Heft [33] erläutert an vielen Beispielen den Gebrauch.

Andere Verfahren unterteilen die (bedeckte) Himmelshalbkugel in viele kleine Teilfelder, von denen jedes einzelne auf der Empfangsfläche den gleichen Bruchteil der auf unverbauter waagerechter Fläche im Freien vorhandenen Beleuchtungsstärke $E_a$ erzeugt. Man könnte sich vorstellen, daß man mit dem Auge vom Untersuchungspunkt aus abzählt, wie viele dieser Himmels-Teilfelder man durch die Lichtöffnungen sieht und wie viele die Verbauung verdeckt. Die Verfahren unterscheiden sich in der Projektion des Himmelsgewölbes.

Das für beliebige Lichtöffnungen geeignete, nach Pleijels Vorarbeiten neu entwickelte **stereographische Verfahren von Tonne** [37] erlaubt es, direkt im Grundrißplan zu arbeiten (Bild 2.16): Alle senkrechten Kanten von Lichtöffnungen und Verbauungen werden zu Radiallinien (ohne Winkelmessung unmittelbar eingetragen als Verbindungsgerade von diesen Kanten zum Untersuchungspunkt), alle waagerechten (und geneigten) Kanten zu Kreisbögen. Aus dem so konstruierten Verbauungsbild kann man für die unverglasten Öffnungen die Außenanteile des Tageslichtquotienten sowohl auf waagerechter wie (mit der anderen, hier nicht abgebildeten Zählblatthälfte) auf senkrechter Empfangsfläche abzählen, mit weiteren Zählblättern auch auf geneigten.

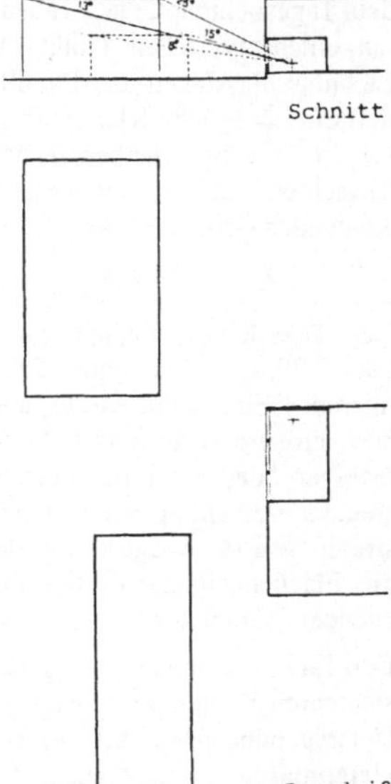



Bild 2.17    Verbauungssituation des Raumes der Bilder 2.15 und 2.16 in Grundriß und Schnitt im Maßstab 1 : 1 000 mit den Verbauungshöhenwinkeln **vom Untersuchungspunkt** aus, der hier am Rand der waagerechten Nutzfläche (1 m neben der Wand) liegt und (untypisch) 3 m hinter der Verglasung, also weder am ungünstigsten Punkt noch in halber Tiefe der Nutzfläche. Zur Konstruktion der stereographischen Verbauungskontur siehe auch Bild 3.17!

## 2.5.2 Außenanteil $D_a$ von stark lichtstreuender Verglasung

Tageslichtverhältnisse hinter lichtstreuend (nicht klar durchsichtig) verglasten Öffnungen kann man nur ungenau vorausbestimmen, weil noch nicht ausreichend bekannt ist, wie solche Materialien das Licht in den Raum hinein verteilen, das gestreut, aber unsymmetrisch auf sie trifft: vom Himmel mit Leuchtdichteverteilung nach Bild 2.10 „direkt" und aus dem Raumwinkelbereich unterhalb des Horizonts reflektiert mit wesentlich geringerer Intensität.

Bei **schwach,** durch ihre **Oberflächenstruktur** streuenden Gläsern – besonders Ornament-Gußglasscheiben – kann man stark vereinfachend so verfahren, wie wenn sie durchsichtig wären (Abschnitt 2.5.1). Bei **stark,** in ihrem **Volumen** streuender Verglasung – getrübten Gläsern (Milchüberfangglas) und Doppelscheiben mit eingelegten Glas- oder Kunststoffasern oder getrübten Folien, aber auch stark mattierten Scheiben – ergibt sich unter der vereinfachenden Annahme idealer Streuung der Außenanteil $D_a$ des Tageslichtquotienten $D_{dif}$ am untersuchten Punkt aus der Leuchtdichte der stark streuenden Scheiben und dem Raumwinkel, unter dem sie am Punkt erscheinen.

Die (relative) Scheibenleuchtdichte ist das Produkt aus dem Tageslichtquotienten außen auf der Glasscheibe $D_G$ (an einem typischen Punkt, meist mittig) und ihrer Lichtdurchlässigkeit $\tau_{dif}$ für diffus aus dem Halbraum auftreffendes Licht. Klammert man zunächst wie im Abschnitt 2.5.1 die Scheiben als Minderungsfaktor aus und betrachtet nur die unverglasten, aber unverändert streuenden Öffnungen, so gilt für den **Roh-Außenanteil:**

$$D_{a_r} = D_G \cdot D_{gl_r} \qquad (15)$$

Den Tageslichtquotienten $D_G$ zeigen die Bilder 2.19 oder 2.20, auf senkrechten Scheiben als noch zu summierende Einzeleinflüsse $D_o$ und $D_u$ Bild 2.28 auch für noch größere Verbauungshöhenwinkel; nur bei unregelmäßiger oder nicht paralleler, von Bild 2.18 abweichender Verbauung wäre er mit Verbauungsbild (konstruiert wie für waagerechte Fläche!) und Zählblatt für die Flächenneigung zu bestimmen oder mit entsprechendem Protractor.

Den Tageslichtquotienten $D_{gl_r}$ (den Raumwinkel, den die sichtbaren Kanten der leuchtenden Scheiben gegen den Untersuchungspunkt bilden) ermittelt man wegen der **gleichmäßig** vorausgesetzten Scheibenleuchtdichte mit Protractor oder Zählblatt für **gleichförmige** Leucht-

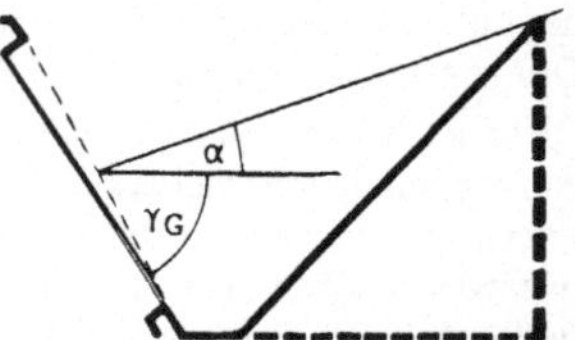

Bild 2.18 Vorausgesetzte Situation der Bilder 2.19/2.20: Verbauungshöhenwinkel $\alpha$ ab Scheibenmitte zur Oberkante einer unendlich langen Verbauung parallel gegenüber

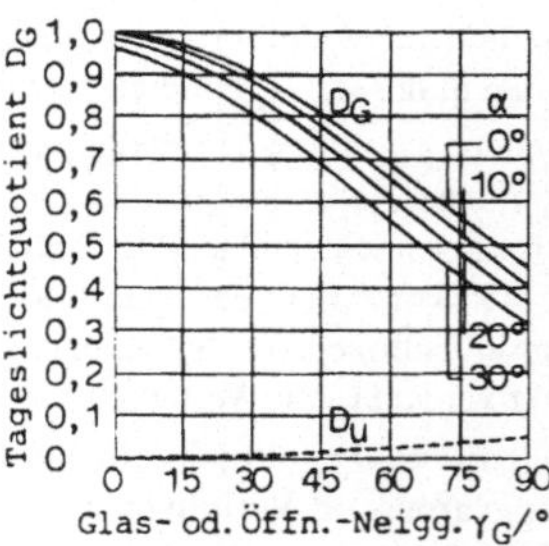


Bild 2.19 Tageslichtquotienten $D_G$ außen auf geneigten Glas- oder Öffnungsflächen für verschiedene Verbauungshöhenwinkel $\alpha$ nach Bild 2.18. Reflexionsgrad des Raumwinkels unter Horizont $\rho_u = 0{,}1$ (Grundlage für Tafel 2.5).

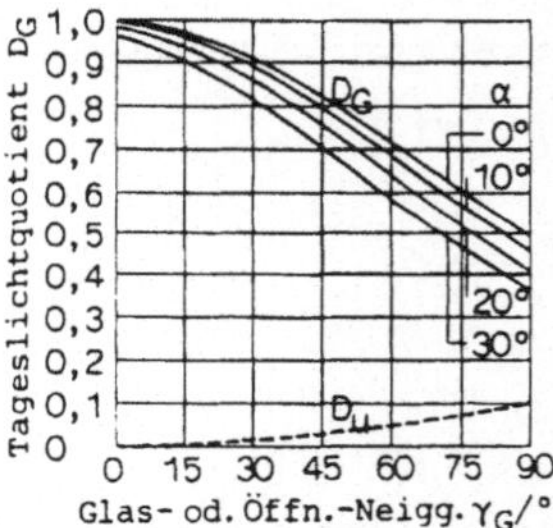


Bild 2.20 Tageslichtquotienten $D_G$ außen auf geneigten Glas- oder Öffnungsflächen für verschiedene Verbauungshöhenwinkel $\alpha$ nach Bild 2.18. Reflexionsgrad des Raumwinkels unter Horizont nach DIN 5034 von 1983 [2] $\rho_u = 0{,}2$.

dichteverteilung (ohne Anstieg zum Zenit, siehe [33], [37]), sonst aber wie normale Tageslichtquotienten im Raum.

## 2.5.3  Lichtminderungsfaktoren

Nach DIN 5034 [1], [2] wären die von lichtundurchlässigen Fensterkonstruktionsteilen, Verglasung und ihrer Verschmutzung verursachten Minderungen des Tageslichteinfalls durch **gemeinsame** Minderungsfaktoren einzurechnen in die für unverglaste (Rohbau-)Öffnungen ermittelten Roh-Außenanteile $D_{H_r} + D_{V_r}$ oder $D_{a_r}$ und die unter gleichen Bedingungen ermittelten Roh-Innenreflexionsanteile $D_{R_r}$ oder $D_{R_{dif\,r}}$:

$$D = (D_{H_r} + D_{V_r} + D_{R_r}) \cdot k_1 \cdot \tau \cdot k_2 \tag{16}$$

oder

$$D_{dif} = (D_{a_r} + D_{R_{dif\,r}}) \cdot k_1 \cdot \tau \cdot k_2 \tag{17}$$

Für $k_1$ – **Minderung durch Fensterkonstruktionsteile** –, näherungsweise:

$$k_1 = \frac{\text{lichtdurchlässige Glasfläche}}{\text{Rohbauöffnungsfläche}} \tag{18a}$$

setzt man besser:

$$k_1 = \frac{\text{lichtdurchlässige Glasfläche}}{\text{erfaßte Öffnungsfläche}} \tag{18b}$$

Es bietet sich nämlich zumindest bei geometrisch-graphischer Ermittlung der Außenanteile an, die Raumwinkel vom Untersuchungspunkt aus schon auf die Rahmenkanten zu beziehen, soweit von dort sichtbar, und nur geometrisch schwieriger erfaßbare Sprossen mit dem rechnerischen Minderungsfaktor $k_1$ zu berücksichtigen, zumal die Öffnungsleibungen oft die Rahmen zum Teil oder ganz verdecken (Bild 2.15!) so daß Gleichung (18a) hier sogar Fehler verursacht. (Dagegen ist sie durchaus brauchbar beim Ermitteln des Innenreflexionsanteils.) Falls $k_1$ nicht anders zu bestimmen ist, findet man Anhaltswerte in Tafel 2.6.

Tafel 2.6  Lichtminderungsfaktoren lichtundurchlässiger Fensterkonstruktionsteile $k_1$ (Anhaltswerte)

| Art der Lichtöffnung | $k_1$ |
|---|---|
| Kunststoffenster, zwei- und mehrflüglig | $\leq 0{,}55$ |
| Holzfenster zum Öffnen | 0,6 bis 0,65 |
| sehr kleine Fenster oder enge Teilung | $\geq 0{,}35$ |
| Holzfenster ohne Flügel | 0,75 bis 0,8 |
| Großflächenfenster | $\leq 0{,}85$ |
| Metallfenster zum Öffnen | 0,7 bis 0,8 |
| bei kleinen Fenstern oder enger Teilung | $\leq 0{,}65$ |
| Metallfenster ohne Flügel | 0,8 bis 0,9 |
| Oberlichter mit Metallsprossen | 0,85 bis 0,9 |

Tafel 2.7　　Verglasung: Lichttransmissionsgrade $\tau$ und -reflexionsgrade $\rho$

| Material | $\tau_{0°}$ | $\rho$ |
|---|---|---|
| Einfachscheiben<br>farblos klar: Fenster-(Float-)Glas, Acrylglas<br>Rohglas, Guß-(Ornament-)Glas<br>Draht-Gußglas | 0,9<br>0,85 bis 0,9<br>0,8 | 0,06 bis 0,1<br>0,1<br>0,1 |
| Doppelscheiben, farblos klar: Floatglas, Acrylglas | 0,8 | 0,15 |
| Stark lichtstreuende Scheiben mit Einlagen zwischen zwei farb-<br>losen Floatgläsern (abweichend $\tau_{dif}$ angegeben):<br>mit Glasfasergespinst, 1 bis 1,5 mm dick<br>mit acrylgebundenem Glasvlies, 50 bis 100 g/m$^2$<br>mit Acryl-Kapillarfaserplatten, 12 bis 24 mm dick | <br><br>0,5　bis 0,4<br>0,65 bis 0,5<br>0,55 bis 0,5 | <br><br>0,35 bis 0,4<br>0,2　bis 0,35<br>0,25 |
| Sonnenschutz-Doppelverglasung, Innenscheibe farblos klar,<br>als Außenscheibe:<br>reine Reflexionsgläser<br>Reflexionsgläser mit erhöhter Absorption<br>Absorptionsgläser, Scheibendicke　6 mm<br>　　　　　　　　　　　Scheibendicke 12 mm | <br><br>0,5 bis 0,55<br>0,3 bis 0,65<br>0,4 bis 0,65<br>0,2 bis 0,5 | <br><br>0,45 bis 0,4<br>0,35 bis 0,2<br>0,1　bis 0,15<br>0,1　bis 0,15 |
| Acryl-Stegdoppelplatten, farblos klar<br>mit verschiedenen Weiß-Trübungen | 0,8<br>0,75 bis 0,2 | 0,15<br>0,2　bis 0,75 |
| Zweischalige Acryl-Lichtkuppeln üblicher Weiß-Trübungen | 0,8　bis 0,65 | 0,15 bis 0,25 |

Tafel 2.8　　Lichtminderungsfaktoren infolge verschmutzter Verglasung $k_2$ (Anhaltswerte)

| Art der Lichtöffnung | $k_2$ |
|---|---|
| Wohnungsfenster | 1,0 bis 0,95 |
| Fenster sauberer Arbeitsräume (Schulen, Büros usw.), regelmäßig gereinigt<br>bei normaler Anordnung<br>bei Spritzwasser (z. B. dicht oberhalb von Dächern, starren Sonnenblenden)<br>selten gereinigt (schlecher Zugang) | <br>0,95 bis 0,9<br>0,85 bis 0,8<br>0,8　bis 0,75 |
| Oberlichter, normal verschmutzt*)<br>Glasneigung 90° bis 75°<br>Glasneigung 70° bis 45°<br>Glasneigung 40° bis 10° | <br>0,8<br>0,75<br>0,7 |

*) Bei starker Schmutzentwicklung außen oder innen nur das 0,85- bis 0,8fache der Angaben für $k_2$!

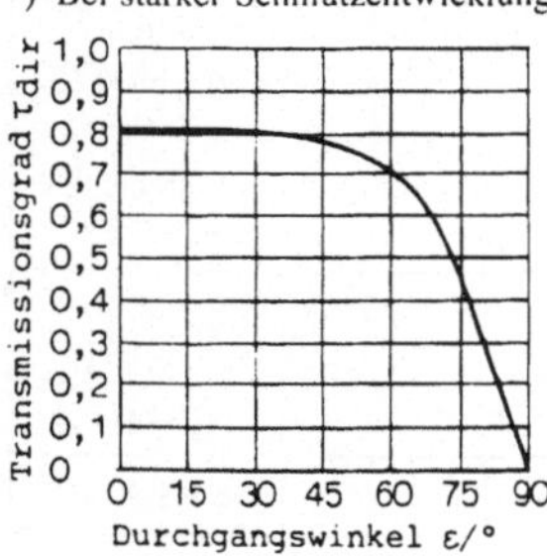


Bild 2.21　Transmissionsgrad einer farblos klaren Doppelscheibe für gerichtet auftreffendes Licht $\tau_{dir\,do}$, abhängig vom
Auftreffwinkel $\varepsilon$. Für diese Scheibe beträgt der Transmissionsgrad für diffus aus dem Halbraum davor auftreffendes Licht
$\tau_{dif\,do} \approx 0{,}7$.

Für $\tau$ – **Lichtdurchlässigkeit der Verglasung** – soll, Fischer [13] folgend, nach DIN 5034 [2] vereinfachend der gemäß DIN 67507 [4] gemessene Lichttransmissionsgrad für normal auftreffendes Licht $\tau_{0^\circ}$ eingesetzt werden, allerdings mit einem Korrekturfaktor $k_3$, der für übliche Fensterlage im Ergebnis sowohl (für das Licht der Außenanteile) den vom Durchgangs-(Auftreff-)Winkel $\varepsilon$ abhängigen Transmissionsgrad $\tau_{dir}$ als auch (für das aus dem ganzen Halbraum vor der Öffnung auf die Innenraumflächen fallende und von ihnen reflektierte Licht des Innenreflexionsanteils) den Transmissionsgrad $\tau_{dif}$ zutreffend berücksichtigt. Diese Vereinfachung schönt jedoch die Ergebnisse (siehe Bild 2. 21!), wenn das Licht der Außenanteile unter ungünstig großen Winkeln durch die Scheiben gelangt, wie unter hochliegenden Fenstern oder Sägedächern (Bilder 1.13; 1.44 oben), so daß man wenigstens dann besser $\tau_{dir}$ gemäß den für die einzelnen Öffnungsbereiche gemittelten Durchgangswinkeln $\varepsilon$ in die Außenanteile und $T_{dif}$ in den Innenreflexionsanteil getrennt einrechnet. Fehlen dafür Angaben, kann man sie für **klar durchsichtiges** Material X aus $\tau_{0^\circ x}$ und den Angaben für farblos klare Doppelverglasung (do) in Bild 2.21 errechnen:

$$\tau_{\varepsilon_x} = \tau_{\varepsilon_{do}} \cdot \frac{\tau_{0^\circ x}}{\tau_{0^\circ do}} \tag{19a}$$

$$\tau_{dif_x} = \tau_{dif_{do}} \cdot \frac{\tau_{0^\circ x}}{\tau_{0^\circ do}} \tag{19b}$$

Die Anhaltswerte für $\tau$ (beim Auftreffwinkel von 0°) in Tafel 2.7 können nur die großen Unterschiede verdeutlichen, vor allem beim häufig sich ändernden Angebot von Sondergläsern, so daß man (möglichst durch Prüfzeugnisse belegte) Herstellerangaben anfordern muß. Bei **farblos durchsichtigen** Materialien veranlaßt nur extreme Scheibendicke (Schutz gegen Schall und Gewalt), daß ähnlich wie bei getönten (absorbierenden) Scheiben die Transmission infolge erhöhter Absorption deutlich abnimmt.

Für stark **lichtstreuende, undurchsichtige** Materialien mit ihrer sehr unterschiedlichen Winkelabhängigkeit der vom Streuverhalten geprägten Lichtdurchlässigkeit gelten die Gleichungen (19) nicht; weil die für tageslichttechnische Rechnungen benötigten Daten solcher oft verwendeten und unentbehrlichen Materialien schwierig und bisher kaum „richtig" meßbar sind, ist zudem Vorsicht gegenüber Herstellerangaben ratsam.

Für $k_2$ – **Lichtminderung durch Scheibenverschmutzung** – nennt Tafel 2.8 günstigere Werte als [2] und [13], weil der lineare Einfluß der Minderungsfaktoren auf die Öffnungsfläche es nahelegt, bei größerer Schmutzanfälligkeit eher häufigere Reinigung vorauszusetzen oder spürbare Helligkeitseinbußen zuzumuten, als allgemein Öffnungen nur wegen erwarteter stärkerer Verschmutzung größer als nötig zu bemessen.

### 2.5.4 Exkurs: Spektrale Strahlungsminderung durch Glas

Bereits das einleitende Bild 2.1 veranschaulichte, daß Licht nur ein Teil der ankommenden Sonnenstrahlung ist, aber auch ihr energetisch wirksamster. Für Beleuchtungszwecke wird man, wie im Abschnitt 2.1.4 erwähnt, nur den für diesen Bereich pauschal – mit einem an die Augenempfindlichkeit angepaßten Empfänger – gemessenen Lichttransmissionsgrad $\tau_L$ und ebenso den Lichtreflexionsgrad $\rho_L$ berücksichtigen, wie sie Tafel 2.7 für einige Verglasungen beim Auftreffwinkel $\varepsilon = 0°$ angibt (dazu noch, daß nach Bild 2.21 die fast immer von 0° abweichenden Auftreffwinkel den Lichtdurchgang durch die Verglasung weiter mindern).

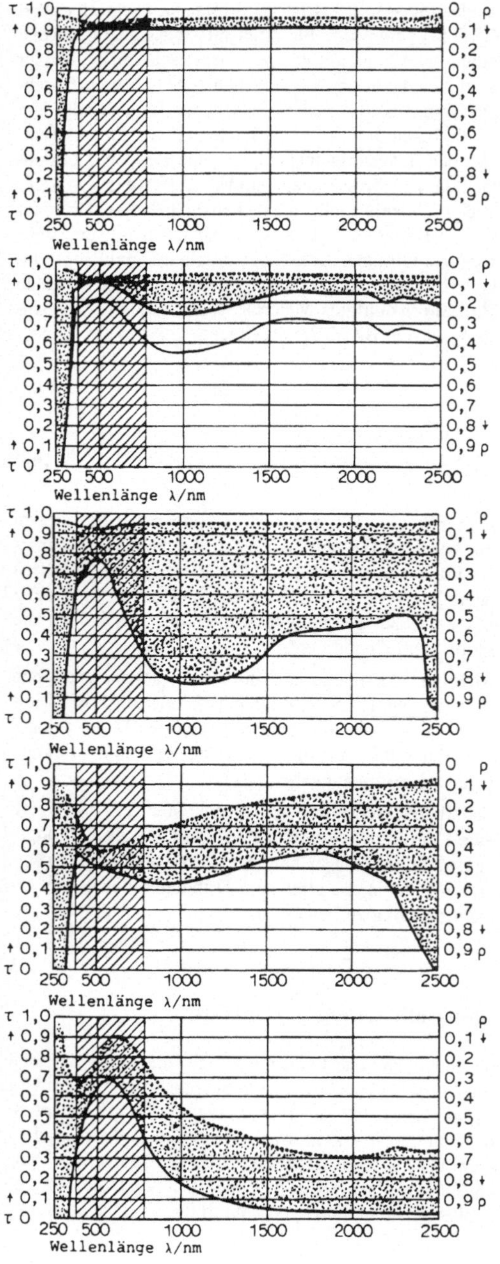



Spektrale
Transmissiongrade τ ———
Reflexionsgrade ρ ·············
Absorptionsgrade α ▨▨▨▨
verschiedener Glasscheiben

Bild 2.22   Hoch strahlungsdurchlässiges Sonder-Gußglas (6 mm dicke Einfachscheibe)

Bild 2.23   Übliches Floatglas (6 mm dicke Einfachscheibe, Transmission τ auch für Doppelscheibe 2 x 6 mm: mager) nach Krochmann [31, 32]

Als Licht wirksamer (sichtbarer) Anteil ▨▨▨▨

Bild 2.24   Absorbierendes, in der Masse farbig getöntes, klar durchsichtiges, aber im Raum und in der Durchsicht farbveränderndes Glas (6 mm dicke Einfachscheibe). Fast proportional zur Scheibendicke nimmt bei gleicher Glasmasse die Absorption zu, die Transmission umgekehrt ab.

Bild 2.25   Farbneutrale Sonnenschutz-Doppelscheibe (2 x 6 mm), im (auch energetisch ausschlaggebenden) sichtbaren Bereich fast nur durch erhöhte Reflexion wirkend

Bild 2.26   Selektive, aber innen und außen verschieden farbändernde Sonnenschutz-Doppelscheibe (2 x 6 mm) hoher Licht- und recht geringer Gesamtenergie-Durchlässigkeit

Bild 2.22, 2.24 bis 2.27 nach: Deutsche Spezialglas AG Grünenplan, Flachglas AG Gelsenkirchen, Schott Glaswerke Mainz, Verein. Glaswerke GmbH Aachen

Glas läßt aber auch von den anderen Bereichen des Sonnenspektrums mehr oder weniger große Anteile hindurch. Wer für Sonderfälle das jeweils angemessene Glas verwenden möchte, muß wissen, wie die Scheiben sich in ihrer Filterwirkung für die einzelnen Spektralbereiche unterscheiden.

Das für Sonnenkollektorabdeckungen entwickelte, hoch strahlungsdurchlässige Sondergußglas nach Bild 2.22 wird auch im Museumsbau oft verwendet für (mehr oder weniger) undurchsichtige Dach- und Lichtdeckenverglasungen, weil es deutlich weniger gegen Grün verfärbt als andere Gläser. Normales Fensteroder (nach der Fertigungsart) Floatglas (Bild 2.23) läßt vor allem im Infrarot, aber auch im Sichtbaren und im Ultraviolett weniger Strahlung hindurch. Eine weiter ins Ultraviolette ausgedehnte Durchlässigkeit (Bild 2.27) ist sinnvoll nur in Gebieten sehr reiner Luft hinter großen Lichtöffnungen nutzbar; für Museen muß man aber die hohe UV-Durchlässigkeit dieser extrem farblosen Gläser bremsen.

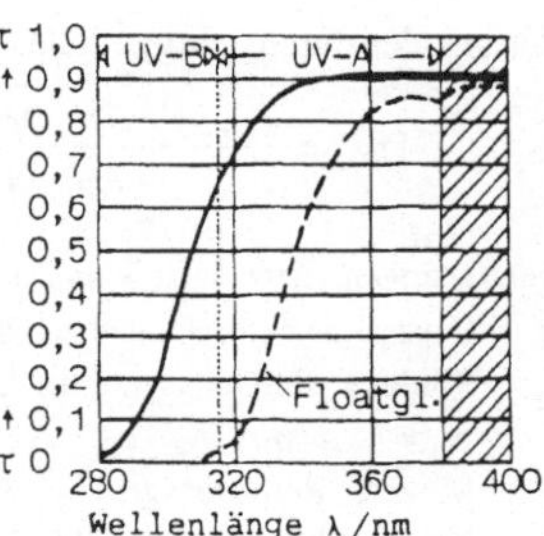


Bild 2.27   Transmissionsgrad $\tau$ eines für Ultraviolett besser durchlässigen, farblos klaren Glases (Scheibendicke je 4 mm)

Die geringe Strahlungsdurchlässigkeit der ersten, jetzt besonders im Fahrzeugbau verwendeten Sonnenschutzscheiben aus Farbglas beruht auf hoher Absorption auch im sichtbaren Bereich (Bild 2.24), die aber zugleich das außen Gesehene dunkler macht (verlängertes und erschwertes Nachtsehen). Farbneutrale Sonnenschutzscheiben wie etwa in Bild 2.25 setzen anders als die meisten übrigen Sonnenschutzverglasungen (Bilder 2.24 und 2.26) die Durchlässigkeit für Licht in fast gleichem Maße herab wie für die Gesamtenergie.

## 2.5.5   Innenreflexionsanteile $D_R$ und $D_{R\,dif}$

Die Berechnung des Innenreflexionsanteils nach DIN 5034 ist abgeleitet von der vorgestellten Hohlkugel, auf deren ideal reflektierender (weißer) Innenfläche das durch ein Loch von außen einfallende Licht sich gleichmäßig verteilt. Da in gebauten Räumen durch **klar durchsichtige Fenster** nur das vom Erdboden reflektierte Licht auf eine (meist) weiße Fläche – die Raumdecke – trifft, das direkte Himmelslicht dagegen vor allem auf den stets dunkleren, das heißt weniger reflektierenden Fußboden, nimmt man an, daß zum ersten Reflexionsgang ein Lichtstrom aus dem oberen Halbraum vor dem Fenster – nämlich der Tageslichtquotient auf der Fensterfläche aus Licht des oberen Halbraums $D_o$, multipliziert mit der Fläche $A_F$ dieses Fensters – nur in den unteren Innenraumbereich gelangt und entsprechend ein Lichtstrom aus dem unteren äußeren Halbraum $D_u \cdot A_F$ nur in den oberen Innenraumbereich, wobei eine waagerechte Ebene durch die **Fenster**mitte die Raumbereiche trenne. Den nach vielfacher Reflexion im Raum sich ergebenden **mittleren** Innenreflexionsanteil $D_{R_m}$ erhält man entweder über $D_{R_{rm}}$ aus der **Rohbauöffnung**:

$$D_{R_{rm}} = \frac{A_F \cdot (D_o \% \cdot \rho_{BW} + D_u \% \cdot \rho_{DW})}{A_R \cdot (1 - \rho_m)} \tag{20a}$$

$$D_{R_m} = D_{R_{rm}} \cdot k_1 \cdot \tau_{dif} \cdot k_2 \tag{21a}$$

oder aus der durchsichtigen Glasfläche $A_G$:

$$D_{R_m} = \frac{A_G \cdot (D_o\% \cdot \rho_{BW} + D_u\% \cdot \rho_{DW})}{A_R \cdot (1 - \rho_m)} \cdot \tau_{dif} \cdot k_2 \qquad (21b)$$

**Erläuterungen** (siehe auch S. 443 unten und Abschnitt 2.5.3):

$A_R$    Ganze Raumumschließungsfläche samt Öffnungen

$\rho_m$    Mittlerer Reflexionsgrad der Umschließungsfläche $A_R$:

      $\rho_m = (A_1 \cdot \rho_1 + A_2 \cdot \rho_2 + A_3 \cdot \rho_3 \ldots + A_n \cdot \rho_n) : A_R$

$\rho_{BW}$    Mittlerer Reflexionsgrad von Fußboden und Wandflächen unterhalb der waagerechten Raumteilung durch die Fenstermitte, aber ohne die Fensterwand

$\rho_{DW}$    Mittlerer Reflexionsgrad von Decke und Wandflächen oberhalb der waagerechten Raumteilung durch die Fenstermitte, aber ohne die Fensterwand

$\rho_1$    In Gleichung (22a) bis (23b) mittlerer Reflexionsgrad der von Tageslicht aus der untersuchten Öffnung zur Erstreflexion getroffenen Raumflächen

$D_o$,    Tageslichtquotienten mittig auf der Glasfläche (siehe Text S. 443 unten): Bei paralleler, sehr langer
$D_u$,    Verbauung unter dem ab Öffnungsmitte gemessenen Verbauungshöhenwinkel $\alpha$ $D_o$ und $D_u$
$D_G$    für **durchsichtige senkrechte** Fenster aus Bild 2.28 (DIN 5034: „Fensterfaktoren" $f_o$ und $f_u$), bei Verbauung von oben aus Bild 2.30; $D_o$ und $D_u$ für **durchsichtige geneigte** sowie $D_G$ für **stark lichtstreuende** Öffnungen aus den Bildern 2.19/20, jedoch in Prozent, mit $D_o = D_G - D_u$. Bei unregelmäßiger Verbauung $D_o$ oder $D_G$ graphisch, siehe unter Gleichung (15) und Bild 3.17. Zum Nachweis von Mindestwerten nach Tafel 2.5 gilt $D_u$ für $\rho_u = 0,1$!

Tafel 2.9    Reflexionsgrade $\rho$ matter Flächen (Verglasungen siehe Tafel 2.7!)

| Farben nach Helligkeit | $\rho$ (dunkel bis hell) |
|---|---|
| Rot | 0,1   bis 0,5 |
| Gelb | 0,25 bis 0,65 |
| Grün | 0,15 bis 0,55 |
| Blau | 0,1   bis 0,5 |
| Braun | 0,1   bis 0,4 |
| Weiß (Mittel) | 0,7   bis 0,75 |
| Grau | 0,15 bis 0,6 |
| Schwarz | 0,05 bis 0,1 |
| **Naturfarbene Materialien** | $\rho$ (dunkel bis hell) |
| Sichtbeton | 0,25 bis 0,5 |
| Sichtmauerwerk: | |
| rote Ziegel | 0,15 bis 0,3 |
| gelbe Ziegel | 0,3   bis 0,45 |
| Kalksandstein | 0,5   bis 0,65 |
| Holzflächen | |
| dunkel | 0,1   bis 0,2 |
| mittel | 0,2   bis 0,4 |
| hell | 0,4   bis 0,5 |
| **Bodenplatten und -bahnen** | $\rho$ (dunkel bis hell) |
| dunkel | 0,1   bis 0,15 |
| mittel | 0,2   bis 0,25 |
| hell | 0,3   bis 0,45 |

Tafel 2.10
Kleinster im Verhältnis zum mittleren Innenreflexionsanteil in Seitenlichträumen (nach DIN 5034, Teil 3 [2])

| Mittlerer Reflexionsgrad der Wände $\rho_{W_m}$ | | $\dfrac{D_{R\,min}}{D_{R_m}}$ |
|---|---|---|
| (dunkel) | 0,3 | 0,65 |
| (mittel) | 0,5 | 0,75 |
| (hell) | 0,7 | 0,85 |

Bild 2.28  Tageslichtquotienten $D_o$ und $D_u$ (DIN 5034: „Fensterfaktoren" $f_o$ und $f_u$ als Verhältniszahlen wie in Bild 2.19/20) außen auf senkrechter Glas- oder Öffnungsfläche, abhängig vom Verbauungshöhenwinkel $\alpha$, bei Reflexionsgraden des Raumwinkels unter Horizont $\rho_u = 0,1$ (Voraussetzung Tafel 2.5) und (DIN 5034 von 1983 [2]) $\rho_u = 0,2$.

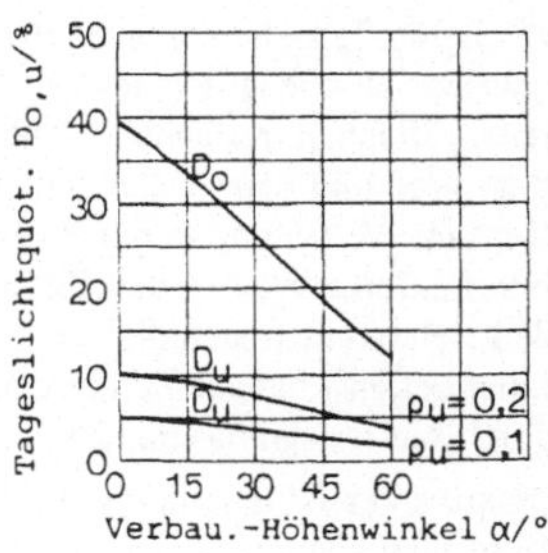


Bild 2.29  Vorausgesetze Situation des Bildes 2.30: ab Öffnungsmitte gegen die Senkrechte Abschirmwinkel $\zeta$ zur Vorderkante des von oben (vom Zenit) Himmel verbauenden Vorsprungs über der Öffnung, gegen die Waagerechte Höhenwinkel $\alpha$ zur Oberkante der Verbauung gegenüber (nach DIN 5034 mit 15 v. H. der Leuchtdichte der von ihr verdeckten Himmelsflächen), beide parallel und sehr lang. Balkonbrüstung gut lichtdurchlässig!

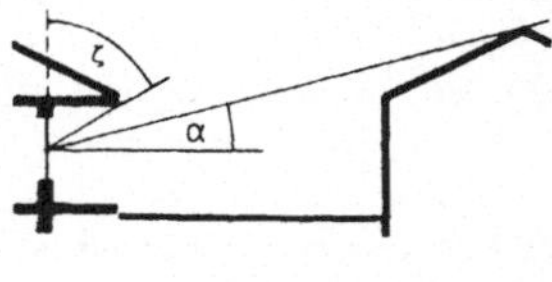


Bild 2.30  Tageslichtquotient $D_o$ außen auf senkrechter Glas- oder Öffnungsfläche, abhängig vom Verbauungshöhenwinkel $\alpha$, für verschiedene Abschirmwinkel $\zeta$ nach Bild 2.29; $D_u$ siehe Bild 2.28!

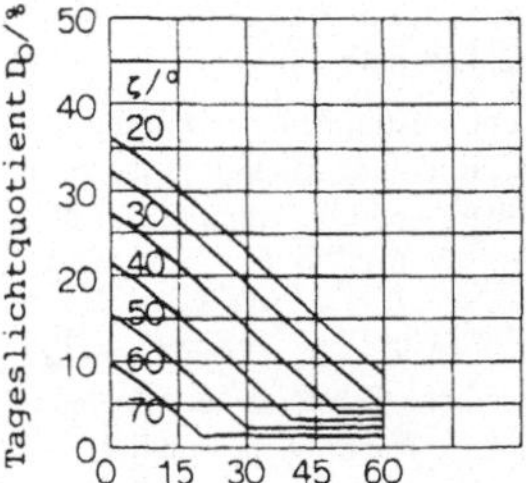


Enthalten mehrere Raumflächen Lichtöffnungen, ist der Innenreflexionsanteil aus jeder dieser Flächen getrennt zu errechnen. Er ist, weil die Raumumschließungsflächen nicht ideal reflektieren, nie im ganzen Raum gleich, sondern folgt in der Tendenz den meist mit wachsender Entfernung von den Lichtöffnungen abnehmenden jeweiligen Außenanteilen $D_H + D_V$ der Tageslichtquotienten. Für die durch Fenster erzeugten gibt Tafel 2.10 grob das vom Wandreflexionsgrad abhängige Verhältnis des kleinsten ($D_{R_{min}}$ an dem zur jeweiligen Fensterwand ungünstigsten Punkt der Nutzfläche) zum errechneten mittleren Innenreflexionsanteil $D_{R_m}$ an.

Vorbehalte (z. B. von A. Butenschön in [10]) gegenüber diesem Verfahren, das zumindest bei der Verteilung des Innenreflexionsanteils nach Tafel 2.10 die Raumgeometrie vernachlässigt, sind berechtigt. Die Einschränkungen eingangs in Abschnitt 2.5.1 zur vereinfachenden Annahme der Verbauungsleuchtdichte gelten auch für die damit errechneten Tageslichtquotienten $D_o$ und $D_u$ in den Bildern 2.28 und 2.30, wovon die mit Bild 2.30 vorgestellten sich zudem nur anwenden lassen für senkrechte Öffnungen unter sehr langen, seitlich nicht begrenzten Vorsprüngen (Dachüberständen, Blenden, Balkonen) ohne verschattende Balkonbrüstungen, nicht aber hinter Loggien.

Das in Sonderfällen unumgängliche Interflexionsverfahren folgt der Lichtverteilung genauer. Dafür zerlegt man **alle** zur Raumbeleuchtung beitragenden Flächen – auch einer Verbauung! – in kleinere Teilflächen und ermittelt zunächst die auf ihnen durch direktes Himmelslicht erzeugten Tageslichtquotienten (z. B. stereographisch nach Bild 2.16/17). Danach errechnet man in sich wiederholenden Schritten für jede Teilfläche, wieviel sie von dem auf alle anderen Teilflächen treffenden Licht in Abhängigkeit von (durch Multiplizieren mit) deren Reflexionsgrad und dem Raumwinkel, unter dem diese ihr erscheinen, durch Reflexion empfängt (für eine Verbauung durch Reflexion vom eigenen Gebäude und dem Erdboden). Dieser die Interflexion zwischen den Flächen nachvollziehende (Um-)Weg über die sich aufschaukelnden (relativen) Leuchtdichten ist beendet, wenn in neuen Rechenschritten die so erhaltenen reflektierten Lichtanteile auf den Teilfächen sich nicht mehr verändern. (Raumwinkel stereographisch feststellbar mit Zählblatt für gleichförmige Leuchtdichte [37].)

Praktikabler ist das dargestellte ungenauere Verfahren nach DIN 5034. Daß seine kompliziert aussehenden Gleichungen (20) und (21) sich einfach anwenden lassen, erläutere das Beispiel des Raumes aus den Bildern 2.15 bis 2.17; abkürzende Verfahren sind schon für einfenstrige Räume noch ungenauer [13].

Die beim geometrischen Ermitteln der Tageslichtquotienten-Außenanteile $D_H + D_V$ direkt aus Plänen in den Bildern 2.15 und 2.16 unnötigen Raummaße seien hier nachgetragen:

Grundfläche 9,5 m · 6,5 m; Höhe 3,4 m; Fenster 3,0 m · 2,25 m, innerhalb der umlaufenden, der Einfachheit halber in Wandfarbe angenommenen Rahmen nicht weiter unterteilt.

Zum Bestimmen des mittleren Innenreflexionsanteils $D_{R_m}$ errechnet man zuerst die Glasfläche $A_G$, die Raumumschließungsfläche $A_R$ und den mittleren Raumreflexionsgrad $\rho_m$, hier nebeneinander für hellere und (als Variante) für dunklere Farbgebung des Raumes:

| | | | A/m² | ρ | (Var.) | ρ·A/m² | (Var.) |
|---|---|---|---|---|---|---|---|
| **Glas**fläche | $\underline{\underline{A_G}}$ | 2,75 m · 2,0 m · 3 | → 16,50 | 0,15 | | 2,48 | 2,48 |
| Restliche Fensterwand, sehr hell | | 9,5 m · 3,4 m − 16,5 m² | 15,80 | 0,6 | | 9,48 | 9,48 |
| Übrige Wände, hell (dunkler) | | (2 · 6,5 m + 9,5 m) · 3,4 m | 76,50 | 0,5 | (0,3) | 38,25 | (22,95) |
| Decke, weiß (Holz, mittelhell) | | 9,5 m · 6,5 m | 61,75 | 0,7 | (0,35) | 43,22 | (21,61) |
| Boden, mittelhell (dunkler) | | 9,5 m · 6,5 m | 61,75 | 0,3 | (0,2) | 18,53 | (12,35) |
| Raumumschließungsfläche | $\underline{\underline{A_R}}$ | | 232,30 | | | 111,96 | (68,87) |

$$\text{Mittlerer Raumreflexionsgrad } \underline{\underline{\rho_m}} \quad \frac{111,96}{232,30} \quad \left(\frac{68,87}{232,30}\right) \qquad\qquad \underline{\underline{0,48}} \quad \underline{\underline{(0,30)}}$$

Die gedachte waagerechte Trennung zwischen unterem und oberem Raumteil liegt um Brüstungshöhe und halbe Fensterhöhe 0,85 m + 2,25 m/2 = 1,975 m über dem Fußboden. Aus den zur Erstreflexion getroffenen Flächen (also ohne Fensterwand!) ergibt sich

| für den unteren Raumteil: | | A/m² | ρ | (Var.) | ρ·A/m² | (Var.) |
|---|---|---|---|---|---|---|
| Seitenwände und Raumrückwand | (13,0 m + 9,5 m) · 1,975 m | 44,44 | 0,5 | (0,3) | 22,22 | (13,33) |
| Boden | 9,5 m · 6,5 m | 61,75 | 0,3 | (0,2) | 18,53 | (12,35) |
| | | 106,19 | | | 40,75 | (25,68) |

$$\text{Mittlerer Reflexionsgrad unten} \quad \underline{\underline{\rho_{BW}}} \quad \frac{40,75}{106,19} \quad \left(\frac{25,68}{106,19}\right) \qquad\qquad \underline{\underline{0,38}} \quad \underline{\underline{(0,24)}}$$

| für den oberen Raumteil: | | A/m² | ρ | (Var.) | ρ·A/m² | (Var.) |
|---|---|---|---|---|---|---|
| Seitenwände und Raumrückwand | (13,0 m + 9,5 m) · 1,425 m | 32,06 | 0,5 | (0,3) | 16,03 | (9,62) |
| Decke | 9,5 m · 6,5 m | 61,75 | 0,7 | (0,35) | 43,22 | (21,61) |
| | | 93,81 | | | 59,29 | 31,23 |

$$\text{Mittlerer Reflexionsgrad oben} \quad \underline{\underline{\rho_{DW}}} \quad \frac{59,25}{93,81} \quad \left(\frac{31,23}{93,81}\right) \qquad\qquad \underline{\underline{0,63}} \quad \underline{\underline{(0,33)}}$$

Bei zeilenförmiger Verbauung erhält man aus Bild 2.28 oder 2.30, hier aber durch Auszählen des entsprechend Bild 2.16 für die Fenstermitte konstruierten Verbauungsbildes oder mit Hilfe des Daylight Protractors den Tageslichtquotienten aus Licht des oberen Halbraums $D_o = 35,3\,\%$, ihm zugeordnet aus Bild 2.28 (für $\rho_u = 0,2$) $D_u = 9,5\,\%$, aus der Bildunterschrift 2.21 $\tau_{dif} = 0,7$, aus Tafel 2.8 $k_2 = 0,95$ und daraus mit Gleichung (21b):

$$D_{R_m} = \frac{16,5\ m^2 \cdot (35,3\,\% \cdot 0,38 + 9,5\,\% \cdot 0,63)}{232,3\ m^2 \cdot (1 - 0,48)} \cdot 0,7 \cdot 0,95 = \underline{1,76\,\%} \quad (\text{Variante: } D_{R_m} = \underline{0,78\,\%})$$

Bei einem Bodenreflexionsgrad $\rho_u = 0,1$, wie er den in DIN 5034 ([1], Leitsätze, und [2], Teil 1) angegebenen Mindest-Tageslichtquotienten zugrunde liegt, ergäbe sich mit nur 4,75 % für $D_u$ statt 9,5 % bei sonst gleicher Rechnung $D_{R_m} = 1,49\,\%$ (0,68 %).

Für den in Bild 2.15 oder 2.16 bezeichneten Punkt in 3 m Abstand hinter dem Fenster dürfte der errechnete Mittelwert des Innenreflexionsanteils $D_{R_m}$ auch zutreffen. Am **ungünstigsten** Punkt der Nutzfläche (1 m von Seiten- und Rückwand entfernt) betrüge – mit $D_u = 4,75\,\%$ aus $\rho_u = 0,1$ – nach Tafel 2.10 der Innenreflexionsanteil für

mittelhelle Wände $\quad (\rho_{W_m} = 0,5) \quad \underline{D_{R_{min}}} = 0,75 \cdot 1,49\,\% = \underline{1,12\,\%}$,

dunklere Wände $\quad\quad (\rho_{W_m} = 0,3) \quad \underline{D_{R_{min}}} = 0,65 \cdot 0,68\,\% = \underline{0,44\,\%}$!

Die Gleichungen (20a) bis (21b) gelten auch für **durchsichtige geneigte** Öffnungen, bei denen aber die gedachte Raumteilungsebene in halber Öffnungshöhe mit zu neigen und zu prüfen ist, auf welche Flächen beider Raumbereiche Tageslicht zur Erstreflexion treffen kann. Überlegungen zur Verteilung des Innenreflexionsanteils aus Oberlichtern können Tafel 2.10 folgen, müssen aber den Fußbodenreflexionsgrad einbeziehen.

Beim Errechnen des Innenreflexionsanteils $D_{R_{dif}}$ aus **stark (ideal!) lichtstreuenden** Lichtöffnungen entfällt die gedachte Raumteilungsebene:

$$D_{R_{dif\,r\,m}} = \frac{A_F \cdot D_G\,\%}{A_R \cdot (1 - \rho_m)} \cdot \rho_1 \tag{22a}$$

$$D_{R_{dif\,m}} = D_{R_{dif\,r\,m}} \cdot k_1 \cdot \tau_{dif} \cdot k_2 \tag{23a}$$

oder:

$$D_{R_{dif\,m}} = \frac{A_G \cdot D_G\,\%}{A_R \cdot (1 - \rho_m)} \cdot \rho_1 \cdot \tau_{dif} \cdot k_2 \tag{23b}$$

### 2.5.6 Hinweise zur Anwendung

Man kann nicht Öffnungsgrößen errechnen aus gegebenen Tageslichtquotienten (dies anbietende Verfahren sind ungenau oder falsch), sondern muß, da Ermittlungen von Tageslichtverhältnissen fixierte Raumgeometrien voraussetzen, von einer sinnvoll erscheinenden Annahme für Größe und Anordnung der Öffnungen ausgehen und in oft mehreren Untersuchungsschritten sich einer Optimallösung nähern.

Am Beispiel eines einfachen Seitenlichtraums ist im Abschnitt 2.5.5 der mittlere Innenreflexionsanteil $D_{R_m}$ des Tageslichtquotienten errechnet, und die Bilder 2.15 bis 2.17 zeigen, wie man für diesen Raum nach zwei häufigeren geometrischen Verfahren, beim stereographischen nach Tonne [37] auch anschaulich und nachprüfbar, die Außenanteile $D_H + D_V$ an einem Punkt ermittelt, wenn auch in Bild 2.15 mit dem Daylight Protractor noch ohne die Verbauung der Bilder 2.16/2.17 und in 2.16 nur bis zur Addition der gezählten Felder. Die folgende Rechnung führt dieses Beispiel weiter.

Den am Punkt in Bild 2.16 zusammen 38,57 gezählten Feldern (10 Felder $\hat{=}$ 1 %) entspricht ein durch **unverbaute**, unverglaste Öffnungen (nicht im **Rohbau**) erzeugter Himmelslicht-**Rohanteil** $D_{H_r}$ = 3,86 %.

Mit den Minderungsfaktoren nach Abschnitt 2.5.3 für Konstruktionsteile $k_1$ = 1,0 (keine Unterteilung innerhalb der geometrisch erfaßten Rahmen), für farblos klare Doppelverglasung $\tau$ = 0,79 (aus Bild 2.21 für Durchgangswinkel $\varepsilon \leq 45°$) und für Glasverschmutzung $k_2$ = 0,95 (häufige Reinigung) erhält man

$$k_{ges} = k_1 \cdot \tau \cdot k_2 = 0,75$$

und so an diesem Punkt des wie in Bild 2.15 unverbauten Raums

$$D_H = D_{H_r} \cdot k_{ges} = 3,86\% \cdot 0,75 = 2,9\%.$$

Hiervon weicht das mit dem Daylight Protractor in Bild 2.15 gewonnene Ergebnis um etwa 5 v. H. ab, wahrscheinlich wegen der dort nicht addierten, sondern multiplizierten Ableseungenauigkeiten.

Die **Verbauung** nach Bild 2.17 senkt nach Abschnitt 2.5.3 die Leuchtdichte der verbauten Zählfelder auf 15 v. H. der Himmelsleuchtdichte, so daß man nach Bild 2.16

aus der Summe der Zählfelder                                         38,57
abzüglich Leuchtdichteminderung durch Verbauung   $3,72 \cdot 0,85$ =   $\underline{3,16}$
                                                                    35,41

die Außenanteile des Tageslichtquotienten erhält:

$$D_H + D_V = D_{(H+V)_r} \cdot k_{ges} = 3,54\% \cdot 0,75 = 2,66\%$$

Mit dem in Abschnitt 2.5.5 errechneten Innenreflexionsanteil $D_R$ am untersuchten Punkt ist der Tageslichtquotient

$$D = D_{H+V} + D_R$$

bei dunklerer Raumfarbgebung $D$ = 2,66 % + 0,78 % = $\underline{3,44\%}$,

bei mittelheller Farbgebung   $D$ = 2,66 % + 1,76 % = $\underline{4,42\%}$.

Im Vergleich der so ermittelten Tageslichtquotienten erkennt man den bereits beim Errechnen des Innenreflexionsanteils $D_R$ aufgefallenen Einfluß der Raumfarbgebung, auf den schon der einleitende Abschnitt 1.1 hinwies. Dieser Einfluß vergrößert sich noch relativ mit wachsender Entfernung von der Fensterwand trotz sinkender Tageslichtquotienten, weil die Außenanteile mehr abnehmen als der Innenreflexionsanteil. Weit stärker als in den Tageslichtquotienten wirken sich aber Änderungen der Reflexionsgrade von Raumflächen in den direkt wahrgenommenen Leuchtdichten aus (Abschnitt 2.1.3, Gleichung (7) und (7a)).

Selten wird man nur für einen einzigen Raumpunkt den Tageslichtquotienten bestimmen; erst aus mehreren Punkten entwickelte Folgen von Tageslichtquotienten – **Tageslichtschnitte,** wie in Bild 2.31 nach dem im Abschnitt 2.3.1 erwähnten Weber-Fechnerschen Gesetz logarithmisch aufgetragen – erlauben es, schon in der Planung Einflüsse verschiedener Lichtöffnungen aufeinander abzustimmen oder (etwa auf Hängewänden in Museen) eine besondere Gleichmäßigkeit der Beleuchtung zu erzielen.

Bild 2.31 (genordeter Fachunterrichtsraum, daher ohne Sonnenschutz und mit tafelgerichteter Bestuhlung ohne Blendungsprobleme) zeigt, wie ein Tageslichtschnitt entsteht, hier aus fünf untersuchten Punkten. Wo man größere Schwankungen oder Verlaufsumkehrungen erwartet, legt man die Punkte enger, wie hier unter der zweiten Fensterstufe. Nur zunächst getrennt für jede Öffnungsgruppe aus Außenanteilen und Innenreflexionsanteil addierte Tageslichtquotientenverläufe darf man zur Summenkurve zusammenzählen, wobei die Einzelkurven zur Sicherung auch zwischen den untersuchten Punkten (hier besonders den zwei

Bild 2.31 Der Einfluß der klar farblosen 2. Fensterstufe (obere fetter punktierte Kurve, addiert aus dem anfangs von Null – im Raumquerschnitt gestrichelt: kein Himmel! – steil aufsteigenden Außenanteil $D_H$ und dem dünn punktierten Innenreflexionsanteil $D_R$) übertrifft außer in Fensternähe stets den Hauptfenstereinfluß (obere fetter gestrichelte Kurve, addiert aus dem wegen naher Verbauung stark abfallenden Außenanteil $D_{H+V}$ und dem dünn gestrichelten Innenreflexionsanteil $D_R$). Summe fett strichpunktiert.

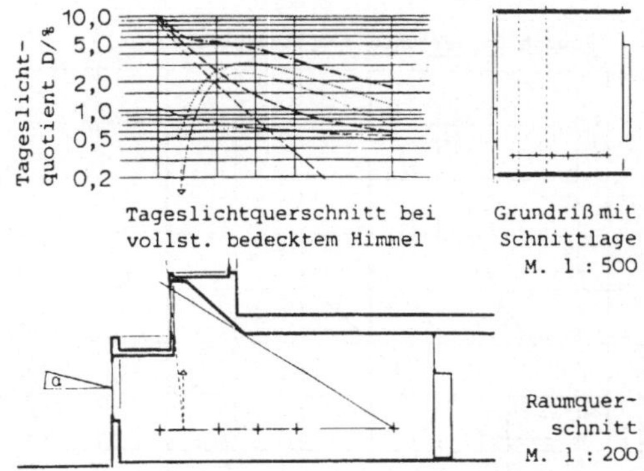



fensternäheren) zu summieren sind. Wie etwa ein Verschieben der oberen Fensterstufe die Beleuchtung in Tischebene verändern würde, läßt sich durch gleiches Verschieben der punktierten Kurven und neue Summenbildung leicht darstellen.

In Seitenlichträumen liegt der kennzeichnende Schnitt am Nutzflächenrand mit dem ungünstigsten Punkt. Für Oberlichträume ist aus dem typischen Schnitt quer zu bandförmigen Öffnungen etwa im Drittel bis Viertel der Raumbreite oder -länge der Mittelwert der Tageslichtquotienten einfach abzuschätzen. Für alle Flächen in Oberlichträumen darf man einen recht gleichmäßigen Verlauf des Innenreflexionsanteils voraussetzen.

# 3 Besonnung: Gegebenheiten, Planungskonsequenzen, Arbeitshilfen

## 3.1 Astronomische und Standorteinflüsse auf den Strahlungsempfang

Der von der geographischen Lage abhängige jahres- und tageszeitliche Wechsel in der Stellung eines Orts zur Sonne (Bilder 2.3 bis 2.6) bedingt große Unterschiede im astronomisch möglichen Empfang von Sonnenstrahlungswärme. Diesen häufig noch als Überraschung empfundenen wechselnden Strahlungsempfang durch waagerechte und verschieden gerichtete senkrechte Verglasungen, wie er etwa für Mitteleuropa gilt, zeigen die Bilder 3.1 und 3.2: An klaren Tagen ist zum Beispiel durch Südfenster die im Jahreslauf geringste Sonnenwärmeeinstrahlung zur Sommersonnenwende zu erwarten, sowohl im stündlichen Maximum (Bild 3.2) wie sogar in der Tagessumme (Bild 3.1) weniger als um die gleiche Zeit durch Nordost- oder Nordwestfenster; die meiste Sonnenwärme im Winter gewinnt man dagegen durch Südfenster. Mit größerer Annäherung an den Äquator nimmt die Einstrahlung auf waagerechte Flächen zu, während ganzjährig senkrechte Flächen gegen Süd und Nord noch weniger, gegen Ost und West aber noch mehr Strahlungswärme empfangen.

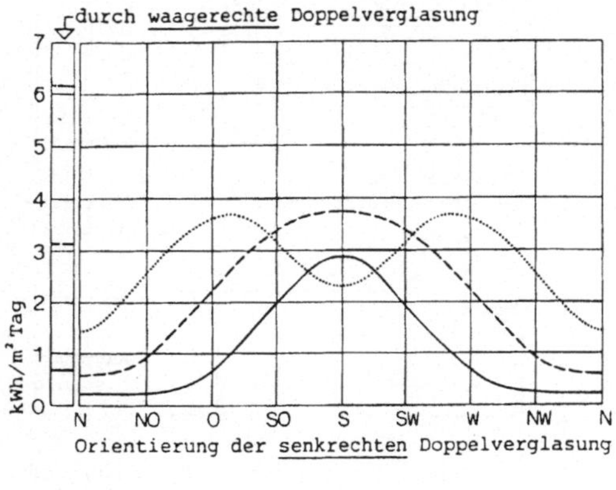


Bild 3.1 Tagessummen der Gesamtenergieübertragung bei klarem Himmel (Trübungsgrad nach Linke T = 2,75) durch 1 m² unverbauter waagerechter und verschieden orientierter senkrechter farblos klarer Doppelverglasung, ermittelt für 49° nördl. Breite (Karlsruhe, Regensburg) mit dem Diagrammsatz Sonnenwärme [20]

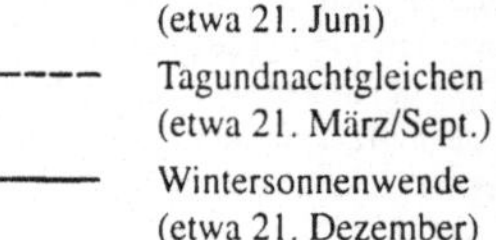

———— Sommersonnenwende (etwa 21. Juni)

– – – – Tagundnachtgleichen (etwa 21. März/Sept.)

——— Wintersonnenwende (etwa 21. Dezember)

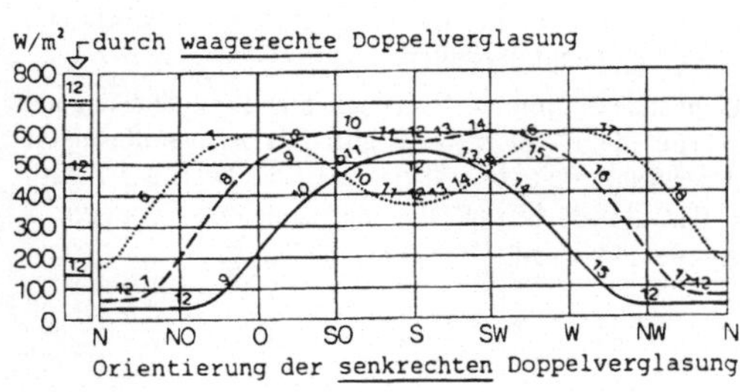


Bild 3.2 Größte stündliche Gesamtenergieübertragung bei klarem Himmel durch farblos klare Doppelverglasung, wie bei Bild 3.1 angegeben. Die Zahlen an den Kurven bezeichnen die Stunde der größten Einstrahlung (wahre Ortszeit)

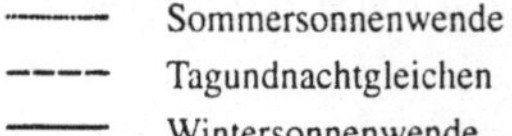

———— Sommersonnenwende

– – – – Tagundnachtgleichen

——— Wintersonnenwende

## 3.2  Konsequenzen für Stadt- und Gebäudeplanung

Auch und gerade in unserem Klima mit einer Sonnenscheinwahrscheinlichkeit von etwa 35 % als Jahresmittel (nach Bild 2.9; korrigiert nach Bild 3.21 nur etwa 30 %!) bestimmt die Besonnung wesentlich die Qualität von Wohnräumen [36], [25] und (positiv wie negativ) von Arbeitsräumen. Obwohl in unseren Breiten beim **Bemessen** von Lichtöffnungen stets der orientierungsunabhängige vollständig bedeckte Himmel (Bild 2.11) zugrunde zu legen ist, müssen alle Entscheidungen zu ihrer **Anordnung** – besonders aber städtebauliche Regelungen zur Gebäudeanordnung! – die Lage zur Sonne berücksichtigen, wenngleich in der Bundesrepublik bindende Richtlinien dafür bisher fehlen. Leider konnten in neuerer Zeit aus Unkenntnis gegensätzlichste Meinungen entstehen über die zweckmäßige Orientierung vor allem von Wohnungen, aber etwa auch von Schulräumen.

### 3.2.1  Sonnenbezogene Gebäudestellung

Die Vorzüge der für das sonnigere Griechenland schon von Sokrates [42] empfohlenen Südlage, die winterlichen Sonnenwärmegewinn mit (bei genügendem Dach- oder Deckenvorsprung: Bild 3.5) sommerlichem Sonnenschutz vereint, bestätigt Bild 3.3 auch für unse-

Bild 3.3 Tagessummen der bei klarem Himmel (Trübungsgrad nach Linke T = 2,75) zusammen durch je 1 m² unverbauter entgegengesetzt orientierter farblos klarer senkrechter Doppelverglasung im Jahreslauf eindringenden Gesamtenergie

——— Süd- + Nordverglasung

– – – Ost- + Westverglasung

Für 51° nördl. Breite (Köln, Bebra) ermittelt mit dem Diagrammsatz Sonnenwärme [18].

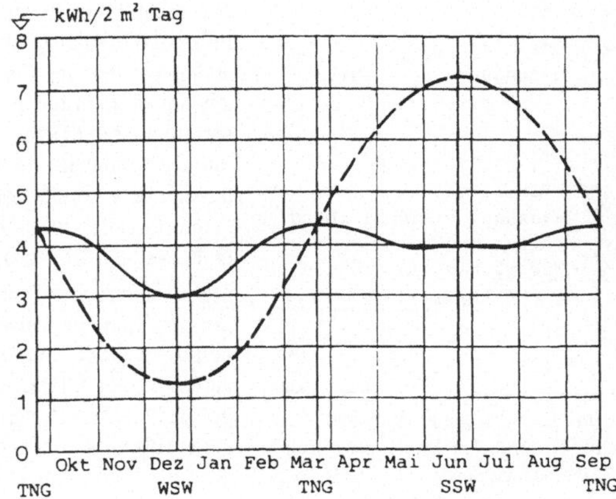


Bild 3.4 Tagessummen der wie in Bild 3.3 durch entgegengesetzte Doppelverglasung eindringenden Gesamtenergie bei durchschnittlicher (von 1951 bis 1960 in Köln, Botanischer Garten, aufgezeichneter und nach Bild 3.21 korrigierter) stündlicher Sonnenscheindauer

——— Süd- + Nordverglasung

– – – Ost- + Westverglasung

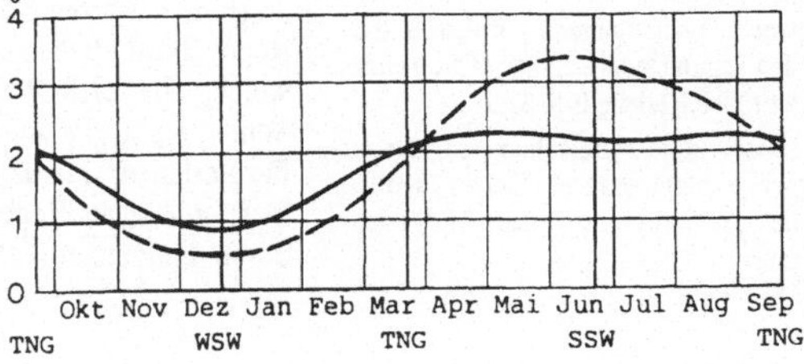


re Breiten. Daß Gebäude mit Hauptfronten gegen Süd und Nord im Winter wegen der größeren und im Sommer wegen der geringeren Sonnenwärmeeinstrahlung der Fassadenorientierung gegen Ost und West überlegen sind, wurde zwar in unserem Jahrhundert auch in Deutschland schon oft aufgefrischt (z. B. [26], [34], [41], [38], [39]), aber kaum befolgt (eine der Ausnahmen: Olympiadorf München). Während Bild 3.3 nur für die selteneren klaren Tage gilt und die im Sommer auszugleichende Sonnenwärmebelastung anzeigt, veranschaulicht Bild 3.4 nochmals, daß die Orientierung gegen Süd und Nord im Winter selbst bei durchschnittlicher Sonnenscheinhäufigkeit noch günstiger ist; sie bleibt es sogar dann, wenn zeilenförmige Verbauung die baurechtlich obere Grenze für Wohngebiete erreicht [19].

## 3.2.2 Sonnenschutz

Überwiegend absorbieren die Raumflächen (zum Teil erst nach mehrfacher Reflexion) die durch Lichtöffnungen eingestrahlte Energie und wandeln sie um in Wärme. Weil Glas für die langwellige (Sekundär-)Strahlung der so sich erwärmenden Flächen undurchlässig ist, kann die Sonne großflächig verglaste Räume recht schnell aufheizen (Treibhauseffekt), zumal bei dämmend bekleideten Raumbegrenzungen. Heller Blendschutz (Abschnitt 1.6.1) auf der Raumseite kann zwar – um so wirksamer, je näher er sich hinter der Scheibe befindet – einen bei kleineren Öffnungen und gutem Wärmeschluckvermögen der Raumflächen sogar genügenden Teil der

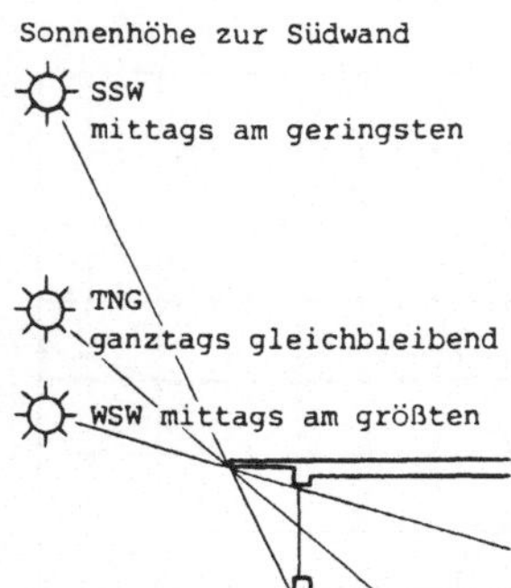


**Bild 3.5** Auf einer Südwand (hier auf 51° nördlicher Breite: etwa Köln) ist die Schattenlänge eines Vorsprungs zu anderen Tageszeiten im Sommerhalbjahr (hier SSW: Sommersonnenscheinwende) noch größer, im Winterhalbjahr (hier: WSW: Wintersonnenwende) noch kleiner als mittags und zu den Tagundnachtgleichen (TNG) ganztags gleich (siehe Bild 3.12!).

Diese einfache Beziehung gilt nur für genau südgerichtete Flächen (südlich des Äquators für genau nordgerichtete).

unerwünschten Strahlung direkt wieder nach außen reflektieren; meist muß man aber die Strahlung schon außen vor der Verglasung abweisen können, auf Südseiten am einfachsten nach Sokrates' Rat mit einem Vorsprung über der Öffnung (Bild 3.5), der ohne weiteres Zutun die Sonne im Sommer fernhält und im Winter fast unbehindert einläßt, allerdings für die Übergangs- und Wintermonate durch einen beweglichen hellen Schutz (z. B. weiße Vorhänge) zu ergänzen ist.

Starre senkrechte Lamellen, die vor Nordöffnungen in Sonderfällen wie Museen – wenn auch himmelslichtmindernd – seitlich einfallende Sonne abhalten (südlich des Äquators vor Südöffnungen!), gewähren sonst auf allen geographischen Breiten nur dann in gleichem Maße Sonnenschutz wie (bei mehr als 30° Abweichung von Süd dazu nur wenig besser geeignete) waagerechte Lamellen, wenn man sie so dicht anordnet, daß sie Tageslichteinfall und Ausblickmöglichkeit indiskutabel einschränken [17]. Für alle Orientierungen außer Nord und (bei genügendem starren Schutz) Süd benötigt man also in der Regel bewegliche äußere Sonnenschutzvorrichtungen, welche die Lichtöffnungen ganz frei lassen, wenn die Sonne nicht darauf scheint: dreh- oder verschiebbare Fensterläden, Jalousien oder Jalousetten und – sofern man sie so anbringen kann, daß sie die Raumlüftung durch die Fenster nicht behindern – Markisen.

### 3.2.3 Oberlichtausbildung

Für Oberlichtöffnungen scheiden starre Vorrichtungen als Schutz gegen Sonnenwärmeeinstrahlung grundsätzlich aus: Vorsprünge über hochliegenden Öffnungen schließen den Lichteinfall nach unten aus, Rasterkonstruktionen vor Öffnungen genügen nicht als Sonnenschutz oder lassen zuwenig Himmelslicht hindurch. (In Klimazonen großer Sonnenscheinhäufigkeit könnte aber manchmal der reflektierte Sonnenlichtanteil ausreichen.) Bewegliche Sonnenschutzvorrichtungen vermeidet man für Oberlichter möglichst wegen der Störanfälligkeit bei oft schwierigem Zugang. Nordgerichtete Oberlichter, die für gleichen außen auftreffenden Lichtstrom wie bei waagerechten Öffnungen zwar **senkrecht** 2,5mal größer sein müßten (Bild 3.6), belasten mit **60°** Neigung am wenigsten mit Sonnenwärme. (Etwa so dürfte die nur raumbezogen erfaßbare **Licht**einfallsminderung durch das Glas, in den Bildern 3.6/3.7 vernachlässigt, deren Ergebnis verschieben.) Statt der als Sonnenblendschutz bewährten stark lichtstreuenden Verglasung (Abschnitt 1.4.1) kann man in unseren Breiten für Sonderfälle vor steilen Nordöffnungen (90° bis 60° Neigung) starre senkrechte Lamellen vorsehen (Bild 3.15).

Bild 3.6   Faktor 1/$D_G$ (vergleiche Bild 2.20!) zur Vergrößerung geneigter Öffnungen auf gleichen Lichtstromempfang wie waagerechte bei bedecktem Himmel (Verbauungshöhenwinkel α mit von 0° auf 90° steigendem $\gamma_G$ von 0° auf 22° zunehmend).

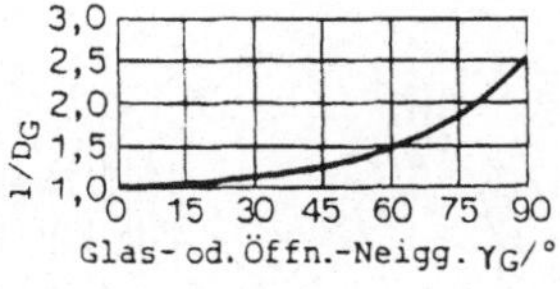


Bild 3.7   Tagessummen der Gesamtenergieeinstrahlung zur Sommersonnenwende (49° n. Br.) durch **genordete** Doppelverglasung

gleicher Größe   - - - -

gleichen Lichtempfangs   ——

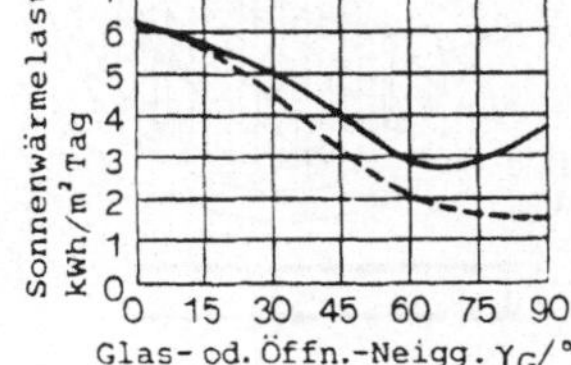


# 3.3   Untersuchungsgrundlagen

## 3.3.1   Besonnungsmaßstäbe

Verbindliche Maßstäbe zur Besonnung von Gebäuden oder Freiräumen dazwischen gibt es in der Bundesrepublik nicht. Der Empfehlung in Teil 1 der (baurechtlich nicht bindenden) DIN 5034 [2], daß die (bei klarem Himmel) „mögliche Besonnungsdauer in Fenstermitte in mindestens einem Aufenthaltsraum einer Wohnung zur Tagundnachtgleiche 4 Stunden betragen" sollte, liegen zwar sehr viele Antworten zugrunde (fünfstufig zwischen viel zuviel und viel zuwenig) [25], die aber nur in Beziehung gesetzt wurden zur Besonnungsmöglichkeit während der willkürlich als kennzeichnend angenommenen Tagundnachtgleichen. Andere Vorschläge zur Mindestbesonnung vor allem von Wohnungen betreffen die wegen der geringeren Sonnenhöhe schwieriger zu gewährleistende **Winter**besonnung: So schlug Roedler 1953 [35] wegen der geringen Sonnenscheinhäufigkeit eine **tatsächliche** Besonnungs**dauer** während des Vierteljahrs Dezember bis Februar von insgesamt wenigstens 50 Stunden vor, während Neumann/Reichelt 1954 [34] für den 7. Februar (wie Konz [26]) als mittleren Wintertag eine **Sonnenwärmeeinstrahlung** durch die Verglasung des Hauptraums, für Ost-West-Fassaden als Summe der Einstrahlung durch die Fenster auf beiden Seiten einer Wohnung, bei gegebener Sonnenscheinhäufigkeit von wenigstens 300 kcal/m² Tag ≈ 350 Wh/m² Tag empfahlen, bei klarem Himmel jedoch das Dreifache. Dieser letzte Maßstab erschien in Untersuchungen des Instituts für Tageslichttechnik Stuttgart zu Gebäudeabständen und unüblichen Bebauungsformen (z. B. [23], [15]) besonders praktikabel.

## 3.3.2   Darstellung der Besonnbarkeit

Auch ohne gesetzlichen Zwang wird man manchmal mit Besonnungsuntersuchungen die Wahrung eines Besitzstandes belegen oder aus mehreren Möglichkeiten die besonnungsmäßig günstigste ermitteln, wofür sich das von Tonne weiterentwickelte [37] und später noch ergänzte stereographische System [20] gut bewährt hat. Am Anfang steht dabei immer, wann Sonne auf eine Gebäudefläche treffen kann oder (genauer) wann bestimmt nicht:

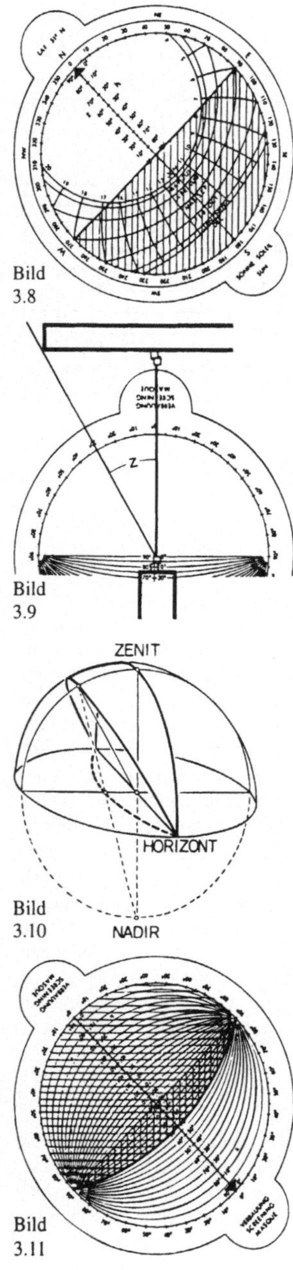

Bild
3.8

Bild
3.9

Bild
3.10

Bild
3.11

Senkrechte Nordseiten empfangen keine Sonne aus der abgedeckten Himmelssüdhälfte: Bild 3.8. Die Sonnenbahnenlänge in der freien Nordhälfte bezeichnet die Besonnungsdauer, so 21. Juni: 3.50 – 7.25 und 16.35 – 20.10 Uhr WOZ.

Aus dem vom sehr langen Vorsprung (Bild 3.9) für die Glasunterkante verdeckten Himmelssektor (isometrisch: Bild 3.10) trifft nie Sonne auf die Glasfläche. Stereographisch ist die Vorderkante des Vorsprungs in Bild 3.10 gestrichelt, im Verbauungsbild 3.11 als Grenze des verdeckten kreuzschraffierten Himmelssektors durchgezogen. Vollverschattung bei Südlage: Bild 3.12.

Senkrechte Lamellen, in Bild 3.13 im Grundriß mit Abschirmwinkeln, verdecken für die seitlichen Glaskanten senkrechte Himmelssektoren, für nur **eine** Seite isometrisch in Bild 3.14, als Verbauungsbild für eine Nordöffnung in Bild 3.15.

Die Verbauungsmaske einer 60°-Shedöffnung (Bild 3.16: genordet) ist das Negativ der Blendenmaske in Bild 3.11.

Die Verbauungsbilder 3.11/ 3.15/3.16 auf Transparentpapier, auf den Bildern 2.3 bis 2.6 mit Bleistiftspitze zentriert gedreht, zeigen die Wirkung für andere Breiten und Orientierungen!

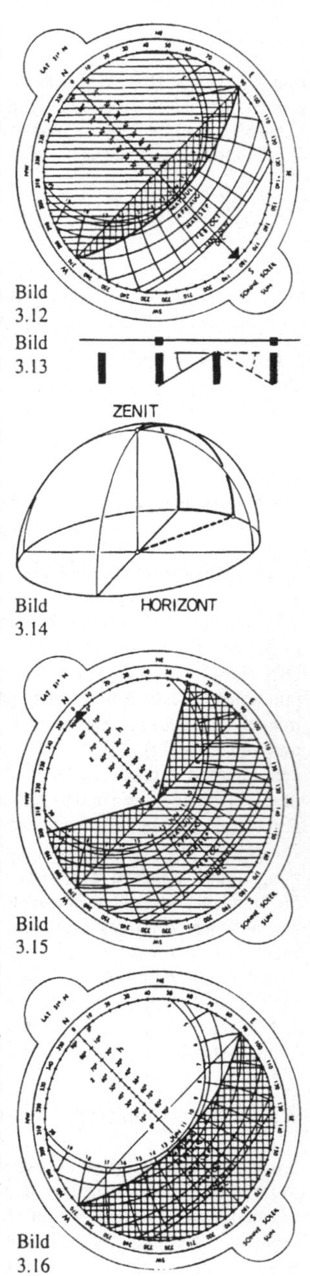

Bild
3.12

Bild
3.13

Bild
3.14

Bild
3.15

Bild
3.16

Begrenzt Fremdverbauung den Himmel, so kann, wie in
Bild 3.17 im Querschnitt, in ungünstigen Verbauungsverhält-
nissen, hier für das Erdgeschoß, oft nicht die höchste Gebäu-
dekante (hier der First), sondern tiefer, aber näher Gelegenes
(hier die Traufe) die vom untersuchten Punkt aus sichtbare
Verbauungskontur bilden. Über dem durchsichtigen Verbauungsblatt als Schablone zeichnet man im Grundriß (siehe
auch Bild 2.16!) aus den im Schnitt ermittelten Höhenwinkeln und den radial sich abbildenden senkrechten Gebäude-
kanten das Verbauungsbild, hier für Fenstermitten im Erdgeschoß (durchgezogen) und im obersten Geschoß (gestrichelt),
verwendbar mit untergelegtem Sonnenblatt (nach Lageplan
genordet!) für Besonnungsuntersuchungen, mit untergelegtem
Himmelslichtzählblatt für senkrechte Empfangsfläche auch
zum Nachweis des Tageslichtquotienten $D_o$ auf der Fensterscheibe (siehe Abschnitt 2.5.5).

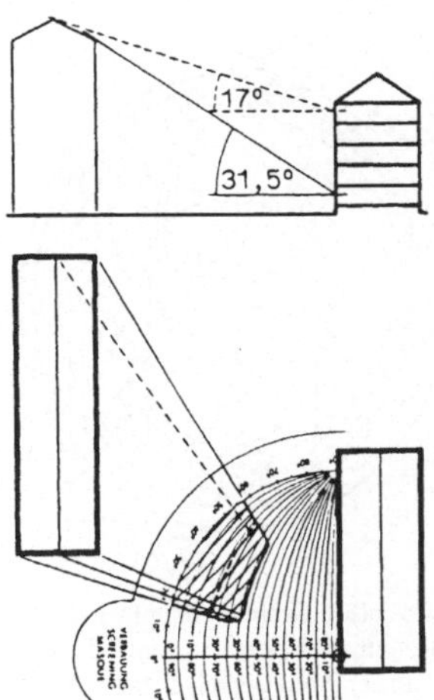

Bild 3.17   Verbauungskontur

### 3.3.3   Konstruktion von Schattenwürfen

Nicht nur für „richtige" Schatten in Ansichten, sondern
vor allem für Sonnenschutz- und Raumklimaüber-
legungen (Größe verschatteter Glasflächen) muß man
auf Gebäudeflächen fallende Schatten konstruieren, oft
in Tagesgängen stündlicher Zustände, wenn nicht
Modellaufnahmen (Abschnitt 4) einfacher sind. Für
jeden Schattenwurf benötigt man wenigstens zwei auf
die **Darstellungsebenen** bezogene Winkelangaben
zum Sonnenstand: zwei Höhenwinkel (Ansicht,
Schnitt) oder je einen Höhen- und Grundrißwinkel
(Ansicht, Grundriß: Bild 3.18), den jeweils dritten
Winkel nur zur Kontrolle. Die in Teil 2 „Grundlagen"
der DIN 5034 [2] auch in Diagrammen angegebenen
Azimutwinkel $\alpha_s$ und (tatsächlichen) Höhenwinkel $\gamma_s$
der Sonne müssen jedoch erst auf die Darstellungs-
ebene umgerechnet werden, während stereographische
Blattsätze die zum Zeichnen benötigten Winkel direkt
bieten:

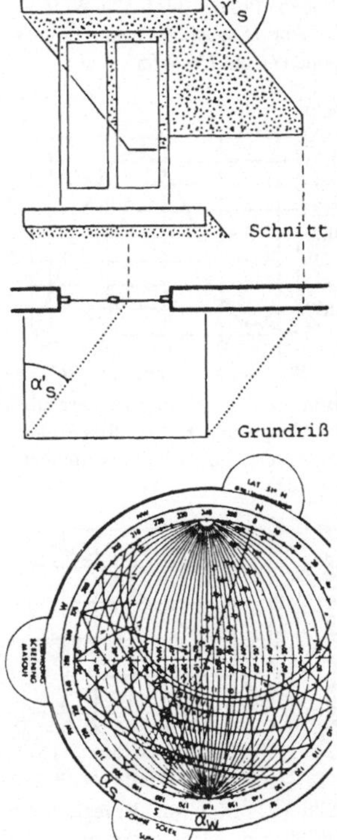

Bild 3.18   Wand, 20° von Süd nach Ost gedreht ($\alpha_W = 160°$)
mit Balkonschatten am 21. März/Sept., 13 Uhr WOZ: Das Ver-
bauungs- auf dem Sonnenblatt, mit Pol-Pol-Gerader parallel
zur verschattenden Kante, zeigt den darauf bezogenen Höhen-
winkel $\gamma'_s$ (50°); der Grundrißwinkel $\alpha'_s = \alpha_s - \alpha_W$ ist durch
Parallelverschieben übertragbar.

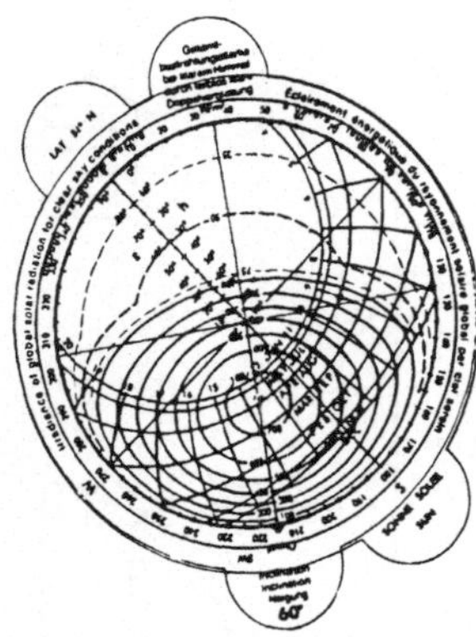

Bild 3.19   Strahlungsempfang durch eine um 60° geneigte, um 35° von Süd nach West gedrehte ($\alpha_W = 215°$) farblos klare Doppelverglasung auf 51° nördlicher Breite (etwa Köln) bei klarem Himmel; für 9 Uhr WOZ am 21. April/August liest man z. B. interpolierend ab: 150 W/m².

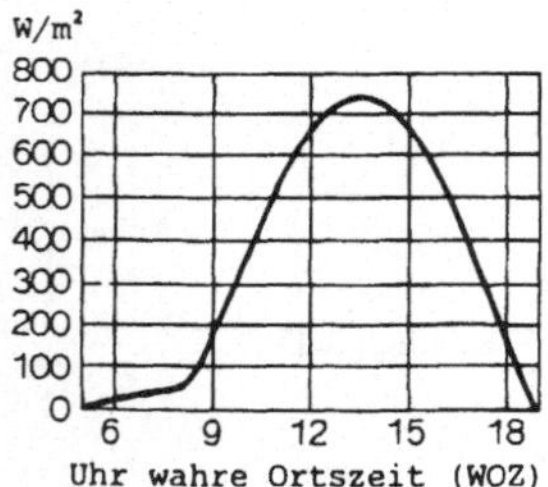



Bild 3.20   Tagesgang der Gesamtbestrahlungsstärke $E_{e_{ges}}$ aus Bild 3.19 am 21. April/August; ab 8 Uhr trifft Sonne das Glas.

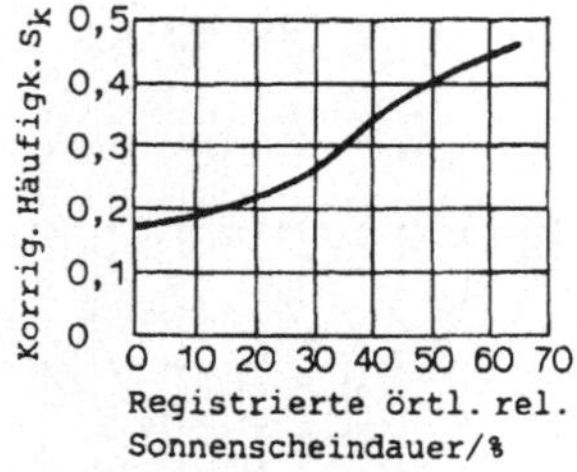



Bild 3.21   Korrektur der registrierten stündlichen relativen Sonnenscheindauer nach [40].

### 3.3.4   Sonnenwärmeeinstrahlung

Wärmewirksam ist das gesamte Spektrum, von dem aber die Hälfte zunächst als „sichtbares" Licht auftrifft (in Bild 2.1 schraffiert). Ebenso wie das Tageslicht besteht die wärmewirksame Gesamtstrahlung aus dem (nur bei klarem Himmel) direkt von der Sonne erzeugten Anteil, dem vom Himmel (in der Atmosphäre) gestreuten Anteil und den jeweils von der Umgebung reflektierten. Besser als die zum Errechnen aller Anteile in Teil 2 „Grundlagen" der DIN 5034 [2] auch für verschiedene Trübungen des Himmels angegebenen Gleichungen eignet sich für schnelle Vergleiche erwogener Planungsvarianten der auf die stereographischen Diagramme von Tonne [37] abgestimmte **Diagrammsatz Sonnenwärme** [20] mit Kurven gleicher Bestrahlungsstärken, weiterentwickelt [21] aus Daten zum Strahlungsempfang geneigter Flächen, die Krochmann, Özver und Orlowski [30] mit der spektralen Verteilung der Gesamtstrahlung in Bild 2.1 für einen Trübungsgrad nach Linke T = 2,75 und einen Bodenreflexionsgrad $\rho_u = 0,2$ errechnet hatten.

Durch zentriertes Auflegen der durchsichtigen „Wärmeblätter" auf die Sonnenblätter kann man mit hinreichender Genauigkeit sofort ablesen, wieviel an Gesamtbestrahlungsstärke bei klarem Himmel oder – wenn Wolken die Sonne verdecken – wenigstens an Bestrahlungsstärke allein vom Himmel auf Flächen oder durch farblos klare Doppelverglasungen jeweils beliebiger Orientierung und (in 15°-Sprüngen) Neigungen von 0° bis 90° zu erwarten ist: Bilder 3.19/3.20. Die jeweilige Bestrahlungsstärke $E_e$ ergibt mit der Empfangsfläche A die eingestrahlte Energiemenge $Q_e$:

$$Q_e = E_e \cdot A \tag{24}$$

Die Gesamtbestrahlungsstärke bei klarem Himmel $E_{e_{ges}}$ wie in Bild 3.20 benötigt man vor allem zur Kühllastermittlung. Die Raumheizung allein mit Sonnenenergie ist in unserem Klima wegen der geringen Sonnenscheinhäufigkeit kaum zu verwirklichen, doch kann die durch Südfenster eingestrahlte Sonnenwärme (Bild 3.1) die Heizkosten erheblich senken. Die günstigste mehrerer Lösungen zeigt meist schon ein Vergleich der Verhältnisse bei klarem Himmel. Für die tatsächlich zu erwartende Sonnenenergie erhielte man dagegen sogar dann zu günstige Ergebnisse, wenn man die für klaren Himmel angegebene Gesamtbestrahlungsstärke $E_{e_{ges}}$ (z. B. Bild 3.19) mit der vom Wetteramt genannten örtlichen mittleren stündlichen relativen Sonnenscheindauer multiplizierte und für den Rest der

Stunde die mindestens gegebene mittlere Bestrahlungsstärke des Himmels $E_{e_h}$ (ebenfalls nach [20]) ansetzte, denn als Sonnenscheindauer sind auch Zeiten (z. B. durch Dunst) verminderter Bestrahlungsstärke registriert. Man kann aber, solange andere Vorschläge (so Aydinli [7]) nicht ähnlich leicht anwendbar sind, die vom Wetterdienst mitgeteilte örtliche relative stündliche Sonnenscheindauer ersetzen durch die von Tonne und Normann [40] aus dem Vergleich von Strahlungs- und gleichzeitigen Sonnenscheindauer-Aufzeichnungen abgeleitete **korrigierte** Sonnenscheinhäufigkeit $S_k$ in Bild 3.21 (z. B. statt 30 % relativer Sonnenscheindauer: $S_k = 0{,}26$) und erhält so die im langjährigen Mittel zu erwartende stündliche Gesamtbestrahlungsstärke $E_{e_m}$ als Anhaltswert:

$$E_{e_m} = E_{e_{ges}} \cdot S_k + E_{e_h}(1 - S_k) \tag{25}$$

Wegen des von besonnter Umgebung reflektierten Strahlungsanteils gilt Gleichung (25) auch für Zeiten, zu denen auf die Empfangsfläche selbst (z. B. Dach oder Glasfläche) orientierungsbedingt keine Sonne treffen kann (in Bild 3.20 vor 8 Uhr). Nur für Flächenteile, die während der Besonnungszeit im Verbauungsschatten liegen, ist allein die mindestens vom Himmel zu erwartende Bestrahlungsstärke $E_{e_h}$ anzusetzen; der Fehler, daß dann auch von der Umgebung reflektierte Sonnenstrahlung entfällt, bleibt gering, weil Fremdverbauung ohnehin das unmittelbare Vorfeld mitverschattet und eigene Vorsprünge mit der Sonne auch die sie umgebenden stärker strahlenden Himmelsbereiche (Bilder 2.12/2.13) verdekken.


### 3.3.5  Wirksamkeit von Sonnenschutzmaßnahmen

Sonnenschutzvorkehrungen sollen, wenn es nötig ist, Blendung durch die Sonne oder auch direkte Besonnung im Raum unterbinden (Abschnitt 1.6.1) und unangenehme Raumerwärmung verhüten (Abschnitt 3.2.2), aber – zumindest außerhalb der Besonnungszeit – weder die Ausblickmöglichkeit noch den Tageslichteinfall einschränken (Abschnitt 3.2.2), sie sollen Farben nicht verändern (Abschnitt 1.7.1), die Lüftung durch die Fenster nicht behindern und möglichst keine Bedienung und Wartung erfordern.

Keine Lösung erfüllt alle diese Ansprüche. **Starre waagerechte Vorsprünge** sind zwar wartungsfrei, beschränken den Ausblick nicht und den Tageslichteinfall kaum, bieten aber vollen Sonnenschutz nur auf Südseiten im Hochsommer und bedürfen stets beweglicher Ergänzungen. **Bewegliche Vorrichtungen** muß man bedienen und warten (außen keine Sturmsicherheit!); sie sperren den Ausblick und senken den Tageslichteinfall stark, sobald man sie schließt (bedingen aber bei gut angepaßter Einstellung in Räumen, die bei bedecktem Himmel noch ausreichend Tageslicht empfangen, meist kein zusätzliches Kunstlicht), behindern oder unterbinden (Markisen!) die Lüftung durch die Fenster und beeinflussen in farbiger Ausführung die Raumfarben. **Sonnenschutzverglasungen** – absorbierende erwärmen sich und geben einen Teil der nicht direkt durchgelassenen Strahlung durch Leitung und Konvektion doch an den Raum weiter – drosseln ganzjährig den Tageslichteinfall, bedürfen ebenfalls immer beweglicher Ergänzungen und verändern oft die Farbwirkung (auch außen und gespiegelt). Man muß daher stets Vor- und Nachteile möglicher Lösungen gegeneinander abwägen.

Voll- und Teilverschattung durch starre Vorsprünge lassen sich (wie der Sonnenschutz durch Fremdverbauung, der aber bei noch genügenden Tageslichtverhältnissen nie hinreicht) nur geometrisch klären (Bilder 3.9 bis 3.18). Tafel 3.1 kann nur als Anhalt dienen für Schutz und Nebeneinflüsse (Tageslichteinfall, Wärmedurchgang) durch Verglasungen, deren Angebot immer vielfältiger wird, und bewegliche Vorrichtungen, bei denen die Wirkung von Jalousien wieder vorwiegend geometrisch vom Auftreffwinkel der Strahlung bestimmt ist (Lamelleneinstellung, Sonnenposition). Innenjalousetten (und besonders die früher häufigen Jalousetten zwischen den Scheiben von Verbundfenstern) sind wegen der hohen Lamellentemperaturen immer ungünstiger als weiße Vorhänge oder Rollos. Dunkle

Tafel 3.1 Anhaltsdaten zur Wirkung von Sonnenschutzvorkehrungen
Wirkung **starrer** Vorrichtungen nur geometrisch bestimmbar (siehe Bilder 3.9 bis 3.18).

| Sonnenschutzart | Lichttransmissionsgrad $\tau_{L0°}$ | Durchlaßgrad für Gesamtenergie $g^{1)}$ | Wärmedurchgangskoeffizient k $W/(m^2 K)^{2)}$ | Minderung der durch farblose klare Doppelverglasung möglichen Einstrahlung auf | b-Faktor: gem. VDI 2078 Minderung gegenüber klar farbloser Einfachverglasung | Lichteinfall bei ganz off. Schutz, bezogen auf klar farblose Doppelverglasung |
|---|---|---|---|---|---|---|
| Farblose Einfachverglasung | 0,9 | 0,87 | 5,8 | 1,15 | 1,0 | 1,1 |
| Farblose Doppelverglasung | 0,8 | 0,76 | $3,0^{3)}$ | 1,0 | 0,87 | 1,0 |
| Farblose Dreifachverglasung | 0,72 | 0,66 | $2,1^{3)}$ | 0,87 | 0,76 | 0,9 |
| Stark lichtstreuende Scheiben | | | | | | |
| mit 1,5 mm dicker Glasgespinsteinlage als Einfachverglasung | $\approx 0,4^{4)}$ | $\approx 0,45$ | 4,2 | $\approx 0,5$ | $\approx 0,45$ | $< 0,45$ |
| als Doppelverglasung | $\approx 0,35^{4)}$ | $\approx 0,4$ | $2,6^{3)}$ | $\approx 0,45$ | $\approx 0,4$ | $< 0,4$ |
| mit 12 bis 24 mm dicker Acryl-Kapillarfaserplatteneinlage | $0,55$ bis $0,5^{4)}$ | $\approx 0,55$ | 2,55 bis 1,65 | $\approx 0,65$ | 0,6 bis 0,55 | $< 0,55$ |
| Sonnenschutzscheiben als Doppelverglasung, Innnenscheibe farblos klar | | | | | | |
| Reflexionsscheiben | $\approx 0,5$ | $\approx 0,5$ | $3,0^{3)}$ | 0,65 | 0,6 bis 0,55 | 0,65 bis 0,6 |
| – mit erhöhter Absorption | 0,65 bis 0,2 | 0,5 bis 0,2 | $1,6/1,4^{3)}$ | 0,65 bis 0,25 | 0,6 bis 0,2 | 0,8  bis 0,25 |
| Absorptionsscheiben 6 mm dick | 0,65 bis 0,4 | 0,55 bis 0,5 | $3,0^{3)}$ | 0,7 bis 0,65 | 0,65 bis 0,6 | 0,8 bis 0,5 |
| 12 mm dick | 0,5  bis 0,2 | 0,3 | $3,0^{3)}$ | 0,4 | 0,35 | 0,6 bis 0,25 |

Fortsetzung s. nächste Seite

[1]) $g = \tau_{e0°} + q_i$; $q_i$ ist der an den Raum abgegebene absorbierte Energieanteil [4].
[2]) Die angegebenen Werte gelten nur für senkrechte Verglasungen!
[3]) Scheibenzwischenräume (SZR) 10 mm $<$ SZR $\leq$ 16 mm
[4]) Transmissionsgrad $\tau_{dif}$ für Strahlung aus dem Halbraum!

Tafel 3.1, Fortsetzung

| Sonnenschutzart | Minderung der durch farblose klare Doppelverglasung möglichen Einstrahlung auf | b-Faktor: gem. VDI 2078 Minderung gegenüber klar farbloser Einfachverglasung | Lichteinfall bei ganz off. Schutz, bezogen auf klar farblose Doppelverglasung |
|---|---|---|---|
| Weiße Vorhänge, Rollos, geschlossene Vertikallamellen | 0,6 bis 0,55 | 0,5 | 1,0 |
| Helle saubere Innenjalousetten (innen hinter dem Fenster) | | | 1,0 |
| Sonnenhöhe $\gamma'_s$[5] 0 bis 30°, Lamellen um 45° gekippt, | 0,9 bis 0,8 | 0,85 bis 0,75 | |
| Lamellen geschlossen | 0,7 bis 0,65 | 0,65 bis 0,6 | |
| Sonnenhöhe $\gamma'_s$[5] 30 bis 60°, Lamellen waagerecht | 1,0 bis 0,85 | 1,0 bis 0,9 | |
| Lamellen um 45° gekippt, | 0,75 bis 0,65 | 0,7 bis 0,6 | |
| Lamellen geschlossen | 0,65 bis 0,6 | 0,6 | |
| Sonnenhöhe $\gamma'_s$[5] 60 bis 90°, Lamellen waagerecht | 0,8 bis 0,65 | 0,9 bis 0,6 | |
| Lamellen um 45° gekippt, | 0,65 | 0,6 | |
| Helle Außenjalousetten (außen vor dem Fenster) | | | 1,0 |
| Sonnenhöhe $\gamma'_s$[5] 0 bis 30°, Lamellen um 45° gekippt, | 0,5 bis 0,25 | 0,5 bis 0,25 | |
| Lamellen geschlossen | 0,2 bis 0,1 | 0,2 bis 0,1 | |
| Sonnenhöhe $\gamma'_s$[5] 30 bis 60°, Lamellen waagerecht | 0,8 bis 0,5 | 0,8 bis 0,5 | |
| Lamellen um 45° gekippt, | 0,25 bis 0,1 | 0,25 bis 0,1 | |
| Lamellen geschlossen | 0,1 | 0,1 | |
| Sonnenhöhe $\gamma'_s$[5] 60 bis 90°, Lamellen waagerecht | 0,5 bis 0,1 | 0,5 bis 0,1 | |
| Lamellen um 45° gekippt, | 0,1 | 0,1 | |
| Helle Markisen ($\rho \approx 0,6$), Fenster ganz verschattend | 0,3 | 0,3 | 1,0 |

[5]) Scheinbare, rechtwinklig zur verschattenden Kante gemessene Sonnenhöhe (Bild 3.18).

Außenjalousetten lassen mehr Sonnenwärme ein als helle (höhere sekundäre Wärmeabgabe der heißen Lamellen an die Scheiben), vermindern den Lichteinfall um den sonst von den Lamellen reflektierten Anteil und stören durch zu harte Kontraste. Mit eingestrahlter Sonnenwärme lassen sich die Heizkosten nur dann spürbar senken, wenn keine Sonnenschutzscheiben eingebaut und zusätzlich zu äußeren Sonnenschutzvorrichtungen die Fenster für den Winter innen im Raum mit einem Blendschutz versehen sind, den man nur schließt, wenn es unumgänglich ist.


# 4 Tageslichttechnische Messungen


Zur Gesamtstrahlung der Sonne kann man sichere Ergebnisse nur aus langjährigen, meist von Meteorologen betreuten Meßreihen erwarten; Teil 5 „Messung" der DIN 5034 „Tageslicht in Innenräumen" [2] gilt daher nur für einheitliche Messungen zur Beleuchtung. Während Einzelgrößen zwar einfach normgemäß meßbar sind, über Tageslichtverhältnisse in Räumen aber wenig aussagen, bereitet das Messen von Tageslichtquotienten – nach Gleichung (11) aus der Beleuchtungsstärke am jeweiligen Raumpunkt $E_P$ und der gleichzeitigen Beleuchtungsstärke bei vollständig bedecktem Himmel auf unverbauter waage-

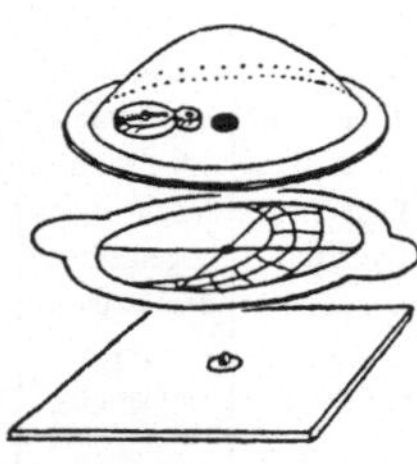

Bild 4.1   Die durchsichtige Normalausführung des Horizontoscops knöpft man auf die Diagramme.

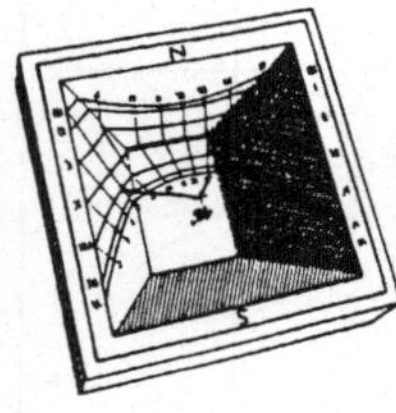

Bild 4.2   Kleine Sonnenuhr von Pleijel: Das Schattenende der Stecknadel in der Mitte weist in wahrer Ortszeit (WOZ) den simulierten Sonnenstand, hier 8 Uhr etwa am 21. April/August.

Für gerade Breitengrade (70° – 48° nördlicher Breite und einzelne südlichere) beziehbar bei Frau B. Pleijel, Tulegatan 41, S-11353 Stockholm

rechter Fläche im Freien $E_a$ – große Schwierigkeiten: lange Wartezeiten auf geeignete Wetterlagen mit halbwegs der Mittelwertkurve (Bild 2.10) entsprechender Himmelsleuchtdichteverteilung; meist durch Verbauung erzwungene indirekte Bestimmung der Außenbeleuchtungsstärke $E_a$ aus der Leuchtdichte eines (definierten größeren) Himmelsausschnitts; starke Schwankungen in den für jeden Punkt nötigen Meßreihen sogar bei stabil erscheinendem Himmelszustand. All dies gilt meist, weil es künstliche Himmel genügender Größe kaum gibt, auch bei Messungen in Modellen, die zudem im Verhältnis zum Modell kleine Meßköpfe erfordern.

In fertigen Räumen kann man jedoch witterungsunabhängig und normgemäß ([1], Beiblatt 1; [2], Teil 5) die Außenanteile $D_H + D_V$ des Tageslichtquotienten ermitteln mit dem Horizontoscop von Tonne [37], einem für das stereographische Diagrammsystem entwickelten durchsichtigen Hyperbolspiegel mit Libelle, der in waagerechter Stellung dem Beobachterauge 35 cm senkrecht darüber die gesamte Himmels- oder Umgebungskontur widerspiegelt, die man auf seiner Unterseite auch nachzeichnen und dann auf Transparentpapier übertragen kann; mit Zählblatt nach Bild 2.16 erhält man die Roh-Außenanteile $D_{H_r} + D_{V_r}$. muß aber den Innenreflexionsanteil $D_R$ nach Gleichung (20) bis (21) errechnen.

Man kann auch mit Sonnenblatt unter dem Horizontoscop (Bild 4.1) witterungsunabhängig die Besonnbarkeit von Gelände- oder Raumpunkten prüfen (eingebauten Kompaß beachten!); häufiger bewerten Ökologen damit Pflanzenstandorte. Bei Besonnungsuntersuchungen am Modell läßt sich die Lichtquelle über ihr Spiegelbild auf dem Horizontoscop an den zu simulierenden Sonnenstandort dirigieren; die dies mitunter erschwerende, vom Spiegelgesetz diktierte Forderung nach senkrecht zum Gerät stehender Beobachterblickachse entfällt bei Pleijels Kleiner Sonnenuhr (Bild 4.2). Weil künstliche Lichtquellen als Sonne meist nicht großflächig parallel strahlen, halten möglichst große Abstände zum Modell die unvermeidlichen Fehler kleiner.

# V  Brand

*Von Lore Krampf*

# 1 Einführung

Wohl von Anbeginn war die Menschheit fasziniert von der Naturerscheinung Feuer. Sie lernte es schätzen, nutzen, fürchten, und sie versuchte, sich vor ihm zu schützen. Trotzdem weisen Brandschadenstatistiken noch immer steigende Tendenz auf, und schon deshalb ist eine bessere Kenntnis der Brandschutzmöglichkeiten bei allen am Bau Beteiligten wünschenswert.

Schall, Wärme, Feuchte und Licht sind physikalische Einflüsse, denen ein Bauwerk ständig oder ständig wiederkehrend ausgesetzt ist. Es ist so auszubilden, daß es sie, ohne Schaden zu nehmen, erträgt oder sie sogar optimal nutzt. Brand ist ein physikalischer Einfluß extremer Dimensionen, dem ein Bauwerk im Laufe seiner Lebensdauer mit nur geringer Wahrscheinlichkeit je unterworfen ist. Es wäre nicht sinnvoll, vor allem wirtschaftlich nicht vertretbar, zu verlangen, daß auch dieser Einfluß ohne Schaden ertragen wird.

Unter der Katastrophenbeanspruchung Brand hat ein Bauwerk bzw. haben Bauteile jedoch eine hinreichende Tragfähigkeit und Wärmeisolierung über die gesamte oder eine ausreichende Teildauer eines Schadenfeuers zu gewährleisten. Nach Ablauf dieser Dauer werden gemäß der in der Bundesrepublik Deutschland geltenden Brandschutz-„Philosophie" keine Anforderungen an das Bauwerk gestellt. Von diesem Prinzip wird nur in wenigen Sonderfällen abgewichen. Brandschutzmaßnahmen umfassen drei Hauptgebiete:

- Aktiver Brandschutz (Feuerwehr),
- vorbeugender und bekämpfender betrieblicher Brandschutz (Melde-, Warn- und Frühbekämpfungsanlagen),
- vorbeugender baulicher Brandschutz (Planung der Bauwerke, Ausbildung der Bauteile).

Das dritte Gebiet wird hier vorwiegend behandelt.

Die Regelwerke über den baulichen Brandschutz beruhen im wesentlichen auf Erfahrungen mit wirklichen Bränden und auf Brandversuchen.

Die Forschung über die thermischen Prozesse, die die Brandbeanspruchung des Bauwerks darstellen, und über das Verhalten von Bauteilen und Bauwerken unter dieser Beanspruchung ist jung. Sie hat in Teilgebieten bereits zur Verbesserung des Normenwerks beigetragen, in anderen Teilgebieten jedoch noch keine wirklichkeitsnahe Beschreibung der Vorgänge liefern können oder aber Lösungen erarbeitet, die vorläufig nur mit großem rechnerischen Aufwand und mit Spezialwissen angewandt werden können.

Es kann daher nicht Zweck dieser Ausführungen sein, Anleitung zur Berechnung des Brandverhaltens von Bauteilen zu geben. Vielmehr soll das Verständnis der Zusammenhänge geweckt und die sinnvolle Anwendung von Normen und anderen Vorschriften erleichtert werden.

# 2 Ordnungen und Normen

In der Bundesrepublik Deutschland liegt die Regelung des vorbeugenden baulichen Brandschutzes in der Hoheit der Länder, die sich in Zusammenarbeit mit dem Bund darum bemühen, in Musterentwürfen möglichst einheitliche Anforderungen zu formulieren.

Ein umfassender Überblick über alle bestehenden Vorschriften auf dem Gebiet des vorbeugenden baulichen Brandschutzes wird z. B. in [18] vorgelegt. Hier kann nur eine kurzgefaßte Einführung in die wichtigsten Vorschriften und Forderungen gegeben werden.

## 2.1 Landesbauordnungen, Verordnungen für bauliche Anlagen besonderer Art und Nutzung

Als gesetzliche Grundlagen sind zunächst die Landesbauordnungen und deren Durchführungsbestimmungen anzusehen; dort werden unter anderem Brandschutzanforderungen für bauliche Anlagen aufgestellt. Die Generalklausel des Brandschutzes, die in ähnlicher Fassung in allen Landesbauordnungen enthalten ist, lautet:

*„Bauliche Anlagen ... müssen unter Berücksichtigung insbesondere*

*– der Brennbarkeit der Baustoffe,*

*– der Feuerwiderstandsdauer der Bauteile, ausgedrückt in Feuerwiderstandsklassen,*

*– der Dichtheit der Verschlüsse von Öffnungen,*

*– der Anordnung von Rettungswegen,*

*so beschaffen sein, daß der Entstehung eines Brandes und der Ausbreitung von Feuer und Rauch vorgebeugt wird und bei einem Brand die Rettung von Menschen und Tieren sowie wirksame Löscharbeiten möglich sind."*

Ziel des Brandschutzes ist demnach sowohl die Sicherstellung der Rettung von Menschen, die sich im Einflußbereich eines Brandes befinden, die Verhinderung der Brandausbreitung und schließlich auch die Erhaltung von Sachwerten und Rettung von Tieren.

Die Anforderungen an die Bauteile werden im einzelnen festgelegt mit den Stufen „feuerhemmend" und „feuerbeständig".

Es darf unterstellt werden, daß bei Erfüllung dieser Anforderungen die betroffenen Bauwerksnutzer entfliehen können und den Rettungsmannschaften genügend Zeit zur Bergung Verletzter bleibt. Nicht definiert und auch kaum definierbar ist, ob oder in welchem Umfang der Erhalt von Sachwerten – sowohl der Bausubstanz wie des Gebäudeinhaltes – gewährleistet ist.

Für Gebäude besonderer Art und Nutzung werden die Landesbauordnungen ergänzt durch Sonderverordnungen, die die besonderen Gegebenheiten berücksichtigen. Die wichtigsten derzeit – allerdings nicht in allen Bundesländern eingeführten – gültigen Sonderverordnungen sind die Versammlungsstätten-, die Geschäftshaus-, die Garagen-, die Krankenhaus- und die Hochhaus-Verordnung.

Alle diese Ordnungen und Verordnungen stellen mehr oder minder präzise Forderungen an die Feuerwiderstandsfähigkeit einzelner Bauteile. Die Ausbildung der Gesamtbauwerke in brandschutztechnischer Hinsicht wird beeinflußt durch die Festlegung zulässiger Brandabschnittsgrößen oder wenigstens des maximalen Abstandes von Brandwänden. Über die Ausbildung solcher Brandwände werden sogar detaillierte Anweisungen gegeben.

## 2.2 Richtlinien

Ergänzend zu den Verordnungen gibt es Richtlinien, die noch detailliertere Angaben enthalten und im übrigen rechtlich einen anderen Stellenwert besitzen. Genannt seien hier die Industriebau- und Schulbau-Richtlinien; außerdem die besonders wichtige Richtlinie für die Verwendung brennbarer Baustoffe im Hochbau.

## 2.3  Normen

Die im allgemeinen baustoffbezogenen Normen für den Entwurf und die Ausführung von Tragwerken des Hochbaus gehen entweder direkt in kurzen Anweisungen auf den Brandschutz ein oder führen wenigstens die speziellen Brandschutznormen als mitgeltend an.

### 2.3.1  DIN 4102 „Brandverhalten von Baustoffen und Bauteilen"

DIN 4102 ist die klassische, den Bauordnungen zugeordnete Norm, die den Brennbarkeitsgrad von Baustoffen und die Feuerwiderstandsfähigkeit von Bauteilen definiert und so darlegt, wie der in den Bauordnungen geforderte bauliche Brandschutz zu realisieren ist. Sie macht grundsätzlich die Untersuchung des Brandverhaltens durch Normprüfungen zur Pflicht. DIN 4102 besteht aus folgenden Teilen:

Teil  1   **Baustoffe;** Begriffe, Anforderungen und Prüfungen

Teil  2   **Bauteile;** Begriffe, Anforderungen und Prüfungen

Teil  3   **Brandwände und nichttragende Außenwände;** Begriffe, Anforderungen und Prüfungen

Teil  4   **Zusammenstellung und Anwendung klassifizierter Baustoffe, Bauteile und Sonderbauteile**

Teil  5   **Feuerschutzabschlüsse, Abschlüsse in Fahrschachtwänden;** Begriffe, Anforderungen und Prüfungen

Teil  6   **Lüftungsleitungen;** Begriffe, Anforderungen und Prüfungen

Teil  7   **Bedachungen;** Begriffe, Anforderungen und Prüfungen

Teil  8   **Kleinprüfstand**

Teil  9   **Kabelabschottungen;** Begriffe, Anforderungen und Prüfungen

Teil 11   **Rohrummantelungen, Rohrabschottungen, Installationsschächte und -kanäle sowie Abschlüsse ihrer Revisionsöffnungen;** Begriffe, Anforderungen und Prüfungen

Teil 12   **Funktionserhalt von elektrischen Kabelanlagen;** Begriffe, Anforderungen und Prüfungen

Teil 13   **Brandschutzverglasungen;** Begriffe, Anforderungen und Prüfungen

Teil 14   **Bodenbeläge und Bodenbeschichtungen;** Bestimmung der Flammenausbreitung bei Beanspruchung mit einem Wärmestrahler

Teil 15   **Brandschacht**

Teil 16   **Durchführung von Brandschachtprüfungen**

Teil 17   **Schmelzpunkt von Mineralfaserdämmstoffen;** Begriffe, Anforderungen und Prüfung

Teil 18   **Feuerschutzabschlüsse und Rauchschutztüren;** Prüfung der Dauerfunktionstüchtigkeit.

Teil 1 befaßt sich nicht mit dem gesamten Spektrum des Brandverhaltens, also der temperaturabhängigen Veränderung von Materialkennwerten der Baustoffe, sondern ausschließlich mit ihrer Brennbarkeit. Dementsprechend werden nichtbrennbare Baustoffe (Baustoffklasse A) und brennbare Baustoffe (Baustoffklasse B) unterschieden. Vereinbarungsgemäß können aber auch Baustoffe, die in geringem Umfang brennbare Bestandteile enthalten (z. B. Gipskartonplatten bestimmter Ausbildung oder Leichtbetone mit Polystyrolzuschlag) und die

Normprüfungen bestehen, „nichtbrennbar" im Sinne der Norm sein. Sie werden dann in die Baustoffklasse A 2 eingeordnet, während die klassischen nichtbrennbaren Baustoffe (Beton, Stahl, Ziegel-Mauersteine, Kalksandsteine usw.) der Baustoffklasse A 1 angehören.

Brennbare Baustoffe werden nach ihrem Entflammbarkeitsgrad unterschieden. Die Baustoffklasse B 2 kennzeichnet „normalentflammbare" Baustoffe; ihr klassischer Vertreter ist das Holz. „Schwerentflammbare" Baustoffe werden als Baustoffklasse B 1 bezeichnet; als dafür typischer Baustoff sei die Holzwolleleichtbauplatte genannt. Die Baustoffklasse B 3 umfaßt die „leichtentflammbaren" Baustoffe (z. B. unbehandelte Polystyrol-Hartschaumplatten), die nur unter ganz bestimmten Umständen überhaupt verwendet werden dürfen, nämlich wenn sie werkmäßig mit anderen Baustoffen zu mindestens normalentflammbaren Baustoffen (Baustoffklasse B 2) verarbeitet worden sind und beim Einbau diese Baustoffeigenschaft nicht verlorengeht.

Die Baustoffeigenschaften, die zu einer Einordnung in die genannten Baustoffklassen A 1 bis B 3 führen, und die Prüfverfahren sind in DIN 4102 Teil 1 definiert.

Die für das Gebiet der Bemessung von tragenden Bauteilen wichtigen Normteile sind:

– Teil 2 und 3 mit den Anforderungen (Prüfvorschriften) für Bauteile und sogenannte Sonderbauteile sowie

– Teil 4, der einen Katalog klassifizierter Baustoffe und Bauteile anbietet.

In Teil 2 wird der Begriff „Feuerwiderstandsklasse" (F 30 bis F 180) geprägt. In eine Feuerwiderstandsklasse wird ein Bauteil eingestuft, wenn sein Prototyp (2 Prüfkörper) bei einer Wärmebeanspruchung gemäß der Einheits-Temperaturzeitkurve (s. Abschn. 3.2) über eine Prüfdauer, die jeweils der Feuerwiderstandsklasse gleich oder größer ist, die Kriterien einer Normbrandprüfung erfüllt. Diese Kriterien beziehen sich zunächst auf die Aufgabe, durch Decken und Wände die Übertragung des Feuers auf benachbarte Räume zu verhindern (Raumabschluß):

– Raumabschließende Bauteile dürfen sich auf der feuerabgekehrten Seite im Mittel um nicht mehr als 140 K erwärmen; für jeden einzelnen der gemessenen Werte gilt die Grenze 180 K;

– an keiner Stelle eines raumabschließenden Bauteils – einschließlich der Anschlüsse, Fugen, Stöße – dürfen Flammen durchtreten oder darf sich ein angehaltener Wattebausch durch heiße Gase entzünden;

– raumabschließende Wände müssen einer Festigkeitsprüfung mittels Pendelstoßes von 20 Nm widerstehen.

Die weiteren Kriterien betreffen die Erhaltung der Tragfähigkeit:

– Tragende Bauteile dürfen unter ihrer rechnerisch zulässigen Gebrauchslast und nichttragende Bauteile unter ihrem Eigengewicht nicht zusammenbrechen;

– bei statisch bestimmt gelagerten Bauteilen, die ganz oder überwiegend auf Biegung beansprucht werden, darf die Durchbiegungsgeschwindigkeit den Wert

$$\frac{\Delta f}{\Delta t} = \frac{l^2}{9000\,h} \,, \tag{2.1}$$

worin:

$l$  = Stützweite in cm,
$h$  = statische Höhe in cm,
$\Delta f$ = Durchbiegungsintervall in cm während eines Zeitintervalls von einer Minute,
$\Delta t$ = Zeitintervall von einer Minute,

nicht überschreiten.

Im Teil 3 der DIN 4102 sind entsprechende Anforderungen an Brandwände und nichttragende Außenwände, wozu auch Brüstungselemente und Fassadenschürzen gerechnet werden, definiert. Für Brandwände wird zusätzlich zu den Forderungen gemäß Teil 2 an Wände der Feuerwiderstandsklasse F 90 gefordert, daß sie aus nichtbrennbaren Baustoffen bestehen. Die günstige Wirkung von Putzen oder anderen Bekleidungen darf nicht berücksichtigt werden. Sie sind unter ungünstiger (ausmittiger) Vertikalbelastung zu prüfen, und am Ende der Brandbeanspruchung müssen sie einer Festigkeitsprüfung mittels dreimaligen Pendelstoßes von jeweils 3000 Nm (Bleischrotsack) widerstehen.

Gegenüber anderen feuerwiderstandsfähigen Wänden sind die Forderungen an nichttragende Außenwände geringer: die Begrenzung der Temperaturerhöhung auf der feuerabgekehrten Seite entfällt bei der Brandbeanspruchung von innen, und von außen wird eine abgeminderte Temperaturbeanspruchung aufgebracht.

Teil 4 der Norm enthält Angaben über Baustoffe und Bauteile, deren Prototypen die Bedingungen der Normbrandprüfungen erfüllt haben, und die entsprechend klassifiziert sind. Durch diesen Katalog werden Brandprüfungen in vielen Fällen entbehrlich. Er bietet die Möglichkeit, den Brennbarkeitsgrad von Baustoffen abzulesen und in einfacher Weise mit Hilfe von Tafeln und Bildern die Feuerwiderstandsfähigkeit nicht nur von Bauteilen, sondern auch ihrer gegenseitigen Anschlüsse, Verbindungen, Fugen usw. zu ermitteln. Die Angaben des Kataloges beziehen sich nur auf Baustoffe und Bauteile, deren Eigenschaften im Gebrauchszustand auf der Grundlage von Normen definiert und beurteilt werden können.

DIN 4102 Teil 5 behandelt Feuerschutzabschlüsse und Abschlüsse in Fahrschächten.

Unter Feuerschutzabschlüssen sind Türen, Tore, Rolläden, Klappen usw. zu verstehen, die den Durchtritt von Feuer durch Wand- oder Deckenöffnungen verhindern sollen. Sie haben im wesentlichen die gleichen Normkriterien zu erfüllen wie die nach Teil 2 zu prüfenden raumabschließenden Bauteile. Auf die Beanspruchung durch einen Pendelstoß wird jedoch verzichtet.

Abschlüsse in Fahrschachtwänden sind Türen und andere Abschlüsse, die so ausgebildet sind, daß Feuer und Rauch nicht in andere Geschosse übertragen werden können. Sie werden von der Flurseite einer Brandbeanspruchung gemäß Teil 2 unterworfen, wobei die dadurch auf der Schachtseite entstehende Temperaturerhöhung allerdings größer sein darf, als bei den vorher genannten Feuerschutzabschlüssen. Von der Schachtseite werden sie in einem zweiten Versuch durch Heißgas beansprucht, dessen Temperatur innerhalb von 90 min um 330 K gesteigert wird. Dabei müssen die auf der Flurseite hervorgerufenen Temperaturen innerhalb der für Feuerschutzabschlüsse geltenden Grenzen bleiben.

In den Teilen 6, 9 und 11 der Norm werden die brandschutztechnischen Anforderungen an eine Reihe weiterer Ausbauelemente, nämlich Lüftungsleitungen und deren Absperrvorrichtungen, Abschottungen für Kabeldurchführungen, Rohrummantelungen, Rohrabschottungen, Installationsschächte und -kanäle, sowie deren Abschottungen formuliert. Sie sollen gewährleisten, daß durch die genannten Elemente im Brandfall das Feuer und der Rauch nicht in benachbarte Räume oder andere Geschosse übertragen werden.

In DIN 4102 Teil 7 wird festgelegt, welche Kriterien Bedachungen zu erfüllen haben, die gemäß Bauordnung widerstandsfähig gegen Flugfeuer und strahlende Wärme sein sollen. Für die Prüfung muß ein Probedach von mindestens 5 m$^2$ Fläche hergestellt werden, das in seinem Aufbau und seiner Neigung dem zu beurteilenden Original entspricht. Auf dem Probedach wird eine bestimmte Menge Holzwolle verbrannt. Dabei dürfen entstehende Löcher im Dach nicht so groß werden, daß glimmende oder brennende Teile hindurchfallen können; Teile des Probedaches selbst dürfen nicht brennend oder glimmend abfallen; an der Unterseite des Daches dürfen keine Flammen auftreten; an der Oberfläche oder im

Innern des Probedaches verkohlte Teile dürfen bestimmte Abmessungen nicht überschreiten; und flüssig gewordene Teile des Daches dürfen nur begrenzt brennend ablaufen.

Auch Lichtkuppeln oder andere Öffnungsabschlüsse in Dächern, die widerstandsfähig gegen Flugfeuer und strahlende Wärme sind, müssen diese Prüfungen bestehen.

Teil 8 beschreibt einen einheitlichen Kleinprüfstand für die Untersuchung von Baustoffen und Bauteilausschnitten zur Ermittlung bestimmter brandschutztechnischer Eigenschaften, z. B. Wärmefreisetzung von Baustoffen, Wärmedurchgang durch Dämmplatten und -matten, Alterungsbeständigkeit und Schwelfeuerverhalten von dämmschichtbildenden Brandschutzbeschichtungen.

Mit Hilfe der Anweisungen in Teil 12 wird untersucht, ob elektrische Kabelanlagen besonderer Bedeutung bei entsprechenden Schutzmaßnahmen (z. B. Beschichtung oder Verlegung in Kanälen) ihre Funktion während einer Brandbeanspruchung erhalten. Der Erhalt der Funktion gilt als erschöpft, sobald ein Kurzschluß in den Kabeln auftritt. Dieser ist erfahrungsgemäß bei einer Temperaturerhöhung von rund 120 K zu erwarten. Der nach dieser Norm beurteilte Funktionserhalt deckt also nicht einen Spannungsabfall durch temperaturbedingte Widerstandserhöhung ab.

Brandschutzverglasungen, deren Anforderungen und Prüfungen in Teil 13 festgelegt sind, bestehen aus ein- oder mehrlagigen lichtdurchlässigen Elementen und deren Halterungen. Man unterscheidet zwischen G- und F-Verglasungen. Die ersteren bleiben während der Brandbeanspruchung transparent, können also nur den Flammen- und Brandgasdurchtritt, nicht aber den der Wärmestrahlung verhindern. F-Verglasungen weisen zwischen mindestens zwei Glasscheiben eine Brandschutzschicht auf, die bei der Brandbeanspruchung einen undurchsichtigen, wärmedämmenden Schaum bildet. Im Sinne der Norm haben F-Verglasungen die gleichen Kriterien wie Wände zu erfüllen, also auch die Begrenzung der Temperaturerhöhung auf der dem Feuer abgekehrten Seite.

In Teil 14 wird eine Prüfung beschrieben, die dazu dient, die Flammenausbreitung auf und die Rauchentwicklung von Bodenbelägen bzw. -beschichtungen bei definierter Beanspruchung mit einem Wärmestrahler zu ermitteln. Die Ergebnisse werden der Einreihung in die Baustoffklasse B 1 nach DIN 4102 Teil 1 zugrundegelegt.

Teil 15 beschreibt den sogenannten Brandschacht, eines der Prüfgeräte, die dazu dienen, die Entflammbarkeit von Baustoffen zu prüfen, und Teil 16 legt die damit durchzuführenden Prüfungen fest. Die Prüfergebnisse können Grundlage für die Erteilung eines Prüfzeichens sein.

Bei einer Anzahl der in Teil 4 beschriebenen Bauteile ist deren Einreihung in eine Feuerwiderstandsklasse von der Wärmebeständigkeit der eingebauten Dämmschichten abhängig. Für Dämmstoffe aus Mineralfasern muß der Schmelzpunkt bei Temperaturen von mindestens 1000 °C liegen. Dieses Verhalten wird nach Teil 17 untersucht.

Teil 18 behandelt die Prüfung der Dauerfunktionstüchtigkeit von Türen und anderen Abschlüssen, die ja gewährleistet sein muß, wenn Feuerschutzabschlüsse im Fall eines Brandes wirksam werden müssen, auch wenn sie schon jahrelang in Gebrauch waren.

Analog zu den Bauordnungen behandelt DIN 4102 das Brandverhalten von Einzelbauteilen. In welchem Umfang sie das Verhalten von Gesamtkonstruktionen ausdrücklich oder stillschweigend mitberücksichtigt, wird in Abschn. 6 gezeigt.

Die Norm gestattet eindeutig, daß die untersuchten Bauteile oder Ausbauelemente nach einer Normbrandbeanspruchung von festgelegter Dauer versagen dürfen; es gibt, von Brandwänden abgesehen, keine Forderungen hinsichtlich Resttragfähigkeit oder gar Wiederverwendbarkeit. Vergleicht man damit den in den Bauordnungen implizit geforderten Sachschutz, so muß gefolgert werden, daß dieser im Rahmen der offiziellen Regelwerke nur durch erhöhte bauaufsichtliche Forderungen, d. h. effektiv geringere Beanspruchung bei einem wirklichen Brand einerseits und versteckte Reserven der Konstruktion andererseits, gewährleistet sein kann.

## 2.3.2  DIN 18230 „Baulicher Brandschutz im Industriebau"; rechnerisch erforderliche Feuerwiderstandsdauer

Ziel des Berechnungsverfahrens nach DIN 18230 ist die Ermittlung der Feuerbeanspruchung der tragenden bzw. raumabschließenden Bauteile in industriell genutzten Gebäuden infolge des Abbrandes der in einem Brandbekämpfungsabschnitt befindlichen Stoffe. Die in diesem Zusammenhang als signifikant erachteten Einflußgrößen sind:

- Brandlast in Abhängigkeit von ihrer Größe und Anordnung im Brandbekämpfungsabschnitt,
- Ventilationsbedingungen und Wärmeabzugsmöglichkeiten,
- Größe des Brandbekämpfungsabschnittes,
- Gebäudehöhe bzw. Anzahl der Geschosse,
- Möglichkeit der Brandbekämpfung einschließlich automatischer Feuerlöschanlagen.

Der Einfluß dieser Größen auf den Brandverlauf in dem Brandbekämpfungsabschnitt und dementsprechend auf die Brandbeanspruchung der Bauteile ist unterschiedlich und wird in dem Berechnungsverfahren durch in sinnvoller Weise gewichtete Bewertungsfaktoren berücksichtigt. Die dabei zugrundegelegten Größen stellen ein System aus konkretisierbaren, zum Teil aus Versuchsergebnissen ableitbaren Werten und aus vereinbarten, allgemein akzeptierten Sicherheitszuschlägen dar, durch die der Anschluß an die für bauliche Anlagen anderer Nutzung bereits geltenden Anforderungen in angemessener Weise herbeigeführt wird. Mit Hilfe einer rechnerischen Brandbelastung, die alle diese Bewertungsfaktoren berücksichtigt, werden für die Einzelbauteile erforderliche Brandschutzklassen ermittelt, die wiederum Feuerwiderstandsklassen nach DIN 4102 zugeordnet sind.

Obwohl hier also ein dem Einzelobjekt angemessener Brandschutz angestrebt wird, erfolgt eine Rückführung auf die klassische Norm, wodurch das gesamte vorhandene, in jahrzehntelanger Arbeit erworbene Wissen genutzt werden kann.

Auch DIN 18230 betrachtet bei der Bemessung nur Einzelbauteile, worauf in der Vorbemerkung ausdrücklich hingewiesen wird.

Die Randbedingungen für die Anwendbarkeit von DIN 18230 sind in der Industriebau-Richtlinie angegeben.

## 2.3.3  Sonstige als Technische Baubestimmungen eingeführte Brandschutznormen und Richtlinien im Bauwesen

DIN 18082   Feuerschutzabschlüsse, Stahltüren T 30-1;
    Teil 1   Bauart A
    Teil 3   Bauart B

DIN 18089   Einlagen bei Feuerschutztüren
    Teil 1   Mineralfaserplatten; Begriff, Bezeichnung, Anforderungen, Prüfung
    Teil 2   Mineralfasermatten; Begriff, Bezeichnung, Anforderungen, Prüfung

DIN 18090   Aufzüge; Flügel- und Falttüren für Fahrschächte mit feuerbeständigen Wänden

DIN 18 091   Aufzüge; Schacht-Schiebetüren für Fahrschächte mit Wänden der Feuerwiderstandsklasse F 90

DIN 18 092   Aufzüge; Vertikal-Schiebetüren für Klein-Güteraufzüge in Fahrschächten mit Wänden der Feuerwiderstandsklasse F 90

DIN 18 093   Feuerschutzabschlüsse; Einbau von Feuerschutztüren in massive Wände aus Mauerwerk oder Beton; Ankerlagen, Ankerformen, Einbau

DIN 18 095   Türen; Rauchschutztüren
Teil 1   Begriffe und Anforderungen
Teil 2   Bauartprüfung der Dauerfunktionstüchtigkeit und Dichtheit

DIN 18 160   Feuerungsanlagen;
Teil 1   Hausschornsteine; Anforderungen, Planung und Ausführung
Teil 2   Verbindungsstücke
Teil 5   Einrichtungen für Schornsteinfegerarbeiten
Teil 6   Prüfbedingungen und Beurteilungskriterien für Prüfungen an Prüfschornsteinen

DIN 18 232   Rauch- und Wärmeabzugsanlagen
Teil 1   Begriffe und Anwendung
Teil 2   Rauchabzüge; Bemessung, Anforderungen und Einbau
Teil 3   Rauchabzüge; Prüfungen

TVR-Gas   Technische Vorschriften und Richtlinien für die Einrichtung und Unterhaltung von Niederdruckgasanlagen in Gebäuden und Grundstücken bzw. Technische Baubestimmungen – Technische Regeln für Gas-Installationen (DVGW – TRGI)

HRR   Technische Baubestimmungen – Heizräume – (Heizraumrichtlinien)

HBR   Technische Baubestimmungen – Bau und Betrieb von Behälteranlagen zur Lagerung von Heizöl – (Heizölbehälter-Richtlinien).

# 3  Brandverlauf und Modelle zu seiner Beschreibung

Der Verlauf eines Brandes wird im wesentlichen bestimmt durch:

– Menge und Art der brennbaren Materialien (Brandlast), die das Gesamt-Wärmepotential darstellen,

– Konzentration und Lagerungsdichte der Brandlast,

– Verteilung der Brandlast im Brandraum,

– Geometrie des Brandraumes,

– thermische Eigenschaften – insbesondere Wärmeleitfähigkeit und Wärmekapazität – der Bauteile, die den Brandraum umschließen,

– Ventilationsbedingungen, die die Sauerstoffzufuhr zum Brandraum steuern,

– Löschmaßnahmen.

Als Beispiel ist auf Bild 3.1 der Einfluß der Brandlastmenge und der bezogenen Größe der Ventilationsöffnungen auf die Temperaturentwicklung im Brandraum dargestellt [6], [39].

Es muß beachtet werden, daß die quantitative Bedeutung und die gegenseitige Beeinflussung beim Zusammenspiel der genannten brandbeeinflussenden Parameter noch nicht völ-

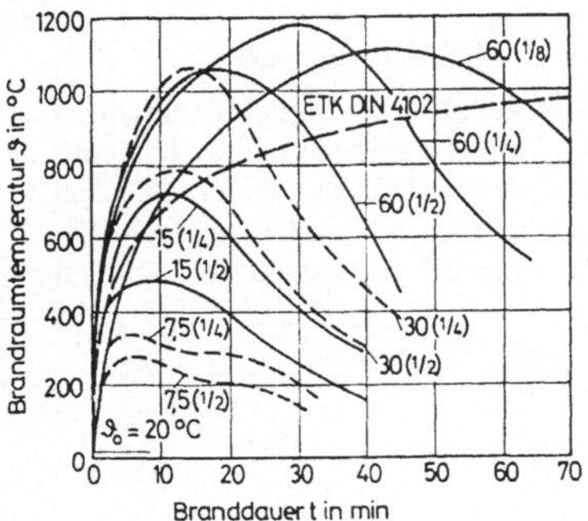

Bild 3.1 Temperaturverlauf von Holzkrippenbränden; die Bezeichnungen geben Menge der Brandlast und Ventilationsbedingung an, z. B. 60 (1/2): 60 kg Holz je m$^2$ Bodenfläche, 1/2 einer Umfassungswand geöffnet. (ETK s. Abschn. 3.2) [6], [39]

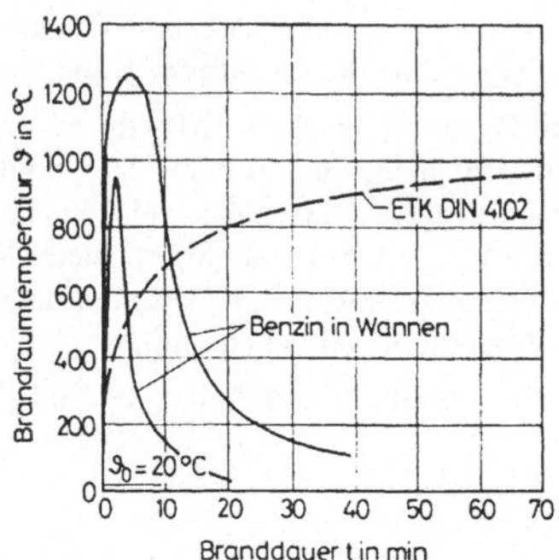

Bild 3.2 Temperaturverlauf bei Benzinbränden (ETK s. Abschn. 3.2) [8]

lig bekannt sind, insbesondere deshalb, weil Messungen bisher fast ausschließlich in relativ kleinen Räumen durchgeführt werden konnten.

Beim Ablauf eines Brandes sind grundsätzlich drei Phasen zu beobachten:

Nach dem Zünden des Feuers entsteht zunächst ein S c h w e l b r a n d . In dieser Phase breitet sich der Brandherd aus und erhitzt die Raumluft mehr oder weniger schnell, bis deren Temperatur zum Feuerübersprung (flash over) auf die Brandlast im gesamten Raum ausreicht. Die Charakteristik der Schwelbrandphase ist abhängig vom Raumvolumen und besonders von der Brandlast; die anderen genannten Parameter haben wenig Einfluß. So können dicht gelagerte Brandlasten lang dauernde Brandentwicklungsphasen haben, während bei Flüssigkeitsbränden von einer Schwelbrandphase kaum noch gesprochen werden kann; hier erfolgt der flash over sehr rasch nach dem Zünden [8].

Hat der Feuerübersprung stattgefunden, beginnt die E r w ä r m u n g s p h a s e des Vollbrandes. Die Raumtemperaturen wachsen nun stark an. Diese Brandphase wird außer von der Brandlast selbst (s. Bild 3.1 und 3.2) wesentlich von der Sauerstoffmenge, die im Brandraum zur Verfügung steht, also der Brandraumgeometrie und den Ventilationsbedingungen, gesteuert. Die erreichte Temperatur ist aber auch abhängig vom Material, das den Raum umschließt. Bei hoch wärmedämmenden Baustoffen (geringe Wärmeleitfähigkeit) entstehen höhere Brandraumtemperaturen. Die Dauer der Erwärmungsphase wird bestimmt von der gesamten im Brandraum vorhandenen Abbrandenergiemenge.

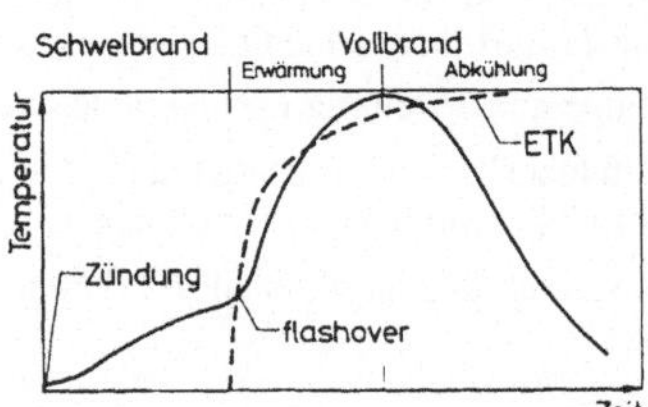

Bild 3.3
Phasen eines Brandes (ETK s. Abschn. 3.2)

Während der Erwärmungsphase des Vollbrandes werden die umgebenden Bauteile aufgeheizt, sie ist also als der eigentliche Brandangriff auf das Bauwerk anzusehen.

Die letzte Phase ist die Abkühlphase. Nun reicht die Energiemenge des abbrennenden Materials nicht mehr aus, um eine Steigerung oder Aufrechterhaltung der Brandraumtemperatur zu erzeugen. Dieser Zustand führt dazu, daß aus den aufgeheizten umschließenden Bauteilen ein in den Brandraum gerichteter Wärmestrom zurückfließt. Die von den Bauteilen abgegebene Wärmeenergie bestimmt dann die abnehmende Tendenz der Heißgastemperatur im Brandraum weitgehend mit.

Schematisch sind die Brandphasen auf Bild 3.3 gezeigt.

## 3.1 Wärme- und Massenbilanzen

Der Verlauf eines Brandes und seine Wirkung auf ein zu betrachtendes Bauteil kann durch den Ansatz von Wärme- und Massenbilanzen beschrieben werden. Ihre Lösung ist ein komplexes Problem; die am Brandgeschehen direkt und indirekt beteiligten Einflußgrößen sind außerordentlich vielfältig und auch nur teilweise erforscht, so daß eine geschlossene mathematische Formulierung des gesamten Problems gegenwärtig nicht möglich erscheint. Immerhin hat die Entwicklung der Großrechenanlagen so weit geführt, daß nunmehr auch umfangreiche Gleichungssysteme mit erträglichem Zeitaufwand gelöst werden können, so daß die Entwicklung aufwendiger Wärmebilanzmodelle für wissenschaftliche Zwecke sinnvoll erscheint. Dazu werden die zur Beschreibung des Brandgeschehens erforderlichen physikalischen Grundlagen anhand des derzeit erreichten Kenntnisstandes in der Thermodynamik, Wärme- und Brennstofftechnik und Strömungsmechanik festgelegt [35], [36].

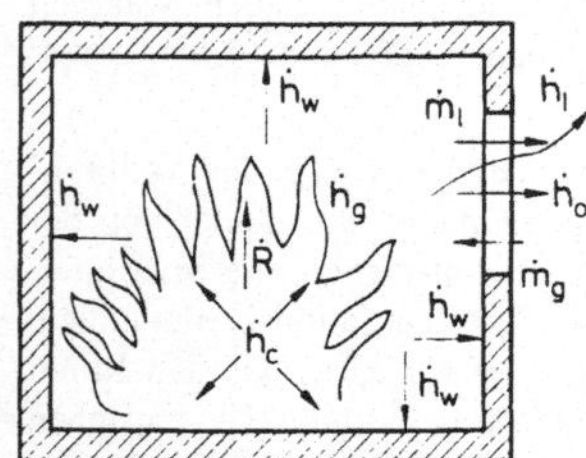


Bild 3.4
Wärme- und Massenströme in einem Brandraum

Auf Bild 3.4 sind die Komponenten einer Wärme- und Massenbilanz schematisch dargestellt. Für das gewählte Modell ist vorausgesetzt, daß

– die Temperaturverteilung im Innern des Raumes homogen ist und

– die Wandoberflächen so geartet sind, daß die Wärmeverluste durch einen eindimensionalen Ansatz beschrieben werden können.

Für die Wärmebilanz ergibt sich mit diesen Annahmen aus dem 1. Hauptsatz der Thermodynamik:

$$\dot{h}_c - (\dot{h}_l + \dot{h}_o + \dot{h}_w + \dot{h}_g + \dot{h}_s) = 0, \tag{3.1}$$

worin:

$\dot{h}_c$ = pro Zeiteinheit durch Verbrennung und Brandnebenerscheinungen im Brandraum freigesetzte Energie,

$\dot{h}_l$ = durch den Gaswechsel (Konvektion durch Öffnungen) entzogene Energie pro Zeiteinheit,

$\dot{h}_o$ = durch die Fensterstrahlung entzogene Energie pro Zeiteinheit,

$\dot{h}_w$ = durch Konvektion und Strahlung an die Umfassungsbauteile abgegebene Energie pro Zeiteinheit,

$\dot{h}_g$ = im Brandraum gespeicherte Energie pro Zeiteinheit,

$\dot{h}_s$ = sonstige Energieanteile pro Zeiteinheit,

alles in (kJ/sec).

Die zugehörige Gleichung der Massenbilanz im Brandraum ist gegeben durch:

$$\dot{m}_g - (\dot{m}_l + \dot{R}) = 0, \tag{3.2}$$

worin:

$\dot{m}_g$ = ausströmende Gasmengen pro Zeiteinheit,

$\dot{m}_l$ = eintretende Luftmengen pro Zeiteinheit,

$\dot{R}$ = Abbrandrate,

alles in (kg/sec).

## 3.2 Normbrand

Um einheitliche Prüf- und Beurteilungsgrundlagen für das Brandverhalten von Bauteilen zu schaffen, wurde auf internationaler Ebene eine sogenannte Einheitstemperaturzeitkurve (ETK) festgelegt. Ihr folgen die Bauteilprüfungen nach DIN 4102 Teil 2, 3, 5, 6, 9 und 11. Sie gehorcht dem Gesetz:

$$\vartheta - \vartheta_o = 345\,\lg(8\,t + 1), \tag{3.3}$$

worin:

$\vartheta$ = Brandraumtemperatur (K),

$\vartheta_o$ = Temperatur des Probekörpers bei Versuchsbeginn (K),

$t$ = Zeit (min).

Die Einheitstemperaturzeitkurve ist in Bild 3.5 dargestellt.

Ihr Verlauf ist z. B. auch in den Bildern 3.1 bis 3.3 gestrichelt eingezeichnet. Aus den Bildern wird deutlich, daß die ETK einen wirklichen Brand nur unzureichend wiedergeben kann. Weder simuliert sie den unterschiedlich schnellen Anstieg auf unterschiedlich hohe Temperatur in der Erwärmungsphase des Vollbrandes noch weist sie den abfallenden Tem-

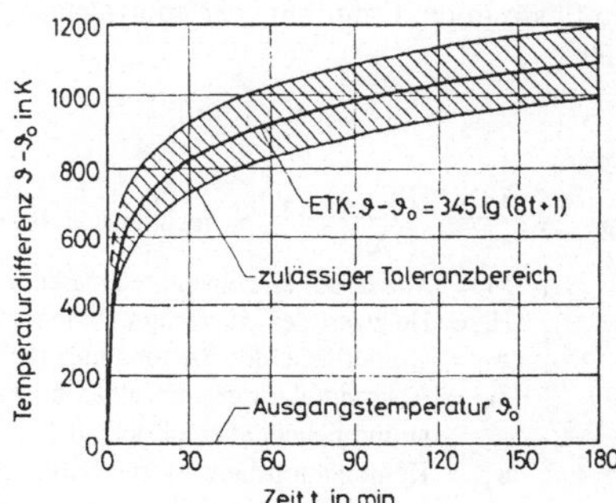


Bild 3.5
Einheitstemperaturzeitkurve (ETK)
nach DIN 4102 Teil 2 und ISO 834

peraturast in der Abkühlphase auf. Sie ist lediglich der Maßstab, an dem das Brandverhalten aller Bauteile – bekleideter Stahlträger, Leichtbau-Trennwand, Stahlbeton-Kassettendecke, Stahl-Schiebetor ... – in allen Bauwerken verschiedenster Nutzung gemessen und verglichen werden kann. Es hat sich erwiesen, daß mit bauaufsichtlichen Brandschutzforderungen, die auf diesem Brandmodell basieren, ein ausreichendes Sicherheitsniveau erreicht wird.

## 3.3  Äquivalente Branddauer

Das Konzept der äquivalenten Normbranddauer wurde entwickelt, um eine Vergleichbarkeit natürlicher Brände mit dem Normbrand (ETK) zu ermöglichen. Die äquivalente Normbranddauer $t_ä$ ist definiert als diejenige Zeitdauer des Normbrandes, bei der näherungsweise dieselbe Schadenwirkung in einem Bauteil erreicht wird wie durch den Gesamtablauf eines natürlichen Schadenfeuers, z. B. [7]. Im allgemeinen ist die „Schadenwirkung" gleichzusetzen mit der erreichten Temperatur an einem kritischen Punkt des Bauteils, beispielsweise in der Bewehrung eines auf Biegung beanspruchten Stahlbetonbauteils. Für ummantelte Stahlbauteile wurde empirisch eine Näherungsformel für die äquivalente Branddauer entwickelt:

$$t_ä = 0{,}067 \frac{k_f q_t}{\left(k_f \cdot \frac{A\sqrt{h}}{A_t}\right)^{1/2}} \quad (\text{min}), \tag{3.4}$$

worin:

$q_t$  = Wärmemenge aller im Brandraum vorhandenen brennbaren Stoffe, bezogen auf die Einheit der inneren Oberfläche des Brandraumes ($MJ/m^2$),

$k_f$  = Beiwert zur Erfassung unterschiedlicher thermischer Eigenschaften der Bauteile, die den Brandraum umschließen (1),

$\dfrac{A\sqrt{h}}{A_t}$ = Öffnungsfaktor zur Beschreibung der Ventilationsbedingungen ($m^{1/2}$), mit:

    $A$  = Fläche der Fenster- und Türöffnungen ($m^2$),
    $h$  = mittlere Höhe der Fenster- und Türöffnungen (m),
    $A_t$ = innere Oberfläche des Brandraumes (Boden, Decke, Wände einschließlich Öffnungen) ($m^2$).

Unter Vorbehalt wird Gleichung (3.4) auch bei Bauteilen aus anderen Baustoffen benutzt.

DIN 18 230 „Baulicher Brandschutz im Industriebau" (s. Abschn. 2.3.2) bezieht weitere Einflüsse in die Ermittlung der äquivalenten Branddauer ein, um zu der Gleichung zu kommen:

$$t_a = q_R \cdot c \cdot w \quad (\text{min}), \tag{3.5}$$

worin:

$q_R$  $= \dfrac{\Sigma (M_i \cdot H_{vi} \cdot m_i \cdot \psi_i)}{A}$ = rechnerische Brandbelastung ($kWh/m^2$), mit:

    $M_i$ = Masse des einzelnen brennbaren Stoffes (kg),
    $H_{vi}$ = Heizwert des einzelnen brennbaren Stoffes (kWh/kg),
    $A$  = Grundfläche des Brandraumes (Brandbekämpfungsabschnittes) ($m^2$),
    $m_i$ = Abbrandfaktor des einzelnen brennbaren Stoffes, der Form, Verteilung, Lagerungsdichte und Feuchte berücksichtigt (1),
    $\psi_i$ = Kombinationsbeiwert zur Berücksichtigung eines Schutzes von brennbarem Material, z. B. Heizöl in Behältern und Leitungen (1),

c    = Umrechnungsfaktor zur Erfassung unterschiedlicher thermischer Eigenschaften der Bauteile, die den Brandraum (Brandbekämpfungsabschnitt) umfassen (min m²/kWh),

w    = Wärmeabzugsfaktor zur Beschreibung der Ventilationsbedingungen (l).

Gleichung (3.4) und (3.5) beruhen auf den gleichen Grundansätzen und führen, wenn man in Gleichung (3.5) die Beiwerte $m_i$ und $\psi_i = 1$ setzt, zu vergleichbaren Ergebnissen für die äquivalente Branddauer.

# 4 Mechanische und thermische Hochtemperatureigenschaften der Baustoffe

Die Kennwerte für das mechanische und thermische Verhalten der Baustoffe sind temperaturabhängig. Das gilt in besonderem Maße für die mechanischen Eigenschaften, aber auch die Veränderung der thermischen muß berücksichtigt werden.

Das Ergebnis von Versuchen zur Bestimmung der mechanischen Hochtemperaturkennwerte ist nicht nur bestimmt von der jeweils gewählten Prüftemperatur, sondern hängt von vielen Versuchsbedingungen ab. Von wesentlichem Einfluß ist, ob die Probe während des Erwärmungsvorgangs unter mechanischer Beanspruchung (Vorlast) steht oder unbelastet ist; auch die Erwärmungsgeschwindigkeit ist in manchen Fällen wesentlich. Zur Beurteilung von vorgelegten Werten ist also die Kenntnis der Versuchsbedingungen wichtig.

Tafel 4.1 zeigt die drei Arten der Versuchsdurchführung zur Bestimmung der mechanischen Hochtemperaturkennwerte.

Durchgeführt werden solche Versuche ausschließlich für die wichtigsten Baustoffe, die in tragenden Konstruktionen eingesetzt werden, nämlich Stahl und Beton. Dementsprechend können auch nur für sie die Kennwerte vermittelt werden.

Tafel 4.1   Verschiedene Versuchsarten zur Ermittlung des mechanischen Verhaltens von Baustoffen bei hohen Temperaturen

| Versuchsart | Spannung | Dehnung | Temperatur | Gesetz |
|---|---|---|---|---|
| I a) ohne Vorlast<br>  b) mit Vorlast | variabel | gemessen | konstant | σ-ε-Diagramm |
| II | konstant | gemessen | variabel | Hochtemperatur-Kriechen |
| III | gemessen | konstant | variabel | Hochtemperatur-Relaxation |

## 4.1 Stahl

### 4.1.1 Festigkeit und Verformung

Die Zusammensetzung und der Herstellungsprozeß beeinflussen die Hochtemperaturfestigkeit und das Verformungsverhalten des Stahles wesentlich. Die erhöhte Festigkeit kaltverformter Beton- und Spannstähle bei Raumtemperatur wird hervorgerufen durch Verzerrungen und Versetzungen im Mikrogefüge. Diese Verfestigung wird infolge Temperatureinwirkung im Brandfall durch eine Ausheilung der Verzerrungen und Gitterfehler zurückgebildet. Durch die größere Beweglichkeit der Versetzungen nimmt die Verformungsfähigkeit zu, und die Festigkeit verringert sich. Der Ausheilvorgang wird durch Erholung, Rekristallisation und Ausscheidungs- bzw. Koagulationsvorgänge im Werkstoffgefüge gesteuert. Die Temperaturen, bei denen diese Vorgänge einsetzen, liegen unterschiedlich hoch. Bei kaltverformten Betonstählen wird der Verfestigungseffekt bei Einwirkung von rund 400 °C über längere Zeit vollständig aufgehoben; bei höherer Temperatur verringert sich die erforderliche Einwirkungszeit.

Die festigkeitssteigernde Wirkung thermischer Nachbehandlung, die im wesentlichen auf Ausscheidungs- und Aufspaltungsprozessen im Materialgefüge beruht, wird abgebaut, wenn die Temperatur dieser Behandlung wieder erreicht und überschritten wird.

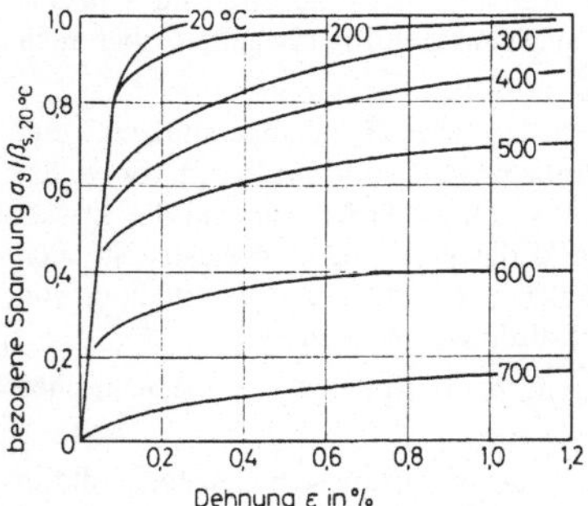


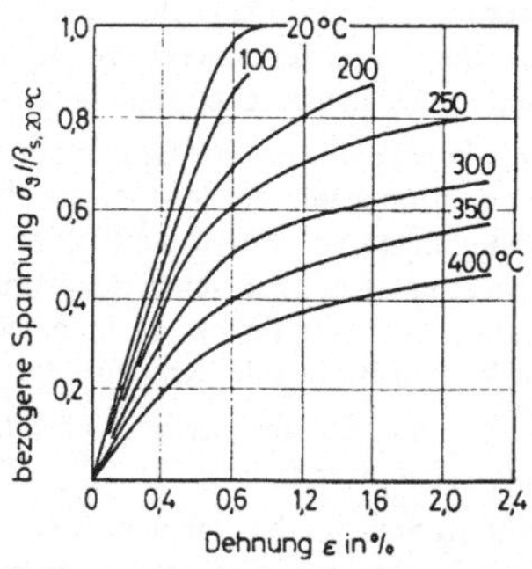


Bild 4.1   Spannungs-Dehnungs-Diagramm für Baustahl St 37.2; Versuchsart I mit Vorlast [17]

Bild 4.2   Spannungs-Dehnungs-Diagramm für kaltgezogenen Spannstahl St 1375/1570; ermittelt aus Messungen der Versuchsart II [17]

Als Beispiele sind Spannungs-Dehnungs-Diagramme bei verschiedenen Temperaturen für normalen Baustahl und zwei Spannstahlsorten gleicher Kaltfestigkeit, aber unterschiedlicher Herstellung auf den Bildern 4.1 bis 4.3 aufgezeichnet [17].

Für Stähle, die bei Raumtemperatur keine ausgeprägte Streckgrenze aufweisen, wird vereinbarungsgemäß diejenige Spannung als Fließgrenze definiert, die eine nach dem Entla-

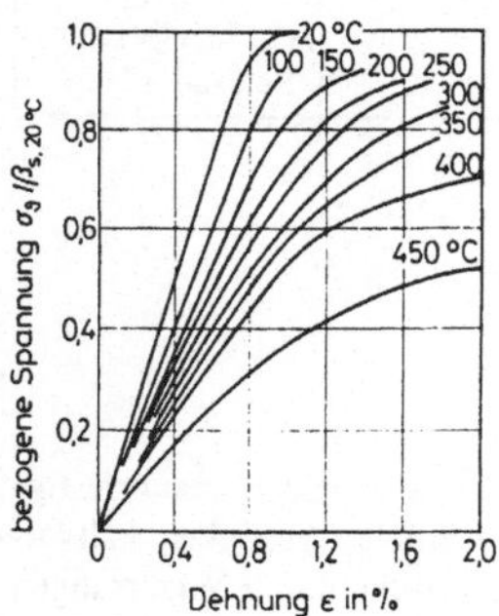


Bild 4.3   Spannungs-Dehnungs-Diagramm für einen vergüteten Spannstahl St 1420/1570; ermittelt aus Messungen der Versuchsart II [17]

sten bleibende Dehnung von 0,2 % erzeugt ($\beta_{0,2}$-Grenze). Entsprechend kann man auch – gegebenenfalls mit anderen Grenzwerten der plastischen Dehnung – im Hochtemperaturbereich vorgehen.

Es hat sich jedoch als praktisch erwiesen, da eine Übertragung auf das Brandverhalten von Bauteilen gut gelingt, für das Versagen des Stahls unter Hochtemperatur ein Verformungskriterium in Form einer bestimmten Dehngeschwindigkeit

$$\dot{\varepsilon} = 10^{-4}/\text{sec} \tag{4.1}$$

einzuführen. Die beim Erreichen dieser Dehngeschwindigkeit vorhandene Temperatur wird als kritische Stahltemperatur bezeichnet. Sie ist spannungsabhängig; je höher die auf die Probe aufgebrachte bzw. im Bauteil wirkende Stahlspannung ist, um so niedriger wird die kritische Stahltemperatur.

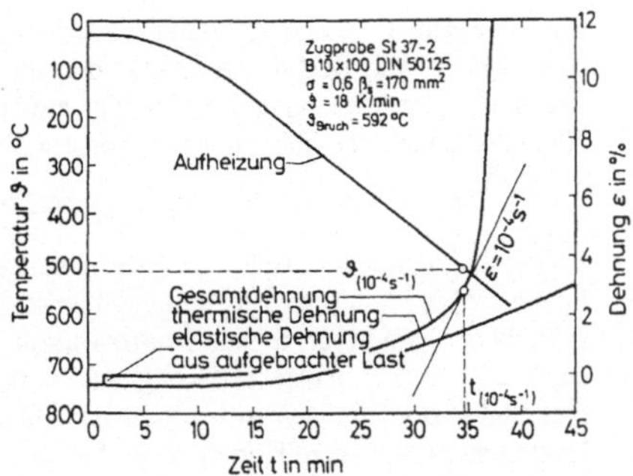


Bild 4.4  Dehnung einer Baustahlprobe unter Last- und Temperatureinwirkung; Versuchsart II [17]

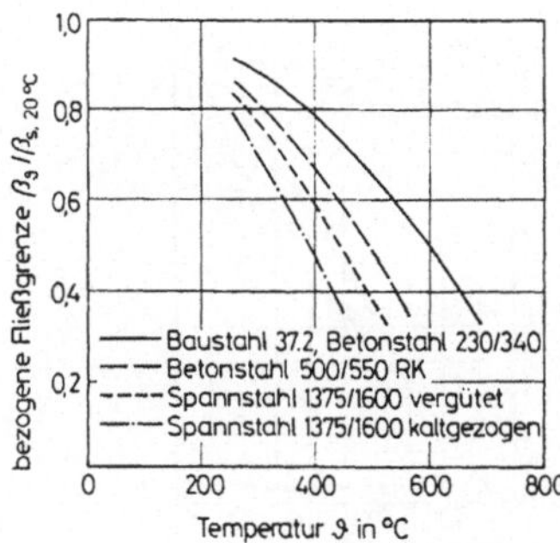


Bild 4.5  Temperaturabhängige Veränderung der Stahl-Fließgrenze; kritische Stahltemperatur

Bild 4.4 erläutert die Zusammenhänge:

Auf eine Stahlprobe wird zunächst eine Zugspannung aufgebracht, die eine elastische Dehnung erzeugt. Unter dieser Spannung wird dann die Probe erwärmt. Dabei dehnt sie sich zunächst entsprechend der thermischen Dehnung, verläßt dann aber den der thermischen Dehnung parallelen Verlauf und dehnt sich überproportional. Der kritische Wert der Dehngeschwindigkeit $\dot{\varepsilon} = 10^{-4}/\text{sec}$ wird zu einer bestimmten Zeit t bzw. bei der kritischen Temperatur $\vartheta$ erreicht. Danach geht die Dehngeschwindigkeit $\dot{\varepsilon}$ sehr schnell gegen $\infty$, d. h. die Probe reißt.

Übertragen auf ein biegebeanspruchtes Bauteil bedeutet das eine rapide Zunahme der Durchbiegung bzw. der Durchbiegungsgeschwindigkeit (s. Abschn. 2.3.1) und damit einen Biege-(Zug-)Bruch.

Auf Bild 4.5 sind spannungsabhängige kritische Stahltemperaturen für gebräuchliche Stahlsorten angegeben (Richtwerte).

Die Festigkeitseigenschaften von Stahl unter Hochtemperatureinwirkung werden fast ausschließlich im Zugbereich ermittelt. Fußend auf wenigen Untersuchungen im Druckbereich wird unterstellt, daß das Druck- und Stauchungsverhalten dem Zug- und Dehnungsverhalten entspricht.

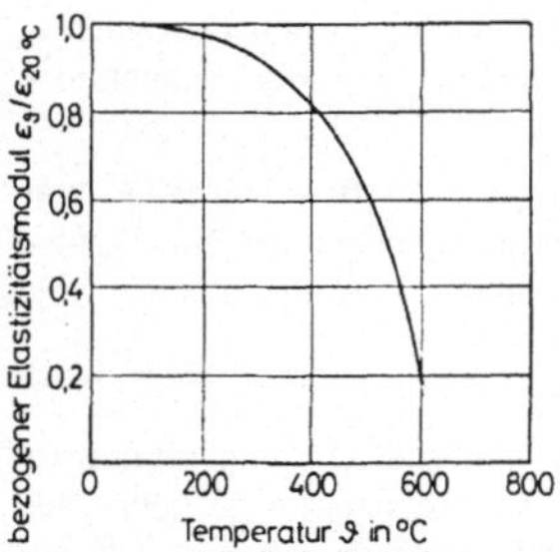

Bild 4.6    Temperaturabhängige Veränderung des Stahl-Elastizitätsmoduls [3]

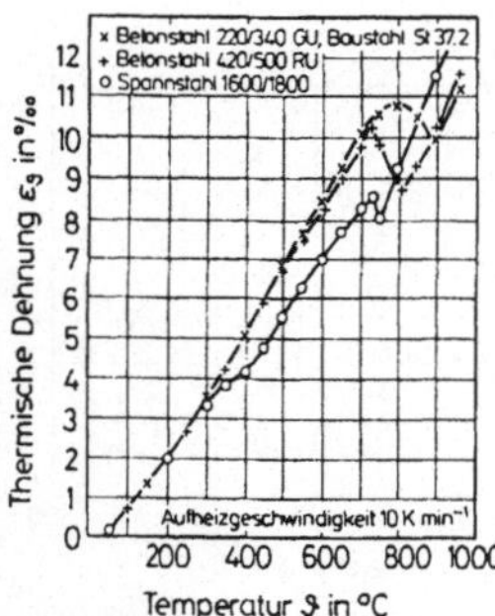

Bild 4.7    Thermische Dehnung verschiedener Stähle [17]

### 4.1.2  Elastizität

Der Elastizitätsmodul des Stahles nimmt mit steigender Temperatur ab, und zwar wiederum bei den nachbehandelten Stählen schneller als bei den naturharten. Der Unterschied ist jedoch nicht gravierend, und näherungsweise kann der in Bild 4.6 aufgezeichnete Verlauf als für alle Stahlsorten zutreffend angenommen werden [3].

### 4.1.3  Thermische Dehnung

Die thermische Dehnung von Bau- und Betonstählen kann, wie Bild 4.7 zeigt, für den im Brandfall interessierenden Bereich bis etwa 700 °C als annähernd linear mit $\alpha_\vartheta = \text{const} =$

$$\alpha_\vartheta = 1{,}4 \cdot 10^{-5}/K \qquad (4.2)$$

angesetzt werden. Bei kaltgezogenem Spannstahl wirken sich die unter 4.1.1 beschriebenen Vorgänge in der Mikrostruktur auch auf die thermische Dehnung aus, wie gleichfalls aus Bild 4.7 zu ersehen ist. Die Unstetigkeiten in den Kurvenverläufen bei hohen Temperaturen sind auf Schrumpfeffekte zurückzuführen, die nicht eliminiert werden können [17].

## 4.1.4 Wärmeleitfähigkeit

Die Wärmeleitfähigkeit $\lambda$ von Stählen hängt stark von ihrer Zusammensetzung ab. Während die im Bauwesen üblichen Stähle eine mit zunehmender Temperatur abfallende Ten-

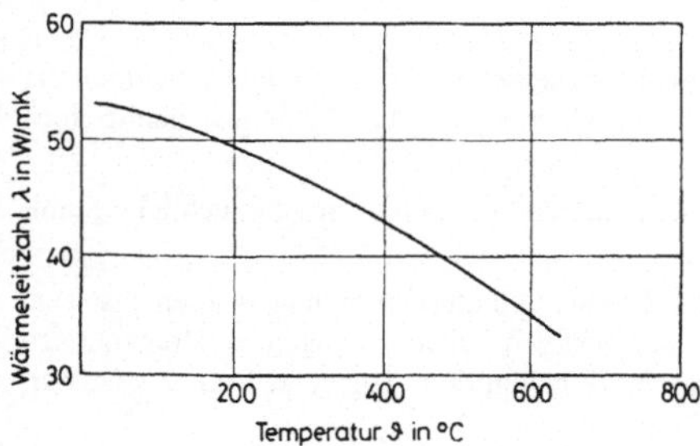

Bild 4.8
Wärmeleitfähigkeit von Baustählen St 37 und St 52 in Abhängigkeit von der Temperatur [32]

denz zeigen, kann bei einigen hochlegierten Stählen ein Anwachsen der Wärmeleitfähigkeit mit zunehmender Temperatur beobachtet werden [32].

Bild 4.8 zeigt den Verlauf bei üblichen Baustählen.

### 4.1.5 Spezifische Wärmekapazität

Die spezifische Wärmekapazität $c_p$ von im Bauwesen üblichen Stählen ist auf Bild 4.9 dargestellt [32].

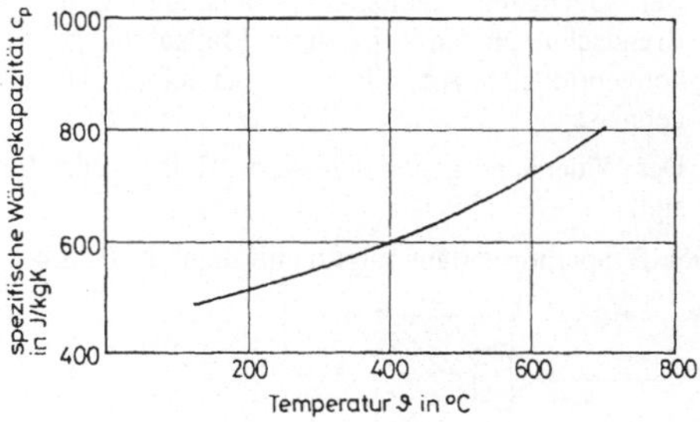

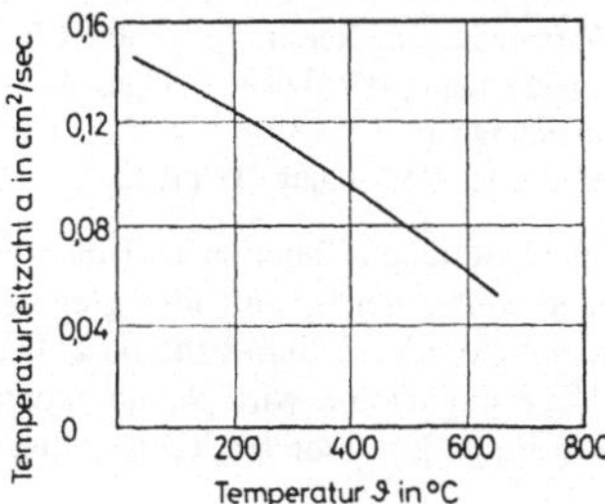


Bild 4.9
Spezifische Wärmekapazität von üblichen Bau-, Beton- und Spannstählen in Abhängigkeit von der Temperatur [32]

### 4.1.6 Dichte

Für praktische Zwecke ist es ausreichend, die Dichte im Bauwesen üblicher Stähle als konstant anzusetzen mit:

$$\rho = 7{,}85 \ t/m^3.$$

### 4.1.7 Temperaturleitfähigkeit

Die Temperaturleitfähigkeit $a = \lambda/c_p \cdot \rho$ ist – entsprechend der Entwicklung der Wärmeleitfähigkeit – beeinflußt von der Stahlzusammensetzung. Aus Bild 4.10 ist der Verlauf für übliche Baustähle zu entnehmen, der näherungsweise auch für Beton- und Spannstähle gilt.



Bild 4.10
Temperaturleitfähigkeit von Baustählen St 37 und St 52 in Abhängigkeit von der Temperatur

### 4.1.8 Temperaturverteilung

Da Stahlbauteile, die nicht durch eine Ummantelung vor dem direkten Wärmeangriff geschützt sind, im Brandfall sehr früh versagen und im allgemeinen keine brandschutztechnischen Forderungen erfüllen, wird der Temperaturverlauf für bekleidete Querschnitte gezeigt, wie er in [10] ermittelt wird.

Zur Berechnung der Erwärmung von ummantelten Stahlquerschnitten werden Vereinfachungen eingeführt:

– Der Stahl setzt dem Wärmedurchgang keinen Widerstand entgegen; daher ist die Temperatur des Stahlquerschnitts gleichförmig. Bei üblichen Walzprofilen ist diese Annahme genau genug. Bei sehr massigen Querschnitten, wie z. B. Vollprofilen größerer Abmessungen, führt sie zu ungünstigen Ergebnissen, da die (höhere) Temperatur der Randbereiche als maßgebend angesetzt wird.

– Die Wärmekapazität der Bekleidung wird vernachlässigt; dadurch ergibt sich ein linearer Temperaturgradient über die Bekleidungsdicke.

Bei sogenannter „leichter" Ummantelung durch moderne Methoden – Spezialputze, Brandschutzplatten – ist diese Maßnahme genau genug, bei „schwerer" Ummantelung konventioneller Art – Betonummantelung, Ummauerung – führt sie zu ungünstigen Ergebnissen.

– Der Widerstand gegen den Wärmefluß von der Bekleidung in den Stahl wird vernachlässigt.

Der Temperaturverlauf folgt damit dem auf Bild 4.11 skizzierten Schema.

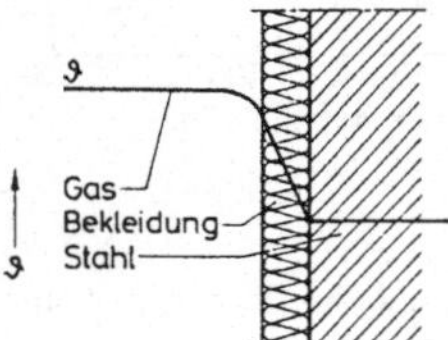


Bild 4.11
Temperaturverlauf im Heißgas, in der Bekleidung und dem Stahlprofil

Der Wärmeübergang k zwischen Heißgas und Stahl kann bei vereinfachter Erfassung der Bekleidung ausgedrückt werden als:

$$k = \cfrac{1}{\cfrac{1}{\alpha_c + \alpha_r} + \cfrac{d_i}{\lambda_i}} \qquad (4.3)$$

worin:

$\alpha_c$ = konvektiver Wärmeübergangskoeffizient Heißgas-Bekleidung (W/m²K),
$\alpha_r$ = radiativer Wärmeübergangskoeffizient Heißgas-Bekleidung (W/m²K),
$d_i$ = Dicke der Bekleidung (m),
$\lambda_i$ = Wärmeleitfähigkeit der Bekleidung (W/mK).

$\lambda_i$ ist hier nicht der in üblichen Tabellen zu findende Wert, sondern temperaturabhängig zu formulieren. Üblicherweise werden mit ihm gleichzeitig Effekte erfaßt, die bei der Brandbeanspruchung eines bekleideten Stahlbauteils auftreten, wie Risse und Klüfte im Ummantelungsmaterial. Näherungsweise wird $\lambda_i$ als konstant über den gesamten für tragende Stahlbauelemente in Frage kommenden Temperaturbereich angenommen [10].

Da $\dfrac{1}{\alpha_c + \alpha_r} \ll \dfrac{d_i}{\lambda_i}$, reduziert sich k für praktische Fälle auf:

$$k = \frac{\lambda_i}{d_i}. \qquad (4.3a)$$

Die Erwärmung eines Stahlprofils ist außer von der Bekleidung wesentlich abhängig von dem sogenannten Profilfaktor, d. h. dem Verhältnis U/A, worin

U = erwärmter Umfang (m),
A = Fläche des Stahlprofils (m²).

Für den erwärmten Umfang ist jeweils die dem Stahlprofil zugewandte Mantelfläche der Bekleidung einzusetzen; bei profilfolgender Ummantelung ist er gleich der Stahlprofilabwicklung, bei kastenförmiger Bekleidung gleich der inneren Kastenabwicklung. Beispiele zeigt Bild 4.12.

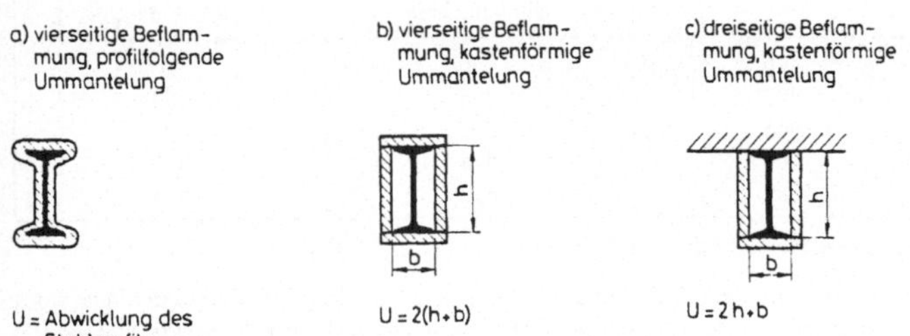


Bild 4.12   Erwärmter Umfang von geschützten Stahlprofilen

Bei Vernachlässigung eventuell vorhandener Feuchte des Bekleidungsmaterials kann die Temperaturerhöhung $\Delta\vartheta_s$ eines mit „leichter" Ummantelung versehenen Stahlquerschnitts während eines Zeitintervalls $\Delta t$ näherungsweise angegeben werden mit:

$$\Delta\vartheta_s = \frac{\lambda_i/d_i}{c_s\,\rho_s} \cdot \frac{U}{A} \, (\vartheta_t - \vartheta_s) \cdot \Delta t \quad (K) \tag{4.4}$$

worin:
$\vartheta_t$ = mittlere Heißgastemperatur während des Zeitintervalls $\Delta t$ (°C),
$\vartheta_s$ = mittlere Stahltemperatur während des Zeitintervalls $\Delta t$ (°C)
$\Delta t$ = Zeitintervall (sec),
$c_s$ = spezifische Wärmekapazität des Stahls (J/kgK),
$\rho_s$ = Rohdichte des Stahls (kg/m$^3$).

Zur Erzielung befriedigender Konvergenz der Gleichung (4.4) muß das Zeitintervall $\Delta t$ ausreichend klein gewählt werden.

[10] bietet Tafeln an, mit denen die Erwärmung von Stahlquerschnitten bei Normbrandbeanspruchung (ETK) in einfacher Weise ermittelt werden kann. Nachfolgend wird ein Beispiel gegeben.

**Beispiel**   Erwärmung eines bekleideten, allseitig beflammten Stahlquerschnitts HEB (IPB) 200 zu bestimmten Zeiten einer Normbrandbeanspruchung. Bekleidung: Spritzputz bzw. Platten auf Vermiculitebasis:

$d_i$ = 0,03 m,   $\lambda_i$ = 0,15 W/mK (nach [10]),   $d_i/\lambda_i$ = 0,2;

bei profilfolgender Ummantelung gemäß Bild 4.12.a:

$U/A$ = 1,15 / 78,1 · 10$^{-4}$ = 147 m$^{-1}$,

bei kastenförmiger Bekleidung gemäß Bild 4.12.b:

$U/A$ = 4 · 0,20 / 78,1 · 10$^{-4}$ = 103 m$^{-1}$.

Der Einfluß des Profilfaktors U/A bei sonst gleichen Bedingungen ist aus Tafel 4.2 deutlich erkennbar.

Tafel 4.2   Stahltemperatur eines bekleideten Stahlprofils HEB 200 zu bestimmten Zeiten einer Normbrandbeanspruchung (Beispiel)

| Zeit t (min) | Brandraumtemperatur $\vartheta_t$ (°C) | Stahltemperatur $\vartheta_s$ (°C) | |
|---|---|---|---|
| | | profilfolgende Ummantelung | kastenförmige Bekleidung |
| 0 | 20 | 20 | 20 |
| 30 | 842 | 206 | 157 |
| 60 | 945 | 379 | 298 |
| 90 | 1006 | 514 | 417 |
| 120 | 1049 | 620 | 515 |

Für die Berechnung angesetztes Zeitintervall At = 30 sec.

[10] bietet auch Rechenverfahren zur Ermittlung der Temperaturverteilung bei Berücksichtigung des
Feuchtegehalts der Bekleidung, sowie bei „schwerer" Ummantelung und auch für nackte Stahlprofile
an.

## 4.2  Beton

Bei der Erwärmung von Beton laufen in seiner Makro- und Mikrostruktur, sowohl im Zementstein wie im Zuschlag, physikalische Vorgänge und chemische und mineralogische Um-
setzungen ab. Diese Prozesse, die nicht immer gleichsinnige Wirkungen haben, überlagern
sich, so daß die Analyse des sehr komplexen Gesamtverhaltens schwierig ist. Generell nimmt
mit steigender Temperatur die Festigkeit ab, und die Verformungsfähigkeit wächst. Schon bei
Normalbetonen verschiedener Zusammensetzung – PZ, HOZ, quarzitischer oder Kalkstein-
Zuschlag – sind Verhaltensunterschiede festzustellen. Ein gegenüber dem Normalbeton deutlich unterschiedliches Verhalten zeigen Konstruktionsleichtbetone mit geblähten Zuschlägen.

### 4.2.1  Festigkeit

Beispiele für die Betondruckfestigkeit ($\sigma$-$\varepsilon$-Diagramme) für Proben ohne Vorlast in der Erwärmungsphase sind für einen Normalbeton in Bild 4.13 und für einen Leichtbeton in

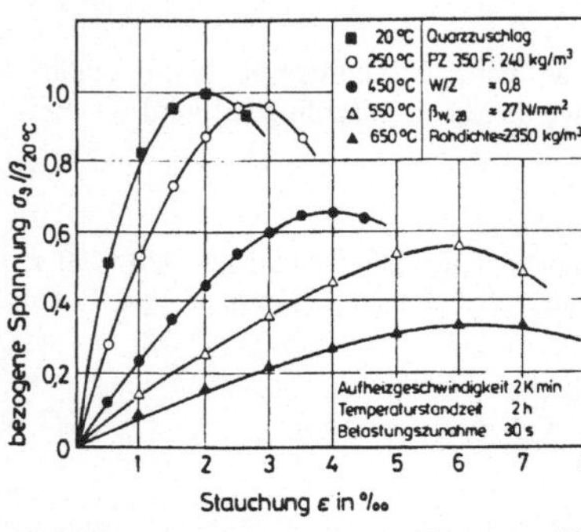


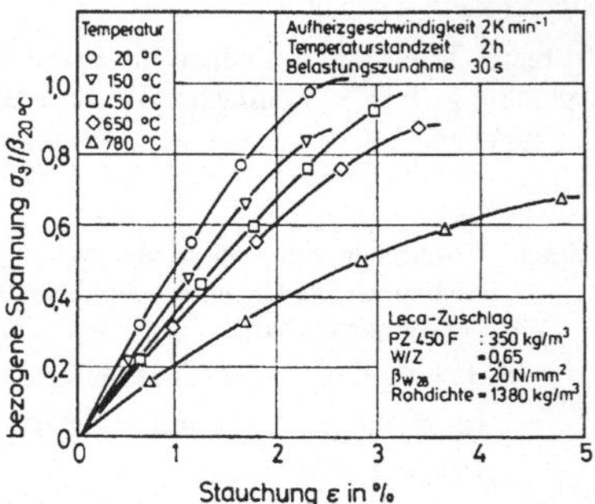


Bild 4.13   Bezogene Spannungs-Dehnungs-Kur-
ven von Normalbeton mit quarzhaltigem Zuschlag bei hohen Temperaturen; Versuchsart I ohne Vorlast [17]

Bild 4.14   Bezogene Spannungs-Dehnungs-Kur-
ven von Leichtbeton mit Blähtonzuschlag; Versuchsart I ohne Vorlast [17]

Bild 4.14 wiedergegeben. Die Bilder 4.15 und 4.16 zeigen den Einfluß verschiedener Vorlasten auf die Hochtemperaturfestigkeit entsprechender Betone [17].

Die gezeigten Diagramme stellen Temperaturabhängigkeiten, gewonnen aus Versuchen mit e i n a c h s i g e r  D r u c k beanspruchung der Betonproben, dar. Die Beton z u g festigkeit wurde bisher nicht systematisch untersucht, und die Forschung zum b i a x i a l e n  D r u c k verhalten unter erhöhter Temperatur steht an ihrem Anfang.

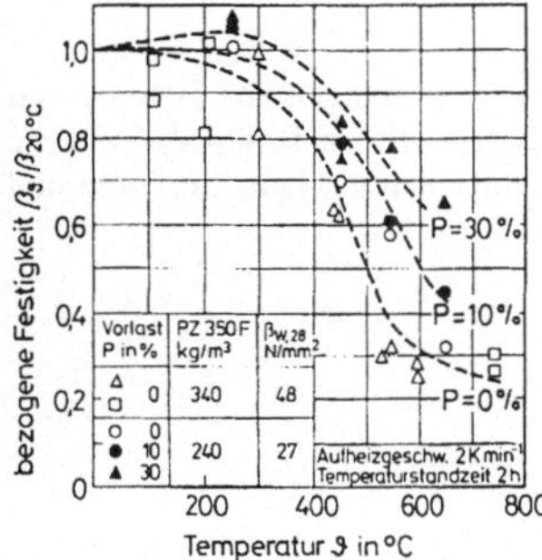

Bild 4.15  Bezogene Hochtemperaturfestigkeit von Normalbeton mit quarzhaltigem Zuschlag bei verschiedenen Vorlasten; Versuchsart I [17]

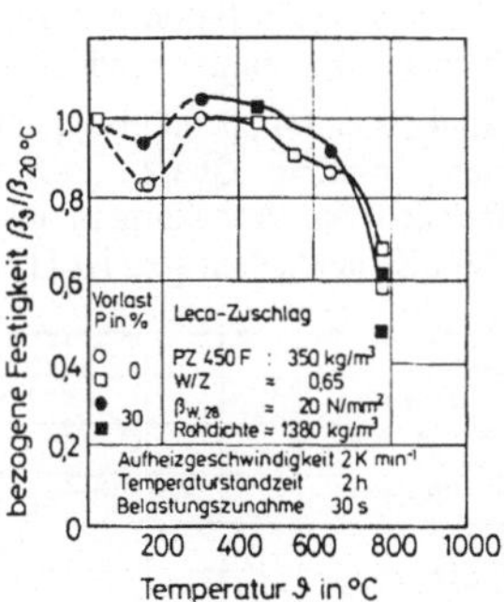

Bild 4.16  Bezogene Hochtemperaturfestigkeit von Leichtbeton mit Blähtonzuschlag bei unterschiedlicher Vorlast; Versuchsart I [17]

## 4.2.2  Elastizität

Der Elastizitätsmodul der Betone nimmt mit steigender Temperatur ab. Seine Abhängigkeit von der Zuschlagart und von der mechanischen Beanspruchung bei der Erwärmung der Proben zeigen die Bilder 4.17 und 4.18 [17].

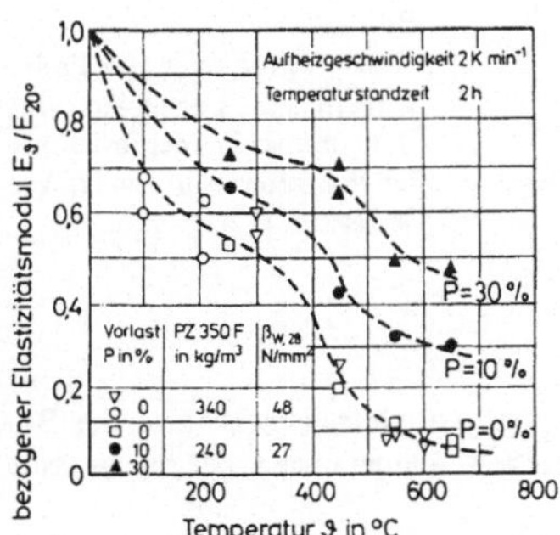

Bild 4.17  Bezogener Hochtemperatur-E-Modul von Beton mit quarzhaltigem Zuschlag bei verschiedenen Vorlasten; Versuchsart I [17]

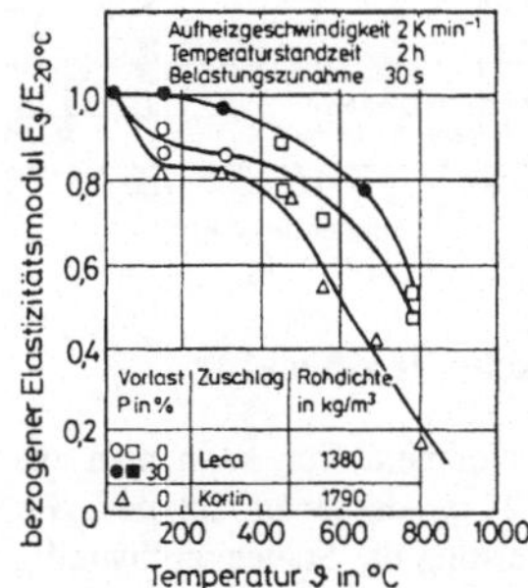

Bild 4.18  Bezogener Hochtemperatur-E-Modul von Beton mit Blähtonzuschlag bei verschiedenen Vorlasten; Versuchsart I [17]

## 4.2.3  Gesamtverformung

Unterwirft man entsprechend der Versuchsart II während der Aufheizzeit einen Betonkörper einer konstanten Druckspannung, dann überlagern sich der thermischen Dehnung, wie sie in 4.2.6 behandelt wird, lastabhängige stauchende Verformungsanteile. Die Dehnungen gehen mit zunehmendem Belastungsgrad zurück. Das Gesamtverformungsverhalten wird dabei nicht nur von dem Hauptparameter Belastungsgrad, sondern auch noch von anderen Größen – wie Zementgehalt, Betongüte, Lagerung, Zuschlagart usw. – beeinflußt. Die Zuschlagart spielt dabei eine dominierende Rolle.

Auf den Bildern 4.19 und 4.20 sind beispielhaft die Gesamtverformungen von Betonen mit unterschiedlichem Zuschlag (Quarz und Blähton) gegenübergestellt. In Bild 4.21 sind die Gesamtverformungen von Probekörpern aus Normalbeton mit quarzitischem Zuschlag und unterschiedlichem Zementgehalt gezeigt [17].

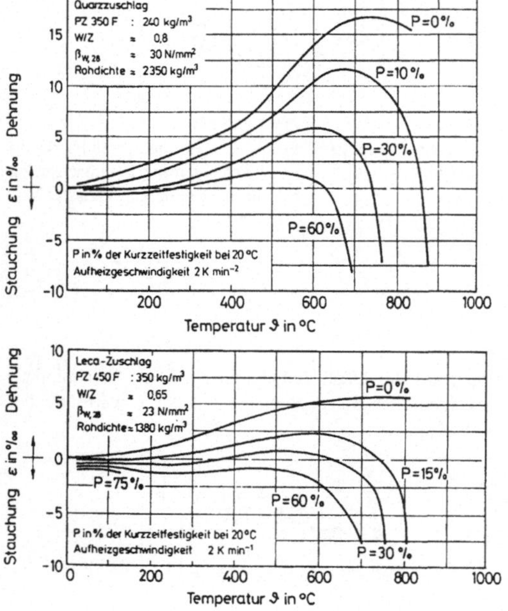


Bild 4.19
Gesamtverformung von Probekörpern aus Normalbeton mit quarzhaltigem Zuschlag bei instationärer Wärmebeanspruchung, Versuchsart II [17]

Bild 4.20
Gesamtverformung von Probekörpern aus Leichtbeton mit Blähtonzuschlag bei instationärer Wärmebeanspruchung, Versuchsart II [17]

## 4.2.4  Kritische Temperatur

Kritische Betontemperaturen kann man aus Diagrammen, wie sie beispielsweise die Bilder 4.19 bis 4.21 wiedergeben, ableiten. Sie sind diejenigen Temperaturen, bei denen unter konstanter Belastung die Stauchgeschwindigkeit $\dot{\varepsilon} \to \infty$.

So gewonnene Baustoffkennwerte geben am besten das Bauteilverhalten wieder, denn die Stauchgeschwindigkeit einer Probe kann beispielsweise als Stauchgeschwindigkeit der Biegedruckzone eines Stahlbetonbalkens angesehen werden. $\dot{\varepsilon} \to \infty$ bedeutet dann den Biege-(Druck-)Bruch des Bauteils.

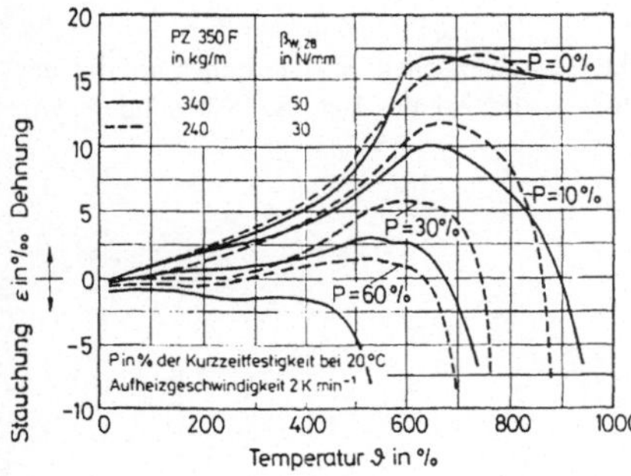

Bild 4.21  Gesamtverformung von Probekörpern aus Normalbeton mit quarzhaltigem Zuschlag und unterschiedlichem Zementgehalt bei instationärer Wärmebeanspruchung, Versuchsart II [17]

Bild 4.22  Kritische Betontemperaturen; ermittelt aus Messungen der Versuchsart II [17]

In Bild 4.22 werden kritische Temperaturen (Streubereiche) für Normal- und Leichtbetone gezeigt [17].

## 4.2.5 Zwängung

Mit Prüfungen der Versuchsart III (s. Tafel 4.1) erhält man die Zwängungskräfte in dehnbehinderten Betonproben. Sie sind von verschiedenen Einflußgrößen abhängig.

Bild 4.23 zeigt als Beispiel die Zwängungskräfte in Probekörpern bei vollständiger Dehnungsbehinderung in Abhängigkeit von der Temperatur und Zeit sowie bei verschieden hohen Anfangsbelastungen (Vorlasten) bei 20 °C [17]. Danach ist die zeitliche Entwicklung der Zwangskräfte diskontinuierlich. Für den zeitlichen Verlauf sind vor allen Dingen die im Beton ablaufenden Entwässerungs- und Dehydratationsvorgänge von Einfluß.

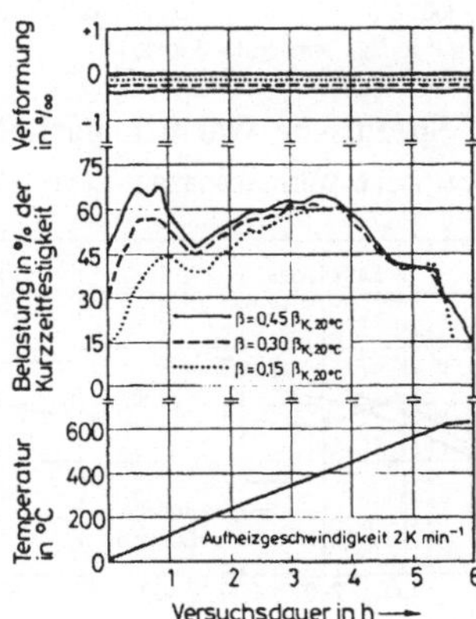

Bild 4.23
Zwängungskräfte bei beheizten Betonprobekörpern mit quarzhaltigem Zuschlag unter vollständiger Dehnungsbehinderung in Abhängigkeit von Temperatur und Zeit sowie von verschieden hohen Vorlasten; Versuchsart III [17]

## 4.2.6  Thermische Dehnung

Die thermische Dehnung weicht, wie aus Bild 4.24 zu ersehen ist, deutlicher als die des
Stahls von der Linearität ab. Sie ist wiederum von der Art des Betons, insbesondere von
den Zuschlägen, abhängig.

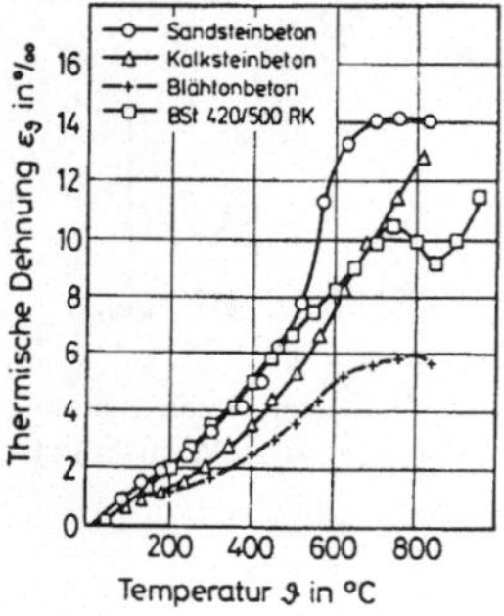


Bild 4.24
Thermische Dehnung von Betonen
mit verschiedenen Zuschlägen und
von Betonstahl [17]

## 4.2.7  Wärmeleitfähigkeit

Die Wärmeleitfähigkeit $\lambda$ von Beton nimmt mit ansteigender Temperatur ab. Unterhalb
rund 100 °C wird sie vom Feuchtegehalt mitbestimmt. Auch die Art des Zuschlags ist von
wesentlichem Einfluß. Bild 4.25 zeigt die Tendenzen.

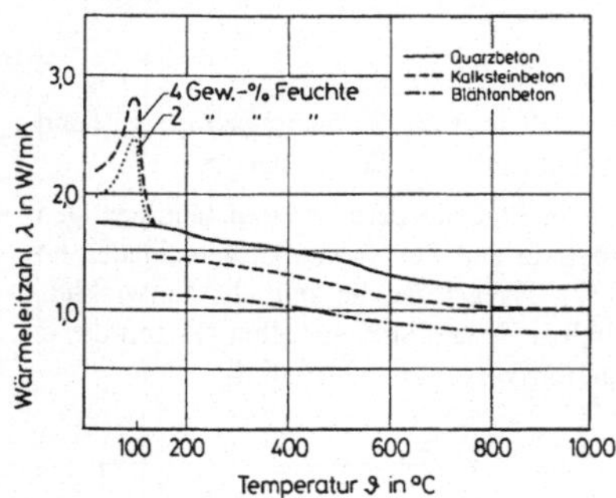


Bild 4.25
Wärmeleitfähigkeit verschiedener Betone in Abhängigkeit von der Temperatur [7]

## 4.2.8  Spezifische Wärmekapazität

Die spezifische Wärmekapazität $c_p$ verschiedener Betone ist auf Bild 4.26 dargestellt.

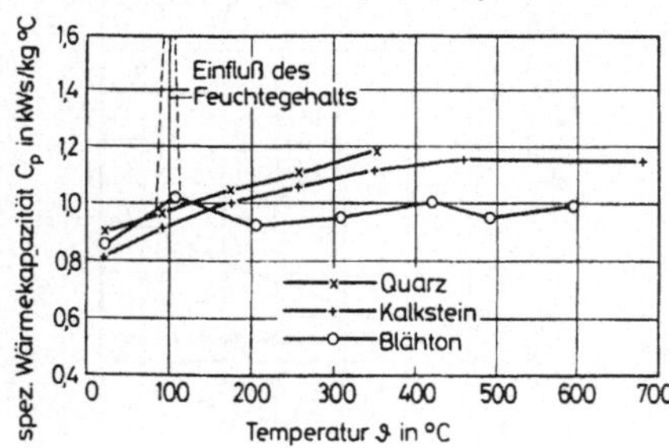


Bild 4.26
Spezifische Wärmekapazität $c_p$ von
Beton mit verschiedenen Zuschlägen
bei hohen Temperaturen [7]

## 4.2.9 Dichte

Für praktische Zwecke ist es ausreichend, die Dichte als konstant mit ihrem Wert bei Raumtemperatur anzusetzen. Selbstverständlich muß jedoch der bei Erwärmung auftretende Wasserverlust berücksichtigt werden.

## 4.2.10 Temperaturleitfähigkeit

Der temperaturabhängige Verlauf der Temperaturleitfähigkeit $a = \lambda/c_p \cdot \rho$ wird zusammengesetzt aus den vorher gezeigten Komponenten und ist für einen quarzitischen Beton auf Bild 4.27 gezeigt.

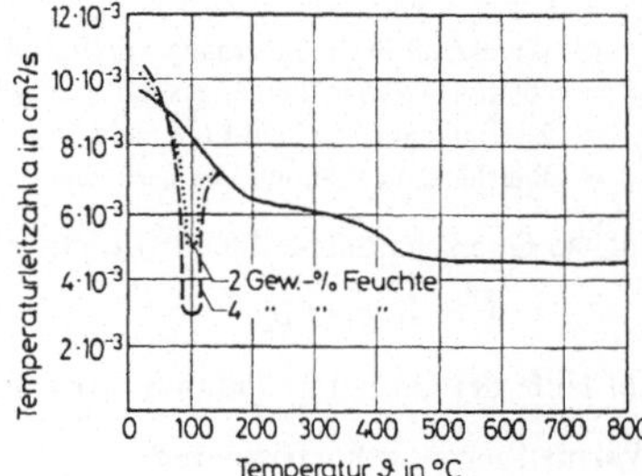


Bild 4.27
Temperaturleitfähigkeit von quarzitischem Beton
in Abhängigkeit von der Temperatur [7]

## 4.2.11 Temperaturverteilung

Der Temperaturverlauf zwischen Heißgas und Beton ist auf Bild 4.28 schematisch dargestellt.

Die mathematische Formulierung der Temperaturverteilung in Querschnitten beliebigen homogenen Materials wurde erstmalig von Fourier angegeben. Die nach ihm benannte Differentialgleichung lautet:

$$c_p \cdot \rho \cdot \frac{\delta\vartheta}{\delta t} = \mathrm{div}\,\lambda\,(\mathrm{grad}\,\vartheta) + W, \tag{4.5}$$

worin:

$c_p$ = spezifische Wärmekapazität (J/kgK),

$\rho$ = Dichte (kg/m³),

$\vartheta$ = Temperatur (K),

$t$ = Zeit (sec),

$\lambda$ = Wärmeleitfähigkeit (J/m K sec) und

$W$ = Wärmequelle oder -senke (J/m³ sec).

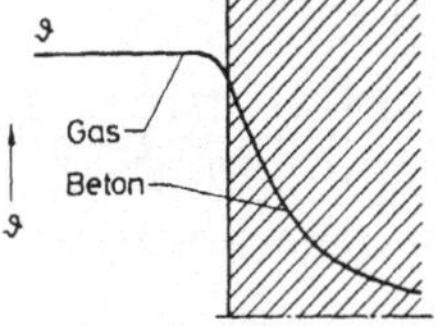


Bild 4.28    Temperaturverteilung im Betonquerschnitt

Für Betonquerschnitte gibt Gleichung (4.5) nur eine Näherung, da zusätzlich zum Wärmetransport ein Feuchte- und Dampftransport stattfindet. Diese beiden Prozesse überlagern sich, und eine genaue Berechnung der Temperaturfelder für den allgemeinen Fall setzt die Kenntnis und Anwendung der Gesetzmäßigkeiten für gleichzeitigen Wärme- und Massentransport voraus.

In wirklichkeitsnaher Vereinfachung wird der Massentransport vernachlässigt, und die durch Dehydratation des Betons und Verdampfung des Kapillarwassers bedingten Wärmesenken werden durch Modifizierung der Wärmeleitfähigkeit berücksichtigt. Es ergibt sich dann für ein ebenes Temperaturfeld mit den Koordinaten x und y aus Gleichung (4.5):

$$\frac{\delta\vartheta}{\delta t} = \frac{\lambda}{c_p \cdot \rho}\left(\frac{\delta^2\vartheta}{\delta x^2} + \frac{\delta^2\vartheta}{\delta y^2}\right) + \frac{d\lambda}{d\vartheta}\left[\left(\frac{\delta\vartheta}{\delta x}\right)^2 + \left(\frac{\delta\vartheta}{\delta y}\right)^2\right] \cdot \frac{1}{c_p \cdot \rho} \tag{4.6}$$

Die Stoffwerte $\lambda$, $c_p$ und damit auch die Temperaturleitzahl $a = \lambda/\rho \cdot c_p$ sind als mit der Temperatur veränderlich einzusetzen (s. Abschn. 4.2.7 bis 4.2.9).

Für die vollständige Lösung des Problems müssen Randbedingungen für den Wärme-übergang vom heißen Gas in den Beton angesetzt werden, die von vielen Eigenschaften des Gases und des festen Körpers abhängen. Der Wärmefluß $\dot{q}$ je Oberflächeneinheit des Querschnitts wird ausgedrückt als:

$$\dot{q} = \alpha \, (\vartheta_t - \vartheta_{ct}), \tag{4.7}$$

worin:

$\alpha \;\; = \alpha_c + \alpha_r$ = Wärmeübergangskoeffizient $(W/m^2 K)$,

$\alpha_c \;\; =$ konvektiver Wärmeübergangskoeffizient $(W/m^2 K)$,

$\alpha_r \;\; =$ radiativer Wärmeübergangskoeffizient $(W/m^2 K)$,

$\vartheta_t \;\; =$ Gastemperatur zur Zeit t (°C) und

$\vartheta_{ct} =$ Oberflächentemperatur des Querschnitts zur Zeit t (°C).

Für die Querschnittsoberfläche gilt ferner

$$\dot{q} = -\lambda \, \text{grad} \, \vartheta_{ct}. \tag{4.8}$$

Mit Hilfe der Gln. (4.7) und (4.8) kann die Oberflächentemperatur bestimmt werden.

**Wärmeübergangskoeffizienten**

Der konvektive Wärmeübergangskoeffizient $\alpha_c$ ist eine Funktion der Gasströmung, die hauptsächlich beeinflußt wird durch die Geschwindigkeit, Temperatur und Art des Gases, aber auch durch die Gestalt und Oberflächenbeschaffenheit des festen Körpers, des Beton-querschnitts.

Für Normbrandbedingungen kann $\alpha_c$ näherungsweise als Konstante angenommen werden:

$\alpha_c \sim 25$ W/m²K für die erwärmte Oberfläche,

$\alpha_c \sim 18$ W/m²K für die feuerabgekehrte Oberfläche.

Der radiative Wärmeübergangskoeffizient $\alpha_r$ wird im wesentlichen bestimmt durch die Emission $\varepsilon$ der Flammen, der Brandgase und der Oberfläche des Festkörpers. Er ist temperaturabhängig.

$$\alpha_r = \frac{5{,}77 \cdot \varepsilon}{\vartheta_t - \vartheta_{ct}} \left[ \left( \frac{\vartheta_t + 273}{100} \right)^4 - \left( \frac{\vartheta_{ct} + 273}{100} \right)^4 \right] (W/m^2 K) \tag{4.9}$$

$$(5{,}77 = \text{Stephan-Boltzmann-Konstante})$$

Für Normbrandbedingungen dürfen folgende Näherungen benutzt werden:

$\varepsilon \sim 0{,}5$ für die erwärmte Oberfläche,

$\varepsilon \sim 0{,}8$ für die feuerabgekehrte Oberfläche.

**Temperaturfelder**

Computerprogramme zur Berechnung von Temperaturfeldern in Betonquerschnitten sind von verschiedenen Autoren veröffentlicht worden, z. B. [5], [34], [45].

Bild 4.29 zeigt als Beispiel die Temperaturfelder zu bestimmten Zeiten der Normbrandbeanspruchung in dem unteren Teil eines I-Querschnitts aus quarzitischem Beton.

Mit zunehmender Masse steigt die Wärmekapazität eines Querschnitts, und mit abnehmender spezifischer Oberfläche sinkt die auf das Bauteil einwirkende, auf die Masseneinheit bezogene Wärmeenergie ab. Querschnittsform und Querschnittsgröße haben dementsprechend einen Einfluß auf den Erwärmungsvorgang (s. Bild 4.30).

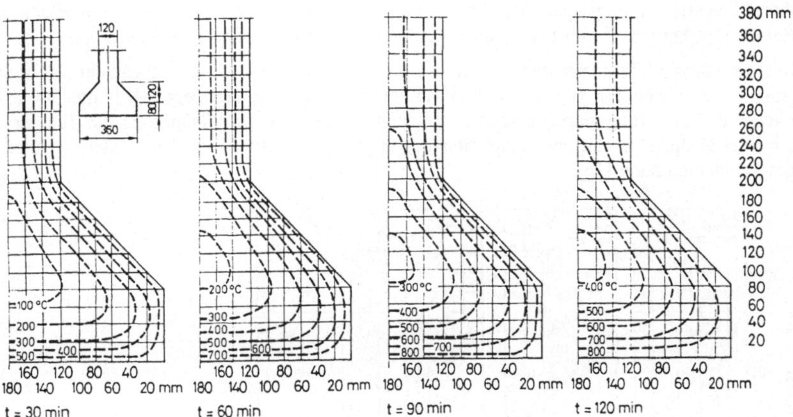

t = 30 min          t = 60 min          t = 90 min          t = 120 min

Bild 4.29   Temperaturverteilung im unteren Teil eines I-Balkens aus quarzitischem Beton unter Normbrandbedingungen

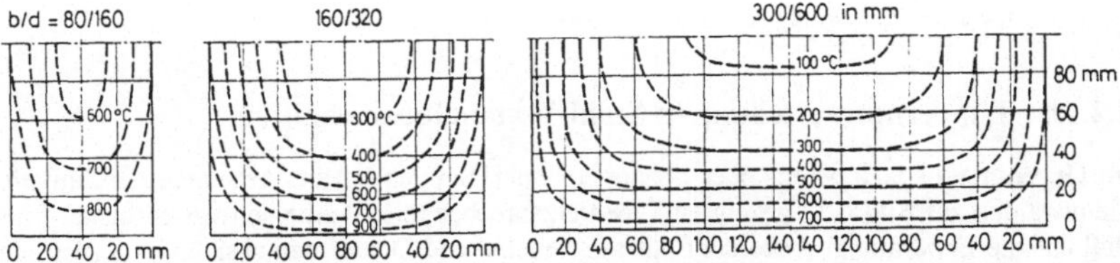

Bild 4.30   Temperaturverteilung im unteren Bereich von Rechteckbalken aus quarzitischem Beton mit
unterschiedlichen Abmessungen unter Normbrandbedingungen (t = 60 min)

Entsprechend der unterschiedlichen Wärmeleitfähigkeit (s. Abschn. 4.2.7) weisen Betone mit verschiedenen Zuschlägen andere Erwärmungsgeschwindigkeiten auf, wie in Bild 4.31 beispielhaft gezeigt wird. Der Einfluß der Betonfeuchte auf die Erwärmung wird besonders deutlich im Bereich von rund 100 °C, wo durch den einsetzenden Verdampfungsvorgang Wärme verbraucht und die kontinuierliche Querschnitterwärmung vorübergehend verzögert wird. Die Dauer der Verzögerung ist vom Feuchtegehalt des Betons abhängig und wird deutlicher im Querschnittsinnern als in den Randbereichen.

Stahl hat aufgrund seiner Werkstoffeigenschaften eine erheblich höhere Wärmeleitfähigkeit als Beton. Daraus folgt für Stahlbetonquerschnitte in Abhängigkeit von Bewehrungsstahl und

Bild 4.31
Temperaturverlauf in der Symmetrieachse von dreiseitig beflammten (ETK) Rechteckbalken mit verschiedenen Zuschlägen [7]

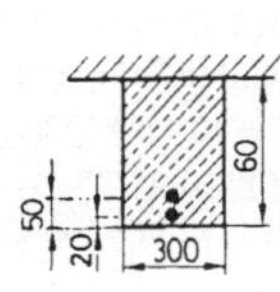

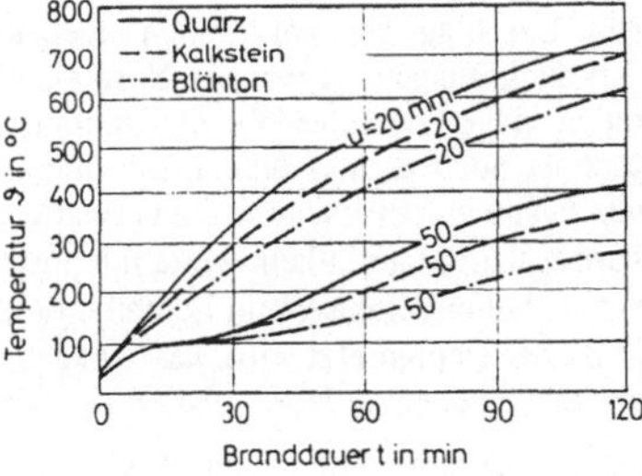

Anzahl der Bewehrungslagen eine Abweichung gegenüber Temperaturfeldern in ungestörten Betonquerschnitten. Dieser Effekt kann im allgemeinen jedoch venachlässigt werden.

In Bild 4.32 sind Temperaturgradienten, die sich nach 60 min Normbrandbeanspruchung in einem ungestörten Betonquerschnitt einstellen, denjenigen gegenübergestellt, die im Bereich von Bewehrungsstäben auftreten. Es zeigt sich, daß in guter Näherung die Temperatur eines Stahlstabes mit der Temperatur des ungestörten Betons – in Achse Stab – gleichgesetzt werden kann [16].

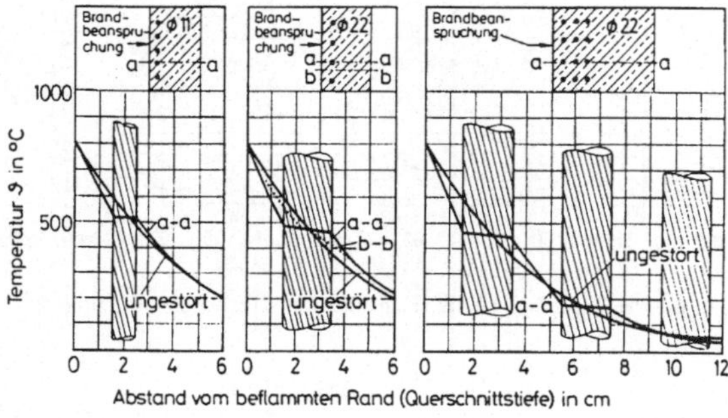


Bild 4.32
Einfluß der Bewehrung auf Temperaturverlauf in Stahlbetonplatten oder -wänden [16]

## 4.2.12  Temperaturverteilung in Stahl-Verbundquerschnitten

Im Gegensatz zu Stahlbeton- oder Spannbetonquerschnitten hat bei Verbundquerschnitten, die etwa den auf Bild 4.33 gezeigten Typen entsprechen, der Stahl einen wesentlichen Einfluß auf die Erwärmung. Außerdem müssen Feuchte und Dampf berücksichtigt werden, da sie nicht entweichen können bzw. am Entweichen behindert werden [19].

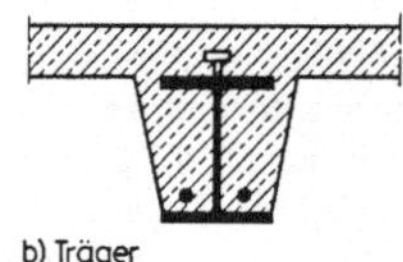


Bild 4.33
Stahl-Verbundquerschnittausbildung (Beispiele)

## 4.3  Sonderbetone

Leichtbeton mit haufwerksporigem Gefüge, hergestellt mit dichtem oder porigem Zuschlag aus natürlichen oder künstlichen mineralischen Stoffen, bringt für den Gebrauchszustand gegenüber Normalbeton den Vorteil geringerer Rohdichte und in Abhängigkeit davon besserer Wärmedämmung mit. Das Verhalten dieser Betone unter Hochtemperatur ist noch nicht systematisch untersucht worden. Die praktischen Erfahrungen zeigen, wie das auch logischerweise zu erwarten ist, daß für die Veränderung der mechanischen und thermischen Materialkennwerte mit ansteigender Temperatur die gleichen Tendenzen wie bei Normalbeton gelten. Wenn Leichtbeton mit haufwerksporigem Gefüge für raumabschließende Bauteile eingesetzt wird, kann wegen der geringeren Wärmeleitfähigkeit bei gleicher Bauteildicke gegenüber Normalbeton eine höhere Feuerwiderstandsfähigkeit erreicht werden.

Diese Aussagen gelten auch für Gasbeton.

Gute Erfahrungen in brandschutztechnischer Hinsicht bestehen auch mit P o l y s t y r o l -
s c h a u m - B e t o n e n , bei denen ein Teil der mineralischen Zuschläge durch Kunststoffkü-
gelchen ersetzt wird, während P o l y e s t e r s c h a u m - B e t o n e , bei denen das Bindemittel
Kunststoff ist, für Brandschutzzwecke nicht verwendet werden können, wenn sie nicht gegen übermäßige Erwärmung geschützt sind (s. Abschn. 4.8).

## 4.4  Mauerwerk

Die Veränderung der mechanischen Eigenschaften der Baustoffe, aus denen Mauerwerk besteht – Stein, Mörtel, Putz –, mit der Temperatur ist nicht erforscht. Es gelten die gleichen
Tendenzen, wie sie für Beton (s. Abschn. 4.2) angegeben sind. Auch für die Berechnung
der Erwärmung von Mauerwerksquerschnitten aus verschiedenen Materialien gelten die
gleichen grundsätzlichen Ansätze wie bei Beton. Die theoretische Ermittlung der Temperaturfelder stößt jedoch – abgesehen von der Nichtkenntnis des Temperatureinflusses auf die
thermischen Materialkennwerte – auf noch größere numerische Schwierigkeiten wegen des
unterschiedlichen thermischen Verhaltens der Komponenten Putz, Stein und Mörtel, sowie
der häufig in den Steinen vorhandenen Hohlräume.

Man greift auf Erfahrungswerte aus Brandversuchen zurück, um – ohne genauere Kenntnis
des Temperaturverlaufs im Querschnitt und der thermischen Materialentfestigung – das
Verhalten von Wänden aus Mauerwerk zu beurteilen.

## 4.5  Holz

### 4.5.1  Entzündung, Abbrand

Holz ist ein brennbarer Baustoff. Bei Erwärmung tritt eine chemische Zersetzung der Holz-
substanz – Zellulose und Lignin – unter Bildung von Holzkohle und brennbaren Gasen ein,
und bei genügender Konzentration dieser Gase kann eine Entzündung stattfinden, auch
ohne daß eine Zündquelle anwesend ist. Weder die Temperaturgrenze, bei der die thermische Zersetzung beginnt, noch die Entzündungstemperaturgrenze können jedoch als Mate-
rialkonstanten festgelegt werden, weil die Erwärmungsdauer einen entscheidenden Einfluß
besitzt. Spontane Entzündung feinzerkleinerter Holzproben tritt im Temperaturbereich von
über rund 350 °C ein. Bei Erwärmung über viele Stunden kann jedoch eine Entzündung
schon unter 150 °C stattfinden. Außer der Erwärmungsdauer haben die Probengröße, die
Rohdichte des Holzes und der Feuchtegehalt Einfluß auf die Entzündbarkeit; hohe Rohdichte und hoher Feuchtegehalt verzögern die Entzündung.

Das Produkt der thermischen Zersetzung des Holzes, die Holzkohle, besitzt keine nennens-
werte Festigkeit. Die Tiefe ihres Eindringens in einen Querschnitt wird oft als ein Maß zur
Ermittlung der Resttragfähigkeit oder der Feuerwiderstandsfähigkeit von Bauteilen benutzt.
Jedoch ist auch die Temperatur, bei der die Verkohlung beginnt, keine feste Grenze; einige
Forscher nennen als Richtwert 300 °C, aber Holzkohlebildung wurde auch schon bei we-
sentlich niedrigerer Temperatur – in der Größenordnung von 100 °C – registriert.

Die Geschwindigkeit des Eindringens der Verkohlung, die sogenannte Abbrandgeschwindigkeit, ist von einer Reihe von Parametern abhängig:

– Entwicklung der Temperatur im Brandraum,

– Rohdichte des Holzes,

– Äste, Klüfte und Risse im Querschnitt,

– Feuchtegehalt bei Beginn der thermischen Beanspruchung,

– Verformung (Dehnung) durch mechanische Beanspruchung der exponierten Faser.

Bild 4.34 zeigt Streubreiten gemessener Abbrandtiefen an Rechteckbalken aus Nadelholz unter Biegebeanspruchung. Der obere Streubereich gilt für die unter Biegezugspannung stehende Unterseite, deren Gefüge gedehnt wird und von der die schützende Holzkohleschicht infolge der Durchbiegung leichter abfällt.

Hölzer mit den Daten

Rohdichte  $\rho \geq 400$ kg/m$^3$, $\rho \geq 230$ kg/m$^3$,

Dicke d       $\geq 2$ mm oder d $\geq 5$ mm

sind im Sinne von DIN 4102 Teil 1 normalentflammbar (Baustoffklasse B 2). Werden diese Grenzwertpaare unterschritten, kann der Baustoff Holz leichtentflammbar (B 3) werden (s. Abschn. 2.3.1). Durch spezielle Anstriche oder Imprägnierungen kann Holz schwerentflammbar (B 1) gemacht werden.

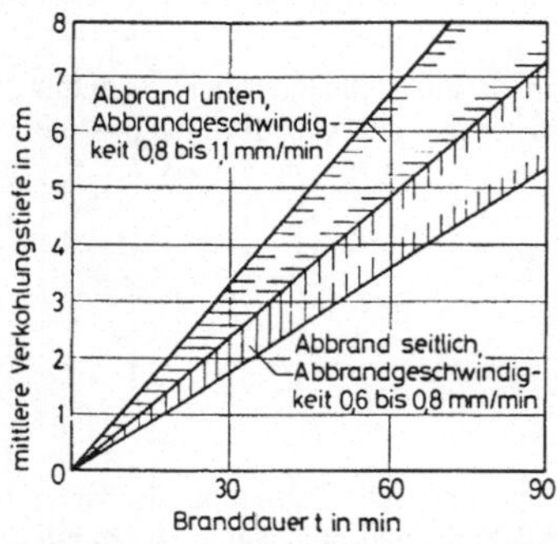


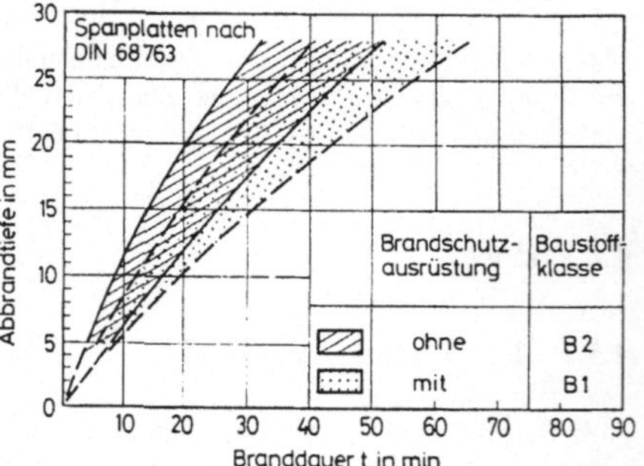


Bild 4.34  Abbrandtiefen von Nadelholzbalken, Güteklasse II, mit Rechteckquerschnitt unter Biegespannung o $\approx$ 11 N/mm$^2$ und Temperaturbeanspruchung nach der Einheitstemperatur-Zeitkurve gemäß DIN 4102 [20]

Bild 4.35  Abbrandtiefe von Spanplatten mit $\rho \geq 600$ kg/m$^3$ mit und ohne Brandschutzausrüstung bei Temperaturbeanspruchung nach der Einheitstemperatur-Zeitkurve gemäß DIN 4102 [25]

Bei Spanplatten wird die Schwerentflammbarkeit meistens durch eine Behandlung der Späne – Einsprühen oder Tränken – oder durch Zusätze zum Leim erreicht. Eine Brandschutzausrüstung von Spanplatten beeinflußt auch deren Abbrandgeschwindigkeit deutlich, wie aus Bild 4.35 hervorgeht.

## 4.5.2  Festigkeit

Die Festigkeit des Holzes bei Normaltemperatur wird von seiner Struktur, aber auch von seinem Feuchtegehalt beeinflußt. Dieser Einfluß bleibt bei erhöhter Temperatur nicht nur in den Absolutwerten, sondern auch in den bezogenen Werten der Festigkeit erhalten. Allerdings gehen diese Gesetzmäßigkeiten in den weiten, durch die zufällige Beschaffenheit des

Holzes bedingten Streuungen der Daten weitgehend unter. Ein Beispiel (Mittelwerte) der Feuchteabhängigkeit relativer Festigkeit bei erhöhter Temperatur zeigt Bild 4.36 [12].

Die ansteigende Temperatur wirkt sich auf Druck-, Zug-, Biege- und Schubfestigkeit des Holzes unterschiedlich stark aus. Gemittelte Werte zeigt Bild 4.37 [12].

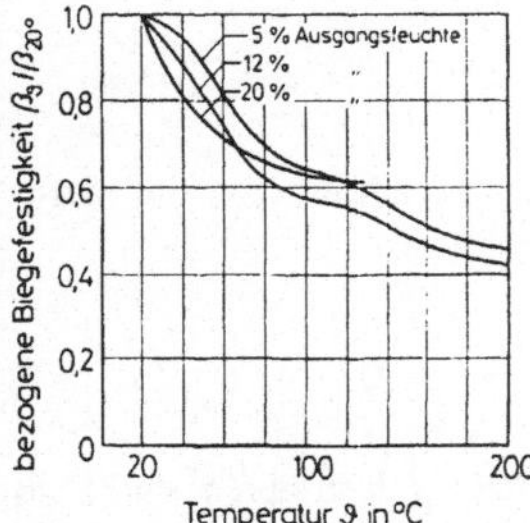


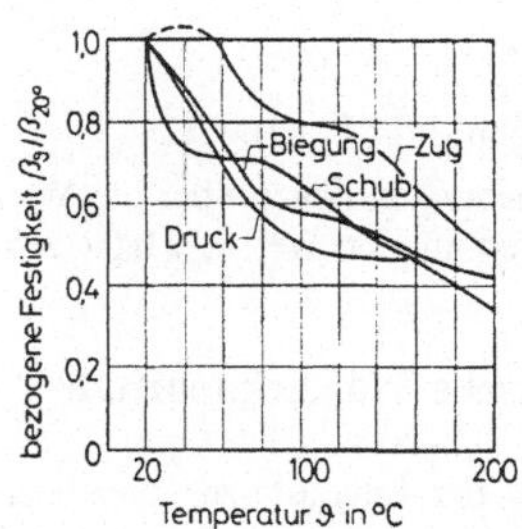


Bild 4.36   Bezogene Hochtemperatur-Biegefestig-keit von Nadelholz bei unterschiedlicher Ausgangsfeuchte (Gew.-%) [12]

Bild 4.37   Bezogene Hochtemperaturfestigkeit von laminiertem Kiefernholz, Ausgangsfeuchte 12 Gew.-% [12]

### 4.5.3  Elastizität

Der temperaturabhängige Verlauf des Elastizitätsmoduls, errechnet aus der Stauchung oder der Durchbiegung von Proben, ist auf Bild 4.38 gezeigt [12].

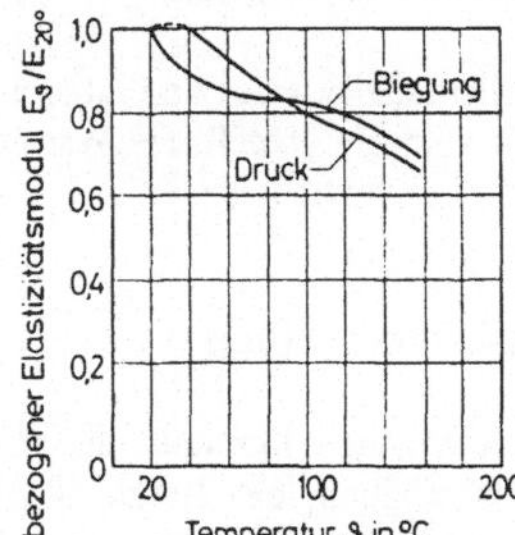


Bild 4.38
Bezogene Hochtemperatur-Elastizitätsmoduli von laminiertem Kiefernholz, Ausgangsfeuchte 12 Gew.-% [12]

### 4.5.4  Thermische Dehnung

Die thermische Dehnung von Holz ist im Vergleich zu Stahl oder Beton sehr gering und wird bei rapider Erwärmung, wie z. B. im Brandfall, überlagert durch Quell- oder Schrumpfprozesse infolge gleichzeitig ablaufender Feuchtigkeitsumlagerungen im Querschnitt. In Faserrichtung kann die thermische Dehnung als linear angenommen werden mit:

$$\alpha_{\vartheta} = (0,3 \div 0,6) \cdot 10^{-5} K^{-1} \quad [12].$$

### 4.5.5  Wärmeleitfähigkeit

Die Wärmeleitzahl $\lambda$ des Holzes kann bei Raumtemperatur in Abhängigkeit von der Rohdichte $\rho$ und dem Feuchtegehalt m errechnet werden mit Gl. (4.10).

$$\lambda = (2,0 + 0,0406\,m)\,\rho \cdot 10^{-4} + 0,0238\,(W/mK) \quad [12] \qquad (4.10)$$

mit m in Gew.-%, $\rho$ in kg/m³.

Die Formel ist gültig für m < 40 Gew.-%.

Die Abhängigkeit der Wärmeleitzahl von der Temperatur kann als direkt proportional dem Verhältnis der absoluten Temperatur angegeben werden:

$$\lambda_1 = \lambda_0 \cdot T_1/T_0 \quad [12] \tag{4.11}$$

mit $T_1$ und $T_0$ in K.

Die Formel ist gültig für $\vartheta \leq 100\,°C$.

Wenige Untersuchungen liegen über die Wärmeleitfähigkeit von Holzkohle vor. Sie dürfte in weiten Grenzen um den Wert $\lambda = 0{,}07$ W/mK schwanken.

### 4.5.6   Spezifische Wärmekapazität

Die Angaben in der Literatur zur spezifischen Wärmekapazität $c_p$ divergieren stark; sie sind nur teilweise in Abhängigkeit von Rohdichte, Feuchte und Temperatur formuliert. Als Anhaltswerte können angenommen werden:

$c_p = 1{,}35$ kJ/kgK für Fichtenholz,

$c_p = 1{,}47$ kJ/kgK für Buchenholz.

Die Werte sind annähernd konstant bis $\vartheta = 50\,°C$ und gelten für trockenes Holz [12].

### 4.5.7   Temperaturleitfähigkeit

Wegen der Unvollständigkeit der verfügbaren Informationen über die Wärmeleitfähigkeit $\lambda$ und insbesondere über die spezifische Wärmekapazität $c_p$ wird auf Angaben zur Temperaturleitzahl $a = \lambda/c_p \cdot \rho$ verzichtet.

### 4.5.8   Temperaturverteilung

Wegen der unzureichenden Kenntnis der thermischen Materialwerte von Holz und Holzkohle ist es nicht möglich, die Temperaturfelder in Querschnitten unter Brandbeanspruchung zutreffend rechnerisch zu bestimmen. Temperaturmessungen sind vereinzelt durchgeführt worden, ein Beispiel zeigt Bild 4.39 [20].

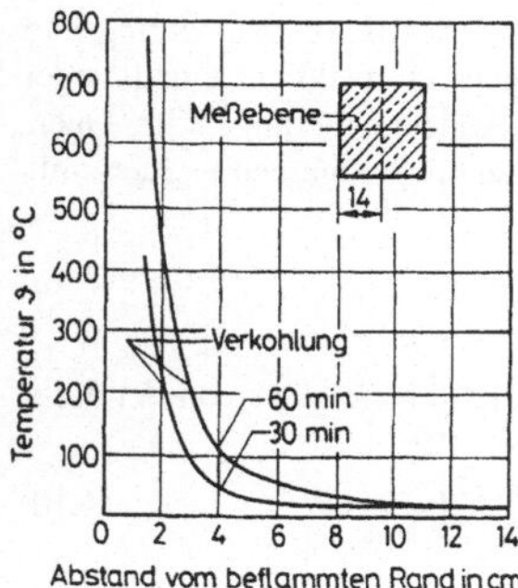


Bild 4.39
Temperaturverlauf in der Symmetrieachse eines allseitig beflammten Nadelholzquerschnitts 28/28 (cm) nach 30 und 60 min einer Brandbeanspruchung nach der Einheitstemperatur-Zeitkurve gemäß DIN 4102 [20]

# 4.6 Gips

## 4.6.1 Produkte

Gipsbaustoffe werden in folgende Hauptproduktgruppen aufgegliedert:

– Gipsputze,

– in Formen gegossene Gipsbauelemente,

– Gipskarton-Bauplatten,

– Gipsfaserplatten,

– Glasvlies-Gipsbauplatten.

Gipsputze bestehen entweder nur aus Gips, oder sie haben Beimengungen von Sand (herkömmlich), Perlite oder Vermiculite. In Formen gegossene Gipsbauelemente werden als Deckenplatten zur Bekleidung oder Abhängung von Rohdecken verwendet. Die gleichfalls in Formen gegossenen Wandbauplatten aus Gips sind leichte Bauplatten, die in der jeweils erforderlichen Wanddicke mit Nut und Feder an den Stoß- und Lagerflächen hergestellt und dort miteinander verklebt werden. Sie werden für nichttragende Trennwände verwendet. Gipskarton-Bauplatten sind aus einem Gipskern bestehende Platten, deren Flächen und Längskanten mit einem festhaftenden Karton ummantelt sind. Für den Brandschutz werden im allgemeinen Gipskarton-Bauplatten F (GKF) eingesetzt, die einen verfestigten Gipskern mit einem festgelegten Zusatz genormter Glasseide besitzen. GKF-Platten werden für abgehängte Decken und als Beplankung oder Bekleidung von Wänden gebraucht. Den gleichen Anwendungsbereich haben Gipsfaserplatten und Glasvlies-Gipsbauplatten. Die ersteren bestehen aus Gips mit einer „Bewehrung" aus Zellulosefasern, bei den letzteren ist der Gipskern beidseitig mit verstärkendem Glasfaser-Gewebe umhüllt.

Im Sinne von DIN 4102 Teil 1 ist Gips ein nichtbrennbarer Baustoff (Baustoffklasse A 1). Gipskarton-Bauplatten sind ohne besonderen Nachweis schwerentflammbar (B 1), unter bestimmten Voraussetzungen hinsichtlich der Art und Dicke des Kartons und der Plattendicke können sie jedoch die Einstufung in die nichtbrennbaren Baustoffe (A 2) erreichen. Die einzigen derzeit auf dem deutschen Markt vorhandenen Gipsfaserplatten (Fermacell) und Glasvlies-Gipsbauplatten (Fireboard) sind nichtbrennbar (A 2 bzw. A 1).

## 4.6.2 Physiko-chemische Vorgänge bei Einwirkung erhöhter Temperatur

Abgebundener Baugips ist das Calciumsulfat-Dihydrat ($CaSO_4 \cdot 2H_2O$), das zu rund 20 Gew.-% aus chemisch gebundenem Kristallwasser besteht. Unter Einwirkung von Wärme – bei länger andauernder Beaufschlagung bereits ab 42 °C – wird die Kristallstruktur verändert; der Gips entwässert und bildet sich um zu $CaSO_4 \cdot \frac{1}{2}H_2O$ (Hemihydrat). Bei weiter steigender Temperatur (Brandfall) wird das freigesetzte Wasser bis zum Verdampfungspunkt erwärmt und dann in Dampf übergeführt. Für die Verdampfung werden erhebliche Mengen von Wärmeenergie verbraucht, und während des gesamten Verdampfungsvorgangs steigt die Temperatur in der betroffenen Zone nicht über rund 100 °C an. Hierauf beruht die günstige Wirkung von Gipsprodukten beim Einsatz in der Brandschutztechnik, sowohl für den Schutz tragender Bauteile vor vorzeitiger übermäßiger Erwärmung wie zur Einhaltung der zulässigen Temperaturerhöhung auf der Rückseite raumabschließender Bauteile.

Bild 4.40 zeigt die Verzögerung der Erwärmung eines mit Gipskarton-Bauplatten F ummantelten Stahlträgers [13].

Dem Hemihydrat wird das restliche Kristallwasser unter Bildung des wasserfreien Anhydrits bei höherer Temperatur, ab rund 200 °C, entzogen. Bei rund 900 °C beginnt die thermische Zersetzung des Anhydrits [13].

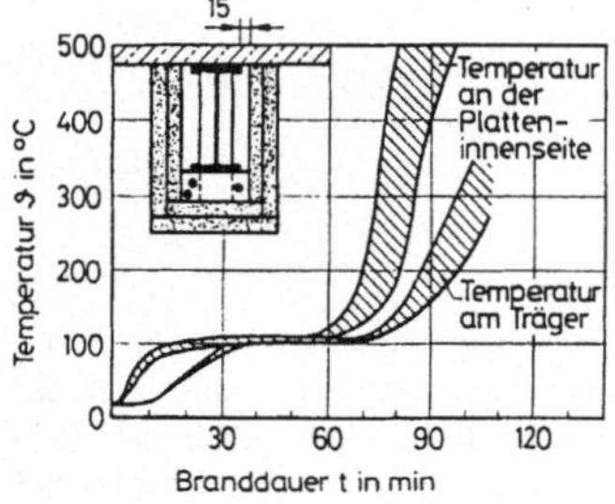


Bild 4.40
Temperaturentwicklung bei einem mit Gipskarton-Bauplatten F ummantelten, dreiseitig beflammten I-Träger unter Normbrandbedingungen [13]

### 4.6.3  Mechanische Eigenschaften

Systematische Untersuchungen über die Veränderung der mechanischen Eigenschaften von Gips und Gipsprodukten bei Erwärmung sind bisher nicht veröffentlicht worden.

### 4.6.4  Thermische Eigenschaften

Auch über die thermischen Eigenschaften von Gipsbaustoffen unter Hochtemperatureinfluß liegen nur lückenhafte Informationen vor. Die oben aufgeführten Veränderungen im molekularen Gefüge des Gipses schlagen sich im temperaturabhängigen Verlauf der Eigenschaften nieder, und auch die in den Gipsprodukten vorhandenen Beimengungen haben Einfluß.

Die thermische Dehnung von Gips erreicht schon bei rund 150 °C ihr Maximum und geht dann in einen rapiden Schrumpfungsprozeß über. Eine Glasfaserbewehrung von Gipskarton-Bauplatten wirkt ausgleichend. Auf Bild 4.41 sind Richtwerte gezeigt [1].

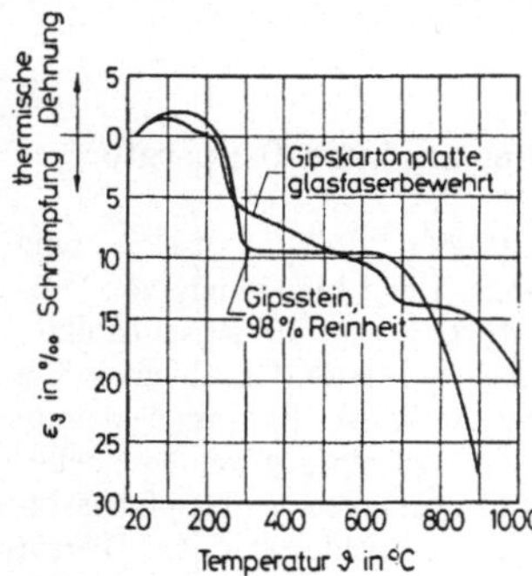


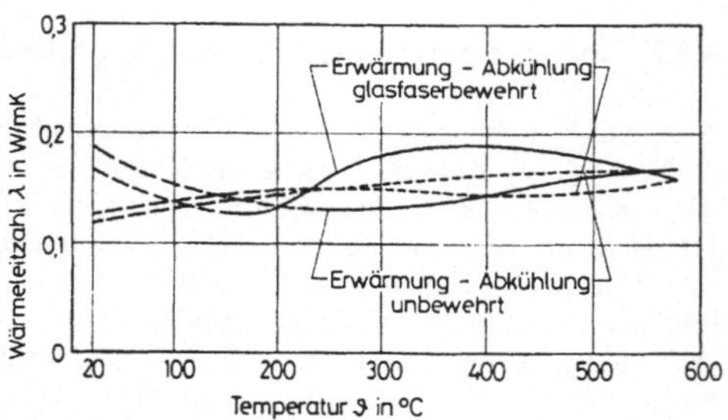


Bild 4.41  Thermische Dehnung und Schrumpfung von Gipsstein und glasfaserbewehrten Gipskarton-Bauplatten [1]

Bild 4.42  Wärmeleitfähigkeit unbewehrter und glasfaserbewehrter Gipskarton-Bauplatten im Aufheiz- und Abkühlungsprozeß [1]

Bild 4.42 zeigt die temperaturabhängige Entwicklung der Wärmeleitfähigkeit von Gipskarton-Bauplatten mit und ohne Glasfaserzusatz [1]. Aus der Darstellung geht auch hervor, daß der Kurvenverlauf während des Abkühlprozesses sich deutlich von dem während der Aufheizperiode unterscheidet. Der Unterschied ist durch das Kristallwasser bedingt, das die Wärmeleitfähigkeit während des Aufheizens beeinflußt, beim Abkühlvorgang jedoch nicht mehr vorhanden ist.

## 4.7 Nichteisenmetalle

Der Schmelzpunkt von A l u m i n i u m liegt bei 658 °C. Diese Tatsache bewirkt frühes Versagen im Brandfall und schränkt die Verwendung von Aluminium und seinen Legierungen in Bauteilen, die brandschutztechnische Forderungen zu erfüllen haben, stark ein. Eine tragende Funktion kann Leichtmetallteilen nicht zugewiesen werden, sofern sie nicht ausreichend gegen Erwärmung geschützt werden. Wenn sie als sichtbare Konstruktionselemente, z. B. als Rahmen von Verglasungen, verwendet werden, handelt es sich immer um jeweils zwei voneinander unabhängige getrennte Profile, von denen das dem Feuer abgekehrte, durch eine Wärmedämmung im Innern der Konstruktion geschützte allein die tragende oder aussteifende Funktion übernehmen kann. A n d e r e  N i c h t e i s e n m e t a l l e haben in diesem Zusammenhang keine Bedeutung.

## 4.8 Kunststoffe

Kunststoffe sind synthetische, makromolekulare Werkstoffe organischer Grundsubstanz, die sich in die Hauptgruppen der Thermoplaste, der Elastomere und der Duromere aufgliedern. Silikone sind anorganische Polymere, deren Kette aus anorganischen Bausteinen mit orga-

Tafel 4.3   Übersicht über die wichtigsten Baukunststoffe [33]

| Gruppe | Kunststoff | Kurzbe-zeichnung | Gruppe | Kunststoff | Kurzbe-zeichnung |
|---|---|---|---|---|---|
| Thermo-plaste | Polyäthylen | PE | Elasto-mere | Polyurethan[1] | PUR |
| | Polypropylen | PP | | Alkyl-Polysulfid | |
| | Polyisobutylen | PIB | | Polychlorbutadien | CR |
| | Polyvinylchlorid | PVC | Duro mere | Aminoplaste Harnstoff-Formaldehyd-harze | UF |
| | Polymethyl-methacrylat | PMMA | | | |
| | Polyvinylacetat | PVAC | | Melaminharze | MF |
| | Polystyrol | PS | | Phenolharze | PF |
| | Polytetrafluoräthylen | PTFE | | ungesättigte Polyesterharze[2] | UF |
| | Polyamide | PA | | Epoxidharz[3] | EP |
| | | | Silikone | | SI |

[1] auch als Zweikomponenten-Harz (Bindemittel, Lacke)
[2] Zweikomponenten-Harz: Aushärtung durch vernetzende Polymerisation
[3] Zweikomponenten-Harz: Aushärtung durch Polyaddition

nischen Seitengruppen besteht. Sie zeichnen sich durch hohe Dauer-Wärmebeständigkeit (180 bis 200 °C) aus. Tafel 4.3 gibt die hauptsächlich im Bauwesen eingesetzten Kunststoffe an [33].

Das Verhalten aller Gruppen ist in hohem Maße temperaturabhängig. Bei niedriger Temperatur sind sie glasartig starr und gehen bei höherer Temperatur in einen – teilweise gummiartigen – elastischen Bereich über. Bei einigen Thermoplasten ist das der Gebrauchszustand. Während die Thermoplaste und Elastomere bei weiter steigender Temperatur plastizieren, fehlt bei den Duromeren ein ausgeprägter plastischer Zustand. Das Schmelzen der Kunststoffe und die thermische Zersetzung beginnen bei relativ niedriger Temperatur (s. Tafel 4.4). Die Eigenschaften der Kunststoffe bzw. ihrer Produkte können durch Beimengungen wie Füller, Plastizierer, Faserbewehrung stark beeinflußt werden.

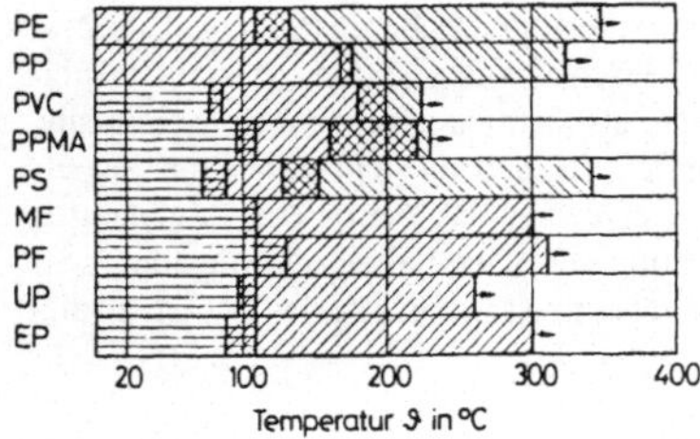


Tafel 4.4
Zustand einiger Kuststoffe in Abhängigkeit von der Temperatur, nach [9] und [40]

≡ starr
/// elastisch
\\\ plastisch
⊢ Pyrolyse

Kunststoffe können eine Brandschutzausrüstung erhalten durch Zugabe von Flammschutzmitteln, die den Verbrennungsprozeß hemmen. Flammschutzmittel können je nach ihrer Beschaffenheit physikalisch und/oder chemisch in der Fest-, Flüssig- oder Gasphase wirksam werden. Häufig werden Halogene als Flammschutzmittel eingesetzt.

Die Produkte der thermischen Zersetzung von Kunststoffen sind auf Tafel 4.5 zusammengestellt (nach [9]). Stickstoffhaltige Kunststoffe – Aminoplaste – setzen in geringen Mengen hochgiftige Blausäure frei. Aus chlorhaltigem Kunststoff – PVC – entsteht bei der Pyrolyse unter anderem Salzsäure, die korrosiv auf Metalle wirkt und so auch die Bewehrung von Betonbauteilen angreifen kann. Außerdem werden toxische organische Halogenverbindungen gebildet, die wegen ihres geringen Anteils in Tafel 4.5 nicht aufgeführt sind.

Tafel 4.5   Thermische Zersetzung einiger Kunststoffe, nach [9]

| Kurzbe-zeich-nung | Zerset-zungs-temp. in °C | Zusammensetzung | | | | | | Zerfallprodukte | | | | |
|---|---|---|---|---|---|---|---|---|---|---|---|---|
| | | C | H | N | Cl | O | $CO/CO_2$ | HCN | HCl | Phenol | Styrol | Acro-lein |
| PE | 350 | × | × | | | | × | | | | | |
| PP | 320 | × | × | | | | × | | | | | |
| PVC | 220 | × | × | | × | | × | | × | | | |
| PMMA | 230 | × | × | | | × | × | | | | | |
| PS | 340 | × | × | | | | × | | | | | |
| PUR | 220 | × | × | × | | × | × | × | | | | |
| UF | 250 | × | × | × | | × | × | × | | | | |
| MF | 300 | × | × | × | | × | × | × | | | | |
| PF | 300 | × | × | | | × | × | | | × | | |
| UP | 250 | × | × | | | × | × | | | | × | × |
| EP | 350 | × | × | | | × | × | | | × | | |

Die Zündtemperatur (Spontanzündung; über den Zeiteinfluß liegen noch keine Untersuchungen vor) der Kunststoffe liegt in der gleichen Größenordnung wie die des Holzes, die Heizwerte sind jedoch erheblich höher, wie aus Tafel 4.6 hervorgeht.

Tafel 4.6    Rohdichte, Heizwert und Zündtemperatur einiger Kunststoffe im nicht expandierten oder aufgeschäumten Zustand nach [9] und [40]

| Kurz-bezeich-nung | Rohdichte in $t/m^3$ | Heizwert in MJ/kg | Zündtemperatur (°C) mit Pilotflamme | ohne |
|---|---|---|---|---|
| PE | 0,92 bis 1,10 | 34 bis 47 | 340 | 350 |
| PP | 0,91 bis 1,14 | 43 bis 46 | 320 | 350 |
| PVC | 0,90 bis 1,88 | 15 bis 22 | 390 | 450 |
| PMMA | 1,16 bis 1,25 | 25 bis 29 | 300 | 450 |
| PS | ≈ 1,1 | 37 bis 42 | 350 | 500 |
| PTFE | ≈ 2,2 | 4,5 | 560 | 580 |
| PUR | | 24 bis 32 | 310 | 415 |
| UF | 1,45 bis 1,60 | 14 bis 21 | | |
| MF | 1,48 bis 1,75 | 19 | 380 bis 500 | 570 bis 630 |
| PF | 1,18 bis 1,90 | 23 bis 30 | 335 | 545 bis 575 |
| UP | ≈ 1,2 | 18 | 335 bis 400 | 415 bis 485 |
| EP | ≈ 1,2 | | 390 | 560 |

Die in der Literatur mitgeteilten Meßwerte über Kunststoffeigenschaften sind teilweise lückenhaft und/oder weichen stark voneinander ab; letzteres ist sowohl auf die Testbedingungen wie auf nicht ganz identisches Material (Einfluß von Füllern oder Weichmachern) zurückzuführen. Die Tafeln 4.4 bis 4.6 können daher nur einen Überblick geben.

Kunststoffe sind im Sinne von DIN 4102 Teil 1 brennbare Baustoffe (Baustoffklasse B). Sofern sie leichtentflammbar (B 3) sind, müssen die Einschränkungen für ihre Verwendung (s. Abschn. 2.3.1) unbedingt beachtet werden. Durch besondere Brandschutzausrüstung können Kunststoffe schwerentflammbar (B 1) gemacht werden (s. o.).

Kunststoffe sind wegen ihrer thermischen Eigenschaften als tragende Bauteile, die Brandschutzforderungen erfüllen sollen, nicht zu gebrauchen. Werden sie wegen ihres geringen Gewichts und/oder ihrer hohen Wärmedämmfähigkeit im Gebrauchszustand als Hilfsbaustoffe eingesetzt, muß beachtet werden, daß die Dämmfähigkeit im Brandfall verlorengehen kann. Wenn z. B. in Stahlbeton-Rippendecken Zwischenbauteile aus Kunststoff (meistens Polystyrolhartschaum-Füllkörper) verwendet werden, muß man die Stahlbetonrippen als von unten und den Seiten dem Brandangriff ausgesetzt und den Deckenspiegel als allein maßgebend für den Raumabschluß betrachten.

Werden Kunststoffe jedoch als wärmedämmender Kern von Verbundelementen verwendet, kann durch entsprechende Deckschichten in Abhängigkeit von deren Art und Dicke die Temperatur des Kerns in solchen Grenzen gehalten werden, daß sein Beitrag zur Dämmfähigkeit des Elements erhalten bleibt.

Bei Polystyrolschaum-Betonen (EPS-Betonen) ist ein Teil der mineralischen Zuschläge durch Kügelchen aus expandiertem Polystyrol ersetzt. Ab Rohdichten von $\gtrsim$ 560 kg/m³, d. h. entsprechenden Maximalgehalten von EPS können solche Betone nichtbrennbar (A 2) im Sinne von DIN 4102 Teil 1 sein. Anwendungsgebiete sind vorwiegend Mauer- oder

Schalungssteine, Wandtafeln und Dämmschichten für Dächer. Brandschutztechnisch verhalten sie sich gut und können in Bauteilen für alle Feuerwiderstandsklassen eingesetzt werden.

Demgegenüber gilt für Betone, bei denen das mineralische Bindemittel durch Kunststoff ersetzt ist (z. B. Polyesterschaum-Beton) das zunächst Gesagte: Sie versagen im Brandfall frühzeitig, wenn sie nicht gegen übermäßige Erwärmung geschützt sind.

## 4.9   Dämmstoffe

### 4.9.1   Spezialputze

Bekleidungen aus Spezial-Brandschutzputzen verzögern die Erwärmung von Bauteilen und können so deren Feuerwiderstandsdauer verbessern. Auf dem deutschen Markt werden derzeit zugelassene Mineralfaser-Spritzputze mit Rohdichten zwischen rund 300 und 400 kg/m$^3$ bei Wärmeleitzahlen von 0,05 bis 0,22 W/mK und Vermiculite-Spritzputze mit Rohdichten zwischen rund 450 und 850 kg/m$^3$ bei Wärmeleitzahlen von 0,09 bis 0,22 W/mK angeboten. Sie können ohne Putzträger oder Spritzbewurf aufgebracht werden; die ausreichende Haftung im Gebrauchszustand und unter Hochtemperatur wird dann durch spezielle Haftvermittler hergestellt, die mit auf den Bauteilen befindlichen Trennschichten – Korrosionsschutzanstrichen, Schalölen, Curings – verträglich sein müssen (s. Abschn. 5.4.1). Spezial-Brandschutzputze, die ohne konventionellen Putzträger verwendet werden, bedürfen immer eines Eignungsnachweises, z. B. durch Erteilung einer bauaufsichtlichen Zulassung [27].

### 4.9.2   Dämmschichtbildner

Dämmschichtbildende Brandschutzbeschichtungen sind Anstrichsysteme, die vorwiegend zum Schutz von Stahlbauteilen angewendet werden. Sie bestehen aus dem Korrosionsschutz, dem Dämmschichtbildner und gegebenenfalls einem Deckanstrich. Der Dämmschichtbildner schäumt bei ansteigender Temperatur auf und bildet eine poröse, aber zunächst ausreichend standfeste Masse mit guten Wärmedämmeigenschaften. Der Schaum verändert während der Brandbeanspruchung seine Konsistenz; er kann zäh vom Untergrund abfließen oder verkohlen und veraschen. Daher können mit Dämmschichtbildnern nicht beliebig hohe Feuerwiderstandsklassen von Bauteilen erreicht werden (s. Abschn. 5.4.1). Dämmschichtbildende Brandschutzbeschichtungen müssen bauaufsichtlich zugelassen werden [27].

Die chemische Zusammensetzung von dämmschichtbildenden Brandschutzbeschichtungen wird von den Herstellerfirmen der Öffentlichkeit nicht bekanntgegeben.

### 4.9.3   Dämmplatten

Der Schutz von tragenden Konstruktionen vor frühzeitiger Erwärmung und die Verhinderung des Übergreifens eines Brandes in benachbarte Räume kann mit Hilfe von wärmedämmenden Platten gewährleistet werden. Dafür sind sowohl nichtbrennbare wie brennbare Werkstoffe geeignet; Platten aus Kunststoffen verlieren bei erhöhter Temperatur ihre dämmenden Eigenschaften (s. Abschn. 4.8).

Tafel 4.7 zeigt die hauptsächlich für den Brandschutz eingesetzten Dämmplattenarten.

Tafel 4.7   Übersicht über die wichtigsten Dämmplatten für Brandschutzzwecke im Bauwesen

| Plattenart | Baustoffklasse gemäß DIN 4102 | Wärmeleitfähigkeit $\lambda$ (W/mK) im Normaltemperaturbereich |
|---|---|---|
| Gips | | |
| in Formen gegossene Elemente | A 1 | 0,29 bis 0,58 |
| Gipskartonbauplatten | B 1 (A 2) | 0,21 |
| Gipsfaserplatten | A 2 | 0,29 |
| Glasvlies-Gipsbauplatten | A 1 | 0,21 |
| Fibersilikatplatten (Calciumsilikat mit Mineralfasern, Ersatz für die früher gebräuchlichen Asbestsilikatplatten) | A 1 | 0,08 bis 0,18 |
| silikatgebundene Vermiculiteplatten | A 1 | 0,12 |
| magnesit-, gips- oder zementgebundene Holzwolle-leichtbauplatten | B 1 | 0,095 bis 0,15 |
| Holzspanplatten | B 2 (B 1) | 0,14 bis 0,20 |
| Mineralfaserplatten | B 2 bis A 1, je nach Bindemittel | 0,035 bis 0,050 |

# 5   Brandverhalten von Bauteilen

Das Brandverhalten von Bauteilen ist abhängig von:

– der Brandbeanspruchung (Wärme- bzw. Temperaturbeaufschlagung),

– der Erwärmung des Querschnitts (Querschnittabmessungen),

– der gleichzeitig wirkenden mechanischen Beanspruchung,

– den statischen Bedingungen,

– den temperaturabhängig veränderlichen Baustoffkennwerten.

**Brandbeanspruchung**

Die Brandraumtemperaturentwicklung nach der Zeit ist für verschiedene Brände in Abschn. 3 dargestellt. Für die folgenden Ausführungen ist stets der Normbrand (ETK) nach DIN 4102 / ISO 834 zugrundegelegt.

**Querschnitterwärmung**

Die Abmessungen – Masse und spezifische Oberfläche – der Bauteilquerschnitte sind maßgebend für ihre Erwärmung. Sie bestimmen damit die mit steigender Temperatur abnehmende Tragfähigkeit eines Bauteils wie auch den Wärmedurchgang auf die jeweils dem Feuer abgekehrte Seite im Hinblick auf eine bei raumabschließenden Bauteilen erforderliche Isolationswirkung.

Die Grundlagen für die rechnerische Bestimmung der Erwärmung von Beton- und ummantelten Stahlquerschnitten sind in Abschnitt 4.1.7 und 4.2.10 umrissen. Solche Berechnungen brauchen im Normalfall nicht durchgeführt zu werden; wenn die Kenntnis von Temperaturfeldern – beispielsweise in Stahlbetonbalken – erforderlich ist, kann auf Tabellenwerke zurückgegriffen werden, z. B. [7].

### Mechanische Beanspruchung

Die Wahrscheinlichkeit, daß ein Bauteil während eines Schadenfeuers gleichzeitig seine volle zulässige Gebrauchslast zu ertragen hat, ist gering. Sicherheitstheoretische Überlegungen zu akzeptablen Lastkombinationen werden in nationalen und internationalen Gremien angestellt [8]. Das derzeit in der Bundesrepublik Deutschland gültige, in den Bauordnungen und DIN 4102 verankerte Sicherheitskonzept basiert auf gleichzeitiger Wirkung der vollen zulässigen Gebrauchslast und einer normierten Brandbeanspruchung. Während einer jeweils festzulegenden Dauer der Normbrandbeanspruchung muß die Gebrauchslast mit der Sicherheit $\geq 1{,}0$ ertragen werden.

### Statische Bedingungen

Das statische System beeinflußt das Tragverhalten von Bauteilen insofern, als bei statisch unbestimmten Systemen plastische Reserven aktiviert werden und durch Behinderung der thermischen Verformungen Schnittkraftumlagerungen stattfinden.

### Baustoffkennwerte

Die mit der Temperatur veränderlichen mechanischen Kennwerte der Baustoffe, insbesondere die abnehmende Festigkeit, bestimmen das Tragvermögen der Bauteile im Brandfall.

## 5.1 Bauteile aus Stahl

Wenn Stahlbauteile Brandschutzkriterien des Raumabschlusses, wie sie in DIN 4102 definiert sind (s. Abschn. 2.3.1), zu erfüllen haben, müssen dazu Hilfsbaustoffe als Wärmedämmung herangezogen werden. Solche Dämmschichten, z. B. Beton, können gleichzeitig tragende Funktionen übernehmen.

Für die Tragfähigkeit von Stahlbauteilen ist grundsätzlich die kritische Stahltemperatur (s. Abschn. 4.1.1) ausschlaggebend.

### 5.1.1 Statisch bestimmte Systeme unter Biegebeanspruchung

Das Versagen eines statisch bestimmt gelagerten Biegeträgers wird hervorgerufen durch die Bildung eines plastischen Gelenks im Querschnitt mit der größten Gebrauchsbeanspruchung, wenn dort die kritische Stahltemperatur erreicht ist.

Die kritische Stahltemperatur kann anhand des statischen Ausnutzungsgrades $\beta_1$ des Bauteils

$$\beta_1 = \frac{\text{vorh. } \sigma}{\beta_{S,\,20\,^\circ C} \cdot f} = \frac{P}{P_u} \tag{5.1}$$

worin:

vorh. $\sigma$ = Gebrauchsspannung im höchstbeanspruchten Querschnitt ($N/mm^2$),

$\beta_{S,\,20\,^\circ C}$ = Fließgrenze des Stahls bei Raumtemperatur ($N/mm^2$),

f = Formfaktor nach Tafel 5.1 (Tabelle C.1, DIN 4102 Teil 4) (1),

P = Gebrauchslast (kN),

$P_u$ = plastische Grenzlast (Kaltzustand) (kN),

nach Bild 5.1 (Tabelle 87, DIN 4102 Teil 4) ermittelt werden. Dieses ist eine gegenüber Bild 4.5 für die Norm modifizierte Kurve für den temperaturbedingten Fließgrenzenverlauf.

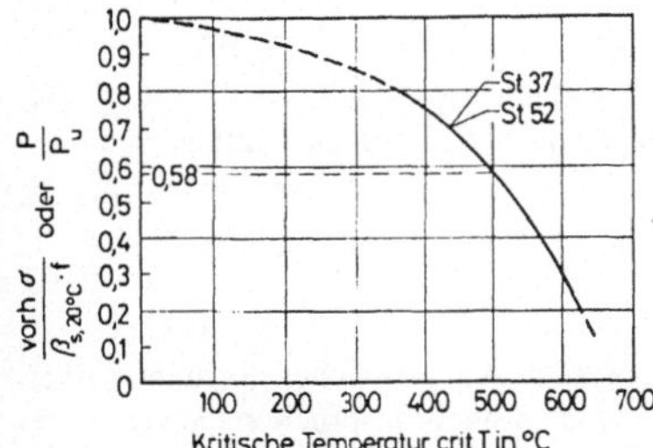



Bild 5.1 Kritische Stahltemperatur in Abhängigkeit vom Ausnutzungsgrad $\beta_l$

Tafel 5.1 Formfaktor f für verschiedene Stahlprofile

| Profil | I | □1:1 | □1:2 | ○ | ▨ | ◉ |
|---|---|---|---|---|---|---|
| f | 1,14[1] | 1,18 | 1,26 | 1,27 | 1,50 | 1,70 |

[1] Genauere Werte in Abhängigkeit von der Profilhöhe können der Richtlinie 008 des Deutschen Ausschusses für Stahlbau (DASt-Ri 008), Tabelle 3, entnommen werden.

## 5.1.2 Statisch unbestimmte Systeme unter Biegebeanspruchung

Unter der Voraussetzung, daß der Trägerquerschnitt im System nicht verändert wird, ist bei Einsatz der Elastizitätstheorie zu bemessen nach dem Maximalmoment max $M_{el}$, im Beispiel des Bildes 5.2 nach

$$\max M_{el} = M_{St} = q\,\frac{l^2}{12}.$$

Alle anderen Querschnitte bieten Reserven.

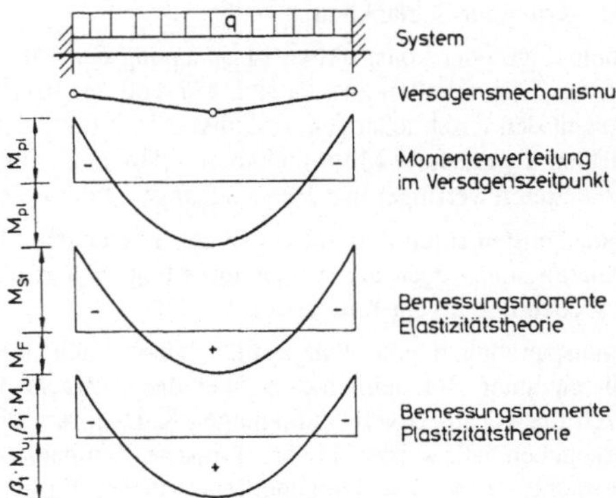



Bild 5.2
Momentenverteilung und Versagensmechanismus eines beidseitig eingespannten Trägers mit gleichmäßig verteilter Belastung

Bei Ansatz gleichmäßiger Erwärmung des Systems werden die Momente so umgelagert, daß sie in den plastischen Gelenken zum Zeitpunkt des Versagens gleich groß sind, im Beispiel

$$M_{pl} = \frac{1}{2} \cdot q\,\frac{l^2}{8}.$$

Damit wird die vorhandene Schnittkraft in den höchstbeanspruchten Querschnitten kleiner als der elastische Bemessungswert.

$$\beta_2 = \frac{\max M_{el}}{M_{pl}} \geq 1. \tag{5.2}$$

$\beta_2$ ist die plastische Systemreserve. Sie ist abhängig vom statischen System. Bei der Ermittlung der kritischen Temperatur nach Bild 5.1 ist sie zu berücksichtigen durch einen modifizierten statischen Ausnutzungsgrad:

$$\beta_1 = \frac{\text{vorh. } \sigma}{\beta_{S,\,20\,°C} \cdot f \cdot \beta_2}. \tag{5.1a}$$

Wenn nach der Plastizitätstheorie bemessen wird, werden die plastischen Systemreserven bereits für den Kaltzustand ausgenutzt, und es kann unter Brandbeanspruchung keine weitere – vergünstigende – Umlagerung von Schnittgrößen stattfinden. Die kritische Temperatur ist wie bei statisch bestimmten Systemen zu ermitteln.

### 5.1.3  Vorwiegend auf Druck beanspruchte Systeme; Stützen

Das Brandverhalten von Stützen wird grundsätzlich von den gleichen Parametern beeinflußt, die auch die Traglast im Kaltzustand bestimmen, also:

– Schlankheit,

– Lagerungsbedingungen,

– planmäßigen oder ungewollten Lastausmitten,

– Lastausnutzungsgrad.

Bei Auslastung mit ihrer nach DIN 4114 zulässigen Normalkraft erreichen Stahlstützen größerer Schlankheit höhere kritische (Versagens-)Temperaturen als solche mit mittlerer oder geringerer Schlankheit.

Planmäßige oder konstruktive Einspannung der Stützenköpfe oder -füße wirkt sich günstig auf das Tragverhalten aus, da sich während der Brandbeanspruchung die Enden einer Stütze samt den anschließenden Systemknoten infolge der größeren Masse etwas langsamer erwärmen als die freie Mitte und so an relativer Steifigkeit gewinnen. Ein Effekt wie bei einer weiteren Verringerung der Knicklänge ist die Folge.

Lastausmitten rufen Auslenkungen der Stützenachse hervor. Die entstehenden Momente II. Ordnung sind wegen der temperaturbedingten Verformungswilligkeit des Stahls von größerer Bedeutung als im Kaltzustand.

Eigenspannungen von Walzprofilen wirken sich ungünstig insbesondere dann aus, wenn Stützen unter Brandeinwirkung über die schwache Querschnittachse knicken. Wenn also durch die konstruktiven Bedingungen Knicken um die starke Achse von Walzprofilstützen vorgegeben ist, werden höhere kritische Temperaturen erreicht als bei Knicken um die schwache Achse. Die Größenordnung dieses Einflusses ist von weiteren Parametern, im wesentlichen Schlankheit, Lastkombination, Lastausmitte und dem Profil selbst, abhängig.

Zusätzlich wird das Brandverhalten von Druckgliedern durch ungleichmäßige Erwärmung des Querschnittumfangs beeinflußt.

Für den Fall definierter Schlankheit, zentrischer Lasteinragung und gleichmäßiger Erwärmung wird in [10] ein Verfahren zur Ermittlung der kritischen Stahltemperatur in Abhängigkeit vom Ausnutzungsgrad im Kaltzustand angeboten.

## 5.1.4 Bekleidung

Ungeschützte Stahlbauteile erfüllen im allgemeinen keine brandschutztechnischen Anforderungen. Ausnahmen sind sehr massige Profile mit geringem statischen Ausnutzungsgrad. Der Schutz gegen vorzeitige übermäßige Erwärmung kann durch verschiedene Maßnahmen gewährleistet werden [27].

### Putzbekleidungen

Putzbekleidungen können die Feuerwiderstandsdauer eines Stahlbauteils erheblich verbessern. Voraussetzung dabei ist, daß der Putz während der Beanspruchung weitgehend erhalten bleibt und vom Bauteil nicht abfällt. Die Haftung des Putzes kann z. B. durch folgende Maßnahmen gewährleistet werden:

– Anordnung von Putzträgern – z. B. von Rippenstreckmetall, Streckmetall, Drahtgewebe oder ähnlichem – und ausreichende Befestigung der Putzträger am Bauteil. Konventionelle Putze werden stets auf Putzträger aufgebracht.

– Anordnung von speziellen Haftvermittlern als Haftbrücke zwischen Bauteil und Putz. Derartige Haftvermittler werden mit den zugehörigen Spezial-Brandschutzputzen (s. Abschn. 4.9.1) firmengebunden eingesetzt.

Die Haftung brandschutztechnisch notwendiger Putzbekleidungen ohne Putzträger wie Rippenstreckmetall u.ä. auf Stahlbauteilen – insbesondere auf großen Flächen, z. B. auf hohen Trägern mit Steghöhen > 600 mm – ist in der Vergangenheit des öfteren als „nicht ausreichend" beurteilt worden. Die Ursache für eine schlechte Haftung waren ungenügende Verzahnung der Putzbekleidung mit dem Stahl, insbesondere in Verbindung mit Trennschichten (Korrosionsschutzanstrichen), die die Adhäsion herabsetzen, Schwindspannungen im Putz durch Trocknungs- oder Alterungsvorgänge und mechanische Beanspruchung der Bauteile. In einigen Fällen spielte die Durchfeuchtung der Putze infolge Wasserschäden eine Rolle.

Brandschutztechnische Putzbekleidungen ohne konventionellen Putzträger bedürfen eines Eignungsnachweises, z. B. durch Erteilung einer bauaufsichtlichen Zulassung [27]. Die erforderlichen Putzdicken sind aus solchen Unterlagen zu entnehmen; für Normausführungen mit Putzträgern gibt DIN 4102 Teil 4 Hinweise.

### Plattenbekleidungen

Mit Plattenbekleidungen (s. Abschn. 4.9.3) werden Stahlbauteile im allgemeinen kastenförmig ummantelt. Saubere Befestigung und sorgfältige Stoß- und Fugenausbildung ist bei dieser Art der Isolierung besonders wichtig. Tafel 5.2 zeigt als Beispiel die erforderliche Bekleidungsdicke von Gipskartonplatten für Stützen aus DIN 4102 Teil 4 (Tabelle 95).

Tafel 5.2 Mindestbekleidungsdicke d in mm von Stahlstützen mit $U/A \leq 300$ m$^{-1}$ mit einer Bekleidung aus Gipskarton-Bauplatten F (GKF) nach DIN 18 180 mit geschlossener Fläche

| Konstruktions-merkmale | Feuerwiderstandsklasse-Benennung[1] | | | | |
|---|---|---|---|---|---|
| | F 30–AB | F 60–AB | F 90–AB | F 120–AB | F 180–AB |
| | 12,5[2] | 12,5 + 9,5 | 3 x 15 | 4 x 15 | 5 x 15 |

[1]) Sofern ein gültiger Prüfbescheid vorliegt, aus dem hervorgeht, daß die Gipskarton-Bauplatten der Baustoffklasse A angehören, sind die Konstruktionen in die Benennungen F 30–A, F 60–A, F 90–A, F 120–A und F 180–A einzustufen.

[2]) Ersetzbar durch $\geq$ 18 mm dicke Gipskarton-Bauplatten B (GKB) DIN 18 180.

Die Abhängigkeit der Bekleidungsdicke von Vermiculiteplatten für Bauteile unterschiedlichen Profilfaktors und unterschiedlicher kritischer Temperatur wird auf Bild 5.3 dargestellt [29]. Die Benutzung dieses Diagramms führt zu etwas günstigeren Ergebnissen als das in Abschnitt 4.1.7 angegebene Beispiel.

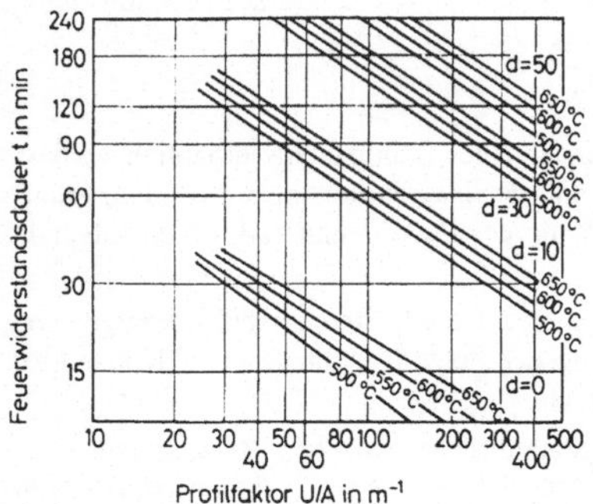


Bild 5.3
Feuerwiderstandsdauer in Abhängigkeit von der kritischen Stahltemperatur, dem Profilfaktor und der Bekleidungsdicke (Vermitecta-Platten) [29]

## Beschichtungen

Die Wirkung von Brandschutzbeschichtungen aus dämmschichtbildenden Anstrichen (s. Abschn. 4.9.2) beruht darauf, daß sie unter Temperatureinfluß aufschäumen und das Stahlprofil mit einer isolierenden Hülle umgeben. Während der Brandbeanspruchung reißt die Dämmschicht im allgemeinen auf und zersetzt sich, wodurch ihre Wirkung wieder reduziert wird. Dämmschichtbildende Anstrichsysteme, die im übrigen einer bauaufsichtlichen Zulassung bedürfen, sind daher nur begrenzt, für niedrige Feuerwiderstandsklassen, einzusetzen [27].

## Unterdecken

Der brandschutztechnische Schutz von horizontalen Stahlbauteilen kann flächig durch untergehängte Decken gewährleistet werden, die in Abschnitt 5.4 näher behandelt werden.

## 5.2 Bauteile aus Stahlbeton und Spannbeton

Die in Abschnitt 2.3.1 aufgeführten Kriterien des R a u m a b s c h l u s s e s werden durch ausreichend dicke Wände und Deckenplatten erfüllt. Zur Bemessung des erforderlichen Querschnitts können Putze und Estriche mit herangezogen werden.

Für die T r a g f ä h i g k e i t von Stahlbeton- und Spannbetonbauteilen ist eine ganze Reihe von Kriterien bedeutend.

## 5.2.1 Statisch bestimmte Systeme unter Biegebeanspruchung

Bei Brandbeanspruchung von unten – das ist fast ausnahmslos der ungünstigste Fall – ist die Biegezugzone statisch bestimmt gelagerter Bauteile dem direkten Wärmeangriff ausgesetzt und erwärmt sich deutlich schneller als die weiter innen und am nichtbeflammten Rand gelegenen Zonen (s. Abschn. 4.2.10). Die Tragfähigkeit ist dann erschöpft, wenn die B i e g e z u g b e w e h r u n g ihre k r i t i s c h e T e m p e r a t u r erreicht, d. h. unter der vorhandenen Spannung zu fließen beginnt (s. Abschn. 4.1.1).

Die in der Längsbewehrung im Augenblick des Versagens unter Brandeinwirkung auftretende Stahlspannung kann bei statisch bestimmten Stahlbetonbauteilen mit hinreichender Genauigkeit mit dem Wert gleichgesetzt werden, der für Raumtemperatur unter Gebrauchslasten im Zustand II mit dem Mitteln der Baustatik errechnet wird. Auch bei der brandschutztechnischen Bemessung von Spannbetonbauteilen wird die Stahlspannung für den Versagenszustand unter Brandbeanspruchung näherungsweise der Stahlspannung gleichgesetzt, die sich bei Raumtemperatur unter Gebrauchslasten ergibt. Als weitere Näherung wird mit einer mittleren Stahlspannung aller Stäbe oder Spannglieder gerechnet.

Aus der Stahlspannung erhält man anhand Bild 4.5 die kritische Stahltemperatur und damit bei vorgegebenen Querschnittabmessungen aus den Temperaturfeldern (z. B. Bild 4.29 oder Bild 4.30) die notwendige B e t o n d e c k u n g der Bewehrung für die geforderte Feuerwiderstandsklasse.

Die Erwärmung eines Bewehrungsstabes oder Spanngliedes kann gleichgesetzt werden mit der seines Mittelpunktes (s. Bild 4.32), daher ist für die Bewertung der Erwärmung stets die Lage der Stab- oder Spanngliedachse in Bezug zum n ä c h s t g e l e g e n e n beflammten Rand des Betonquerschnitts, der sogenannte Achsabstand u, maßgebend. Vereinfachend darf ein rechnerischer mittlerer Achsabstand $u_m$ nach dem folgenden Schema angesetzt werden (Gleichung (5.3), Bild 5.4):

$$u_m = \frac{A_{S1}\,u_1 + A_{S2}\,u_2 + \ldots + A_{Sn}\,u_n}{A_{S1} + A_{S2} + \ldots + A_{Sn}} = \frac{\Sigma\,A_S \cdot u}{\Sigma\,A_S} \tag{5.3}$$

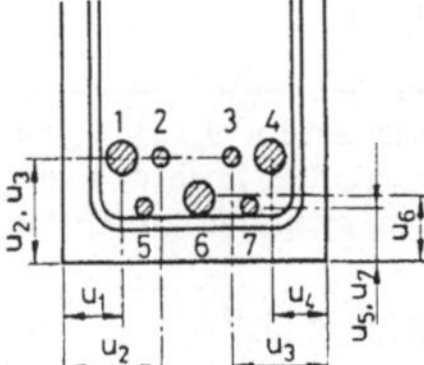

Bild 5.4
Mittlerer Achsabstand von Bewehrungsstäben

Tafel 5.3 (Tabelle 6, DIN 4102 Teil 4) zeigt am Beispiel von Balken, wie mit Hilfe der Norm anhand der Querschnittabmessungen für verschiedene Feuerwiderstandsklassen der erforderliche Achsabstand der Biegezugbewehrung ermittelt werden kann. Zugrundegelegt ist in dieser Tafel eine kritische Stahltemperatur von 500 °C. Um zu vermeiden, daß zu große Bewehrungsanteile in den stärker erwärmten Querschnittecken (s. Bilder 4.29 und 4.30) liegen, werden Mindest-Stabanzahlen n gefordert.

Ein Überschreiten der Tragfähigkeit der B e t o n d r u c k z o n e ist bei statisch bestimmten Biegebauteilen im allgemeinen nicht maßgebend. Die Stege von Spannbetonbalken müssen jedoch darauf untersucht werden.

Die Verbundfestigkeiten nehmen mit steigender Temperatur ab rund 300 °C schnell ab. Bild 5.5 zeigt Werte, die für profilierte Stäbe gültig sind. Danach hängt die Verbundbruchspannung in allen Temperaturbereichen stark vom Verhältnis der Betonüberdeckung c zum Stabdurchmesser $d_v$ ab. V e r b u n d v e r s a g e n darf für profilierte Stäbe ausgeschlossen werden, da kritische Verbundspannungswerte bei höheren Temperaturen als die kritischen Zugspannungswerte erreicht werden [19].

Tafel 5.3 Mindestachsabstände sowie Mindeststabzahl der Zugbewehrung von 1- bis 4seitig beanspruchten, statisch bestimmt gelagerten Stahlbetonbalken[4] aus Normalbeton

| Zeile | Konstruktionsmerkmale | F 30 | F 60 | F 90 | F 120 | F 180 |
|---|---|---|---|---|---|---|
| | | Feuerwiderstandsklasse | | | | |
| 1 | Mindestachsabstände $u$[1] und $u_s$[1] sowie Mindeststabzahl $n$[2] der Zugbewehrung **unbekleideter, einlagig bewehrter Balken** | | | | | |
| 1.1 | bei einer Balkenbreite $b$ in mm von | 80 | ≤ 120 | ≤150 | ≤ 200 | ≤ 240 |
| 1.1.1 | $u$ in mm | 25 | 40 | 55[3] | 65[3] | 80[3] |
| 1.1.2 | $u_s$ in mm | 35 | 50 | 65 | 75 | 90 |
| 1.1.3 | $n$ | 1 | 2 | 2 | 2 | 2 |
| 1.2 | bei einer Balkenbreite $b$ in mm von | 120 | 160 | 200 | 240 | 300 |
| 1.2.1 | $u$ in mm | 15 | 35 | 45 | 55[3] | 70[3] |
| 1.2.2 | $u_s$ in mm | 25 | 45 | 55 | 65 | 80 |
| 1.2.3 | $n$ | 2 | 2 | 3 | 3 | 3 |
| 1.3 | bei einer Balkenbreite $b$ in mm von | 160 | 200 | 250 | 300 | 400 |
| 1.3.1 | $u$ in mm | 10 | 30 | 40 | 50 | 65[3] |
| 1.3.2 | $u_s$ in mm | 20 | 40 | 50 | 60 | 75 |
| 1.3.3 | $n$ | 2 | 3 | 4 | 4 | 4 |
| 1.4 | bei einer Balkenbreite $b$ in mm von | ≥ 200 | ≥ 300 | ≥ 400 | ≥ 500 | ≥ 600 |
| 1.4.1 | $u = u_s$ in mm | 10 | 25 | 35 | 45 | 60[3] |
| 1.4.2 | $n$ | 3 | 4 | 5 | 5 | 5 |
| 2 | Mindestachsabstände $u$, $u_m$ und $u_s$ sowie Mindeststabzahl $n$ der Zugbewehrung bei **unbekleideten, mehrlagig bewehrten Balken** | | | | | |
| 2.1 | $u_m$ nach Gleichung (3)[a] | $u_m \geq u$ nach Zeile 1 | | | | |
| 2.2 | $u$ und $u_s$ | $u$ und $u_s \geq u_{F30}$ nach Zeile 1 sowie $u$ und $u_s \geq 0,5\,u$ nach Zeile 1 | | | | |
| 2.3 | Mindeststabzahl $n$ | keine Anforderungen | | | | |
| 3 | Mindestachsabstände $u$ und $u_s$ bzw. $u_m$ von **Balken mit Bekleidungen** aus | | | | | |
| 3.1 | Putzen nach den Abschnitten 3.1.5.1 bis 3.1.5.5[a] | $u$, $u_m$ und $u_s$ nach den Zeilen 1 und 2, Abminderungen nach Tabelle 2 sind möglich, $u$ jedoch nicht kleiner als für F 30[a] | | | | |
| 3.2 | Unterdecken | $u$ und $u_s \geq 12$, Konstruktion nach Abschnitt 6.5[a] | | | | |

[1] Zwischen den $u$- und $u_s$-Werten von Zeile 1 darf in Abhängigkeit von der Balkenbreite $b$ geradlinig interpoliert werden.

[2] Die geforderte Mindeststabzahl $n$ darf unterschritten werden, wenn der seitliche Achsabstand $u_s$ pro entfallendem Stab jeweils um 10 mm vergrößert wird; Stabbündel gelten in diesem Falle als ein Stab.

[3] Bei einer Betondeckung $c > 50$ mm ist eine Schutzbewehrung nach Abschnitt 3.1.5 erforderlich.[a]

[4] Die Tabellenwerte gelten auch für **Spannbetonbalken**; die Mindestachsabstände $u$, $u_m$ und $u_s$ sind jedoch entsprechend den Angaben von Tabelle 1 um die $\Delta u$-Werte zu erhöhen.[a]

[5] Bei den Balkenbreiten für F 60 bis F 180 sind kleinere Balkenbreiten möglich, wenn die Balkenbreite z. B. entsprechend Tabelle 3, Zeile 4.1 abgemindert wird.[a]

[a] Referenz bezieht sich auf DIN 4102 Teil 4

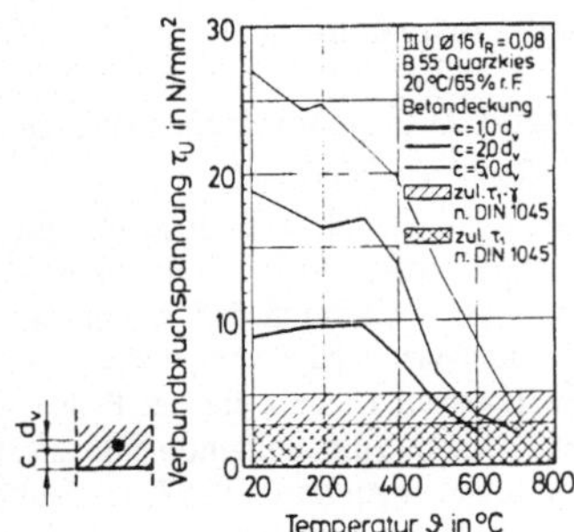

Bild 5.5 Verbundbruchspannungen bei unterschiedlichen Betonüberdeckungen in Abhängigkeit von der Temperatur [19]

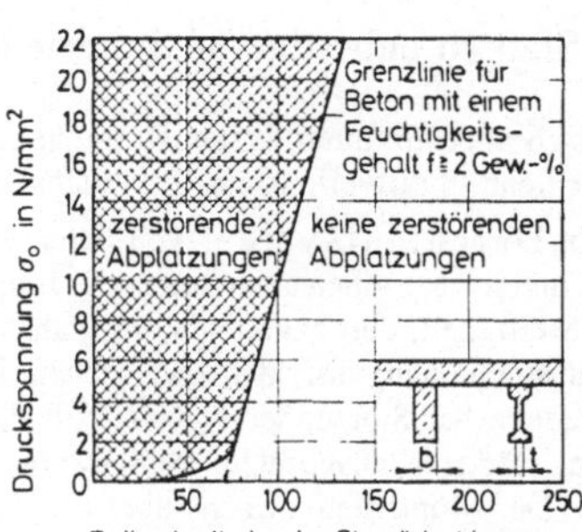

Bild 5.6 Grenzlinie zwischen zerstörenden und nichtzerstörenden Abplatzungen bei unbewehrtem oder wenig bewehrtem Beton [26]

Hinsichtlich des Querkraftverhaltens stellt sich unter Brandbeanspruchung ein komplizierter Mechanismus ein, der rechnerisch kaum zu erfassen ist. Durch gezielte Untersuchungen konnte nachgewiesen werden, daß bei statisch bestimmt gelagerten Biegebauteilen auch bei ungünstigem Momenten-Schubverhältnis S c h u b v e r s a g e n nicht vor dem Biegebruch auftritt [22].

Das Tragverhalten unter Brandbeanspruchung kann drastisch verschlechtert werden, wenn B e t o n a b p l a t z u n g e n auftreten. Sie bewirken eine Verminderung des Querschnitts, legen unter Umständen Bewehrung frei und können so zu einem verfrühten Versagen führen.

Harmlos sind die sogenannten Z u s c h l a g s t o f f - A b p l a t z u n g e n , hervorgerufen durch physiko-chemische Hochtemperaturumwandlungen des Zuschlaggefüges, die sich auf die Bauteil-Oberfläche beschränken und keine tiefer greifenden Zerstörungen hervorrufen.

A b f a l l e n von Betonschichten tritt in späten Brandstadien auf, wenn die äußeren, stark erwärmten Betonschichten zermürbt sind, und wird im allgemeinen durch starke Bauteilverformungen ausgelöst. Auch hieraus sind keine gravierenden Beeinträchtigungen des Tragverhaltens zu erwarten.

Schon in frühen Stadien der Erwärmungsphase eines Vollbrandes können aber e x p l o - s i o n s artige Betonabsprengungen mit den o. a. gefährlichen Effekten auftreten. Die wichtigste Ursache für explosionsartige Abplatzungen sind Zugspannungen, die beim Ausströmen von Wasser und Dampf durch Reibung an den Porenwandungen entstehen. Hinzu kommen Zwängungen, die durch den nichtlinearen Verlauf des Temperaturgradienten hervorgerufen werden, und gegebenenfalls wird durch die Überlagerung von Lastspannungen eine weitere ungünstige Beeinflussung gegeben [26].

Durch Wahl von Querschnitten mit genügend großer Wärmekapazität wird deren Erwärmung verlangsamt (s. Abschn. 4.2.10) und das Eindringen der Wasser-Verdampfungsfront verzögert. Die Reibung an den Porenwandungen mit den daraus entstehenden Beton-Zugspannungen wird damit geringer, und die Gefahr des Auftretens explosionsartiger Abplatzungen kann so vermindert werden.

Bild 5.6 zeigt in Abhängigkeit von der vorhandenen Druckbeanspruchung Querschnittabmessungen, bei denen für unbewehrten Normalbeton zerstörende explosionsartige Abplatzungen ausgeschlossen werden können. Für gefügedichten Leichtbeton mit geblähtem Zuschlag liegen solche Angaben noch nicht vor.

## 5.2.2 Statisch unbestimmte Systeme unter Biegebeanspruchung

Bei statisch unbestimmten Systemen treten unter Brandangriff Zwangschnittgrößen auf, die sich dem Schnittkraftverlauf aus Gebrauchslasten überlagern.

Wenn ein D u r c h l a u f s y s t e m von unten erwärmt wird, versucht sich jedes Feld infolge des von unten nach oben abnehmenden Temperaturgradienten, später auch infolge abnehmender Steifigkeit, durchzubiegen, wird an freier Verformung jedoch durch den monolithischen Zusammenhang über den Zwischenstützen gehindert. Es bauen sich Zwangmomente – ähnlich denen bei Stützenhebungen – auf, die die Feldregionen und damit die der Erwärmung am stärksten ausgesetzte Feldbewehrung entlasten, während die Stützmomente anwachsen. Der Momentenzuwachs über den Stützen ist im allgemeinen durch das Erreichen der Fließgrenze der Stützbewehrung, die noch nicht wesentlich erwärmt ist, begrenzt. Es bilden sich plastische Gelenke über den Innenstützen. Das System versagt, wenn die Feldbewehrung ihre – durch die Spannungsreduzierung wesentlich erhöhte – kritische Temperatur erreicht.

Der Mechanismus ist auf Bild 5.7 am Beispiel eines Dreifeldbalkens dargestellt.

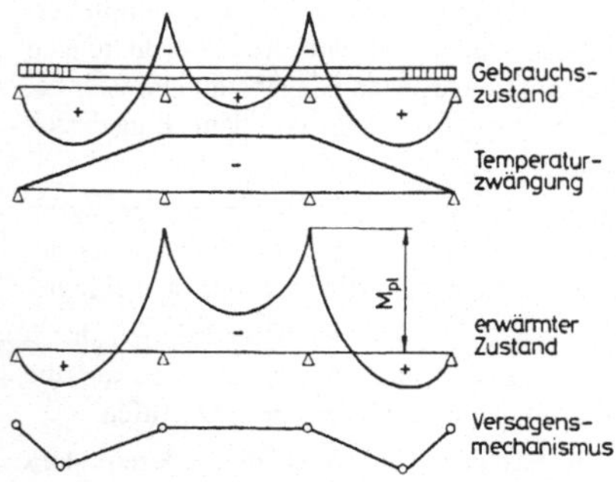


Bild 5.7
Momentenverteilung und Versagensmechanismus eines Dreifeldbalkens mit gleichmäßig verteilter Belastung im Brandfall

Voraussetzung für diesen Tragmechanismus ist neben genügender Rotationsfähigkeit der Querschnitte über den Innenstützen und ausreichender Tragfähigkeit der Biegedruckzone in den Zwischenstützenbereichen eine Verlängerung der Stützbewehrung zur Abdeckung der negativen Momente im Feldbereich, da der Momenten-Nullpunkt weiter von der Stütze wegwandert. Wegen der erhöhten kritischen Temperatur der Feldbewehrung kann deren Betondeckung geringer sein als bei statisch bestimmten Systemen.

Wenn die Stützbewehrung nicht verlängert wird, reißt unter Brandbeanspruchung der Querschnitt am Ende dieser Bewehrung auf und kann kein Moment mehr übernehmen. Solange seine Querkrafttragfähigkeit erhalten bleibt, stellt sich der auf Bild 5.8 gezeigte Mechanis-

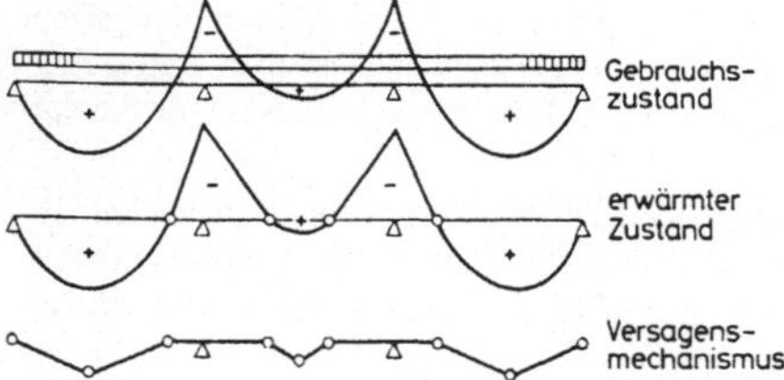


Bild 5.8
Momentenverteilung und Versagensmechanismus eines Dreifeldbalkens ohne Möglichkeit einer Umlagerung im Brandfall

mus ein. Eine Vergünstigung gegenüber statisch bestimmten Systemen kann hier nicht erwartet werden.

Auch flächenartige Betonbauteile, z. B. zweiachsig gespannte Platten, weisen die Fähigkeit auf, durch Temperaturzwängungen Schnittkräfte umzulagern. Dies kann durch geringere Betondeckung der Feldbewehrung genutzt werden.

Anders als bei statisch bestimmten ist bei statisch unbestimmten Systemen die Tragfähigkeit der dem Feuer direkt ausgesetzten Biegedruckzone zu untersuchen; in ungünstigen Fällen kann bei hohen Feuerwiderstandsklassen Schubversagen maßgebend werden [22].

### 5.2.3  Vorwiegend auf Druck beanspruchte Systeme, Stützen, Wände

Das Brandverhalten von Stahlbetonstützen hängt im wesentlichen von den Einflüssen ab, die auch das Verhalten im Kaltzustand bestimmen; es sind dies:

- Schlankheit,

- planmäßige oder ungewollte Lastausmitten,

- Lastausnutzungsgrad und Bewehrungsanteil,

- Lagerungsbedingungen.

Die Einflüsse sind eng miteinander verknüpft, wobei sie sich teilweise addieren, teilweise aber entgegengerichtete Wirkungen auslösen.

Infolge der großen Verformungsfreudigkeit des Betons unter erhöhter Temperatur erzeugen Lastausmitten beträchtliche seitliche Auslenkungen der Stützen; Momente aus Theorie II. Ordnung sind von größerer Bedeutung als bei „kalten" Systemen. Schlanke Stützen versagen bei gleicher Lastausnutzung eher als gedrungene. Ursache dafür ist einmal die Bemessung nach DIN 1045, die bei gedrungenen Systemen einen größeren Sicherheitsbeiwert vorsieht und zum anderen die infolge Ausfalls der über kritische Werte erwärmten Randbereiche überproportional zunehmende Schlankheit während der Brandeinwirkung.

Im Brandfall muß sich der ursprünglich von der Bewehrung aufgenommene Stützenlast-Anteil wegen der temperaturbedingten Entfestigung des Stahls weitgehend auf den Beton umlagern. Mit zunehmendem, nach DIN 1045 zur Erhöhung der zulässigen Stützenbelastung erforderlichen Bewehrungsgehalt ist diese Umlagerung selbstverständlich größer, und sie führt zu einer Überlastung des in den Stützenrandbereichen selbst durch Temperaturerhöhung geschwächten Betons, wodurch ein frühzeitiges Versagen ausgelöst werden kann. Besonders ungünstig ist dabei eine in den Querschnittecken konzentrierte Bewehrung, da dort die Erwärmung am schnellsten fortschreitet (s. Bild 4.30). Gleichmäßig an den Stützenrändern verteilte Bewehrung verzögert den Effekt. Eine solche Bewehrungsanordnung ist auch eher in der Lage, Zugkräfte aufzunehmen, wenn die Momente aus Theorie II. Ordnung so großen Einfluß gewinnen, daß auf einer Stützenseite Biegezugspannungen auftreten.

Monolithisch mit dem unteren und oberen waagerechten Anschlußsystem verbundene Stützen gewinnen, wenn sie erwärmt werden, in den Kopf- und Fußbereichen an Steifigkeit, da dort wegen der größeren Massigkeit der Aufheizvorgang langsamer abläuft. Es stellt sich eine konstruktive Teileinspannung ein, die das Brandverhalten günstig beeinflußt.

Außerdem ist das Brandverhalten von Stahlbetonstützen abhängig von einer gegebenenfalls möglichen ungleichmäßigen Erwärmung des Querschnittumfangs. Eine positive Wirkung ist vor allem dann zu erwarten, wenn die infolge Lastausmitte weniger stark gedrückte, bei Anwachsen der Momente II. Ordnung in den Biegezugbereich übergehende Stützenseite geschützt ist.

Für Stahlbetonwände gelten die vorstehenden Ausführungen sinngemäß.

## 5.3  Bauteile aus Holz

### 5.3.1  Vorwiegend auf Biegung beanspruchte Systeme; Balken

Die Feuerwiderstandsdauer biegebeanspruchter Holzbalken läßt sich rechnerisch bestimmen aus:

$$\frac{M}{W_\vartheta} = \beta_\vartheta, \tag{5.4}$$

worin:

$M$ = Moment aus Gebrauchslast,

$W_\vartheta$ = Widerstandmoment nach Abbrand der Querschnittränder mit:

$b_\vartheta = b_o - 2v_s \cdot t$   ($v_s$ = Abbrandgeschwindigkeit seitlich),

$h_\vartheta = h_o - (v_u + v_o) \cdot t$   ($v_u$ = Abbrandgeschwindigkeit unten),

($v_o$ = Abbrandgeschwindigkeit oben),

$t$ = Branddauer,

$\beta_\vartheta$ = Biegefestigkeit des Holzes im erwärmten Zustand (zur Zeit t).

Mit diesem Ansatz wurden vereinfachte Bemessungstafeln entwickelt, von denen zwei Beispiele in Bild 5.9 wiedergegeben werden [20]. Für ihre Benutzung brauchen nur die Balkenquerschnitte und ihre Gebrauchsspannung bekannt zu sein. Wegen der Unzulänglichkeit der bekannten Materialdaten (s. Abschn. 4.5) mußte bei der Erarbeitung dieser Diagramme stets eine Absicherung durch Brandversuche gesucht werden. (Das gilt auch für Bild 5.10).

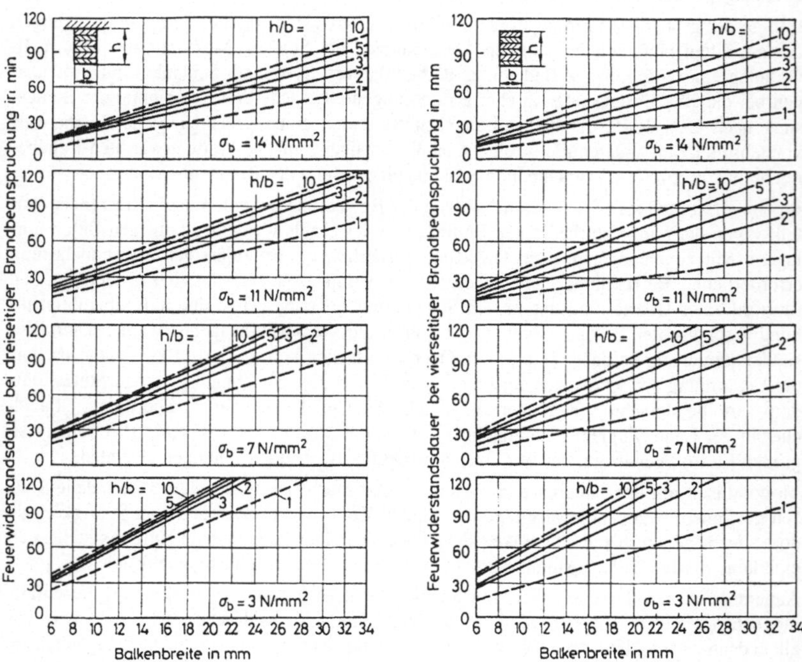

Bild 5.9  Feuerwiderstandsdauer unter Normbrandbedingungen von brettschichtverleimten Holzbalken bei drei- und vierseitiger Brandbeanspruchung [20]

### 5.3.2 Vorwiegend auf Druck beanspruchte Systeme; Stützen

Bei Stützen bringt der fortschreitende Abbrand neben der Verringerung des tragfähigen Holzquerschnitts eine gravierende Zunahme der Schlankheit mit sich. Die Tragfähigkeit bzw. die Feuerwiderstandsdauer der Stütze ist daher nicht nur von der Druckfestigkeit unter erhöhter Temperatur, sondern in besonderem Maße vom Elastizitätsmodul abhängig. Bild 5.10 zeigt die erforderlichen Querschnittabmessungen brettschichtverleimter Quadrat- und Rechteckstützen verschiedener Stablängen und Lagerungsbedingungen bei zwei unterschiedlichen Gebrauchspannungswerten für Feuerwiderstandszeiten bis zu 90 min [20].

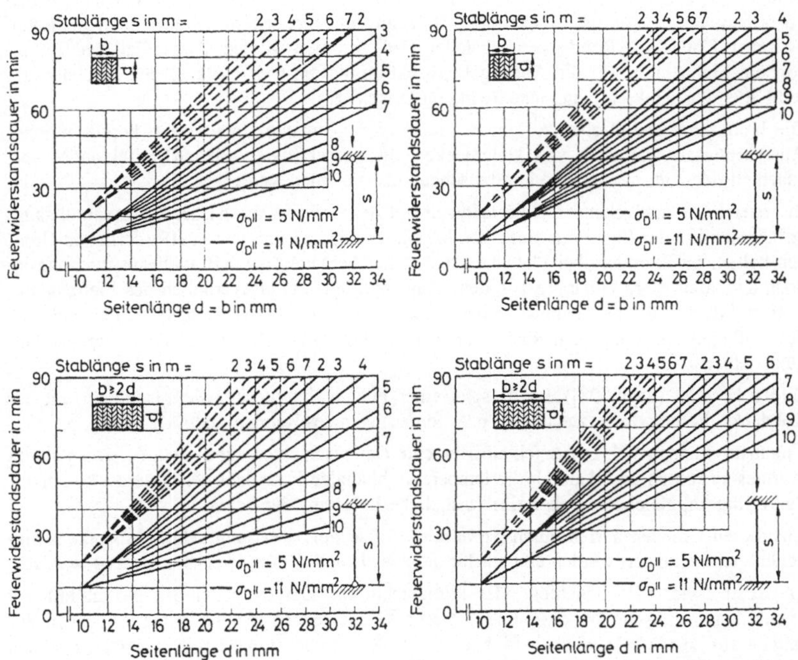


Bild 5.10 Feuerwiderstandsdauer unter Normbrandbedingungen von brettschichtverleimten Holzstützen mit quadratischem und rechteckigem Querschnitt [20]

### 5.3.3 Raumabschließende Holzbauteile; Decken, Wände

Decken, an die Brandschutzanforderungen gestellt werden, haben immer sowohl das Tragfähigkeits- wie auch das Raumabschlußkriterium zu erfüllen. Wände können für den Brandfall entweder nur raumabschließend (leichte Trennwände), nur tragfähig (wandartige Stützen) oder raumabschließend und tragfähig ausgebildet werden. Alle Forderungen lassen sich mit Holzbalken- und -stielen mit Spanplattenbeplankung erfüllen; im allgemeinen werden Dämmschichten aus Mineralfasermatten oder -platten mitverwendet, und die Spanplattenbeplankung wird häufig mit Gipskarton-Bauplatten kombiniert.

## 5.4  Unterdecken

Unterdecken können neben ihren dekorativen und wärme- oder schalltechnischen Aufgaben auch Funktionen des Brandschutzes erfüllen. Im brandschutztechnischen „Normalfall" verzögern sie die Erwärmung der darüber befindlichen Deckenkonstruktion, z. B. aus Holz oder nacktem Stahl, und gewähren zusammen mit dieser tragenden Konstruktion ausreichend lange den Raumabschluß (s. Abschn. 2.3.1) gegen einen Feuerübergriff von einem Geschoß in das andere. Wenn sie in besonderen Fällen den Raum zwischen Unterdecke und Rohdecke schützen soll, sind erhöhte Anforderungen an die Unterdecke zu stellen. Im dritten Fall, z. B. bei Fluchtwegen, kann der Schutz des Raumes unterhalb der Unterdecke vor einem Brand, der etwa durch hohe Belegung mit brennbaren Installationen im Raum zwischen Unter- und Rohdecke fortgeleitet wird, gefordert werden. Dieser Fall bedingt besondere Maßnahmen für die Abhängekonstruktion, die im Gegensatz zu den beiden anderen Fällen der direkten Flammeneinwirkung ausgesetzt ist.

Die brandschutztechnischen Aufgaben können von geputzten Unterdecken herkömmlicher Ausführungsart wie auch von Unterdecken aus vorgefertigten Platten, miteinander verspachtelt oder frei montier- und austauschbar, übernommen werden.

In erster Linie maßgebend für die Wirksamkeit der Unterdecken ist der Wärmedurchgang; er läßt sich in aller Regel mit einfachen Mitteln bestimmen und in den erforderlichen Grenzen halten. Insbesondere bei Plattendecken ist das Verhalten unter Brandbeanspruchung jedoch außerdem stark abhängig von dem Trag- und Verformungsverhalten des Plattenmaterials und damit von der Spannweite der Platten – bei den montierbaren Systemen auch von der Auflagertiefe – und dem Raster der Aufhängung an der Rohdecke, sowie der Aufhängung selber.

Bild 5.11 zeigt (nach [28]) ein Beispiel einer Platten-Unterdecke, die zusammen mit der Rohdecke die brandschutztechnischen Anforderungen des Raumabschlusses erfüllt.

Ungünstig können sich zusätzlich aufgebrachte Dämmschichten auswirken, da sie zu einem Wärmestau führen und dadurch die temperaturabhängige Festigkeit der Unterdecke vorzeitig verringern, gleichzeitig aber eine zusätzliche Belastung darstellen.

Aus diesen Gründen dürfen durch Norm oder Prüfzeugnis anerkannte Unterdeckenkonstruktionen nicht verändert werden und nur für die jeweils definierten Zwecke eingesetzt werden.

Einbauten, wie z. B. Leuchten oder klimatechnische Geräte, heben im Normalfall die brandschutztechnische Wirkung einer Unterdecke auf, jedoch ist eine ganze Reihe von Systemen auf dem Markt, die mit Einbauten eine Brandprüfung gemäß DIN 4102 bestanden haben.

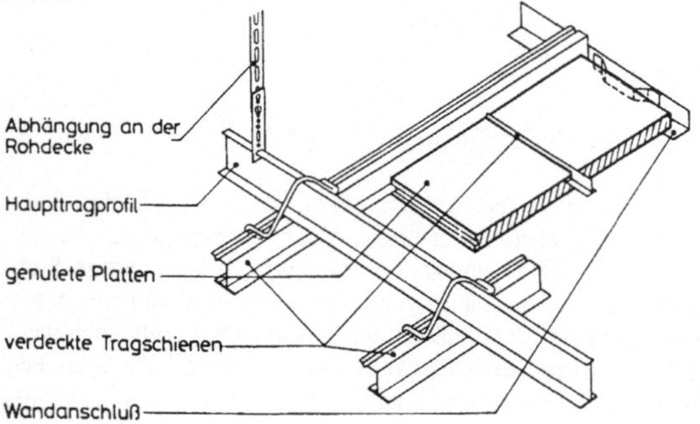


Bild 5.11
Beispiel einer Unterdecke mit verdichteten Mineralfaserplatten [28]

Tafel 5.4 Raumabschließende[1] Wände in Holztafelbauart

| Zeile (Variante) | Konstruktionsmerkmale / Abkürzungen: MF = Mineralfaser-Platten oder -Matten, HWL = Holzwolle-Leichtbauplatten | Holzrippen Mindestabmessungen nach Abschnitt 4.11.2[a] $b_1 \times d_1$ mm x mm | Holzrippen zulässige Spannung nach Abschnitt 4.11.3[a] zul$\sigma_D$ N/mm² | Beplankung(en) und Bekleidung(en) Mindestdicke von Holzwerkstoffplatten (Mindestrohdichte $\rho$ = 600 kg/m³) nach Abschnitt 4.11.4[a] $d_2$ mm | Gipskarton-Bauplatten F (GKF) $d_3$ mm | Dämmschicht Dicke von Mineralfaser-Platten oder -Matten nach Abschnitt 4.11.5[a] $D$ mm | Mindest-Rohdichte $\rho$ kg/m³ | Dicke von Holzwolle-Leichtbauplatten $D$ mm | Feuerwiderstandsklasse-Benennung |
|---|---|---|---|---|---|---|---|---|---|
| 1 | | $40 \times 80^{2)}$ | 2,5 | $13^{3)}$ | | 80 | 30 | | F 30-B |
| 2 | | | 2,5 | $13^{3)}$ | | 40 | 50 | | |
| 3 | | | 1,25 | $8^{3)}$ | | 60 | 100 | | |
| 4 | | | 2,5 | $13^{3)}$ | | | | 25 | |
| 5 | | | 1,25 | $8^{3)}$ | | | | 50 | |
| 6 | | | 2,5 | $2 \times 16^{4)}$ | | 80 | 30 | | F 60-B |
| 7 | | | 2,5 | $2 \times 16^{4)}$ | | 60 | 50 | | |
| 8 | | | 1,25 | $19^{5)}$ | | 80 | 100 | | |
| 9 | | | 1,25 | $19^{5)}$ | | | | 50 | |
| 10 | | | 0,5 | $2 \times 19^{6)}$ | | 100 | 100 | | F 90-B |
| 11 | | | 0,5 | $2 \times 19^{6)}$ | | | | 75 | |
| 12 | | $40 \times 80^{2)}$ | 2,5 | 0 | $12,5^{7)}$ | 60 | 30 | | F 30-B |
| 13 | | | 2,5 | 0 | $12,5^{7)}$ | 40 | 50 | | |
| 14 | | | 2,5 | 0 | $12,5^{7)}$ | | | 25 | |
| 15 | | | 1,25 | 13 | $12,5^{7)}$ | 60 | 50 | | F 60-B |
| 16 | | | 0,5 | 8 | $12,5^{7)}$ | 80 | 100 | | |
| 17 | | | 1,25 | 13 | $12,5^{7)}$ | | | 50 | |
| 18 | | | 0,5 | 8 | $12,5^{7)}$ | | | 50 | |
| 19 | | | 0,5 | $2 \times 16^{4)}$ | $15^{8)}$ | 60 | 50 | | F 90-B |
| 20 | | | 0,5 | 19 | $15^{8)}$ | 100 | 100 | | |
| 21 | a) | | 0,5 | 19 | $15^{8)}$ | | | 75 | |

[1]) Wegen tragender, **nichtraumabschließender** Wände s. Tabelle 50 (s. auch „Wandarten, Wandfunktionen" in Abschn. 4.1.1, Seite 46).[a]

[2]) Bei nichttragenden Wänden muß $b_1 \times d_1 \geq 40$ mm x 40 mm sein.

[3]) Einseitig ersetzbar durch GKF-Platten mit $d \geq 12,5$ mm oder GKB-Platten mit $d \geq 18$ mm oder $d \geq$ 2 x 9,5 mm oder Bretterschalung nach Abschn. 4.12.4.1 Punkt f) bis i) mit einer Dicke gemäß Bild 39 von $d_w \geq 22$ mm.[a]

[4]) Die jeweils raumseitige Lage darf durch Gipskarton-Bauplatten entsprechend Fußnote 3 ersetzt werden.

[5]) Einseitig ersetzbar durch GKF-Platten mit $d \geq 18$ mm.

[6]) Die jeweils raumseitige Lage darf durch Gipskarton-Bauplatten F mit $d \geq 18$ mm ersetzt werden.

[7]) Anstelle von 12,5 mm dicken GKF-Platten dürfen auch GKB-Platten mit $d \geq 18$ mm oder $d \geq$ 2 x 9,5 mm verwendet werden.

[8]) Anstelle von 15 mm dicken GKF-Platten dürfen auch 12,5 mm dicke GKF-Platten in Verbindung mit $\geq 9,5$ mm dicken GKB-Platten verwendet werden.

[a]) Referenz bezieht sich auf DIN 4102 Teil 4

## 5.5  Trennwände

Nichttragende Trennwände können für den Brandschutz als raumabschließende Elemente eingesetzt werden, d. h. sie können bei sachgemäßer Ausbildung über eine ausreichend lange Zeitdauer den Übergriff eines Feuers von einem Raum auf den anderen verhindern. Geeignet sind dafür Ständerwerke aus beliebigen Baustoffen, deren Beplankung, im allgemeinen in Zusammenwirkung mit einer zwischen den Stielen angeordneten Dämmschicht, den brandschutztechnischen Raumabschluß (s. Abschn. 2.3.1) bewirkt. Für die Beplankung werden häufig Kombinationen verschiedener Dämmplattenarten (z. B. Holzspanplatten/Gipskarton-Bauplatten) gewählt.

Abhängig von dem verwendeten Material wird bei Brandbeanspruchung zunächst die ein- oder mehrlagige feuerseitige Beplankung der Trennwand durch Zermürbung oder Durchbrand zerstört, ehe das Ständerwerk mit der daran befestigten, noch nicht geschädigten Beplankung der feuerabgewandten Seite angegriffen wird. Die Standfestigkeit des Ständerwerks und der Schutz der feuerabgewandten Beplankung wird deutlich verlängert durch die vorerwähnte Dämmschicht zwischen den Stielen.

Sorgfältige, norm- oder prüfzeugnisgemäße Ausführung der Anschlüsse und Fugen ist wichtig für die Funktionstüchtigkeit solcher nichttragenden Trennwände, da keine Wärmebrücken oder durch thermische Verformung aufklaffenden Spalte entstehen dürfen. Eingebaute Installationen, wie z. B. Elt-Steckdosen, können Schwachpunkte darstellen. Das zusätzliche Aufbringen von Blechbekleidungen verschlechtert das Brandverhalten im allgemeinen erheblich, da Kräfte aus den starken thermischen Verformungen des Blechs auf die Unterkonstruktion übertragen werden.

Trennwände in Leichtbauweise, die für den Gebrauchszustand auch tragende Funktion haben, welche auch im Brandfall erhalten werden muß, sind gegebenenfalls stärker zu bemessen als nichttragende. Sie sind durchaus möglich und üblich.

Tafel 5.4 zeigt als Beispiel raumabschließende Wände mit Holzstielen. Sie entspricht Tabelle 51, DIN 4102 Teil 4, und kann für tragende und nichttragende Konstruktionen benutzt werden. Im ersten Fall ist die in den Stielen vorhandene Spannung maßgebend für die Beplankung und die Dämmschicht, während im zweiten Fall die Abmessungen der Stiele verringert werden dürfen.

## 5.6  Verglasungen

Eingebaute Scheiben aus üblichem Bauglas (Kalk-Natrongläser) zerspringen im allgemeinen schon während der ersten Minuten eines Brandangriffs. Das ist darauf zurückzuführen, daß sich der erwärmte Bereich der Scheibe auszudehnen versucht, dabei aber durch den schmalen Rand, der von einem Rahmen vor Erwärmung weitgehend geschützt ist, behindert wird. Es bauen sich Spannungen auf, im warmen Innenbereich Druck, am kalten Rand Zug.

Die Größe der Zugspannungen $\sigma_z$ ist vom linearen Wärmeausdehnungskoeffizienten $\alpha_\vartheta$, dem Elastizitätsmodul E, dem Querdehnungskoeffizienten $\mu$ des Glases und von der Temperaturdifferenz $\Delta\vartheta$ zwischen Scheibenmitte und -rand nach folgendem Gesetz abhängig:

$$\sigma_z = \frac{\alpha_\vartheta \cdot E}{1 - \mu} \cdot \Delta\vartheta. \tag{5.5}$$

Sie überschreiten sehr bald die Materialfestigkeit und leiten den Bruch ein, der im allgemeinen von kleinen Fehlstellen der Außenkanten ausgehend zunächst senkrecht zum Scheibenrand – senkrecht zu den Zugspannungen – verläuft, dann in der Grenzzone zwischen „kaltem" Rand und „heißer" Mitte abknickt und um die Scheibe herumläuft, wodurch die erwärmte Scheibe nahe dem Rahmen großflächig herausgeschnitten wird.

Zur Verbesserung des Verhaltens kann die Temperaturdifferenz $\Delta\vartheta$ verkleinert werden durch perforierte Rahmen. Der Wärmeausdehnungskoeffizient $\alpha_\vartheta$, der bei normalem Fensterglas rund $9 \cdot 10^{-6}$/K beträgt, kann bei Spezialgläsern besonderer Zusammensetzung (Borosilikat) auf rund $3 \cdot 10^{-6}$/K, bei der sogenannten Glaskeramik sogar auf $0,1 \cdot 10^{-6}$/K herabgedrückt werden. Durch Vorspannung der Scheibe während des Herstellvorgangs können bleibende Druckspannungen aufgezwungen werden, die bei dem beschriebenen Beanspruchungszustand unter Brandangriff von den sich entwickelnden Zugspannungen erst abgebaut werden müssen, ehe ein Bruch auftreten kann.

Nach Überschreiten einer materialabhängigen Grenztemperatur werden die Wärmespannungen in der Glasscheibe wieder abgebaut, da ein Erweichungsprozeß beginnt. Bei den genannten Borosilikatgläsern zieht sich dieser Prozeß über einen weiten Temperaturbereich hin, ehe das Glas zu fließen beginnt und die Scheibe in sich zusammensinkt. Weiter verzögern läßt sich diese Versagenserscheinung durch gleichmäßige feste Einpressung in den Rahmen. Mitbestimmend ist die Schwere der Scheibe.

Mit Borosilikat- oder Glaskeramikscheiben lassen sich feuerwiderstandsfähige Verglasungen herstellen, die während des Brandvorgangs transparent bleiben. Das bedeutet aber, daß sie auch einen Teil der Wärmestrahlung passieren lassen, wodurch eine Gefährdung auf der feuerabgekehrten Seite der Verglasung – fliehende Menschen, brennbare Gegenstände – eintreten kann. Der Einsatz solcher Verglasungen ist daher nicht unbegrenzt möglich.

Das gleiche gilt für Drahtglaskonstruktionen. Diese weisen zwar nach wenigen Minuten einer Brandbeanspruchung eine Vielzahl von Sprüngen auf, werden aber durch das punktgeschweißte Drahtnetz zusammengehalten. Wenn das Drahtnetz sich nicht aus dem Rahmen ziehen kann, ist mit Drahtglasscheiben eine beachtliche Feuerwiderstandsdauer erreichbar.

Wenn eine Wärmestrahlung durch die Verglasung im Brandfall nicht zugelassen werden kann, müssen Scheibenkonstruktionen anderer Art eingesetzt werden. Diese bestehen immer aus mindestens zwei Glasscheiben, zwischen denen sich eine unter Normaltemperatur glasklare Brandschutzschicht – oft Natriumsilikat – befindet.

Im Brandfall zerspringt die dem Feuer zugekehrte Scheibe, und die Brandschutzschicht wird dem Wärmeangriff ausgesetzt. Sie schäumt unmittelbar auf und bildet eine undurchsichtige wärmedämmende Schicht, die die feuerabgekehrte Scheibe (oder Scheibenbatterie) vor übermäßiger Erwärmung und dem Zerspringen schützt. Im Sinne der Norm haben solche Verglasungen die gleichen Kriterien zu erfüllen wie Wände.

Im Gebrauchszustand sind Brandschutzverglasungen in zufriedenstellendem Maße lichtdurchlässig; die Transmission der Lichtstrahlung ist abhängig von der Glasart, sowie der Dicke und Anzahl der Scheiben. Temperaturen über 50 °C können die schaumbildenden Brandschutzschichten beeinflussen. Das ist bei der Planung zu berücksichtigen.

Brandschutzverglasungen müssen werkseitig maßgerecht hergestellt werden; späteres Zuschneiden der Scheiben ist nicht möglich [38].

# 6 Verhalten von Gesamttragwerken unter Brandbeanspruchung

Der vorbeugende bauliche Brandschutz geht bisher im Regelfall von der Dimensionierung von Einzelbauteilen für eine bestimmte Feuerwiderstandsdauer gemäß bauaufsichtlicher Forderung aus und läßt die wechselseitige Einwirkung benachbarter Bauteile aufeinander außer acht. Durch die Erwärmung infolge Brandbeanspruchung treten aber Dehnungen und Verdrehungen der Bauteile auf, die nur in den seltensten Fällen unbehindert sind. Vielmehr ist durch Nachbarbauteile fast immer eine Verformungsbehinderung gegeben, die das Brandverhalten des Einzelbauteils verändern kann, insbesondere aber das Verhalten des Gesamtbauwerks bestimmt.

Das monolithische Zusammenwirken einer über mehrere Felder durchlaufenden Platten- oder Balkenkonstruktion führt zu günstigem Verhalten unter Brandbeanspruchung, wie in Abschnitt 5.1.2 und 5.2.2 dargestellt ist.

Brände in einem Geschoßbau bleiben häufig lokal begrenzt. In einer Geschoßdecke, z. B. aus Stahlbeton, sind dann heiße Plattenbereiche von kalten umgeben, und die behinderte thermische Dehnung weckt Zwängungen im beflammten wie im nichtbeflammten Platten- teil. Die Horizontalzwängungen können als Scheibenspannungszustand angegeben werden (Bild 6.1 [44]). Die Scheibenspannungen (erwärmter Zustand) überlagern sich den aus der mechanischen Beanspruchung (Gebrauchszustand) vorhandenen Plattenspannungen. Gene- rell ist diese Wirkung als positiv zu bezeichnen, da im beflammten Teil – bei Annahme einer Brandwirkung von unten – durch die geweckten Zwang-Druckspannungen eine Ent- lastung der untenliegenden und von der Erwärmung zunächst betroffenen Biegezugbeweh- rung der Plattenfelder eintritt. Entsprechend wird natürlich die gleichfalls erwärmte Biege- druckzone in den Stützbereichen nun stärker beansprucht, was zu Schäden führen kann, wenn diese Bereiche schon im Gebrauchszustand hoch ausgelastet waren.

Zwang-Zugbeanspruchungen, die in der kalten Umgebung geweckt werden, können zu Ris- sen führen; Plastifizierung der Bewehrung und nicht reversible Verformungen des Decken- systems in großen Bereichen sind bei extremer Brandintensität möglich.

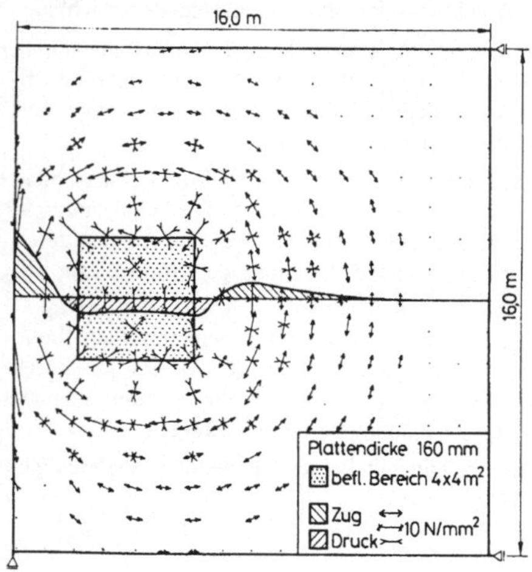


Bild 6.1
Scheibenspannungszustand ei- ner Stahlbetondecke bei partiel- ler Brandbeanspruchung nach ETK in der 90. Minute (Zur Demonstration der Zwangbean- spruchung wurde der ungerisse- ne Zustand gewählt, obwohl die aufnehmbare Beton-Zugspan- nung überschritten wird.) [44]

Wie sich eine horizontale Zwängung auf das Brandverhalten einachsig gespannter Stahlbetonbauteile auswirkt, machen die auf Bild 6.2 gezeigten Versuchsbeispiele anschaulich [17]. Untersucht wurden doppelstegige Plattenbalken mit der Stützweite l = 4,75 m unter zulässiger Gebrauchsbeanspruchung. Bei zwangfreier Lagerung wäre von ihnen eine Feuerwiderstandsdauer von 90 min zu erwarten gewesen. Während der Versuche wurde jedoch die Horizontaldehnung durch Pressen behindert, deren Wirkungsebene bei Versuchsbeginn 100 mm über UK Balken lag. Die Dehnbehinderung wirkte abhängig von der Steifigkeit einer gedachten „kalten" umgebenden Konstruktion. Diese Abhängigkeit wurde nach Weg und Zeit vorweg ermittelt.

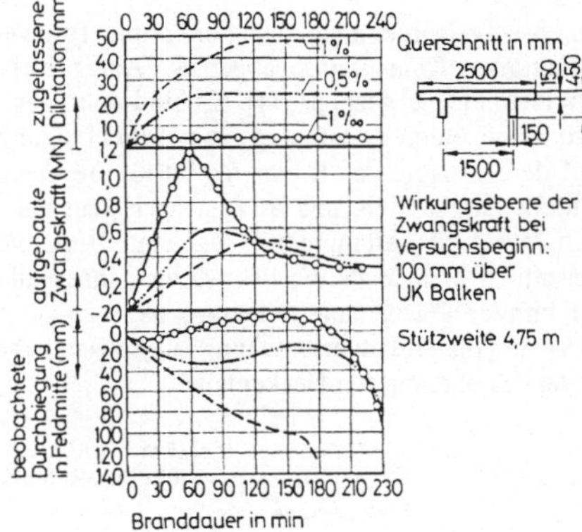


Bild 6.2
Versuchsergebnisse unterschiedlich dehnbehinderter Stahlbeton-π-Platten unter Normbrandbedingungen [17]

Der obere Teil des Diagramms zeigt den von den Pressen zeitabhängig freigegebenen Horizontal-Dehnweg in drei Varianten, im mittleren Bildteil sind die dabei aufgetretenen Horizontal-Zwangskräfte dargestellt, und unten ist die jeweils gemessene Durchbiegung der Prüfkörper aufgezeichnet. Die Tragfähigkeit der Prüfkörper war erst nach rund 180 bzw. 240 min Normbranddauer erschöpft.

Die Verformungen eines auf Biegung beanspruchten Bauteils unter Brandeinwirkung lassen sich am besten am Beispiel eines Stahlbetonplattenstreifens erläutern, der von unten erwärmt wird (s. Bild 6.3).

Die thermische Dehnung erzeugt, unabhängig von der mechanischen Beanspruchung, nicht nur eine Verlängerung $\Delta l = \alpha_9 \cdot \Delta\vartheta \cdot l$, sondern infolge der stärkeren Erwärmung der unteren Querschnittspartien auch eine Durchbiegung des Bauteils. Die Verlängerung $\Delta l$ ist also auf der

Bild 6.3
Temperaturverlauf in einer 10 cm dicken Betonplatte bei unterschiedlichem Brandraumtemperaturverlauf; Kurve a stellt sich nach 30 min Normbrandbeanspruchung ein, während die nahezu gleichmäßige Durchwärmung b nach vierstündiger Einwirkung eines Schwelbrandes mit rund 400 °C zu erwarten ist; die mittlere Erwärmung $\Delta_{9\text{mittel}}$ ist in beiden Fällen gleich

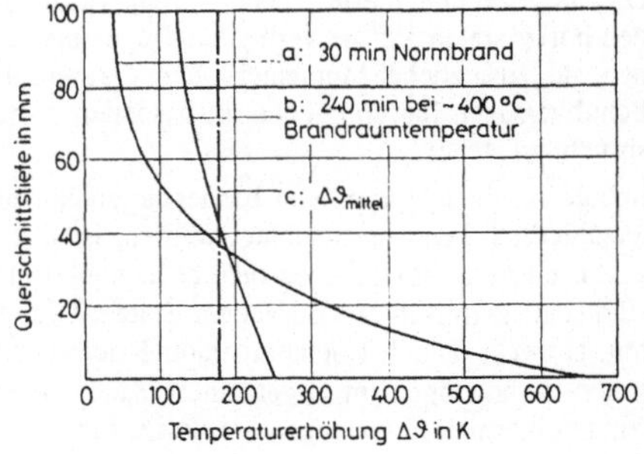

gekrümmten Bauteil-Längsachse zu messen. Bei steilen Temperaturgradienten, welche bei schnellem Anstieg der Brandraumtemperatur entstehen, ist der Anteil der Durchbiegung an der Gesamtverformung groß, und die in der Horizontalen gemessene Verlängerung bleibt relativ gering. Bei flachen Temperaturgradienten, die etwa bei lang andauernden Schwelbränden auftreten können, wirkt sich die thermische Verformung vorwiegend in horizontaler Richtung aus.

Der „thermischen" Durchbiegung addiert sich die Zunahme der „mechanischen" Durchbiegung infolge der temperaturbedingten größeren Verformbarkeit der Baustoffe.

Es gelingt nicht, den Anteil der Einflüsse generell zu quantifizieren, um so zu einer Bestimmung der wirklichen Horizontalverformung eines Tragsystems zu kommen.

Durch umgebende, nicht selbst erwärmte Tragwerksteile werden die Dilatationen der direkt beflammten Konstruktion abgebaut. Auf Bild 6.4 ist das am Beispiel einer idealisierten Stahlbetondecke gezeigt [44]. Es sind dies theoretische, mit Hilfe eines Scheibenmodells, also ohne Berücksichtigung von Durchbiegungsanteilen, gewonnene Rechenergebnisse. Auf der Abszisse des Bildes 6.4 ist als $\Delta\vartheta$ die mittlere Erwärmung des beflammten Deckenteils aufgetragen, und es zeigt sich, daß bei $\Delta\vartheta = 200$ K und dem Verhältnis $r_a/r_i = 3$ (d. h. nur 11 % beflammter Flächenanteil) die Verschiebung des kalten Außenrandes nicht wesentlich kleiner als die des warmen Innenrandes ist ($u_R/u_T = 0{,}92$). Bei $r_a/r_i = 10$ (1 % beflammter Flächenanteil) beträgt dagegen die Verschiebung des Außenrandes nur rund 25 % der Innenrandverschiebung, und zwar nahezu unabhängig von der mittleren Erwärmung des beflammten Deckenteils.

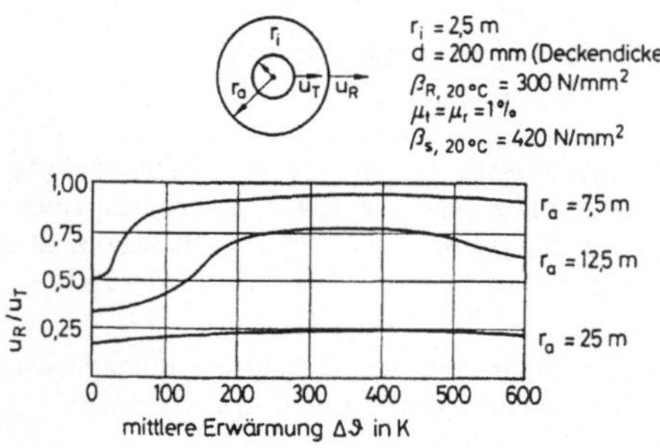


Bild 6.4
Verhältnis der Verschiebung $u_R$ des äußeren kalten Randes zur Verschiebung $u_T$ am Rand des beflammten Teils einer Stahlbeton-Kreisplatte (Scheibe) [44]

Es muß beachtet werden, daß die Werte nur für die gewählten Modellparameter gelten; für $r_i \neq 2{,}5$ m stellen sich andere Verhältnisse $u_R/u_T$ ein. Das gilt selbstverständlich auch bei veränderter Steifigkeit, beispielsweise unterschiedlichem Bewehrungsgehalt $\mu$.

Die aufgezeigten thermischen Zwangverformungen werden als Kopfverschiebungen von den horizontalen auf die vertikalen Tragelemente – Stützen und Wände – übertragen, in denen sie zusätzliche Momenten- und Querkraftbeanspruchungen auslösen, die zu Biege-Schubversagen führen können, insbesondere wenn große Geschoßflächen unter Brandbeanspruchung stehen.

Sobald in einer Gruppe von benachbarten Stützen die Einzelstützen von einem Brand unterschiedlich hoch beaufschlagt werden, ist ihre thermische Dehnung unterschiedlich, und gegenseitige Behinderungen dieser Dehnung treten ein. Dadurch werden gerade bei der am stärksten thermisch beanspruchten Stütze Zwangskräfte, die sich zur Gebrauchslast addieren, geweckt. Durch Hochtemperatur-Kriech- und -Relaxationseinflüsse werden die thermischen Zwängungen im allgemeinen jedoch wieder abgebaut, noch ehe sie zu einem verfrühten Normalkraftversagen der Stütze führen.

Bild 6.5 zeigt den Effekt einer Dehnungsbehinderung auf eine brandbeanspruchte Stahlbetonstütze an Versuchsbeispielen [17]. Es handelt sich um identische Stützen mit ausmittiger Gebrauchslast unter Normbrandbeanspruchung. Ein Versuchskörper konnte sich bei konstant gehaltener Belastung $N_0$ in seiner Längsrichtung frei dehnen (u). Die seitlichen Stützenausbiegungen v wuchsen dabei langsam an, bis sie im Endstadium das Versagen der Stütze bestimmten. Der zweite Versuchskörper wurde vollständig an seiner Längsverformung u gehindert; es entwickelte sich eine Zwangskraft $N_z$, die verhältnismäßig früh ihr Maximum erreichte und sich wieder abbaute. Die bereits ausgelösten größeren Seitenausbiegungen v nahmen jedoch weiter zu und führten zu einem gegenüber der ungezwängten Stütze etwas früheren Versagen. Dazwischen liegen die Ergebnisse eines dritten Versuchs mit teilweiser Behinderung der Längsverformung.

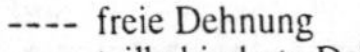


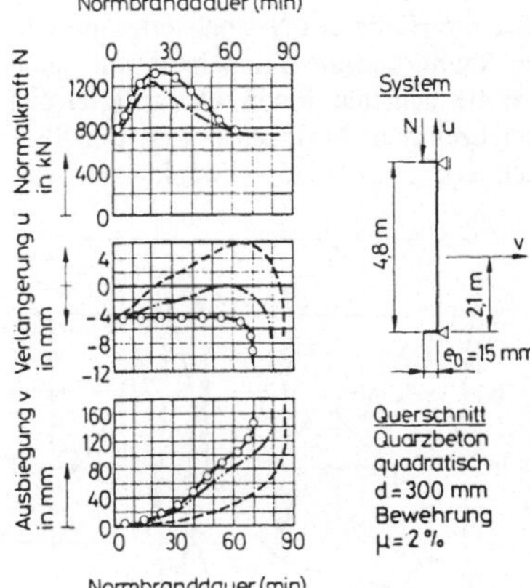


Bild 6.5
Versuchsergebnisse von frei verformbaren und dehnbehinderten Stahlbetonstützen unter Normbrandbeanspruchung [17]

# 7  Brandnebenwirkungen

Als Brandnebenwirkung wird die Wirkung von Rauch und Gasen, die bei der Verbrennung von Brandgut entstehen, bezeichnet.

## 7.1  Toxische Gase

Statistiken weisen aus, daß etwa 80 % aller Brandopfer durch Vergiftung der Atemwege den Tod fanden und nicht durch direkte Berührung mit den Flammen oder durch einstürzende Bauteile. Bei der Verbrennung beliebigen Materials wird der Luft Sauerstoff entzogen, und als Verbrennungsgase entstehen im wesentlichen Kohlendioxid und Kohlenmonoxid. Besonders das CO ist von entscheidender Bedeutung, da eine Volumenkonzentration von 1 % bereits nach wenigen Minuten zur Bewußtlosigkeit führt und eine Flucht unmöglich macht; eine Konzentration von 3 bis 4 Vol.-% ist tödlich.

Bei der Einstufung von Verbrennungsprodukten als „toxisch" ist das Kohlenmonoxid zu etwa 95 % ausschlaggebend. Danach folgen Blausäure und Formaldehyd und erst dann die Halogene wie Chlorwasserstoff und höher toxische organische Halogenverbindungen mit etwa 1 % [11]. Die letztgenannten Stoffe werden vorwiegend bei der thermischen Zersetzung von Kunststoffen frei (s. Abschn. 4.8).

Gasanalysen, die bei realitätsnahen Brandversuchen in einem Wohngebäude durchgeführt wurden, beweisen die Gefährdung. Bild 7.1 gibt als Beispiel Messungen in einem Raum wieder, der mit seinem Nachbarraum, in dem das Feuer gezündet wurde (Primärbrandraum), nicht direkt, sondern nur über einen gemeinsamen Flur verbunden war. Die Brandlast bestand aus Möbeln (Büroeinrichtungen) ohne nennenswerten Kunststoffanteil.

Während der ersten 15 Minuten, in denen sich der Brand im Nachbarraum entwickelte, wurden CO-Konzentrationen von über 3 Vol.-% registriert, während der $O_2$-Gehalt auf etwa die Hälfte des Normalwertes absank. Zu dieser Zeit war kein Feuer in dem betrachteten Raum, und die Temperatur war nur unwesentlich gestiegen. Als später der Brand auf den betrachteten Raum übergriff, erreichte der CO-Gehalt ein weiteres Maximum bei gleichzeitigem Absinken des $O_2$-Gehalts auf fast Null. Der $CO_2$-Gehalt zeigte dem $O_2$-Gehalt entgegengesetzte Schwankungen [4].

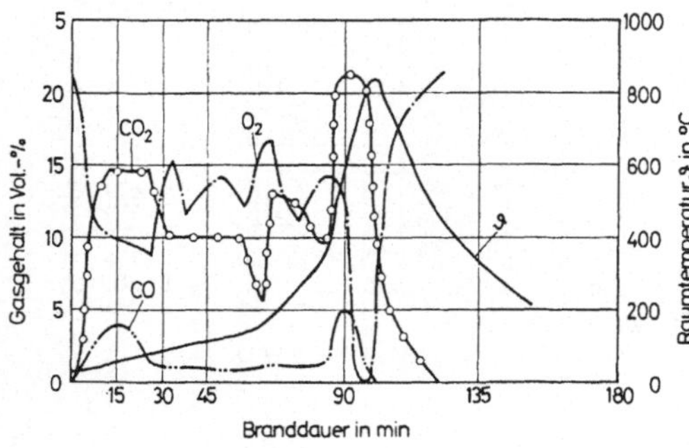


Bild 7.1
Gasanalyse bei einem Brandversuch mit Mobiliar; $O_2$ –, $CO_2$ – und CO-Entwicklung in einem dem Primärbrandraum benachbarten Raum [4]

## 7.2   Rauch

Die Gefahr des Rauchs liegt – abgesehen von den in ihm enthaltenen toxischen Gasen – darin, daß er die Sicht behindert und damit die Flucht unmöglich machen und die Rettung erheblich erschweren kann.

## 7.3   Korrosive Gase

Bei der thermischen Zersetzung einiger Kunststoffe werden aggressive Gase und Dämpfe freigesetzt. Von praktischer Bedeutung sind insbesondere chlorwasserstoffhaltige Brandgase, die aus dem Kunststoff Polyvinylchlorid (PVC) freiwerden (s. Abschn. 4.8). Sie kondensieren in Gegenwart der Luftfeuchte in Form von Salzsäure auf Einrichtungen und Bauteilen, die sich im Brandbereich und in der Umgebung, die nicht von unittelbaren Brandschäden betroffen ist, befinden.

Die Salzsäure ruft an freiliegenden Metallteilen sofortige Korrosion hervor.

Beton kann durch Salzsäure unter Auflösung der festigkeitsbildenden Calciumsilikate des Zementsteins vollständig zerstört werden. Die bei Bränden chloridhaltiger Kunststoffe freigesetzten HCl-Mengen reichen jedoch nicht aus, durch solche Reaktionen größere Betonvoluminas anzugreifen.

Bei den Reaktionen der Salzsäure mit kalkhaltigen Baustoffen, also beispielsweise Beton, entstehen Chloride, insbesondere Calciumchlorid, die durch Diffusion in das Bauteilinnere transportiert werden können. Die Diffusionsgeschwindigkeit der Chloridionen im Beton ist näherungsweise der Quadratwurzel der Zeit proportional. Sie wird weiter bestimmt durch Temperatur, Feuchtigkeit, Konzentration, sowie die Gradienten dieser Faktoren über den Querschnitt, durch Dichtheit und Hydratationsgrad, Gefügestörungen und Risse sowie Karbonatisierung. Wenn Chloridionen in ausreichender Menge zur Stahlbewehrung vordringen, ist deren Korrosionsschutz gefährdet. Teilweise werden sie jedoch korrosionsinaktiv durch physikalisch-adsorptive Bindung an die große Oberfläche des Zementgels oder durch chemische Bindung in den Hydratphasen des Zementsteins, insbesondere in Form des Friedelschen Salzes. In karbonatisierten Bereichen ist das Friedelsche Salz nicht beständig [19], [23].

Als Richtwert der Grenze der kritischen korrosionsauslösenden Chloridkonzentration in Beton kann derzeit 0,4 % $Cl^-$, bezogen auf das Zementgewicht, gelten [31].


# 8 Ergänzende Maßnahmen

Durch eine Reihe von Maßnahmen, die den vorbeugenden baulichen Brandschutz, der durch feuerwiderstandsfähige Ausbildung der Bauteile gewährleistet wird, ergänzen, kann der Entstehung und vor allem der Ausbreitung von Schadenfeuern wirksam begegnet werden.


## 8.1 Früherkennungs- und -meldeanlagen

Dem vollentwickelten Brand, der dem Bauwerk (Tragwerk) gefährlich wird, geht häufig eine längere Phase der Brandentstehung voraus, während der Früherkennungs- und -meldeanlagen bereits ansprechen und häufig dazu beitragen können, daß der Brand gelöscht wird, noch ehe er ein gefährliches Stadium erreicht.

**Ionisations-Brandmelder** reagieren auf Unterschiede der elektrischen Leitfähigkeit „normaler" und rauchdurchsetzter bzw. mit Verbrennungsgasen vermischter, ionisierter Luft.

**Optische Rauchmelder** zeigen die Störung an, wenn der Lichtstrahl einer eingebauten Lichtquelle durch Rauch auf eine Fotozelle reflektiert wird.

**Wärmemelder** lösen über Schmelzlot oder Bimetall aus, wenn eine festzulegende Temperatur erreicht wird.

**Wärme-Differentialmelder** sind empfindlich gegen rasches Ansteigen der Temperatur.

**Flammenimpulsmelder** sprechen auf das Flackern einer Flamme, auch wenn sie keinen Rauch bildet, an.

Neben diesen automatischen Anlagen sind die von **Hand** zu betätigenden **Feuermelder** nicht zu vergessen.

## 8.2 Frühbekämpfungsmaßnahmen

**Handfeuerlöscher,** gefüllt mit Löschmitteln, die der Art der Brandlast entsprechen, können ein wirksames Mittel zur Bekämpfung eines Entstehungsbrandes sein.

**Sprinkleranlagen** sind selbsttätige Brandschutzeinrichtungen, die die Aufgabe haben, einen Entstehungsbrand unter Kontrolle zu halten. Sie können daher weder Löschkräfte noch sonstige Maßnahmen zur Brandbekämpfung ersetzen.

Durch Sprinkleranlagen wird Wasser mittels eines fest verlegten Rohrleitungsnetzes zu zweckmäßig verteilten, ebenfalls fest verlegten Düsen, den Sprinklern, geleitet. Die Sprinkler sind im Bereitschaftszustand der Sprinkleranlage ständig geschlossen und sprechen erst – gesteuert durch Branderkennungs- und Auslöseelemente – an, wenn sie auf ihre Öffnungstemperatur erwärmt sind. Im Brandfalle öffnen sich daher nicht alle Sprinkler, sondern nur jene, die sich im Bereich des Brandherdes befinden.

## 8.3 Rettungswege

Für die Bewohner eines Gebäudes ist bei Bränden die Sicherheit der Rettungswege von entscheidender Bedeutung. Grundsätzlich sollen Personen von jedem Aufenthaltsraum über Flure, notwendige Treppen und Ausgänge ins Freie gelangen können. Dieser erste Rettungsweg muß gegen Brandeinwirkung geschützt sein, er dient gleichzeitig als Angriffsweg für die Feuerwehr. Ein zweiter Rettungsweg, der z.B. über von der Feuerwehr angelegte Leitern führen kann, ist zusätzlich erforderlich.

**Treppen** bleiben im Brandfall nur dann als vertikale Rettungswege sicher benutzbar, wenn sie in einem eigenen Raum mit ausreichend feuerwiderstandsfähigen Wänden, dem Treppenraum, liegen, der gegen Verqualmung geschützt ist.

**Flure,** die allgemein zugänglich sind und als horizontale Rettungswege dienen, sollten mindestens feuerhemmende Wände und Decken haben und müssen von den Treppenräumen mit dichtschließenden Türen abgeschlossen sein.

Die Benutzung von Rettungswegen sollte nicht durch Abstellen von Gegenständen oder gar Lagerung brennbarer Stoffe beeinträchtigt sein, und selbstverständlich sollten Bauteile, die Rettungswege begrenzen (Decken, Wände), selbst nicht zur Entwicklung und Fortleitung von Flammen und Rauch beitragen.

Von wesentlicher Bedeutung für die Sicherung des Fluchtweges ist, daß er – oder zumindest die Treppenräume – rauchfrei gehalten wird. Haben Treppenanlagen Fenster, die ins Freie führen, können diese als **Rauchabzugöffnungen** dienen. Bei innenliegenden Treppen ist an der obersten Stelle des Treppenraumes eine Rauchabzugvorrichtung anzubringen. Um einen einwandfreien Rauchabzug zu ermöglichen, muß gegebenenfalls ein besonderer ins Freie führender, feuerbeständiger Abzugschacht geschaffen werden.

## 8.4 Rauch- und Wärmeabzuganlagen

In einem geschlossenen Raum steigen Rauch und heiße Brandgase über der vom Brand erfaßten Fläche im wesentlichen lotrecht bis zum Dach bzw. bis zur Decke auf und breiten sich dort aus. Im weiteren Verlauf füllt sich schließlich der gesamte Raum mit Rauch und heißen Brandgasen, noch ehe sich der eigentliche Brand wesentlich ausbreitet. Durch ausreichend dimensionierte und entsprechend angeordnete Zu- und Abluftöffnungen wird erreicht, daß im Brandfall die Schicht von Rauch und heißen Brandgasen ein erträgliches Ausmaß nicht überschreitet, d. h. daß unter ihr Sicht und Atemluft erhalten bleiben. Rauch- und Wärmeabzuganlagen, kurz RWA genannt, ermöglichen oder erleichtern daher in Brandfällen die Sicherung der Fluchtwege gegen Verqualmung und den schnellen und gezielten Löschangriff der Feuerwehr.

RWA sind Dachabschlüsse, die im allgemeinen im Gebrauchszustand auch als Raumbelichtung genutzt werden. Sie geben im Brandfall Öffnungen im Dach frei, die der natürlichen Ableitung von Rauch und Brandgasen dienen; sie lassen sich im Brandfall automatisch und/oder manuell öffnen. Um die automatische Öffnung zu gewährleisten, müssen ihnen Branderkennungselemente (s. Abschn. 8.1) und Auslösevorrichtungen zugeordnet werden.

Voraussetzung für die Wirkung der RWA ist, daß im Brandfall rechtzeitig die zweckentsprechenden Zuluftöffnungen geschaffen werden. Dazu gehören vor allem Türen, Tore und, soweit sie sich in den unteren Raumbereichen – etwa in Hallen – befinden, auch Fenster.

## 8.5  Leitungen, Schächte, Kanäle

**Lüftungsleitungen,** insbesondere Klimaanlagen, können bei unsachgemäßer Ausführung innerhalb kürzester Zeit Wärme und Brandgase in Gebäuderegionen befördern, die vom Brandherd weit entfernt sind. Um solche potentielle Gefahr zu vermindern, müssen Lüftungsrohre, -schächte und -kanäle im allgemeinen aus nichtbrennbaren Baustoffen bestehen; in Gebäuden mit mehr als zwei Vollgeschossen müssen sie so ausgeführt werden, daß Feuer und Rauch nicht in andere Geschosse übertragen werden können. Diese Forderung gilt sinngemäß auch für die Überbrückung zweier Brandabschnitte (s. Abschn. 8.7) in horizontaler Richtung.

Um die Forderung zu erfüllen, sind entweder die Leitungen so auszubilden, daß sie einem direkten Brandangriff von außen ausreichend lange standhalten, ohne daß in ihrem Innern unzulässig hohe Temperaturen erreicht werden und/oder zu hohe Rauchgaskonzentrationen auftreten, oder es sind in Decken- bzw. Wandebene Absperrvorrichtungen einzubauen, die im Gebrauchszustand offen sind und sich bei Rauch und Wärmeeinwirkung selbsttätig schließen.

Auch Schächte und Kanäle für **Installationen** haben sich als Brandüberträger erwiesen. Auch sie müssen daher aus nichtbrennbaren Baustoffen hergestellt werden; die weiteren oben genannten Forderungen werden jedoch nur bei Gebäuden mit mehr als fünf Vollgeschossen erhoben. Bild 8.1 zeigt einen ordnungsgemäß ausgeführten Installationsschacht (Beispiel nach [30]).

Bild 8.1
Schacht für Installationen, ausgebildet als Nische in einer Massivkonstruktion, abgeschlossen durch eine Leichtkonstruktion, die für Reparaturarbeiten entfernt werden kann. Bei größeren Abmessungen muß die Leichtkonstruktion ausgesteift werden [30]

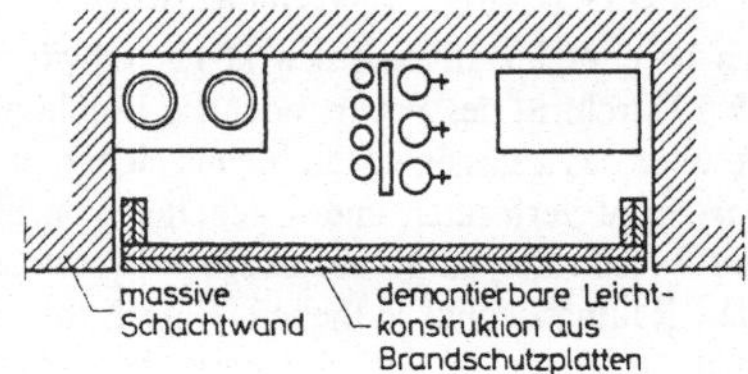

Handelt es sich bei den Installationen um K a b e l mit PVC-haltiger Isolierung, so ist die zusätzliche Gefahr der Übertragung aggressiver Gase gegeben (s. Abschn. 4.8 und 7.3), und die Abschottung ist von besonderer Bedeutung, wenn Kabelbündel nicht in ausreichend feuerwiderstandsfähigen Schächten oder Kanälen geführt werden.

Zur Abschottung von Wand- und Deckendurchbrüchen können z. B. Brandschutzmörtel, mineralfaserhaltige Spritz- oder Pumpmassen, Schaumbildner, Beton oder Sandtassen verwendet werden. Beim Verschließen der Öffnungen ist darauf zu achten, daß auch die Hohlräume zwischen den einzelnen Kabeln oder Leitungen verschlossen werden. Bei Kabelbündeln kann dazu eine Auflockerung erforderlich sein. Bild 8.2 zeigt als Beispiel (nach [41]) die Abschottung eines Kabelbündels in einer Decke.

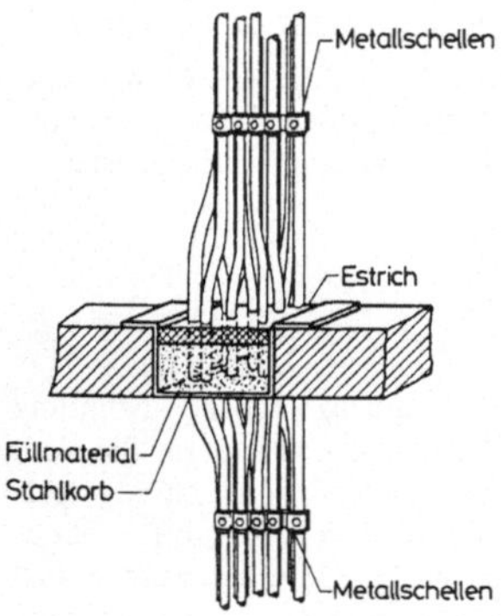


Bild 8.2
Deckenschott eines Kabelbündels [41]

**Aufzugschächte** müssen so ausgebildet werden, daß die durch sie gegebene Gefahr der Brand- und Rauchübertragung eingedämmt wird. Dazu sind sie in feuerbeständiger Bauart zu errichten, und an die Fahrschachttüren werden Forderungen zur Behinderung des Wärme- und Rauchdurchgangs gestellt.

## 8.6  Wandöffnungen; Türen und Tore

Es leuchtet ein, daß jede nicht feuerwiderstandsfähig verschlossene Öffnung in einer Wand, die brandschutztechnische Aufgaben, insbesondere die der Verhinderung des Feuerübergriffs von einem Raum auf den anderen (Raumabschluß), zu erfüllen hat, eine Schwachstelle bedeutet. Daher kommt Türen und Toren eine hohe Bedeutung zu, was sich unter anderem dadurch ausdrückt, daß sie, wenn sie Aufgaben als „Feuerschutzabschlüsse" (Normbezeichnung) zu erfüllen haben, grundsätzlich zulassungspflichtig sind, sofern sie nicht DIN 18 082 „Feuerschutzabschlüsse – Stahltüren T 30-1" entsprechen.

Es bereitet im allgemeinen keine Schwierigkeiten, die Türblätter so auszubilden, daß sie den Durchtritt des Feuers oder die Erhöhung der Temperatur auf der feuerabgewandten Seite über das zulässige Maß hinaus sicher verhindern. Jedoch suchen sich die Türblätter thermisch zu verformen und – gehalten von ihren Bändern und den geschlossenen Türschlössern – von der Zarge abzuwölben, wodurch unzulässig große Spalte entstehen können, die den Raumabschluß aufheben. Eine Feuerschutztür muß daher immer als Einheit von Türblatt, Bändern, Schloß und Zarge betrachtet werden. Es gibt keine „feuerhemmenden Zargen" oder „feuerbeständigen Türblätter"! Darüber hinaus werden von den sich verformenden Türen große Kräfte in die Wände eingeleitet, die diese nicht immer aufnehmen können und im schlimmsten Fall gemeinsam mit der eingebauten Tür vorzeitig versagen. Diese Gefahr besteht vor allem bei Leichtwänden; aber auch beispielsweise eine 11,5 cm dicke gemauerte Wand ist nicht in der Lage, zusammen mit jeder beliebigen zugelassenen Feuerschutztür den geforderten Raumabschluß zu gewährleisten. Aus diesem Grund enthält jede bauaufsichtliche Zulassung einer Feuerschutztür oder eines -tores den Hinweis auf die erforderliche Wandausbildung.

Feuerschutztüren sind im allgemeinen nicht gleichzeitig zum definierten Schutz gegen Rauch geeignet. Die Erfüllung beider Aufgaben wird jedoch bei Neuentwicklungen angestrebt.


## 8.7 Brandabschnitte

Die vertikale und horizontale Gebäudeunterteilung in Brandabschnitte ist besonders wichtig für die Begrenzung der Brandausbreitung und Erleichterung der Brandbekämpfung. Zwischen benachbarten Gebäuden können Brandabschnitte durch Schutzabstände gebildet werden. Es ist darauf zu achten, daß Brandschutzabstände durch sogenannte Feuerbrücken, wie brennbare Anbauten, Schuppen und dergleichen, oder durch Lagerung brennbarer Stoffe in ihrer Wirkung nicht wieder aufgehoben werden.

Wenn ein Gebäude in mehrere übereinander liegende Brandabschnitte zu unterteilen ist, werden zur horizontalen Begrenzung die Geschoßdecken benutzt, die für diesen Zweck feuerbeständig (F90-AB nach DIN 4102 Teil 2 bzw. 4) sein müssen.

**Brandwände** sind Wände zur vertikalen Trennung oder Abgrenzung von Brandabschnitten innerhalb von Gebäuden oder zwischen eng stehenden benachbarten Bauwerken. Sie sind dazu bestimmt, die Ausbreitung von Feuer auf andere Gebäude oder Gebäudeabschnitte sicher zu verhindern. Dazu müssen sie aus nichtbrennbaren Baustoffen bestehen und bei Bränden den Durchgang des Feuers ausreichend lange verhindern (F90-A nach DIN 4102 Teil 3 bzw. 4), sie müssen unter Brandeinwirkung und den bei Bränden möglichen Nebenwirkungen (Stoßbeanspruchung etwa durch einstürzende Bauteile) standsicher und raumabschließend bleiben.

Die richtige Anordnung und sorgfältige Ausführung der Brandwände ist besonders wichtig. Brandwände sollen in der Regel durch alle Geschosse des Gebäudes geführt werden. Sie können versetzt angeordnet werden, wenn die dazwischenliegenden Decken feuerbeständig (F90-A nach DIN 4102 Teil 2 bzw. 4), öffnungslos und ausreichend für Trümmerlast bemessen sind. Die Abstände der Brandwandunterteilungen sind so eng wie möglich zu wählen.

Auch zwischen Gebäudeteilen, die durch Bauart oder Nutzung eine unterschiedliche Brandgefahr darstellen oder besonders schützenswert sind, können Brandwandtrennungen sehr zweckmäßig sein. Bei winkelig zusammenhängenden Gebäuden sollten Brandwände nicht in der Ecke, sondern in mindestens 5 m Abstand davon angeordnet werden, um zu verhindern, daß das Feuer an der Brandwand vorbei auf den nächsten Brandabschnitt übergreift.

Für die Ausführung der Brandwände dürfen nur dafür geeignete Baustoffe verwendet werden. Je nach Bauart und Material sind Mindestdicken nach DIN 4102 Teil 4 einzuhalten. Bauteile aus brennbaren Baustoffen dürfen in Brandwände nicht eingreifen oder über diese hinweggeführt werden. Stahlträger, Stahlstützen, Holzbalken, Schornsteine und lotrechte Leitungsschlitze dürfen die erforderliche Dicke der Brandwände nicht mindern. Brandwände sind mindestens bis unmittelbar unter die Dachdeckung zu führen; in vielen Fällen fordern die Bauordnungen jedoch, daß sie über Dach geführt oder, wenn das aus architektonischen Gründen nicht zumutbar ist, in der Ebene der Dachhaut mit einer beiderseits auskragenden, feuerbeständigen, von außen nicht sichtbaren Stahlbetonplatte abgedeckt werden.

Immer wieder kommt es durch unverschlossene Öffnungen in Brandwänden zu einer erheblichen Brandausweitung. Öffnungen sind daher möglichst zu vermeiden; wenn die Gebäudenutzung sie jedoch erfordert, müssen sie mit feuerbeständigen Abschlüssen versehen werden, die geschlossen zu halten sind. Sollen aus betrieblichen Gründen Brandwandtüren geöffnet bleiben, müssen sie besondere Vorrichtungen erhalten, die bei einem Brand auf Temperaturerhöhung oder Rauchentwicklung ansprechen und bewirken, daß sich die Türen selbsttätig schließen. Die Schließautomatik darf nicht durch Verkeilen oder Verstellen behindert werden.

Auf Bild 8.3 ist (nach [2]) das Beispiel einer über Dach geführten Brandwand gezeigt, die in Höhe der Dachkonstruktion Auskragungen zur Aufnahme der brennbaren Bauteile besitzt. Kabel sind auf an der Dachkonstruktion aufgehängten Pritschen herangeführt, die in der Nähe der Brandwand mit einer dämmschichtbildenden Beschichtung versehen sind, so daß sie über eine begrenzte Zeit – maximal so lange wie die Dachkonstruktion – dem Brandangriff standhalten. Die Kabelpritschen enden hier vor der Brandwand, um zu vermeiden, daß sie auf die Kabelabschottung unzulässige Kräfte ausüben, wenn sie – gegebenenfalls zusammen mit dem Dach – im Brand herabstürzen.

Es gibt aber auch bauaufsichtlich zugelassene Kabelschotts, bei denen die Kabel auf Pritschen durch die Wand geführt werden können.

Das Beispiel zeigt weiter einen durch die Brandwand geführten Lüftungskanal mit einer Absperrvorrichtung in Wandebene (s. Abschn. 8.5).

Wie Türen und Tore sind auch Kabelschotts und sonstige Absperrvorrichtungen in Brandwänden feuerbeständig auszuführen.

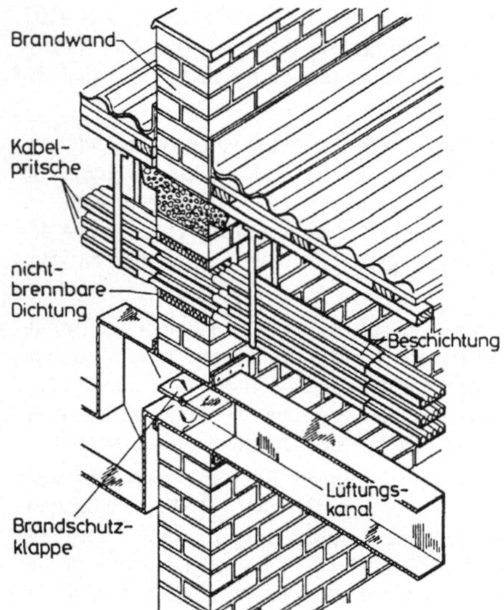


Bild 8.3
Beispiel einer Brandwandausbildung mit Kabel- und Lüftungskanaldurchleitung [2]

In Industrieanlagen ist es oft nicht leicht, einwandfreie Brandabschnittstrennungen durchzuführen, ohne störend in den Betriebsablauf einzugreifen. Erst nach gründlicher Überlegung sollte man in solchen Fällen Ersatzlösungen wählen, die in ihrer Wirkung aber Brandwände niemals voll ersetzen können.

# 9 Definierter Objektschutz

Nicht in allen Fällen ist die Auslegung des baulichen Brandschutzes gemäß Ordnungen und Normen (s. Abschn. 2) auf der Grundlage der Normbrandbeanspruchung (ETK) befriedigend, auch dann nicht, wenn man etwa, um ein allgemeines höheres Sicherheitsniveau zu erreichen, höhere Feuerwiderstandsklassen fordert. In solchen Fällen ist ein Brandschutz anzustreben, der so genau wie möglich auf das betreffende Einzelobjekt abgestellt ist und bei dem das durch den Brand hervorgerufene hinnehmbare Schadenausmaß festgelegt wird, der sogenannte definierte Objektschutz. Für einen solchen, meistens aufwendigen Brandschutz kommen beispielsweise in Frage: Bauwerke hohen kulturellen Wertes, Wohnhochhäuser mit nicht kalkulierbarer Evakuierungszeit, Bauwerke hohen finanziellen Wertes oder überregionaler Bedeutung, besonders aber Bauwerke, bei denen Abbruch und Neubau nach einem Schadenfeuer nicht in Frage kommen, da ihre Funktionsfähigkeit in kürzester Frist wiederhergestellt sein muß, bei denen Brandschäden aber sowohl zu besonderen Gefahren, etwa Wassereinbruch bei Tunneln oder Verseuchung bei Kernkraftwerken, wie auch zu besonders hohem technischen und finanziellen Aufwand bei der Wiederherstellung führen würden.

Das Vorgehen bei der Bemessung des vorbeugenden baulichen Brandschutzes für besonders schutzbedürftige und -würdige Bauwerke, der definierte Objektschutz also, muß, soweit möglich, alle im betreffenden Einzelfall vorhandenen Gegebenheiten des passiven und aktiven Brandschutzes einbeziehen.

Dazu können gehören: Überwachung durch Fernsehkameras, automatische Brandmelder, Handfeuermelder, Notruftelefone, automatische Löschanlagen, Handfeuerlöscher. Es ist zu überlegen, welche Zeit vergehen wird, bis ein Brand entdeckt, als gefährlich erkannt und der Feuerwehr gemeldet wird. Die Zeiten für das Anrücken der Feuerwehr und bis zum Beginn wirksamer Löscharbeiten sind zu ermitteln.

Maßgebend für die Temperaturentwicklung bis zum Beginn wirksamer Löscharbeiten, aber auch während des Löschvorgangs ist in erster Linie die vorhandene Brandlast, in einem Tunnelbauwerk beispielsweise ein brennendes Tankfahrzeug, und außerdem sind die in Abschnitt 3 aufgeführten Parameter mitbestimmend.

Für eine zutreffende Abschätzung des Brandverlaufs stehen Erfahrungen aus Großversuchen, aber auch Auswertungen von Schadenfeuern zur Verfügung. Ansätze von Wärme- und Massenbilanzen sind unter den in Abschnitt 3.1 angegebenen Einschränkungen möglich. Mit Hilfe solcher Unterlagen und der individuellen Bauwerkdaten kann die Temperatur-Zeit-Entwicklung im angenommenen Brandentstehungsraum sowie gegebenenfalls Brandfortpflanzung in Nachbarräume, vollentwickelter Brand in großen Bereichen, Wirkung von Löschmaßnahmen usw. festgelegt und der brandschutztechnischen Bemessung der tragenden Konstruktion zugrundegelegt werden.

Zur brandschutztechnischen Bemessungskategorie „Definierter Objektschutz" gehört selbstverständlich, in Zusammenarbeit mit dem Bauherrn festzulegen, ob jedes denkbare Risiko durch brandschutztechnische Maßnahmen baulicher und betrieblicher Art abgedeckt werden soll, oder ob Schäden aus Extrembeanspruchungen, deren Verhinderung die Kosten von Vorbeugemaßnahmen nochmals erheblich steigern würden, in Kauf genommen werden sollen. Die Entscheidung darüber wird der Bauherr fällen müssen, für den im allgemeinen auch Aspekte des Versicherungsschutzes mitsprechen werden.

Bei jeder späteren Nutzungsänderung des Bauwerks ist zu prüfen, ob der ursprünglich definierte Objektschutz noch angemessen ist.

Für die tragende Konstruktion wird sich ein **beschränkter** Objektschutz als optimal erweisen, der folgenden Anforderungen entspricht:

- Bei Einwirkung der für das Bauwerk als relevant erachteten Brandbeanspruchung dürfen keine Schäden auftreten, die die Tragfähigkeit des gesamten Bauwerks oder wichtiger Einzelbauteile bleibend mindern.

- Unvertretbar große bleibende Verformungen der Konstruktion dürfen durch die Brandeinwirkung nicht entstehen.

- Wiederherstellungsarbeiten sollen mit möglichst geringem technischen, finanziellen und zeitlichen Aufwand möglich sein.

Der Nachweis der Spannungen und Formänderungen des Bauwerks in Quer- und Längsrichtung unter Berücksichtigung der Interaktion zwischen den Bauteilen ist mit Verwendung nichtlinearer temperaturabhängiger Stoffgesetze unter Zugrundelegung der zu erwartenden Wärmebeanspruchung zu führen.

Die Anwendung des Verfahrens setzt Spezialkenntnisse auf dem Gebiet der Thermodynamik, sowie des Hochtemperaturverhaltens der Baustoffe und Bauteile voraus. Außerdem sind zur Bewältigung der Rechenarbeit aufwendige EDV-Programme und leistungsfähige Großrechenanlagen erforderlich. Solange keine vereinfachten, wissenschaftlich abgesicherten Methoden verfügbar sind, muß das Verfahren Spezialisten vorbehalten bleiben.

# VI Klima

*Von Karl Petzold*

# Einführung

Auf den bauklimatischen Sachverhalt reduziert, ist es die Aufgabe der Gebäude,

(1) Mensch, Tier, Lagergut und Produktion vor den „Unbilden der Witterung" zu schützen und

(2) ein den Bedürfnissen der Nutzer genügendes Raumklima zu schaffen, ohne daß

(3) dabei an den Gebäuden selbst klimabedingte Schäden entstehen.

Diese drei Aufgaben bzw. Forderungen sind nicht immer voneinander zu trennen. Nur selten genügt es, daß ein Gebäude allein Schutz vor unerwünschten Witterungseinflüssen (1) gewährt, wie z. B. Garagen, Bahnhofshallen und Feldscheunen; im Regelfall wird ein nutzergerechtes Raumklima (2) gefordert, und dieses setzt selbstverständlich den Witterungsschutz (1) voraus. Von allen Gebäuden jedoch, gleich ob Raumklimaforderungen gestellt werden oder nicht, ist eine hinreichend lange Lebensdauer zu verlangen; diese darf durch Klimaeinwirkungen (3) nicht unzulässig verkürzt werden. Dabei ist nicht nur mit einer unmittelbaren Beanspruchung durch das (Außen)-Klima zu rechnen, also durch Regen, Frost-Tau-Wechsel, Strahlungswärme (s. Kapitel „Wärme") usw., sondern auch mit einer mittelbaren Klimabeanspruchung, bei der Außenklima und Raumklima (2) zusammenwirken. Eine solche mittelbare Beanspruchung kann besonders zur Ursache von Feuchteschäden werden, z. B. durch Tauwasserniederschlag (Kapitel „Wärme") oder durch eine unzulässige Durchfeuchtung der Hüllkonstruktion als Folge der Wasserdampfdiffusion (s. Kapitel „Feuchte").

Die drei genannten Forderungen können unter dem Begriff **klimagerechtes Bauen** zusammengefaßt werden. Klimagerecht bauen heißt, die Bauweise, Gestalt und Konstruktion von Gebäuden sowie die Anlage von Städten und Siedlungen so an das (lokale) Außenklima anzupassen, daß mit minimalem Aufwand ein nutzungsgerechtes Raumklima sowie eine optimale Standzeit der Gebäude zu sichern sind.

Der Begriff **Klima** umschließt nach einer Definition, die Alexander von Humboldt – aus geophysikalischer Sicht – gegeben hat [23], *„alle Veränderungen der Atmosphäre, von denen unsere Organe merklich affiziert werden; solche sind: die Temperatur, die Feuchtigkeit, ...".* Auf das Gebäude und seine Umgebung übertragen, läßt sich im Anschluß daran Klima definieren als

> **die Summe aller Umweltfaktoren, die unmittelbar oder mittelbar Einfluß nehmen auf die Gesundheit und das Befinden von Menschen und Tieren, auf die Entwicklung von Pflanzen sowie auf den Zustand von Lagergütern, Produktionsverfahren, Maschinen, Apparaten und Bauwerken** [27].

In Hinblick auf das klimagerechte Bauen von besonderem Interesse sind Temperatur (bzw. Wärme) und Feuchte, die sowohl das Empfinden von Menschen und Tieren beeinflussen als auch häufig die Ursachen von Bauschäden sind; der Schall, der zunehmend zur Quelle von Belästigungen wird, dessen Beherrschung aber auch die Qualität von Konzert- und Vortragssälen bestimmt; und das Licht, das – sowohl als Tages- als auch als Kunstlicht – eine unabdingbare Vorraussetzung für die Nutzbarkeit der Gebäude ist. Die Phänomene „Licht" und „Schall" sind eindeutig an einzelne Klimaelemente gebunden und wurden in den speziellen Kapiteln umfassend behandelt. Die Phänomene „Temperatur" und „Feuchte" sind in Ursache und Wirkung untereinander verknüpft. Deswegen werden in diesem Abschnitt die thermisch-hygrischen Komponenten des Außenklimas zusammenhängend dargestellt, ebenso die wärmephysiologischen Forderungen, das heißt die Anforderungen, die aus hygienischer Sicht an die thermisch-hygrischen Komponenten des Raumklimas zu stellen sind. Damit werden die baulichen Konsequenzen begründet, die sich aus der Außenklima b e l a s t u n g und den thermisch-hygrischen Raumklima f o r d e r u n g e n ergeben.

Klimagerechtes Bauen verursacht sowohl b a u l i c h e n als auch e n e r g e t i s c h e n Aufwand. Außer der Beleuchtung beeinflußt insbesondere der hier behandelte thermisch-hygrische Komplex beide, denn es muß zeitweilig auch geheizt und evtl. auch gekühlt werden, und der dazu benötigte Energiebedarf ist von den baulichen Voraussetzungen abhängig. Um diesen Aufwand einzuschränken, sind zwei Aufgaben zu lösen:

1. Während eines möglichst großen Teiles des Jahres muß das Raumklima innerhalb der zulässigen Grenzen gehalten werden können, auch ohne daß dazu Heiz- oder Kühlenergie eingesetzt werden muß. Bei einer solchen **freien** (oder autogenen) **Klimatisierung** ist – neben dem Einfluß des Nutzers – allein die Anlage des Gebäudes, seine Gestalt und seine Konstruktion für das Raumklima maßgebend: das Gebäude klimatisiert sich selbst (autogen).

2. Bei sehr eng vorgegebenen Raumklimatoleranzen, wie sie z. B. für manche Produktionsprozesse benötigt werden, sowie allgemein bei extremen Außenklimazuständen sind die an das Raumklima gestellten Forderungen durch freie Klimatisierung nicht mehr zu erfüllen (z. B. in Mitteleuropa im Winter). Es muß dann zeitweilig geheizt oder – über eine Klimaanlage – gekühlt werden. Bei einer solchen **erzwungenen** (oder energogenen) **Klimatisierung** ist das Gebäude mit ökonomisch optimalem Aufwand gegen übermäßige Wärmeverluste (im Winter) bzw. Energiezufuhr (im Sommer) zu schützen.

Zur Lösung dieser Aufgaben muß der Zugriff einzelner Klimaelemente bewußt gesteuert werden. Die Hüllkonstruktion des Gebäudes muß außerdem „erwünschten" Klimaelementen, wie dem Tageslicht, Durchtritt gestatten und muß „störenden" Klimaelementen, anthropogenen oder technogenen Noxen wie dem Schall, hinreichend Widerstand entgegensetzen. Dazu wird für das Gebäude eine bauklimatische bzw. bauphysikalische Konzeption benötigt, nach der die Auswahl der Bauweise und der Baustoffe getroffen werden kann und die Gegenstand der konstuktiven Durchbildung ist. Aufbauen muß eine solche bauklimatische „Gestaltungskonzeption" auf der Kenntnis der bauklimatischen Wirkungsmöglichkeiten des Bauwerkes und seiner Elemente. Diese sind abhängig sowohl von den Parametern der Elemente als auch von den Randbedingungen, d.h. vom Raumklima, das für die Funktion des Gebäudes gefordert werden muß, sowie vom Außenklima, dem das Gebäude ausgesetzt ist.


# 1  Raumklima


Die Forderungen, die an das Raumklima, d.h. an das Klima in den Innenräumen der Gebäude zu stellen sind, ergeben sich aus der Funktion der Gebäude. Für die meisten Gebäude ist das Empfinden des Menschen das Maß für die Beurteilung des Raumklimas. Das gilt z. B. für Wohnbauten, für öffentliche und für die meisten Industriebauten. Abweichungen von diesen wärmephysiologischen Forderungen können in Stallbauten, Gewächshäusern und in manchen Industriebauten vorkommen, wo die Forderungen der Produktion den Vorrang haben.

Die wärmephysiologischen Forderungen ergeben sich aus dem Wärme- und Stoffhaushalt des menschlichen Körpers.

## 1.1 Wärme- und Stoffhaushalt des menschlichen Körpers

Im menschlichen Körper laufen exotherme Reaktionen ab, z. B. durch Verbrennen von Nahrung. Die dabei freigesetzte Wärme muß an die Umgebung abgeführt werden (Bild 1.1). Beim ruhenden, unbekleideten, nüchternen, etwa 40jährigen Mann, der sich im thermischen Gleichgewicht mit seiner Umgebung befindet, sind das etwa 45 W/m$^2$ Körperoberfläche, bei 1,8 m$^2$ Körperoberfläche also etwa 80 W [40].

Dieser sogenannte Grundumsatz oder Ruheumsatz reicht gerade aus, unter den genannten Bedingungen die Wärmeverluste zu decken und die zum ordnungsgemäßen Ablauf der Reaktionen benötigten Temperaturen im „Kern" des Körpers aufrechtzuerhalten.

Die Wärmeproduktion erhöht sich, wenn der Mensch Arbeit verrichtet, um den sogenannten Arbeitsenergieumsatz. Dieser kann im Mittel über die Arbeitszeit etwa das 3-fache und als kurzzeitige Spitzenleistung fast das 20-fache des Grundumsatzes erreichen. Grundumsatz und Arbeitsenergieumsatz werden aus dem Stoffwechsel gespeist. Ihre Summe, der Gesamtenergieumsatz, wird deswegen als Stoffwechselrate bezeichnet. Diese wird in metabolischen Einheiten gemessen, wobei die Einheit 1 met = 58 W/m$^2$ Körperoberfläche [40] etwa beim entspannten Sitzen auftritt (Tafel 1.1).

Tafel 1.1   Stoffwechselraten nach DIN ISO 7730 [40] und Aktivitätsstufen nach DIN 1946/2 [36]

| Art der körperlichen Tätigkeit | Stoffwechselrate | | Aktivitäts-stufe | Wärmeabgabe je Person (Anhaltswerte) |
|---|---|---|---|---|
| | in W/m$^2$ | in met | – | in W |
| Angelehnt | 46 | 0,8 | – | – |
| Sitzend, entspannt | 58 | 1,0 | I | 100 |
| Stehend, entspannt | 70 | 1,2 | – | – |
| Sitzende Tätigkeit (Büro, Wohnung, Schule, Labor) | 70 | 1,2 | – | – |
| Stehende Tätigkeit (Einkaufen, Labor, leichte Industriearbeit) | 93 | 1,6 | II | 150 |
| Stehende Tätigkeit (Verkaufstätigkeit, Hausarbeit, Maschinenbedienung) | 116 | 2,0 | III | 200 |
| Mittelschwere Tätigkeit (schwere Maschinenarbeit, Werkstattarbeit) | 165 | 2,8 | IV | > 250 |

Das thermische Gleichgewicht und damit auch das Klimaempfinden wird von der Stoffwechselrate beeinflußt, und die Parameter des Raumklimas, ganz besonders die Raumlufttemperatur, müssen in Abhängigkeit von der Art der körperlichen Tätigkeit, d. h. von der Funktion des Raumes festgelegt werden.

Bei etwa 20 °C Umgebungstemperatur wird die im Körper freigesetzte Wärme zum überwiegenden Teil (etwa 80 %) „trocken" an die Umgebung übertragen, d. h. durch Konvektion, Strahlung und – in der Regel vernachlässigbar klein – durch Wärmeleitung. Etwa 20 % werden „feucht", d. h. durch Verdunsten von Wasser (Bild 1.1) abgegeben [31]. Da der Transport „trockener" Wärme (Strahlung und Konvektion) vom Temperaturgefälle abhän-

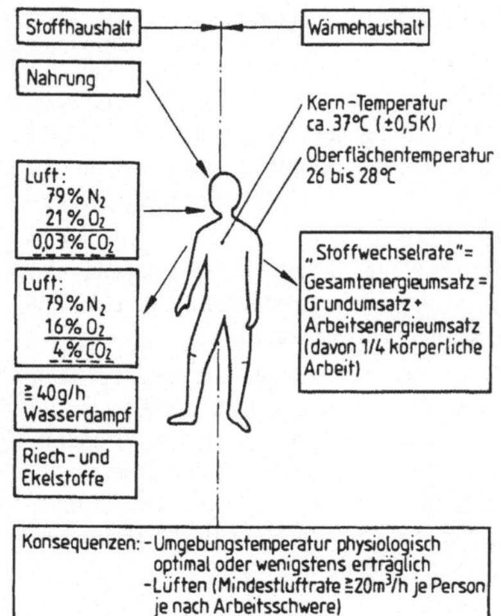


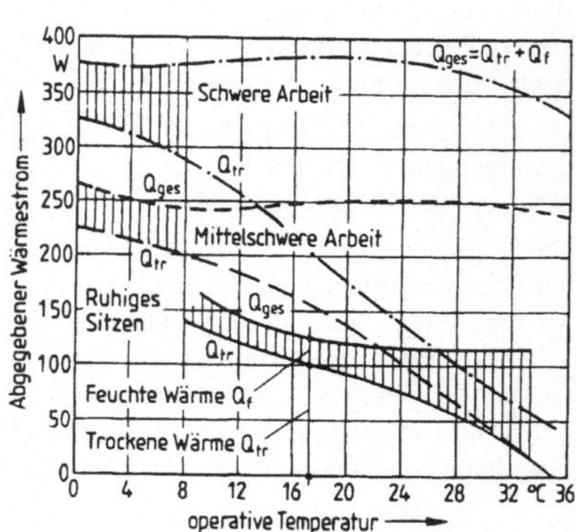


Bild 1.1   Klimawirksame Komponenten des Wärme- und Stoffhaushaltes des Menschen

Bild 1.2   Wärmeabgabe des Menschen in üblicher Bekleidung bei ruhigem Sitzen und Arbeit [31]

gig ist, sinkt mit Erhöhung der Umgebungstemperatur dessen Anteil, und der Anteil der „feuchten" Wärme steigt. Damit erhöht sich dann auch die Wasserdampfabgabe an die Raumluft (Bild 1.2).

Nur ein kleiner Teil der Stoffwechselrate wird über die Lunge, der überwiegende Teil (fast 90 %) über die Haut übertragen. Deswegen hat besonders auch die Bekleidung Einfluß auf das Klimaempfinden. Sie ermöglicht eine gewisse Anpassung an das Raumklima, kann aber andererseits auch eine gewisse Abhängigkeit der Raumklimaforderungen von der Funktion begründen, wenn diese eine bestimmte Bekleidung voraussetzt.

Der Wärmewiderstand der Kleidung wird in „clo" = „clothing"-Einheit gemessen. 1 clo = 0,155 m²K/W [40]. Normale Straßenanzüge z. B. haben einen Wärmewiderstand von 1 clo (Tafel 1.2).

Das Klimaempfinden unterscheidet sich auch je nach

– Konstitution, Körpertyp und Körpermasse

– nach Geschlecht und Alter, wobei insbesondere ältere Menschen wegen einer Verminderung der Stoffwechselrate eine höhere Temperatur bevorzugen

– Klimaanpassung durch längeren Aufenthalt in einem extremen Klima und andere mehr.

Deswegen kann es kein Idealklima geben, das in jedem Falle als behaglich angesehen werden müßte, und es wird nie vorkommen, daß sämtliche in einem Raum dem gleichen Klima ausgesetzten Personen dieses Klima als „behaglich" anerkennen (Bild 1.3) [4].

Bei Abweichungen von thermischen Gleichgewicht tritt eine physikalische Temperaturregulation in Aktion, die unwillkürlich ist und – im wesentlichen – über die Hautdurchblu-

Tafel 1.2   Isolationswerte $I_{cl}$ von Bekleidungskombinationen [40]

| Art der Bekleidungskombination | $I_{cl}$ | |
| --- | --- | --- |
| | in $m^2K/W$ | in clo |
| Unbekleidet | 0 | 0 |
| Kurze Hosen (Shorts) | 0,015 | 0,1 |
| Typische Kleidung in tropischen Gebieten: Unterhosen, Shorts, kurzärmliges Hemd mit halsfernem bzw. offenem Kragen, leichte Strümpfe und offene Schuhe | 0,045 | 0,3 |
| Leichte Sommerbekleidung: Unterhosen, lange, leichte Hosen, kurzärmliges Hemd mit halsfernem bzw. offenem Kragen, leichte Strümpfe und Schuhe | 0,08 | 0,5 |
| Leichte Arbeitskleidung: leichte Unterwäsche, Baumwollarbeitshemd mit langen Ärmeln, Arbeitshosen, Wollsocken und Schuhe | 0,11 | 0,7 |
| Typische Winterbekleidung für Innenräume: Unterwäsche, Hemd mit langen Ärmeln, Hosen, Jacke und Pullover mit langen Ärmeln, dicke Strümpfe und Schuhe | 0,16 | 1,0 |
| Schwere, traditionelle, europäische Bürokleidung: Baumwollunterwäsche mit langen Beinen und Ärmeln, Hemd, Anzug, bestehend aus Hose, Weste und Jacke, Wollstrümpfe und schwere Schuhe | 0,23 | 1,5 |

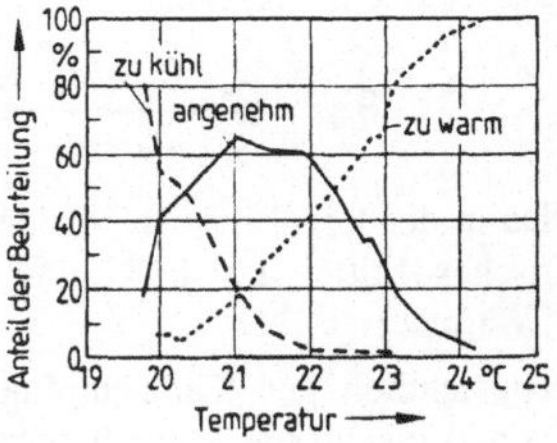

Bild 1.3
Gefühlsmäßige Beurteilung verschiedener Klimazustände bei Büroarbeit [4]

tung den Wärmetransport an die Körperoberfläche beeinflußt. Diese unwillkürliche Temperaturregelung ist insensibel; deswegen wird man sich eines „behaglichen" Raumklimas, also eines Raumklimas, bei dem thermisches Gleichgewicht herrscht, normalerweise gar nicht bewußt. Erst größere Abweichungen vom Gleichgewichtszustand dringen ins Bewußtsein und lösen ein Gefühl der Unbehaglichkeit aus. Dieses Unbehaglichkeitsgefühl ist eine sinnvolle biologische Regulation; sie soll den Menschen veranlassen, die notwendigen Maßnahmen zur Wiederherstellung eines Gleichgewichtes im Wärmehaushalt zu treffen, also sich in der Tätigkeit oder Kleidung anzupassen oder die Heizung in Anspruch zu nehmen.

Das empfundene Raumklima ist durch alle die Größen zu beschreiben, die Einfluß auf die Wärmeabgabe des Körpers haben [2], [10]:

– die Temperatur der Luft und der umgebenden Wände

– die Luftgeschwindigkeit und

– die relative Feuchte der Luft (in geringem Maße).

Vorausgesetzt sind dabei eine angemessene Verteilung der Wärmeabgabe auf die einzelnen Körperpartien und daß die Luftzusammensetzung den Anforderungen genügt.

## 1.2  Raumtemperatur

Für die Forderungen, die an die Temperaturen im Raum zu stellen sind, ist die „trockene" Wärmeabgabe des menschlichen Körpers (Bild 1.2) maßgebend. An der „trockenen" Wärmeabgabe sind – bei Vernachlässigung der Wärmeleitung – gleichberechtigt zwei Transportphänomene beteiligt: die Konvektion und die Wärmestrahlung. Diese können zusammengefaßt werden, wenn die thermische Umgebung des menschlichen Körpers durch eine fiktive Temperatur, die sogenannte operative Temperatur, beschrieben wird.

Die **operative Temperatur** $\vartheta_{op}$ [40] (auch als resultierende, als Empfindungstemperatur oder einfach als Raumtemperatur bezeichnet) ist eine fiktive einheitliche Umgebungstemperatur, bei der dem Körper der gleiche Wärmestrom entzogen wird, wie es bei den wirklich vorhandenen Temperaturen der Luft $\vartheta_L$ und der Umgebung $\overline{\vartheta_U}$ der Fall ist. Die mittlere Oberflächentemperatur $\overline{\vartheta_U}$ ergibt sich als gewichtetes Mittel aus den Oberflächentemperaturen $\vartheta_{U,k}$ und den Oberflächen $A_k$ der n Raumumschließungselemente

$$\overline{\vartheta_U} = \frac{\sum\limits_{k=1}^{n} A_k \cdot \vartheta_{U,k}}{\sum\limits_{k=1}^{n} A_k} \tag{1.1}$$

Mit dem Strahlung-Wärmeübergangskoeffizienten $\alpha_r$ zwischen Körperoberfläche und Raumumschließungskonstruktion sowie dem Konvektions-Wärmeübergangskoeffizienten $\alpha_c$ an der Körperoberfläche ist die operative Temperatur

$$\vartheta_{op} = \frac{\alpha_c \cdot \vartheta_L + \alpha_r \cdot \overline{\vartheta_U}}{\alpha_c + \alpha_r} \approx \frac{1}{2}\,(\vartheta_L + \overline{\vartheta_U}) \tag{1.2}$$

Da in der Regel $\alpha_r \approx \alpha_c$ ist, kann die operative Temperatur in guter Näherung als arithmetisches Mittel aus Luft- und Umgebungstemperatur beschrieben werden (s. a. Kapitel „Wärme").

Hinsichtlich des Klimaempfindens können also niedrige Oberflächentemperaturen (z. B. von Außenwänden) durch höhere Lufttemperaturen kompensiert werden. Ein Raumklima darf aber nur dann als optimal bezeichnet werden, wenn der Unterschied zwischen Lufttemperatur $\vartheta_L$ und mittlerer Umgebungstemperatur $\overline{\vartheta_U}$ gering ist, und zwar muß sein

$$|\vartheta_L - \overline{\vartheta_U}| \leq 2\,K \tag{1.3}$$

Auch außerhalb des physiologisch optimalen Bereiches sollte diese Differenz begrenzt werden, und es sollte immer sein

$$|\vartheta_L - \overline{\vartheta_U}| \leq 5\,K \tag{1.4}$$

Auch der **Asymmetrie des Strahlungsfeldes** sind Grenzen gesetzt, weil größere Unterschiede im Strahlungsfeld als belästigend empfunden werden [17]. Die Differenz z. B. zwischen den Oberflächentemperaturen der Außenkonstruktion $\vartheta_{U,1}$ und der Innenkonstruktion $\vartheta_{U,2}$ sollte nicht größer sein als

$$|\vartheta_{U,1} - \vartheta_{U,2}| \leq 8\,K \tag{1.5}$$

Für Flächenheizungen, Kühldecken und dergleichen gelten andere Grenzwerte [36].

Als **behaglich** bzw. **physiologisch optimal** anerkannt wird ein Raumklima, das von der Mehrzahl der im Raum Anwesenden als neutral behaglich empfunden wird (Bild 1.3).

Der optimale Wert der Raumtemperatur bzw. operativen Temperatur liegt bei einem um so höheren Wert, je kleiner die Stoffwechselrate nach Tafel 1.1 und je geringer der „Isolationswert" der Kleidung nach Tafel 1.2 ist (Bild 1.4). Infolge der unterschiedlichen physischen Gegebenheiten, eventuell auch unterschiedlicher Tätigkeit und Kleidung, die bei einer größeren Zahl von Anwesenden vorausgesetzt werden müssen, kann eine gewisse Streuung für den optimalen Wert zugelassen werden [17]. Diese Streuung ist um so größer, je niedriger die optimale Raumtemperatur liegt (Bild 1.4). Für übliche Bürotätigkeit z. B. (Stoffwechselrate 70 W/m$^2$) und normale Straßenkleidung ($I_{cl}$ = 1 clo) ist eine Raumtemperatur von 22 °C ± 2 K einzuhalten [40], wenn das Raumklima für die Mehrzahl der Nutzer des Raumes physiologisch optimal sein soll (Bild 1.5).

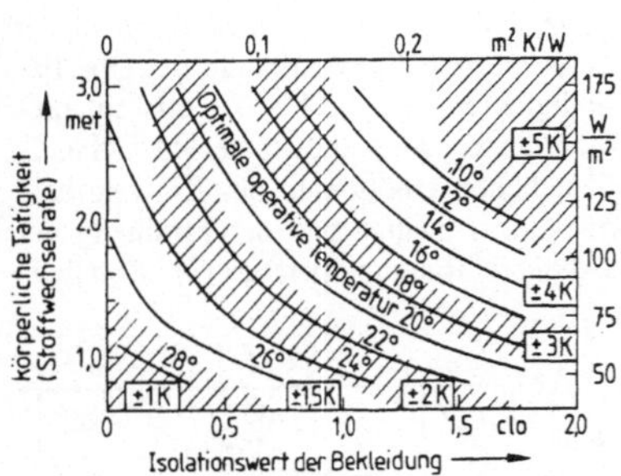


Bild 1.4  Optimale operative Temperatur als Funktion von Stoffwechselrate und „Isolationswert" der Bekleidung bei Luftgeschwindigkeiten ≤ 0,25 m/s und einer relativen Luftfeuchte von etwa 50 % nach DIN ISO 7730 [40] (Die schattierten Bereiche kennzeichnen den Temperatur-Toleranzbereich um die optimale Temparatur, innerhalb dessen mindestens 80 % der Anwesenden mit dem Raumklima zufrieden sind.)

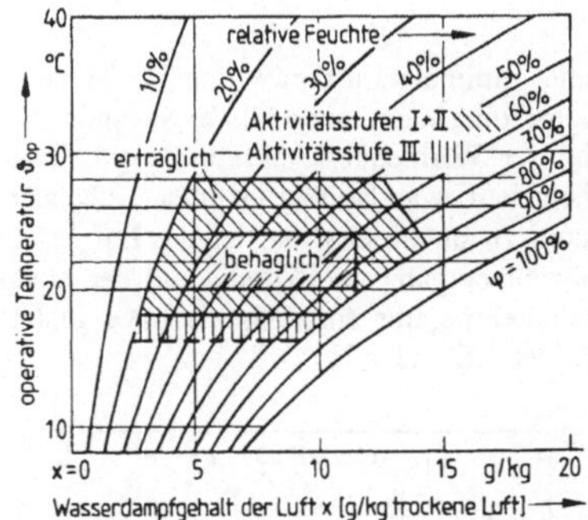


Bild 1.5  Physiologisch optimaler Bereich und Erträglichkeitsbereich nach DIN 1946 [36] bei Aktivitätsstufen I bis III laut Tafel 1.1

Der Aufwand, der benötigt wird, um ein physiologisch optimales Raumklima aufrechtzuerhalten, ist häufig unvertretbar hoch. Das gilt ganz besonders im Sommer, wo dazu unter Umständen Klimaanlagen eingesetzt werden müßten. Aus wirtschaftlichen Erwägungen müssen also Abweichungen vom behaglichen, vom physiologisch optimalen Klima zugelassen werden, vorausgesetzt, das Klima bleibt „erträglich". Ein **erträgliches** (oder zulässiges) **Klima** umfaßt die Klimazustände, bei denen zwar eine Minderung der Zufriedenheit mit der thermischen Umgebung und auch eine gewisse Minderung der Leistungsfähigkeit des Menschen zu verzeichnen ist, eine Gefährdung der Gesundheit aber noch nicht befürchtet werden muß.

Als noch erträglich gilt bei Aktivitätsstufen I und II eine operative Temperatur zwischen 18 und 28 °C, bei Aktivitätsstufe III (Tafel 1.1) erweitert sich dieser Bereich nach unten auf 16 °C (Bild 1.5). Diese erträglichen Temperaturen sind zeitliche Mittelwerte über einen begrenzten Zeitraum, in der Regel über einen Tag oder über die Arbeitszeit eines Tages.

Kurzzeitig sind auch höhere Werte zugelassen [36], besonders im Sommer, wenn infolge der starken Änderung von Sonnenstrahlung und Außenlufttemperatur im Laufe des Tages mit einem starken Anstieg der Raumlufttemperatur gerechnet werden muß. Das tägliche Maximum der Raumlufttemperatur $\vartheta_{L,max}$ sollte aber in Abhängigkeit vom Tagesmaximum $\vartheta_{e,max}$ der Außenlufttemperatur begrenzt werden auf

$$\vartheta_{L,max} \leq \vartheta_{e,max} + 3\,K, \tag{1.6}$$

wenn $\vartheta_{L,max} > 28\,°C$ ist [27, S. 30 ff.].

## 1.3  Luftgeschwindigkeit

Eine minimale Luftbewegung ist für den notwendigen Wärme- und Stofftransport an der Körperoberfläche unerläßlich. Sie stellt sich bereits durch freie Konvektion an der Oberfläche der Wärmequelle „Mensch" ein. Luftgeschwindigkeiten von 0,2 bis 0,3 m/s entsprechen dem, was landläufig unter „ruhender Luft" verstanden wird und im realen Gebäude kaum zu unterbieten ist. Ist die Luftgeschwindigkeit höher, erhöht sich der Konvektions-Wärmeübergangskoeffizient, und der höhere Wärmeverlust zwingt zu einer Erhöhung der Raumtemperatur (im Winter) bzw. gestattet eine höhere Raumtemperatur (im Sommer) (Bilder 1.6 und 1.7).

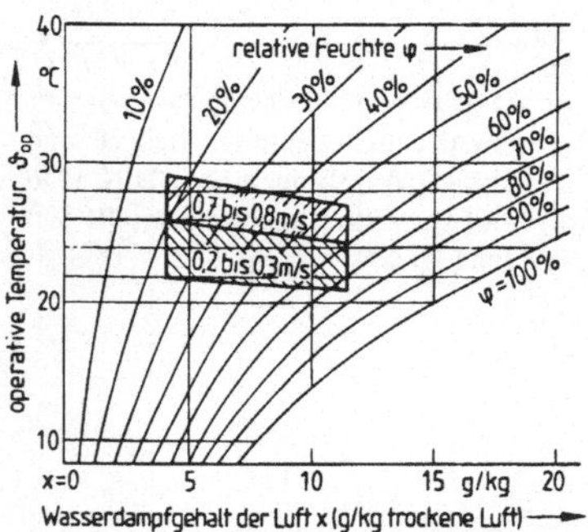


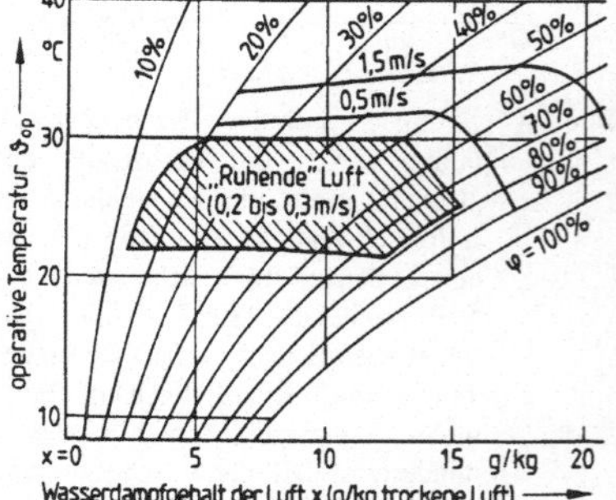


Bild 1.6  Physiologisch optimaler (behaglicher) Klimabereich bei einer Stoffwechselrate von 60 bis 70 W/m² und einem Isolationswert der Kleidung von 0,3 bis 0,6 clo

Bild 1.7  Erträglichkeitsbereich nach Anpassung an warme Klimate bei verschiedenen Luftgeschwindigkeiten (Stoffwechselrate und Kleidung wie Bild 1.6)

## 1.4  Luftfeuchte

Bei physiologisch optimalem Klima hat die Luftfeuchte keinen wesentlichen Einfluß auf das Klimaempfinden. Der Optimalbereich wird in der Regel nach oben auf einen Wasserdampfgehalt von $x \leq 11,5$ g/kg begrenzt [36], allerdings weniger aus physiologischen Erwägungen, sondern eher aus bauphysikalen Gründen (Tauwasserschutz, Schutz vor Mikroorganismen, Korrosion an Geräten und Einrichtungen) [41]. Die untere Grenze wird wegen der Empfindlichkeit der Schleimhäute durch einen Grenzwert der relativen Feuchte markiert (Bild 1.5).

Für erträgliche Klimate erweitert sich der Bereich der zulässigen Feuchtewerte. Die obere Grenze berücksichtigt das zunehmende Schwüle-Empfinden.

## 1.5  Luftrate

Der menschliche Organismus steht nicht nur im ständigen Wärme-, sondern auch im Stoffaustausch mit der umgebenden Luft (Bild 1.1). Er verbraucht Sauerstoff und er gibt u. a.

– Wasserdampf (40 bis 100 g/h je Person)

– Kohlendioxid (35 bis 40 g/h je Person) sowie

– Riech- und Ekelstoffe

an die Luft ab. Auch technische Einrichtungen emittieren Wasserdampf und Luftverunreinigungen.

Der freigesetzte Wasserdampf kann Feuchteschäden verursachen. Die Emission von Riech- und Ekelstoffen kann belästigend und deswegen hygienisch bedenklich sein. Der Gehalt an Kohlendioxid, wie er sich einstellen kann, wenn nur Menschen (und nicht technische Quellen) emittieren, wird zwar nicht wahrgenommen; nach einem Vorschlag Max v. Pettenkofers wird er aber, weil er leichter zu messen ist, als Indikator für den Gehalt an Riech- und Ekelstoffen herangezogen.

Um den Gehalt der Raumluft an diesen „luftfremden Stoffen" auf einem vertretbaren Niveau zu halten, muß gelüftet werden. Lüften bedeutet immer Lüften mit Außenluft!

Tafel 1.3   Personen- und flächenbezogene Mindest-Außenluftströme nach DIN 1946 [36]

| Raumart | Außenluftstrom | | Raumart | Außenluftstrom | |
|---|---|---|---|---|---|
| | Personen-bezogen in $m^3/h$ | Flächen-bezogen in $m^3/(m^2 \cdot h)$ | | Personen-bezogen in $m^3/h$ | Flächen-bezogen in $m^3/(m^2 \cdot h)$ |
| Einzelbüro | 40 | 4 | | | |
| Großraumbüro | 60 | 6 | Lesesaal | 20 | 12 |
| Versammlungsraum | 20 | 10 bis 20 | Verkaufsraum | 20 | 3 bis 6 |
| Klassenraum | 30 | 15 | Gaststätte | 40 | 8 |

Die Feuchteemission erhöht sich mit der körperlichen Aktivität (Bild 1.2), ebenso die Emission von Riech- und Ekelstoffen sowie von Kohlendioxid. Die Luftrate ist also von der Funktion des Raumes abhängig (Tafel 1.3).

In Wohnbauten genügt eine Luftrate von etwa 20 $m^3/h$ je Person.

## 1.6  Klimaanpassung

Das physiologisch optimale Klima ist für alle Menschen, unabhängig von der Rasse, das gleiche, und dafür gibt es auch keinen Anpassungsvorgang [17].

Anders ist es im Erträglichkeitsbereich. Dieser ist durch eine Klimaanpassung durchaus noch zu erweitern (Bild 1.7). Beispielsweise stellt sich der Körper innerhalb weniger Tage auf ein wärmeres Klima um, indem er seine Fähigkeit verbessert, größere Feuchtemengen abzusondern und damit seine „Verdunstungskühlung" zu aktivieren [17, S. 82], und nach einem mehrjährigen Gewöhnungsprozeß unterscheidet sich der Erträglichkeitsbereich für einen Zugewanderten nicht mehr wesentlich von dem eines Eingeborenen.

# 2  Außenklima

Das Außenklima (das Klima außerhalb des Gebäudes) ist die primäre Ursache für die Klimabeanspruchung der Baukonstruktion. Außerdem

- bestimmt das Außenklima wesentlich mit über das Raumklima, das sich bei freier Klimatisierung (z. B. im Sommer, falls keine Klimaanlage eingesetzt wird) in einem Gebäude einstellt, und

- es entscheidet über den Aufwand, der für Heizung und Kühlung eines Gebäudes benötigt wird.

Daran wirken die Klimakomponenten Sonnenstrahlung, Temperatur und Feuchte der Außenluft mit, aber auch die langwellige Strahlung und der Wind.

## 2.1  Sonnenstrahlung

Es ist zwischen der direkten (gerichteten) und der diffusen (ungerichteten) Sonnenstrahlung zu unterscheiden.

### 2.1.1  Sonnenstand und Verschattung

Für die direkte Strahlung wird Parallelität vorausgesetzt. Ihre Intensität ergibt sich u. a. aus dem Sonnenstand. Dieser erklärt sich aus der Bewegung der Erde um die Sonne und aus ihrer Eigenrotation.

Der **Sonnenstand** wird durch Sonnenhöhe und Azimut beschrieben (Bild 2.1). Die Sonnenhöhe h ist die Höhe (der Winkel) der Sonne über dem Horizont. Sie ergibt sich aus

$$\sin(h) = \sin\varphi \cdot \sin\delta - \cos\varphi \cdot \cos\delta \cdot \cos\omega t \qquad (2.1)$$

Darin ist

- $\varphi$ die geografische Breite

- $\delta$ die Deklination der Sonne, d. h. der Winkel zwischen Erdäquator- und Ekliptikebene; sie ändert sich im Laufe eines Jahres zwischen $\pm 23° 26'$, und zwar proportional dem Sinus des Winkels, den die Erde in der Umlaufbahn durchläuft

- t ist die Zeit (wahre Ortszeit)

- $\omega = 2\pi/24 = 0{,}262\ \text{h}^{-1} = 15°/\text{h}$ ist die Kreisfrequenz und $(\omega \cdot t)$ die Winkelgeschwindigkeit, auch als Stundenwinkel bezeichnet.

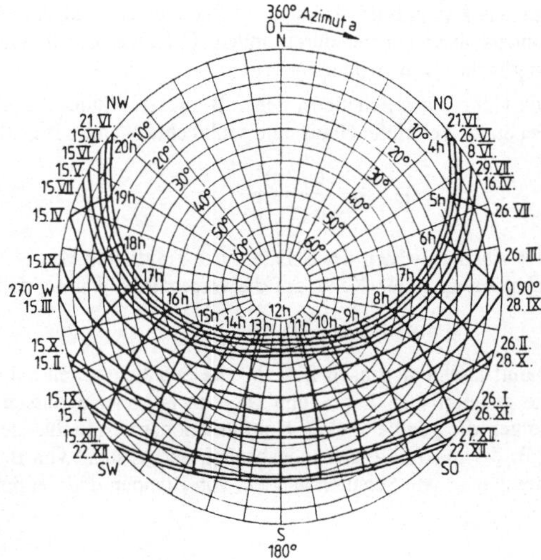


**Bild 2.1**
Sonnenhöhe h (Radius) und Azimut
a (Winkel) in Abhängigkeit von Stundenwinkel (Tageszeit) und Deklination
(Tag, Monat) für 52° nördliche Breite

Der Stundenwinkel wird als Winkel von geografisch Nord im Uhrzeigersinn gerechnet.
Ebenso wird das Azimut a, d. h. die „Himmelsrichtung", aus der die Sonne scheint, als
Winkel von geografisch Nord aus im Uhrzeigersinn gemessen. Das Azimut a ergibt sich
aus

$$\sin a = \frac{\cos \delta \cdot \sin \omega \cdot t}{\cos (h)} \tag{2.2}$$

Die wahre Ortszeit (WOZ) kann für eine geografische Länge $\lambda$ aus der Zonenzeit $t_{Zone}$
(Uhrzeit) ermittelt werden, die für die Länge $\lambda_{Zone}$ angegeben ist:

$$t_{WOZ} = t_{Zone} - (\lambda_{Zone} - \lambda) \frac{1}{15} \quad \text{in h} \tag{2.3}$$

Die sogenannte Zeitgleichung, die die Ungleichmäßigkeit der (scheinbaren) Bewegung der
Sonne um die Erde berücksichtigt und im Abschnitt „Licht" ausführlich erörtert wird, kann
in diesem Zusammenhang vernachlässigt werden, weil die Wirkung der Sonnenstrahlungsenergie auf das Raumklima durch Speicher- und Dämpfungsvorgänge erheblich verzögert
wird.

Analog dem Azimut a der Sonne läßt sich für das Gebäude ein Flächenazimut definieren,
der Winkel $\beta$ von geografisch Nord bis zur Normalen auf die senkrechte (Außenwand)-
Fläche (Bild 2.2). Mit dem relativen Azimut $(a - \beta)$ ergibt sich dann der Einfallswinkel $\gamma$
der Sonnenstrahlung (als Winkel gegen die Flächennormale) auf diese Fläche zu

$$\cos \gamma = \cos (h) \cdot \cos (a - \beta) \tag{2.4}$$

Der Stundenwinkel $(\omega t_0)$, zu dem die Sonne auf- bzw. untergeht, ergibt sich für eine Sonnenhöhe h = 0 zu

$$\cos (\omega t_0) = \tan \delta \cdot \tan \varphi \tag{2.5}$$

Für das Raumklima, das sich im Sommer einstellt, ist die **Verschattung** der Gebäude, besonders ihrer Fenster durch andere Gebäude, durch Bäume, durch Balkone, Blenden und dergleichen von Bedeutung.

Die Höhe z des Schattens, den z. B. die Traufkante eines anderen, im Abstand x stehenden Gebäudes der Höhe H auf eine senkrechte Wand wirft, ist

$$z = H - x \, \frac{\tan(h)}{\cos(a - \beta)} \tag{2.6}$$

Der Abstand y, den der Schatten der Traufkante vom Fußpunkt des Lotes hat, das von der schattenwerfenden Kante auf die verschattete Wand gefällt wird, ist

$$y = x \cdot \tan(a - \beta) \tag{2.7}$$

Damit lassen sich nach Bild 2.3 die Schattenkurven auf einer Außenwand zeichnen, wenn die geometrische Zuordnung gegeben ist, oder es lassen sich aus den Verschattungsforderungen die geometrischen Konfigurationen ermitteln, die eingehalten werden müssen, also z. B. der maximale Gebäudeabstand, der Abstand von Bäumen oder die erforderlichen Abmessungen von Schattenwänden, von Blenden und dergleichen.

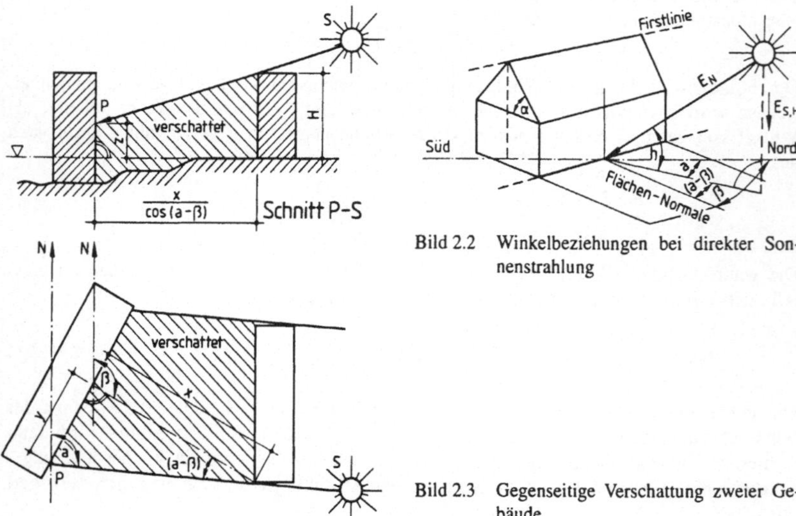


Bild 2.2   Winkelbeziehungen bei direkter Sonnenstrahlung

Bild 2.3   Gegenseitige Verschattung zweier Gebäude

Auf eine horizontale Fläche fällt der Schatten z. B. einer Kante, die diese Fläche um (H − z) überragt, in Richtung (180° + a), wenn die Sonne das Azimut a hat. Der Schatten hat die Länge

$$x = \frac{H - z}{\tan(h)} \tag{2.8}$$

Die Schattenkurven können auch grafisch ermittelt werden, wie im Kapitel „Licht" dargestellt.

## 2.1.2 Globalstrahlung

Die Sonnenstrahlung hat in 2000 km Höhe eine Intensität von $E_0 = 1390$ W/m$^2$ ($\pm$ 5 %). Diese wird als Solarkonstante bezeichnet. Beim Durchgang durch die Atmosphäre wird diese Strahlung durch Absorption und Streuung geschwächt. Deswegen hat die terrestrische Strahlung (die Strahlung auf der Erdoberfläche) eine deutlich verringerte Intensität. Diese Schwächung, die sogenannte Extinktion, ist um so stärker, je länger der Weg der Sonnenstrahlung durch die Atmosphäre und je größer die Lufttrübung ist. Die Intensität der Sonnenstrahlung ist also um so geringer, je geringer die Sonnenhöhe h und je höher der Luftdruck p am Standort ist (Bild 2.4).

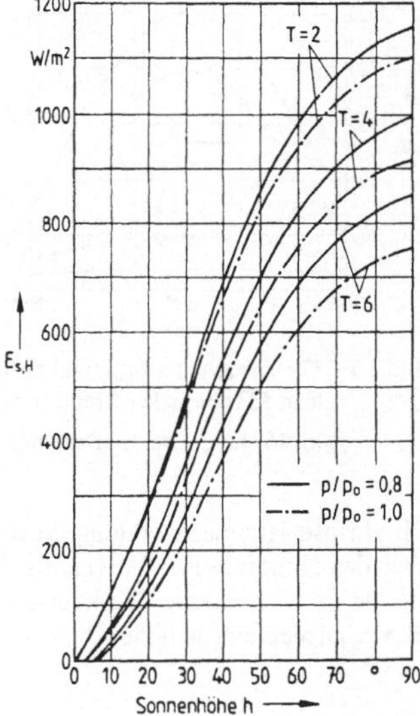


Bild 2.4
Intensität der Horizontalflächenkomponente $E_{S,H}$ der direkten Sonnenstrahlung in Abhängigkeit von der Sonnenhöhe h, dem Trübungsfaktor T und dem Luftdruckverhältnis $p/p_0$

(Meereshöhe: $p/p_0 = 1$; Hochgebirge 2000 m Höhe: $p/p_0 = 0,8$)

Die Lufttrübung durch Wasserdampf und Luftverunreinigungen wird durch den Trübungsfaktor T nach Linke und Boda beschrieben; dieser liegt in der Regel zwischen T = 2 und T = 6 [12], [33]. Er wird besonders durch den Wasserdampfgehalt x (in kg/kg) beeinflußt, so daß der Trübungsfaktor im Sommer höher ist als im Winter. Für Potsdam kann z. B. mit den Werten nach [22] geschrieben werden:

$$T \approx 2 (1 + 100 \cdot x) \tag{2.9}$$

Außerdem erhöht der Staubgehalt der Luft den Trübungsfaktor und begründet damit seine lokale Abhängigkeit. In ländlichen Gegenden ist im Winter T = 2, im Sommer T = 4, in Städten und Industriegebieten im Winter T = 4, im Sommer T = 6 anzusetzen.

Ein Teil der in der Atmosphäre gestreuten Strahlung gelangt als diffuse (d. h. ungerichtete) Himmelsstrahlung („Tageslicht") auf die Erdoberfläche. Mit der Solarkonstante $E_0$ und der Sonnenhöhe h ist die Horizontalflächenkomponente der diffusen Strahlung, die sogenannte diffuse Himmelsstrahlung [5],

$$E_H \approx \frac{1}{3} [E_0 \cdot \sin(h) - E_{s,H}] \tag{2.10}$$

Die gesamte auf eine Horizontalfläche auftreffende Strahlung

$$E_{glob} = E_{s,H} + E_H \tag{2.11}$$

wird als Globalstrahlung bezeichnet [39].

Die Lufttrübung schwächt die direkte Strahlung $E_s$; sie verstärkt aber auch die diffuse Himmelsstrahlung $E_H$. Der erstgenannte Effekt ist größer als der letztere; deswegen ist die Globalstrahlung $E_{glob}$ bei einem Trübungsfaktor $T = 6$ deutlich geringer als bei $T = 2$ (Bild 2.5).

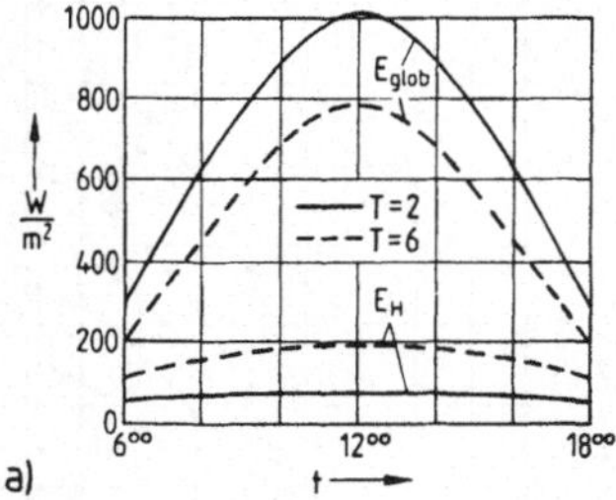

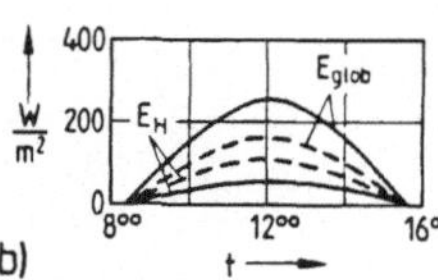


Bild 2.5   Globalstrahlung $E_{glob}$ und diffuse Himmelsstrahlung $E_H$ bei verschiedenen Trübungsfaktoren T in 52° nördlicher Breite an Strahlungstagen

a) 15. Juni;   b) 15. Dezember

Die diffuse Himmelsstrahlung wird üblicherweise isotrop vorausgesetzt, d. h. gleichmäßig über das Himmelsgewölbe verteilt. In Sonnennähe ist die Intensität der diffusen Strahlung infolge der sogenannten Zirkumsolarstrahlung jedoch größer. Diese Anisotropie ist um so stärker ausgeprägt, je höher die Lufttrübung ist [9].

### 2.1.3   Strahlungsbelastung vertikaler Flächen

Vertikale Flächen (Außenwände, Fenster) werden durch die direkte Strahlung

$$E_S = E_N \cdot \cos\gamma = E_{S,H} \cdot \frac{\cos(a - \beta)}{\tan(h)} \tag{2.12}$$

belastet ($E_N$ = Normalstrahlung, s. Bild 2.2).

Die diffuse Himmelsstrahlung wird nur aus dem Halbraum über der vertikalen Fläche empfangen. Dafür wird eine vertikale Fläche aber zusätzlich durch eine Reflexionsstrahlung belastet, die am Erdboden reflektierte Globalstrahlung $E_{glob}$. Von Bedeutung ist für die Strahlungsbelastung deswegen auch der Reflexionsgrad $\rho_e$ (die Albedo) der Umgebung. Dieser kann im Sommer Werte zwischen $\rho_e = 0{,}07$ bis $0{,}4$ annehmen, bei Schnee $\rho_e = 0{,}4$ bis $0{,}9$. Da die Reflexion in guter Näherung diffus erfolgt, wird die Belastung der vertikalen Flächen durch die diffuse Himmelsstrahlung $E_H$ und durch die Reflexionsstrahlung zur diffusen Strahlung zusammengefaßt

$$E_{diff} = 0{,}5\,(E_H + \rho_e \cdot E_{glob}) \tag{2.13}$$

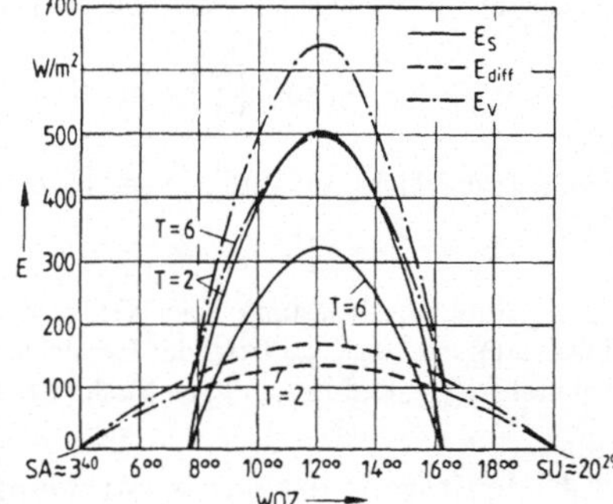


**Bild 2.6**
Diffuse ($E_{diff}$), direkte ($E_S$) und Gesamtstrahlung ($E_V$) auf eine Südwand (52° nördlicher Breite) an einem Strahlungstag am 15. Juni bei verschiedenen Trübungsfaktoren T

Bei unbekannter Umgebung ist es üblich, einen mittleren Reflexionsgrad $\rho_e = 0{,}2$ anzusetzen. Dafür ist dann

$$E_{diff} = 0{,}6 \cdot E_H + 0{,}1 \cdot E_{s,H} \tag{2.14}$$

Auf eine Fläche, die mit dem Winkel $\alpha$ gegen die Horizontale geneigt ist (Bild 2.2), trifft die direkte Strahlung

$$E_{S,\alpha} = E_{S,H} \left[ \cos\alpha + \sin\alpha \cdot \frac{\cos(a-\beta)}{\tan(h)} \right] \tag{2.15}$$

Tafel 2.1  Tagesmaxima $E_{glob,max}$ und $E_{V,max}$ sowie Tagesmittel $E_{glob,m}$ und $E_{V,m}$ an Strahlungstagen am 15. eines jeden Monats (52° nördliche Breite Trübungsfaktor T = 4) in W/m²
a) horizontale Flächen, b) vertikale und geneigte Flächen

| Monat | April | Mai | Juni | Juli | Aug. | Sept. |
|---|---|---|---|---|---|---|
| Maximalwert $E_{glob,max}$ in W/m² | 725 | 835 | 877 | 857 | 773 | 619 |
| Mittelwert $E_{glob,m}$ | 238 | 304 | 334 | 320 | 266 | 188 |

a)

| Orientierung der Flächen | | vertikale Flächen | | | | | | 30° gegen die Horizontale geneigt | | | | | |
|---|---|---|---|---|---|---|---|---|---|---|---|---|---|
| | | April | Mai | Juni | Juli | Aug. | Sept. | April | Mai | Juni | Juli | Aug. | Sept. |
| SÜD | $E_{V,max}$ | 677 | 609 | 561 | 579 | 642 | 688 | 915 | 972 | 983 | 976 | 937 | 834 |
| | $E_{V,m}$ | 193 | 179 | 169 | 171 | 185 | 197 | 281 | 324 | 338 | 332 | 308 | 245 |
| SW, SO | $E_{V,max}$ | 691 | 656 | 623 | 634 | 671 | 680 | 882 | 952 | 970 | 960 | 909 | 795 |
| | $E_{V,m}$ | 187 | 192 | 187 | 188 | 187 | 175 | 269 | 319 | 333 | 325 | 287 | 228 |
| WEST, OST | $E_{V,max}$ | 619 | 658 | 664 | 658 | 642 | 552 | 741 | 846 | 885 | 866 | 786 | 641 |
| | $E_{V,m}$ | 145 | 176 | 186 | 181 | 155 | 116 | 223 | 281 | 306 | 295 | 244 | 175 |
| NW, NO | $E_{V,max}$ | 422 | 490 | 533 | 518 | 454 | 300 | 562 | 687 | 741 | 716 | 618 | 456 |
| | $E_{V,m}$ | 95 | 128 | 143 | 136 | 106 | 67 | 175 | 241 | 274 | 260 | 201 | 126 |
| NORD | $E_{V,max}$ | 140 | 151 | 156 | 154 | 144 | 127 | 378 | 515 | 577 | 550 | 440 | 273 |
| | $E_{V,m}$ | 58 | 76 | 90 | 84 | 63 | 43 | 146 | 220 | 259 | 243 | 176 | 92 |

b)

auf. Die diffuse Strahlung auf die geneigte Fläche ist

$$E_{\text{diff},\alpha} = E_H \cos^2\left(\frac{\alpha}{2}\right) + \rho_e \cdot E_{\text{glob}} \sin^2\left(\frac{\alpha}{2}\right) \tag{2.16}$$

Die Gesamtstrahlung auf vertikale und geneigte Flächen ist (Bild 2.6)

$$E_V = E_{\text{diff}} + E_s \tag{2.17}$$

Für die Strahlungsbelastung eines Gebäudes charakteristisch sind die Tagesmaxima der Globalstrahlung $E_{\text{glob,max}}$ bzw. der Gesamtstrahlung $E_{V,\text{max}}$ sowie die entsprechenden Tagesmittel $E_{\text{glob,m}}$ und $E_{V,\text{m}}$, die an Strahlungstagen auftreten (Tafel 2.4).

### 2.1.4  Jahresgang der Gesamtstrahlung

Strahlungstage, d. h. völlig wolkenlose Tage, sind in Mitteleuropa selten. Selbst heitere Tage, an denen der Bewölkungsgrad im Mittel über den Tag kleiner als $^2/_{10}$ ist, kommen in den einzelnen Monaten kaum über einen Anteil von 15 % aller Tage. Der Anteil trüber Tage, an denen gar keine direkte Strahlung, sondern nur diffuse Strahlung auftritt, ist selbst im Sommer beträchtlich (20 bis 30 % der Tage), im Winter überwiegt er.

Die Bewölkung verringert die terrestrische Strahlung erheblich, insbesondere reduziert sie den Anteil der direkten Strahlung. Deswegen wird in Mitteleuropa einer Horizontalfläche

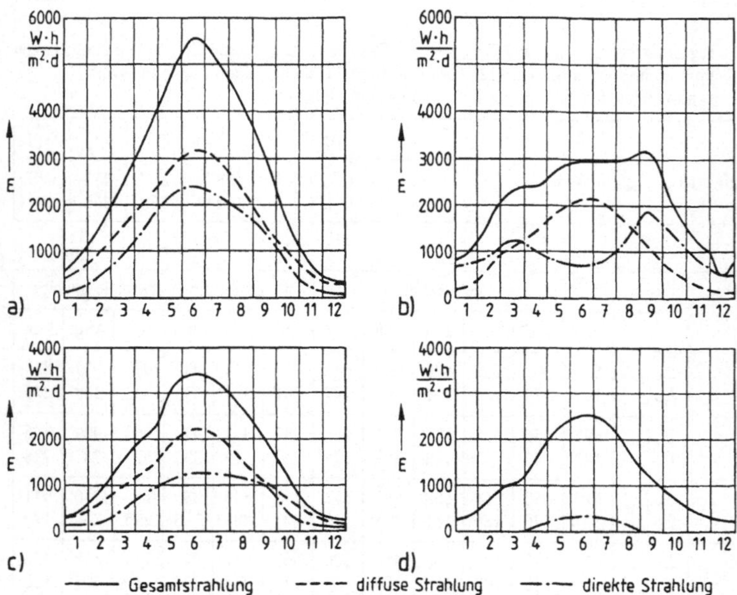


Bild 2.7   Jahresgang der Monatsmittel der Gesamtstrahlung ($E_V$) bzw. ($E_{\text{glob}}$), der direkten ($E_S$) und der diffusen Strahlung ($E_H$ bzw. $E_{\text{diff}}$) auf verschieden orientierten Flächen für Potsdam, Albedo $\rho_e = 0{,}2$ [13]

a) Horizontalfläche, b) Südfläche, c) Ost-/Westfassade, d) Nordfassade

im Mittel über das Jahr mehr Energie durch diffuse Himmelsstrahlung als durch direkte Strahlung zugeführt. Das gilt im Prinzip ebenfalls für vertikale Flächen, wenn auch mit unterschiedlichen Anteilen (Bild 2.7). Eine Ausnahme bilden in dieser Hinsicht nur die nach Süden gelegenen Flächen, die während der Heizperiode mehr Energie durch direkte Sonnenstrahlung zugestrahlt erhalten als durch diffuse.

## 2.2 Außenlufttemperatur

Die Außenlufttemperatur tritt als Wärmebelastung durch Transmission (Wärmedurchgang durch die Außenkonstruktion) und bei der Lüftung in Erscheinung.

Die Temperatur der Außenluft schwankt im Laufe eines Tages mehr oder weniger stark, je nachdem, wie groß die Energiezufuhr durch Sonnenstrahlung ist. Das Minimum tritt in der Regel kurz nach Sonnenaufgang auf, das Maximum infolge der durch Speichervorgänge verursachten Verzögerung in der Regel erst 2 bis 4 h nach dem Strahlungsmaximum. Die Außenlufttemperatur wird im Raum erst dann wirksam, wenn Speicher- und Dämpfungsvorgänge Gelegenheit hatten, auf sie einzuwirken. Dabei werden die Schwingungen gedämpft, die Oberschwingungen stärker als die Grundschwingung. Es genügt deswegen, nur die Grundschwingung des Tagesganges zu berücksichtigen [28]. Mit den Werten nach Tafel 2.2 bzw. Tafel 2.3 ist der Tagesgang der Außenlufttemperatur

$$\vartheta_e = \vartheta_{em} + \hat{\theta}_e \cos \omega t \tag{2.18}$$

Diese Reduzierung des Tagesganges auf die Grundschwingung ist auch deswegen möglich, weil lokalklimatische Einflüsse, z. B. die Wirkung einer städtischen Bebauung, sowohl die Mitteltemperatur $\vartheta_{em}$ als auch die Amplitude $\hat{\theta}_e$ verändern (Bild 2.8, s. a. Abschn. 2.6).

Der Jahresgang der Außenlufttemperatur wird ebenso wie der Tagesgang von der Energiezufuhr durch Sonnenstrahlung bestimmt. Der Monatsmittelwert der Außenlufttemperatur

Tafel 2.2 Durchschnittliche Extremwerte der Tagesmittel der Außenlufttemperatur $\vartheta_{em}$ und der Amplitude der Außenlufttemperatur $\hat{\theta}_e$ an Strahlungstagen im Binnentiefland

| Monat | April | Mai | Juni | Juli | Aug. | Sept. |
|---|---|---|---|---|---|---|
| $\vartheta_{em}$ in °C | 16 | 21 | 23 | 24 | 23 | 20 |
| $\hat{\theta}_e$ in K | 7 | 8 | 8 | 8 | 8 | 7 |

Tafel 2.3 Extreme Außenlufttemperaturen in Mitteleuropa (Überschreitungshäufigkeit 5 – 4 d/a)

| Sommermaximum | | | | Winterminimum | | | |
|---|---|---|---|---|---|---|---|
| | Höhe über NN in m | $\vartheta_{em}$ | $\hat{\theta}_e$ | $\vartheta_{e,max}$ | Höhe über NN in m | $\vartheta_{em}$ | $\hat{\theta}_e$ | $\vartheta_{e,min}$ |
| Binnenland | 0 bis 599 | 24 | 8 | 32 | Binnen-land – küstennahe Zone | 0 bis 300 | −11 | 4 | −15 |
| | 600 bis 1200 | 22 | 6 | 28 | | 300 bis 700 | −13 | 4 | −17 |
| küstennahe Zone (Breite 3 bis 8 km) | – | 22 | 7 | 29 | | 700 bis 1000 | −15 | 4 | −19 |
| | | | | | | 1000 bis 1200 | −17 | 4 | −21 |

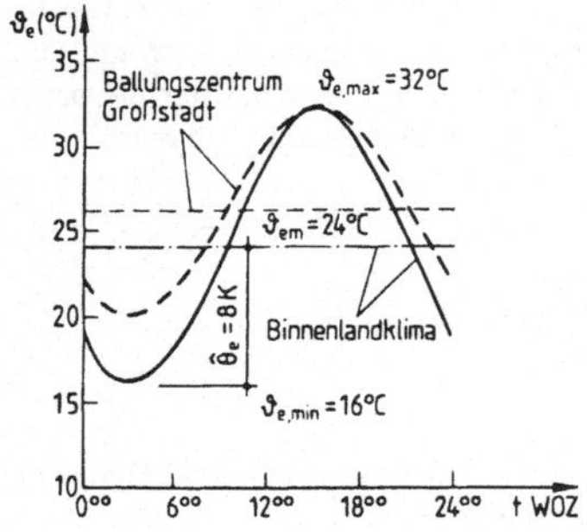

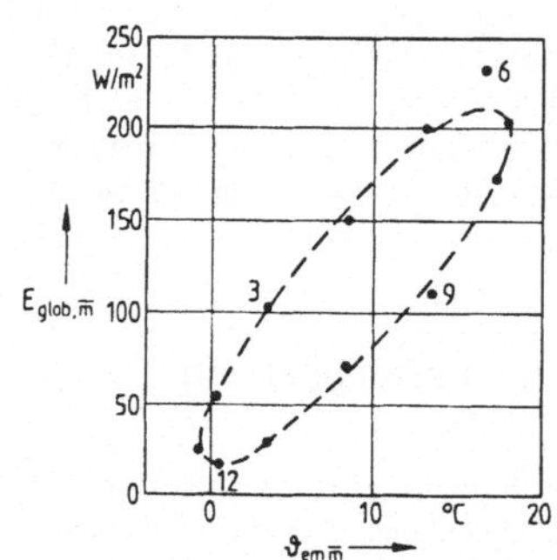

Bild 2.8    Grundschwingung des Tagesganges der Außenlufttemperatur im Juli für das Binnentiefland sowie für Großstädte und Ballungsgebiete

Bild 2.9    Monatsmittel der Außenlufttemperatur $\vartheta_{em,\bar{m}}$ in Abhängigkeit vom Monatsmittel der Globalstrahlung $E_{glob,\bar{m}}$ für Potsdam

folgt mit einer Phasenverschiebung von etwa 36 Tagen ($\hat{=}$ $\pi/6$) dem Monatsmittelwert der Globalstrahlung (Ausnahme: Juni) (Bild 2.9). Die Tagesmittel allerdings können sich von den Monatsmitteln erheblich unterscheiden (Tafel 2.4).

Tafel 2.4    Häufigkeitssumme der Tagesmittel der Außenlufttemperatur $\vartheta_{em}$ nach Monaten für Potsdam [12]

|           | 0 %    | 1 %     | 5 %     | 25 %    | 50 %    | 75 %    | 95 %  | 99 %  | 100 % |
|-----------|--------|---------|---------|---------|---------|---------|-------|-------|-------|
| Januar    | −19,8  | −16,2   | −11,3   | − 4,1   | − 0,2   | + 2,7   | 6,0   | 8,4   | 10,5  |
| Februar   | −21,2  | −13,8   | − 9,5   | − 3,0   | + 3,0   | 3,1     | 6,5   | 8,8   | 11,5  |
| März      | −10,4  | − 6,8   | − 3,7   | + 0,3   | 3,1     | 6,0     | 10,2  | 12,2  | 15,8  |
| April     | − 3,6  | − 0,5   | + 1,6   | 4,8     | 7,2     | 11,0    | 14,7  | 17,5  | 22,0  |
| Mai       | + 0,5  | 4,2     | 6,2     | 9,9     | 13,0    | 15,7    | 20,1  | 23,0  | 26,4  |
| Juni      | 7,4    | 8,8     | 10,3    | 13,2    | 15,6    | 18,4    | 22,6  | 25,3  | 28,5  |
| Juli      | 7,6    | 11,4    | 12,8    | 15,2    | 17,4    | 19,9    | 23,7  | 25,8  | 29,0  |
| August    | 8,6    | 10,6    | 12,2    | 14,5    | 16,3    | 18,4    | 22,4  | 25,3  | 28,5  |
| September | 2,3    | 5,4     | 8,0     | 10,8    | 13,1    | 15,3    | 19,5  | 21,8  | 26,0  |
| Oktober   | − 4,5  | − 0,4   | 1,8     | 5,9     | 8,4     | 11,0    | 14,2  | 16,3  | 22,1  |
| November  | − 8,8  | − 6,4   | − 3,3   | + 0,4   | 3,3     | 5,8     | 9,2   | 11,2  | 14,5  |
| Dezember  | −15,7  | −12,6   | − 9,1   | − 2,4   | + 0,4   | 2,9     | 6,4   | 8,6   | 11,5  |

## 2.3  Außenluftfeuchte

Der Wasserdampfgehalt x der Außenluft erreicht in Mitteleuropa Werte bis etwa x = 18 g/kg. Selbst innerhalb verhältnismäßig kurzer Zeiträume wie innerhalb des Monats Juni können die Unterschiede im Wasserdampfgehalt außerordentlich groß sein (Bild 2.10). Denn der Wasserdampfgehalt der Außenluft wird im wesentlichen durch feuchte, tropische, trockene und dergleichen Luftmassen verursacht, die aus anderen Klimagebieten heranziehen. Veränderungen durch Stoffaustausch am Ort, durch „Alterung" der Luftmassen, sind gering.

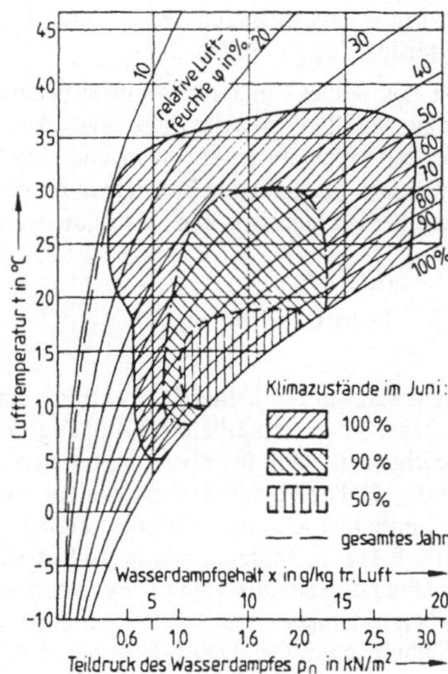



Bild 2.10
Häufigkeitsverteilung der Außenluftzustände im
Juni in Potsdam [12]

Innerhalb eines „Luftmassengebietes" sind die örtlichen Unterschiede im Wasserdampfgehalt x bzw. im Wasserdampfpartialdruck in der Regel gering, und auch im Verlaufe eines Tages ändert sich der Wasserdampfgehalt nur wenig – falls es nicht zu einem Luftmassenwechsel kommt.

Anders verhält sich die relative Feuchte φ. Diese kann im Verlaufe eines Tages stark schwanken. Das ist allerdings im wesentlichen eine Folge von Temperaturveränderungen, besonders infolge intensiver Sonnenstrahlung. Im Monatsmittel liegt die relative Luftfeuchte zwischen 60 % (Sommer) und 90 % (Winter). Hohe Werte der relativen Luftfeuchte bei niedrigen und mäßigen Temperaturen sind charakteristisch für das gemäßigte Klima Mitteleuropas [13].

## 2.4 Langwellige Strahlung

Die Erdoberfläche wird nicht nur durch kurzwellige Sonnenstrahlung ($E_{glob}$) belastet, sondern auch durch die langwellige „Eigenstrahlung" der Atmosphäre, die sogenannte Gegenstrahlung. Andererseits strahlen die Oberflächen der Erde und der Gebäude auch eine langwellige Strahlung ab. Bei wolkenlosem Himmel überwiegt letztere, so daß eine langwellige Strahlungsdifferenz $\Delta L = 40$ bis $110$ W/m² ausgestrahlt wird [33]. Bei bewölktem Himmel ist $\Delta L \rightarrow 0$.

Diese langwellige Ausstrahlung senkt die Oberflächentemperatur des Erdbodens, der Pflanzen und Gebäude ab. Sie wirkt so, als wäre die Lufttemperatur um

$$\frac{\Delta L}{\alpha_{e,g}} = 2 \text{ bis } 12 \text{ K} \tag{2.19}$$

niedriger. Die kleineren Werte treten bei Wind auf ($\alpha_{e,g} = 25\,\text{W/m}^2\text{K}$), die größeren bei Windstille ($\alpha_{e,g} \approx 8\,\text{W/m}^2\text{K}$).

Für das Außenklima im Sommer bedeutet die langwellige Ausstrahlung $\Delta L$ eine Entlastung. Vor allem bewirkt diese Ausstrahlung, daß nachts die Oberflächentemperaturen unter die Lufttemperaturen absinken und sich Tau oder Reif niederschlagen kann. Das ist ganz besonders bei leichten Bauelementen der Fall, bei den Außenschalen mehrschaliger Dächer, bei leichten Brückenkonstruktionen und dergleichen.

## 2.5  Wind

Wind kann in der kalten Jahreszeit zu einer unerwünschten Auskühlung der Gebäude oder zu einer unwirtschaftlichen Erhöhung des jährlichen Heizenergiebedarfs führen. Bei sehr niedrigen Außenlufttemperaturen treten nur niedrige Windgeschwindigkeiten auf (3 bis 8 m/s). Hohe Windgeschwindigkeiten von etwa 20 m/s kommen während der Heizperiode im mitteleuropäischen Binnentiefland nur bei mittleren Außenlufttemperaturen vor (Bild 2.11). In Mitteleuropa herrschen Richtungen um West bis Südwest vor. Hohe Windgeschwindigkeiten kommen vor allem aus Richtungen um West, aber nur bei mäßigen Außenlufttemperaturen. Kalte Winde (Lufttemperaturen < 10 °C) kommen vor allem aus Richtungen um Ost, aber mit mittleren Windgeschwindigkeiten. Auch bei hohen Außenlufttemperaturen dominieren im mitteleuropäischen Binnentiefland Windrichtungen um Süd bis Ost. Diese Windverhältnisse prägen das Lokalklima der Städte und Siedlungen (siehe unten) und erfordern städtebauliche Konsequenzen.

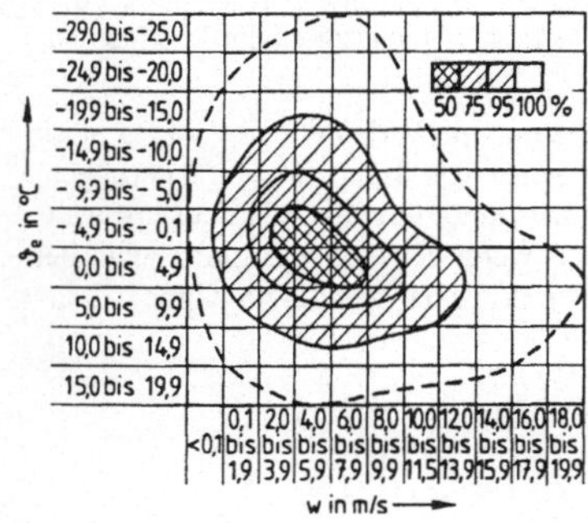


Bild 2.11
Summenprozentkurven der Lufttemperatur $\vartheta_e$ und der Windgeschwindigkeit w (Stundenwerte) im Winter in Potsdam [12]

Wind beeinflußt den Wärmeübergang an der Außenseite von Außenwänden und Dächern. Davon wird vor allem der Anteil der von den Außenbauteilen absorbierten Sonnenstrahlungsenergie, der dem Gebäude als Transmissionswärme zugeführt wird, beeinflußt. Im Sommer ist deswegen seine Wirkung auf die Transmissionswärmelast nicht zu vernachlässigen.

Die Windgeschwindigkeit nimmt mit der Höhe zu. Auf das Windprofil, d. h. auf die Zunahme mit der Höhe hat der Turbulenzgrad der bodennahen Strömung Einfluß, und dieser wird unter anderem vom Temperaturgradienten und von der Bodenrauhigkeit bestimmt. Über ebenem Gelände geringer Rauhigkeit reicht die bodennahe Strömung in Höhen bis etwa 300 m, bei „grober" Rauhigkeit, wie sie z. B. durch eine städtische Bebauung erzeugt wird, ergeben sich bedeutend schlankere Windprofile, und diese reichen bis in wesentlich größere Höhen (Bild 2.12).

Bild 2.12
Zunahme der Windgeschwindigkeit $w_z$ mit der
Höhe Z über dem Boden in % der Geschwindigkeit des Großraumwindes. $w_0$ = Geschwindigkeit
in Bezugshöhe $Z_0$

1 n = 7                freies Gelände; Felder, Wiesen
2 n = 5  bis 3,5  äußerer Stadtrand; einzelne Bäume
2 n = 3,5 bis 2,8  innerer Stadtrand; dichte Baum-
                       gruppen
3 n = 2,4 bis 2  Großstadtzentrum; innerstädtisches
                       Gebiet

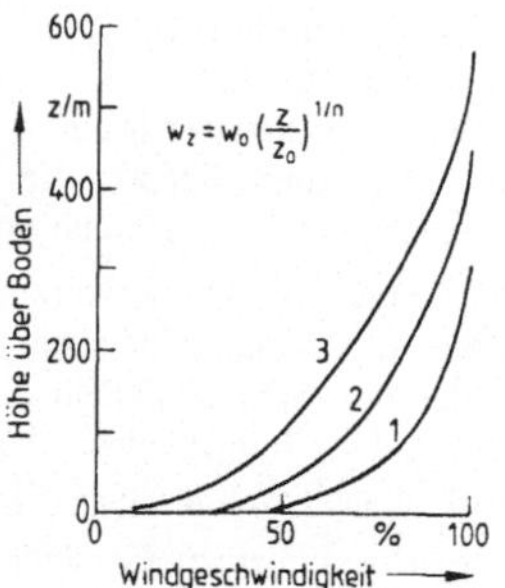


## 2.6 Lokalklimate

Das Klima größerer Gebiete wird als Regional-, Makro- oder Großraumklima bezeichnet.
Als Folge lokaler Besonderheiten kann es innerhalb einer Klimaregion kleinräumige, lokale Abweichungen vom Regionalklima geben.

Bei den Lokalklimaten wird unterschieden zwischen Meso- und Mikroklima. Unter einem
Mesoklima ist das Lokalklima eines größeren Gebietes, einer Stadt, eines Wald- und Seen-
gebietes, eines größeren Tales oder eines Berges zu verstehen. Als Mikroklima wird das
Lokalklima einer Straße, eines Parkes oder ähnliches bezeichnet.

Diese lokalklimatischen Einflüsse können die Lufttemperatur verringern (z. B. Seen, Wäl-
der im Sommer), sie können sie aber auch erhöhen (z. B. im Sommer über Felsboden, in
Städten), je nachdem, ob die Sonnenstrahlungsenergie zu einem nennenswerten Teil durch
Verdunstung von Wasser gebunden, vorübergehend im Boden gespeichert oder zum überwiegenden Teil sofort an die Luft abgegeben wird.

Küstennahe Standorte sind im Sommer begünstigt, also Standorte, die maximal 5 bis 10 km
von der Küste eines Meeres oder Ozeans oder wenige hundert Meter von größeren Seen
entfernt liegen. Dort sind die Temperaturen wegen der Wärmeträgheit der Meere und Seen
ausgeglichener. Die Erwärmung der Landmasse durch die Sonneneinstrahlung sorgt für
thermischen Auftrieb, der, wenn die Großraumwinde nicht zu stark wehen, kühle Seewinde
(auflandige Winde) verursacht und für eine zeitweilige deutliche Abkühlung sorgt.

Auch in der Nähe von Hochgebirgen können zeitweilig kühle Winde auftreten. Berg- und
Hügelketten können den Wind abhalten, so daß in Talkesseln und dergleichen die Temperaturen höher liegen als im Umland. An den Hängen von Bergen ist die nächtliche Auskühlung besonders stark, vor allem wenn sie mit einer dichten Pflanzendecke, einer Schneedecke oder einem ähnlich gut „wärmedämmenden" Belag bedeckt sind. Gleitet diese
Kaltluft an den Hängen ab, bilden sich „Kaltluftseen", die das Klima im Sommer wenigstens nachts erheblich verbessern können. Eine Bebauung quer zum Hang und quer zur
Talsohle behindert den Abfluß der Kaltluft und damit die Durchspülung der Siedlung im
Tal [12].

Am bemerkenswertesten ist wohl das Stadtklima, d. h. die Veränderung des Klimas in einer
größeren Stadt oder einem Ballungsgebiet gegenüber dem Umland [12]. Die große Bodenrauhigkeit vermindert die Durchlüftung des städtischen Freiraumes erheblich (Bild 2.12);

sie gewinnt dadurch Einfluß auf die Temperaturen. Diese liegen im städtischen Freiraum im Tagesmittel um etwa 0,5 bis 3 K höher als im Umland, je nach Größe der Stadt (Bild 2.8). Besonders aber wirkt sich die verminderte Durchlüftung auf den Schadstoffgehalt der Luft aus, sofern diese Schadstoffe in der Stadt selbst emittiert werden: aus dem Kraftfahrzeugverkehr, aus dem Hausbrand und aus gewerblichen Emissionsquellen.

Die Stadt dämpft die tägliche Temperaturamplitude $\hat{\theta}_e$ stärker als das im Umland möglich ist, so daß sich die Maximaltemperaturen (am Nachmittag) in der Stadt nur wenig von denen des Umlandes unterscheiden (Bild 2.8). Es sind vor allem die Nachttemperaturen, die in den Städten und Ballungsgebieten höher liegen und die nächtliche Abkühlung der Gebäude verzögern. Ursache dafür sind [12], [28]:

– Die Wärmeabgabe beheizter Gebäude, der Straßenbeleuchtung, der Industriebauten und dergleichen kann erheblich sein (das 1,5- bis 6-fache der im Winter eingestrahlten Sonnenstrahlungsenergie).

– In den Städten ist der Pflanzenbestand geringer, und von den wasserundurchlässigen (versiegelten) Flächen fließt das Regenwasser rasch ab; die Verdunstung und der damit verbundene Kühleffekt sind deswegen bedeutend vermindert.

– Die städtische „Dunstglocke", die infolge der größeren Lufttrübung entsteht, verringert zwar auch die Energiezufuhr durch Sonnenstrahlung; noch stärker reduziert sie aber die nächtliche Auskühlung durch (langwellige) Abstrahlung; denn diese wird – besonders durch den Wasserdampf – bereits in den unteren Atmosphärenschichten absorbiert.

– Als Folge der höheren Temperaturen bilden sich bei geringen Windgeschwindigkeiten „Wärmeinseln" aus, die eine Mächtigkeit von der 3- bis 5-fachen mittleren Gebäudehöhe erreichen (mittlere Städte 30 bis 40 m, Großstädte 100 bis 150 m). Infolge des Auftriebs über dem Stadtkern entstehen bei Großraumwinden mit Windgeschwindigkeiten < 3 m/s sogenannte Flurwinde (thermisch bedingte örtliche Winde), die vor Sonnenaufgang beginnen, bis Mittag andauern und den Dunst und die „vorgewärmte" Luft der Vorstädte in die Innenstadt verfrachten.

Dieses Verhalten ist im Stadtkern besonders ausgeprägt, und zwischen den einzelnen Gassen einer Altstadt sind schon Temperaturunterschiede bis zu 7 K gemessen worden. Plätze und breite Straßen haben demgegenüber eine Art „Landklima" mit stärkeren täglichen Temperaturschwankungen.

# 3 Wärme- und Stofflasten

Es wird unterschieden zwischen Belastung und Last. Die Belastung ist eine vom Gebäude unbeeinflußte Größe, z. B. die Sonnenstrahlung, die Außenlufttemperatur und die Wärme- und Stoffemission von Menschen und Maschinen, wie sie in den Abschnitten 1 und 2 beschrieben wurden. Beim Eindringen in das Gebäude werden diese Belastungen durch Transportwiderstände und Dämpfungs- bzw. Speichervorgänge verändert. Erst die Wärme- und Stoffströme, die schließlich an die Raumluft übertragen werden, werden als Wärme- und Stofflasten bezeichnet.

> Die **Wärme-** und **Stofflasten** werden definiert als die **bei konstanten Raumklimaparametern der Raumluft zugeführten oder entzogenen Wärme- und Stoffströme.**

Bei **erzwungener Klimatisierung** entscheiden die Wärme- und Stofflasten über den Aufwand an Heiz- bzw. Kühlenergie, der benötigt wird, um die geforderten Raumklimaparameter einzuhalten. Aus ihnen können folglich auch die Ansatzpunkte abgeleitet werden, um durch Veränderungen an Gestalt und Konstruktion der Gebäude den Energiebedarf zu verringern, der zur Einhaltung der Raumklimaforderungen notwendig ist.

Während der Phasen **freier Klimatisierung**, wenn also keine Heizungs- oder Klimaanlagen in Betrieb sind, wird das Raumklima selbst von der Größe der Wärme- und Stofflasten bestimmt – im Zusammenwirken mit der Lüftung und mit Speichervorgängen. Dann können an Hand der Wärme- und Stofflasten die Wärmeschutzmaßnahmen und die Leistung der Lüftungseinrichtungen ermittelt werden, die notwendig sind, um die geforderten Raumklimaparameter einzuhalten.

Je nach dem Ort, an dem sie ihre Quelle haben, wird zwischen **inneren** und **äußeren** Lastkomponenten unterschieden (Bild 3.1). Die **Stofflasten** und die **inneren** (nutzungsbedingten) **Wärmelasten** $\dot{Q}_N$ entstehen als Funktionsnebenwirkungen bei der Nutzung der Gebäude; sie sind folglich durch die Funktion des Gebäudes vorgegeben und nur im Ausnahmefalle (z. B. durch örtliche Absaugung) zu beeinflussen. Sie belasten das Raumklima und können – als mittelbare Klimabeanspruchung – zu Bauschäden führen. Sie müssen durch Lüften abgeführt oder durch Speicherung hinreichend gedämpft werden.

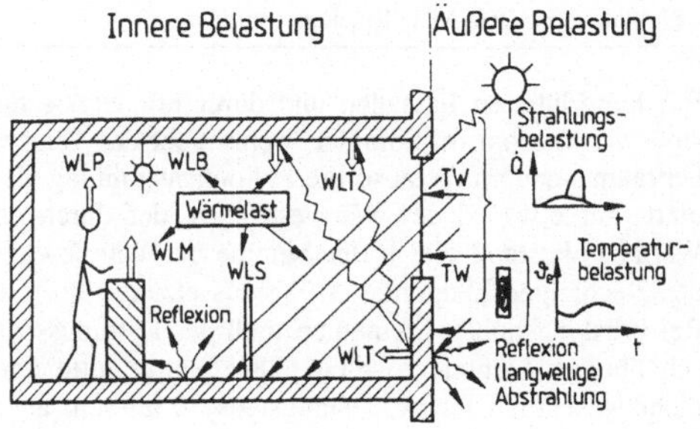



**Bild 3.1**
Wärmebelastung eines Raumes (schematisch)

TW   Transportwiderstand
WLT  Transmissionswärmelast
WLS  Strahlungslast
WLP  Personenwärmelast
WLB  Beleuchtungswärmelast
WLM Maschinenwärmelast

Die **äußeren Wärmelastkomponenten**, die Transmissionswärmelast $\dot{Q}_T$ und die Strahlungslast $\dot{Q}_S$, sind Wirkungen des Außenklimas; sie werden über die Hüllkonstruktion des Gebäudes zwischen Innen- und Außenraum ausgetauscht und sind folglich durch die Gestalt und die Konstruktion des Gebäudes zu beeinflussen.

Die (Gesamt-)Wärmelast $\dot{Q}$ ist die Summe dieser Komponenten, die zeitgleich auftreten:

$$\dot{Q}(t) = \dot{Q}_T(t) + \dot{Q}_S(t) + \dot{Q}_N(t) \tag{3.1}$$

# 3.1 Transmissionswärmelast

Die Transmissionswärmelast wird über die Außenbauwerksteile, die nicht strahlungsdurchlässig sind (Dach, Außenwände, Fußboden), der Raumluft zugeführt ($\dot{Q}_T > 0$) oder entzogen ($\dot{Q}_T < 0$).

Die Transmissionswärmelast ist bei $p$ Transmissionsflächen, die die Flächengröße $A_p$ haben,

$$\dot{Q}_T = \sum_p (\dot{q}_T \cdot A)_p \tag{3.2}$$

Ursache der Transmissionswärmelast ist das Temperaturgefälle zwischen Außenluft und Raumluft sowie die am Bauteil absorbierte Energie der der Sonnenstrahlung (Abschnitt „Wärme"). Letztere ist proportional dem Absorptionsgrad $a_S$ der äußeren Oberfläche des Bauteiles. Der Absorptionsgrad ist vor allem von der Helligkeit der Oberfläche abhängig (Tafel 3.1), nicht vom Farbwert. Demzufolge ist es in warmen Klimaten günstig, helle, nicht-metallische äußere Oberflächen zu wählen. Im Hochgebirge und in kalten Klimagebieten sind dunkle Oberflächen, die den Strahlungsenergiegewinn fördern, günstig.

Tafel 3.1    Absorptionsgrade $a_S$ der Bauwerksoberfläche gegenüber Sonnenstrahlung

| Bauwerksoberfläche | Mittelwerte |
|---|---|
| 1   schwarze nichtmetallische Oberflächen (Dachpappe, Asphalt) | 0,95 |
| 2   dunkle Farben, rauhe Oberflächen (Ziegel, dunkelrot, dunkelblau) | 0,75 |
| 3   mittlere Farben, glatte Oberflächen (Beton, Putz, Asbestzement) | 0,60 |
| 4   helle Farben (gelb, hellblau, hellrot) | 0,40 |
| 5   weiß | 0,35 |
| 6   matte Metallflächen | 0,55 |
| 7   Aluminiumfarbe | 0,40 |
| 8   blanke, polierte Metallflächen | 0,25 |

Bei hinterlüfteten Fassaden und durchlüfteten 2-schaligen Dächern beträgt der Transmissionswärmestrom im Sommer, wenn nicht das Temperaturgefälle zwischen Innen- und Außenraum, sondern die absorbierte Sonnenstrahlung als Ursache des Wärmetransportes dominiert, nur etwa $^1/_3$ des Wärmestromes, der durch ein 1-schaliges Element fließt, dessen Wärmewiderstand gleich der Summe der Wärmewiderstände von Innen- und Außenschale des 2-schaligen Elementes ist. Voraussetzung für diese Wirkung ist eine gute Durchlüftung. Bei brüstungshohen Elementen muß der Lüftungsspalt wenigstens 2 cm breit sein, bei geschoßhohen Elementen 4 cm. Die Querschnitte der Zu- und Abströmöffnungen sollten nicht wesentlich kleiner (wenigstens 70 %) sein als der Spaltquerschnitt. Ein Dach muß, um als hinreichend durchlüftet gelten zu könen, an einander gegenüberliegenden Seiten Zu- und Abluftöffnungen haben, deren freier Querschnitt auf jeder Seite wenigstens 0,1 % der Grundfläche des Daches beträgt. Damit der Strömungswiderstand im Dachraum die Durchlüftung nicht behindert, sollte der frei durchströmte Dachraum mindestens den 10-fachen Querschnitt (senkrecht zur Strömungsrichtung) haben wie die Zu- oder Abluftöffnungen, also etwa 1 % der Dachgrundfläche.

Im Winter ist die Transmissionswärmelast die dominierende Lastkomponente. Im Sommer hat vor allem die Transmissionswärme, die durch das Dach eindringt, Einfluß auf das Raumklima; im obersten Geschoß von Wohnbauten kann sie eine Erhöhung der Raumlufttemperatur um etwa 2 K bewirken. Bei senkrechten Wänden ist diese Wirkung geringer, besonders, wenn man sie mit der Strahlungslast vergleicht, die bei größeren Fensterflächen zu erwarten ist.

Die Dichte des Transmissionswärmestromes wird als Summe aus dem Tagesmittel $\dot{q}_{Tm}$ und einem instationärem Anteil beschrieben, der sich dem Tagesmittel überlagert [28]:

$$\dot{q}_T(t) = \dot{q}_{Tm} + \eta_T \cdot \hat{q}_{WT} \cdot \cos \omega \, (t - t_{WT,max}) \qquad (3.3)$$

$$\dot{q}_{Tm} = k \left( \frac{a_s}{\alpha_{e.g}} E_m + \vartheta_{em} - \vartheta_{Lm} \right)$$

Bild 3.2 zeigt die Amplitude des Transmissionswärmestromes $\hat{q}_{WT}$, die sich aus der Amplitude der Strahlungsbelastung, also der Differenz zwischen dem maximalen ($E_{max}$) und dem mittleren ($E_m$) Strahlungsangebot nach Tafel 2.1 ergibt, sowie die Zeit $t_{WT,max}$, zu der das Maximum des Transmissionswärmestromes im Raum wirksam wird.

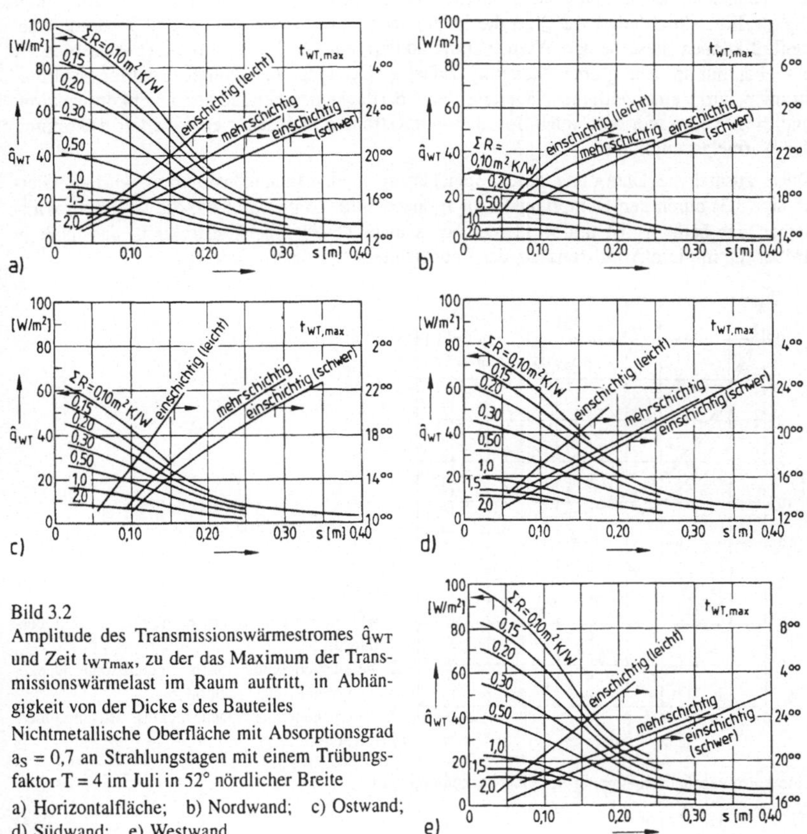


Bild 3.2
Amplitude des Transmissionswärmestromes $\hat{q}_{WT}$ und Zeit $t_{WTmax}$, zu der das Maximum der Transmissionswärmelast im Raum auftritt, in Abhängigkeit von der Dicke s des Bauteiles
Nichtmetallische Oberfläche mit Absorptionsgrad $a_S = 0{,}7$ an Strahlungstagen mit einem Trübungsfaktor $T = 4$ im Juli in 52° nördlicher Breite
a) Horizontalfläche;   b) Nordwand;   c) Ostwand;
d) Südwand;   e) Westwand

Anders als im Sommer können diese instationären Lastkomponenten im Winter – wegen des großen Temperaturgefälles zwischen Innen- und Außenraum – meistens vernachlässigt werden. Hinsichtlich des Wärmeschutzes dominiert in Mitteleuropa der Einfluß des Winterklimas. Der bautechnische Wärmeschutz ist deswegen in der Regel durch Wärmeleitwiderstände R hinreichend repräsentiert. Bauteile aus Baustoffen hoher Dichte müssen verhältnismäßig dick sein, um den Wärmeschutzforderungen für das Winterklima zu genügen. Sie dämpfen die Amplitude $\hat{q}_{WT}$ dann im Sommer so stark (Bild 3.2), daß der instationäre Anteil des Transmissionswärmestromes vernachlässigt werden kann. Bei leichten Bauteilen hingegen reicht eine geringe Dicke s aus. Dort tritt dann eine relevante Amplitude $\hat{q}_{WT}$ auf.

Die Phasenverschiebung zwischen dem Maximum des Strahlungsdargebotes $E_{max}$ und dem Maximum der Strahlungslast ist ebenfalls von der Dicke s des Bauteiles abhängig. Bei schweren Bauteilen liegt sie bei 3 bis 4 h je 100 mm Bauteildicke, bei Leichtbauplatten und dergleichen kann sie 4 bis 6 h je 100 mm Dicke betragen.

Die Transmissionswärmelast wird durch Konvektion ($\sim a_{i,c}$) an die Raumluft und durch (langwellige) Strahlung ($\sim a_{i,r}$) an die Innenkonstruktion übertragen. Bei stationärem Wärmefluß können diese beiden Wärmeströme addiert werden. Bei instationärer Belastung ist das aber nur in sehr grober Näherung zulässig. Denn der instationäre Strahlungswärmestrom bewirkt eine zeitliche Änderung der Oberflächentemperatur der Innenkonstruktion, und diese verursacht dort einen Speicherwärmestrom $\vec{q}$ und damit eine weitere Dämpfung der Wärmelastamplitude.

Diese zusätzliche Dämpfung durch Speicherung in der Innenkonstruktion wird in Gleichung (3.3) durch den Dämpfungsfaktor $\eta_T$ nach Bild 3.3 beschrieben. Sie ist um so wirksamer, das heißt $\eta_T$ ist um so kleiner, je „schwerer" die Innenkonstruktion, das heißt je größer die mittlere **Admittanz** $U_R$ der Raumschließungskonstruktion ist.

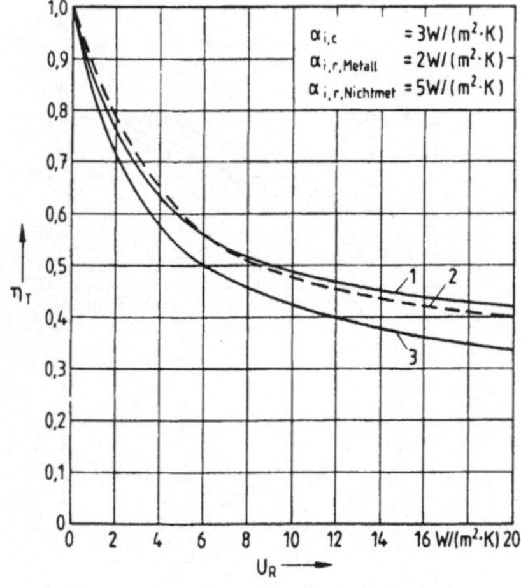



Bild 3.3
Dämpfungsfaktor $\eta_T$
1 würfelförmiger Raum, nichtmetallische Oberflächen
2 weitausgedehntes Dach, metallische Decke, nichtmetallischer Fußboden
3 weitausgedehntes Dach, nichtmetallische Oberflächen

Eine harmonische Schwingung der Oberflächentemperatur

$$\theta = \hat{\theta} \cdot \cos \omega\tau, \tag{3.4}$$

deren Amplitude $\hat{\theta}$ ist, ruft einen Speicherwärmestrom [28] (zur grundsätzlichen Darstellung als Vektoren in der Gaußschen Zahlenebene geschrieben)

$$\vec{q} = \vec{U} \cdot \vec{\theta} \tag{3.5}$$

hervor. Dieser speichert während einer Hälfte der Schwingungsdauer $T_p$, während die Oberflächentemperatur über dem Tagesmittel liegt, Wärme, und er setzt Wärme frei, „entlädt" also den Speicher wieder, wenn die Oberflächentemperatur niedriger liegt als das Tagesmittel der Oberflächentemperatur.

$\vec{U}$ ist eine instationäre Leitfähigkeit, die allgemein als Schichtspeicherkoeffizient bezeichnet wird [28]. Der Schichtspeicherkoeffizient der Schicht n = k an der Oberfläche eines Bauteiles wird als Admittanz dieses Bauteiles bezeichnet. Die vektorielle Schreibweise impliziert die zeitliche Änderung des Vorganges. Für die Beschreibung des Speichervorganges genügt es, den Betrag $U = |\vec{U}|$ des Schichtspeicherkoeffizienten bzw. der Admittanz zu kennen.

Ist die oberste Schicht eines Bauteiles, an deren Oberfläche die Temperaturschwingung nach Gleichung (3.4) auftritt und folglich die Temperaturwelle nach Gleichung (3.5) eindringt, hinreichend dick, so ist der Betrag der Admittanz dieses Bauteiles gleich dem **Wärmespeicherkoeffizienten** $S_k$ der obersten Schicht

$$U = S_k = \sqrt{\omega} \cdot b_k \tag{3.6}$$

Der Wärmespeicherkoeffizient $S_k$ kann aus dem Wärmeeindringkoeffizienten $b_k$ dieser Schicht ermittelt werden. Denn der Wärmeeindringkoeffizient $b$ ist der Wärmespeicherkoeffizient $S$ bei einer Kreisfrequenz $\omega = 1$.

Für nichtmetallische Baustoffe ist der Wärmeeindringkoeffizient $b$ (in $J/(m^2K \cdot s^{0,5})$) mit Hilfe der Dichte $\rho$ (in $kg/m^3$) abzuschätzen, und zwar ist

$$b \approx 0,75 \cdot \rho \tag{3.7}$$

Damit wird für eine Schwingungsdauer von $T_p = 24$ h der Wärmespeicherkoeffizient $S_{24}$ (in $W/(m^2K)$)

$$S_{24} \approx 6 \cdot 10^{-3} \cdot \rho \tag{3.8}$$

Der Wärmespeicherkoeffizient $S$ gibt an, wie groß die Amplitude des Speicherwärmestromes bei einer sehr dicken Schicht ist, wenn die Oberflächentemperatur nach Gleichung (3.4) mit einer Amplitude $\hat{\theta} = 1$ K schwingt. Bei Normalbeton mit einer Dichte $\rho = 2000$ $kg/m^2$ beträgt mit Gleichung (3.8) die Amplitude des Speicherwärmestromes z. B. 12 $W/m^2$, bei Holz mit $\rho = 700$ $kg/m^2$ Dichte sind es nur etwa 4 $W/m^2$ je K Temperaturamplitude $\hat{\theta}$.

Das Kriterium für die Gültigkeit von Gleichung (3.6) ist ein Wärmeträgheitskoeffizient

$$R \cdot S = s \cdot \sqrt{\frac{\omega}{a}} \geq 1 \tag{3.9}$$

Die Admittanz $U$ ändert, wenn dieses Kriterium erfüllt ist, ihren Wert nicht mehr, auch wenn die Dicke $s$ der Schicht wesentlich vergrößert wird. Eine solche Schicht wird als „thermisch unendlich dick" bezeichnet [28].

Löst man diese Beziehung nach der Schichtdicke $s$ auf, so erhält man für den Wärmeträgheitskoeffizienten $R \cdot S = 1$, dem unteren Grenzwert, für den die Schicht schon als thermisch unendlich dick angesprochen werden kann, die „**speicherwirksame Schichtdicke**"

$$s_{Sp} = \sqrt{\frac{a}{\omega}} \tag{3.10}$$

Für die Periodendauer $T_p = 24$ h z. B. beträgt die speicherwirksame Schichtdicke $s_{Sp} = 0,06$ bis $0,10$ m. Ist eine Schicht dicker als dieser Wert $s_{Sp}$, so ändert das an ihrem Speichervermögen nichts. Ihr Speichervermögen ist auch unabhängig davon, ob dahinter eine (schlecht speichernde) Dämmstoffschicht oder schwere Baustoffe angeordnet werden.

Ist die konstruktive Schichtdicke $s < s_{Sp}$ nach Gleichung (3.10), so wird der Wärmeträgheitskoeffizient $(R \cdot S)_k < 1$. Die oberste Schicht $n = k$ ist dann von endlicher thermischer Dicke, und die in Wellentransportrichtung dahinterliegende Schicht $(k-1)$ wird in die Schwingung des Speicherwärmestromes einbezogen (Bild 3.4). Die Admittanz $U_k$ vergrößert sich, d. h. es wird $U_k > S_k$, wenn hinter der Schicht $k$ eine „schwere" Schicht liegt, für die $U_{k-1} > S_k$ ist. Ist die Schicht $(k-1)$ jedoch „leichter" als die Schicht $k$, ist also $U_{k-1} < S_k$, so verringert sich dadurch die Admittanz auf Werte $U_k < S_k$.

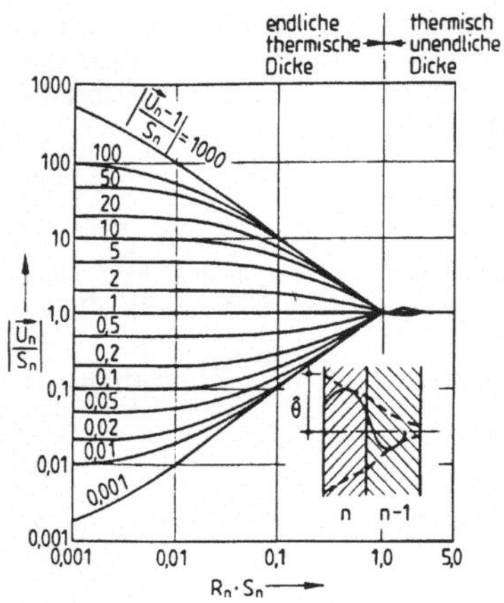


Bild 3.4

Betrag des Schichtspeicherkoeffizienten $U_n$ (bzw. Admittanz für die Schicht n = k) in Abhängigkeit vom Wärmeträgheitskoeffizienten $R_n S_n$, dem Schichtspeicherkoeffizienten $U_{n-1}$ der Schicht n − 1 (in Wellentransportrichtung hinter der Schicht n liegend) (Schicht n − 1 thermisch unendlich dick) und dem Wärmespeicherkoeffizienten $S_n$

Der Zusammenhang zwischen den Schichten n und n − 1 in Bild 3.4 gilt allgemein für alle Paarungen von Schichten. Ist z. B. für die Schicht k − 1 der Wärmeträgheitskoeffizient $(R \cdot S)_{k-1} < 1$, so ist diese Schicht ebenfalls von endlicher thermischer Dicke, und es muß auch die dahinterliegende Schicht (k − 2) einbezogen werden, um den Schichtspeicherkoeffizienten $U_{k-1}$ zu ermitteln. Dazu ist wieder Bild 3.4 zu benutzen, dieses Mal für die Paarung der Schichten n = k − 1 und (n − 1) = (k − 2) und so fort.

Die Raumumschließungskonstruktion besteht in der Regel aus Elementen unterschiedlicher thermischer Eigenschaften. Für den gesamten Raum kann die Speicherfähigkeit durch eine mittlere Admittanz

$$U_R = \frac{\sum\limits_{j=1}^{l} U_j \cdot A_j}{\sum\limits_{j=1}^{l} A_j} \qquad (3.11)$$

beschrieben werden. $A_j$ ist die Oberfläche des Bauteiles j, dessen Admittanz $U_j$ ist.

## 3.2 Strahlungslast

Die Strahlungslast ist der über die lichtdurchlässigen Außenbauwerksteile, also über das Glas der Fenster, Oberlichte usw. zugeführte Strahlungsenergiestrom.

Die Strahlungslast ist – besonders bei modernen Bauten – eine der häufigsten Ursachen dafür, daß die Raumlufttemperaturen auf unzulässig hohe Werte ansteigen. Deswegen ist die Verringerung der Strahlungslast eine der ergiebigsten Maßnahmen zum klimagerechten Bauen und wird in den Empfehlungen zum sommerlichen Wärmeschutz in [37] allein berücksichtigt. Dazu gibt es zwei Ansatzpunkte: Einmal ist die Glasfläche der Fenster $A_{FG}$ so weit zu verringern, wie es die Lüftung, die Tageslichtforderungen (s. Kapitel „Licht") sowie die Notwendigkeit einer Blickverbindung zum Außenraum gerade noch erlauben. Zum anderen sind die Fenster durch Sonnenschutzeinrichtungen gegen eine übermäßige Strahlungsbelastung zu schützen.

Am wirksamsten sind bewegliche Verschattungseinrichtungen, die außen vor der Glasfläche angeordnet sind. Mit ihnen sind widerspruchsfrei zwei Forderungen zu erfüllen: an Strahlungstagen das Fenster möglichst voll zu verschatten und an trüben Tagen das Fenster voll zur Tageslichtbeleuchtung zur Verfügung zu haben. Mit starren Verschattungseinrichtungen ist in der Regel nur eine geringe Verschattungswirkung zu erzielen, weil auf die Tageslichtbeleuchtung Rücksicht genommen werden muß (zu Einzelheiten s. Kapitel „Wärme" und „Licht").

Bei der Auswahl der Verschattungseinrichtungen ist zu berücksichtigen, daß Fenster auch Lüftungselemente sind. Sonnenschutzgläser (Reflexionsglas, Absorptionsglas) z. B. sind nur bei geschlossenem Fenster wirksam. Sie sollen deswegen nur in Gebäuden eingesetzt werden, die mit Klimaanlagen oder mit Lüftungsanlagen ausgerüstet sind. Die Strahlungslast ist

$$\dot{Q}_s = \sum_i (\dot{q}_s \cdot A_{FG})_i \tag{3.12}$$

Die Energie der Sonnenstrahlung wird beim Durchgang durch das Fenster durch den Transportwiderstand (TW in Bild 3.1) vermindert. Dieser wird durch die Energiedurchlässigkeit $g_F$ beschrieben (s. Kapitel „Wärme") [37]. Der Tagesgang der Strahlungslast ist mit dem Tagesmittel $\dot{q}_{Sm} = g_{FM} \cdot E_m$ und der Gesamtstrahlung $E_{max}$ und $E_m$ nach Tafel 2.1

$$\dot{q}_s(t) = \dot{q}_{Sm} + \eta_S \cdot g_F (E_{max} - E_m) \cos \omega (t - t_{S,max}) \tag{3.13}$$

Der Dämpfungsfaktor $\eta_S$ nach Bild 3.5 erreicht bei „schweren" Baukonstruktionen sehr niedrige Werte. Das Maximum der Strahlungslast tritt um die Phasenverschiebung $\Delta\tau = 0$ bis 2 h später auf als das Maximum der Strahlungsbelastung. Diese Phasenverschiebung ist um so größer, je stärker die Dämpfung, d. h. je größer die mittlere Admittanz $U_R$ der Raumumschließungskonstruktion ist.

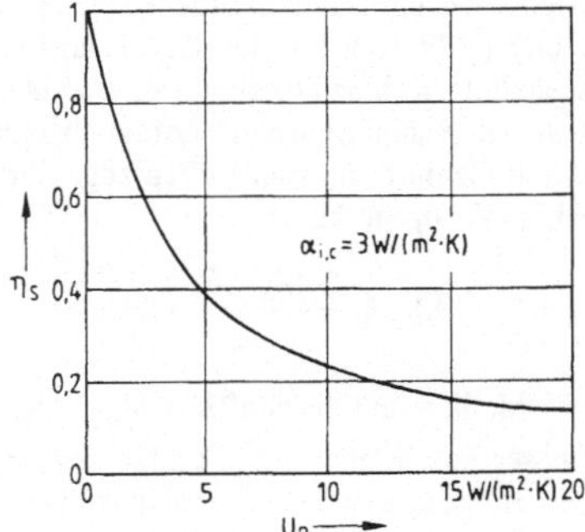


Bild 3.5
Dämpfungsfaktor $\eta_S$ in Abhängigkeit von der mittleren Admittanz $U_R$ der Raumumschließungskonstruktion

## 3.3 Innere Wärmelast

Die innere Wärmelast $\dot{Q}_N$ ist der Wärmestrom, der – nutzungsbedingt – im Innern des Gebäudes selbst freigesetzt wird. Die Quellen für die innere Wärmelast sind (Bild 3.1):

- die physiologische Wärmebelastung, die von den in den Innenräumen befindlichen Menschen und Tieren emittiert wird,

- die Beleuchtungswärmebelastung, die von den Beleuchtungseinrichtungen freigesetzt wird, und

- die Maschinenwärmebelastung, die von den Maschinen und Apparaten, die im Gebäude betrieben werden, emittiert wird.

In Wohnbauten kann (einschließlich Beleuchtung, Kochenergie usw.) mit einer mittleren inneren Wärmelast von etwa $\dot{q}_{Nm} / A_B = 4\,W/m^2$ ($\pm$ 50 %) Bruttogeschoß- bzw. Bodenfläche gerechnet werden.

In dichtbelegten Räumen, wie sie z. B. in öffentlichen Bauten vorkommen, dominiert die Wärmeabgabe der Personen (Bild 1.2), in Industriebauten ist es in der Regel die Wärmeabgabe der Maschinen und Apparate, die die innere Wärmelast bestimmt, in Stallbauten die Wärmeabgabe der Tiere.

Besonders bei kurzzeitig wirkenden inneren Wärmequellen wird die Amplitude der inneren Wärmelast stark gedämpft. Wohnungsküchen und andere nur kurzzeitig durch starke Wärmequellen belastete Räume sollten deswegen mit einer gut speichernden Raumumschließungskonstruktion versehen werden. Die Raumtemperaturen sind damit in erträglichen Grenzen zu halten, auch ohne daß eine intensive Lüftung zu Hilfe genommen werden muß.

## 3.4  Stofflast

Die Stofflast eines Raumes umfaßt alle aus inneren, im Raum befindlichen Quellen freigesetzten Stoffströme. Emittenten sind Menschen, Tiere, Pflanzen und technische Einrichtungen. Emittiert wird die (Schad-)Stofflast $\dot{M}_S$ sowie – aus naheliegenden Gründen gesondert behandelt – die Wasserdampflast $\dot{M}_W$.

Menschen und Tiere emittieren außer Wasserdampf Kohlendioxid sowie Riech- und Ekelstoffe (Bild 1.1). Für den Gehalt an Riech- und Ekelstoffen sowie – ersatzweise – für den Gehalt an Kohlendioxid gibt es eine obere Grenze $c_{zul}$, die nicht überschritten werden darf, soll der Raumluftzustand erträglich bleiben (Abschn. 1.5). Bei einer Konzentration $c_e$ in der Außenluft, die zum Lüften zugeführt wird, ist ein Förderstrom $\dot{V}$ bzw. ein Massenstrom $\dot{M}_L = \dot{V} \cdot \rho_L$ (in kg/h)

$$\dot{M}_L \geq \frac{\dot{M}_S}{c_{zul} - c_e} \tag{3.14}$$

erforderlich, um die **Stofflast** $\dot{M}_S$ (in kg/h) abzuführen (Tafel 1.3).

Dieser Zusammenhang gilt allgemein. Für die Schadstoffe, die aus technologischen Prozessen freigesetzt werden, sind maximale **A**rbeitsplatz**k**onzentrationen, abgekürzt **MAK**, gesetzlich vorgeschrieben [29]. Es ist $c_{zul}$ = MAK in Gleichung (3.14) einzusetzen.

Lüftung ist mindestens in der Zeit erforderlich, während der die Schadstoffe emittiert werden. Speichervorgänge werden nicht berücksichtigt.

Für die Baukonstruktion von besonderer Bedeutung sind die **Wasserdampf**-Emissionen. Wasserdampf ist kein Schadstoff; trotzdem darf er einen Grenzwert $x_{zul}$ nicht überschreiten, weil sonst der Feuchteschutz nicht mehr gewährleistet ist (siehe Kapitel „Feuchte") oder auch weil sonst die oberen Grenzen des Behaglich- oder Erträglichkeitsbereiches (Bilder 1.5 bis 1.7) überschritten werden. Um bei einer Außenluftfeuchte $x_e$ (in kg/kg) (Bild 2.10) die Wasserdampfemission $\dot{M}_W$ (in kg/h) abzuführen, ist ein Förderstrom erforderlich von

$$\dot{M}_L \geq \frac{\dot{M}_W}{x_{zul} - x_e} \tag{3.15}$$

Um den Wasserdampfgehalt $x_R$ im Raum kleiner zu halten als den zulässigen Wert $x_{zul}$, genügen in Räumen, in denen Menschen die dominierenden Emittenten sind, die Luftraten, die schon wegen der Emission von Riech- und Ekelstoffen bzw. Kohlendioxid erforderlich sind (Tafel 1.3). In Wohnbauten reicht eine flächenbezogene Luftrate von 1,0 m³/h.m² Bodenfläche aus.

Da Wasserdampf in der Raumumschließungskonstruktion gespeichert wird, können für $\dot{M}_W$ und $\dot{M}_L$ zeitliche Mittelwerte eingesetzt werden, falls nicht größere Belastungsschwankungen befürchtet werden müssen, wie das z. B. in den Klassenräumen von Schulen oder in Bädern der Fall ist. Dort müssen die aktuellen Werte $\dot{M}_W$ berücksichtigt und danach die Förderströme $\dot{M}_L$ bemessen werden.

Offene Wasserflächen, wie sie in Hallenbädern oder in Wasseraufbereitungsanlagen vorkommen, emittieren bei einer Wasserfläche $A_f$ (in m²) eine Wasserdampflast von [20], [29]

$$\dot{M}_W = (25 + 19u)\,(x'' - x_R) \cdot A_f \ \text{(in kg/h)} \tag{3.16}$$

$u$ (in m/s) ist die Luftgeschwindigkeit im Raum, $x''$ (in kg/kg) der Wasserdampfgehalt gesättigter Luft bei der Temperatur an der Wasseroberfläche und $x_R$ der Wasserdampfgehalt der Raumluft. Feuchte Flächen im Aufenthaltsbereich (z. B. Spritzwasser) emittieren etwa

$$\dot{M}_W = 35\,(x'' - x_R) \cdot A_f \tag{3.17}$$

In Bädern ist mit einer Emission von etwa 1 % der verbrauchten Wassermenge zu rechnen. Das sind während des Betriebes etwa

$\dot{M}_W = 5$ kg/h je Dusche,

$\dot{M}_W = 2$ kg/h je Wanne und

$\dot{M}_W = 0{,}5$ kg/h je Waschbecken.

Da die Außenluftfeuchte $x_e$ im Sommer sehr hoch ist (Bild 2.10), muß in Feuchträumen im Sommer besonders intensiv gelüftet werden.

Ist $x_R < x''$, verdunstet Wasser; bei $x_R > x''$ kondensiert Wasserdampf aus der Luft an den feuchten Flächen, und die Luft wird getrocknet [20]. Deswegen kann in Räumen mit großen Wasserflächen, deren Temperatur niedrig ist (z. B. Filterhallen in Wasseraufbereitungsanlagen), im Sommer die Luftfeuchte im Raum unter der der Außenluft liegen. Zum Schutz der Baukonstruktion gegen Durchfeuchtung ist dann im Sommer möglichst wenig, im Winter aber intensiv zu lüften.

# 4 Lüftung

Lüftung wird benötigt, um hygienische Forderungen zu erfüllen (s. Abschnitt 1) und um Feuchteschäden zu verhüten (Kapitel „Feuchte"). Durch Lüften müssen sowohl die Stofflast als auch die Wärmelast (Abschn. 3) abgeführt werden. Die Lüftungseinrichtungen müssen nach derjenigen Last bemessen werden, zu deren Abtransport der jeweils größere Förderstrom benötigt wird. Während der Heizperiode ist allein die Stofflast abzuführen, und dafür genügt ein vergleichsweise kleiner Förderstrom. In der warmen Jahreszeit hingegen erfordert die Abführung der Wärmelast häufig eine wesentlich intensivere Lüftung, die dann für die Bemessung der Lüftungseinrichtungen maßgebend ist.

In den meisten Fällen genügt freie Lüftung (auch als „natürliche" Lüftung bezeichnet). Bei freier Lüftung wird die Luft durch Windkräfte und/oder durch thermischen

**Auftrieb**, also durch die Temperatur- bzw. Dichteunterschiede der Luft, bewegt. Damit durch diese verfügbaren „freien" Kräfte ein Luftaustausch zwischen Innen- und Außenraum zustandekommen kann, muß die Hüllkonstruktion des Gebäudes mit hinreichend groß bemessenen Lüftungsöffnungen versehen sein.

Die Möglichkeiten der freien Lüftung sind begrenzt. Wo sie nicht ausreicht, wird **erzwungene** (oder Zwangs-) **Lüftung** mit Lüftungs- oder Klimaanlagen erforderlich. Die erzwungene Lüftung ist leistungsfähiger als die freie, und Lüftungsanlagen sind anpassungsfähiger, und zwar besonders auch an die räumlichen und baulichen Bedingungen. Allerdings sind Lüftungs- und Klimaanlagen aufwendiger; unter anderem benötigen sie zum Antrieb der Lüfter Energie, um die Lüftung „erzwingen" zu können.

## 4.1 Windbelastung

Wird ein Gebäude von Wind (Abschn. 2.5) angeströmt, so entsteht auf der Luvseite ein Überdruck $p_+$, auf der Leeseite ein Unterdruck $p_-$ (Bild 4.1). Diese Drücke sind von der Geschwindigkeit w des Windes abhängig; sie sind proportional dem dynamischen Druck des Windes

$$p_{dyn} = \frac{\rho_L}{2} \cdot w^2 \tag{4.1}$$

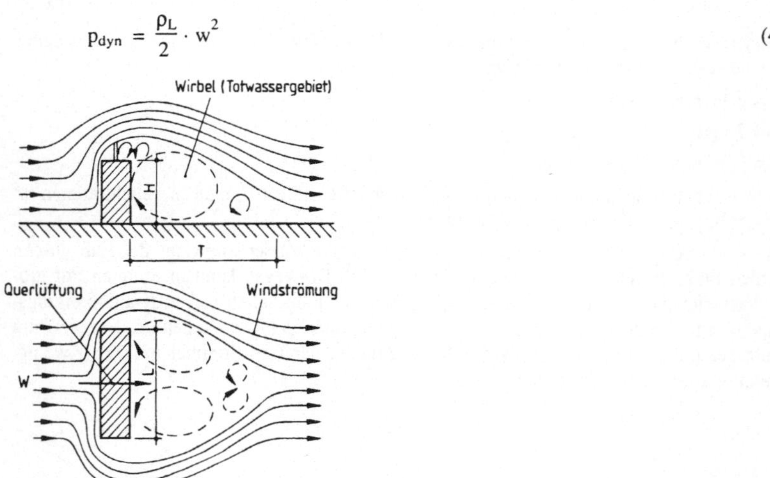


Bild 4.1
Stromlinienverlauf bei der Umströmung eines Gebäudes (schematisch)

Beim einzelnen, frei stehenden Gebäude beträgt der luvseitige Überdruck je nach der Gebäudeform etwa

$$p_+ = (0,8 \text{ bis } 1,2) \cdot p_{dyn} \tag{4.2}$$

der leeseitige Unterdruck

$$p_- = -(0,2 \text{ bis } 0,5) \cdot p_{dyn} \tag{4.3}$$

Die Druckdifferenz $(p_+ - p_-)$ bewirkt im Gebäude eine „Querlüftung".

Das Gebäude verdrängt die Strömung. Deswegen sind über dem Gebäude die Windgeschwindigkeiten höher und der dynamische Druck größer als im ungestörten Umland (in Bild 4.1 erkennbar an den dichter zusammengedrängten Stromlinien). Nach dem Satz von Bernoulli

$$p_{stat} + p_{dyn} = p_{ges} = const. \tag{4.4}$$

muß sich, da sich der Gesamtdruck $p_{ges}$ nicht ändern kann, bei steigendem dynamischen Druck $p_{dyn}$ der statische Druck $p_{stat}$ verringern. Über dem Dach herrscht also Unterdruck – ebenso wie auf der Leeseite des Gebäudes. Ragen die Lüftungsöffnungen, wie z. B. die Mündungen von Lüftungsschächten bis in die Windströmung hinein (Bild 4.1), so unterstützt der durch den Wind erzeugte Unterdruck die Lüftung.

Die Windströmung legt sich erst in einiger Entfernung hinter dem Gebäude wieder an den Erdboden an. Im Lee des Gebäudes bleibt ein stark verwirbeltes Gebiet, ein „Totwassergebiet". Die Luftgeschwindigkeit beträgt dort höchstens $^{1}/_{3}$ der Windgeschwindigkeit w. Dieses windgeschützte „Totwassergebiet" hat – in Richtung der Windströmung – eine Länge von etwa $T = (2$ bis $7) \cdot H$, bei einer Gebäudehöhe von z. B. $H = 10$ m also etwa von $T = 20$ bis $70$ m. Das kürzere Totwassergebiet von $T = 2 \cdot H$ Länge tritt bei kurzen Frontlängen (quer zur Strömungsrichtung) von etwa $L \leq (2$ bis $3) \cdot H$ auf, also bei Einfamilienhäusern, Punkthäusern und dergleichen, die allseitig umströmt werden können. Die längsten Totwassergebiete bilden sich bei Zeilenbebauung (Frontlänge $L \geq 30 \cdot H$) aus, bei denen an sich nur das Dach überströmt wird.

Windlüftung ist nur bei hohen Außenlufttemperaturen erwünscht. Bei niedrigen Außenlufttemperaturen, speziell während der Heizperiode, ist Windlüftung zwar auch nicht zu vermeiden, sie muß aber eingeschränkt werden; denn sie verursacht Zugerscheinungen und erhöht den Heizenergiebedarf der Gebäude [38]. In gemäßigten und in kalten Klimaten ist deshalb Windschutz notwendig.

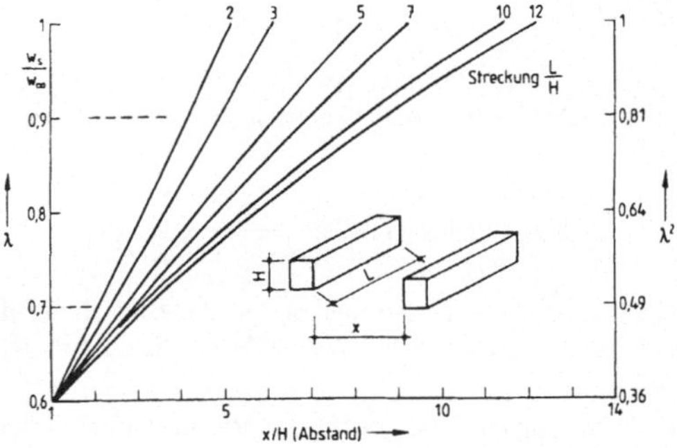

Bild 4.2
Windschutzfaktoren $\lambda$ nach Roloff [8] in Abhängigkeit von der Gebäudehöhe H, der Frontlänge des Gebäudes L (senkrecht zur Anströmrichtung des Windes) und Abstand x zwischen den Gebäuden



Ist der Abstand x zweier Gebäude kleiner als die Länge T des Totwassergebietes, so befindet sich das leeseitig gelegene Gebäude im Totwassergebiet, im Windschatten des luvseitigen Gebäudes. Der Winddruck an seiner Fassade ist geringer und damit auch die Querlüftung vermindert. Dieser Windschutz wird durch den Windschutzfaktor $\lambda = w_s / w_\infty$ beschrieben [8], dem Verhältnis der Anströmgeschwindigkeit $w_S$ am windgeschützten Gebäude zur ungestörten Windgeschwindigkeit $w_\infty$ (Bild 4.2). Je nach Windgebiet, der Gebäudehöhe H und dem erreichbaren (mittleren) Windschutzfaktor $\lambda$ kann die Lage von Gebäuden innerhalb von Gebäudeensembles, Baumgruppen oder anderer etwa gleichhoher Strömungshindernisse als „geschützt", „normal" oder „frei" definiert werden. In dieser Reihenfolge steigt die maximale Anströmgeschwindigkeit $w_{S,max}$ und folglich auch die Wind-

Tafel 4.1   Definition von Windschutzlagen und zulässiger Fugendurchlässigkeit, bezogen auf die Bruttogeschoßfläche $A_B$ [6], [8]

| | Windgebiet | Gebäudehöhe H [m] | Windschutzlage | | | | Windschutzlage | | |
|---|---|---|---|---|---|---|---|---|---|
| | | | geschützt | normal | frei | | geschützt | normal | frei |
| Windschutzfaktoren $\lambda$ | A Binnentiefland | 10 | $\leq 0,85$ | 1 | 1 | Maximale Anströmgeschwindigkeit $W_{S,\,max}$ [m/s] | 6 | 8,5 | 11 |
| | | 30 | $< 0,6$ | $\leq 0,8$ | 1 | | | | |
| | B Gebirgsvorland | 10 | $\leq 0,75$ | 1 | 1 | zulässige Fugendurchlässigkeit $\sum\left(\dfrac{a \cdot l}{A_B}\right)\left[\dfrac{m^3}{m^2 \cdot s \cdot Pa^{2/3}}\right]$ | $1,1 \cdot 10^{-4}$ | $0,8 \cdot 10^{-4}$ | $0,5 \cdot 10^{-4}$ |
| | | 30 | 0 | $\leq 0,7$ | $\leq 0,9$ | | | | |
| | C Küstengebiet | 10 | $\leq 0,65$ | $\leq 0,95$ | 1 | Mittlerer Fugenluftstrom $\dot{V} / A_B \left[\dfrac{m^3}{m^2 \cdot h}\right]$ | 1,4 $\pm 0,6$ | 1,3 $\pm 0,7$ | 1,2 $\pm 0,8$ |
| | | 30 | 0 | $\leq 0,6$ | $\leq 0,8$ | | | | |

belastung (Tafel 4.1), der die Gebäude ausgesetzt sind. Am Rande von Siedlungen oder auch größeren Plätzen ist die Windlage immer als „frei" einzustufen, falls nicht gleichhohe Bäume und dergleichen für Windschutz sorgen.

Die Windbelastung wirkt sich vor allem auf die **Fugenlüftung** aus.

Der Fugenluftstrom $\dot{V}$ (in $m^3/h$), der durch die Funktionsfugen der Fenster und Türen strömt, ist

$$\dot{V} = 3600 \cdot a \cdot l \cdot \Delta p^{2/3} \cdot A_F \qquad (4.5)$$

Die Fugenlänge $l$ beträgt bei üblichen Fenstern (Fensterfläche $A_F$) etwa $l/A_F = 3$ bis $4\ m/m^2$. Der Fugendurchlaßkoeffizient liegt bei neuen Fenstern in der Größenordnung von [30]

$$a = (0,2 \text{ bis } 3)\, 10^{-4} \left[\frac{m^3}{m \cdot s \cdot Pa^{2/3}}\right],$$

vergrößert sich aber nach mehrjährigem Gebrauch auf das 2- bis 4-fache. Die Druckdifferenz $\Delta p$ am Fenster ist bei Windstille sehr klein, erhöht sich aber bei Winddruck beträchtlich.

Die Schließfugen (Funktionsfugen) der Fenster und Türen müssen hinreichend luftdurchlässig sein, um bei Windstille eine gewisse Grundlüftung gewährleisten zu können. Diese ist notwendig, um wenigstens den lebensnotwendigen Sauerstoffgehalt unabhängig vom Willen des Gebäudenutzers zu sichern und um die Zufuhr der Verbrennungsluft für Öfen, Gasgeräte und dergleichen nicht zu behindern. Deswegen darf die Fugendurchlässigkeit einerseits einen bestimmten Wert nicht unterschreiten; sie darf aber andererseits auch nicht so groß sein, daß der Heizenergiebedarf unwirtschaftlich hoch wird. Die Funktionsfugen sind folglich Lüftungselemente, die bemessen werden müssen, und zwar in Abhängigkeit von der Windschutzlage. Mit den Werten nach Tafel 4.1 sind beide Forderungen zu erfüllen: die Mindestlüftung ist gewährleistet und der Förderstrom ist nach oben hinreichend begrenzt.

Es kann zweckmäßig sein, einige Fugen zu schließen und die Lüftung definierten Lüftungsfugen oder -öffnungen zu übertragen. Die Fugenlüftung muß auf die Funktionsfugen der

Fenster und Türen beschränkt werden; dort ist sie nach Ort und Durchlässigkeit zu kontrollieren. Bau- und Montagefugen lassen sich nicht kontrollieren und müssen abgedichtet werden, wenn sie nicht zu vermeiden sind.

Bei niedrigen Gebäuden ist Windschutz einfacher zu erreichen als bei hohen, unter anderem auch, weil in geringer Höhe die Windgeschwindigkeiten klein sind (Bild 2.12) und außerdem Bäume und dergleichen zum Windschutz herangezogen werden können. Reicht der Windschutz nicht aus (z. B. bei Hochhäusern), muß auf freie Lüftung verzichtet, die Hüllkonstruktion des Gebäudes luftundurchlässig ausgeführt und das Lüften Lüftungs- oder Klimaanlagen übertragen werden.

## 4.2  Thermischer Auftrieb

Der Luftdruck nimmt mit der Höhe über dem Erdboden nach der sogenannten „barometrischen Höhenformel", einer Exponentialfunktion, ab. Bis in etwa 150 m Höhe über dem Erdboden, also in dem für das Bauen interessierenden Bereich, kann der Druckverlauf in guter Näherung durch eine Gerade approximiert werden, und mit dem Gesetz von Boyle-Mariotte ergibt sich ein Gradient des (statischen) Druckes von

$$\frac{dp}{dy} = -g \cdot \rho_L \tag{4.6}$$

(g = Erdbeschleunigung, y = Höhen-Koordinate). Nach dem Gesetz von Gay-Lussac ist die Dichte der Luft $\rho_L \sim 1/T$, wenn T die absolute Lufttemperatur ist. Ist die Temperatur $\vartheta_i$ der Luft im Gebäude höher als die Außenlufttemperatur $\vartheta_e$, wie das mindestens während der Heizperiode vorausgesetzt werden kann, so ist die Dichte der Luft $\rho_i$ im Gebäude kleiner als die Dichte $\rho_e$ der Außenluft, und auch der Gradient des Druckes $p_i$ im Gebäude ist kleiner als der des Außendruckes $p_e$ (Bild 4.3). Hat ein Raum, der ansonsten geschlossen ist, Öffnungen nur in einer Ebene, so gleichen sich in dieser Ebene, der „neutralen Fläche" n. F., Innen- und Außendruck aus. Oberhalb und unterhalb dieser neutralen Fläche ist die Differenz zwischen den Drücken $p_i$ im Gebäude und $p_e$ außerhalb des Gebäudes

$$\Delta p = p_i - p_e = (\rho_e - \rho_i)g \cdot y \tag{4.7}$$

Oberhalb der neutralen Fläche (y > 0) ist $p_i > p_e$, unterhalb (y < 0) ist $p_i < p_e$.

Ein ähnlicher Druckaufbau wie in Bild 4.3 ergibt sich (Bild 4.4), wenn Öffnungen (z. B. Fensterfugen) an jeder Außenwand gleichmäßig über die Höhe des Gebäudes verteilt sind. Sind sämtliche Fenster geschlossen, liegt die neutrale Fläche in jedem Geschoß in Fenstermitte (R-AW), im Treppenhaus etwa in halber Höhe des Schachtes (AW-S). In jedem Geschoß und im Schacht baut sich ein Differenzdruck auf, unter dessen Einfluß unterhalb der neutralen Fläche Außenluft zuströmt, oberhalb der neutralen Fläche Luft aus dem Gebäude

Bild 4.3
Druckverteilung an der Umschließungskonstruktion eines Raumes, der zum Außenraum nur in der Ebene n. F. (neutrale Fläche) Verbindung hat
Lufttemperatur $\vartheta_i > \vartheta_e$

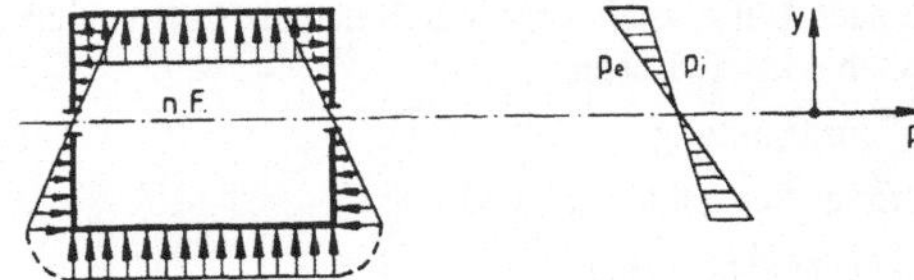

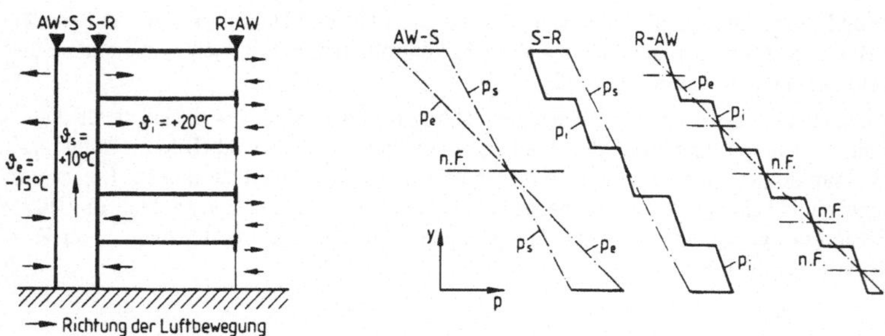



Bild 4.4     Druckverteilung in einem Gebäude mit vertikalem Schacht (Treppenhaus)

abströmt. Außerdem strömt, wenn die Temperatur im vertikalen Schacht niedriger ist als in den Geschossen, aus den unteren Geschossen Luft in den Schacht über, und in die oberen Geschosse dringt Luft aus dem Schacht ein (S-R in Bild 4.4).

Im Schacht (Treppenhaus, Aufzugs-, Müllabwurfschacht und dergleichen) bewirkt also der thermische Auftrieb eine vertikale Luftbewegung, der sich Abluft aus den unteren Geschossen beimischt. Diese durch luftfremde Stoffe (Wasserdampf, Riech- und Ekelstoffe, Küchendünste usw.) vorbelastete Luft, die außerdem durch die Wärmelast der unteren Geschosse „vorgewärmt" ist, wird über die Türfugen den oberen Geschossen zugeführt. Sie belastet diese hygienisch und thermisch. Die Erwärmung kann zu etwa 0,4 ± 0,2 K je Geschoß abgeschätzt werden [27], und im zeitlichen Mittel dürfte die Temperatur im obersten Geschoß eines 5-geschossigen Gebäudes um etwa 2 K höher liegen als im Erdgeschoß. Aus diesem Grunde ist in sehr hohen Gebäuden, zumindest in Hochhäusern, der Luftaustausch über die vertikalen Verbindungswege einzuschränken. Dazu ist die Fugendurchlässigkeit so klein wie möglich zu halten, und der Auftriebsströmung ist ein möglichst großer Widerstand entgegenzusetzen (z. B. durch Türen in den Zugängen zu den Geschossen).

Durch zeitweiliges Öffnen der Fenster sowie durch Wind wird der Druckaufbau gegenüber Bild 4.4 verändert; die grundsätzlichen Zusammenhänge bleiben aber auch dann bestehen.

Ist die Temperatur der Luft im Gebäude niedriger als im Außenraum, kehren sich die Druckdifferenzen und damit auch die Strömungsrichtungen gegenüber den hier diskutierten Beispielen um.

## 4.3   Freie Lüftung durch thermischen Auftrieb

Die Lüftungsöffnungen in der Hüllkonstruktion werden grundsätzlich nach thermischen Randbedingungen und für Windstille bemessen. Darüber hinaus muß dafür gesorgt werden, daß der Wind die Lüftung nicht behindert, sondern, da sein Einfluß nie völlig ausgeschaltet werden kann, die Lüftung eher unterstützt.

Je nach Lüftungselement, durch das die Luft gezielt zu- und/oder abströmen soll, wird unterschieden zwischen

- Fensterlüftung
- freier Schachtlüftung und
- Dachaufsatzlüftung.

Unter (autarker) **Fensterlüftung** wird die Lüftung eines Raumes ausschließlich über geöffnete Fenster verstanden. Wird ein Fenster geöffnet und ist die Raumlufttemperatur $\vartheta_i$ höher als die Außenlufttemperatur $\vartheta_e$, so strömt über die obere Hälfte des Fensters Raumluft aus dem Raum ab, über die untere Hälfte dringt Außenluft in den Raum ein (Bild 4.5). Die Strömungsgeschwindigkeiten ergeben sich gemäß Gleichung (4.4) aus dem Differenzdruck nach Gleichung (4.7). Demzufolge ist der Förderstrom $\dot{V}$, der infolge des thermischen Auftriebs über die Lüftungsfläche $A_L$ fließt,

$$\dot{V} \sim \sqrt{H \cdot \left| \vartheta_i - \vartheta_e \right|} \tag{4.8}$$

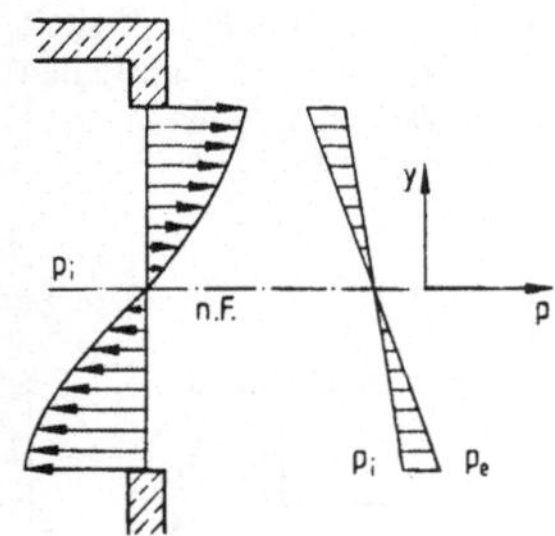

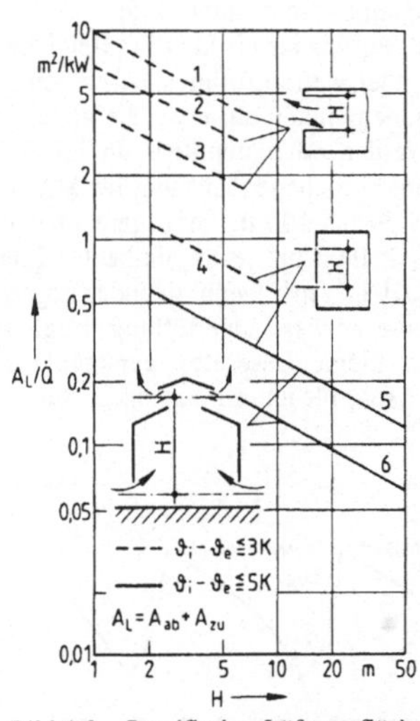


<table>
<tr><td>

Bild 4.5   Strömung durch ein Fenster bei autarker Lüftung $(\vartheta_i > \vartheta_e)$

</td><td>

Bild 4.6   Spezifische Lüftungsfläche $A_L/\dot{Q}$ als Funktion der wirksamen Höhe H [27]

1 Kippflügelfenster
2 Schwingflügelfenster
3 Dreh- und Wendeflügelfenster
4, 5 Fenster in zwei Ebenen
6 Dachaufsatzlüftung bei gleichmäßig über den Boden verteilten Wärmequellen
7 Dachaufsatzlüftung bei konzentrierten Wärmequellen

</td></tr>
</table>

Nach der Wärmetransportgleichung wird dabei ein Wärmestrom

$$\dot{Q} = \dot{V} \cdot \rho_L \cdot c_L (\vartheta_e - \vartheta_i) \tag{4.9}$$

transportiert. Um eine Wärmelast $\dot{Q}$ abzuführen, ohne daß die Übertemperatur $(\vartheta_i - \vartheta_e)$ im Raum unzulässig hoch wird, sind Lüftungsflächen $A_L$ nach Bild 4.6 erforderlich. Günstig sind große (lichte) Fensterhöhen H und Fenster mit rechteckigem Lüftungsquerschnitt.

Eine Intensivierung der Lüftung ist in hohen Räumen zu erreichen, wenn die Lüftungsfläche auf zwei Ebenen aufgeteilt wird. Statt der Fensterhöhe bestimmt dann der Abstand H zwischen den beiden Fenster-Mitten (4, 5 in Bild 4.6) das wirksame Druckgefälle und erhöht, ohne daß die Fensterfläche vergrößert werden muß, den Förderstrom.

Im allgemeinen, besonders aber wenn eine Stofflast abzuführen ist, wird das Fenster nur zeitweilig geöffnet. Bei geöffnetem Fenster treten dann Förderströme von $\dot{V}/A_L = 200$ bis $1000\ m^3/m^2\,h$ auf, die kleineren Werte im Sommer, die größeren im Winter. Dabei sinkt die Temperatur $\vartheta_i$ im Gebäude ab, und die Lüftung wird nur noch durch die in der Baukonstruktion gespeicherte Wärme aufrechterhalten. Bei der in Mitteleuropa üblichen Bauweise wird deswegen auch bei längerem Öffnen der Fenster ein Luftwechsel von $\dot{V}/V_R = 10\ m^3/m^3\,h$ kaum überschritten [27].

Fenster- und Fugenlüftung wechseln einander ab. Während der – unzureichenden – Fugenlüftung (Fugenluftstrom siehe Tafel 4.1) steigt der Gehalt an Kohlendioxid und anderen luftfremden Stoffen an (Bild 4.7). Bei Überschreiten einer Geruchsgrenze, bei zu hoher Temperatur oder weil „Lüftungspausen" eingeplant sind, wird das Fenster geöffnet, und die Konzentrationen sinken auf etwa die gleichen Werte ab, die auch in der Außenluft vorhanden sind. Werden etwa stündlich für jeweils mehrere Minuten die Fenster geöffnet, kann bei dieser unterbrochenen Lüftung im Mittel über die Nutzungszeit mit einem Förderstrom von $\dot{V}/A_L = 50$ bis $100\ m^3/m^2\,h$ gerechnet werden. Allgemein genügt eine Lüftungsfläche von $A_L/V_R \geq 0,02\ m^2$ je $m^3$ umbauter Raum, wenn nur eine Außenwand befenstert ist, $A_L/V_R \geq 0,01\ m^2/m^3$, wenn einander gegenüber oder über Eck liegende Wände befenstert sind, also eine gewisse Querlüftung möglich ist. Sind Menschen die einzigen Emittenten (z. B. Büros, kleine Lesesäle), genügen für Dauerlüftung Lüftungsflächen von $A_L/n \geq 0,1\ m^2$ je Person, für unterbrochene Lüftung $A_L/n \geq 0,3\ m^2$ je Person [36].

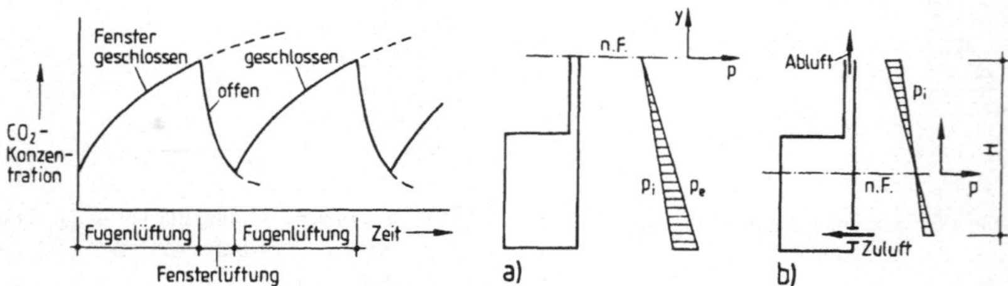


Bild 4.7   Kohlendioxidkonzentration in Abhängigkeit von der Zeit bei unterbrochener Lüftung (Wechsel von Fugen- und Fensterlüftung) (schematisch)

Bild 4.8   Druckaufbau an einem Lüftungsschacht $(\vartheta_i > \vartheta_e)$

a) ohne Zuluftöffnung
b) mit Zuluftöffnung

Innenliegende Räume, vor allem sanitäre Räume, können durch **freie Schachtlüftung** [29], [30], [36] gelüftet werden (Bild 4.8). Die Schächte sind, um den Strömungswiderstand nicht unnötig zu erhöhen, lotrecht und mit gleichbleibendem Querschnitt bis über das Dach zu führen. Bei Windstille ist dann mit einer Geschwindigkeit der Abluft im Schacht von

$$u \approx 0,12\ \sqrt{H\,(\vartheta_i - \vartheta_e)} \tag{4.10}$$

zu rechnen (u in m/s; Höhe H in m; $(\vartheta_i - \vartheta_e)$ in K).

Ist die Mündung eines Lüftungsschachtes (Bild 4.8a) die einzige Verbindung zu Außenluft, liegt die neutrale Fläche an der Schachtmündung, und es wird keine Luft gefördert. Eine Luftbewegung kommt nur zustande, wenn außer der Schachtmündung, der Abluftöffnung, auch eine Zuluftöffnung vorhanden ist (Bild 4.8b). Außerdem müssen Fenster- und/oder Türfugen hinreichend luftdurchlässig sein, um die Luftzufuhr nicht zu behindern.

Im Sommer kehrt sich, wenn die Außenluft wärmer ist als die Raumluft, die Strömungsrichtung um; es dringt Außenluft über den Schacht in den innenliegenden Raum ein. Das kann zur Belästigung führen (Toilettengeruch und dergleichen) und schränkt die Anwendbarkeit der freien Schachtlüftung ein.

In Gebäuden, in denen die innere, nutzungsbedingte Wärmelast das ganze Jahr über größer ist als die Wärmeverluste durch Transmission, kann die Überschußwärme ganzjährig mit einer **Dachaufsatzlüftung** abgeführt werden (Bild 4.6). Das ist möglich bei Warmbetrieben mit einer inneren Wärmelast von $\dot{Q}_N/V_R > 20$ W/m$^3$ und bei Heißbetrieben (z. B. Stahlwerken, Glaswerken und dergleichen). Hier muß, um einen hinreichenden Lüftungseffekt zu erzielen, die Gebäudehöhe H möglichst groß sein (Bild 4.6), und nur um des Lüftungseffektes willen werden diese Hallen häufig höher gebaut als für die Raumnutzung erforderlich. Windleitflächen vor dem Dachaufsatz (Bild 4.6) verhindern Störungen durch den Wind [14], [27], [29].


# 5 Klimagerechtes Bauen

Gestalt und Konstruktion der Gebäude müssen dem Klima des Standortes angepaßt werden, ebenso die Anlage der Siedlungen und Städte. Ein gleiches Klima führt auch zu gleichen – klimagerechten – Grundmodellen der Gebäude und Siedlungen. Klimate, die qualitativ gleiche Grundmodelle provozieren, lassen sich zu Klimatypen, ihre regionalen Vorkommen zu Klimagebieten zusammenfassen.


## 5.1 Klimaeinteilung

Die Merkmale für die Einteilung der Klimate ergeben sich aus dem Anliegen, das mit dieser Einteilung verfolgt wird, in Hinblick auf das klimagerechte Bauen, also aus der Einflußnahme des Außenklimas auf das Raumklima sowie aus der (mittelbaren und unmittelbaren) Beanspruchung der Baukonstruktion durch das Außenklima.


### 5.1.1 Klimamerkmale

Primäre Merkmale für eine übersichtliche Einteilung der Klimate der Erde in einige wenige Klimatypen sind die Temperatur und – in Verbindung mit ihr – die Feuchte der Außenluft. Diese beeinflussen maßgeblich den Wärme- und Feuchteschutz, die notwendige Lüftung und die Heizung der Gebäude. Die Wirkung der anderen Klimaelemente (Abschn. 2) äußert sich meist nur in Verbindung mit der Außenlufttemperatur (z. B. Wind) oder in speziellen Kombinationen (z. B. Schlagregen); sie begründen regionale oder auch nur lokale Subvarianten der primären Klimatypen.

Das gilt selbst für die Sonnenstrahlung. Natürlich ist die Sonnenstrahlung die Ursache für die Temperaturverteilung auf der Erde. Aber nicht die maximale Intensität der Sonnenstrahlung ist es, die z. B. die hohen Temperaturen in den Tropen verursacht, sondern ihre Andauer, d. h. ihre geringen jahreszeitlichen Schwankungen und die geringe Bewölkung. Von hohen geografischen Breiten abgesehen, weist die regionale Verteilung der jährlichen Maxima der Einstrahlung an Strahlungstagen keine relevanten Unterschiede auf – gleiche

Lufttrübung vorausgesetzt. Erst bei längerfristigen Mittelwerten begründet die Bewölkung gewisse Unterschiede. Z. B. liegt die Tagessumme der Globalstrahlung im Mittel über den Monat Juni in Mitteleuropa bei etwa 5 kWh/m$^2$d, im vorderen Orient bei etwa 8 kWh/m$^2$d [33]. Daraus ergeben sich aber noch keine bauklimatischen Konsequenzen. Über die Notwendigkeit eines Sonnenschutzes und die Anforderungen, die daran zu stellen sind, entscheidet letztlich die Außenlufttemperatur; nur die konstruktiven Parameter des Sonnenschutzes werden vom Sonnenstand (Abschnitt 2.1.1) bestimmt.

Andere Klimaelemente wie S c h a l l f e l d und l u f t h y g i e n i s c h e Belastung sind anthropogene bzw. technogene Noxen und bieten in allen Klimagebieten die gleichen Probleme.

Die Merkmale ergeben sich aus dem Verhalten der Gebäude. Für **erzwungene Klimatisierung,** also z. B. für die Heizperiode, wenn die Raumlufttemperatur als konstant vorausgesetzt werden kann, sind die Differenzen zwischen Außenlufttemperatur und Raumtemperatur maßgebend. Dafür sind die durchschnittlichen Jahresminima und -maxima der Temperatur heranzuziehen sowie die entsprechenden Werte des Wasserdampfgehaltes. In Anlehnung an eine auf technische Fragestellungen orientierte Klimaeinteilung [12] (Technoklimate in DIN 50019 [41]) genügt es in diesem Zusammenhang, zwischen kalten Klimaten (F), gemäßigtem Klima (T), trockenem oder aridem (A), warmfeuchtem oder humidem (H) sowie Meeresklima (M) zu unterscheiden.

Bei **freier Klimatisierung** sind zeitliche Veränderungen der Raumlufttemperatur nicht zu vermeiden. Diese sind sogar bewußt in die Bauentscheidungen einzubeziehen, denn sie können das Raumklima entlasten. Die gegenüber erzwungener Klimatisierung veränderten Randbedingungen machen es notwendig, auch Differenzen zwischen Außenlufttemperaturen (Amplituden) zu berücksichtigen, um die „Dynamik" des Außenklimas zu nutzen, und zwar Differenzen zwischen

$\vartheta_{e,a}$     = durchschnittliches Jahresmittel der Außenlufttemperatur
$\vartheta_{e,max,h}$ = durchschnittliches maximales Tagesmittel während des wärmsten Monats
$\vartheta_{e,m,h}$   = durchschnittliches Monatsmittel während des wärmsten Monats.

Die Kriterien dafür ergeben sich aus dem Wärmebeharrungsvermögen der Gebäude.

### 5.1.2  Wärmebeharrungsvermögen

Das **Wärmebeharrungsvermögen eines Gebäudes** ist ein **Maß für seine Fähigkeit, den Einfluß der Außenlufttemperatur auf die Raumlufttemperatur zu dämpfen.**

Zur Definition des Wärmebeharrungsvermögens wird ein Gebäude vorausgesetzt, das nur der Außenlufttemperatur – als einzigem Klimaelement – ausgesetzt ist, das also auch nicht genutzt und nicht beheizt wird. Unter dem Einfluß der Außenlufttemperatur stellt sich eine Raumlufttemperatur ein, die als **Basistemperatur** $\vartheta_b$ bezeichnet wird. Das Sommermaximum (Tagesmittel) der Basistemperatur $\vartheta_{b(s)}$ läßt sich mit den in Abschn. 5.1.1 genannten Temperaturen bestimmen:

$$\vartheta_{b(s)} = \vartheta_{e,\bar{a}} + \eta_a \cdot \hat{\theta}_{e,\bar{a}} + \eta_d (\vartheta_{e,\overline{max},h} - \vartheta_{e,\overline{m},h}) \tag{5.1}$$

Die durchschnittliche Amplitude der Grundschwingung des Jahresganges (Index a) der Außenlufttemperatur, die etwa dem Verlauf der Monatsmittel $\vartheta_{cm,\overline{m}}$ nach Bild 2.9 entspricht, ist

$$\hat{\theta}_{e,\bar{a}} \approx \vartheta_{e,\overline{m},h} - \vartheta_{e,\bar{a}} \tag{5.2}$$

Die Gleichung (5.1) gilt in hinreichender Näherung (innerhalb $\pm$ 1K) für Mitteleuropa [7]. Für andere Klimagebiete macht sie zumindest qualitative Zusammenhänge deutlich.

Die in Gleichung (5.1) für das ganzjährig unbeheizte Gebäude angegebene Basistemperatur gilt auch für Phasen freier Klimatisierung in einem zeitweilig beheizten Gebäude. Wenige Tage nach Ende der Heizzeit stellen sich dort die gleichen Temperaturen ein wie in einem ganzjährig frei klimatisierten Gebäude [7].

Die **Dämpfungsfaktoren** $\eta_a$ und $\eta_d$ in Gleichung (5.1) werden aus Energiebilanzen ermittelt [27], in die alle Wärmeströme einbezogen werden, die Einfluß auf die Basistemperatur $\vartheta_b$ haben: Der Wärmewert des Lüftungsförderstromes $\dot{V} \cdot \rho_L \cdot c_L$ (s. Abschnitt 4) und der Wärmewert des Transmissionswärmestromes $W_T$ (Abschnitt 3.1), die beide für den Energietransport zwischen Außen- und Innenraum sorgen, sowie der Speicherwärmestrom, der zwischen Raumluft und Raumumschließungskonstruktion fließt:

$$\eta_{a/d} = \frac{\dot{V} \cdot \rho_L \cdot c_L + \sum_i (W_{T,a/d})_i}{\dot{V} \cdot \rho_L \cdot c_L + \sum_j (B_{a/d} \cdot A)_j} \tag{5.3}$$

Es sind zwei Schwingungen unterschiedlicher Frequenz, die bei sommerlicher Witterung durch das Wärmebeharrungsvermögen des Gebäudes gedämpft werden: die Grundschwingung des Jahresganges der Außenlufttemperatur sowie die Schwingung der extremen Tagesmittel während des wärmsten Monats. Demgemäß sind auch die Dämpfungsfaktoren $\eta_a$ und $\eta_d$ frequenzabhängig. $\eta_a$ wird mit den Parametern des Jahresganges (Schwingungsdauer 8760 h), $\eta_d$ in guter Näherung mit den Parametern des Tagesganges (Schwingungsdauer 24 h) berechnet [7].

Der Wärmewert (Wärmekapazitätsstrom) des Transmissionswärmestromes ist für das Element i

$$W_{T,a/d} = \eta_{T,a/d} \cdot \frac{\alpha_{i,g}}{v_{a/d}} \cdot A \tag{5.4}$$

Für den Tagesgang ist der Dämpfungsfaktor $\eta_{T,d}$ Bild 3.3 zu entnehmen, die Temperaturamplitudendämpfung $\gamma_d$ ist gleich dem Temperaturamplitudenverhältnis TAV nach Kapitel „Wärme". Die langsamer schwingende Temperaturwelle des Jahresganges wird weniger stark gedämpft, und ihr Wärmewert ist immer $W_{T,a} \geq W_{T,d}$. Mit Ausnahme sehr dicker Bauteile (s > 2 m) ist

$$W_{T,a} = k \cdot A \tag{5.5}$$

Der Speicherwärmestrom, der zwischen Raumluft und Raumumschließungskonstruktion fließt, ist proportional dem Wärmeabsorptionskoeffizienten $B_{a/d}$. In Abschnitt 3.1 wurde der Speicherwärmestrom durch die Admittanz $U_k$ beschrieben, allerdings bezogen auf eine Schwingung der Oberflächentemperatur entsprechend Gleichung (3.4). Um ihn auf die Schwingung der Raumlufttemperatur zu beziehen, genügt es, zusätzlich den Wärmeübergangswiderstand $1/\alpha_{i,c}$ an der Oberfläche zu berücksichtigen:

$$\frac{1}{B} = \frac{1}{U_k} + \frac{1}{\alpha_{i,c}} \tag{5.6}$$

Der **Wärmeabsorptionskoeffizient** B beschreibt eine Speicherwärmestromdichte, d. h. die Aufnahme von Speicherwärme je Flächen- und Zeiteinheit. Diese verringert sich bei Verminderung der Kreisfrequenz $\omega$ (wobei die über eine halbe Periodendauer gespeicherte Wärmemenge aber größer wird). Folglich ist $B_a < B_d$ (Bild 5.1). Aus diesem Grunde und wegen der Gleichungen (5.4) und (5.5) ist immer $\eta_a > \eta_d$.

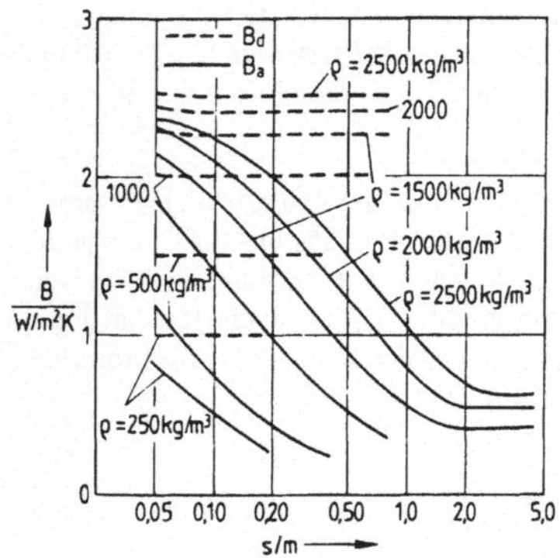

Bild 5.1   Wärmeabsorptionskoeffizienten $B_d$ (Tagesgang) und $B_a$ (Jahresgang) für einschichtige Außenwände in Abhängigkeit von der Dichte $\rho$ und der Dicke s der Bauelemente

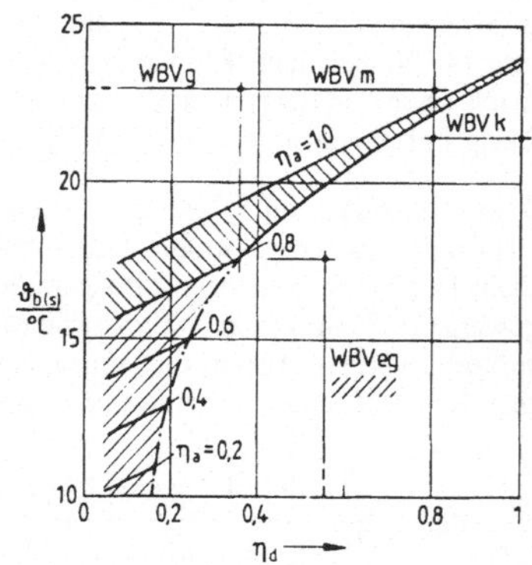

Bild 5.2   Maximale Basistemperatur $\vartheta_{b(s)}$ in Mitteleuropa in Abhängigkeit von den Dämpfungsfaktoren $\eta_d$ (Tagesgang) und $\eta_a$ (Jahresgang) nach Gl. (5.1)

Im realen, genutzten und besonnten Gebäude wird eine innere Wärmelast $\dot{Q}_N$ (Abschnitt 3.3) frei, und es werden eine Strahlungslast $\dot{Q}_S$ (Abschn. 3.2) zugeführt sowie auch noch der Teil der Transmissionswärmelast $\dot{Q}_{T,S}$ (Abschn. 3.1), der aus der am Außenbauteil absorbierten Sonnenstrahlungsenergie resultiert. Unter diesem Einfluß erhöht sich die Raumlufttemperatur gegenüber der Basistemperatur $\vartheta_{b(s)}$. Damit die Raumlufttemperatur noch im zulässigen Bereich $\vartheta_{L,zul}$ (Bilder 1.5 bis 1.7) bleibt, muß die Wärmelast eingeschränkt werden auf

$$\dot{Q}_N + \dot{Q}_S + \dot{Q}_{T,S} \leq \left[ \dot{V} \cdot \rho_L \cdot c_L + \sum_i (W_{T,d})_i \right] \cdot \left( \vartheta_{L,zul} - \vartheta_{b(s)} \right) \tag{5.7}$$

Tafel 5.1   Kriterien für das Wärmebeharrungsvermögen

| Wärmebeharrungsvermögen (WBV) | Kriterien | | $\vartheta_{b(s)}$ [°C] | | Charakteristik |
|---|---|---|---|---|---|
| | $\eta_a$ | $\eta_d$ | allgemein | Mitteleuropa | |
| klein (k) | – | $\geq 0,80$ | $= \vartheta_{e,\overline{max},h}$ | 24 | Lüftung entscheidet über Raumklima |
| mäßig (m) | $\geq 0,80$ | $0,36$ bis $0,79$ | $\vartheta_{e,\overline{m},h} < \vartheta_{b(s)} < \vartheta_{e,\overline{max},h}$ | 20 bis 22 | (Übergangsbereich) |
| groß (g) | $\geq 0,80$ | $\leq 0,35$ | $= \vartheta_{e,\overline{m},h} + 1\,K$ | 18 | Bauwerksmasse + Wärmeschutz entscheiden über Raumklima |
| extrem groß (eg) | $< 0,80$ | $\leq 0,35$ | $= \hat{\vartheta}_{e,\overline{a}} + \eta_a \cdot \hat{\theta}_{e,\overline{a}} + 1\,K$ | $\leq 16$ | evtl. Taupunktunterschreitung außerhalb der Heizperiode |

Das Sommer-Maximum der Basistemperatur $\vartheta_{b(s)}$ entscheidet folglich mit über den Aufwand, der für den sommerlichen Wärmeschutz erforderlich ist, aber auch über die Erwärmung durch die Wärmelast, die benötigt wird, um im Sommer, ohne heizen zu müssen, erträgliche oder für die Baukonstruktion verträgliche Raumtemperaturen zu sichern. Über die Dämpfungsfaktoren $\eta_d$ und $\eta_a$ kann die Basistemperatur $\vartheta_{b(s)}$ beeinflußt werden. Diese eignen sich deswegen als Kriterien für eine Klassifizierung der Gebäude nach dem Wärmebeharrungsvermögen (Bild 5.2), aus der sich weitere Ansatzpunkte für eine klimagerechte Bauweise ableiten lassen (Tafel 5.1).

## 5.1.3 Klassifizierung der Gebäude nach dem Wärmebeharrungsvermögen

Gegenüber Veränderungen der Schwingungsdauer $T_p$ verhalten sich erdanliegende Flächen (E), Innenbauteile (I) und Außenbauteile (A) unterschiedlich.

Die speicherwirksame Dicke $s_{Sp}$ nach Gleichung (3.10) ist proportional $\sqrt{T_p}$. Für den Jahresgang beträgt die speicherwirksame Dicke $s_{Sp,a}$ demzufolge etwa das 19-fache der speicherwirksamen Dicke $s_{Sp,d}$, die sich für den Tagesgang ergibt, für schwere Baustoffe, Erdstoffe usw. also etwa $s_{Sp,a} = 1{,}6$ bis $2{,}0$ m. Mit Ausnahme der Wände von Festungsbauten, Kirchen und anderen monumentalen Baudenkmalen, die außergewöhnlich dick sind, können im Jahresgang nur e r d a n l i e g e n d e  B a u t e i l e (E) als thermisch unendlich dick angesehen werden. Der Wärmeabsorptionskoeffizient $B_E$ der thermisch undendlich dicken erdanliegenden Bauteile verringert sich mit Verminderung der Kreisfrequenz (Bild 5.3).

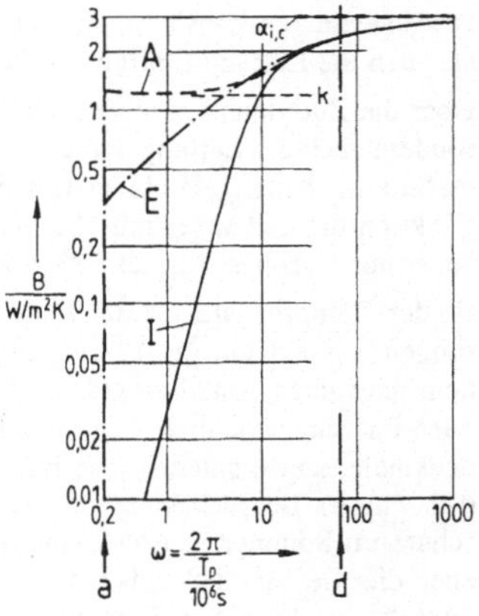

Bild 5.3
Wärmeabsorptionskoeffizient B in Abhängigkeit von der Kreisfrequenz $\omega$ der Schwingung der Raumlufttemperatur für Erdstoffe und Ziegelmauerwerk ($b = 1140 \; J/(s^{0,5}\,m^2\,K)$)
E: erdanliegende Flächen
A: Außenkonstruktion $s = 0{,}38$ m dick
I: Innenkonstruktion $s = 0{,}38$ m dick

Die I n n e n k o n s t r u k t i o n (I), d. h. die Innenwände und Deckenelemente, nimmt nur einen begrenzten Speicherwärmestrom je Zeiteinheit auf und tritt bei der Dämpfung des Jahresganges nicht mehr in Erscheinung, falls sie nicht außergewöhnlich dick ($s > 1{,}5$ m) ist.

Auch der Wärmeabsorptionskoeffizient $B_A$ der A u ß e n k o n s t r u k t i o n (A in Bild 5.3) verringert sich mit Verminderung der Kreisfrequenz. Er nähert sich dem Wärmedurchgangskoeffizienten k.

Verfügt ein Gebäude über keine wesentlichen Anteile an erdanliegenden Flächen oder an Bauteilen, die als thermisch unendlich dick angesprochen werden müssen, wird der Dämpfungsfaktor $\eta_a$, der die Dämpfung des Jahresganges beschreibt, allein durch die Hüllkonstruktion bestimmt. Es dominiert der Wärmeabsorptionskoeffizient $B_A \approx k$. Da auch der Transmissionswärmestrom nach Gleichung (5.5) proportional dem Wärmedurchgangskoeffizienten k ist, wird $\eta_a \rightarrow 1$. Die maximale Basistemperatur $\vartheta_{b(s)}$ nach Gleichung (5.1) liegt dann immer über dem höchsten Monatsmittel $\vartheta_{e,\overline{m},h}$ der Außenlufttemperatur, und zwar um so höher, je größer auch der Dämpfungsfaktor $\eta_d$ ist.

Man kann von einem **kleinen Wärmebeharrungsvermögen** (WBV k) sprechen (Bild 5.2 und Tafel 5.1), wenn der Dämpfungsfaktor $\eta_d \geq 0,80$ ist. Es handelt sich hier entweder um extreme Leichtbauten, die aufgeständert oder unterkellert sind, oder um Produktionsbauten, die intensiv gelüftet werden ($\dot{V}/A_B \geq 40$ m$^3$/m$^2$h). Der Grund für die intensive Lüftung ist meistens eine hohe innere Wärmelast ($\dot{Q}_N/A_B \geq 40$ W/m$^2$), so daß über das Wärmebeharrungsvermögen häufig die innere Wärmelast entscheidet. Bei Gebäuden mit kleinem Wärmebeharrungsvermögen ist die Speicherwirkung des Baukörpers von geringem Einfluß auf die Raumlufttemperatur; über diese entscheidet meistens der Förderstrom $\dot{V}$ der Lüftungseinrichtung, weniger der Wärmeschutz, und auch die Wahl der Baustoffe ändert wenig an der Lufttemperatur im Gebäude.

Ist der Dämpfungsfaktor $\eta_a \geq 0,80$, aber $\eta_d \leq 0,35$, so ist das **Wärmebeharrungsvermögen** als **groß** (WBV g) einzustufen. Voraussetzungen sind Baukonstruktionen aus schweren Baustoffen (Dichte > 1500 kg/m$^3$) mit einer Dicke s > 10 cm und kleine Förderströme ($\dot{V} \leq$ 6 m$^3$/m$^2$h), folglich auch geringe innere Wärmelasten ($\dot{Q}_N/A_B \leq 10$ W/m$^2$), wie sie z. B. in Wohnbauten auftreten. Bauwerksmasse und Wärmeschutz entscheiden bei WBV g über die Raumlufttemperaturen, die sich im Sommer einstellen.

Zwischen diesen beiden Klassen liegt ein Übergangsbereich mit **mäßigem Wärmebeharrungsvermögen** (WBV m). Bei diesem nehmen sowohl Bauwerksmasse und Wärmeschutz als auch die Lüftung Einfluß auf die Raumtemperaturen.

Über die Zuordnung zu einer WBV-Klasse entscheidet also nicht nur die Baukonstruktion, sondern auch die Lüftung und demzufolge die innere Wärmelast, die meistens die Größe des im Sommer benötigten Förderstromes bestimmt (Abschn. 4). Damit entscheidet aber auch die Funktion des Gebäudes mit über das Wärmebeharrungsvermögen, und bei einer Funktionsänderung eines bestehenden Gebäudes kann sich dessen Wärmebeharrungsvermögen ändern.

Ist der Dämpfungsfaktor des Jahresganges $\eta_a < 0,8$, so wird das **Wärmebeharrungsvermögen** als **extrem groß** bezeichnet (WBV eg). Es handelt sich hier um Gebäude mit einem relevanten Anteil an erdanliegenden Flächen, also Gebäude ohne Unterkellerung und/oder mit ungewöhnlich dicken Innen- und/oder Außenwänden (z. B. monumentale Baudenkmale) sowie unterirdische Bauwerke. Voraussetzung sind kleine Förderströme ($\dot{V}/A_B \leq$ 6 m$^3$/m$^2$h). Bei Gebäuden mit extrem großem Wärmebeharrungsvermögen ist der Wärmeschutz im Sommer meistens von untergeordneter Bedeutung; da $\vartheta_{b(s)} < \vartheta_{e,\overline{m},h}$ ist, besteht eher die Gefahr, daß außerhalb der Heizperiode an der Oberfläche der Raumumschließungskonstruktion der Taupunkt unterschritten wird und sich eventuell Tauwasser niederschlägt, und zwar Tauwasser, das aus der Außenluft stammt, nicht nur aus der Wasserdampflast nach Abschn. 3.4.

Bei großem Wärmebeharrungsvermögen besteht meistens nur im Winter die Gefahr, daß sich Tauwasser aus der Außenluft niederschlägt (Bild 5.4); dieses Phänomen tritt deswegen in beheizten Gebäuden mit WBV g kaum in Erscheinung. Je kleiner aber der Dämpfungsfaktor $\eta_a$ des Jahresganges ist, um so ausgeglichener wird der Jahresgang der Basistemperatur und um so stärker rückt die potentielle Kondensationszeit vom Winter in den Sommer vor.

Ob es wirklich zum Tauwasserniederschlag kommt, hängt unter anderem vom Wasserdampfgehalt der Außenluft ab. In Mitteleuropa ist dieser so hoch, daß die Gefahr einer solchen

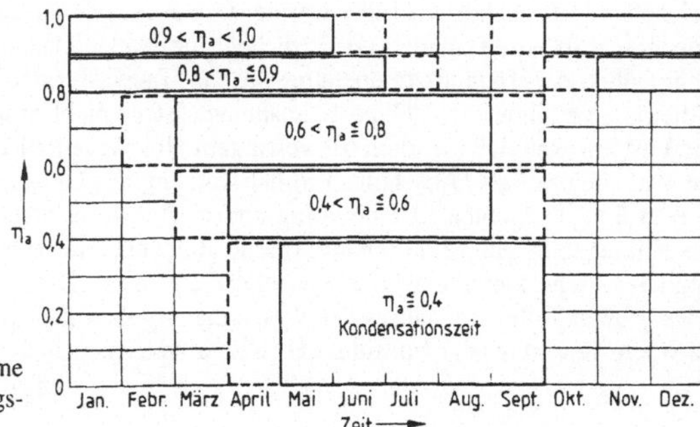



**Bild 5.4**
Potentielle Kondensationszeiträume in Abhängigkeit vom Dämpfungsfaktor $\eta_a$ [3]

„Sommerkondensation" bereits bei Wohnbauten mit großem Wärmebeharrungsvermögen besteht, und zwar unmittelbar im Anschluß oder vor Beginn der Heizzeit (Bild 5.4). Die Tauwassermenge ist in diesen Wohnbauten allerdings klein, so daß sie von einem kapillar-saugfähigen („atmenden") Putz von der Oberfläche weggesaugt werden kann, also auch nicht sichtbar wird.

Abhilfe bringen außer Putzen (Sommer-) Heizung, Luftentfeuchtungsanlagen oder eine intensive Lüftung, die dann das Wärmebeharrungsvermögen des Gebäudes verringert und die Basistemperatur anhebt.

## 5.1.4 Luftfeuchte

In warmen Klimaten ist die Luftfeuchte ein entscheidendes Merkmal für die Klimaeinteilung.

Nur wenn der Wasserdampfgehalt der Außenluft gering ist, kann durch Verdunstungskühlung (z. B. Versprühen von Wasser) warme Luft auf erträgliche Temperaturen abgekühlt werden (V in Bild 5.5), ohne daß die Luftfeuchte unerträglich hoch wird. Durch Wärmespeicherung in der Baukonstruktion können bei gleichbleibendem Wasserdampfgehalt (x = const) die Temperaturen der am Tage sehr warmen Luft auf erträgliche Werte verrringert (S in Bild 5.5), die Temperaturen der kühlen Nachtluft durch Speicherentladung (E in Bild 5.5) auf erträgliche Temperaturen angehoben werden, ohne daß ein Tauwasserniederschlag zu befürchten ist. Warme Klimate, in denen diese Bedingungen während des größten Teiles des Jahres erfüllt sind (etwa $x_e \leq 15$ g/kg), werden als **„warm-trocken" (arid)** definiert.

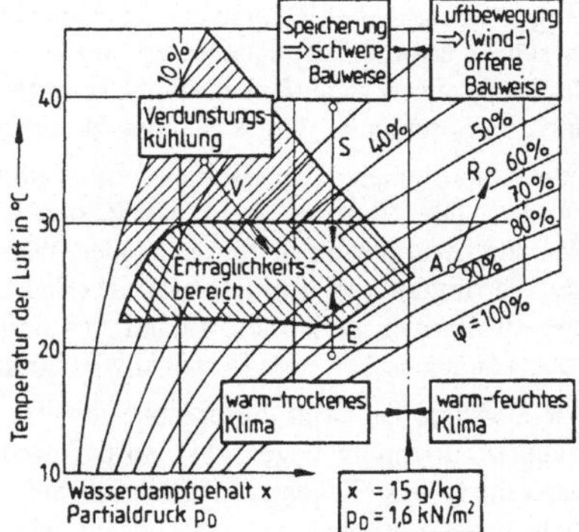



**Bild 5.5**
Abgrenzung des warm-trockenen vom warm-feuchten Klima
R Raumluftzustand, der sich aus dem Außenluftzustand A ergibt, wenn keine Speichervorgänge wirksam sind
V Zustandsänderung bei Verdunstungskühlung
S Zustandsänderung bei Wärmespeicherung
E Zustandsänderung bei Speicherentladung.

Bei hoher Luftfeuchte wird das warme Klima als schwül empfunden und ist nur noch in bewegter Luft zu ertragen. Außerdem liegt die Außenlufttemperatur dann in der Regel nur wenig über der Taupunkttemperatur, so daß Tauwasserniederschlag nur durch intensives Lüften zu verhindern ist. Ohne Klimaanlage ist es nicht möglich, den Wasserdampfgehalt der Luft im Raum wesentlich zu verringern. Im Gegenteil erhöht sich dieser noch durch die Wasserdampflast (Abschnitt 3.4) bei Nutzung des Gebäudes (Zustandsänderung A $\rightarrow$ R in Bild 5.5). Deswegen ist eine völlig andere Bauweise notwendig, die es in keinem anderen Klimagebiet gibt, eine leichte, offene Bauweise mit einer intensiven Querlüftung und folglich einem kleinen Wärmebeharrungsvermögen. Dieser Klimatyp, in dem während eines großen Teiles des Jahres der Wasserdampfgehalt der Außenluft $x_e > 15$ g/kg ist, wird als **warm-feuchtes** oder **humides (H)** Klima bezeichnet.


## 5.2   Autochthone Bauweisen

Wie stark die Anpassung an das Außenklima die gebaute Umwelt prägt, wird deutlich beim Betrachten autochthoner Bauweisen, also von Bauweisen, die sich ungestört am Ort entwickeln konnten. Diese sind in der Regel dem jeweiligen örtlichen Klima optimal angepaßt [10], [11], [15], [19], [21], [25], [26], wofür übrigens schon im Altertum Regeln aufgestellt worden sind [35]. Denn schließlich gab es in den warmen Klimaten bis vor wenigen Jahrzehnten zur freien Klimatisierung keine Alternative, und Gebiete mit längerer Heizzeit waren in der Regel arm an Brennstoffen – zumindest nach dichter Besiedlung. An den autochthonen Bauweisen lassen sich deswegen die Grundmodelle und Prinzipien ablesen, die auch für das Bauen der Gegenwart noch Gültigkeit haben.


### 5.2.1   Kaltes Klima

Gebiete mit kaltem Klima (F) liegen in der Arktis und Antarktis sowie im Norden Amerikas und Asiens. Das kalte Klima ist gekennzeichnet durch langanhaltende sehr niedrige Temperaturen. Die Normalwerte der Monatsmitteltemperaturen liegen im kältesten Monat zwischen –60 °C und –5 °C, im wärmsten Monat zwischen –23 °C und +17 °C [12], [41]. Es treten starke Winde und starker Schneefall auf, so daß die Gefahr von Verwehungen besteht. Hauptziel des Bauens sind Wärmeschutz und m i n i m a l e r   H e i z e n e r g i e b e d a r f.

Wegen des geringen Dargebotes an Sonnenstrahlungsenergie ist kein „sommerlicher" Wärmeschutz erforderlich, sondern es sind in diesen Gebieten – ebenso wie im Hochgebirge – dunkle Bauwerksoberflächen üblich, um die Energie der Sonnstrahlung weitgehend für die auch im Sommer benötigte Heizung zu nutzen.

Eine vollkommene Anpassung an das kalte Klima ist mit dem Iglu der Eskimos erreicht worden. Die Halbkugelform nähert sich einem Körper kleinster Oberfläche, die große Wanddicke ergibt einen hinreichenden Wärmeleitwiderstand, und die dichtgefrorenen Fugen verringern den Lüftungswärmeverlust auf vernachlässigbar kleine Werte. In diesen brennstoffarmen Zonen reicht dann eine Beheizung durch innere Wärmelast (der Wärmeabgabe von Menschen und Tieren) sowie durch Tranlampen aus.

Die Gebäude haben in dieser Zone ihre Haustür an einer der Längsseiten, die parallel zur Hauptwindrichtung liegen [11], so daß weder eine unerwünschte Durchlüftung noch eine Verwehung des Eingangs möglich ist. Sie sind häufig aufgeständert. Die Siedlungen sind dicht bebaut, mit geringen Gebäudeabständen, um Windschutz zu erzielen.

## 5.2.2  Gemäßigtes Klima

Die Gebiete mit gemäßigtem Klima (T) schließen sich südlich an die kalten Klimagebiete des Nordens an, auf der Südhalbkugel besetzen sie die südlichen Ränder der Kontinente. Nord-, Mittel- und große Teile Südeuropas zählen dazu. Die Normalwerte der Monatsmittel liegen im kältesten Monat zwischen –15 °C und 11 °C, im wärmsten Monat zwischen 10 °C und 25 °C. Es wird H e i z u n g benötigt, aber auch s o m m e r l i c h e r  W ä r m e s c h u t z.

Im kalt-gemäßigten Klima (Skandinavien, Island) waren unter anderem erdüberdeckte Gebäude üblich, in die Erde abgesenkte Räume, mit Balken, Erdstoffaufschüttungen und Rasensoden abgedeckt. Wegen des wirksamen Wärmeschutzes durch die erdanliegenden Flächen reichte die innere Wärmelast (Menschen, Tiere, Kochfeuer) zur Heizung aus. Erdüberdeckte Gebäude gab es auch in Mitteleuropa, wegen der für ein extrem großes WBV zu hohen Luftfeuchte aber nur als Winterwohnung.

Das ganzjährig genutzte Wohnhaus des gemäßigten Klimas ist ein Gebäude mit großem (bis mäßigem) Wärmebeharrungsvermögen (Bild 5.6), mit Heizung und einem wirksamen heizenergetisch motivierten Wärmeschutz. Im Tiefland herrschen Baustoffe großer Dichte vor, die zu einem großen Wärmebeharrungsvermögen beitragen und die Temperaturschwankungen dämpfen. In kälteren Regionen, im Gebirge und im kalt-gemäßigten Klima des Nordens und Ostens tritt dieser Aspekt hinter der Notwendigkeit, Heizenergie zu sparen, zurück. Des besseren Wärmeschutzes wegen wird Holz als Baustoff bevorzugt. Nur im Küchenbereich sorgen schwere Wände aus Bruchsteinmauerwerk oder ähnlichem für die Dämpfung und Speicherung der dort zeitweilig frei werdenden intensiven Energieströme.

Bild 5.6  Wohngebäude im gemäßigten Klima (Oberbayern)

Bild 5.7  Pufferzonen im niedersächsischen Bauernhaus

Der heizenergetisch motivierte Wärmeschutz prägt auch die Funktionslösungen der Gebäude. Das niedersächsische Bauernhaus z. B. (Bild 5.7) schützt durch niedrig temperierte Pufferzonen (Ställe, Abstellräume, Bergeräume im Dach) den Wohnbereich gegen Wärmeverluste, ebenso wie japanische Bauernhäuser im vergleichbaren Klima. Das Prinzip der Pufferzonen findet sich auch im Grundriß des Bürgerhauses, selbst im warm-gemäßigten Klima Oberitaliens.

Das zweischalige durchlüftete Dach löst den Widerspruch zwischen der Forderung nach Dichtheit gegen Regen und Ableitung des diffundierenden Wasserdampfstromes. Die Dachneigung ergibt sich aus der Art der Niederschläge. Das Rieddach des niedersächsischen

Bauernhauses leitet den Regen ab, ohne daß das Klima ihm schaden kann. In den Städten, wo die Brandgefahr solche leicht brennbaren Dächer verbietet, sorgt das extrem steile Dach der norddeutschen Backsteingotik für ein schnelles Abgleiten des Pappschnees und verhindert damit die Durchfeuchtung der Dacheindeckung und ihre Zerstörung durch Frost-Tau-Wechsel. Im Gegensatz dazu verlangen Gebirgs- oder Vorgebirgslagen das flache Dach (Bild 5.6), das die über den gesamten Winter ständig vorhandene Schneedecke auf dem Dach hält und in den Wärmeschutz einbezieht [12].

In windschwachen Gebieten erfüllt ein offener Balkon (Bild 5.6) seine Funktion, während in den schlagregengefährdeten Gebirgslagen und küstennahen Standorten eine Verglasung von Balkons und Veranden deren Nutzungsdauer erhöht und außerdem energetisch motivierte Pufferzonen schafft.

### 5.2.3  Trockenes Klima

Die warmen Klimate finden sich etwa zwischen $\pm\,30°$ geographischer Breite. Im warmtrokkenen (ariden) Klima liegen die Normalwerte der Monatsmitteltemperaturen während des wärmsten Monats $\geq 23\,°C$. Wegen der niedrigen Luftfeuchte können die täglichen Temperaturamplituden Werte bis etwa $\hat{\theta}_e \approx 15\,K$ erreichen, so daß Tagesmaxima bis $50\,°C$ vorkommen, aber auch Tagesminima bis in Gefrierpunktnähe.

Es dominiert der S c h u t z  g e g e n  h o h e  T e m p e r a t u r e n. Dafür ist ein extrem großes Wärmebeharrungsvermögen notwendig, also Massivbauten mit dicken Wänden aus schweren Baustoffen (Bild 5.8) und mit hellen (weißen) Oberflächen. Die Gebäude sind nicht aufgeständert und meistens auch nicht unterkellert, so daß die Speichermasse des Erdreiches genutzt werden kann [18]. An Standorten mit sehr hohen Temperaturen liegen die Wohnräume eventuell vollständig unter der Erde, nur über ein Oberlicht oder ähnlichem mit der Außenwelt verbunden [19], oder man wohnt sogar in Höhlen. Das unterirdische Wohnen bringt gegenüber dem oberirdischen dort Vorteile, wo das Klima einen ausgesprochen k o n t i n e n t a l e n  Charakter hat, wo also die Amplitude $\hat{\theta}_{e,\bar{a}}$ des Jahresganges der Außenlufttemperatur nach Gleichung (5.2) groß und die Luftfeuchte gering ist.

In Küstennähe, in einem m a r i t i m e n  Klima (Meeresklima (M)), ist der Unterschied zwischen den Sommer- und Wintertemperaturen gering, so daß durch eine Dämpfung des Jahresganges keine merkliche Wirkung auf die Raumlufttemperatur erzielt wird. Deswegen

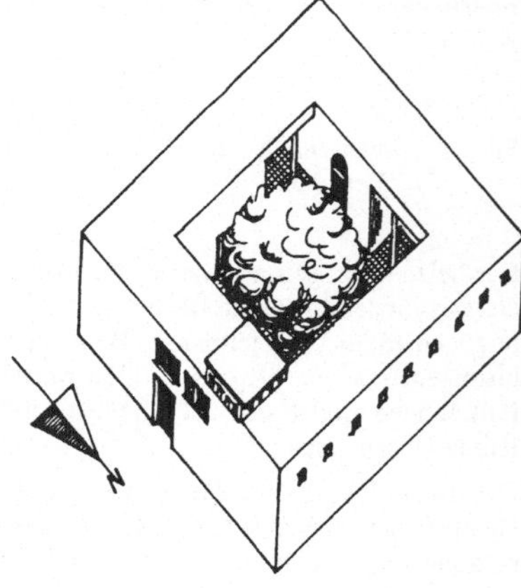

Bild 5.8   Taschkenter Wohnhaus [1]

genügen dort oberirdische Gebäude mit großem oder mäßigem WBV, die sehr hoch sein können, wenn mit kühlen Seewinden gerechnet werden kann (Hochhäuser in Jemen). Die Mehrgeschossigkeit sorgt für kleine Dachflächen und damit für kleine Wärmelasten.

Ist einzig und allein sommerlicher Wärmeschutz erforderlich, so bringt eine Wärmedämmung nur dort Nutzen, wo die vom Bauteil absorbierte Sonnenstrahlungsenergie einen größeren Wärmestrom $\dot{Q}_{T,S}$ zuführt als unter dem Einfluß des Temperaturgefälles $(\vartheta_L - \vartheta_{b(s)})$ abströmt, wenn also mit Gleichung (5.7)

$$\frac{a_s}{\alpha_{c,g}} \cdot E_m > \vartheta_{L,zul} - \vartheta_{b(s)} \tag{5.8}$$

ist. Für voll besonnte Außenbauteile ist dieses Kriterium – auch bei weißen Oberflächen – wohl immer erfüllt; ansonsten ersetzt die Verschattung die Wärmedämmung. Deswegen haben in warm-trockenen Klimaten voll verschattete Außenbauteile häufig nur eine geringe Dicke [18].

Die Lüftung ist variabel: am Tage wird nur wenig gelüftet (Fenster geschlossen), aber nachts, wenn die Außenluft abgekühlt ist, muß eine intensive Lüftung möglich sein. Wo mit nur schwachen Winden zu rechnen ist, wird mit Luftschächten großen Querschnittes für eine ausreichende freie Schachtlüftung gesorgt. Sind zeitweilig kühle auflandige Winde zu erwarten, wird mit Windtürmen gelüftet, die die Dächer um etwa 6 m überragen (Bild 5.9). Die Wände der Windturmnischen sind häufig mit wassergetränktem Filz, Strohmatten und dergleichen behängt, die bei der trockenen Luft der ariden Zonen für eine wirksame (Verdunstungs-)Kühlung sorgen [19].

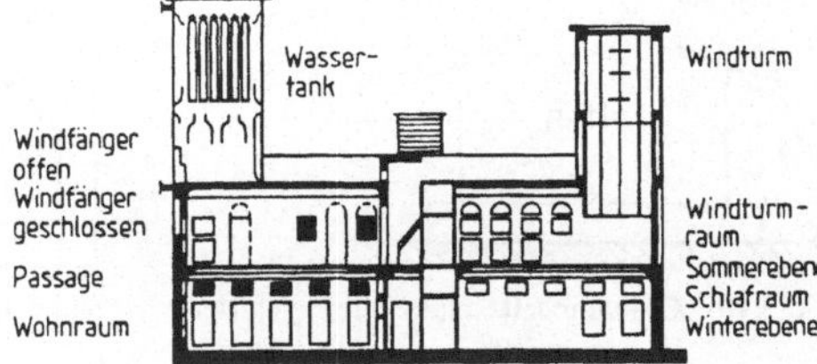


Bild 5.9
Gebäude mit Windturm am Persischen Golf [19]

Wo Sandstürme zu befürchten sind, müssen die Fugen dicht und Dächer 1-schalig sein [32].

Bei jahreszeitlich wechselndem Klima, wie es z.B. in Hochtälern vorkommt, liegt häufig eine „leichte", heizbare Winterwohnung im Obergeschoß über der „schweren" Sommerwohnung, die sich im Erd- oder Kellergeschoß befindet [18].

Die Straßen sind eng, damit die Freiflächen verschattet werden und der heiße Wind weder in die Freiräume noch in die Gebäude eindringen kann. Die Gebäude der Stadt wirken als einheitlicher Block. Dies entspricht dem Grundsatz einer „windgerechten" Stadt in den warm-trockenen (ariden) Klimazonen. In den Küstenstädten (Klimatyp M) dagegen sorgen breite, annähernd senkrecht zur Küstenlinie verlaufende Straßen dafür, daß der auflandige Wind die Stadt „kühlt" [16].

## 5.2.4  Warm-feuchtes Klima

Warm-feuchtes Klima tritt vor allem im Regenwald sowie in den Flußniederungen und Deltagebieten der Tropen auf. Dort wird ein großer Teil der eingestrahlten Sonnenstrahlungsenergie als latente Wärme (durch Verdunstung) gebunden. Deswegen sind die Lufttemperaturen nicht ganz so hoch wie im warm-trockenen Klima; dafür ist aber der Wasserdampfgehalt wesentlich höher. Es ist immer schwül; dieses Klima ist für den Menschen das am schwersten zu ertragende (Abschn. 5.1.4).

Meistens genügt ein Schutz gegen Regen und gegen Sonnenstrahlung. Deswegen ist das Dach das dominierende Element des Gebäudes (Bild 5.10). Es sorgt für eine Verschattung des Aufenthaltsbereiches, und es hat einen hinreichenden Dachüberstand, um die außerordentlich intensiven tropischen Regengüsse gefahrlos (Spritzwasser!) abzuleiten. Um die Verschattung zu erleichtern, sind die (geöffneten) Hauptfassaden nach Norden und Süden orientiert, vorausgesetzt, die Hauptwindrichtung liegt so, daß dann noch eine hinreichende Durchlüftung gewährleistet ist. Andernfalls entscheiden die Windverhältnisse über die Orientierung. Wenigstens 40 bis 80 % der Fläche der Außenwände sind offene Lüftungsflächen (Bild 5.11).

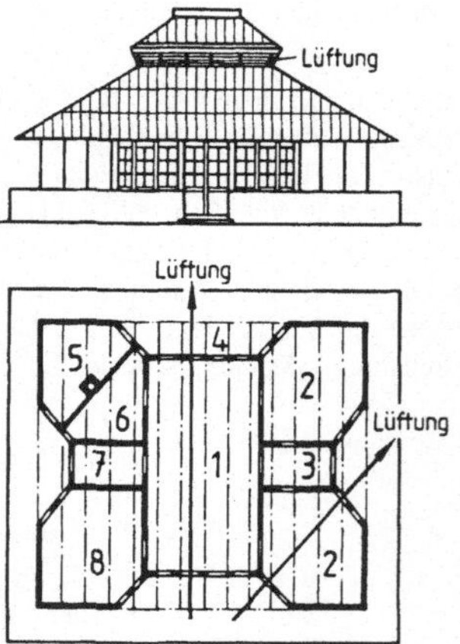


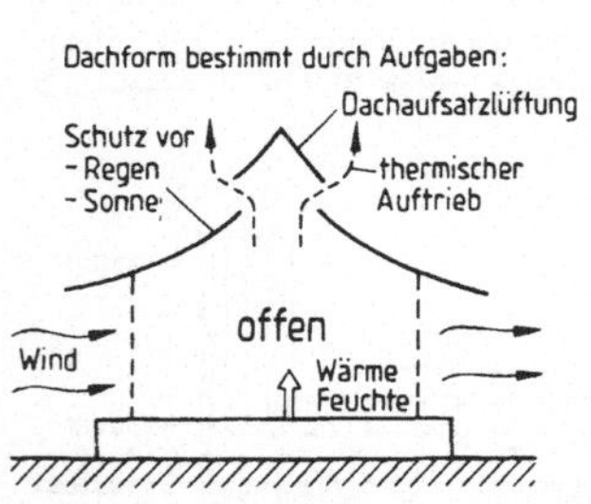


Bild 5.10  Grundmodell eines frei gelüfteten Wohngebäudes im warm-feuchten Klima

Bild 5.11  Bungalow in Hinterindien

| 1 Wohnraum | 5 Küche |
|---|---|
| 2 Schlafraum | 6 Wirtschaftsraum |
| 3 Duschraum | 7 Vorratsraum |
| 4 Veranda | 8 Arbeitsraum |

Muß zeitweilig mit Windstille oder mit geringen Windgeschwindigkeiten gerechnet werden, sorgen Lüftungsaufsätze (Dachaufsätze) für Lüftung (Bilder 4.6 und 5.11).

Die Bebauung ist locker, damit die Gebäude ihre Durchlüftung nicht gegenseitig behindern. Günstig ist deswegen Hangbebauung. Die lockere Bebauung ermöglicht die Anlage von Gärten, die gut durchlüftet und in die Wohnfunktion integriert sind [16]. Die Gebäude sind häufig aufgeständert [24], [34], um die Aufenthaltszone in den Bereich höherer Luftgeschwindigkeiten zu bringen und um das Wärmebeharrungsvermögen des Gebäudes zu verringern.

Im warm-feuchten Klima besteht in hohem Maße die Gefahr, daß sich an den Bauteilen Tauwasser niederschlägt und Bauschäden, Schimmelbildung, Pilzbefall usw. verursacht. Deswegen ist eine ständige Durchlüftung aller Räume, auch der Schrankräume und Nischen (Bild 5.11) notwendig, und es werden vorwiegend leichte Baustoffe verwendet, um das Wärmebeharrungsvermögen so klein zu machen wie möglich.

# Anhang

# Symbolverzeichnis

## I  Schall

| | | |
|---|---|---|
| $A$ | $m^2$ | äquivalente Schallabsorptionsfläche |
| $D_n$ | dB | Normschallpegeldifferenz |
| $D_v$ | dB | Stoßstellendämmung, Verzweigungsdämmaß |
| $L$ | dB | Schalldruckpegel |
| $L_A$ | dB(A) | A-Schallpegel |
| $L_I$ | dB | Schallintensitätspegel |
| $L_{In}$ | dB(A) | Installationsschallpegel |
| $L_m$ | dB(A) | Mittelungspegel (Dauerschallpegel) |
| $L_n$ | dB | Normtrittschallpegel |
| $L_{n,w}$ | dB | bewerteter Normtrittschallpegel |
| $L_v$ | dB | Schnellepegel |
| $L_W$ | dB | Schalleistungspegel |
| $\Delta L$ | dB | Trittschallminderung |
| $\Delta L_W(VM)$ | dB | Verbesserungsmaß |
| LSM | dB | Luftschallschutzmaß |
| $R$ | dB | Luftschalldämmaß |
| $R_W$ | dB | bewertetes Schalldämmaß |
| $S$ | $m^2$ | Fläche eines Bauteils oder Einbaufläche |
| $T$ | s | Nachhallzeit |
| TSM | dB | Trittschallschutzmaß |
| $V$ | $m^3$ | Volumen |
| $c$ | m/s | Schallgeschwindigkeit |
| $f$ | Hz | Frequenz |
| $f_o$ | Hz | Resonanzfrequenz |
| $f_g$ | Hz | Grenzfrequenz, Koinzidenzfrequenz |
| $k$ | | Korrekturfaktoren |
| $m'$ | $kg/m^2$ | flächenbezogene Masse |
| $p$ | $N/m^2$ (Pa) | Schalldruck |
| $r$ | m | Entfernung, Abstand |
| $r_g$ | m | Grenzradius (Hallradius) |
| $s'$ | $N/m^3$ | dynamische Steifigkeit |
| $v$ | m/s | Schallschnelle |
| $\alpha$ | | Schallabsorptionsgrad |
| $\lambda$ | m | Wellenlänge |
| $\rho$ | $kg/m^3$ | Dichte |

## II  Wärme

| | | |
|---|---|---|
| $A$ | $m^2$ | Fläche |
| $C$ | $W/m^2$ | Strahlungskonstante |
| $C_s$ | $W/m^2$ | Strahlungskonstante des schwarzen Strahlers |
| $D$ | 1 | Deckelfaktor |
| $I$ | $W/m^2$ | Strahlungsintensität |
| $M$ | $W/m^2$ | spezifische Ausstrahlung |
| $M_s$ | $W/m^2$ | spezifische Ausstrahlung des schwarzen Strahlers |
| $M_\lambda$ | $W/m^3$ | spektrale spezifische Ausstrahlung |
| $Q$ | J | Wärmemenge |
| $S_F$ | $W/(m^2 \cdot K)$ | Strahlungsgewinnkoeffizient |

| Symbol | Einheit | Bedeutung |
|---|---|---|
| $T$ | s | Periodendauer |
| $T$ | K | thermodynamische Temperatur oder Kelvintemperatur |
| TAV | 1 | Temperaturamplitudenverhältnis |
| $V$ | $m^3$ | Volumen |
| $\dot{V}$ | $m^3/s$ | Volumenstrom |
| $a$ | $m^2/s$ | Temperaturleitfähigkeit |
| $b$ | $J/(m^2 \cdot K \cdot s^{0,5})$ | Wärmeeindringkoeffizient |
| $c$ | $J/(kg \cdot K)$ | spezifische Wärmekapazität |
| $c$ | m/s | Lichtgeschwindigkeit im Vakuum |
| $f$ | 1 | Fensterflächenanteil |
| $f_o$ | 1 | modifizierte Fourierzahl |
| $g$ | 1 | Gesamtenergiedurchlaßgrad |
| $k$ | J/K | Boltzmann-Konstante |
| $k$ | $W/(m^2 \cdot K)$ | Wärmedurchgangskoeffizient |
| $R_k$ | $m^2 \cdot K/W$ | Wärmedurchgangswiderstand |
| $m$ | $kg/m^2$ | flächenbezogene Masse |
| $n$ | $h^{-1}$ | Luftwechselzahl |
| $p$ | Pa | Luftdruck |
| $q$ | $W/m^2$ | Wärmestromdichte |
| $s$ | m | Dicke |
| $t$ | s, h | Zeit, Zeitspanne, Dauer |
| $z$ | 1 | Abminderungsfaktor |
| $x, y, z$ | m | kartesische Koordinaten |
| $A$ | $W/(m^2 \cdot K)$ | Wärmedurchlaßkoeffizient |
| $R_\lambda$ | $m^2 \cdot K/W$ | Wärmedurchlaßwiderstand |
| $\Phi$ | W | Wärmestrom |
| $\alpha$ | $W/(m^2 \cdot K)$ | Wärmeübergangskoeffizient |
| $R_{i,a}$ | $m^2 \cdot K/W$ | Wärmeübergangswiderstand, innen bzw. außen |
| $\alpha$ | 1 | Absorptionsgrad |
| $\vartheta$ | °C | Celsius-Temperatur |
| $\varepsilon$ | 1 | Emissionsgrad |
| $\lambda$ | $W/(m \cdot K)$ | Wärmeleitfähigkeit |
| $\lambda$ | m | Wellenlänge |
| $\varphi$ | rad | Phasenverschiebung |
| $\rho$ | 1 | Reflexionsgrad |
| $\rho$ | $kg/m^3$ | Dichte |
| $\sigma$ | $W/(m^2 \cdot K^4)$ | Stefan-Boltzmann-Konstante |
| $\tau$ | 1 | Transmissionsgrad |

**Indizes:**

| | | | | |
|---|---|---|---|---|
| i | innen | | eq | äquivalent |
| a | außen | | r | Strahlung |
| L | Luft | | c | Konvektion |
| O | Oberfläche | | R | Rechenwert |
| m | Mittelwert | | max | Maximalwert |

## III Feuchte

| Symbol | Einheit | Bedeutung |
|---|---|---|
| $A$ | $m^2$ | Fläche |
| $C$ | – | Formfaktor |
| $D$ | $m^2/h$ | Diffusionskoeffizient |
| $E$ | $kg/(m \cdot h \cdot Pa)$ | Effusionskoeffizient |
| $F$ | N | Kraft |

| Symbol | Einheit | Bedeutung |
|---|---|---|
| $Kn$ | – | Knudsenzahl |
| $L$ | $h^{-1}$ | Luftwechselzahl |
| $M$ | kg | Masse |
| $\dot{M}$ | kg/h | Massenstrom |
| $P$ | Pa | Gesamtdruck |
| $P_G$ | Pa | Schweredruck = hydrostatischer Druck |
| $P_K$ | Pa | Kapillardruck |
| $P_{SP}$ | N/m | Spreitungsdruck |
| $P_{ST}$ | Pa | Staudruck der Luft |
| $P_V$ | Pa | Strömungdruck |
| $R_D$ | $J/(kg \cdot K)$ | Gaskonstante des Wasserdampfes |
| $R_{1,2}$ | m | Hauptkrümmungsradien |
| $Re$ | – | Reynolds-Zahl |
| $S$ | – | Sättigungsgrad von Poren |
| $T$ | K | absolute Temperatur |
| $U$ | V | elektrische Spannung |
| $V$ | $m^3$ | Volumen |
| $\dot{V}$ | $m^3/h$ | Volumenstrom |
| $a$ | $m^3/(m \cdot h \cdot Pa^{2/3})$ | Fugendurchlaßkoeffizient |
| $c$ | $g/m^3$ | Konzentration |
| $d$ | m | Durchmesser, Dicke einer Schicht |
| $g$ | $m/s^2$ | Erdbeschleunigung |
| $h$ | m | Höhenkoordinate |
| $h_e$ | Pa/V | spezifische elektrokinetische Steighöhe |
| $k_e$ | $kg/(m \cdot h \cdot V)$ | spezifische elektrokinetische Durchlässigkeit |
| $k_D$ | $kg/(m \cdot h \cdot Pa)$ | spezifische Durchlässigkeit nach Darcy |
| $l$ | m | Länge (einer Fuge, eines Sparrens usw.) |
| $m$ | $kg/m^2$ | flächenbezogene Masse |
| $\dot{m}$ | $kg/(m^2 \cdot h)$ | Massenstromdichte |
| $n$ | – | Exponent |
| $p$ | Pa | Partialdruck des Wasserdampfs |
| $q$ | – | Umwegfaktor |
| $r$ | m | Radius |
| $s$ | m | Dicke |
| $s_d$ | m | äquivalente Luftschichtdicke |
| $t$ | s, h, d, a | Zeitkoordinate |
| $u$ | – | Wassergehalt, Feuchte |
| $u_m$ | – | massebezogener Wassergehalt |
| $u_V$ | – | volumenbezogener Wassergehalt |
| $v$ | m/s | Geschwindigkeit |
| $w$ | $kg/(m^2 \cdot h^{0.5})$ | Wasseraufnahmekoeffizient |
| $x, y, z$ | m | Wegkoordinaten |
| $\theta$ | – | Randwinkel der Benetzung |
| $\Xi$ | $Pa \cdot s/m^2$ | längenspezifischer Strömungswiderstand |
| $\alpha$ | – | Diffusionskoeffizienten-Verhältnis |
| $\beta$ | $kg/(m^2 \cdot h \cdot Pa)$ | Wasserdampfübergangskoeffizient |
| $\gamma$ | – | Neigungswinkel gegen die Vertikale |
| $\delta$ | $kg/(m \cdot h \cdot Pa)$ | (Wasserdampf-)Diffusionsleitkoeffizient |
| $\eta$ | $Pa \cdot s$ | Viskositätskoeffizient |
| $\vartheta$ | °C, K | Temperatur |
| $\varkappa$ | $m^2/h$ | Flüssigkeitsleitzahl nach Krischer |
| $\lambda$ | m | mittlere freie Weglänge |
| $\mu$ | – | Diffusionswiderstandszahl |

| | | |
|---|---|---|
| $\rho$ | $kg/m^3$ | Dichte |
| $\sigma$ | $N/m$ | Oberflächenspannung |
| $\varphi$ | – | relative Luftfeuchte |
| $\psi$ | – | Porenanteil, volumenbezogen |

**Indizes:**

| | | | | |
|---|---|---|---|---|
| a | außen | | D | Wasserdampf |
| i | innen | | L | Luft |
| s | Sättigungszustand | | W | Wasser im Flüssigzustand |

## IV  Licht

| | | |
|---|---|---|
| $A$ | $m^2$ | Fläche |
| $A'$ | $m^2$ | scheinbare, auf eine Ebene rechtwinklig zur Blickrichtung projizierte Größe einer Fläche |
| $D$ | %; 1 | Tageslichtquotient |
| $E$ | lx | Beleuchtungsstärke |
| $E_e$ | $W/m^2$ | Bestrahlungsstärke |
| $I$ | cd | Lichtstärke |
| $L$ | $cd/m^2$ | Leuchtdichte |
| $Q_E$ | lx · s | Belichtung |
| $Q_e$ | Wh; kWh | Energiemenge |
| $S_k$ | 1 | korrigierte Sonnenscheinhäufigkeit |
| $T$ | 1 | Trübungsfaktor nach Linke |
| $b$ | 1 | b-Faktor: nach VDI 2078 Einstrahlungsminderung gegenüber farblos klarer Einfachverglasung |
| $g$ | 1 | Gesamtenergiedurchlaßgrad |
| $\overline{g}$ | 1 | Gleichmäßigkeit der Beleuchtung |
| $k$ | $W/(m^2\,K)$ | Wärmedurchgangskoeffizient |
| $k_1$ | 1 | Lichtminderungsfaktor lichtundurchlässiger Fensterkonstruktionsteile |
| $k_2$ | 1 | Lichtminderungsfaktor infolge Glasverschmutzung |
| $k_3$ | 1 | Lichtminderungsfaktor, der von 0° abweichende Lichteinfallswinkel berücksichtigt |
| $m$ | 1 | Luftmasse |
| $\Phi$ | lm | Lichtstrom |
| $\Omega$ | sr | Raumwinkel |
| $\alpha$ | 1 | Absorptionsgrad |
| $\alpha$ | ° | Azimutwinkel (DIN 5034, Teil 2 [2]), aber auch Verbauungshöhenwinkel (DIN 5034, Teil 4 [2]) |
| $\gamma$ | ° | Höhen- oder Neigungswinkel zur Waagerechten |
| $\varepsilon$ | ° | Winkel zur Flächennormalen (z. B. Lichteinfall) |
| $\zeta$ | ° | Neigungswinkel zur Senkrechten |
| $\lambda$ | nm | Wellenlänge |
| $\rho$ | 1 | Reflexionsgrad |
| $\rho_l$ | 1 | hinter stark (ideal) lichtstreuender Verglasung mittlerer Reflexionsgrad aus den zur Erstreflexion von Tageslicht getroffenen Raumflächen |
| $\tau$ | 1 | Transmissionsgrad |

**Indizes:**

| | | | | |
|---|---|---|---|---|
| B | Fußboden | | L | Licht |
| D | Decke | | P | (Untersuchungs-)Punkt |
| F | Fenster | | R | Reflexion |
| G | Glas, Verglasung | | | |
| H | Himmel | | | |

| | | | | |
|---|---|---|---|---|
| S | Sonne | | h | Himmel |
| V | Verbauung | | i | innen |
| W | Wand | | m | Mittel- |
| a | außen | | min | Mindest-, Kleinst- |
| dif | diffus, gestreut | | o | oben, oberer Halbraum |
| do | (klare) Doppelverglasung | | r | Rohbau |
| e | Energie | | u | unten, unterer Halbraum |
| ges | Gesamt- | | x | gewählte Verglasung |
| gl | gleichförmig | | | |

## V Brand

| | | |
|---|---|---|
| A | $m^2$; $cm^2$ | Fläche |
| E | $N/mm^2$ | Elastizitätsmodul |
| H | kWh/kg | Heizwert |
| M | kNm | Moment |
| M | kg | Masse |
| N | kN | Normalkraft |
| P | kN | Last |
| Q | kN | Last |
| $\dot{R}$ | kg/sec | Abbrandrate |
| T | K | Temperatur, absolut |
| U | m | Umfang |
| W | $cm^3$ | Widerstandsmoment |
| W | $J/m^3$ sec | Wärmequelle oder -senke |
| a | $cm^2/sec$ | Temperaturleitzahl |
| b | cm; mm | Breite |
| c | min $m^2/kWh$ | Umrechnungsfaktor |
| $c_p$ | J/kgK | spezifische Wärmekapazität |
| d | cm; mm | Dicke |
| d | cm; mm | Durchmesser |
| f | cm; mm | Durchbiegung |
| f | 1 | Formfaktor |
| h | cm; mm | statische Höhe, Querschnittshöhe |
| $\dot{h}$ | kJ/sec | Energiestromdichte |
| k | $W/m^2K$ | Wärmeübergangszahl |
| l | m | Stützweite |
| m | % | Feuchtegehalt |
| m | 1 | Abbrandfaktor |
| $\dot{m}$ | kg/sec | Massenstromdichte |
| n | 1 | Anzahl |
| p | kN/m; $kN/m^2$ | Belastung je Längen- oder Flächeneinheit |
| q | kN/m; $kN/m^2$ | Belastung je Längen- oder Flächeneinheit |
| q | $MJ/m^2$; $kg/m^2$ | Brandbelastung, ausgedrückt als Wärmemenge je Flächeneinheit oder Holzgewicht je Flächeneinheit |
| $\dot{q}$ | kJ/sec | Wärmestromdichte |
| r | m; cm | Radius |
| s | m | Stablänge |
| t | min | Zeit |
| u | cm; mm | Verformung |
| u | cm; mm | Achsabstand |
| v | cm; mm | Verformung |
| v | mm/min | Abbrandgeschwindigkeit |
| w | 1 | Wärmeabzugsfaktor |

| $\Delta$ | 1 | Intervall; Differenz |
|---|---|---|
| $\alpha$ | $W/m^2\,K$ | Wärmeübergangszahl |
| $\alpha_9$ | $1/K$ | Wärmeausdehnungszahl |
| $\beta$ | $N/mm^2$ | Festigkeit |
| $\beta$ | 1 | Ausnutzungsgrad |
| $\varepsilon$ | $\%;\ \permil$ | Dehnung, Stauchung |
| $\varepsilon$ | 1 | Emission |
| $\dot{\varepsilon}$ | $1/sec$ | Dehngeschwindigkeit |
| $\vartheta$ | $°C;\ K$ | Temperatur |
| $\lambda$ | $W/mK$ | Wärmeleitzahl |
| $\mu$ | $\%$ | Bewehrungsgrad |
| $\mu$ | 1 | Querdehnungszahl |
| $\upsilon$ | 1 | Sicherheit |
| $\rho$ | $kg/m^3$ | Dichte |
| $\sigma$ | $N/mm^2$ | Spannung |
| $\tau$ | $N/mm^2$ | Spannung |

## VI Klima

| $A$ | $m^2$ | Fläche |
|---|---|---|
| $A_B$ | $m^2$ | Bodenfläche, Bruttogeschoßfläche |
| $A_L$ | $m^2$ | Lüftungsfläche |
| $B$ | $W/(m^2K)$ | Wärmeabsorptionskoeffizient |
| $E$ | $W/m^2$ | Intensität der Sonnenstrahlung |
| $E_{diff}$ | $W/m^2$ | diffuse Strahlung |
| $E_{glob}$ | $W/m^2$ | Globalstrahlung |
| $E_S$ | $W/m^2$ | direkte Strahlung |
| $E_V$ | $W/m^2$ | Gesamtstrahlung auf vertikale Flächen |
| $\dot{M}$ | $kg/h$ | Massenstrom |
| $\dot{Q}$ | $W$ | Wärmestrom |
| $R$ | $m^2\,K/W$ | Wärmeleitwiderstand |
| $S$ | $W/(m^2\,K)$ | Wärmespeicherkoeffizient |
| $T$ | – | Trübungsfaktor |
| $T_P$ | $h$ | Schwingungsdauer |
| $U$ | $W/(m^2\,K)$ | Schichtspeicherkoeffizient, Admittanz |
| $\dot{V}$ | $m^3/h$ | Volumenstrom, Förderstrom |
| $V_R$ | $m^3$ | Volumen eines Raumes |
| $W$ | $W/(m^2\,K)$ | Wärmewert, Wärmekapazitätsstrom |
| $a$ | $m^2/h$ | Temperaturleitfähigkeit |
| $a$ | $m^3/(m\,s\,Pa^{2/3})$ | Fugendurchlaßkoeffizient |
| $a_S$ | – | Absorptionsgrad |
| $b$ | $J/(s^{0,5}\,m^2\,K)$ | Wärmeeindringkoeffizient |
| $c_L$ | $W\,h/(kg\,K)$ | spezifische Wärmekapazität von Luft |
| $k$ | $W/(m^2\,K)$ | Wärmedurchgangskoeffizient |
| $p$ | $Pa$ | Druck |
| $q$ | $W/m^2$ | Wärmestromdichte |
| $s$ | $m$ | Dicke |
| $t$ | $h,\ s$ | Zeit |
| $u$ | $m/s$ | Geschwindigkeit |
| $w$ | $m/s$ | Windgeschwindigkeit |
| $x$ | $g/kg,\ kg/kg$ | Wasserdampfgehalt der Luft |
| $\theta$ | $K$ | Temperaturdifferenz |
| $\hat{\theta}$ | $K$ | Temperaturamplitude |

| | | |
|---|---|---|
| $\alpha$ | $W/(m^2\,K)$ | Wärmeübergangskoeffizient |
| $\eta$ | – | Dämpfungsfaktor |
| $\vartheta$ | $°C$ | Temperatur |
| $\vartheta_e$ | $°C$ | Außenlufttemperatur |
| $\vartheta_L$ | $°C$ | Lufttemperatur (allgemein) |
| $\vartheta_{op}$ | $°C$ | operative Temperatur |
| $\rho$ | $kg/m^3$ | Dichte |
| $\rho_L$ | $kg/m^3$ | Dichte von Luft |
| $\varphi$ | $°$ | geographische Breite |
| $\varphi$ | $\%$ | relative Feuchte |
| $\omega$ | $h^{-1}$ | Kreisfrequenz |

**Indizes:**

| | | | |
|---|---|---|---|
| a | Jahr, Jahresgang | $\bar{m}$ | Monatsmittel |
| c | Konvektion | max | Maximum |
| d | Tag, Tagesgang | N | nutzungsbedingt |
| e | Außenraum, Umgebung | r | (langwellige) Strahlung |
| g | gesamt | S | (kurzwellige) Strahlung; Stoff |
| H | Horizontalfläche | T | Transmission |
| i | innen | W | Wasserdampf |
| m | zeitliches Mittel | | |

# Literaturverzeichnis

## I Schall

### A) Bücher


[1] Autorenkollektiv, Leitung W. Schirmer: Lärmbekämpfung. Berlin: Verlag Tribüne

[2] Cremer, L.: Die wissenschaftlichen Grundlagen der Raumakustik, Band II. Stuttgart: Hirzel-Verlag

[3] Fasold/Sonntag/Winkler: Bauphysikalische Entwurfslehre, Bau- und Raumakustik. Köln: Verlagsgesellschaft R. Müller GmbH

[4] Gösele, K.; Schüle, W.: Schall, Wärme, Feuchte. Grundlagen, Erfahrungen und praktische Hinweise für den Hochbau. Wiesbaden/Berlin: Bauverlag

[5] Heckel, M; Müller, H. A.: Taschenbuch der Technischen Akustik. Berlin/Heidelberg: Springer-Verlag

[6] Sälzer/Moll/Wilhelm: Schallschutz elementierter Bauteile. Wiesbaden/Berlin: Bauverlag


### B) Aufsätze und Forschungsberichte


[7] Alternative Veränderung von Flächen- und Ausstattungsstandards im mehrgeschossigen Wohnungsbau und ihre Auswirkung auf die Kosten des Bauwerks, Bericht F 1934. Schriftreihe „Bau- und Wohnforschung" des Bundesministers für Raumordnung, Bauwesen und Städtebau, 1983

[8] Berger, L.: Über die Schalldurchlässigkeit. Diss. TH München, 1911

[9] Bethke, C.; Dämmig, P.; Raatze G., Fischer, H.: Meßunsicherheit bauakustischer Kurzprüfverfahren. Abschlußbericht der PTB Braunschweig 1978 bzw. Kurzbericht aus der Bauforschung Nr. 10/78 – 139

[10] Cremer, L.: Theorie der Schalldämmung dünner Wände bei schrägem Einfall. In: Akustische Zeitschrift 7 (1942) S. 81

[11] Cremer, H. und L.: Theorie der Entstehung des Klopfschalls. In: Frequenz 1 (1948) S. 61

[12] Döbereiner, W.: Aktuelle Rechtsfragen zum Schall- und Wärmeschutz im Hochbau. In: Der Sachverständige, X, Heft 4

[13] Ertel, H.: Zum Trittschallschutz von Treppen. In: Lärmbekämpfung 28 (1981) S. 48 und FBW-Blätter 4 – 1981 und 5 – 1983

[14] Gösele, K.: Vereinfachte Überprüfung des Schallschutzes in Bauten. Bundesbaublatt Heft 4 (1977)

[15] Gösele, K.: Zur Abhängigkeit der Trittschallminderung von Fußböden von der verwendeten Deckenart. In: Schallschutz von Bauteilen. S. 10, Berlin: Wilhelm Ernst & Sohn 1960

[16] Gösele, K.: Die Beurteilung des Trittschallschutzes von Rohdecken. In: Ges. Ing. 85 (1964) S. 261 und Vereinfachte Berechnung des Trittschallschutzes von Decken, FBW-Blätter, Heft 2, 1964

[17] Gösele, K.; Koch, S.: Bestimmung der Luftschalldämmung von Bauteilen nach einem Kurzverfahren. In: Berichte aus der Bauforschung, Heft 68, S. 85

[18] Gösele, K.; Gießelmann, K.: Ein stark vereinfachtes Verfahren zur Bestimmung des Trittschallschutzmaßes von Decken. DAGA '76 – Berichtsband S. 217, Düsseldorf: VDI-Verlag 1976

[19] Gösele, K.: Ein einfaches Körperschallmeßgerat für bauakustische Zwecke. VDI-Berichte, Bd. 8 (1968), S. 161

[20] Gösele, K.; Lutz, P.: Schallschutz von Außenbauteilen. Bericht BS 23/76 des Instituts für Bauphysik (IBP), Stuttgart, im Auftrag der Forschungsgemeinschaft Bauen und Wohnen, FBW-Blätter 1 und 2 (1978)

[21] Gösele, K.: Die Luftschalldämmung von einschaligen Trennwänden und Decken. In: Acustica **20** (1968) S. 334 und FBW-Blätter 1968, Folge 4

[22] Gösele, K.: Berechnung der Luftschalldämmung in Massivbauten unter Berücksichtigung der Schallängsleitung. In: Bauphysik Heft 3/84 und Heft 4/84, S. 121 bis 126

[23] Gösele, K.: Zur Festlegung von Mindestanforderungen an den Luftschallschutz zwischen Wohnungen. In: Bauphysik **10** (1988) Heft 6

[24] Gösele, K.: Schalltechnische Eigenschaften von Trockenputz. Mitteilung 1 des Instituts für Bauphysik der Fraunhofer-Gesellschaft, 1973

[25] Gösele, K.: Zum Schallschutz von zweischaligen Haustrennwänden. In: Betonwerk + Fertigteil-Technik Heft 5/1977, S. 235

[26] Gösele, K.: Schallschutz von Haustrennwänden – Möglichkeiten und Mängel. In: Bundesbaublatt Heft 3, März 1981, S. 174

[27] Gösele, K.: Zur Schalldämmung von doppelschaligen Haustrennwänden, derzeitiger Stand. In: FBW-Blätter 6/1984 bzw. DAB 11/1984

[28] Gösele, K.: Schallschutz von Bauteilen aus Beton. In: beton **26** (1976) Heft 1, S. 26

[29] Gösele, K.; Gießelmann, K.: Berechnung des Trittschallschutzmaßes von Rohdecken. DAGA '76 – Berichtsband S. 221. Düsseldorf: VDI Verlag 1976

[30] Gösele, K.: Verfahren zur Vorausbestimmung des Trittschallschutzes von Holzbalkendecken. In: Holz als Roh- und Werkstoff 37, 1976, S. 213 bzw. Informationsdienst Holz „Schallschutz mit Holzbalkendecken" EGH-Bericht 1981 und Holzbau-Handbuch, Reihe 3: Bauphysik, Teil 3: Schallschutz, Folge 3: Holzbalkendecken, April 1993

[31] Gösele, K.; Voigtsberger, C. A.: Der Einfluß der Bauart und der Grundrißgestaltung auf das entstehende Installationsgeräusch in Bauten. In: Ges. Ing. **101** (1980) S. 79

[32] Gösele, K.: Mangelhafter Schallschutz, weil der Wärmeschutz verbessert wurde. In: Bundesbaublatt 6 (1976) S. 271

[33] Gösele, K.; Lakatos, B.; Koch, S.: Untersuchungen von schall- und bautechnischen Möglichkeiten nachträglicher Verbesserung der Schalldämmung bei bestehenden Gebäuden nach außen. Forschungsbericht 78 – 10504501 Umweltbundesamt 1980

[34] Gösele, K.: Schalldämmung von Montagewänden. In: Bundesbaublatt Heft 5 (1972) S. 236

[35] Gösele, K.; Lutz, P.: Untersuchungen zur Vorherberechnung der Schallabstrahlung von Fabrikhallen. Fortschritt-Berichte der VDI-Z. Reihe 11, Nr. 21 (1975) und Lutz, P.: In: Licht – Luft – Schall, Schallimmissionsschutz beim Industriebau. S. 240 bis 261

[36] Koch, S.; Mechel, F. P.: Einbau schalldämmender Fenster in Altbauten. Bericht BS 70/82 des Fraunhofer Instituts für Bauphysik im Auftrag der Forschungsgemeinschaft Bauen und Wohnen (s. auch FBW-Blätter 2/1981)

[37] Lutz, P.; Lott, G.; Jenisch, R.: Untersuchungen des Schall- und Wärmeschutzes in Pilotprojekten für den kostengünstigen Wohnungsbau und beispielhafte Lösungen für bauphysikalische Schwachstellen. Kurzberichte aus der Bauforschung, Febr. 1991, Bericht Nr. 19, IRB-Verlag, Heft 32 (1991)

[38] Lott, G.: Schallschutzprobleme bei der Altbausanierung. Vortrag auf Bauphysikertreffen 1987. FHT-Stuttgart-Veröffentlichungen Bd. 4 (1987)

[39] Lutz, P.: Einschalige Reihenhaus-Trennwand – Ungenügender Luftschallschutz infolge Schall-Längsübertragung durch Decke. Bauschäden-Sammlung Bd. 3, S. 110. Stuttgart: Forum-Verlag 1978

[40] Lutz, P.: Wohnungstrennwände aus Normalbeton, Mehrschicht-Leichtbauplatten und Beschichtung – Ungenügender Luftschallschutz. Bauschäden-Sammlung Band 3, S. 108. Stuttgart: Forum-Verlag 1978

[41] Lutz, P.: Einfluß von Schallbrücken beim schwimmenden Estrich auf den Luftschallschutz zwischen Wohnungen. DAGA '85 Stuttgart. FHT-Stuttgart-Veröffentlichungen Bd. 3 (1987)

[42] Lutz, P.; Lakatos, B.: Schalldämmung von Rolläden und Rolladenkästen. In: Kampf dem Lärm **24** (1977), Heft 2

[43] Lutz, P.: Schalldämmende Lüftungsschleusen im Fensterbereich. FBW-Blätter 5/1977

[44] Lutz, P.: Lärmminderung durch Abschirmwirkung von Gebäuden. In: baupraxis 9/1973

[45] Lutz, P.: Schalltechnische Probleme beim Dachgeschoß-Ausbau. In: Ingenieurblatt **4** (34), Juli/August 1988

[46] Malonn, H.; Paschen, H.; Steiner, J.: Zum Schallschutz bei Treppen. In: Bauingenieur **57** (1982) S. 85

[47] Nutsch, J.: Wirtschaftlicher Schallschutz bei Reihenhauswänden. In: wksb 20/1986

[48] Sabine, W. C.: Amer. Arch. and Building News, 1920

[49] Seyfried, J.: Einfluß der Schallängsleitung flankierender Wände von Holzbalkendecken auf die Luftschalldämmung. Diplomarbeit im Studiengang Bauphysik der FHT Stuttgart, 1988

[50] Veres, E.; Brandstetter, K.; Ertel, H.: Schalltechnische Bestandsaufnahme in Mehrfamilienhäusern aus den 50er Jahren und frühen 60er Jahren. In: Bauphysik **11** (1989) Heft 1

[51] Schneider, M.; Lutz, P.: Konstruktive Maßnahmen zur Verringerung der Schallängsleitung bei leichten wärmedämmenden Außenwänden. FHT-Stuttgart-Veröffentlichungen, Band 16, 1992 (Bauphysikertreffen)

[52] Lutz, P.: Neufassung der DIN 4109 – Kritische Anmerkungen aus der Sicht der Praxis. In: wksb, Neue Folge Sonderausgabe September 1990

[53] Lutz, P.: Schalldämmung und Schallängsleitung von Steildächern. In: wksb **31** (1992) und Bauschäden-Sammlung 9.1/92 und 9.2/92 sowie DAB 9/92 (24. Jahrgang)

## C) Normen, Richtlinien, Vorschriften

[54] Allgemeine Schulbauempfehlungen (ASE) vom 8. Juli 1983

[55] DIN 1320   Akustik; Grundbegriffe

[56] DIN 18 005, Teil 1   Schallschutz im Städtebau, Berechnungsverfahren

[57] DIN 18 032, Teil 1   Sporthallen, Hallen für Turnen und Spielen; Richtlinien für Planung und Bau

[58] DIN 18 041   Hörsamkeit in kleinen bis mittelgroßen Räumen

[59] DIN 4109-62 und Ausg. 1989
DIN 4109 – 62   Schallschutz im Hochbau, Ausg. 1962
Blatt 1: Begriffe
Blatt 2: Anforderungen
Blatt 3: Ausführungsbeispiele
Blatt 4: Schwimmende Estriche auf Massivdecken, Richtlinien für die Ausführung
Blatt 5: Erläuterungen (Ausg. 1963)
DIN 4109 – 89   Schallschutz im Hochbau, Ausg. 1989 – Anforderungen und Nachweise –
Beiblatt 1: Ausführungsbeispiele und Rechenverfahren
Beiblatt 2: Hinweise für Planung und Ausführung, Vorschläge für einen erhöhten Schallschutz,
Empfehlungen für den Schallschutz im eigenen Wohn- und Arbeitsbereich

[60] DIN 45 630 Bl. 2   Grundlagen der Schallmessung. Normalkurven gleicher Lautstärkepegel

[61] DIN 45 635   Geräuschmessung an Maschinen, Blatt 2: Luftschallmessung; Hallraumverfahren

[62] DIN 45 641   Mittelungspegel und Beurteilungspegel zeitlich schwankender Schallvorgänge
DIN 45 645   Einheitliche Ermittlung des Beurteilungspegels für Geräuschimmissionen

[63] DIN 45 642   Messung von Verkehrsgeräuschen

[64] DIN 45 651   Oktavfilter für elektroakustische Messungen

[65] DIN 45 652   Terzfilter für elektroakustische Messungen

[66] DIN 52210   Bauakustische Prüfungen; Luft- und Trittschalldämmung
     Teil 1: Meßverfahren (Ausg. 1984)
     Teil 2: Prüfstände für Schalldämm-Messungen an Bauteilen (Ausg. 1984)
     Teil 3: Prüfung von Bauteilen in Prüfständen und zwischen Räumen am Bau (Ausg. 1987)
     Teil 4: Ermittlung von Einzahl-Angaben (Ausg. 1984)
     Teil 5: Messung der Luftschalldämmung von Außenbauteilen am Bau (Ausg. 1985)
     Teil 6: Bestimmung der Schachtpegeldifferenz (Ausg. 1980)
     Teil 7: Bestimmung des Schall-Längsdämmaßes (Vornorm 1984)

[67] DIN 52 212   Bauakustische Prüfungen. Bestimmung des Schallabsorptionsgrades im Hallraum

[68] DIN 52 216   Bauakustische Prüfungen. Messung der Nachhallzeit in Zuhörerräumen

[69] DIN 52 217   Bauakustische Prüfungen – Flankenübertragung – Begriffe

[70] Mitteilungen Institut für Bautechnik (IfBt) 5/1975, S. 143

[71] RLS-90   Richtlinien für den Lärmschutz an Straßen (1990)

[72] VDI 2058, Bl. 1   Beurteilung von Arbeitslärm in der Nachbarschaft bzw. TALärm: Technische
     Anleitung zum Schutz gegen Lärm, Allg. Verw. Vorschrift der BReg. vom 16. Juli 1968

[73] VDI 2569   Schallschutz und akustische Gestaltung im Büro

[74] VDI 2571   Schallabstrahlung von Industriebauten

[75] VDI 2714   Schallausbreitung im Freien

[76] VDI 2719   Schalldämmung von Fenstern und deren Zusatzeinrichtungen

[77] Sechzehnte Verordnung zur Durchführung des Bundes-Immissionsschutzgesetzes (Verkehrslärm-
     schutzverordnung – 16. BimSchV) vom 12. Juni 1990. In: Bundesgesetzblatt (1990) Teil I,
     S. 1036 f.


## II  Wärme

**A) Aufsätze**

[1] Anderson, B.R.: The Thermal Resistance of Airspaces in Building Constuctions. In: Building an
    Enviroment, Vol 16, Nr. 1, p. 35 (1981)

[2] Authenriet, B.; Kupke, Chr.: Tauwasserniederschläge in Räumen und ihre Vermeidung. FBW-
    Blätter Aus der Forschung für die Praxis 4/5 (1980)

[3] Becker, R.: Verhütung von Schimmelbildung in Gebäuden. In: Bauphysik 9 (1987), Heft 3, S. 79

[4] Cziesielski, E.: Wärmebrücken im Hochbau. In: Bauphysik 7 (1985), Heft 5, S. 141

[5] Erhorn, H.; Tammes, E.: Eine einfache Methode zum Abschätzen balkenförmiger Wärmebrücken
    in Bauteilen mit planparallelen Oberflächen. In: Bauphysik 7 (1985), Heft 1, S. 7

[6] Frangoudakis, A.; Kupke, Chr.; Mechel, F.: Berechnung des Wärmedurchganges durch mehrschichti-
    ge Wände mit gleichzeitiger Wärmeleitung, Konvektion und Strahlung. In: Ges. Ing. 103 (1982), S. 35

[7] Frank, W.: Heizwärmeverbrauch und Außendämmung. In: Ges. Ing. 93 (1972), S. 137

[8] Frank, W.; Holz, D.; Snatzke, Chr.: Untersuchungen über die atmosphärische Strahlung. In: Ges.
    Ing. 97 (1976) S. 193

[9] Fritz, W.; Kirchner, H.-H.: Beitrag zur Kenntnis der Wärmeleitfähigkeit poröser Stoffe. In: Wär-
    me- und Stoffübertragung 3 (1970), S. 156 und 6 (1973), S. 78

[10] Gertis, K.: Fenster und Sonnenschutz. In: Glaswelt 25 (1972) S. 202

[11] Gertis, K.; Hauser, G.: Temperaturbeanspruchung von Stahlbetondächern. In: IBP Mitteilung 10
     (1975). Neue Forschungsergebnisse, kurz gefaßt des Institutes für Bauphysik der Fraunhofer-
     Gesellschaft

[12] Gertis, K.; Hauser, G.; Künzel, H.; Nikolic, V.; Rouvel, L.; Werner, H.: Energetische Beurteilung von Fenstern während der Heizperiode. In: DAB 12 (1980); S. 201

[13] Gertis, K.: Passive Solarenergienutzung – Umsetzung von Forschungserkenntnissen in den praktischen Gebäudeentwurf. In: Bauphysik 5 (1983), S. 183

[14] Gertis, K.; Kießl, K.; Nannen, D.; Walk, R.: Wärmespannungen in Thermohaut-Systemen. Voruntersuchung unter idealisierten Bedingungen. In: Bautechnik 60 (1983), S. 155

[15] Gertis, K.; Erhorn, H.: Neue Überlegungen zum Mindestwärmeschutz. In: WKSB 30 (1985), S. 39

[16] Hauser, G.; Schulze, H.; Wolfseher, U.: Wärmebrücken im Holzbau. In: Bauphysik 5 (1983), Heft 1, S. 17 und Heft 2, S. 42

[17] Hauser, G.: Die wärmetechnische Beurteilung von Fenstern unter Berücksichtigung der Sonneneinstrahlung während der Heizperiode. In: Bauphysik 1 (1979), S. 12

[18] Hauser, G.: Passive Solarenergienutzung durch Fenster, Außenwände und temporäre Wärmeschutzmaßnahmen. In: Heizung, Lüftung, Haustechnik 34 (1983), S. 111, S. 200 und S. 259

[19] Holz, D.; Künzel, H.: Einfluß der Wärmespeicherfähigkeit von Bauteilen auf die Raumlufttemperatur im Sommer und Winter auf den Heizenergieverbrauch. In: Ges. Ing. 101 (1980), S. 50

[20] Jenisch, R.; Schüle, W.: Die Ermittlung der Temperaturverhältnisse in Räumen mit zeitlich unterbrochenem Heizbetrieb. In: Ges. Ing. 81 (1960), S. 368

[21] Künzel, H.: Verhütung und Behebung von Schäden an Außenwänden und Außenverkleidungen. In: Bundesbaublatt (1971), Heft 6

[22] Künzel, H.; Snatzke, Chr.: Das Fenster und seine Wärmebilanz bei Berücksichtigung der Sonneneinstrahlung und zusätzlichen Schutzmaßnahmen. In: Klima- und Kälteingenieur 5 (1977), S. 191

[23] Künzel, H.: Feuchtigkeitsverhältnisse, Temperaturverhältnisse und Wärmeschutz bei nicht belüfteten Flachdächern mit über der Abdichtung angebrachter Wärmedämmung aus extrudiertem Polystyrol-Hartschaum. In: Ges. Ing. 99 (1978), S. 361

[24] Künzel, H.; Snatzke, Chr.: Wärmeverlust und Wärmegewinn durch Fenster. In: Glasforum 1 (1979), S. 37

[25] Künzel, H.; Großkinsky, Th.: Nicht belüftet, voll gedämmt: Die beste Lösung für das Steildach. In: WKSB 27 (1989), S. 1

[26] Krischer, O.; Kast, W.: Zur Frage des Wärmebedarfs beim Anheizen selten beheizter Gebäude. In: Ges. Ing. 78 (1957), S. 321

[27] Kupke, Chr.: Temperatur- und Wärmestromverhältnisse bei Eckausbildungen und auskragenden Bauteilen. In: Ges. Ing. 101 (1980), S. 88

[28] Kupke, Chr.: Einfluß von Leichtmauermörtel auf die Wärmedämmung aus Vollsteinen. In: Bauphysik 2 (1980), S. 217

[29] Kupke, Chr.; Tanaka, T.: Wärmebrücken. In: WKSB, Sonderausg. August 1980

[30] Liersch, K.W.: Untersuchungen der Wärmeübertragungsvorgänge an einem belüfteten Steildach. In: Ges. Ing. 104 (1983), Heft 1, S. 22 und Heft 3, S. 116

[31] Moritz, J.: Wärmebrücken aus der Sicht des ausbauenden Gewerks Heizung/Lüftung/Wärmetechnik. In: Elektrowärme im Technischen Ausbau A 45 (1987), Heft 1, S. A 26

[32] Rieche, G.: Anwendung von Polyurethan-Ortschäumen zur Sanierung sowie zum Wärme- und Feuchteschutz von Flachdächern. In: Deutsche Bauzeitschrift 29 (1981), S. 383

[33] Roeser, R.: Berechnungen der Temperaturen und Wärmeströme geometrischer Wärmebrücken des Kühlrippentyps, insbesondere betonierten Kragplatten. In: Bauphysik 7 (1985), Heft 1, S. 1

[34] Rouvel, L.; Wenzel, B.: Kenngrößen zur Beurteilung der Energiebilanz von Fenstern während der Heizperiode. In: HLH 30 (1979), S. 285

[35] Schmidt, E.: Das Differenzenverfahren zur Lösung von Differentialgleichungen der nichtstationären Wärmeleitung, Diffusion und Impulsausbreitung. Forsch. a. d. Gebiet d. Ingenieurwesens **13** (1942), S. 177

[36] Schüle, W.: Über die Wärmeleitfähigkeit von Porenstoffen. In: Ges. Ing. **69** (1948), Heft 6

[37] Schüle, W.: Untersuchungen über die Wirkung von Wärmebrücken in Montagewänden. In: Schriftenreihe der Forschungsgemeinschaft Stuttgart – Aus der Forschung für die Praxis – Heft 3 (1963)

[38] Schüle, W.; Jenisch, R.; Lutz, H.: Wärmeschutztechnische Untersuchungen an Montagebauten. Berichte aus der Bauforschung, Heft 60, S. 9, (1969)

[39] Schüle, W.; Lutz, H.: Lufttemperatur und Luftfeuchtigkeit in Wohnungen. In: Ges. Ing. **83** (1962), Heft 8, S. 217

[40] Schüle, W.; Greulich, H.; Giesecke, M.: Wärmeleitfähigkeit von Hüttenbimsbeton. In: Ges. Ing. **96** (1975), Heft 4, S. 97

[41] Schüle, W.; Jenisch, R.; Greulich, H.: Wärmedämm-Messungen an feuchten Bauteilen. In: Ges. Ing. **97** (1976), Heft 1, S. 17 und Heft 2, S. 23

[42] Schuh, H.: Differenzenverfahren zur Berechnung von Temperatur-Ausgleichsvorgängen bei eindimensionaler Wärmeströmung in einfachen und zusammengesetzten Körpern. In: VDI-Forschungsheft 459, Ausg. B, Band 23 (1957)

[43] Schulze, H.: Geneigte Dächer ohne chemischen Holzschutz? In: WKSB **27** (1989), S. 8

[44] Wagner, A.; Kasper, F.-J.; Rudolfi, R.: Die Anwendung numerischer Methoden bei der Beurteilung des Wärmeschutzes von Fenstern. In: Bauphysik 4 (1982), S. 49

[45] Waubke, N.V.: Schimmelbefall in Wohnungen – Hygienische und stoffliche Aspekte. In: Bauphysik **9** (1987), Heft 9, S.163

[46] Wegener, J.: Schadstoffanfall, Luftwechsel in Wohnungen, freie Lüftung. In: Ges. Ing. **105** (1984), S. 117

[47] Werner, H.: Auswirkung meteorologischer Einflußgrößen auf die Wärmebilanz von Fenstern während einer Heizperiode. In: Ges. Ing. **101** (1980), S. 63

[48] Wiedemann, K.: Mineralfaserdämmstoffe für den Wärme-, Kälte-, Schall- und Brandschutz. In: WKSB **24** (1979), Heft 9, S. 1

[49] Wolfseher, N.: Verfahren zur Berechnung zwei- oder dreidimensionaler Temperatur- und Wärmestromfelder in Bauteilen, die stationären bzw. instationären Randbedingungen ausgesetzt sind. In: Bauphysik **2** (1980), S. 83

**Bücher und Broschüren**

[50] Achtziger, J.: Verfahren zur Beurteilung des Wärmeschutzes und der Wärmebrücken von mehrschaligen Außenwänden und Maßnahmen zur Verminderung der Transmissionswärmeverluste von Fassaden. Diss. TU Berlin 1989

[51] Binder, L.: Über äußere Wämeleitung und Erwärmung elektrischer Maschinen. Diss. TH München 1910

[52] Cammerer, J.S.: Tabellarium aller wichtigen Größen für den Wärme- und Kälteschutz. Mannheim 1973

[53] D'Ans, J.; Lax, E.: Taschenbuch für Chemiker und Physiker. Berlin/Göttingen/Heidelberg 1949

[54] Deutsche Gesellschaft für Mauerwerksbau: Schriftenreihe Wärmebrücken Lösungsvorschläge. Essen 1983

[55] Gertis, K.; Zimmermann, G.: Flachdächer. Feuchteschutz, Wärmeschutz, Schallschutz, Brandschutz. In: Vom Flachdach zum Dachgarten. Stuttgart: Forum-Verlag 1976

[56] Gertis, K.: Die Erwärmung von Räumen infolge Sonneneinstrahlung durch Fenster. Berichte aus der Bauforschung, Heft 66. Berlin: Wilhelm Ernst & Sohn 1970

[57] Grigull, U.; Sander, H.: Wärmeleitung. Berlin/Heidelberg/New York 1979

[58] Gröber; Erk; Grigull: Die Grundgesetze der Wärmeübertragung. Berlin/Göttingen/Heidelberg 1963

[59] Gruber, W.: Wärmedurchgang an Ecken und vorspringenden Bauteilen im Hochbau. Diss. TU Braunschweig 1969

[60] Hauser, G.; Gertis, K.: Kenngrößen des instationären Wärmeschutzes von Bauteilen. Berichte aus der Bauforschung Heft 103. Berlin: Wilhelm Ernst & Sohn

[61] Hauser, G.: Rechnerische Vorbestimmung des Wärmeverhaltens großer Bauten. Diss. Universität Stuttgart 1977

[62] Heindl, W.; Kreč, K.; Panzhauser, E.; Sigmund, A.: Wärmebrücken. Wien/New York 1987

[63] Informationsdienst Holz, Bauphysikalische Daten – Außenbauteile. Hrsg.: Entwicklungsgemeinschaft Holzbau (EGH) in der Dt. Ges. für Holzforschung, München

[64] Liersch, K.W.: Belüftete Dach- und Wandkonstruktionen. Bd. 1: Vorhangfassaden. Wiesbaden/ Berlin 1981

[65] Lohmeyer, G.: Flachdächer einfach und sicher. Konstruktion und Ausführung von Flachdächern aus Beton ohne besondere Dichtungsschicht. Düsseldorf: Beton-Verlag 1982

[66] Mainka, G.-W.; Paschen, H.: Wärmebrückenkatalog. Stuttgart: B.G. Teubner 1986

[67] Reidat, R.: Klimadaten für Bauwesen und Technik. Berichte des Deutschen Wetterdienstes Nr. 64 (Band 9) Offenbach a. M. 1960

[68] Schüle, W.: Wärmeleitfähigkeit von Baustoffen. Berichte aus der Bauforschung, Heft 77, S. 5, Berlin: Wilhelm Ernst & Sohn 1972

[69] Schüle, W.; Kupke, Chr.: Wärmeleitfähigkeit von Blähton-Betonen ohne und mit Quarzsandzusatz. Berichte aus der Bauforschung, Heft 77, S. 15, Berlin: Wilhelm Ernst & Sohn

[70] Schwarz, B.: The Comfortmeter. Symp. CIB Commission W 45, Build.Res.Establ., Garston 1972

[71] Wanner, H.U.: Belastung der Raumluft durch Menschen (Kohlendioxyd, Gerüche) in Luftqualität in Innenräumen. Hrsg. von Aurand; Seifert; Wegener. Stuttgart: Gustav Fischer Verlag 1982

[72] Wegener, J.; Schlüter, G.: Die Bedeutung des Luftwechsels für die Luftqualität von Wohnräumen. In: Luftqualität in Innenräumen. Hrsg. von Aurand; Seifert; Wegener, S. 31, Stuttgart: Gustav Fischer Verlag 1982

[73] Wolfseher, N.: Rechnerische Ermittlung mehrdimensionaler Temperaturfelder unter stationären und instationären Bedingungen. Diss. Universität Essen 1978


**Normen und andere Regelwerke**

[74] DIN 1053, Teil 1   Mauerwerk, Berechnung und Ausführung

[75] DIN 4108   Wärmeschutz im Hochbau, Teil 1: Größen und Einheiten

[76] DIN 4108   Wärmeschutz im Hochbau, Teil 2: Wärmedämmung und Wärmespeicherung; Anforderungen und Hinweise für Planung und Ausführung

[77] DIN 4108   Wärmeschutz im Hochbau, Teil 3: Klimabedingter Feuchteschutz; Anforderungen und Hinweise für Planung und Ausführung

[78] DIN 4108   Wärmeschutz im Hochbau, Teil 4: Wärme- und feuchteschutztechnische Kennwerte

[79] DIN 4108   Wärmeschutz im Hochbau, Teil 5: Berechnungsverfahren

[80] DIN 4226   „Zuschlag für Beton". Teil 2 – Zuschlag mit porigem Gefüge (Leichtzuschlag), Begriffe, Bezeichnung, Anforderungen und Überwachung

[81] DIN 4701   Regeln für die Berechnung des Wärmebedarfs von Gebäuden, Teil 1: Grundlagen der Berechnung; Teil 2: Tabellen, Bilder, Algorithmen

[82] DIN 5496   Temperaturstrahlung

[83] DIN 18 164, Teil 2   Schaumkunststoffe als Dämmstoffe für das Bauwesen; Dämmstoffe für die Trittschalldämmung

[84] DIN 18 165, Teil 1   Faserdämmstoffe für das Bauwesen; Dämmstoffe für die Wärmedämmung

[85] DIN 18 165, Teil 2   Faserdämmstoffe für das Bauwesen; Dämmstoffe für die Trittschalldämmung

[86] DIN 18 530   Massive Deckenkonstruktionen für Dächer. Richtlinien für Planung und Ausführung

[87] DIN 52 611   Bestimmung des Wärmedurchlaßwiderstandes von Wänden und Decken. Teil 1: Prüfung im Laboratorium

[88] DIN 52 611   Bestimmung des Wärmedurchlaßwiderstandes von Wänden und Decken, Teil 2: Weiterbehandlung der Meßwerte für die Anwendung im Bauwesen

[89] DIN 52 612   Bestimmung der Wärmeleitfähigkeit mit dem Plattengerät, Teil 1: Durchführung und Auswertung

[90] DIN 52 612   Bestimmung der Wärmeleitfähigkeit mit dem Plattengerät, Teil 2: Weiterbehandlung der Meßwerte für die Anwendung im Bauwesen

[91] DIN 67 507   Lichttransmissionsgrade, Strahlungstransmissionsgrade und Gesamtenergiedurchlaßgrade von Verglasungen

[92] Richtlinien für die Planung und Ausführung von Dächern mit Abdichtungen – Flachdachrichtlinien – (5.91) mit Änderungen Mai 1992. Verlag Rudolf Müller

[93] ISO 6946   Thermal insulation – Calculation methods. Part 2: Thermal bridges of rectangular sections in plane structures (1986)


## III  Feuchte


**A) Aufsätze**

[1] van Amerongen, G. J.: Diffusion in Elastomers. In: Rubber Chemistry and Technology, Heft 5 (1964), S. 1065 bis 1152

[2] Biasin, K.; Krumme, W.: Die Wasserverdunstung in einem Innenschwimmbad. In: Elektrowärme, Heft 32 (1974), S. 85 bis 99

[3] Bjerrum, N.: Structure and Properties of Ice. In: Dan.Mat.Fys.Medd. **27**, Heft 1 (1951), S. 1 bis 3

[4] Brunauer, S.; Emmett, P.H.; Teller, E.: Adsorption of Gases in Multimolecular Layers. In: J. Am.Chem.Soc. February (1938), S. 309 bis 319

[5] Brunauer, S.; Deming, L.S.; Deming, W.E.; Teller, E.: On a Theorie of the van der Waals Adsorption of Gases. In: J. Am.Chem.Soc. July (1940), S. 1723 bis 1732

[6] Buchner, N.: Theorie der Gasdurchlässigkeit von Kunststoff-Folien. Eine kritische Literaturübersicht. In: Kunststoffe, Heft 8 (1959), S. 401 bis 406

[7] Cammerer, W.F.; Dürhammer, W.: Die Berechnung der Dampfdiffusions-Vorgänge im baulichen Wärme- und Kälteschutz und die dafür zweckmäßigsten Meß- und Rechnungsgrößen. In: Gesundheits-Ingenieur, Heft 19/20 (1950), S. 310 bis 313

[8] Cammerer, I.S.: Die Berechnung der Wasserdampfdiffusion in den Wänden. In: Gesundheits-Ingenieur, Heft 23/24 (1952), S. 393 bis 399

[9] Dahmen, G.: Planung, Ausführung und Grenzen der Anwendung von Dichtungsschlämmen und Sperrputzen zur Abdichtung im Kellerbereich. In: Bauphysik, Heft 6 (1981), S. 215 bis 218

[10] Edelmann, A.: Aufsteigende Feuchtigkeit in Mauern. In: Deutsche Bauzeitung, Heft 10 (1971), S. 1046 bis 1050

[11] Gertis, K.: Die Wärmeleitung in feuchten Stoffen bei endo- bzw. exothermer Phasenänderung der Feuchtigkeit. In: Gesundheits-Ingenieur, Heft 13 (1972), S. 354 bis 369

[12] Gertis, K; Soergel, C.: Tauwasserbildung in Außenwanddecken. In: Deutsches Architektenblatt, Heft 10 (1983), S. 1045 bis 1050

[13] Glaser, H.: Graphisches Verfahren zur Untersuchung von Diffusionsvorgängen. In: Kältetechnik, Heft 10 (1959), S. 345 bis 349

[14] Illig, W.: Die Größe der Wasserdampfübergangszahl bei Diffusionsvorgängen in Wänden von Wohnungen, Stallungen und Kühlräumen. In: Gesundheits-Ingenieur, Heft 7/8 (1952), S. 124 bis 127

[15] Jenisch, R.: Berechnung der Feuchtigkeitskondensation und die Austrocknung, abhängig vom Außenklima. In: Gesundheits-Ingenieur, Teil 1, Heft 9 (1971), S. 257 bis 284 und Teil 2, Heft 10 (1971), S. 299 bis 307

[16] Johannsson, C. H.; Persson, G.: Beräkning av fuktfördelning och fuktvandring i ytherväggar. In: Teknisk Tidskrift, Heft 5 (1949), S. 75 ff.

[17] Kast, W.; Jokisch, F.: Überlegungen zum Verlauf von Sorptionsthermen und zur Sorptionskinetik an porösen Feststoffen. In: Chem.Ing.Techn., Heft 8 (1972) S. 556 bis 563

[18] Kossatz, G.: Feuchtigkeits- und wärmetechnische Untersuchungen an hölzernen Wandelementen für den Fertighausbau. In: Bauphysik, Heft 6 (1980), S. 200 bis 207

[19] Krischer, O.; Wissmann, W.; Kast, W.: Feuchtigkeitseinwirkungen auf Baustoffe aus der umgebenden Luft. In: Gesundheits-Ingenieur, Heft 5 (1958), S. 129 bis 160

[20] Künzel, H.: Zusammenhang zwischen der Feuchtigkeit von Außenbauteilen in der Praxis und den Sorptionseigenschaften der Baustoffe. Bauphysik, Heft 3 (1982), S. 101 bis 107

[21] Luck, W. A. P.: Die Struktur des Wassers. In: Die medizinische Welt, Heft 3 (1970), S. 87 bis 101

[22] Meyer, H. G.: Fragen bei der Kerndämmung von zweischaligem Mauerwerk ohne Luftschicht. In: Bauphysik, Heft 1 (1980), S. 15 bis 23

[23] Neumann, A.W.; Sell, P. I.: Bestimmung der Oberflächenspannung von Kunststoffen aus Benetzungsdaten unter Berücksichtigung des Gleichgewichts-Spreitungsdrucks. In: Kunststoffe, Heft 10 (1967), S. 829 bis 834

[24] Neumann, A.W.: Bedeutung und Bestimmung grenzflächenenergetischer Größen im Hinblick auf technische Fragestellungen. In: Chem.Ing.Techn., Heft 15 (1970), S. 969 bis 977

[25] Philip, J.R.; De Vries, D.A.: Moisture Movement in Porous Materials under Temperature Gradients. In: Trans.Am.Geophys.Union. 38 (1957) Nr. 2 (April), S. 222 bis 232

[26] Raudenbusch, H.: Zur Frage der Wasseraufnahmefähigkeit und der Wasseraufnahmebestimmung bei bituminösen Stoffen. In: Bitumen, Heft 4 (1968), S. 98 bis 102

[27] Richter, H.; Schimmelwitz, P.: Untersuchung von Verfahren zur Trockenlegung von Mauerwerk. In: Bauphysik, Heft 6 (1980), S. 207 bis 212

[28] Rose, D.A.: Water movement in unsaturated porous materials. In: Rilem Bulletin No. 29, Decembre 1965, S. 119 bis 123

[29] Rowen, J.W.; Simha, R.: Interaction of Polymers and Vapors. In: Journal of Physical and Colloid Chemistry, Heft 53 (1949), S. 921 bis 930

[30] Schaad, W.: Praktische Anwendungen der Elektro-Osmose im Gebiete des Grundbaues. In: Die Bautechnik, Heft 6 (1958), S. 210 bis 216

[31] Schneider, A.: Diagramme zur Bestimmung der relativen Luftfeuchtigkeit. In: Holz als Roh- und Werkstoff, Heft 7 (1960), S. 269 bis 272

[32] Schuch, M.; Wanke, R.: Strömungsspannungen in einigen Torf- und Sandproben. In: Zeitschrift für Geophysik, Heft 2 (1967), S. 94 bis 109

[33] Schwarz, B.: Die kapillare Wasseraufnahme von Baustoffen. In: Gesundheits-Ingenieur, Heft 7 (1972), S. 206 bis 211

[34] Schwarz, B.; Künzel, H.: Der kritische Feuchtigkeitsgehalt von Baustoffen. In: Gesundheits-Ingenieur, Heft 9 (1974), S. 241 bis 280

[35] Splittgerber, H.; Wittmann, F.: Sorptionsmessungen an erhärtetem Zementstein. In: Zement, Kalk, Gips, Heft 10 (1966), S. 493 bis 496

[36] Stehno, V.: Praktische Berechnung der instationären Luftzustandsänderungen in Aufenthaltsräumen zur Beurteilung der Feuchtigkeitsbelastung der raumbegrenzenden Bauteile. In: Bauphysik, Heft 4 (1982), S. 129 bis 134

[37] Verhoeven, A. C.: Bauphysikalische Aspekte von Schwimmbädern. In: Bauphysik, Heft 4 (1981), S. 119 bis 122

[38] De Vries, D. A.: Warmte – en vochttransport in poreuze media. In: De Ingenieur **74** (1962), Nr. 28, S. 45 bis 53

[39] De Vries, D. A.: Simultaneous Transfer of Heat an Moisture in Porous Media. In: Trans. American Geophys.Union **39** (1958), Nr. 5, S. 909 bis 916

[40] Wellenstein, R.: Durchlässigkeitsbeiwert k (cm/s) des porösen Rohrmantels von Betonfilterrohren für laminare Sickerströmung. In: Betonwerk + Fertigteil-Technik, Heft 1 (1975), S. 13 bis 18

[41] Wicke, E.: Strukturbildung und molekulare Beweglichkeit im Wasser und in wässrigen Lösungen. Teil 1: Die molekulare Struktur des Wassers. In: Angewandte Chemie, Heft 1 (1966), S. 1 bis 10

[42] Wierig, H. J.: Die Wasserdampfdurchlässigkeit von Zementmörtel und Beton. In: Zement, Kalk, Gips, Heft 9 (1965), S. 471 bis 482

[43] Wittmann, H.: Feuchtigkeitsaufnahme und Feuchtigkeitstransport in porösen Baustoffen. In: Bautenschutz + Bautensanierung, Heft 4 (1979), S. 115 bis 124

[44] Wittmann, F. H.; Boekwijt, W. O.: Grundlage und Anwendbarkeit der Elektroosmose zum Trocknen durchfeuchteten Mauerwerks. In: Bauphysik, Heft 4 (1982), S. 123 bis 127


**B) Bücher und Broschüren**

[45] Auracher, H.: Wasserdampfdiffusion und Reifbildung in porösen Stoffen. VDI-Forschungsheft 566, Düsseldorf: VDI-Verlag, 1974

[46] Bauschäden-Sammlung, Sachverhalt – Ursachen – Sanierung. Hrsg. Günter Zimmermann. Bd. 1 bis 8. Stuttgart: Forum-Verlag, 1974/1976/1978/1981/1983/1986/1988/1991

Berichte aus der Bauforschung. Berlin/München/Düsseldorf: Wilhelm Ernst & Sohn

[47] Schwarz, B.: Schlagregen. Meßmethoden – Beanspruchung – Auswirkung. Heft 86, 1973

[48] Gertis, K.: Belüftete Wandkonstruktionen. Thermodynamische, feuchtigkeitstechnische und strömungsmechanische Vorgänge in Kanälen und Spalten von Außenwänden. Wärme- und Feuchtigkeitshaushalt belüfteter Wandkonstruktionen. Heft 72, 1972

[49] Künzel, H.; Bernhardt, P.; Cammerer, I. S.; Schüle, W.; Jenisch, R.; Greulich, H.: Wasserdampfdiffusion in Baustoffen und Bauteilen, Heft 80, 1973

[50] Cammerer, I. S.; Krischer, O.; Kristen, Th.; Wierig, H.: Wärme und Feuchtigkeit. Wärmeübergang, Wärmebedarf, Feuchtigkeit in Putzen und Wänden. Heft 15, 1960

[51] Cammerer, W. F.: Die kapillare Flüssigkeitsbewegung in porösen Körpern. VDI-Forschungsheft 500, Düsseldorf: VDI-Verlag, 1963

[52] Crank, J.: The Mathematics of Diffusion. Oxford: At the Clarendon Press, 1956

Deutscher Ausschuß für Stahlbeton. Berlin/München/Düsseldorf: Wilhelm Ernst & Sohn

[53] Hundt, J.: Wärme- und Feuchtigkeitsleitung in Beton unter Einwirkung eines Temperaturgefälles, Heft 256

[54] Werner, H.; Gertis, K.: Energetische Kopplung von Feuchte- und Wärmeübertragung an Außenflächen, Heft 258

[55] Wolfseher, V.; Gertis, K.: Isothermer Gastransport in porösen Stoffen aus gaskinetischer Sicht, Heft 258

[56] Kießl, K.; Gertis, K.: Isothermer Feuchtetransport in porösen Baustoffen. Eine makroskopische Betrachtung der instationären Transportvorgänge, Heft 258

[57] Kießl, K.; Gertis, K.: Nichtisothermer Feuchtetransport in dickwandigen Betonteilen von Reaktordruckbehältern, Heft 280

[58] Egner, K.: Beiträge zur Kenntnis der Feuchtigkeitsbewegung in Hölzern, vor allem in Fichtenholz, während der Trocknung unterhalb des Fasersättigungspunktes. Forschungsbericht Holz, Heft 2, Berlin: VDI-Verlag GmbH, 1934

[59] Egner, K.: Feuchtigkeitsdurchgang und Wasserdampfkondensation in Bauten. Fortschritte und Forschungen im Bauwesen, Reihe C, Heft 1. Stuttgart: Franck'sche Verlagshandlung, 1950

[60] Feuchtigkeitsschutz und Feuchtigkeitsschäden an Außenwänden und erdberührten Bauteilen. Aachener Bausachverständigentage 1983. Wiesbaden: Bauverlag, 1983

[61] Giesecke, J.: Beitrag zur theoretischen Untersuchung von Sickerwasserströmungen. Diss. TH Stuttgart, 1960

[62] Haack, A.; Emig, K. F.: Bauwerksabdichtungen. Planung – Ausschreibung – Ausführung. In: Grundbau-Taschenbuch, 3. Aufl., Teil 1. Berlin/München/Düsseldorf: Wilhelm Ernst & Sohn, 1980

[63] Husseini, F.: Feuchteverteilung in porösen Baustoffen aufgrund instationärer Wasserdampfdiffusion. Eine neue Rechenmethode in Anlehnung an DIN 4108. Diss. Universität Dortmund, 1982

[64] Kießl, K.: Kapillarer und dampfförmiger Feuchtetransport in mehrschichtigen Bauteilen. Rechnerische Erfassung und bauphysikalische Anwendung. Diss. Universität Essen (Gesamthochschule), 1983

[65] Kießl, K.; Gertis, K.: Feuchtetransport in Baustoffen. Eine Literaturauswertung zur rechnerischen Erfassung hygrischer Transportphänome. Forschungsberichte aus dem Fachbereich Bauwesen der Universität (Gesamthochschule) Essen, Heft 13, 1980

[66] Klopfer, H.: Wassertransport durch Diffusion in Feststoffen. Wiesbaden/Berlin: Bauverlag, 1974

[67] Koerner, G.; Rossmy, G.; Sänger, G.: Oberflächen und Grenzflächen. Ein Versuch, die physikalisch-chemischen Grundgrößen darzustellen und sie mit Aspekten der Anwendungstechnik zu verbinden. Goldschmidt informiert, Heft 2. Essen: Th. Goldschmidt AG, 1974

[68] Kooi, Jan van der: Moisture Transport in Cellular Concrete Roofs. Diss. Technische Hochschule Delft, 1971

[69] Kollmann, F.: Technologie des Holzes und der Holzwerkstoffe. Springer-Verlag, 1951

[70] Krischer, O.; Kast, W.: Die wissenschaftlichen Grundlagen der Trocknungstechnik. 3. Aufl. Berlin/Heidelberg/New York: Springer-Verlag, 1978

[71] Lehrbuch der Klimatechnik. Bd. 1: Grundlagen. Karlsruhe: Verlag C. F. Müller, 1980

[72] Lufsky, K.: Bauwerksabdichtung. 4. Aufl. Stuttgart: B.G. Teubner, 1983

[73] Maisch, E.: Zweiphasenströmungen unter dem Einfluß von Kapillarkräften. Diss. Universität Essen, 1982

[74] Moisture Migration in Buildings. Symposium-Bericht. American Society for Testing and Materials. Baltimore, 1982

[75] Muth, W.: Drainung erdberührter Bauteile. Karlsruhe: Eigenverlag Wilfried Muth, 1981

[76] Recknagel-Sprenger: Taschenbuch für Heizung + Klimatechnik. 60. Ausg. München/Wien: R. Oldenbourg, 1979

[77] Ricken, D.: Ein einfaches Berechnungsverfahren für die eindimensionale, instationäre Wasserdampfdiffusion in mehrschichtigen Bauteilen. Diss. Universität Dortmund, 1989

[78] Schild; Oswald; Rogier; Schweikert: Schwachstellen. Bauschadensverhütung im Wohnungsbau. Band I: Flachdächer, Dachterrassen, Balkone, 1976; Band II: Außenwände und Öffnungsanschlüsse, 1977; Band III: Keller, Drainagen, 1978. Wiesbaden und Berlin: Bauverlag GmbH

[79] Schild; Oswald; Rogier; Schweikert; Schnapauff: Konstruktionsempfehlungen zur Altbaumodernisierung. Bauteile im Erdreich. Wiesbaden und Berlin: Bauverlag GmbH 1980

[80] Schubert, H.: Kapillarität in porösen Feststoffsystemen. Berlin/Heidelberg/New York: Springer-Verlag, 1982

[81] Schumann, D.: Untersuchungen über die Wirksamkeit von Dichtungsschlämmen. Forschungsbericht des Lehrstuhls für Baustoffkunde und Werkstoffprüfung an der TU München, Prof. Dr. techn. R. Springenschmid, 1977

[82] Seiffert, K.: Wasserdampfdiffusion im Bauwesen. 2. Aufl. Wiesbaden/Berlin: Bauverlag GmbH, 1974

[83] Tölke, F.: Praktische Funktionenlehre. 5. Band: Allgemeine Weierstraßsche Funktionen und Ableitungen nach dem Parameter. Integrale der Thetafunktionen und Bilinear-Entwicklungen. Berlin/Heidelberg/New York: Springer-Verlag, 1968

[84] Transfers of Water in Porous Media. International Symposium. Paris: Rilem Bulletin No. 29, Publicitè Rilem, 1965

[85] Tveit, A.: Measurements of moisture sorption and moisture permeability of porous materials. Oslo: Norwegian Building Research Institute, 1966

[86] Verdunsten, Trocknen, Schwitzen. Stuttgart und Gelsenkirchen: Lechler Bautenschutzchemie

[87] Werkstoffwissenschaften und Bausanierung. Berichtsband des Internationalen Kolloquiums im September 1983 in Esslingen. Filderstadt: Edition Lack und Chemie, 1983

[88] Wexler, A.: Humidity and Moisture. Volume Four: Principles and Methods of Measuring Moisture in Liquids an Solids. New York: Reinhold Publishing Corporation, 1965

[89] Wissmann, W.: Über das Verhalten von Baustoffen gegen Feuchtigkeitseinwirkungen aus der umgebenden Luft. Diss. TH Darmstadt (D 17), 1954

[90] Wolf, K. L.: Physik und Chemie der Grenzflächen. Erster Band: Die Phänomene im Allgemeinen, 1957; 2. Band: Die Phänomene im Besonderen. Berlin/Göttingen/Heidelberg: Springer-Verlag, 1959

[91] Woolley, H.: Moisture Condensation in Building Walls. Report BMS 63 des US-Departments of Commerce. National Bureau of Standards, Dec. 1940

**C) Normen und andere Regelwerke**
(DIN-Normen sind zu beziehen durch: Beuth-Verlag GmbH, Berlin/Köln, Tel. 030-2602-281)

[92] abc der Bitumen-Bahnen. Techn. Regeln 1980, VDD Industrieverband, bituminöse Dach- und Dichtungsbahnen e.V., Frankfurt/Main, 1980

[93] AIB Vorschrift für die Abdichtung von Ingenieurbauwerken. Ausg. 1.1.1983. Drucksache 835 der Deutschen Bundesbahn. Beziehbar durch Drucksachenverwaltung der Bundesbahndirektion Karlsruhe.

[94] DIN 1053   Mauerwerk, Blatt 1: Berechnung und Ausführung, Ausg. November 1974

[95] DIN 4095   Dränung des Untergrundes zum Schutz von baulichen Anlagen. Mit Beiblatt „Beispiele". Ausg. Juni 1990

DIN 4108   Wärmeschutz im Hochbau

[96] Teil 3: Klimabedingter Feuchteschutz. Anforderungen und Hinweise für Planung und Ausführung, Ausg. August 1981

[97] Teil 4: Wärme- und feuchteschutztechnische Kennwerte, Ausg. August 1981

[98] Teil 5: Berechnungsverfahren, Ausg. August 1981

DIN 4701   Regeln für die Berechnung des Wärmebedarfs von Gebäuden

[99] Teil 1: Grundlagen der Berechnung, Ausg. März 1983

[100] Teil 2: Tabellen, Bilder, Algorithmen, Ausg. März 1983

[101] DIN 18 055, Fenster. Fugendurchlässigkeit, Schlagregendichtheit und mechanische Beanspruchung. Anforderungen und Prüfung. Ausg. Oktober 1981

DIN 18195   Bauwerksabdichtungen

[102] Teil 2: Stoffe, Ausg. August 1983

[103] Teil 3: Verarbeitung der Stoffe, Ausg. August 1983

[104] Teil 4: Abdichtung gegen Bodenfeuchtigkeit. Bemessung und Ausführung, Ausg. August 1983

[105] Teil 5: Abdichtungen gegen nichtdrückendes Wasser. Bemessung und Ausführung, Ausg. August 1983

[106] Teil 6: Abdichtungen gegen von außen drückendes Wasser. Bemessung und Ausführung, Ausg. August 1983

[107] Teil 7: Abdichtungen gegen von innen drückendes Wasser. Bemessung und Ausführung. Ausg. Juni 1989

[108] Teil 8: Abdichtungen über Bewegungsfugen, Ausg. August 1983

[109] Teil 9: Durchdringungen. Übergänge. Abschlüsse, Ausg. August 1983

[110] Teil 10: Schutzschichten und Schutzmaßnahmen, Ausg. August 1983

[111] DIN 18 515   Fassadenbekleidungen aus Naturwerkstein, Betonwerkstein und keramischen Baustoffen. Richtlinien für die Ausführung, Ausg. Juli 1970;   Beiblatt mit Erläuterungen. Ausg. Dezember 1973

[112] DIN 18 516   Außenwandbekleidungen, Teil 1: Bekleidung, Unterkonstruktion und Befestigung. Allgemeine Anforderungen. Entw. Juli 1982

[113] DIN 18 338   Dachdeckungs- und Dachdichtungsarbeiten. Ausg. Oktober 1979

DIN 18 540   Abdichten von Außenwandfugen im Hochbau mit Fugendichtungsmassen

[114] Teil 1: Konstruktive Ausbildung der Fugen, Ausg. Januar 1980

[115] Teil 2: Fugendichtungsmassen, Anforderungen und Prüfung, Ausg. Januar 1980

[116] DIN 18 550   Putz, Teil 1: Begriffe und Anforderungen. Entw. Ausg. November 1979. Teil 2, Ausführung. Entw. November 1979

[117] DIN 52 615   Bestimmung der Wasserdampfdurchlässigkeit von Bau- und Dämmstoffen, Teil 1: Versuchsdurchführung und Versuchsauswertung, Ausg. Juni 1973

[118] DIN 52 617   Bestimmung der kapillaren Wasseraufnahme von Baustoffen und Beschichtungen. Versuchsdurchführung und Versuchsauswertung, Entw. Dezember 1979

[119] Richtlinien für die Ausführung von Flachdächern. Fachschrift des Dachdeckerhandwerks, Berlin 21: Helmut Gros, Fachverlag, 1973


## IV  Licht


[1] DIN 5034   „Innenraumbeleuchtung mit Tageslicht"

„Leitsätze", Dezember 1969 (ersetzt durch DIN 5034, Teil 1, Februar 1983 [2])
Beiblatt 1 „Berechnung und Messung", November 1963
Beiblatt 2 „Vereinfachte Bestimmung lichttechnisch ausreichender Fensterabmessungen", Juni 1966

[2] DIN 5034   „Tageslicht in Innenräumen"

Teil 1 „Allgemeine Anforderungen", Februar 1983
Teil 2 „Grundlagen", Februar 1985
Teil 3 „Berechnung", Entw. September 1992
Teil 4 „Vereinfachte Bestimmung von Mindestfenstergrößen für Wohnräume", Entw. Dezember 1981, Erscheinen der gültigen Fassung zusammen mit Teil 3 geplant
Teil 5 „Messung", Januar 1993

[3] DIN 5035  „Innenraumbeleuchtung mit künstlichem Licht"
Teil 1 „Begriffe und allgemeine Anforderungen", Oktober 1979
Teil 2 „Richtwerte für Arbeitsstätten", Oktober 1979

[4] DIN 67507  „Lichttransmissionsgrade, Strahlungstransmissionsgrade und Gesamtenergiedurchlaßgrade von Verglasungen", Juni 1980

[5] Internationale Beleuchtungskommission (CIE): Standardization of luminance distribution on clear skies. CIE-Veröffentlichung Nr. 22 (TC-4.2), 1973

[6] Arbeitsstättenverordnung 1975 mit Arbeitsstättenrichlinie 7/1 (Sichtverbindung nach außen)

[7] Aydinli, S.: Über die Berechnung der zur Verfügung stehenden Solarenergie und des Tageslichtes. Diss. Fachbereich Umwelttechnik der TU Berlin, 1980. Fortschritt-Berichte der VDI-Zeitschriften, Reihe 6, Nr. 79. Düsseldorf, 1981

[8] Becker, D.: Tageslicht und Energie. Strahlungslenkende Reflektorsysteme zur Tagesbeleuchtung und Energieeinsparung. Diplomarbeit am Lehrstuhl für Bauplanung und Entwerfen Prof. O. Uhl, Universität Karlsruhe, 1983/84. Überarbeitet als Buch: Becker-Epsten, D.: Tageslicht und Architektur. Karlsruhe, 1987

[9] Butenschön, A.: Verfahren zur Bestimmung des Außenreflexionsanteils des Tageslichtquotienten. Lichttechnik 1977, Heft 4, S. 168, 170, 172 bis 174

[10] Butenschön, A.: Untersuchung über den Einfluß von Vorbauten auf die Beleuchtung von Innenräumen mit Tageslicht. Diss. Fachbereich 21 (Umwelttechnik) der Technischen Universität Berlin, 1977

[11] Dickel, L.; Freymuth, H.: Beleuchtung kirchlicher Räume. Der Architekt 1976, Heft 2, S. 81 bis 85

[12] Esser KG (Hrsg.): Wie hell ist hell? Düsseldorf, 1970. 128 S.

[13] Fischer, U.: Tageslichttechnik. Köln, 1982. 167 S.

[14] Freymuth, H.: Beleuchtung und Klima in Räumen für Kinder. (Der Einfluß von Beleuchtung, Besonnung, Beheizung und Lüftung auf die bauliche Gestaltung von Spiel- und Arbeitsräumen in Kindergärten und Schulen.) Bauwelt 1971, Hefte 1 bis 9, sowie Veröffentlichung 89/1971 der Forschungsgemeinschaft Bauen und Wohnen Stuttgart (FBW). 48 S.

[15] Freymuth, H.: Tageslichttechnische Untersuchungen an Terrassenhäusern. S. 176 bis 190 im Werkbericht: Städtebauliche Verdichtung durch terrassierte Bauten in der Ebene. Beispiel Wohnhügel. Bearb. von H. Schröder u.a. Informationen aus der Praxis – für die Praxis Nr. 33 des Bundesministeriums für Städtebau und Wohnungswesen. Bonn, 1972

[16] Freymuth, H.: Über Leuchtdichteverteilung und Beleuchtungsstärken in Räumen. Überlegungen zu Kostenvergleichen zwischen Tageslicht und künstlichem Licht. TAB Technik am Bau 1974, Heft 5, S. 375, 376, 379, 380, 383

[17] Freymuth, H.: Tageslichttechnik in der Bauplanung. S. 9 bis 132 in: Licht, Luft, Schall. Hrsg. von J. Eberspächer. Stuttgart, 1977

[18] Freymuth, H.: Tageslichttechnische Entwurfsüberlegungen am Beispiel von Sporthallen. Deutsches Architektenblatt 1979, Heft 9, S. 1063 bis 1067

[19] Freymuth, H.: Zusammenhänge zwischen Besonnung, Tagesbeleuchtung und Stadtplanung. S. 39 bis 44 in Groß, Jesberg, Oeter u.a.: Licht im Hoch- und Städtebau. Hrsg. vom Institut für Landes- und Stadtentwicklungsforschung des Landes Nordrhein-Westfalen (ILS). Band 3.021. Dortmund, 1979

[20] Freymuth, H. und G.: Diagrammsatz Sonnenwärme. Veröffentlichung 135 der Forschungsgemeinschaft Bauen und Wohnen Stuttgart (FBW), 1982. 26 + 3 Diagramme und 16 S. Text (siehe auch [37]!)

[21] Freymuth, H. und G.: Diagrammsatz Sonnenwärme. Eine Art Rechenscheibe zur schnellen Bestimmung des Sonnenwärme-Strahlungsempfangs. FBW-Blätter 1 – 1983

[22] Hartmann, E.: Beleuchtung am Arbeitsplatz. Studie für das Staatsministerium für Arbeit und Sozialordnung. München, 1982. 56 S.

[23] Heinle, E.; M. Church; H. Lohss; H. Dehlinger: Das Olympische Dorf in München. S. V/O bis 32 im Sonderband „Bauten der Olympischen Spiele 1972 München" der Architektur Wettbewerbe. Stuttgart, 1969

[24] Keitz, H. A. E.: Lichtberechnungen und Lichtmessungen. Eine Einführung in das System der lichttechnischen Größen und Einheiten und in die Photometrie. 2. Aufl. Eindhoven, 1967. 385 S.

[25] Klingenberg, H.; Seidl, M.: Forderungen an Abstandsflächen und Fenster im Hinblick auf Kommunikation und Privatheit. Forschungsbericht aus dem Institut für Lichttechnik der TU Berlin für das Bundesministerium für Raumordnung, Bauwesen und Städtebau. Berlin, 1976

[26] Konz, F.: Der Einfluß der Besonnung auf Lage und Breite von Wohnstraßen. Diss. TH Stuttgart, 1931. Mitteilungen der Versuchsanstalt für Straßenbau der Technischen Hochschule zu Stuttgart, Heft 5, 1932

[27] Krochmann, J.: Über die Horizontalbeleuchtungsstärke der Tagesbeleuchtung. Lichttechnik 1963, Heft 11, S. 559 bis 562

[28] Krochmann, J.; Müller, K.; Retzow, U.: Über die Horizontalbeleuchtungsstärke und die Zenitleuchtdichte des klaren Himmels. Lichttechnik 1970, Heft 11, S. 551 bis 554

[29] Krochmann, J.; Schmid, O.: Über die Sonnenwahrscheinlichkeit in Deutschland. Lichttechnik 1974, Heft 10, S. 428 bis 429, und Heft 11, S. 466 bis 468

[30] Krochmann, J.; Özver, Z.; Orlowski, P.: Über die Bestrahlungsstärke durch Sonne und klaren Himmel auf geneigter Fläche. TAB Technik am Bau 1975, Heft 6, S. 441 bis 443, 445, 446

[31] Krochmann, J.: The Total Energy Transmittance of Glazing. Meaning and Measurements. International Symposium „Energy and Building Envelope". Thessaloniki, 1986

[32] Krochmann, J.: Strahlungsdaten hinter einer zweifachen Isolierverglasung. Kurzberichte aus der Bauforschung/Juli 1987, Bericht Nr. 88

[33] Longmore, J. (Department of the Environment/Building Research Station):
BRS Daylight Protractors. Her Majesty's Stationery Office, London, 1968

| Bestellung bei Building Research Establishment (Bookshop) Gartston, Watford, WD2 7JR, mit Nummer des Protractors: | Protractor-Nr. für bedeckten Himmel mit | |
|---|---|---|
| | gleichförmiger Leuchtdichteverteilung*) | Leuchtdichteverteilung nach DIN 5034 (s. auch Bild 2.10) |
| Senkrechte (Einfach-)Verglasung (90°) | Nr. 1 | Nr. 2 |
| Waagerechte (Einfach-) Verglasung (0°) | Nr. 3 | Nr. 4 |
| (Einfach-)Verglasung, geneigt um 30° | Nr. 5 | Nr. 6 |
| (Einfach-)Verglasung, geneigt um 60° | Nr. 7 | Nr. 8 |
| Unverglaste Öffnungen belieb. Neigung | Nr. 9 | Nr. 10 |

[34] Neumann, E., unter Mitarbeit von W. Reichelt: Die städtische Siedlungsplanung unter besonderer Berücksichtigung der Besonnung. Stuttgart, 1954. 143 S.

[35] Roedler, F.: Die wahre Sonneneinstrahlung auf Gebäude. 2. Teil: Berücksichtigung der Beschattung und Bewölkung. Gesundheitsingenieur 1953, Heft 21/22, S. 337 bis 350

[36] Seidl, M. und H. Freymuth, unter Mitarbeit von R. Weeber: Mindestabstände zwischen Gebäuden und Fenstergrößen für ausreichende Tagesbeleuchtung. Forschungsbericht aus dem Institut für Lichttechnik der TU Berlin und dem Institut für Tageslichttechnik Stuttgart für das Innenministerium des Landes Nordrhein-Westfalen. Stuttgart, 1978. VI + 317 S., Kurzfassung 33 S.

---

*) Entspricht nicht der Empfehlung der Internationalen Beleuchtungskommission (CIE); die entsprechenden Protractors eignen sich aber zur Ermittlung von Tageslichtquotienten hinter stark lichtstreuenden Gläsern nach Abschnitt 2.5.2.

[37] Tonne, F.: Besser bauen mit Besonnungs- und Tageslicht-Planung. Schorndorf 1954. Teil 1 41 S., Teil 2 26 S. + 7 Diagramme (davon Sonnenblätter 49°, 51°, 53° n. Br.)

Weitere Sonnenstandsblätter für alle bewohnbaren ungeraden Breitengrade sowie das auf dieses Diagrammsystem abgestimmte Horizontoscop erhältlich beim Institut für Tageslichttechnik Stuttgart, Rob.-Koch-Str. 116, 70565 Stuttgart; Himmelslichtzählblätter für gleichförmige Leuchtdichte und für geneigte Empfangsflächen sowie andere stereographische Hilfsdiagramme auf Anfrage.

[38] Tonne, F.: Was ist bei Besonnung und Tageslicht im Hochbau zu beachten?
S. 20 bis 32 in: Handbuch des Bauwesens 1955. Stuttgart, 1955

[39] Tonne, F.: Tageslicht-technische Gesichtspunkte zum Schulbau. baukunst und werkform 1956, Heft 7, S. 387 bis 389

[40] Tonne, F., und Normann W.: Die Berechnung der Sonnenwärmestrahlung auf senkrechte und beliebig geneigte Flächen unter Berücksichtigung meteorologischer Messungen. Zeitschrift für Meteorologie 1960, Heft 7-9, S. 166 bis 179

[41] Völckers, O.; F. Tonne; A. Becker-Freyseng: Licht und Sonne im Wohnungsbau. Veröffentlichung 39/1955 der Forschungsgemeinschaft Bauen und Wohnen Stuttgart

[42] Xenophon: Memorabilien. 3. Buch, Kapitel 8

## V  Brand

[1] Alexander, B.: Behaviour of gypsum and gypsum products at high temperature. In: RILEM PHT 44, Paris, Veröffentlichung in Vorb.

[2] Allianz Brandschutz Service: Brandwände und Brandabschnitte nach den Landesbauordnungen. Merkblatt ABS 2.2.1.2, München 1980

[3] Anderberg, Y.: Behaviour of steel at high temperatures. In: RILEM PHT 44, Paris, Veröffentlichung in Vorb.

[4] Bechtold R. et al.: Brandversuche Lehrte; Brandversuche an einem zum Abbruch bestimmten viergeschossigen modernen Wohnhaus. Bundesminister für Raumordnung, Bauwesen und Städtebau, Nr. 04.037. Bonn, 1978

[5] Becker J. et al.: FIRES-T, a Computer Program for the Fire Response of Structures – Thermal. University of California, Berkeley (USA), Rep. No. UCB FRG 74-1, 1974

[6] Butcher E. G. et al.: Further experiments on temperatures reached by steel in building fires. Symposium on behaviour of structural steel in fire. Her Maj. Stationary Office, London, 1968

[7] CEB (Comité Euro-International du Béton): Design of Concrete Structures for Fire Resistance. Bull. d'Information No. 145, Paris, 1982

[8] CIB (Conseil International du Bâtiment) W 14 Workshop „Structural Fire Safety": A Conceptual Approach Towards a Probability Based Design Guide on Structural Fire Safety". Fire Safety Journal, Elsevier Sequoia, Lausanne, 1983

[9] Cluzel, D.: Behaviour of plastics used in construction at high temperatures. RILEM PHT 44, Paris, Veröffentlichung in Vorb.

[10] ECCS (European Convention for Constructional Steelwork), Techn. Comm. 3 – Fire Safety of Steel Structures: European Recommendations for the Fire Safety of Steel Structures, Amsterdam: Elsevier, 1983

[11] Einbrodt, H. J.; Jesse, H.: Über die Toxizität der Brand- und Schwelgase bei Kabelbränden. GAK 12/83

[12] Hadvig, S.: Behaviour of wood at high temperatures. RILEM PHT 44, Paris, Veröffentlichung in Vorb.

[13] Hanusch, H.: Gipskartonplatten; Trockenbau, Montagebau, Ausbau. Köln-Braunsfeld: R. Müller, 1978

[14] ISO (International Organization for Standardization): International Standard 834 – Fire resistance tests – elements of building construction. 1975

[15] Kallenbach W. et al.: Brandschutz in Baudenkmälern und Museen. Arbeitsgruppe öffentlich-rechtliche Versicherung im Verband der Sachversicherer e.V., Hamburg, 1980

[16] Kordina K. et al.: Erwärmungsvorgänge an balkenartigen Stahlbetonteilen unter Brandbeanspruchung. Schriftenreihe Deutscher Ausschuß für Stahlbeton, Heft 230, Berlin, 1975

[17] Kordina K. et al.: Arbeitsbericht 1978 – 1980 des Sonderforschungsbereichs 148 „Brandverhalten von Bauteilen". TU Braunschweig, 1980

[18] Kordina, K.; Meyer-Ottens, C.: Beton-Brandschutz-Handbuch. Düsseldorf: Beton-Verlag, 1981

[19] Kordina K. et al.: Arbeitsbericht 1981 – 1983 des Sonderforschungsbereichs 148 „Brandverhalten von Bauteilen". TU Braunschweig, 1983

[20] Kordina, K.; Meyer-Ottens, C.: Holz-Brandschutz-Handbuch. Deutsche Gesellschaft für Holzforschung, München, 1983

[21] Kordina, K.; Krampf, L.: Empfehlungen für brandschutztechnisch richtiges Konstruieren von Betonbauwerken. Schriftenreihe Deutscher Ausschuß für Stahlbeton, Heft 352, Berlin, 1984

[22] Krampf, L.: Untersuchungen zum Schubverhalten brandbeanspruchter Stahlbetonbalken. Festschrift Kordina, München: W. Ernst & Sohn, 1979

[23] Locher, F. W.; Sprung, S.: Einwirkung von salzsäurehaltigen PVC-Brandgasen auf Beton. In: beton, Hefte 2 und 3, (1970)

[24] Martin, H.: Zeitlicher Verlauf der Chloridionenwanderung in Beton, der einem PVC-Brand ausgesetzt war. In: Betonwerk + Fertigteil-Technik, Hefte 1 und 2, (1975)

[25] Meyer-Ottens, C. et al.: Brandschutz; Untersuchungen an Wänden, Decken und Dacheindeckungen. Berichte aus der Bauforschung, Heft 70, W. Ernst & Sohn, Berlin, 1971

[26] Meyer-Ottens, C.: Zur Frage der Abplatzungen an Betonbauteilen aus Normalbeton bei Brandbeanspruchung. Diss. TU Braunschweig, 1972

[27] Meyer-Ottens, C.: Brandverhalten von Bauteilen. Schriftenreihe Brandschutz im Bauwesen (BRABA), Heft 22 I und II, E. Schmidt Verlag, Berlin, 1981

[28] Odenwald-Faserplattenwerk: Kennen Sie Owakustik-Decken. Druckschrift 838, Amorbach

[29] Österreichischer Stahlbauverband: Österreichisches Brandschutz-Handbuch, Wien: 1979

[30] Promat Gesellschaft für moderne Werkstoffe mbH: Vorbeugender Brandschutz im Hochbau. Düsseldorf: 1983

[31] Richartz, W.: Die Bindung von Chlorid bei der Zementerhärtung. Zement – Kalk – Gips, 1969, Heft 10

[32] Richter, F.: Die wichtigsten physikalischen Eigenschaften von 52 Eisenwerkstoffen. Stahleisen-Sonderberichte Heft 8, Verlag Stahleisen, Düsseldorf, 1973

[33] Rostásy, F. S.: Baustoffe. Stuttgart/Berlin/Köln/Mainz: Kohlhammer, 1983

[34] Rudolphi, R.; Müller, T.: ALGOL-Computerprogramm zur Berechnung zweidimensionaler instationärer Temperaturverteilungen mit Anwendungen aus dem Brand- und Wärmeschutz. BAM-Forschungsbericht 74, Berlin, 1980

[35] Schneider, U.; Haksever, A.: Wärmebilanzberechnungen für Brandräume mit unterschiedlichen Randbedingungen. Forschungsbericht des Instituts für Baustoffe, Massivbau und Brandschutz, TU Braunschweig, 1978

[36] Schneider, U.; Haksever, A.: Probleme der Wärmebilanzberechnung von natürlichen Bränden und Gebäuden. In: Bauphysik 1 (1981)

[37] Schneider, U.: Verhalten von Beton bei hohen Temperaturen. Schriftenreihe Deutscher Ausschuß für Stahlbetonbau, Heft 337, Berlin (1982)

[38] Schott-Information: Brandschutzglas. Heft 4, Mainz (1976)

[39] Thomas, P. H.: The Fire Resistance Required to Survice a Burn Out. Fire Research Note No. 901, Fire Research Station Boreham Wood (England), 1970

[40] Troitzsch, J. et al.: Brandverhalten von Kunststoffen. München/Wien: Carl Hanser Verlag, 1982

[41] VDS (Verband der Sachversicherer): Brandschutz in Kabel-, Leitungs- und Stromschienen-Anlagen. Köln, Form 2025, 9/77

[42] VDS (Verband der Sachversicherer): Richtlinien für Rauch- und Wärmeabzuganlagen (RWA), Planung und Einbau. Köln, Form 301, 3/79

[43] VDS/VFDB (Verband der Sachversicherer/Vereinigung zur Förderung des deutschen Brandschutzes)-Fachtagung Bauen und Brandschutz: Vorträge, Verband der Sachversicherer, Köln, 1979

[44] Walter, R.: Partiell brandbeabspruchte Stahlbetondecken – Berechnung des inneren Zwanges mit einem Scheibenmodell. Diss. TU Braunschweig, 1981

[45] Wickström, U.: TASEF-2, A Computer Program for Temperature Analysis of Structures Exposed to Fire. Lund Institute of Technology, Report No. 79-2, Lund, 1979


# VI  Klima

## A) Aufsätze


[1] Ferstl, K.: Traditionelle Bauweisen und deren Bedeutung für die klimagerechte Gestaltung moderner Bauten. Schriftenreihe der Sektion Architektur, TU Dresden (1980) 16, S. 59 bis 69

[2] Frank, W.: Raumklima und thermische Behaglichkeit. Schriftenreihe aus der Bauforschung, Berlin (1976) 104, S. 1 bis 36

[3] Hahn, H.: Zur Kondensation an raumseitigen Oberflächen unbeheizter Gebäude. Schriftenreihe der Sektion Architektur, TU Dresden (1986) 26, S. 91 bis 97

[4] Mc Conell, W. J.; Spiegelmann, M.: Reactions of 745 clercs to summer air conditioning. In: Heat. pip. Air Cond. **12** (1940) S. 317 bis 322

[5] Nehring, G.: Über den Wärmefluß durch Außenwände und Dächer in klimatisierten Räumen infolge der periodischen Tagesgänge der bestimmenden meteorologischen Elemente. In: Ges.-Ing. **83** (1962) 7, S. 185 bis 189; 8, S. 230 bis 242; 9, S. 253 bis 269

[6] Petzold, K.; Graupner, K.; Roloff, J.: Zur Praktikabilität von Verfahren zur Ermittlung des jährlichen Heizenergiebedarfs. Schriftenreihe der Sektion Architektur, TU Dresden (1990) 30, S. 179 bis 186

[7] Petzold, K.; Hahn, H.: Ein allgemeines Verfahren zur Berechnung des sommerlichen Wärmeschutzes frei klimatisierter Gebäude. In: Luft- und Kältetechnik **24** (1988), S. 146 bis 154

[8] Roloff, J.: Zur Definition von Windschutzlagen für Gebäude. Schriftenreihe der Sektion Architektur, TU Dresden (1988), 28 S. 177 bis 1980

[9] Valko, P.: Strahlungsmeteorologische Unterlagen zur Berechnung des Kühlbedarfs von Bauten. In: Schweiz. Bl. f. Heizung und Lüftung (1967) 1, S. 9 bis 21


## B) Bücher und Broschüren


[10] Angus, T. C.: The Control of Indoor Climate. Oxford: Pergamon Press Ltd., 1968

[11] Aronin, J. E.: Climate and Architecture. New York: Reinhold Publ. Corp., 1953

[12] Böer, W.: Technische Meteorologie. Leipzig: B. G. Teubner Verlagsges., 1964

[13] Branicki, O.: Das Klima von Potsdam. Berlin: Verlag D. Reimers, 1963

[14] Dietze, L.: Freie Lüftung von Industriegebäuden. Berlin: Verl. f. Bauwesen, 1987

[15] Dreyfus, J.: Le confort dans l'habitat en pays tropical. Paris: Editions Eyrolles, 1960

[16] Egli, E.: Die neue Stadt in Landschaft und Klima. Erlenbach, Zürich: Verlag f. Architektur, 1951

[17] Fanger, P.O.: Thermal Comfort – Analysis and Applicatons in Environmental Engineering. Kopenhagen: Danish Technical Press, 1970

[18] Halbouni, G.: Untersuchungen zur Entwicklung des Wohnungsbaus in trocken-heißem Klima – dargestellt am Beispiel Damaskus. Diss. TU Dresden, 1978

[19] Hardenberg, J. v.: Entwerfen natürlich klimatisierter Häuser für heiße Klimazonen am Beispiel des Iran. Düsseldorf: Werner-Verlag GmbH, 1980

[20] Häussler, W.: Das Mollier-ix-Diagramm für feuchte Luft und seine technischen Anwendungen. Dresden und Leipzig: Verlag v. Theodor Steinkopff, 1960

[21] Hillmann, G.; Nagel, J.; Schreck, H.: Klimagerechte und energiesparende Architektur. Karlsruhe: C. F. Müller, 1981

[22] Hinzpeter, H.: Studie zum Strahlungsklima von Potsdam. Veröff. d. meteorol. u. hydrol. Dienstes d. DDR Nr. 10 (1953)

[23] Humboldt, A. v.: Fragments des Climatologie et de Geologie asiatiques. I.II Paris 1831

[24] Lat, Kyaw: Einfluß des feucht-tropischen Klimas auf Gebäudeabstände, Geschoßflächen und Wohndichten im Massenwohnungsbau. Diss. TU Dresden, 1974

[25] Lippsmeier, G.: Tropenbau. München: Callwey Verlag, 1969

[26] Olgay, V.; Olgay, A.: Design with climate. Princeton, N.J.: Princeton University Press, 1963

[27] Petzold, K.: Raumlufttemperatur. 2. Aufl. Berlin: Verlag Technik, 1983, und Wiesbaden: Bauverlag, 1983

[28] Petzold, K.: Wärmelast. 2. Aufl. Berlin: Verlag Technik, 1980

[29] Petzold, K.: Raumklimaforderungen und Belastungen; Thermische Bemessung der Gebäude; Lüftung und Klimatisierung. Abschn. 5.4 bis 5.6 in H.-J. Papke (Hrsg.): Handbuch der Industrieprojektierung. 2. Aufl. Berlin: Verlag Technik, 1983

[30] Richter, W.: Lüftung im Wohnungsbau. Berlin: Verlag Bauwesen, 1983

[31] Rietschel, H.; Raiß, W.: Lehrbuch der Heiz- und Lüftungstechnik. 15. Aufl. Berlin/Göttingen/Heidelberg: Springer-Verlag, 1968

[32] Saini, B.S.: Architecture in Tropical Australia. Paper Nr. 6 Architectural Association. London: Lund Humphries Ltd., 1970

[33] Schulze, R.: Strahlenklima der Erde. Darmstadt: Dr. Dietrich Steinkopff Verlag, 1970

[34] Tropan-petra, Pandean: Klimaangepaßter Wohnungsbau in Indonesien. Diss. Universität Hannover, 1983

[35] Vitruv: Zehn Bücher über Architektur (Übers. v. C. Fensterbusch) Berlin: Akademie-Verlag, 1964

## C) Normen

[36] DIN 1946   Raumlufttechnik (VDI-Lüftungsregeln), Teil 2: Gesundheitstechnische Anforderungen. Entw. Aug. 1991; Teil 6: Lüftung von Wohnungen. Ausg. November 1989

[37] DIN 4108   Wärmeschutz im Hochbau. Ausg. August 1981

[38] DIN 4701   Regeln für die Berechnung des Wärmebedarfs von Gebäuden. Ausg. März 1983

[39] DIN 4710   Meteorologische Daten. Ausg. November 1982

[40] DIN ISO 7730   Gemäßigtes Umgebungsklima. Entw. Oktober 1987

[41] DIN 50019   Technoklimate. Klimate und ihre technische Anwendung. Ausg. November 1979

# Sachverzeichnis